한국산업인력공단 새 출제기준에 따른!!

위험물 기능사

필기·실기

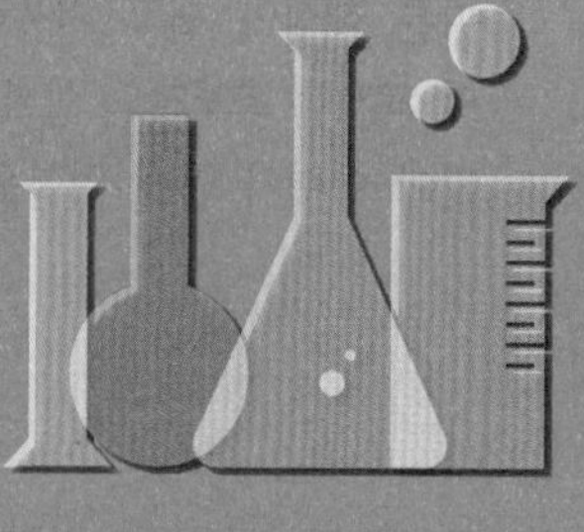

대한민국 국가대표 브랜드
국가자격 시험문제 전문출판
에듀크라운
국가자격시험문제 전문출판
www.educrown.co.kr
최고의 적중률!! 최고의 합격률!!
크라운출판사
국가자격시험문제 전문출판
http://www.crownbook.com

이 책을 내며...

이 책은 위험물기능사 시험의 최근 출제 경향에 따라 최근 개정된 이론과 충분한 문제 해설 중심으로 구성된 위험물기능사 필기 및 시험 합격을 위한 교재입니다. 이 책 한 권만으로 위험물기능사 시험을 효율적으로 공부하여 자격증을 취득할 수 있도록 집필하여 발간하게 되었습니다.

이 책의 특징은...

기출문제 100% 복원 및 반영

자격 수험서에서는 기출문제의 복원 문제가 대단히 중요합니다. 시험에 출제된 기출문제를 100% 복원하여 완벽하게 시험에 대비할 수 있게 하였습니다.

이 교재의 무료 동영상 강의

독학에 어려움을 겪는 수험생들을 위하여 무료 동영상 강의를 제공합니다. 제공되는 동영상 강의로 필기시험은 물론 실기시험까지 한 번에 합격할 수 있게 하였습니다.

쉽고 자세한 해설

무작정 많은 내용과 어려운 해설을 담은 수험서는 결코 좋은 수험서가 아닙니다. 각 문제에 따른 해설이 쉽고 자세히 설명되어 있어 이해하기 쉬운 수험서를 고르는 것이 좋습니다. 이 교재는 초보자도 쉽게 학습하여 개념을 이해하도록 시각화된 자료, 자세하고 풍부한 해설을 담아 어렵지 않게 위험물기능사 자격증을 취득할 수 있게 하였습니다.

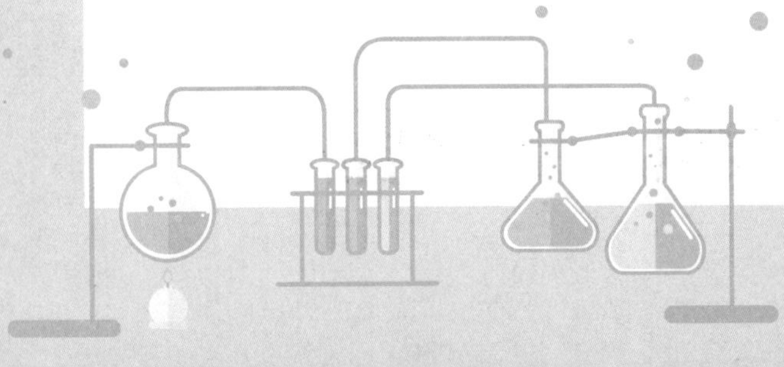

출제기준(필기)

직무분야	화학	중직무분야	위험물	자격종목	위험물기능사	적용기간	2020.1.1.~2024.12.31.

○ 직무내용 : 위험물을 저장·취급·제조하는 제조소등에서 위험물을 안전하게 저장·취급·제조하고 일반 작업자를 지시 감독하며, 각 설비에 대한 점검과 재해 발생 시 응급조치 등의 안전관리 업무를 수행하는 직무이다.

필기검정방법	객관식	문제수	60	시험시간	1시간

필기 과목명	출제문제수	주요항목	세부항목	세세항목
화재 예방과 소화방법, 위험물의 화학적 성질 및 취급	60	1. 화재 예방 및 소화 방법	1. 화학의 이해	1. 물질의 상태 및 성질 2. 화학의 기초법칙 3. 유기, 무기화합물의 특성
			2. 화재 및 소화	1. 연소이론 2. 소화이론 3. 폭발의 종류 및 특성 4. 화재의 분류 및 특성
			3. 화재 예방 및 소화 방법	1. 위험물의 화재 예방 2. 위험물의 화재 발생 시 조치 방법
		2. 소화약제 및 소화기	1. 소화약제	1. 소화약제의 종류 2. 소화약제별 소화원리 및 효과
			2. 소화기	1. 소화기의 종류 및 특성 2. 소화기별 원리 및 사용법
		3. 소방시설의 설치 및 운영	1. 소화설비의 설치 및 운영	1. 소화설비의 종류 및 특성 2. 소화설비 설치 기준 3. 위험물별 소화설비의 적응성 4. 소화설비 사용법
			2. 경보 및 피난설비의 설치기준	1. 경보설비 종류 및 특징 2. 경보설비 설치 기준 3. 피난설비의 설치기준
		4. 위험물의 종류 및 성질	1. 제1류 위험물	1. 제1류 위험물의 종류 2. 제1류 위험물의 성질 3. 제1류 위험물의 위험성 4. 제1류 위험물의 화재 예방 및 진압 대책
			2. 제2류 위험물	1. 제2류 위험물의 종류 2. 제2류 위험물의 성질 3. 제2류 위험물의 위험성 4. 제2류 위험물의 화재 예방 및 진압 대책

			3. 제3류 위험물	1. 제3류 위험물의 종류 2. 제3류 위험물의 성질 3. 제3류 위험물의 위험성 4. 제3류 위험물의 화재 예방 및 진압 대책
			4. 제4류 위험물	1. 제4류 위험물의 종류 2. 제4류 위험물의 성질 3. 제4류 위험물의 위험성 4. 제4류 위험물의 화재 예방 및 진압 대책
			5. 제5류 위험물	1. 제5류 위험물의 종류 2. 제5류 위험물의 성질 3. 제5류 위험물의 위험성 4. 제5류 위험물의 화재 예방 및 진압 대책
			6. 제6류 위험물	1. 제6류 위험물의 종류 2. 제6류 위험물의 성질 3. 제6류 위험물의 위험성 4. 제6류 위험물의 화재예방 및 진압 대책
		5. 위험물안전관리 기준	1. 위험물 저장 · 취급 · 운반 · 운송기준	1. 위험물의 저장기준 2. 위험물의 취급기준 3. 위험물의 운반기준 4. 위험물의 운송기준
		6. 기술기준	1. 제조소등의 위치구조 설비기준	1. 제조소의 위치구조설비 기준 2. 옥내저장소의 위치구조 설비 기준 3. 옥외탱크저장소의 위치 구조설비 기준 4. 옥내탱크저장소의 위치 구조설비 기준 5. 지하탱크저장소의 위치 구조설비 기준 6. 간이탱크저장소의 위치 구조설비 기준 7. 이동탱크저장소의 위치 구조설비 기준 8. 옥외저장소의 위치 구조설비 기준 9. 암반탱크저장소의 위치 구조설비 기준 10. 주유취급소의 위치 구조설비 기준 11. 판매취급소의 위치 구조설비 기준 12. 이송취급소의 위치 구조설비 기준 13. 일반취급소의 위치 구조설비 기준
			2. 제조소등의 소화설비, 경보설비 및 피난설비 기준	1. 제조소등의 소화난이도등급 및 그에 따른 소화설비 2. 위험물의 성질에 따른 소화설비의 적응성 3. 소요단위 및 능력단위 산정법 4. 옥내소화전의 설치기준 5. 옥외소화전의 설치기준 6. 스프링클러의 설치기준 7. 물분무소화설비의 설치기준

				8. 포소화설비의 설치기준 9. 불활성가스 소화설비의 설치기준 10. 할로겐화물소화설비의 설치기준 11. 분말소화설비의 설치기준 12. 수동식소화기의 설치기준 13. 경보설비의 설치기준 14. 피난설비의 설치기준
		7. 위험물안전관리법상 행정사항	1. 제조소등 설치 및 후속 절차	1. 제조소등 허가 2. 제조소등 완공검사 3. 탱크안전성능검사 4. 제조소등 지위승계 5. 제조소등 용도폐지
			2. 행정처분	1. 제조소등 사용정지, 허가취소 2. 과징금처분
			3. 안전관리 사항	1. 유지·관리 2. 예방규정 3. 정기점검 4. 정기검사 5. 자체소방대
			4. 행정감독	1. 출입 검사 2. 각종 행정명령 3. 벌금 및 과태료

출제기준(실기)

직무분야	화학	중직무분야	위험물	자격종목	위험물기능사	적용기간	2020.1.1.~2024.12.31.

○ 직무내용 : 위험물을 저장 · 취급 · 제조하는 제조소등에서 위험물을 안전하게 저장 · 취급 · 제조하고 일반 작업자를 지시 감독하며, 각 설비에 대한 점검과 재해 발생 시 응급조치 등의 안전관리 업무를 수행하는 직무이다.

○ 수행준거 : 1. 위험물 성상에 대한 기초 지식과 기능을 가지고 작업을 수행할 수 있다.
2. 위험물 시설, 저장 · 취급기준에 대한 기초 지식과 기능을 가지고 작업을 수행할 수 있다.
3. 위험물 관련 법규에 대한 기초사항을 적용하여 작업을 수행할 수 있다.
4. 위험물 운송 · 운반에 대한 기초지식과 기능을 가지고 작업을 수행할 수 있다.

실기검정방법	필답형	시험시간	1시간 30분

실기 과목명	주요항목	세부항목	세세항목
위험물 취급실무	1. 위험물 성상	1. 각 류별 위험물의 특성을 파악하고 취급하기	1. 제1류 위험물 특성을 파악하고 취급할 수 있다. 2. 제2류 위험물 특성을 파악하고 취급할 수 있다. 3. 제3류 위험물 특성을 파악하고 취급할 수 있다. 4. 제4류 위험물 특성을 파악하고 취급할 수 있다. 5. 제5류 위험물 특성을 파악하고 취급할 수 있다. 6. 제6류 위험물 특성을 파악하고 취급할 수 있다.
		2. 위험물의 소화 및 화재 예방하기	1. 일반화학의 기초를 파악할 수 있다. 2. 화재의 종류와 소화이론을 파악할 수 있다. 3. 위험물 간의 반응으로 인한 폭발, 화재 위험성을 파악할 수 있다.
	2. 위험물 시설, 저장·취급 기준	1. 위험물 시설 파악하기	1. 위험물제조소등의 위치, 구조 및 설비에 대한 기준을 파악할 수 있다. 2. 위험물제조소등의 소화설비, 경보설비 및 피난설비에 대한 기준을 파악할 수 있다.
		2. 위험물의 저장·취급에 관한 사항 파악하기	1. 위험물의 저장 및 취급 기준을 파악할 수 있다.
	3. 관련법규 적용	1. 위험물 안전관리 법규 적용하기	1. 위험물제조소등과 관련된 안전관리 법규를 검토하여 허가, 완공절차 및 안전 기준을 파악할 수 있다. 2. 위험물 안전관리 법규의 벌칙규정을 파악하고 준수할 수 있다.
	4. 위험물 운송·운반기준 파악	1. 운송·운반 기준 파악하기	1. 운송 기준을 검토하여 운송 시 준수 사항을 확인할 수 있다. 2. 운반 기준을 검토하여 적합한 운반용기를 선정할

CONTENTS

제1편 위험물기능사 필기 이론

제2편 2016~2019 위험물기능사 필기 기출문제

제3편 위험물기능사 실기 이론

제1편

01 위험물기능사 필기 이론

PART.1 화재예방 및 소화방법

PART.2 소방시설의 설치 및 운영

PART.3 위험물의 종류 및 성질

PART.4 위험물의 저장, 취급, 운반, 운송기준

PART.5 제조소 등의 위치, 구조, 설비 기준

PART.6 위험물안전관리법상 행정사항

PART.1 화재예방 및 소화방법

1) 기초화학

① 주기율표

원소의 원자 번호에 따라 배열한 표로 가로줄을 주기, 세로줄을 족이라 하며 동일한 족에 속하는 원소들은 화학적 성질이 유사하다.

주기＼족	1	2	13	14	15	16	17	18
1	H							He
2	Li	Be	B	C	N	O	F	Ne
3	Na	Mg	Al	Si	P	S	Cl	Ar
4	K	Ca					Br	
5	Rb						I	

[색상에 따른 구분]

(진한 음영)	비금속
(음영 없음)	금속
(음영)	준금속

위의 주기율표에서 각각의 족에 속하는 특징은 아래와 같다.

1족

① 알칼리 금속(Li, Na, K, Rb 등)은 1^+의 양이온을 만들기 쉽다.
예) Li^+, Na^+, K^+, Rb^+

② 특유의 불꽃색을 갖는다. 리튬(Li) : 붉은색, 나트륨(Na) : 노란색, 칼륨(K) : 보라색, 루비듐(Rb) : 붉은색 등

③ 알칼리 금속은 물과 격렬하게 발열 반응하며, 수소 기체를 발생한다.

④ 수소는 1족이지만 비금속 원소이므로 동일한 족의 알칼리 금속과 성질이 다른 원소이다. 수소는 상온에서 기체 상태로 존재하며, 수소 기체를 H_2라 한다.

2족

① 알칼리 토금속(Mg, Ca 등)은 $^{2+}$의 양이온을 만들기 쉽다. **예)** Mg^{2+}, Ca^{2+}

② 알칼리 토금속은 1족 알칼리 금속에 비해 반응성이 낮다. 물과 발열 반응하며, 수소 기체를 발생한다.

13족

① 알루미늄은 금속이며 $^{3+}$의 양이온이다. **예)** Al^{3+}

② 13족 금속은 1족과 2족에 비해 반응성이 낮다. 물과 반응하여 수소 기체를 발생한다.

14족 15족

① 비금속으로 이온의 전하수가 일정하지 않다.

② 질소는 상온에서 기체 상태로 존재하며, 질소 기체를 N_2라 한다.

16족

① 비금속의 산소(O), 황(S) 등의 원소는 $^{2-}$의 음이온을 만들기 쉽다. **예)** O^{2-}, S^{2-}

② 산소는 상온에서 기체 상태로 존재하며, 산소 기체를 O_2라 한다.

17족

① 비금속인 할로겐족 원소(F, Cl, Br, I)는 $^{1-}$의 음이온을 만들기 쉽다. **예)** F^-, Cl^-, Br^-, I^-

② 플루오린(불소)은 상온에서 기체 상태로 존재하며, 플루오린 기체를 F_2라 한다.

③ 염소는 상온에서 기체 상태로 존재하며, 염소 기체를 Cl_2라 한다.

18족

① 비활성 기체(He, Ne, Ar 등)는 다른 원소와 결합하기 어렵다.

② 화학식 만들기 기초

① 대부분 음이온의 결합은 "~화"로 명명한다. 예시로 산화알루미늄의 경우 산소(O)와 알루미늄(Al)으로 이루어졌음을 알 수 있다.

② 이온결합 물질(금속+비금속)의 경우 대체로 금속 양이온 먼저 화학식을 적게 되며, 첫 글자는 대문자로 작성한다.

③ 각 이온의 전하량의 절대값이 서로 다른 경우 대각선 방향으로 이어내려 화학식을 완성한다. (**단, 예외도 존재한다.**)

④ 예를 들어, 산화알루미늄(Al_2O_3)의 화학식은 다음의 과정으로 만들 수 있다.

$$Al^{3+} + O^{2-} \rightarrow Al^{3+} + O^{2-} \rightarrow Al_2O_3$$

⑤ 각 이온의 전하량의 절대값이 동일한 경우 대각선 방향으로 이어내려, 가장 간단한 정수로 화학식을

완성한다. (단, 예외도 존재한다.)

⑥ 예를 들어, 산화마그네슘(MgO)의 화학식은 다음의 과정으로 만들 수 있다.

$$Mg^{2+} + O^{2-} \longrightarrow Mg^{2+} + O^{2-} \longrightarrow MgO$$

✓ [다원자 이온] : 원소 2종류 이상이 결합한 형태의 이온

명 칭	이온식	명 칭	이온식
수산화 이온	OH^-	질산 이온	NO_3^-
염소산 이온	ClO_3^-	탄산 이온	CO_3^{2-}
황산 이온	SO_4^{2-}	인산 이온	PO_4^{3-}
암모늄 이온	NH_4^+	중크롬산 이온	$Cr_2O_7^{2-}$
과망간산 이온	MnO_4^-	아세트산(초산) 이온	CH_3COO^-

✓ 다원자 이온의 형태에 다양한 원소를 결합시켜 물질의 화학식을 생성할 수 있다. 다원자 이온의 개수가 2개 이상인 경우 괄호 "(　　)"를 표시한다.

명 칭	화학식	명 칭	이온식
수산화리튬	$LiOH$	질산	HNO_3
수산화마그네슘	$Mg(OH)_2$	질산칼륨	KNO_3
염소산칼륨	$KClO_3$	탄산	H_2CO_3
황산	H_2SO_4	인산	H_3PO_4
과망간산암모늄	NH_4MnO_4	중크롬산칼륨	$K_2Cr_2O_7$
과망간산나트륨	$NaMnO_4$	아세트산(초산)	CH_3COOH

참고

구조식이란? 화합물의 결합 상태를 결합선을 이용한 그림으로 나타낸 식

시성식이란? 주로 C, H, O로 이루어진 화합물에서 작용기의 종류와 수의 순서에 따라 나타낸 식으로 대부분 제4류 위험물의 화학식에서 볼 수 있다.

③ 몰질량(g/mol), 분자량

✓ 물질 1몰(mol)당 들어 있는 질량(g)을 몰질량이라 하며, 이는 원자량으로 산정할 수 있다.

✓ **예를 들어, H_2의 몰질량을 계산해보면 H의 원자량이 1이므로 1+1=2라는 숫자가 H_2의** 몰질량, 즉 분자량임을 알 수 있다.

✓ 거꾸로 계산하여 2g의 H_2가 존재할 때 몇 몰(mol)인가? 라는 물음에 1몰(mol)이라 답할 수 있어야 한다.

예) CO_2의 분자량은?
탄소 원자량 : 12, 산소 원자량 : 16
12 + (16 × 2) = 44

예) 88g의 CO_2는 몇 몰인가?

$$몰(mol) = \frac{질량}{분자량}$$

$$\therefore \frac{88}{44} = 2몰$$

④ 표준상태(STP)(Standard Temperature and Pressure)

기체의 표준상태는 0℃, 1기압(1atm, 760mmHg)의 상태이며, 표준상태에서 모든 기체 1몰(mol)의 부피는 22.4L이다. 만일 10℃의 1기압의 조건이라면 이는 표준상태라 할 수 없다.

표준상태에서 모든 기체 1몰의 부피는 22.4L임을 알고, 분자량을 계산할 수 있다면 표준상태 기체의 부피(L)를 질량(g)으로 자유롭게 변환할 수도 있다.

위의 개념을 이용하여 아래의 예제를 확인해보면 두 가지 질문에 대한 답은 동일한 숫자임을 알 수 있다.

예) 표준상태에서 1mol의 H_2의 부피는 몇 L인가? 22.4L
예) 2g의 H_2 기체는 표준상태에서 몇 L인가? 22.4L

$$몰(mol) = \frac{질량}{분자량}$$

$\frac{2}{(1+1)}$ = 1몰이므로 표준상태의 조건에서 모든 기체의 부피는 22.4L이다.

온도를 표현할 때 섭씨온도(℃)와 켈빈온도(K)로 나타낼 수 있는데 두 온도의 관계는 다음과 같고, 1℃가 상승할 때 켈빈온도(K)도 마찬가지로 1K이 상승한다.

0℃ = 273K

예를 들어, 25℃의 상태는 켈빈온도로 273 + 25 = 298K 과 같다.

압력을 표현할 때 주로 기압 "atm"의 단위와 수은주 밀리미터 높이를 기준으로 하는 "mmHg"를 사용하며, 두 압력의 관계는 다음과 같다.

$$1atm = 760mmHg$$

예를 들어, 740㎜Hg의 압력은 기압 단위로 $740mmHg \times \frac{1atm}{760mmHg} = 0.97atm$ 과 같다.

기체의 부피는 온도가 높아질수록 팽창하지만, 압력이 높아질수록 기체의 부피는 줄어들게 된다.(보일-샤를의 법칙) 이렇게 기체의 부피는 온도 및 압력에 따라 달라지므로 표준상태가 아닌 조건(0℃, 1기압이 아닌 조건)에서는 증가 또는 감소하는 부피만큼 온도 및 압력을 보정해 주어야 하며, 온도는 반드시 켈빈온도(K)를 이용한다.

예) 20℃, 1기압에서 1mol의 H_2의 부피는 몇 L인가?

$$22.4L \times \frac{(273+20)}{273} = 24.04L$$

⑤ 이상기체상태방정식 (PV = nRT)

이상기체란 실제로 존재하지 않는 가상적인 기체로, 이러한 기체의 상태를 나타낸 식을 이상기체상태방정식이라 하고, 문제에 제시되는 조건을 이용하여 주로 기체의 부피(L 또는 ㎥) 또는 고체 물질의 질량을 계산할 수 있다. 단, 반응식 작성 시 문제에 제시된 물질과 계산해야 하는 물질의 비율이 1:1이 아니라면 계산해야 하는 물질의 몰수를 반드시 고려해야 한다.

$$PV = nRT$$

- P : 기압(atm), • V : 부피(L), • n : 몰수(mol) = $\frac{질량}{분자량}$,
- R : 0.082(atm · L/mol · K), • T : 켈빈온도(K)

연습문제-이상기체상태방정식

01. **소화기 속에 압축되어 있는 이산화탄소 1.1kg을 표준상태에서 분사하였다. 이산화탄소의 부피는 몇 ㎥가 되는가?**

① 0.56 ② 5.6 ③ 11.2 ④ 24.6

해설 【CO_2 분자량 : 12 + (16×2) = 44】

- PV = nRT 적용,
- P : 기압(atm) • V : 부피(L) • n : 몰수(mol) = $\frac{질량}{분자량}$
- R : 0.082(atm · L/mol · K) • T : 온도(K)
- $1 \times x = \frac{1.1}{44} \times 0.082 \times 273$ • $x = 0.56$㎥

02. 다음과 같은 반응에서 5㎥의 탄산가스를 만들기 위해 필요한 탄산수소나트륨의 양은 약 몇 ㎏인가? (단, 표준상태이고, 나트륨의 원자량은 23이다.)

$$2NaHCO_3 \rightarrow NaHCO_3 + CO_2 + H_2O$$

① 18.75 ② 37.5 ③ 56.25 ④ 75

해설 【$NaHCO_3$ 분자량 : 23+1+12+(3×16)=84】

- PV = nRT 적용, 탄산가스(CO_2)와 탄산수소나트륨($NaHCO_3$)의 반응식 비율이 1 : 1이 아니므로 계산해야 하는 탄산수소나트륨($NaHCO_3$)의 몰수 2몰을 곱하여야 한다.

$$\underline{2}NaHCO_3 \rightarrow NaHCO_3 + CO_2 + H_2O$$

- P : 기압(atm)
- V : 부피(L)
- n : 몰수(mol) = $\frac{\text{질량}}{\text{분자량}}$
- R : 0.082(atm · L/mol · K)
- T : 온도(K)
- $1 \times 5 \times 2\text{몰} = \frac{x}{84} \times 0.082 \times 273$
- x = 37.5kg

정답 1_① 2_②

⑥ 열량(Q)

$$Q = C \times m \times \Delta T$$

Q : 열량(kcal 또는 cal, kJ 또는 J)

C : 비열 (① 물의 비열 : 1kcal/kg · ℃ 또는 1cal/g · ℃, ② 물의 융해열 : 80kcal/kg 또는 80cal/g ③ 물의 기화열 : 539kcal/kg 또는 539cal/g, 문제에 제시되는 경우 주어진 값과 단위를 그대로 대입한다.)

m : 질량(kg 또는 g)

ΔT : 온도 변화량(℃)

✓ 비열이란 어떤 물질 1g의 온도를 1℃ 올리는 데 필요한 열량(cal)을 말한다. 비열은 계산하는 과정에 따라 ① ~ ③ 중 올바른 값을 대입하여 계산한다.

✓ 예를 들어 10℃의 물을 80℃의 물로 데우는 과정은 '물'이라는 상태의 변화는 없지만, 온도의 변화만 있는 과정이다. 이 경우의 비열은 1kcal/kg · ℃ 또는 1cal/g · ℃를 대입한다.

✓ 다른 예시로 100℃의 물에서 100℃의 수증기가 되는 과정은 100℃라는 온도의 변화는 없지만 '물'에서 '수증기'라는 상태 변화(기화)만 있는 과정이다. 이 경우의 비열은 539kcal/kg 또는 539cal/g을 대입한다.

✓ 마지막으로, 0℃의 얼음에서 0℃의 물로 되는 과정은 0℃라는 온도의 변화는 없지만 '얼음'에서 '물'이라는 상태 변화(융해)만 있는 과정이다. 이 경우의 비열은 80kcal/kg 또는 80cal/g을 대입한다.

✓ 이를 응용하여 10℃의 물에서 100℃의 수증기로 변하는 과정에서 필요한 열량을 알아보려면, 제시된 조건에 상태 및 온도 변화가 함께 있는 과정임에 유의한다. 따라서 Q_1(10℃의 물 → 100℃의 물)과 Q_2(100℃의 물 → 100℃ 수증기)의 합산으로 총 필요한 열량을 구할 수 있다.

연습문제-열량

01. **20℃의 물 100kg이 100℃ 수증기로 증발하면 최대 몇 kcal의 열량을 흡수할 수 있는가?**

① 540 ② 7,800 ③ 62,000 ④ 108,000

해설 물의 비열 : 1kcal/kg · ℃

- 물에서 수증기로 기화할 때 기화잠열 : 539kcal/kg
- Q(열량) = c(비열)×m(질량)×△t(온도차)
- 1) 20℃의 물 → 100℃의 물
- 1kcal/kg · ℃ × 100kg × (100−20)℃ = 8,000kcal
- 2) 100℃의 물 → 100℃의 수증기
- 539kcal/kg × 100kg = 53,900kcal

∴ 8,000kcal + 53,900kcal = 61,900kcal ≒ 62,000kcal

정답 1_③

챕터별 문제-기초화학

01. **액화 이산화탄소 1kg이 25℃, 2atm의 공기 중으로 방출되었을 때 방출된 기체상의 이산화탄소의 부피는 약 몇 L가 되는가?**

① 278 ② 556 ③ 1,111 ④ 1,985

해설 CO_2 분자량 : 12 + (16×2) = 44 PV = nRT 적용,

- P : 기압(atm) • V : 부피(L)
- n : 몰수(mol) = $\frac{질량}{분자량}$ • R : 0.082(atm · L/mol · K)
- T : 온도(K) • $2 \times x = \frac{1}{44} \times 0.082 \times (273+25)$
- x = 0.278㎥ × 1,000 → 278L

02. **15℃의 기름 100g에 8,000J의 열량을 주면 기름의 온도는 몇 ℃가 되겠는가? (단, 기름의 비열은 2J/g · ℃이다.)**

① 25 ② 45 ③ 50 ④ 55

해설 Q(열량) = c(비열)×m(질량)×△t(온도차) → 8,000J = 2J/g · ℃×100g×(x−15)℃

- 8,000 = 200x − (200×15) 200x = 11,000 【 ∴ x = 55℃ 】

03. 1몰의 이황화탄소와 고온의 물이 반응하여 생성되는 유독한 기체물질의 부피는 표준상태에서 얼마인가?

① 22.4L ② 44.8L ③ 67.2L ④ 134.4L

해설 반응식 : $CS_2 + 2H_2O \rightarrow 2H_2S + CO_2$ (제4류 위험물 개념)

- PV = nRT 적용,
- x = 44.77 ≒ 44.8L

04. 2몰의 브롬산칼륨이 모두 열분해 되어 생긴 산소의 양은 2기압 27℃에서 약 몇 L인가?

① 32.42 ② 36.92 ③ 41.34 ④ 45.64

해설 반응식 : $2KBrO_3 \rightarrow 2KBr + 3O_2$ (제1류 위험물 개념)

- PV = nRT 적용, 산소의 몰수 3몰을 곱하여야 한다.
- $2 \times x = 2 \times 0.082 \times (273+27) \times 3$
- x = 36.9L

05. 다음 반응식과 같이 벤젠 1kg이 연소할 때 발생되는 CO_2의 양은 약 몇 ㎥인가?

(단, 27℃, 750mmHg 기준이다.)

$$C_6H_6 + 7.5O_2 \rightarrow 6CO_2 + 3H_2O$$

① 0.72 ② 1.22 ③ 1.92 ④ [illegible]

해설 C_6H_6 분자량 : $(12 \times 6) + (1 \times 6) = 78$

PV = nRT 적용, 이산화탄소의 몰수 6몰을 곱하여야 한다.

1기압 = 760mmHg

$$\frac{750}{760} \times x = \frac{1}{78} \times 0.082 \times (273+27) \times 6\text{몰}$$

x = 1.92㎥

정답 1_① 2_④ 3_② 4_② 5_③

2) 연소이론

✓ 연소(Combustion)란 일종의 산화반응으로 탄소 수소 등의 가연물이 공기 중 산소와 화합하여 열과 빛을 발생하는 현상을 말한다. 연소반응이 일어나기 위해 반드시 필요한 연소의 3요소(가연물, 산소공급원, 점화원)에 연쇄반응을 더하여 연소의 4요소(가연물, 산소공급원, 점화원, 연쇄반응)라 하며 이 중 하나의 요소라도 제거되면 연소반응이 더 이상 일어나지 않는다.

① 연소의 4요소

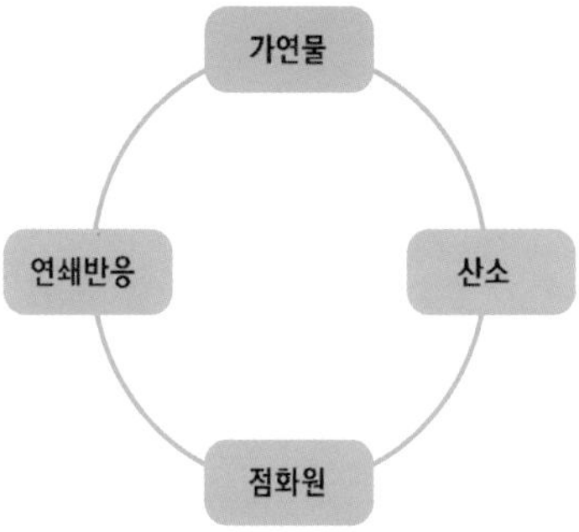

① 가연물 : 목재, 섬유, 종이, 석탄, 휘발유 등의 불에 잘 타기 쉽고 산화되기 쉬운 물질

가연물이 될 수 없는 물질(불연성)

✓ 질소 산화물 : NO, NO_2 등의 질소 산화물은 흡열반응을 하기 때문에 가연물이 될 수 없다.
✓ 비활성 기체 : 아르곤(Ar), 네온(Ne) 등의 18족 비활성 기체와 질소 기체(N_2)는 화학적으로 활성이 없으므로 연소 반응을 하지 않는다.
✓ 산화 반응이 완결된 물질 : 이산화탄소(CO_2), 산화알루미늄(Al_2O_3) 등 산소와 반응이 완결된 물질은 더 이상 산화 반응을 할 수 없으므로 가연물이 될 수 없다.

가연물이 되기 쉬운 조건

✓ 열전도율이 낮을 것(열전도율이 낮으면 주변으로 열을 빼앗기므로 열축적에 불리하므로 열전도율은 낮아야 한다.)
✓ 습도가 낮을 것(건조상태에서 연소가 활발하므로 습도는 낮아야 한다.)
✓ 온도가 높을 것(가연물이 뜨거울수록 타기 쉬우므로 온도는 높아야 한다.)
✓ 산소와의 접촉표면적이 클 것(고체 덩어리보다 표면적이 큰 가루 분말 형태가 연소하기 쉬우므로 접촉표면적이 커야 한다.)
✓ 발열량이 클 것(발열량이 클수록 좋은 연료이며, 가연물이 잘 탈수록 열축적에 용이하므로 발열량이 높아야 한다.)
✓ 활성화 에너지가 작을 것(연소 반응이 빨라짐)
✓ 연쇄반응을 일으킬 수 있을 것(연소가 지속되어야 하므로)

용어정리

✓ 발열량 : 연료가 산소와 결합하여 완전연소할 때 발생하는 열량
✓ 활성화 에너지 : 화학 반응에 필요한 최소한의 에너지

② 산소공급원 : 공기(산소), 산화성 물질(제1류 · 제6류 위험물), 자기반응성 물질(제5류 위험물) 등과 같이 연소반응을 도와주는 조연성 물질

자주 출제되는 보기

✓ 산소공급원 : 염소산칼륨, 염소산암모늄(제1류 위험물), 과산화수소(제6류 위험물) 니트로글리세린(제5류 위험물) 등

③ 점화원(불)

점화원의 종류

✓ 기계적 에너지 : 단열압축열, 충격 및 마찰열
✓ 전기적 에너지 : 정전기 불꽃, 아크열, 유도열
✓ 화학적 에너지 : 연소열, 분해열, 산화열, 중합열
※ 증발(기화)열, 융해열은 주변의 열을 흡수하여 주위 온도가 낮아지므로 점화원이 될 수 없음

용어정리

✓ 인화점(Flash point) : 점화원에 의하여 인화되는 최저 온도
✓ 발화점(=착화점, Ignition point) : 별도의 점화원이 없이도 스스로 불이 붙는 최저 온도
✓ 연소점(Fire point) : 점화원 제거 후 지속적으로 연소가 되는 최저 온도

발화점이 낮아지는 조건 → 위험도가 증가하는 조건이며, 가연물의 구비조건과 유사하다.

✓ 압력이 높을 것
✓ 탄화수소의 경우 분자량이 클 것
✓ 습도가 낮을 것
✓ 발열량이 클 것
✓ 산소와의 접촉 표면적이 클 것(산소와 친화력이 클 것)
✓ 분자구조가 복잡할 것
✓ 열전도율이 낮을 것
✓ 활성화 에너지가 작을 것
✓ 화학적 활성도가 클 것

발화점이 달라지는 요인

㉠ 가연성가스와 공기의 조성비
㉡ 발화를 일으키는 공간의 형태와 크기
㉢ 가열속도와 가열시간
㉣ 발화원의 종류와 가열하는 방식
㉤ 촉매 효과의 유무
㉥ 반응속도와 반응열의 크기

④ 연쇄반응 : 연소가 유지되기 위해 필요한 요소로, 연소반응이 지속적으로 이뤄질 수 있게 하는 반응

연습문제-연소의 4요소

01. **다음 중 연소의 3요소를 모두 갖춘 것은?**

① 휘발유 + 공기 + 수소 ② 적린 + 수소 + 성냥불
③ 성냥불 + 황 + 염소산암모늄 ④ 알코올 + 수소 + 염소산암모늄

해설 ③ 성냥불(점화원) + 황(가연물) + 염소산암모늄(산소공급원)

02. **연소가 잘 이루어지는 조건으로 거리가 먼 것은?**

① 가연물의 발열량이 클 것 ② 가연물의 열전도율이 클 것
③ 가연물과 산소와의 접촉표면적이 클 것 ④ 가연물의 활성화 에너지가 작을 것

해설 열전도율이 작을수록, 발열량이 클수록, 표면적이 클수록, 활성화 에너지가 작을수록, 습도가 낮을수록 연소가 잘 이루어진다.

03. **착화 온도가 낮아지는 원인과 가장 관계가 있는 것은?**

① 발열량이 적을 때 ② 압력이 높을 때
③ 습도가 높을 때 ④ 산소와의 결합력이 나쁠 때

해설 일반적인 기체에서 압력이 높을 때 착화 온도가 낮아지며 폭발범위가 넓어진다.

04. **다음 중 발화점이 낮아지는 경우는?**

① 화학적 활성도가 낮을 때 ② 발열량이 클 때
③ 산소와 친화력이 나쁠 때 ④ CO_2와 친화력이 높을 때

해설 발화점이 낮을수록 위험도가 증가하는 조건이므로 발열량이 클 때 발화점이 낮아진다.
① 화학적 활성도가 높을 때 ③ 산소와 친화력이 좋을 때
④ CO_2와 친화력이 낮을 때

정답 1_③ 2_② 3_② 4_②

② 연소의 형태

1. 고체 연료

구분	개념	예시
표면연소	화염 및 불꽃이 없는 작열연소로, 고체의 표면에서 산소와 반응하여 연소하는 형태	숯, 목탄, 금속분(알루미늄분 등), 코크스 등
분해연소	흔히 볼 수 있는 일반적인 연소형태로, 화염 및 불꽃이 발생하는 연소 형태	석탄, 종이, 섬유, 플라스틱, 목재, 고무 등
자기연소	자체 내에 산소를 함유하고 있어 공기 중의 산소를 필요로 하지 않고, 자체의 산소에 의해서 연소되는 현상	제5류 위험물(니트로글리세린, 니트로셀룰로오스 등)
증발연소	승화성의 고체물질에 열을 가하여 생성된 가연성의 증기가 산소와 화합하여 연소하는 형태	유황, 나프탈렌, 양초(파라핀), 고급 알코올 등

2. 액체 연료

구분	개념	예시
분해연소	흔히 볼 수 있는 일반적인 연소형태로, 화염 및 불꽃이 발생하는 연소 형태	중유
증발연소	승화성의 고체물질에 열을 가하여 생성된 가연성의 증기가 산소와 화합하여 연소하는 형태	경유, 알코올, 휘발유 등
등심연소(=심화연소)	램프 등과 같이 연료를 심지로 빨아올려 심지의 표면에서 연소하는 형태	
액면연소	액체 연료의 열분해 시 발생된 증기가 액체연료 상부에서 공기와 확산 연소되는 형태	
분무연소(=액적연소)	액체 연료를 미세하게 액적화하여 안개상으로 만들어 연소하는 형태	

3. 기체 연료 : 확산연소, 예혼합연소

구분	개념
확산연소	가연성 기체와 산소가 접촉하여 확산되면서 혼합이 이뤄지는 연소 형태
예혼합연소	기체연료와 공기를 미리 혼합시킨 후 연소하는 형태

연습문제-연소의 형태

01. **금속분, 나트륨, 코크스 같은 물질이 공기 중에서 점화원을 제공받아 연소할 때의 주된 연소형태는?**

① 표면연소 ② 확산연소 ③ 분해연소 ④ 증발연소

해설 표면연소란 숯, 목탄, 금속분, 나트륨, 코크스 등의 물질에서 공기와 접촉하는 표면에서 연소가 일어나는 현상이다.

02. **양초, 고급알코올 등과 같은 연료의 가장 일반적인 연소형태는?**

① 표면연소 ② 증발연소 ③ 분무연소 ④ 분해연소

해설 증발연소란 황, 양초, 고급알코올 등과 같은 연료가 증발하여 생긴 증기가 연소하는 현상이다.

03. **니트로화합물과 같은 가연성 물질이 자체 내에 산소를 함유하고 있어 공기 중의 산소를 필요로 하지 않고, 자체의 산소에 의해서 연소되는 현상은?**

① 자기연소 ② 등심연소 ③ 훈소연소 ④ 분해연소

해설 자기연소란 제5류 위험물과 같이 자체 내에 산소를 포함하여 산소공급원 없이도 연소하는 현상이다.

04. **액체연료의 연소형태가 아닌 것은?**

① 확산연소 ② 증발연소 ③ 액면연소 ④ 분무연소

해설 확산연소는 기체연료의 연소형태이다.

정답 1_① 2_② 3_① 4_①

③ 연소반응식

① 연소반응식

탄소(C) 및 수소(H)로 이루어진 물질을 탄화수소라 하며, 탄소(C), 수소(H) 및 산소(O)로 이루어진 물질을 탄소화합물이라 한다. 각각의 물질이 충분한 산소(O_2)와 반응하는 식을 연소 반응식이라 하는데 화살표 기준으로 왼쪽은 반응물, 화살표 기준으로 오른쪽은 생성물이 된다. 탄화수소와 탄소화합물의 연소 반응에서 만들어지는 생성물은 항상 $CO_2(g)$와 $H_2O(l)$이고, 물질의 상태를 고체(solid)를 s, 액체(liquid)를 l, 수용액(aqua solution)을 aq, 기체(gas)는 g로 표현할 수 있다.

② 연소반응식의 작성

연소 반응식 작성 시 몰(mol)수를 이용하여 각각의 원소 개수를 동일하게 균형을 맞추어야 완벽한 화학반응식이 완성된다. 흔히 계수라고 칭하는 몰(mol)수는 분자수와 같은 의미이며, 계수는 가장 간단한(최소의) 정수로 나타내는데 숫자 1은 생략할 수 있다. 하지만 제시된 문제 조건에 따라 소수 및 분수로 작성하는 경우도 있으며 작성한 계수는 각각의 원소의 원자수로 분배되는 성질을 갖는다. 경우에 따라 몰수의 변환이 필요한 경우 반응식 전체에 동일한 배수를 곱해주거나 나눠줄 수 있다. 마지막으로 균형이 잘 맞추어졌는지 확인하려면 반응물과 생성물에 있는 원소에 포함된 각 원자의 개수를 반드시 세어보아야 한다.

연소반응식 만드는 순서

① 반응물, 생성물의 종류를 화학식으로 작성한다. 예) 프로판(C_3H_8)

$$C_3H_8 + O_2 \rightarrow \underline{3}CO_2 + H_2O$$

② 탄소의 개수는 CO_2의 몰수와 동일하다.

$$C_3H_8 + O_2 \rightarrow CO_2 + H_2O$$

③ $\dfrac{\text{수소의 개수}}{2}$는 H_2O의 몰수와 동일하다.

$$C_3H_8 + O_2 \rightarrow 3CO_2 + \underline{4}H_2O$$

④ 화살표 기준으로 왼쪽(반응물)과 오른쪽(생성물)의 산소 개수가 동일하도록 균형을 맞춘다. 단, 이전 단계에서 작성한 숫자(몰수)는 각각의 원소로 분배되는 성질을 갖는다.

$$C_3H_8 + xO_2 \rightarrow 3CO_2 + 4H_2O$$

$(2 \times x)$ (3×2) (4×1)

반응물 : $2x$개

생성물 : 6 + 4 = 10개

$2x = 10$

$\therefore x = 5$

따라서, $C_3H_8 + 5O_2 \rightarrow 3CO_2 + 4H_2O$

+ 몰수의 변환을 필요로 하는 경우

예) 0.5mol 기준의 프로판(C_3H_8) 연소 반응식

위에서 완성된 $C_3H_8 + 5O_2 \rightarrow 3CO_2 + 4H_2O$ 반응식에서 프로판(C_3H_8)이 1mol이므로 0.5mol이 되려면 절반으로 나눠주어야 한다. 반응식에 포함된 전체의 몰(mol)수를 절반으로 나누어 변환할 수 있으며, 분수로 표현해주어도 무방하다.

$$0.5C_3H_8 + 2.5O_2 \rightarrow 1.5CO_2 + 2H_2O$$

연습문제-연소반응식

01. **다음 아세톤의 완전 연소 반응식에서 ( )에 알맞은 계수를 차례대로 옳게 나타낸 것은?**

$$CH_3COCH_3 + (\quad)O_2 \rightarrow (\quad)CO_2 + 3H_2O$$

① 3, 4 ② 4, 3 ③ 6, 3 ④ 3, 6

해설 괄호 빈칸에 계수를 채워 넣는 형식의 문제는 항상 정수로 맞추어야 하며, 탄소화합물(C, H, O)의 경우 화학식의 기존에 존재하는 산소 개수에 유의한다.

① 탄소의 개수는 CO_2의 몰수와 동일하다. ($CH_3COCH_3 + xO_2 \rightarrow 3CO_2 + 3H_2O$)

② 산소의 개수를 세어 균형을 맞춘다.

$CH_3COCH_3 + xO_2 \rightarrow 3CO_2 + 3H_2O$

1 $(2\times x)$ (3×2) (3×1)

반응물 : $1 + 2x$개 생성물 : $6 + 3 = 9$개

$1 + 2x = 9$ $\therefore x = 4$

따라서, $CH_3COCH_3 + 4O_2 \rightarrow 3CO_2 + 3H_2O$

02. **1몰의 에틸알코올이 완전연소하였을 때 생성되는 이산화탄소는 몇 몰인가?**

① 1몰 ② 2몰 ③ 3몰 ④ 4몰

해설 에틸알코올(=에탄올) 화학식 : C_2H_5OH

① 반응물, 생성물의 종류를 화학식으로 작성한다. ($C_2H_5OH + O_2 \rightarrow CO_2 + H_2O$)

② 탄소의 개수는 CO_2의 몰수와 동일하다.($C_2H_5OH + O_2 \rightarrow 2CO_2 + H_2O$)

③ $\frac{\text{수소의 개수}}{2}$는 H_2O의 몰수와 동일하다. ($C_2H_5OH + O_2 \rightarrow 2CO_2 + 3H_2O$)

④ 산소의 개수를 세어 균형을 맞춘다.

$C_2H_5OH + xO_2 \rightarrow 2CO_2 + 3H_2O$

1 $(2\times x)$ (2×2) (3×1)

반응물 : $1 + 2x$개 생성물 : $4 + 3 = 7$개

$1 + 2x = 7$ $\therefore x = 3$

따라서, $C_2H_5OH + 3O_2 \rightarrow 2CO_2 + 3H_2O$

정답 1_② 2_②

④ 이론 공기량과 이론 산소량

이론 산소량 : 연료를 완전 연소시키는데 필요한 이론적인 산소량을 말하며, 이론 공기량은 이론 산소량을 통해 산출할 수 있다. 일반적으로 표준공기 중 산소의 부피 조성은 21vol%, 무게 조성은 23wt% 기준으로 한다.

연소반응식 만드는 순서

예) 탄소 80%, 수소 14%, 황 6%인 물질 1kg이 완전연소하기 위해 필요한 이론 공기량은 약 몇 kg인가? (단, 공기 중 산소는 23wt%이다.)

이론산소량을 먼저 계산하면

1) $C + O_2 \rightarrow CO_2$

12kg ╳ 32kg
80kg　　x

$12 \times x = 32 \times 80$

$\therefore x = 213.33kg$

2) $S + O_2 \rightarrow SO_2$

32kg ╳ 32kg
6kg　　x

$32 \times x = 32 \times 6$

$\therefore x = 6kg$

3) $2H_2 + O_2 \rightarrow H_2O$

4kg ╳ 32kg
14kg　　x

$4 \times x = 32 \times 14$

$\therefore x = 112kg$

이론 산소량 : 213.33 + 6 + 112 = 331.33kg

산출된 x값을 바탕으로 이론 공기량을 계산하면 다음과 같다.

$$\frac{213.33 + 6 + 112}{0.23} = 14.41kg$$

⑤ 색 온도(Color temperature)

검은 물체(흑체)를 가열한 고온체(고온의 물체)는 온도가 높아짐에 따라 암적색-황색-백색-푸른색 순서로 색상이 나타난다.

〈온도에 따른 고온체의 색상〉
암적색(700℃) 〈 적색(850℃) 〈 휘적색(950℃) 〈 황적색(1,100℃) 〈 백적색(1,300℃) 〈 휘백색(1,500℃)

연습문제-색 온도

01. 다음 고온체의 색상을 낮은 온도부터 나열한 것으로 옳은 것은?

① 암적색 〈 황적색 〈 백적색 〈 휘적색
② 휘적색 〈 백적색 〈 황적색 〈 암적색
③ 휘적색 〈 암적색 〈 황적색 〈 백적색
④ 암적색 〈 휘적색 〈 황적색 〈 백적색

해설 암적색(700℃) 〈 적색(850℃) 〈 휘적색(950℃) 〈 황적색(1,100℃) 〈 백적색(1,300℃) 〈 휘백색(1,500℃)

정답 1_④

⑥ 연소범위(%)

연소가 일어날 때 필요한 농도범위이며, 연소범위 내에 존재할 때 가연성 가스와 공기 또는 산소가 혼합하여 점화 시 폭발할 수 있어 폭발범위와도 같은 의미이다. 단위는 공기 또는 산소에 대한 가스의 % 농도이며, 연소범위 중 최저의 농도를 연소하한계(LFL), 최고의 농도를 연소상한계(UFL)라 한다.

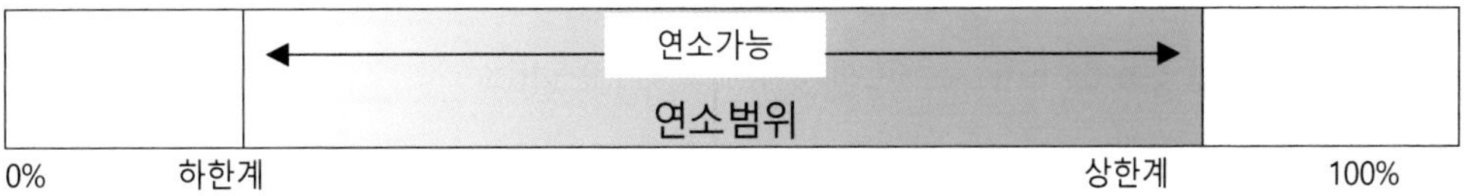

온도가 상승하면 기체 분자의 운동성이 활발해져 연소범위 하한은 낮아지고 연소범위 상한은 높아지면서 최종적으로 연소범위가 넓어지는 결과가 나타난다. 반면에 압력이 상승하면 연소범위 하한보다 연소범위 상한에 영향을 주기 때문에 전체적으로 연소범위는 넓어지지만 연소범위 하한값은 유지된다. 그 밖에 산소 농도가 증가할 때 연소범위가 넓어질 수 있으며, 불활성 기체 첨가 시 연소범위는 좁아질 수 있다.
연소범위 하한값과 상한값을 알면 위험도(H)를 계산할 수 있는데 연소범위를 연소하한계로 나눈 값으로 위험도가 클수록 위험성이 커진다.

$$\text{위험도}(H) = \frac{U-L}{L}$$

U : 연소범위 상한, L : 연소범위 하한

✔ 자주 출제되는 위험물의 연소범위

- 가솔린(휘발유) : 1.4~7.6%
- (디)에틸에테르 : 1.9~48% (넓은 편)
- 아세틸렌 : 2.5~81% (탄화칼슘과 물이 반응하였을 때 발생하는 가연성 가스)
- 메틸알코올 : 6.0~36%

연습문제-연소범위

01. 연소범위에 대한 설명으로 옳지 않은 것은?

① 연소범위는 연소하한값부터 연소상한값까지이다.
② 연소범위의 단위는 공기 또는 산소에 대한 가스의 % 농도이다.
③ 연소하한이 낮을수록 위험이 크다.
④ 온도가 높아지면 연소범위가 좁아진다.

02. 가솔린의 연소범위(vol%)에 가장 가까운 것은?

① 1.4~7.6 ② 8.3~11.4 ③ 12.5~19.7 ④ 22.3~32.8

03. 다음 중 폭발범위가 가장 넓은 물질은?

① 메탄 ② 톨루엔 ③ 에틸알코올 ④ 에틸에테르

해설 제4류 위험물 중 특수인화물은 대체로 폭발범위가 넓은 편이다.
① 메탄 : 5~15% ② 톨루엔 : 1.4~6.7%
③ 에틸알코올 : 4.3~19% ④ 에틸에테르 : 1.9~48%

04. 아세톤의 위험도를 구하면 얼마인가? (단, 아세톤의 연소범위는 2~13vol%이다)

① 0.846 ② 1.23 ③ 5.5 ④ 7.5

해설 【위험도】

$$위험도(H) = \frac{U-L}{L}$$ U : 연소범위 상한, L : 연소범위 하한

$$\therefore H = \frac{U-L}{L} = \frac{13-2}{2} = 5.5$$

정답 1_④ 2_① 3_④ 4_③

⑦ 자연발화

- 물질이 공기 중(상온)에서 자연적으로 발열되어 생긴 열로 장기간에 걸쳐 축적됨으로서 해당 물질의 발화점에 이르러 점화원 없이 스스로 연소하는 현상이다.

자연발화의 주된 요인	물질
산화열	건성유, 석탄, 기름걸레
분해열	셀룰로이드, 니트로셀룰로오스(질화면), 니트로글리세린
흡착열	목탄, 활성탄
발효열(미생물)	퇴비, 먼지, 비료
중합열	시안화수소, 산화에틸렌

[자연발화가 잘 이루어지는 조건]

- **습도가 높을 것** (미생물이 성장하여 발열할 수 있으므로 습도가 높아야 한다.)
- 열전도율이 낮을 것
- 온도가 높을 것
- 산소와의 접촉표면적이 클 것
- 발열량이 클 것
- 활성화 에너지가 작을 것

[자연발화 방지 대책]

- 온도를 낮출 것
- 가연성의 물질을 제거할 것
- 습도 및 수분이 낮은 곳에서 저장할 것
- 정촉매 작용을 하는 물질과의 접촉을 피할 것

[최소착화에너지(E)]

최소착화에너지(E)란 가연성의 가스가 점화 시 착화(발화)하기 위하여 필요한 최소한의 에너지로 최소점화에너지, 최소발화에너지와 같은 의미이다.

$$E = \frac{1}{2}QV = CV^2$$

Q : 전기량(C)

C : 전기용량(F)

V : 방전전압(V)

연습문제-자연발화

01. 산화열에 의한 발열이 자연발화의 주된 요인으로 작용하는 것은?

① 건성유 ② 퇴비 ③ 목탄 ④ 셀룰로이드

해설 ② 퇴비 : 미생물에 의한 발열 ③ 목탄 : 흡착열에 의한 발열
④ 셀룰로이드 : 분해열에 의한 발열

02. 자연발화를 방지하기 위한 방법으로 옳지 않은 것은?

① 습도를 가능한 한 높게 유지한다. ② 열 축적을 방지한다.
③ 저장실의 온도를 낮춘다. ④ 정촉매 작용을 하는 물질을 피한다.

해설 자연발화는 습도가 높은 상태에서 잘 일어나므로 자연발화를 방지하기 위해 습도를 낮추어야 한다.

03. 전기불꽃에 의한 에너지식을 바르게 나타낸 것은 무엇인가? (단, E는 전기불꽃에너지, C는 전기용량, Q는 전기량, V는 방전전압이다.)

① $E=\frac{1}{2}QV$ ② $E=\frac{1}{2}QV^2$ ③ $E=\frac{1}{2}CV$ ④ $E=\frac{1}{2}VQ^2$

해설 최소착화에너지 공식 : $E=\frac{1}{2}QV=CV^2$

정답 1_① 2_① 3_①

⑧ 폭발

- 폭발은 크게 화학적 폭발과 물리적 폭발로 구분되며, 화학적 폭발 중 분진폭발은 가연성 고체가 미립자인 분말 상태로 공기 중에 현탁되어 있을 때 발생하는 폭발 현상이다.
- 분진폭발을 잘 일으키는 물질에는 밀가루, 황(S)가루, 금속분[알루미늄(Al), 마그네슘(Mg), 아연(Zn) 등], 석탄가루 등이 있으며 분진폭발이 어려운 물질에는 대표적으로 시멘트, 석회석, 생석회(CaO), 탄산칼슘($CaCO_3$)가 있다.

폭연과 폭굉

폭연이란? : 연소속도가 음속보다 느릴 때 발생하며, 폭발 시 연소파의 전파속도 범위는 0.1~10m/s이다.

폭굉이란? : 연소속도가 음속보다 빠를 때 발생하며, 폭굉의 전파속도는 1,000~3,500m/s이다.

폭굉유도거리(DID, Detonation Inducement Distance)란 최초의 느린 연소가 폭굉으로 발전할 때까지의 거리로 짧을수록 위험성이 높아진다.

〈폭굉유도거리가 짧아지는 조건〉

- 압력이 높을 것
- 관 내부에 장애물이 있을 것
- 점화원 에너지가 강할 것
- 정상 연소속도가 큰 혼합가스일 것
- 관지름이 좁을 것

연습문제-폭발

01. 다음 물질 중 분진폭발의 위험성이 가장 낮은 것은?

① 밀가루 ② 알루미늄분말 ③ 모래 ④ 석탄

해설 모래, 석고, 시멘트, 가성소다, 석회분 등은 분진폭발의 위험성이 낮은 물질에 해당한다.

02. 황가루가 공기 중에 떠 있을 때의 주된 위험성에 해당하는 것은?

① 수증기 발생 ② 전기감전 ③ 분진폭발 ④ 인화성 가스 발생

해설 황가루, 알루미늄 분말, 마그네슘 분말 등의 물질이 공기 중에 떠 있을 때 분진폭발의 위험성이 커진다.

03. 폭발 시 연소파의 전파속도 범위에 가장 가까운 것은?

① 0.1~10m/s ② 100~1,000m/s
③ 1,000~3,500m/s ④ 5,000~10,000m/s

해설 폭발의 전파속도는 0.1~10m/s이고, 폭굉의 전파속도는 1,000~3,500m/s이다.

04. 일반적으로 폭굉파의 전파속도는 어느 정도인가?

① 0.1~10m/s ② 100~350m/s ③ 1,000~3,500m/s ④ 10,000~35,000m/s

05. 폭굉유도거리(DID)가 짧아지는 경우는?

① 점화원 에너지가 약할수록 짧아진다. ② 압력이 높을수록 짧아진다.
③ 관지름이 넓을수록 짧아진다. ④ 정상 연소속도가 작은 혼합가스일수록 짧아진다.

해설 ① 점화원 에너지가 강할수록 짧아진다. ③ 관지름이 좁을수록 짧아진다.
④ 정상 연소속도가 큰 혼합가스일수록 짧아진다.

정답 1_③ 2_③ 3_① 4_③ 5_②

챕터별 문제-연소 이론

01. **다음 중 연소의 3요소를 모두 갖춘 것은?**

① 성냥불, 등유, 산소 ② 등유, 수소, 공기 ③ 아세톤, 수소, 산소 ④ 알코올, 황, 산소

해설 ① 성냥불(점화원) + 등유(가연물) + 산소(산소공급원)

02. **다음 중 가연물이 될 수 없는 것은?**

① 질소 ② 나트륨 ③ 니트로셀룰로오스 ④ 나프탈렌

해설 질소는 불활성 기체로 가연물이 될 수 없다.

03. **연소가 잘 이루어지는 조건으로 틀린 것은?**

① 가연물의 표면적이 클 것 ② 가연물의 열전도율이 클 것
③ 가연물이 산소와 친화력이 클 것 ④ 가연물의 활성화 에너지가 작을 것

해설 열전도율이 작을수록, 발열량이 클수록, 표면적이 클수록, 활성화 에너지가 작을수록, 습도가 낮을수록 연소가 잘 이루어진다.

04. **다음 중 발화점이 달라지는 요인으로 가장 거리가 먼 것은?**

① 가연성가스와 공기의 조성비 ② 발화를 일으키는 공간의 형태와 크기
③ 가열속도와 가열시간 ④ 가열도구의 내부연인

해설 [발화점이 달라지는 요인]

① 가연성가스와 공기의 조성비 ② 발화를 일으키는 공간의 형태와 크기
③ 가열속도와 가열시간 ④ 발화원의 종류와 가열하는 방식
⑤ 촉매 효과의 유무 ⑥ 반응속도와 반응열의 크기

05. **일반 건축물 화재에서 내장재로 사용한 폴리스틸렌 폼(polystyrene foam)이 화재 중 연소를 했다면 이 플라스틱의 연소형태는?**

① 증발연소 ② 자기연소 ③ 분해연소 ④ 표면연소

해설 석탄, 종이, 섬유, 플라스틱, 목재, 고무 등의 물질은 분해연소에 해당한다.

06. **연소의 종류와 가연물을 틀리게 연결한 것은?**

① 증발연소 - 가솔린, 알코올 ② 표면연소 - 코크스, 목탄
③ 분해연소 - 목재, 종이 ④ 자기연소 - 에테르, 나프탈렌

해설 ④ 에테르, 나프탈렌 : 증발연소

07. 양초(파라핀)의 연소형태는?

① 표면연소 ② 증발연소 ③ 분무연소 ④ 분해연소

해설 증발연소란 황, 양초, 고급알코올 등과 같은 연료가 증발하여 생긴 증기가 연소하는 현상이다.

08. 다음 중 주된 연소형태가 표면연소인 것은?

① 숯 ② 목재 ③ 플라스틱 ④ 나프탈렌

해설 표면연소는 숯, 목탄, 금속분, 나트륨, 코크스 등의 물질에 해당한다.

09. 주된 연소형태가 표면연소인 것을 옳게 나타낸 것은?

① 중유, 알코올 ② 코크스, 숯 ③ 목재, 종이 ④ 석탄, 플라스틱

해설 ① 중유 : 분해연소, 알코올 : 증발연소
③ 목재, 종이 ④ 석탄, 플라스틱 : 분해연소

10. 금속분, 나트륨, 코크스 같은 물질이 공기 중에서 점화원을 제공받아 연소할 때의 주된 연소형태는?

① 표면연소 ② 확산연소 ③ 분해연소 ④ 증발연소

해설 표면연소란 숯, 목탄, 금속분, 나트륨, 코크스 등의 물질에서 공기와 접촉하는 표면에서 연소가 일어나는 현상이다.

11. 주된 연소형태가 자기연소인 것은?

① 금속분 ② 유황 ③ 목재 ④ 피크르산

해설 자기연소란 제5류 위험물(니트로화합물, 피크르산)과 같이 자체 내에 산소를 포함하여 산소공급원 없이도 연소하는 현상이다.
① 금속분 - 표면연소 ② 유황 - 증발연소 ③ 목재 - 분해연소

12. 고체의 일반적인 연소형태에 속하지 않는 것은?

① 확산연소 ② 증발연소 ③ 액면연소 ④ 분무연소

해설 확산연소는 기체연료의 연소형태이다.

13. 제2류 위험물인 유황의 대표적인 연소형태는?

① 표면연소 ② 분해연소 ③ 증발연소 ④ 자기연소

해설 유황, 나프탈렌, 양초(파라핀), 고급 알코올 등의 연소형태는 증발연소이다.

14. **분자 내의 니트로기와 같이 쉽게 산소를 유리할 수 있는 기를 가지고 있는 화합물의 연소형태는?**

① 표면연소 ② 분해연소 ③ 증발연소 ④ 자기연소

해설 니트로기($-NO_2$)를 갖는 작용기의 연소 형태는 자기연소이며, 대부분 제5류 위험물에 해당한다.

15. **니트로화합물과 같은 가연성물질이 자체 내에 산소를 함유하고 있어 공기 중의 산소를 필요로 하지 않고, 자체의 산소에 의해서 연소되는 현상은?**

① 자기연소 ② 등심연소 ③ 훈소연소 ④ 분해연소

해설 자기연소란 제5류 위험물(니트로화합물, 피크르산)과 같이 자체 내에 산소를 포함하여 산소공급원 없이도 연소하는 현상이다.

16. **가연성 액체의 연소형태를 옳게 설명한 것은?**

① 연소범위의 하한보다 낮은 범위에서라도 점화원이 있으면 연소한다.
② 가연성 증기의 농도가 높으면 높을수록 연소가 쉽다.
③ 가연성 액체의 증발연소는 액면에서 발생하는 증기가 공기와 혼합하여 타기 시작한다.
④ 증발성이 낮은 액체일수록 연소가 쉽고, 연소속도는 빠르다.

해설 ① 연소범위의 하한보다 낮은 범위에 있거나 상한보다 높은 범위에 있으면 점화될 수 없다.
② 가연성 증기의 농도가 낮으면 낮을수록 연소가 쉽다.
④ 증발성이 높은 액체일수록 연소가 쉽고, 연소속도는 빠르다.

17. **다음 아세톤의 완전 연소 반응식 "$CH_3COCH_3 + (\quad)O_2 + \rightarrow (\quad)CO_2 + 3H_2O$" 에서 안에 알맞은 계수를 차례대로 옳게 나타낸 것은?**

① 3, 4 ② 4, 3 ③ 6, 3 ④ 3, 6

해설 연소반응식 : $CH_3COCH_3 + 4O_2 \rightarrow 3CO_2 + 3H_2O$

18. **자연발화를 방지하기 위한 방법으로 옳지 않은 것은?**

① 습도를 가능한 한 높게 유지한다. ② 열 축적을 방지한다.
③ 저장실의 온도를 낮춘다. ④ 정촉매 작용을 하는 물질을 피한다.

해설 자연발화는 습도가 높은 상태에서 잘 일어나므로 자연발화를 방지하기 위해 습도를 낮추어야 한다.

19. **분해열에 의한 발열이 자연발화의 주된 요인으로 작용하는 것은?**

① 셀룰로이드 ② 퇴비 ③ 목탄 ④ 건성유

해설 ② 퇴비: 미생물에 의한 발열/③ 목탄 : 흡착열에 의한 발열/④ 건성유 : 산화열에 의한 발열

20. 휘발유의 연소범위(vol%)에 가장 가까운 것은?

① 1.4~7.6　② 8.3~11.4　③ 12.5~19.7　④ 22.3~32.8

해설 ✔자주 출제되는 위험물의 연소범위

- 가솔린(휘발유) : 1.4~7.6%
- (디)에틸에테르 : 1.9~48% (넓은 편)
- 아세틸렌 : 2.5~81% (탄화칼슘과 물이 반응하였을 때 발생하는 가연성 가스)
- 메틸알코올 : 6.0~36%

21. 다음 중 전기의 불량도체로 정전기가 발생되기 쉽고 폭발범위가 가장 넓은 위험물은?

① 메탄　② 톨루엔　③ 에틸알코올　④ 에틸에테르

해설 ① 메탄 : 5~15%　② 톨루엔 : 1.4~6.7%
③ 에틸알코올 : 4.3~19%　④ 에틸에테르 : 1.9~48%

22. 다음 물질 중 분진폭발의 위험성이 가장 낮은 것은?

① 밀가루　② 알루미늄분말　③ 시멘트　④ 설탕

해설 모래, 석고, 시멘트, 가성소다, 석회분 등은 분진폭발의 위험성이 낮은 물질에 해당한다.

23. 다음 물질 중 분진폭발의 위험성이 가장 낮은 것은?

① 밀가루　② 알루미늄분말　③ 모래　④ 석탄

24. 다음 중 분진폭발의 원인물질로 작용할 위험성이 가장 낮은 것은?

① 마그네슘 분말　② 밀가루　③ 담배 분말　④ 시멘트 분말

25. 분진 폭발의 위험이 가장 낮은 것은?

① 아연분　② 시멘트　③ 밀가루　④ 커피

26. 황의 성질로 옳은 것은?

① 전기 양도체이다.　② 물에는 매우 잘 녹는다.
③ 이산화탄소와 반응한다.　④ 미분은 분진폭발의 위험성이 있다.

해설 황(S)가루는 분진폭발의 위험성이 있는 물질이다.

27. 전기불꽃 에너지 공식에서 (　)에 알맞은 것은? (단, Q는 전기량, V는 방전전압, C는 전기용량을 나타낸다.)

$$E = \frac{1}{2}(\quad) = \frac{1}{2}(\quad)$$

① QV, CV　　② QC, CV　　③ QV, CV^2　　④ QC, QV^2

해설 최소착화에너지 공식 : $E = \frac{1}{2}QV = CV^2$

28. 연소범위에 대한 설명으로 옳지 않은 것은?

① 연소범위는 연소하한값부터 연소상한값까지이다.
② 연소범위의 단위는 공기 또는 산소에 대한 가스의 % 농도이다.
③ 연소하한이 낮을수록 위험이 크다.
④ 온도가 높아지면 연소범위가 좁아진다.

해설 온도가 높아지면 연소범위 하한과 상한이 함께 넓어진다.

29. 위험물의 화재위험에 관한 제반조건을 설명한 것으로 옳은 것은?

① 인화점이 높을수록, 연소범위가 넓을수록 위험하다.
② 인화점이 낮을수록, 연소범위가 좁을수록 위험하다.
③ 인화점이 높을수록, 연소범위가 좁을수록 위험하다.
④ 인화점이 낮을수록, 연소범위가 넓을수록 위험하다.

해설 인화점이 낮을수록 인화되기 쉬우므로 위험성이 커지며, 연소범위 하한이 낮을수록 한은 높을수록(연소범위가 넓을수록) 위험성이 커지게 된다.

30. 메틸알코올의 연소범위를 더 좁게 하기 위하여 첨가하는 물질이 아닌 것은?

① 질소　　② 산소　　③ 이산화탄소　　④ 아르곤

해설 산소가 첨가될수록 연소되기 쉬운 조건이므로 연소범위를 좁게 하기 위하여 첨가하는 물질로는 적절하지 않다.

31. 착화 온도가 낮아지는 원인과 가장 관계가 있는 것은?

① 발열량이 적을 때　　② 압력이 높을 때　　③ 습도가 높을 때　　④ 산소와의 결합력이 나쁠 때

해설 일반적인 기체에서 압력이 높을 때 착화 온도가 낮아지며 폭발범위가 넓어진다.

32. 폭발 시 연소파의 전파속도 범위에 가장 가까운 것은?

① 0.1~10m/s　　② 100~1,000m/s
③ 1,000~3,500m/s　　④ 5,000~10,000m/s

해설 ③ 폭굉의 전파속도(1,000~3,500m/s)에 해당한다.

33. 일반적으로 폭굉파의 전파속도는 어느 정도인가?

① 0.1~10m/s ② 100~350m/s ③ 1000~3500m/s ④ 10000~35000m/s

34. 폭굉유도거리(DID)가 짧아지는 경우는?

① 정상 연소속도가 작은 혼합가스일수록 짧아진다. ② 관속에 방해물이 있을수록 짧아진다.
③ 관경이 넓을수록 짧아진다. ④ 점화원 에너지가 약할수록 짧아진다.

해설 ① 정상 연소속도가 큰 혼합가스일수록 짧아진다.
③ 관경이 좁을수록 짧아진다.
④ 점화원 에너지가 강할수록 짧아진다.

35. 연소 시 온도에 따른 불꽃의 색상이 잘못된 것은?

① 적색 : 약 850℃ ② 황적색 : 약 1,100℃
③ 휘적색 : 약 1,200℃ ④ 백적색 : 약 1,300℃

해설 암적색(700℃) 〈 적색(850℃) 〈 휘적색(950℃) 〈 황적색(1100℃) 〈 백적색(1300℃) 〈 휘백색(1500℃)

36. 고온체의 색깔과 온도관계에서 다음 중 가장 낮은 온도의 색깔은?

① 적색 ② 암적색 ③ 휘적색 ④ 백적색

해설 암적색은 700℃로 가장 낮은 온도의 색깔이다.

정답									
01_①	02_①	03_②	04_④	05_③	06_④	07_②	08_①	09_②	10_①
11_④	12_①	13_③	14_④	15_①	16_③	17_②	18_①	19_①	20_①
21_④	22_③	23_③	24_④	25_②	26_④	27_③	28_④	29_④	30_②
31_②	32_①	33_③	34_②	35_③	36_②				

3) 화재 및 소화이론

1. 화재의 분류

분류	구분	착색
A급 화재	일반화재(폴리에틸렌, 석탄, 종이, 섬유 등)	백색
B급 화재	유류화재(시너, 휘발유, 알코올 등)	황색
C급 화재	전기화재	청색
D급 화재	금속화재	없음
K급 화재(=F급 화재)	주방화재, 식용유화재	-

① A급 화재(일반화재)는 종이 · 석탄 · 나무 · 고무 · 플라스틱 등과 같은 일반적인 가연물에서 발생하는 화재 형태로, 대체로 물을 이용하여 냉각시켜 소화하여야 한다.

② B급 화재(유류화재)는 가솔린(휘발유), 시너, 알코올 등과 같은 가연성의 액체에서 발생하는 화재 형태로, 대체로 산소의 공급을 차단시키는 질식효과로 소화하여야 한다.

③ C급 화재(전기화재)는 컴퓨터, 가전용품, 송전선 등과 같은 전기장비에서 발생하는 화재 형태로, 대체로 이산화탄소 · 할로겐화합물 · 분말 소화약제 등의 비전도성 소화약제로 소화하여야 한다.

④ D급 화재(금속화재)는 알루미늄, 마그네슘 등과 같은 금속에서 발생하는 화재 형태로, 특히 분말의 상태일 때 공기 중으로 금속분진이 비산하여 발생하기도 한다. 소화가 매우 어려운 편이며 전용의 D급 소화기로 소화하여야 한다.

⑤ K급 화재 또는 F급 화재(주방화재, 식용유화재)는 음식점 등의 주방에서 사용하는 식용유에 의해서 발생하는 화재 형태로, 제1종 분말 소화약제($NaHCO_3$)를 방사하여 비누화 작용(기름막 형성)을 통해 산소 공급 차단 및 재발화 방지효과로 소화하여야 한다.

화재의 분류 연습문제

01. **화재별 급수에 따른 화재의 종류 및 표시색상을 모두 옳게 나타낸 것은?**

① A급 : 유류화재, 황색 ② B급 : 유류화재, 황색
③ A급 : 유류화재, 백색 ④ B급 : 유류화재, 백색

해설 A급 : 일반화재, 백색 B급 : 유류화재, 황색
C급 : 전기화재, 청색 D급 : 금속화재, 무색

02. **가연물에 따른 화재의 종류 및 표시색의 연결이 옳은 것은?**

① 폴리에틸렌 - 유류화재 - 백색 ② 석탄 - 일반화재 - 청색
③ 시너 - 유류화재 - 청색 ④ 나무 - 일반화재 - 백색

해설 ① 폴리에틸렌 - 일반화재 - 백색
② 석탄 - 일반화재 - 백색
③ 시너 - 유류화재 - 황색

03. 어떤 소화기에 "ABC"라고 표시되어 있다. 다음 중 사용할 수 없는 화재는?

① 금속화재 ② 유류화재 ③ 전기화재 ④ 일반화재

해설 금속화재는 D급에 해당하며, ABC 소화기는 일반화재 · 유류화재 · 전기화재에 적응성이 있다.

정답 1_② 2_④ 3_①

2. 화재 및 폭발현상

① 블레비(BLEVE, Boiling Liquid Expanding Vapor Explosion)

가연성액화가스의 탱크 주위에서 화재가 발생한 경우에 탱크의 가열로 인하여 그 부분의 강도가 약해져 탱크가 파열됨으로 내부의 가열된(비등상태의) 액화가스가 급속히 팽창하면서 폭발하는 현상이다. 블레비 현상 이후에 폭음과 함께 화구(火球)가 공 모양으로 부상하여 나타나는 파이어볼(fire ball) 현상이 발생할 수 있다.

② 보일오버(Boil over)

고온층(hot zone)이 형성된 유류화재의 탱크 밑면에 물이 고여 있는 경우, 화재의 진행에 따라 바닥의 물이 급격히 증발하여 불붙은 기름을 분출시키는 위험현상이다.

〈방지대책〉

- 탱크하부에 배수관을 설치하여 탱크 저면의 수층을 방지한다.
- 적당한 시기에 모래나 팽창질석, 비등석을 넣어 물의 과열을 방지한다.
- 탱크 내용물의 기계적 교반을 통하여 에멀젼 상태로 하여 수층형성을 방지한다.

③ 플래시오버(Flash over)

건축물 화재 시 성장기(연료지배형 화재)의 국소화재에서 최성기(환기지배형 화재)의 대화재로 진행될 때 실내온도가 급격히 상승하기 시작하면서 화염이 실내 전체로 급격히 확대되는 연소현상으로 내장재의 종류(난연 · 가연 · 불연재료)와 개구부의 크기에 영향을 받는다.

④ 슬롭오버(Slop over)

고온의 기름에 첨가된 수분이 급격히 증발하여 기름거품이 발생하는 현상이다.

⑤ 프로스오버(Froth over)

화재를 수반하지 않고 고온의 점성이 있는 기름 탱크에 담긴 물이 급격히 수증기로 기화하여 탱크 밖으로 넘치는 현상이다.

3. 위험장소

구분	정의
0종 장소	정상상태에서 위험분위기가 지속적 또는 장기간 존재하는 장소
1종 장소	정상상태에서 위험 분위기가 존재하기 쉬운 장소
2종 장소	이상상태 하에서 위험 분위기가 단시간 존재할 수 있는 장소(이상상태 : 기기 고장, 오류)

연습문제-화재 및 폭발현상, 위험장소

01. **고온층(hot zone)이 형성된 유류화재의 탱크 밑면에 물이 고여 있는 경우, 화재의 진행에 따라 바닥의 물이 급격히 증발하여 불붙은 기름을 분출시키는 위험현상을 무엇이라 하는가?**

① 화이어볼(fire ball) ② 플래시오버(flash over)
③ 슬롭오버(slop over) ④ 보일오버(boil over)

해설 보일오버(boil over)란 중질유가 저장된 탱크에서 발생된 화재가 장시간 지속되어 탱크의 저부에 고여 있던 물이 급격히 증발하며 유류가 분출되는 현상이다.

02. **유류화재 시 발생하는 이상현상인 보일오버(Boil over)의 방지대책으로 가장 거리가 먼 것은?**

① 탱크하부에 배수관을 설치하여 탱크 저면의 수층을 방지한다.
② 적당한 시기에 모래나 팽창질석, 비등석을 넣어 물의 과열을 방지한다.
③ 냉각수를 대량 첨가하여 유류와 물의 과열을 방지한다.
④ 탱크 내용물의 기계적 교반을 통하여 에멀젼 상태로 하여 수층형성을 방지한다.

해설 보일오버 현상에 냉각수를 대량 첨가하면 과열 및 폭발이 심화된다.

03. **가연성액화가스의 탱크 주위에서 화재가 발생한 경우에 탱크의 가열로 인하여 그 부분의 강도가 약해져 탱크가 파열됨으로 내부의 가열된 액화가스가 급속히 팽창하면서 폭발하는 현상은?**

① 블레비(BLEVE) 현상
② 보일오버(Boil Over) 현상
③ 플래시백(Flash Back) 현상
④ 백드래프트(Back Draft) 현상

해설 ② 고온층(hot zone)이 형성된 유류화재의 탱크 밑면에 물이 고여 있는 경우, 화재의 진행에 따라 바닥의 물이 급격히 증발하여 불붙은 기름을 분출시키는 위험현상
③ 역화라고 하며, 연소 불꽃이 연소기의 내부를 향해 역으로 진입하는 현상
④ 산소의 결핍 상태에서 갑작스런 산소 유입으로 인해 순간적으로 발화하는 현상

04. 탱크화재 현상 중 BLEVE(Boiling Liquid Expanding Vapor Explosion)에 대한 설명으로 옳은 것은?

① 기름탱크에서의 수증기 폭발현상이다.
② 비등상태의 액화가스가 기화하여 팽창하고 폭발하는 현상이다.
③ 화재 시 기름 속의 수분이 급격히 증발하여 기름거품이 되고 팽창해서 기름 탱크에서 밖으로 내뿜어져 나오는 현상이다.
④ 고점도의 기름 속에 수증기를 포함한 볼 형태의 물방울이 형성되어 탱크 밖으로 넘치는 현상이다.

05. 건축물 화재 시 성장기에서 최성기로 진행될 때 실내온도가 급격히 상승하기 시작하면서 화염이 실내 전체로 급격히 확대되는 연소현상은?

① 슬롭오버(slop over)　② 플래시오버(flash over)
③ 보일오버(boil over)　④ 프로스오버(froth over)

해설 플래시오버란 화재 성장기에서 화재 최성기로 넘어가는 단계로 열이 축적되며 화염이 실내 전체로 급격한 전파되는 현상이다.

06. 플래시오버에 대한 설명으로 틀린 것은?

① 국소화재에서 실내의 가연물들이 연소하는 대화재로의 전이
② 환기지배형 화재에서 연료지배형 화재로의 전이
③ 실내의 천정 쪽에 축적된 미연소 가연성 증기나 가스를 통한 화염의 급격한 전파
④ 내화건축물의 실내화재 온도 상황으로 보아 성장기에서 최성기로의 진입

해설 연료지배형 화재에서 환기지배형 화재로 전이되는 현상이다.

07. 플래시오버(Flash Over)에 대한 설명으로 옳은 것은?

① 산소의 공급이 주요 요인이 되어 발생한다.
② 대부분 화재 종기(쇠퇴기)에 발생한다.
③ 내장재의 종류와 개구부의 크기에 영향을 받는다.
④ 대부분 화재 초기(발화기)에 발생한다.

해설 화재의 성장기에 발생하여 최성기로 넘어가는 단계를 말하며, 내장재의 종류(난연 · 가연 · 불연재료)와 개구부의 크기에 영향을 받는다.

08. 위험장소 중 0종 장소에 대한 설명으로 올바른 것은?

① 정상상태에서 위험 분위기가 장시간 지속적으로 존재하는 장소
② 정상상태에서 위험 분위기가 주기적 또는 간헐적으로 생성될 우려가 있는 장소
③ 이상상태 하에서 위험 분위기가 단시간 동안 생성될 우려가 있는 장소
④ 이상상태 하에서 위험 분위기가 장시간 동안 생성될 우려가 있는 장소

정답 1_④ 2_③ 3_① 4_② 5_② 6_② 7_③ 8_①

4. 소화의 분류

연소의 4요소(가연물, 산소공급원, 점화원, 연쇄반응) 중 하나 또는 둘 이상을 제한시켜 소화할 수 있다.

① 냉각소화

점화원을 차단시키는 소화방법이다. 가장 보편적으로 사용하는 소화방법으로 물을 뿌려 가연물의 온도를 저하시키는 방법이다. 물의 주수 형태에 따라 3가지로 분류하는데 막대 모양의 굵은 물줄기로 주수되는 봉상(棒狀)·스프링클러 소화설비 헤드에서 물방울 형태로 주수되는 적상(滴狀)·물분무 소화설비 헤드에서 안개 입자 형태로 주수되는 무상(霧狀) 이렇게 3가지로 분류할 수 있다. 이 중 중질유의 화재에 무상(霧狀)으로 주수하게 되면 물의 유화(乳化) 효과에 의해 기름과 물이 섞이면서 연소 능력이 저하되어 소화가 가능하며, 전기화재에도 소화가 가능하다.

② 제거소화

가연물을 제거시키는 소화방법이다. 예를 들어, 산림화재 시 가연물에 해당하는 나무를 베어 소화하거나, 전기의 화재에서 주전원을 차단시켜 전기의 공급을 단절시켜 소화할 수 있다.

③ 질식소화

산소공급원을 차단시키는 방법이다. 불연성 포말(formal, 거품 형태)로 연소물을 덮어씌우는 피복질식을 하거나, 이산화탄소(CO_2)와 같은 불활성의 가스를 첨가하여 공기 중 산소농도 21%를 15% 이하로 만들어 감소시키거나, 연소범위 하한과 상한값까지의 범위 내에 존재할 때 연소가 되므로 물 또는 CO_2 가스 등으로 희석시켜 가연물의 연소범위 하한계 이하로 낮추어 희석질식하는 방법이 있다.

이산화탄소의 이론적인 소화농도(%)

$$CO_2\text{의 농도} = \frac{21 - O_2}{21} \times 100(\%)$$

④ 억제소화(=부촉매소화)

연쇄반응을 억제시키는 방법이다. 위의 ①~③ 형태의 소화방법은 물리적 소화방법인 반면에 억제소화는 화학적 소화방법에 해당한다. 화학적 소화는 연쇄반응을 억제하는 동시에 질식·냉각·제거 등의 작용을 할 수 있다. 할로겐화합물 소화약제의 주된 소화효과를 억제소화라 할 수 있다.

연습문제-소화의 분류

01. 소화작용에 대한 설명으로 옳지 않은 것은?

① 냉각소화 : 물을 뿌려서 온도를 저하시키는 방법
② 질식소화 : 불연성 포말로 연소물을 덮어씌우는 방법
③ 제거소화 : 가연물을 제거하여 소화시키는 방법
④ 희석소화 : 산·알칼리를 중화시켜 연쇄반응을 억제시키는 방법

해설 희석소화란 물 또는 CO_2 가스 등으로 희석시켜 가연물의 조성을 연소범위 하한계 이하로 소화하는 방법이다.

02. **물은 냉각소화가 주된 대표적인 소화약제이다. 물의 소화효과를 높이기 위하여 무상 주수를 함으로써 부가적으로 작용하는 소화효과로 이루어진 것은?**

① 질식소화작용, 제거소화작용　　② 질식소화작용, 유화소화작용
③ 타격소화작용, 유화소화작용　　④ 타격소화작용, 피복소화작용

해설 무상주수란 물의 입자가 안개처럼 주수되는 방식으로 질식소화작용과 유류 표면에 엷은 막을 생성시켜 연소 능력을 저하하는 유화소화를 할 수 있다.

03. **화재 시 이산화탄소를 배출하여 산소의 농도를 12.5%로 낮추어 소화하려면 공기 중의 이산화탄소의 농도는 약 몇 vol%로 해야 하는가?**

① 30.7　② 32.8　③ 40.5　④ 68.0

해설 CO_2의농도 $= \dfrac{21 - O_2}{21} \times 100(\%)$

$\therefore \dfrac{21 - 12.5}{21} \times 100 = 40.47(\%)$

정답 1_④　2_②　3_③

5. 소화기의 사용방법

① 적응화재에만 사용할 것(A급 화재 발생 시 A급에 적응성이 있는 소화기로 소화할 것)
② 화재의 가까이 접근하여 사용하되, 너무 가까이 접근하여 화상을 입지 않도록 주의할 것
③ 바람을 등지고 풍상에서 풍하로 방사할 것
④ 양옆으로 비로 쓸 듯이 골고루 사용할 것
⑤ 이산화탄소 소화기의 경우 방사 후 즉시 환기하여 질식의 우려에 주의할 것

챕터별 문제-화재 및 소화이론

01. **화재별 급수에 따른 화재의 종류 및 표시색상을 모두 옳게 나타낸 것은?**

① A급 : 유류화재, 황색　　② B급 : 유류화재, 황색
③ A급 : 유류화재, 백색　　④ B급 : 유류화재, 백색

해설 A급 : 일반화재, 백색　　B급 : 유류화재, 황색
C급 : 전기화재, 청색　　D급 : 금속화재, 무색

02. 유류화재의 급수와 표시색상으로 옳은 것은?

① A급, 백색 ② B급, 백색 ③ A급, 황색 ④ B급, 황색

03. 화재종류 중 금속화재에 해당하는 것은?

① A급 ② B급 ③ C급 ④ D급

04. 다음 중 B급 화재에 해당하는 것은?

① 유류 화재 ② 목재 화재 ③ 금속분 화재 ④ 전기 화재

해설 ② 목재 화재 : A급 화재 ③ 금속분 화재 : D급 화재
④ 전기 화재 : C급 화재

05. B급 화재의 표시색상은?

① 청색 ② 무색 ③ 황색 ④ 백색

06. 제2류 위험물 중 지정수량이 500kg인 물질에 의한 화재는?

① A급 화재 ② B급 화재
③ C급 화재 ④ D급 화재

해설 제2류 위험물 중 지정수량이 500kg인 물질에는 철분 · 금속분 · 마그네슘이 해당하므로 D급 화재(금속 화재)에 해당한다.

07. 공장 창고에 보관되었던 톨루엔이 유출되어 미상의 점화원에 의해 착화되어 화재가 발생하였다면 이 화재의 분류로 옳은 것은?

① A급 화재 ② B급 화재 ③ C급 화재 ④ D급 화재

해설 톨루엔, 벤젠 등의 인화성 액체의 경우 유류 화재(B급 화재)에 해당한다.

08. 금속화재에 대한 설명으로 틀린 것은?

① 마그네슘과 같은 가연성 금속의 화재를 말한다.
② 주수소화 시 물과 반응하여 가연성 가스를 발생하는 경우가 있다.
③ 화재 시 금속화재용 분말소화약제를 사용할 수 있다.
④ D급 화재라고 하며 표시하는 색상은 청색이다.

해설 ④ D급 화재라고 하며 표시하는 색상은 무색이다.

09. **식용유 화재 시 제1종 분말소화약제를 이용하여 화재의 제어가 가능하다. 이때의 소화 원리에 가장 가까운 것은?**

① 촉매효과에 의한 질식소화　② 비누화 반응에 의한 질식소화
③ 요오드화에 의한 냉각소화　④ 가수분해 반응에 의한 냉각소화

해설 식용유 화재 시 제1종 분말 소화약제($NaHCO_3$)를 방사하여 비누화 작용(기름막 형성)을 통해 산소 공급 차단 및 재발화 방지효과로 소화하여야 한다.

10. **요리용 기름의 화재 시 비누화 반응을 일으켜 질식효과와 재발화 방지 효과를 나타내는 소화약제는?**

① $NaHCO_3$　② $KHCO_3$　③ $BaCl_2$　④ $NH_4H_2PO_4$

해설 제1종 분말소화약제를 이용하여 요리용 기름의 화재 시 비누화 반응을 일으켜 질식 및 재발화 방지 효과로 소화할 수 있다.

11. **어떤 소화기에 "ABC"라고 표시되어 있다. 다음 중 사용할 수 없는 화재는?**

① 금속화재　② 유류화재　③ 전기화재　④ 일반화재

해설 금속화재는 D급에 해당한다.

12. **가연성 가스나 증기의 농도를 연소한계(하한) 이하로 하여 소화하는 방법은?**

① 희석 소화　② 제거 소화　③ 질식 소화　④ 냉각 소화

해설 희석소화란 물 또는 CO_2 가스 등으로 희석시켜 가연물의 조성을 연소범위 하한계 이하로 소화하는 방법이다.

13. **다음 중 연소에 필요한 산소의 공급원을 단절하는 것은?**

① 제거작용　② 질식작용　③ 희석작용　④ 억제작용

해설 산소의 공급원을 단절하여 질식작용으로 소화할 수 있다.

14. **가연물이 연소할 때 공기 중의 산소농도를 떨어뜨려 연소를 중단시키는 소화 방법은?**

① 제거소화　② 질식소화　③ 냉각소화　④ 억제소화

해설 질식소화는 산소의 공급을 단절하여 공기 중 산소농도를 떨어뜨려 최종적으로 연소를 중단시킬 수 있다.

15. **공기 중의 산소농도를 한계산소량 이하로 낮추어 연소를 중지시키는 소화방법은?**

① 냉각소화　② 제거소화　③ 억제소화　④ 질식소화

16. 촛불의 화염을 입김으로 불어 끄는 소화방법은?

① 냉각소화 ② 촉매소화 ③ 제거소화 ④ 억제소화

해설 촛불의 화염을 입김으로 불어 끄는 소화방법은 가연물을 제거하여 소화시키는 방법이다.

17. 제거소화의 예가 아닌 것은?

① 가스 화재 시 가스 공급을 차단하기 위해 밸브를 닫아 소화시킨다.
② 유전 화재 시 폭약을 사용하여 폭풍에 의하여 가연성 증기를 날려 보내 소화시킨다.
③ 연소하는 가연물을 밀폐시켜 공기 공급을 차단하여 소화한다.
④ 촛불 소화 시 입으로 바람을 불어서 소화시킨다.

해설 ③ 질식소화의 예시이다.

18. 수용성 가연성 물질의 화재 시 다량의 물을 방사하여 가연물질의 농도를 연소농도 이하가 되도록 하여 소화시키는 것은 무슨 소화원리인가?

① 제거소화 ② 촉매소화 ③ 희석소화 ④ 억제소화

해설 희석소화를 통하여 가연물질의 농도를 연소범위 농도 이하로 소화할 수 있다.

19. 연쇄반응을 억제하여 소화하는 소화약제는?

① 할론 1301 ② 물 ③ 이산화탄소 ④ 포

해설 할로겐화합물 소화약제의 주된 소화효과를 억제소화라 할 수 있다.

20. 다음 중 화학적 소화에 해당하는 것은?

① 냉각소화 ② 질식소화 ③ 제거소화 ④ 억제소화

해설 억제소화(=부촉매 소화)는 화학적 소화에 해당하며, 나머지 보기는 물리적 소화에 해당한다.

21. 플래시오버(flash over)에 관한 설명이 아닌 것은?

① 실내화재에서 발생하는 현상
② 순발적인 연소확대 현상
③ 발생시점은 초기에서 성장기로 넘어가는 분기점
④ 화재로 인하여 온도가 급격히 상승하여 화재가 순간적으로 실내 전체에 확산되어 연소되는 현상

해설 발생시점은 성장기에서 최성기로 넘어가는 분기점이다.

22. 건축물 화재 시 성장기에서 최성기로 진행 될 때 실내온도가 급격히 상승하기 시작하면서 화염이 실내 전체로 급격히 확대되는 연소현상은?

① 슬롭오버 (Slop over) ② 플래시오버 (Flash over)
③ 보일오버 (Boil over) ④ 프로스오버 (Froth over)

23. 고온층(hot zone)이 형성된 유류화재의 탱크 밑면에 물이 고여 있는 경우, 화재의 진행에 따라 바닥의 물이 급격히 증발하여 불붙은 기름을 분출시키는 위험현상을 무엇이라 하는가?

① 화이어볼(fire ball) ② 플래시오버(flash over)
③ 슬롭오버(slop over) ④ 보일오버(boil over)

해설 보일오버(boil over)란 중질유가 저장된 탱크에서 발생된 화재가 장시간 지속되어 탱크의 저부에 고여 있던 물이 급격히 증발하며 유류가 분출되는 현상이다.

24. 화재 시 이산화탄소를 방출하여 산소의 농도를 13vol%로 낮추어 소화를 하려면 공기 중의 이산화탄소는 몇 vol%가 되어야 하는가?

① 28.1 ② 38.1 ③ 42.86 ④ 48.36

해설 CO_2의 농도 $= \frac{21 - O_2}{21} \times 100(\%)$ $\therefore \frac{21-13}{21} \times 100 = 38.1(\%)$

25. [보기]에서 소화기의 사용방법을 옳게 설명한 것을 모두 나열한 것은?

㉠ 적응화재에만 사용 할 것
㉡ 불과 최대한 멀리 떨어져서 사용할 것
㉢ 바람을 마주보고 풍하에서 풍상 방향으로 사용할 것
㉣ 양옆으로 비로 쓸 듯이 골고루 사용할 것

① ㉠, ㉡ ② ㉠, ㉢ ③ ㉠, ㉣ ④ ㉠, ㉢, ㉣

해설 ㉡ 적당한 거리에서 사용할 것
㉢ 바람을 등지고 풍상에서 풍하 방향으로 사용할 것

26. 소화기의 사용방법으로 잘못된 것은?

① 적응화재에 따라 사용할 것
② 성능에 따라 방출거리 내에서 사용할 것
③ 바람을 마주보며 소화할 것
④ 양옆으로 비로 쓸 듯이 방사할 것

해설 ③ 바람을 등지고 풍상에서 풍하 방향으로 사용할 것

정답

01_②	02_④	03_④	04_①	05_③	06_④	07_②	08_④	09_②	10_①
11_①	12_①	13_②	14_②	15_④	16_③	17_③	18_③	19_①	20_④
21_③	22_②	23_④	24_②	25_③	26_③				

PART.2 소방시설의 설치 및 운영

1) 소화설비의 분류와 적응성, 설치기준

소화설비를 분류하기에 앞서 전체적인 소방시설을 분류하면 크게 5가지로 구분한다.

구분	개념	예시
소화설비	소화약제를 이용하여 화재를 진압하는 설비	옥내소화전설비, 옥외소화전설비, 스프링클러설비, 물분무 등 소화설비(물분무, 미분무, 포, 이산화탄소, 할로겐화합물, 청정, 분말, 강화액 소화설비), 소화기구(간이소화용구, 소화기)
경보설비	화재를 알리는 설비	비상벨설비, 자동식사이렌설비(비상경보설비), 비상방송설비, 자동화재탐지설비, 자동화재속보설비, 시각경보기, 단독경보형 감지기, 누전경보기, 가스누설경보기, 통합감시시설 (감지기 : 화재 시 발생하는 열, 연기, 불꽃 또는 연소생성물을 자동으로 감지하여 수신기에 발신하는 장치)
피난설비	화재 시 인명피해를 방지하기 위한 설비	피난사다리, 미끄럼대, 구조대, 완강기, 피난교, 피난밧줄, 공기안전매트, 방열복, 공기호흡기, 인공소생기, 비상조명등, 피난유도선, 유도등, 유도표지, 휴대용비상조명등
소화용수설비	화재진압에 필요한 소화용수를 저장하는 설비	소화수조, 저수조 등
소화활동설비	화재진압에 필요한 보조설비	제연설비, 연결송수관설비, 연결살수설비, 비상콘센트설비, 무선통신보조설비, 연소방지설비

연습문제-소방시설의 분류

01. 위험물안전관리법상 소화설비에 해당하지 않는 것은?

① 옥외소화전설비 ② 스프링클러설비
③ 할로겐화합물 소화설비 ④ 연결살수설비

해설 연결살수설비는 소화활동설비에 해당한다.

02. 위험물안전관리법령상 피난설비에 해당하는 것은?

① 자동화재탐지설비 ② 비상방송설비
③ 자동식사이렌설비 ④ 유도등

해설 ① 자동화재탐지설비, ② 비상방송설비, ③ 자동식사이렌설비 : 경보설비

03. 위험물안전관리법령에서 정한 경보설비가 아닌 것은?

① 자동화재탐지설비　　② 비상조명설비
③ 비상경보설비　　④ 비상방송설비

해설 비상조명설비는 피난설비에 해당한다.

정답 1_④ 2_④ 3_②

【소화설비의 적응성】

소화설비의 구분			건축물·그 밖의 공작물	전기설비	제1류 위험물 알칼리금속과산화물등	제1류 위험물 그 밖의 것	제2류 위험물 철분·금속분·마그네슘등	제2류 위험물 인화성고체	제2류 위험물 그밖의것	제3류 위험물 금수성물품	제3류 위험물 그 밖의 것	제4류 위험물	제5류 위험물	제6류 위험물
옥내소화전 또는 옥외소화전설비			○			○		○	○		○		○	○
스프링클러설비			○			○		○	○		○	△	○	○
물분무등소화설비	물분무소화설비		○	○		○		○	○		○	○	○	○
물분무등소화설비	포소화설비		○			○		○	○		○	○	○	○
물분무등소화설비	불활성가스소화설비			○				○				○		
물분무등소화설비	할로겐화합물소화설비			○				○				○		
물분무등소화설비	분말소화설비	인산염류등	○	○		○		○	○			○		○
물분무등소화설비	분말소화설비	탄산수소염류등		○	○		○	○		○		○		
물분무등소화설비	분말소화설비	그 밖의 것			○		○			○				
대형·소형 수동식소화기	봉상수(棒狀水)소화기		○			○		○	○		○		○	○
대형·소형 수동식소화기	무상수(霧狀水)소화기		○	○		○		○	○		○		○	○
대형·소형 수동식소화기	봉상강화액소화기		○			○		○	○		○		○	○
대형·소형 수동식소화기	무상강화액소화기		○	○		○		○	○		○	○	○	○
대형·소형 수동식소화기	포소화기		○			○		○	○		○	○	○	○
대형·소형 수동식소화기	이산화탄소 소화기			○				○				○		△
대형·소형 수동식소화기	할로겐화합물소화기			○				○				○		
대형·소형 수동식소화기	분말소화기	인산염류소화기	○	○		○		○	○			○		○
대형·소형 수동식소화기	분말소화기	탄산수소염류소화기		○	○		○	○		○		○		
대형·소형 수동식소화기	분말소화기	그 밖의 것			○		○			○				
기타	물통 또는 수조		○			○		○	○		○		○	○
기타	건조사				○	○	○	○	○	○	○	○	○	○
기타	팽창질석 또는 팽창진주암				○	○	○	○	○	○	○	○	○	○

살수기준면적(㎡)	방사밀도(L/㎡분)		비고
	인화점 38℃ 미만	인화점 38℃ 이상	
279 미만	16.3 이상	12.2 이상	살수기준면적은 내화구조의 벽 및 바닥으로 구획된 하나의 실의 바닥면적을 말하고, 하나의 실의 바닥면적이 465㎡ 이상인 경우의 살수기준면적은 465㎡로 한다. 다만, 위험물의 취급을 주된 작업내용으로 하지 아니하고 소량의 위험물을 취급하는 설비 또는 부분이 넓게 분산되어 있는 경우에는 방사밀도는 8.2L/㎡분 이상, 살수기준 면적은 279㎡ 이상으로 할 수 있다.
279 이상 372 미만	15.5 이상	11.8 이상	
372 이상 465 미만	13.9 이상	9.8 이상	
465 이상	12.2 이상	8.1 이상	

해석 : 대상물에 화재 발생 시 가로축의 소화설비에 "O" 표시가 있으면 해당 소화설비로 소화가 가능하다. "○"표시는 당해 소방대상물 및 위험물에 대하여 소화설비가 적응성이 있음을 표시하고, "△"표시는 제4류 위험물을 저장 또는 취급하는 장소의 살수기준면적에 따라 스프링클러설비의 살수밀도의 기준 이상인 경우에는 당해 스프링클러설비가 제4류 위험물에 대하여 적응성이 있음을, 제6류 위험물을 저장 또는 취급하는 장소로서 폭발의 위험이 없는 장소에 한하여 이산화탄소소화기가 제6류 위험물에 대하여 적응성이 있음을 각각 표시한다.

- 인산염류 등은 인산염류, 황산염류 그 밖에 방염성이 있는 약제를 말한다.
- 탄산수소염류 등은 탄산수소염류 및 탄산수소염류와 요소의 반응생성물을 말한다.
- 알칼리금속과산화물 등은 알칼리금속의 과산화물 및 알칼리금속의 과산화물을 함유한 것을 말한다.
- 철분 · 금속분 · 마그네슘 등은 철분 · 금속분 · 마그네슘과 철분 · 금속분 또는 마그네슘을 함유한 것을 말한다.
- 소화설비는 크게 옥내소화전설비, 옥외소화전설비, 스프링클러설비 또는 물분무등소화설비로 구분하며, 물분무등소화설비는 물분무소화설비, 포소화설비, 이산화탄소 소화설비, 할로겐화합물 소화설비, 분말소화설비(인산염류, 탄산수소염류 등)를 포함한다.
- 소화설비의 특성에 따라 수계 소화설비와 가스계 소화설비, 분말계 소화설비로 분류할 수 있다.

연습문제-소화설비의 적응성

01. **제6류 위험물을 저장 또는 취급하는 장소로서 폭발의 위험이 없는 장소에 한하여 적응성이 있는 소화설비는?**

① 건조사 ② 포소화기 ③ 이산화탄소소화기 ④ 할로겐화합물소화기

해설 제6류 위험물을 저장 또는 취급하는 장소로서 폭발의 위험이 없는 장소에 한하여 이산화탄소소화기가 적응성이 있다.

02. **위험물 안전관리법령상 소화설비의 구분에서 "물분무등소화설비"의 종류가 아닌 것은?**

① 스프링클러설비 ② 할로겐화합물소화설비
③ 이산화탄소소화설비 ④ 분말소화설비

해설 소화설비는 크게 옥내소화전설비, 옥외소화전설비, 스프링클러설비 또는 물분무등소화설비로 구분하며, 물분무등소화설비는 물분무소화설비, 포소화설비, 이산화탄소 소화설비, 할로겐화합물 소화설비, 분말소화설비(인산염류, 탄산수소염류 등)를 포함한다.

03. 위험물안전관리법령상 소화설비의 적응성에 관한 내용이다. 옳은 것은?

① 마른모래는 대상물 중 제1류~제6류 위험물에 적응성이 있다.
② 팽창질석은 전기설비를 포함한 모든 대상물에 적응성이 있다.
③ 분말소화약제는 셀룰로이드류의 화재에 가장 적당하다.
④ 물분무소화설비는 전기설비에 사용할 수 없다.

해설 ② 건조사(마른모래), 팽창질석 또는 팽창진주암은 건축물 · 그 밖의 공작물과 전기설비에 적응성이 없다.
③ 셀룰로이드류는 제5류 위험물로 분말소화약제는 전기설비, 제2류 위험물(인화성 고체), 제 4 류 위험물에 주로 적응성이 있다.
④ 물이 분무 상태로 방사되면 비전도성이므로 전기설비에 적응성이 있다.

04. 위험물안전관리법령상 전기설비에 대하여 적응성이 없는 소화설비는?

① 물분무소화설비 ② 이산화탄소소화설비
③ 포소화설비 ④ 할로겐화합물소화설비

해설 포소화설비는 전기설비에 적응성이 없다.

05. 철분, 금속분, 마그네슘에 적응성이 있는 소화설비는?

① 이산화탄소소화설비 ② 할로겐화합물소화설비
③ 포소화설비 ④ 탄산수소염류소화설비

해설 금수성 물질인 철분, 금속분, 마그네슘은 탄산수소염류소화설비, 건조사, 팽창질석, 팽창진주암에 적응성이 있다.

정답 01_③ 02_① 03_① 04_③ 05_④

① 수계 : 옥내소화전설비, 옥외소화전설비, 스프링클러설비, 물분무소화설비, 강화액소화설비, 포(foam)소화설비, 수(水)소화설비, 산 · 알칼리 소화기
냉각효과를 주된 소화효과로 하며 종류에 따라 질식효과 및 유화효과를 함께 가지며, 물은 구하기 쉽고 저렴한 소화약제이지만 소화 후 소화약제에 의한 오손이 있다.

물의 비열 : 1kcal/kg, 물의 기화(증발)잠열 : 539kcal/kg, 물의 융해열 : 80kcal/kg → 물은 다른 소화약제에 비해 기화잠열이 매우 큰 편으로 냉각효과가 크다.

가. 옥내소화전설비의 설치기준
옥내소화전설비는 건축물내의 화재 발생 시 복도나 계단 가까이에 설치된 소화전함내의 장치와 기구를 이용하여 소방대상물의 초기화재를 자체 소방대원에 의하여 신속히 진화 작업을 행할 수 있도록 설치된 소화설비의 한 형태이다.

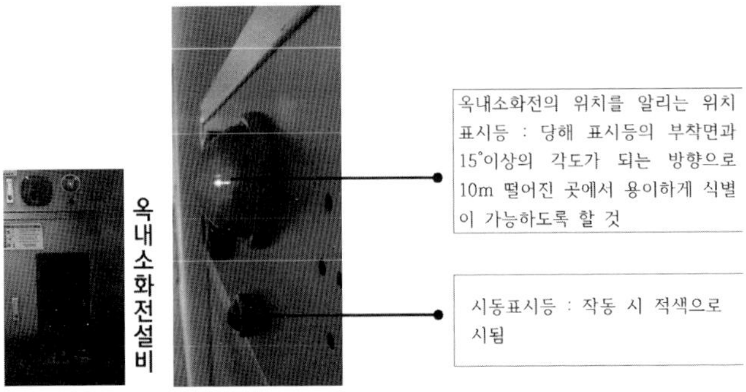

1) 옥내소화전의 소화전함은 불연재료로 제작하고 점검에 편리하고 화재발생 시 연기가 충만할 우려가 없는 장소 등 쉽게 접근이 가능하고 화재 등에 의한 피해를 받을 우려가 적은 장소에 설치할 것
2) 옥내소화전의 개폐밸브 및 호스접속구는 바닥면으로부터 1.5m 이하의 높이에 설치할 것
3) 가압송수장치의 시동을 알리는 표시등(시동표시등)은 적색으로 하고 옥내소화전함의 내부 또는 그 직근의 장소에 설치할 것
4) 옥내소화전함의 상부의 벽면에 적색의 표시등을 설치하되, 당해 표시등의 부착면과 15° 이상의 각도가 되는 방향으로 10m 떨어진 곳에서 용이하게 식별이 가능하도록 할 것
5) 옥내소화전설비의 비상전원은 자가발전설비 또는 축전지설비에 의하되 용량은 옥내소화전설비를 유효하게 45분 이상 작동시키는 것이 가능할 것
6) 수원의 수량은 옥내소화전이 가장 많이 설치된 층의 옥내소화전 설치개수(설치개수가 5개 이상인 경우는 5개)에 $7.8m^3$를 곱한 양 이상이 되도록 설치할 것
7) 옥내소화전설비는 각 층을 기준으로 하여 당해 층의 모든 옥내소화전(설치개수가 5개 이상인 경우는 5개)을 동시에 사용할 경우에 각 노즐선단의 방수압력이 350kPa 이상이고 방수량이 1분당 260L 이상의 성능이 되도록 할 것
8) 옥내소화전은 제조소 등의 건축물의 층마다 당해 층의 각 부분에서 하나의 호스접속구까지의 수평거리가 25m 이하가 되도록 설치할 것
9) 배관의 설치기준은 다음과 같다.

◆ 전용으로 할 것
◆ 펌프를 이용한 가압송수장치의 흡수관은 펌프마다 전용으로 설치할 것
◆ 「배관용 탄소 강관」(KS D 3507),「압력배관용 탄소 강관」(KS D 3562) 또는 이와 동동 이상의 강도, 내식성 및 내열성을 갖는 관을 사용할 것
◆ 주 배관 중 입상관은 관의 직경이 50mm 이상인 것으로 할 것
◆ 가압송수장치의 토출측 직근부분의 배관에는 체크밸브 및 개폐밸브를 설치할 것
◆ 배관은 당해 배관에 급수하는 가압송수장치의 체절압력의 1.5배 이상의 수압을 견딜 수 있는 것으로 할 것
◆ 흡수관에는 여과장치(후드밸브에 부속된 것을 포함한다)를 설치하여야 하며, 수원의 수위가 펌프보다 낮은 위치에 있는 경우에는 후드밸브를 설치하고 그 외의 경우에는 개폐밸브를 설치할 것

10) 가압송수장치의 설치기준은 다음과 같다.

- 고가수조(구조물 또는 지형지물 등에 설치하여 자연낙차 압력으로 급수하는 수조)의 낙차는 다음 식에 의하여 구한 수치 이상으로 할 것

$H = h_1 + h_2 + 35m$
H : 필요낙차 (단위 m)
h_1 : 방수용 호수의 마찰손실수두 (단위 m)
h_2 : 배관의 마찰손실수두 (단위 m)

◆ 압력수조(소화용수와 공기를 채우고 일정 압력 이상으로 가압하여 그 압력으로 급수하는 수조)의 압력은 다음 식에 의하여 구한 수치 이상으로 할 것

$P = p_1 + p_2 + p_3 + 0.35MPa$
P : 필요한 압력 (단위 MPa)
p_1 : 소방용호스의 마찰손실수두압 (단위 MPa)
p_2 : 배관의 마찰손실수두압 (단위 MPa)
p_3 : 낙차의 환산수두압 (단위 MPa)

◆ 펌프의 전양정은 다음 식에 의하여 구한 수치 이상으로 할 것

$H = h_1 + h_2 + h_3 + 35m$
H : 펌프의 전양정 (단위 m)
h_1 : 소방용 호스의 마찰손실수두 (단위 m)
h_2 : 배관의 마찰손실수두 (단위 m)
h_3 : 낙차 (단위 m)

연습문제-옥내소화전설비

01. **옥내소화전설비의 기준에서 "시동표시등"을 옥내소화전함의 내부에 설치할 경우 그 색상으로 옳은 것은?**

① 적색 ② 황색 ③ 백색 ④ 녹색

해설 가압송수장치의 시동을 알리는 표시등(시동표시등)은 적색으로 하고 옥내소화전함의 내부 또는 그 직근의 장소에 설치할 것

02. **위험물안전관리법령상 옥내소화전설비의 비상전원은 몇 분 이상 작동할 수 있어야 하는가?**

① 45분 ② 30분 ③ 20분 ④ 10분

해설 옥내소화전설비의 비상전원은 자가발전설비 또는 축전지설비에 의하되 용량은 옥내소화전설비를 유효하게 45분 이상 작동시키는 것이 가능할 것

03. 위험물안전관리법령에서 규정하고 있는 옥내소화전설비의 설치기준에 관한 내용 중 옳은 것은?

① 제조소 등 건축물의 층마다 당해 층마다 당해 층의 각 부분에서 하나의 호스접속구까지의 수평거리가 25m 이하가 되도록 설치한다.

② 수원의 수량은 옥내소화전이 가장 많이 설치된 층의 옥내소화전 설치개수(설치개수가 5개 이상인 경우는 5개)에 18.6㎥를 곱한 양 이상이 되도록 설치한다.

③ 옥내소화전설비는 각 층을 기준으로 하여 당해 층의 모든 옥내소화전(설치개수가 5개 이상인 경우는 5개의 옥내소화전)을 동시에 사용할 경우에 각 노즐선단의 방수압력이 170kPa 이상의 성능이 되도록 한다.

④ 옥내소화전설비는 각 층을 기준으로 하여 당해 층의 모든 옥내소화전(설치개수가 5개 이상인 경우는 5개의 옥내소화전)을 동시에 사용할 경우에 각 노즐선단의 방수량이 1분당 130L 이상의 성능이 되도록 한다.

해설 ② 수원의 수량은 옥내소화전이 가장 많이 설치된 층의 옥내소화전 설치개수(설치개수가 5개 이상인 경우는 5개)에 7.8㎥를 곱한 양 이상이 되도록 설치한다.

③ 옥내소화전설비는 각 층을 기준으로 하여 당해 층의 모든 옥내소화전(설치개수가 5개 이상인 경우는 5개의 옥내소화전)을 동시에 사용할 경우에 각 노즐선단의 방수압력 이 350kPa 이상의 성능이 되도록 한다.

④ 옥내소화전설비는 각 층을 기준으로 하여 당해 층의 모든 옥내소화전(설치개수가 5개 이상인 경우는 5개의 옥내소화전)을 동시에 사용할 경우에 각 노즐선단의 방수량이 1분당 260L 이상의 성능이 되도록 한다.

04. 위험물안전관리법령에 따라 옥내소화전설비를 설치할 때 배관의 설치기준에 대한 설명으로 옳지 않은 것은?

① 배관용 탄소 강관(KS D 3507)을 사용할 수 있다.

② 주 배관의 입상관 구경은 최소 60mm 이상으로 한다.

③ 펌프를 이용한 가압송수장치의 흡수관은 펌프마다 전용으로 설치한다.

④ 원칙적으로 급수배관은 생활용수배관과 같이 사용 할 수 없으며 전용배관으로만 사용한다.

해설 주 배관의 입상관 구경은 최소 50mm 이상으로 한다.

05. 위험물안전관리법령상 압력수조를 이용한 옥내소화전설비의 가압송수장치에서 압력수조의 최소압력(MPa)은? (단, 소방용 호스의 마찰손실수두압은 3MPa, 배관의 마찰손실수두압은 1MPa, 낙차의 환산수두압은 1.35MPa이다.)

① 5.35MPa ② 5.70MPa ③ 6.00MPa ④ 6.35MPa

해설 압력수조를 이용한 옥내소화전설비의 가압송수장치에서 압력수조의 압력(MPa)

$P = p_1 + p_2 + p_3 + 0.35MPa$ $\therefore P = 3 + 1 + 1.35 + 0.35 = 5.70MPa$

정답 01_① 02_① 03_① 04_② 05_②

나. 옥외소화전설비의 설치기준

옥외소화전설비는 건축물의 1층 및 2층 부분만을 방사능력범위로 하고 지하층 및 3층 이상의 층에 대하여 다른 소화설비를 설치해야 한다. 옥외소화전은 화재의 초기 진압보다는 인접 건물에 대한 연소확대를 방지하기 위하여 사용된다.

1) 옥외소화전의 개폐밸브 및 호스접속구는 지반면으로부터 1.5m 이하의 높이에 설치할 것
2) 옥외소화전함은 불연재료로 제작하고 옥외소화전으로부터 보행거리 5m 이하의 장소로서 화재발생 시 쉽게 접근가능하고 화재 등의 피해를 받을 우려가 적은 장소에 설치할 것
3) 가압송수장치, 시동표시등, 물올림장치, 비상전원, 조작회로의 배선 및 배관 등은 옥내소화전설비의 기준의 예에 준하여 설치할 것
4) 옥외소화전설비 수원의 수량은 옥외소화전의 설치개수(설치개수가 4개 이상인 경우는 4개)에 13.5㎥를 곱한 양 이상이 되도록 설치할 것
5) 옥외소화전설비는 모든 옥외소화전(설치개수가 4개 이상인 경우는 4개의 옥외소화전)을 동시에 사용할 경우에 각 노즐선단의 방수압력이 350kPa 이상이고, 방수량이 1분당 450L 이상의 성능이 되도록 할 것
6) 옥외소화전은 방호대상물의 각 부분에서 하나의 호스접속구까지의 수평거리가 40m 이하가 되도록 설치할 것

✔ 한 눈에 정리하기

	옥내소화전설비	옥외소화전설비
지면에서 개폐밸브 및 호스접속구까지의 높이	1.5m 이하	
비상전원	45분 이상	
방수압력	350kPa 이상	
방수량	260L/min 이상	450L/min 이상
수원의 수량	7.8㎥ × 최대 5개	13.5㎥ × 최대 4개
방호대상물간의 수평거리	25m 이하	40m 이하

옥외소화전설비 연습문제

01. **건축물의 1층 및 2층 부분만을 방사능력범위로 하고 지하층 및 3층 이상의 층에 대하여 다른 소화설비를 설치해야 하는 소화설비는?**

① 스프링클러소화설비 ② 포소화설비
③ 옥외소화전설비 ④ 물분무소화설비

02. **위험물제조소에 옥외소화전이 5개가 설치되어 있다. 이 경우 확보하여야 하는 수원의 법정 최소량은 몇 ㎥인가?**

① 28 ② 35 ③ 54 ④ 67.5

해설 13.5㎥ × 4개 = 54㎥

03. 옥외소화전설비의 기준에서 옥외소화전함은 옥외소화전으로부터 보행거리 몇 m 이하의 장소에 설치하여야 하는가?

① 1.5　　② 5　　③ 7.5　　④ 10

해설 옥외소화전함은 옥외소화전으로부터 보행거리 5m 이하의 장소에 설치하여야 한다.

04. 옥외소화전은 방호대상물의 각 부분에서 하나의 호스접속구까지의 수평거리가 얼마 이하가 되도록 설치해야 하는가?

① 20m　　② 30m　　③ 40m　　④ 50m

해설 옥외소화전은 방호대상물의 각 부분에서 하나의 호스접속구까지의 수평거리가 40m 이하가 되도록 설치한다. 옥내소화전은 수평거리 25m 이하가 되도록 설치하여야 한다.

정답 1_③　2_③　3_②　4_③

다. 스프링클러설비의 설치기준

- 스프링클러설비는 화재 발생시 초기 진화를 주된 목적으로 하는 설비로, 천장에 설치된 헤드가 화재를 자동적으로 감지하여 주변에 물을 뿌려 소화하는 설비이다. 다른 소화설비보다 구조가 복잡하고, 초기 시설비가 비싼 것이 단점이다.
- 헤드의 종류는 크게 개방형 헤드(감열체 없이 방수구가 항상 열려져 있는 헤드)와 폐쇄형 헤드(정상상태에서 방수구를 막고 있는 감열체가 일정온도에서 자동적으로 파괴 · 용해 또는 이탈됨으로써 방수구가 개방되는 헤드)로 분류된다.

1) 수원의 수량은 폐쇄형 스프링클러헤드를 사용하는 것은 30개(헤드의 설치개수가 30 미만인 방호대상물인 경우에는 당해 설치개수), 개방형 스프링클러헤드를 사용하는 것은 스프링클러헤드가 가장 많이 설치된 방사구역의 스프링클러헤드 설치개수에 2.4㎥를 곱한 양 이상이 되도록 설치할 것.
2) "1)"의 규정에 의한 개수의 스프링클러헤드를 동시에 사용할 경우에 각 선단의 방사압력이 100kPa 이상이고, 방수량이 1분당 80L 이상의 성능이 되도록 할 것.
3) 제어밸브는 개방형스프링클러헤드를 이용하는 스프링클러설비에 있어서는 방수구역마다, 폐쇄형스프링클러헤드를 사용하는 스프링클러설비에 있어서는 당해 방화대상물의 층마다, 바닥면으로부터 0.8m 이상 1.5m 이하의 높이에 설치할 것.
4) 스프링클러헤드는 그 부착장소의 평상시의 최고주위온도에 따라 다음 표에 정한 표시온도를 갖는 것을 설치할 것.

부착장소의 최고주위온도(℃)	표시온도(℃)
28 미만	58 미만
28 이상 39 미만	58 이상 79 미만
39 이상 64 미만	79 이상 121 미만
64 이상 106 미만	121 이상 162 미만
106 이상	162 이상

5) 개방형 스프링클러헤드를 이용한 스프링클러설비의 방사구역은 150㎡ 이상(방호대상물의 바닥면적이 150㎡ 미만인 경우에는 당해 바닥면적)으로 할 것
6) 스프링클러헤드는 방호대상물의 천장 또는 건축물의 최상부 부근에 설치하되, 방호대상물의 각 부분에서 하나의 스프링클러헤드까지의 수평거리가 1.7m 이하가 되도록 설치할 것
7) 방호대상물의 모든 표면이 헤드의 유효사정 내에 있도록 설치하고, 스프링클러헤드의 반사판으로부터 하방으로 0.45m, 수평방향으로 0.3m의 공간을 보유할 것

스프링클러설비 연습문제

01. 스프링클러설비의 장점이 아닌 것은?

① 화재의 초기 진압에 효율적이다.
② 사용 약제를 쉽게 구할 수 있다.
③ 자동으로 화재를 감지하고 소화할 수 있다.
④ 다른 소화설비보다 구조가 간단하고, 시설비가 적다.

해설 스프링클러설비는 다른 소화설비보다 구조가 복잡하고, 초기 시설비가 비싸다.

02. 다음 ( ) 안에 들어갈 수치를 순서대로 바르게 나열한 것은? (단, 제4류 위험물에 적응성을 갖기 위한 살수밀도기준을 적용하는 경우를 제외한다.)

> 위험물제조소등에 설치하는 폐쇄형 헤드의 스프링클러설비는 30개의 헤드를 동시에 사용할 경우 각 선단의 방사 압력이 (　　)kPa 이상이고 방수량이 1분당 (　　)L 이상이어야 한다.

① 100, 80　② 120, 80　③ 100, 100　④ 120, 100

해설 폐쇄형 헤드의 스프링클러설비는 30개의 헤드를 동시에 사용할 경우 각 선단의 방사 압력이 100kPa 이상이고 방수량이 1분당 80L 이상이어야 한다.

03. 위험물안전관리법령상 스프링클러헤드는 부착장소의 평상시 최고주위온도가 28℃ 미만인 경우 몇 ℃의 표시온도를 갖는 것을 설치하여야 하는가?

① 58℃ 미만　② 58℃ 이상 79℃ 미만
③ 79℃ 이상 121℃ 미만　④121℃ 이상 162℃ 미만

해설

부착장소의 최고주위온도(℃)	표시온도(℃)
28 미만	58 미만
28 이상 39 미만	58 이상 79 미만
39 이상 64 미만	79 이상 121 미만
64 이상 106 미만	121 이상 162 미만
106 이상	162 이상

04. **방호대상물의 바닥 면적이 150㎡ 이상인 경우에 개방형 스프링클러헤드를 이용한 스프링클러 설비의 방사구역은 얼마 이상으로 하여야 하는가?**

① 100㎡ ② 150㎡ ③ 200㎡ ④ 400㎡

해설 개방형 스프링클러헤드를 이용한 스프링클러설비의 방사구역은 150㎡ 이상으로 하며, 바닥면적이 150㎡ 미만인 경우 당해 바닥면적을 방사구역으로 한다.

정답 01_④ 02_① 03_① 04_②

라. 물분무소화설비의 설치기준

물분무소화설비는 직선류 또는 나선류의 물을 충돌·확산시켜 미립자 형태로 방사하여 유류화재에서는 유화효과와 희석작용을 가져 제4류 위험물 화재에도 적응성이 있으며, 분무 형태로 방사되면 비전도성을 띠게 되어 전기설비에 적응성이 있다.

1) 수원의 수량은 분무헤드가 가장 많이 설치된 방사구역의 모든 분무헤드를 동시에 사용할 경우에 당해 방사구역의 표면적 1㎡당 1분당 20L의 비율로 계산한 양으로 30분간 방사할 수 있는 양 이상이 되도록 설치할 것
2) "1"의 규정에 의한 분무헤드를 동시에 사용할 경우에 각 선단의 방사압력이 350kPa 이상으로 표준방사량을 방사할 수 있는 성능이 되도록 할 것
3) 물분무소화설비의 방사구역은 150㎡ 이상(방호대상물의 표면적이 150㎡ 미만인 경우에는 당해 표면적)으로 할 것
4) 물분무소화설비에 2 이상의 방사구역을 두는 경우에는 화재를 유효하게 소화할 수 있도록 인접하는 방사구역이 상호 중복되도록 할 것
5) 고압의 전기설비가 있는 장소에는 당해 전기설비와 분무헤드 및 배관과 사이에 전기절연을 위하여 필요한 공간을 보유할 것
6) 물분무소화설비에는 각층 또는 방사구역마다 스트레이너 및 일제개방밸브 또는 수동식개방밸브는 제어밸브의 하류측 부근에 스트레이너, 일제개방밸브 또는 수동식개방밸브의 순으로 설치할 것
7) 수원의 수위가 펌프보다 낮은 위치에 있는 가압송수장치의 물올림장치에는 전용의 수조를 설치할 것
8) 물분무소화설비의 제어밸브는 바닥으로부터 0.8m 이상 1.5m 이하의 위치에 설치할 것

물분무소화설비 연습문제

01. **물분무소화설비의 설치기준으로 적합하지 않은 것은?**

① 고압의 전기설비가 있는 장소에는 당해 전기설비와 분무헤드 및 배관과 사이에 전기절연을 위하여 필요한 공간을 보유한다.

② 스트레이너 및 일제개방밸브는 제어밸브의 하류측 부근에 스트레이너, 일제개방밸브의 순으로 설치한다.

③ 물분무소화설비에 2 이상의 방사구역을 두는 경우에는 화재를 유효하게 소화할 수 있도록 인접하는 방사구역이 상호 중복되도록 한다.

④ 수원의 수위가 수평회전식 펌프보다 낮은 위치에 있는 가압송수장치의 물올림장치의 물올림장치는 타 설비와 겸용하여 설치한다.

해설 수원의 수위가 수평회전식 펌프보다 낮은 위치에 있는 가압송수장치의 물올림장치의 물올림장치는 전용으로 설치한다.

02. **위험물제조소등에 설치해야 하는 각 소화설비의 설치기준에 있어서 각 노즐 또는 헤드선단의 방사압력 기준이 나머지 셋과 다른 설비는?**

① 옥내소화전설비 ② 옥외소화전설비 ③ 스프링클러설비 ④ 물분무소화설비

해설 옥내 · 옥외 · 물분무소화설비의 방사압력은 350kPa 이상인 반면에 스프링클러 설비의 방사압력은 100kPa 이상으로 한다.

정답 01_④ 02_③

✔ 한 눈에 정리하기

	스프링클러설비	물분무소화설비
제어밸브의 위치	바닥으로부터 0.8m 이상 1.5m 이하	
방사구역	150㎡ 이상 (표면적이 150㎡ 미만인 경우에는 당해 표면적)	
방수압력	**100kPa 이상**	350kPa 이상

마. 포소화설비의 설치기준

주 원료에 포 안정제와 물을 일정한 농도로 혼합하여 공기 또는 불활성 기체를 혼입시킨 소화설비로 거품(foam)을 발생시키는 소화설비로 주된 소화 효과는 질식소화이다. 포소화설비는 방출방식에 따라 아래의 화학포, 공기포(=기계포)로 크게 분류되며, 제4류 위험물에도 적응성이 있다.

[화학포] : 두 가지의 소화약제의 화학반응에 의하여 생성되는 거품으로 소화하는 약제로 A제인 탄산수소나트륨($NaHCO_3$)과 B제인 황산알루미늄 수용액[$Al_2(SO_4)_3 \cdot 18H_2O$]에 기포안정제(단백질, 사포닌, 소다회, 계면활성제 등)를 첨가하여 제조한다.

$$6NaHCO_3 + Al_2(SO_4)_3 \cdot 18H_2O \rightarrow \mathbf{6CO_2}\textbf{(질식)} + 3Na_2SO_4 + 2Al(OH)_3 + \mathbf{18H_2O}\textbf{(냉각)}$$

탄산수소나트륨과 황산알루미늄 수용액의 제조 비율은 6 : 1로, 예를 들어 6몰의 탄산수소나트륨 반응 시 이산화탄소 기체는 표준상태에서 134.4L(6몰×22.4L)가 발생하여 산소공급을 차단시키는 질식소화를 한다.

[공기포] : 포 수용액(포 원액 + 물)에 공기를 강제적으로 흡입하여 발생시킨 포로서 기계포라고도 하며, 포 원액의 종류에 따라 내알코올포, 수성막포, 단백포, 불화단백포, 합성계면활성제포 등으로 분류된다.

- **알코올포**(=내알코올포) : 수용성에 반대하는 물질을 첨가하여 포가 파괴되는 것을 방지하여, 수용성 액체의 화재에 적응성이 있다. 예를 들어 수용성 용매인 에탄올, 아세톤의 화재에 효과적이다.
- **수성막포** : 수용성의 막을 방사하여 공기를 차단하는 방식으로 비수용성 용매의 화재에 적응성이 있으며, 불소계 계면활성제를 주성분으로 한다. 예를 들어 비수용성 용매인 휘발유, 벤젠 등의 화재에 효과적이다. 보통의 유류화재에 분말 소화약제로 소화하게 되면 재발화 현상이 가끔씩 일어나는 단점을 보완하기 위하여 분말 소화약제와 병용하여 사용할 수 있다.
- **합성계면활성제포** : 합성계면활성제를 주성분으로 하며, 포는 팽창비($\frac{\text{최종 발생한 포 체적}}{\text{원래 포 수용액 체적}}$)에 따라 고팽창포 · 저팽창포로 분류하는데 포 소화설비 중 유일하게 **고팽창포**로 사용이 가능한 소화약제이다.
- **단백포** : 단백질을 가수분해한 원료를 주성분으로 하며, 유류화재에 소화능력이 있지만 유류에 쉽게 오염되고 소화속도가 느리다는 단점이 있다. 제조 공정에서 에틸렌글리콜을 부동제로 사용한다.
- **불화단백포** : 단백포에 불소계 계면활성제를 첨가하여 단백포의 단점을 개선시킨 약제로 소화속도가 빠르며 기름에 대한 오염도가 낮아 소화효과가 우수하다.

1) 포 소화약제의 조건

- 포의 안정성이 좋을 것
- 독성이 적을 것
- 유류와의 접착성이 좋을 것
- 포의 유동성이 좋을 것
- 유류의 표면에 잘 분산될 것

2) 약제 혼합장치 방식

- 펌프 프로포셔너 방식 : 공기포 소화약제의 혼합방식 중 펌프의 토출관과 흡입관 사이의 배관 도중에 설치된 흡입기에 펌프에서 토출된 물의 일부를 보내고 농도조절밸브에서 조정된 포소화약제의 필요량을 포소화약제 탱크에서 펌프의 흡입 측으로 보내어 이를 혼합하는 방식
- 프레셔 프로포셔너 방식 : 포 소화약제 혼합장치 중 벤츄리관의 벤츄리 작용과 펌프의 가압수에 의해 흡입 혼합하는 방식이다.

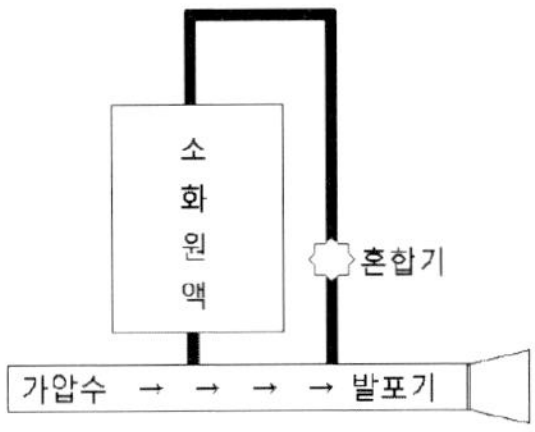

- 라인 프로포셔너 방식 : 펌프와 발포기의 중간에 설치된 벤츄리관의 벤츄리 작용에 따라 포소화약제를 흡입 · 혼합하는 방식
- 프레셔사이드 프로포셔너 방식 : 포 원액을 송수관에 압입하기 위하여 포원액용 펌프를 별도로 설치하여 혼합하는 방식

3) 고정식 포방출구의 종류

제4류 위험물을 저장 또는 취급하는 탱크에 포소화설비를 설치하는 경우에는 고정식 포소화설비를 설치할 것

- I형: 고정지붕구조의 탱크에 상부포주입법
- II형: 고정지붕구조 또는 부상덮개부착고정지붕구조의 탱크에 상부포주입법
- **특형: 부상지붕구조**의 탱크에 상부포주입법
- III형: 고정지붕구조의 탱크에 저부포주입법
- IV형: 고정지붕구조의 탱크에 저부포주입법

포방출구는 다음 표에 의하여 탱크의 직경, 구조 및 포방출구의 종류에 따른 수 이상의 개수를 탱크옆판의 외주에 균등한 간격으로 설치할 것

탱크의 구조 및 포방출구의 종류 / 탱크직경	포 방 출 구 의 개 수			
	고정지붕구조		부상덮개부착 고정지붕구조	**부상지붕구조**
	I형 또는 II형	III형 또는 IV형	II형	**특형**
13m 미만	2	1	2	2
13m 이상 19m 미만			3	3
19m 이상 24m 미만			4	4
24m 이상 35m 미만		2	5	5
35m 이상 42m 미만	3	3	6	6
42m 이상 46m 미만	4	4	7	7
46m 이상 53m 미만	6	6	8	8
53m 이상 60m 미만	8	8	10	10
60m 이상 67m 미만	왼쪽란에 해당하는 직경의 탱크에는 I형 또는 II형의 포방출구를 8개 설치하는 것 외에, 오른쪽란에 표시한 직경에 따른 포방출구의 수에서 8을 뺀 수의 III형 또는 IV형의 포방출구를 폭 30m의 환상부분을 제외한 중심부의 액표면에 방출할 수 있도록 추가로 설치할 것	10		
67m 이상 73m 미만		12		12
73m 이상 79m 미만		14		
79m 이상 85m 미만		16		14
85m 이상 90m 미만		18		
90m 이상 95m 미만		20		16
95m 이상 99m 미만		22		
99m 이상		24		18

4) 보조포소화전은 방유제 외측의 소화활동상 유효한 위치에 설치하되 각각의 보조포소화전 상호간의 보행거리가 75m 이하가 되도록 설치할 것
5) 포헤드방식의 포헤드는 방호대상물의 표면적 9㎡당 1개 이상의 헤드를, 방호대상물의 표면적 1㎡당의 방사량이 6.5L/min 이상의 비율로 계산한 양의 포수용액을 표준방사량으로 방사할 수 있도록 설치할 것
6) 포헤드방식의 포헤드의 방사구역은 100㎡ 이상(방호대상물의 표면적이 100㎡ 미만인 경우에는 당해 표면적)으로 할 것
7) 포모니터노즐은 모든 노즐을 동시에 사용할 경우에 각 노즐선단의 방사량이 1,900L/min 이상이고 수평방사거리가 30m 이상이 되도록 설치할 것

포소화설비 연습문제

01. **포소화약제에 의한 소화방법으로 다음 중 가장 주된 소화효과는?**

① 희석소화 ② 질식소화 ③ 제거소화 ④ 자기소화

해설 포소화약제는 거품을 화재 표면에 덮어 소화하는 방식으로는 질식소화와 함께 포에 함유된 수분에 의한 냉각효과에 의해 소화시킬 수 있다.

02. **다음 중 공기포 소화약제가 아닌 것은?**

① 단백포 소화약제 ② 합성계면활성제포 소화약제
③ 화학포 소화약제 ④ 수성막포 소화약제

해설 공기포(기계포) 소화약제 : 단백포, 불화단백포, 합성계면활성제포, 수성막포, 알코올형포

03. **탄산수소나트륨과 황산알루미늄의 소화약제가 반응을 하여 생성되는 이산화탄소를 이용하여 화재를 진압하는 소화약제는?**

① 단백포 ② 수성막포 ③ 화학포 ④ 내알코올포

해설 〈화학포 소화약제의 반응식〉

- $6NaHCO_3 + Al_2(SO_4)_3 \cdot 18H_2O \rightarrow 3Na_2SO_4 + 2Al(OH)_3 + 6CO_2 + 18H_2O$

04. **유류화재 소화 시 분말 소화약제를 사용할 경우 소화 후에 재발화 현상이 가끔씩 발생할 수 있다. 다음 중 이러한 현상을 예방하기 위하여 병용하여 사용하면 가장 효과적인 포소화약제는?**

① 단백포 소화약제 ② 수성막포 소화약제
③ 합성계면활성제포 소화약제 ④ 알코올형포 소화약제

해설 분말 소화약제와 수성막포 소화약제를 병용하여 사용하면 재발화 현상을 방지할 수 있다.

05. **공기포 소화약제의 혼합방식 중 펌프의 토출관과 흡입관 사이의 배관 도중에 설치된 흡입기에 펌프에서 토출된 물의 일부를 보내고 농도조절밸브에서 조정된 포소화약제의 필요량을 포소화약제 탱크에서 펌프의 흡입 측으로 보내어 이를 혼합하는 방식은 무엇인가?**

① 프레셔 프로포셔너 방식 ② 펌프 프로포셔너 방식
③ 프레셔사이드 프로포셔너 방식 ④ 라인 프로포셔너 방식

해설 ① 벤츄리관의 벤츄리 작용, 펌프 가압수에 의하여 흡입 및 혼합하는 방식 : 프레셔 프로포셔너 방식

② 물의 일부를 보내는 방식, 농도조절밸브 : 펌프 프로포셔너 방식

③ 별도의 펌프를 설치하여 압입 및 혼합하는 방식 : 프레셔사이드 프로포셔너 방식

④ 벤츄리관의 벤츄리 작용 : 라인 프로포셔너 방식

06. 그림은 포소화설비의 소화약제 혼합장치이다. 이 혼합방식의 명칭은?

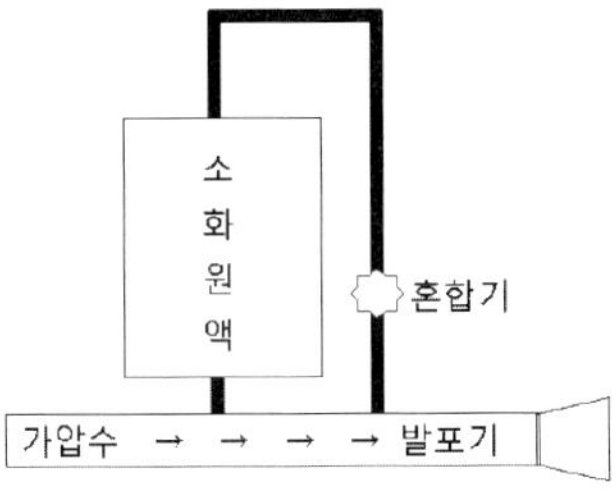

① 라인 프로포셔너 ② 펌프 프로포셔너
③ 프레셔 프로포셔너 ④ 프레셔사이드 프로포셔너

해설 프레셔 프로포셔너방식(Pressure proportioner type)은 포 소화약제 혼합장치 중 벤츄리관의 벤츄리 작용과 펌프의 가압수에 의해 흡입 혼합하는 방식이다.

07. 고정식 포소화설비에 관한 기준에서 방유제 외측에 설치하는 보조포소화전의 상호간의 거리는?

① 보행거리 40m 이하 ② 수평거리 40m 이하
③ 보행거리 75m 이하 ④ 수평거리 75m 이하

08. 위험물제조소등에 설치하는 고정식의 포소화설비의 기준에서 포헤드방식의 포헤드는 방호대상물의 표면적 몇 m² 당 1개 이상의 헤드를 설치하여야 하는가?

① 5 ② 9 ③ 15 ④ 30

해설 방호대상물의 표면적 9m²당 1개 이상이어야 한다.

정답 01_② 02_③ 03_③ 04_② 05_② 06_③ 07_③ 08_②

바. 강화액 소화기 설치기준

물의 어는점이 0℃로 겨울철, 한랭지에서 사용이 불가하다는 단점을 보완하여 만든 소화약제이다. 물에 알칼리 금속염류[탄산칼륨(K_2CO_3) 등]을 첨가한 강알칼리성 약제로 물보다 점성이 있는 상태이다. 비중은 약 1.3~1.4 정도이며, 응고점이 -20℃ 이하(약 -30 ~ -26℃이다.)이며, 물보다 표면 장력이 낮아 심부 화재에 빠르게 침투하여 소화가 가능하다.

분사방식에 따라 봉상강화액, 무상강화액으로 분류되며 무상강화액은 냉각효과와 함께 유화효과를 볼 수 있어 A급 화재뿐만 아니라 제4류 위험물 화재에도 적응성이 있다.

✔ 한 눈에 정리하기

구분	특징
주성분	탄산칼륨 등(알칼리 금속염류)
액성	강알칼리성
응고점	약 -30~-26℃ → 동절기 사용 가능
비중	약 1.3~1.4
무상 강화액 소화기에 대한 적응성	전기설비, 제1류 위험물(금수성 물질 제외), 제2류 위험물(금수성 물질 제외), 제3류 위험물(금수성 물질 제외), 제4류 위험물, 제5류 위험물, 제6류 위험물

강화액 소화기 연습문제

01. 물의 소화능력을 강화시키기 위해 개발된 것으로 한랭지 또는 겨울철에도 사용할 수 있는 소화기에 해당하는 것은?

① 산 · 알칼리 소화기 ② 강화액 소화기 ③ 포 소화기 ④ 할로겐화물 소화기

해설 강화액 소화기는 물에 탄산칼륨 등의 염류를 첨가하여 한랭지 또는 겨울철에도 사용할 수 있는 소화기이다.

02. 물에 탄산칼륨을 보강시킨 강화액 소화약제에 대한 설명으로 틀린 것은?

① 물보다 점성이 있는 수용액이다. ② 일반적으로 약산성을 나타낸다.
③ 응고점은 약 -30~-26℃이다. ④ 비중은 약 1.3~1.4 정도이다.

해설 강화액 소화약제는 탄산칼륨, 탄산수소나트륨, 인산암모늄 등을 첨가한 강알칼리성의 소화약제이다.

03. 강화액소화기에 대한 설명이 아닌 것은?

① 알칼리 금속염류가 포함된 고농도의 수용액이다.
② A급 화재에 적응성이 있다.
③ 어는점이 낮아서 동절기에도 사용이 가능하다.
④ 물의 표면장력을 강화시킨 것으로 심부화재에 효과적이다.

해설 물보다 표면장력이 작아 심부화재에 효과적이다.

정답 01_② 02_② 03_④

사. 산 · 알칼리 소화기

방사 시 탄산수소나트륨과 황산이 섞이며 나타나는 화학 반응으로 생성된 기체 및 생성물이 방사된다.

$$H_2SO_4 + 2NaHCO_3 \rightarrow Na_2SO_4 + 2CO_2 + 2H_2O$$

황산 + 탄산수소나트륨 → 황산나트륨 + **이산화탄소** + 물

② 가스계 : 불활성가스소화설비(이산화탄소소화설비, 청정소화설비), 할로겐화합물소화설비

질식효과를 주된 소화효과로 하며 종류에 따라 냉각효과, 억제효과 등을 함께 가지며, 소화 후 소화약제에 의한 오손이 없다. 단, 할로겐화합물소화설비의 주된 소화효과는 억제효과(부촉매효과)이다.

[용어정리]

1. "전역방출방식"이란 고정식 소화약제 공급장치에 배관 및 분사헤드를 고정 설치하여 밀폐 방호구역 내에 분말소화약제를 방출하는 설비를 말한다.
2. "국소방출방식"이란 고정식 소화약제 공급장치에 배관 및 분사헤드를 설치하여 직접 화점에 소화약제를 방출하는 설비로 화재발생 부분에만 집중적으로 소화약제를 방출하도록 설치하는 방식을 말한다.
3. "호스릴방식"이란 분사헤드가 배관에 고정되어 있지 않고 소화약제 저장용기에 호스를 연결하여 사람이 직접 화점에 소화약제를 방출하는 이동식 소화설비를 말한다.

가. 이산화탄소소화설비의 설치기준

- 이산화탄소소화설비는 자체압이 높아 심부화재 침투에 용이하며 별도의 방출원이 필요치 않다. 증기비중은 약 1.5로 공기보다 무거워 질식효과를 가지며 전기적으로 비전도성으로 C급 화재에 적응성이 좋은 반면에 밀폐된 장소에서 사용 시 인명 피해의 우려가 있다.
- 소화기의 노즐에서 이산화탄소가 방출될 때 줄 · 톰슨 효과에 의해 급격히 냉각되어 드라이아이스가 생성되기도 하며, 냉각효과가 있다.

1) 전역방출방식의 분사헤드의 방사압력은 고압식의 것에 있어서는 2.1MPa 이상, 저압식의 것에 있어서는 1.05MPa 이상일 것

2) 국소방출방식의 분사헤드에서 방출되는 소화약제의 방사 기준은 30초 이내에 균일하게 방사할 것

3) 이산화탄소를 소화약제로 하는 경우에 저장용기의 충전비는 고압식인 경우에는 1.5 이상 1.9 이하이고, 저압식인 경우에는 1.1 이상 1.4 이하일 것

4) 저장용기의 설치기준

- 방호구역 외의 장소에 설치할 것
- 온도가 40℃ 이하이고 온도 변화가 적은 장소에 설치할 것
- 직사일광 및 빗물이 침투할 우려가 적은 장소에 설치할 것
- 저장용기에는 안전장치(용기밸브에 설치되어 있는 것을 포함한다.)를 설치할 것
- 저장용기의 외면에 소화약제의 종류와 양, 제조년도 및 제조자를 표시할 것

5) 배관은 전용으로 할 것

이산화탄소 소화기 연습문제

01. 이산화탄소 소화약제의 주된 소화효과 2가지에 가장 가까운 것은?

① 부촉매효과, 제거효과 ② 질식효과, 냉각효과
③ 억제효과, 부촉매효과 ④ 제거효과, 억제효과

해설 이산화탄소 소화약제의 주된 소화효과는 질식효과 및 냉각효과이다.

02. 이산화탄소의 특성에 대한 설명으로 옳지 않은 것은?

① 전기전도성이 우수하다. ② 냉각, 압축에 의하여 액화된다.
③ 과량 존재 시 질식할 수 있다. ④ 상온, 상압에서 무색, 무취의 불연성 기체이다.

해설 이산화탄소는 비전도성이므로 전기 화재에 효과적이다.

03. 위험물안전관리법령에서 정한 이산화탄소 소화약제의 저장용기 설치기준으로 옳은 것은?

① 저압식 저장용기의 충전비 : 1.0 이상 1.3 이하
② 고압식 저장용기의 충전비 : 1.3 이상 1.7 이하
③ 저압식 저장용기의 충전비 : 1.1 이상 1.4 이하
④ 고압식 저장용기의 충전비 : 1.7 이상 2.1 이하

해설 이산화탄소 소화약제의 충전비는 저압식의 경우 1.1 이상 1.4 이하, 고압식의 경우 1.5 이상 1.9 이하로 한다.

04. 국소방출방식의 이산화탄소 소화설비의 분사헤드에서 방출되는 소화약제의 방사 기준은?

① 10초 이내에 균일하게 방사할 수 있을 것
② 15초 이내에 균일하게 방사할 수 있을 것
③ 30초 이내에 균일하게 방사할 수 있을 것
④ 60초 이내에 균일하게 방사할 수 있을 것

05. 이산화탄소소화설비의 기준에서 저장용기 설치 기준에 관한 내용으로 틀린 것은?

① 방호구역 외의 장소에 설치할 것
② 온도가 50℃ 이하이고 온도 변화가 적은 장소에 설치할 것
③ 직사일광 및 빗물이 침투할 우려가 적은 장소에 설치할 것
④ 저장용기에는 안전장치를 설치할 것

해설 온도가 40℃ 이하이고, 온도변화가 적은 장소에 설치한다.

정답 01_② 02_① 03_③ 04_③ 05_②

나. 청정소화설비의 설치기준

청정소화설비는 독성이 적어 오존층파괴지수와 지구온난화지수가 0(zero)인 청정 소화약제이다. 할로겐화합물과 불활성기체 2가지로 분류되며, 불활성기체의 청정소화약제는 아래와 같다.

소화약제	구성 성분
IG-01	Ar : 100%
IG-100	N_2 : 100%
IG-55	N_2 : 50% Ar : 50%
IG-541	N_2 : 52% Ar : 40% CO_2 : 8%

청정소화설비 연습문제

01. **질소와 아르곤과 이산화탄소의 용량비가 52대 40대 8인 혼합물 소화약제에 해당하는 것은?**

① IG-541 ② HCFC-BLEND A ③ HFC-125 ④ HFC-23

해설 IG-541 : N2(52%), Ar(40%), CO_2(8%)

02. **불활성가스소화약제 중 IG-100의 성분을 옳게 나타낸 것은?**

① 질소 100%
② 질소 50%, 아르곤 50%
③ 질소 52%, 아르곤 40%, 이산화탄소 8%
④ 질소 52%, 이산화탄소 40%, 아르곤 8%

해설 ② IG-55 ③ IG-541

정답 01_① 02_①

다. 할로겐화합물소화설비의 설치기준

할로겐화합물소화설비의 주된 소화효과는 억제소화(=부촉매소화, 화학적소화)로 연소의 4요소 중 하나인 연쇄반응을 차단시키는 효과이다. 증기비중은 공기보다 무거워 질식효과를 가지며 전기적으로 비전도성으로 C급 화재에 적응성이 좋으나 오존층 파괴 물질로 규제 대상 물질이다. (할론 2402는 상온·상압에서 액체 상태, 할론 1301과 할론 1211은 상온·상압에서 기체 상태이다.)

참고 할로겐화합물 = 할론 = Halon

할로겐화합물 소화약제의 화학식은 C, F, Cl, Br, I 순으로 원소 개수에 따라 명명하며, 아이오딘(I)은 생략이 가능하다. 탄소(C) 1개당 4개의 결합을 하며, 비어있는 결합은 수소(H)를 채워 화학식을 완성한다.

예) 할론 2402 → 순서대로 C 2개, F 4개, Cl 0개, Br 2개 = $C_2F_4Br_2$

할론 1001 → 순서대로 C 1개, F 0개, Cl 0개, Br 1개, 탄소 1개당 4개의 결합이므로 비어있는 3개의 결합에 수소를 채워 넣는다. = CH_3Br

✔ 한 눈에 정리하기

구분	화학식	상태	오존파괴지수(ODP)	기타
Halon 2402	$C_2F_4Br_2$	액체	6.0	
Halon 1211	CF_2ClBr	기체	3.0	약칭 : BCF
Halon 1301	CF_3Br	기체	**14.1 (가장 높다.)**	**증기비중 5.1**

1) 이동식할로겐화물 소화설비 하나의 노즐마다 온도 20℃에서 1분당 다음 표에 정한 소화약제의 종류에 따른 양 이상을 방사할 수 있도록 할 것

소화약제의 종별	소화약제의 양 (단위 : ㎏)
Halon 2402	45
Halon 1211	40
Halon 1301	35

2) 전역방출방식의 할로겐화물소화설비의 분사헤드의 방사압력은 다음과 같다.

구분	방사압력
Halon 2402	**0.1MPa 이상**
Halon 1211	**0.2MPa 이상**
Halon 1301	**0.9MPa 이상**
HFC-125	0.9MPa 이상
HFC-227ea	0.3MPa 이상

할로겐화합물 소화설비 연습문제

01. **소화효과에 대한 설명으로 틀린 것은?**

① 기화잠열이 큰 소화약제를 사용할 경우 냉각소화 효과를 기대할 수 있다.
② 이산화탄소에 의한 소화는 주로 질식소화로 화재를 진압한다.
③ 할로겐화합물 소화약제는 주로 냉각소화를 한다.
④ 분말소화약제는 질식효과와 부촉매효과 등으로 화재를 진압한다.

해설 할로겐화합물 소화약제의 주된 소화방법은 화학적소화(=억제소화, 부촉매소화)이다.

02. **연쇄반응을 억제하여 소화하는 소화약제는?**

① 할론 1301 ② 물 ③ 이산화탄소 ④ 포

해설 할로겐화합물 소화약제의 경우 연쇄반응을 억제하는 소화방법인 억제소화(=부촉매소화)를 주된 소화효과로 한다.

03. **Halon 1001의 화학식에서 수소원자의 수는?**

① 0 ② 1 ③ 2 ④ 3

해설 순서대로 C 1개, F 0개, Cl 0개, Br 1개, 탄소 1개당 4개의 결합이므로 비어있는 3개의 결합에 수소를 채워 넣는다. ∴ CH_3Br

04. BCF(Bromochlorodifluoromethane) 소화약제의 화학식으로 옳은 것은?

① CF_3Br ② CCl_4 ③ CH_2ClBr ④ CF_2ClBr

해설 할론 1211 소화약제의 약칭을 BCF라 하며, 화학식은 CF_2ClBr라 한다.

05. 할로겐화합물의 소화약제 중 할론 2402의 화학식은?

① $C_2Br_4F_2$ ② $C_2Cl_4F_2$ ③ $C_2Cl_4Br_2$ ④ $C_2F_4Br_2$

정답 01_③ 02_① 03_④ 04_④ 05_④

③ 분말계 : 탄산수소염류소화설비, 인산수소염류소화설비
질식효과(CO_2, 수증기, NH_3)를 주된 소화효과로 하며 이외에 냉각효과, 부촉매효과(Na^+, K^+, NH_4^+), 탈수·탄화효과(올소인산), 방염·방진효과(메타인산), 방사열 차단효과가 있다. 비전도성으로 C급 화재에 적응성이 좋으며 소화 후 소화약제에 의한 오손이 없다.

✔ 한 눈에 정리하기

분말계	주성분	반응식	색상	적응 화재
제1종	탄산수소나트륨 $NaHCO_3$	1차 열분해 반응식(270℃) : $2NaHCO_3 \rightarrow Na_2CO_3 + H_2O + CO_2$ 탄산수소나트륨 → 탄산나트륨 + 물 + 이산화탄소 2차 열분해 반응식(850℃) : $2NaHCO_3 \rightarrow Na_2O + H_2O + 2CO_2$ 탄산수소나트륨 → 산화나트륨 + 물 + 이산화탄소	백색	B, C
제2종	탄산수소칼륨 $KHCO_3$	$2KHCO_3 \rightarrow K_2CO_3 + H_2O + CO_2$ 탄산수소칼륨 → 탄산칼륨 + 물 + 이산화탄소	담회색	B, C
제3종	인산이수소암모늄 (인산암모늄, 제1인산암모늄) $NH_4H_2PO_4$	1차 열분해 반응식 $NH_4H_2PO_4 \rightarrow H_3PO_4 + NH_3$ 인산암모늄 → 올소인산 + 암모니아 2차 열분해 반응식 $NH_4H_2PO_4 \rightarrow HPO_3 + NH_3 + H_2O$ 인산암모늄 → 메타인산 + 암모니아 + 물	담홍색	A, B, C
제4종	탄산수소칼륨 + 요소 $KHCO_3 + (NH_2)_2CO$	$2KHCO_3 + (NH_2)_2CO \rightarrow K_2CO_3 + 2NH_3 + 2CO_2$ 탄산수소칼륨 + 요소 → 탄산칼륨 + 암모니아 + 이산화탄소	회백색	B, C

K급(식용유, 요리용 기름) 화재에는 제1종 분말소화약제로 소화할 수 있다.(**비누화 반응**에 의한 유류 표면에 막을 형성하여 소화시키는 원리로 질식소화 및 재발화 방지효과를 나타낸다.)

1) 가압용 또는 축압용 가스는 질소 또는 이산화탄소로 할 것
2) 전역방출방식의 분말소화설비의 분사헤드의 방사압력은 0.1MPa 이상일 것
3) 전역방출방식 및 국소방출방식 분말소화설비의 소화약제의 양을 30초 이내에 균일하게 방사할 것

분말소화설비 연습문제

01. 분말소화약제 중 제1종과 제2종 분말이 각각 열분해 될 때 공통적으로 생성되는 물질은?

① N_2, CO_2 ② N_2, O_2 ③ H_2O, CO_2 ④ H_2O, N_2

해설 제1종 열분해 반응식 : $2NaHCO_3 \rightarrow Na_2CO_3 + H_2O + CO_2$
제2종 열분해 반응식 : $2NaHCO_3 \rightarrow Na_2O + H_2O + 2CO_2$

02. 제1종 분말소화약제의 화학식과 색상이 옳게 연결된 것은?

① $NaHCO_3$ – 백색 ② $KHCO_3$ – 백색
③ $NaHCO_3$ – 담홍색 ④ $KHCO_3$ – 담홍색

해설

구분	주성분의 화학식	색상
제1종	$NaHCO_3$	백색
제2종	$KHCO_3$	담회색
제3종	$NH_4H_2PO_4$	담홍색
제4종	$KHCO_3 + (NH_2)_2CO$	회백색

03. 요리용 기름의 화재 시 비누화 반응을 일으켜 질식효과와 재발화 방지 효과를 나타내는 소화약제는?

① $NaHCO_3$ ② $KHCO_3$ ③ $BaCl_2$ ④ $NH_4H_2PO_4$

해설 제1종 분말소화약제를 이용하여 요리용 기름의 화재 시 비누화 반응을 일으켜 질식 및 재발화 방지 효과로 소화할 수 있다.

04. 분말소화약제의 식별 색을 옳게 나타낸 것은?

① $KHCO_3$: 백색 ② $NH_4H_2PO_4$: 담홍색
③ $NaHCO_3$: 보라색 ④ $KHCO_3 + (NH_2)_2CO$: 초록색

해설 A, B, C급 화재에 효과적인 제3종 분말소화약제의 주성분인 제1인산암모늄($NH_4H_2PO_4$)의 색은 담홍색에 해당한다.

05. 위험물제조소 분말소화설비의 기준에서 분말소화약제의 가압용 가스로 사용할 수 있는 것은?

① 헬륨 또는 산소 ② 네온 또는 염소 ③ 아르곤 또는 산소 ④ 질소 또는 이산화탄소

해설 분말소화설비의 기준에서 가압용 또는 축압용 가스로 사용할 수 있는 것은 질소 또는 이산화탄소이다.

06. 다음과 같은 반응에서 5㎥의 탄산가스를 만들기 위해 필요한 탄산수소나트륨의 양은 약 몇 ㎏인가? (단, 표준상태이고, 나트륨의 원자량은 23이다.)

$$2NaHCO_3 \rightarrow NaHCO_3 + CO_2 + H_2O$$

① 18.75 ② 37.5 ③ 56.25 ④ 75

해설 $NaHCO_3$ 분자량 : 23+1+12+(3×16)=84

PV = nRT 적용, 탄산수소나트륨의 몰수 2몰을 곱하여야 한다.

P : 기압(atm)

V : 부피(L)

n : 몰수(mol) = $\dfrac{질량}{분자량}$

R : 0.082(atm · L/mol · K)

T : 온도(K)

$1 \times 5 \times 2몰 = \dfrac{x}{84} \times 0.082 \times 273$

$x = 37.5kg$

다른 방법,

탄산수소나트륨 질량 = $5m^3 \times \dfrac{1kmol}{22.4m^3} \times \dfrac{84kg}{1kmol} \times 2 = 37.5kg$

정답 01_③ 02_① 03_① 04_② 05_④ 06_②

챕터별 문제-소화설비의 분류와 적응성, 설치기준

01. 위험물안전관리법령에서 정한 경보설비가 아닌 것은?

① 자동화재탐지설비 ② 비상조명설비 ③ 비상경보설비 ④ 비상방송설비

해설 비상조명설비는 피난설비에 해당한다.

02. 다음 중 위험물제조소등에 설치하는 경보설비에 해당하는 것은?

① 피난사다리 ② 확성장치 ③ 완강기 ④ 구조대

해설 ① 피난사다리, ③ 완강기, ④ 구조대는 피난설비에 해당한다.

03. 다음 중 물이 소화약제로 쓰이는 이유로 가장 거리가 먼 것은?

① 쉽게 구할 수 있다. ② 제거소화가 잘 된다.
③ 취급이 간편하다. ④ 기화잠열이 크다.

해설 물은 가격이 저렴하고 취급이 간편하며 비열과 기화잠열이 크기 때문에 소화약제로 사용하며 주된 소화작용은 냉각소화이다.

04. 소화약제로서 물의 단점인 동결현상을 방지하기 위하여 주로 사용되는 물질은?

① 에틸알콜 ② 글리세린 ③ 에틸렌글리콜 ④ 탄산칼슘

해설 물의 어는점을 낮추어 동결현상을 방지하기 위해 에틸렌글리콜(E.G)을 첨가하여 사용한다.

05. 포소화약제에 의한 소화방법으로 다음 중 가장 주된 소화효과는?

① 희석소화 ② 질식소화 ③ 제거소화 ④ 자기소화

해설 포소화약제는 거품을 화재 표면에 덮어 소화하는 방식으로는 질식소화와 함께 포에 함유된 수분에 의한 냉각효과에 의해 소화시킬 수 있다.

06. 다음 중 공기포 소화약제가 아닌 것은?

① 단백포 소화약제 ② 합성계면활성제포 소화약제
③ 화학포 소화약제 ④ 수성막포 소화약제

해설 공기포(기계포) 소화약제 : 단백포, 불화단백포, 합성계면활성제포, 수성막포, 알코올형포

07. 탄산수소나트륨과 황산알루미늄의 소화약제가 반응을 하여 생성되는 이산화탄소를 이용하여 화재를 진압하는 소화약제는?

① 단백포 ② 수성막포 ③ 화학포 ④ 내알코올포

해설 〈화학포 소화약제의 반응식〉

$$6NaHCO_3 + Al_2(SO_4)_3 \cdot 18H_2O \rightarrow 3Na_2SO_4 + 2Al(OH)_3 + 6CO_2 + 18H_2O$$

08. 화학포소화약제의 반응에서 황산알루미늄과 탄산수소나트륨의 반응 몰 비는? (단, 황산알루미늄 : 탄산수소나트륨의 비이다.)

① 1 : 4 ② 1 : 6 ③ 4 : 1 ④ 6 : 1

해설 〈화학포 소화약제의 반응식〉

$$6NaHCO_3 + Al_2(SO_4)_3 \cdot 18H_2O \rightarrow 3Na_2SO_4 + 2Al(OH)_3 + 6CO_2 + 18H_2O$$

09. 화학포소화기에서 탄산수소나트륨과 황산알루미늄이 반응하여 생성되는 기체의 주성분은?

① CO ② CO_2 ③ N_2 ④ Ar

10. 소화효과를 증대시키기 위하여 분말소화약제와 병용하여 사용할 수 있는 것은?

① 단백포 소화약제 ② 수성막포 소화약제
③ 합성계면활성제포 소화약제 ④ 알코올형포 소화약제

해설 분말 소화약제와 수성막포 소화약제를 병용하여 사용하면 재발화 현상을 방지할 수 있다.

11. 물과 친화력이 있는 수용성 용매의 화재에 보통의 포소화약제를 사용하면 포가 파괴되기 때문에 소화 효과를 잃게 된다. 이와 같은 단점을 보완한 소화약제로 가연성인 수용성 용매의 화재에 유효한 효과를 가지고 있는 것은?

① 알코올포소화약제 ② 단백포소화약제
③ 합성계면활성제포소화약제 ④ 수성막포소화약제

해설 수용성 액체의 화재에는 포가 소멸되는 현상을 방지하기 위하여 알코올포(=내알코올형) 소화약제를 사용한다.

12. 다음 소화약제 중 수용성 액체의 화재 시 가장 적합한 것은?

① 단백포소화약제 ② 내알코올포소화약제
③ 합성계면활성제포소화약제 ④ 수성막포소화약제

해설 수용성 액체의 화재에는 내알코올포 소화약제가 적합하다.

13. 단백포소화약제 제조 공정에서 부동제로 사용하는 것은?

① 에틸렌글리콜 ② 물 ③ 가수분해 단백질 ④ 황산제1철

해설 단백포 소화약제의 제조 공정에서 에틸렌글리콜을 부동제로 사용한다.

14. 다음의 위험물 중에서 화재가 발생하였을 때, 내알코올포소화약제를 사용하는 것이 효과가 가장 높은 것은?

① C_6H_6 ② $C_6H_5CH_3$ ③ $C_6H_4(CH_3)_2$ ④ CH_3COOH

해설 내알코올포 소화약제는 아세트산(CH_3COOH)과 같은 수용성 화재에 적응성이 있다.
① 벤젠(C_6H_6), ② 톨루엔($C_6H_5CH_3$), ③ 자일렌[$C_6H_4(CH_3)_2$]의 비수용성 화재에는 효과가 없다.

15. 다음 중 화재 시 내알코올포소화약제를 사용하는 것이 가장 적합한 위험물은?

① 아세톤 ② 휘발유 ③ 경유 ④ 등유

해설 내알코올포 소화약제는 아세톤(CH_3COCH_3)과 같은 수용성 화재에 적응성이 있다.

16. 산 · 알칼리 소화기에 있어서 탄산수소나트륨과 황산의 반응 시 생성되는 물질을 모두 옳게 나타낸 것은?

① 황산나트륨, 탄산가스, 질소 ② 염화나트륨, 탄산가스, 질소
③ 황산나트륨, 탄산가스, 물 ④ 염화나트륨, 탄산가스, 물

해설 $H_2SO_4 + 2NaHCO_3 \rightarrow Na_2SO_4 + 2CO_2 + 2H_2O$
황산 + 탄산수소나트륨 → 황산나트륨 + 이산화탄소(탄산가스) + 물

17. 이산화탄소 소화기 사용 시 줄 · 톰슨 효과에 의해서 생성되는 물질은?

① 포스겐 ② 일산화탄소 ③ 드라이아이스 ④ 수성가스

해설 이산화탄소(CO_2) 소화기 사용 시 줄 · 톰슨효과에 의해서 생성되는 물질은 드라이아이스이다.

18. 할로겐화합물의 소화약제 중 할론 2402의 화학식은?

① $C_2Br_4F_2$ ② $C_2Cl_4F_2$ ③ $C_2Cl_4Br_2$ ④ $C_2F_4Br_2$

해설 C, F, Cl, Br, I(생략가능) 순서에 따라 할론 소화약제의 화학식을 명명한다.

19. 다음 소화약제 중 오존파괴지수(ODP)가 가장 큰 것은?

① IG-541 ② Halon 2402 ③ Halon 1211 ④ Halon 1301

해설 위 소화약제의 오존파괴지수(ODP)는 다음과 같다.
① 0 ② 6.0 ③ 2.4 ④ 14.1

20. 소화효과에 대한 설명으로 틀린 것은?

① 기화잠열이 큰 소화약제를 사용할 경우 냉각소화 효과를 기대할 수 있다.
② 이산화탄소에 의한 소화는 주로 질식소화로 화재를 진압한다.
③ 할로겐화합물 소화약제는 주로 냉각소화를 한다.
④ 분말소화약제는 질식효과와 부촉매효과 등으로 화재를 진압한다.

해설 ③ 주된 소화방법은 화학적소화(=억제소화, 부촉매소화)이다.

21. BCF(Bromochlorodifluoromethane) 소화약제의 화학식으로 옳은 것은?

① CF_3Br ② CCl_4 ③ CH_2ClBr ④ CF_2ClBr

해설 할론 1211의 화학식은 CF_2ClBr로 약칭으로 BCF라 한다.

22. 할론 1301의 증기비중은?

① 2.14 ② 4.15 ③ 5.14 ④ 6.15

해설 CF_3Br 분자량 : $12 + (19 \times 3) + 80 = \frac{149}{29} = 5.14$

23. A급, B급, C급 화재에 모두 적용이 가능한 소화약제는?

① 제1종 분말소화약제 ② 제2종 분말소화약제
③ 제3종 분말소화약제 ④ 제4종 분말소화약제

24. 분말소화약제 중 제1종과 제2종 분말이 각각 열분해 될 때 공통적으로 생성되는 물질은?

① N_2, CO_2 ② N_2, O_2 ③ H_2O, CO_2 ④ H_2O, N_2

해설 제1종 분말소화약제($NaHCO_3$)와 제2종 분말소화약제($KHCO_3$)의 열분해 시 질식효과를 나타내는 CO_2와 냉각효과를 나타내는 H_2O가 공통적으로 생성된다.

25. 제3종 분말 소화약제의 열분해 반응식을 옳게 나타낸 것은?

① $NH_4H_2PO_4 \rightarrow HPO_3 + NH_3 + H_2O$ ② $2KNO_3 \rightarrow 2KNO_2 + O_2$
③ $KClO_4 \rightarrow KCl + 2O_2$ ④ $2CaHCO_3 \rightarrow 2CaO + H_2CO_3$

해설
- 제3종 분말소화약제의 1차 열분해시 올소인산(H_3PO_4)을 발생시키며 2차 열분해 시 메타인산(HPO_3)을 발생시킨다.
- 반응식 : $NH_4H_2PO_4 \rightarrow HPO_3 + NH_3 + H_2O$

26. $NH_4H_2PO_4$이 열분해하여 생성되는 물질 중 암모니아와 수증기의 부피 비율은?

① 1 : 1 ② 1 : 2 ③ 2 : 1 ④ 3 : 2

해설 $NH_4H_2PO_4 \rightarrow HPO_3 + NH_3 + H_2O$(인산암모늄→ 메타인산 + 암모니아 + 물)

27. 종별 분말소화약제의 주성분이 잘못 연결된 것은?

① 제1종 분말 - 탄산수소나트륨 ② 제2종 분말 - 탄산수소칼륨
③ 제3종 분말 - 제1인산암모늄 ④ 제4종 분말 - 탄산수소나트륨과 요소의 반응생성물

해설 ④ 탄산수소칼륨과 요소의 반응생성물

28. 분말 소화약제 중 인산염류를 주성분으로 하는 것은 제 몇 종 분말인가?

① 제1종 분말 ② 제2종 분말 ③ 제3종 분말 ④ 제4종 분말

해설 분말 소화약제 중 인산염류(인산암모늄)를 주성분으로 하는 분말 소화기는 제3종 분말 소화약제이다.

29. 제3종 분말소화약제의 주요 성분에 해당하는 것은?

① 인산암모늄 ② 탄산수소나트륨 ③ 탄산수소칼륨 ④ 요소

30. 분말 소화약제의 분류가 옳게 연결된 것은?

① 제1종 분말약제 : $KHCO_3$ ② 제2종 분말약제 : $KHCO_3 + (NH_2)_2CO$
③ 제3종 분말약제 : $NH_4H_2PO_4$ ④ 제4종 분말약제 : $NaHCO_3$

해설 ① 제1종 분말약제 : $NaHCO_3$
② 제2종 분말약제 : $KHCO_3$
④ 제4종 분말약제 : $KHCO_3 + (NH_2)_2CO$

31. 소화약제에 따른 주된 소화효과로 틀린 것은?

① 수성막포소화약제 : 질식효과 ② 제2종 분말소화약제 : 탈수탄화효과
③ 이산화탄소소화약제 : 질식효과 ④ 할로겐화합물소화약제 : 화학억제효과

해설 ② 주된 소화효과는 질식효과에 해당한다.

32. 소화설비의 주된 소화효과를 옳게 설명한 것은?

① 옥내 · 옥외소화전설비 : 질식소화
② 스프링클러설비, 물분무소화설비 : 억제소화
③ 포, 분말 소화설비 : 억제소화
④ 할로겐화합물 소화설비 : 억제소화

해설 할로겐화합물 소화설비의 주된 소화효과는 억제소화(=부촉매소화)이다.

33. 식용유 화재 시 제1종 분말소화약제를 이용하여 화재의 제어가 가능하다. 이때의 소화 원리에 가장 가까운 것은?

① 촉매효과에 의한 질식소화 ② 비누화 반응에 의한 질식소화
③ 요오드화에 의한 냉각소화 ④ 가수분해 반응에 의한 냉각소화

해설 제1종 분말소화약제($NaHCO_3$)를 식용유 화재에 이용하여 유류 표면에 막을 형성하여 소화시키는 원리를 비누화 반응에 의한 질식소화라 한다.

34. 질소와 아르곤과 이산화탄소의 용량비가 52대 40대 8인 혼합물 소화약제에 해당하는 것은?

① IG-541 ② HCFC-BLEND A ③ HFC-125 ④ HFC-23

해설 IG-541 : N_2(52%), Ar(40%), CO_2(8%)

35. 청정소화약제 중 IG-541 의 구성 성분을 옳게 나타낸 것은?

① 헬륨, 네온, 아르곤 ② 질소, 아르곤, 이산화탄소
③ 질소, 이산화탄소, 헬륨 ④ 헬륨, 네온, 이산화탄소

해설 IG-541 : N_2(52%), Ar(40%), CO_2(8%)

36. 위험물안전관리법령상 제4류 위험물에 적응성이 있는 소화기가 아닌 것은?

① 이산화탄소소화기 ② 봉상강화액소화기
③ 포소화기 ④ 인산염류분말소화기

해설 제4류 위험물에 적응성이 있는 강화액 소화기는 무상강화액 소화기이다.

37. 휘발유의 소화방법으로 옳지 않은 것은?

① 분말소화약제를 사용한다. ② 포소화약제를 사용한다.
③ 물통 또는 수조로 주수소화한다. ④ 이산화탄소에 의한 질식소화를 한다.

해설 휘발유는 제4류 위험물이므로 주수소화를 피한다.

38. 톨루엔의 화재 시 가장 적합한 소화방법은?

① 산 · 알칼리 소화기에 의한 소화 ② 포에 의한 소화
③ 다량의 강화액에 의한 소화 ④ 다량의 주수에 의한 냉각소화

해설 톨루엔은 제4류 위험물이므로 보기 중 포에 의한 질식소화가 가장 적합하다. 비수용성이므로 포소화약제 중 수성막포를 사용할 수 있다.

39. 할로겐화합물 소화설비가 적응성이 있는 대상물은?

① 제1류 위험물 ② 제3류 위험물 ③ 제4류 위험물 ④ 제5류 위험물

해설 제4류 위험물의 화재에는 질식소화가 적합하므로 할로겐화합물 소화설비에 적응성이 있다.

40. 칼륨의 화재 시 사용 가능한 소화제는?

① 물 ② 마른모래 ③ 이산화탄소 ④ 사염화탄소

해설 제3류 위험물인 칼륨은 금수성 물질이므로 마른모래, 팽창질석, 팽창진주암, 탄산수소염류분말로 소화하여야 한다.

41. 알칼리금속의 화재 시 소화약제로 가장 적합한 것은?

① 물 ② 마른모래 ③ 이산화탄소 ④ 할로겐화합물

해설 제3류 위험물인 알칼리금속은 금수성 물질이므로 마른모래, 팽창질석, 팽창진주암, 탄산수소염류분말로 소화하여야 한다.

42. 트리에틸알루미늄의 화재 시 사용할 수 있는 소화약제(설비)가 아닌 것은?

① 마른모래 ② 팽창질석 ③ 팽창진주암 ④ 이산화탄소

해설 제3류 위험물인 트리에틸알루미늄은 금수성 물질이므로 마른모래, 팽창질석, 팽창진주암, 탄산수소염류분말로 소화하여야 한다.

43. 위험물안전관리법령상 제3류 위험물의 금수성 물질 화재 시 적응성이 있는 소화약제는?

① 탄산수소염류분말 ② 물③ 이산화탄소 ④ 할로겐화합물

해설 금수성 물질 화재 시 적응성이 있는 소화약제는 탄산수소염류분말, 건조사(마른 모래), 팽창질석, 팽창진주암이다.

44. 위험물안전관리법령상 제4류 위험물과 제6류 위험물에 모두 적응성이 있는 소화설비는 무엇인가?

① 불활성가스소화설비 ② 할로겐화합물소화설비
③ 탄산수소염류소화설비 ④ 인산염류분말소화설비

해설 ④ 제4류 위험물과 제6류 위험물에 모두 적응성이 있는 소화설비는 인산염류분말소화설비, 물분무소화설비, 포소화설비 등이다.

45. 유기과산화물의 화재 시 적응성이 있는 소화설비는?

① 물분무소화설비 ② 불활성가스소화설비
③ 할로겐화합물소화설비 ④ 분말소화설비

해설 제5류 위험물인 유기과산화물은 주수소화가 적응성이 있다.

46. CH_3ONO_2의 소화방법에 대한 설명으로 옳은 것은?

① 물을 주수하여 냉각소화 한다. ② 이산화탄소소화기로 질식소화를 한다.
③ 할로겐화합물소화기로 질식소화를 한다. ④ 건조사로 냉각소화 한다.

해설 제5류 위험물인 질산메틸은 주수소화가 적응성이 있다.

47. 위험물안전관리법령상 제4류 위험물에 적응성이 없는 소화설비는?

① 옥내소화전설비 ② 포소화설비
③ 불활성가스소화설비 ④ 할로겐화합물소화설비

해설 제4류 위험물은 물분무소화설비, 포소화설비, 할로겐화합물소화설비, 불활성가스소화설비, 분말소화설비 등에 적응성이 있다.

48. 다음 중 제4류 위험물의 화재 시 물을 이용한 소화를 시도하기 전에 고려해야 하는 위험물의 성질로 가장 옳은 것은?

① 수용성, 비중 ② 증기비중, 끓는점
③ 색상, 발화점 ④ 분해온도, 녹는점

해설 비중이 1보다 작으며 비수용성인 제4류 위험물에 물을 이용한 소화시 연소면을 확대시키므로 주로 질식소화를 하여야 한다.

49. **위험물안전관리법령상 제5류 위험물에 적응성이 있는 소화설비는?**

① 포소화설비 ② 이산화탄소 소화설비
③ 할로겐화합물 소화설비 ④ 탄산수소염류 소화설비

해설 제5류 위험물은 수계소화설비가 적응성이 있다.

50. **위험물안전관리법령상 제6류 위험물에 적응성이 없는 것은?**

① 스프링클러설비 ② 포소화설비
③ 불활성가스소화설비 ④ 물분무소화설비

해설 제6류 위험물은 옥내(외)소화전설비, 스프링클러설비, 물분무소화설비, 포소화설비 등에 적응성이 있다.

51. **제6류 위험물을 저장하는 제조소등에 적응성이 없는 소화설비는?**

① 옥외소화전설비 ② 탄산수소염류 분말소화설비
③ 스프링클러설비 ④ 포소화설비

52. **위험물안전관리법령상 탄산수소염류의 분말소화기가 적응성을 갖는 위험물이 아닌 것은?**

① 과염소산 ② 철분 ③ 톨루엔 ④ 아세톤

해설 제6류 위험물인 과염소산은 주수소화가 효과적이다.

53. **소화설비의 기준에서 이산화탄소 소화설비가 적응성이 있는 대상물은?**

① 알칼리금속 과산화물 ② 철분
③ 인화성고체 ④ 제3류 위험물의 금수성물질

해설 알칼리금속의 과산화물, 철분, 금속분, 마그네슘, 제3류 위험물의 금수성 물질은 건조사, 팽창질석, 팽창진주암, 탄산수소염류분말소화설비가 적응성이 있다.

54. **위험물안전관리법령에 따른 소화설비의 적응성에 관한 내용 중 "제6류 위험물을 저장 또는 취급하는 장소로서 폭발의 위험이 없는 장소에 한하여 (　)가(이) 제6류 위험물에 대하여 적응성이 있다." ( )안에 적합한 내용은?**

① 할로겐화합물 소화기 ② 분말소화기 - 탄산수소염류 소화기
③ 분말소화기 - 그 밖의 것 ④ 이산화탄소 소화기

해설 제6류 위험물은 주로 냉각소화가 효과적이지만 이산화탄소 소화기의 경우 폭발의 위험이 없는 장소에 한하여 적응성이 있다.

55. 이산화탄소 소화기의 장점으로 옳은 것은?

① 전기설비화재에 유용하다.
② 마그네슘과 같은 금속분 화재 시 유용하다.
③ 자기반응성 물질의 화재 시 유용하다.
④ 알칼리금속 과산화물 화재 시 유용하다.

해설 이산화탄소는 비전도성이므로 C급 화재(전기 화재)에 적응성이 있다.

56. 이산화탄소 소화약제로 사용되는 이유에 대한 설명으로 가장 옳은 것은?

① 산소와의 반응이 느리기 때문이다.
② 산소와 반응하지 않기 때문이다.
③ 착화되어도 곧 불이 꺼지기 때문이다.
④ 산화반응이 되어도 열 발생이 없기 때문이다.

해설 이산화탄소(CO_2) 소화약제는 이미 산소와의 반응이 완결된 물질로 더 이상 산소와 반응하지 않기 때문에 소화약제로 사용된다.

57. 철분, 금속분, 마그네슘에 적응성이 있는 소화설비는?

① 이산화탄소소화설비 ② 할로겐화합물소화설비
③ 포소화설비 ④ 탄산수소염류소화설비

해설 알칼리금속의 과산화물, 철분, 금속분, 마그네슘, 제3류 위험물의 금수성 물질은 건조사, 팽창질석, 팽창진주암, 탄산수소염류분말소화설비가 적응성이 있다.

58. 철분 · 마그네슘 · 금속분에 적응성이 있는 소화설비는?

① 스프링클러설비 ② 할로겐화합물소화설비
③ 대형수동식포소화기 ④ 건조사

해설 알칼리금속의 과산화물, 철분, 금속분, 마그네슘, 제3류 위험물의 금수성 물질은 건조사, 팽창질석, 팽창진주암, 탄산수소염류분말소화설비가 적응성이 있다.

59. 알칼리금속 과산화물에 적응성이 있는 소화설비는?

① 할로겐화합물 소화설비 ② 탄산수소염류분말소화설비
③ 물분무소화설비 ④ 스프링클러설비

60. 주수소화가 적합하지 않은 물질은?

① 과산화벤조일 ② 과산화나트륨 ③ 피크린산 ④ 염소산나트륨

해설 과산화나트륨(Na_2O_2)은 제1류 위험물 중 알칼리금속의 과산화물에 해당하므로 건조사, 팽창질석, 팽창진주암, 탄산수소염류분말소화설비가 적응성이 있다.

61. 분말소화기의 소화약제로 사용되지 않은 것은?

① 탄산수소나트륨 ② 탄산수소칼륨 ③ 과산화나트륨 ④ 인산암모늄

해설 과산화나트륨(Na_2O_2)은 제1류 위험물이므로 분말 소화약제로 사용되지 않는다.

① 탄산수소나트륨 : 제1종 분말 소화약제
② 탄산수소칼륨 : 제2종 분말 소화약제
④ 인산암모늄 : 제3종 분말 소화약제

62. 위험물안전관리법령상 탄산수소염류의 분말소화기가 적응성을 갖는 위험물이 아닌 것은?

① 과염소산 ② 철분 ③ 톨루엔 ④ 아세톤

해설 과염소산은 제6류 위험물로 수계 소화설비로 냉각소화를 하거나 인산염류 분말소화기에 적응성이 있다.

63. 위험물안전관리법령상 할로겐화합물소화기가 적응성이 있는 위험물은?

① 나트륨 ② 질산메틸 ③ 이황화탄소 ④ 과산화나트륨

해설 제4류 위험물인 이황화탄소는 할로겐화합물소화기 등의 주로 질식소화가 효과적이다.

64. 위험물안전관리법령상 전기설비에 대하여 적응성이 없는 소화설비는?

① 물분무소화설비 ② 이산화탄소소화설비
③ 포소화설비 ④ 할로겐화합물소화설비

해설 포소화설비는 전기설비에 적응성이 없다.

65. 위험물제조소등의 전기설비에 적응성이 있는 소화설비는?

① 봉상수소화기 ② 포소화설비 ③ 옥외소화전설비 ④ 물분무소화설비

해설 전기설비에 적응성이 있는 소화설비는 물분무소화설비, 불활성가스소화설비, 할로겐화합물소화설비, 분말소화설비, 무상수소화기, 무상강화액소화기에 해당한다.

66. 전기설비에 적응성이 없는 소화설비는?

① 이산화탄소소화설비 ② 물분무소화설비
③ 포소화설비 ④ 할로겐화합물소화설비

67. 위험물관리법령의 소화설비의 적응성에서 소화설비의 종류가 아닌 것은?

① 물분무소화설비 ② 방화설비 ③ 옥내소화전설비 ④ 물통

해설 물통, 수조, 팽창질석 또는 팽창진주암은 기타소화설비에 분류되는 반면에 방화설비는 소화설비의 종류에 해당하지 않는다.

68. 다음 중 화재 시 발생하는 열, 연기, 불꽃 또는 연소생성물을 자동으로 감지하여 수신기에 발신하는 장치는?

① 중계기 ② 감지기 ③ 송신기 ④ 발신기

해설 ① "중계기"란 감지기 · 발신기 또는 전기적 접점 등의 작동에 따른 신호를 받아 이를 수신기의 제어반에 전송하는 장치를 말한다.
② "감지기"란 화재시 발생하는 열, 연기, 불꽃 또는 연소생성물을 자동적으로 감지하여 수신기에 발신하는 장치를 말한다.
④ "발신기"란 화재발생 신호를 수신기에 수동으로 발신하는 장치를 말한다.
※ "수신기"란 감지기나 발신기에서 발하는 화재신호를 직접 수신하거나 중계기를 통하여 수신하여 화재의 발생을 표시 및 경보하여 주는 장치를 말한다.

69. 위험물안전관리법상 소화설비에 해당하지 않는 것은?

① 옥외소화전설비 ② 스프링클러설비
③ 할로겐화합물 소화설비 ④ 연결살수설비

해설 연결살수설비는 소화활동설비로 분류된다.

70. 위험물안전관리법령상 소화설비의 적응성에 관한 내용이다. 옳은 것은?

① 마른모래는 대상물 중 제1류~제6류 위험물에 적응성이 있다.
② 팽창질석은 전기설비를 포함한 모든 대상물에 적응성이 있다.
③ 분말소화약제는 셀룰로이드류의 화재에 가장 적당하다.
④ 물분무소화설비는 전기설비에 사용할 수 없다.

해설 ② 건조사(마른모래), 팽창질석 또는 팽창진주암은 건축물 · 그 밖의 공작물과 전기설비에 적응성이 없다.
③ 분말소화약제는 전기설비, 제2류 위험물(인화성 고체), 제4류 위험물에 주로 적응성이 있다.
④ 물분무소화설비는 안개 모양으로 방사되므로 전기설비에 적응성이 있다.

71. 위험물안전관리법령에 의하면 옥외소화전이 6개 있을 경우 수원의 수량은 몇 ㎥ 이상이어야 하는가?

① 48㎥ 이상 ② 54㎥ 이상 ③ 60㎥ 이상 ④ 81㎥ 이상

해설 옥외소화전 수원의 수량 = 13.5㎥ × 4개(최대) = 54㎥

72. 위험물안전관리법령의 소화설비 설치기준에 의하면 옥외소화전설비의 수원의 수량은 옥외소화전 설치 개수(설치개수가 4 이상인 경우에는 4)에 몇 ㎥을 곱한 양 이상이 되도록 하여야 하는가?

① 7.5㎥ ② 13.5㎥ ③ 20.5㎥ ④ 25.5㎥

73.

위험물안전관리법령상 압력수조를 이용한 옥내소화전설비의 가압송수장치에서 압력수조의 최소압력(MPa)은? (단, 소방용 호스의 마찰손실수두압은 3MPa, 배관의 마찰손실수두압은 1MPa, 낙차의 환산수두압은 1.35MPa이다.)

① 5.35MPa ② 5.70MPa ③ 6.00MPa ④ 6.35MPa

해설 압력수조를 이용한 옥내소화전설비의 가압송수장치에서 압력수조의 최소압력(MPa)

$P=p_1+p_2+p_3+0.35MPa$

P : 필요한 압력(MPa) p_1 : 소방용 호스의 마찰손실수두압(MPa)

p_2 : 배관의 마찰손실수두압(MPa) p_3 : 낙차의 환산수두압(MPa)

$\therefore P=3+1+1.35+0.35=5.70MPa$

74.

다음 중 위험물안전관리법에 따른 소화설비의 구분에서 "물분무등소화설비"에 속하지 않는 것은?

① 이산화탄소소화설비 ② 포소화설비

③ 스프링클러설비 ④ 분말소화설비

해설 물분무등소화설비에는 물분무소화설비, 포소화설비, 불활성가스소화설비, 할로겐화합물소화설비, 청정소화약제소화설비, 분말소화설비, 강화액소화설비 등이 속한다.

75.

건축물의 1층 및 2층 부분만을 방사능력범위로 하고 지하층 및 3층 이상의 층에 대하여 다른 소화설비를 설치해야 하는 소화설비는?

① 스프링클러설비 ② 포소화설비 ③ 옥외소화전설비 ④ 물분무소화설비

해설 옥외소화전설비는 건축물의 1층 및 2층 부분만을 방사능력범위로 하고 지하층 및 3층 이상의 층에 대하여 다른 소화설비를 설치하여야 한다.

76.

옥외소화전설비의 기준에서 옥외소화전함은 옥외소화전으로부터 보행거리 몇 m 이하의 장소에 설치하여야 하는가?

① 1.5 ② 5 ③ 7.5 ④ 10

해설 옥외소화전함은 옥외소화전으로부터 보행거리 5m 이하의 장소에 설치하여야 한다.

77.

옥외소화전은 방호대상물의 각 부분에서 하나의 호스접속구까지의 수평거리가 얼마 이하가 되도록 설치해야 하는가?

① 20m ② 30m ③ 40m ④ 50m

해설 옥외소화전은 방호대상물의 각 부분에서 하나의 호스접속구까지의 수평거리가 40m 이하가 되도록 설치하며, 옥내소화전의 경우 수평거리는 25m 이하가 되도록 설치하여야 한다.

78. 옥내소화전의 개폐밸브 및 호스접속구는 바닥면으로부터 몇 미터 이하의 높이에 설치하여야 하는가?

① 0.5　② 1　③ 1.5　④ 1.8

해설 옥내, 옥외소화전설비의 개폐밸브 및 호스접속구는 바닥면으로부터 1.5m이하의 높이에 설치하여야 한다.

79. 위험물안전관리법령상 옥내 소화전 설비의 기준에 따르면 펌프를 이용한 가압송수장치에서 펌프의 토출량은 옥내소화전의 설치개수가 가장 많은 층에 대해 해당 설치개수(5개 이상인 경우에는 5개)에 얼마를 곱한 양 이상이 되도록 하여야 하는가?

① 260L/min　② 360L/min　③ 460L/min　④ 560L/min

해설 옥내소화전 설비의 방수량은 260L/min을 기준으로 하며, 옥외소화전 설비의 방수량은 450L/min을 기준으로 한다.

80. 위험물안전관리법령상 옥내소화전설비의 비상전원은 몇 분 이상 작동할 수 있어야 하는가?

① 45분　② 30분　③ 20분　④ 10분

해설 옥내(외)소화전설비의 비상전원은 45분 이상 작동할 수 있어야 한다.

81. 위험물제조소등에 설치하는 옥내소화전설비의 설치기준으로 옳은 것은?

① 옥내소화전은 건축물의 층마다 당해 층의 각 부분에서 하나의 호스접속구까지의 수평거리가 25미터 이하가 되도록 설치하여야 한다.
② 당해 층의 모든 옥내소화전(5개 이상인 경우는 5개)을 동시에 사용할 경우 각 노즐선단에서의 방수량은 130L/min 이상이어야 한다.
③ 당해 층의 모든 옥내소화전(5개 이상인 경우는 5개)을 동시에 사용할 경우 각 노즐선단에서의 방수압력은 250kPa 이상이어야 한다.
④ 수원의 수량은 옥내소화전이 가장 많이 설치된 층의 옥내소화전 설치개수(5개 이상인 경우는 5개)에 2.6m^3를 곱한 양 이상이 되도록 설치하여야 한다.

해설 ② 방수량은 260L/min 이상이어야 한다.
③ 방수압력은 350kPa 이상이어야 한다.
④ 수원의 수량은 설치개수(최대 5개)에 7.8m^3를 곱한 양 이상이 되도록 설치하여야 한다.

82. 위험물안전관리법령에 따른 옥외소화전설비의 설치기준에서 "옥외소화전설비는 모든 옥외소화전(설치개수가 4개 이상인 경우는 4개의 옥외소화전)을 동시에 사용할 경우에 각 노즐선단의 방수압력이 ( )kPa 이상이고, 방수량이 1분당 ( )L 이상의 성능이 되도록 할 것" 에서 괄호 안에 알맞은 수치를 차례대로 나타낸 것은?

① 350, 260　② 300, 260　③ 350, 450　④ 300, 450

83. 방호대상물의 바닥 면적이 150㎡ 이상인 경우에 개방형 스프링클러헤드를 이용한 스프링클러설비의 방사구역은 얼마 이상으로 하여야 하는가?

① 100㎡　　② 150㎡
③ 200㎡　　④ 400㎡

해설 개방형 스프링클러헤드를 이용한 스프링클러설비의 방사구역은 150㎡ 이상으로 하며, 바닥면적이 150㎡ 미만인 경우 당해 표면적을 방사구역으로 한다.

84. 위험물안전관리법령상 스프링클러헤드는 부착장소의 평상시 최고주위온도가 28℃ 미만인 경우 몇 ℃의 표시온도를 갖는 것을 설치하여야 하는가?

① 58℃ 미만
② 58℃ 이상 79℃ 미만
③ 79℃ 이상 121℃ 미만
④ 121℃ 이상 162℃ 미만

해설

부착장소의 최고주위온도(℃)	표시온도(℃)
28 미만	58 미만
28 이상 39 미만	58 이상 79 미만
39 이상 64 미만	79 이상 121 미만
64 이상 106 미만	121 이상 162 미만
106 이상	162 이상

85. 위험물제조소등에 설치해야 하는 각 소화설비의 설치기준에 있어서 각 노즐 또는 헤드선단의 방사압력 기준이 나머지 셋과 다른 설비는?

① 옥내소화전설비
② 옥외소화전설비
③ 스프링클러설비
④ 물분무소화설비

해설 옥내/옥외/물분무소화설비의 방사압력은 350kPa 이상인 반면에 스프링클러 설비의 방사압력은 100kPa 이상으로 한다.

86. 스프링클러설비의 장점이 아닌 것은?

① 화재의 초기 진압에 효율적이다.
② 사용 약제를 쉽게 구할 수 있다.
③ 자동으로 화재를 감지하고 소화할 수 있다.
④ 다른 소화설비보다 구조가 간단하고, 시설비가 적다.

해설 스프링클러설비는 다른 소화설비보다 구조가 복잡하고, 초기 시설비가 비싸다.

87. **다음 ( ) 안에 들어갈 수치를 순서대로 바르게 나열한 것은? (단, 제4류 위험물에 적응성을 갖기 위한 살수밀도기준을 적용하는 경우를 제외한다.)**

> 위험물제조소등에 설치하는 폐쇄형 헤드의 스프링클러설비는 30개의 헤드를 동시에 사용할 경우 각 선단의 방사 압력이 ( )kPa 이상이고 방수량이 1분당 ( )L 이상이어야 한다.

① 100, 80 ② 120, 80 ③ 100, 100 ④ 120, 100

해설 폐쇄형 헤드의 스프링클러설비는 30개의 헤드를 동시에 사용할 경우 각 선단의 방사 압력이 100kPa 이상이고 방수량이 1분당 80L 이상이어야 한다.

88. **위험물안전관리법령에 따른 대형수동식소화기의 설치기준에서 방호대상물의 각 부분으로부터 하나의 대형수동식소화기까지의 보행거리는 몇 m 이하가 되도록 설치하여야 하는가? (단, 옥내소화전설비, 옥외소화전설비, 스프링클러설비 또는 물분무등소화설비와 함께 설치하는 경우는 제외한다.)**

① 10 ② 15 ③ 20 ④ 30

해설 대형수동식 소화기의 설치기준은 방호대상물의 각 부분으로부터 하나의 대형수동식 소화기까지의 보행거리가 30m 이하가 되도록 설치하며, 소형수동식 소화기의 경우 20m 이하로 설치하여야 한다.

89. **위험물제조소등에 설치하는 고정식 포소화설비의 기준에서 포헤드방식의 포헤드는 방호대상물의 표면적 몇 ㎡당 1개 이상의 헤드를 설치하여야 하는가?**

① 3㎡ ② 9㎡ ③ 15㎡ ④ 30㎡

해설 포 소화설비의 포 헤드는 방호대상물의 표면적 9㎡당 1개 이상의 헤드를 설치하여야 한다.

90. **위험물안전관리법령에서 정한 이산화탄소 소화약제의 저장용기 설치기준으로 옳은 것은?**

① 저압식 저장용기의 충전비 : 1.0 이상 1.3 이하
② 고압식 저장용기의 충전비 : 1.3 이상 1.7 이하
③ 저압식 저장용기의 충전비 : 1.1 이상 1.4 이하
④ 고압식 저장용기의 충전비 : 1.7 이상 2.1 이하

해설 이산화탄소 소화약제의 충전비는 저압식의 경우 1.1 이상 1.4 이하, 고압식의 경우 1.5 이상 1.9 이하로 한다.

91. **위험물안전관리에 관한 세부기준에 따르면 이산화탄소소화설비 저장용기는 온도가 몇 ℃ 이하인 장소에 설치하여야 하는가?**

① 35 ② 40 ③ 45 ④ 50

해설 온도가 40℃ 이하이고, 온도변화가 적은 장소에 설치한다.

92. 국소방출방식의 이산화탄소 소화설비의 분사헤드에서 방출되는 소화약제의 방사 기준은?

① 10초 이내에 균일하게 방사할 수 있을 것
② 15초 이내에 균일하게 방사할 수 있을 것
③ 30초 이내에 균일하게 방사할 수 있을 것
④ 60초 이내에 균일하게 방사할 수 있을 것

93. 이산화탄소소화설비의 기준에서 저장용기 설치 기준에 관한 내용으로 틀린 것은?

① 방호구역 외의 장소에 설치할 것
② 온도가 50℃ 이하이고 온도 변화가 적은 장소에 설치할 것
③ 직사일광 및 빗물이 침투할 우려가 적은 장소에 설치할 것
④ 저장용기에는 안전장치를 설치할 것

해설 온도가 40℃ 이하이고, 온도변화가 적은 장소에 설치한다.

94. 위험물제조소 분말소화설비의 기준에서 분말소화약제의 가압용 가스로 사용할 수 있는 것은?

① 헬륨 또는 산소 ② 네온 또는 염소
③ 아르곤 또는 산소 ④ 질소 또는 이산화탄소

해설 분말소화설비의 기준에서 가압용 가스로 사용할 수 있는 것은 질소 또는 이산화탄소이다.

정답

01_②	02_②	03_②	04_③	05_②	06_③	07_③	08_②	09_②	10_②
11_①	12_②	13_①	14_④	15_①	16_③	17_③	18_④	19_④	20_③
21_④	22_③	23_③	24_③	25_①	26_①	27_④	28_③	29_①	30_③
31_②	32_④	33_②	34_①	34_②	36_②	37_③	38_②	39_③	40_②
41_②	42_④	43_①	44_④	45_①	46_①	47_①	48_①	49_①	50_③
51_②	52_①	53_③	54_④	55_①	56_②	57_④	58_④	59_②	60_②
61_③	62_①	63_③	64_③	65_④	66_③	67_②	68_②	69_④	70_①
71_②	72_②	73_②	74_③	75_③	76_②	77_③	78_③	79_①	80_①
81_①	82_③	83_②	84_①	85_③	86_④	87_①	88_④	89_②	90_③
91_②	92_③	93_②	94_④						

2) 소화설비의 기준

- 위험물을 취급 및 저장하는 장소에는 화재발생 시 소화가 곤란한 정도(소화난이도등급)의 구분에 따라 화재에 유효한 소화설비를 설치하여야 하며, 소화난이도등급(Ⅰ~ Ⅲ)이 낮을수록 화재 시 소화하기 어렵다.
- 물분무등소화설비는 물분무소화설비, 포소화설비, 이산화탄소 소화설비, 할로겐화합물 소화설비, 분말소화설비(인산염류, 탄산수소염류 등)를 포함한다.

1. 소화난이도 등급 Ⅰ

구분	기준	소화설비
제조소 일반 취급소	연면적 1,000㎡ 이상인 것	옥내소화전설비, 옥외소화전설비, 스프링클러설비 또는 물분무등소화설비(화재발생시 연기가 충만할 우려가 있는 장소에는 스프링클러설비 또는 이동식 외의 물분무등소화설비에 한한다)
	지정수량의 100배 이상인 것(고인화점위험물만을 100℃ 미만의 온도에서 취급하는 것 은 제외)	
	지반면으로부터 6m 이상의 높이에 위험물 취급설비가 있는 것(고인화점위험물만을 100℃ 미만의 온도에서 취급하는 것은 제외)	
옥내 저장소	처마높이가 6m 이상인 단층건물의 것	스프링클러설비 또는 이동식 외의 물분무등소화설비
	지정수량의 150배 이상인 것(고인화점위험물만을 저장하는 것은 제외)	옥외소화전설비, 스프링클러설비, 이동식 외의 물분무등소화설비 또는 이동식 포소화설비(포소화전을 옥외에 설치하는 것에 한한다)
	연면적 150㎡를 초과하는 것(150㎡ 이내마다 불연재료로 개구부없이 구획된 것 및 인화성고체 외의 제2류 위험물 또는 인화점 70℃ 이상의 제4류 위험물만을 저장하는 것은 제외)	
	옥내저장소로 사용되는 부분 외의 부분이 있는 건축물에 설치된 것(내화구조로 개구부없이 구획된 것 및 인화성고체 외의 제2류 위험물 또는 인화점 70℃ 이상의 제4류 위험물만을 저장하는 것은 제외)	
옥외 탱크 저장소	액표면적이 40㎡ 이상인 것(제6류 위험물을 저장하는 것 및 고인화점위험물만을 100℃ 미만의 온도에서 저장하는 것은 제외)	
	지반면으로부터 탱크 옆판의 상단까지 높이가 6m 이상인 것(제6류 위험물을 저장하는 것 및 고인화점위험물만을 100℃ 미만의 온도에서 저장하는 것은 제외) → 높이는 지면으로부터 지붕을 제외한 탱크까지의	

	높이를 말함) 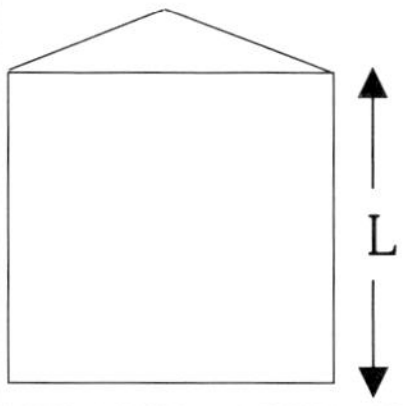	
옥내 탱크 저장소	액표면적이 40㎡ 이상인 것(제6류 위험물을 저장하는 것 및 고인화점위험물만을 100℃ 미만의 온도에서 저장하는 것은 제외)	
	바닥면으로부터 탱크 옆판의 상단까지 높이가 6m 이상인 것(제6류 위험물을 저장하는 것 및 고인화점위험물만을 100℃ 미만의 온도에서 저장하는 것은 제외) → 제6류 위험물의 소화난이도 등급 : 해당 없음	

연습문제-소화난이도 등급

01. 연면적이 1000㎡이고, 지정수량의 80배의 위험물을 취급하며, 지반면으로부터 5미터 높이에 위험물 취급설비가 있는 제조소의 소화난이도등급은?

① 소화난이도등급 I ② 소화난이도등급 II

③ 소화난이도등급 III ④ 제시된 조건으로 판단할 수 없음

해설 제조소의 연면적이 1000㎡ 이므로 소화난이도등급 I에 해당한다.

02. 소화난이도등급 I 의 옥내저장소에 설치하여야 하는 소화설비에 해당하지 않는 것은?

① 옥외소화전설비 ② 연결살수설비 ③ 스프링클러설비 ④ 물분무소화설비

해설

옥내 저장소	처마높이가 6m 이상인 단층건물 또는 다른 용도의 부분이 있는 건축물에 설치한 옥내저장소	스프링클러설비 또는 이동식 외의 물분무등소화설비
	그 밖의 것	옥외소화전설비, 스프링클러설비, 이동식 외의 물분무등소화설비 또는 이동식 포소화설비(포소화전을 옥외에 설치하는 것에 한한다)

03. 옥외탱크저장소의 소화설비를 검토 및 적용할 때 소화난이도등급 Ⅰ에 해당되는지를 검토하는 탱크높이의 측정기준으로 적합한 것은?

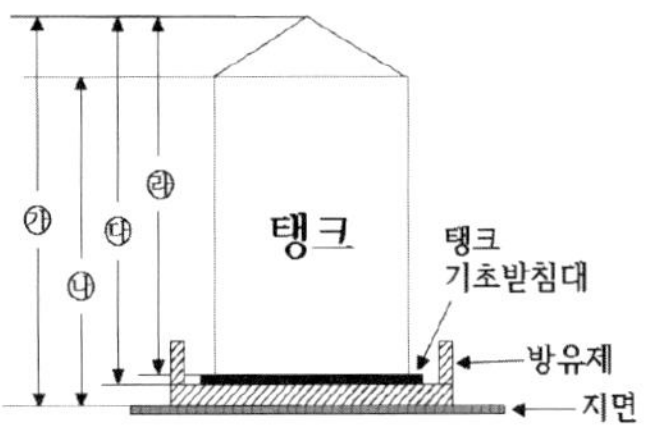

㉮ 지면으로부터 탱크의 지붕 위까지의 높이
㉯ 지면으로부터 지붕을 제외한 탱크까지의 높이
㉰ 방유제의 바닥으로부터 탱크의 지붕 위까지의 높이
㉱ 탱크 기초받침대를 제외한 탱크의 바닥으로부터 탱크의 지붕 위까지의 높이

① ㉮　② ㉯　③ ㉰　④ ㉱

해설 소화난이도등급 Ⅰ에 해당하는 옥외탱크저장소의 높이는 지면으로부터 지붕을 제외한 탱크 옆판의 상단까지 높이가 6m 이상인 것(제6류 위험물을 저장하는 것 및 고인화점 위험물만을 100℃ 미만의 온도에서 저장하는 것은 제외)으로 한다.

04. 소화난이도등급 Ⅰ에 해당하는 위험물제조소등이 아닌 것은? (단, 원칙적인 경우에 한하며 다른 조건을 고려하지 않는다)

① 모든 이송취급소　② 연면적 600㎡의 제조소
③ 지정수량의 150배인 옥내저장소　④ 액 표면적이 40㎡인 옥외탱크저장소

해설 ② 소화난이도등급 Ⅰ의 제조소의 연면적은 1000㎡ 이상에 해당한다.

정답 01_①　02_②　03_②　04_②

2. 소화난이도 등급 Ⅱ

구분	기준	소화설비
제조소 일반취급소	연면적 600㎡ 이상인 것	방사능력범위 내에 당해 건축물, 그 밖의 공작물 및 위험물이 포함되도록 대형수동식소화기를 설치하고, 당해 위험물의 소요단위의 1/5 이상에 해당되는 능력단위의 소형수동식소화기 등을 설치할 것
	지정수량의 10배 이상인 것(고인화점위험물만을 100℃ 미만의 온도에서 취급하는 것 제외)	
옥내저장소	단층건물 이외의 것	
	지정수량의 10배 이상인 것(고인화점위험물만을 저장하는 것 제외)	
	연면적 150㎡ 초과인 것	

옥외저장소	덩어리 상태의 유황을 저장하는 것으로서 경계표시 내부의 면적(2 이상의 경계표시가 있는 경우에는 각 경계표시의 내부의 면적을 합한 면적)이 5㎡ 이상 100㎡ 미만인 것	
	지정수량의 100배 이상인 것(덩어리 상태의 유황 또는 고인화점위험물을 저장하는 것은 제외)	
주유취급소	<u>옥내주유취급소</u>	
판매취급소	제2종 판매취급소	
옥외 · 옥내 탱크저장소	소화난이도등급Ⅰ의 제조소등 외의 것(고인화점위험물만을 100℃ 미만의 온도로 저장하는 것 및 제6류 위험물만을 저장하는 것은 제외)	대형수동식소화기 및 소형수동식소화기등을 각각 <u>1개 이상</u> 설치할 것

소화난이도 등급 Ⅱ 연습문제

01. 위험물안전관리법령상 옥내주유취급소의 소화난이도 등급은?

① Ⅰ ② Ⅱ ③ Ⅲ ④ Ⅳ

해설 옥내주유취급소는 소화난이도 등급이 Ⅱ등급이며, 설치하여야 하는 소화설비는 대형수동식소화기와 소형수동식소화기이다.

02. 소화난이도등급 Ⅱ의 옥내탱크저장소에는 대형수동식 소화기 및 소형수동식소화기를 각각 몇 개 이상 설치하여야 하는가?

① 4 ② 3 ③ 2 ④ 1

해설 소화난이도등급 Ⅱ의 옥외·옥내탱크저장소에는 대형수동식소화기 및 소형수동식소화기등을 각각 1개 이상 설치한다.

정답 01_② 02_④

3. 소화난이도 등급 Ⅲ

제조소등의 구분	제조소등의 규모, 저장 또는 취급하는 위험물의 품명 및 최대수량등
제조소 일반취급소	소화난이도등급Ⅰ 또는 소화난이도등급Ⅱ의 제조소등에 해당하지 않는 것
옥내저장소	소화난이도등급Ⅰ 또는 소화난이도등급Ⅱ의 제조소등에 해당하지 않는 것

지하 · 간이 · 이동 탱크저장소	모든 대상
옥외저장소	덩어리 상태의 유황을 저장하는 것으로서 경계표시 내부의 면적(2 이상의 경계표시가 있는 경우에는 각 경계표시의 내부의 면적을 합한 면적)이 5㎡ 미만인 것
	덩어리 상태의 유황 외의 것을 저장하는 것으로서 소화난이도등급Ⅰ 또는 소화난이도등급Ⅱ의 제조소등에 해당하지 않는 것
주유취급소	옥내주유취급소 외의 것으로서 소화난이도등급 Ⅰ의 제조소등에 해당하지 않는 것
제1종 판매취급소	모든 대상

– 소화난이도 등급 Ⅲ의 제조소등에 설치하여야 하는 소화설비

제조소등의 구분	소화설비	설치기준	
지하탱크 저장소	소형수동식소화기등	능력단위의 수치가 3 이상	2개 이상
이동탱크 저장소	자동차용소화기	무상의 강화액 8L 이상	2개 이상
		이산화탄소 3.2kg 이상	
		일브롬화일염화이플루오르화메탄 (CF_2ClBr) 2L 이상	
		일브롬화삼플루오르화메탄(CF_3Br) 2L 이상	
		이브롬화사플루오르화에탄 ($C_2F_4Br_2$) 1L 이상	
		소화분말 3.3kg 이상	
	마른 모래 및 팽창질석 또는 팽창진주암	마른모래 150L 이상	
		팽창질석 또는 팽창진주암 640L 이상	
그 밖의 제조소등	소형수동식소화기등	능력단위의 수치가 건축물 그 밖의 공작물및 위험물의 소요단위의 수치에 이르도록 설치할 것. 다만, 옥내소화전설비, 옥외소화전설비, 스프링클러설비, 물분무등소화설비 또는 대형수동식소화기를 설치한 경우에는 당해 소화설비의 방사능력범위내의 부분에 대하여는 수동식소화기등을 그 능력단위의 수치가 당해 소요단위의 수치의 1/5이상이 되도록 하는 것으로 족하다	

연습문제-소화난이도 등급 Ⅲ

01. **위험물안전관리법령상 주유취급소의 소화설비 기준과 관련한 설명 중 틀린 것은?**

① 모든 주유취급소는 소화난이도등급Ⅱ 또는 소화난이도등급Ⅲ에 속한다.

② 소화난이도등급Ⅲ에 해당하는 주유취급소에는 대형 수동식소화기 및 소형 수동식소화기 등을 설치하여야 한다.

③ 소화난이도등급Ⅲ에 해당하는 주유취급소에는 소형 수동식소화기 등을 설치하여야 하며, 위험물의 소요단위 산정은 지하탱크저장소의 기준을 준용한다.

④ 모든 주유취급소의 소화설비 설치를 위해서는 위험물의 소요단위를 산출하여야 한다.

해설 ① 모든 주유취급소는 소화난이도등급Ⅱ 또는 소화난이도등급Ⅲ에 속한다. 그 중 옥내주유취급소의 경우 소화난이도등급Ⅱ에 해당하고, 옥내주유취급소 외의 것은 소화난이도등급Ⅲ에 해당한다.

②, ③ 소화난이도등급 Ⅲ의 주유취급소에는 소형 수동식 소화기를 설치하며, 능력단위의 수치가 건축물 그 밖의 공작물 및 위험물의 소요단위의 수치에 이르도록 설치한다. 다만, 옥내소화전설비, 옥외소화전설비, 스프링클러설비, 물분무 등소화설비 또는 대형수동식소화기를 설치한 경우에는 당해 소화설비의 방사능력범위내의 부분에 대하여는 수동식소화기등을 그 능력단위의 수치가 당해 소요단위의 수치의 1/5이상이 되도록 하는 것으로 족하다.

④ 취급소의 소요단위 계산은 외벽이 내화구조인 경우 연면적 100㎡를 1소요단위로 하며, 외벽이 내화구조가 아닌 것은 연면적 50㎡를 1소요단위로 한다.

정답 01_③

4. 소요단위와 능력단위

① 전기설비의 소화설비

제조소 등에 전기설비(전기배선, 조명기구 등은 제외)가 설치된 경우에는 당해 장소의 면적 100㎡마다 소형수동식소화기를 1개 이상 설치할 것

② 소요단위 : 소화설비의 설치대상이 되는 건축물 그 밖의 공작물의 규모 또는 위험물의 양의 기준단위

가. 소요단위 계산방법

건축물 그 밖의 공작물 또는 위험물의 소요단위의 계산방법은 다음의 기준에 의할 것

1) 제조소 또는 취급소의 건축물은 외벽이 내화구조인 것은 연면적(제조소등의 용도로 사용되는 부분 외의 부분이 있는 건축물에 설치된 제조소등에 있어서는 당해 건축물중 제조소등에 사용되는 부분의 바닥면적의 합계를 말한다.) 100㎡를 1소요단위로 하며, 외벽이 내화구조가 아닌 것은 연면적 50㎡를 1소요단위로 할 것

2) 저장소의 건축물은 외벽이 내화구조인 것은 연면적 150㎡를 1소요단위로 하고, 외벽이 내화구조가 아닌

것은 연면적 75㎡를 1소요단위로 할 것

3) 제조소등의 옥외에 설치된 공작물은 외벽이 내화구조인 것으로 간주하고 공작물의 최대수평투영면적을 연면적으로 간주하여 위의 규정에 의하여 소요단위를 산정할 것

4) 위험물은 지정수량의 10배를 1소요단위로 할 것

✔ 한 눈에 정리하기

	제조소 또는 취급소	저장소
외벽이 내화구조 (옥외에 설치된 공작물은 내화구조로 간주함)	100㎡	150㎡
외벽이 내화구조가 아닌 것	50㎡	75㎡

위험물의 경우 지정수량의 10배를 1소요단위로 함

② 능력단위 : 소요단위에 대응하는 소화설비의 소화능력의 기준단위

1) 수동식소화기의 능력단위는 수동식소화기의 형식승인 및 검정기술기준에 의하여 형식승인 받은 수치로 할 것

A-2 : A급 화재(일반화재)에 대한 능력단위 2단위에 적용되는 소화기이다.

B-2 : B급 화재(유류화재)에 대한 능력단위 2단위에 적용되는 소화기이다.

2) 기타 소화설비의 능력단위는 다음의 표에 의할 것

소화설비	용량	능력단위
소화전용(轉用)물통	8L	0.3
수조(소화전용물통 3개 포함)	80L	1.5
수조(소화전용물통 6개 포함)	190L	2.5
마른 모래(삽 1개 포함)	50L	0.5
팽창질석 또는 팽창진주암(삽 1개 포함)	160L	1.0

소요단위와 능력단위 연습문제

01. **건물의 외벽이 내화구조로서 연면적 300㎡의 옥내저장소에 필요한 소화기 소요단위수는?**

① 1단위 ② 2단위 ③ 3단위 ④ 4단위

해설 저장소이며 내화구조인 경우는 150㎡를 1소요단위로 한다.

$$\therefore \frac{300m^2}{150m^2} = 2$$

02. 일반취급소의 형태가 옥외의 공작물로 되어 있는 경우에 있어서 그 최대수평 투영면적이 500㎡일 때 설치하여야 하는 소화설비의 소요단위는 몇 단위인가?

① 5단위 ② 10단위 ③ 15단위 ④ 20단위

해설 제조소등의 옥외에 설치된 공작물은 외벽을 내화구조로 간주하고 공작물의 최대 수평투영면적을 연면적으로 간주한다. 취급소에서 내화구조인 경우는 100㎡를 1소요단위로 한다.

$$\therefore \frac{500m^2}{100m^2} = 5$$

03. 소화설비의 설치기준에서 유기과산화물 1,000kg은 몇 소요단위에 해당하는가?

① 10 ② 20 ③ 30 ④ 40

해설
- 위험물의 소요단위는 지정수량의 10배를 1소요단위로 한다.
- 유기과산화물 지정수량 : 10kg

$$\therefore \frac{\text{지정수량}}{\text{지정수량} \times 10} = \frac{1,000\text{kg}}{10\text{kg} \times 10} = 10\text{단위}$$

04. 질산의 비중이 1.5일 때, 1소요단위는 몇 L인가?

① 150 ② 200 ③ 1500 ④ 2000

해설 1소요단위는 지정수량의 10배이므로 300kg×10배=3,000kg이다. 비중 1.5를 고려하여 최종 소요단위를 산정한다.

$$\therefore 3,000kg \times \frac{L}{1.5kg} = 2,000L$$

05. 팽창진주암(삽 1개 포함)의 능력단위 1은 용량이 몇 L인가?

① 70 ② 100 ③ 130 ④ 160

해설 팽창질석 또는 팽창진주암(삽 1개 포함) 160L의 능력단위는 1.0단위이다.

06. 메틸알코올 8,000리터에 대한 소화능력으로 삽을 포함한 마른모래를 몇 리터 설치하여야 하는가?

① 100 ② 200 ③ 300 ④ 400

해설 위험물의 소요단위는 지정수량의 10배를 1소요단위로 한다.

알코올류 지정수량 : 400L, 400L×10배=4,000L

$\frac{8,000L}{4,000L}$ = 2단위, ∴ 마른모래 0.5단위가 50L이므로, 2단위는 50L의 4배인 200L이다.

정답 01_② 02_① 03_① 04_④ 05_④ 06_②

소화설비의 기준 챕터별 문제

01. **소화난이도등급 II 의 옥내탱크저장소에는 대형수동식 소화기 및 소형수동식소화기를 각각 몇 개 이상 설치하여야 하는가?**

① 4 ② 3 ③ 2 ④ 1

해설 소화난이도등급 Ⅱ의 옥외(옥내)탱크저장소에는 대형수동식소화기 및 소형수동식소화기 등을 각각 1개 이상 설치한다.

02. **소화난이도등급 I에 해당하는 위험물제조소등이 아닌 것은? (단, 원칙적인 경우에 한하며 다른 조건은 고려하지 않는다)**

① 모든 이송취급소
② 연면적 600㎡의 제조소
③ 지정수량의 150배인 옥내저장소
④ 액 표면적이 40㎡인 옥외탱크저장소

해설 ② 소화난이도등급 I의 제조소는 연면적 1000㎡ 이상에 해당한다.

03. **위험물안전관리법령상 소화난이도 등급 I 에 해당하는 제조소의 연면적 기준은?**

① 1000㎡ 이상 ② 800㎡ 이상
③ 700㎡ 이상 ④ 500㎡ 이상

해설 소화난이도등급 I의 제조소는 연면적 1000㎡ 이상에 해당한다.

04. **소화난이도등급 I 의 옥내저장소에 설치하여야 하는 소화설비에 해당하지 않는 것은?**

① 옥외소화전설비 ② 연결살수설비
③ 스프링클러설비 ④ 물분무소화설비

해설

옥내저장소	처마높이가 6m 이상인 단층건물 또는 다른 용도의 부분이 있는 건축물에 설치한 옥내저장소	스프링클러설비 또는 이동식 외의 물분무등소화설비
	그 밖의 것	옥외소화전설비, 스프링클러설비, 이동식 외의 물분무등소화설비 또는 이동식 포소화설비(포소화전을 옥외에 설치하는 것에 한한다)

05. 소화난이도등급 Ⅰ에 해당하지 않는 제조소등은?

① 제1석유류 위험물을 제조하는 제조소로서 연면적 1000㎡ 이상인 것
② 제1석유류 위험물을 저장하는 옥외탱크저장소로서 액표면적이 40㎡ 이상인 것
③ 모든 이송취급소
④ 제6류 위험물을 저장하는 암반탱크저장소

해설 소화난이도등급 Ⅰ의 암반탱크저장소의 기준은 다음과 같다.

- 액표면적이 40㎡ 이상인 것(제6류 위험물을 저장하는 것 및 고인화점위험물만을 100℃ 미만의 온도에서 저장하는 것은 제외)
- 고체위험물만을 저장하는 것으로서 지정수량의 100배 이상인 것

06. 제6류 위험물을 저장하는 옥내탱크저장소로서 단층건물에 설치된 것의 소화 난이도 등급은?

① I등급 ② II등급
③ III등급 ④ 해당 없음

해설 〈옥내탱크저장소〉

1. 소화난이도등급 I
- 액표면적이 40㎡ 이상인 것(제6류 위험물을 저장하는 것 및 고인화점 위험물만을 100℃ 미만의 온도에서 저장하는 것은 제외)
- 바닥면으로부터 탱크 옆판의 상단까지 높이가 6m 이상인 것(제6류 위험물을 저장하는 것 및 고인화점 위험물만을 100℃ 미만의 온도에서 저장하는 것은 제외)
- 탱크전용실이 단층 건물 외의 건축물에 설치되어 있는 것으로 인화점 38℃ 이상 70℃ 미만의 위험물을 지정수량의 5배 이상 저장하는 것(내화구조로 개구부없이 구획된 것은 제외)

2. 소화난이도등급Ⅱ : 소화난이도등급Ⅰ의 제조소등 외의 것(고인화점위험물만을 100℃ 미만의 온도로 저장하는 것 및 제6류 위험물만을 저장하는 것은 제외)
3. 소화난이도등급Ⅲ : 해당 없음

07. 연면적이 1000㎡이고, 지정수량의 80배의 위험물을 취급하며, 지반면으로부터 5미터 높이에 위험물 취급설비가 있는 제조소의 소화난이도등급은?

① 소화난이도등급 I
② 소화난이도등급 II
③ 소화난이도등급 III
④ 제시된 조건으로 판단할 수 없음

해설 연면적이 1000㎡ 이므로 소화난이도등급 I에 해당한다.

08. 옥외탱크저장소의 소화설비를 검토 및 적용할 때에 소화난이도 등급 Ⅰ에 해당되는지를 검토하는 탱크 높이의 측정 기준으로서 적합한 것은?

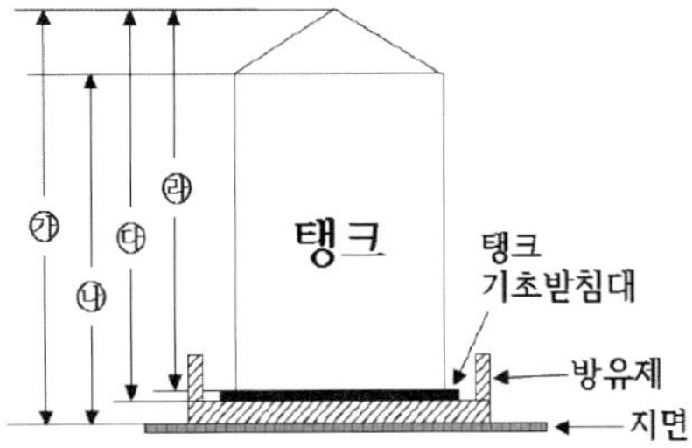

① ㉮　② ㉯　③ ㉰　④ ㉱

해설 옥외탱크저장소에서 소화난이도 등급Ⅰ에 해당하는 측정기준은 탱크의 지반면으로부터 탱크 옆판의 상단까지 높이가 6m 이상인 것(제6류 위험물을 저장하는 것 및 고인화점 위험물만을 100℃ 미만의 온도에서 저장하는 것은 제외)으로 한다.

09. 소화난이도등급Ⅱ의 제조소에 소화설비를 설치할 때 대형수동식소화기와 함께 설치하여야 하는 소형수동식소화기 등의 능력단위에 관한 설명으로 옳은 것은?

① 위험물의 소요단위에 해당하는 능력단위의 소형수동식소화기등을 설치할 것
② 위험물의 소요단위의 1/2 이상에 해당하는 능력단위의 소형수동식소화기등을 설치할 것
③ 위험물의 소요단위의 1/5 이상에 해당하는 능력단위의 소형수동식소화기등을 설치할 것
④ 위험물의 소요단위의 10배 이상에 해당하는 능력단위의 소형수동식소화기등을 설치할 것

해설 방사능력범위 내에 당해 건축물, 그 밖의 공작물 및 위험물이 포함되도록 대형수동식소화기를 설치하고, 당해 위험물의 소요단위의 1/5 이상에 해당되는 능력단위의 소형수동식소화기 등을 설치한다.

10. 위험물안전관리법령상 옥내주유취급소의 소화난이도 등급은?

① Ⅰ　② Ⅱ　③ Ⅲ　④ Ⅳ

해설 옥내주유취급소는 소화난이도 등급이 Ⅱ등급이며 설치하여야 하는 경보설비는 자동화재 탐지설비이다.

11. 위험물안전관리법령상 주유취급소의 소화설비 기준과 관련한 설명 중 틀린 것은?

① 모든 주유취급소는 소화난이도등급Ⅱ 또는 소화난이도등급Ⅲ에 속한다.
② 소화난이도등급Ⅲ에 해당하는 주유취급소에는 대형 수동식소화기 및 소형 수동식소화기 등을 설치하여야 한다.
③ 소화난이도등급Ⅲ에 해당하는 주유취급소에는 소형 수동식소화기 등을 설치하여야 하며,

위험물의 소요단위 산정은 지하탱크저장소의 기준을 준용한다.

④ 모든 주유취급소의 소화설비 설치를 위해서는 위험물의 소요단위를 산출하여야 한다.

해설 옥내주유취급소의 경우 소화난이도등급Ⅱ에 해당하며, 옥내주유취급소 외의 것은 소화난이도등급Ⅲ에 해당한다. 소화난이도등급Ⅲ의 주유취급소에는 소형 수동식소화기를 설치하며, 능력단위의 수치가 건축물 그 밖의 공작물 및 위험물의 소요단위의 수치에 이르도록 설치한다. 다만, 옥내소화전설비, 옥외소화전설비, 스프링클러설비, 물분무 등 소화설비 또는 대형수동식소화기를 설치한 경우에는 당해 소화설비의 방사능력범위내의 부분에 대하여는 수동식소화기 등을 그 능력단위의 수치가 당해 소요단위의 수치의 1/5 이상이 되도록 하는 것으로 족하다.

12. 위험물안전관리법령상 자동화재탐지설비를 설치하지 않고 비상경보설비로 대신할 수 있는 것은?

① 일반취급소로서 연면적 600㎡인 것

② 지정수량 20배를 저장하는 옥내저장소로서 처마높이가 8m인 단층건물

③ 단층건물 외에 건축물에 설치된 지정수량 15배의 옥내 탱크저장소로서 소화난이도등급 Ⅱ에 속하는 것

④ 지정수량 20배를 저장 취급하는 옥내주유취급소

해설 옥내탱크저장소의 경우 단층건물 외의 건축물에 설치된 소화난이도 등급Ⅰ에 해당하면 자동화재탐지설비를 설치하여야 한다.

13. 위험물제조소등에 전기배선, 조명기구 등을 제외한 전기설비가 설치되어 있는 경우에는 당해 장소의 면적 몇 ㎡마다 소형수동식 소화기를 1개 이상 설치하여야 하는가?

① 100 ② 150 ③ 200 ④ 300

해설 제조소등에 전기설비(전기배선, 조명기구 등을 제외한다)가 설치된 경우에는 해당 장소의 면적 100㎡마다 소형수동식 소화기를 1개 이상 설치해야 한다.

14. 소화설비의 설치기준으로 옳은 것은?

① 제4류 위험물을 저장 또는 취급하는 소화난이도등급Ⅰ인 옥외탱크저장소에는 대형수동식소화기 및 소형수동식소화기 등을 각각 1개 이상 설치할 것

② 소화난이도등급Ⅱ인 옥내탱크저장소는 소형수동식소화기 등을 2개 이상 설치할 것

③ 소화난이도등급Ⅲ인 지하탱크저장소는 능력단위의 수치가 2 이상인 소형수동식소화기 등을 2개 이상 설치할 것

④ 제조소등에 전기설비(전기배선, 조명기구 등은 제외한다)가 설치된 경우에는 당해 장소의 면적 100㎡마다 소형수동식화기를 1개 이상 설치할 것

해설 ① 제4류 위험물을 저장 또는 취급하는 소화난이도등급Ⅱ인 옥외탱크저장소에는 대형수동식소화기 및 소형수동식소화기 등을 각각 1개 이상 설치할 것

② 소화난이도등급Ⅱ인 옥내탱크저장소에는 대형수동식소화기 및 소형수동식소화기 등을 각각 1개 이상 설치할 것

③ 소화난이도등급Ⅲ인 지하탱크저장소는 능력단위의 수치가 3 이상인 소형수동식소화기 등을 2개 이상 설치할 것

15. 제조소등의 소화설비 설치 시 소요단위 산정에서 제조소 또는 취급소의 건축물은 외벽이 내화구조인 것은 연면적 ( )㎡를 1소요단위로 하며, 외벽이 내화구조가 아닌 것은 연면적 ( )㎡를 1소요단위로 한다. 괄호 안에 알맞은 수치를 차례대로 나열한 것은?

① 200, 100 ② 150, 100 ③ 150, 50 ④ 100, 50

해설

구분	제조소 또는 취급소	저장소
외벽이 내화구조인 것	100㎡	150㎡
내화구조가 아닌 것	50㎡	75㎡

16. 위험물제조소등의 소화설비의 기준에 관한 설명으로 옳은 것은?

① 제조소등 중에서 소화난이도등급 Ⅰ, Ⅱ 또는 Ⅲ의 어느 것에도 해당하지 않는 것도 있다.
② 옥외탱크저장소의 소화난이도 등급을 판단하는 기준 중 탱크의 높이는 기초를 제외한 탱크 측판의 높이를 말한다.
③ 제조소의 소화난이도등급을 판단하는 기준 중 면적에 관한 기준은 건축물 외에 설치된 것에 대해서는 수평 투영면적을 기준으로 한다.
④ 제4류 위험물을 저장 · 취급하는 제조소등에도 스프링클러 소화설비가 적응성이 인정되는 경우가 있으며 이는 수원의 수량을 기준으로 판단한다.

해설 조건에 따라 소화난이도등급에 해당하지 않는 것도 있다.

17. 위험물안전관리법령에 따른 건축물 그 밖의 공작물 또는 위험물의 소요단위의 계산방법의 기준으로 옳은 것은?

① 위험물은 지정수량의 100배를 1소요단위로 할 것
② 저장소의 건축물은 외벽에 내화구조인 것은 연면적 100㎡를 1소요단위로 할 것
③ 저장소의 건축물은 외벽이 내화구조가 아닌 것은 연면적 50㎡를 1소요단위로 할 것
④ 제조소 또는 취급소용으로서 옥외에 있는 공작물인 경우 최대수평투영면적 100㎡를 1소요단위로 할 것

해설 ① 위험물은 지정수량의 10배를 1소요단위로 할 것
② 저장소의 건축물은 외벽에 내화구조인 것은 연면적 150㎡를 1소요단위로 할 것
③ 저장소의 건축물은 외벽이 내화구조가 아닌 것은 연면적 75㎡를 1소요단위로 할 것

18. 알코올류 20,000L에 대한 소화설비 설치 시 소요단위는?

① 5단위 ② 10단위 ③ 15단위 ④ 20단위

해설 위험물의 소요단위는 지정수량의 10배를 1소요단위로 한다.
알코올류 지정수량 : 400L

$$\text{소요단위} = \frac{\text{지정수량}}{\text{지정수량} \times 10} = \frac{20000kg}{400L \times 10} = 5\text{단위}$$

19. 위험물안전관리법령상 소화전용 물통 8L의 능력 단위는?

① 0.3 ② 0.5 ③ 1.0 ④ 1.5

해설

소화설비	용량	능력단위
소화전용 물통	8L	0.3
수조(소화전용 물통 3개 포함)	80L	1.5
수조(소화전용 물통 6개 포함)	190L	2.5
마른모래(삽 1개 포함)	50L	0.5
팽창질석 또는 팽창진주암(삽 1개 포함)	160L	1.0

20. 다음 중 기타소화설비의 능력단위에 대한 설명으로 틀린 것은?

① 수조 8L의 능력단위는 0.3단위이다.

② 소화전용 물통 3개를 포함한 수조 80L의 능력단위는 1.5단위이다.

③ 소화전용 물통 6개를 포함한 수조 190L의 능력단위는 2.5단위이다.

④ 삽 1개를 포함한 마른모래 50L의 능력단위는 0.5단위이다.

21. 소화설비의 기준에서 용량 160L 팽창질석의 능력 단위는?

① 0.5 ② 1.0 ③ 1.5 ④ 2.5

22. 팽창진주암(삽 1개 포함)의 능력단위 1은 용량이 몇 L인가?

① 70 ② 100 ③ 130 ④ 160

23. 소화전용물통 3개를 포함한 수조 80L의 능력단위는?

① 0.3 ② 0.5 ③ 1.0 ④ 1.5

24. 메틸알코올 8000리터에 대한 소화능력으로 삽을 포함한 마른모래를 몇 리터 설치하여야 하는가?

① 100 ② 200 ③ 300 ④ 400

해설 위험물의 소요단위는 지정수량의 10배를 1소요단위로 한다.

- 알코올류 지정수량 : 400L
- 1단위가 4,000L이므로 8,000L에 대한 소요단위는 2단위이다.
- 마른모래 0.5단위가 50L이므로 2단위는 200L이다.

25. 위험물안전관리법령상 연면적이 450㎡인 저장소의 건축물 외벽이 내화구조가 아닌 경우 이 저장소의 소화기 소요단위는?

① 3 ② 4.5 ③ 6 ④ 9

해설 저장소이며 내화구조가 아닌 경우는 75㎡를 1소요단위로 한다.

$$\therefore \frac{450m^2}{75m^2} = 6$$

26. 건물의 외벽이 내화구조로서 연면적 300㎡의 옥내저장소에 필요한 소화기 소요단위수는?

① 1단위 ② 2단위 ③ 3단위 ④ 4단위

해설 저장소이며 내화구조인 경우는 150㎡를 1소요단위로 한다.

$$\therefore \frac{300m^2}{150m^2} = 2$$

27. 일반취급소의 형태가 옥외의 공작물로 되어 있는 경우에 있어서 그 최대수평 투영면적이 500㎡일 때 설치하여야 하는 소화설비의 소요단위는 몇 단위인가?

① 5단위 ② 10단위 ③ 15단위 ④ 20단위

해설 제조소등의 옥외에 설치된 공작물은 외벽이 내화구조로 간주하고 공작물의 최대 수평투영면적을 연면적으로 간주한다.

$$\therefore \frac{500m^2}{100m^2} = 5$$

28. 질산의 비중이 1.5일 때, 1소요단위는 몇 L인가?

① 150 ② 200 ③ 1500 ④ 2000

해설 1소요단위는 지정수량의 10배이므로 300kg×10배=3,000kg

$$\therefore 3000kg \times \frac{L}{1.5kg} = 2,000L$$

29. 아염소산염류 500kg과 질산염류 3000kg을 저장하는 경우 위험물의 소요단위는 얼마인가?

① 2 ② 4 ③ 6 ④ 8

해설 위험물의 소요단위는 지정수량의 10배를 1소요단위로 한다.

- 아염소산염류 지정수량 : 50kg
- 질산염류 지정수량 : 300kg

$$\therefore \frac{\text{지정수량}}{\text{지정수량} \times 10} = \frac{500kg}{50kg \times 10} + \frac{3000kg}{300kg \times 10} = 2\text{단위}$$

30. **소화설비의 설치기준에서 유기과산화물 1000kg은 몇 소요단위에 해당하는가?**

① 10 ② 20 ③ 30 ④ 40

해설 위험물의 소요단위는 지정수량의 10배를 1소요단위로 한다.

- 유기과산화물 지정수량 : 10kg

$$\therefore \frac{\text{지정수량}}{\text{지정수량} \times 10} = \frac{1000kg}{10kg \times 10} = 10\text{단위}$$

31. **소화기에 "A-2"로 표시되어 있었다면 숫자 "2"가 의미하는 것은 무엇인가?**

① 소화기의 제조번호 ② 소화기의 소요단위

③ 소화기의 능력단위 ④ 소화기의 사용순위

해설 A급 화재(일반화재)에 대한 능력단위 2단위에 적용되는 소화기이다.

정답

01_④	02_②	03_①	04_②	05_④	06_④	07_①	08_②	09_③	10_②
11_③	12_③	13_①	14_④	15_④	16_①	17_④	18_①	19_①	20_①
21_②	22_④	23_④	24_②	25_③	26_②	27_①	28_④	29_①	30_①
31_③									

3) 경보설비의 기준

1. 경보설비의 설치기준

지정수량의 10배 이상의 위험물을 저장 또는 취급하는 제조소등(이동탱크저장소 제외)에는 화재 발생 시 이를 알릴 수 있는 경보설비를 설치하여야 한다.

제조소등의 구분	제조소등의 규모, 저장 또는 취급하는 위험물의 종류 및 최대수량 등	경보설비
1. 제조소 및 일반취급소	· 연면적 500㎡ 이상인 것 · 옥내에서 지정수량의 100배 이상을 취급하는 것(고인화점 위험물만을 100℃ 미만의 온도에서 취급하는 것을 제외한다)	자동화재탐지설비
2. 옥내저장소	· 지정수량의 100배 이상을 저장 또는 취급하는 것(고인화점위험물만을 저장 또는 취급하는 것을 제외한다) · 저장창고의 연면적이 150㎡를 초과하는 것 · 처마높이가 6m 이상인 단층건물의 것	
3. 주유취급소	옥내주유취급소	
자동화재탐지석비 설치 대상에 해당하지 아니하는 제조소등	지정수량의 10배 이상을 저장 또는 취급하는 것	자동화재 탐지설비, 비상경보설비, 확성장치 또는 비상방송설비 중 1종 이상

2. 자동화재탐지설비의 설치기준

① 자동화재탐지설비의 경계구역은 건축물 그 밖의 공작물의 **2 이상의 층에 걸치지 않도록** 할 것

② **하나의 경계구역의 면적은 600㎡ 이하**로 하고 그 **한 변의 길이는 50m**(광전식분리형 감지기를 설치할 경우에는 100m)이하로 할 것. 다만, 당해 건축물 그 밖의 공작물의 주요한 출입구에서 그 내부의 전체를 볼 수 있는 경우에 있어서는 그 면적을 **1,000㎡ 이하**로 할 수 있다.

③ 「자동화재탐지설비 일반점검표」의 점검내용

구분	점검내용			
수신기	변형 · 손상의 유무	기능의 적부	표시의 적부	경계구역
감지기	변형 · 손상의 유무	기능의 적부	감지	
중계기	변형 · 손상의 유무	기능의 적부	표시의 적부	
발신기	변형 · 손상의 유무	기능의 적부		

챕터별 문제-경보설비의 기준

01. 위험물제조소의 경우 연면적이 최소 몇 ㎡이면 자동화재탐지설비를 설치해야 하는가? (단, 원칙적인 경우에 한한다.)

① 100 ② 300 ③ 500 ④ 1000

해설 제조소 및 일반취급소에서 자동화재탐지설비를 설치하는 경우
- 연면적 500㎡ 이상인 것
- 옥내에서 지정수량의 100배 이상을 취급하는 것(고인화점 위험물만을 100℃ 미만의 온도에서 취급하는 것을 제외한다)
- 일반취급소로 사용되는 부분 외의 부분이 있는 건축물에 설치된 일반취급소(일반취급소와 일반취급소 외의 부분이 내화구조의 바닥 또는 벽으로 개구부 없이 구획된 것을 제외한다)

02. 옥내저장소에서 지정수량의 몇 배 이상을 저장 또는 취급할 때 자동화재탐지설비를 설치하여야 하는가?

① 지정수량의 10배 이상을 저장 · 취급할 때
② 지정수량의 50배 이상을 저장 · 취급할 때
③ 지정수량의 100배 이상을 저장 · 취급할 때
④ 지정수량의 150배 이상을 저장 · 취급할 때

해설 옥내저장소에서 지정수량의 100배 이상을 저장 또는 취급하는 것(고인화점위험물만을 저장 또는 취급하는 것을 제외한다)에 자동화재탐지설비를 설치하며, 지정수량의 10배 이상을 저장 또는 취급하는 것에 자동화재탐지설비, 비상경보설비, 확성장치 또는 비상방송설비 중 1종 이상을 설치하여야 한다.

03. 위험물시설에 설비하는 자동화재탐지설비의 하나의 경계구역 면적과 그 한 변의 길이의 기준으로 옳은 것은? (단, 광전식분리형 감지기를 설치하지 않은 경우이다.)

① 300㎡ 이하, 50m 이하 ② 300㎡ 이하, 100m 이하
③ 600㎡ 이하, 50m 이하 ④ 600㎡ 이하, 100m 이하

해설 하나의 경계구역의 한 변의 길이는 50m(광전식분리형 감지기를 설치할 경우에는 100m) 이하로 하며 면적은 600㎡ 이하로 한다.

04. 위험물제조소등에 경보설비를 설치해야 하는 경우가 아닌 것은? (단, 지정수량의 10배 이상을 저장 또는 취급하는 경우이다.)

① 이동탱크저장소
② 단층건물로 처마 높이가 6m인 옥내저장소
③ 단층 건물 외의 건축물에 설치된 옥내탱크저장소로서 소화난이도등급 I에 해당하는 것
④ 옥내주유취급소

해설 지정수량 10배 이상의 위험물을 저장, 취급하는 제조소등에서 경보설비를 설치해야 하는 경우에서 이동탱크저장소는 해당되지 않는다.

05. 위험물안전관리법령상 지정수량 10배 이상의 위험물을 저장하는 제조소에 설치하여야 하는 경보설비의 종류가 아닌 것은?

① 자동화재탐지설비 ② 자동화재속보설비
③ 휴대용 확성기 ④ 비상방송설비

해설 지정수량 10배 이상의 위험물을 저장하는 제조소에 설치하는 경보설비의 종류에는 자동화재탐지설비, 비상방송설비, 비상경보설비, 확성장치(휴대용 확성기)가 해당된다.

06. 옥내에서 지정수량 100배 이상을 취급하는 일반취급소에 설치하여야 하는 경보설비는? (단, 고인화점 위험물만을 취급하는 경우는 제외한다.)

① 비상경보설비 ② 자동화재탐지설비
③ 비상방송설비 ④ 비상벨설비 및 확성장치

해설 제조소 및 일반취급소의 옥내에서 지정수량의 100배 이상을 취급하는 것(고인화점 위험물만을 100℃ 미만의 온도에서 취급하는 것을 제외한다)에 자동화재탐지설비를 설치하여야 한다.

07. 옥내저장소에 반드시 자동화재 탐지설비를 경보설비로 설치하여야 하는 대상은 지정수량 몇 배 이상을 저장 또는 취급하는 경우인가? (단, 지정수량 배수와 관련한 조건만 고려하며, 고인화점 위험물만을 저장 또는 취급하는 경우는 제외한다.)

① 10 ② 50
③ 100 ④ 200

해설 지정수량의 100배 이상을 저장 · 취급할 때 자동화재탐지설비만 설치하며, 지정수량의 10배 이상을 취급하는 경우는 자동화재 탐지설비,비상경보설비, 확성장치 또는 비상방송설비 중 1종 이상을 설치한다.

08. 위험물안전관리법령상 경보설비로 자동화재탐지설비를 설치해야 할 위험물 제조소의 규모의 기준에 대한 설명으로 옳은 것은?

① 연면적 500㎡ 이상인 것
② 연면적 1000㎡ 이상인 것
③ 연면적 1500㎡ 이상인 것
④ 연면적 2000㎡ 이상인 것

해설 제조소 및 일반취급소에서 자동화재탐지설비를 설치하는 경우

- 연면적 500㎡ 이상인 것
- 옥내에서 지정수량의 100배 이상을 취급하는 것(고인화점 위험물만을 100℃ 미만의 온도에서 취급하는 것을 제외한다)
- 일반취급소로 사용되는 부분 외의 부분이 있는 건축물에 설치된 일반취급소(일반취급소와 일반취급소 외의 부분이 내화구조의 바닥 또는 벽으로 개구부 없이 구획된 것을 제외한다)

09. 위험물안전관리법령에서 정한 자동화재탐지설비에 대한 기준으로 틀린 것은? (단, 원칙적인 경우에 한한다.)

① 경계구역은 건축물 그 밖의 공작물의 2 이상의 층에 걸치지 아니하도록 할 것
② 하나의 경계구역의 면적은 600㎡ 이하로 할 것
③ 하나의 경계구역의 한 변 길이는 30m 이하로 할 것
④ 자동화재탐지설비에는 비상전원을 설치할 것

해설 하나의 경계구역의 한 변의 길이는 50m(광전식분리형 감지기를 설치할 경우에는 100m) 이하로 하며 면적은 600㎡ 이하로 한다.

10. 위험물시설에 설비하는 자동화재탐지설비의 하나의 경계구역 면적과 그 한 변의 길이의 기준으로 옳은 것은? (단, 광전식분리형 감지기를 설치하지 않은 경우이다.)

① 300㎡ 이하, 50m 이하
② 300㎡ 이하, 100m 이하
③ 600㎡ 이하, 50m 이하
④ 600㎡ 이하, 100m 이하

11. 위험물제조소등에 자동화재탐지설비를 설치하는 경우, 당해 건축물 그 밖의 공작물의 주요한 출입구에서 그 내부의 전체를 볼 수 있는 경우에 하나의 경계구역의 면적은 최대 몇 ㎡까지 할 수 있는가?

① 300 ② 600 ③ 1,000 ④ 1,200

해설 출입구에서 그 내부의 전체를 볼 수 있는 경우에 하나의 경계구역의 면적은 최대 1,000㎡까지 할 수 있다.

12. 위험물안전관리법령에 따른 자동화재탐지설비의 설치기준에서 하나의 경계구역의 면적은 얼마 이하로 하여야 하는가? (단, 해당 건축물 그 밖의 공작물의 주요한 출입구에서 그 내부의 전체를 볼 수 없는 경우이다.)

① 500㎡ ② 600㎡ ③ 800㎡ ④ 1,000㎡

해설 출입구에서 내부 전체를 볼 수 없는 경우이므로 하나의 경계구역의 면적은 600㎡ 이하로 한다.

13. 「자동화재탐지설비 일반점검표」의 점검내용이 "변형 · 손상의 유무, 표시의 적부, 경계구역 일람도의 적부, 기능의 적부"인 점검항목은?

① 감지기 ② 중계기 ③ 수신기 ④ 발신기

해설 수신기의 점검내용에는 변형 · 손상의 유무, 표시의 적부, 경계구역, 기능의 적부가 있다.

구분	점검내용			
수신기	변형 · 손상의 유무	기능의 적부	표시의 적부	경계구역
감지기	변형 · 손상의 유무	기능의 적부	감지	
중계기	변형 · 손상의 유무	기능의 적부	표시의 적부	
발신기	변형 · 손상의 유무	기능의 적부		

14. **위험물제조소등에 설치하는 자동화재탐지설비의 설치기준에 대한 설명 중 틀린 것은?**

① 자동화재탐지설비의 경계구역은 건축물, 그 밖의 공작물의 2 이상의 층에 걸치도록 할 것

② 하나의 경계구역에서 그 한 변의 길이는 50m 이하로 할 것

③ 자동화재탐지설비의 감지기는 지붕 또는 벽의 옥내에 면한 부분에 유효하게 화재의 발생을 감지할 수 있도록 설치할 것

④ 자동화재탐지설비에는 비상전원을 설치할 것

해설 자동화재탐지설비의 경계구역은 건축물, 그 밖의 공작물의 2 이상의 층에 걸치지 않도록 한다.

정답									
01_③	02_③	03_③	04_①	05_②	06_②	07_③	08_①	09_③	10_③
11_③	12_②	13_③	14_①						

4) 피난설비의 기준

1. 피난설비의 종류

피난사다리, 미끄럼대, 구조대, 완강기, 피난교, 피난밧줄, 공기안전매트, 방열복, 공기호흡기, 인공소생기, 비상조명등, 피난유도선, 유도등, 유도표지, 휴대용비상조명등

2. 피난설비의 설치기준

- 주유취급소 중 건축물의 2층 이상의 부분을 점포 · 휴게음식점 또는 전시장의 용도로 사용하는 것에 있어서는 당해 건축물의 2층 이상으로부터 주유취급소의 부지 밖으로 통하는 출입구와 당해 출입구로 통하는 통로 · 계단 및 출입구에 유도등을 설치하여야 한다.
- 옥내주유취급소에 있어서는 당해 사무소 등의 출입구 및 피난구와 당해 피난구로 통하는 통로 · 계단 및 출입구에 유도등을 설치하여야 한다.

3. 피난동선의 특징

① 가급적 단순한 형태가 좋다.

② 수평동선과 수직동선으로 구분한다.

③ 2개 이상의 방향으로 피난할 수 있어야 한다.

④ 가급적 상호 반대방향으로 다수의 출구와 연결되는 것이 좋다.

피난설비의 기준 챕터별 문제

01. **위험물안전관리법령상 피난설비에 해당하는 것은?**

① 자동화재탐지설비 ② 비상방송설비 ③ 자동식사이렌설비 ④ 유도등

해설 ①, ②, ③은 경보설비에 해당한다.

02. **피난동선의 특징이 아닌 것은?**

① 가급적 지그재그의 복잡한 형태가 좋다.
② 수평동선과 수직동선으로 구분한다.
③ 2개 이상의 방향으로 피난할 수 있어야 한다.
④ 가급적 상호 반대방향으로 다수의 출구와 연결되는 것이 좋다.

해설 ① 가급적 단순한 형태가 좋다.

03. **피난설비를 설치하여야 하는 위험물 제조소 등에 해당하는 것은?**

① 건축물의 2층 부분을 자동차 정비소로 사용하는 주유취급소
② 건축물의 2층 부분을 전시장으로 사용하는 주유취급소
③ 건축물의 1층 부분을 주유사무소로 사용하는 주유취급소
④ 건축물의 1층 부분을 관계자의 주거시설로 사용하는 주유취급소

해설 주유취급소 중 건축물의 2층 이상의 부분을 점포 · 휴게음식점 또는 전시장의 용도로 사용하는 것에 있어서는 당해 건축물의 2층 이상으로부터 주유취급소의 부지 밖으로 통하는 출입구와 당해 출입구로 통하는 통로 · 계단 및 출입구에 유도등을 설치하여야 한다.

04. **주유취급소 중 건축물의 2층에 휴게음식점의 용도로 사용하는 것에 있어 당해 건축물의 2층으로부터 직접 주유취급소의 부지 밖으로 통하는 출입구와 당해 출입구로 통하는 통로계단에 설치하여야 하는 것은?**

① 비상경보설비 ② 유도등 ③ 비상조명등 ④ 확성장치

05. **위험물안전관리법령에 따라 다음 (　　　) 안에 알맞은 용어는?**

> 주유취급소 중 건축물의 2층 이상의 부분을 점포 · 휴게음식점 또는 전시장의 용도로 사용하는 것에 있어서는 당해 건축물의 2층 이상으로부터 주유취급소의 부지 밖으로 통하는 출입구와 당해 출입구로 통하는 통로 · 계단 및 출입구에 (　　)을 설치하여야 한다.

① 피난사다리 ② 경보기 ③ 유도등 ④ CCTV

정답 01_④ 02_① 03_② 04_② 05_③

PART.3 위험물의 종류 및 성질

1) 위험물의 기초

위험물이란 인화성 또는 발화성 등의 성질을 가지는 것으로서 대통령령이 정하는 물품으로 정의한다. 위험물은 각 성상(성질과 상태)에 따라 다음의 제1류 위험물에서 제6류 위험물까지 분류할 수 있다.

제1류 위험물(산화성 고체)

물질 자체로는 연소하지 않는 성질을 가지며(불연성), 다른 물질을 강력하게 산화시키는 성질(산화성)을 가지고 있는 고체이다. 특히 가연물(제2류 위험물)과 혼합할 때 과열 · 충격 · 마찰에 의해 분해하여 폭발할 위험이 있다.

제2류 위험물(가연성 고체)

불에 타기 쉬운 성질을 갖는(가연성) 고체, 40℃도 미만에서 인화하기 쉬운 고체(인화성 고체)로서 산소와의 결합이 쉬워 연소 속도가 빠르고 연소열이 높은 편이다. 특히 산화제(제1류 위험물, 제6류 위험물)와 혼합할 때 과열 · 충격 · 마찰에 의해 분해하여 폭발할 위험이 있다.

제3류 위험물(자연발화성 물질 및 금수성 물질)

고체 또는 액체 상태로서 공기와 접촉하여 자연적으로 발화하거나 물과 접촉하여 발화 또는 가연성 또는 맹독성 가스를 발생하는 물질이다.

제4류 위험물(인화성 액체)

점화원에 의하여 인화되기 쉬운 성질을 갖는(인화성) 액체로 대부분 유기화합물이다.

제5류 위험물(자기반응성 물질)

고체 또는 액체 상태로서 열분해하여 다량의 열을 발생하거나 충격 및 마찰에 의하여 폭발적으로 반응하는 물질이다. 대부분의 물질 자체 내에 산소를 함유하고 있어 자기연소를 일으키고, 연소속도가 빠른 편이다.

제6류 위험물(산화성 액체)

물질 자체로는 연소하지 않는 성질을 갖는(불연성) 액체이며, 가연물(제2류 위험물)과 혼합할 때 과열 · 충격 · 마찰에 의해 분해하여 폭발할 위험이 있다.

지정수량이라 함은 위험물의 종류별로 위험성을 고려하여 대통령령이 정하는 수량으로서 규정에 의한 제조소등의 설치허가 등에 있어서 최저의 기준이 되는 수량을 말한다.
(단, 항공기 · 선박 · 철도 및 궤도에 의한 위험물의 저장 · 취급 및 운반에 있어서는 위험물안전관리법의 규제를 적용하지 않는다.)

- 지정수량 미만인 위험물의 저장 또는 취급에 관한 기술상의 기준은 특별시·광역시 및 도의 조례(시·도의 조례)로 정한다.
- 지정수량 이상의 위험물을 저장소가 아닌 장소에서 저장하거나 제조소등이 아닌 장소에서 취급하여서는 안 된다.

[위험물의 시험 및 판정]

01 산화성 고체의 시험방법

- 분립상(매분당 160회의 타진을 받으며 회전하는 2㎜의 체를 30분에 걸쳐 통과하는 양이 10중량% 이상인 것) 물품의 산화성으로 인한 위험성의 정도를 판단하기 위한 시험은 연소시험으로 하며 다음 기준에 의한다.

1. 표준물질의 연소시험

가. 표준물질로서 150㎛ 이상 300㎛ 미만인 과염소산칼륨과 250㎛ 이상 500㎛ 미만인 목분(木粉)을 중량비 1:1로 섞어 혼합물 30g을 만들 것
나. 혼합물을 온도 20℃, 1기압의 실내에서 높이와 바닥면의 직경비가 1 : 1.75가 되도록 원추형으로 무기질의 단열판 위에 쌓고 직경 2㎜의 원형 니크롬선에 통전(通電)하여 온도 1,000℃로 가열된 것을 점화원으로 하여 원추형 혼합물의 아랫부분에 착화할 때까지 접촉할 것
다. 착화부터 불꽃이 없어지기까지의 시간을 측정할 것
라. 위의 시험을 5회 이상 반복하여 평균연소시간을 구할 것

2. 시험물품의 연소시험

가. 시험물품을 직경 1.18㎜ 미만으로 부순 것과 250㎛ 이상 500㎛ 미만인 목분을 중량비 1:1 및 중량비 4 : 1로 섞어 혼합물 30g을 각각 만들 것
나. 두 혼합물을 "1. 표준물질의 연소시험" 나목 ~ 라목의 방법에 의하여 각각 평균연소시간을 구한 다음, 둘 중 짧은 연소시간을 택할 것

3. 표준물질의 대량연소시험(분립상 외의 물품의 산화성으로 인한 위험성의 정도를 판단하기 위한 시험)

가. 표준물질로서 150㎛ 이상 300㎛ 미만인 과염소산칼륨과 250㎛ 이상 500㎛ 미만인 목분을 중량비 4 : 6으로 섞어 혼합물 500g을 만들 것
나. 혼합물을 온도 20℃, 1기압의 실내에서 높이와 바닥면의 직경비가 1 : 2가 되도록 원추형으로 무기질의 단열판 위에 쌓고 점화원으로 원추형 혼합물의 아랫부분에 착화할 때까지 접촉할 것
다. 착화부터 불꽃이 없어지기까지의 시간을 측정할 것
라. 위의 시험을 5회 이상 반복하여 평균연소시간을 구할 것
- 충격민감성 : 표준물질의 낙구타격감도시험 의한 폭발 확률이 50% 이상인 것
온도 20℃, 1기압의 실내에서 직경 및 높이 12㎜의 강제(鋼製) 원기둥 위에 적린(180㎛ 미만인 것) 5㎎을 쌓고 그 위에 표준물질로서 질산칼륨(150㎛ 이상 300㎛ 미만인 것) 5㎎을 쌓은 후 직경 40㎜의 쇠구슬을 10㎝의 높이에서 혼합물의 위에 직접 낙하시켜 발화 여부를 관찰할 것. 이 경우에 폭발음, 불꽃 또는 연기를 발생하는 경우에는 폭발한 것으로 본다.

02 가연성 고체의 시험방법

- 착화의 위험성 : 작은 불꽃 착화시험
- 인화의 위험성 : 인화점 측정

1) 시험장치는 「페인트, 바니쉬, 석유 및 관련제품 - 인화점 시험방법 - 신속평형법」(KS M ISO 3679)에 의한 인화점측정기 또는 이에 준하는 것으로 할 것
2) 시험장소는 1기압의 무풍의 장소로 할 것
3) 다음 그림의 신속평형법 시료컵을 설정온도까지 가열 또는 냉각하여 시험물품 2g을 시료컵에 넣고 뚜껑 및 개폐기를 닫을 것

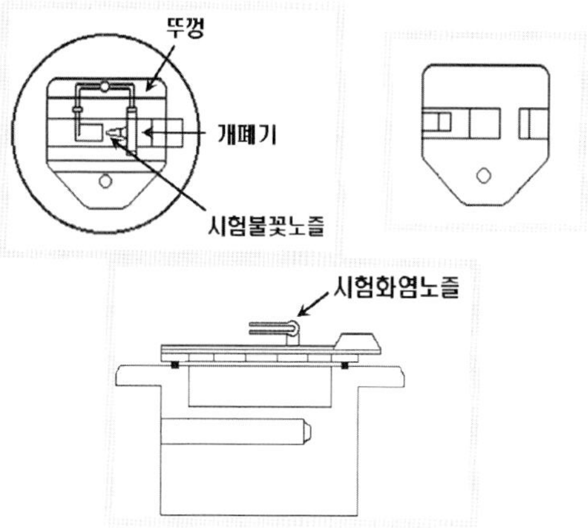

✔ *시험 출제 포인트 → 그림의 시험장치는 <u>제2류 위험물</u>의 위험성을 판정하기 위함이다.*

4) 시료컵의 온도를 5분간 설정 온도로 유지할 것
5) 시험불꽃을 점화하고 화염의 크기를 직경 4㎜가 되도록 조정할 것
6) 5분 경과 후 개폐기를 작동하여 시험불꽃을 시료컵에 2.5초간 노출시키고 닫을 것. 이 경우 시험불꽃을 급격히 상하로 움직이지 않아야 한다.
7) 위 6번의 방법에 의하여 인화한 경우에는 인화하지 않게 될 때까지 설정온도를 낮추고, 인화하지 않는 경우에는 인화할 때까지 높여 위 3번~6번 조작을 반복하여 인화점을 측정할 것

03 자연발화성

- 공기 중 발화의 위험성 판정(고체)

1) 시험장소는 온도 20℃, 습도 50%, 기압 1기압, 무풍의 장소로 할 것
2) 시험물품(300㎛의 체를 통과하는 분말) 1㎤를 직경 70㎜인 화학분석용 자기 위에 설치한 직경 90㎜인 여과지의 중앙에 두고 10분 이내에 자연발화 하는지 여부를 관찰할 것. 이 경우 자연발화하지 않는 경우에는 같은 조작을 5회 이상 반복하여 1회 이상 자연발화 하는지 여부를 관찰한다.
3) 분말인 시험물품이 위 2번의 방법에 의하여 자연발화하지 않는 경우에는 시험물품 2㎤를 무기질의 단열판 위에 1m의 높이에서 낙하시켜 낙하 중 또는 낙하 후 10분 이내에 자연발화 여부를 관찰할 것. 이 경우 자연발화하지 않는 경우에는 같은 조작을 5회 이상 반복하여 1회 이상 자연발화 하는지 여부를 관찰한다.
4) 위 방법에 의한 시험결과 자연발화 하는 경우에는 자연발화성물질에 해당하는 것으로 할 것

- 공기 중 발화의 위험성 판정(액체)

1) 시험장소는 온도 20℃, 습도 50%, 1기압, 무풍의 장소로 할 것
2) 시험물품 0.5㎤를 직경 70㎜인 자기에 20㎜의 높이에서 전량을 30초간 균일한 속도로 주사기 또는 피펫을 써서 떨어뜨리고 10분 이내에 자연발화 하는지 여부를 관찰할 것. 이 경우 자연발화 하지 않는 경우에는 같은 조작을 5회 이상 반복하여 1회 이상 자연발화 하는지 여부를 관찰한다.
3) 위 2번의 방법에 의하여 자연발화 하지 않는 경우에는 시험물품 0.5㎤를 직경 70㎜인 자기 위에 설치한 직경 90㎜인 여과지에 20㎜의 높이에서 전량을 30초간 균일한 속도로 주사기 또는 피펫을 써서 떨어뜨리고 10분 이내 자연발화 하는지 또는 여과지를 태우는지 여부를 관찰할 것. 이 경우 자연발화하지 않는 경우 또는 여과지를 태우지 않는 경우에는 같은 조작을 5회 이상 반복하여 1회 이상 자연발화 하는지 또는 여과지를 태우는지 여부를 관찰한다.
4) 위의 방법에 의한 시험결과 자연발화 하는 경우에 또는 여과지를 태우는 경우에는 자연발화성물질에 해당하는 것으로 할 것

04 금수성

- 물과 접촉하여 발화하거나 가연성가스를 발생할 위험성

05 인화성 액체: 인화점 측정

1) 측정결과가 0℃ 미만인 경우에는 당해 측정결과를 인화점으로 할 것.
2) 측정결과가 0℃ 이상 80℃ 이하인 경우에는 동점도 측정을 하여 동점도가 10㎜²/s 미만인 경우에는 당해 측정결과를 인화점으로 하고, 동점도가 10㎜²/s 이상인 경우에는 신속평형법 인화점 측정기에 따른 방법으로 다시 측정할 것.
3) 측정결과가 80℃를 초과하는 경우에는 클리브랜드 <u>개방컵</u> 인화점 측정기의 규정에 따른 방법으로 다시 측정할 것. ***✔시험 출제 포인트 → 오답으로 클리브랜드 밀폐식으로 출제됨***

※ 참고. [인화점측정기에 따른 시험방법]

가. 태그밀폐식

1. 시험장소는 1기압, 무풍의 장소로 할 것
2. 「원유 및 석유 제품 인화점 시험방법 - 태그 밀폐식시험방법」(KS M 2010)에 의한 인화점측정기의 시료컵에 시험물품 50㎤를 넣고 시험물품의 표면의 기포를 제거한 후 뚜껑을 덮을 것
3. 시험불꽃을 점화하고 화염의 크기를 직경이 4㎜가 되도록 조정할 것
4. 시험물품의 온도가 60초간 1℃의 비율로 상승하도록 수조를 가열하고 시험물품의 온도가 설정온도보다 5℃ 낮은 온도에 도달하면 개폐기를 작동하여 시험불꽃을 시료컵에 1초간 노출시키고 닫을 것. 이 경우 시험불꽃을 급격히 상하로 움직이지 아니하여야 한다.
5. 위 4번의 방법에 의하여 인화하지 않는 경우에는 시험물품의 온도가 0.5℃ 상승할 때마다 개폐기를 작동하여 시험불꽃을 시료컵에 1초간 노출시키고 닫는 조작을 인화할 때까지 반복할 것
6. 위 5번의 방법에 의하여 인화한 온도가 60℃ 미만의 온도이고 설정온도와의 차가 2℃를 초과하

지 않는 경우에는 당해 온도를 인화점으로 할 것

7. 위 4번의 방법에 의하여 인화한 경우 및 위 5번의 방법에 의하여 인화한 온도와 설정온도와의 차가 2℃를 초과하는 경우에는 위 2번~5번에 의한 방법으로 반복하여 실시할 것
8. 위 5번, 7번의 방법에 의하여 인화한 온도가 60℃ 이상의 온도인 경우에는 아래의 9번~13번의 순서에 의하여 실시할 것
9. 위의 2번 및 3번과 같은 순서로 실시할 것
10. 시험물품의 온도가 60초간 3℃의 비율로 상승하도록 수조를 가열하고 시험물품의 온도가 설정온도보다 5℃ 낮은 온도에 도달하면 개폐기를 작동하여 시험불꽃을 시료컵에 1초간 노출시키고 닫을 것. 이 경우 시험불꽃을 급격히 상하로 움직이지 아니하여야 한다.
11. 위 10번의 방법에 의하여 인화하지 않는 경우에는 시험물품의 온도가 1℃ 상승마다 개폐기를 작동하여 시험불꽃을 시료컵에 1초간 노출시키고 닫는 조작을 인화할 때까지 반복할 것
12. 위 11번의 방법에 의하여 인화한 온도와 설정온도와의 차가 2℃를 초과하지 않는 경우에는 당해 온도를 인화점으로 할 것
13. 위 10번의 방법에 의하여 인화한 경우 및 위 11번의 방법에 의하여 인화한 온도와 설정온도와의 차가 2℃를 초과하는 경우에는 위 9번~11번과 같은 순서로 반복하여 실시할 것

나. 신속평형법

1. 시험장소는 1기압, 무풍의 장소로 할 것
2. 신속평형법인화점측정기의 시료컵을 설정온도까지 가열 또는 냉각하여 시험물품(설정온도가 상온보다 낮은 온도인 경우에는 설정온도까지 냉각한 것) 2㎖를 시료컵에 넣고 즉시 뚜껑 및 개폐기를 닫을 것
3. 시료컵의 온도를 1분간 설정온도로 유지할 것
4. 시험불꽃을 점화하고 화염의 크기를 직경 4㎜가 되도록 조정할 것
5. 1분 경과 후 개폐기를 작동하여 시험불꽃을 시료컵에 2.5초간 노출시키고 닫을 것. 이 경우 시험불꽃을 급격히 상하로 움직이지 아니하여야 한다.
6. 위 5번의 방법에 의하여 인화한 경우에는 인화하지 않을 때까지 설정온도를 낮추고, 인화하지 않는 경우에는 인화할 때까지 설정온도를 높여 위 2번~5번의 조작을 반복하여 인화점을 측정할 것

다. 클리브랜드(Cleaveland) 개방컵

1. 시험장소는 1기압, 무풍의 장소로 할 것
2. 「인화점 및 연소점 시험방법 – 클리브랜드 개방컵 시험방법」(KS M ISO 2592)에 의한 인화점측정기의 시료컵의 표선(標線)까지 시험물품을 채우고 시험물품의 표면의 기포를 제거할 것
3. 시험불꽃을 점화하고 화염의 크기를 직경 4㎜가 되도록 조정할 것
4. 시험물품의 온도가 60초간 14℃의 비율로 상승하도록 가열하고 설정온도보다 55℃ 낮은 온도에 달하면 가열을 조절하여 설정온도보다 28℃ 낮은 온도에서 60초간 5.5℃의 비율로 온도가 상승하도록 할 것
5. 시험물품의 온도가 설정온도보다 28℃ 낮은 온도에 달하면 시험불꽃을 시료컵의 중심을 횡단하여 일직

선으로 1초간 통과시킬 것. 이 경우 시험불꽃의 중심을 시료컵 위쪽 가장자리의 상방 2㎜ 이하에서 수평으로 움직여야 한다.

6. 위 5번의 방법에 의하여 인화하지 않는 경우에는 시험물품의 온도가 2℃ 상승할 때마다 시험불꽃을 시료컵의 중심을 횡단하여 일직선으로 1초간 통과시키는 조작을 인화할 때까지 반복할 것
7. 위 6번의 방법에 의하여 인화한 온도와 설정온도와의 차가 4℃를 초과하지 않는 경우에는 당해 온도를 인화점으로 할 것
8. 위 5번의 방법에 의하여 인화한 경우 및 위 6번의 방법에 의하여 인화한 온도와 설정온도와의 차가 4℃를 초과하는 경우에는 위 2번 ~ 6번과 같은 순서로 반복하여 실시할 것

06 자기반응성물질

- 폭발성 시험 : 폭발성으로 인한 위험성의 정도를 판단하기 위한 시험은 열분석시험으로 한다
- 가열분해성 시험 : 가열분해성으로 인한 위험성의 정도를 판단하기 위한 시험은 압력용기시험으로 한다.

✔시험 출제 포인트 → 제5류 위험물의 판정을 위한 시험의 종류 2가지 : 폭발성 시험, 가열분해성 시험

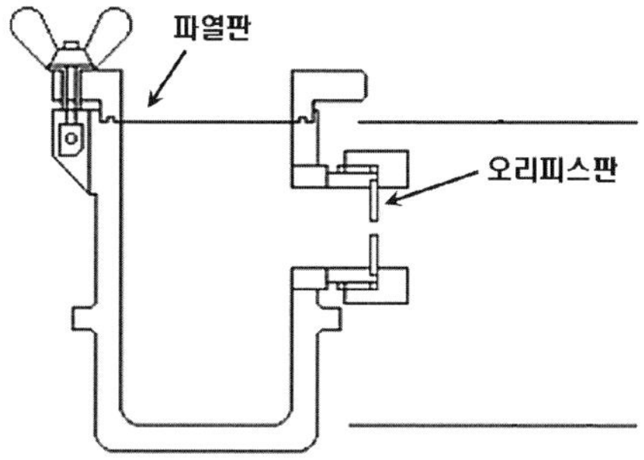

【압력 용기】

07 산화성액체 측정시험: 연소시간의 측정시험

- 목분, 질산 90% 수용액 및 시험물품을 사용하여 온도 20℃, 습도 50%, 1기압의 실내에서 제2항 및 제3항의 방법에 의하여 실시한다. 다만, 배기를 행하는 경우에는 바람의 흐름과 평행하게 측정한 풍속이 0.5m/s 이하이어야 한다.

연습문제-위험물의 정의

01. **위험물안전관리법령상의 규제에 관한 설명 중 틀린 것은?**

① 지정수량 미만의 위험물의 저장, 취급 및 운반은 시 · 도 조례에 의하여 규제한다.
② 항공기에 의한 위험물의 저장, 취급 및 운반은 위험물안전관리법의 규제대상이 아니다.
③ 궤도에 의한 위험물의 저장, 취급 및 운반은 위험물안전관리법의 규제대상이 아니다.
④ 선박법의 선박에 의한 위험물의 저장, 취급 및 운반은 위험물안전관리법의 규제대상이 아니다.

해설
- 지정수량 미만인 위험물의 저장 또는 취급 : 시 · 도의 조례
- 지정수량 미만인 위험물의 운반 : 위험물안전관리법의 규제함

02. **위험물안전관리법령상 제5류 위험물의 판정을 위한 시험의 종류로 옳은 것은?**

① 폭발성 시험, 가열분해성 시험
② 폭발성 시험, 충격민감성 시험
③ 가열분해성 시험, 착화의 위험성 시험
④ 충격민감성 시험, 착화의 위험성 시험

해설 제5류 위험물의 판정을 위한 시험의 종류에는 폭발성 시험, 가열분해성 시험이 있다.

정답 01_① 02_①

2) 제1류 위험물

제1류 위험물(산화성 고체)
(칼륨, 나트륨, 암모늄 이온을 품명 중 '염류'에 대입하여 물질명을 명명한다.)

위험등급	품명		지정수량	물질명 및 화학식	소화방법
I	염소산염류		50kg	염소산칼륨($KClO_3$)	수계소화설비로 주수소화
				염소산나트륨($NaClO_3$)	
				염소산암모늄(NH_4ClO_3)	
	과염소산염류			과염소산칼륨($KClO_4$)	
				과염소산나트륨($NaClO_4$)	
				과염소산암모늄(NH_4ClO_4)	
	무기과산화물	알칼리금속의 과산화물		과산화칼륨(K_2O_2)	금수성이므로 팽창질석, 팽창진주암, 건조사, 탄산수소염류분말
				과산화나트륨(Na_2O_2)	
		알칼리금속 이외의		과산화마그네슘(MgO_2)	
				과산화칼슘(CaO_2)	

	과산화물		과산화바륨(BaO_2)	소화설비
Ⅱ	브롬산염류	300kg	브롬산칼륨($KBrO_3$)	수계소화설비로 주수소화
	요오드산염류		요오드산칼륨(KIO_3)	
			요오드산아연[$Zn(IO_3)_2$]	
	질산염류		질산칼륨(KNO_3)	
			질산나트륨($NaNO_3$)	
			질산암모늄(NH_4NO_3)	
			질산은($AgNO_3$)	
Ⅲ	과망간산염류	1,000kg	과망간산칼륨($KMnO_4$)	
	중크롬산염류		중크롬산칼륨($K_2Cr_2O_7$)	

행정안전부령이 정하는 위험물의 지정수량 (유별과 품명만 암기)

유 별	품 명	지정수량	유 별	품 명	지정수량
제1류	과요오드산염류	300㎏	제1류	퍼옥소이황산염류	300㎏
	과요오드산	300㎏		퍼옥소붕산염류	300㎏
	크롬, 납 또는 요오드의 산화물(무수크롬산)	300㎏	제3류	염소화규소화합물	300㎏
	아질산염류	300㎏	제5류	금속의 아지화합물	200㎏
	차아염소산염류	50㎏		질산구아니딘	200㎏
	염소화이소시아눌산	300㎏			

[특징] ✔ 한 눈에 정리하기

① 강한 산화성(강산화제), 불연성, 조해성, 흡습성 - 밀전 · 밀봉하여 냉암소에 보관, 가연물과 접촉금지, 취급 시 충격 및 마찰을 피한다.

② 대부분의 물질이 열분해시 산소(O_2)를 발생한다.

③ 금수성 물질에 주수소화시 조연성 기체인 산소(O_2)를 발생시켜 폭발 위험성이 증가한다.(건조사, 팽창질석, 팽창진주암, 탄산수소염류분말로 소화한다.)

④ 고체 상태로 색상은 대부분 무색, 백색의 결정이다.(단, 과망간산칼륨 결정은 흑자색, 중크롬산칼륨은 주황색)

⑤ 물보다 무겁다 = 비중이 1보다 크다

⑥ 흑색화약 원료 : 질산칼륨(제1류 위험물), 숯, 유황(제2류 위험물)

⑦ 염소산염류와 과염소산염류 등의 경우 산과 반응하여 유독성의 이산화염소(ClO_2)기체를 발생킨다.

⑧ 가연물(제2류 위험물)과 혼합할 때 과열 · 충격 · 마찰에 의해 분해하여 폭발할 위험이 있다.

제1류 위험물 연습문제

01. **위험물안전관리법령에서 정한 정의에서 인화성 또는 발화성 등의 성질을 가지는 것으로서 대통령령이 정하는 물품을 말하는 것은?**

① 위험물 ② 가연물 ③ 특수인화물 ④ 제4류 위험물

해설 인화성 또는 발화성 등의 성질을 가지는 것으로서 대통령령이 정하는 물품을 위험물로 정의한다.

02. **제1류 위험물에 해당하지 않는 것은?**

① 납의산화물 ② 질산구아니딘
③ 퍼옥소이황산염류 ④ 염소화이소시아눌산

해설 질산구아니딘은 제5류 위험물에 해당한다.

03. **제1류 위험물이 아닌 경우?**

① 과요오드산염류 ② 퍼옥소붕산염류
③ 요오드의 산화물 ④ 금속의 아지화합물

해설 금속의 아지화합물은 제5류 위험물에 해당한다.

정답 01_① 02_② 03_④

아염소산염류(Ⅰ등급, 50kg)	
아염소산나트륨 ($NaClO_2$)	◦ 무색의 결정성 분말, 산과 반응하여 유독한 이산화염소(ClO_2)를 발생한다.
아염소산나트륨 ($KClO_2$)	◦ 열분해 시 산소 기체를 발생한다.
염소산염류(Ⅰ등급, 50kg)	
염소산나트륨 ($NaClO_3$)	◦ 비중은 약 2.5의 무색 무취의 분말, 300℃에서 열분해하여 산소 기체를 발생한다. ($2NaClO_3 \rightarrow 2NaCl + 3O_2$) ◦ 물, 에테르, 알코올에 잘 녹으며 조해성이 강하다. ◦ 철제용기에 저장하지 않는다.
염소산칼륨	◦ 무색의 분말, 400℃에서 열분해하여 산소 기체를 발생한다.

($KClO_3$)	($2KClO_3 \rightarrow 2KCl + 3O_2$) • 산과 반응하여 유독한 이산화염소($ClO_2$)를 발생한다. • 온수 및 글리세린에 잘 용해되며, 냉수 및 알코올에 녹기 어렵다.
염소산암모늄 (NH_4ClO_3)	• Cl의 산화수 (산소의 산화수는 통상 −2로 한다.) ClO_3^- : $x + (-2) \times 3 = -1$ $\therefore x = +5$
과염소산염류(Ⅰ등급, 50kg)	
과염소산나트륨 ($NaClO_4$)	• 무색 무취의 결정, 분자량이 약 122이며 녹는점이 약 482℃이고 산화제, 폭약 등에 사용된다. • 비중은 약 2.5로 물보다 무거우며, 에테르에 녹지 않는다. • 분해온도는 400℃로 분해하여 산소 기체를 발생한다. ($NaClO_4 \rightarrow NaCl + 2O_2$)
과염소산칼륨 ($KClO_4$)	• 무색 무취의 결정, 물, 알코올 및 에테르에 녹기 어렵다. • 열분해하여 산소 기체를 발생한다. ($KClO_4 \rightarrow KCl + 2O_2$)
과염소산암모늄 (NH_4ClO_4)	• 무색 무취의 결정, 비중은 약 1.87이고, 폭약이나 성냥의 원료로 쓰인다. 분해온도는 130℃으로 분해가 시작되는 온도이며, 300℃에서 완전 열분해되어 N_2, Cl_2, O_2, H_2O를 생성한다. ($2NH_4ClO_4 \rightarrow N_2 + Cl_2 + 2O_2 + 4H_2O$) • 물, 에테르, 아세톤, 에탄올에 잘 녹는다.

아염소산염류, 염소산염류, 과염소산염류 연습문제

01. 다음 중 산을 가하면 이산화염소를 발생시키는 물질은?

① 아염소산나트륨 ② 브롬산나트륨
③ 옥소산칼륨 ④ 중크롬산나트륨

해설 이산화염소(ClO_2) 기체가 발생하려면 물질 성분 중 염소(Cl)가 반드시 포함되어 있어야 하므로 ① 아염소산나트륨($NaClO_2$)이다.

02. 염소산나트륨을 가열하여 분해시킬 때 발생하는 기체는?

① 산소 ② 질소 ③ 나트륨 ④ 수소

해설 제1류 위험물은 대부분 가열하여 분해시킬 때 산소 기체를 발생한다.

정답 01_① 02_①

무기과산화물(Ⅰ등급, 50kg)	
과산화나트륨(Na_2O_2)	◦ 일반적인 것은 황색의 분말이며 순수한 것은 백색 분말로 에탄올에 녹지 않는다. ◦ 물과 반응하여 조연성의 산소 기체가 발생하므로 주수 소화를 금한다. ($Na_2O_2 + H_2O \rightarrow 2NaOH + 1/2O_2$) ◦ 열분해하여 산소 기체가 발생한다. ($Na_2O_2 \rightarrow Na_2O + 1/2O_2$) ◦ 산과 반응하여 과산화수소가 발생한다. ($Na_2O_2 + 2HCl \rightarrow 2NaCl + H_2O_2$)
과산화칼륨(K_2O_2)	◦ 무색 또는 오렌지색의 분말로 에탄올에 용해된다. ◦ 물과 반응하여 조연성의 산소 기체가 발생하므로 주수 소화를 금한다. ($K_2O_2 + H_2O \rightarrow 2KOH + 1/2O_2$) ◦ 열분해하여 산소 기체가 발생한다. ($K_2O_2 \rightarrow K_2O + 1/2O_2$) ◦ 산과 반응하여 과산화수소가 발생한다. ($K_2O_2 + 2HCl \rightarrow 2KCl + H_2O_2$)
과산화바륨(BaO_2)	◦ 백색의 정방정계 분말이다. ◦ 알칼리토금속의 과산화물 중 매우 안정한 물질로 분해온도는 약 840℃이며, 비중은 약 4.96이다. ◦ 테르밋의 점화제 용도로 사용된다. ◦ 냉수에 약간 용해되고 온수에 분해되어 산소 기체를 발생한다. ($2BaO_2 + 2H_2O \rightarrow 2Ba(OH)_2 + O_2$) ◦ 열분해하여 산소 기체가 발생한다. ($2BaO_2 \rightarrow 2Ba_2O + O_2$)
브롬산염류(Ⅱ등급, 300kg)	
브롬산나트륨($NaBrO_3$)	
브롬산칼륨($KBrO_3$)	
질산염류(Ⅱ등급, 300kg)	
질산나트륨($NaNO_3$)	◦ 무색의 분말로 칠레 초석이라 부르기도 한다. 열분해하여 조연성의 산소 기체를 발생한다. ($2NaNO_3 \rightarrow 2NaNO_2 + O_2$) ◦ 물과 글리세린에 잘 녹고 알코올에 녹기 어렵다.
질산칼륨(KNO_3)	◦ 무색의 결정 또는 분말이며, 400℃에서 열분해하여 조연성의 산소 기체를 발생한다. ($2KNO_3 \rightarrow 2KNO_2 + O_2$) ◦ 물과 글리세린에 잘 녹고, 알코올에 녹기 어려우며 흡습성은 없다. 질산칼륨에 숯가루와 유황가루를 섞어 흑색화약을 제조할 수 있다.
질산암모늄(NH_4NO_3)	◦ 무색의 결정, 220℃에서 열분해하여 조연성의 산소 기체와 산화이질소를 발생한다. ($NH_4NO_3 \rightarrow N_2O + 2H_2O$) ◦ 폭약 제조 시 산소공급제로 사용되며, 물에 녹을 때 열을 흡수한다. (흡열반응) ◦ 단독으로도 급격한 가열, 충격으로 분해하여 폭발의 위험이 있다. ◦ 물, 알코올에 잘 녹는다.
요오드산염류(Ⅱ등급, 300kg)	
요오드산칼륨(KIO_3)	

무기과산화물, 브롬산염류, 질산염류 연습문제

01. **물과 접촉하면 발열하면서 산소를 방출하는 것은?**

① 과산화칼륨 ② 염소산암모늄 ③ 염소산칼륨 ④ 과망간산칼륨

해설 과산화칼륨은 금수성 물질이므로 물과 접촉하여 발열하며 산소 기체를 방출한다.

02. **불안정한 고체 화합물로서 분해가 용이하여 산소를 방출하며, 물과 격렬하게 반응하여 발열하는 성질을 가지고 있는 위험물은?**

① 무기과산화물 ② 과망간산염류 ③ 과염소산염류 ④ 중크롬산염류

해설 제1류 위험물 중 무기과산화물은 금수성 물질로 불안정한 상태로 분해가 용이하여 열분해하여 산소를 방출한다.

03. **질산칼륨에 대한 설명을 옳은 것은?**

① 조해성과 흡습성이 강하다. ② 칠레초석이라고도 한다.
③ 물에 녹지 않는다. ④ 흑색 화약의 원료이다.

해설 ① 조해성과 흡습성이 없다.
② 칠레초석이라고도 한다. → 질산나트륨에 대한 설명이다.
③ 물에 잘 녹는다.

04. **지정수량이 300kg인 위험물에 해당하는 것은?**

① $NaBrO_3$ ② CaO_2 ③ $KClO_4$ ④ $NaClO_2$

해설 ②, ③, ④ : 50kg

05. **질산암모늄에 대한 설명으로 틀린 것은?**

① 열분해하여 산화이질소가 발생한다. ② 폭약 제조 시 산소공급제로 사용된다.
③ 물에 녹을 때 많은 열을 발생한다. ④ 무취의 결정이다.

해설 물에 녹을 때 열을 흡수하는 흡열반응을 한다.

정답 01_① 02_① 03_④ 04_① 05_③

과망간산염류, 중크롬산염류 연습문제

01. **중크롬산칼륨에 대한 설명으로 틀린 것은?**

① 열분해하여 산소를 발생한다. ② 물과 알코올에 잘 녹는다.
③ 등적색의 결정으로 쓴 맛이 있다. ④ 산화제, 의약품 등에 사용된다.

해설 물에 약간 용해되고 알코올에 불용이다.

02. **과망간산칼륨의 성질에 대한 설명 중 옳은 것은?**

① 강력한 산화제이다.
② 물에 녹아서 연한 분홍색을 나타낸다.
③ 물에는 용해하나 에탄올에 불용이다.
④ 묽은 황산과는 반응을 하지 않지만 진한 황산과 접촉하면 서서히 반응한다.

해설 ② 물에 녹아서 진한 보라색을 나타낸다.
③ 물과 에탄올에 용해한다.
④ 묽은 황산, 진한 황산 모두에 반응한다.

정답 01_② 02_①

연습문제-제1류 위험물 챕터별 문제

01. **위험물안전관리법령에 대한 설명 중 옳지 않은 것은?**

① 군부대가 지정수량 이상의 위험물을 군사목적으로 임시로 저장 또는 취급하는 경우는 제조소등이 아닌 장소에서 지정수량 이상의 위험물을 취급할 수 있다.
② 철도 및 궤도에 의한 위험물의 저장 · 취급 및 운반에 있어서는 위험물안전관리법령을 적용하지 아니한다.
③ 지정수량 미만인 위험물의 저장 또는 취급에 관한 기술상의 기준은 국가화재안전기준으로 정한다.
④ 업무상 과실로 제조소등에서 위험물을 유출, 방출 또는 확산시켜 사람의 생명, 신체 또는 재산에 대하여 위험을 발생시킨 자는 7년 이하의 금고 또는 2천만 원 이하의 벌금에 처한다.

해설 ③ 지정수량 미만인 위험물의 저장 또는 취급에 관한 기술상의 기준은 특별시 · 광역시 및 도의 조례(시 · 도의 조례)로 정한다.

02. 위험물안전관리법의 적용 제외와 관련된 내용 "위험물안전관리법은 ( )에 의한 위험물의 저장 · 취급 및 운반에 있어서는 이를 적용하지 아니한다."에서 괄호 안에 알맞은 것을 모두 나타낸 것은?

① 항공기 · 선박(선박법 제1조의2 제1항에 따른 선박을 말한다.) · 철도 및 궤도
② 항공기 · 선박(선박법 제1조의2 제1항에 따른 선박을 말한다.) · 철도
③ 항공기 · 철도 및 궤도
④ 철도 및 궤도

해설 항공기 · 선박 · 철도 및 궤도에 의한 위험물의 저장 · 취급 및 운반에 있어서는 위험물안전관리법의 규제를 적용하지 않는다.

03. 위험물안전관리법령상 위험등급 I의 위험물에 해당하는 것은?

① 무기과산화물 ② 황화린 ③ 제1석유류 ④ 유황

해설 ② 황화린 : 제2류 위험물, 위험등급 Ⅱ
③ 제1석유류 : 제4류 위험물, 위험등급 Ⅱ
④ 유황 : 제2류 위험물, 위험등급 Ⅱ

04. 위험물안전관리법령상 위험등급이 나머지 셋과 다른 하나는?

① 알코올류 ② 제2석유류 ③ 제3석유류 ④ 동식물유류

해설 알코올류와 제1석유류는 위험등급 Ⅱ이며, 제2석유류, 제3석유류, 제4석유류, 동식물유류는 위험등급 Ⅲ에 해당한다.

05. 위험등급이 나머지 셋과 다른 것은?

① 알칼리토금속 ② 아염소산염류
③ 질산에스테르류 ④ 제6류 위험물

해설 ① 알칼리토금속 : 제3류 위험물, 위험등급 Ⅱ
② 아염소산염류 : 제1류 위험물, 위험등급 Ⅰ
③ 질산에스테르 : 제5류 위험물, 위험등급 Ⅰ
④ 제6류 위험물 : 위험등급 Ⅰ

06. 위험물안전관리법령상 인화성액체의 인화점 시험방법이 아닌 것은?

① 태그(Tag)밀폐식 인화점 측정기에 의한 인화점 측정
② 신속 평형법 인화점 측정기에 의한 인화점 측정
③ 클리브랜드개방식 인화점 측정기에 의한 인화점 측정
④ 펜스키 – 마르텐식 인화점 측정기에 의한 인화점 측정

해설 위험물안전관리법령상 인화점 액체의 인화점 시험방법 : 태그밀폐식, 신속평형법, 클리브랜드개방식

07. **다음 물질 중 위험물 유별에 따른 구분이 나머지 셋과 다른 하나는?**

① 질산은 ② 질산메틸 ③ 무수크롬산 ④ 질산암모늄

해설 질산메틸은 제5류 위험물 중 질산에스테르류이며 ①, ③, ④는 제1류 위험물에 해당한다.

08. **제1류 위험물의 일반적인 성질에 해당하지 않는 것은?**

① 고체 상태이다. ② 분해하여 산소를 발생한다.

③ 가연성물질이다. ④ 산화제이다.

해설 제1류 위험물은 불연성물질이다.

09. **비중은 약 2.5, 무취이며 알코올, 물에 잘 녹고 조해성이 있으며 산과 반응하여 유독한 ClO_2를 발생하는 위험물은?**

① 염소산칼륨 ② 과염소산암모늄

③ 염소산나트륨 ④ 과염소산칼륨

해설 염소산나트륨($NaClO_3$)에 대한 설명으로 산과 반응하여 유독한 이산화염소 가스와 과산화수소를 발생한다.

• 〈염소산나트륨과 염산의 반응식〉

$NaClO_3 + HCl \rightarrow NaCl + ClO_2 + 1/2H_2O_2$

10. **염소산나트륨과 반응하여 ClO_2가스를 발생시키는 것은?**

① 글리세린 ② 질소 ③ 염산 ④ 산소

11. **염소산나트륨의 성상에 대한 설명으로 옳지 않은 것은?**

① 자신은 불연성 물질이지만 강한 산화제이다.

② 유리를 녹이므로 철제 용기에 저장한다.

③ 열분해 하여 산소를 발생한다.

④ 산과 반응하면 유독성의 이산화염소를 발생한다.

해설 보관 시 철제 용기를 피하여 저장하여야 한다.

12. **염소산염류에 대한 설명으로 옳은 것은?**

① 염소산칼륨은 환원제이다.

② 염소산나트륨은 조해성이 있다.

③ 염소산암모늄은 위험물이 아니다.

④ 염소산칼륨은 냉수와 알코올에 잘 녹는다.

13. 과산화바륨의 성질에 대한 설명 중 틀린 것은?

① 고온에서 열분해하여 산소를 발생한다.
② 황산과 반응하여 과산화수소를 만든다.
③ 비중은 약 4.96이다.
④ 온수와 접촉하면 수소가스를 발생한다.

해설 과산화바륨은 물과 접촉하면 산소가스를 발생한다.

- $BaO_2 + H_2O \rightarrow Ba(OH)_2 + 1/2O_2$

14. 분자량이 약 169인 백색의 정방정계 분말로서 알칼리토금속의 과산화물 중 매우 안정한 물질이며 테르밋의 점화제 용도로 사용되는 제1류 위험물은?

① 과산화칼슘 ② 과산화바륨 ③ 과산화마그네슘 ④ 과산화칼륨

해설 과산화바륨에 대한 설명이다.

15. 다음 중 주수소화를 하면 위험성이 증가하는 것은?

① 과산화칼륨 ② 과망간산칼륨 ③ 과염소산칼륨 ④ 브롬산칼륨

16. 다음 물질 중 과염소산칼륨과 혼합했을 때 발화폭발의 위험이 가장 높은 것은?

① 석면 ② 금 ③ 유리 ④ 목탄

해설 과염소산칼륨은 목탄, 유기물 등과 혼합했을 때 발화폭발의 위험이 높다.

17. 다음 중 물과 반응하여 조연성 가스를 발생하는 것은?

① 과염소산나트륨 ② 질산나트륨
③ 중크롬산나트륨 ④ 과산화나트륨

18. 과산화칼륨에 대한 설명 중 틀린 것은?

① 융점은 약 490℃이다.
② 무색 또는 오렌지색의 분말이다.
③ 물과 반응하여 주로 수소를 발생한다.
④ 물보다 무겁다.

19. 다음 물질 중 과염소산염류과 혼합했을 때 발화폭발의 위험이 가장 높은 것은?

① 석면 ② 금 ③ 유리 ④ 목탄

해설 과염소산염류(산화성 고체)과 가연성의 목탄이 혼합했을 때 발화 및 폭발의 위험이 가장 크다.

20. 질산암모늄의 일반적 성질에 대한 설명 중 옳은 것은?

① 불안정한 물질이고 물에 녹을 때는 흡열반응을 나타낸다.
② 과일향의 냄새가 나는 적갈색 비결정체이다.
③ 가열 시 분해하여 수소를 발생한다.
④ 물에 대한 용해도 값이 매우 작아 물에 거의 불용이다.

해설 ② 무색 · 무취의 결정형 고체이다. ③ 가열 시 분해하여 N_2O 기체를 발생한다.
④ 흡습성이 있으며, 물에 잘 녹는 물질이다.

21. 질산암모늄의 위험성에 대한 설명에 해당하는 것은?

① 폭발기와 산화기가 결합되어 있어 100℃에서 분해 폭발한다.
② 인화성액체로 정전기에 주의하여야 한다.
③ 400℃에서 분해되기 시작하여 540℃에서 급격히 분해 폭발할 위험성이 있다.
④ 단독으로도 급격한 가열, 충격으로 분해하여 폭발의 위험이 있다.

해설 220℃에서 열분해하며, 단독으로도 급격한 가열, 충격으로 분해하여 폭발의 위험이 있다.

22. 질산암모늄의 일반적인 성질에 대한 설명으로 옳은 것은?

① 조해성이 없다. ② 무색, 무취의 액체이다.
③ 물에 녹을 때에는 발열한다. ④ 급격한 가열에 의한 폭발의 위험이 있다.

해설 ① 제1류 위험물이므로 조해성이 있다. ② 무색, 무취의 고체이다.
③ 물에 녹을 때에는 흡열한다.

23. 질산암모늄의 일반적 성질에 대한 설명 중 옳은 것은?

① 조해성을 가진 물질이다. ② 물에 대한 용해도 값이 매우 작다.
③ 가열 시 분해하여 수소를 발생한다. ④ 과일향의 냄새가 나는 백색 결정체이다

해설 ② 물에 잘 녹기 때문에 물에 대한 용해도 값이 크다.
③ 가열시 분해하여 산소를 발생한다. ④ 무취의 백색 결정체이다

24. NH_4ClO_4에 대한 설명 중 틀린 것은?

① 가연성물질과 혼합하면 위험하다.
② 폭약이나 성냥 원료로 쓰인다.
③ 에테르에 잘 녹으나 아세톤, 알코올에는 녹지 않는다.
④ 비중이 약 1.87이고 분해온도가 130℃ 정도이다.

해설 물, 에테르, 아세톤, 에탄올에 잘 녹는다.

25. 질산암모늄에 대한 설명으로 옳은 것은?

① 물에 녹을 때 발열반응을 한다.
② 가열하면 폭발적으로 분해하여 산소와 암모니아를 생성한다.
③ 소화방법으로 질식소화가 좋다.
④ 단독으로도 급격한 가열, 충격으로 분해 · 폭발할 수 있다.

해설 ① 물에 잘 녹으며 흡열반응을 한다.
② 가열하면 열분해하여 산소와 질소, 물을 생성한다.
$NH_4NO_3 \rightarrow 0.5O_2 + N_2 + 2H_2O$
③ 소화방법으로는 냉각소화가 좋다.

26. 염소산나트륨을 가열하여 분해시킬 때 발생하는 기체는?

① 산소 ② 질소 ③ 나트륨 ④ 수소

해설 $2NaClO_3 \rightarrow 2NaCl + 3O_2$

27. 염소산나트륨의 저장 및 취급 방법으로 옳지 않은 것은?

① 철제 용기에 저장한다.
② 습기가 없는 찬 장소에 보관한다.
③ 조해성이 크므로 용기는 밀전한다.
④ 가열, 충격, 마찰을 피하고 점화원의 접근을 금한다.

해설 철을 부식시키므로 철제 용기가 아닌 유리용기에 저장한다.

28. 염소산칼륨 20킬로그램과 아염소산나트륨 10킬로그램을 과염소산과 함께 저장하는 경우 지정수량 1배로 저장하려면 과염소산은 얼마나 저장할 수 있는가?

① 20킬로그램 ② 40킬로그램 ③ 80킬로그램 ④ 120킬로그램

해설 • 염소산칼륨 지정수량 : 50kg • 아염소산나트륨 지정수량 : 50kg
• 과염소산 지정수량 : 300kg

$$\frac{20kg}{50kg} + \frac{10kg}{50kg} + \frac{x}{300kg} = 1\text{배}$$

$x = 120kg$

29. 염소산칼륨의 성질에 대한 설명으로 옳은 것은?

① 가연성 액체이다.
② 강력한 산화제이다.
③ 물보다 가볍다.
④ 열분해하면 수소를 발생한다.

해설 ① 불연성 고체이다. ③ 물보다 무겁다.
④ 열분해하면 산소를 발생한다.

30. 과염소산칼륨과 아염소산나트륨의 공통 성질이 아닌 것은?

① 지정수량이 50kg이다. ② 열분해 시 산소를 방출한다.
③ 강산화성 물질이며 가연성이다. ④ 상온에서 고체의 형태이다.

해설 강산화성 물질이며 불연성이다.

31. 염소산칼륨과 염소산나트륨의 공통성질에 대한 설명으로 적합한 것은?

① 물과 작용하여 발열 또는 발화한다.
② 가연물과 혼합 시 가열, 충격에 의해 연소위험이 있다.
③ 독성이 없으나 연소생성물은 유독하다.
④ 상온에서 발화하기 쉽다.

해설 제1류 위험물이므로 가연물과 혼합 시 가열, 충격에 의해 연소위험이 있다.

32. 과염소산나트륨의 성질이 아닌 것은?

① 조해성이 있다. ② 분해온도는 약 400℃이다.
③ 수용성이다. ④ 물보다 가볍다.

해설 대부분의 제1류 위험물은 비중이 1보다 커서 물보다 무거운 성질을 갖는다.

33. 아염소산나트륨의 저장 및 취급 시 주의사항으로 가장 거리가 먼 것은?

① 물속에 넣어 냉암소에 저장한다. ② 강산류와의 접촉을 피한다.
③ 취급 시 충격, 마찰을 피한다. ④ 가연성 물질과 접촉을 피한다.

해설 조해성이 있으므로 용기는 밀폐 · 밀봉하여 냉암소에 보관한다.

34. 과염소산나트륨의 성질이 아닌 것은?

① 황색의 분말로 물과 반응하여 산소를 발생한다.
② 가열하면 분해되어 산소를 방출한다.
③ 융점은 약 482도이고 물에 잘 녹는다.
④ 비중은 약 2.5로 물보다 무겁다.

해설 무색의 분말로 물과 반응하지 않는다.

35. 과산화나트륨에 대한 설명으로 틀린 것은?

① 알코올에 잘 녹아서 산소와 수소를 발생시킨다. ② 상온에서 물과 격렬하게 반응한다.
③ 비중이 약 2.8이다. ④ 조해성 물질이다.

해설 알코올에 녹지 않으며, 물과 반응하여 산소를 발생시킨다.

36. 위험물제조소에서 "브롬산나트륨 300kg, 과산화나트륨 150kg, 중크롬산나트륨 500kg"의 위험물을 취급하고 있는 경우 각각의 지정수량 배수의 총합은 얼마인가?

① 3.5　② 4.0　③ 4.5　④ 5.0

해설
- 브롬산나트륨 지정수량 : 300kg
- 과산화나트륨 지정수량 : 50kg
- 중크롬산나트륨 지정수량 : 1000kg

$$\therefore \frac{\text{저장수량}}{\text{지정수량}} = \frac{300}{300} + \frac{150}{50} + \frac{500}{1000} = 4.5$$

37. 아염소산염류 100kg, 질산염류 3000kg 및 과망간산염류 1000kg을 같은 장소에 저장하려 한다. 각각의 지정수량 배수의 합은 얼마인가?

① 5배　② 10배　③ 13배　④ 15배

해설
- 아염소산염류 지정수량 : 50kg
- 질산염류 지정수량 : 300kg
- 과망간산염류 지정수량 : 1000kg

$$\therefore \frac{\text{저장수량}}{\text{지정수량}} = \frac{100kg}{50kg} + \frac{3000kg}{300kg} + \frac{1000kg}{1000kg} = 13$$

38. 제1류 위험물의 저장 방법에 대한 설명으로 틀린 것은?

① 조해성 물질은 방습에 주의한다.
② 무기과산화물은 물속에 보관한다.
③ 분해를 촉진하는 물품과의 접촉을 피하여 저장한다.
④ 복사열이 없고, 환기가 잘되는 서늘한 곳에 저장한다.

해설 무기과산화물은 금수성 물질이므로 물과의 접촉을 피하여야 한다.

39. 제1류 위험물인 과산화나트륨의 보관용기에 화재가 발생하였다. 소화약제로 가장 적당한 것은?

① 포소화약제　② 물　③ 마른모래　④ 이산화탄소

해설 금수성 물질의 화재에는 마른 모래, 팽창질석, 팽창진주암, 탄산수소염류 분말소화설비가 적당하다.

40. 과염소산칼륨의 일반적인 성질에 대한 설명 중 틀린 것은?

① 강한 산화제이다.
② 불연성 물질이다.
③ 과일향이 나는 보라색 결정이다.
④ 가열하여 완전 분해시키면 산소를 발생한다.

해설 무취의 백색 결정이다.

41. 과산화바륨에 대한 설명 중 틀린 것은?

① 약 840℃의 고온에서 분해하여 산소를 발생한다.
② 알칼리금속의 과산화물에 해당된다.
③ 비중은 1보다 크다.
④ 유기물과의 접촉을 피한다.

해설 알칼리금속 외의 과산화물에 해당된다.

42. 과염소암모늄의 위험성에 대한 설명으로 올바르지 않은 것은?

① 급격히 가열하면 폭발의 위험이 있다.
② 건조 시에는 안정하나, 수분 흡수 시에는 폭발한다.
③ 가연성 물질과 혼합하면 위험하다.
④ 강한 충격이나 마찰에 의해 폭발의 위험이 있다.

해설 물에 잘 녹으며, 수분 흡수 시에도 폭발 위험이 없다.

43. 과염소산암모늄 300℃에서 분해되었을 때 주요 생성물이 아닌 것은?

① NO_3 ② Cl_2 ③ O_2 ④ N_2

해설 분해온도 : 300℃, $2NH_4ClO_4 \rightarrow N_2 + Cl_2 + 2O_2 + 4H_2O$

44. 염소산칼륨의 성질에 대한 설명 중 옳지 않은 것은?

① 비중은 약 2.3으로 물보다 무겁다.
② 강산과의 접촉은 위험하다.
③ 냉수에도 매우 잘 녹는다.
④ 열분해하면 산소와 염화칼륨이 생성된다.

해설 염소산칼륨은 찬물과 알코올에 잘 녹지 않는다.

45. 과망간산칼륨의 일반적인 성질에 관한 설명 중 틀린 것은?

① 강한 살균력과 산화력이 있다.
② 금속성 광택이 있는 무색의 결정이다.
③ 가열분해시키면 산소를 방출한다.
④ 비중은 약 2.7이다.

해설 흑자색의 결정이다.

46. 과망간산칼륨의 성질에 대한 설명 중 옳은 것은?

① 강력한 산화제이다.
② 물에 녹아서 연한 분홍색을 나타낸다.
③ 물에는 용해하나 에탄올에 불용이다.
④ 묽은 황산과는 반응을 하지 않지만 진한 황산과 접촉하면 서서히 반응한다.

해설 ② 물에 녹아서 진한 보라색을 나타낸다.
③ 물과 에탄올에 녹아 보라색을 나타낸다.
④ 묽은 황산, 진한 황산과 접촉하면 반응한다.

47. 과망간산칼륨의 위험성에 대한 설명 중 틀린 것은?

① 진한 황산과 접촉하면 폭발적으로 반응한다.
② 알코올, 에테르, 글리세린 등 유기물과 접촉을 금한다.
③ 가열하면 약 60℃에서 분해하여 수소를 방출한다.
④ 목탄, 황과 접촉 시 충격에 의해 폭발할 위험성이 있다.

해설 가열하면 약 610℃에서 산소를 방출한다.

48. 과망간산칼륨에 대한 설명으로 옳은 것은?

① 물에 잘 녹는 흑자색의 결정이다.
② 에탄올, 아세톤에 녹지 않는다.
③ 물에 녹았을 때는 진한 노란색을 띤다.
④ 강알칼리와 반응하여 수소를 방출하며 폭발한다.

해설 ② 에탄올, 아세톤에 잘 녹는다.
③ 물에 녹았을 때는 진한 보라색을 띤다.
④ 강알칼리와 반응하여 산소를 방출하며 폭발한다.

49. 중크롬산칼륨의 화재예방 및 진압대책에 관한 설명 중 틀린 것은?

① 가열, 충격, 마찰을 피한다.
② 유기물, 가연물과 격리하여 저장한다.
③ 화재 시 물과 반응하여 폭발하므로 주수소화를 금한다.
④ 소화작업 시 폭발 우려가 있으므로 충분한 안전거리를 확보한다.

해설 금수성 물질이 아니므로 주수소화 하여야 한다.

50. 위험물안전관리법령상 제1류 위험물의 질산염류가 아닌 것은?

① 질산은 ② 질산암모늄 ③ 질산섬유소 ④ 질산나트륨

해설 질산섬유소(니트로셀룰로오스)는 제5류 위험물의 질산에스테르이다.

51. 요오드(아이오딘)산 아연의 성질에 대한 설명으로 가장 거리가 먼 것은?

① 결정성 분말이다. ② 유기물과 혼합 시 연소 위험이 있다.
③ 환원력이 강하다. ④ 제1류 위험물이다.

해설 요오드산아연[$Zn(IO_3)_2$]은 제1류 위험물이므로 산화력이 강하다.

52. 질산칼륨을 약 400℃에서 가열하여 열분해시킬 때 주로 생성되는 물질은?

① 질산과 산소 ② 질산과 칼륨
③ 아질산칼륨과 산소 ④ 아질산칼륨과 질소

해설 $2KNO_3 \rightarrow 2KNO_2 + O_2$

53. 흑색화약의 원료로 사용되는 위험물의 유별을 옳게 나타낸 것은?

① 제1류, 제2류 ② 제1류, 제4류
③ 제2류, 제4류 ④ 제4류, 제5류

해설 흑색화약의 원료 : 질산칼륨(제1류 위험물), 숯, 유황(제2류 위험물)

54. 질산칼륨의 성질에 해당하는 것은?

① 무색 또는 흰색 결정이다.
② 물과 반응하면 폭발의 위험이 있다.
③ 물에 녹지 않으나 알코올에 잘 녹는다.
④ 황산, 목분과 혼합하면 흑색화약이 된다.

해설
② 물과 반응하지 않는다.
③ 물에 잘 녹고, 알코올에 녹기 어렵다.
④ 숯, 유황과 혼합하면 흑색화약이 된다.

55. 제1류 위험물 중 흑색화약의 원료로 사용되는 것은?

① KNO_3 ② $NaNO_3$ ③ BaO_2 ④ NH_4NO_3

56. 질산나트륨의 성상으로 옳은 것은?

① 황색 결정이다. ② 물에 잘 녹는다.
③ 흑색화약의 원료이다. ④ 상온에서 자연분해한다.

해설 ① 백색 결정이다. ③ 질산칼륨이 흑색화약의 원료이다.
④ 열분해 온도는 약 300℃이다.

57. 2몰의 브롬산칼륨이 모두 열분해 되어 생긴 산소의 양은 2기압 27℃에서 약 몇 L인가?

① 32.42　　② 36.92　　③ 41.34　　④ 45.64

해설 $2KBrO_3 \rightarrow 2KBr + 3O_2$

$$3mol \times \frac{22.4L}{1mol} \times \frac{(273+27)K}{273K} \times \frac{1atm}{2atm} = 36.92L$$

58. 중크롬산칼륨에 대한 설명으로 틀린 것은?

① 열분해하여 산소를 발생한다.　　② 물과 알코올에 잘 녹는다.
③ 등적색의 결정으로 쓴맛이 있다.　　④ 산화제, 의약품 등에 사용된다.

해설 물에는 약간 녹지만 알코올에는 녹기 어렵다.

정답

01_③	02_①	03_①	04_①	05_①	06_④	07_②	08_③	09_③	10_③
11_②	12_②	13_④	14_②	15_①	16_④	17_④	18_③	19_④	20_①
21_④	22_④	23_①	24_③	25_④	26_①	27_①	28_④	29_②	30_③
31_②	32_④	33_①	34_①	35_①	36_③	37_③	38_②	39_③	40_③
41_②	42_②	43_①	44_③	45_②	46_①	47_③	48_①	49_③	50_③
51_③	52_③	53_①	54_①	55_①	56_②	57_②	58_②		

3) 제2류 위험물

제2류 위험물(가연성 고체)

위험등급	품명	지정수량	물질명 및 화학식	소화방법
Ⅱ	황화린	100kg	삼황화린(P_4S_3)	가스계 소화설비로 질식소화가 적합
			오황화린(P_2S_5)	
			칠황화린(P_4S_7)	
	적린		적린(P)	수계소화설비로 주수소화
	유황		유황(S), 사방황/단사황/비정계황	
Ⅲ	마그네슘	500kg	마그네슘(Mg)	금수성이므로 팽창질석, 팽창진주암, 건조사, 탄산수소염류분말 소화설비
	철분		철분(Fe)	
	금속분		알루미늄분(Al)	
			아연분(Zn)	
	인화성고체	1,000kg	고형알코올 그 밖에 1기압에서 인화점이 40℃ 미만인 고체	대부분의 소화설비에 적응성 있음

[특징]

✔ 한 눈에 정리하기

① 강한 환원성(환원제)을 가지므로 산화제와 접촉이 위험하다.
② 가연성, 연소열이 크고 연소속도가 빠르다.
③ 물보다 무겁다 = 비중이 1보다 크다, 물에 녹기 어렵다.
④ 금수성 물질에 주수소화시 가연성 기체인 수소(H_2)를 발생시켜 폭발한다.
⑤ 황화린에 주수소화시 유독성의 황화수소(H_2S)기체와 인산(H_3PO_4)이 발생한다.
⑥ 황화린의 연소 생성물 : 유독성의 오산화인(P_2O_5)과 이산화황(SO_2)이 발생한다.

구분	연소 생성물
적린(P)	오산화인
황린(P_4) : 제3류 위험물	
유황(S)	이산화황
황화린(P_xS_y)	오산화인 + 이산화황

→ 연소생성물이 동일하면 동소체이므로 적린과 황린은 동소체 관계이다.

⑦ 금수성 물질에 알코올 및 산 첨가시 가연성 기체인 수소(H_2)를 발생시켜 폭발한다.
⑧ 위험물의 조건

- 유황 : 순도 **60wt%** 이상인 것만 위험물로 취급
- 마그네슘 : 직경 **2mm**이상의 막대모양인 것, **2mm**의 체를 통과하지 않는 덩어리 상태는 위험물로 제외
- 철분 : **53마이크로미터**의 표준체를 통과하는 것이 **50중량퍼센트** 미만인 것은 제외
- 금속분 : 알칼리금속 · 알칼리토금속 · 철 및 마그네슘 외의 금속의 분말을 말하고, **구리분 · 니켈분을 제외**하면서 **150마이크로미터**의 체를 통과하는 것이 **50중량퍼센트** 미만인 것은 제외
- 인화성 고체 : 고형 알코올, 그 밖에 1기압에서 인화점이 섭씨 40도 미만인 고체

황화린(Ⅱ등급, 100kg)	
삼황화린(P_4S_3)	황색의 결정이며, 착화점은 약 100℃로 조해성이 없으며, 이황화탄소에 용해된다. 차가운 물보다는 뜨거운 물에서 분해된다. 연소하여 이산화황과 오산화인을 발생한다.($P_4S_3+8O_2 \rightarrow 2P_2O_5+3SO_2$)
오황화린(P_2S_5)	담황색의 결정으로 조해성이 있으며, 이황화탄소에 용해된다. 물과 접촉하여 인산과 유독성의 황화수소 기체를 발생한다. ($P_2S_5 + 8H_2O \rightarrow 5H_2S + 2H_3PO_4$) 황화수소 기체가 연소되면 이산화황이 발생한다. 연소하여 이산화황과 오산화인을 발생한다. ($P_2S_5 + 7.5O_2 \rightarrow P_2O_5 + 5SO_2$)

칠황화린(P_4S_7)	◦ 담황색의 결정으로 조해성이 있으며, 이황화탄소에 용해된다. ◦ 더운 물에 분해되어 유독성의 황화수소 기체와 인산을 발생한다. ◦ 연소하여 이산화황과 오산화인을 발생한다.
적린(Ⅱ등급, 100kg)	
적린(P)	◦ 착화점은 약 260℃로 암적색의 분말이며, 황린(P_4)과 동일한 종류의 원소를 갖는 동소체 관계이다. ◦ 황린과 비교하여 적린은 독성이 없으며 안정적이다. ◦ 연소하여 오산화인(P_2O_5)을 발생한다. ($4P + 5O_2 \rightarrow 2P_2O_5$) ◦ 물, 에테르, 이황화탄소 등에 녹지 않는다. ◦ 산화제(염소산칼륨 등)와 접촉 시 폭발의 위험이 있다. ◦ 제3류 위험물인 황린(P_4)을 공기를 차단한 상태에서 250℃로 가열하면 적린이 만들어진다.
유황(Ⅱ등급, 100kg)	
유황(S)	◦ 착화점은 약 232℃의 분말로, 연소할 때 푸른 불꽃을 내며 이산화황(아황산가스)을 생성한다. ($S + O_2 \rightarrow SO_2$) ◦ 순도가 60중량퍼센트 이상인 것을 말한다. 이 경우 순도측정에 있어서 불순물은 활석 등 불연성물질과 수분에 한한다. ◦ 미세한 분말상태에서 부유하면 분진폭발의 위험이 있다. ◦ 마찰에 의해 정전기가 발생할 우려가 있다. ◦ 고온에서 용융된 유황은 수소와 반응하여 썩은 달걀냄새의 황화수소를 생성한다. ◦ 높은 온도에서 탄소와 반응하여 이황화탄소가 생긴다. ◦ 전기의 부도체이다. ◦ 결정계에 따라 사방정계 황, 단사정계 황, 비정계의 황 등의 동소체를 갖는다. – 사방정계 황 : 비중이 2.07, 푸른 불꽃을 내며 연소 시 환원성의 유독성가스를 발생하는 물질로 물에 녹지 않고, 이황화탄소에 녹는다. – 단사정계 황 : 사방정계의 황을 약 95.5℃로 가열하여 얻을 수 있다. 물에 녹지 않고, 이황화탄소에 녹는다. – 비정계의 황 : 물, 이황화탄소에 녹지 않는다.

연습문제-황화린, 적린, 유황

01. **다음 중 일반적으로 알려진 황화린의 3종류의 속하지 않는 것은?**

① P_4S_3 ② P_2S_5 ③ P_4S_7 ④ P_2S_9

해설 황화린의 3종류는 일반적으로 삼황화린(P_4S_3), 오황화린(P_2S_5), 칠황화린(P_4S_7)이다.

02. **착화점이 232℃에 가장 가까운 위험물은?**

① 삼황화린 ② 오황화린 ③ 적린 ④ 유황

해설 유황(S)의 착화점은 약 232℃이며, 적린(P)의 착화점은 약 260℃이다.

정답 01_④ 02_④

연습문제-마그네슘, 철분, 금속분, 인화성 고체

01. **위험물의 품명과 지정수량이 잘못 짝지어진 것은?**

① 황화린 - 50kg ② 마그네슘 - 500kg
③ 알킬알루미늄 - 10kg ④ 황린 - 20kg

해설 황화린 지정수량 : 100kg

02. **다음은 위험물안전관리법령에서 정한 내용이다. ( )안에 알맞은 용어는?**

( )라 함은 고형 알코올, 그 밖에 1기압에서 인화점이 섭씨 40도 미만인 고체를 말한다.

① 가연성 고체 ② 산화성 고체 ③ 인화성 고체 ④ 자기반응성 고체

해설 제2류 위험물 중 인화성 고체에 대한 설명이다.

03. **다음의 분말은 모두 150마이크로미터의 체를 통과하는 것이 50중량퍼센트 이상이 된다. 이들 분말 중 위험물안전관리법령상 품명이 "금속분"으로 분류되는 것은?**

① 철분 ② 구리분 ③ 알루미늄분 ④ 니켈분

해설 제2류 위험물 중 금속분 알칼리금속 · 알칼리토금속 · 철 및 마그네슘 외의 금속의 분말을 말하고, 구리분 · 니켈분을 제외하면서 150마이크로미터의 체를 통과하는 것이 50중량퍼센트 미만인 것도 제외한다.

정답 01_① 02_③ 03_③

챕터별 문제-제2류 위험물

01. 위험물안전관리법상 위험물에 해당하는 것은?

① 아황산
② 비중이 1.41인 질산
③ 53마이크로미터의 표준체를 통과하는 것이 50중량% 이상인 철의 분말
④ 농도가 15중량%인 과산화수소

해설 ① 아황산 : 위험물이 아니다. ② 비중 1.49 이상인 질산
④ 농도가 36중량% 이상인 과산화수소

02. 분말의 형태로서 150마이크로미터의 체를 통과하는 것이 50중량퍼센트 이상인 것만 위험물로 취급되는 것은?

① Fe ② Sn ③ Ni ④ Cu

해설 "금속분"이라 함은 알칼리금속 · 알칼리토류금속 · 철 및 마그네슘외의 금속의 분말을 말하고, 구리분(Cu) · 니켈분(Ni) 및 150마이크로미터의 체를 통과하는 것이 50중량퍼센트 미만인 것은 제외한다.

03. 가연성 고체 위험물의 일반적 성질로서 틀린 것은?

① 비교적 저온에서 착화한다. ② 산화제와의 접촉 가열은 위험하다.
③ 연소 속도가 빠르다. ④ 산소를 포함하고 있다.

해설 저온에서 착화하기 쉬운 물질은 제3류 위험물 중 자연발화성 물질이다.

04. 황화린에 대한 설명 중 옳지 않은 것은?

① 삼황화린은 황색 결정으로 공기 중 약 100℃에서 발화할 수 있다.
② 오황화린은 담황색 결정으로 조해성이 있다.
③ 오황화린은 물과 접촉하여 유독성 가스를 발생할 위험이 있다.
④ 삼황화린은 연소하여 황화수소 가스를 발생할 위험이 있다.

해설 황화린은 연소하여 오산화인과 이산화황 가스를 발생할 위험이 있다.

05. 삼황화린과 오황화린의 공통점이 아닌 것은?

① 물과 접촉하여 인화수소가 발생한다. ② 가연성 고체이다.
③ 분자식이 P와 S로 이루어져 있다. ④ 연소 시 오산화린과 이산화황이 생성된다.

해설 물과 접촉하여 황화수소와 인산이 발생한다.($P_2S_5 + 8H_2O \rightarrow 5H_2S + 2H_3PO_4$)

06. 가연성고체에 해당하는 물품으로서 위험등급 II에 해당하는 것은?

① P_4S_3, P ② Mg, CH_3CHO ③ P_4, AlP ④ NaH, Zr

해설 삼황화린과 적린은 위험등급 Ⅱ에 해당한다.

07. 연소 시 아황산가스를 발생하는 것은?

① 황 ② 적린 ③ 황린 ④ 인화칼슘

해설 황은 연소 시 아황산가스(SO_2)를 발생한다. ($S + O_2 \rightarrow SO_2$)

08. 유황에 대한 설명으로 옳지 않은 것은?

① 연소 시 황색불꽃을 보이며 유독한 이황화탄소를 발생한다.
② 고온에서 용융된 유황은 수소와 반응한다.
③ 미세한 분말상태에서 부유하면 분진폭발의 위험이 있다.
④ 마찰에 의해 정전기가 발생할 우려가 있다.

해설 연소 시 청색불꽃을 보이며 유독한 아황산가스를 발생한다.

09. 적린과 유황의 공통되는 일반적 성질이 아닌 것은?

① 비중이 1보다 크다. ② 연소하기 쉽다. ③ 산화되기 쉽다. ④ 물에 잘 녹는다.

해설 물에 녹기 어렵다.

10. 적린에 관한 설명 중 틀린 것은?

① 물에 잘 녹는다. ② 화재 시 물로 냉각소화 할 수 있다.
③ 황린에 비해 안정하다. ④ 황린과 동소체이다.

해설 물에 녹기 어렵다.

11. 아연분이 염산과 반응할 때 발생하는 가연성 기체는?

① 아황산가스 ② 산소 ③ 수소 ④ 일산화탄소

해설 아연분은 물, 산과 반응 시 가연성의 수소 기체를 발생한다.

12. 다음 중 알루미늄을 침식시키지 못하고 부동태화 하는 것은?

① 묽은 염산 ② 진한 질산 ③ 황산 ④ 묽은 질산

해설 철, 니켈, 코발트, 망간, 알루미늄 등의 금속은 진한 질산에서 부동태화하며 묽은 질산에 녹는다.

13. 알루미늄분의 위험성에 대한 설명 중 틀린 것은?

① 뜨거운 물과 접촉 시 격렬하게 반응한다.
② 산화제와 혼합하면 가열, 충격 등으로 발화할 수 있다.
③ 연소 시 수산화알루미늄과 수소를 발생한다.
④ 염산과 반응하여 수소를 발생한다.

해설 연소 시 산화알루미늄을 생성한다. ($4Al + 3O_2 \rightarrow 2Al_2O_3$)

14. 알루미늄분에 대한 설명으로 옳지 않은 것은?

① 알칼리수용액에서 수소를 발생한다.
② 산과 반응하여 수소를 발생한다.
③ 물보다 무겁다.
④ 할로겐 원소와는 반응하지 않는다.

해설 위험성이 있으므로 할로겐 원소와의 접촉을 피하여야 한다.

15. 위험물의 화재 시 소화방법에 대한 다음 설명 중 옳은 것은?

① 아연분은 주수소화가 적당하다.
② 마그네슘은 봉상주수소화가 적당하다.
③ 알루미늄은 건조사로 피복하여 소화하는 것이 좋다.
④ 황화린은 산화제로 피복하여 소화하는 것이 좋다.

해설 알루미늄은 금수성 물질이므로 건조사로 피복하여 소화하는 것이 좋다.

16. 적린의 위험성에 대한 설명으로 옳은 것은?

① 물과 반응하여 발화 및 폭발한다.
② 공기 중에 방치하면 자연발화한다.
③ 염소산칼륨과 혼합하면 마찰에 의한 발화의 위험이 있다.
④ 황린보다 불안정하다.

해설 ① 물로 소화를 할 수 있으므로 폭발 반응은 없다.
② 적린은 자연발화성이 없는 반면에 황린은 공기 중에 방치하면 자연발화한다.
④ 황린은 불안정하여 공기 중 자연발화의 위험이 있는 반면에 적린은 안정하다.

17. 알루미늄분의 위험성에 대한 설명 중 틀린 것은?

① 할로겐원소와 접촉 시 자연발화의 위험성이 있다.
② 산과 반응하여 가연성가스인 수소를 발생한다.
③ 발화하면 다량의 열이 발생한다.
④ 뜨거운 물과 격렬히 반응하여 산화알루미늄을 발생한다.

해설 뜨거운 물과 격렬히 반응하여 수산화알루미늄과 수소가스를 발생한다.

18. 금속은 덩어리상태보다 분말상태일 때 연소위험성이 증가하기 때문에 금속분을 제2류 위험물로 분류하고 있다. 연소위험성이 증가하는 이유로 잘못된 것은?

① 비표면적이 증가하여 반응면적이 증대되기 때문에
② 비열이 증가하여 열축적이 용이하기 때문에
③ 복사열의 흡수율이 증가하여 열의 축적이 용이하기 때문에
④ 대전성이 증가하여 정전기가 발생되기 쉽기 때문에

해설 ② 비열이 증가하면 열축적이 어려워지기 때문에 연소위험성은 감소한다.

19. 제2류 위험물의 일반적 성질에 대한 설명으로 가장 거리가 먼 것은?

① 가연성 고체 물질이다.
② 연소 시 연소열이 크고 연소속도가 빠르다.
③ 산소를 포함하여 조연성 가스의 공급이 없이 연소가 가능하다.
④ 비중이 1보다 크고 물에 녹지 않는다.

해설 ③ 제5류 위험물(자기반응성 물질)에 대한 설명이다.

20. 위험물안전관리법령상 제2류 위험물의 위험등급에 대한 설명으로 옳은 것은?

① 제2류 위험물은 위험등급 Ⅰ에 해당되는 품명이 없다.
② 제2류 위험물은 위험등급 Ⅲ에 해당되는 품명은 지정 수량이 500kg인 품명만 해당된다.
③ 제2류 위험물 중 황화린, 적린, 유황 등 지정수량이 100kg인 품명은 위험등급 Ⅰ에 해당한다.
④ 제2류 위험물 중 지정수량이 1000kg인 인화성고체는 위험등급 Ⅱ에 해당한다.

해설 제2류 위험물의 위험등급은 Ⅱ부터 존재한다.

21. 다음 중 위험등급 I의 위험물이 아닌 것은?

① 무기과산화물 ② 적린
③ 나트륨 ④ 과산화수소

해설 적린 : 위험등급Ⅱ

22. 마그네슘분과 혼합했을 때 발화의 위험이 있기 때문에 접촉을 피해야 하는 것은?

① 건조사 ② 팽창질석
③ 팽창진주암 ④ 염소 가스

해설 마그네슘분은 금수성 물질로 화재 시 건조사, 팽창질석, 팽창진주암으로 소화가 가능하며, 염소 가스와 혼합할 경우 발화의 위험이 있다.

23. 그림의 시험장치는 제 몇 류 위험물의 위험성 판정을 위한 것인가? (단, 고체물질의 위험성 판정이다.)

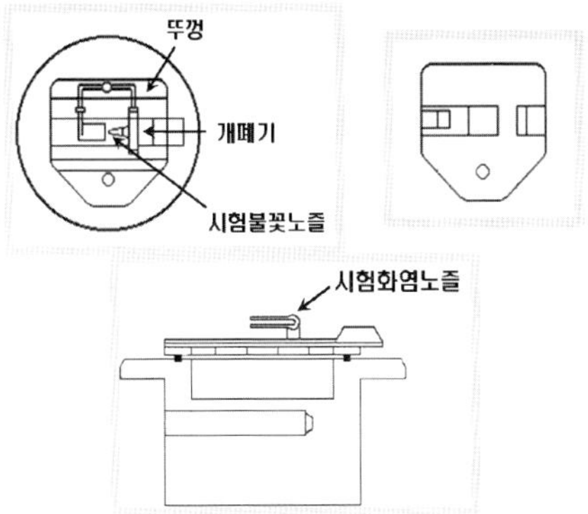

① 제1류　　② 제2류　　③ 제3류　　④ 제4류

해설 제2류 위험물(가연성 고체)의 판정기준으로 고체의 인화 위험성 시험방법이다.

24. 제2류 위험물인 마그네슘의 위험성에 관한 설명 중 틀린 것은?

① 더운물과 작용시키면 산소가스를 발생한다.
② 이산화탄소 중에서도 연소한다.
③ 습기와 반응하여 열이 축적되면 자연발화의 위험이 있다.
④ 공기 중에 부유하면 분진폭발의 위험이 있다.

해설 더운물과 작용시키면 수소가스를 발생한다.

25. 화재 시 물을 이용한 냉각소화를 할 경우 오히려 위험성이 증가하는 물질은?

① 질산에틸　　② 마그네슘　　③ 적린　　④ 황

26. 마그네슘분의 일반적인 성질에 대한 설명 중 틀린 것은?

① 은백색의 광택이 있는 금속분말이다.
② 더운물과 반응하여 산소를 발생한다.
③ 열전도율 및 전기전도도가 큰 금속이다.
④ 황산과 반응하여 수소가스를 발생한다.

27. 위험물의 저장 및 취급방법에 대한 설명으로 틀린 것은?

① 적린은 화기와 멀리하고 가열, 충격이 가해지지 않도록 한다.
② 이황화탄소는 발화점이 낮으므로 물속에 저장한다.
③ 마그네슘은 산화제와 혼합되지 않도록 취급한다.
④ 알루미늄분은 분진폭발의 위험이 있으므로 분무 주수하여 저장한다.

해설 알루미늄분은 금수성 물질로 주수소화시 수소가스가 발생한다.

28. 다음은 P_2S_5와 물의 화학반응 "P_2S_5+( )H_2O → ( )H_2S+( )H_3PO_4"에서 ( )에 알맞은 숫자를 차례대로 나열한 것은?

① 2, 8, 5 ② 2, 5, 8 ③ 8, 5, 2 ④ 8, 2, 5

해설 $P_2S_5 + 8H_2O \rightarrow 5H_2S + 2H_3PO_4$

29. 오황화린과 칠황화린이 물과 반응했을 때 공통으로 나오는 물질은?

① 이산화황 ② 황화수소 ③ 인화수소 ④ 삼산화황

30. 적린의 일반적인 성질에 대한 설명으로 틀린 것은?

① 비금속 원소이다.
② 암적색의 분말이다.
③ 승화온도가 약 260℃이다.
④ 이황화탄소에 녹지 않는다.

해설 발화온도가 약 260℃이다.

31. 황린과 적린의 성질에 대한 설명으로 가장 거리가 먼 것은?

① 황린과 적린은 이황화탄소에 녹는다.
② 황린과 적린은 물에 불용이다.
③ 적린은 황린에 비하여 화학적으로 활성이 작다.
④ 황린과 적린을 각각 연소시키면 P_2O_5이 생성된다.

해설 적린은 이황화탄소(CS_2)에 녹지 않는 반면에 황린은 이황화탄소(CS_2)에 잘 녹는다.

32. 적린의 위험성에 관한 설명 중 옳은 것은?

① 공기 중에 방치하면 폭발한다.
② 산소와 반응하여 포스핀가스를 발생한다.
③ 연소 시 적색의 오산화인이 발생한다.
④ 강산화제와 혼합하면 충격·마찰에 의해 발화할 수 있다.

33. 적린의 성질에 대한 설명 중 틀린 것은?

① 물이나 이황화탄소에 녹지 않는다.
② 발화온도는 약 260℃ 정도이다.
③ 연소할 때 인화수소 가스가 발생한다.
④ 산화제가 섞여 있으면 마찰에 의해 착화하기 쉽다.

해설 ③ 연소 시 백색의 오산화인이 발생한다.

34. 제2류 위험물의 화재 발생 시 소화방법 또는 주의할 점으로 적합하지 않은 것은?

① 마그네슘의 경우 이산화탄소를 이용한 질식소화는 위험하다.
② 황은 비산에 주의하여 분무주수로 냉각소화한다.
③ 적린의 경우 물을 이용한 냉각소화는 위험하다.
④ 인화성고체는 이산화탄소로 질식소화할 수 있다.

해설 적린은 물을 이용하여 냉각소화 할 수 있다.

35. 위험물안전관리법령에 의한 위험물에 속하지 않는 것은?

① CaC_2 ② S ③ P_2O_5 ④ K

해설 오산화인은 위험물에 속하지 않으며, 백색의 유독성 기체이다.

36. 지정수량이 나머지 셋과 다른 것은?

① 과염소산칼륨 ② 과산화나트륨 ③ 유황 ④ 금속칼슘

해설 ③ 유황 : 100kg (① 과염소산칼륨, ② 과산화나트륨, ④ 금속칼슘 : 50kg)

37. 다음 위험물 중 지정수량이 나머지 셋과 다른 하나는?

① 마그네슘 ② 금속분 ③ 철분 ④ 유황

38. 황의 성상에 관한 설명으로 틀린 것은?

① 연소할 때 발생하는 가스는 냄새를 갖고 있으나 인체에 무해하다.
② 미분이 공기 중에 떠 있을 때 분진폭발의 우려가 있다.
③ 용융된 황을 물에서 급냉하면 고무상황을 얻을 수 있다.
④ 연소할 때 아황산가스를 발생한다.

해설 황이 연소할 때 발생하는 가스는 아황산가스(SO_2)로 자극성의 냄새가 있으며 인체에 유해하다.

39. 황가루가 공기 중에 떠 있을 때의 주된 위험성에 해당하는 것은?

① 수증기 발생 ② 전기감전 ③ 분진폭발 ④ 인화성 가스 발생

40. 유황의 성질을 설명한 것으로 옳은 것은?

① 전기의 양도체이다.
② 물에 잘 녹는다.
③ 연소하기 어려워 분진 폭발의 위험성은 없다.
④ 높은 온도에서 탄소와 반응하여 이황화탄소가 생긴다.

해설 ① 전기의 부도체이다. ② 물에 녹기 어렵다.
③ 연소하여 아황산가스를 발생하며 분진폭발의 위험이 있다.

40. 유황은 순도가 몇 중량% 이상인 것이 위험물에 해당하는가?

① 40중량% ② 50중량% ③ 60중량% ④ 70중량%

해설 "유황"은 순도가 60중량퍼센트 이상인 것을 말한다. 이 경우 순도측정에 있어서 불순물은 활석 등 불연성물질과 수분에 한한다.

41. 제2류 위험물이 아닌 것은?

① 황화린 ② 적린
③ 황린 ④ 철분

해설 황린(P_4) : 제3류 위험물

42. 위험물의 유별에 따른 성질과 해당 품명의 예가 잘못 연결된 것은?

① 제1류 : 산화성 고체 - 무기과산화물
② 제2류 : 가연성 고체 - 금속분
③ 제3류 : 자연발화성 물질 및 금수성 물질 - 황화린
④ 제5류 : 자기반응성물질 - 히드록실아민염류

해설 황화린 : 제2류 위험물

43. 다음 중 위험물의 분류가 옳은 것은?

① 유기과산화물 - 제1류 위험물 ② 황화린 - 제2류 위험물
③ 금속분 - 제3류 위험물 ④ 무기과산화물 - 제5류 위험물

44. 오황화린이 물과 반응하였을 때 생성된 가스를 연소시키면 발생하는 독성이 있는 가스는?

① 이산화질소 ② 포스핀 ③ 염화수소 ④ 이산화황

해설 오황화린이 물과 반응하여 황화수소 가스(H_2S)를 발생시킨다. 황화수소 가스를 연소시키면 독성이 있는 이산화황이 발생한다. $2H_2S + 3O_2 \rightarrow 2H_2O + 2SO_2$

45. 황린에 공기를 차단하고 약 몇 ℃로 가열하면 적린이 되는가?

① 34℃ ② 120℃ ③ 44℃ ④ 250℃

해설 황린을 250℃로 가열하면 적린이 된다.

46. 제2류 위험물에 대한 설명 중 틀린 것은?

① 유황은 물에 녹지 않는다.
② 오황화린은 CS_2 에 녹는다.
③ 삼황화린은 가연성 물질이다.
④ 칠황화린은 더운물에 분해되어 이산화황을 발생한다.

47. 다음 중 제2류 위험물에 속하는 것은?

① 황화린 ② 과산화수소 ③ 글리세린 ④ 니트로셀룰로오스

해설 황화린-제2류, 과산화수소-제6류, 글리세린-제4류, 니트로셀룰로오스-제5류

48. 오황화린이 물과 작용 했을 때 주로 발생되는 기체는?

① 포스핀 ② 포스겐 ③ 황산가스 ④ 황화수소

해설 황화린에 주수소화시 유독성의 황화수소(H_2S)기체와 인산(H_3PO_4)이 발생한다.

49. 다음 중 제2류 위험물이 아닌 것은?

① 황화린 ② 유황 ③ 마그네슘 ④ 칼륨

해설 칼륨은 제3류 위험물이다.

50. 위험물의 유별(類別) 구분이 나머지 셋과 다른 하나는?

① 황린 ② 금속분 ③ 황화린 ④ 마그네슘

해설 황린은 제3류 위험물이다.

51. 유황 500kg, 인화성고체 1000kg을 저장하려 한다. 각각의 지정수량 배수의 합은 얼마인가?

① 3배 ② 4배 ③ 5배 ④ 6배

해설 유황 지정수량 : 100kg 인화성고체 지정수량 : 1,000kg

$$\therefore \frac{\text{저장수량}}{\text{지정수량}} = \frac{500}{100} + \frac{1,000}{1,000} = 6$$

정답

01_①	02_①	03_④	04_①	05_③	06_①	07_①	08_①	09_④	10_①
11_③	12_②	13_③	14_④	15_③	16_③	17_④	18_②	19_③	20_①
21_②	22_④	23_②	24_①	25_②	26_②	27_④	28_③	29_②	30_③
31_①	32_④	33_③	34_③	35_③	36_③	37_④	38_①	39_③	40_④
41_③	42_③	43_②	44_④	45_④	46_④	47_①	48_④	49_④	50_①
51_④									

4) 제3류 위험물

제3류 위험물(자연발화성 물질 및 금수성 물질)

위험등급	품명	지정수량	물질명 및 화학식	소화방법
Ⅰ	칼륨	10kg	칼륨(K)	금수성이므로 팽창질석, 팽창진주암, 건조사, 탄산수소염류분말 소화설비
	나트륨		나트륨(Na)	
	알킬알루미늄		트리메틸알루미늄 [$(CH_3)_3Al$]	
			트리에틸알루미늄 [$(C_2H_5)_3Al$]	
	알킬리튬		메틸리튬(CH_3Li)	
			에틸리튬(C_2H_5Li)	
	황린	20kg	황린(P_4)	수계소화설비로 주수소화
Ⅱ	알칼리금속(K, Na 제외) 및 알칼리토금속	50kg	리튬(Li)	금수성이므로 팽창질석, 팽창진주암, 건조사, 탄산수소염류분말 소화설비
			루비듐(Rb)	
			칼슘(Ca)	
	유기금속화합물 (알킬알루미늄, 알킬리튬 제외)		트리에틸칼륨, 트리에틸인듐, 디에틸아연 등	
Ⅲ	금속인화합물	300kg	인화칼슘(Ca_3P_2) = 인화석회	
			인화알루미늄(AlP)	
			인화아연(Zn_3P_2)	
	칼슘 또는 알루미늄의 탄화물		탄화칼슘(CaC_2) = 카바이드	
			탄화알루미늄(Al_4C_3)	
			탄화망간(Mn_3C)	
			탄화마그네슘(MgC_2)	
			탄화나트륨(Na_2C_2)	
	수소화금속화합물		수소화나트륨(NaH)	
			수소화칼륨(KH)	
			수소화리튬(LiH)	
			수소화칼슘(CaH_2)	
			수소화알루미늄리튬($LiAlH_4$)	

[특징]

✔ 한 눈에 정리하기

① 모두 자연발화성을 가지며, 황린을 제외한 위험물은 금수성 물질로 물과의 접촉을 금한다.

② **황린은 가연성, 마늘냄새가 나는 맹독성 물질로 pH 9인 물속에 저장한다.** (발화점 34℃), **물과 반응시 포스핀(PH_3)이 발생한다.** 수산화칼슘 용액과 혼합금지(포스핀 가스 발생)

③ 트리**메틸**알루미늄, **메틸**리튬에 주수소화시 가연성 기체인 **메탄(CH_4)**이 발생한다.

1) 트리**에틸**알루미늄, **에틸**리튬에 주수소화시 가연성 기체인 **에탄(C_2H_6)**이 발생한다.

④ **인화**칼슘, **인화**알루미늄, **인화**아연에 주수소화시 가연성, 독성 기체인 **포스핀(PH_3)(=인화수소)** 이 발생한다.

⑤ **탄화칼슘**에 주수소화시 가연성 기체인 **아세틸렌(C_2H_2)**이 발생한다.

⑥ **탄화알루미늄**에 주수소화시 가연성 기체인 **메탄(CH_4)**이 발생한다.

⑦ 칼륨, 나트륨, 리튬, 칼슘, 수소화금속화합물에 주수소화시 가연성 기체인 수소(H_2)가 발생한다.

칼륨(Ⅰ등급, 10kg) : 금수성이므로 화재 시 건조사, 팽창질석, 팽창진주암, 탄산수소염류분말소화설비로 소화한다.	
칼륨(K)	◦ 비중은 0.86이고 은백색의 무른 경금속으로, 불꽃반응 시 보라색을 띤다. ◦ 공기와의 접촉을 막기 위하여 보호액으로 등유, 경유, 유동성 파라핀, 벤젠 등에 보관한다. ◦ 물과 반응 시 수산화칼륨 고체와 수소 기체를 발생한다. ◦ ($K + H_2O \rightarrow KOH + 1/2H_2$) ◦ 에틸알코올과 반응 시 칼륨에틸레이트와 수소 기체를 발생한다. ◦ ($K + C_2H_5OH \rightarrow C_2H_5OK + 1/2H_2$) ◦ 이산화탄소와 반응 시 폭발반응을 한다. ◦ 공기 중 연소하여 산화칼륨을 생성한다. ($4K + O_2 \rightarrow 2K_2O$)
나트륨(Ⅰ등급, 10kg) : 금수성이므로 화재 시 건조사, 팽창질석, 팽창진주암, 탄산수소염류분말소화설비로 소화한다.	
나트륨(Na)	◦ 은백색의 무른 경금속으로, 불꽃반응 시 노란색을 띤다. ◦ 공기와의 접촉을 막기 위하여 보호액으로 등유, 경유, 유동성 파라핀, 벤젠 등에 보관한다. ◦ 물과 반응 시 수산화나트륨 고체와 수소 기체를 발생한다. ◦ ($Na + H_2O \rightarrow NaOH + 1/2H_2$) ◦ 에틸알코올과 반응 시 나트륨에틸레이트와 수소 기체를 발생한다. ◦ ($Na + C_2H_5OH \rightarrow C_2H_5ONa + 1/2H_2$) ◦ 이산화탄소와 반응 시 폭발반응을 한다. ◦ 공기 중 연소하여 산화나트륨을 생성한다. ($4Na + O_2 \rightarrow 2Na_2O$)
알킬알루미늄(Ⅰ등급, 10kg) : 금수성이므로 화재 시 건조사, 팽창질석, 팽창진주암, 탄산수소염류분말소화설비로 소화한다.	

트리메틸알루미늄 [$(CH_3)_3Al$]	● 물과 반응 시 수산화알루미늄 고체와 가연성의 메탄 가스를 발생한다. ● $(CH_3)_3Al + 3H_2O \rightarrow Al(OH)_3 + 3CH_4$ ● 자연발화성도 있어 저장 용기에 불활성 기체를 함께 봉입한다. ● 공기 중 연소하여 산화알루미늄과 물, 이산화탄소를 발생한다. ● 보호액으로 벤젠과 헥산 등에 보관한다.
트리에틸알루미늄 [$(C_2H_5)_3Al$]	● 물과 반응 시 수산화알루미늄 고체와 가연성의 에탄 가스를 발생한다. ● $(C_2H_5)_3Al + 3H_2O \rightarrow Al(OH)_3 + 3C_2H_6$ ● 자연발화성도 있어 저장 용기에 불활성 기체를 함께 봉입한다. ● 공기 중 연소하여 산화알루미늄과 물, 이산화탄소를 발생한다. ● 보호액으로 벤젠과 헥산 등에 보관한다.
알킬리튬(Ⅰ등급, 10kg) : 금수성이므로 화재 시 건조사, 팽창질석, 팽창진주암, 탄산수소염류분말소화설비로 소화한다.	
메틸리튬(CH_3Li)	물과 반응 시 수산화리튬 고체와 가연성의 메탄 가스를 발생한다. ($CH_3Li + H_2O \rightarrow LiOH + CH_4$)
에틸리튬(C_2H_5Li)	물과 반응 시 수산화리튬 고체와 가연성의 에탄 가스를 발생한다. ($C_2H_5Li + H_2O \rightarrow LiOH + C_2H_6$)

연습문제-칼륨 나트륨 알킬알루미늄, 알킬리튬

01. 비중은 0.86이고 은백색의 무른 경금속으로 보라색 불꽃을 내면서 연소하는 제3류 위험물은?

① 칼슘 ② 나트륨 ③ 칼륨 ④ 리튬

해설 〈금속의 불꽃색〉 ⇒ [칼슘 : 주황색 나트륨 : 노란색 리튬 : 빨간색]

02. 금속나트륨, 금속칼륨 등을 보호액 속에 저장하는 이유를 가장 옳게 설명한 것은?

① 온도를 낮추기 위하여 ② 승화하는 것을 막기 위하여
③ 공기와의 접촉을 막기 위하여 ④ 운반 시 충격을 적게 하기 위하여

해설 제3류 위험물인 Na, K은 공기 중 수분과 반응 시 수소기체가 발생하므로 석유, 등유, 경유, 유동성 파라핀 등에 저장한다.

03. 트리메틸알루미늄이 물과 반응 시 생성되는 물질은?

① 산화알루미늄 ② 메탄 ③ 메틸알코올 ④ 에탄

해설 제3류 위험물인 트리에틸알루미늄은 물과 반응 시 메탄(CH_4)이 발생한다.
$(CH_3)_3Al + 3H_2O \rightarrow Al(OH)_3 + 3CH_4$

04. 트리에틸알루미늄이 물과 반응하였을 때 발생하는 가스는 무엇인가?

① 메탄 ② 에탄 ③ 프로판 ④ 부탄

해설 물과 반응 시 수산화알루미늄 고체와 가연성의 에탄 가스를 발생한다.
$(C_2H_5)_3Al + 3H_2O \rightarrow Al(OH)_3 + 3C_2H_6$

정답 01_③ 02_③ 03_② 04_②

<table>
<tr><th colspan="2">황린(Ⅰ등급, 20kg)</th></tr>
<tr><td>황린(P_4)</td><td>
- 착화점은 약 30℃의 백색 또는 담황색 고체이며 마늘냄새가 나는 맹독성 물질이다.
- 비중은 1.82이고, 융점은 44℃, 비점은 280℃이고, 증기비중은 4.3이다.
- 물에 녹지 않으므로 물 속에 저장한다.
- 포스핀(PH_3)의 생성 방지를 위해 pH 9의 물에 저장한다.
- 환원력이 강하다.
- 알코올에 거의 녹지 않으며, 이황화탄소에 잘 용해된다.
- 연소하여 백색 기체인 오산화인을 발생한다. ($P_4+5O_2 \rightarrow 2P_2O_5$)
✔ 한 눈에 정리하기
<table>
<tr><th>적린</th><th>황린</th></tr>
<tr><td>제2류 위험물</td><td>제3류 위험물</td></tr>
<tr><td>발화점 약 260℃</td><td>발화점 약 34℃</td></tr>
<tr><td>이황화탄소에 불용</td><td>이황화탄소에 용해</td></tr>
<tr><td>암적색 분말</td><td>백색 또는 황색의 고체</td></tr>
<tr><td>독성이 없으며 안정하다.</td><td>비교적 독성이 있으며 불안정하다.</td></tr>
<tr><td colspan="2">연소 시 오산화인 발생</td></tr>
</table>
</td></tr>
<tr><th colspan="2">알칼리금속(K, Na 제외) 및 알칼리토금속(Ⅱ등급, 50kg)</th></tr>
<tr><td>리튬(Li)</td><td>
- 은백색의 무른 경금속의 알칼리금속으로, 불꽃 반응 시 적색을 띤다.
- 보호액으로 등유, 경유, 유동성 파라핀, 벤젠 등에 보관한다.
- 금수성이므로 화재 시 건조사, 팽창질석, 팽창진주암, 탄산수소염류분말 소화설비로 소화한다.
- 물과 반응 시 수산화리튬 고체와 수소 기체를 발생한다.
($Li + H_2O \rightarrow LiOH + 1/2H_2$)
</td></tr>
</table>

루비듐(Rb)	은백색의 무른 경금속의 알칼리금속으로, 불꽃 반응 시 적색을 띤다.
칼슘(Ca)	은백색의 알칼리토금속으로 불꽃 반응 시 주황색을 띤다. 금수성이므로 화재 시 건조사, 팽창질석, 팽창진주암, 탄산수소염류 분말소화설비로 소화한다. 물과 반응 시 수산화칼슘 고체와 수소 기체를 발생한다. ($Ca + 2H_2O \rightarrow Ca(OH)_2 + H_2$)
유기금속화합물(알킬알루미늄 및 알킬리튬 제외)(Ⅱ등급, 50kg)	
• 트리에틸칼륨 • 트리에틸인듐 • 디에틸아연	화재 시 소화방법은 알킬알루미늄, 알킬리튬과 유사하다.

황린, 알칼리금속, 유기금속화합물 연습문제

01. 위험물에 대한 설명으로 옳은 것은?

① 적린은 암적색의 분말로서 조해성이 있는 자연발화성 물질이다.
② 황화린은 황색의 액체이며 상온에서 자연분해하여 이산화황과 오산화인을 발생한다.
③ 유황은 미황색의 고체 또는 분말이며 많은 이성질체를 갖고 있는 전기 도체이다.
④ 황린은 가연성 물질이며 마늘냄새가 나는 맹독성 물질이다.

해설 황린은 제3류 위험물로 가연성 물질이며 마늘냄새가 나는 맹독성 물질이다.
① 제2류 위험물인 적린은 암적색의 분말로서 조해성과 자연발화성이 없다.
② 제2류 위험물인 황화린은 황색의 결정이며 공기 중 연소 시 오산화인을 발생한다.
③ 제2류 위험물인 유황은 미황색의 고체 또는 분말이며 다양한 동소체(단사황, 사방황, 고무상황 등)를 갖는 전기 부도체이다.

02. 제3류 위험물이 아닌 것은?

① 마그네슘 ② 나트륨 ③ 칼륨 ④ 칼슘

해설 마그네슘은 제2류 위험물에 속한다.

03. 황린에 대한 설명으로 틀린 것은?

① 환원력이 강하다. ② 담황색 또는 백색의 고체이다.
③ 벤젠에는 불용이나 물에 잘 녹는다. ④ 마늘 냄새와 같은 자극적인 냄새가 난다.

해설 벤젠에 일부 용해되고 물에 용해되지 않는다.

04. 지정수량이 50kg인 것은?

① 칼륨 ② 리튬 ③ 나트륨 ④ 클레오소트유

해설 ① 칼륨 ③ 나트륨 : 10kg ④ 제4류 위험물 클레오소트유 : 2,000L

정답 01_④ 02_① 03_③ 04_②

연습문제-금속수소화합물, 금속인화합물, 칼슘 또는 알루미늄의 탄화물

01. **탄화칼슘을 물과 반응시키면 무슨 가스가 발생하는가?**

① 에탄 ② 에틸렌 ③ 메탄 ④ 아세틸렌

02. **인화칼슘이 물과 반응할 경우에 대한 설명 중 틀린 것은?**

① 발생 가스는 가연성이다. ② 포스겐 가스가 발생한다.
③ 발생 가스는 독성이 강하다. ④ $Ca(OH)_2$가 생성된다.

해설 인화칼슘은 물과 반응 시 포스핀(PH_3) 가스가 발생한다.

03. **물과 작용하여 메탄과 수소를 발생시키는 것은?**

① Al_4C_3 ② Mn_3C ③ Na_2C_2 ④ MgC_2

해설 ① $Al_4C_3 + 12H_2O \rightarrow 4Al(OH)_3 + 3CH_4$
② $Mn_3C + 6H_2O \rightarrow 3Mn(OH)_2 + CH_4 + H_2$
③ $Na_2C_2 + 2H_2O \rightarrow 2NaOH + C_2H_2$
④ $MgC_2 + 2H_2O \rightarrow Mg(OH)_2 + C_2H_2$

04. **수소화나트륨 240g과 충분한 물이 완전 반응하였을 때 발생하는 수소의 부피는? (단, 표준상태를 가정하며 나트륨의 원자량은 23이다.)**

① 22.4L ② 224L ③ 22.4m³ ④ 224m³

해설 수소화나트륨이 물과의 반응
$NaH + H_2O \rightarrow NaOH + H_2$
24g 22.4L
240g x

$$\therefore x = \frac{240g \times 22.4L}{24g} = 224L$$

정답 01_④ 02_② 03_② 04_②

챕터별 문제-제3류 위험물

01. **위험물 "황린, 인화칼슘, 리튬"을 위험등급 I, 위험등급 II, 위험등급 III의 순서로 옳게 나열한 것은?**

① 황린, 인화칼슘, 리튬　② 황린, 리튬, 인화칼슘
③ 인화칼슘, 황린, 리튬　④ 인화칼슘, 리튬, 황린

해설
- 황린 : 제3류 위험물, 위험등급 I, 지정수량 20kg
- 리튬 : 제3류 위험물, 위험등급 Ⅱ, 지정수량 50kg
- 인화칼슘 : 제3류 위험물, 위험등급 Ⅲ, 지정수량 300kg

02. **금속염을 불꽃반응 실험을 한 결과 노란색의 불꽃이 나타났다. 이 금속염에 포함된 금속은 무엇인가?**

① Cu　② K　③ Na　④ Li

해설 ① Cu : 청록색　② K : 보라색　④ Li : 빨간색

03. **다음 중 위험성이 더욱 증가하는 경우는?**

① 황린을 수산화칼슘 수용액에 넣었다.
② 나트륨을 등유 속에 넣었다.
③ 트리에틸알루미늄 보관용기 내에 불활성 가스를 봉입시켰다.
④ 니트로셀룰로오스를 알코올 수용액에 넣었다.

해설 황린은 강알칼리성 용액과 반응 시 맹독성 가스인 포스핀(PH_3)을 발생하므로 pH 9의 물에 보관한다.

04. **저장용기에 물을 넣어 보관하고, $Ca(OH)_2$을 넣어 pH 9의 약 알칼리성으로 유지시키면서 저장하는 물질은?**

① 적린　② 황린　③ 질산　④ 황화린

05. **위험물의 저장방법에 대한 설명으로 옳은 것은?**

① 황화인은 알코올 또는 과산화물 속에 저장하여 보관한다.
② 마그네슘은 건조하면 분진폭발의 위험성이 있으므로 물에 습윤하여 저장한다.
③ 적린은 화재 예방을 위해 할로겐 원소와 혼합하여 저장한다.
④ 수소화리튬은 저장용기에 아르곤과 같은 불활성 기체를 봉입한다.

해설 제3류 위험물인 수소화리튬(LiH)은 물과 접촉 시 수소가스를 발생하므로 불활성 기체(질소 또는 아르곤 등)를 봉입한다.

06. 탄화칼슘을 물과 반응시키면 무슨 가스가 발생하는가?

① 에탄 ② 에틸렌 ③ 메탄 ④ 아세틸렌

해설 $CaC_2 + 2H_2O \rightarrow Ca(OH)_2 + C_2H_2$(아세틸렌)

07. 위험물 저장 방법에 관한 설명 중 틀린 것은?

① 알킬알루미늄은 물속에 보관한다.
② 황린은 물속에 보관한다.
③ 금속나트륨은 등유 속에 보관한다.
④ 금속칼륨은 경유 속에 보관한다.

해설 알킬알루미늄은 금수성 물질이므로 물과의 접촉을 피하고, 벤젠과 헥산 등에 보관한다.

08. 알킬알루미늄의 저장 및 취급방법으로 옳은 것은?

① 용기는 완전 밀봉하고 CH_4, C_3H_8등을 봉입한다.
② C_6H_6 등의 희석제를 넣어 준다.
③ 용기의 마개에 다수의 미세한 구멍을 뚫는다.
④ 통기구가 달린 용기를 사용하여 압력상승을 방지한다.

해설 물과 접촉 시 가연성의 가스를 발생시키는 것을 방지하기 위하여 벤젠(C_6H_6), 헥산 등의 희석제를 넣어주며, 불활성의 기체(아르곤, 질소 등)를 봉입한다.

09. 알킬알루미늄을 저장하는 용기에 봉입하는 가스로 다음 중 가장 적합한 것은?

① 포스겐 ② 인화수소
③ 질소가스 ④ 아황산가스

10. Ca_3P_2 600kg을 저장하려 한다. 지정수량의 배수는 얼마인가?

① 2배 ② 3배 ③ 4배 ④ 5배

해설 인화칼슘 지정수량 : 300kg $\therefore \dfrac{\text{저장수량}}{\text{지정수량}} = \dfrac{600kg}{300kg} = 2$배

11. 살충제 원료로 사용되기도 하는 암회색 물질로 물과 반응하여 포스핀 가스를 발생할 위험이 있는 것은?

① 인화아연 ② 수소화나트륨
③ 칼륨 ④ 나트륨

해설 물과 반응하여 독성인 포스핀가스를 발생하는 것은 제3류 위험물 중 금속인화물(인화칼슘 또는 인화아연 등)이다.

12. 인화칼슘이 물과 반응하였을 때 발생하는 가스에 대한 설명으로 옳은 것은?

① 폭발성인 수소를 발생한다. ② 유독한 인화수소를 발생한다.
③ 조연성인 산소를 발생한다. ④ 가연성인 아세틸렌을 발생한다.

해설 • 인화칼슘은 물과 반응 시 유독성의 인화수소(PH_3)를 발생한다.
$Ca_3P_2 + 6H_2O \rightarrow 3Ca(OH)_2 + 2PH_3$

13. 위험물 "알킬리튬, 리튬, 수소화나트륨, 인화칼슘, 탄화칼슘"의 지정수량의 총 합은 몇 kg인가?

① 820 ② 900 ③ 960 ④ 1260

해설 알킬리튬(10kg) + 리튬(50kg) + 수소화나트륨(300kg) + 탄화칼슘(300kg) = 960kg

14. 다음 2가지 물질이 반응하였을 때 포스핀을 발생시키는 것은?

① 사염화탄소 + 물 ② 황산 + 물 ③ 오황화린 + 물 ④ 인화칼슘 + 물

15. 위험물과 그 위험물이 물과 반응하여 발생하는 가스를 잘못 연결한 것은?

① 탄화알루미늄-메탄 ② 탄화칼슘 - 아세틸렌
③ 인화칼슘-에탄 ④ 수소화칼슘 - 수소

해설 ③ 인화칼슘 - 포스핀

16. 적갈색의 고체 위험물은?

① 칼슘 ② 탄화칼슘 ③ 금속나트륨 ④ 인화칼슘

해설 인화칼슘은 적갈색의 고체로 인화석회라고도 한다.

17. 위험물에 대한 설명으로 옳은 것은?

① 칼륨은 수은과 격렬하게 반응하며 가열하면 청색의 불꽃을 내며 연소하고 열과 전기의 부도체이다.
② 나트륨은 액체 암모니아와 반응하여 수소를 발생하고 공기 중 연소 시 황색 불꽃을 발생한다.
③ 칼슘은 보호액인 물속에 저장하고 알코올과 반응하여 수소를 발생한다.
④ 리튬은 고온의 물과 격렬하게 반응해서 산소를 발생한다.

해설 ① 칼륨은 보라색의 불꽃을 내며 연소한다.
③ 칼슘은 보호액인 석유 속에 저장하고 알코올과 반응하여 수소를 발생한다.
④ 리튬은 고온의 물과 격렬하게 반응해서 수소를 발생한다.

18. 위험물안전관리법령상 염소화규소화합물은 제 몇 류 위험물에 해당하는가?

① 제1류 ② 제2류 ③ 제3류 ④ 제5류

해설 염소화규소화합물은 행정안전부령으로 정하는 것으로 제3류 위험물에 해당한다.

19. 위험물의 유별(類別) 구분이 나머지 셋과 다른 하나는?

① 황린 ② 금속분

③ 황화린 ④ 마그네슘

해설 황린은 제3류 위험물이며 나머지는 제2류 위험물에 해당한다.

20. 제3류 위험물에 해당하는 것은?

① 염소화규소화합물

② 금속의 아지화합물

③ 질산구아니딘

④ 할로겐간화합물

해설 ② 금속의 아지화합물, ③ 질산구아니딘 : 제5류 위험물

④ 할로겐간화합물 : 제6류 위험물

21. 금속나트륨의 일반적인 성질에 대한 설명 중 틀린 것은?

① 비중은 약 0.79이다.

② 화학적으로 활성이 크다.

③ 은백색의 가벼운 금속이다.

④ 알코올과 반응하여 질소를 발생한다.

해설 알코올과 반응하여 수소를 발생한다.($Na + C_2H_5OH \rightarrow C_2H_5ONa + 1/2H_2$)

22. 금속나트륨의 올바른 취급으로 가장 거리가 먼 것은?

① 보호액 속에서 노출되지 않도록 주의한다.

② 수분 또는 습기와 접촉되지 않도록 주의한다.

③ 용기에서 꺼낼 때는 손을 깨끗이 닦고 만져야 한다.

④ 다량 연소하면 소화가 어려우므로 가급적 소량으로 나누어 저장한다.

해설 금속이 피부에 닿지 않도록 보호용 장갑을 착용하여야 한다.

23. 제3류 위험물인 칼륨의 성질이 아닌 것은?

① 물과 반응하여 수산화물과 수소를 만든다.

② 원자가전자가 2개로 쉽게 2가의 양이온이 되어 반응한다.

③ 원자량은 약 39이다.

④ 은백색 광택을 가지는 연하고 가벼운 고체로 칼로 쉽게 잘라진다.

해설 ② 원자가전자가 1개로 쉽게 1가의 양이온이 되어 반응한다.

24. 칼륨이 에틸알코올과 반응할 때 나타나는 현상은?

① 산소가스를 생성한다.
② 칼륨에틸레이트를 생성한다.
③ 칼륨과 물이 반응할 때와 동일한 생성물이 나온다.
④ 에틸알코올이 산화되어 아세트알데히드를 생성한다.

해설 ① 수소가스를 생성한다.
② 칼륨과 물이 반응할 때 공통적으로 수소가스가 발생하지만 칼륨은 물과 반응 시 수산화칼륨이 나오며, 에틸알코올과 반응 시 칼륨에틸레이트가 나온다.
③ 칼륨의 반응과는 관련이 없다.

25. 금속나트륨의 저장방법으로 옳은 것은?

① 에탄올 속에 넣어 저장한다.
② 물속에 넣어 저장한다.
③ 젖은 모래 속에 넣어 저장한다.
④ 경유 속에 넣어 저장한다.

해설 금속의 보호액 : 등유, 경유, 벤젠, 유동싱 파라핀 등 속에 서상

26. 위험물의 화재예방 및 진압대책에 대한 설명 중 틀린 것은?

① 트리에틸알루미늄은 사염화탄소, 이산화탄소와 반응하여 발열하므로 화재 시 이들 소화약제는 사용할 수 없다.
② K, Na은 등유, 경유 등의 산소가 함유되지 않은 석유류에 저장하여 물과의 접촉을 막는다.
③ 수소화리튬의 화재에는 소화약제로 Halon 1211, Halon 1301 이 사용되며 특수방호복 및 공기호흡기를 착용하고 소화한다.
④ 탄화알루미늄은 물과 반응하여 가연성의 메탄가스를 발생하고 발열하므로 물과의 접촉을 금한다.

해설 ③ 수소화리튬은 금수성 물질이므로 건조사, 팽창질석, 팽창진주암, 탄산수소염류 분말소화설비로 소화하여야 한다.

27. 수소화나트륨의 소화약제로 적당하지 않은 것은?

① 물 ② 건조사 ③ 팽창질석 ④ 팽창진주암

28. 트리에틸알루미늄의 화재 시 사용할 수 있는 소화약제(설비)가 아닌 것은?

① 마른모래 ② 팽창질석
③ 팽창진주암 ④ 이산화탄소

해설 트리에틸알루미늄은 금수성 물질이므로 건조사, 팽창질석, 팽창진주암, 탄산수소염류 분말소화설비로 소화하여야 한다.

29. 금속칼륨에 대한 초기의 소화약제로서 적합한 것은?

① 물 ② 마른모래 ③ CCl_4 ④ CO_2

해설 금속 칼륨(K)은 금수성 물질이므로 건조사, 팽창질석, 팽창진주암, 탄산수소염류 분말소화설비로 소화하여야 한다.

30. 금속칼륨에 화재가 발생했을 때 사용할 수 없는 소화약제는?

① 이산화탄소 ② 건조사 ③ 팽창질석 ④ 팽창진주암

31. 트리에틸알루미늄의 안전관리에 관한 설명 중 틀린 것은?

① 물과의 접촉을 피한다.
② 냉암소에 저장한다.
③ 화재발생시 팽창질석을 사용한다.
④ I_2 또는 Cl_2 가스의 분위기에서 저장한다.

해설 ④ I_2 또는 Cl_2 가스의 분위기에 저장 시 폭발할 위험이 있다.

32. 제3류 위험물에 해당하는 것은?

① NaH ② Al ③ Mg ④ P_4S_3

해설 ② Al : 제2류 위험물 ③ Mg : 제2류 위험물 ④ P_4S_3 : 제2류 위험물

33. 수소화칼슘이 물과 반응하였을 때의 생성물은?

① 칼슘과 수소
② 수산화칼슘과 수소
③ 칼슘과 산소
④ 수산화칼슘과 산소

해설 수산화칼슘과 수소 가스가 발생한다. ($CaH_2 + 2H_2O \rightarrow Ca(OH)_2 + 2H_2\uparrow$)

34. 물과 접촉하면 위험성이 증가하므로 주수소화를 할 수 없는 물질은?

① $C_6H_2CH_3(NO_2)_3$ ② $NaNO_3$ ③ $(C_2H_5)_3Al$ ④ $(C_6H_5CO)_2O_2$

해설 트리에틸알루미늄[$(C_2H_5)_3Al$]에 주수소화시 에탄가스를 발생하므로 팽창질석, 팽창진주암, 탄산수소염류분말 소화설비로 소화하여야 한다.

$$(C_2H_5)_3Al + 2H_2O \rightarrow Al(OH)_3 + 3C_2H_6$$

35. 위험물안전관리법상 품명이 유기금속화합물에 속하지 않는 것은?

① 트리에틸칼륨
② 트리에틸알루미늄
③ 트리에틸인듐
④ 디에틸아연

해설 트리에틸알루미늄은 제3류 위험물인 알킬알루미늄에 속한다.

36. 탄화칼슘 취급 시 주의해야 할 사항으로 옳은 것은?

① 산화성 물질과 혼합하여 저장할 것　② 물의 접촉을 피할 것
③ 은, 구리 등의 금속용기에 저장할 것　④ 화재발생시 이산화탄소 소화약제를 사용할 것

해설 탄화칼슘은 물과 접촉 시 가연성의 아세틸렌 가스를 발생하므로 밀봉하여 환기가 잘되는 건조한 장소에 보관한다.

37. 탄화칼슘을 습한 공기 중에 보관하면 위험한 이유로 가장 옳은 것은?

① 아세틸렌과 공기가 혼합된 폭발성 가스가 생성될 수 있으므로
② 에틸렌과 공기 중 질소가 혼합된 폭발성 가스가 생성될 수 있으므로
③ 분진폭발의 위험성이 증가하기 때문에
④ 포스핀과 같은 독성 가스가 발생하기 때문에

해설 $CaC_2 + 2H_2O \rightarrow Ca(OH)_2 + C_2H_2$(아세틸렌)

38. 탄화칼슘의 성질에 대하여 옳게 설명한 것은?

① 공기 중에서 아르곤과 반응하여 불연성 기체를 발생하다.
② 공기 중에서 질소와 반응하여 유독한 기체를 낸다.
③ 물과 반응하면 탄소가 생성된다.
④ 물과 반응하여 아세틸렌가스가 생성된다.

39. 탄화칼슘이 물과 반응했을 때 생성되는 것은?

① 산화칼슘 + 아세틸렌　② 수산화칼슘 + 아세틸렌
③ 산화칼슘 + 메탄　④ 수산화칼슘 + 메탄

40. 탄화칼슘 저장소에 수분이 침투하여 반응하였을 때 발생하는 가연성 가스는?

① 메탄　② 아세틸렌　③ 에탄　④ 프로판

41. 탄화칼슘에 대한 설명으로 옳은 것은?

① 분자식은 CaC이다.
② 물과의 반응 생성물에는 수산화칼슘이 포함된다.
③ 순수한 것은 흑회색의 불규칙한 덩어리이다.
④ 고온에서도 질소와는 반응하지 않는다.

해설 ① 분자식은 CaC_2이다.
③ 순수한 것은 백색이며, 시판품은 흑회색의 불규칙한 덩어리이다.
④ 고온에서 질소와 반응하여 석회질소($CaCN_2$)를 생성된다.

42. 탄화알루미늄이 물과 반응하여 생기는 현상이 아닌 것은?

① 산소가 발생한다. ② 수산화알루미늄이 생성된다.
③ 열이 발생한다. ④ 메탄가스가 발생한다.

해설 물과 반응하여 수산화알루미늄과 메탄 가스를 발생한다.
$Al_4C_3 + 12H_2O \rightarrow 4Al(OH)_3 + 3CH_4$

43. 탄화알루미늄 1몰을 물과 반응시킬 때 발생하는 가연성가스의 종류와 양은?

① 에탄, 4몰 ② 에탄, 3몰 ③ 메탄, 4몰 ④ 메탄, 3몰

44. 탄화알루미늄을 저장하는 저장고에 스프링클러소화설비를 하면 안 되는 이유는?

① 물과 반응 시 메탄가스를 발생하기 때문에
② 물과 반응 시 수소가스를 발생하기 때문에
③ 물과 반응 시 에탄가스를 발생하기 때문에
④ 물과 반응 시 프로판가스를 발생하기 때문에

45. 화재 발생 시 물을 이용한 소화를 하면 오히려 위험성이 증대되는 것은?

① 황린 ② 적린 ③ 탄화알루미늄 ④ 니트로셀룰로오스

46. 탄화칼슘에 대한 설명으로 틀린 것은?

① 시판품은 흑회색이며, 불규칙한 형태의 고체이다.
② 물과 작용하여 산화칼슘과 아세틸렌을 만든다.
③ 고온에서 질소와 반응하여 칼슘시안아미드(석회질소)가 생성된다.
④ 비중은 약 2.2이다.

해설 물과 작용하여 수산화칼슘과 아세틸렌을 만든다.

47. 인화칼슘이 물과 반응할 경우에 대한 설명 중 틀린 것은?

① PH_3가 발생한다. ② 발생 가스는 불연성이다.
③ $Ca(OH)_2$가 생성된다. ④ 발생 가스는 독성이 강하다.

해설 인화칼슘(인화석회)이 물과 반응하여 발생하는 포스핀 가스는 가연성이다.
$Ca_3P_2 + 6H_2O \rightarrow 3Ca(OH)_2 + 2PH_3$

48. 다음 위험물의 화재 시 소화방법으로 물을 사용하는 것이 적합하지 않은 것은?

① $NaClO_3$ ② P_4 ③ Ca_3P_2 ④ S

49. 위험물의 화재별 소화방법으로 옳지 않은 것은?

① 황린 - 분무주수에 의한 냉각소화 ② 인화칼슘 - 분무주수에 의한 냉각소화
③ 톨루엔 - 포에 의한 질식소화 ④ 질산메틸 - 주수에 의한 냉각소화

50. 위험물과 그 보호액 또는 안정제의 연결이 틀린 것은?

① 알킬알루미늄 - 헥산 ② 인화석회 - 물
③ 금속칼륨 - 등유 ④ 황린 - 물

해설 인화석회(=인화칼슘)는 물과 반응 시 유독성의 포스핀 가스를 발생한다.

51. 인화칼슘이 물과 반응하였을 때 발생하는 가스는?

① PH_3 ② H_2 ③ CO_2 ④ N_2

해설 인화칼슘이 물과 반응하였을 때 포스핀(PH_3)가스를 발생한다.

52. 서로 반응할 때 수소가 발생하지 않는 것은?

① 리튬 + 염산 ② 탄화칼슘 + 물 ③ 수소화칼슘 + 물 ④ 루비듐 + 물

해설 탄화칼슘은 물과 반응 시 아세틸렌 가스를 발생한다.

53. 물과 반응하여 가연성 가스를 발생하지 않는 것은?

① 나트륨 ② 과산화나트륨 ③ 탄화알루미늄 ④ 트리에틸알루미늄

해설 제1류 위험물인 과산화나트륨(Na_2O_2)은 물과 반응하여 조연성의 산소 가스를 발생한다.
① 나트륨 + 물 : 수소 가스
③ 탄화알루미늄 + 물 : 메탄 가스
④ 트리에틸알루미늄 + 물 : 에탄 가스

54. 부틸리튬(n-Butyl lithium)에 대한 설명으로 옳은 것은?

① 무색의 가연성고체이며 자극성이 있다.
② 증기는 공기보다 가볍고 점화원에 의해 선화의 위험이 있다.
③ 화재발생 시 이산화탄소소화설비는 적응성이 없다.
④ 탄화수소나 다른 극성의 액체에 용해가 잘 되며 휘발성은 없다.

해설 ① 무색의 액체이다.
② 증기비중은 $\frac{64}{29} = 2.21$로 공기보다 무겁다.
④ 물과 탄화수소에 격렬하게 반응하며 휘발성이 강하다.

55. 위험물에 대한 설명으로 옳은 것은?

① 적린은 암적색의 분말로서 조해성이 있는 자연발화성 물질이다.
② 황화린은 황색의 액체이며 상온에서 자연분해하여 이산화황과 오산화인을 발생한다.
③ 유황은 미황색의 고체 또는 분말이며 많은 이성질체를 갖고 있는 전기 도체이다.
④ 황린은 가연성 물질이며 마늘냄새가 나는 맹독성 물질이다.

해설 ① 적린은 암적색의 분말로서 조해성이 있는 가연성 고체이다.
② 황화린은 황색 또는 담황색의 결정이며 연소하여 이산화황과 오산화인을 발생한다.
③ 유황은 황색 또는 미황색의 결정 또는 분말로 많은 동소체를 갖고 있는 전기 부도체이다.

56. 다음 위험물 중 발화점이 가장 낮은 것은?

① 황 ② 삼황화린 ③ 황린 ④ 아세톤

해설 황린은 자연발화성 물질로 발화점이 약 34℃이다.

57. 다음 중 위험물안전관리법령에 따른 지정수량이 나머지 셋과 다른 하나는?

① 황린 ② 칼륨
③ 나트륨 ④ 알킬리튬

해설 황린은 위험등급 Ⅰ, 지정수량이 20kg이고 칼륨, 나트륨, 알킬리튬, 알킬알루미늄은 위험등급 Ⅰ, 지정수량 10kg이다.

58. 위험물안전관리법령상 지정수량이 다른 하나는?

① 인화칼슘 ② 루비듐
③ 칼슘 ④ 차아염소산칼륨

해설 인화칼슘 : 300kg, 루비듐, 칼슘, 차아염소산칼륨 : 50kg

59. 황린의 취급에 관한 설명으로 옳은 것은?

① 보호액의 pH를 측정한다.
② 1기압, 25℃의 공기 중에 보관한다.
③ 주수에 의한 소화는 절대 금한다.
④ 취급 시 보호구는 착용하지 않는다.

해설 황린은 pH 9인 약알칼리성의 물속에 저장한다.

60. 다음 위험물 중 저장할 때 보호액으로 물을 사용하는 것은?

① 삼산화크롬 ② 아연 ③ 나트륨 ④ 황린

61. 다음 품명에 따른 지정수량이 틀린 것은?

① 알킬리튬 : 10kg ② 황린 : 50kg
③ 알칼리금속 : 50kg ④ 유기과산화물 : 10kg

해설 황린 지정수량 : 20kg

62. 위험물의 품명과 지정수량이 잘못 짝지어진 것은?

① 황화린 - 100kg ② 알킬알루미늄 - 10kg
③ 마그네슘 - 500kg ④ 황린 - 10kg

63. 다음에서 설명하고 있는 위험물은?

- 지정수량이 20kg이고, 백색 또는 담황색 고체이다.
- 비중은 1.82이고, 융점은 44℃이다.
- 비점은 280℃이고, 증기비중은 4.3이다.

① 적린 ② 황린 ③ 유황 ④ 마그네슘

해설 황린에 대한 설명이다.

64. [보기]에서 나열한 위험물의 공통 성질을 옳게 설명한 것은?

[보기] 나트륨, 황린, 트리에틸알루미늄

① 상온, 상압에서 고체의 형태를 나타낸다. ② 상온, 상압에서 액체의 형태를 나타낸다.
③ 금수성 물질이다. ④ 자연발화의 위험이 있다.

해설 공통적으로 모두 자연발화성을 가지며, 황린은 금수성이 아닌 반면에 나트륨과 트리에틸알루미늄은 금수성에 해당한다.

65. 적린과 동소체 관계에 있는 위험물은?

① 오황화린 ② 인화알루미늄 ③ 인화칼슘 ④ 황린

해설 적린(P)과 동일한 원소로 이루어진 동소체 관계에 있는 위험물은 황린(P_4)에 해당한다.

66. 시약(고체)의 명칭이 불분명한 시약병의 내용물을 확인하려고 뚜껑을 열어 시계접시에 소량을 담아놓고 공기 중에서 햇빛을 받는 곳에 방치하던 중 시계접시에서 갑자기 연소현상이 일어났다. 다음 물질 중 이 시약의 명칭으로 예상할 수 있는 것은?

① 황 ② 황린 ③ 적린 ④ 질산암모늄

해설 자연발화성 물질인 황린에 대한 설명이다.

67. 다음 황린의 성질에 대한 설명으로 옳은 것은?

① 분자량은 약 108이다. ② 융점은 약 120℃이다.
③ 비점은 약 120℃이다. ④ 비중은 약 1.8이다.

68. 황린과 적린의 성질에 대한 설명으로 가장 거리가 먼 것은?

① 황린과 적린은 이황화탄소에 녹는다.
② 황린과 적린은 물에 불용이다.
③ 적린은 황린에 비하여 화학적으로 활성이 작다.
④ 황린과 적린을 각각 연소시키면 P_2O_5이 생성된다.

해설 황린은 이황화탄소에 녹는 반면에 적린은 이황화탄소에 녹지 않는다.

69. 적린과 황린의 공통적인 사항을 옳은 것은?

① 연소할 때는 오산화인의 흰 연기를 낸다.
② 냄새가 없는 적색 가루이다.
③ 물, 이황화탄소에 녹는다.
④ 맹독성이다.

해설 적린(P)과 황린(P_4)은 동소체 관계이므로 연소 생성물이 동일하다.

정답

01_②	02_③	03_①	04_②	05_④	06_④	07_①	08_②	09_③	10_①
11_①	12_②	13_③	14_④	15_③	16_④	17_②	18_③	19_①	20_①
21_④	22_③	23_②	24_②	25_④	26_③	27_①	28_④	29_②	30_①
31_④	32_①	33_②	34_③	35_②	36_②	37_①	38_④	39_②	40_②
41_②	42_①	43_④	44_①	45_③	46_②	47_②	48_③	49_②	50_②
51_①	52_②	53_②	54_③	55_④	56_③	57_①	58_①	59_①	60_④
61_②	62_④	63_②	64_④	65_④	66_②	67_④	68_①	69_①	

5) 제4류 위험물

제4류 위험물(인화성 액체)

위험등급	품명		지정 수량	물질명 및 화학식	소화 방법
I	특수인화물 (인화점 -21℃ 미만)	비수용성	50L	디에틸에테르($C_2H_5OC_2H_5$)	가스계 소화설비로 질식소화가 적합
				이황화탄소(CS_2)	
		수용성		아세트알데히드(CH_3CHO)	
				산화프로필렌(CH_3CH_2CHO)	
Ⅱ	제1석유류 (인화점 21℃ 미만)	비수용성	200L	휘발유(가솔린) C_5~C_9	
				벤젠(C_6H_6)	
				톨루엔($C_6H_5CH_3$)	
				메틸에틸케톤($CH_3COC_2H_5$)	
				시클로헥산(C_6H_{12})	
				초산메틸, 초산에틸	
		수용성	400L	아세톤(CH_3COCH_3)	
				피리딘(C_5H_5N)	
				시안화수소(HCN)	
				포름산메틸, 포름산에틸	
	알코올류		400L	메틸알코올(CH_3OH)	
				에틸알코올(C_2H_5OH)	
				프로필알코올(C_3H_7OH)	
Ⅲ	제2석유류 (인화점 21℃ 이상 70℃ 미만)	비수용성	1,000L	등유	
				경유	
				클로로벤젠(C_6H_5Cl)	
				스티렌	
				자일렌(=크실렌)	
		수용성	2,000L	초산(CH_3COOH)	
				포름산($HCOOH$)	

				히드라진(N_2H_4)	
	제3석유류 (인화점 70℃ 이상 200℃ 미만)	비수용성	2,000L	중유	
				클레오소트유	
				니트로벤젠($C_6H_5NO_2$)	
				니트로톨루엔($C_6H_5CH_3$)	
				아닐린($C_6H_5NH_2$)	
		수용성	4,000L	에틸렌글리콜 (CH_2OHCH_2OH), [$C_2H_4(OH)_2$]	
				글리세린 ($CH_2OHCHOHCH_2OH$), [$C_3H_5(OH)_3$]	
	제4석유류 (인화점 200℃ 이상 250℃ 미만)		6,000L	윤활유	
				기어유	
				실린더유	
				기계유	
	동 · 식물유류 (인화점 250℃ 미만)		10,000L	건성유(요오드가 130 이상)	
				반건성유 (요오드가 100 초과~130 미만)	
				불건성유(요오드가 100 이하)	

[특징]　✔ 한눈에 정리하기

① 대부분 액체의 비중은 1보다 작다. (=물보다 가벼움), 대부분 증기의 비중은 1보다 크다.(=공기보다 무거움)

② 위험물 화재 시 질식소화가 적합하다.

③ 정전기 발생에 주의하여 취급하여야 한다.

④ 위험물의 인화점

디에틸에테르 : -45℃ (특수인화물 중 인화점 가장 낮음)	이황화탄소 : -30℃
아세트알데히드 : -39℃ ~ -38℃	산화프로필렌 : -37℃
휘발유 : -43 ~ -20℃	벤젠 : -11℃
톨루엔 : 4℃	아세톤 : -18℃
메틸알코올 : 11℃	에틸알코올 : 13℃

⑤ 이황화탄소 : **물(수조)에 보관**, 증기비중 1.26으로 공기보다 무거움

⑥ 벤젠 : 증기비중 : 2.69 → 분자량(C_6H_6) : $(12\times6)+6=78$ → $\frac{78}{29}=2.69$

⑦ 휘발유(가솔린) : 탄소수는 5개~9개이며, 증기비중이 3~4로 높은 편이다.

⑧ 아세톤 : 무색 · 자극성의 냄새가 나는 액체, 요오드포름 반응

⑨ 에틸렌글리콜($HO-CH_2CH_2-OH$) : $-OH$가 2개인 2가 알코올, 부동액의 원료, 어는점을 낮추어 물의 동결현상 방지를 위해 첨가
글리세린 : $-OH$기가 3개인 **3가 알코올**

⑩ 동 · 식물유류는 요오드값이 높을수록(건성유에 가까울수록) 자연발화 위험이 높다.

⑪ 포소화약제의 소화방법 : 비수용성 위험물의 화재 시 수성막포로 소화 ↔ 수용성 위험물의 화재 시 내알코올포(=알코올형포)로 소화

⑫ 니트로벤젠 : 제4류 위험물임에 유의! ***✔시험 출제 포인트** → 제5류 위험물로 오답으로 자주 출제됨*

⑬ 인화점에 따른 품명 분류

- 특수인화물 : 1기압에서 인화점이 -20℃ 이하, 비점이 40℃ 이하 또는 발화점이 100℃ 이하인 것
- 제1석유류 : 1기압에서 인화점이 21℃ 미만인 것
- 제2석유류 : 1기압에서 인화점이 21℃ 이상 70℃ 미만인 것
- 제3석유류 : 1기압에서 인화점이 70℃ 이상 200℃ 미만인 것
- 제4석유류 : 1기압에서 인화점이 200℃ 이상 250℃ 미만인 것
- 동 · 식물유류 : 1기압에서 인화점이 250℃ 미만인 것

특수인화물(Ⅰ등급, 50L) : 이황화탄소, 디에틸에테르, 그 밖에 1기압에서 발화점이 섭씨 100도 이하인 것 또는 인화점이 섭씨 영하 20도 이하이고 비점이 섭씨 40도 이하인 것을 말한다.	
디에틸에테르 ($C_2H_5OC_2H_5$) 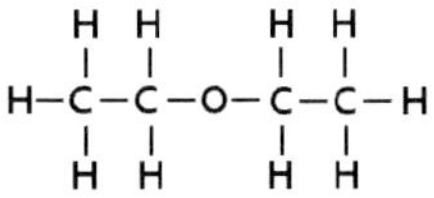 에테르 일반식 R–O–R	• 인화점-45℃, 착화점 180℃, 연소범위 1.9~48%, 비점 35℃, 비중 0.71 • 무색 투명한 유동성의 액체로 휘발성이 높으며, 증기는 마취성이 있다. • 물에 녹기 어려우며, 알코올에 잘 녹는다. • 에틸에테르 또는 에테르라고도 한다. • 저장 시 소량의 염화칼슘을 넣어 정전기 발생을 방지한다. • 공기와 장시간 접촉하거나 직사일광에 분해되면 폭발성의 과산화물을 생성한다. → 10% 요오드화칼륨(KI) 수용액으로 과산화물의 생성을 검출 및 확인할 수 있다. • 비전도성이므로 정전기 발생에 주의한다. • 대량으로 저장 시 불활성가스를 봉입한다. • 에탄올 두 분자에서 물이 빠지면서 축합반응이 일어나 생성되는 물질이다.
이황화탄소(CS_2)	• 순수한 것은 무색 투명한 액체로 자극성의 냄새를 가지며, 빛에 의해 분해되어 황색이 될 수 있다. • 인화점 -30℃, 착화점 100℃, 연소범위 1~44%, 비중 1.26(물보다 무겁다.) • 가연성 증기의 발생을 억제하기 위하여 수조(물속)에 저장한다.(보호액 : 물) • 물에 녹지 않고 물보다 무거워 물속에 저장할 수 있다.

	• 이황화탄소의 증기는 유독하며 신경계통에 장애를 준다. • 제4류 위험물 중 착화온도(100℃)가 가장 낮다. • 비스코스레이온의 원료이다. • 연소 시 유독한 아황산가스(이산화황)와 이산화탄소를 발생시킨다. (CS_2 + $3O_2$ → $2SO_2$ + CO_2) • 고온의 열수와 반응하여 황화수소를 발생시킨다. (CCS_2 + $2H_2O$ → $2H_2S$ + CO_2)
아세트알데히드 (CH_3CHO) 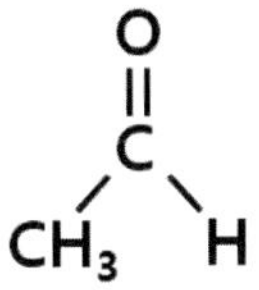	• 인화점 -38℃, 착화점 185℃, 연소범위 4.1~57%, 비점 21℃, 비중 0.78 • 물에 잘 녹는(수용성) 무색 투명한 액체로 자극성의 냄새를 갖는다. • 수용성이기 때문에 화재 시 물로 희석 소화가 가능하다. • 저장 시 구리, 마그네슘, 은, 수은 및 합금용기는 절대 금한다. • 저장용기에는 불활성의 가스(N_2) 또는 수증기를 봉입시킨다. • 환원력이 강하여 은거울 반응과 펠링용액 반응을 한다. • (은거울 반응 : 암모니아성 질산은 용액과 반응시켜 은이 석출되는 반응, 펠링용액 반응 : 산화구리 침전을 형성) • 보냉 장치를 사용해 저장실의 온도를 비점(21℃) 이하로 유지시킨다.
산화프로필렌 (CH_3CH_2CHO) 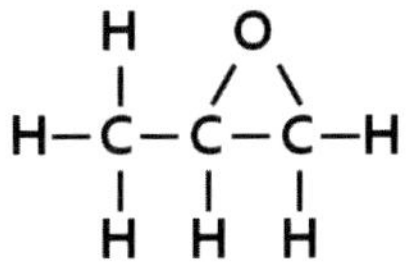	• 인화점 -37℃, 착화점 465℃, 연소범위 2.5~38.5%, 비점 34℃, 비중 0.83 • 무색 투명한 휘발성이 강한 액체로 에테르향의 냄새를 가진다. • 증기압이 높으므로 상온에서 위험한 농도까지 도달할 수 있다. • 물, 알코올, 에테르, 벤젠 등에 잘 녹는다. • 저장 시 구리, 마그네슘, 은, 수은 및 합금용기는 절대 금한다. • 저장용기에는 불활성의 가스(N_2) 또는 수증기를 봉입시킨다.

특수인화물 연습문제

01. 디에틸에테르의 안전관리에 관한 설명 중 틀린 것은?

① 증기는 마취성이 있으므로 증기 흡입에 주의하여야 한다.
② 폭발성의 과산화물 생성을 요오드화칼륨 수용액으로 확인하다.
③ 물에 잘 녹으므로 대규모 화재 시 집중 주수하여 소화한다.
④ 정전기 불꽃에 의한 발화에 주의하여야 한다.

해설 물에 녹기 어려우며 대규모 화재 시 질식소화 하여야 한다.

02. 에테르(ether)의 일반식으로 옳은 것은?

① ROR ② RCHO ③ RCOR ④ RCOOH

해설 ② RCHO : 알데히드 ③ RCOR : 케톤 ④ RCOOH : 카복시산

03. 디에틸에테르에 대한 설명으로 틀린 것은?

① 일반식은 R−CO−R'이다.　② 연소범위는 약 1.9~48% 이다.
③ 증기비중 값이 비중 값보다 크다.　④ 휘발성이 높고 마취성을 가진다.

해설 일반식은 R−O−R'이다.

04. 다음 물질 중 인화점이 가장 낮은 것은?

① CH_3COCH_3　② $C_2H_5OC_2H_5$　③ $CH_3(CH_2)_3OH$　④ CH_3OH

해설 ① 아세톤 : −18℃　② 디에틸에테르 : −45℃
③ 1−부틸알코올 : 29℃　④ 메틸알코올 : 11℃

05. 디에틸에테르에 대한 설명으로 옳은 것은?

① 연소하면 아황산가스를 발생하고, 마취제로 사용한다.
② 증기는 공기보다 무거우므로 물속에 보관한다.
③ 에탄올을 진한 황산을 이용해 축합반응 시켜 제조할 수 있다.
④ 제4류 위험물 중 연소범위가 좁은 편에 속한다.

06. 다음 중 완전 연소할 때 자극성이 강하고 유독한 기체를 발생하는 물질은 어느 것인가?

① 에틸알코올　② 벤젠　③ 이황화탄소　④ 메틸알코올

해설 이황화탄소 연소 시 유독성의 이산화황을 발생한다.

07. 디에틸에테르에 관한 설명 중 틀린 것은?

① 비전도성이므로 정전기를 발생하지 않는다.
② 무색투명한 유동성의 액체이다.
③ 휘발성이 매우 높고, 마취성을 가진다.
④ 공기와 장시간 접촉하면 폭발성의 과산화물이 생성된다.

해설 비전도성(=전기부도체)이므로 정전기 발생에 주의한다.

08. 디에틸에테르의 보관 · 취급에 관한 설명으로 틀린 것은?

① 용기는 밀봉하여 보관한다.
② 환기가 잘 되는 곳에 보관한다.
③ 정전기가 발생하지 않도록 취급한다.
④ 저장용기에 빈 공간이 없게 가득 채워 보관한다.

해설 저장용기에 액체 위험물을 보관할 때 빈 공간을 두어 보관한다.

09. 비스코스레이온 원료로서, 비중이 약 1.3, 인화점이 약 -30℃이고, 연소 시 유독한 아황산가스를 발생시키는 위험물은?

① 황린 ② 이황화탄소 ③ 테레핀유 ④ 장뇌유

해설
- 이황화탄소(CS_2)는 인화점은 -30℃로 제4류 위험물 중 특수인화물에 해당하며, 연소 시 유독한 아황산가스를 발생시킨다.
- 반응식 : $CS_2 + 2O_2 \rightarrow CO_2 + 2SO_2$

10. 위험물안전관리법령에서 정한 아세트알데히드 등을 취급하는 제조소의 특례에 관한 내용이다. ( ) 안에 해당하는 물질이 아닌 것은?

아세트알데히드 등을 취급하는 설비는 ( )·( )·( )·( ) 또는 이들을 성분으로 하는 합금으로 만들지 아니할 것

① 동 ② 은 ③ 금 ④ 마그네슘

해설 아세트알데히드, 산화프로필렌을 취급하는 설비는 수은, 은, 마그네슘, 구리(동)의 성분으로 하는 합금으로 만들지 않아야 한다.

11. 산화프로필렌의 성상에 대한 설명 중 틀린 것은?

① 청색의 휘발성이 강한 액체이다. ② 인화점이 낮은 인화성 액체이다.
③ 물에 잘 녹는다. ④ 에테르향의 냄새를 가진다.

해설 무색의 휘발성이 강한 액체이다.

정답 01_③ 02_① 03_① 04_② 05_③ 06_③ 07_① 08_④ 09_② 10_③ 11_①

【제1석유류】: **아세톤, 휘발유 그 밖에 1기압에서 인화점이 섭씨 21도 미만인 것**을 말한다.

<table>
<tr><th colspan="2">제1석유류(Ⅱ등급, 비수용성 200L)</th></tr>
<tr><td>벤젠(C_6H_6)
</td><td>• 인화점 -11℃, 융점 5.5℃, 착화점 562℃, 연소범위 1.4~7.1%, 비점 80℃, 비중 0.879, 무색 투명한 향을 갖는 액체이다.
• 물에 녹지 않고, 알코올 및 에테르에 녹는다.
• 증기는 유독하여 흡입하면 위험하다.
• 벤젠 증기는 마취성과 독성이 있다.
• 방향족 탄화수소이다.
• 겨울철에는 고체 상태이면서 가연성 증기를 발생하므로 취급에 주의할 것.</td></tr>
<tr><td>톨루엔($C_6H_5CH_3$)
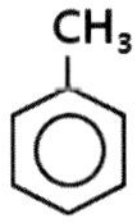</td><td>• 인화점 4℃, 착화점 552℃, 비중 0.86, 무색 투명한 휘발성 액체이다.
• 진한 질산과 진한 황산으로 니트로화하면 TNT(트리니트로톨루엔)가 된다.
• 벤젠보다 독성이 약하다.
• 방향족 탄화수소이다.
• 벤젠의 수소원자 하나가 메틸기로 치환된 것이다.
✔ 한눈에 정리하기
<table>
<tr><th>구분</th><th>벤젠</th><th></th><th>톨루엔</th></tr>
<tr><td>독성</td><td>독성이 강한 편</td><td>〉</td><td>벤젠보다 약하다.</td></tr>
<tr><td>인화점</td><td>-11℃</td><td>〈</td><td>4℃</td></tr>
<tr><td>분자량</td><td>78</td><td>〈</td><td>92</td></tr>
<tr><td>니트로화반응</td><td>니트로벤젠</td><td></td><td>트리니트로톨루엔</td></tr>
<tr><td>공통점</td><td colspan="3">방향족 탄화수소
물에 녹기 어렵다.</td></tr>
</table></td></tr>
<tr><td>휘발유(가솔린)
(C_5 ~ C_9)</td><td>• 인화점 -43℃~-20℃, 착화점 약 300℃, 연소범위 1.4~7.6%, 증기비중 3~4, 비점 30℃~210℃
• 공업용은 무색의 액체이며, 자동차용은 노란색을 띤다.
• 가연성 증기를 발생하기 쉬우므로 주의한다.
• 원유의 성질, 상태, 처리방법에 따라 탄화수소의 혼합비율이 다르다.
• 전기의 불량도체로서 정전기 축적이 용이하므로 정전기 발생에 주의한다.</td></tr>
<tr><td>메틸에틸케톤
($CH_3COC_2H_5$)</td><td>• 무색의 액체이다.
• 저장 시 용기는 밀폐하여 통풍이 양호하고 찬 곳에 저장한다.</td></tr>
<tr><td>시클로헥산(C_6H_{12})
</td><td>고리형 분자구조로 지방족 탄화수소 화합물이다.</td></tr>
<tr><td>초산에틸
(아세트산에틸)</td><td>• 인화점 -4℃, 착화점 427℃
• 과일냄새를 가진 휘발성 액체이다.</td></tr>
</table>

제1석유류(Ⅱ등급, 수용성 400L)	
아세톤(CH_3COCH_3)	• 인화점 -18℃, 착화점 538℃, 무색 투명하고 독특한 향을 가지며 휘발성이 강한 액체이다. • 피부에 닿으면 탈지작용이 있다. • 겨울철에도 인화의 위험성이 있다. • 물, 에테르, 알코올 등에 잘 녹는다. • 요오드포름 반응을 한다.
피리딘(C_5H_5N)	• 인화점 20℃, 착화점 482℃, 비중 0.98 • 순수한 것은 무색 투명한 액체이며, 자극성의 냄새를 갖는다. • 약알칼리성을 나타낸다. • 물, 알코올, 에테르에 잘 녹고 흡습성이 강하다. • 인화점이 상온과 거의 비슷하다.

연습문제-제1석유류

01. 다음 중 휘발유에 화재가 발생하였을 경우 소화방법으로 가장 적합한 것은?

① 물을 이용하여 제거소화 한다. ② 이산화탄소를 이용하여 질식소화한다.
③ 강산화제를 이용하여 촉매소화 한다. ④ 산소를 이용하여 희석소화 한다.

해설 제4류 위험물의 경우 대부분 화재 시 질식소화가 효과적이다.

02. $C_6H_5CH_3$의 일반적 성질이 아닌 것은?

① 벤젠보다 독성이 매우 강하다. ② 진한 질산과 진한 황산으로 니트로화하면 TNT가 된다.
③ 비중은 약 0.86이다. ④ 물에 녹지 않는다.

해설 ① 벤젠(C_6H_6)보다 톨루엔($C_6H_5CH_3$)의 독성이 낮고 가격이 저렴하기 때문에 유성 페인트, 인쇄용 잉크 등 광범위로 사용된다.

03. 휘발유에 대한 설명으로 옳은 것은?

① 가연성 증기를 발생하기 쉬우므로 주의한다.
② 발생된 증기는 공기보다 가벼워서 주변으로 확산하기 쉽다.
③ 전기를 잘 통하는 도체이므로 정전기를 발생시키지 않도록 조치한다.
④ 인화점이 상온보다 높으므로 여름철에 각별한 주의가 필요하다.

해설 ② 증기비중이 3 ~ 4로 발생된 증기는 공기보다 무겁다.
③ 전기의 불량도체로 정전기를 발생시키지 않도록 조치한다.
④ 인화점이 -43℃ ~ -20℃로 상온보다 낮다.

04. 톨루엔의 위험성에 대한 설명으로 틀린 것은?

① 증기비중은 약 0.87이므로 높은 곳에 체류하기 쉽다.
② 독성이 있으나 벤젠보다는 약하다.
③ 약 4℃의 인화점을 갖는다.
④ 유체 마찰 등으로 정전기가 생겨 인화하기도 한다.

해설 증기비중은 1보다 커서 낮은 곳에 체류하기 쉽다.

05. 벤젠에 관한 설명 중 틀린 것은?

① 인화점은 약 -11도 정도이다.
② 이황화탄소보다 착화온도가 높다.
③ 벤젠 증기는 마취성은 있으나 독성은 없다.
④ 취급할 때 정전기 발생을 조심해야 한다.

해설 벤젠 증기는 마취성과 독성이 있다.

06. 시클로헥산에 관한 설명으로 가장 거리가 먼 것은?

① 고리형 분자구조를 가진 방향족 탄화수소화합물이다.
② 화학식은 C_6H_{12} 이다.
③ 비수용성 위험물이다.
④ 제4류 제1석유류에 속한다.

해설 ① 시클로헥산(C_6H_{12})은 난일결합구조이므로 방향족 탄화수소가 아니다.

07. 아세톤의 성질에 관한 설명으로 옳은 것은?

① 비중은 1.02이다.
② 물에 불용이고, 에테르에 잘 녹는다.
③ 증기 자체는 무해하나, 피부에 닿으면 탈지작용이 있다.
④ 인화점이 0℃ 보다 낮다.

해설 아세톤의 인화점은 −18℃이다.
① 비중은 약 0.8이다. ② 물에 잘 녹고, 에테르에 잘 녹는다.
③ 증기를 흡입할 경우 유해하며, 피부에 닿으면 탈지작용이 있다.

08. 위험물의 운반에 관한 기준에 따르면 아세톤의 위험등급을 얼마인가?

① 위험등급 Ⅰ ② 위험등급 Ⅱ ③ 위험등급 Ⅲ ④ 위험등급 Ⅳ

09. 피리딘의 일반적인 성질에 대한 설명 중 틀린 것은?

① 순수한 것은 무색 액체이다.
② 약알칼리성을 나타낸다.
③ 물보다 가볍고, 증기는 공기보다 무겁다.
④ 흡습성이 없고, 비수용성이다.

해설 피리딘(C_5H_5N)은 제1석유류 수용성 물질에 속한다.

정답 01_② 02_① 03_① 04_① 05_③ 06_① 07_④ 08_② 09_④

【알코올류】 : **1분자를 구성하는 <u>탄소 원자의 수가 1개부터 3개까지</u>인 포화 1가 알코올(변성알코올을 포함)로서 함유량이 60중량% 이상인 것**

• 다음에 해당하는 경우 위험물에서 제외한다.

가. 1분자를 구성하는 탄소원자의 수가 1개 내지 3개의 포화 1가 알코올의 함유량이 60중량퍼센트 미만인 수용액

나. 가연성액체량이 60중량퍼센트 미만이고 인화점 및 연소점이 에틸알코올 60중량퍼센트 수용액의 인화점 및 연소점을 초과하는 것

알코올류(Ⅱ등급, 400L)	
메탄올(CH_3OH)	인화점 11℃, 착화점 464℃, 연소범위 7.3~36% 무색 투명하고 휘발성이 강하다. 최종산화물은 의산(포름산)이다. [산화반응 : 메탄올 → 포름알데히드 → 포름산] 촉매 존재 하에서 일산화탄소(CO)와 수소(H_2)를 고온, 고압에서 합성시켜 제조하는 물질이다.
에탄올(C_2H_5OH)	인화점 13℃, 착화점 423℃, 연소범위 4.3~19%, 증기비중 1.59 무색 투명한 액체로 술의 원료이다. 최종산화물은 아세트산(초산)이다. [산화반응 : 에탄올 → 아세트알데히드 → 아세트산] 요오드포름반응을 한다. 증기비중 $\frac{46}{29} = 1.59$ 에탄올 두 분자에서 물이 빠지면서 축합반응이 일어나 디에틸에테르($C_2H_5OC_2H_5$)를 생성할 수 있다.
이소프로필알코올 $(CH_3)_2CHOH$	

[특징]

① 알코올의 차수 : 결합된 R기 개수에 따라 차수가 결정된다. 1차 알코올, 2차 알코올, 3차 알코올

[알코올의 산화반응]

1. 1차 알코올 $\underset{\text{환원}}{\overset{\text{산화}}{\rightleftarrows}}$ 알데히드 $\underset{\text{환원}}{\overset{\text{산화}}{\rightleftarrows}}$ 카복실산

2. 2차 알코올 $\underset{\text{환원}}{\overset{\text{산화}}{\rightleftarrows}}$ 케톤

3. 3차 알코올 산화·환원 반응을 할 수 없다.

② 알코올의 가수 : 결합된 -OH기 개수에 따라 가수가 결정된다.

예) 1가 알코올 : 에틸알코올(C_2H_5OH), 2가 알코올 : 에틸렌글리콜[$C_2H_4(OH)_2$], 3가 알코올 : 글리세린[$C_3H_5(OH)_3$]

③ 분자량이 증가하면 증기비중이 커진다.

④ 알코올은 탄화수소의 수소원자를 -OH 기로 치환한 구조를 가진다.
⑤ 탄소수가 적은 알코올을 저급 알코올, 탄소수가 많은 알코올을 고급 알코올이라고 한다.
⑥ 2차 알코올이 수소를 잃으면(산화되면) 케톤이 된다.
⑦ 알데히드가 환원되면 1차 알코올이 된다.

연습문제-알코올류

01. **메탄올에 관한 설명으로 옳지 않은 것은?**

① 인화점은 약 11도이다. ② 술의 원료로 사용된다.
③ 휘발성이 강하다. ④ 최종산화물은 의산(포름산)이다.

해설 ② 술의 원료는 에틸알코올이다.

02. **알코올류의 일반 성질이 아닌 것은?**

① 분자량이 증가하면 증기비중이 커진다.
② 알코올은 탄화수소의 수소원자를 -OH기로 치환한 구조를 가진다.
③ 탄소수가 적은 알코올을 저급 알코올이라고 한다.
④ 3차 알코올에는 -OH기가 3개 있다.

해설 3가 알코올에는 -OH기가 3개 있다.

03. **메탄올과 에탄올의 공통점을 설명한 내용으로 틀린 것은?**

① 휘발성의 무색 액체이다. ② 인화점이 0℃ 이하이다.
③ 증기는 공기보다 무겁다. ④ 비중이 물보다 작다.

해설 인화점은 공통적으로 0℃ 이상이다.

04. **촉매 존재 하에서 일산화탄소와 수소를 고온, 고압에서 합성시켜 제조하는 물질로 산화하면 포름알데히드가 되는 것은?**

① 메탄올 ② 벤젠 ③ 휘발유 ④ 등유

해설 메탄올(CH_3OH)은 산화하면 포름알데히드가 되며 2차 산화 시 포름산이 된다.

05. 메탄올과 에탄올의 공통점에 대한 설명으로 틀린 것은?

① 증기 비중이 같다.　　② 무색 투명한 액체이다.
③ 비중이 1보다 작다.　　④ 물에 잘 녹는다.

해설 서로 분자량이 다르므로 증기 비중이 같을 수 없다.

- 메탄올 : $\frac{32}{29} = 1.1$　　• 에탄올 : $\frac{46}{29} = 1.59$

정답 01_② 02_④ 03_② 04_① 05_①

【제2석유류】 : **등유, 경유 그 밖에 1기압에서 인화점이 섭씨 21도 이상 70도 미만인 것을 말한다.** 다만, 도료류 그 밖의 물품에 있어서 가연성 액체량이 40중량퍼센트 이하이면서 인화점이 섭씨 40도 이상인 동시에 연소점이 섭씨 60도 이상인 것은 제외한다.

제2석유류(Ⅲ등급, 비수용성 1,000L)			
등유(C_9 ~ C_{18})	• 인화점 40~70℃, 착화점 220℃ 부근, 증기비중 4.5, • 비중 0.79~0.85, 녹는점 약 -26℃~-48℃ ✔ 한 눈에 정리하기 • 물보다 가볍다. • 증기는 공기보다 무겁다. • 발화점은 상온보다 높고, 휘발유보다 낮다. • 인화점은 상온보다 높고, 휘발유보다 높다.		
경유(C_{15} ~ C_{20})	• 인화점 50~70℃, 착화점 200℃ 부근, 증기비중 4.5, 비중 0.83~0.88 • 무색~연한 노란색의 액체로서 원유 증류 시 등유와 중유 사이에서 유출되는 유분이다. • 디젤기관의 연료로 사용할 수 있다. • K, Na의 보호액으로 사용할 수 있다.		
자일렌(=크실렌) [$C_6H_4(CH_3)_2$]	벤젠의 수소원자 2개가 메틸기(CH_3)로 치환된 것이다.		
	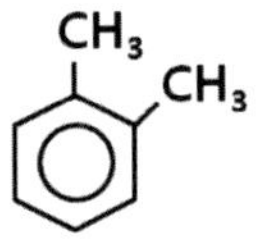 o-크실렌 (ortho-Xylen)	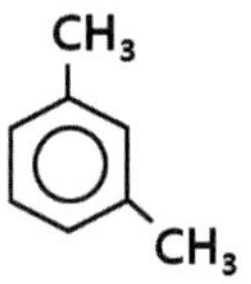 m-크실렌 (meta-Xylen)	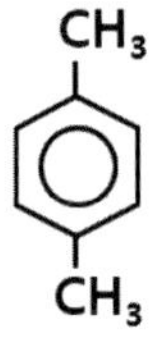 p-크실렌 (para-Xylen)

클로로벤젠(C_6H_5Cl) 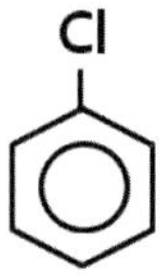	• 인화점 32℃, 착화점 593℃, 비중 1.11 • 무색의 액체로 물보다 무겁다. • 증기는 공기보다 무겁고 마취성이 있다.
스티렌($C_6H_5CHCH_2$)	인화점 32℃, 착화점 490℃ 무색 액체이다.
벤즈알데히드(C_6H_5CHO) 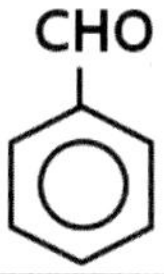	

제2석유류(Ⅲ등급, 수용성 2,000L)	
포름산(=개미산, 의산) (HCOOH)	• 인화점 69℃, 착화점 601℃, 비점 100.5℃, 비중 1.218 • 무색투명한 자극성을 갖는 액체로 물보다 무겁다. • 알데히드와 비슷하게 환원력(환원제)을 가진다. → 은거울 반응과 펠링 용액 반응을 할 수 있다.
초산(=아세트산) (CH_3COOH)	• 인화점 40℃, 착화점 427℃, 응고점 16.6℃, 비점 118.3℃, 비중 1.05 • 물보다 무겁다. • 16.7℃ 이하에서 얼게 되어 빙초산이라고도 한다.

연습문제-제2석유류

01. **등유에 대한 설명으로 틀린 것은?**

① 휘발유보다 착화온도가 높다. ② 증기는 공기보다 무겁다.
③ 인화점은 상온(25℃)보다 높다. ④ 물보다 가볍고 비수용성이다.

해설 휘발유의 착화온도는 300℃이며, 등유의 착화온도는 220℃ 부근이다.

02. **경유에 대한 설명으로 틀린 것은?**

① 품명은 제3석유류이다.
② 디젤기관의 연료로 사용할 수 있다.
③ 원유의 증류 시 등유와 중유 사이에서 유출된다.
④ K, Na의 보호액으로 사용할 수 있다.

해설 품명은 제2석유류이다.

03. 위험물에 대한 설명으로 옳은 것은?

① 이황화탄소는 연소 시 유독성 황화수소가스를 발생한다.
② 디에틸에테르는 물에 잘 녹지 않지만 유지 등을 잘 녹이는 용제이다.
③ 등유는 가솔린보다 인화점이 높으나, 인화점은 0℃ 미만이므로 인화의 위험성은 매우 높다.
④ 경유는 등유와 비슷한 성질을 가지지만 증기비중이 공기보다 가볍다는 차이점이 있다.

해설 ① 이황화탄소는 연소 시 유독성의 아황산가스를 발생한다.
③ 등유의 인화점은 40℃ 이상이며 가솔린의 인화점은 −43 ~ −20℃이다.
④ 경유와 등유의 증기는 공기보다 무겁다.

04. 경유에 관한 설명으로 옳은 것은?

① 증기비중은 1 이하이다.
② 제3석유류에 속한다.
③ 착화온도는 가솔린보다 낮다.
④ 무색의 액체로서 원유 증류 시 가장 먼저 유출되는 유분이다.

해설 ① 증기비중은 4~5로 공기보다 무겁다.
② 제2석유류에 속한다.
④ 무색~연한 노란색의 액체로서 원유 증류 시 등유와 중유 사이에서 유출되는 유분이다.

05. 포름산에 대한 설명으로 옳지 않은 것은?

① 물, 알코올, 에테르에 잘 녹는다.
② 개미산이라고도 한다.
③ 강한 산화제이다.
④ 녹는점이 상온보다 낮다.

해설 포름산은 환원성이 있어 환원제로 사용되며 은거울 반응을 할 수 있다.

정답 01_① 02_① 03_② 04_③ 05_③

【제3석유류】: **중유, 클레오소트유 그 밖에 1기압에서 인화점이 섭씨 70도 이상 섭씨 200도 미만인 것**을 말한다. 다만, 도료류 그 밖의 물품은 가연성 액체량이 40중량퍼센트 이하인 것은 제외한다. 제3석유류의 액체상태의 판단기준 : 1기압과 섭씨 20도에서 액상인 것

제3석유류(Ⅲ등급, 비수용성 2,000L)	
중유	인화점 60℃ 이상 어두운 갈색의 점성이 있는 액체로 연소형태는 분해연소이다.

클레오소트유	인화점 74℃, 비중 1.05 황색 또는 암록색의 액체로 독특한 냄새가 있다. 물보다 무겁고 증기는 독성이 있다. 타르의 증류에 의하여 얻어진 혼합유이다.
니트로벤젠($C_6H_5NO_2$) 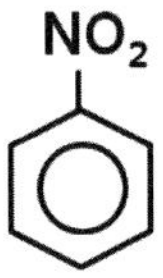 	인화점 88℃, 착화점 482℃, 비점 211℃, 비중 1.2 물보다 무거운 액체이다. 벤젠에 질산과 황산을 니트로화 반응시켜 얻을 수 있다.
니트로톨루엔 ($C_6H_4NO_2CH_3$)	인화점 106℃, 비중 1.16 무색에서 노란색의 액체로 독특한 냄새가 난다. 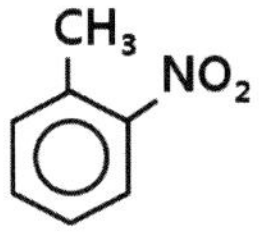 o-니트로톨루엔 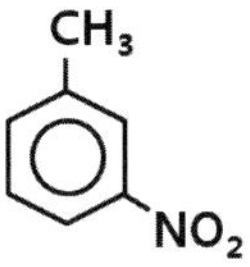 m-니트로톨루엔  p-니트로톨루엔
아닐린($C_6H_5NH_2$) 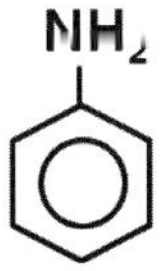 	• 인화점 70℃, 착화점 538℃, 비점 184℃, 비중 1.002 • 황색 또는 담황색의 액체로 물보다 무겁다 • 특유의 냄새를 가진 기름상 액체이다. • 니트로벤젠의 니트로기($-NO_2$)를 수소로 환원하여 제조한다.
제3석유류(Ⅲ등급, 수용성 4,000L)	
에틸렌글리콜 ($HO-CH_2CH_2-OH$) [$C_2H_4(OH)_2$]	• 인화점 111℃, 착화점 413℃, 비중 1.11 • 독성이 있는 무색, 무취의 액체이다. • 부동액으로 사용된다. • 2가 알코올이다. • 소화약제로서 물의 단점인 동결현상을 방지하기 위하여 주로 사용된다.
글리세린[$C_3H_5(OH)_3$]	• 인화점 160℃, 착화점 393℃, 비중 1.26 • 무색, 무취의 점성이 있는 액체이다. • 3가 알코올이다. • 화장품의 원료로 사용된다.

제3석유류 연습문제

01. **클레오소트유에 대한 설명으로 틀린 것은?**

① 제3석유류에 속한다. ② 무취이고 증기는 독성이 없다.
③ 상온에서 액체이다. ④ 물보다 무겁고 물에 녹지 않는다.

해설 ② 독특한 냄새가 있으며 증기는 독성이 있다.

02. **아닐린에 대한 설명으로 옳은 것은?**

① 특유의 냄새를 가진 기름상 액체이다.
② 인화점이 0℃ 이하이어서 상온에서 인화의 위험이 높다.
③ 황산과 같은 강산화제와 접촉하면 중화되어 안정하게 된다.
④ 증기는 공기와 혼합하여 인화, 폭발의 위험은 없는 안정한 상태가 된다.

해설 아닐린은 제3석유류로 인화점이 70℃인 특유의 냄새를 지닌 기름상 액체이다.

03. **위험물안전관리법령상 품명이 질산에스테르류에 속하지 않는 것은?**

① 질산에틸 ② 니트로글리세린 ③ 니트로톨루엔 ④ 니트로셀룰로오스

해설 니트로톨루엔은 제4류 위험물에 해당한다.

04. **$HO-CH_2CH_2-OH$의 지정수량은 몇 L인가?**

① 1000 ② 2000 ③ 4000 ④ 6000

해설 에틸렌글리콜은 제3석유류 수용성으로 4,000L의 지정수량을 갖는다.

05. **글리세린은 제 몇 석유류에 해당하는가?**

① 제1석유류 ② 제2석유류 ③ 제3석유류 ④ 제4석유류

해설 글리세린은 제3석유류에 해당한다.

정답 01_② 02_① 03_③ 04_③ 05_③

제4석유류 연습문제

01. **품명이 제4석유류인 위험물은?**

① 중유　② 기어유　③ 등유　④ 클레오소트유

해설 ① 중유 : 제3석유류　② 기어유 : 제4석유류
③ 등유 : 제2석유류　④ 클레오소트유 : 제3석유류

02. **특수인화물 200L와 제4석유류 12000L를 저장할 때 각각의 지정수량 배수의 합은 얼마인가?**

① 3　② 4　③ 5　④ 6

해설 특수인화물 지정수량 : 50L / 제4석유류 지정수량 : 6,000L

$$\therefore \frac{저장수량}{지정수량} = \frac{200L}{50L} + \frac{12,000L}{6,000L} = 6$$

정답 01_② 02_④

【동 · 식물유류】 : 동물의 지육 등 또는 식물의 종자나 과육으로부터 추출한 것으로서 1기압에서 인화점이 섭씨 250도 미만인 것을 말한다. 다만, 행정안전부령으로 정하는 용기기준과 수납 · 저장기준에 따라 수납되어 저장 · 보관되고 용기의 외부에 물품의 통칭명, 수량 및 화기엄금(화기엄금과 동일한 의미를 갖는 표시를 포함한다)의 표시가 있는 경우를 **제외한다. → "제외하는 경우"는 위험물로 취급하지 않는다. 따라서 제조소등이 아닌 장소에 지정수량 이상으로 저장할 수 있으며, 안전관리자를 별도로 선임하지 않아도 된다. 또한 지정수량 이상을 저장하는 장소도 설치허가를 받을 필요가 없다. 하지만 화물차에 적재하는 등의 운반기준은 적용한다.**

동 · 식물유류(Ⅲ등급, 10,000L)	
요오드값 : 유지 100g에 부가되는 요오드의 g수	
건성유 (요오드값 130 이상)	• 공기에서 산화되어 액 표면에 피막을 만드는 경향이 가장 크다. • 요오드값이 클수록, 불포화결합이 많을수록 자연발화의 위험이 크다. • 동식물유류 중 자연발화의 위험이 가장 크고, 불포화도가 가장 높다.
	정어리유, 동유, 해바라기유, 아마인유, 들기름, 대구유
반건성유 (요오드값 100 초과 130 미만)	쌀겨기름, 면실유, 채종유, 옥수수기름, 참기름, 콩기름
불건성유 (요오드값 100 이하)	올리브유, 땅콩기름(낙화생유), 야자유, 피마자유, 돼지기름

연습문제-동·식물유류

01. **다음 중 공기에서 산화되어 액 표면에 피막을 만드는 경향 가장 큰 것은?**

① 올리브유 ② 낙화생유 ③ 야자유 ④ 동유

해설 • 요오드값이 높을수록 공기에서 산화되어 액 표면에 피막을 만드는 경향이 가장 크며, 건성유에 속하는 동유의 요오드값이 가장 크다.

① 올리브유, ② 낙화생유, ③ 야자유 : 불건성유

02. **다음은 위험물안전관리법령에서 정의한 동식물유류에 관한 내용 "동물의 지육 등 또는 식물의 종자나 과육으로부터 추출한 것으로서 1기압에서 인화점이 섭씨 ( )도 미만인 것을 말한다." 에서 괄호에 알맞은 수치는?**

① 21 ② 200 ③ 250 ④ 300

해설 동식물유류 : 인화점이 250℃ 미만

03. **위험물안전관리법상에 따른 다음에 해당하는 동식물유의 규제에 관한 설명으로 틀린 것은?**

행정안전부령이 정하는 용기기준과 수납·저장 기준에 따라 수납되어 저장·보관되고 용기의 외부에 물품의 통칭명, 수량 및 "화기엄금"(화기엄금과 동일한 의미를 갖는 표시를 포함한다)의 표시가 있는 경우

① 안전관리자를 별도로 선임할 필요 없다.
② 제조소등이 아닌 장소에 지정수량 이상 저장할 수 있다.
③ 지정수량 이상을 저장하는 장소도 제조소등의 설치허가를 받을 필요가 없다.
④ 지정수량이 10,000L인 제4류 위험물에 해당한다.

해설 ④ "동식물유류"라 함은 동물의 지육 등 또는 식물의 종자나 과육으로부터 추출한 것으로서 1기압에서 인화점이 섭씨 250도 미만인 것을 말한다. 다만, 규정에 의하여 행정안전부령으로 정하는 용기기준과 수납·저장기준에 따라 수납되어 저장·보관되고 용기의 외부에 물품의 통칭명, 수량 및 화기엄금(화기엄금과 동일한 의미를 갖는 표시를 포함한다)의 표시가 있는 경우는 제외한다.

정답 01_④ 02_③ 03_④

챕터별 문제-제4류 위험물

01. 제4류 위험물의 공통적인 성질이 아닌 것은?

① 대부분 물보다 가볍고, 물에 녹기 어렵다.
② 공기와 혼합된 증기는 연소의 우려가 있다.
③ 인화되기 쉽다.
④ 증기는 공기보다 가볍다.

해설 대부분 증기는 공기보다 무겁다.

02. 제4류 위험물의 일반적인 성질에 대한 설명 중 틀린 것은?

① 대부분 유기화합물이다.
② 액체 상태이다.
③ 대부분 물보다 가볍다.
④ 대부분 물에 녹기 쉽다.

해설 대부분 물에 녹기 어려우며 증기비중은 1보다 크기 때문에 가연성의 증기는 낮은 곳에 아래에 체류한다.

03. 제4류 위험물의 일반적 성질에 대한 설명으로 틀린 것은?

① 발생 증기가 가연성이며 공기보다 무거운 물질이 많다.
② 정전기에 의하여도 인화할 수 있다.
③ 상온에서 액체이다.
④ 전기도체이다.

해설 전기부도체이다.

04. 위험물안전관리법령상 위험물의 품명이 다른 하나는?

① CH_3COOH
② C_6H_5Cl
③ $C_6H_5CH_3$
④ C_6H_5Br

해설 ③ 제4류 위험물 중 제1석유류에 해당하는 톨루엔($C_6H_5CH_3$)에 해당한다.
①, ②, ④ : 제4류 위험물 중 제2석유류

05. 다음 위험물 중 특수인화물이 아닌 것은?

① 메틸에틸케톤 퍼옥사이드
② 산화프로필렌
③ 아세트알데히드
④ 이황화탄소

06. 다음 중 위험물 운반용기의 외부에 "제4류"와 "위험등급II"의 표시만 보이고 품명이 잘 보이지 않을 때 예상할 수 있는 수납 위험물의 품명은?

① 제1석유류
② 제2석유류
③ 제3석유류
④ 제4석유류

해설 위험등급Ⅱ : 제1석유류, 알코올류

07. 제4류 위험물의 품명 중 지정수량이 6000L인 것은?

① 제3석유류 비수용성액체　② 제3석유류 수용성액체
③ 제4석유류　④ 동식물유류

08. 1기압에서 액체인 미상의 위험물을 측정하였더니 인화점이 32.2℃, 발화점이 257℃로 측정되었다. 다음 제4류 위험물 중 해당하는 품명은?

① 특수인화물　② 제1석유류　③ 제2석유류　④ 제3석유류

해설 제2석유류의 인화점 범위 : 21℃ 이상 70℃ 미만

09. 다음 중 제4류 위험물에 대한 설명으로 가장 옳은 것은?

① 물과 접촉하면 발열하는 것
② 자기연소성 물질
③ 많은 산소를 함유하는 강산화제
④ 상온에서 액상인 가연성 액체

해설 제4류 위험물은 상온에서 액상인 가연성의 액체로 인화하기 쉽다.

10. 디에틸에테르의 저장 시 소량의 염화칼슘을 넣어 주는 목적은?

① 정전기 발생 방지　② 과산화물 생성 방지
③ 저장용기의 부식방지　④ 동결 방지

해설 정전기 발생 방지를 위하여 소량의 염화칼슘($CaCl_2$)을 넣어 저장한다.

11. 위험물안전관리법령상 "특수인화물"이라 함은 이황화탄소, 디에틸에테르 그 밖에 1기압에서 발화점이 섭씨 ( )도 이하인 것 또는 인화점이 섭씨 영하 ( )도 이하이고 비점이 섭씨 40도 이하인 것을 말한다. 괄호 안에 알맞은 수치를 차례대로 옳게 나열한 것은?

① 100, 20　② 25, 0　③ 100, 0　④ 25, 20

해설 특수인화물이라 함은 이황화탄소, 디에틸에테르 그 밖에 1기압에서 발화점이 섭씨 100도 이하인 것 또는 인화점이 섭씨 영하 20도 이하이고 비점이 섭씨 40도 이하인 것을 말한다.

12. 위험물안전관리법령에서 정의하는 "특수인화물"에 대한 설명으로 올바른 것은?

① 1기압에서 발화점이 150℃ 이상인 것
② 1기압에서 인화점이 40℃ 미만인 고체물질인 것
③ 1기압에서 인화점이 -20℃ 이하이고, 비점 40℃ 이하인 것
④ 1기압에서 인화점이 21℃ 이상, 70℃ 미만인 가연성 물질인 것

13. 디에틸에테르에 대한 설명 중 틀린 것은?

① 강산화제와 혼합 시 안전하게 사용할 수 있다.
② 대량으로 저장 시 불활성가스를 봉입한다.
③ 정전기 발생 방지를 위해 주의를 기울여야 한다.
④ 통풍, 환기가 잘 되는 곳에 저장한다.

해설 산화제와 접촉 시 폭발의 위험이 있다.

14. 다음 중 분자량이 약 73, 비중이 약 0.71인 물질로서 에탄올 두 분자에서 물이 빠지면서 축합반응이 일어나 생성되는 물질은?

① $C_2H_5OC_2H_5$ ② C_2H_5OH ③ C_6H_5Cl ④ CS_2

해설 디에틸에테르 제조 반응식 : $2C_2H_5OH \rightarrow C_2H_5OC_2H_5 + H_2O$

15. 디에틸에테르에 관한 설명 중 틀린 것은?

① 비전도성이므로 정전기를 발생하지 않는다.
② 무색투명한 유동성의 액체이다.
③ 휘발성이 매우 높고, 마취성을 가진다.
④ 공기와 장시간 접촉하면 폭발성의 과산화물이 생성된다.

16. 이황화탄소의 성질에 대한 설명 중 틀린 것은?

① 연소할 때 주로 황화수소를 발생한다. ② 증기비중은 약 2.6이다.
③ 보호액으로 물을 사용한다. ④ 인화점이 약 -30℃이다.

해설 연소 시 푸른 불꽃의 아황산가스(SO_2)를 발생한다.

17. 다음 중 무색투명한 휘발성 액체로서 물에 녹지 않고 물보다 무거워서 물속에 보관하는 위험물은?

① 경유 ② 황린 ③ 유황 ④ 이황화탄소

18. 이황화탄소에 대한 설명으로 틀린 것은?

① 순수한 것은 황색을 띠고 냄새가 없다. ② 증기는 유독하며 신경계통에 장애를 준다.
③ 물에 녹지 않는다. ④ 연소 시 유독성의 가스를 발생한다.

해설 순수한 것은 무색 투명하며, 자극성의 냄새가 있다.

19. 위험성 예방을 위해 물 속에 저장하는 것은?

① 칠황화린 ② 이황화탄소 ③ 오황화린 ④ 톨루엔

해설 이황화탄소, 황린 : 물속에 저장

20. 이황화탄소를 화재예방상 물속에 저장하는 이유는?

① 불순물을 물에 용해시키기 위해서 ② 가연성 증기 발생을 억제하기 위해서
③ 상온에서 수소가스를 발생시키기 때문에 ④ 공기와 접촉하면 즉시 폭발하기 때문에

해설 이황화탄소는 가연성 증기 발생을 억제하기 위하여 물속에 저장한다.

21. 이황화탄소에 관한 설명으로 틀린 것은?

① 비교적 무거운 무색의 고체이다. ② 인화점이 0℃ 이하이다.
③ 약 100℃에서 발화할 수 있다. ④ 이황화탄소의 증기는 유독하다.

해설 이황화탄소는 비중이 1.26으로 물보다 무겁고, 순수한 것은 무색의 액체이다.

22. 이황화탄소 기체는 수소 기체보다 20℃ 1기압에서 몇 배 더 무거운가?

① 11 ② 22 ③ 32 ④ 38

해설 이황화탄소(CS_2) 분자량 : 76 수소(H_2) 분자량 : 2 $\therefore \frac{76}{2} = 38$

23. 아세트알데히드의 일반적 성질에 대한 설명 중 틀린 것은?

① 은거울 반응을 한다. ② 물에 잘 녹는다.
③ 구리, 마그네슘의 합금과 반응한다. ④ 무색 · 무취의 액체이다.

해설 무색 · 자극성의 냄새가 나는 액체이다.

24. 옥외탱크저장에 연소성 혼합기체의 생성에 의한 폭발을 방지하기 위하여 불활성의 기체를 봉입하는 장치를 설치하여야 하는 위험물질은?

① $CH_3COC_2H_5$ ② C_5H_5N ③ CH_3CHO ④ C_6H_5Cl

해설 아세트알데히드 등의 옥외탱크저장소에는 폭발을 방지하기 위하여 불활성의 기체를 봉입하는 장치를 설치하여야 한다.

25. 아세트알데히드의 저장 · 취급 시 주의사항으로 틀린 것은?

① 강산화제와의 접촉을 피한다.
② 취급설비에는 구리합금의 사용을 피한다.
③ 수용성이기 때문에 화재 시 물로 희석 소화가 가능하다.
④ 옥외저장 탱크에 저장 시 조연성 가스를 주입한다.

해설 옥외저장 탱크에 저장 시 불연성 가스를 주입한다.

26. 산화프로필렌에 대한 설명 중 틀린 것은?

① 연소범위는 가솔린보다 넓다.
② 물에는 잘 녹지만 알코올, 벤젠에는 녹지 않는다.
③ 비중은 1보다 작고, 증기 비중은 1보다 크다.
④ 증기압이 높으므로 상온에서 위험한 농도까지 도달할 수 있다.

해설 물, 알코올, 에테르, 벤젠에 잘 녹는다.

27. 다음 중 물에 녹고 물보다 가벼운 물질로 인화점이 가장 낮은 것은?

① 아세톤 ② 이황화탄소 ③ 벤젠 ④ 산화프로필렌

해설 ① 물보다 가벼운 수용성이며 인화점은 −18℃이다.
② 물보다 무거운 비수용성이며 인화점 −30℃이다.
③ 물보다 가벼운 비수용성이며 인화점 −11℃이다.
④ 물보다 가벼운 수용성이며 인화점 −37℃이다.

28. 벤젠, 톨루엔의 공통된 성상이 아닌 것은?

① 비수용성의 무색 액체이다. ② 인화점은 0℃ 이하이다.
③ 액체의 비중은 1보다 작다. ④ 증기의 비중은 1보다 크다.

해설 벤젠의 인화점은 −11℃이고, 톨루엔의 인화점은 4℃이다.

29. 벤젠(C_6H_6)의 일반 성질로서 틀린 것은?

① 휘발성이 강한 액체이다. ② 인화점은 가솔린보다 낮다.
③ 물에 녹지 않는다. ④ 화학적으로 공명구조를 이루고 있다.

30. 벤젠에 관한 설명 중 틀린 것은?

① 인화점은 약 −11도 정도이다. ② 이황화탄소보다 착화온도가 높다.
③ 벤젠 증기는 마취성은 있으나 독성은 없다. ④ 취급할 때 정전기 발생을 조심해야 한다.

해설 벤젠 증기는 마취성과 독성이 있다.

31. 벤젠의 저장 및 취급 시 주의사항에 대한 설명으로 틀린 것은?

① 정전기 발생에 주의한다.
② 피부에 닿지 않도록 주의한다.
③ 증기는 공기보다 가벼워 높은 곳에 체류하므로 환기에 주의한다.
④ 통풍이 잘되는 서늘하고, 어두운 곳에 저장한다.

해설 증기는 공기보다 무거워 낮은 곳에 체류하므로 환기에 주의한다.

32. 다음 물질 중 물에 대한 용해도가 가장 낮은 것은?

① 아크릴산 ② 아세트알데히드 ③ 벤젠 ④ 글리세린

해설 ① 제2석유류 수용성 ② 특수인화물 수용성
③ 제1석유류 비수용성 ④ 제3석유류 수용성

33. 인화점이 낮은 것부터 높은 순서로 나열된 것은?

① 톨루엔-아세톤-벤젠 ② 아세톤-톨루엔-벤젠
③ 톨루엔-벤젠-아세톤 ④ 아세톤-벤젠-톨루엔

해설 아세톤(-18℃), - 벤젠(-11℃), - 톨루엔(4℃)

34. 벤젠의 저장 및 취급 시 주의사항에 대한 설명으로 틀린 것은?

① 정전기 발생에 주의한다.
② 피부에 닿지 않도록 주의한다.
③ 증기는 공기보다 가벼워 높은 곳에 체류하므로 환기에 주의한다.
④ 통풍이 잘되는 서늘하고, 어두운 곳에 저장한다.

35. 벤젠의 위험성에 대한 설명으로 틀린 것은?

① 휘발성이 있다. ② 인화점이 0℃보다 낮다.
③ 증기는 유독하여 흡입하면 위험하다. ④ 이황화탄소보다 착화온도가 낮다.

36. 휘발유에 대한 설명으로 옳지 않은 것은?

① 지정수량은 200리터이다.
② 전기의 불량도체로서 정전기 축적이 용이하다.
③ 원유의 성질, 상태, 처리방법에 따라 탄화수소의 혼합비율이 다르다.
④ 발화점은 −43 ~ −20℃ 정도이다.

해설 휘발유(C_5~C_9)의 발화점은 약 300℃이다.

37. 휘발유에 대한 설명으로 옳지 않은 것은?

① 전기양도체이므로 정전기 발생에 주의해야 한다.
② 빈 드럼통이라도 가연성 가스가 남아 있을 수 있으므로 취급에 주의해야 한다.
③ 취급 · 저장 시 환기를 잘 시켜야 한다.
④ 직사광선을 피해 통풍이 잘 되는 곳에 저장한다.

해설 전기부도체이므로 정전기 발생에 주의해야 한다.

38. 다음 중 증기의 비중이 가장 큰 것은?

① 디에틸에테르 ② 벤젠
③ 가솔린(옥탄 100%) ④ 에틸알코올

해설 ① $C_2H_5OC_2H_5$: $\frac{74}{29} = 2.55$ ② C_6H_6 : $\frac{78}{29} = 2.69$

③ C_8H_{18} : $\frac{114}{29} = 3.93$ ④ C_2H_5OH : $\frac{46}{29} = 1.59$

39. 다음 중 증기비중이 가장 큰 것은?

① 벤젠 ② 등유 ③ 메틸알코올 ④ 디에틸에테르

해설 $증기비중 = \frac{분자량}{29}$

① 벤젠(C_6H_6) : $\frac{78}{29} = 2.69$ ② 등유(C_9 ~ C_{18}) : 4 ~ 5

③ 메틸알코올(CH_3OH) : $\frac{32}{29} = 1.10$ ④ 디에틸에테르($C_2H_5OC_2H_5$) : $\frac{74}{29} = 2.55$

40. 에틸알코올의 증기비중은 약 얼마인가?

① 0.72 ② 0.91 ③ 1.13 ④ 1.59

41. 다음 중 물에 가장 잘 용해되는 위험물은?

① 벤즈알데히드 ② 이소프로필알코올 ③ 휘발유 ④ 에테르

해설 이소프로필알코올은 알코올류로 물에 잘 용해된다.
① 벤즈알데히드 : 제2석유류 비수용성
③ 휘발유 : 제1석유류 비수용성
④ 에테르(디에틸에테르) : 특수인화물 비수용성

42. 위험물의 성질에 관한 설명 중 옳은 것은?

① 벤젠과 톨루엔 중 인화온도가 낮은 것은 톨루엔이다.
② 디에틸에테르는 휘발성이 높으며 마취성이 있다.
③ 에틸알코올은 물이 조금이라도 섞이면 불연성 액체가 된다.
④ 휘발유는 전기 양도체이므로 정전기 발생이 위험하다.

해설 ① 벤젠 인화점 : −11℃, 톨루엔 인화점 : 4℃
③ 에틸알코올에 물이 섞여도 가연성은 유지된다.
④ 휘발유는 전기 부도체이므로 정전기 발생이 위험하다.

43. 아세트산에틸의 일반 성질 중 틀린 것은?

① 과일냄새를 가진 휘발성 액체이다.
② 증기는 공기보다 무거워 낮은 곳에 체류한다.
③ 강산화제와의 혼촉은 위험하다.
④ 인화점은 −20℃ 이하이다.

해설 아세트산에틸은 제1석유류 비수용성 물질로 인화점은 −4℃이다.

44. 아세톤에 관한 설명 중 틀린 것은?

① 무색 휘발성이 강한 액체이다.
② 조해성이 있으며 물과 반응 시 발열한다.
③ 겨울철에도 인화의 위험성이 있다.
④ 증기는 공기보다 무거우며 액체는 물보다 가볍다.

45. 아세톤의 성질에 대한 설명으로 옳은 것은?

① 자연발화성 때문에 유기용제로서 사용할 수 없다.
② 무색, 무취이고 겨울철에 쉽게 응고한다.
③ 증기비중은 약 0.79이고 요오드포름 반응을 한다.
④ 물에 잘 녹으며 끓는점이 60℃보다 낮다.

해설 ① 제4류 위험물이므로 자연발화성이 존재하지 않는다.
② 무색이고 자극성의 냄새를 가진다.
③ 증기비중은 약 $\frac{58}{29}=2$이고 요오드포름 반응을 한다.

46. 아세트알데히드와 아세톤의 공통 성질에 대한 설명 중 틀린 것은?

① 증기는 공기보다 무겁다.
② 무색 액체로서 인화점이 낮다.
③ 물에 잘 녹는다.
④ 특수인화물로 반응성이 크다.

47. 제4류 위험물에 대한 설명 중 틀린 것은?

① 이황화탄소는 물보다 무겁다.
② 아세톤은 물에 녹지 않는다.
③ 톨루엔 증기는 공기보다 무겁다.
④ 디에틸에테르의 연소범위 하한은 약 1.9%이다.

48. 방향족 탄화수소에 해당하는 것은?

① 톨루엔
② 아세트알데히드
③ 아세톤
④ 디에틸에테르

해설 벤젠 고리를 포함하는 탄화수소를 방향족 탄화수소로 분류하며 톨루엔에 해당한다.
②, ③, ④는 지방족 탄화수소에 해당한다.

49. 제4류 위험물로만 나열된 것은?

① 특수인화물, 황산, 질산 ② 알코올, 황린, 니트로화합물
③ 동식물유류, 질산, 무기과산화물 ④ 제1석유류, 알코올류, 특수인화물

해설 제4류 위험물 : 특수인화물, 알코올류, 제1석유류, 제2석유류, 제3석유류, 제4석유류, 동·식물유류

50. 다음 중 인화점이 가장 높은 물질은?

① 이황화탄소 ② 디에틸에테르
③ 아세트알데히드 ④ 산화프로필렌

해설 ① −30℃ ② −45℃ ③ −39 ~ −38℃ ④ −37℃

51. 다음 위험물 중 착화온도가 가장 낮은 것은?

① 이황화탄소 ② 디에틸에테르
③ 아세톤 ④ 아세트알데히드

52. 화학적으로 알코올을 분류할 때 3가 알코올에 해당하는 것은?

① 에탄올 ② 메탄올
③ 에틸렌글리콜 ④ 글리세린

해설 결합된 OH기의 수에 따라 알코올의 가수가 결정된다.
① 에탄올(C_2H_5OH) : 1가 알코올 ② 메탄올(CH_3OH) : 1가 알코올
③ 에틸렌글리콜[$C_2H_4(OH)_2$] : 2가 알코올 ④ 글리세린[$C_3H_5(OH)_3$] : 3가 알코올

53. 알코올에 관한 설명으로 옳지 않은 것은?

① 1가 알코올은 OH 기의 수가 1개인 알코올을 말한다.
② 2차 알코올은 1차 알코올이 산화된 것이다.
③ 2차 알코올이 수소를 잃으면 케톤이 된다.
④ 알데히드가 환원되면 1차 알코올이 된다.

해설 2차 알코올이 산화되어 케톤이 된다.

54. 위험물안전관리법령상 위험등급이 나머지 셋과 다른 하나는?

① 알코올류 ② 제2석유류
③ 제3석유류 ④ 동식물유류

55. **위험물안전관리법령에서 정한 메틸알코올의 지정수량을 Kg 단위로 환산하면 얼마인가? (단, 메틸알코올의 비중은 0.8이다.)**

① 200 ② 320
③ 400 ④ 450

해설 비중 × 부피 = 0.8 × 400 = 320kg

56. **다음 수용액 중 알코올의 함유량이 60중량퍼센트 이상일 때 위험물안전관리법상 제4류 알코올류에 해당하는 물질은?**

① 에틸렌글리콜[$C_2H_4(OH)_2$] ② 알릴알코올[$CH_2=CHCH_2OH$]
③ 부틸알코올[C_4H_9OH] ④ 에틸알코올[CH_3CH_2OH]

해설 ① 에틸렌글리콜[$C_2H_4(OH)_2$] : 제3석유류
② 알릴알코올[$CH_2=CHCH_2OH$] : 제2석유류, 탄소수가 3개이지만 불포화 알코올이므로 알코올류의 품명이 될 수 없다.
③ 부틸알코올[C_4H_9OH] : 제2석유류

57. **메탄올과 비교한 에탄올의 성질에 대한 설명 중 틀린 것은?**

① 인화점이 낮다. ② 발화점이 낮다.
③ 증기비중이 크다. ④ 비점이 높다.

해설 메탄올 인화점 : 11℃, 에탄올 인화점 : 13℃

58. **등유에 관한 설명으로 틀린 것은?**

① 물보다 가볍다. ② 녹는점은 상온보다 높다
③ 발화점은 상온보다 높다 ④ 증기는 공기보다 무겁다.

해설 등유의 녹는점은 약 -26℃ ~ -48℃로 상온보다 낮다.

59. **다음 중 물에 가장 잘 녹는 물질은?**

① 아닐린 ② 벤젠
③ 아세트알데히드 ④ 이황화탄소

60. **1기압 20도에서 액상이며 인화점이 200도 이상인 물질은?**

① 벤젠 ② 톨루엔
③ 글리세린 ④ 실린더유

해설 실린더유는 제4석유류이므로 인화점이 200℃ 이상인 물질이다.

61. 제4류 위험물에 속하지 않는 것은?

① 아세톤　② 실린더유
③ 과산화벤조일　④ 니트로벤젠

해설 과산화벤조일은 제5류 위험물이다.

62. 히드라진의 지정수량은 얼마인가?

① 200kg　② 200L　③ 2,000kg　④ 2,000L

63. 다음 물질 중 물보다 비중이 작은 것으로만 이루어진 것은?

① 에테르, 이황화탄소　② 벤젠, 글리세린
③ 가솔린, 메탄올　④ 글리세린, 아닐린

64. 다음 중 인화점이 가장 높은 것은?

① 등유　② 벤젠　③ 아세톤　④ 아세트알데히드

해설 등유는 제2석유류로 특수인화물인 아세트알데히드와 제1석유류인 벤젠과 아세톤에 비하여 인화점이 높다.

65. 인화점이 상온 이상인 위험물은?

① 중유　② 아세트알데히드　③ 아세톤　④ 이황화탄소

해설 ① 중유 : 60℃ 이상　② 아세트알데히드 : -38℃
③ 아세톤 : -18℃　④ 이황화탄소 : -30℃

66. 다음 중 요오드 값이 가장 낮은 것은?

① 해바라기유　② 오동유　③ 아마인유　④ 낙화생유

해설 ④ 낙화생유(땅콩유) : 불건성유(① 해바라기유, ② 오동유, ③ 아마인유 : 건성유)

67. 다음 중 자연발화의 위험성이 가장 큰 물질은?

① 아마인유　② 야자유　③ 올리브유　④ 피마자유

해설 요오드가가 가장 높은 건성유가 자연발화의 위험성이 가장 크다.
건성유 : 들기름, 아마인유, 동유, 해바라기유, 정어리유
반건성유 : 콩기름, 채종유, 옥수수기름
불건성유 : 땅콩기름, 피마자유, 올리브유, 야자유

68. 위험물안전관리법령상 동식물유류의 경우 1기압에서 인화점은 섭씨 몇 도 미만으로 규정하고 있는가?

① 150℃ ② 250℃ ③ 450℃ ④ 600℃

해설 동식물유류의 인화점은 250℃ 미만으로 규정한다.

69. 동식물유류에 대한 설명으로 틀린 것은?

① 아마인유는 건성유이다.

② 불포화결합이 적을수록 자연발화의 위험이 커진다.

③ 요오드값이 100 이하인 것을 불건성유라 한다.

④ 건성유는 공기 중 산화중합으로 생긴 고체가 도막을 형성할 수 있다.

해설 불포화결합이 많을수록 자연발화의 위험이 크다.

70. 위험물안전관리법령상에 따른 "행정안전부령이 정하는 용기기준과 수납 · 저장기준에 따라 수납되어 저장 · 보관되고 용기의 외부에 물품의 통칭명, 수량 및 화기엄금(화기엄금과 동일한 의미를 갖는 표시를 포함한다.)의 표시가 있는 경우"에 해당하는 동식물유류의 규제에 관한 설명으로 틀린 것은?

① 위험물에 해당하지 않는다.

② 제조소등이 아닌 장소에 지정수량 이상 저장할 수 있다.

③ 지정수량 이상을 저장하는 장소도 제조소 등 설치허가를 받을 필요가 없다.

④ 화물자동차에 적재하여 운반하는 경우 위험물안전관리법상 운반기준이 적용되지 않는다.

해설 ④ "동식물유류"의 기준에 들어가지는 않지만 위험물안전관리법상 운반기준에는 적용된다.

정답

01_④	02_④	03_④	04_③	05_①	06_①	07_③	08_③	09_④	10_①
11_①	12_③	13_①	14_①	15_①	16_①	17_④	18_①	19_②	20_②
21_①	22_④	23_④	24_③	25_④	26_②	27_④	28_②	29_②	30_③
31_③	32_③	33_④	34_③	35_④	36_④	37_①	38_③	39_②	40_④
41_②	42_②	43_④	44_②	45_④	46_④	47_②	48_①	49_④	50_①
51_①	52_④	53_②	54_①	55_②	56_④	57_①	58_②	59_③	60_④
61_③	62_④	63_③	64_①	65_①	66_④	67_①	68_②	69_②	70_④

6) 제5류 위험물

【제5류 위험물(자기반응성 물질)】

위험등급	품명	지정수량	물질명 및 화학식	소화방법
Ⅰ	질산에스테르류	10kg	질산메틸(CH_3ONO_2)	수계소화설비로 주수소화
			질산에틸($C_2H_5ONO_2$)	
			니트로글리세린[$C_3H_5(ONO_2)_3$]	
			니트로글리콜	
			니트로셀룰로오스	
			셀룰로이드	
	유기과산화물		과산화벤조일(=벤조일퍼옥사이드)	
			메틸에틸케톤퍼옥사이드	
Ⅱ	니트로화합물	200kg	트리니트로톨루엔[$C_6H_2CH_3(NO_2)_3$]	
			트리니트로페놀[$C_6H_2OH(NO_2)_3$]	
			테트릴	
			디니트로톨루엔	
			디니트로페놀	
			디니트로벤젠	
	니트로소화합물			
	아조화합물		아조벤젠	
	디아조화합물			
	히드라진유도체			
	히드록실아민	100kg		
	히드록실아민염류			

행정안전부령으로 정하는 것 : 금속아지화합물, 질산구아니딘

[특징]

✔ 한 눈에 정리하기

① **불안정하여 충격, 마찰에 의해 폭발하기 쉬운 가연성 물질이다.**

② **건조할수록 위험하고 대부분 물에 녹기 어려운 반면에 유기용매(벤젠)에 용해된다.**

③ **니트로셀룰로오스(=면약, 면화약)** : 건조 상태에서 위험성이 커지므로 **물, 알코올(함수알코올)에 습면**시켜 저장, **질산기의 수**에 따라 강면약(질화도大)과 약면약(질화도小)으로 구분, 질화도가 높을수록 위험성이 크다.

④ 니트로글리세린 : 글리세린 + 황산 + 질산으로 니트로화 반응시켜 제조하며, 다공질의 규조토에 흡수시켜 **다이너마이트로 제조**, 겨울철 동결의 우려가 있다.

⑤ 셀룰로이드 : 니트로셀룰로오스 75% + 장뇌 25% 혼합시켜 제조하며, **질소**가 함유된 **유기물**이다.

⑥ 트리니트로톨루엔 : 폭발 · 분해시 일산화탄소(CO) **유독기체 발생**, 톨루엔 + 황산 + 질산으로 니트로화 반응시켜 제조한다.

⑦ 트리니트로페놀 : 휘황색의 침상결정으로, 단독으로 둔감하여 **장기간 저장이 가능하며,** 페놀 + 황산 + 질산으로 니트로화 반응시켜 제조한다.

⑧ 과산화벤조일 : 투명 · 백색 고체이며, 폭발 위험을 낮추기 위해 희석제를 첨가하여 저장 및 보관

⑨ 화재 시 다량의 물로 주수소화한다.(질식소화는 효과가 없다.)

⑩ 자기연소를 한다.

질산에스테르류(Ⅰ등급, 10kg)	
질산메틸 (CH_3ONO_2 또는 CH_3NO_3) 질산에틸 ($C_2H_5ONO_2$ 또는 $C_2H_5NO_3$)	• 무색 투명한 향기가 나는 액체이다. • 물보다 무겁다. • 물에는 녹지 않고 알코올, 에테르에 녹는다. • 질산의 수소원자를 알킬기로 치환한 물질이다.
니트로셀룰로오스 (NC) (질화면, 면화약, 면약)	• 분해온도 130℃, 자연발화온도 160~170℃ • 백색의 고체 상태이다. • 건조 상태의 니트로셀룰로오스는 위험하므로 운반 시에는 물, 알코올 등으로 습윤시킨다. • 직사광선 및 산의 존재 하에 자연발화의 위험이 있다. • 섬유소(셀룰로오스)를 진한 질산과 진한 황산의 혼합액으로 처리하여 제조한다. • 질화도(질소함유율)가 높을수록 폭발성이 크다. • 다이너마이트의 원료로 사용된다. • 질산섬유소라고도 하며 화약에 이용 시 면약(면화약)이라 한다.

니트로글리콜 $[C_2H_4(ONO_2)_2]$	• 녹는점 -22℃, 비점 75℃, 비중 1.49. • 무색에서 노란색의 기름상태의 액체이다. • 니트로글리세린보다 휘발성이 크고 연소 시 연기는 독성이 매우 강하다. • 낮은 온도에서도 잘 얼지 않는 다이너마이트를 제조하기 위해 니트로글리세린의 일부를 대체하여 첨가하는 물질로 다이너마이트의 원료로 사용된다.
니트로글리세린(NG) $[C_3H_5(ONO_2)_3]$	• 녹는점 13℃, 비중 1.6 • 순수한 것은 무색, 투명한 기름상의 액체이고 공업용은 담황색이다. • 충격이나 마찰에 민감하고 가수분해 반응을 일으키는 단점이 있어 이를 개선하여 다이너마이트를 발명하는데 주 원료로 사용되었다. • 충격, 마찰에는 매우 예민하고 겨울철에는 동결할 우려가 있다. • 규조토에 흡수시킨 것을 다이너마이트라 한다. • 물에 녹기 어렵고 알코올, 아세톤, 벤젠 등에 녹는다.
셀룰로이드	니트로셀룰로오스 75%에 장뇌 25%를 혼합시켜 셀룰로이드(질소가 함유된 유기물)를 제조한다.

연습문제

01. 제5류 위험물에 대한 설명 중 틀린 것은?

① 대부분 물질 자체에 산소를 함유하고 있다.
② 대표적 성질이 자기 반응성 물질이다.
③ 가열, 충격, 마찰로 위험성이 증가하므로 주의한다.
④ 불연성이지만 가연물과 혼합은 위험하므로 주의한다.

해설 제5류 위험물은 가연성 물질이다.

02. 질산메틸에 대한 설명 중 틀린 것은?

① 액체 형태이다. ② 물보다 무겁다.
③ 알코올에 녹는다. ④ 증기는 공기보다 가볍다.

해설 증기는 공기보다 무겁다.(질산메틸(CH_3ONO_2) 증기비중 : $\frac{77}{29} = 2.66$)

03. 질산에틸의 분자량은 약 얼마인가?

① 76 ② 82 ③ 91 ④ 105

해설 질산에틸($C_2H_5NO_3$)의 분자량 = $(12\times2)+(1\times5)+14+(16\times3)=91$

04. **니트로셀룰로오스에 관한 설명으로 옳은 것은?**

① 섬유소를 진한 염산과 석유의 혼합액으로 처리하여 제조한다.
② 직사광선 및 산의 존재 하에 자연발화의 위험이 있다.
③ 습윤상태로 보관하면 매우 위험하다.
④ 황갈색의 액체상태이다.

해설 ① 섬유소를 진한 질산과 진한 황산의 혼합액으로 처리하여 제조한다.
③ 건조상태로 보관하면 매우 위험하다.
④ 백색의 고체상태이다.

05. **니트로셀룰로오스의 안전한 저장을 위해 사용하는 물질은?**

① 페놀 ② 황산 ③ 에탄올 ④ 아닐린

해설 제5류 위험물인 니트로셀룰로오스는 건조 상태에서 위험성이 커지므로 물 또는 알코올에 습면시켜 저장한다.

06. **순수한 것은 무색, 투명한 기름상의 액체이고 공업용은 담황색인 위험물로 충격, 마찰에는 매우 예민하고 겨울철에는 동결할 우려가 있는 것은?**

① 펜트리트 ② 트리니트로벤젠 ③ 니트로글리세린 ④ 질산메틸

해설 니트로글리세린은 어는점이 약 13℃로 겨울철 동결의 우려가 있으며 충격과 마찰에 매우 예민하여 물 또는 알코올에 습면시켜 저장한다.

07. **셀룰로이드에 대한 설명으로 옳은 것은?**

① 질소가 함유된 무기물이다 ② 질소가 함유된 유기물이다.
③ 유기의 염화물이다. ④ 무기의 염화물이다.

해설 니트로셀룰로오스에 장뇌를 혼합시켜 셀룰로이드를 만들며 이는 질소가 함유된 유기물이다.

08. **낮은 온도에서도 잘 얼지 않는 다이너마이트를 제조하기 위해 니트로글리세린의 일부를 대체하여 첨가하는 물질은?**

① 니트로셀룰로오스 ② 니트로글리콜
③ 트리니트로톨루엔 ④ 디니트로벤젠

해설 니트로글리콜의 녹는점이 -22℃로 낮은 온도에서도 잘 얼지 않는(부동:不凍) 다이너마이트를 제조하기 위해 첨가한다.

정답	01_④	02_④	03_③	04_②	05_③	06_③	07_②	08_②

<table>
<tr><td colspan="2">유기과산화물(I 등급, 10kg) : 유기과산화물을 함유하는 것 중에서 불활성고체를 함유하는 것으로서 다음에 해당하는 것은 제외한다.
가. 과산화벤조일의 함유량이 35.5중량퍼센트 미만인 것으로서 전분가루, 황산칼슘2수화물 또는 인산1수소칼슘2수화물과의 혼합물
나. 비스(4클로로벤조일)퍼옥사이드의 함유량이 30중량퍼센트 미만인 것으로서 불활성고체와의 혼합물
다. 과산화지크밀의 함유량이 40중량퍼센트 미만인 것으로서 불활성고체와의 혼합물
라. 1 · 4비스(2-터셔리부틸퍼옥시이소프로필)벤젠의 함유량이 40중량퍼센트 미만인 것으로서 불활성고체와의 혼합물
마. 시크로헥사놀퍼옥사이드의 함유량이 30중량퍼센트 미만인 것으로서 불활성고체와의 혼합물</td></tr>
<tr><td>과산화벤조일
(벤조일퍼옥사이드)
(Benzoyl Peroxide)
[$(C_6H_5CO)_2O_2$]
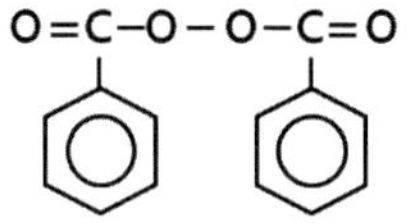</td><td>• 발화점 125℃, 녹는점 103~105℃, 비중 1.33
• 강산에 의해 분해 폭발의 위험이 있다.
• 건조 상태에서 충격, 마찰에 의해 폭발할 위험성이 있다.
• 가연성 물질과 접촉하면 발화의 위험이 높다.
• 가열하면 약 100℃에서 흰 연기를 내면서 분해한다.
• 무색, 무취의 백색분말 또는 결정이다.
• 물에 녹지 않고 알코올에 약간 녹으며 에테르 등 유기용제에 잘 녹는다.
• 직사광선을 피하고 냉암소에 보관한다.
• 수분을 함유하거나 희석제를 첨가하면 분해, 폭발을 억제할 수 있다.
• (희석제 : 프탈산디메틸, 프탈산디부틸)</td></tr>
<tr><td>메틸에틸케톤
퍼옥사이드
(과산화메틸에틸케톤)</td><td>• 착화점 205℃, 녹는점 -20℃, 분해온도 40℃ 이상
• 무색의 액체이며 물에 약간 녹는다.</td></tr>
</table>

연습문제

01. 벤조일퍼옥사이드의 위험성에 대한 설명으로 틀린 것은?

① 상온에서 분해되며 수분이 흡수되면 폭발성을 가지므로 건조된 상태로 보관 · 운반한다.
② 강산에 의해 분해 폭발의 위험이 있다.
③ 충격, 마찰 등에 의해 분해되어 폭발할 위험이 있다.
④ 가연성 물질과 접촉하면 발화의 위험이 높다.

해설 벤조일퍼옥사이드는 건조된 상태가 위험하므로 프탈산디메틸, 프탈산디부틸의 희석제를 사용하여 저장 및 보관한다.

02. 과산화벤조일(Benzoyl Peroxide)에 대한 설명 중 옳지 않은 것은?

① 지정수량은 10kg이다

② 저장 시 희석제로 폭발의 위험성을 낮출 수 있다.

③ 알코올에는 녹지 않으나 물에 잘 녹는다.

④ 건조 상태에서는 마찰, 충격으로 폭발의 위험이 있다.

해설 과산화벤조일은 알코올에 약간 녹으나 물에는 잘 녹지 않는다.

03. 다음 위험물 중 특수인화물이 아닌 것은?

① 메틸에틸케톤 퍼옥사이드　　② 산화프로필렌

③ 아세트알데히드　　④ 이황화탄소

해설 메틸에틸케톤 퍼옥사이드는 제5류 위험물에 해당한다.

04. 자기반응성 물질에 해당하는 물질은?

① 과산화칼륨　　② 벤조일퍼옥사이드

③ 트리에틸알루미늄　　④ 메틸에틸케톤

해설 제5류 위험물(자기반응성 물질)에 속하는 물질은 벤조일퍼옥사이드이다.
① 제1류 위험물　③ 제3류 위험물　④ 제4류 위험물

정답 01_①　02_③　03_①　04_②

니트로화합물(Ⅱ등급, 200kg) : 작용기 니트로기(- NO_2)를 공통으로 가진다.	
트리니트로톨루엔 (T.N.T) [$C_6H_2CH_3(NO_2)_3$] 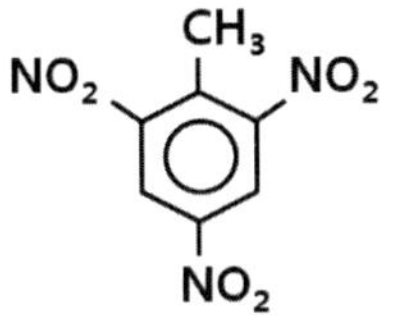	• 착화점 약 300℃, 녹는점 81℃, 비점 280℃, 비중 1.66 • 물에 녹지 않으며 아세톤, 벤젠, 알코올, 에테르에 잘 녹는다. • 담황색의 주상 결정이며 일광을 쪼이면 갈색으로 변한다. • 톨루엔($C_6H_5CH_3$)에 질산과 황산으로 니트로화 반응시켜 제조한다. • 분해하여 다량의 가스를 발생한다. (가스 : 일산화탄소, 질소, 수소) → 공기호흡기 등의 보호장구를 착용하고 소화한다. • 반응식 : $C_6H_2CH_3(NO_2)_3 \rightarrow C + 1.5N_2 + 2.5H_2 + 6CO$ • 강력한 폭약이다, 피크린산에 비해 충격, 마찰에 둔감하다.
트리니트로페놀 (T.N.P) [$C_6H_2OH(NO_2)_3$]	• 착화점 약 300℃, 녹는점 122.5℃, 비점 255℃, 비중 1.8 • 보통 공업용은 휘황색의 침상 결정으로 쓴 맛이 있어 별명은 피크린산이다. • 단독으로는 충격, 마찰에 둔감한 편으로 장기간 저장이 가능하다.

<table>
<tr>
<td>피크린산
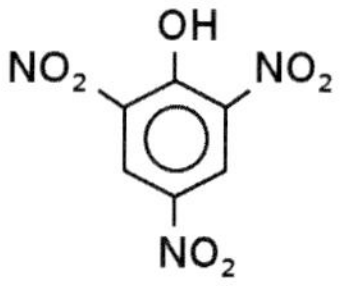</td>
<td>

- 페놀(C_6H_5OH)에 질산과 황산으로 니트로화 반응시켜 제조한다.
- 찬물에 녹기 어려우며 아세톤, 벤젠, 알코올, 더운물에 잘 녹는다.
- 구리, 납, 아연 등의 금속과 반응하여 위험성의 피크린산염을 생성하므로 구리 등의 저장용기를 피한다.
- 분해하여 다량의 가스를 발생한다. (가스 : 일산화탄소, 이산화탄소, 질소, 수소) → 공기호흡기 등의 보호장구를 착용하고 소화한다.
- 뇌관의 첨장약으로 사용된다.

✔ 한 눈에 정리하기

<table>
<tr><th>트리니트로톨루엔(TNT)</th><th>트리니트로페놀(TNP)</th></tr>
<tr><td>담황색 주상 결정</td><td>공업용은 휘황색 침상결정</td></tr>
<tr><td>열분해 시
일산화탄소, 질소, 수소, 탄소</td><td>열분해 시
일산화탄소, 이산화탄소, 질소,
수소, 탄소</td></tr>
<tr><td>TNP보다 충격, 마찰에 둔감</td><td>단독 상태이면 충격, 마찰에 둔감</td></tr>
<tr><td>물에 녹기 어렵다.</td><td>찬물에 녹기 어렵고, 더운 물에 용해된다.</td></tr>
<tr><td colspan="2">아세톤, 벤젠, 알코올에 잘 용해된다.</td></tr>
<tr><td colspan="2">고체</td></tr>
</table>

</td>
</tr>
<tr>
<td>테트릴</td>
<td>테트릴은 충격과 마찰에 민감하다.</td>
</tr>
<tr>
<td>디니트로톨루엔
(D.N.T)
[$C_6H_3(NO_2)_2CH_3$]
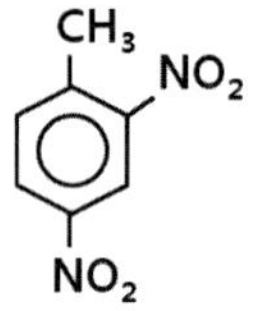</td>
<td>

- 착화점 400℃, 녹는점 70.5℃, 비중 1.3
- 담황색의 결정이다, 상온에서 안정하다.
- 물에 녹기 어렵고 알코올 및 에테르, 벤젠에 용해된다.
- 트리니트로톨루엔[$C_6H_2CH_3(NO_2)_3$]에 질산과 황산으로 니트로화 반응시켜 제조한다.

</td>
</tr>
<tr>
<td>디니트로페놀(D.N.P)
[$C_6H_3(NO_2)_2OH$]
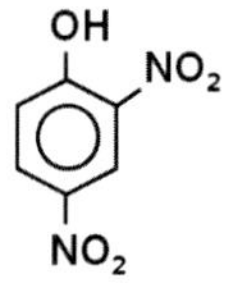</td>
<td>

- 독특한 냄새가 나는 황색의 결정이다.
- 트리니트로페놀[$C_6H_2OH(NO_2)_3$]에 질산과 황산으로 니트로화 반응시켜 제조한다.

</td>
</tr>
<tr>
<td>디니트로벤젠(D.N.B)
[$C_6H_4(NO_2)_2$]
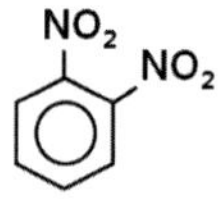</td>
<td>니트로벤젠에 질산과 황산으로 니트로화 반응시켜 제조한다.</td>
</tr>
</table>

연습문제

01. 제5류 위험물 중 니트로화합물의 지정수량을 옳게 나타낸 것은?

① 10kg ② 100kg ③ 150kg ④ 200kg

02. TNT가 폭발했을 때 발생하는 유독기체는?

① N_2 ② CO_2 ③ H_2 ④ CO

해설 TNT의 분해반응식 : $2C_6H_2CH_3(NO_2)_3 \rightarrow 12CO + 2C + 3N_2 + 5H_2$

03. $C_6H_2CH_3(NO_2)_3$을 녹이는 용제가 아닌 것은?

① 물 ② 벤젠 ③ 에테르 ④ 아세톤

해설 $C_6H_2CH_3(NO_2)_3$ (트리니트로톨루엔)은 물에 녹지 않는다.

04. 트리니트로페놀에 대한 설명으로 옳은 것은?

① 발화방지를 위해 휘발유에 저장한다. ② 구리용기에 넣어 보관한다.
③ 무색, 투명한 액체이다. ④ 알코올, 벤젠 등에 녹는다.

해설 ① 건조 상태가 위험하므로 물에 습면시켜 저장한다.
② 구리 등 금속과 반응하여 피크린산염을 생성하므로 위험하다.
③ 휘황색의 침상결정이다.

05. 다음 위험물에 대한 설명 중 옳은 것은?

① 벤조일퍼옥사이드는 건조할수록 안전도가 높다.
② 테트릴은 충격과 마찰에 민감하다.
③ 트리니트로페놀은 공기 중 분해하므로 장기간 저장이 불가능하다.
④ 디니트로톨루엔은 액체상의 물질이다.

정답 01_④ 02_④ 03_① 04_④ 05_②

챕터별 문제-제5류 위험물

01. **제5류 위험물의 일반적인 성질에 대한 설명 중 틀린 것은?**

① 자기연소를 일으키며 연소 속도가 빠르다.
② 무기물이므로 폭발의 위험이 있다.
③ 운반용기 외부에 "화기엄금" 및 "충격주의" 주의사항 표시를 하여야 한다.
④ 강산화제 또는 강산류와 접촉 시 위험성이 증가한다.

해설 제5류 위험물은 대부분 유기화합물로 폭발의 위험이 있다.

02. **제5류 위험물의 화재예방상 주의사항으로 가장 거리가 먼 것은?**

① 점화원의 접근을 피한다.
② 통풍이 양호한 찬 곳에 저장한다.
③ 소화설비는 질식효과가 있는 것을 위주로 준비한다.
④ 가급적 소분하여 저장한다.

해설 제5류 위험물의 화재에는 질식소화는 효과가 없으므로 다량의 물로 주수소화 하여야 한다.

03. **제5류 위험물의 화재에 적응성이 없는 소화설비는?**

① 옥외소화전설비 ② 스프링클러설비
③ 물분무소화설비 ④ 할로겐화물소화설비

04. **다음 위험물 중 지정수량이 가장 작은 것은?**

① 니트로글리세린 ② 과산화수소
③ 트리니트로톨루엔 ④ 피크르산

해설 ① 10kg ② 300kg ③ 200kg ④ 200kg

05. **질산에틸의 성질에 대한 설명 중 틀린 것은?**

① 비점은 약 88℃이다. ② 무색의 액체이다.
③ 증기는 공기보다 무겁다. ④ 물에 잘 녹는다.

해설 물에 녹기 어렵다.

06. **다음 위험물 중 상온에서 액체인 것은?**

① 질산에틸 ② 트리니트로톨루엔
③ 셀룰로이드 ④ 피크린산

해설 질산에틸은 무색 투명하고, 향기가 나는 액체이다.

07. 니트로셀룰로오스에 대한 설명으로 옳은 것은?

① 물에 녹지 않으며 물보다 무겁다. ② 수분과 접촉하는 것은 위험하다.
③ 질화도와 폭발위험성은 무관하다. ④ 질화도가 높을수록 폭발 위험성이 낮다.

해설 ② 오히려 건조상태가 위험하여 물에 습면시켜 운반한다.
③, ④ 질화도가 높을수록 폭발 위험성이 높다.

08. 니트로셀룰로오스의 저장 · 취급방법으로 옳은 것은?

① 건조한 상태로 보관하여야 한다.
② 물 또는 알코올 등을 첨가하여 습윤시켜야 한다.
③ 물기에 접촉하면 위험하므로 제습제를 첨가하여야 한다.
④ 알코올에 접촉하면 자연발화의 위험이 있으므로 주의하여야 한다.

해설 건조하면 위험하므로 물 또는 알코올에 습면시킨다.

09. 니트로셀룰로오스에 관한 설명으로 옳은 것은?

① 용제에는 전혀 녹지 않는다. ② 질화도가 클수록 위험성이 증가한다.
③ 물과 작용하여 수소를 발생한다. ④ 화재발생시 질식소화가 가장 적합하다.

해설 질화도에 따라 강면화약과 약면화약으로 분류되며 질화도가 클수록 위험성이 증가한다.

10. 니트로셀룰로오스 화재 시 가장 적합한 소화방법은?

① 할로겐화합물 소화기를 사용한다. ② 분말소화기를 사용한다.
③ 이산화탄소소화기를 사용한다. ④ 다량의 물을 사용한다.

11. 니트로셀룰로오스에 대한 설명으로 틀린 것은?

① 다이너마이트의 원료로 사용된다.
② 물과 혼합하면 위험성이 감소된다.
③ 셀룰로오스에 진한 질산과 진한 황산을 작용시켜 만든다.
④ 품명이 니트로화합물이다.

해설 품명이 질산에스테르류이다.

12. 충격이나 마찰에 민감하고 가수분해 반응을 일으키는 단점을 가지고 있어 이를 개선하여 다이너마이트를 발명하는데 주 원료로 사용한 위험물은?

① 트리니트로페놀 ② 니트로글리세린
③ 트리니트로톨루엔 ④ 셀룰로이드

13. 다이너마이트의 원료로 사용되며 건조한 상태에서는 타격, 마찰에 의하여 폭발의 위험이 있으므로 운반 시 물 또는 알코올을 첨가하여 습윤 시키는 위험물은?

① 벤조일퍼옥사이드 ② 트리니트로톨루엔
③ 니트로셀룰로오스 ④ 디니트로나프탈렌

14. 니트로글리세린에 관한 설명으로 틀린 것은?

① 상온에서 액체 상태이다.
② 물에는 잘 녹지만 유기용제에는 녹지 않는다.
③ 충격 및 마찰에 민감하므로 주의해야 한다.
④ 다이너마이트의 원료로 쓰인다.

15. 니트로글리세린에 대한 설명으로 가장 거리가 먼 것은?

① 규조토에 흡수시킨 것을 다이너마이트라고 한다.
② 충격, 마찰에 매우 둔감하나 동결품은 민감해진다.
③ 비중은 약 1.6 이다.
④ 알코올, 벤젠 등에 녹는다.

해설 충격, 마찰에 매우 민감하다.

16. 위험물안전관리법령상 품명이 다른 하나는?

① 니트로글리콜 ② 니트로글리세린
③ 셀룰로이드 ④ 테트릴

17. 위험물안전관리법령상 품명이 나머지 셋과 다른 하나는?

① 트리니트로톨루엔 ② 니트로글리세린
③ 니트로글리콜 ④ 셀룰로이드

해설 ① 트리니트로톨루엔 : 니트로화합물
② 니트로글리세린, ③ 니트로글리콜, ④ 셀룰로이드 : 질산에스테르류

18. 위험물안전관리법령상 셀룰로이드의 품명과 지정수량을 옳게 연결한 것은?

① 니트로화합물 - 200kg ② 니트로화합물 - 10kg
③ 질산에스테르류 - 200kg ④ 질산에스테르류 - 10kg

19. 다음 중 질산에스테르류에 속하는 것은?

① 피크린산 ② 니트로벤젠
③ 니트로글리세린 ④ 트리니트로톨루엔

20. 제5류 위험물에 해당하지 않는 것은?

① 염산히드라진
② 니트로글리세린
③ 니트로벤젠
④ 니트로셀룰로오스

해설 니트로벤젠 : 제4류 위험물 제3석유류 비수용성

21. 다음 중 제5류 위험물이 아닌 것은?

① 니트로글리세린
② 니트로톨루엔
③ 니트로글리콜
④ 트리니트로톨루엔

해설 니트로톨루엔($C_6H_4NO_2CH_3$)은 제4류 위험물 제3석유류이다.

22. 제5류 위험물이 아닌 것은?

① 클로로벤젠 ② 과산화벤조일 ③ 염산히드라진 ④ 아조벤젠

23. 다음 중 제5류 위험물에 해당하지 않는 것은?

① 히드라진
② 히드록실아민
③ 히드라진유도체
④ 히드록실아민염류

해설 히드라진은 제4류 위험물 중 제2석유류이다.

24. 제5류 위험물 중 유기과산화물을 함유한 것으로서 위험물에서 제외되는 것의 기준이 아닌 것은?

① 과산화벤조일의 함유량이 35.5 중량퍼센트 미만인 것으로서 전분가루, 황산칼슘2수화물 또는 인산 1수소칼슘2수화물과의 혼합물
② 비스(4클로로벤조일)퍼옥사이드의 함유량이 30중량퍼센트 미만인 것으로서 불활성고체와의 혼합물
③ 1 · 4비스(2-터셔리부틸퍼옥시이소프로필)벤젠의 함유량이 40중량퍼센트 미만인 것으로서 불활성고체와의 혼합물
④ 시크로헥사놀퍼옥사이드의 함유량이 40중량퍼센트 미만인 것으로서 불활성고체와의 혼합물

해설 시크로헥사놀퍼옥사이드의 함유량이 30중량퍼센트 미만인 것으로서 불활성고체와의 혼합물

25. 과산화벤조일에 대한 설명 중 틀린 것은?

① 진한 황산과 혼촉 시 위험성이 증가한다.
② 폭발성을 방지하기 위하여 희석제를 첨가할 수 있다.
③ 가열하면 약 100℃에서 흰 연기를 내면서 분해한다.
④ 물에 녹으며, 무색 무취의 액체이다.

해설 물에 녹기 어려운 무색 무취의 고체이다.

26. 위험물 운반에 관한 기준 중 위험등급 Ⅰ에 해당하는 위험물은?

① 황화린　② 피크린산　③ 벤조일퍼옥사이드　④ 질산나트륨

27. 제5류 위험물에 관한 내용으로 틀린 것은?

① $C_2H_5ONO_2$: 상온에서 액체이다.
② $C_6H_2OH(NO_2)_3$: 공기 중 자연분해가 매우 잘 된다.
③ $C_6H_3(NO_2)_2CH_3$: 담황색의 결정이다.
④ $C_3H_5(ONO_2)_3$: 혼산 중에 글리세린을 반응시켜 제조한다.

해설 ② 트리니트로페놀은 공기 중 자연분해가 되기 어렵다. ① 질산에틸($C_2H_5ONO_2$)
③ 디니트로톨루엔[$C_6H_3(NO_2)_2CH_3$]　④ 니트로글리세린[$C_3H_5(ONO_2)_3$]

28. $C_6H_2(NO_2)_3OH$와 CH_3NO_3의 공통성질에 해당하는 것은?

① 니트로화합물이다.　② 인화성과 폭발성이 있는 액체이다.
③ 무색의 방향성 액체이다.　④ 에탄올에 녹는다.

29. 트리니트로톨루엔의 작용기에 해당하는 것은?

① $-NO$　② $-NO_2$　③ $-NO_3$　④ $-NO_4$

해설 톨루엔($C_6H_5CH_3$)에 니트로화 반응시켜 트리니트로톨루엔[$CH_3CH_2(NO_2)_3$]은 생성하며, 니트로기($-NO_2$) 3개가 치환된다.

30. 제5류 위험물의 화재예방 및 진압대책에 대한 설명 중 틀린 것은?

① 벤조일퍼옥사이드의 저장 시 저장용기에 희석제를 넣으면 폭발위험성을 낮출 수 있다.
② 건조 상태의 니트로셀룰로오스는 위험하므로 운반 시에는 물, 알코올 등으로 습윤시킨다.
③ 디니트로톨루엔은 폭발감도가 매우 민감하고 폭발력이 크므로 가열, 충격 등에 주의하여 조심스럽게 취급해야 한다.
④ 트리니트로톨루엔은 폭발 시 다량의 가스가 발생하므로 공기호흡기 등의 보호장구를 착용하고 소화한다.

해설 디니트로톨루엔은 상온에서 안정하며, 280℃ 이상의 고온으로 가열되었을 경우 폭발의 위험이 있다.

31. 트리니트로페놀에 대한 일반적인 설명으로 틀린 것은?

① 가연성 물질이다.　② 공업용은 보통 휘황색의 결정이다.
③ 알코올에 녹지 않는다.　④ 납과 화합하여 예민한 금속염을 만든다.

해설 알코올에 잘 녹는다.

32. 피크린산 제조에 사용되는 물질과 가장 관계가 있는 것은?

① C_6H_6 ② $C_6H_5CH_3$ ③ $C_3H_5(OH)_3$ ④ C_6H_5OH

해설 피크린산(트리니트로페놀)은 페놀(C_6H_5OH)에 질산과 황산으로 니트로화 반응으로 제조한다.

33. 위험물 운반에 관한 기준 중 위험등급 1에 해당하는 위험물은?

① 황화린 ② 피크린산 ③ 벤조일퍼옥사이드 ④ 질산나트륨

해설 ① 황화린 : 위험등급 Ⅱ, ② 피크린산 : 위험등급 Ⅱ, ④ 질산나트륨 : 위험등급 Ⅱ

34. 트리니트로톨루엔에 관한 설명으로 옳지 않은 것은?

① 일광을 쪼이면 갈색으로 변한다. ② 녹는점은 약 81℃이다.
③ 아세톤에 잘 녹는다. ④ 비중은 약 1.8인 액체이다.

해설 비중이 약 1.66인 고체이다.

35. 트리니트로페놀에 대한 설명으로 옳은 것은?

① 발화방지를 위해 휘발유에 저장한다. ② 구리용기에 넣어 보관한다.
③ 무색, 투명한 액체이다. ④ 알코올, 벤젠 등에 녹는다.

해설 트리니트로페놀은 물에 녹기 어려운 반면에 알코올, 벤젠 등에 잘 녹으며 구리, 납 등의 금속과 반응하므로 금속의 저장용기는 피한다.

36. 질산에스테르류에 속하지 않는 것은?

① 니트로셀룰로오스 ② 질산에틸 ③ 니트로글리세린 ④ 디니트로페놀

해설 디니트로페놀은 니트로화합물에 속한다.

37. 트리니트로페놀에 대한 설명으로 옳은 것은?

① 폭발속도가 100m/s 미만이다. ② 분해하여 다량의 가스를 발생한다.
③ 표면연소를 한다. ④ 상온에서 자연발화한다.

해설 분해하여 다량의 일산화탄소, 이산화탄소, 질소, 수소 가스를 발생한다.

38. 제5류 위험물인 트리니트로톨루엔 분해 시 주 생성물에 해당하지 않는 것은?

① CO ② N_2 ③ NH_3 ④ H_2

해설 반응식 : $2C_6H_2CH_3(NO_2)_3 \rightarrow 12CO + 2C + 3N_2 + 5H_2$

39. 상온에서 액체인 물질로만 조합된 것은?

① 질산에틸, 니트로글리세린
② 피크린산, 질산메틸
③ 트리니트로톨루엔, 디니트로벤젠
④ 니트로글리콜, 테트릴

해설 피크린산, 트리니트로톨루엔, 디니트로벤젠, 테트릴은 상온에서 고체인 물질이다.

40. 다음 중 지정수량이 가장 큰 것은?

① 과염소산칼륨 ② 트리니트로톨루엔 ③ 황린 ④ 유황

해설 과염소산칼륨 : 50kg 트리니트로톨루엔 : 200kg
황린 : 20kg 유황 : 100kg

41. 질산의 수소원자를 알킬기로 치환한 제5류 위험물의 지정수량은?

① 10kg ② 100kg ③ 200kg ④ 300kg

해설 질산메틸, 질산에틸에 해당하는 설명이므로 지정수량은 10kg이다.

42. 다음 중 위험물안전관리법령에 의한 지정수량이 가장 작은 품명은?

① 질산염류 ② 인화성고체 ③ 금속분 ④ 질산에스테르류

해설 ① 질산염류 : 300kg ② 인화성고체 : 1,000kg
③ 금속분 : 500kg ④ 질산에스테르류 : 10kg

43. 위험물안전관리법령상 유별이 같은 것으로만 나열된 것은?

① 금속의 인화물, 칼슘의 탄화물, 할로겐간화합물
② 아조벤젠, 염산히드라진, 질산구아니딘
③ 황린, 적린, 무기과산화물
④ 유기과산화물, 질산에스테르류, 알킬리튬

해설 ① 금속의 인화물(제3류), 칼슘의 탄화물(제3류), 할로겐간화합물(제6류)
② 아조벤젠(제5류), 염산히드라진(제5류), 질산구아니딘(제5류)
③ 황린(제3류), 적린(제2류), 무기과산화물(제1류)
④ 유기과산화물(제5류), 질산에스테르류(제5류), 알킬리튬(제3류)

44. 위험물의 유별 구분이 나머지 셋과 다른 하나는?

① 니트로글리콜 ② 스티렌 ③ 아조벤젠 ④ 디니트로벤젠

45. 다음 중 위험등급이 나머지 셋과 다른 하나는?

① 니트로소화합물 ② 유기과산화물 ③ 아조화합물 ④ 히드록실아민

해설
- 유기과산화물 : 위험등급 Ⅰ
- 니트로소화합물, 아조화합물, 히드록실아민 : 위험등급 Ⅱ

47. 벤조일퍼옥사이드, 피크린산, 히드록실아민이 각각 200kg 있을 경우 지정수량의 배수의 합은 얼마인가?

① 22 ② 23 ③ 24 ④ 25

해설
- 벤조일퍼옥사이드 지정수량 : 10kg
- 피크린산 지정수량 : 200kg
- 히드록실아민 지정수량 : 100kg

$$\therefore \frac{\text{저장수량}}{\text{지정수량}} = \frac{200}{10} + \frac{200}{200} + \frac{200}{100} = 23$$

48. 위험물의 지정수량이 나머지 셋과 다른 하나는?

① 질산에스테르류 ② 니트로화합물 ③ 아조화합물 ④ 히드라진유도체

49. 아조화합물 800㎏, 히드록실아민 300㎏, 유기과산화물 40㎏의 총 양은 지정수량의 몇 배에 해당하는가?

① 7배 ② 9배 ③ 10배 ④ 11배

해설
- 아조화합물 지정수량 : 200kg
- 히드록실아민 지정수량 : 100kg
- 유기과산화물 지정수량 : 10kg

$$\therefore \frac{\text{저장수량}}{\text{지정수량}} = \frac{800kg}{200kg} + \frac{300kg}{100kg} + \frac{40kg}{10kg} = 4+3+4 = 11\text{배}$$

정답

01_②	02_③	03_④	04_①	05_④	06_①	07_①	08_②	09_②	10_④
11_④	12_②	13_③	14_②	15_②	16_④	17_①	18_④	19_③	20_③
21_②	22_①	23_①	24_④	25_④	26_③	27_②	28_④	29_②	30_③
31_③	32_④	33_③	34_④	35_④	36_④	37_②	38_③	39_①	40_②
41_①	42_④	43_②	44_②	45_②	46_②	47_②	48_①	49_④	

7) 제6류 위험물

【제6류 위험물(산화성 액체)】

위험등급	품명	지정수량	물질명 및 화학식	소화방법
I	질산	300kg	질산(HNO_3)	수계소화설비로 주수소화
	과산화수소		과산화수소(H_2O_2)	
	과염소산		과염소산($HClO_4$)	

행정안전부령으로 정하는 것 : 할로겐간화합물(IF_5, BrF_3 등)

[특징]

✔ 한 눈에 정리하기

① **강한 산화성, 강산화제(자신은 환원되고** 상대를 산화시키는 물질이다.)**, 불연성, 조해성, 흡습성 - 밀전 · 밀봉하여 보관, 가연물과 접촉금지 (제1류 위험물과 공통)**

② 열분해시 산소 기체 발생, 물보다 무겁다 = 비중이 1보다 크다

③ 위험물의 조건

- 질산 : **비중 1.49 이상**인 것만 위험물로 취급
- 과산화수소 : **농도 36wt%(중량%) 이상**인 것만 위험물로 취급

④ 물과 접촉하여 발열한다.

⑤ 질산 : 햇빛 · 열에 분해 시 유독성, 갈색의 **이산화질소(NO_2)**를 발생하기 때문에 **갈색병**에 보관, Al, Cr, Fe, Co, Ni 등의 금속은 **진한 질산**에서 **부동태화**되어 녹지 않으며 묽은 질산에 녹는다. **질산과 염산을 1:3** 비율로 제조한 것을 왕수라고 한다.

⑥ 과산화수소 : 햇빛 · 열에 분해 시 발생되는 산소기체의 배출을 위하여 **뚜껑에 작은 구멍을 뚫은** 갈색병에 저장, **분해방지 안정제**로 **인산, 요산** 등을 첨가

⑦ 과염소산 : 열분해 시 유독성의 염화수소(HCl)를 발생시킨다.

제6류 위험물(Ⅰ등급, 300kg)	
과산화수소(H_2O_2)	• 융점 -0.89℃, 비점 80.2℃, 비중 1.47 • 순수한 것은 점성이 있는 무색 액체이며, 양이 많을 경우 옅은 청색을 띤다. • 강산화제이나 환원제로도 사용된다. • 농도가 36wt%(중량%) 이상인 것만 위험물로 취급한다. • 농도가 높을수록 밀도와 끓는점이 높아진다. • 용기는 밀전하지 말고 뚜껑에 작은 구멍을 뚫은 갈색 용기에 저장한다. • 열, 햇빛에 분해 시 산소(O_2)를 발생하므로 분해 안정제로 인산(H_3PO_4) 및 요산($C_5H_4N_4O_3$) 등을 사용한다. • 과산화수소의 농도가 60% 이상일 때 단독으로 폭발할 수 있다. • 알칼리성 용액에 의해 분해될 수 있다.

	• 물, 에테르, 알코올에 용해되는 반면에 벤젠에는 용해되지 않는다. • 살균제 및 소독제로도 사용된다. • 분해할 때 발생하는 발생기 산소[O]는 난분해성 유기물질을 산화시킬 수 있다. • 열분해 반응식 : $H_2O_2 \rightarrow H_2O + 1/2O_2$ • 3% 용액을 옥시돌(oxydol) 이라고도 한다. • 소화 방법은 다량의 물로 주수 소화하는 것이 좋다.
질산(HNO_3)	• 융점 -42℃, 비점 86℃, 비중 1.49 • 비중이 1.49 미만인 경우 위험물에서 제외한다. • 무색의 액체이나 보관 중 담황색으로 변색될 수 있다. • 질산을 염산과 1 : 3의 비율로 혼합하여 왕수를 제조할 수 있다. • 공기 중에서 갈색 연기를 내는 물질을 발연질산이라 한다. • 물과 접촉하면 발열한다. • 진한 질산은 Fe(철), Co(코발트), Ni(니켈), Cr(크롬), Al(알루미늄) 등을 부동태화한다. • (부동태화 : 물질을 녹이지 못하고 물질의 표면에 얇은 막을 만드는 현상) • 열분해로 발생되는 가스는 적갈색의 이산화질소 기체와 산소 기체이다. • (반응식 : $4HNO_3 \rightarrow 2H_2O + 4NO_2 + O_2$) • 부식성이 강하고 흡습성이 있다 • 크산토프로테인 반응을 한다. (크산토프로테인반응 : 단백질에 질산을 반응시키면 황색으로 되는 반응)
과염소산($HClO_4$)	• 융점 -112℃, 비점 39℃, 비중 1.76, 증기비중 약 3.5 • 무색의 액체이다. • 열분해시 유독성 가스인 염화수소를 발생한다. $HClO_4 \rightarrow HCl + 2O_2$ • 물과 접촉 시 발열반응을 한다. • 산화력 및 흡습성이 강하다. • 다량의 물로 분무소화 또는 주수 소화한다.

연습문제

01. **위험물의 유별과 성질을 잘못 연결한 것은?**

① 제2류 - 가연성고체　② 제3류 - 자연발화성 및 금수성물질
③ 제5류 - 자기반응성물질　④ 제6류 - 산화성고체

해설 제6류 위험물 - 산화성 액체

02. 다음 중 제6류 위험물로써 분자량이 약 63인 것은?

① 과염소산 ② 질산 ③ 과산화수소 ④ 삼불화브롬

해설 질산(HNO_3) 분자량 : 1 + 14 + (16×3) = 63

03. 과산화수소가 이산화망간 촉매 하에서 분해가 촉진될 때 발생하는 가스는?

① 수소 ② 산소 ③ 아세틸렌 ④ 질소

해설 $2H_2O_2 \rightarrow 2H_2O + O_2$

04. 다음 중 과산화수소의 저장용기로 가장 적합한 것은?

① 뚜껑에 작은 구멍을 뚫은 갈색 용기
② 뚜껑을 밀전한 투명 용기
③ 구리로 만든 용기
④ 요오드화칼륨을 첨가한 종이 용기

해설 열과 직사광선에 의하여 산소가 생성되므로 구멍 뚫린 뚜껑을 이용하여 저장하며 직사광선을 피하기 위하여 갈색병에 담아 냉암소에 보관한다.

05. HNO_3에 대한 설명으로 틀린 것은?

① Al, Fe은 진한 질산에서 부동태를 생성해 녹지 않는다.
② 질산과 염산을 3:1 비율로 제조한 것을 왕수라고 한다.
③ 부식성이 강하고 흡습성이 있다.
④ 직사광선에서 분해하여 NO_2를 발생한다.

해설 질산과 염산을 1:3 비율로 제조한 것을 왕수라고 한다.

06. 질산이 분해하여 발생하는 갈색의 유독한 기체는?

① N_2O ② NO ③ NO_2 ④ N_2O_3

해설 $4HNO_3 \rightarrow 2H_2O + 4NO_2 + O_2$

07. 다음 중 제6류 위험물이 아닌 것은?

① 할로겐간화합물 ② 과염소산
③ 아염소산 ④ 과산화수소

해설 ③ 아염소산은 위험물이 아니다.

- 제6류 위험물은 과염소산, 과산화수소, 질산이 있으며, 행정안전부령이 정하는 것으로 할로겐간화합물이 있다.

08. 질산과 과염소산의 공통성질이 아닌 것은?

① 가연성이며 강산화제이다. ② 비중이 1보다 크다.

③ 가연물과 혼합으로 발화의 위험이 있다. ④ 물과 접촉하면 발열한다.

해설 제6류 위험물은 불연성이며 강산화제이다.

09. 무색의 액체로 융점이 −122℃이고 물과 접촉하면 심하게 발열하는 제6류 위험물은?

① 과산화수소 ② 과염소산 ③ 질산 ④ 오불화요오드

해설 과염소산은 무색, 무취의 액체로 융점이 -112℃이고 물과 접촉하면 심하게 발열한다.

10. 위험물안전관리법령상 다음 ( )에 알맞은 수치를 모두 합한 것은?

- 과염소산의 지정수량은 ( )kg이다.
- 과산화수소는 농도가 ( )wt% 미만인 것은 위험물에 해당하지 않는다.
- 질산은 비중이 ( ) 이상인 것만 위험물로 규정한다.

① 349.36 ② 549.36 ③ 337.49 ④ 537.49

해설 $\therefore 300 + 36 + 1.49 = 337.49$

11. 제6류 위험물에 속하는 것은?

① 염소화이소시아눌산 ② 퍼옥소이황산염류 ③ 질산구아니딘 ④ 할로겐간화합물

해설 ① 염소화이소시아눌산 : 제1류 위험물 ② 퍼옥소이황산염류 : 제1류 위험물
③ 질산구아니딘 : 제5류 위험물

정답									
01_④	02_②	03_②	04_①	05_②	06_③	07_③	08_①	09_②	10_③
11_④									

챕터별 문제-제6류 위험물

01. 제6류 위험물에 대한 설명으로 틀린 것은?

① 위험등급 Ⅰ에 속한다.

② 자신이 산화되는 산화성 물질이다.

③ 지정수량이 300kg이다.

④ 오불화브롬은 제6류 위험물이다.

해설 자신이 환원되는 산화성 물질이다.

02. 다음 중 산화성 액체 위험물의 화재예방상 가장 주의해야 할 점은?

① 0℃ 이하로 냉각시킨다. ② 공기와의 접촉을 피한다.
③ 가연물과의 접촉을 피한다. ④ 금속용기에 저장한다.

해설 산화성 물질의 화재예방상 주의해야 할 점은 가연물과의 접촉을 피하여야 한다.

03. 위험물안전관리법령상 산화성 액체에 대한 설명으로 옳은 것은?

① 과산화수소는 농도와 밀도가 비례한다.
② 과산화수소는 농도가 높을수록 끓는점이 낮아진다.
③ 질산은 상온에서 불연성이지만 고온으로 가열하면 스스로 발화한다.
④ 질산을 황산과 일정 비율로 혼합하여 왕수를 제조할 수 있다.

해설 ② 과산화수소는 농도가 높을수록 끓는점이 높아진다.
③ 질산은 불연성이므로 스스로 발화하지 않는다.
④ 질산을 염산과 1 : 3의 비율로 혼합하여 왕수를 제조할 수 있다.

04. 질산과 과염소산의 공통 성질에 대한 설명 중 틀린 것은?

① 산소를 포함한다. ② 산화제이다.
③ 물보다 무겁다. ④ 쉽게 연소한다.

05. 제6류 위험물의 위험성에 대한 설명으로 적합하지 않은 것은?

① 질산은 햇빛에 의해 분해되어 NO_2를 발생한다.
② 과염소산은 산화력이 강하여 유기물과 접촉 시 연소 또는 폭발한다.
③ 질산은 물과 접촉하면 발열한다.
④ 과염소산은 물과 접촉하면 흡열한다.

해설 과염소산은 물과 접촉하면 심하게 발열한다.

06. 위험물안전관리법상 위험물에 해당하는 것은?

① 아황산
② 비중이 1.41인 질산
③ 53마이크로미터의 표준체를 통과하는 것이 50중량% 이상인 철의 분말
④ 농도가 15중량%인 과산화수소

해설 ① 아황산 : 비위험물 ② 비중이 1.49 이상인 질산
④ 농도가 36중량% 이상인 과산화수소

07. 질산에 대한 설명 중 틀린 것은?

① 환원성 물질과 혼합하면 발화할 수 있다.
② 분자량은 약 63이다.
③ 위험물안전관리법령상 비중이 1.82 이상이 되어야 위험물로 취급된다.
④ 분해하면 인체에 해로운 가스가 발생한다.

해설 위험물안전관리법령상 비중이 1.49 이상이 되어야 위험물로 취급된다.

08. 무색 또는 옅은 청색의 액체로 농도가 36wt% 이상인 것을 위험물로 간주하는 것은?

① 과산화수소 ② 과염소산 ③ 질산 ④ 초산

해설 과산화수소에 대한 설명이다.

09. 위험물안전관리법령에 따른 제6류 위험물의 특성에 대한 설명 중 틀린 것은?

① 과염소산은 유기물과 접촉 시 발화의 위험이 있다.
② 과염소산은 불안정하며 강력한 산화성 물질이다.
③ 과산화수소는 알코올, 에테르에 녹지 않는다.
④ 질산은 부식성이 강하고 햇빛에 의해 분해된다.

해설 과산화수소는 물, 에테르, 알코올에 용해되는 반면에 벤젠에는 용해되지 않는다.

10. 제6류 위험물의 화재예방 및 진압대책으로 적합하지 않은 것은?

① 가연물과의 접촉을 피한다.
② 과산화수소를 장기보존 할 때는 유리용기를 사용하여 밀전한다.
③ 옥내소화전설비를 사용하여 소화할 수 있다.
④ 물분무소화설비를 사용하여 소화할 수 있다.

해설 열과 직사광선에 의하여 산소가 생성되므로 밀전하지 않고, 구멍 뚫린 뚜껑을 이용하여 저장하며 직사광선을 피하기 위하여 갈색병에 담아 냉암소에 보관한다.

11. 과산화수소의 저장 및 취급 방법으로 옳지 않은 것은?

① 갈색 용기를 사용한다.
② 직사광선을 피하고 냉암소에 보관한다.
③ 농도가 클수록 위험성이 높아지므로 분해방지 안정제를 넣어 분해를 억제시킨다.
④ 장시간 보관 시 철분을 넣어 유리용기에 보관한다.

해설 ④ 금속과 반응하므로 취급 방법으로 적합하지 않다.

12. 제6류 위험물의 화재예방 및 진압 대책으로 옳은 것은?

① 과산화수소는 화재 시 주수소화를 절대 금한다.
② 질산은 소량의 화재 시 다량의 물로 희석한다.
③ 과염소산은 폭발 방지를 위해 철제 용기에 저장한다.
④ 제6류 위험물의 화재에는 건조사만 사용하여 진압할 수 있다.

해설 ① 과산화수소는 화재 시 다량의 물로 주수소화 한다.
③ 철제 용기를 피한다.
④ 다량의 물로 주수소화가 적합하다. (단, 질산은 소량의 화재일 경우에 해당한다.)

13. 과산화수소의 성질에 대한 설명 중 틀린 것은?

① 알칼리성 용액에 의해 분해될 수 있다. ② 산화제로 사용할 수 있다.
③ 농도가 높을수록 안정하다. ④ 열, 햇빛에 의해 분해될 수 있다.

해설 ③ 과산화수소는 농도가 높을수록 불안정하다.

14. 지정수량은 300kg이고, 산화성액체 위험물이며, 가열하면 분해하여 유독성 가스를 발생하며, 증기비중은 약 3.5인 위험물에 해당하는 것은?

① 브롬산칼륨 ② 클로로벤젠 ③ 질산 ④ 과염소산

해설 과염소산은 열분해시 유독성 가스인 염화수소를 발생하며 증기비중은 $\frac{100.5}{29}=3.47$에 해당한다.

15. 제6류 위험물에 해당하지 않는 것은?

① 농도가 50wt%인 과산화수소 ② 비중이 1.5인 질산
③ 과요오드산 ④ 삼불화브롬

해설 과요오드산은 제1류 위험물의 행정안전부령으로 정하는 것에 해당한다.

16. 위험물안전관리법령상 제6류 위험물이 아닌 것은?

① H_3PO_4 ② IF_5 ③ BrF_5 ④ BrF_3

해설 인산(H_3PO_4)은 위험물이 아니다.

17. 다음 중 제6류 위험물에 해당하는 것은?

① IF_5 ② $HClO_3$ ③ NO_3 ④ H_2O

해설 ① 제6류 위험물 중 할로겐간화합물에 해당한다.

18. **다음 중 제6류 위험물에 해당하는 것은?**

① 과산화수소 ② 과산화나트륨 ③ 과산화칼륨 ④ 과산화벤조일

해설 ② 과산화나트륨,
③ 과산화칼륨 : 제1류 위험물
④ 과산화벤조일 : 제5류 위험물

19. **질산의 성상에 대한 설명으로 옳은 것은?**

① 흡습성이 강하고 부식성이 있는 무색의 액체이다.
② 햇빛에 의해 분해하여 암모니아가 생성되는 흰색을 띤다.
③ Au, Pt와 잘 반응하여 질산염과 질소가 생성된다.
④ 비휘발성이고 정전기에 의한 발화에 주의해야 한다.

해설 질산은 흡습성이 강하고 부식성이 있는 무색의 액체로 햇빛에 의해 분해하여 적갈색을 띠는 이산화질소를 생성한다.

20. **질산이 공기 중에서 분해되어 발생하는 유독한 갈색증기의 분자량은?**

① 16 ② 40 ③ 46 ④ 71

해설 NO_2 : 14 + (16×2) = 46

21. **다음 위험물 중 비중이 물보다 큰 것은 모두 몇 개인가?**

과염소산, 과산화수소, 질산

① 0개 ② 1개 ③ 2개 ④ 3개

해설 과염소산, 과산화수소, 비중은 모두 비중이 1보다 큰 위험물로 물보다 무겁다.

22. **과산화수소가 녹지 않는 것은?**

① 물 ② 벤젠 ③ 에테르 ④ 알코올

해설 과산화수소는 물, 알코올, 에테르에는 녹지만, 벤젠에는 녹지 않는다.

23. **공기 중에서 갈색 연기를 내는 물질은?**

① 중크롬산암모늄 ② 톨루엔 ③ 벤젠 ④ 발연질산

24. **다음 중 알루미늄을 침식시키지 못하고 부동태화 하는 것은?**

① 묽은 염산 ② 진한 질산 ③ 황산 ④ 묽은 질산

해설 철, 니켈, 코발트, 망간, 알루미늄 등의 금속은 진한 질산에서 부동태화하며 묽은 질산에 녹는다.

25. 위험물안전관리법령상 산화성 액체에 해당하지 않는 것은?

① 과염소산 ② 과산화수소 ③ 과염소산나트륨 ④ 질산

26. 과산화벤조일과 과염소산의 지정수량의 합은 몇 kg인가?

① 310kg ② 350kg ③ 400kg ④ 500kg

해설 • 과산화벤조일 지정수량 : 10kg • 과염소산 지정수량 : 300kg

∴ 10kg + 300kg = 310kg

27. 과산화수소에 대한 설명으로 틀린 것은?

① 불연성이다. ② 물보다 무겁다. ③ 산화성 액체이다. ④ 지정수량은 300L이다.

해설 지정수량은 300kg이다.

28. [보기]에서 설명하는 물질은 무엇인가?

- 살균제 및 소독제로도 사용된다.
- 분해할 때 발생하는 발생기 산소[O]는 난분해성 유기물질을 산화시킬 수 있다.

① $HClO_4$ ② CH_3OH ③ H_2O_2 ④ H_2SO_4

해설 과산화수소에 대한 설명이다.

29. 질산에 대한 설명으로 옳은 것은?

① 산화력은 없고 강한 환원력이 있다. ② 자체 연소성이 있다.

③ 크산토프로테인 반응을 한다. ④ 조연성과 부식성이 없다.

해설 ① 산화력이 강하다.
② 제1류 위험물과 제6류 위험물은 모두 불연성이다.
④ 부식성이 강한 강산이다.

30. 과염소산에 대한 설명 중 틀린 것은?

① 산화제로 이용된다.
② 휘발성이 강한 가연성 물질이다.
③ 철, 아연, 구리와 격렬하게 반응한다.
④ 증기 비중이 약 3.5이다.

해설 제6류 위험물은 모두 불연성이다.

31. 제6류 위험물의 위험성에 대한 설명으로 틀린 것은?

① 질산을 가열할 때 발생하는 적갈색 증기는 무해하지만 가연성이며 폭발성이 강하다.
② 고농도의 과산화수소는 충격, 마찰에 의해서 단독으로도 분해 폭발할 수 있다.
③ 과염소산은 유기물과 접촉 시 발화 또는 폭발할 위험이 있다.
④ 과산화수소는 햇빛에 의해서 분해되며, 촉매(MnO_2) 하에서 분해가 촉진된다.

해설 질산을 가열할 때 발생하는 이산화질소의 적갈색 증기는 인체에 유해하다.

32. 다음 위험물의 지정수량 배수의 총합은 얼마인가?

[질산 150kg, 과산화수소수 420kg, 과염소산 300kg]

① 2.5 ② 2.9 ③ 3.4 ④ 3.9

해설
- 질산 지정수량 : 300kg
- 과산화수소 지정수량 : 300kg
- 과염소산 지정수량 : 300kg

$$\therefore \frac{저장수량}{지정수량} = \frac{150kg}{300kg} + \frac{420kg}{300kg} + \frac{300kg}{300kg} = 2.9$$

33. 다음 중 6류 위험물인 과염소산의 분자식은?

① $HClO_4$ ② $KClO_4$ ③ $KClO_2$ ④ $HClO_2$

34. 다음 중 분자량이 가장 큰 위험물은?

① 과염소산 ② 과산화수소 ③ 질산 ④ 히드라진

해설
① 과염소산($HClO_4$) : 1+35.5+(16×4)=100.5
② 과산화수소(H_2O_2) : (1×2)+(16×2)=34
③ 질산(HNO_3) : 1+14+(16×3)=63
④ 히드라진(N_2H_4) : (14×2)+(1×4)=32

35. 옥내저장소에 질산 600L를 저장하고 있다. 저장하고 있는 질산은 지정수량의 몇 배인가? (단, 질산의 비중은 1.5이다.)

① 1 ② 2 ③ 3 ④ 4

해설
- 저장수량 : $600L \times \frac{1.5kg}{L} = 900kg$

$$\therefore \frac{저장수량}{지정수량} = \frac{900kg}{300kg} = 3$$

36. 제6류 위험물에 대한 설명으로 옳은 것은?

① 과염소산은 독성은 없지만 폭발의 위험이 있으므로 밀봉하여 보관한다.
② 과산화수소는 농도가 3% 이상일 때 단독으로 폭발하므로 취급에 주의한다.
③ 질산은 자연발화의 위험이 높으므로 저온 보관한다.
④ 할로겐화합물의 지정수량은 300kg이다.

해설 ① 과염소산은 독성이 있으며 폭발의 위험은 없다.
② 과산화수소의 농도가 60% 이상일 때 단독으로 폭발할 수 있다.
③ 질산은 불연성이며 자연발화하지 않는다.

37. 과산화수소에 대한 설명으로 틀린 것은?

① 불연성 물질이다.
② 농도가 약 3wt%이면 단독으로 분해폭발 한다.
③ 산화성 물질이다.
④ 점성이 있는 액체로 물에 용해된다.

해설 과산화수소의 농도가 60% 이상일 때 단독으로 폭발할 수 있다.

38. 위험물안전관리법령상 산화성액체에 해당하지 않는 것은?

① 과염소산 ② 과산화수소 ③ 과염소산나트륨 ④ 질산

39. 과산화수소의 분해 방지제로서 적합한 것은?

① 아세톤 ② 인산 ③ 황 ④ 암모니아

해설 과산화수소의 분해 방지제로서 인산, 요산 등을 사용한다.

40. 과염소산에 대한 설명으로 틀린 것은?

① 가열하면 쉽게 발화한다. ② 강한 산화력을 갖고 있다.
③ 무색의 액체이다. ④ 물과 접촉하면 발열한다.

해설 제6류 위험물은 쉽게 발화하지 않는다.

41. 과산화수소, 질산, 과염소산의 공통적인 특징이 아닌 것은?

① 산화성 액체이다. ② pH 1 미만의 강한 산성 물질이다.
③ 불연성 물질이다. ④ 물보다 무겁다.

해설 과산화수소는 강한 산성 물질이 아니다.

42. 과산화수소에 대한 설명으로 옳은 것은?

① 강산화제이지만 환원제로도 사용한다.
② 알코올, 에테르에는 용해되지 않는다.
③ 20~30% 용액을 옥시돌(oxydol) 이라고도 한다.
④ 알칼리성 용액에서는 분해가 안 된다.

해설 ② 알코올, 에테르, 물에 용해된다. ③ 3% 용액을 옥시돌(oxydol) 이라고도 한다.
④ 알칼리성 용액에 의해 분해된다.

43. 과염소산의 저장 및 취급방법으로 틀린 것은?

① 종이, 나무부스러기 등과의 접촉을 피한다.
② 직사광선을 피하고, 통풍이 잘 되는 장소에 보관한다.
③ 금속분과의 접촉을 피한다.
④ 분해방지제로 NH_3 또는 $BaCl_2$를 사용한다.

해설
- 가연물(종이, 나무부스러기) 및 금속분과의 접촉을 피하며, 통풍이 잘되는 냉암소에 보관한다.
- 과염소산에서 분해방지제의 설명은 관련이 없다.

정답

01_②	02_③	03_①	04_④	05_④	06_③	07_③	08_①	09_③	10_②
11_④	12_②	13_③	14_④	15_③	16_①	17_①	18_①	19_①	20_③
21_④	22_②	23_④	24_②	25_③	26_①	27_④	28_③	29_③	30_②
31_①	32_②	33_①	34_①	35_③	36_④	37_②	38_③	39_②	40_①
41_②	42_①	43_④							

PART.4 위험물의 저장, 취급, 운반, 운송기준

1) 위험물의 저장 및 취급의 공통기준

1 1류 위험물은 가연물과의 접촉 · 혼합이나 분해를 촉진하는 물품과의 접근 또는 과열 · 충격 · 마찰 등을 피하는 한편, 알칼리금속의 과산화물 및 이를 함유한 것에 있어서는 물과의 접촉을 피하여야 한다.
→ 관련 주의사항 : "가연물 접촉주의", "화기주의", "충격주의", "물기엄금"

2 제2류 위험물은 산화제와의 접촉 · 혼합이나 불티 · 불꽃 · 고온체와의 접근 또는 과열을 피하는 한편, 철분 · 금속분 · 마그네슘 및 이를 함유한 것에 있어서는 물이나 산과의 접촉을 피하고 인화성 고체에 있어서는 함부로 증기를 발생시키지 않아야 한다.
→ 관련 주의사항 : "화기주의", "물기엄금", "화기엄금"

3 제3류 위험물 중 자연발화성물질에 있어서는 불티 · 불꽃 또는 고온체와의 접근 · 과열 또는 공기와의 접촉을 피하고, 금수성 물질에 있어서는 물과의 접촉을 피하여야 한다.
→ 관련 주의사항 : "화기엄금", "공기접촉엄금", "물기엄금"

4 제4류 위험물은 불티 · 불꽃 · 고온체와의 접근 또는 과열을 피하고, 함부로 증기를 발생시키지 아니하여야 한다.
→ 관련 주의사항 : "화기엄금"

5 5류 위험물은 불티 · 불꽃 · 고온체와의 접근이나 과열 · 충격 또는 마찰을 피하여야 한다.
→ 관련 주의사항 : "화기엄금", "충격주의"

6 제6류 위험물은 가연물과의 접촉 · 혼합이나 분해를 촉진하는 물품과의 접근 또는 과열을 피하여야 한다.
→ 관련 주의사항 : "가연물 접촉주의"

연습문제

01. **자기반응성 물질의 화재 예방법으로 가장 거리가 먼 것은?**

① 마찰을 피한다. ② 불꽃의 접근을 피한다.
③ 고온체로 건조시켜 보관한다. ④ 운반용기 외부에 "화기엄금" 및 "충격주의"를 표시한다.

해설 제5류 위험물은 불티 · 불꽃 · 고온체와의 접근이나 과열 · 충격 또는 마찰을 피하여야 한다.

정답 01_③

2) 위험물의 저장 기준

1. 저장소에는 위험물 외의 물품을 저장하지 않아야 한다. 단, 옥내저장소 또는 옥외저장소에서 규정에 의한 위험물과 위험물이 아닌 물품을 함께 저장하는 경우 위험물과 위험물이 아닌 물품은 각각 모아서 저장하고 상호간에는 1m 이상의 간격을 두어야 한다.

2. 유별을 달리하는 위험물은 동일한 저장소에 저장하지 않아야 한다. 단, 옥내저장소 또는 옥외저장소에 있어서 다음의 규정에 의한 위험물을 저장하는 경우로서 위험물을 유별로 정리하여 저장하는 한편, 서로 1m 이상의 간격을 두는 경우에는 저장할 수 있다.

가. 제1류 위험물(알칼리금속의 과산화물 또는 이를 함유한 것을 제외한다)과 제5류 위험물을 저장하는 경우
나. 제1류 위험물과 제6류 위험물을 저장하는 경우
다. 제1류 위험물과 제3류 위험물 중 자연발화성물질(황린 또는 이를 함유한 것에 한한다)을 저장하는 경우
라. 제2류 위험물 중 인화성고체와 제4류 위험물을 저장하는 경우
마. 제3류 위험물 중 알킬알루미늄등과 제4류 위험물(알킬알루미늄 또는 알킬리튬을 함유한 것에 한한다.)을 저장하는 경우
바. 제4류 위험물 중 유기과산화물 또는 이를 함유하는 것과 제5류 위험물 중 유기과산화물 또는 이를 함유한 것을 저장하는 경우

✔한 눈에 정리하기

<table>
<tr><td rowspan="3">제1류 위험물</td><td rowspan="2"></td><td>제6류 위험물</td></tr>
<tr><td>제3류 위험물 중 자연발화성 물질(황린)</td></tr>
<tr><td>알칼리금속의 과산화물 또는 이를 함유한 것을 제외</td><td>제5류 위험물</td></tr>
<tr><td colspan="2">제2류 위험물 중 인화성 고체</td><td>제4류 위험물</td></tr>
<tr><td colspan="2">제3류 위험물 중 알킬알루미늄 등</td><td>제4류 위험물 중 알킬알루미늄 또는 알킬리튬</td></tr>
<tr><td colspan="2">제4류 위험물 중 유기과산화물</td><td>제5류 위험물 중 유기과산화물</td></tr>
</table>

연습문제-함께 저장할 수 있는 기준

01. 위험물을 유별로 정리하여 상호 1m 이상의 간격을 유지하는 경우에도 동일한 옥내저장소에 저장할 수 없는 것은?

① 제1류 위험물(알칼리금속의 과산화물 또는 이를 함유한 것을 제외한다)과 제5류 위험물
② 제1류 위험물과 제6류 위험물
③ 제1류 위험물과 제3류 위험물 중 황린
④ 인화성 고체를 제외한 제2류 위험물과 제4류 위험물

해설 제2류 위험물의 인화성고체와 제4류 위험물은 상호 1m 이상의 간격을 유지하는 경우 동일한 옥내저장소에 저장이 가능하다.

02. **옥내저장소에서 위험물을 유별로 정리하고 서로 1m 이상의 간격을 두는 경우 유별을 달리하는 위험물을 동일한 저장소에 저장할 수 있는 것은?**

① 과산화나트륨과 벤조일퍼옥사이드　　② 과염소산나트륨과 질산

③ 황린과 트리에틸알루미늄　　④ 유황과 아세톤

해설 유별이 다른 위험물을 동일한 저장소에 저장하는 경우 유별로 정리하여 서로 1m 이상의 간격을 두었을 때 다음과 같이 저장할 수 있다.

- 제1류 위험물(알칼리금속의 과산화물 제외)과 제5류 위험물
- 제1류 위험물과 제6류 위험물
- 제1류 위험물과 제3류 위험물 중 자연발화성 물질(황린)
- 제2류 위험물 중 인화성 고체와 제4류 위험물
- 제3류 위험물 중 알킬알루미늄등과 제4류 위험물(알킬알루미늄 또는 알킬리튬을 함유한 것)
- 제4류 위험물 중 유기과산화물과 제5류 위험물 중 유기과산화물

① 제1류 위험물(과산화나트륨)과 제5류 위험물(벤조일퍼옥사이드)는 함께 저장할 수 없다.

② 제3류 위험물로 유별이 동일한 황린(자연발화성 물질)과 트리에틸알루미늄(금수성 물질)은 함께 저장이 불가하다.

③ 제2류 위험물(유황)과 제4류 위험물(아세톤)은 함께 저장할 수 없으며 제2류 위험물 중 인화성 고체는 제4류 위험물과 함께 저장이 가능하다.

정답 01_④　02_②

3 제3류 위험물 중 황린 그 밖에 물속에 저장하는 물품과 금수성 물질은 동일한 저장소에서 저장하지 않아야 한다.

4 옥내저장소에 있어서 위험물은 용기에 수납하여 저장하여야 한다. 다만, 덩어리상태의 유황에 있어서는 용기에 수납하지 않아도 된다.
→ 유황을 용기에 수납하지 않고 저장하는 옥외저장소에서는 유황을 경계표시의 높이 이하로 저장하고, 유황이 넘치거나 비산하는 것을 방지할 수 있도록 경계표시 내부의 전체를 난연성 또는 불연성의 천막 등으로 덮고 당해 천막 등을 경계표시에 고정하여야 한다.

5 옥내저장소에서 동일 품명의 위험물이더라도 자연발화할 우려가 있는 위험물 또는 재해가 현저하게 증대할 우려가 있는 위험물을 다량 저장하는 경우에는 지정수량의 10배 이하마다 구분하여 상호간 0.3m 이상의 간격을 두어 저장하여야 한다. 다만, 규정에 의한 위험물 또는 기계에 의하여 하역하는 구조로 된 용기에 수납한 위험물은 제외한다.

6 옥내저장소/옥외저장소에서 위험물을 저장하는 경우에는 다음 규정에 의한 높이를 초과하여 용기를 겹쳐 쌓지 않아야 한다.

가. 기계에 의하여 하역하는 구조로 된 용기만을 겹쳐 쌓는 경우에 있어서는 6m

 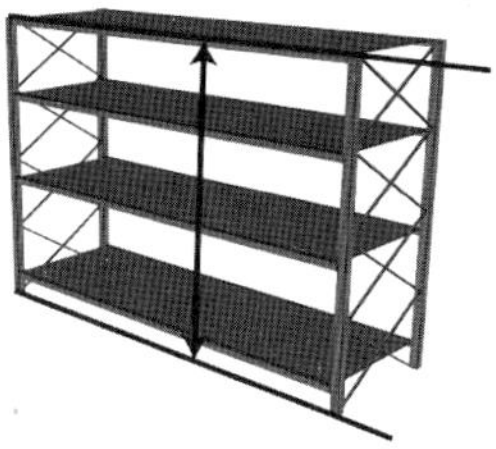

나. 제4류 위험물 중 제3석유류, 제4석유류 및 동식물유류를 수납하는 용기만을 겹쳐 쌓는 경우에 있어서는 4m
다. 그 밖의 경우에 있어서는 3m
※ 옥외저장소에서 위험물을 수납한 용기를 선반에 저장하는 경우에는 6m를 초과하여 저장하지 않아야 한다.

✔한 눈에 정리하기

저장 형태	옥내저장소	옥외저장소
기계에 의하여 하역하는 구조로 된 용기만을 겹쳐 쌓는 경우	6m 미만	
제4류 위험물 중 제3석유류, 제4석유류 및 동식물유류를 수납하는 용기만을 겹쳐 쌓는 경우	4m 미만	
그 밖의 경우	3m 미만	
위험물을 수납한 용기를 선반에 저장하는 경우	없음	6m 미만

연습문제-저장높이

01. **위험물안전관리법령상 옥내저장소에서 기계에 의하여 하역하는 구조로 된 용기만을 겹쳐 쌓아 위험물을 저장하는 경우 그 높이는 몇 미터를 초과하지 않아야 하는가?**

① 2　② 4　③ 6　④ 8

해설 〈옥내/옥외저장소의 저장용기 높이를 쌓는 높이〉
- 기계에 의하여 하역하는 구조 : 6m 이하
- 제4류 위험물 중 제3석유류, 제4석유류 및 동식물유 : 4m 이하
- 그 밖의 경우 : 3m 이하

※ 옥외저장소에서 선반에 용기를 저장하는 경우 : 6m 이하

02. **옥외저장소에서 선반에 저장하는 용기의 높이는 몇 m를 초과할 수 없는가?**

① 3m　② 4m　③ 6m　④ 7m

정답 01_③　02_③

7 옥내저장소에서는 용기에 수납하여 저장하는 위험물의 온도가 55℃를 넘지 아니하도록 필요한 조치를 강구하여야 한다.

8 옥외저장탱크 · 옥내저장탱크 또는 지하저장탱크의 주된 밸브 및 주입구의 밸브 또는 뚜껑은 위험물을 넣거나 빼낼 때 외에는 폐쇄하여야 한다.

9 옥외저장탱크의 주위에 방유제가 있는 경우에는 그 배수구를 평상시 폐쇄하여 두고, 당해 방유제의 내부에 유류 또는 물이 괴었을 때에는 지체없이 이를 배출하여야 한다.

10 이동저장탱크에는 당해 탱크에 저장 또는 취급하는 위험물의 위험성을 알리는 표지를 부착하고 잘 보일 수 있도록 관리하여야 한다.

11 이동탱크저장소에는 당해 이동탱크저장소의 완공검사필증 및 정기점검기록을 비치하여야 한다.

12 알킬알루미늄등, 아세트알데히드등 및 디에틸에테르등의 저장기준은 다음 기준과 같다.
(알킬알루미늄등 : 알킬알루미늄, 알킬리튬, 아세트알데히드등 : 아세트알데히드, 산화프로필렌)

가. 옥외저장탱크 · 옥내저장탱크 또는 이동저장탱크에 새롭게 알킬알루미늄, 알킬리튬을 주입하는 때에는 미리 당해 탱크안의 공기를 불활성기체와 치환하여 둘 것

나. 이동저장탱크에 알킬알루미늄, 알킬리튬을 저장하는 경우에는 20kPa 이하의 압력으로 불활성의 기체를 봉입하여 둘 것

다. 옥외저장탱크 · 옥내저장탱크 · 지하저장탱크 또는 이동저장탱크에 새롭게 아세트알데히드, 산화프로필렌을 주입하는 때에는 미리 당해 탱크안의 공기를 불활성 기체와 치환하여 둘 것

라. 옥외저장탱크 · 옥내저장탱크 또는 지하저장탱크 중 압력탱크 외의 탱크에 저장하는 디에틸에테르등 또는 아세트알데히드, 산화프로필렌의 온도에 있어서는 30℃ 이하로, 아세트알데히드 또는 이를 함유한 것에 있어서는 15℃ 이하로 각각 유지할 것

마. 옥외저장탱크 · 옥내저장탱크 또는 지하저장탱크 중 압력탱크에 저장하는 아세트알데히드, 산화프로필렌 또는 디에틸에테르등의 온도는 40℃ 이하로 유지할 것

바. 보냉장치가 있는 이동저장탱크에 저장하는 아세트알데히드, 산화프로필렌 또는 디에틸에테르 등의 온도는 당해 위험물의 비점 이하로 유지할 것

사. 보냉장치가 없는 이동저장탱크에 저장하는 아세트알데히드, 산화프로필렌 또는 디에틸에테르 등의 온도는 40℃ 이하로 유지할 것

✔ 한 눈에 정리하기

구분	위험물	온도
옥외저장탱크 · 옥내저장탱크, 지하탱크 중 압력탱크에 저장, 보냉장치 없는 이동탱크에 저장	3개의 특수인화물 모두 (CS_2 제외)	40 ℃ 이하
옥외저장탱크 · 옥내저장탱크, 지하탱크 중 압력탱크 아닌 곳에 저장	산화프로필렌 , 디에틸에테르	30 ℃ 이하
	아세트알데히드	15 ℃ 이하
보냉장치가 있는 이동탱크에 저장	3개의 특수인화물 모두 (CS_2 제외)	비점 이하

연습문제-알킬알루미늄등, 아세트알데히드등 및 디에틸에테르등의 저장기준

01. 옥외저장탱크 중 압력탱크에 저장하는 디에틸에테르 등의 저장온도는 몇 ℃ 이하이어야 하는가?

① 60℃　　② 40℃　　③ 30℃　　④ 15℃

해설 압력탱크에 저장하는 디에틸에테르, 아세트알데히드, 산화프로필렌의 저장온도는 40℃ 이하이어야 한다.

02. "보냉장치가 있는 이동저장탱크에 저장하는 아세트알데히드 등 또는 디에틸에테르 등의 온도는 당해 위험물의 (　) 이하로 유지하여야 한다." 괄호 안에 들어갈 알맞은 단어는?

① 비점　　② 인화점　　③ 융해점　　④ 발화점

정답 01_② 02_②

13 탱크의 내용적 및 용량 계산은 다음과 같다.

[탱크의 내용적 계산 공식]

① 원통형 탱크 : $\pi r^2\left(L+\frac{L_1+L_2}{3}\right)$

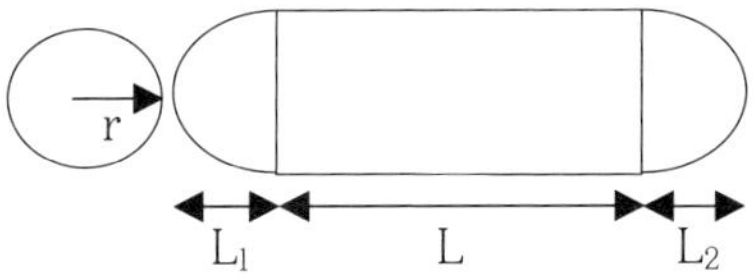

② 타원형 탱크 : $\frac{\pi ab}{4}\left(L+\frac{L_1+L_2}{3}\right)$

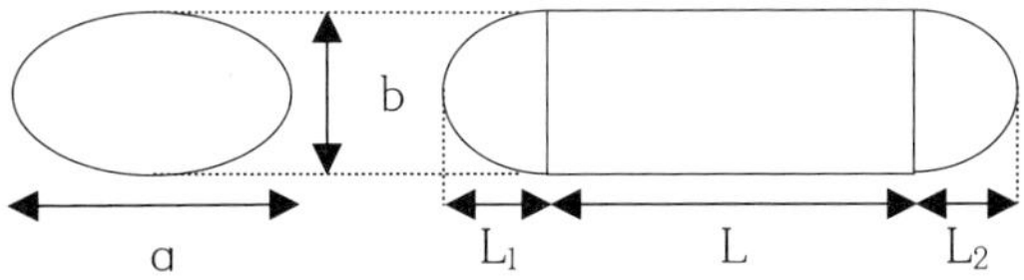

③ 원통형 탱크 : $\pi r^2 L$

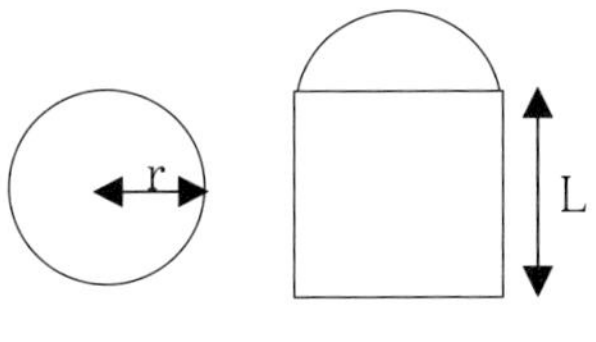

(L의 범위는 지붕을 제외한 탱크의 윗면까지를 기준으로 함)

② 위험물을 저장 또는 취급하는 탱크의 용량은 해당 탱크의 내용적에서 공간용적을 뺀 용적으로 한다.

탱크의 용량 = 내용적 - 공간용적 (단위 L 또는 m^3)

여기서 공간용적은 탱크의 내용적의 100분의 5 이상 100분의 10 이하의 용적으로 한다. 다만, 소화설비(소화약제 방출구를 탱크안의 윗부분에 설치하는 것에 한한다)를 설치하는 탱크의 공간용적은 당해 소화설비의 소화약제방출구 아래의 0.3미터 이상 1미터 미만 사이의 면으로부터 윗부분의 용적으로 한다.

③ 암반탱크에 있어서는 당해 탱크 내에 용출하는 7일간의 지하수의 양에 상당하는 용적과 당해 탱크의 내용적의 100분의 1의 용적 중에서 보다 큰 용적을 공간용적으로 한다.

탱크의 내용적 및 용량 연습문제

01. **그림과 같이 횡으로 설치한 원형탱크의 용량은 약 몇 m^3인가? (단, 공간용적은 내용적의 10/1000이다.)**

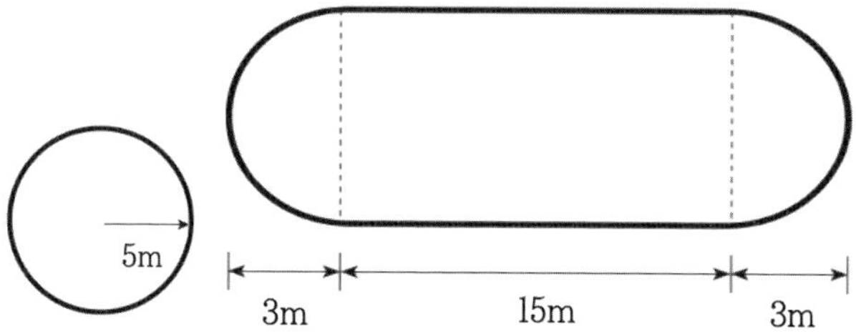

① 1600.0 ② 1335.1 ③ 1268.4 ④ 1201.7

해설

$$내용적 = \pi \times 5^2 \times (15 + \frac{3+3}{3}) = 1,335.18m^3$$

$$용량 = 1,335.18m^3 \times 0.9 = 1,201.7m^3$$

02. **위험물탱크의 용량은 탱크의 내용적에서 공간용적을 뺀 용적으로 한다. 이 경우 소화약제 방출구를 탱크안의 윗부분에 설치하는 탱크의 공간용적은 당해 소화설비의 소화약제 방출구 아래의 어느 범위의 면으로부터 윗부분의 용적으로 하는가?**

① 0.1미터 이상 0.5미터 미만 사이의 면
② 0.3미터 이상 1미터 미만 사이의 면
③ 0.5미터 이상 1미터 미만 사이의 면
④ 0.5미터 이상 1.5미터 미만 사이의 면

해설 소화설비(소화약제 방출구를 탱크 안의 윗부분에 설치하는 것에 한한다)를 설치하는 탱크 공간용적은 해당 소화설비를 소화약제 방출구 아래의 0.3미터 이상 1미터 미만 사이의 면으로부터 윗부분의 용적으로 한다.

정답 01_④ 02_②

3) 위험물의 운반 및 운송 기준

위험물의 운반은 <u>용기 · 적재방법 및 운반방법</u>에 관한 법에서 정한 중요기준과 세부기준에 따라 행하여야 한다.

1 운반용기

운반용기의 재질은 강판 · 알루미늄판 · 양철판 · 유리 · 금속판 · 종이 · 플라스틱 · 섬유판 · 고무류 · 합성섬유 · 삼 · 짚 또는 나무로 한다.

① 고체위험물

운반 용기				수납 위험물의 종류									
내장 용기		외장 용기		제1류			제2류		제3류			제5류	
용기의 종류	최대용적 또는 중량	용기의 종류	최대용적 또는 중량	I	II	III	II	III	I	II	III	I	II
<u>유리용기 또는 플라스틱 용기</u>	<u>10 L</u>	나무상자 또는 플라스틱상자(필요에 따라 불활성의 완충재를 채울 것)	125kg	○	○	○	○	○	○	○	○	○	○
			225kg		○	○		○		○	○		○
		파이버판상자(필요에 따라 불활성의 완충재를 채울 것)	40kg	○	○	○	○	○	○	○	○	○	○
			55kg		○	○		○		○	○		○
<u>금속제 용기</u>	<u>30 L</u>	나무상자 또는 플라스틱상자	125kg	○	○	○	○	○	○	○	○	○	○
			225kg		○	○		○		○	○		○
		파이버판상자	40kg	○	○	○	○	○	○	○	○	○	○
			55kg		○	○		○		○	○		○
플라스틱 필름포대 또는 종이포대	5kg	나무상자 또는 플라스틱상자	50kg	○	○	○	○	○		○	○	○	○
	50kg		50kg	○	○	○	○	○					○
	125kg		125kg		○	○	○	○					
	225kg		225kg			○		○					
	5kg	파이버판상자	40kg	○	○	○	○	○		○	○	○	○
	40kg		40kg	○	○	○	○	○					○
	55kg		55kg			○		○					
		금속제용기(드럼 제외)	60 L	○	○	○	○	○	○	○	○	○	○
		플라스틱용기(드럼 제외)	10 L		○	○	○	○		○	○		○
			30 L			○		○					○
		금속제드럼	250 L	○	○	○	○	○	○	○	○	○	○
		플라스틱드럼 또는 파이버드럼(방수성이 있는 것)	60 L	○	○	○	○	○	○	○	○	○	○
			250 L		○	○		○		○	○		○

◆ "○" 표시는 수납위험물의 종류별 각 란에 정한 위험물에 대하여 해당 각란에 정한 운반용기가 적응성이 있음을 표시한다.

◆ 내장용기는 외장용기에 수납하여야 하는 용기로서 위험물을 직접 수납하기 위한 것을 말한다.

◆ 내장용기의 용기의 종류란이 공란인 것은 외장용기에 위험물을 직접 수납하거나 유리용기, 플라스틱용기, 금속제용기, 폴리에틸렌포대 또는 종이포대를 내장용기로 할 수 있음을 표시한다.

② 액체위험물

운반 용기				수납위험물의 종류								
내장 용기		외장 용기		제3류			제4류			제5류		제6류
용기의 종류	최대용적 또는 중량	용기의 종류	최대용적 또는 중량	Ⅰ	Ⅱ	Ⅲ	Ⅰ	Ⅱ	Ⅲ	Ⅰ	Ⅱ	Ⅰ
유리용기	5ℓ	나무 또는 플라스틱상자(불활성의 완충재를 채울 것)	75kg	○	○	○	○	○	○	○	○	○
	10ℓ		125kg		○	○		○	○		○	
			225kg						○			
	5ℓ	파이버판상자(불활성의 완충재를 채울 것)	40kg	○	○	○	○	○	○	○	○	○
	10ℓ		55kg						○			
플라스틱용기	10ℓ	나무 또는 플라스틱상자(필요에 따라 불활성의 완충재를 채울 것)	75kg	○	○	○	○	○	○	○	○	○
			125kg		○	○		○	○		○	
			225kg						○			
		파이버판상자(필요에 따라 불활성의 완충재를 채울 것)	40kg	○	○	○	○	○	○	○	○	○
			55kg						○			
금속제용기	30ℓ	나무 또는 플라스틱상자	125kg	○	○	○	○	○	○	○	○	○
			225kg						○			
		파이버판상자	40kg	○	○	○	○	○	○	○	○	○
			55kg		○	○		○	○		○	
		금속제용기(금속제드럼 제외)	60ℓ		○	○		○	○		○	
		플라스틱용기(플라스틱드럼 제외)	10ℓ		○	○		○	○		○	
			20ℓ					○	○			
			30ℓ						○		○	
		금속제드럼(뚜껑고정식)	250ℓ	○	○	○	○	○	○	○	○	○
		금속제드럼(뚜껑탈착식)	250ℓ					○	○			
		플라스틱 또는 파이버드럼(플라스틱 내용기 부착의 것)	250ℓ		○	○			○		○	

- "○"표시는 수납위험물의 종류별 각 란에 정한 위험물에 대하여 해당 각 란에 정한 운반용기가 적응성이 있음을 표시한다.
- 내장용기는 외장용기에 수납하여야 하는 용기로서 위험물을 직접 수납하기 위한 것을 말한다.
- 내장용기의 용기의 종류란이 공란인 것은 외장용기에 위험물을 직접 수납하거나 유리용기, 플라스틱용기 또는 금속제 용기를 내장용기로 할 수 있음을 표시한다.

2 기계에 의하여 하역하는 구조로 된 운반용기의 외부에 행하는 표시는 다음의 사항을 포함하여야 한다. 다만, UN의 위험물 운송에 관한 권고(RTDG, Recommendations on the Transport of Dangerous Goods)에서 정한 기준 또는 소방청장이 정하여 고시하는 기준에 적합한 표시를 한 경우는 제외한다.
가. 운반용기의 제조년월 및 제조자의 명칭
나. 겹쳐쌓기시험하중
다. 운반용기의 종류에 따라 다음의 규정에 의한 중량
1) 플렉서블 외의 운반용기 : 최대총중량
2) 플렉서블 운반용기 : 최대수용중량

3 위험물은 그 운반용기의 외부에 다음 각목에 정하는 바에 따라 위험물의 품명, 수량 등을 표시하여 적재하여야 한다. 다만, UN의 위험물 운송에 관한 권고에서 정한 기준 또는 소방청장이 정하여 고시하는 기준에 적합한 표시를 한 경우에는 아래의 사항을 표시하지 않아도 된다.
가. 위험물의 품명 · 위험등급 · 화학명 및 수용성("수용성" 표시는 제4류 위험물로서 수용성인 것에 한한다)
나. 위험물의 수량

✔시험 출제 포인트 → 오답으로 자주 출제되는 보기 : 지정수량

다. 수납하는 위험물에 따라 다음의 규정에 의한 주의사항

✔한 눈에 정리하기
제조소등 게시판과 운반용기 주의사항

구분		게시판 주의사항	운반용기 주의사항
제1류		–	화기주의, 충격주의, 가연물접촉주의
	알칼리금속의 과산화물	물기엄금	물기엄금, 화기주의, 충격주의, 가연물접촉주의
제2류		화기주의	화기주의
	철분·금속분·마그네슘	화기주의	화기주의, 물기엄금
	인화성고체	화기엄금	화기엄금
제3류	금수성 물질	물기엄금	물기엄금
	자연발화성 물질	화기엄금	화기엄금, 공기접촉엄금
제4류		화기엄금	화기엄금
제5류		화기엄금	화기엄금, 충격주의
제6류		–	가연물접촉주의

- 게시판 한 변의 길이가 **0.3m 이상**, 다른 한 변의 길이가 **0.6m 이상**인 직사각형
- 화기주의, 화기엄금 : 적색바탕 백색문자
- 물기엄금 : 청색바탕 백색문자

연습문제-운반용기

01. 아염소산염류의 운반용기 중 적응성 있는 내장용기의 종류와 최대 용적이나 중량은 옳게 나타낸 것은? (단, 외장용기의 종류는 나무상자 또는 플라스틱상자이고, 외장용기의 최대 중량은 125kg으로 한다.)

① 금속제 용기 : 20L　② 플라스틱 필름 포대 : 60kg
③ 종이 포대 : 55kg　④ 유리 용기 : 10L

해설 ① 금속제 용기 : 30L　② 플라스틱 필름 포대,　③ 종이 포대 : 125kg

02. 액체 위험물의 운반용기 중 금속제 내장용기의 최대 용적은 몇 L인가?

① 5　② 10　③ 20　④ 30

해설 액체 위험물의 경우 금속제 내장용기의 최대 용적은 30L이다.

03. 과산화수소의 운반용기 외부에 표시하여야 하는 주의사항은?

① 화기주의　② 충격주의　③ 물기엄금　④ 가연물접촉주의

해설 제6류 위험물이므로 “가연물접촉주의”를 표시하여야 한다.

04. 제5류 위험물의 화재의 예방과 진압 대책으로 옳지 않은 것은?

① 서로 1m 이상의 간격을 두고 유별로 정리한 경우라도 제3류 위험물과는 동일한 옥내저장소에 저장할 수 없다.
② 위험물제조소의 주의사항 게시판에는 주의사항으로 “화기엄금”만 표기하면 된다.
③ 이산화탄소소화기와 할로겐화합물소화기는 모두 적응성이 없다.
④ 운반용기의 외부에는 주의사항으로 “화기엄금”만 표시하면 된다.

해설 ④ 제5류 위험물의 운반용기의 외부에는 주의사항으로 “화기엄금”과 “충격주의”를 표시하여야 한다.

05. 제4류 위험물 운반용기의 외부에 표시해야 하는 사항이 아닌 것은?

① 규정에 의한 주의사항　② 위험물의 품명 및 위험등급
③ 위험물의 관리자 및 지정수량　④ 위험물의 화학명

해설 운반용기 외부에 표시해야 하는 사항은 다음과 같다.

- 위험물의 품명, 위험등급, 화학명 및 수용성(제4류 위험물인 경우 수용성인 것에 한함)
- 위험물의 수량
- 주의사항

정답 01_④　02_④　03_④　04_④　05_③

4 적재방법 : 위험물은 다음의 규정에 의한 운반용기에 다음 각목의 기준에 따라 수납하여 적재하여야 한다.

① 고체위험물은 운반용기 내용적의 95% 이하의 수납율로 수납할 것

② 액체위험물은 운반용기 내용적의 98% 이하의 수납율로 수납하되, 55도의 온도에서 누설되지 아니하도록 충분한 공간용적을 유지하도록 할 것

③ 자연발화성물질 중 알킬알루미늄, 알킬리튬은 운반용기의 내용적의 90% 이하의 수납율로 수납하되, 50℃의 온도에서 5% 이상의 공간용적을 유지하도록 할 것

④ 하나의 외장 용기에는 다른 종류의 위험물을 수납하지 않을 것

5 적재하는 위험물의 성질에 따라 일광의 직사 또는 빗물의 침투를 방지하기 위하여 유효하게 피복하는 등 다음에 정하는 기준에 따른 조치를 하여야 한다.

① 제1류 위험물, 제3류 위험물 중 자연발화성 물질, 제4류 위험물 중 특수인화물, 제5류 위험물 또는 제6류 위험물은 차광성이 있는 피복으로 가릴 것

② 제1류 위험물 중 알칼리금속의 과산화물 또는 이를 함유한 것, 제2류 위험물 중 철분 · 금속분 · 마그네슘 또는 제3류 위험물 중 금수성 물질은 방수성이 있는 피복으로 덮을 것

✔한 눈에 정리하기

차광성 피복	금수성 피복
제1류 위험물	제1류 위험물 중 알칼리금속의 과산화물 또는 이를 함유한 것
제3류 위험물 중 자연발화성 물질	제2류 위험물 중 철분 · 금속분 · 마그네슘
제4류 위험물 중 특수인화물	제3류 위험물 중 금수성 물질
제5류 위험물	
제6류 위험물	

※ 제1류 위험물 중 알칼리금속의 과산화물 또는 이를 함유한 것은 ①항과 ②항에 중복되므로 차광성과 방수성이 모두 있는 피복으로 덮는다.

③ 제5류 위험물 중 55℃ 이하의 온도에서 분해될 우려가 있는 것은 보냉 컨테이너에 수납하는 등 적정한 온도관리를 할 것

연습문제-수납율, 피복

01. **위험물의 운반에 관한 기준에서 적재방법 기준으로 틀린 것은?**

① 고체 위험물은 운반용기의 내용적 95% 이하의 수납율로 수납할 것

② 액체 위험물은 운반용기의 내용적 98% 이하의 수납율로 수납할 것

③ 알킬알루미늄은 운반용기 내용적의 95% 이하의 수납율로 수납하되, 50℃의 온도에서 5% 이상의 공간용적을 유지할 것

④ 제3류 위험물 중 자연발화성물질에 있어서는 불활성 기체를 봉입하여 밀봉하는 등 공기와 접하지 아니하도록 할 것

해설 알킬알루미늄 등은 운반용기의 내용적 90% 이하의 수납율로 수납하되, 50℃의 온도에서 5% 이상의 공간용적을 유지하도록 할 것.

02. 위험물안전관리법령의 규정에 따라 운반용기의 외부에 "화기엄금" 및 "충격주의"를 표시하고, 적재하는 경우 차광성 있는 피복으로 가리며, 55℃ 이하에서 분해될 우려가 있는 경우 보냉 컨테이너에 수납하여 적정한 온도관리를 하는 예방조치를 하여야 하는 위험물은?

① 제1류 ② 제2류 ③ 제3류 ④ 제5류

해설 적재하는 제5류 위험물 중 55℃ 이하의 온도에서 분해될 우려가 있는 것은 보냉 컨테이너에 수납하는 등 적정한 온도관리를 하여야 한다.

03. 위험물을 운반용기에 수납하여 적재할 때 차광성이 있는 피복으로 가려야 하는 위험물이 아닌 것은?

① 제1류 위험물 ② 제2류 위험물 ③ 제5류 위험물 ④ 제6류 위험물

해설 〈차광성 피복〉

- 제1류 위험물
- 제3류 위험물 중 자연발화성물질
- 제4류 위험물 중 특수인화물
- 제5류 위험물
- 제6류 위험물

정답 01_③ 02_④ 03_②

3. 유별을 달리하는 위험물의 혼재기준

위험물의 구 분	제1류	제2류	제3류	제4류	제5류	제6류
제1류		×	×	×	×	○
제2류	×		×	○	○	×
제3류	×	×		○	×	×
제4류	×	○	○		○	×
제5류	×	○	×	○		×
제6류	○	×	×	×	×	

〈※ 비 고〉

① "×"표시는 혼재할 수 없음을 표시한다.

② "○"표시는 혼재할 수 있음을 표시한다.

③ 이 표는 지정수량의 $\frac{1}{10}$ 이하의 위험물에 대하여는 적용하지 아니한다.

혼재기준 연습문제

01. **다음 중 운반차량에 함께 적재할 수 있는 유별을 옳게 연결한 것은? (단, 지정수량 이상을 적재한 경우이다.)**

① 제1류 - 제2류 ② 제1류 - 제3류 ③ 제1류 - 제4류 ④ 제1류 - 제6류

해설 제1류 위험물은 제6류 위험물과 혼재가 가능하다.

02. **위험물 안전관리법의 규정상 운반차량에 혼재해서 적재할 수 없는 것은? (단, 지정수량의 10배인 경우이다.)**

① 염소화규소화합물 - 특수인화물 ② 고형알코올 - 니트로화합물
③ 염소산 염류 - 질산 ④ 질산구아니딘 - 황린

해설 제5류 위험물인 질산구아니딘은 제3류 위험물인 황린과 혼재할 수 없다.
① 제3류 - 제4류 ② 제2류 - 제5류 ③ 제1류 - 제6류

정답 01_④ 02_④

4. 운반방법

- 위험물 또는 위험물을 수납한 운반용기가 현저하게 마찰 또는 동요를 일으키지 아니하도록 운반하여야 한다.
- 지정수량 이상의 위험물을 차량으로 운반하는 경우에는 해당 차량에 국민안전처장관이 정하여 고시하는 바에 따라 운반하는 위험물의 위험성을 알리는 표지를 설치하여야 한다.
- 지정수량 이상의 위험물을 차량으로 운반하는 경우에 있어서 다른 차량에 바꾸어 싣거나 휴식 · 고장 등으로 차량을 일시 정차시킬 때에는 안전한 장소를 택하고 운반하는 위험물의 안전확보에 주의하여야 한다.
- 지정수량 이상의 위험물을 차량으로 운반하는 경우에는 당해 위험물에 적응성이 있는 소형수동식소화기를 당해 위험물의 소요단위에 상응하는 능력단위 이상 갖추어야 한다.
- 위험물의 운반도중 위험물이 현저하게 새는 등 재난발생의 우려가 있는 경우에는 응급조치를 강구하는 동시에 가까운 소방관서 그 밖의 관계기관에 통보하여야 한다.
- 품명 또는 지정수량을 달리하는 2 이상의 위험물을 운반하는 경우에 있어서 운반하는 각각의 위험물의 수량을 당해 위험물의 지정수량으로 나누어 얻은 수의 합이 1 이상인 때에는 지정수량 이상의 위험물을 운반하는 것으로 본다.

5. 운송책임자

① 이동탱크저장소에 의하여 위험물을 운송하는 자(운송책임자 및 이동탱크저장소운전자)는 아래의 위험물을 취급할 수 있는 국가기술자격자 또는 소방청장이 실시하는 안전교육을 받은 자이어야 한다.

- 알킬알루미늄 • 알킬리튬 • 알킬알루미늄 또는 알킬리튬을 함유하는 위험물

② 위험물의 운송에 있어서는 운송책임자의 감독 또는 지원을 받아 이를 운송하여야 한다. 운송책임자의 범위, 감독 또는 지원의 방법 등에 관한 구체적인 기준은 위험물의 취급에 관한 국가기술자격을 취득하고 관련 업무에 1년 이상 종사한 경력이 있는 자 또는 한국소방안전협회에서 실시하는 위험물의 운송에 관한 안전교육을 수료하고 관련 업무에 2년 이상 종사한 경력이 있는 자로 정한다.

6. 운송책임자의 감독 또는 지원의 방법 등에 관한 구체적인 기준은 행정안전부령으로 정한다.

① 운송책임자가 이동탱크저장소에 동승하여 운송 중인 위험물의 안전확보에 관하여 운전자에게 필요한 감독 또는 지원을 하는 방법이다. 다만, 운전자가 운송책임자의 자격이 있는 경우에는 운송책임자의 자격이 없는 자가 동승할 수 있다.

② 운송의 감독 또는 지원을 위하여 마련한 별도의 사무실에 운송책임자가 대기하면서 다음의 사항을 이행하는 방법

③ 운송경로를 미리 파악하고 관할소방관서 또는 관련업체(비상대응에 관한 협력을 얻을 수 있는 업체를 말한다)에 대한 연락체계를 갖추는 것

1) 이동탱크저장소의 운전자에 대하여 수시로 안전확보 상황을 확인하는 것
2) 비상시의 응급처치에 관하여 조언을 하는 것
3) 그 밖에 위험물의 운송 중 안전확보에 관하여 필요한 정보를 제공하고 감독 또는 지원하는 것

④ 위험물 운송자는 행정안전부령이 정하는 기준을 준수하는 등 당해 위험물의 안전확보를 위해 세심한 주의를 기울여야 한다.

7. 이동탱크저장소에 의한 위험물의 운송 시에 준수하여야 하는 기준은 다음 각목과 같다.

가. 위험물운송자는 운송의 개시 전에 이동저장탱크의 배출밸브 등의 밸브와 폐쇄장치, 맨홀 및 주입구의 뚜껑, 소화기 등의 점검을 충분히 실시할 것

나. 위험물운송자는 장거리(고속국도에 있어서는 340㎞ 이상, 그 밖의 도로에 있어서는 200㎞ 이상)에 걸치는 운송을 하는 때에는 2명 이상의 운전자로 할 것. 다만, 다음에 해당하는 경우에는 2명 이상으로 하지 않아도 된다.

1) 운송책임자를 동승시킨 경우
2) 운송하는 위험물이 제2류 위험물 · 제3류 위험물(칼슘 또는 알루미늄의 탄화물과 이것만을 함유한 것에 한한다)또는 제4류 위험물(특수인화물을 제외한다)인 경우
3) 운송도중에 2시간 이내마다 20분 이상씩 휴식하는 경우

다. 위험물운송자는 이동탱크저장소를 휴식 · 고장 등으로 일시 정차시킬 때에는 안전한 장소를 택하고 당해 이동탱크저장소의 안전을 위한 감시를 할 수 있는 위치에 있는 등 운송하는 위험물의 안전확보에 주의할 것

라. 위험물운송자는 이동저장탱크로부터 위험물이 현저하게 새는 등 재해발생의 우려가 있는 경우에는 재난을 방지하기 위한 응급조치를 강구하는 동시에 소방관서 그 밖의 관계기관에 통보할 것

마. 위험물(제4류 위험물에 있어서는 특수인화물 및 제1석유류에 한한다)을 운송하게 하는 자는 위험물안전카드를 위험물운송자로 하여금 휴대하게 할 것

바. 위험물운송자는 위험물안전카드를 휴대하고 당해 카드에 기재된 내용에 따를 것. 다만, 재난 그 밖의 불가피한 이유가 있는 경우에는 당해 기재된 내용에 따르지 않을 수 있다.

연습문제-이동탱크저장소 운송기준

01. **위험물안전관리법령에 따른 위험물의 운송에 관한 설명 중 틀린 것은?**

① 알킬리튬과 알킬알루미늄 또는 이 중 어느 하나 이상을 함유한 것은 운송책임자의 감독 · 지원을 받아야 한다.

② 이동탱크저장소에 의하여 위험물을 운송할 때의 운송책임자에는 법정의 교육을 이수하고 관련 업무에 2년 이상 경력이 있는 자도 포함된다.

③ 서울에서 부산까지 금속의 인화물 300kg을 1명의 운전자가 휴식없이 운송해도 규정위반이 아니다.

④ 운송책임자의 감독 또는 지원 방법에는 동승하는 방법과 별도의 사무실에서 대기하면서 규정된 사항을 이행하는 방법이 있다.

해설 ③ 서울에서 부산까지 장거리 운송(고속국도 340km 이상, 그 밖의 도로 200km 이상)이므로 2명 이상의 운전자로 한다. (단, 운송책임자를 동승시킨 경우, 운송위험성이 낮은 제2류 위험물, 제3류 위험물(칼슘 또는 알루미늄의 탄화물에 한한다) 또는 제4류 위험물(특수인화물 제외)을 운송하는 경우, 운송 도중에 2시간 이내마다 20분 이상씩 휴식하는 경우에는 1명의 운전자로 할 수 있다.)

02. **이동탱크저장소에 의한 위험물의 운송 시 준수하여야 하는 기준에서 다음 중 어떤 위험물을 운송할 때 위험물운송자는 위험물안전카드를 휴대하여야 하는가?**

① 특수인화물, 제1석유류　　② 알코올류, 제2석유류

③ 제3석유류 및 동식물유　　④ 제4석유류

해설 제1류~제6류 위험물을 운송할 때 위험물안전카드를 휴대한다. (단, 제4류 위험물의 경우 특수인화물 및 제1석유류만 해당된다.)

03. **이동탱크저장소의 위험물 운송에 있어서 운송책임자의 감독, 지원을 받아 운송하여야 하는 위험물의 종류에 해당하는 것은?**

① 칼륨　　② 알킬알루미늄　　③ 질산에스테르류　　④ 아염소산염류

해설 이동탱크저장소의 위험물 운송에 있어서 운송책임자의 감독, 지원을 받아 운송하여야 하는 위험물의 종류에는 알킬리튬, 알킬알루미늄 등에 해당한다.

정답 01_③ 02_① 03_②

위험물의 저장, 취급, 운반, 운송기준 챕터별 문제

01. **제5류 위험물의 운반용기의 외부에 표시하여야 하는 주의사항은?**

① 물기주의 및 화기주의 ② 물기엄금 및 화기엄금
③ 화기주의 및 충격엄금 ④ 화기엄금 및 충격주의

해설 제5류 위험물의 운반용기 주의사항은 화기엄금, 충격주의이다.

02. **제5류 위험물의 공통된 취급 방법이 아닌 것은?**

① 용기의 파손 및 균열에 주의한다.
② 저장 시 가열, 충격, 마찰을 피한다.
③ 운반용기 외부에 주의사항으로 "자연발화주의"를 표기한다.
④ 점화원 및 분해를 촉진시키는 물질로부터 멀리한다.

03. **수납하는 위험물에 따라 위험물의 운반용기 외부에 표시하는 주의사항이 잘못된 것은?**

① 제1류 위험물 중 알칼리금속의 과산화물 : 화기 · 충격주의, 물기엄금, 가연물접촉주의
② 제4류 위험물 : 화기엄금
③ 제3류 위험물 중 자연발화성 물질 : 화기엄금, 공기접촉엄금
④ 제2류 위험물 중 철분 : 화기엄금

해설 ④ 제2류 위험물 중 철분 : 화기주의

04. **제2류 위험물을 수납하는 운반용기의 외부에 표시하여야 하는 주의사항으로 옳은 것은?**

① 제2류 위험물 중 철분 · 금속분 · 마그네슘 또는 이들 중 어느 하나 이상을 함유한 것에 있어서는 "화기주의" 및 "물기주의", 인화성고체에 있어서는 "화기엄금", 그 밖의 것에 있어서는 "화기주의"
② 제2류 위험물 중 철분 · 금속분 · 마그네슘 또는 이들 중 어느 하나 이상을 함유한 것에 있어서는 "화기주의" 및 "물기엄금", 인화성고체에 있어서는 "화기주의", 그 밖의 것에 있어서는 "화기엄금"
③ 제2류 위험물 중 철분 · 금속분 · 마그네슘 또는 이들 중 어느 하나 이상을 함유한 것에 있어서는 "화기주의" 및 "물기엄금", 인화성고체에 있어서는 "화기엄금", 그 밖의 것에 있어서는 "화기주의"
④ 제2류 위험물 중 철분 · 금속분 · 마그네슘 또는 이들 중 어느 하나 이상을 함유한 것에 있어서는 "화기엄금" 및 "물기엄금", 인화성고체에 있어서는 "화기엄금", 그 밖의 것에 있어서는 "화기주의"

해설
- 철분, 금속분, 마그네슘 : **화기주의, 물기엄금**
- 그 밖의 것 : **화기주의**
- 인화성고체 : **화기엄금**

05. $NaClO_2$을 수납하는 운반용기의 외부에 표시하여야 할 주의사항으로 옳은 것은?

① 화기엄금 및 충격주의
② 화기주의 및 물기엄금
③ 화기 · 충격주의 및 가연물접촉주의
④ 화기엄금 및 공기접촉엄금

해설 아염소산나트륨($NaClO_2$)은 제1류 위험물이므로 화기 · 충격주의 및 가연물접촉주의를 운반용기 외부에 표시하여야 한다.

06. 제6류 위험물 운반용기의 외부에 표시하여야 하는 주의사항은?

① 충격주의 ② 가연물접촉주의
③ 화기엄금 ④ 화기주의

해설 제6류 위험물의 운반용기의 외부에 표시하여야 하는 주의사항은 가연물접촉주의이다.

07. 종류(유별)가 다른 위험물을 동일한 옥내저장소의 동일한 실에 같이 저장하는 경우에 대한 설명으로 틀린 것은?

① 제1류 위험물과 황린은 동일한 옥내저장소에 저장할 수 있다.
② 제1류 위험물과 제6류 위험물은 동일한 옥내저장소에 저장할 수 있다.
③ 제1류 위험물 중 알칼리금속의 과산화물과 제5류 위험물은 동일한 옥내저장소에 저장할 수 있다.
④ 유별을 달리하는 위험물을 유별로 모아서 저장하는 한편 상호간에 1m 이상 간격을 두어야 한다.

해설 제1류 위험물 중 알칼리금속의 과산화물을 제외한 위험물과 제5류 위험물은 동일한 옥내저장소에 저장할 수 있다.

08. 다음 중 옥내저장소의 동일한 실에 서로 1m 이상의 간격을 두고 저장할 수 없는 것은?

① 제1류 위험물과 제3류 위험물 중 자연발화성 물질(황린 또는 이를 함유한 것에 한한다.)
② 제4류 위험물과 제2류 위험물 중 인화성 고체
③ 제1류 위험물과 제4류 위험물
④ 제1류 위험물과 제6류 위험물

해설
- 제1류 위험물(알칼리금속의 과산화물 제외)과 제5류 위험물
- 제1류 위험물과 제6류 위험물
- 제1류 위험물과 제3류 위험물 중 자연발화성 물질(황린)
- 제2류 위험물 중 인화성 고체와 제4류 위험물
- 제3류 위험물 중 알킬알루미늄등과 제4류 위험물(알킬알루미늄 또는 알킬리튬을 함유한 것)
- 제4류 위험물 중 유기과산화물과 제5류 위험물 중 유기과산화물

09. 옥내저장소에서 위험물을 유별로 정리하고 서로 1m 이상의 간격을 두는 경우 유별을 달리하는 위험물을 동일한 저장소에 저장할 수 있는 것은?

① 과산화나트륨과 벤조일퍼옥사이드 ② 과염소산나트륨과 질산
③ 황린과 트리에틸알루미늄 ④ 유황과 아세톤

해설 과염소산나트륨(제1류 위험물)과 질산(제6류 위험물)은 함께 저장이 가능하다.
① 과산화나트륨이 제1류 위험물 중 알칼리금속의 과산화물이므로 벤조일퍼옥사이드(제5류 위험물)은 저장이 불가하다.
② 황린은 제1류 위험물과 저장이 가능하지만 트리에틸알루미늄(제3류 위험물)과는 저장할 수 없다.
③ 아세톤(제4류 위험물)은 제2류 위험물 중 인화성 고체와 저장이 가능하므로 유황과는 저장할 수 없다.

10. 위험물안전관리법령상 혼재할 수 없는 위험물은? (단, 위험물은 지정수량의 1/10을 초과하는 경우이다.)

① 적린과 황린 ② 질산염류와 질산
③ 칼륨과 특수인화물 ④ 유기과산화물과 유황

해설 제2류 위험물인 적린과 제3류 위험물인 황린은 혼재할 수 없다.
② 제1류 - 제6류 ③ 제3류 - 제4류 ④ 제5류 - 제2류

11. 에틸렌글리콜과 혼재할 수 없는 위험물은 무엇인가? (단, 지정수량의 10배일 경우이다.)

① 유황 ② 과망간산나트륨 ③ 알루미늄분 ④ 트리니트로톨루엔

해설
- 에틸렌글리콜은 제4류 위험물이므로 제2류/제3류/제5류 위험물과 혼재 가능하다.
- 과망간산나트륨은 제1류 위험물이므로 혼재할 수 없다.

12. 위험물의 운반에 관한 기준에서 제4석유류와 혼재할 수 없는 위험물은? (단, 위험물은 각각 지정수량의 2배인 경우이다.)

① 황화린 ② 칼륨 ③ 유기과산화물 ④ 과염소산

해설 제4석유류는 제4류 위험물이므로 과염소산(제6류 위험물)과 혼재할 수 없다.
① 황화린 : 제2류 위험물 ② 칼륨 : 제3류 위험물 ③ 유기과산화물 : 제5류 위험물

13. 지정수량의 10배의 위험물을 운반할 경우 제5류 위험물과 혼재 가능한 위험물에 해당하는 것은?

① 제1류 위험물 ② 제2류 위험물 ③ 제3류 위험물 ④ 제6류 위험물

해설 제5류 위험물은 제2류 위험물, 제4류 위험물과 혼재가 가능하다.

14. **지정수량 10배의 위험물을 운반할 때 혼재가 가능한 것은?**

① 제1류 위험물과 제2류 위험물　② 제1류 위험물과 제4류 위험물
③ 제4류 위험물과 제5류 위험물　④ 제5류 위험물과 제3류 위험물

15. **위험물의 운반 및 적재 시 혼재가 불가능한 것으로 연결된 것은? (단, 지정수량의 1/5 이상이다.)**

① 제1류와 제6류　② 제4류와 제3류　③ 제2류와 제3류　④ 제5류와 제4류

해설 제2류 위험물은 제4류 위험물과, 제5류 위험물과 혼재가 가능하다.

16. **지정수량 10배의 벤조일퍼옥사이드 운송 시 혼재할 수 있는 위험물류로 옳은 것은?**

① 제1류　② 제2류　③ 제3류　④ 제6류

해설 제5류 위험물인 벤조일퍼옥사이드는 제2류 위험물, 제4류 위험물과 혼재가 가능하다.

17. **위험물의 운반에 관한 기준에서 제4석유류와 혼재할 수 없는 위험물은? (단, 위험물은 각각 지정수량의 2배인 경우이다.)**

① 황화린　② 칼륨　③ 유기과산화물　④ 과염소산

18. **위험물안전관리법령상 위험물의 운반에 관한 기준에 따르면 지정수량 얼마 이하의 위험물에 대하여는 "유별을 달리하는 위험물의 혼재기준"을 적용하지 아니하여도 되는가?**

① 1/2　② 1/3　③ 1/5　④ 1/10

해설 혼재기준에서 지정수량의 1/10 이하의 위험물에 대해서는 적용하지 않는다.

19. **위험물 운반 시 동일한 트럭에 제1류 위험물과 함께 적재할 수 있는 유별은? (단, 지정수량의 5배 이상인 경우이다.)**

① 제3류　② 제4류　③ 제6류　④ 없음

20. **위험물안전관리법에서 정한 위험물의 운반에 관한 다음 내용 중 ( )안에 들어갈 용어가 아닌 것은?**

> 위험물의 운반은 (　), (　) 및 (　)에 관해 법에서 정한 중요기준과 세부기준을 따라 행하여야 한다.

① 용기　② 적재방법　③ 운반방법　④ 검사방법

해설 위험물의 운반은 용기·적재방법 및 운반방법에 관한 법에서 정한 중요기준과 세부기준에 따라 행하여야 한다.

21. 휘발유에 대한 설명으로 틀린 것은?

① 위험등급은 Ⅰ등급이다.

② 증기는 공기보다 무거워 낮은 곳에 체류하기 쉽다.

③ 내장용기가 없는 외장플라스틱용기에 적재할 수 있는 최대용적은 20리터이다.

④ 이동탱크저장소로 운송하는 경우 위험물운송자는 위험물안전카드를 휴대하여야 한다.

해설 내장용기가 없는 외장플라스틱용기에 적재할 수 있는 최대용적은 30리터이다.

22. 위험물안전관리법령에 따라 기계에 의하여 하역하는 구조로 된 운반용기의 외부에 행하는 표시내용에 해당하지 않는 것은? (단, 국제 해상위험물규칙에 정한 기준 또는 소방방재청장이 정하여 고시하는 기준에 적합한 표시를 한 경우는 제외한다.)

① 운반용기의 제조년월　　② 제조자의 명칭

③ 겹쳐쌓기 시험하중　　④ 용기의 유효기간

해설 • 기계에 의하여 하역하는 구조로 된 운반용기의 외부에 행하는 표시내용은 다음과 같다.

가. 운반용기의 제조년월 및 제조자의 명칭

나. 겹쳐쌓기시험하중

다. 운반용기의 종류에 따라 다음의 규정에 의한 중량

1) 플렉서블 외의 운반용기 : 최대총중량(최대수용중량의 위험물을 수납하였을 경우의 운반용기의 전중량을 말한다)

2) 플렉서블 운반용기 : 최대수용중량

23. 위험물을 보관하는 방법에 대한 설명 중 틀린 것은?

① 염소산나트륨 : 철제 용기의 사용을 피한다.

② 산화프로필렌 : 저장 시 구리용기에 질소 등 불활성 기체를 충전한다.

③ 트리에틸알루미늄 : 용기는 밀봉하고 질소 등 불활성기체를 충전한다.

④ 황화린 : 냉암소에 저장한다.

해설 산화프로필렌은 저장 시 Cu, Mg, Hg, Ag 등의 용기를 피하고 질소 등 불활성 기체를 충전한다.

24. 위험물의 운반에 관한 기준에서 다음 (　　) 안에 알맞은 온도는 몇 ℃인가?

적재하는 제5류 위험물 중 (　)℃ 이하의 온도에서 분해될 우려가 있는 것은 보냉 컨테이너에 수납하는 등 적정한 온도관리를 하여야 한다.

① 40　　② 50　　③ 55　　④ 60

해설 적재하는 제5류 위험물 중 55℃ 이하의 온도에서 분해될 우려가 있는 것은 보냉 컨테이너에 수납하는 등 적정한 온도관리를 하여야 한다.

25. 위험물의 운반기준에 있어서 차량 등에 적재하는 위험물의 성질에 따라 강구하여야 하는 조치로 적합하지 않은 것은?

① 제5류 위험물 또는 제6류 위험물은 방수성이 있는 피복으로 덮는다.
② 제2류 위험물 중 철분, 금속분, 마그네슘은 방수성이 있는 피복으로 덮는다.
③ 제1류 위험물 중 알칼리금속의 과산화물 또는 이를 함유한 것은 차광성과 방수성이 모두 있는 피복으로 덮는다.
④ 제5류 위험물 중 55℃ 이하의 온도에서 분해될 우려가 있는 것은 보냉 컨테이너에 수납하는 등의 방법으로 적정한 온도관리를 한다.

해설 제5류 위험물 또는 제6류 위험물은 차광성이 있는 피복으로 덮는다.

26. 그림과 같이 횡으로 설치한 원통형 위험물탱크에 대하여 탱크의 용량을 구하면 약 몇 ㎥인가? (단, 공간용적은 탱크 내용적의 100분의 5로 한다.)

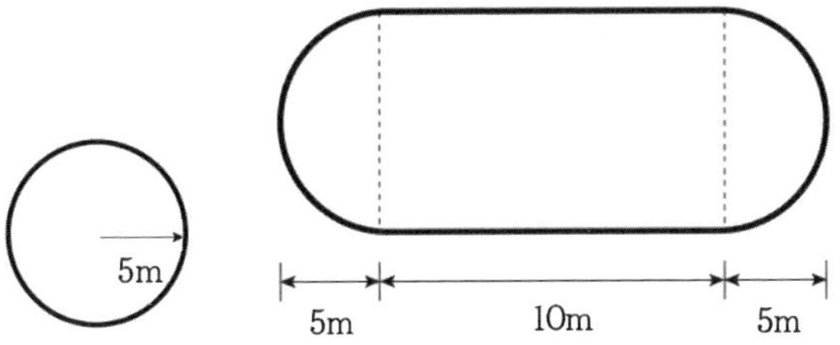

① 52.4　② 291.6　③ 994.8　④ 1047.2

해설
- 내용적 $= \pi \times r^2 \times (l + \frac{l_1 + l_2}{3})$
- 용량 = 내용적 × (1−공간용적)

∴ 용량 $= \pi \times 5^2 \times (10 + \frac{5+5}{3}) \times 0.95 = 994.84 m^3$

27. 위험물 저장탱크의 공간용적은 탱크 내용적의 얼마 이상, 얼마 이하로 하는가?

① 1/100 이상, 3/100 이하　② 2/100 이상, 5/100 이하
③ 5/100 이상, 10/100 이하　④ 10/100 이상, 20/100 이하

해설 탱크의 공간용적은 내용적의 5/100 이상 ~ 10/100 이하이다.

28. 횡으로 설치한 원통형 위험물 저장탱크의 내용적이 500L일 때 공간용적은 최소 몇 L인가? (단, 원칙적인 경우에 한한다.)

① 15L　② 25L　③ 35L　④ 50L

해설 탱크의 공간용적은 내용적의 5/100 이상 ~ 10/100 이하이므로 500L×0.05=25L를 최소 공간용적으로 한다.

29.

탱크의 공간용적은 탱크 내용적의 100분의 ( ) 이상, 100분의 ( ) 이하의 용적으로 한다. 괄호 안의 숫자를 차례대로 올바르게 나열한 것은? (단, 소화설비를 설치하는 경우와 암반탱크는 제외한다.)

① 5, 10　　② 5, 15　　③ 10, 15　　④ 10, 20

30.

고정 지붕 구조를 가진 높이 15m의 원통종형 옥외저장탱크안의 탱크 상부로부터 아래로 1m 지점에 포 방출구가 설치되어 있다. 이 조건의 탱크를 신설하는 경우 최대 허가량은 얼마인가? (단, 탱크의 단면적은 100㎡이고, 탱크 내부에는 별다른 구조물이 없으며, 공간용적 기준은 만족하는 것으로 가정한다.)

① 1400㎥　　② 1370㎥　　③ 1350㎥　　④ 1300㎥

해설 • 탱크높이 : 15m−(1+0.3m)=13.7m　　• 허가량 : 13.7m×100㎡=1370㎥

※ 소화설비(소화약제 방출구를 탱크안의 윗부분에 설치하는 것에 한한다)를 설치하는 탱크의 공간용적은 당해 소화설비의 소화약제방출구 아래의 0.3m 이상 1m 미만 사이의 면으로부터 윗부분의 용적으로 한다.

31.

[그림]의 원통형 종으로 설치된 탱크에서 공간용적을 내용적의 10%라고 하면 탱크 용량(허가용량)은 약 몇 ㎥인가?

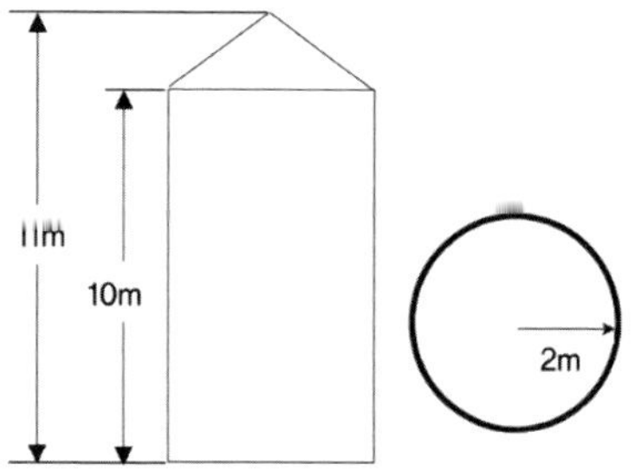

① 113.04㎥　　② 124.34㎥　　③ 129.06㎥　　④ 138.16㎥

해설 내용적 $= 3.14 \times 2^2 \times 10 = 125.6m^3$,　용량 $= 125.6m^3 \times 0.9 = 113.04m^3$

32.

그림과 같은 타원형 위험물 탱크의 내용적을 구하는 식을 옳게 나타낸 것은?

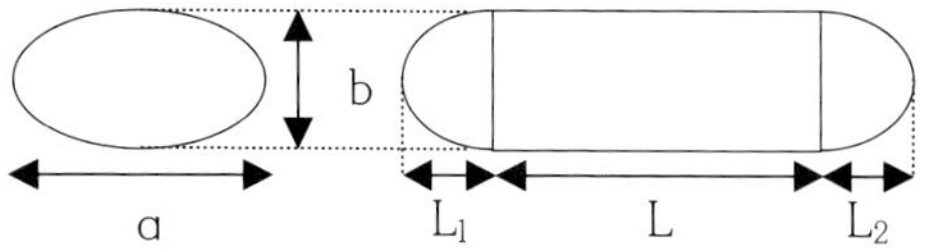

① $\frac{\pi ab}{4}(L+\frac{L_1+L_2}{3})$　　② $\frac{\pi ab}{4}(L+\frac{L_1-L_2}{3})$

③ $\pi ab\,(L+\frac{L_1+L_2}{3})$　　④ $\pi ab L^2$

해설 양쪽이 볼록한 타원형 탱크의 내용적 공식 : $\frac{\pi ab}{4}(l+\frac{l_1+l_2}{3})$

33. **내용적이 20,000L인 옥내저장탱크에 대하여 저장 또는 취급의 허가를 받을 수 있는 최대용량은? (단, 원칙적인 경우에 한한다.)**

① 18000L ② 19000L ③ 19400L ④ 20000L

해설 탱크의 최대 용량을 계산하려면 공간용적은 내용적의 5/100 이상으로 한다.

- $20,000 \times 0.95 = 19,000L$

34. **위험물안전관리법령상 위험물의 운반 시 운반용기는 다음의 기준에 따라 수납 적재하여야 한다. 다음 중 틀린 것은?**

① 수납하는 위험물과 위험한 반응을 일으키지 않아야 한다.
② 고체 위험물은 운반용기 내용적의 95% 이하로 수납하여야 한다.
③ 액체위험물은 운반용기 내용적의 95% 이하로 수납하여야 한다.
④ 하나의 외장용기에는 다른 종류의 위험물을 수납하지 않는다.

해설 액체 위험물은 운반용기 내용적의 98% 이하로 수납하여야 한다.

35. **적재 시 일광의 직사를 피하기 위하여 차광성 있는 피복으로 가려야 하는 위험물은?**

① 아세트알데히드 ② 아세톤 ③ 메틸알코올 ④ 아세트산

해설 아세트알데히드는 제4류 위험물 중 특수인화물이므로 차광성 피복으로 가려야 한다.

36. **위험물의 운반기준에 있어서 차량 등에 적재하는 위험물의 성질에 따라 강구하여야 하는 조치로 적합하지 않은 것은?**

① 제5류 위험물 또는 제6류 위험물은 방수성이 있는 피복으로 덮는다.
② 제2류 위험물 중 철분, 금속분, 마그네슘은 방수성이 있는 피복으로 덮는다.
③ 제1류 위험물 중 알칼리금속의 과산화물 또는 이를 함유한 것은 차광성과 방수성이 모두 있는 피복으로 덮는다.
④ 제5류 위험물 중 55℃ 이하의 온도에서 분해될 우려가 있는 것은 보냉 컨테이너에 수납하는 등의 방법으로 적당한 온도관리를 한다.

해설 제5류 위험물 또는 제6류 위험물은 차광성이 있는 피복으로 덮는다.

37. **제조소 등에 있어서 위험물의 저장하는 기준으로 잘못된 것은?**

① 황린은 제3류 위험물이므로 물기가 없는 건조한 장소에 저장하여야 한다.
① 덩어리 상태의 유황과 화약류에 해당하는 위험물은 위험물 용기에 수납하지 않고 저장할 수 있다.
① 옥내저장소에서는 용기에 수납하여 저장하는 위험물의 온도가 55℃를 넘지 아니하도록 필요한 조치를 강구하여야 한다.
① 이동저장탱크에는 저장 또는 취급하는 위험물의 유별, 품명, 최대수량 및 적재중량을 표시하고 잘 보일 수 있도록 관리하여야 한다.

해설 황린(제3류 위험물)은 pH 9인 물속에 저장하여야 한다.

38. 위험물안전관리법령의 위험물 운반에 관한 기준에서 고체위험물은 운반용기 내용적의 몇 % 이하의 수납율로 수납하여야 하는가?

① 80　　② 85

③ 90　　④ 95

해설 고체위험물은 운반용기 내용적의 95% 이하의 수납율로 수납할 것

39. 위험물안전관리법령에 따른 위험물의 적재 방법에 대한 설명으로 옳지 않은 것은?

① 원칙적으로는 운반용기를 밀봉하여 수납할 것

② 고체위험물은 용기 내용적의 95% 이하의 수납율로 수납할 것

③ 액체위험물은 용기 내용적의 99% 이상의 수납율로 수납할 것

④ 하나의 외장 용기에는 다른 종류의 위험물을 수납하지 않을 것

해설 액체위험물은 운반용기 내용적의 98% 이하의 수납율로 수납할 것

40. "자연발화성물질 중 알킬알루미늄 등은 운반용기의 내용적의 ( )% 이하의 수납율로 수납하되, 50℃의 온도에서 ( )% 이상의 공간용적을 유지하도록 할 것." ( )안에 적합한 숫자를 차례대로 나열한 것은?

① 90, 5　　② 90, 10

③ 95, 5　　④ 95, 10

해설 자연발화성물질 중 알킬알루미늄, 알킬리튬은 운반용기의 내용적의 90% 이하의 수납율로 수납하되, 50℃의 온도에서 5% 이상의 공간용적을 유지하도록 할 것

41. 위험물안전관리법령상 이동탱크저장소에 의한 위험물운송 시 위험물운송자는 장거리에 걸치는 운송을 하는 때에는 2명 이상의 운전자로 하여야 한다. 다음 중 그러하지 않아도 되는 경우가 아닌 것은?

① 적린을 운송하는 경우

② 알루미늄의 탄화물을 운송하는 경우

③ 이황화탄소를 운송하는 경우

④ 운송도중에 2시간 이내마다 20분 이상씩 휴식하는 경우

해설 다음의 경우에는 운전자를 1명으로 할 수 있으며, 이황화탄소는 특수인화물이므로 제외된다.

- 운송책임자를 동승시킨 경우
- 제2류 위험물, 제3류 위험물(칼슘 또는 알루미늄의 탄화물에 한함) 또는 제4류 위험물(특수인화물 제외)을 운송하는 경우
- 운송 도중에 2시간 이내마다 20분 이상씩 휴식하는 경우

42. **다음의 위험물 중에서 이동탱크저장소에 의하여 위험물을 운송할 때 운송책임자의 감독 · 지원을 받아야 하는 위험물은?**

① 알킬리튬 ② 아세트알데히드 ③ 금속의 수소화물 ④ 마그네슘

해설 알킬리튬, 알킬알루미늄을 운송할 때 운송책임자의 감독·지원을 받아 운송하여야 하며, 운송책임자는 위험물 국가기술자격증 취득 후 경력 1년 이상, 한국소방안전협회에서 실시하는 운송에 관한 교육을 수료하고 경력 2년 이상의 자격을 갖추어야 한다.

43. **운송책임자의 감독, 지원을 받아 운송하여야 하는 위험물에 해당하는 것은?**

① 칼륨, 나트륨 ② 알킬알루미늄, 알킬리튬
③ 제1석유류, 제2석유류 ④ 니트로글리세린, 트리니트로톨루엔

44. **운송책임자의 감독, 지원을 받아 운송하여야 하는 위험물은?**

① 알킬알루미늄 ② 금속나트륨 ③ 메틸에틸케톤 ④ 트리니트로톨루엔

45. **위험물안전관리법령상 운송책임자의 감독, 지원을 받아 운송하여야 하는 위험물은?**

① 특수인화물 ② 알킬리튬 ③ 질산구아니딘 ④ 히드라진 유도체

46. **이동탱크저장소에 의한 위험물의 운송에 있어서 운송책임자의 감독 또는 지원을 받아야 하는 위험물은?**

① 금속분 ② 알킬알루미늄 ③ 아세트알데히드 ④ 히드록실아민

47. **위험물안전관리법령에 의한 위험물 운송에 관한 규정으로 틀린 것은?**

① 이동탱크저장소에 의하여 위험물을 운송하는 자는 당해 위험물을 취급할 수 있는 국가기술자격자 또는 안전교육을 받은 자이어야 한다.
② 안전관리자, 탱크시험자, 위험물운송자 등 위험물의 안전관리와 관련된 업무를 수행하는 자는 시 · 도지사가 실시하는 안전교육을 받아야 한다.
③ 운송책임자의 범위, 감독 또는 지원의 방법 등에 관한 구체적인 기준은 행정안전부령으로 정한다.
④ 위험물운송자는 행정안전부령이 정하는 기준을 준수하는 등 당해 위험물의 안전확보를 위해 세심한 주의를 기울여야 한다.

해설 ② 소방청장이 실시하는 교육을 받아야 한다.

정답

01_④	02_③	03_④	04_③	05_③	06_②	07_③	08_③	09_②	10_①
11_②	12_④	13_②	14_③	15_③	16_②	17_④	18_④	19_③	20_④
21_③	22_④	23_②	24_③	25_①	26_③	27_③	28_②	29_①	30_②
31_①	32_①	33_②	34_③	35_①	36_①	37_①	38_④	39_③	40_①
41_③	42_①	43_②	44_①	45_②	46_②	47_②			

PART.5 제조소 등의 위치 · 구조 설비기준

1) 제조소의 위치 · 구조 설비기준

제조소 등이라 함은 제조소, 저장소, 취급소를 말한다.

- 제조소 : 위험물을 **제조할 목적**으로 지정수량 이상의 위험물을 취급하기 위하여 규정에 따른 허가를 받은 장소
- 원료(위험물 또는 비위험물) $\xrightarrow{\text{작업공정}}$ 제품(위험물)
- 취급소 : 지정수량 이상의 위험물을 **제조 외의 목적**으로 취급하기 위한 **대통령령이 정하는** 장소로서 허가를 받은 장소
- 저장소 : 지정수량 이상의 위험물을 저장하기 위한 **대통령령이 정하는** 장소로서 규정에 따른 허가를 받은 장소

1. 안전거리

① 제조소(제6류 위험물을 취급하는 제조소를 제외), 일반취급소, 옥내저장소, 옥외저장소, 옥외탱크저장소는 다음 규정에 의한 건축물의 외벽 또는 이에 상당하는 공작물의 외측으로부터 당해 제조소의 외벽 또는 이에 상당하는 공작물의 외측까지의 사이에 다음 규정에 의한 수평거리(안전거리)를 두어야 한다.

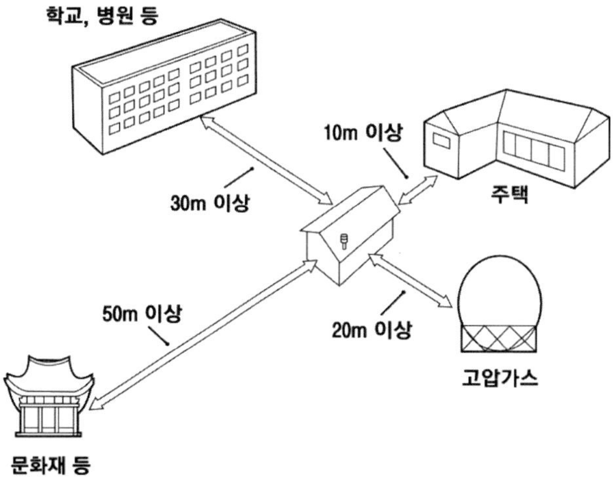

위험물의 최대수량	공지의 너비
사용전압이 7,000V 초과 35,000V 이하인 특고압가공전선	3m 이상
35,000V 초과하는 특고압가공전선	5m 이상
주거용	10m 이상

고압가스, 액화석유가스 또는 도시가스를 저장 또는 취급하는 시설	20m 이상
학교 · 병원 · 극장 그 밖에 다수인을 수용하는 시설 (공연장, 영화상영관 등 3백명 이상을 수용할 수 있는 시설, 아동 · 노인 · 장애인 · 한부모가족복지시설, 어린이집, 성매매피해자 지원시설, 정신보건시설 등 20명 이상을 수용할 수 있는 시설)	30m 이상
유형문화재와 기념물 중 지정문화재	50m 이상

② 불연재료로 된 방화상 유효한 담 또는 벽을 설치하는 경우에는 아래 표에 의하여 안전거리를 단축할 수 있다.

구분	취급하는 위험물의 최대수량(지정수량의 배수)	안전거리(이상)		
		주거용 건축물	학교 · 유치원등	문화재
제조소 · 일반취급소(취급하는 위험물의 양이 주거지역에 있어서는 30배, 상업지역에 있어서는 35배, 공업지역에 있어서는 50배 이상인 것을 제외한다)	10배 미만	6.5	20	35
	10배 이상	7.0	22	38

→ 방화상 유효한 담의 높이는 다음에 의하여 산정한 높이 이상으로 한다.

가. $H \leqq pD^2 + \alpha$ 인 경우

$h = 2$

나. $H > pD^2 + \alpha$ 인 경우

$h = H - p(D^2 - d^2)$

다. 가목 및 나목에서 D, H, a, d, h 및 p는 다음과 같다.

D : 제조소등과 인근 건축물 또는 공작물과의 거리(m) / H : 인근 건축물 또는 공작물의 높이(m)

α : 제조소등의 외벽의 높이(m) / d : 제조소등과 방화상 유효한 담과의 거리(m)

h : 방화상 유효한 담의 높이(m) / p : 상수

안전거리 연습문제

01. 위험물제조소의 안전거리기준으로 틀린 것은?

① 초 · 중등교육법 및 고등교육법에 의한 학교 - 20m 이상

② 의료법에 의한 병원급 의료기관 - 30m 이상

③ 문화재보호법 규정에 의한 지정문화재 - 50m 이상

④ 사용전압이 35,000V를 초과하는 특고압가공전선 - 5m 이상

해설 1) 사용전압 7,000V 초과 35,000V 이하의 특고압가공전선 : 3m 이상

2) 사용전압 35,000V를 초과하는 특고압가공전선 : 5m 이상

3) 주거용 건축물(제조소의 동일부지 외에 있는 것) : 10m 이상

4) 고압가스, 액화석유가스 등의 저장 · 취급 시설 : 20m 이상

5) 학교 · 병원 · 극장(300명 이상), 다수인 수용시설 : 30m 이상

6) 유형문화재, 지정문화재 : 50m 이상

02. 제3류 위험물을 취급하는 제조소는 300명 이상을 수용할 수 있는 극장으로부터 몇 m 이상의 안전거리를 유지하여야 하는가?

① 5 ② 10 ③ 30 ④ 70

해설 300명 이상을 수용할 수 있는 극장과의 안전거리는 30m 이상으로 한다.

03. 위험물제조소등에서 위험물안전관리법상 안전거리 규제 대상이 아닌 것은?

① 제6류 위험물을 취급하는 제조소를 제외한 모든 제조소 ② 주유취급소
③ 옥외저장소 ④ 옥외탱크저장소

해설 옥내탱크저장소, 지하탱크저장소, 이동탱크저장소, 간이탱크저장소, 판매취급소, 암반탱크저장소, 주유취급소는 안전거리 규제 대상에 해당하지 않는다.

정답 01_① 02_③ 03_②

2. 보유공지

3m 이상(지정수량의 10배 이하)

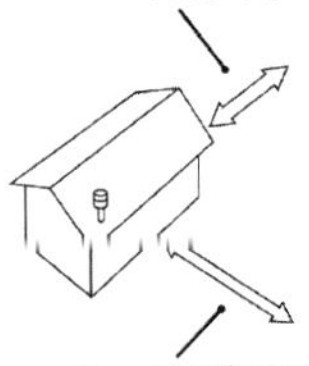

5m 이상(지정수량의 10배 초과)

① 위험물을 취급하는 건축물 주위에 확보해야 하는 절대적인 공간으로, 위험물시설 화재 시 연소의 확대를 방지할 수 있고 피난상의 필요한 공간 확보, 소방활동의 공간 확보 등의 기능이 있다. 취급하는 위험물의 최대수량에 따라 다음 표에 의한 너비의 공지를 보유하여야 한다.

취급하는 위험물의 최대수량	공지의 너비
지정수량의 10배 이하	3m 이상
지정수량의 10배 초과	5m 이상

② 제조소의 작업공정이 다른 작업장의 작업공정과 연속되어 있어, 제조소의 건축물 그 밖의 공작물의 주위에 공지를 두게 되면 그 제조소의 작업에 현저한 지장이 생길 우려가 있는 경우 당해 제조소와 다른 작업장 사이에 다음 기준에 따라 방화상 유효한 격벽을 설치한 때에는 당해 제조소와 다른 작업장 사이에 보유공지를 두지 않아도 된다.

가. 방화벽은 내화구조로 할 것, 다만 취급하는 위험물이 제6류 위험물인 경우에는 불연재료로 할 수 있다.

나. 방화벽에 설치하는 출입구 및 창 등의 개구부는 가능한 한 최소로 하고, 출입구 및 창에는 자동폐쇄식의 갑종방화문을 설치할 것

다. 방화벽의 양단 및 상단이 외벽 또는 지붕으로부터 50cm 이상 돌출하도록 할 것

연습문제-보유공지

01. **위험물제조소에서 지정수량 이상의 위험물을 취급하는 건축물(시설)에는 원칙상 최소 몇 m 이상의 보유공지를 확보하여야 하는가? (단, 최대수량은 지정수량의 10배이다.)**

① 1m ② 3m ③ 5m ④ 7m

해설 위험물제조소의 보유공지는 다음과 같다.

취급하는 위험물의 최대수량	공지의 너비
지정수량의 10배 이하	**3m 이상**
지정수량의 10배 초과	5m 이상

정답 01_②

3. 표지 및 게시판

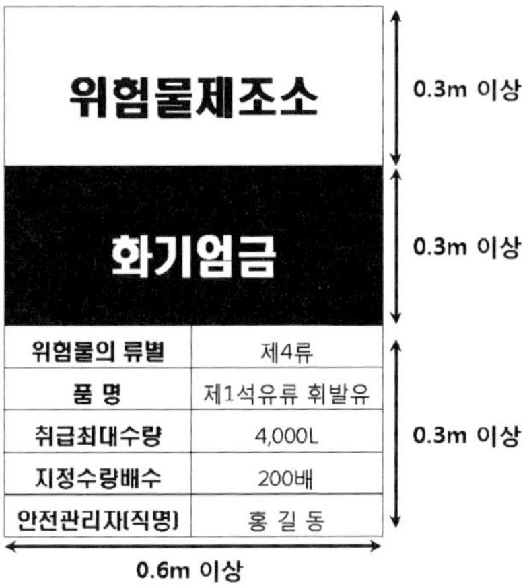

① 제조소에는 보기 쉬운 곳에 다음 각목의 기준에 따라 "위험물 제조소"라는 표시를 한 표지를 설치하여야 한다.

가. 표지는 한 변의 길이가 0.3m 이상, 다른 한 변의 길이가 0.6m 이상인 직사각형으로 할 것

나. 표지의 바탕은 백색으로, 문자는 흑색으로 할 것

② 제조소에는 보기 쉬운 곳에 다음 기준에 따라 방화에 관하여 필요한 사항을 게시한 게시판을 설치하여야 한다.

가. 게시판은 한 변의 길이가 0.3m 이상, 다른 한 변의 길이가 0.6m 이상인 직사각형으로 할 것

나. 게시판에는 저장 또는 취급하는 위험물의 유별 · 품명 및 저장최대수량 또는 취급최대수량, 지정수량의 배수 및 안전관리자의 성명 또는 직명을 반드시 기재할 것 → 백색바탕 흑색문자

다. 저장 또는 취급하는 위험물에 따라 다음의 규정에 의한 주의사항을 표시한 게시판을 설치할 것

1) 제1류 위험물 중 알칼리금속의 과산화물과 이를 함유한 것 또는 제3류 위험물 중 금수성 물질에 있어서는 "물기엄금" → 청색바탕 백색문자

2) 제2류 위험물(인화성고체를 제외한다)에 있어서는 "화기주의" → 적색바탕 백색문자

3) 제2류 위험물 중 인화성고체, 제3류 위험물 중 자연발화성 물질, 제4류 위험물 또는 제5류 위험물에 있어서는 "화기엄금" → 적색바탕 백색문자

✔ 한 눈에 정리하기

구분		게시판 주의사항	운반용기 주의사항
제1류		-	화기주의, 충격주의, 가연물접촉주의
	알칼리금속의 과산화물	물기엄금	물기엄금, 화기주의, 충격주의, 가연물접촉주의
제2류		화기주의	화기주의
	철분·금속분·마그네슘	화기주의	화기주의, 물기엄금
	인화성고체	화기엄금	화기엄금
제3류	금수성 물질	물기엄금	물기엄금
	자연발화성 물질	화기엄금	화기엄금, 공기접촉엄금
제4류		화기엄금	화기엄금
제5류		화기엄금	화기엄금, 충격주의
제6류		-	가연물접촉주의

※ 운반용기 주의사항과 관련한 내용은 639p의 "위험물의 유별 저장 · 취급기준" 참고

연습문제-주의사항

01. **제5류 위험물의 운반용기의 외부에 표시하여야 하는 주의사항은?**

① 물기주의 및 화기주의 ② 물기엄금 및 화기엄금
③ 화기주의 및 충격엄금 ④ 화기엄금 및 충격주의

해설 제5류 위험물의 운반용기 주의사항 : 화기엄금, 충격주의

02. **위험물안전관리법령상 제3류 위험물 중 금수성물질의 제조소에 설치하는 주의사항 게시판의 바탕색과 문자색을 옳게 나타낸 것은?**

① 청색바탕에 황색문자 ② 황색바탕에 청색문자
③ 청색바탕에 백색문자 ④ 백색바탕에 청색문자

해설 제3류 위험물 중 금수성 물질의 제조소에 청색 바탕에 백색 문자로 **"물기엄금"** 주의사항을 표시해야 한다.

03. **제조소의 게시판 사항 중 위험물의 종류에 따른 주의사항이 옳게 연결된 것은 무엇인가?**

① 제2류 위험물(인화성 고체 제외)-화기엄금 ② 제3류 위험물 중 금수성 물질-물기엄금
③ 제4류 위험물 - 화기주의 ④ 제5류 위험물 - 물기엄금

해설 ① 제2류 위험물(인화성 고체 제외) - 화기주의 ③ 제4류 위험물 - 화기엄금
④ 제5류 위험물 - 화기엄금

정답 01_④ 02_③ 03_②

4. 건축물의 구조

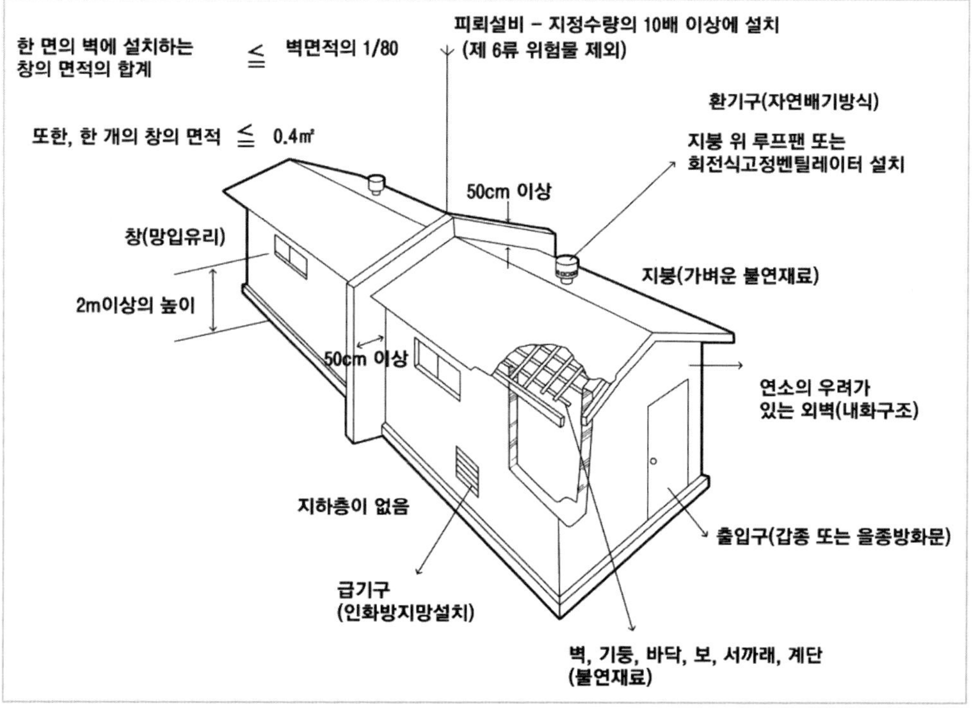

【제조소-환기설비 적용】

1) 지하층이 없도록 하여야 한다. 다만, 위험물을 취급하지 않는 지하층으로서 위험물의 취급장소에서 새어나온 위험물 또는 가연성의 증기가 흘러 들어갈 우려가 없는 구조로 된 경우에는 제외한다.
2) 벽 · 기둥 · 바닥 · 보 · 서까래 및 계단을 불연재료로 하고, 연소(延燒)의 우려가 있는 외벽은 출입구 외의 개구부가 없는 내화구조의 벽으로 하여야 한다. 이 경우 제6류 위험물을 취급하는 건축물에 있어서 위험물이 스며들 우려가 있는 부분에 대하여는 아스팔트 그 밖에 부식되지 않는 재료로 피복하여야 한다.
3) 지붕은 폭발 시 주변시설의 피해를 줄이기 위하여 폭발력이 위로 방출될 정도의 가벼운 불연재료로 덮어야 한다. 다만, 위험물을 취급하는 건축물이 다음에 해당하는 위험물을 취급하는 건축물의 경우에는 그 지붕을 내화구조로 할 수 있다.

- 제2류 위험물(분상의 것과 인화성고체를 제외한다)
- 제4류 위험물 중 제4석유류 · 동식물유류
- 제6류 위험물

4) 출입구와 비상구에는 갑종방화문 또는 을종방화문을 설치하되, 연소의 우려가 있는 외벽에 설치하는 출입구에는 수시로 열 수 있는 자동폐쇄식의 갑종방화문을 설치하여야 한다.

> "연소의 우려가 있는 외벽"이란 제조소 등이 설치된 부지의 경계선, 제조소 등에 인접한 도로의 중심선, 제조소 등의 외벽과 동일부지 내의 다른 건축물의 외벽간의 중심선을 기산점으로 하여 3m 이내에 있는 제조소등의 외벽을 말한다. (단, 2층 이상의 층에 대해서는 5m 이내)

5) 위험물을 취급하는 건축물의 창 및 출입구에 유리를 이용하는 경우에는 망입유리로 하여야 한다.

6) 액체의 위험물을 취급하는 건축물의 바닥은 위험물이 스며들지 못하는 재료를 사용하고, 적당한 경사를 두어 그 최저부에 집유설비를 하여야 한다.

【망입유리 : 철망을 넣은 두꺼운 유리】

연습문제-건축물의 구조

01. 위험물제조소의 기준에 있어서 위험물을 취급하는 건축물의 구조로 적당하지 않은 것은?

① 지하층이 없도록 하여야 한다.
② 연소의 우려가 있는 외벽은 내화구조의 벽으로 하여야 한다.
③ 출입구는 연소의 우려가 있는 외벽에 설치하는 경우 을종방화문을 설치하여야 한다.
④ 지붕은 폭발력이 위로 방출될 정도의 가벼운 불연재료로 덮는다.

해설 출입구와 비상구에 갑종방화문 또는 을종방화문을 설치하되, 연소의 우려가 있는 외벽에 설치하는 출입구에는 수시로 열 수 있는 자동폐쇄식의 갑종방화문을 설치하여야 한다.

02. 위험물제조소의 위치, 구조 및 설비의 기준에 대한 설명 중 틀린 것은?

① 벽, 기둥, 바닥, 보, 서까래는 내화재료로 하여야 한다.
② 제조소의 표지판은 한 변이 30cm, 다른 한 변이 60cm 이상의 크기로 한다.
③ "화기엄금"을 표시하는 게시판은 적색바탕에 백색문자로 한다.
④ 지정수량 10배를 초과한 위험물을 취급하는 제조소는 보유공지의 너비가 5m 이상이어야 한다.

해설 ① 위험물제조소의 벽, 기둥, 바닥, 보, 서까래는 불연재료로 하여야 한다.

정답 01_③ 02_①

5. 채광 · 조명 및 환기설비

1) 채광설비는 불연재료로 하고, 연소의 우려가 없는 장소에 설치하되 채광면적을 최소로 할 것

2) 조명설비
① 가연성가스 등이 체류할 우려가 있는 장소의 조명등은 방폭등으로 할 것
② 전선은 내화 · 내열전선으로 할 것
③ 점멸스위치는 출입구 바깥부분에 설치할 것. 다만, 스위치의 스파크로 인한 화재 · 폭발의 우려가 없을 경우에는 그렇지 않다.

3) 환기설비
① 환기는 자연배기방식으로 할 것
② 급기구는 당해 급기구가 설치된 실의 바닥면적 150㎡마다 1개 이상으로 하되, 급기구의 크기는 800㎠ 이상으로 할 것. 다만 바닥면적이 150㎡ 미만인 경우에는 다음의 크기로 하여야 한다.

바닥면적	급기구의 면적
60㎡ 미만	150㎠ 이상
60㎡ 이상 90㎡ 미만	300㎠ 이상
90㎡ 이상 120㎡ 미만	450㎠ 이상
120㎡ 이상 150㎡ 미만	600㎠ 이상

③ 급기구는 낮은 곳에 설치하고 가는 눈의 구리망 등으로 인화방지망을 설치할 것
④ 환기구는 지붕 위 또는 지상 2m 이상의 높이에 회전식 고정벤틸레이터 또는 루프팬 방식으로 설치할 것

[회전식 고정벤틸레이터]

[루프팬]

4) 배출설비가 설치되어 유효하게 환기가 되는 건축물에는 환기설비를 하지 않을 수 있고, 조명설비가 설치되어 유효하게 조도가 확보되는 건축물에는 채광설비를 생략할 수 있다.

환기설비 연습문제

01. **위험물제조소의 환기설비의 기준에서 급기구가 설치된 실의 바닥면적 150㎡마다 1개 이상 설치하는 급기구의 크기는 몇 ㎠ 이상이어야 하는가? (단, 바닥면적이 150㎡ 미만인 경우는 제외한다)**

① 200㎠ ② 400㎠ ③ 600㎠ ④ 800㎠

해설 위험물제조소의 급기구(외부의 공기를 건물 내부로 유입시키는 통로)는 바닥면적 150㎡마다 1개 이상으로 하고 급기구의 크기는 800㎠ 이상으로 해야 한다.

정답 01_④

6. 배출설비

가연성의 증기 또는 미분이 체류할 우려가 있는 건축물에는 그 증기 또는 미분을 옥외의 높은 곳으로 배출할 수 있도록 다음 기준에 의하여 배출설비를 설치하여야 한다.

① 배출설비는 국소방식으로 하여야 한다.

② 배출설비는 배풍기 · 배출닥트 · 후드 등을 이용하여 강제적으로 배출하는 것으로 하여야 한다.

③ 배출능력은 1시간당 배출장소 용적의 20배 이상인 것으로 하여야 한다. 다만, 전역방식의 경우에는 바닥 면적 1㎡당 18㎥ 이상으로 할 수 있다.

④ 배출설비의 급기구 및 배출구

가. 급기구는 높은 곳에 설치하고, 가는 눈의 구리망 등으로 인화방지망을 설치할 것

나. 배출구는 지상 2m 이상으로서 연소의 우려가 없는 장소에 설치하고, 배출닥트가 관통하는 벽 부분의 바로 가까이에 화재 시 자동으로 폐쇄되는 방화댐퍼를 설치할 것

⑤ 배풍기는 강제배기 방식으로 하고, 옥내닥트의 내압이 대기압 이상이 되지 않는 위치에 설치하여야 한다.

✔ 한 눈에 정리하기

	환기설비	배출설비
방식	자연배기	강제배기
급기구의 위치	낮은 곳	높은 곳

배축석비 연습문제

01. **위험물제조소에서 국소방식의 배출설비 배출능력은 1시간당 배출장소 용적의 몇 배 이상인 것으로 하여야 하는가?**

① 5 ② 10 ③ 15 ④ 20

해설 제조소에서 국소방식의 배출설비 배출능력은 1시간당 배출장소 용적의 20배 이상인 것으로 한다.
※ 전역방출방식 : 바닥면적 1㎡당 18㎥ 이상

02. **위험물안전관리법령상 위험물제조소에 설치하는 배출설비에 대한 내용으로 틀린 것은?**

① 배출설비는 예외적인 경우를 제외하고는 국소방식으로 하여야 한다.
② 배출설비는 강제배출 방식으로 한다.
③ 급기구는 낮은 장소에 설치하고 인화방지망을 설치한다.
④ 배출구는 지상 2m 이상 높이에 연소의 우려가 없는 곳에 설치한다.

해설 급기구는 높은 곳에 설치하고 가는 눈의 구리망 등으로 인화방지망을 설치한다.

정답 01_④ 02_③

7. 옥외설비의 바닥

옥외에서 액체위험물을 취급하는 설비의 바닥의 설치기준이다.

① 바닥의 둘레에 높이 0.15m 이상의 턱을 설치하는 등 위험물이 외부로 흘러나가지 않도록 하여야 한다.

② 바닥은 콘크리트 등 위험물이 스며들지 않는 재료로 하고, 턱이 있는 쪽이 낮게 경사지게 하여야 한다.

③ 바닥의 최저부에 액체 위험물을 모아주는 집유설비를 하여야 한다.

④ 위험물을 취급하는 설비에 있어서는 당해 위험물이 직접 배수구에 흘러들어가지 않도록 집유설비에 비중차를 이용하여 위험물과 물을 분리시키는 유분리장치를 설치하여야 한다.

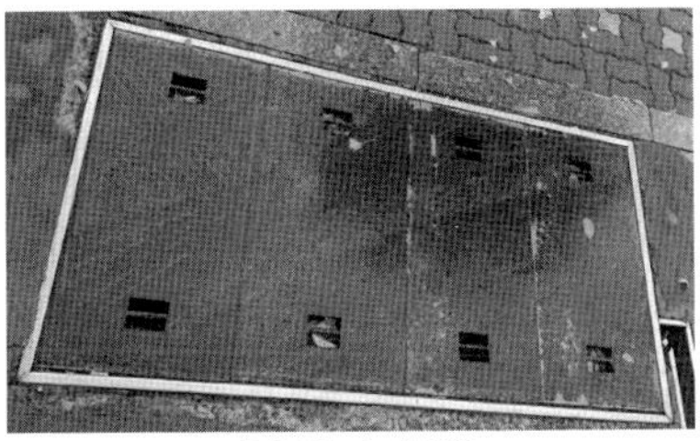

【유분리장치】

8. 기타설비

① 압력계 및 안전장치

위험물을 가압하는 설비 또는 그 취급하는 위험물의 압력이 상승할 우려가 있는 설비에는 압력계 및 다음에 해당하는 안전장치를 설치하여야 한다.

가. 자동적으로 압력의 상승을 정지시키는 장치

나. 감압측에 안전밸브를 부착한 감압밸브

다. 안전밸브를 병용하는 경보장치

라. 파괴판(위험물의 성질에 따라 안전밸브의 작동이 곤란한 가압설비에 한하여 설치함)

② 정전기 제거설비

위험물을 취급함에 있어서 정전기가 발생할 우려가 있는 설비에는 다음 기준에 해당하는 방법으로 정전기를 유효하게 제거할 수 있는 설비를 설치하여야 한다.

가. 접지에 의한 방법

나. 공기 중의 상대습도를 70% 이상으로 하는 방법

다. 공기를 이온화하는 방법

③ 피뢰설비

지정수량의 10배 이상의 위험물을 취급하는 제조소(제6류 위험물을 취급하는 위험물제조소를 제외한다)에는 피뢰침을 설치하여야 한다. 다만, 제조소의 주위의 상황에 따라 안전상 지장이 없는 경우에는 피뢰침을 설치하지 않을 수 있다.

기타설비 연습문제

01. **위험물제조소에 설치하는 안전장치 중 위험물의 성질에 따라 안전밸브의 작동이 곤란한 가압설비에 한하여 설치하는 것은?**

① 파괴판 ② 안전밸브를 병용하는 경보장치
③ 감압측에 안전밸브를 부착한 감압밸브 ④ 연성계

해설 위험물을 가압하는 설비 또는 그 취급에 따라 위험물의 압력이 상승할 우려가 있는 설비에는 자동적으로 압력의 상승을 정지시키는 장치, 감압측에 안전밸브를 부착한 감압밸브, 안전밸브를 병용하는 경보장치, 파괴판(단, 위험물의 성질에 따라 안전밸브의 작동이 곤란한 가압설비에 한함)을 설치하여야 한다.

02. **지정수량의 10배 이상의 위험물을 취급하는 제조소에는 피뢰침을 설치하여야 하지만 제 몇 류 위험물을 취급하는 경우는 이를 제외할 수 있는가?**

① 제2류 위험물 ② 제4류 위험물 ③ 제5류 위험물 ④ 제6류 위험물

해설 지정수량의 10배 이상의 위험물을 취급하는 제조소에는 피뢰침을 설치하여야 한다. (단, 제6류 위험물은 제외한다.)

03. **위험물을 취급함에 있어서 정전기를 유효하게 제거하기 위한 설비를 설치하고자 한다. 위험물안전관리법령상 공기 중의 상대 습도를 몇 % 이상 되게 하여야 하는가?**

① 50 ② 60 ③ 70 ④ 80

해설 〈정전기 제거 방법〉
- 접지 • 공기 중의 상대습도를 70% 이상

정답 01_① 02_④ 03_③

9. 방유제

방유제 : 액체 위험물의 외부 유출을 막기 위하여 설치하는 장치

① 위험물제조소의 옥외에 있는 위험물취급탱크로서 액체위험물(이황화탄소를 제외한다)을 취급하는 것의 주위에는 다음의 기준에 의하여 방유제를 설치할 것

② 하나의 취급탱크 주위에 설치하는 방유제의 용량은 당해 탱크용량의 50% 이상으로 하고, 2 이상의 취급 탱크 주위에 하나의 방유제를 설치하는 경우 그 방유제의 용량은 당해 탱크 중 용량이 최대인 것의 50%에 나머지 탱크용량 합계의 10%를 가산한 양 이상이 되게 할 것.

✔ 한 눈에 정리하기

	1기	2기 이상
제조소 옥외에 설치된 경우	탱크용량의 50% 이상	최대용량의 50% + 나머지 용량 합계의 10% 이상
옥외탱크저장소	인화성액체일 경우 탱크용량의 110% 이상 (인화성 액체가 아닐 경우 100% 이상)	최대용량의 110% 이상 (인화성 액체가 아닐 경우 100% 이상)

방유제 연습문제

01. **제조소의 옥외에 모두 3기의 휘발유취급탱크를 설치하고 그 주위에 방유제를 설치하고자 한다. 방유제 안에 설치하는 각 취급탱크의 용량이 5만L, 3만L, 2만L일 때 필요한 방유제의 용량은 몇 L 이상인가?**

① 66,000L ② 60,000L ③ 33,000L ④ 30,000L

해설 위험물제조소의 옥외에 있는 위험물 취급탱크 주위에 설치하는 방유제의 용량

1) 1기 탱크 : 탱크 용량의 50% 이상

2) 2기 이상의 탱크 : 탱크 중 최대용량인 것의 50% + 나머지 탱크 용량 합계의 10% 이상

• 50,000L×0.5+(30,000L+20,000L)×0.1=30,000L

02. **위험물안전관리법령상 위험물제조소의 옥외에 있는 하나의 액체위험물 취급탱크 주위에 설치하는 방유제의 용량은 해당 탱크용량의 몇 % 이상으로 하여야 하는가?**

① 50% ② 60% ③ 100% ④ 110%

03. **인화성액체 위험물을 저장 또는 취급하는 옥외탱크저장소의 방유제 내에 용량 10만L와 5만L인 옥외저장탱크 2기를 설치하는 경우에 확보하여야 하는 방유제의 용량은?**

① 50,000L 이상 ② 80,000L 이상 ③ 110,000L 이상 ④ 150,000L 이상

해설 인화성액체 위험물을 저장 또는 취급하는 옥외탱크저장소의 방유제 용량

1) 1기 탱크 : 탱크 용량의 110% 이상

2) 2기 이상의 탱크 : 탱크 중 용량이 최대인 것의 용량의 110% 이상

∴ 100,000×1.1=110,000L 이상

정답 01_④ 02_① 03_③

10. 배관

• 위험물제조소 내의 위험물을 취급하는 배관

① 배관의 재질은 강관 그 밖에 이와 유사한 금속성으로 하여야 한다.

② 배관에 걸리는 최대상용압력의 1.5배 이상의 압력으로 수압시험(불연성의 액체 또는 기체를 이용하여 실시하는 시험을 포함한다)을 실시하여 누설 그 밖의 이상이 없는 것으로 하여야 한다.

③ 배관을 지상에 설치하는 경우에는 지진 · 풍압 · 지반침하 및 온도변화에 안전한 구조의 지지물에 설치하되, 지면에 닿지 않도록 하고 배관의 외면에 부식방지를 위한 도장을 하여야 한다. 다만, 불변강관 또는 부식의 우려가 없는 재질의 배관의 경우에는 부식방지를 위한 도장을 하지 않아도 된다.

④ 배관을 지하에 매설하는 경우에는 배관의 접합 부분에는 위험물의 누설 여부를 점검할 수 있는 점검구를 설치하여야 한다.

11. 위험물의 성질에 따른 제조소의 특례

① 알킬알루미늄, 알킬리튬 취급

가. 설비의 주위에는 누설범위를 국한하기 위한 설비와 누설된 알킬알루미늄, 알킬리튬을 안전한 장소에 설치된 저장실에 유입시킬수 있는 설비를 갖출 것

나. 불활성기체를 봉입하는 장치를 갖출 것

② 아세트알데히드, 산화프로필렌 취급

가. 은 · 수은 · 동(구리) · 마그네슘 또는 이들을 성분으로 하는 합금으로 만들지 않을 것

나. 연소성 혼합기체의 생성에 의한 폭발을 방지하기 위한 불활성기체 또는 수증기를 봉입하는 장치를 갖출 것

다. 아세트알데히드, 산화프로필렌을 취급하는 탱크에는 냉각장치 또는 저온을 유지하기 위한 장치(보냉장치) 및 연소성 혼합기체의 생성에 의한 폭발을 방지하기 위한 불활성기체를 봉입하는 장치를 갖출 것. 다만, 지하에 있는 탱크가 아세트알데히드, 산화프로필렌의 온도를 저온으로 유지할 수 있는 구조인 경우에는 냉각장치 및 보냉장치를 갖추지 않아도 된다.

12. 자체소방대

제4류 위험물을 취급하는 제조소 또는 일반취급소의 지정수량이 3천배 이상일 경우 자체소방대를 설치할 수 있다. 다만, 보일러로 위험물을 소비하는 일반취급소 등 다음에 해당하는 일반취급소를 제외한다.

- 보일러, 버너 그 밖에 이와 유사한 장치로 위험물을 소비하는 일반취급소
- 이동저장탱크 그 밖에 이와 유사한 것에 위험물을 주입하는 일반취급소
- 용기에 위험물을 옮겨 담는 일반취급소
- 유압장치, 윤활유순환장치 그 밖에 이와 유사한 장치로 위험물을 취급하는 일반취급소
- 「광산보안법」의 적용을 받는 일반취급소

2 이상의 사업소가 상호응원에 관한 협정을 체결하고 있는 경우에는 당해 모든 사업소를 하나의 사업소로 보고 제조소 또는 취급소에서 취급하는 제4류 위험물을 합산한 양을 하나의 사업소에서 취급하는 제4류 위험물의 최대수량으로 간주하여 아래 표에서 화학소방자동차의 대수 및 자체소방대원을 정할 수 있다. 이 경우 상호응원에 관한 협정을 체결하고 있는 각 사업소의 자체소방대에는 화학소방차 대수의 2분의 1 이상의 대수와 화학소방자동차마다 5인 이상의 자체소방대원을 두어야 한다.

사업소의 구분	화학소방자동차	자체소방대원의 수
1. 제조소 또는 일반취급소에서 취급하는 제4류 위험물의 최대수량의 합이 지정수량의 12만배 미만인 사업소	1대	5인
2. 제조소 또는 일반취급소에서 취급하는 제4류 위험물의 최대수량의 합이 지정수량의 12만배 이상 24만배 미만인 사업소	2대	10인
3. 제조소 또는 일반취급소에서 취급하는 제4류 위험물의 최대수량의 합이 지정수량의 24만배 이상 48만배 미만인 사업소	3대	15인
4. 제조소 또는 일반취급소에서 취급하는 제4류 위험물의 최대수량의 합이 지정수량의 48만배 이상인 사업소	4대	20인

화학소방자동차에는 행정안전부령으로 정하는 아래의 소화능력 및 설비를 갖추어야 하고, 소화활동에 필요한 소화약제 및 기구(방열복 등 개인장구를 포함한다)를 비치하여야 한다.

화학소방자동차의 구분	소화능력 및 설비의 기준
포수용액 방사차	포수용액의 방사능력이 매분 2,000L 이상일 것
	소화약액탱크 및 소화약액혼합장치를 비치할 것
	10만L 이상의 포수용액을 방사할 수 있는 양의 소화약제를 비치할 것
분말 방사차	분말의 방사능력이 매초 35㎏ 이상일 것
	분말탱크 및 가압용가스설비를 비치할 것
	1,400㎏ 이상의 분말을 비치할 것
할로겐화합물 방사차	할로겐화합물의 방사능력이 매초 40㎏ 이상일 것
	할로겐화합물탱크 및 가압용가스설비를 비치할 것
	1,000㎏ 이상의 할로겐화합물을 비치할 것
이산화탄소 방사차	이산화탄소의 방사능력이 매초 40㎏ 이상일 것
	이산화탄소저장용기를 비치할 것
	3,000㎏ 이상의 이산화탄소를 비치할 것
제독차	가성소오다 및 규조토를 각각 50㎏ 이상 비치할 것

포수용액을 방사하는 화학소방자동차의 대수는 자체소방대 규정에 의한 화학소방자동차의 대수의 3분의 2 이상으로 하여야 한다.

연습문제-위험물의 성질에 따른 제조소의 특례

01. **알킬알루미늄 등 또는 아세트알데히드 등을 취급하는 제조소의 특례기준으로서 옳은 것은?**

① 알킬알루미늄 등을 취급하는 설비에는 불활성기체 또는 수증기를 봉입하는 장치를 설치한다.
② 알킬알루미늄 등을 취급하는 설비는 은 · 수은 · 동 · 마그네슘을 성분으로 하는 것으로 만들지 않는다.
③ 아세트알데히드 등을 취급하는 탱크에는 냉각장치 또는 보냉장치 및 불활성기체 봉입장치를 설치한다.
④ 아세트알데히드 등을 취급하는 설비의 주위에는 누설범위를 국한하기 위한 설비와 누설되었을 때 안정한 장소에 설치된 저장실에 유입시킬 수 있는 설비를 갖춘다.

정답 01_③

연습문제-자체소방대

01. **위험물안전관리법령상 제조소에서 취급하는 제4류 위험물의 최대수량의 합이 지정수량의 12만 배 미만인 사업소에 두어야 하는 화학소방자동차 및 소방대원의 수의 기준으로 옳은 것은?**

① 1대 - 5인 ② 2대 - 10인 ③ 3대 - 15인 ④ 4대 - 20인

해설 제4류 위험물을 지정수량의 3천배 이상 취급하는 제조소 또는 일반취급소에 자체소방대를 설치할 수 있으며, 화학소방차 및 자체소방대원의 수는 다음과 같다.

사업소의 구분	화학소방자동차의 수	자체소방대원의 수
지정수량의 12만배 미만	1대	5인
지정수량의 12만배 이상 24만배 미만	2대	10인
지정수량의 24만배 이상 48만배 미만	3대	15인
지정수량의 48만배 이상	4대	20인

02. **취급하는 제4류 위험물의 수량이 지정수량의 30만배인 일반취급소가 있는 사업장에 자체소방대를 설치함에 있어서 전체 화학소방차 중 포수용액을 방사하는 화학소방차는 몇 대 이상 두어야 하는가?**

① 필수적인 것은 아니다. ② 1대 ③ 2대 ④ 3대

해설 포수용액을 방사하는 화학소방자동차의 대수는 화학소방자동차의 대수의 3분의 2 이상으로 하여야 한다. 30만 배에 해당하는 화학소방차의 수가 3대이므로 2/3 이상인 2대 이상의 포수용액 화학소방차를 두어야 한다.

정답 01_① 02_③

챕터별 문제-제조소

01. **위험물안전관리법에서 정하는 용어의 정의로 옳지 않은 것은?**

① "위험물" 이라 함은 인화성 또는 발화성 등의 성질을 가지는 것으로서 대통령령이 정하는 물품을 말한다.

② "제조소" 라 함은 위험물을 제조할 목적으로 지정수량 이상의 위험물을 취급하기 위하여 규정에 따른 허가를 받은 장소를 말한다.

③ "저장소" 라 함은 지정수량 이상의 위험물을 저장하기 위한 대통령령이 정하는 장소로서 규정에 따른 허가를 받은 장소를 말한다.

④ "취급소" 라 함은 지정수량 이상의 위험물을 제조 외의 목적으로 취급하기 위한 관할 지자체장이 정하는 장소로서 허가를 받은 장소를 말한다.

해설 ④ 취급소라 함은 지정수량 이상의 위험물을 제조 외의 목적으로 취급하기 위한 **대통령령이 정하는 장소**로서 허가를 받은 장소이다.

02. **위험물안전관리법에서 사용하는 용어의 정의 중 틀린 것은?**

① "지정수량" 은 위험물의 종류별로 위험성을 고려하여 대통령령이 정하는 수량이다.

② "제조소" 라 함은 위험물을 제조할 목적으로 지정수량 이상의 위험물을 취급하기 위하여 규정에 따라 허가를 받은 장소이다.

③ "저장소" 라 함은 지정수량 이상의 위험물을 저장하기 위한 대통령령이 정하는 장소로서 규정에 따라 허가를 받은 장소를 말한다.

④ "제조소등" 이라 함은 제조소, 저장소 및 이동탱크를 말한다.

해설 ④ "제조소등"이라 함은 제조소, 저장소, 취급소를 말한다.

03. **위험물제조소에서 지정수량 이상의 위험물을 취급하는 건축물(시설)에는 원칙상 최소 몇 미터 이상의 보유공지를 확보하여야 하는가? (단, 최대수량은 지정수량의 10배이다.)**

① 1m 이상　② 3m 이상　③ 5m 이상　④ 7m 이상

04. **주택, 학교 등의 보호대상물과의 사이에 안전거리를 두지 않아도 되는 위험물시설은?**

① 옥내저장소　② 옥내탱크저장소　③ 옥외저장소　④ 일반취급소

해설 안전거리의 규제 대상은 다음과 같다.

- 제조소(제6류 위험물을 취급하는 제조소를 제외)
- 일반취급소
- 옥내저장소
- 옥외저장소
- 옥외탱크저장소

05.

제조소의 건축물 구조기준 중 연소의 우려가 있는 외벽은 출입구 외에 개구부가 없는 내화구조의 벽으로 하여야 한다. 이때 연소의 우려가 있는 외벽은 제조소가 설치되 부지의 경계선에서 몇 m 이내에 있는 외벽을 말하는가? (단, 단층 건물일 경우이다.)

① 3m ② 4m
③ 5m ④ 6m

해설 연소의 우려가 있는 외벽은 다음에서 정한 선을 기산점으로 하여 3m(2층 이상의 층은 5m) 이내에 있는 외벽을 말한다.
1) 제조소등이 설치된 부지의 경계선
2) 제조소등에 인접한 도로의 중심선
3) 제조소등의 외벽과 동일부지 내의 다른 건축물의 외벽 간의 중심선

06.

위험물 제조소에서 연소 우려가 있는 외벽은 기산점이 되는 선으로부터 3m (2층 이상의 층에 대해서는 5m)이내에 있는 외벽을 말하는데 이 기산점이 되는 선에 해당하지 않은 것은?

① 동일 부지 내의 다른 건축물과 제조소 부지 간의 중심선
② 제조소등에 인접한 도로의 중심선
③ 제조소등이 설치된 부지의 경계선
④ 제조소등의 외벽과 동일 부지내의 다른 건축물의 외벽간의 중심선

해설 연소의 우려가 있는 외벽은 다음에서 정한 선을 기산점으로 하여 3m(2층 이상의 층은 5m) 이내에 있는 외벽을 말한다.
1) 제조소등이 설치된 부지의 경계선
2) 제조소등에 인접한 도로의 중심선
3) 제조소등의 외벽과 동일부지 내의 다른 건축물의 외벽 간의 중심선

07.

위험물제조소의 게시판에 "화기주의"라고 쓰여 있다. 몇 류 위험물 제조소인가?

① 제1류 ② 제2류
③ 제3류 ④ 제4류

해설 인화성 고체를 제외한 제2류 위험물의 제조소 게시판에 화기주의 주의사항을 표시한다.

08.

위험물 제조소의 환기설비의 기준에서 급기구에 설치된 실의 바닥면적 150㎡ 마다 1개 이상 설치하는 급기구의 크기는 몇 ㎠ 이상이어야 하는가?

① 200 ② 400
③ 600 ④ 800

해설 위험물제조소의 급기구(외부의 공기를 건물 내부로 유입시키는 통로)는 바닥면적 150㎡마다 1개 이상으로 하고 급기구의 크기는 800㎠ 이상으로 해야 한다.

09. 위험물제조소의 위치, 구조 및 설비의 기준에 대한 설명 중 틀린 것은?

① 벽, 기둥, 바닥, 보, 서까래는 내화재료로 하여야 한다.
② 제조소의 표지판은 한 변이 30cm, 다른 한 변이 60cm 이상의 크기로 한다.
③ "화기엄금" 을 표시하는 게시판은 적색바탕에 백색문자로 한다.
④ 지정수량 10배를 초과한 위험물을 취급하는 제조소는 보유공지의 너비가 5m 이상 이어야 한다.

해설 ① 위험물제조소의 벽, 기둥, 바닥, 보, 서까래는 불연재료로 하여야 한다..

10. 제2류 위험물의 화재예방 및 진압대책으로 적합하지 않은 것은?

① 강산화제와 혼합을 피한다.
② 적린과 유황은 물에 의한 냉각소화가 가능하다.
③ 금속분은 산과의 접촉을 피한다.
④ 인화성고체를 제외한 위험물 제조소에는 "화기엄금" 주의사항 게시판을 설치한다.

해설 인화성고체를 제외한 위험물 제조소에는 "화기주의" 주의사항 게시판을 설치한다.

11. 제3류 위험물 중 금수성 물질을 취급하는 제조소에 설치하는 주의사항 게시판의 내용과 색상으로 옳은 것은?

① 물기엄금 : 백색바탕에 청색문자 ② 물기엄금 : 청색바탕에 백색문자
③ 물기주의 : 백색바탕에 청색문자 ④ 물기주의 : 청색바탕에 백색문자

해설 제3류 위험물 중 금수성 물질의 게시판 주의사항은 "물기엄금"으로 청색바탕에 백색문자로 한다.

12. 제5류 위험물을 취급하는 위험물제조소에 설치하는 주의사항 게시판에서 표시하는 내용과 바탕색, 문자색으로 옳은 것은?

① '화기주의', 백색바탕에 적색문자 ② '화기주의', 적색바탕에 백색문자
③ '화기엄금', 백색바탕에 적색문자 ④ '화기엄금', 적색바탕에 백색문자

해설 제5류 위험물의 게시판 주의사항으로 "화기엄금"을 적색바탕에 백색문자로 표시하여야 한다.

13. 위험물제조소 내의 위험물을 취급하는 배관에 대한 설명으로 옳지 않은 것은?

① 배관을 지하에 매설하는 경우 접합부분에는 점검구를 설치하여야 한다.
② 배관을 지하에 매설하는 경우 금속성 배관의 외면에는 부식 방지 조치를 하여야 한다.
③ 최대상용압력의 1.5배 이상의 압력으로 수압시험을 실시하여 이상이 없어야 한다.
④ 지상에 설치하는 경우에는 안전한 구조의 지지물로 지면에 밀착하여 설치하여야 한다.

해설 ② 배관을 지상에 매설하는 경우 금속성 배관의 외면에는 부식 방지 조치를 하여야 한다.

14.

위험물제조소에서 국소방식의 배출설비 배출능력은 1시간당 배출장소 용적의 몇 배 이상인 것으로 하여야 하는가?

① 5 ② 10

③ 15 ④ 20

해설 제조소에서 국소방식의 배출설비 배출능력은 1시간당 배출장소 용적의 20배 이상인 것으로 한다.

15.

위험물안전관리법령상 제조소의 위치 · 구조 및 설비의 기준에 따르면 가연성 증기가 체류할 우려가 있는 건축물은 배출장소의 용적이 500㎥일 때 시간당 배출능력(국소방식)을 얼마 이상인 것으로 하여야 하는가?

① 5000㎥ ② 10000㎥

③ 20000㎥ ④ 40000㎥

해설 제조소에서 국소방식의 배출설비 배출능력은 1시간당 배출장소 용적의 20배 이상이므로 500×20=10,000㎥ 이상으로 한다.

16.

제조소의 옥외에 모두 3기의 휘발유 취급탱크를 설치하고, 그 주위에 방유제를 설치하고자 한다. 방유제 안에 설치하는 각 취급탱크의 용량이 6만L, 2만L, 1만L 일 때 필요한 방유제의 용량은 몇 L 이상인가?

① 66000 ② 60000

③ 33000 ④ 30000

해설 제조소의 옥외에 있는 위험물 취급탱크의 방유제의 용량

· 1기일 때 : 탱크용량 × 0.5

· 2기 이상일 때 : 최대탱크용량 × 0.5 + (나머지 탱크 용량합계 × 0.1)

∴ 방유제의 용량 = (60,000L × 0.5) + (20,000 + 10,000 × 0.1) = 33,000L

17.

제조소의 옥외에 모두 3기의 휘발유취급탱크를 설치하고 그 주위에 방유제를 설치하고자 한다. 방유제 안에 설치하는 각 취급탱크의 용량이 5만L, 3만L, 2만L일 때 필요한 방유제의 용량은 몇 L 이상인가?

① 66,000L ② 60,000L

③ 33,000L ④ 30,000L

해설 제조소의 옥외에 있는 위험물 취급탱크의 방유제의 용량

· 1기일 때 : 탱크용량 × 0.5

· 2기 이상일 때 : 최대탱크용량 × 0.5 + (나머지 탱크 용량합계 × 0.1)

∴ 방유제의 용량=(50,000L×0.5) + (30,000L+20,000L×0.1) = 30,000L

18. **위험물제조소에 설치하는 안전장치 중 위험물의 성질에 따라 안전밸브의 작동이 곤란한 가압설비에 한하여 설치하는 것은?**

① 파괴판 ② 안전밸브를 병용하는 경보장치
③ 감압측에 안전밸브를 부착한 감압밸브 ④ 연성계

해설 위험물을 가압하는 설비 또는 그 취급에 따라 위험물의 압력이 상승할 우려가 있는 설비에는 자동적으로 압력의 상승을 정지시키는 장치, 감압측에 안전밸브를 부착한 감압밸브, 안전밸브를 병용하는 경보장치, **파괴판(단, 위험물의 성질에 따라 안전밸브의 작동이 곤란한 가압설비에 한함)**을 설치하여야 한다.

19. **점화원으로 작용할 수 있는 정전기를 방지하기 위한 예방 대책이 아닌 것은?**

① 정전기 발생이 우려되는 장소에 접지시설을 한다.
② 실내의 공기를 이온화하여 정전기 발생을 억제한다.
③ 정전기는 습도가 높거나 압력이 높을 때 많이 발생하므로 상대습도를 70% 이하로 한다.
④ 전기의 저항이 큰 물질은 대전이 용이하므로 전도체 물질을 사용한다.

해설 전기의 저항이 큰 물질은 부도체이므로 적절하지 않다. 전기의 저항이 작은 물질은 대전이 용이하므로 전도체 물질을 사용한다.

20. **위험물을 취급함에 있어서 정전기가 발생할 우려가 있는 설비에 정전기를 유효하게 제거할 수 있는 방법에 해당하지 않는 것은?**

① 위험물의 유속을 높이는 방법 ② 공기를 이온화하는 방법
③ 공기 중의 상대습도를 70% 이상으로 하는 방법 ④ 접지에 의한 방법

해설 빠른 유속이 흐를 때 정전기가 발생하기 쉽다.

21. **정전기의 발생요인에 대한 설명으로 틀린 것은?**

① 접촉면적이 클수록 정전기의 발생량은 많아진다.
② 분리속도가 빠를수록 정전기의 발생량은 많아진다.
③ 대전서열에서 먼 위치에 있을수록 정전기의 발생량은 많아진다.
④ 접촉과 분리가 반복됨에 따라 정전기의 발생량은 증가한다.

해설 접촉과 분리가 반복됨에 따라 자유전자가 방출되어 정전기의 발생량은 감소한다.

22. **연소 위험성이 큰 휘발유 등은 배관을 통하여 이송할 경우 안전을 위하여 유속을 느리게 해주는 것이 바람직하다. 이는 배관 내에서 발생할 수 있는 어떤 에너지를 억제하기 위함인가?**

① 유도에너지 ② 분해에너지
③ 정전기에너지 ④ 아크에너지

23. 위험물안전관리법령에 의해 위험물을 취급함에 있어서 발생하는 정전기를 유효하게 제거하는 방법으로 옳지 않는 것은?

① 인화방지망 설치　　② 접지 실시
③ 공기 이온화　　④ 상대습도를 70% 이상 유지

해설 인화방지망의 설치는 정전기를 제거하는 방법과 거리가 멀다.

24. 비전도성 인화성액체가 관이나 탱크 내에서 움직일 때 정전기가 발생하기 쉬운 조건으로 가장 거리가 먼 것은?

① 흐름 낙차가 클 때　　② 느린 유속으로 흐를 때
③ 필터를 통과할 때　　④ 심한 와류가 생성될 때

해설 빠른 유속이 흐를 때 정전기가 발생하기 쉽다.

25. 위험물제조소등에 자체소방대를 두어야 할 대상으로 옳은 것은?

① 지정수량 300배 이상의 제4류 위험물을 취급하는 저장소
② 지정수량 300배 이상의 제4류 위험물을 취급하는 제조소
③ 지정수량 3000배 이상의 제4류 위험물을 취급하는 저장소
④ 지정수량 3000배 이상의 제4류 위험물을 취급하는 제조소

해설 제4류 위험물을 취급하는 제조소 또는 일반취급소의 지정수량이 3천배 이상일 경우 자체소방대를 설치할 수 있다

26. 위험물제조소등에 자체소방대를 두어야 할 대상의 위험물안전관리법령상 기준으로 옳은 것은? (단, 원칙적인 경우에 한한다.)

① 지정수량 3000배 이상의 위험물을 저장하는 저장소 또는 제조소
② 지정수량 3000배 이상의 위험물을 취급하는 제조소 또는 일반취급소
③ 지정수량 3000배 이상의 제4류 위험물을 저장하는 저장소 또는 제조소
④ 지정수량 3000배 이상의 제4류 위험물을 취급하는 제조소 또는 일반취급소

27. 위험물안전관리법령에 근거하여 자체소방대에 두어야 하는 제독차의 경우 가성소오다 및 규조토를 각각 몇 kg 이상 비치하여야 하는가?

① 30　　② 50　　③ 60　　④ 100

해설 자체소방대에 두어야 하는 제독차의 경우 가성소오다 및 규조토를 각각 50kg 이상 비치하여야 한다.

정답

01_④	02_④	03_②	04_②	05_①	06_①	07_①	08_④	09_①	10_④
11_②	12_④	13_②	14_④	15_②	16_③	17_④	18_①	19_④	20_①
21_④	22_③	23_①	24_②	25_④	26_④	27_②			

2) 옥내저장소의 위치 · 구조 및 설비기준

옥내저장소 : 지붕 및 벽 등이 있는 실내의 장소에서 위험물을 용기에 수납하여 저장하는 장소이다.

1. 안전거리의 예외

옥내저장소는 제조소의 규정에 준하여 안전거리를 두어야 한다. 다만, 다음에 해당하는 옥내저장소는 안전거리를 두지 않아도 된다.

① 제4석유류 또는 동식물유류의 위험물을 저장 또는 취급하는 옥내저장소로서 그 최대수량이 지정수량의 20배 미만인 것

② 제6류 위험물을 저장 또는 취급하는 옥내저장소

③ 지정수량의 20배(하나의 저장창고의 바닥면적이 150㎡ 이하인 경우에는 50배) 이하의 위험물을 저장 또는 취급하는 옥내저장소로서 다음의 기준에 적합한 것

가. 저장창고의 벽 · 기둥 · 바닥 · 보 및 지붕이 내화구조인 것

나. 저장창고의 출입구에 수시로 열 수 있는 자동폐쇄방식의 갑종방화문이 설치되어 있을 것

다. 저장창고에 창을 설치하지 않을 것

2. 보유공지

저장 또는 취급하는 위험물의 최대수량	공지의 너비	
	벽 · 기둥 및 바닥이 내화구조로 된 건축물	그 밖의 건축물
지정수량의 5배 이하		0.5m 이상
지정수량의 5배 초과 10배 이하	**1m 이상**	1.5m 이상
지정수량의 10배 초과 20배 이하	**2m 이상**	3m 이상
지정수량의 20배 초과 50배 이하	**3m 이상**	5m 이상
지정수량의 50배 초과 200배 이하	**5m 이상**	10m 이상
지정수량의 200배 초과	**10m 이상**	15m 이상

→ 지정수량의 배수는 옥외저장소의 보유공지 기준과 비슷하다.

✔ 한 눈에 정리하기

저장 또는 취급하는 위험물의 최대수량	공지의 너비	
	옥내저장소(내화구조)	**옥외저장소**
옥내저장소 : 지정수량의 5배 초과 10배 이하 옥외저장소 : 지정수량의 10배 이하	1m 이상	3m 이상
지정수량의 10배 초과 20배 이하	2m 이상	5m 이상
지정수량의 20배 초과 50배 이하	3m 이상	9m 이상
지정수량의 50배 초과 200배 이하	5m 이상	12m 이상
지정수량의 200배 초과	10m 이상	15m 이상

보유공지 연습문제

01. **저장하는 위험물의 최대수량이 지정수량의 15배일 경우, 건축물의 벽 · 기둥 내화구조로 된 위험물옥내저장소의 보유공지는 몇 m 이상이어야 하는가?**

① 0.5　② 1　③ 2　④ 3

해설 옥내저장소의 보유공지

저장 또는 취급하는 위험물의 최대수량	공지의 너비	
	벽 · 기둥 및 바닥이 내화구조로 된 건축물	그 밖의 건축물
지정수량의 5배 이하	-	0.5m 이상
지정수량의 5배 초과 10배 이하	1m 이상	1.5m 이상
지정수량의 10배 초과 20배 이하	2m 이상	3m 이상
지정수량의 20배 초과 50배 이하	3m 이상	5m 이상
지정수량의 50배 초과 200배 이하	5m 이상	10m 이상
지정수량의 200배 초과	10m 이상	15m 이상

02. **옥내저장소에 제3류 위험물인 황린을 저장하면서 위험물안전관리 법령에 의한 최소한의 보유공지로 3m를 옥내저장소 주위에 확보하였다. 이 옥내저장소에 저장하고 있는 황린의 수량은? (단, 옥내저장소의 구조는 벽 · 기둥 및 바닥이 내화구조로 되어 있고 그 외의 다른 사항은 고려하지 않는다.)**

① 100kg 초과 500kg 이하　② 400kg 초과 1000kg 이하
③ 500kg 초과 5000kg 이하　④ 1000kg 초과 40000kg 이하

해설 황린을 지정수량(20kg)의 20배 초과 50배 이하로 저장하고 있으므로 옥내저장소에 저장하고 있는 수량은 400kg 초과 1,000kg 이하이다.

정답 01_③　02_②

3. 건축물의 구조

① 옥내저장소에는 보기 쉬운 곳에 "위험물 옥내저장소"라는 표시를 한 표지를 설치하여야 한다.
가. 표지는 한 변의 길이가 0.3m 이상, 다른 한 변의 길이가 0.6m 이상인 직사각형으로 할 것
나. 표지의 바탕은 백색으로, 문자는 흑색으로 할 것

② 옥내저장소에는 보기 쉬운 곳에 다음 기준에 따라 방화에 관하여 필요한 사항을 게시한 게시판을 설치하여야 한다.
가. 게시판은 한 변의 길이가 0.3m 이상, 다른 한 변의 길이가 0.6m 이상인 직사각형으로 할 것
나. 게시판에는 저장 또는 취급하는 위험물의 유별 · 품명 및 저장최대수량 또는 취급최대수량, 지정수량의 배수 및 안전관리자의 성명 또는 직명을 반드시 기재할 것 → 백색바탕 흑색문자
다. 저장 또는 취급하는 위험물에 따라 다음의 규정에 의한 주의사항을 표시한 게시판을 설치할 것

1) 제1류 위험물 중 알칼리금속의 과산화물과 이를 함유한 것 또는 제3류 위험물 중 금수성 물질에 있어서는 "물기엄금" → 청색바탕 백색문자
2) 제2류 위험물(인화성고체를 제외한다)에 있어서는 "화기주의" → 적색바탕 백색문자
3) 제2류 위험물 중 인화성고체, 제3류 위험물 중 자연발화성 물질, 제4류 위험물 또는 제5류 위험물에 있어서는 "화기엄금" → 적색바탕 백색문자

③ 저장창고는 위험물의 저장을 전용으로 하는 독립된 건축물로 하여야 한다.

④ 저장창고는 지면에서 처마까지의 높이(처마높이)가 6m 미만인 단층건물로 하고 그 바닥을 지반면보다 높게 하여야 한다. 다만, 제2류 또는 제4류의 위험물만을 저장하는 창고로서 다음 기준에 적합한 창고의 경우에는 20m 이하로 할 수 있다.

가. 벽 · 기둥 · 보 및 바닥을 내화구조로 할 것
나. 출입구에 갑종방화문을 설치할 것
다. 피뢰침을 설치할 것. 다만, 주위상황에 의하여 안전상 지장이 없는 경우에는 설치하지 않아도 된다.

⑤ 하나의 저장창고의 바닥면적(2 이상의 구획된 실이 있는 경우에는 각 실의 바닥면적의 합계)은 다음의 기준에 의한 면적 이하로 하여야 한다. → 전용의 독립된 단층건물

가. 1,000㎡ 이하 (대체로 위험등급 Ⅰ등급)
1) 제1류 위험물 중 아염소산염류, 염소산염류, 과염소산염류, 무기과산화물 그 밖에 지정수량이 50㎏인 위험물
2) 제3류 위험물 중 칼륨, 나트륨, 알킬알루미늄, 알킬리튬 그 밖에 지정수량이 10㎏인 위험물 및 황린
3) 제4류 위험물 중 특수인화물, 제1석유류 및 알코올류
4) 제5류 위험물 중 유기과산화물, 질산에스테르류 그 밖에 지정수량이 10㎏인 위험물
5) 제6류 위험물

나. 바닥면적 1,000㎡ 이하 이외의 위험물을 저장하는 창고 : 2,000㎡ 이하
다. 바닥면적 1,000㎡ 이하의 위험물과 바닥면적 2,000㎡ 이하인 위험물을 내화구조의 격벽으로 완전히 구획된 실에 각각 저장하는 창고 : 1,500㎡ 이하

1) 저장창고의 벽 · 기둥 및 바닥은 내화구조로 하고, 보와 서까래는 불연재료로 하여야 한다. 다만, 지정수량의 10배 이하의 위험물의 저장창고 또는 제2류와 제4류의 위험물(인화성고체 및 인화점이 70℃ 미만인 제4류 위험물을 제외)만의 저장창고에 있어서는 연소의 우려가 없는 벽 · 기둥 및 바닥은 불연재료로 할 수 있다.
2) 저장창고는 지붕을 폭발력이 위로 방출될 정도의 가벼운 불연재료로 하고, 천장을 만들지 아니하여야 한다. 다만, 제2류 위험물(분상의 것과 인화성고체를 제외한다)과 제6류 위험물만의 저장창고에 있어서는 지붕을 내화구조로 할 수 있고, 제5류 위험물만의 저장창고에 있어서는 당해 저장창고내의 온도를 저온으로 유지하기 위하여 난연재료 또는 불연재료로 된 천장을 설치할 수 있다.
3) 저장창고의 출입구에는 갑종방화문 또는 을종방화문을 설치하되, 연소의 우려가 있는 외벽에 있는 출입구에는 수시로 열 수 있는 자동폐쇄식의 갑종방화문을 설치하여야 한다.
4) 저장창고의 창 또는 출입구에 유리를 이용하는 경우에는 망입유리로 하여야 한다.
5) 제1류 위험물 중 알칼리금속의 과산화물 또는 이를 함유하는 것, 제2류 위험물 중 철분 · 금속분 · 마그네슘, 제3류 위험물 중 금수성 물질 또는 제4류 위험물의 저장창고의 바닥은 물이 스며 나오거나 스며들지 않는 구조로 하여야 한다.

연습문제-건축물의 구조

01. **위험물관리법령상 제4류 위험물의 품명에 따른 위험등급과 옥내저장소 하나의 저장창고 바닥면적 기준을 옳게 나열한 것은? (단, 전용의 독립된 단층건물에 설치하며, 구획된 실이 없는 하나의 저장창고인 경우에 한한다.)**

① 제1석유류 : 위험등급 Ⅰ, 최대 바닥면적 1,000㎡
② 제2석유류 : 위험등급 Ⅰ, 최대 바닥면적 2,000㎡
③ 제3석유류 : 위험등급 Ⅱ, 최대 바닥면적 1,000㎡
④ 알코올류 : 위험등급 Ⅱ, 최대 바닥면적 1,000㎡

해설 ① 제1석유류 : 위험등급 Ⅱ, 최대 바닥면적 1,000㎡
② 제2석유류 : 위험등급 Ⅲ, 최대 바닥면적 2,000㎡
③ 제3석유류 : 위험등급 Ⅲ, 최대 바닥면적 2,000㎡

02. **지정수량 20배 이상의 제1류 위험물을 저장하는 옥내저장소에서 내화구조로 하지 않아도 되는 것은? (단, 원칙적인 경우에 한한다.)**

① 바닥 ② 보 ③ 기둥 ④ 벽

해설 옥내저장소의 구조는 벽, 기둥, 바닥은 내화구조로 하며 보와 서까래는 불연재료로 한다. 다만, 지정수량의 10배 이하의 위험물의 저장창고 또는 제2류와 제4류의 위험물(인화성고체 및 인화점이 70℃ 미만인 제4류 위험물은 제외한다)만의 저장창고에 있어서는 연소의 우려가 없는 벽·기둥 및 바닥은 불연재료로 할 수 있다.

정답 01_④ 02_②

4. 건축물의 설비기준

① 액상의 위험물의 저장창고의 바닥은 위험물이 스며들지 아니하는 구조로 하고, 적당하게 경사지게 하여 그 최저부에 집유설비를 하여야 한다.
② 저장창고에는 제조소의 기준에 따른 채광 · 조명 및 환기의 설비를 갖추어야 하고, 인화점이 70℃ 미만인 위험물의 저장창고에 있어서는 내부에 체류한 가연성의 증기를 지붕 위로 배출하는 설비를 갖추어야 한다.
③ 지정수량의 10배 이상의 저장창고(제6류 위험물의 저장창고를 제외한다)에는 피뢰침을 설치하여야 한다. 다만, 저장창고의 주위의 상황에 따라 안전상 지장이 없는 경우에는 피뢰침을 설치하지 않을 수 있다.

연습문제-건축물 설비기준

01. **위험물안전관리법령상 배출설비를 설치하여야 하는 옥내저장소의 기준에 해당하는 것은?**

① 가연성 증기가 액화할 우려가 있는 장소
② 모든 장소의 옥내저장소
③ 가연성 미분이 체류할 우려가 있는 장소
④ 인화점이 70℃ 미만인 위험물의 옥내 저장소

해설 옥내저장소의 경우 인화점이 70℃ 미만인 위험물을 저장하는 저장 창고에는 배출설비를 설치하며, 제조소의 경우 가연성 증기 또는 미분이 체류할 우려가 있는 장소에 배출설비를 설치한다.

정답 01_④

5. 다층 건축물의 구조

옥내저장소중 제2류 위험물(인화성고체 제외) 또는 제4류 위험물(인화점이 70℃ 미만 제외)만을 저장 또는 취급하는 저장창고가 다층건물인 옥내저장소의 위치 · 구조 및 설비의 기준은 다음 기준에 의하여야 한다.

① 저장창고는 각층의 바닥을 지면보다 높게 하고, 바닥면으로부터 상층의 바닥(상층이 없는 경우에는 처마)까지의 높이(층고)를 6m 미만으로 하여야 한다.
② 하나의 저장창고의 바닥면적 합계는 1,000㎡ 이하로 하여야 한다.
③ 저장창고의 벽 · 기둥 · 바닥 및 보를 내화구조로 하고, 계단을 불연재료로 하며, 연소의 우려가 있는 외벽은 출입구 외의 개구부를 갖지 않는 벽으로 하여야 한다.
④ 2층 이상의 층의 바닥에는 개구부를 두지 않아야 한다. 다만, 내화구조의 벽과 갑종방화문 또는 을종방화문으로 구획된 계단실에 있어서는 그렇지 않다.

6. 위험물의 성질에 따른 옥내저장소의 특례

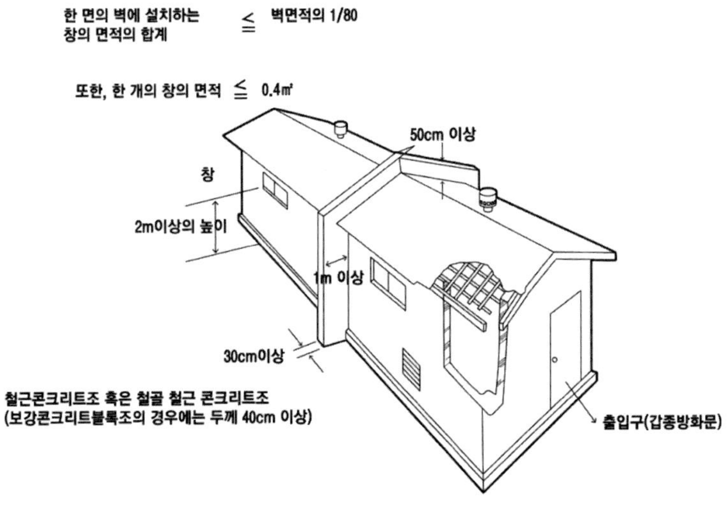

지정과산화물(유기과산화물 또는 이를 함유하는 것으로서 지정수량이 10kg인 것)을 저장 또는 취급하는 옥내저장소에 대하여 강화되는 기준은 다음과 같다.

1. 저장창고는 150㎡ 이내마다 격벽으로 완전하게 구획할 것. 이 경우 당해 격벽은 두께 30㎝ 이상의 철근콘크리트조 또는 철골철근콘크리트조로 하거나 두께 40㎝ 이상의 보강콘크리트블록조로 하고, 당해 저장창고의 양측의 외벽으로부터 1m 이상, 상부의 지붕으로부터 50㎝ 이상 돌출하게 하여야 한다.
2. 저장창고의 외벽은 두께 20㎝ 이상의 철근콘크리트조나 철골철근콘크리트조 또는 두께 30㎝ 이상의 보강콘크리트블록조로 할 것
3. 저장창고의 지붕은 다음 기준과 같다.
   가. 중도리 또는 서까래의 간격은 30㎝ 이하로 할 것
   나. 지붕의 아래쪽 면에는 한 변의 길이가 45㎝ 이하의 환강(丸鋼) · 경량형강(輕量形鋼) 등으로 된 강제(鋼製)의 격자를 설치할 것
   다. 지붕의 아래쪽 면에 철망을 쳐서 불연재료의 도리 · 보 또는 서까래에 단단히 결합할 것
   라. 두께 5㎝ 이상, 너비 30㎝ 이상의 목재로 만든 받침대를 설치할 것
4. 저장창고의 출입구에는 갑종방화문을 설치할 것
5. 저장창고의 창은 바닥면으로부터 2m 이상의 높이에 두되, 하나의 벽면에 두는 창의 면적의 합계를 당해 벽면의 면적의 80분의 1 이내로 하고, 하나의 창의 면적을 0.4㎡ 이내로 할 것

연습문제-위험물의 성질에 따른 옥내저장소의 특례

01. **지정과산화물 옥내저장소의 저장창고 출입구 및 창의 설치기준으로 틀린 것은?**

① 창은 바닥면으로부터 2m 이상의 높이에 설치한다.
② 하나의 창의 면적을 0.4㎡ 이내로 한다.
③ 하나의 벽면에 두는 창의 면적의 합계를 해당 벽면 면적의 80분의 1이 초과되도록 한다.
④ 출입구에는 갑종방화문을 설치한다.

해설 ③ 하나의 벽면에 두는 창의 면적의 합계를 해당 벽면 면적의 80분의 1 이내로 한다.

02. **지정과산화물을 저장하는 옥내저장소의 저장창고를 일정 면적마다 구획하는 격벽의 설치기준에 해당하지 않는 것은?**

① 저장창고 상부의 지붕으로부터 50cm 이상 돌출하도록 하여야 한다.
② 저장창고 양측의 외벽으로부터 1m 이상 돌출하도록 하여야 한다.
③ 철근콘크리트조의 경우 두께가 30cm 이상이어야 한다.
④ 바닥면적 250㎡ 이내마다 완전하게 구획하여야 한다.

해설 ④ 바닥면적 150㎡ 이내마다 완전하게 구획하여야 한다.

정답 01_③ 02_④

7. 복합용도 건축물의 옥내저장소의 기준

복합용도 건축물에 설치하는 옥내저장소중 지정수량의 20배 이하의 것은 다음 기준에 의하여야 한다.

① 옥내저장소의 용도에 사용되는 부분의 바닥면적은 75㎡ 이하로 하여야 한다.

② 옥내저장소는 벽 · 기둥 · 바닥 및 보가 내화구조인 건축물의 1층 또는 2층의 어느 하나의 층에 설치하여야 한다.

③ 옥내저장소의 용도에 사용되는 부분의 바닥은 지면보다 높게 설치하고 그 층고를 6m 미만으로 하여야 한다.

④ 옥내저장소의 용도에 사용되는 부분은 벽 · 기둥 · 바닥 · 보 및 지붕을 내화구조로 하고, 출입구외의 개구부가 없는 두께 70mm 이상의 철근콘크리트조 또는 이와 동등 이상의 강도가 있는 구조의 바닥 또는 벽으로 당해 건축물의 다른 부분과 구획되도록 하여야 한다.

⑤ 옥내저장소의 용도에 사용되는 부분의 출입구에는 수시로 열 수 있는 자동폐쇄방식의 갑종방화문을 설치하여야 한다.

⑥ 옥내저장소의 용도에 사용되는 부분에는 창을 설치하지 않아야 한다.

⑦ 옥내저장소의 용도에 사용되는 부분의 환기설비 및 배출설비에는 방화상 유효한 댐퍼 등을 설치하여야 한다.

연습문제-옥내저장소

01. **위험물의 성질에 따라 강화된 기준을 적용하는 지정과산화물을 저장하는 옥내저장소에서 지정과산화물에 대한 설명으로 옳은 것은?**

① 지정과산화물이란 제5류 위험물 중 유기과산화물 또는 이를 함유한 것으로서 지정수량이 10kg인 것을 말한다.

② 지정과산화물에는 제4류 위험물에 해당하는 것도 포함된다.

③ 지정과산화물이란 유기과산화물과 알킬알루미늄을 말한다.

④ 지정과산화물이란 유기과산화물 중 소방방재청고시로 지정한 물질을 말한다.

해설 지정과산화물이란 제5류 위험물 중 유기과산화물 또는 이를 함유하는 것으로서 지정수량이 10kg인 것을 말한다.

02. **옥내저장소에 관한 위험물안전관리법령의 내용으로 옳지 않은 것은?**

① 지정과산화물을 저장하는 옥내저장소의 경우 바닥면적 150㎡ 이내마다 격벽으로 구획을 하여야 한다.

② 옥내저장소에는 원칙상 안전거리를 두어야하나, 제6류 위험물을 저장하는 경우에는 안전거리를 두지 않을 수 있다.

③ 아세톤을 처마높이 6m 미만인 단층건물에 저장하는 경우 저장창고의 바닥면적은 1,000㎡ 이하로 하여야 한다.

④ 복합용도의 건축물에 설치하는 옥내저장소는 해당 용도로 사용하는 부분의 바닥면적을 100㎡ 이하로 하여야 한다.

해설 복합용도의 건축물에 설치하는 옥내저장소는 해당 용도로 사용하는 부분의 바닥면적을 75㎡ 이하로 하여야 한다.

03. 저장하는 위험물의 최대수량이 지정수량의 15배일 경우, 건축물의 벽 · 기둥 내화구조로 된 위험물옥내저장소의 보유공지는 몇 m 이상이어야 하는가?

① 0.5　② 1　③ 2　④ 3

해설 옥내저장소의 보유공지

저장 또는 취급하는 위험물의 최대수량	공지의 너비	
	벽 · 기둥 및 바닥이 내화구조로 된 건축물	그 밖의 건축물
지정수량의 5배 이하	-	0.5m 이상
지정수량의 5배 초과 10배 이하	1m 이상	1.5m 이상
지정수량의 10배 초과 20배 이하	2m 이상	3m 이상
지정수량의 20배 초과 50배 이하	3m 이상	5m 이상
지정수량의 50배 초과 200배 이하	5m 이상	10m 이상
지정수량의 200배 초과	10m 이상	15m 이상

04. 옥내저장소에 제3류 위험물인 황린을 저장하면서 위험물안전관리 법령에 의한 최소한의 보유공지로 3m를 옥내저장소 주위에 확보하였다. 이 옥내저장소에 저장하고 있는 황린의 수량은? (단, 옥내저장소의 구조는 벽 · 기둥 및 바닥이 내화구조로 되어 있고 그 외의 다른 사항은 고려하지 않는다.)

① 100kg 초과 500kg 이하　② 400kg 초과 1000kg 이하
③ 500kg 초과 5000kg 이하　④ 1000kg 초과 40000kg 이하

해설 황린을 지정수량(20kg)의 20배 초과 50배 이하로 저장하고 있으므로 옥내저장소에 저장하고 있는 수량은 400kg 초과 1,000kg 이하이다.

05. 지정수량 20배 이상의 제1류 위험물을 저장하는 옥내저장소에서 내화구조로 하지 않아도 되는 것은? (단, 원칙적인 경우에 한한다.)

① 바닥　② 보　③ 기둥　④ 벽

해설 옥내저장소의 구조는 벽, 기둥, 바닥은 내화구조로 하며 보와 서까래는 불연재료로 한다. 다만, 지정수량의 10배 이하의 위험물의 저장창고 또는 제2류와 제4류의 위험물(인화성고체 및 인화점이 70℃ 미만인 제4류 위험물을 제외한다)만의 저장창고에 있어서는 연소의 우려가 없는 벽·기둥 및 바닥은 불연재료로 할 수 있다.

06. 지정과산화물 옥내저장소의 저장창고 출입구 및 창의 설치기준으로 틀린 것은?

① 창은 바닥면으로부터 2m 이상의 높이에 설치한다.
② 하나의 창의 면적을 0.4㎡ 이내로 한다.
③ 하나의 벽면에 두는 창의 면적의 합계를 해당 벽면 면적의 80분의 1이 초과되도록 한다.
④ 출입구에는 갑종방화문을 설치한다.

해설 ③ 하나의 벽면에 두는 창의 면적의 합계를 해당 벽면 면적의 80분의 1 이내로 한다.

07. 지정과산화물을 저장하는 옥내저장소의 저장창고를 일정 면적마다 구획하는 격벽의 설치 기준에 해당하지 않는 것은?

① 저장창고 상부의 지붕으로부터 50cm 이상 돌출하도록 하여야 한다.

② 저장창고 양측의 외벽으로부터 1m 이상 돌출하도록 하여야 한다.

③ 철근콘크리트조의 경우 두께가 30cm 이상이어야 한다.

④ 바닥면적 250㎡ 이내마다 완전하게 구획하여야 한다.

해설 ④ 바닥면적 150㎡ 이내마다 완전하게 구획하여야 한다.

08. 위험물안전관리법령상 배출설비를 설치하여야 하는 옥내저장소의 기준에 해당하는 것은?

① 가연성 증기가 액화할 우려가 있는 장소 ② 모든 장소의 옥내저장소

③ 가연성 미분이 체류할 우려가 있는 장소 ④ 인화점이 70℃ 미만인 위험물의 옥내 저장소

해설 옥내저장소의 경우 인화점이 70℃ 미만인 위험물을 저장하는 저장 창고에는 배출설비를 설치하며, 제조소의 경우 가연성 증기 또는 미분이 체류할 우려가 있는 장소에 배출설비를 설치한다.

정답 01_① 02_④ 03_③ 04_② 05_② 06_③ 07_④ 08_④

3) 옥외저장소의 위치 · 구조 및 설비기준

옥외저장소 : 실외의 장소에서 위험물을 용기에 수납하여 저장하는 장소로 일광, 비 등의 날씨 영향을 받기 쉽다.

1. 안전거리

옥외저장소는 다음의 규정에 따라 안전거리를 두어야 한다.

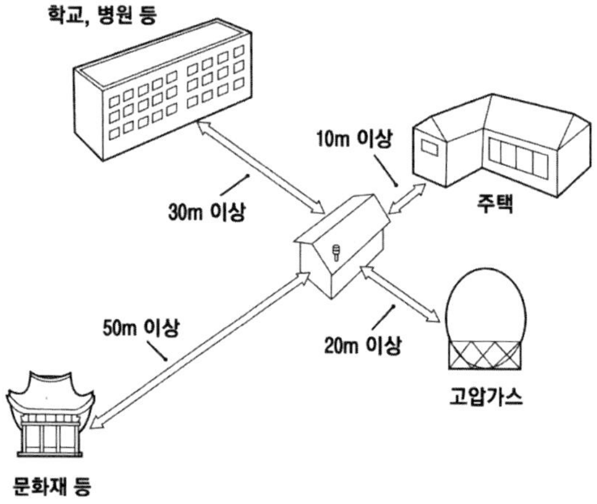

위험물의 최대수량	공지의 너비
사용전압이 7,000V 초과 35,000V 이하인 특고압가공전선	3m 이상
35,000V 초과하는 특고압가공전선	5m 이상
주거용	10m 이상
고압가스, 액화석유가스 또는 도시가스를 저장 또는 취급하는 시설	20m 이상
학교 · 병원 · 극장 그 밖에 다수인을 수용하는 시설 (공연장, 영화상영관 등 3백명 이상을 수용할 수 있는 시설, 아동 · 노인 · 장애인 · 한부모가족복지시설, 어린이집, 성매매피해자 지원시설, 정신보건시설 등 20명 이상을 수용할 수 있는 시설)	30m 이상
유형문화재와 기념물 중 지정문화재	50m 이상

2. 보유공지

저장 또는 취급하는 위험물의 최대수량	공지의 너비
지정수량의 10배 이하	3m 이상
지정수량의 10배 초과 20배 이하	5m 이상
지정수량의 20배 초과 50배 이하	9m 이상
지정수량의 50배 초과 200배 이하	12m 이상
지정수량의 200배 초과	15m 이상

※ 제4류 위험물 중 제4석유류 또는 제6류 위험물을 저장 또는 취급하는 경우 공지의 너비의 3분의 1 이상으로 할 수 있다.

보유공지 연습문제

01. **위험물 옥외저장소에서 지정수량 200배 초과의 위험물을 저장할 경우 보유공지의 너비는 몇 m 이상으로 하여야 하는가? (단, 제4류 위험물과 제6류 위험물이 아닌 경우)**

① 0.5m ② 2.5m ③ 10m ④ 15m

해설

저장 또는 취급하는 위험물의 최대수량	옥외저장소 공지의 너비
지정수량의 10배 이하	3m 이상
지정수량의 10배 초과 20배 이하	5m 이상
지정수량의 20배 초과 50배 이하	9m 이상
지정수량의 50배 초과 200배 이하	12m 이상
지정수량의 200배 초과	15m 이상

(단, 제4류 위험물 중 제4석유류 또는 제6류 위험물을 저장하는 경우 공지의 너비를 1/3로 단축할 수 있다.)

정답 01_④

3. 건축물의 구조

① 옥외저장소에는 보기 쉬운 곳에 "위험물 옥외저장소"라는 표시를 한 표지를 설치하여야 한다.

(ㄱ) 표지는 한 변의 길이가 0.3m 이상, 다른 한 변의 길이가 0.6m 이상인 직사각형으로 할 것

(ㄴ) 표지의 바탕은 백색으로, 문자는 흑색으로 할 것

② 옥외저장소에는 보기 쉬운 곳에 다음 기준에 따라 방화에 관하여 필요한 사항을 게시한 게시판을 설치하여야 한다.

가. 게시판은 한 변의 길이가 0.3m 이상, 다른 한 변의 길이가 0.6m 이상인 직사각형으로 할 것

나. 게시판에는 저장 또는 취급하는 위험물의 유별·품명 및 저장최대수량 또는 취급최대수량, 지정수량의 배수 및 안전관리자의 성명 또는 직명을 반드시 기재할 것 → 백색바탕 흑색문자

다. 저장 또는 취급하는 위험물에 따라 다음의 규정에 의한 주의사항을 표시한 게시판을 설치할 것

1) 제1류 위험물 중 알칼리금속의 과산화물과 이를 함유한 것 또는 제3류 위험물 중 금수성 물질에 있어서는 "물기엄금" → 청색바탕 백색문자

2) 제2류 위험물(인화성고체를 제외한다)에 있어서는 "화기주의" → 적색바탕 백색문자

3) 제2류 위험물 중 인화성고체, 제3류 위험물 중 자연발화성 물질, 제4류 위험물 또는 제5류 위험물에 있어서는 "화기엄금" → 적색바탕 백색문자

③ 위험물을 저장 또는 취급하는 장소의 주위에는 경계표시(울타리의 기능이 있는 것)를 하여 명확하게 구분할 것

④ 옥외저장소에 선반을 설치하는 경우 안전사고의 우려를 고려하여 높이는 6m를 초과하지 않을 것

⑤ 과산화수소 또는 과염소산을 저장하는 옥외저장소에는 불연성 또는 난연성의 천막 등을 설치하여 햇빛을 가릴 것

4. 저장 · 취급 가능한 위험물

옥외저장소는 외부 환경에 위험성이 높은 장소이므로 취급할 수 있는 위험물이 제한된다. 옥외저장소에 저장 및 취급할 수 있는 위험물의 품명은 다음과 같다.

구분	품명
제2류 위험물	유황 또는 인화성고체(인화점이 0℃ 이상인 것)
제4류 위험물	제1석유류(인화점이 0℃ 이상인 것), 알코올류, 제2석유류, 제3석유류, 제4석유류, 동식물유류
제6류 위험물	
제2류 위험물 및 제4류 위험물 중 특별시 · 광역시 또는 도의 조례에서 정하는 위험물	
국제해사기구에 관한 협약에 의하여 설치된 국제해사기구가 채택한 국제해상 위험물규칙(IMDG Code)에 적합한 용기에 수납된 위험물	

연습문제-저장·취급 가능한 위험물

01. **위험물안전관리법령상 위험물 옥외저장소에 저장할 수 있는 품명은? (단, 국제해상위험물규칙에 적합한 용기에 수납하는 경우를 제외한다.)**

① 특수인화물 ② 무기과산화물 ③ 알코올류 ④ 칼륨

해설 옥외저장소에 저장 및 취급이 가능한 위험물

- 제2류 위험물 중 유황과 인화성 고체(인화점이 섭씨 0℃ 이상)
- 제4류 위험물 중 제1석유류(인화점이 섭씨 0℃ 이상)과 알코올류, 제2석유류, 제3석유류, 제4석유류, 동식물유류
- 제6류 위험물
- 시 · 도 조례로 정하는 제2류 또는 제4류 위험물
- 국제해상위험물규칙(IMDG Code)에 적합한 용기에 수납된 위험물

02. **옥외저장소에서 저장 또는 취급할 수 있는 위험물이 아닌 것은?(단, 국제해상위험물규칙에 적합한 용기에 수납된 위험물의 경우는 제외한다.)**

① 제2류 위험물 중 유황 ② 제1류 위험물 중 과염소산염류
③ 제6류 위험물 ④ 제2류 위험물 중 인화점이 10℃인 인화성 고체

정답 01_③ 02_②

5. 경계표시

옥외저장소에 덩어리 상태의 유황을 저장할 때 용기에 수납하지 않아도 된다. 덩어리 상태의 유황만을 경계표시 안쪽에서 취급하는 경우 다음 기준에 따른다.

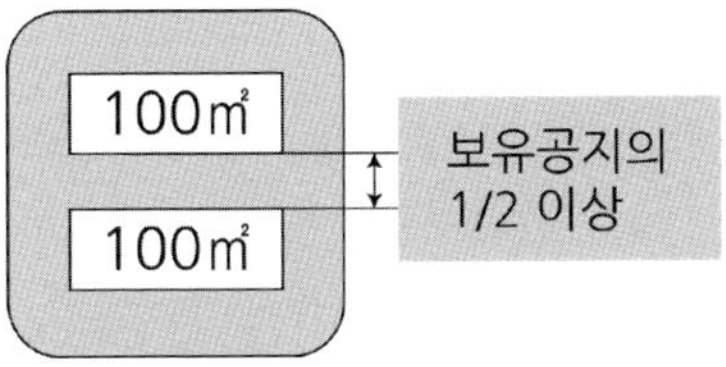

① 하나의 경계표시의 내부의 면적은 100㎡ 이하일 것

② 2 이상의 경계표시를 설치하는 경우에 있어서는 각각의 경계표시 내부의 면적을 합산한 면적은 1,000㎡ 이하로 하고, 인접하는 경계표시와 경계표시와의 간격을 공지의 너비의 1/2 이상으로 할 것. 다만, 저장 또는 취급하는 위험물의 최대수량이 지정수량의 200배 이상인 경우에는 10m 이상으로 하여야 한다.

③ 경계표시의 높이는 1.5m 이하로 할 것

연습문제-경계 표시

01. **옥외저장소에 덩어리 상태의 유황만을 지반면에 설치한 경계표시의 안쪽에서 저장할 경우 하나의 경계표시의 내부면적은 몇 ㎡ 이하여야 하는가?**

① 75 ② 100 ③ 150 ④ 300

해설 옥외저장소에서 덩어리 상태의 유황만을 지반면에 설치한 경계표시의 안쪽에서 저장할 경우 하나의 경계표시의 내부면적은 100㎡ 이하여야 한다.

02. **위험물안전관리법령상 옥외저장소 중 덩어리 상태의 유황만을 지반면에 설치한 경계표시의 안쪽에서 저장 또는 취급할 때 경계표시의 높이는 몇 m 이하로 하여야 하는가?**

① 1 ② 1.5 ③ 2 ④ 2.5

해설 옥외저장소 중 덩어리 상태의 유황만을 지반면에 설치한 경계표시의 안쪽에서 저장 또는 취급할 때 경계표시의 높이는 1.5m 이하로 하여야 한다.

정답 01_② 02_②

챕터별 문제-옥외저장소

01. **위험물 옥외저장소에서 지정수량 200배 초과의 위험물을 저장할 경우 보유공지의 너비는 몇 m 이상으로 하여야 하는가? (단, 제4류 위험물과 제6류 위험물이 아닌 경우)**

① 0.5m　② 2.5m　③ 10m　④ 15m

해설

저장 또는 취급하는 위험물의 최대수량	옥외저장소 공지의 너비
지정수량의 10배 이하	3m 이상
지정수량의 10배 초과 20배 이하	5m 이상
지정수량의 20배 초과 50배 이하	9m 이상
지정수량의 50배 초과 200배 이하	12m 이상
지정수량의 200배 초과	15m 이상

(단, 제4류 위험물 중 제4석유류 또는 제6류 위험물을 저장하는 경우 공지의 너비를 1/3로 단축할 수 있다.)

02. **위험물안전관리법령상 위험물 옥외저장소에 저장할 수 있는 품명은? (단, 국제해상위험물규칙에 적합한 용기에 수납하는 경우를 제외한다.)**

① 특수인화물　② 무기과산화물　③ 알코올류　④ 칼륨

해설 옥외저장소에 저장 및 취급이 가능한 위험물

- 제4류 위험물 중 제1석유류(인화점이 섭씨 0℃ 이상)과 알코올류, 제2석유류, 제3석유류, 제4석유류, 동식물유류

03. **옥외저장소에 덩어리 상태의 유황만을 지반면에 설치한 경계표시의 안쪽에서 저장할 경우 하나의 경계표시의 내부면적은 몇 ㎡ 이하여야 하는가?**

① 75　② 100　③ 150　④ 300

해설 옥외저장소에서 덩어리 상태의 유황만을 지반면에 설치한 경계표시의 안쪽에서 저장할 경우 하나의 경계표시의 내부면적은 100㎡ 이하여야 한다.

정답 01_④　02_③　03_②

4) 옥외탱크저장소의 위치 · 구조 및 설비기준

옥외탱크저장소 : 실외에 있는 탱크(지하 · 간이 · 이동 · 암반탱크 제외)에 위험물을 저장 및 취급하는 장소로 비교적 대량으로 위험물을 저장할 수 있다.

1. 안전거리

위험물을 저장 또는 취급하는 옥외저장탱크는 다음의 규정에 따라 안전거리를 두어야 한다.

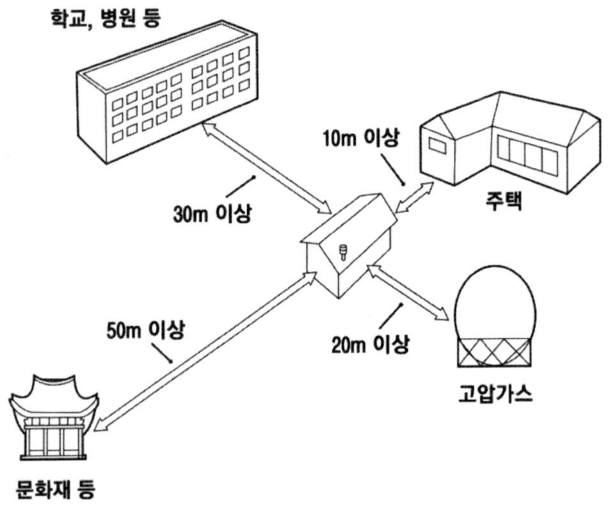

위험물의 최대수량	공지의 너비
사용전압이 7,000V 초과 35,000V 이하인 특고압가공전선	3m 이상
35,000V 초과하는 특고압가공전선	5m 이상
주거용	10m 이상
고압가스, 액화석유가스 또는 도시가스를 저장 또는 취급하는 시설	20m 이상
학교 · 병원 · 극장 그 밖에 다수인을 수용하는 시설 (공연장, 영화상영관 등 3백명 이상을 수용할 수 있는 시설, 아동 · 노인 · 장애인 · 한부모가족복지시설, 어린이집, 성매매피해자 지원시설, 정신보건시설 등 20명 이상을 수용할 수 있는 시설)	30m 이상
유형문화재와 기념물 중 지정문화재	50m 이상

2. 보유공지

옥외저장탱크(위험물을 이송하기 위한 배관 그 밖에 이에 준하는 공작물을 제외)의 주위에는 그 저장 또는 취급하는 위험물의 최대수량에 따라 옥외저장탱크의 측면으로부터 다음 표에 의한 너비의 공지를 보유하여야 한다.

저장 또는 취급하는 위험물의 최대수량	공지의 너비
지정수량의 500배 이하	3m 이상
지정수량의 500배 초과 1,000배 이하	5m 이상
지정수량의 1,000배 초과 2,000배 이하	9m 이상
지정수량의 2,000배 초과 3,000배 이하	12m 이상
지정수량의 3,000배 초과 4,000배 이하	15m 이상
지정수량의 4,000배 초과	당해 탱크의 수평단면의 최대지름(횡형인 경우에는 긴 변)과 높이 중 큰 것과 같은 거리 이상. 다만, 30m 초과의 경우에는 30m 이상으로 할 수 있고, 15m 미만의 경우에는 15m 이상으로 하여야 한다.

① 제6류 위험물 외의 위험물을 저장 또는 취급하는 옥외저장탱크(지정수량의 4,000배를 초과하여 저장 또는 취급하는 옥외저장탱크를 제외한다)를 동일한 방유제 안에 2개 이상 인접하여 설치하는 경우 그 인접하는 방향의 보유공지는 3분의 1 이상의 너비로 할 수 있다. 이 경우 보유공지의 너비는 3m 이상이 되어야 한다.

① 제6류 위험물을 저장 또는 취급하는 옥외저장탱크는 보유공지의 3분의 1 이상의 너비로 할 수 있다. 이 경우 보유공지의 너비는 최소 1.5m 이상이 되어야 한다.

② 공지단축 옥외저장탱크 : 다음의 기준에 적합한 물분무설비로 방호조치를 하는 경우에는 그 보유공지를 2분의 1 이상의 너비(최소 3m 이상)로 할 수 있다. 이 경우 공지단축 옥외저장탱크의 화재 시 1㎡당 20kW 이상의 복사열에 노출되는 표면을 갖는 인접한 옥외저장탱크가 있으면 당해 표면에도 다음 각목의 기준에 적합한 물분무설비로 방호조치를 함께하여야 한다.

가. 탱크의 표면에 방사하는 물의 양은 탱크의 원주길이 1m에 대하여 분당 37ℓ 이상으로 할 것

나. 수원의 양은 가목의 규정에 의한 수량으로 20분 이상 방사할 수 있는 수량으로 할 것

다. 탱크에 보강링이 설치된 경우에는 보강링의 아래에 분무헤드를 설치하되, 분무헤드는 탱크의 높이 및 구조를 고려하여 분무가 적정하게 이루어 질 수 있도록 배치할 것

라. 물분무소화설비의 설치 기준에 준할 것

3. 표지 및 게시판

① 옥외탱크저장소에는 다음 기준에 따라 보기 쉬운 곳에 "위험물 옥외탱크저장소"라는 표시를 한 표지를 설치하여야 한다.

가. 표지는 한 변의 길이가 0.3m 이상, 다른 한 변의 길이가 0.6m 이상인 직사각형으로 할 것

나. 표지의 바탕은 백색으로, 문자는 흑색으로 할 것

② 옥외탱크저장소에는 보기 쉬운 곳에 다음 기준에 따라 방화에 관하여 필요한 사항을 게시한 게시판을 설치하여야 한다.

가. 게시판은 한 변의 길이가 0.3m 이상, 다른 한 변의 길이가 0.6m 이상인 직사각형으로 할 것

나. 게시판에는 저장 또는 취급하는 위험물의 유별·품명 및 저장최대수량 또는 취급최대수량, 지정수량의

배수 및 안전관리자의 성명 또는 직명을 반드시 기재할 것 → 백색바탕 흑색문자

다. 저장 또는 취급하는 위험물에 따라 다음의 규정에 의한 주의사항을 표시한 게시판을 설치할 것

1) 제1류 위험물 중 알칼리금속의 과산화물과 이를 함유한 것 또는 제3류 위험물 중 금수성 물질에 있어서는 "물기엄금" → 청색바탕 백색문자

2) 제2류 위험물(인화성고체를 제외한다)에 있어서는 "화기주의" → 적색바탕 백색문자

3) 제2류 위험물 중 인화성고체, 제3류 위험물 중 자연발화성 물질, 제4류 위험물 또는 제5류 위험물에 있어서는 "화기엄금" → 적색바탕 백색문자

4. 옥외저장탱크의 탱크 안전성능 검사

① 특정옥외저장탱크 : 옥외탱크저장소 중 그 저장 또는 취급하는 액체위험물의 최대수량이 100만L 이상의 것

② 준특정옥외저장탱크 : 옥외탱크저장소중 그 저장 또는 취급하는 액체위험물의 최대수량이 50만L 이상 100만L 미만의 것

③ 탱크 안전성능 검사

가. 기초 · 지반 검사 : 지진 및 풍압에 견딜 수 있는 구조로 하고 그 지주는 철근콘크리트조, 철골콘크리트조 그 밖에 이와 동등 이상의 내화성능이 있는 것이어야 한다.

나. 충수 · 수압 검사 : 압력탱크(최대상용압력이 대기압을 초과하는 탱크)외의 탱크는 충수시험, 압력탱크는 최대상용압력의 1.5배의 압력으로 10분간 실시하는 수압시험에서 각각 새거나 변형되지 아니하여야 한다.

다. 용접부 검사 : 용접부는 방사선투과시험, 진공시험 등의 비파괴시험에 있어서 기준에 적합한 것이어야 한다.

연습문제-탱크 안전성능 검사

01. **위험물안전관리법령에서 정한 탱크 안전성능 검사의 구분에 해당하지 않는 것은?**

① 기초 · 지반 검사 ② 충수 · 수압 검사 ③ 용접부 검사 ④ 배관 검사

해설 탱크안전성능검사 : 기초 · 지반검사, 충수 · 수압검사, 용접부검사, 암반탱크검사

정답 01_④

5. 외부구조 및 설비기준

제4류 위험물의 옥외저장탱크 중 압력탱크(최대상용압력이 부압 또는 정압 5kPa을 초과하는 탱크를 말한다) 외의 탱크에 있어서는 밸브없는 통기관 또는 대기밸브부착 통기관을 다음 기준에 의하여 설치하여야 하고, 압력탱크에 있어서는 자동적으로 압력의 상승을 정지시키는 장치, 감압측에 안전밸브를 부착한 감압밸브, 안전밸브를 병용하는 경보장치, 파괴판(위험물의 성질에 따라 안전밸브의 작동이 곤란한 가압설비에 한하여 설치함)의 안전장치를 설치하여야 한다.

① 밸브없는 통기관

【밸브없는 통기관】

가. 직경은 30mm 이상일 것
나. 선단은 수평면보다 45도 이상 구부려 빗물 등의 침투를 막는 구조로 할 것
다. 가는 눈의 구리망 등으로 인화방지장치를 할 것. 다만, 인화점 70℃ 이상의 위험물만을 해당 위험물의 인화점 미만의 온도로 저장 또는 취급하는 탱크에 설치하는 통기관에 있어서는 설치하지 않아도 된다.

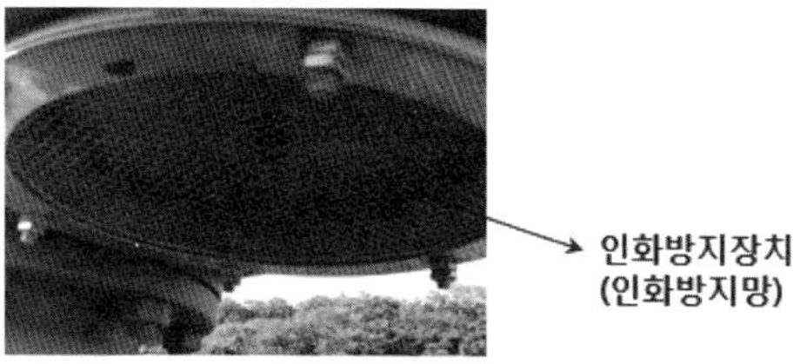

【인화방지망】

【대기밸브부착 통기관】

② 대기밸브부착 통기관

가. 5kPa 이하의 압력 차이로 작동할 수 있을 것
나. 가는 눈의 구리망 등으로 인화방지장치를 할 것. 다만, 인화점 70℃ 이상의 위험물만을 해당 위험물의 인화점 미만의 온도로 저장 또는 취급하는 탱크에 설치하는 통기관에 있어서는 그렇지 않다.

③ 이황화탄소의 옥외저장탱크는 벽 및 바닥의 두께가 0.2m 이상이고 누수가 되지 아니하는 철근콘크리트의 수조에 넣어 보관하여야 한다. 이 경우 보유공지 · 통기관 및 자동계량장치는 생략할 수 있다.

연습문제-외부구조 및 설비기준

01. **위험물 옥외저장탱크의 통기관에 관한 사항으로 옳지 않은 것은?**

① 밸브 없는 통기관의 직경은 30mm 이상으로 한다.
② 대기밸브부착 통기관은 항시 열려 있어야 한다.
③ 밸브 없는 통기관의 선단은 수평면보다 45도 이상 구부려 빗물 등의 침투를 막는 구조로 한다.
④ 대기밸브부착 통기관은 5kPa 이하의 압력차이로 작동할 수 있어야 한다.

해설 ② 대기밸브는 평상시에 닫힌 상태로 있다가 탱크의 압력이 5kPa 이하의 압력차이로 밸브가 열려 탱크 내부의 유증기 등을 외부로 방출하거나 또는 탱크 내부로 외부의 공기를 흡인할 수 있어야 한다.

02. **제4류 위험물의 옥외저장탱크에 대기밸브부착 통기관을 설치할 때 몇 kPa 이하의 압력차이로 작동하여야 하는가?**

① 5kPa ② 10kPa ③ 15kPa ④ 20kPa

해설 옥외저장탱크에 설치하는 대기밸브부착 통기관은 5kPa 이하의 압력차이로 작동하여야 한다.

정답 01_② 02_①

6. 주입구

옥외저장탱크에 액체 위험물을 주입하는 주입구의 기준은 다음과 같다.

① 화재예방상 지장이 없는 장소에 설치할 것

② 주입호스 또는 주입관과 결합할 수 있고, 결합하였을 때 위험물이 새지 아니할 것

③ 주입구에는 밸브 또는 뚜껑을 설치할 것

④ 휘발유, 벤젠 그 밖에 정전기에 의한 재해가 발생할 우려가 있는 액체위험물의 옥외저장탱크의 주입구 부근에는 정전기를 유효하게 제거하기 위한 접지전극을 설치할 것

⑤ 인화점이 21℃ 미만인 위험물의 옥외저장탱크의 주입구에는 보기 쉬운 곳에 다음의 기준에 의한 게시판을 설치할 것.

가. 게시판은 한 변이 0.3m 이상, 다른 한 변이 0.6m 이상인 직사각형으로 할 것.

나. 게시판에는 "옥외저장탱크 주입구"라고 표시하는 것 외에 취급하는 위험물의 유별, 품명 및 주의사항을 표시할 것.

다. 게시판은 백색바탕에 흑색문자(화기주의, 화기엄금의 주의사항은 백색바탕 적색문자)로 할 것.

주의사항! 색상이 반대임에 주의

⑥ 주입구 주위에는 새어나온 기름 등 액체가 외부로 유출되지 않도록 방유턱을 설치하거나 집유설비 등의 장치를 설치할 것

7. 방유제

인화성액체위험물(이황화탄소를 제외)의 옥외탱크저장소의 탱크 주위에는 위험물이 새었을 경우에 그 유출을 방지하기 위한 방유제를 다음의 기준으로 설치하여야 한다.

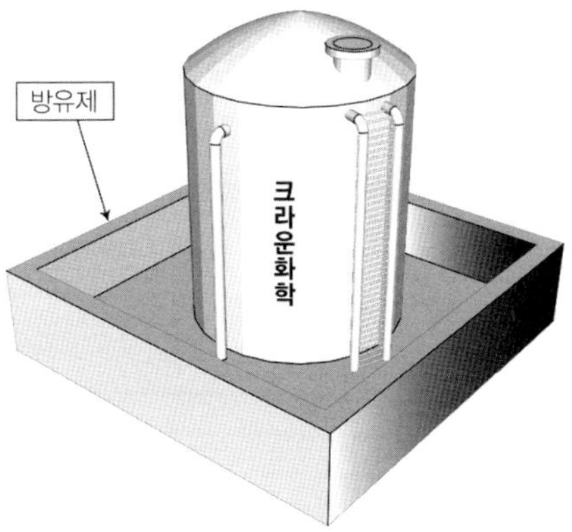

① 방유제의 용량은 방유제 안에 설치된 탱크가 하나인 때에는 그 탱크 용량의 110% 이상, 2기 이상인 때에는 그 탱크 중 용량이 최대인 것의 용량의 110% 이상으로 할 것. (단, 인화성이 없는 액체위험물의 경우 100%로 한다.)

【방유제 내 2기 이상이 설치된 탱크】

② 방유제는 높이 0.5m 이상 3m 이하, 두께 0.2m 이상, 지하 매설 깊이 1m 이상으로 할 것
③ 방유제 내의 면적은 8만㎡ 이하로 할 것
④ 방유제 내의 설치하는 옥외저장탱크의 수는 10기 이하로 할 것. 다만, 인화점이 200℃ 이상인 위험물을 저장 또는 취급하는 경우는 제외한다.
⑤ 방유제는 옥외저장탱크의 지름에 따라 그 탱크의 옆판으로부터 다음에 정하는 거리를 유지할 것. 다만, 인화점이 200℃ 이상인 위험물을 저장 또는 취급하는 것은 제외한다.
1) 지름이 15m 미만인 경우에는 탱크 높이의 3분의 1 이상
2) 지름이 15m 이상인 경우에는 탱크 높이의 2분의 1 이상
⑥ 용량이 1,000만L 이상인 옥외저장탱크의 주위에 설치하는 방유제에는 다음의 규정에 따라 당해 탱크마다 간막이 둑을 설치할 것
1) 간막이 둑의 높이는 0.3m 이상으로 하되, 방유제의 높이보다 0.2m 이상 낮게 할 것
2) 간막이 둑은 흙 또는 철근콘크리트로 할 것
3) 간막이 둑의 용량은 간막이 둑안에 설치된 탱크이 용량의 10% 이상일 것
⑦ 높이가 1m를 넘는 방유제 및 간막이 둑의 안팎에는 방유제 내에 출입하기 위한 계단 또는 경사로를 약 50m마다 설치할 것

연습문제-탱크의 용량

01. **인화점이 200℃ 미만인 위험물을 저장하기 위하여 높이가 15m이고, 지름이 18m인 옥외저장탱크를 설치하는 경우 옥외저장탱크와 방유제와의 사이에 유지하여야 하는 거리는?**

① 5.0m 이상 ② 6.0m 이상 ③ 7.5m 이상 ④ 9.0m 이상

해설 방유제와 탱크 측면과의 거리(다만, 인화점이 200℃ 이상인 위험물을 저장 또는 취급하는 경우는 제외한다.)

1) 지름이 15m 미만인 경우 : 탱크 높이의 1/3 이상
2) 지름이 15m 이상인 경우 : 탱크 높이의 1/2 이상

$\therefore 15m \times \frac{1}{2} = 7.5m$

02.

경유를 저장하는 옥외저장탱크의 반지름이 2m이고 높이가 12m일 때 탱크 옆판으로부터 방유제까지의 거리는 몇m 이상이어야 하는가?

① 4 ② 5 ③ 6 ④ 7

해설 $\therefore 12m \times \frac{1}{3} = 4m$

03.

인화성 액체 위험물을 저장하는 옥외탱크저장소에 설치하는 방유제의 높이 기준은?

① 0.5m 이상 1m 이하 ② 0.5m 이상 3m 이하
③ 0.3m 이상 1m 이하 ④ 0.3m 이상 3m 이하

해설 옥외탱크저장소의 방유제 높이는 0.5m 이상 3m 이하로 한다.

04.

인화성액체 위험물을 저장 또는 취급하는 옥외탱크저장소의 방유제 내에 용량 10만L와 5만L인 옥외저장탱크 2기를 설치하는 경우에 확보하여야 하는 방유제의 용량은?

① 50,000L 이상 ② 80,000L 이상 ③ 110,000L 이상 ④ 150,000L 이상

해설
- 탱크가 하나인 때 : 탱크 용량의 110% 이상(인화성 액체가 아닌 경우 100%)
- 탱크가 2기 이상인 때 : 탱크 중 용량이 최대인 것의 용량의 110% 이상
(인화성 액체가 아닌 경우 100%)
∴ 100,000×1.1=110,000L 이상

정답 01_③ 02_① 03_② 04_③

챕터별 문제-옥외탱크저장소

01.

위험물 옥외탱크저장소와 병원과는 안전거리를 얼마 이상 두어야 하는가?

① 10m ② 20m ③ 30m ④ 50m

해설 위험물 옥외탱크저장소와 병원, 극장, 학교와의 안전거리는 30m 이상이어야 한다.

02.

옥외탱크저장소에 보유공지를 두는 목적과 가장 거리가 먼 것은?

① 위험물시설의 화염이 인근의 시설이나 건축물 등으로의 연소확대방지를 위한 완충공간 기능을 하기 위함
② 위험물시설의 주변에 장애물이 없도록 공간을 확보함으로 소화활동이 쉽도록 하기 위함
③ 위험물시설의 주변에 있는 시설과 50m 이상을 이격하여 폭발 발생 시 피해를 방지하기 위함
④ 위험물시설의 주변에 장애물이 없도록 공간을 확보함으로 피난자가 피난이 쉽도록 하기 위함

해설 보유공지의 목적은 연소확대 방지, 소방활동공간 확보, 피난공간 확보, 점검 및 보수공간 제공, 방호 및 완충공간 제공하기 위함이다.

03. 저장 또는 취급하는 위험물의 최대수량이 지정수량의 500배 이하일 때 옥외저장탱크의 측면으로부터 몇 m 이상의 보유공지를 유지하여야 하는가? (단, 제6류 위험물은 제외한다.)

① 1 ② 2 ③ 3 ④ 4

해설

저장 또는 취급하는 위험물의 최대수량	공지의 너비
지정수량의 500배 이하	3m 이상
지정수량의 500배 초과 1,000배 이하	5m 이상
지정수량의 1,000배 초과 2,000배 이하	9m 이상
지정수량의 2,000배 초과 3,000배 이하	12m 이상
지정수량의 3,000배 초과 4,000배 이하	15m 이상
지정수량의 4000배 초과	해당 탱크의 최대지름과 높이 중 큰 것 이상으로 한다. (단, 30m 초과 시 30m 이상, 15m 미만 시 15m 이상으로 한다.)

04. 위험물안전관리법령상 옥외저장탱크 중 압력탱크 외의 탱크에 통기관을 설치하여야 할 때 밸브 없는 통기관인 경우 통기관의 직경은 몇 mm 이상으로 하여야 하는가?

① 10 ② 15 ③ 20 ④ 30

해설 옥외탱크저장소에 설치하는 밸브없는 통기관의 지름은 30mm 이상으로 한다.

05. 옥외탱크저장소의 제4류 위험물의 저장탱크에 설치하는 통기관에 관한 설명으로 틀린 것은?

① 제4류 위험물을 저장하는 압력탱크 외의 탱크에는 밸브 없는 통기관 또는 대기밸브부착 통기관을 설치하여야 한다.

② 밸브 없는 통기관은 직경을 30mm 미만으로 하고, 선단은 수평면보다 45도 이상 구부려 빗물 등의 침투를 막는 구조로 한다.

③ 인화점 70℃ 이상의 위험물만을 해당 위험물의 인화점 미만의 온도로 저장 또는 취급하는 탱크에 설치하는 통기관에는 인화방지장치를 설치하지 않아도 된다.

④ 옥외저장탱크 중 압력탱크란 탱크의 최대상용압력이 부압 또는 정압 5kPa을 초과하는 탱크를 말한다.

해설 밸브 없는 통기관은 직경을 30mm 이상으로 하고, 선단은 수평면보다 45도 이상 구부려 빗물 등의 침투를 막는 구조로 한다.

06. 인화점이 21℃ 미만의 액체위험물의 옥외저장탱크 주입구에 설치하는 "옥외저장 탱크 주입구" 라고 표시한 게시판의 바탕 및 문자색을 옳게 나타낸 것은?

① 백색바탕-적색문자 ② 적색바탕-백색문자

③ 백색바탕-흑색문자 ④ 흑색바탕-백색문자

해설 화기엄금 및 화기주의(적색 바탕-백색 문자) 또는 물기엄금(청색 바탕-백색 문자) 주의사항을 표시하는 것 외에 장소를 표시하는 표지의 색상은 백색 바탕-흑색 문자로 한다.

07. 제4류 위험물의 옥외저장탱크에 대기밸브부착 통기관을 설치할 때 몇 kPa 이하의 압력 차이로 작동하여야 하는가?

① 5kPa ② 10kPa ③ 15kPa ④ 20kPa

해설 옥외저장탱크에 설치하는 대기밸브부착 통기관은 5kPa 이하의 압력차이로 작동하여야 한다.

08. 위험물안전관리법령상 옥외탱크저장소의 기준에 따라 다음의 인화성 액체 위험물을 저장하는 옥외저장탱크 1~4호를 동일의 방유제 내에 설치하는 경우 방유제에 필요한 최소 용량으로서 옳은 것은? (단, 암반탱크 또는 특수액체위험물탱크의 경우는 제외한다.)

> 1호 탱크 - 등유 1500kL / 2호 탱크 - 가솔린 1000kL
> 3호 탱크 - 경유 500kL / 4호 탱크 - 중유 250kL

① 1650kL ② 1500kL ③ 500kL ④ 250kL

해설 탱크가 2기 이상인 때 : 탱크 중 용량이 최대인 것의 용량의 110% 이상(인화성 액체가 아닌 경우 100%) ∴ 1,500kL × 1.1 = 1,650kL

09. 경유를 저장하는 옥외탱크저장소에서 10,000리터 탱크 1기가 설치된 곳의 방유제 용량은 얼마 이상이 되어야 하는가?

① 5,000리터 ② 10,000리터 ③ 11,000리터 ④ 20,000리터

해설 탱크가 하나인 때 : 탱크 용량의 110% 이상(인화성 액체가 아닌 경우 100%)
∴ 10,000 × 1.1 = 11,000L

10. 인화성액체 위험물을 저장 또는 취급하는 옥외탱크저장소의 방유제 내에 용량 10만L와 5만L인 옥외저장탱크 2기를 설치하는 경우에 확보하여야 하는 방유제의 용량은?

① 50,000L 이상 ② 80,000L 이상 ③ 110,000L 이상 ④ 150,000L 이상

해설 - 탱크가 하나인 때 : 탱크 용량의 110% 이상(인화성 액체가 아닌 경우 100%)
- 탱크가 2기 이상인 때 : 탱크 중 용량이 최대인 것의 용량의 110% 이상(인화성 액체가 아닌 경우 100%) ∴ 100,000×1.1=110,000L 이상

11. 탱크의 지름이 10m이고 높이가 15m라고 할 때 방유제는 탱크의 옆판으로부터 몇 m 이상의 거리를 유지하여야 하는가?(단, 인화점 200℃ 미만의 위험물을 저장한다.)

① 2 ② 3 ③ 4 ④ 5

해설 방유제와 탱크 측면과의 거리(다만, 인화점이 200℃ 이상인 위험물을 저장 또는 취급하는 경우는 제외한다.)
1) 지름이 15m 미만인 경우 : 탱크 높이의 1/3 이상
2) 지름이 15m 이상인 경우 : 탱크 높이의 1/2 이상

$$\therefore 15m \times \frac{1}{3} = 5m$$

12. 위험물안전관리법령상 위험물옥외탱크저장소에 방화에 관하여 필요한 사항을 게시한 게시판에 기재하여야 하는 내용이 아닌 것은?

① 위험물의 지정수량의 배수 ② 위험물의 저장최대수량

③ 위험물의 품명 ④ 위험물의 성질

해설 옥외탱크저장소의 게시판에는 위험물의 유별 · 품명, 저장최대수량 또는 취급최대수량, 지정수량의 배수, 안전관리자의 성명 또는 직명이 기재되어야 한다.

13. 옥외탱크저장에 연소성 혼합기체의 생성에 의한 폭발을 방지하기 위하여 불활성의 기체를 봉입하는 장치를 설치하여야 하는 위험물질은?

① $CH_3COC_2H_5$ ② C_5H_5N ③ CH_3CHO ④ C_6H_5Cl

해설 아세트알데히드(CH_3CHO)와 산화프로필렌을 취급하는 장소의 경우 연소성 혼합기체의 생성에 의한 폭발을 방지하기 위한 불활성기체 또는 수증기를 봉입하는 장치를 갖춰야 한다.

14. 위험물안전관리법령에 명시된 아세트알데히드의 옥외저장탱크에 필요한 설비가 아닌 것은?

① 보냉장치 ② 냉각장치 ③ 동합금배관 ④ 불활성 기체를 봉입하는 장치

해설 아세트알데히드의 옥외저장탱크에는 보냉장치, 냉각장치, 불활성 기체를 봉입하는 장치 등의 설비가 필요하다.

정답									
01_③	02_③	03_③	04_④	05_②	06_③	07_①	08_①	09_③	10_③
11_④	12_④	13_③	14_③						

5) 옥내탱크저장소의 위치 · 구조 및 설비기준

1. 안전거리

<u>적용하지 않는다.</u> 안전거리는 제조소(제6류 위험물을 취급하는 제조소를 제외), 일반취급소, 옥내저장소, 옥외저장소, 옥외탱크저장소에서만 적용한다.

2. 표지 및 게시판

① 옥내탱크저장소에는 보기 쉬운 곳에 "위험물 옥내탱크저장소"라는 표시를 한 표지를 설치하여야 한다.
가. 표지는 한 변의 길이가 0.3m 이상, 다른 한 변의 길이가 0.6m 이상인 직사각형으로 할 것
나. 표지의 바탕은 백색으로, 문자는 흑색으로 할 것

② 위험물 옥내탱크저장소에는 보기 쉬운 곳에 다음 기준에 따라 방화에 관하여 필요한 사항을 게시한 게시판을 설치하여야 한다.
가. 게시판은 한 변의 길이가 0.3m 이상, 다른 한 변의 길이가 0.6m 이상인 직사각형으로 할 것
나. 게시판에는 저장 또는 취급하는 위험물의 유별 · 품명 및 저장최대수량 또는 취급최대수량, 지정수량의 배수 및 안전관리자의 성명 또는 직명을 반드시 기재할 것 → 백색바탕 흑색문자
다. 저장 또는 취급하는 위험물에 따라 다음의 규정에 의한 주의사항을 표시한 게시판을 설치할 것
1) 제1류 위험물 중 알칼리금속의 과산화물과 이를 함유한 것 또는 제3류 위험물 중 금수성 물질에 있어서는 "물기엄금" → 청색바탕 백색문자
2) 제2류 위험물(인화성고체를 제외한다)에 있어서는 "화기주의" → 적색바탕 백색문자
3) 제2류 위험물 중 인화성고체, 제3류 위험물 중 자연발화성 물질, 제4류 위험물 또는 제5류 위험물에 있어서는 "화기엄금" → 적색바탕 백색문자

3. 구조 및 설비기준

① 위험물을 저장 또는 취급하는 옥내저장탱크는 단층건축물에 설치된 <u>탱크전용실</u>에 설치할 것
② 옥내저장탱크와 탱크전용실의 벽과의 사이 및 옥내저장탱크의 상호간에는 <u>0.5m 이상</u>의 간격을 유지할 것. 다만, 탱크의 점검 및 보수에 지장이 없는 경우에는 그렇지 않다.

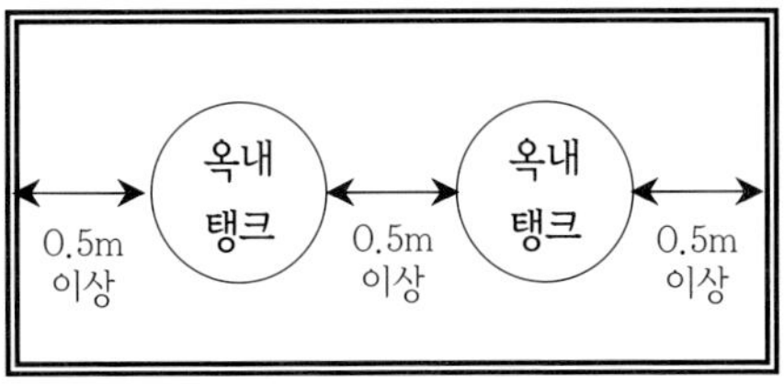

③ 탱크전용실은 벽 · 기둥 및 바닥을 내화구조로 하고, <u>보를 불연재료</u>로 하며, 연소의 우려가 있는 외벽은 출입구 외에는 개구부가 없도록 할 것. 다만, 인화점이 70℃ 이상인 제4류 위험물만의 옥내저장탱크를 설치하는 탱크전용실에 있어서는 연소의 우려가 없는 외벽 · 기둥 및 바닥을 불연재료로 할 수 있다.
④ 탱크전용실은 지붕을 불연재료로 하고, 천장을 설치하지 아니할 것
⑤ 탱크전용실의 창 및 출입구에는 갑종방화문 또는 을종방화문을 설치하는 동시에, 연소의 우려가 있는 외벽에 두는 출입구에는 수시로 열 수 있는 자동폐쇄식의 갑종방화문을 설치할 것

⑥ 탱크전용실의 창 또는 출입구에 유리를 이용하는 경우에는 망입유리로 할 것
⑦ 액상의 위험물의 옥내저장탱크를 설치하는 탱크전용실의 바닥은 위험물이 침투하지 아니하는 구조로 하고, 적당한 경사를 두는 한편, 집유설비를 설치할 것
⑧ 탱크전용실을 단층건물 외의 건축물에 설치하는 것(제2류 위험물 중 황화린 · 적린 및 덩어리 유황, 제3류 위험물 중 황린, 제6류 위험물 중 질산 및 제4류 위험물 중 인화점이 38℃ 이상인 위험물만을 저장 또는 취급하는 것에 한한다) 중 탱크전용실에 펌프설비를 설치하는 경우에는 그 주위에 불연재료로 된 턱을 0.2m 이상의 높이로 설치하는 등 누설된 위험물이 유출되거나 유입되지 아니하도록 하는 조치를 할 것

연습문제-구조 및 설비기준

01. **위험물안전관리법령상 옥내탱크저장소의 기준에서 옥내저장탱크 상호 간에는 몇 m 이상의 간격을 유지하여야 하는가?**

① 0.3 ② 0.5 ③ 0.7 ④ 1.0

해설 옥내저장탱크 상호 간에는 0.5m 이상의 간격을 유지하여야 한다.

02. **제4석유류를 저장하는 옥내탱크저장소의 기준으로 옳은 것은? (단, 단층건물에 탱크전용실을 설치하는 경우이다.)**

① 옥내저장탱크의 용량은 지정수량의 40배 이하일 것
② 탱크전용실은 벽, 기둥, 바닥, 보를 내화구조로 할 것
③ 탱크전용실에는 창을 설치하지 아니할 것
④ 탱크전용실에 펌프설비를 설치하는 경우에는 그 주위에 0.2m 이상의 높이로 턱을 설치할 것

해설 ② 탱크전용실의 벽, 기둥, 바닥을 내화구조로 하고, 보를 불연재료로 할 것
③ 탱크전용실에는 창 또는 출입구에 유리를 이용하는 경우에는 망입유리로 할 것
④ 단층건물 외의 건축물에 해당하는 경우이다.

정답 01_② 02_①

4. 탱크의 용량

옥내저장탱크의 용량(동일한 탱크전용실에 옥내저장탱크를 2 이상 설치하는 경우에는 각 탱크의 용량의 합계를 말한다) 기준은 다음과 같다.
① 1층 이하의 층(단층건물)에 있어서는 지정수량의 40배(제4석유류 및 동식물유류 외의 제4류 위험물에 있어서 당해 수량이 20,000L를 초과할 때에는 20,000L) 이하
② 2층 이상의 층에 있어서는 지정수량의 10배(제4석유류 및 동식물유류 외의 제4류 위험물에 있어서 당해 수량이 5,000L를 초과할 때에는 5,000L) 이하
→ 문제에 단층 또는 다층의 기준이 명시되지 않았다면 단층 기준으로 함

연습문제-탱크의 용량

01. **위험물안전관리법령상 제4석유류를 저장하는 옥내저장탱크의 용량은 지정수량의 몇 배 이하이어야 하는가?**

① 20 ② 40 ③ 100 ④ 150

해설 옥내탱크저장소 탱크전용실의 탱크 용량

- 1층 이하 층의 건물에 설치 시 : 지정수량 40배(제4석유류 또는 동식물유류 외의 제4류 위험물로서 당해 수량이 20,000L를 초과하는 경우에는 20,000L)이하
- 2층 이상 층의 건물에 설치 시 : 지정수량 10배(제4석유류 또는 동식물유류 외의 제4류 위험물로서 당해 수량이 5,000L를 초과하는 경우에는 5,000L)이하

정답 01_②

5. 외부구조 및 설비

옥내저장탱크 중 압력탱크(최대상용압력이 부압 또는 정압 5kPa을 초과하는 탱크를 말한다)외의 탱크(제4류 위험물의 옥내저장탱크로 한정)에 있어서는 밸브 없는 통기관 또는 대기밸브 부착 통기관을 다음의 기준에 따라 설치하고, 압력탱크에 있어서는 제조소의 규정에 따른 안전장치를 설치할 것

① 밸브없는 통기관

가. 통기관의 선단은 건축물의 창·출입구 등의 개구부로부터 1m 이상 떨어진 옥외의 장소에 지면으로부터 4m 이상의 높이로 설치하되, 인화점이 40℃ 미만인 위험물의 탱크에 설치하는 통기관에 있어서는 부지경계선으로부터 1.5m 이상 이격할 것. 다만, 고인화점 위험물만을 100℃ 미만의 온도로 저장 또는 취급하는 탱크에 설치하는 통기관은 그 선단을 탱크전용실 내에 설치할 수 있다.

나. 통기관은 가스 등이 체류할 우려가 있는 굴곡이 없도록 할 것

다. 직경은 30mm 이상일 것

라. 선단은 수평면보다 45도 이상 구부려 빗물 등의 침투를 막는 구조로 할 것

마. 가는 눈의 구리망 등으로 인화방지장치를 할 것. 다만, 인화점 70℃ 이상의 위험물만을 해당 위험물의 인화점 미만의 온도로 저장 또는 취급하는 탱크에 설치하는 통기관에 있어서는 그렇지 않다.

② 대기밸브 부착 통기관

가. 5kPa 이하의 압력차이로 작동할 수 있을 것

나. 가는 눈의 구리망 등으로 인화방지장치를 할 것. 다만, 인화점 70℃ 이상의 위험물만을 해당 위험물의 인화점 미만의 온도로 저장 또는 취급하는 탱크에 설치하는 통기관에 있어서는 그렇지 않다.

챕터별 문제-옥내탱크저장소

01. 주택, 학교 등의 보호대상물과의 사이에 안전거리를 두지 않아도 되는 위험물시설은?

① 옥내저장소 ② 옥내탱크저장소 ③ 옥외저장소 ④ 일반취급소

해설 안전거리의 규제 대상은 다음과 같다.

- 제조소(제6류 위험물을 취급하는 제조소를 제외)
- 일반취급소
- 옥내저장소
- 옥외저장소
- 옥외탱크저장소

02. 위험물안전관리법령상 제4석유류를 저장하는 옥내저장탱크의 용량은 지정수량의 몇 배 이하이어야 하는가?

① 20 ② 40 ③ 100 ④ 150

해설 옥내탱크저장소 탱크전용실의 탱크 용량

가. 1층 이하 층의 건물에 설치 시 : 지정수량 40배(제4석유류 또는 동식물유류 외의 제4류 위험물로서 당해 수량이 20,000L를 초과하는 경우에는 20,000L)이하

나. 2층 이상 층의 건물에 설치 시 : 지정수량 10배(제4석유류 또는 동식물유류 외의 제4류 위험물로서 당해 수량이 5,000L를 초과하는 경우에는 5,000L)이하

03. 옥내저장탱크의 상호 간에는 특별한 경우를 제외하고 최소 몇 m 이상의 간격을 유지하여야 하는가?

① 0.1 ② 0.2 ③ 0.3 ④ 0.5

해설 옥내저장탱크 상호 간에는 0.5m 이상의 간격을 유지하여야 한다.

정답 01_② 02_② 03_④

6) 지하탱크저장소의 위치 · 구조 및 설비기준

1. 안전거리

적용하지 않는다. 안전거리는 제조소(제6류 위험물을 취급하는 제조소를 제외), 일반취급소, 옥내저장소, 옥외저장소, 옥외탱크저장소에서만 적용한다.

2. 표지 및 게시판

① 지하탱크저장소에는 보기 쉬운 곳에 "위험물 지하탱크저장소"라는 표시를 한 표지를 설치하여야 한다.
(ㄱ) 표지는 한 변의 길이가 0.3m 이상, 다른 한 변의 길이가 0.6m 이상인 직사각형으로 할 것
(ㄴ) 표지의 바탕은 백색으로, 문자는 흑색으로 할 것

② 위험물 지하탱크저장소에는 보기 쉬운 곳에 다음 기준에 따라 방화에 관하여 필요한 사항을 게시한 게시판을 설치하여야 한다.
가. 게시판은 한 변의 길이가 0.3m 이상, 다른 한 변의 길이가 0.6m 이상인 직사각형으로 할 것
나. 게시판에는 저장 또는 취급하는 위험물의 유별 · 품명 및 저장최대수량 또는 취급최대수량, 지정수량의 배수 및 안전관리자의 성명 또는 직명을 반드시 기재할 것 → 백색바탕 흑색문자
다. 저장 또는 취급하는 위험물에 따라 다음의 규정에 의한 주의사항을 표시한 게시판을 설치할 것
1) 제1류 위험물 중 알칼리금속의 과산화물과 이를 함유한 것 또는 제3류 위험물 중 금수성 물질에 있어서는 "물기엄금" → 청색바탕 백색문자
2) 제2류 위험물(인화성고체를 제외한다)에 있어서는 "화기주의" → 적색바탕 백색문자
3) 제2류 위험물 중 인화성고체, 제3류 위험물 중 자연발화성 물질, 제4류 위험물 또는 제5류 위험물에 있어서는 "화기엄금" → 적색바탕 백색문자

3. 구조 및 설비기준

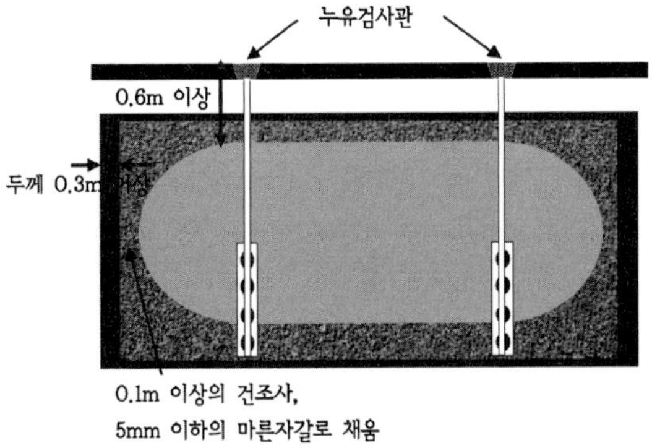

① 탱크전용실은 지하의 가장 가까운 벽 · 피트 · 가스관 등의 시설물 및 대지경계선으로부터 0.1m 이상 떨어진 곳에 설치하고, 지하저장탱크와 탱크전용실의 안쪽과의 사이는 0.1m 이상의 간격을 유지하도록 하며, 당해 탱크의 주위에 마른 모래 또는 습기 등에 의하여 응고되지 아니하는 입자지름 5mm 이하의 마른 자갈분을 채워야 한다.

② 지하저장탱크의 윗부분은 지면으로부터 0.6m 이상 아래에 있어야 한다.

③ 지하저장탱크의 주위에는 당해 탱크로부터의 액체위험물의 누설을 검사하기 위한 관을 다음 기준에 따라 4개소 이상 적당한 위치에 설치하여야 한다.

가. 이중관으로 할 것. 다만, 소공이 없는 상부는 단관으로 할 수 있다.

나. 재료는 금속관 또는 경질합성수지관으로 할 것

다. 관은 탱크전용실의 바닥 또는 탱크의 기초까지 닿게 할 것

라. 관의 밑부분으로부터 탱크의 중심 높이까지의 부분에는 소공이 뚫려 있을 것. 다만, 지하수위가 높은 장소에 있어서는 지하수위 높이까지의 부분에 소공이 뚫려 있어야 한다.

마. 상부는 물이 침투하지 아니하는 구조로 하고, 뚜껑은 검사 시에 쉽게 열 수 있도록 할 것

④ 지하저장탱크를 2 이상 인접해 설치하는 경우에는 그 상호간에 1m(당해 2 이상의 지하저장탱크의 용량의 합계가 지정수량의 100배 이하인 때에는 0.5m) 이상의 간격을 유지하여야 한다. 다만, 그 사이에 탱크전용실의 벽이나 두께 20cm 이상의 콘크리트 구조물이 있는 경우에는 그러하지 아니하다.

⑤ 지하저장탱크는 압력탱크 외의 탱크에 있어서는 70kPa의 압력으로, 압력탱크에 있어서는 최대상용압력의 1.5배의 압력으로 각각 10분간 수압시험을 실시하여 새거나 변형되지 아니하여야 한다. 이 경우 수압시험은 소방청장이 정하여 고시하는 기밀시험과 비파괴시험을 동시에 실시하는 방법으로 대신할 수 있다.

⑥ 지하저장탱크에는 다음에 해당하는 방법으로 과충전을 방지하는 장치를 설치하여야 한다.

가. 탱크용량을 초과하는 위험물이 주입될 때 자동으로 그 주입구를 폐쇄하거나 위험물의 공급을 자동으로 차단하는 방법

나. 탱크용량의 90%가 찰 때 경보음을 울리는 방법

구조 및 설비기준 연습문제

01. **지하탱크저장소에서 인접한 2개의 지하저장탱크 용량의 합계가 지정수량이 100배일 경우 탱크 상호 간의 최소거리는?**

① 0.1m ② 0.3m ③ 0.5m ④ 1m

해설 지하저장탱크를 2개 이상 인접해 설치할 때 지정수량의 100배 초과이면 1m 이상의 간격을 유지한다. (단, 지정수량의 100배 이하라면 0.5m 이상의 간격으로 한다.)

정답 01_③

4. 이중벽 탱크

이중벽 탱크의 지하탱크저장소란 지하저장탱크의 외면에 누설을 감지할 수 있는 틈(감지층)이 생기도록 강판 또는 강화플라스틱 등으로 피복한 것을 설치한 지하탱크저장소를 말한다.

① 강제 이중벽 탱크

- 탱크본체와 외벽의 사이에는 3mm 이상의 감지층을 둔다.
- 탱크본체와 외벽 사이의 감지층 간격을 유지하기 위한 스페이서를 설치한다. (재질은 원칙적으로 탱크 본체와 동일한 재료로 할 것)
- 탱크전용실 없이 지하에 직접 매설할 수도 있다.
- 탱크의 외면에는 탱크의 용량·규격 및 최대시험압력 등의 사항을 지워지지 않도록 표시하여야 하며, 위험물의 종류 및 사용온도범위를 함께 표시하여야 한다.
- 탱크전용실 없이 지하에 직접 매설할 수 있다.

챕터별 문제-지하탱크저장소

01. 위험물안전관리상 지하탱크저장소 탱크전용실의 안쪽과 지하저장탱크와의 사이는 몇 m 이상의 간격을 유지하여야 하는가?

① 0.1 ② 0.2 ③ 0.3 ④ 0.5

해설 지하탱크저장소 탱크전용실의 안쪽과 지하저장탱크와의 사이는 0.1m 이상의 간격을 유지하여야 한다.

02. 지하저장탱크에 경보음을 울리는 방법으로 과충전방지장치를 설치하고자 한다. 탱크 용량의 최소 몇 %가 찰 때 경보음이 울리도록 하여야 하는가?

① 80% ② 85% ③ 90% ④ 95%

해설 지하저장탱크에는 위험물을 주입할 때 과충전을 방지하기 위해 탱크 용량의 최소 90%가 차면 경보음이 울리도록 하여야 한다.

03. 위험물의 지하저장탱크 중 압력탱크 외의 탱크에 대해 수압시험을 실시할 때 몇 kPa의 압력으로 하여야 하는가? (단, 소방방재청장이 정하여 고시하는 기밀시험과 비파괴시험을 동시에 실시하는 방법으로 대신하는 경우는 제외한다.)

① 40 ② 50 ③ 60 ④ 70

해설 지하저장탱크는 압력탱크 외의 탱크에 있어서는 70kPa의 압력으로, 압력탱크에 있어서는 최대상용압력의 1.5배의 압력으로 각각 10분간 수압시험을 실시한다.

04. 위험물안전관리법령상 지하탱크저장소의 위치, 구조 및 설비의 기준에 따라 다음 ( )안에 들어갈 수치로 옳은 것은?

> 탱크전용실은 지하의 가장 가까운 벽, 피트, 가스관 등의 시설물 및 대지경계선으로부터 (A)m 이상 떨어진 곳에 설치하고, 지하저장탱크와 탱크전용실의 안쪽과의 사이는 (B)m 이상의 간격을 유지하도록 하며, 해당 탱크 주위에 마른 모래 또는 습기 등에 의하여 응고되지 아니하는 입자지름 (C)mm 이하의 마른 자갈분을 채워야 한다.

① A : 0.1, B : 0.1, C : 5　② A : 0.1, B : 0.3, C : 5
③ A : 0.1, B : 0.1, C : 10　④ A : 0.1, B : 0.3, C : 10

해설 탱크전용실은 지하의 가장 가까운 벽·피트·가스관 등의 시설물 및 대지경계선으로부터 0.1m 이상 떨어진 곳에 설치하고, 지하저장탱크와 탱크전용실의 안쪽과 사이는 0.1m 이상의 간격을 유지하도록 하며, 당해 탱크의 주위에 마른 모래 또는 습기 등에 의하여 응고되지 아니하는 입자 지름 5mm 이하의 마른 자갈분을 채워야 한다.

05. 지하탱크저장소에서 인접한 2개의 지하저장탱크 용량의 합계가 지정수량이 100배일 경우 탱크 상호 간의 최소거리는?

① 0.1m　② 0.3m　③ 0.5m　④ 1m

해설 지하저장탱크를 2개 이상 인접해 설치할 때 1m 이상의 간격을 유지한다. (단, 지정수량의 100배 이하라면 0.5m 이상의 간격으로 한다.)

06. 지하탱크저장소에서 인접한 2개의 지하저장탱크 용량의 합계가 지정수량이 200배일 경우 탱크 상호 간의 최소거리는?

① 0.1m　② 0.3m　③ 0.5m　④ 1m

해설 지정수량의 100배 초과이므로 간격은 1m 이상으로 한다.

07. 위험물안전관리법령상 지하탱크저장소에 설치하는 강제이중벽탱크에 관한 설명으로 틀린 것은?

① 탱크 본체와 외벽 사이에는 3mm 이상의 감지층을 둔다.
② 스페이서는 탱크 본체와 재질을 다르게 하여야 한다.
③ 탱크 전용실 없이 지하에 직접 매설할 수도 있다.
④ 탱크 외면에는 최대시험압력이 지워지지 않도록 표시하여야 한다.

해설 스페이서의 재질은 원칙적으로 탱크 본체와 동일한 재료로 한다.

정답 01_① 02_③ 03_④ 04_① 05_④ 06_④ 07_②

7) 간이탱크저장소의 위치 · 구조 및 설비기준

간이탱크저장소 : 용량이 작은 간이탱크에 위험물을 저장하는 형태로 탱크의 용량이 600L 이하, 하나의 간이탱크저장소 내의 탱크의 개수는 3개 이하로 제한적이다.

1. 안전거리

적용하지 않는다. 안전거리는 제조소(제6류 위험물을 취급하는 제조소를 제외), 일반취급소, 옥내저장소, 옥외저장소, 옥외탱크저장소에서만 적용한다.

2. 표지 및 게시판

① 지하탱크저장소에는 보기 쉬운 곳에 "위험물 간이탱크저장소"라는 표시를 한 표지를 설치하여야 한다.

가. 표지는 한 변의 길이가 0.3m 이상, 다른 한 변의 길이가 0.6m 이상인 직사각형으로 할 것

나. 표지의 바탕은 백색으로, 문자는 흑색으로 할 것

② 위험물 간이탱크저장소에는 보기 쉬운 곳에 다음 기준에 따라 방화에 관하여 필요한 사항을 게시한 게시판을 설치하여야 한다.

가. 게시판은 한 변의 길이가 0.3m 이상, 다른 한 변의 길이가 0.6m 이상인 직사각형으로 할 것

나. 게시판에는 저장 또는 취급하는 위험물의 유별 · 품명 및 저장최대수량 또는 취급최대수량, 지정수량의 배수 및 안전관리자의 성명 또는 직명을 반드시 기재할 것 → 백색바탕 흑색문자

다. 저장 또는 취급하는 위험물에 따라 다음의 규정에 의한 주의사항을 표시한 게시판을 설치할 것

1) 제1류 위험물 중 알칼리금속의 과산화물과 이를 함유한 것 또는 제3류 위험물 중 금수성 물질에 있어서는 "물기엄금" → 청색바탕 백색문자

2) 제2류 위험물(인화성고체를 제외한다)에 있어서는 "화기주의" → 적색바탕 백색문자

3) 제2류 위험물 중 인화성고체, 제3류 위험물 중 자연발화성 물질, 제4류 위험물 또는 제5류 위험물에 있어서는 "화기엄금" → 적색바탕 백색문자

3. 구조 및 설비기준

① 하나의 간이탱크저장소에 설치하는 간이저장탱크는 그 수를 3 이하로 하고, 동일한 품질의 위험물의 간이저장탱크를 2 이상 설치하지 아니하여야 한다.

② 간이저장탱크의 용량은 600L 이하이어야 한다.

③ 간이저장탱크는 두께 3.2mm 이상의 강판으로 흠이 없도록 제작하여야 하며, 70kPa의 압력으로 10분간의 수압시험을 실시하여 새거나 변형되지 아니하여야 한다.

챕터별 문제-간이탱크저장소

01. **위험물안전관리법령상 간이탱크저장소에 대한 설명 중 틀린 것은?**

① 간이저장탱크의 용량은 600리터 이하여야 한다.
② 하나의 간이탱크저장소에 설치하는 간이저장탱크는 5개 이하여야 한다.
③ 간이저장탱크는 두께 3.2mm 이상의 강판으로 흠이 없도록 제작하여야 한다.
④ 간이저장탱크는 70kPa의 압력으로 10분간의 수압시험을 실시하여 새거나 변형되지 않아야 한다.

해설 ② 하나의 간이탱크저장소에 설치하는 간이저장탱크는 3개 이하여야 한다.

02. **위험물을 저장하는 간이탱크 저장소의 구조 및 설비의 기준으로 옳은 것은?**

① 탱크의 두께 2.5mm 이상, 용량600L 이하
② 탱크의 두께 2.5mm 이상, 용량800L 이하
③ 탱크의 두께 3.2mm 이상, 용량600L 이하
④ 탱크의 두께 3.2mm 이상, 용량800L 이하

해설 간이저장탱크는 두께 3.2mm 이상의 강판으로 흠이 없도록 제작하여야 하며, 용량은 600L 이하이어야 한다.

정답 01_② 02_③

8) 이동탱크저장소의 위치 · 구조 및 설비기준

이동탱크저장소 : 위험물의 이송을 목적으로 하며, 차량에 탱크가 고정되어 있는 형태(탈착이 가능한 것도 있음)로 일반적으로 '탱크로리'라 칭한다.

1. 안전거리

적용하지 않는다. 안전거리는 제조소(제6류 위험물을 취급하는 제조소를 제외), 일반취급소, 옥내저장소, 옥외저장소, 옥외탱크저장소에서만 적용한다.

2. 상치장소

① 옥외에 있는 상치장소는 화기를 취급하는 장소 또는 인근의 건축물로부터 5m 이상(인근의 건축물이 1층인 경우에는 3m 이상)의 거리를 확보하여야 한다. 다만, 하천의 공지나 수면, 내화구조 또는 불연재료의 담 또는 벽 그 밖에 이와 유사한 것에 접하는 경우를 제외한다.

② 옥내에 있는 상치장소는 벽·바닥·보·서까래 및 지붕이 내화구조 또는 불연재료로 된 건축물의 1층에 설치하여야 한다.

3. 구조 및 설비기준

① 탱크(맨홀 및 주입관의 뚜껑을 포함)는 두께 3.2mm 이상의 강철판 또는 이와 동등 이상의 강도·내식성 및 내열성이 있다고 인정하는 재료 및 구조로 위험물이 새지 아니하게 제작할 것

② 압력탱크 외의 탱크는 70kPa의 압력으로, 압력탱크는 최대상용압력의 1.5배의 압력으로 각각 10분간의 수압시험을 실시하여 새거나 변형되지 아니할 것. 이 경우 수압시험은 용접부에 대한 비파괴시험과 기밀시험으로 대신할 수 있다.

③ 이동저장탱크는 그 내부에 4,000L 이하마다 3.2mm 이상의 강철판 또는 이와 동등 이상의 강도·내열성 및 내식성이 있는 금속성의 것으로 칸막이를 설치하여야 한다. 다만, 고체인 위험물을 저장하거나 고체인 위험물을 가열하여 액체 상태로 저장하는 경우는 설치하지 않아도 된다.

④ 칸막이로 구획된 각 부분마다 맨홀과 안전장치 및 방파판을 설치하여야 한다. 다만, 칸막이로 구획된 부분의 용량이 2,000L 미만인 부분에는 방파판을 설치하지 않을 수 있다.
(안전장치 : 상용압력이 20kPa 이하인 탱크에 있어서는 20kPa 이상 24kPa 이하의 압력에서, 상용압력이 20kPa를 초과하는 탱크에 있어서는 상용압력의 1.1배 이하의 압력에서 작동하는 것으로 할 것)

⑤ 방파판의 두께는 1.6mm 이상의 강철판 또는 이와 동등 이상의 강도·내열성 및 내식성이 있는 금속성의 것으로 하며, 하나의 구획 부분에 2개 이상의 방파판을 이동탱크저장소의 진행 방향과 평행으로 설치한다.

⑥ 이동탱크저장소에는 차량의 전면 및 후면의 보기 쉬운 곳에 사각형(한 변의 길이가 0.6m 이상, 다른 한 변의 길이가 0.3m 이상)의 흑색바탕에 황색의 반사도료 그 밖의 반사성이 있는 재료로 "위험물"이라고 표시한 표지를 설치하여야 한다.

⑦ 탱크의 외면에는 방청도장을 하여야 한다. 다만, 탱크의 재질이 부식의 우려가 없는 스테인레스 강판 등인 경우에는 생략이 가능하다.

【이동저장탱크의 외부도장 색상】

류별	색상	
제1류	회색	1. 탱크의 앞면과 뒷면을 제외한 면적의 40% 이내의 면적은 다른 유별의 색상 외의 색상으로 도장하는 것이 가능하다. 2. 제4류에 대해서는 도장의 색상 제한이 없으나 적색을 권장한다.
제2류	적색	
제3류	청색	
제4류	적색 권장	
제5류	황색	
제6류	청색	

4. 방호틀과 측면틀

맨홀, 주입구 및 안전장치 등이 탱크의 상부에 돌출되어 있는 탱크에 있어서는 다음 기준에 의하여 부속장치의 손상을 방지하기 위한 측면틀 및 방호틀을 설치하여야 한다. 다만, 피견인자동차에 고정된 탱크에는 측면틀을 설치하지 않아도 된다.

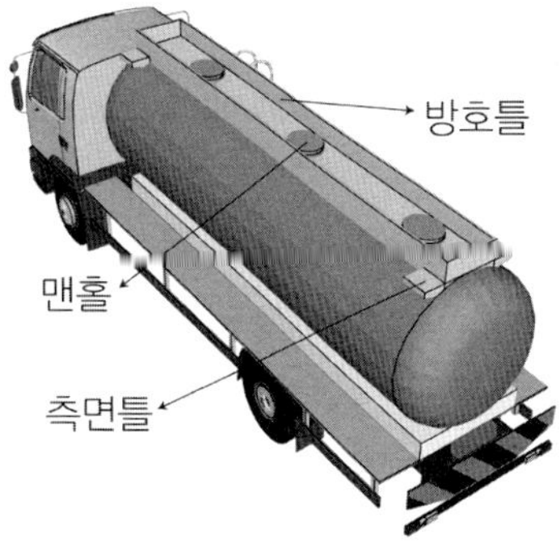

① 측면틀

가. 탱크 뒷부분에 있어서 측면틀의 최외측과 탱크의 최외측을 연결하는 직선(최외측선)의 수평면에 대한 내각이 75도 이상이 되도록 하고, 최대수량의 위험물을 저장한 상태에 있을 때의 당해 탱크중량의 중심점과 측면틀의 최외측을 연결하는 직선과 그 중심점을 지나는 직선 중 최외측선과 직각을 이루는 직선과의 내각이 35도 이상이 되도록 할 것

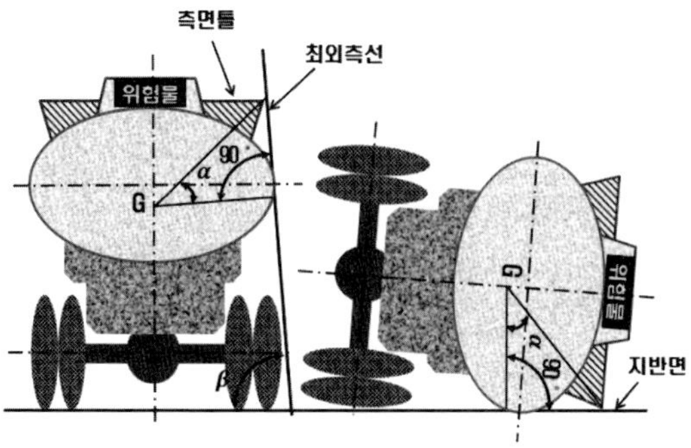

나. 외부로부터 하중에 견딜 수 있는 구조로 할 것

다. 탱크 상부의 네 모퉁이에 당해 탱크의 전단 또는 후단으로부터 각각 1m 이내의 위치에 설치할 것
라. 측면틀에 걸리는 하중에 의하여 탱크가 손상되지 아니하도록 측면틀의 부착 부분에 받침판을 설치할 것

② 방호틀
가. 두께 2.3mm 이상의 강철판 또는 이와 동등 이상의 기계적 성질이 있는 재료로써 산 모양의 형상으로 하거나 이와 동등 이상의 강도가 있는 형상으로 할 것
나. 정상부분은 부속장치보다 50mm 이상 높게 하거나 이와 동등 이상의 성능이 있는 것으로 할 것

5. 주입설비

이동저장탱크로부터 위험물을 저장 또는 취급하는 다른 탱크로 위험물을 공급하는 호스(주입호스)의 선단에 개폐밸브를 설치한 것을 주입설비라 하며, 주입설비를 설치하는 경우에는 다음 기준에 의하여야 한다.
① 위험물이 샐 우려가 없고 화재예방상 안전한 구조로 할 것
② 주입설비의 길이는 50m 이내로 하고, 그 선단에 축적되는 정전기를 유효하게 제거할 수 있는 장치를 할 것
③ 분당 토출량은 200L 이하로 할 것

6. 컨테이너식 이동탱크저장소

이동저장탱크를 차량 등에 옮겨 싣는 구조로 된 이동탱크저장소를 컨테이너식 이동탱크저장소라 한다.

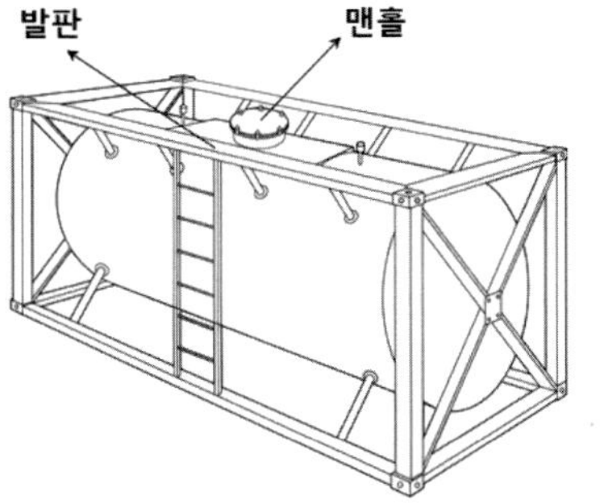

【컨테이너식 이동탱크저장소】

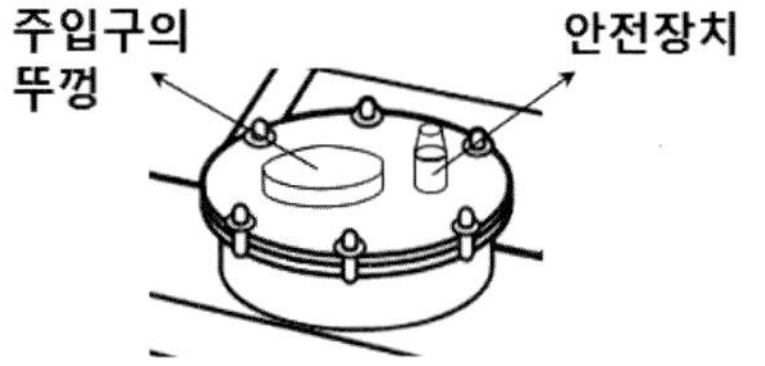

【맨홀】

7. 위험물의 성질에 따른 이동탱크저장소의 특례

① 알킬알루미늄, 알킬리튬을 저장 또는 취급하는 이동탱크저장소
가. 이동저장탱크의 용량은 1,900L 미만일 것
나. 이동저장탱크에 20kPa 이하의 압력으로 불활성의 기체를 봉입하여 둘 것
다. 이동저장탱크로부터 알킬알루미늄, 알킬리튬을 꺼낼 때에는 동시에 200kPa 이하의 압력으로 불활성의 기체를 봉입할 것

② 아세트알데히드, 산화프로필렌을 저장 또는 취급하는 이동탱크저장소
가. 이동저장탱크는 불활성의 기체를 봉입할 수 있는 구조로 할 것.
나. 이동저장탱크 및 그 설비는 은·수은·동·마그네슘 또는 이들을 성분으로 하는 합금으로 만들지 아니할 것.
다. 이동저장탱크로부터 아세트알데히드, 산화프로필렌 등을 꺼낼 때에는 동시에 100Pa 이하의 압력으로 불활성의 기체를 봉입할 것.

✔ 한 눈에 정리하기

기체의 종류	불활성기체 봉입 압력
알킬알루미늄, 알킬리튬	꺼낼 때 : 200kPa 이하
	저장할 때 : 20kPa 이하
아세트알데히드, 산화프로필렌	꺼낼 때 : 100kPa 이하

8. 저장기준

① 이동저장탱크로부터 위험물을 저장 또는 취급하는 탱크에 인화점이 40℃ 미만인 위험물을 주입할 때에는 이동탱크저장소의 원동기를 정지시킬 것.
② 이동탱크저장소에는 당해 이동탱크저장소의 완공검사필증 및 정기점검기록을 비치하여야 한다.
③ 알킬알루미늄, 알킬리튬을 저장 또는 취급하는 이동탱크저장소에는 긴급시의 연락처, 응급조치에 관하여 필요한 사항을 기재한 서류, 방호복, 고무장갑, 밸브 등을 죄는 결합공구 및 휴대용 확성기를 비치하여야 한다.
④ 휘발유를 저장하던 이동저장탱크에 등유나 경유를 주입할 때 또는 등유나 경유를 저장하던 이동저장탱크에 휘발유를 주입할 때에는 다음의 기준에 따라 정전기 등에 의한 재해를 방지하기 위한 조치를 할 것
가. 이동저장탱크의 상부로부터 위험물을 주입할 때에는 위험물의 액표면이 주입관의 선단을 넘는 높이가 될 때까지 그 주입관내의 유속을 1m/s 이하로 할 것
나. 이동저장탱크의 밑부분으로부터 위험물을 주입할 때에는 위험물의 액표면이 주입관의 정상부분을 넘는 높이가 될 때까지 그 주입배관내의 유속을 1m/s 이하로 할 것

챕터별 문제-이동탱크저장소

01. 다음은 위험물안전관리법에 따른 이동저장탱크의 구조에 관한 기준이다. ( )안에 알맞은 수치는?

> 이동저장탱크는 그 내부에 (A)L 이하마다 (B)mm 이상의 강철판 또는 이와 동등 이상의 강도, 내열성 및 내식성이 있는 금속성의 것으로 칸막이를 설치하여야 한다. 다만, 고체인 위험물을 저장하거나 고체인 위험물을 가열하여 액체상태로 저장하는 경우에는 그러하지 아니하다.

① A : 2,000, B : 1.6
② A : 2,000, B : 3.2
③ A : 4,000, B : 1.6
④ A : 4,000, B : 3.2

해설 이동저장탱크는 그 내부에 4,000L 이하마다 3.2mm 이상의 강철판 또는 이와 동등 이상의 강도, 내열성 및 내식성이 있는 금속성의 것으로 칸막이를 설치하여야 한다.

02. 위험물안전관리법령에 따른 이동저장탱크의 구조의 기준에 대한 설명으로 틀린 것은?

① 압력탱크는 최대상용압력의 1.5배의 압력으로 10분간 수압시험을 하여 새지 말 것
② 상용압력이 20kPa를 초과하는 탱크의 안전장치는 상용압력의 1.5배 이하의 압력에서 작동할 것
③ 방파판은 두께 1.6mm이상의 강철판 또는 이와 동등 이상의 강도, 내식성 및 내열성을 갖는 재질로 할 것
④ 탱크는 두께 3.2mm 이상의 강철판 또는 이와 동등 이상의 강도, 내식성 및 내열성을 갖는 재질로 할 것

해설 ② 20kPa를 초과하는 탱크에 있어서는 상용압력의 1.1배 이하의 압력에서 작동하는 것으로 할 것

03. 위험물의 이동탱크저장소 차량에 "위험물"이라고 표시한 표지를 설치할 때 표지의 바탕색은?

① 흰색 ② 적색 ③ 흑색 ④ 황색

해설 이동탱크저장소 차량에 "위험물" 표지는 흑색 바탕에 황색 문자로 한다.

04. 이동저장탱크로부터 알킬알루미늄을 꺼낼 때에는 동시에 불활성 기체를 봉입하는데 이 때의 압력은 몇 kPa 이하이어야 하는가?

① 250 ② 200 ③ 100 ④ 50

해설 알킬알루미늄의 이동탱크에서 알킬알루미늄을 꺼낼 때에는 200kPa 이하의 압력으로 불활성 기체를 봉입하여야 한다.

05. 이동저장탱크에 알킬알루미늄을 저장하는 경우에 불활성기체를 봉입하는데 이때의 압력은 몇 kPa 이하이어야 하는가?

① 10 ② 20 ③ 30 ④ 40

해설 이동식저장탱크 저장 기체 봉입 기준

- 이동저장탱크에 알킬알루미늄 등을 저장하는 경우에는 20kPa 이하의 압력으로 불활성의 기체를 봉입하여야 한다.
- 알킬알루미늄의 이동탱크로부터 알킬알루미늄을 꺼낼 때에는 동시에 200kPa 이하의 압력으로 불활성 기체를 봉입할 것
- 알킬알루미늄의 이동탱크에 알킬알루미늄을 저장할 때에는 20kPa 이하의 압력으로 불활성 기체를 봉입하여 둘 것
- 아세트알데히드, 산화프로필렌의 이동탱크로부터 아세트알데히드, 산화프로필렌을 꺼낼 때에는 동시에 100kPa 이하의 압력으로 불활성기체를 봉입할 것

06. 위험물안전관리법령에 따른 이동저장탱크의 구조의 기준에 대한 설명으로 틀린 것은?

① 압력탱크는 최대상용압력의 1.5배의 압력으로 10분간 수압시험을 하여 새지 말 것
② 상용압력이 20kPa를 초과하는 탱크의 안전장치는 상용압력의 1.5배 이하의 압력에서 작동할 것
③ 방파판은 두께 1.6mm 이상의 강철판 또는 이와 동등 이상의 강도, 내식성 및 내열성을 갖는 재질로 할 것
④ 탱크는 두께 3.2mm 이상의 강철판 또는 이와 동등 이상의 강도, 내식성 및 내열성을 갖는 재질로 할 것

해설 상용압력이 20kPa를 초과하는 탱크에 있어서는 상용압력의 1.1배 이하의 압력에서 작동하는 것으로 할 것

07. 휘발유를 저장하던 이동저장탱크에 등유나 경유를 탱크 상부로부터 주입할 때 액표면이 일정 높이가 될 때까지 위험물의 주입관 내 유속을 몇 m/s이하로 하여야 하는가?

① 1m/s ② 2m/s ③ 3m/s ④ 5m/s

해설 이동저장탱크의 상부로부터 위험물을 주입할 때에는 위험물이 액표면의 주입관의 선단을 넘는 높이가 될 때까지 주입관 내 유속을 1m/s 이하로 하여야 한다.

08. 위험물 이동저장탱크의 외부도장 색상으로 적합하지 않은 것은?

① 제2류-적색 ② 제3류-청색 ③ 제5류-황색 ④ 제6류-회색

해설
- 제1류 위험물 : 회색
- 제2류 위험물 : 적색
- 제3류 위험물 : 청색
- 제4류 위험물 : 적색 권장
- 제5류 위험물 : 황색
- 제6류 위험물 : 청색

정답 01_④ 02_② 03_③ 04_② 05_② 06_② 07_① 08_④

9) 암반탱크저장소의 위치 · 구조 및 설비기준

암반탱크저장소 : 지하수면 아래의 암반을 굴착하여 만든 공간에 탱크를 설치하여 액체 위험물을 저장하는 장소로 지하수 면 아래에 있기 때문에 상대적으로 위험성이 낮아 안전거리와 보유공지의 규제를 받지 않는다.

1. 공간용적

암반탱크에 있어서는 탱크 내에 용출하는 7일간의 지하수의 양에 상당하는 용적과 탱크의 내용적의 1/100의 용적 중에서 보다 큰 용적을 공간용적으로 한다.

2. 설치기준

① 암반탱크는 암반투수계수가 1초당 10만분의 1m 이하인 천연 암반 내에 설치할 것
② 암반탱크는 저장할 위험물의 증기압을 억제할 수 있는 지하수면 하에 설치할 것
③ 암반탱크의 내벽은 암반균열에 의한 낙반을 방지할 수 있도록 볼트 · 콘크리크 등으로 보강할 것

연습문제-암반탱크저장소 첩터별 문제

01. **다음은 위험물을 저장하는 탱크의 공간용적 산정기준이다. ( )에 알맞은 수치로 옳은 것은?**

> 암반탱크에 있어서는 당해 탱크 내에 용출하는 ( )일간의 지하수의 양에 상당하는 용적과 당해 탱크의 내용적의 ( )의 용적 중에서 보다 큰 용적을 공간용적으로 한다.

① 7, 1/100 ② 7, 5/100 ③ 10, 1/100 ④ 10, 5/100

해설 암반탱크에 있어서는 해당 탱크 내에 용출하는 7일간의 지하수의 양에 상당하는 용적과 해당 탱크의 내용적의 100분의 1의 용적 중에서 보다 큰 용적을 공간용적으로 한다.

02. **위험물을 저장 또는 취급하는 탱크의 공간 용적은 탱크의 내용적의 (ⓐ) 이상 (ⓑ) 이하의 용적으로 한다. 다만, 소화설비(소화약제 방출구를 탱크안의 윗부분에 설치하는 것에 한한다.)를 설치하는 탱크의 공간용적은 당해 소화설비의 소화약제방출구 아래의 0.3미터 이상 1미터 미만 사이의 면으로부터 윗부분의 용적으로 한다. 암반탱크에 있어서는 당해 탱크 내에 용출하는 (ⓒ)일 간의 지하수의 양에 상당하는 용적과 당해 탱크의 내용적의 (ⓓ)의 용적 중에서 보다 큰 용적을 공간용적 으로 한다. 괄호에 알맞은 수치로 옳은 것은?**

① ⓐ 3/100 ⓑ 10/100 ⓒ 10 ⓓ 1/100
② ⓐ 5/100 ⓑ 5/100 ⓒ 10 ⓓ 1/100
③ ⓐ 5/100 ⓑ 10/100 ⓒ 7 ⓓ 1/100
④ ⓐ 5/100 ⓑ 10/100 ⓒ 10 ⓓ 3/100

해설 탱크의 공간용적은 내용적의 5/100 이상 10/100 이하로 하고, 암반탱크에 있어서는 해당 탱크 내에 용출하는 7일간의 지하수의 양에 상당하는 용적과 해당 탱크의 내용적의 100분의 1의 용적 중에서 보다 큰 용적을 공간용적으로 한다.

정답 01_① 02_③

10) 주유취급소의 위치 · 구조 및 설비기준

주유취급소 : 자동차 또는 선박 등에 고정주유설비를 이용하여 연료를 직접 주입하거나 이동탱크를 이용하여 판매하는 장소로 안전거리 규제 대상이 아니다.

1. 주유공지 및 급유공지

① 주유공지란 위험물을 자동차 등에 직접 주유하기 위한 설비(고정주유설비)의 주위에 자동차 등이 출입할 수 있도록 너비 15m 이상, 길이 6m 이상의 콘크리트 등으로 포장한 공지를 말한다.

② 급유공지란 위험물을 용기에 옮겨 담거나 이동저장탱크에 주입하기 위한 설비(고정급유설비)의 주위에 필요한 공지를 말한다.

2. 공지의 바닥

공지의 바닥은 주위 지면보다 높게 하고, 그 표면을 적당하게 경사지게 하여 새어나온 기름 그 밖의 액체가 공지의 외부로 유출되지 않도록 배수구 · 집유설비 및 유분리장치를 하여야 한다.

주유공지 및 급유공지 연습문제

01. **위험물안전관리법령에서 정한 주유취급소의 고정주유설비 주위에 보유하여야 하는 주유공지의 기준은?**

① 너비 10m 이상, 길이 6m 이상
② 너비 15m 이상, 길이 6m 이상
③ 너비 10m 이상, 길이 10m 이상
④ 너비 15m 이상, 길이 10m 이상

해설 주유취급소의 고정주유설비(펌프기기 및 호스기기로 되어 위험물을 자동차등에 직접 주유하기 위한 설비로서 현수식의 것을 포함)의 주위에는 주유를 받으려는 자동차 등이 출입할 수 있도록 너비 15m 이상, 길이 6m 이상의 콘크리트 등으로 포장한 공지를 보유하여야 한다.

정답 01_②

3. 표지 및 게시판

① 주유취급소에는 보기 쉬운 곳에 "위험물 주유취급소"라는 표시를 한 표지를 설치하여야 한다.
가. 표지는 한 변의 길이가 0.3m 이상, 다른 한 변의 길이가 0.6m 이상인 직사각형으로 할 것
나. 표지의 바탕은 백색으로, 문자는 흑색으로 할 것

② 위험물 주유취급소에는 보기 쉬운 곳에 다음 기준에 따라 방화에 관하여 필요한 사항을 게시한 게시판을 설치하여야 한다.
가. 게시판은 한 변의 길이가 0.3m 이상, 다른 한 변의 길이가 0.6m 이상인 직사각형으로 할 것
나. 게시판에는 저장 또는 취급하는 위험물의 유별 · 품명 및 저장최대수량 또는 취급최대수량, 지정수량의 배수 및 안전관리자의 성명 또는 직명을 반드시 기재할 것 → 백색바탕 흑색문자
다. 저장 또는 취급하는 위험물에 따라 다음의 규정에 의한 주의사항을 표시한 게시판을 설치할 것
1) 제1류 위험물 중 알칼리금속의 과산화물과 이를 함유한 것 또는 제3류 위험물 중 금수성 물질에 있어서는 "물기엄금" → 청색바탕 백색문자
2) 제2류 위험물(인화성고체를 제외한다)에 있어서는 "화기주의" → 적색바탕 백색문자
3) 제2류 위험물 중 인화성고체, 제3류 위험물 중 자연발화성 물질, 제4류 위험물 또는 제5류 위험물에 있어서는 "화기엄금" → 적색바탕 백색문자

③ 황색바탕에 흑색문자로 "주유 중 엔진정지 "라는 표시를 한 게시판을 설치하여야 한다.

표지 및 게시판 연습문제

01. **주유취급소에 설치하는 "주유 중 엔진정지" 표시를 한 게시판의 바탕과 문자의 색상을 차례대로 옳게 나타낸 것은?**

① 황색, 흑색　② 흑색, 황색　③ 백색, 흑색　④ 흑색, 백색

해설 주유취급소에 설치하는 "주유 중 엔진정지 " 표지는 황색 바탕, 흑색 문자로 한다.

정답 01_①

4. 설치 가능한 탱크

① 자동차 등에 주유하기 위한 고정주유설비에 직접 접속하는 50,000L 이하 전용탱크
② 고정급유설비에 직접 접속하는 50,000L 이하 전용탱크(①, ② → 고속국도의 도로변에 설치된 주유취급소에 있어서는 60,000L까지 할 수 있다.)
③ 보일러 등에 직접 접속하는 10,000L 이하 전용탱크
④ 자동차 등을 점검 · 정비하는 작업장 등에서 사용하는 폐유 · 윤활유 등의 위험물을 저장하는 2,000L 이하(2이상일 경우 각 용량의 합계)의 폐유탱크
⑤ 고정주유설비 또는 고정급유설비에 직접 접속하는 3기 이하의 간이탱크(국토의 계획 및 이용에 관한 법률에 의한 방화지구 안에 위치하는 주유취급소의 경우 제외) → 간이탱크 용량 600L 이하
⑥ 이동탱크저장소

연습문제-설치 가능한 탱크

01. **주유취급소에 다음과 같이 전용탱크를 설치하였다. 최대로 저장 · 취급할 수 있는 용량은 얼마인가? (단, 고속도로 외의 주유취급소인 경우이다.)**

- 간이탱크 : 2기
- 폐유탱크등 : 1기
- 고정주유설비 및 고정급유설비 접속 전용탱크 : 2기

① 103,200L ② 104,600L ③ 123,200L ④ 124,200L

해설 주유취급소에 설치하는 탱크의 종류

가. 자동차 등에 주유하기 위한 고정주유설비에 직접 접속하는 전용탱크 : 50,000L 이하

나. 고정급유설비에 직접 접속하는 전용탱크 : 50,000L 이하

다. 보일러 등에 직접 접속하는 전용탱크 : 10,000L 이하

라. 자동차 등을 점검 · 정비하는 작업장 등에서 사용하는 폐유탱크 : 2,000L 이하

마. 고정주유설비 또는 고정급유설비에 직접 접속하는 3기 이하의 간이탱크

∴ 최대 저장량 = (600L×2기) + (2,000L×1기) + (50,000L×2기) = 103,200L

정답 01_①

5. 설치기준

① 고정주유설비 또는 고정급유설비는 아나의 탱크만으로부터 위험물을 공급받을 수 있도록 한다.

② 마찰에 의한 정전기 발생을 최소화하기 위하여 펌프기기의 최대 토출량을 다음과 같이 제한한다.

③ 고정주유설비 또는 고정급유설비의 본체 또는 노즐 손잡이에 주유작업자의 인체에 축적되는 정전기를 유효하게 제거할 수 있는 장치를 설치할 것

④ 고정주유설비 또는 고정급유설비의 주유관의 길이(선단의 개폐밸브를 포함)는 5m 이내로 한다. (단, 현수식의 경우에는 지면 위 0.5m의 수평면에 수직으로 내려 만나는 점을 중심으로 반경 3m)

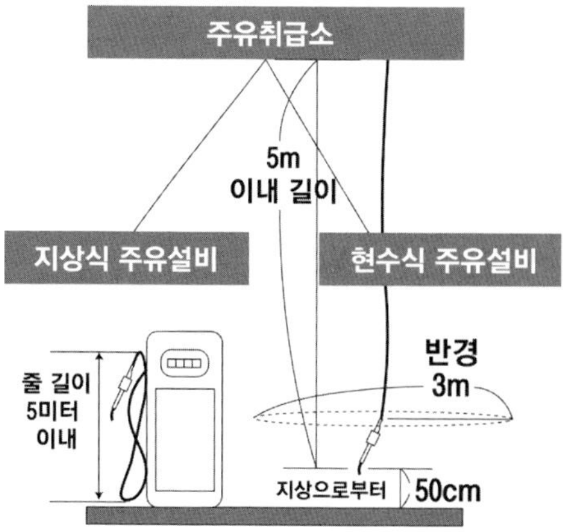

【고정주유설비 설치 기준】

구분	최대 토출량
제1석유류	분당 50L 이하
경유	분당 180L 이하
등유	분당 80L 이하

⑤ 고정주유설비 또는 고정급유설비의 설치위치는 다음과 같다.

가. 고정주유설비의 중심선을 기점으로 하여 도로경계선까지 4m 이상, 부지경계선·담 및 건축물의 벽까지 2m(개구부가 없는 벽까지는 1m) 이상의 거리를 유지하고, 고정급유설비의 중심선을 기점으로 하여 도로경계선까지 4m 이상, 부지경계선 및 담까지 1m 이상, 건축물의 벽까지 2m(개구부가 없는 벽까지는 1m) 이상의 거리를 유지할 것

나. 고정주유설비와 고정급유설비의 사이에는 4m 이상의 거리를 유지할 것

✔ 한 눈에 정리하기

고정주유설비	고정급유설비
고정주유설비에서 도로경계선까지 **4m 이상**	고정급유설비에서 도로경계선까지 **4m 이상**
부지경계선 · 담 및 건축물의 벽까지 2m (개구부가 없는 벽까지는 1m) 이상	부지경계선 및 담까지 1m 이상
–	건축물의 벽까지 2m (개구부가 없는 벽까지는 1m) 이상
고정주유설비와 고정급유설비의 사이에는 **4m 이상**의 거리를 유지할 것	

연습문제-설치기준

01. **위험물안전관리법령상 고정주유설비는 주유설비의 중심선을 기점으로 하여 도로경계선까지 몇 m 이상의 거리를 유지해야 하는가?**

① 1m ② 3m ③ 4m ④ 6m

정답 01_③

6. 건축물의 제한

① 주유취급소에는 주유 또는 그에 부대하는 업무를 위하여 사용되는 다음의 건축물 또는 시설 외에는 다른 건축물 그 밖의 공작물을 설치할 수 없다.

- 주유 또는 등유·경유를 옮겨 담기 위한 작업장
- 주유취급소의 업무를 행하기 위한 사무소
- 자동차 등의 점검 및 간이정비를 위한 작업장
- 자동차 등의 세정을 위한 작업장

- 주유취급소에 출입하는 사람을 대상으로 한 점포 · 휴게음식점 또는 전시장
- 주유취급소의 관계자가 거주하는 주거시설
- 전기자동차용 충전설비(전기를 동력원으로 하는 자동차에 직접 전기를 공급하는 설비)
- 그 밖의 소방청장이 정하여 고시하는 건축물 또는 시설

② "①"항의 건축물 중 주유취급소의 직원 외의 자가 출입하는 다음의 용도에 제공하는 부분의 면적의 합은 1,000㎡를 초과할 수 없다.

- 주유취급소의 업무를 행하기 위한 사무소
- 자동차 등의 점검 및 간이정비를 위한 작업장
- 주유취급소에 출입하는 사람을 대상으로 한 점포 · 휴게음식점 또는 전시장

7. 건축물의 구조

① 사무실 등의 창 및 출입구에 유리를 사용하는 경우에는 망입유리 또는 강화유리로 할 것. 이 경우 강화유리의 두께는 창에는 8mm 이상, 출입구에는 12mm 이상으로 하여야 한다.

② 건축물 중 사무실 그 밖의 화기를 사용하는 곳은 누설한 가연성의 증기가 그 내부에 유입되지 아니하도록 다음의 기준에 적합한 구조로 할 것

(ㄱ) 출입구는 건축물의 안에서 밖으로 수시로 개방할 수 있는 자동폐쇄식의 것으로 할 것

(ㄴ) 출입구 또는 사이통로의 문턱의 높이를 15cm 이상으로 할 것

(ㄷ) 높이 1m 이하의 부분에 있는 창 등은 밀폐시킬 것

③ 일반적으로 주유취급소 주위에는 높이 2m 이상의 내화구조 또는 불연재료의 담 또는 벽을 설치하되, 다음의 조건을 충족하는 경우 일부분에 방화상 유효한 구조의 유리를 부착할 수 있다.

가. 유리를 부착하는 위치는 주입구, 고정주유설비 및 고정급유설비로부터 4m 이상 이격될 것

나. 유리를 부착하는 방법은 다음의 기준에 모두 적합할 것

1) 주유취급소 내의 지반면으로부터 70cm를 초과하는 부분에 한하여 유리를 부착할 것

2) 하나의 유리판의 가로의 길이는 2m 이내일 것

다. 유리를 부착하는 범위는 전체의 담 또는 벽의 길이의 10분의 2를 초과하지 아니할 것

④ 주유취급소에 캐노피를 설치하는 경우에는 다음의 기준으로 한다.

가. 배관이 캐노피 내부를 통과할 경우에는 1개 이상의 점검구를 설치할 것

나. 캐노피 외부의 점검이 곤란한 장소에 배관을 설치하는 경우에는 용접이음으로 할 것

다. 캐노피 외부의 배관이 일광열의 영향을 받을 우려가 있는 경우에는 단열재로 피복할 것

8. 고객이 직접 주유하는 주유취급소의 특례

① 셀프용 고정주유설비

1회의 연속주유량 및 주유시간의 상한을 미리 설정할 수 있는 구조일 것. 이 경우 주유량의 상한은 휘발유는 100L 이하, 경유는 200L 이하로 하며, 주유시간의 상한은 4분 이하로 한다.

② 셀프용 고정급유설비

1회의 연속급유량 및 급유시간의 상한을 미리 설정할 수 있는 구조일 것. 이 경우 급유량의 상한은 100L 이하, 급유시간의 상한은 6분 이하로 한다.

9. 취급기준

① 자동차 등에 주유할 때에는 고정주유설비를 사용하여 직접 주유하여야 하며, 인화점 40℃미만의 위험물을 주유할 때에는 자동차 등의 원동기를 정지시켜야 한다.

② 이동저장탱크로부터 위험물을 저장 또는 취급하는 탱크에 인화점이 40℃ 미만인 위험물을 주입할 때에는 이동탱크저장소의 원동기를 정지시켜야 한다. 또한 휘발유 · 벤젠 그 밖에 정전기에 의한 재해발생의 우려가 있는 액체의 위험물을 이동저장탱크에 주입하거나 이동저장탱크로부터 배출하는 때에는 도선으로 이동저장탱크와 접지전극 등과의 사이를 긴밀히 연결하여 당해 이동저장탱크를 접지하여야 하고, 이동저장탱크의 상부로 주입하는 때에는 주입관을 사용하되, 당해 주입관의 선단을 이동저장탱크의 밑바닥에 밀착하여야 한다.

③ 이동탱크저장소의 하역작업에서 고정주유설비 또는 고정급유설비에 접속하는 탱크에 위험물을 주입할 때에는 당해 탱크에 접속된 고정주유설비 또는 고정급유설비의 사용을 중지하고, 자동차 등을 당해 탱크의 주입구에 접근시키지 말아야 한다.

④ 고정주유설비 등에 위험물 공급할 때 고정주유설비 또는 고정급유설비에는 당해 주유설비에 접속한 전용탱크 또는 간이탱크의 배관 외의 것을 통하여서는 위험물을 공급하지 말아야 한다.

⑤ 점포, 휴게음식점 또는 전시장의 업무는 건축물의 1층에서 행하여야 한다. 다만, 용이하게 주유취급소의 부지 외부로 피난이 가능한 부분에서 업무를 행하는 경우에는 그러하지 아니하다. 또한 주유원간이대기실 내에서는 화기를 사용하지 말아야 한다.

취급기준 연습문제

01. 위험물안전관리법령상 주유취급소에서의 위험물 취급 기준으로 옳지 않은 것은?

① 자동차에 주유할 때에는 고정주유설비를 이용하여 직접 주유할 것
② 자동차에 경유 위험물을 주유할 때에는 자동차의 원동기를 반드시 정지시킬 것
③ 고정주유설비에는 당해 주유설비에 접속한 전용탱크 또는 간이탱크의 배관 외의 것을 통하여서는 위험물을 공급하지 아니할 것
④ 고정주유설비에 접속하는 탱크에 위험물을 주입할 때는 접속된 고정주유설비의 사용을 중지할 것

해설 경유는 제2석유류로 인화점이 41℃ 이상이므로 원동기를 반드시 정지시키지 않아도 된다.

정답 01_②

챕터별 문제-주유취급소

01. **위험물제조소등에서 위험물안전관리법상 안전거리 규제 대상이 아닌 것은?**

① 제6류 위험물을 취급하는 제조소를 제외한 모든 제조소
② 주유취급소
③ 옥외저장소
④ 옥외탱크저장소

해설 옥내탱크저장소, 지하탱크저장소, 이동탱크저장소, 간이탱크저장소, 판매취급소, 암반탱크저장소, 주유취급소는 안전거리 규제 대상에 해당하지 않는다.

02. **주유취급소의 고정주유설비에서 펌프기기의 주유관 선단에서 최대토출량으로 틀린 것은?**

① 휘발유는 분당 50리터 이하
② 경유는 분당 180리터 이하
③ 등유는 분당 80리터 이하
④ 제1석유류(휘발유 제외)는 분당 50리터 이하

해설 펌프기기는 주유관 선단에서의 최대토출량이 제1석유류의 경우에는 분당 50ℓ 이하, 경유의 경우에는 분당 180ℓ 이하, 등유의 경우에는 분당 80ℓ 이하인 것으로 한다.

03. **주유취급소의 벽(담)에 유리를 부착할 수 있는 기준에 대한 설명으로 옳은 것은?**

① 유리 부착위치는 주입구, 고정주유설비로부터 2m 이상 이격되어야 하다.
② 지반면으로부터 50cm를 초과하는 부분에 한하여 설치하여야 한다.
③ 하나의 유리판 가로의 길이는 2m 이내로 한다.
④ 유리의 구조는 기준에 맞는 강화유리로 하여야 한다.

해설 ① 유리 부착 위치는 주입구, 고정주유설비로부터 4m 이상 이격되어야 한다.
② 지반면으로부터 70센티미터를 초과하는 부분에 한하여 설치하여야 한다.
④ 유리의 구조는 기준에 맞는 접합유리로 하여야 한다.

04. **주유취급소의 직원 외의 자가 출입하는 부분의 면적의 합은 1,000㎡를 초과할 수 없다. 여기서 출입하는 부분에 해당하지 않는 것은?**

① 주유취급소 업무를 행하기 위한 사무소
② 자동차 등의 점검 및 간이정비를 위한 작업장
③ 자동차 등의 세정을 위한 작업장
④ 주유취급소에 출입하는 사람을 대상으로 한 점포 · 휴게음식점 또는 전시장

해설 다음의 용도에 해당하는 장소는 주유취급소의 직원 외의 자가 출입하는 면적의 합은 1,000㎡를 초과할 수 없다.

- 주유취급소 업무를 행하기 위한 사무소
- 자동차 등의 점검 및 간이정비를 위한 작업장
- 주유취급소에 출입하는 사람을 대상으로 한 점포 · 휴게음식점 또는 전시장

05. 주유취급소에서 자동차 등에 위험물을 주유할 때 자동차 등의 원동기를 정지시켜야 하는 위험물의 인화점 기준은 몇 ℃ 미만인가? (단, 연료탱크에 위험물을 주유하는 동안 방출되는 가연성 증기 회수설비가 부착되지 않은 고정주유설비의 경우이다.)

① 20℃ ② 30℃ ③ 40℃ ④ 50℃

해설 주유취급소에서 자동차 등에 인화점 40℃ 미만의 위험물을 주유할 때에는 자동차 등의 원동기를 정지시켜야 한다.

06. 주유취급소에 다음과 같이 전용탱크를 설치하였다. 최대로 저장·취급할 수 있는 용량은 얼마인가? (단, 고속도로 외의 주유취급소인 경우이다.)

- 간이탱크 : 2기
- 폐유탱크등 : 1기
- 고정주유설비 및 고정급유설비 접속 전용탱크 : 2기

①103,200L ② 104,600L ③ 123,200L ④ 124,200L

해설 주유취급소에 설치하는 탱크의 종류

가. 자동차 등에 주유하기 위한 고정주유설비에 직접 접속하는 전용탱크 : 50,000L 이하

나. 고정급유설비에 직접 접속하는 전용탱크 : 50,000L 이하

다. 보일러 등에 직접 접속하는 전용탱크 : 10,000L 이하

라. 자동차 등을 점검·정비하는 작업장 등에서 사용하는 폐유탱크 : 2,000L 이하

마. 고정주유설비 또는 고정급유설비에 직접 접속하는 3기 이하의 간이탱크

∴ 최대 저장량 = (600L×2기) + (2,000L×1기) + (50,000L×2기) = 103,200L

07. 주유취급소에 설치할 수 있는 위험물 탱크는?

① 고정주유설비에 직접 접속하는 5기 이하의 간이탱크

② 보일러 등에 직접 접속하는 전용탱크로서 10,000리터 이하의 것

③ 고정급유설비에 직접 접속하는 전용탱크로서 70,000리터 이하의 것

④ 폐유, 윤활유 등의 위험물을 저장하는 탱크로서 4,000리터 이하의 것

해설 ① 고정주유설비에 직접 접속하는 3기 이하의 간이탱크

③ 고정급유설비에 직접 접속하는 전용탱크로서 50,000리터 이하의 것

④ 폐유, 윤활유 등의 위험물을 저장하는 탱크로서 2,000리터 이하의 것

정답 01_② 02_④ 03_③ 04_③ 05_③ 06_① 07_②

11) 판매취급소의 위치 · 구조 및 설비기준

판매취급소 : 위험물을 용기에 담아 판매하기 위한 장소로 지정수량의 40배 이하를 취급하며, 일반적으로 페인트 판매점, 화공약품점 등에 해당한다. 안전거리와 보유공지의 규제를 받지 않는다.

1. 판매취급소의 분류

① 제1종 판매취급소 : 저장 또는 취급하는 위험물의 수량이 지정수량의 20배 이하

② 제2종 판매취급소 : 저장 또는 취급하는 위험물의 수량이 지정수량의 40배 이하

판매취급소의 분류 연습문제

01. **위험물안전관리법령에 따른 판매취급소라 함은 점포에서 위험물을 용기에 담아 판매하기 위하여 지정수량의 (㉮)배 이하의 위험물을 (㉯)하는 장소를 말한다. ( )에 알맞은 말은?**

① ㉮ 20 ㉯ 취급　② ㉮ 40 ㉯ 취급　③ ㉮ 20 ㉯ 저장　④ ㉮ 40 ㉯ 저장

해설 판매취급소라 함은 점포에서 위험물을 용기에 담아 판매하기 위하여 지정수량의 40배 이하의 위험물을 취급하는 장소를 말한다.

정답 01_②

2. 표지 및 게시판

① 주유취급소에는 보기 쉬운 곳에 "위험물 판매취급소"라는 표시를 한 표지를 설치하여야 한다.

가. 표지는 한 변의 길이가 0.3m 이상, 다른 한 변의 길이가 0.6m 이상인 직사각형으로 할 것

나. 표지의 바탕은 백색으로, 문자는 흑색으로 할 것

② 위험물 판매취급소에는 보기 쉬운 곳에 다음 기준에 따라 방화에 관하여 필요한 사항을 게시한 게시판을 설치하여야 한다.

가. 게시판은 한 변의 길이가 0.3m 이상, 다른 한 변의 길이가 0.6m 이상인 직사각형으로 할 것

나. 게시판에는 저장 또는 취급하는 위험물의 유별 · 품명 및 저장최대수량 또는 취급최대수량, 지정수량의 배수 및 안전관리자의 성명 또는 직명을 반드시 기재할 것 → 백색바탕 흑색문자

다. 저장 또는 취급하는 위험물에 따라 다음의 규정에 의한 주의사항을 표시한 게시판을 설치할 것

1) 제1류 위험물 중 알칼리금속의 과산화물과 이를 함유한 것 또는 제3류 위험물 중 금수성 물질에 있어서는 "물기엄금" → 청색바탕 백색문자

2) 제2류 위험물(인화성고체를 제외한다)에 있어서는 "화기주의" → 적색바탕 백색문자

3) 제2류 위험물 중 인화성고체, 제3류 위험물 중 자연발화성 물질, 제4류 위험물 또는 제5류 위험물에 있어서는 "화기엄금" → 적색바탕 백색문자

3. 설치기준

① 제1종 판매취급소는 건축물의 1층에 설치할 것 → 지하에 설치불가
② 위험물을 배합하는 실은 다음에 의할 것
가. 바닥면적은 6㎡ 이상 15㎡ 이하로 할 것
나. 내화구조 또는 불연재료로 된 벽으로 구획할 것
다. 바닥은 위험물이 침투하지 아니하는 구조로 하여 적당한 경사를 두고 집유설비를 할 것
라. 출입구에는 수시로 열 수 있는 자동폐쇄식의 갑종방화문을 설치할 것
마. 출입구 문턱의 높이는 바닥면으로부터 0.1m 이상으로 할 것
바. 내부에 체류한 가연성의 증기 또는 가연성의 미분을 지붕 위로 방출하는 설비를 할 것
③ 제1종 판매취급소의 용도로 사용하는 부분의 창 또는 출입구에 유리를 이용하는 경우에는 망입유리로 할 것
④ 제1종 판매취급소의 용도로 사용하는 건축물의 부분은 보를 불연재료로 하고, 천장을 설치하는 경우에는 천장을 불연재료로 할 것
⑤ 제1종 판매취급소의 용도로 사용하는 부분의 창 및 출입구에는 갑종방화문 또는 을종방화문을 설치할 것
⑥ 제1종 판매취급소의 용도로 사용되는 건축물의 부분은 내화구조 또는 불연재료로 하고, 판매취급소로 사용되는 부분과 다른 부분과의 격벽은 내화구조로 할 것

연습문제-설치기준

01. 1종 판매취급소에 설치하는 위험물 배합실의 기준으로 틀린 것은?

① 바닥면적은 6㎡ 이상 15㎡ 이하일 것
② 내화구조 또는 불연재료로 된 벽으로 구획할 것
③ 출입구는 수시로 열 수 있는 자동폐쇄식의 갑종방화문으로 설치할 것
④ 출입구 문턱의 높이는 바닥면으로부터 0.2m 이상일 것

해설 ④ 1종 판매취급소의 출입구 문턱의 높이는 바닥면으로부터 0.1m 이상이어야 한다.

정답 01_④

4. 취급 가능한 위험물

① 도료류
② 제1류 위험물 중 염소산염류 및 염소산염류만을 함유한 것
③ 유황
④ 인화점이 38℃ 이상인 제4류 위험물

그 밖에 위험물을 배합실에서 배합하거나 옮겨 담는 작업을 하지 않아야 한다. 또한 위험물은 운반용기에 수납한 채로 판매해야 하고, 판매할 때에는 위험물이 넘치거나 비산하는 계량기를 사용하지 말아야 한다.

연습문제-취급 가능한 위험물

01. **판매취급소의 배합실에서 배합하거나 옮겨 담는 작업을 하면 안 되는 위험물은?**

① 도료류 ② 염소산염류 ③ 유황 ④ 황화인

해설 판매취급소에서는 도료류, 제1류 위험물 중 염소산염류 및 염소산염류만을 함유한 것, 유황 또는 인화점이 38℃ 이상인 제4류 위험물을 배합실에서 배합하는 경우 외에는 위험물을 배합하거나 옮겨 담는 작업을 하지 않아야 한다.

02. **위험물저장소에 해당하지 않는 것은?**

① 옥외저장소 ② 지하탱크저장소 ③ 이동탱크저장소 ④ 판매저장소

해설 취급소의 종류 중 판매취급소가 있으며, 위험물저장소의 종류에는 옥외저장소, 옥내저장소, 옥외탱크저장소, 옥내탱크저장소, 간이탱크저장소, 지하탱크저장소, 이동탱크저장소, 암반탱크저장소가 있다.

정답 01_④ 02_④

챕터별 문제-판매취급소

01. **위험물안전관리법령에 따른 판매취급소라 함은 점포에서 위험물을 용기에 담아 판매하기 위하여 지정수량의 (㉮)배 이하의 위험물을 (㉯)하는 장소를 말한다. ( )에 알맞은 말은?**

① ㉮ 20 ㉯ 취급 ② ㉮ 40 ㉯ 취급
③ ㉮ 20 ㉯ 저장 ④ ㉮ 40 ㉯ 저장

해설 판매취급소라 함은 점포에서 위험물을 용기에 담아 판매하기 위하여 지정수량의 40배 이하의 위험물을 취급하는 장소를 말한다.

02. **판매취급소의 배합실에서 배합하거나 옮겨 담는 작업을 하면 안되는 위험물은?**

① 도료류 ② 염소산염류 ③ 유황 ④ 황화인

해설 판매취급소에서는 도료류, 제1류 위험물 중 염소산염류 및 염소산염류만을 함유한 것, 유황 또는 인화점이 38℃ 이상인 제4류 위험물을 배합실에서 배합하는 경우 외에는 위험물을 배합하거나 옮겨 담는 작업을 하지 않아야 한다.

03. 위험물 제1종 판매취급소의 위치, 구조 및 설비의 기준으로 틀린 것은?

① 천장을 설치하는 경우에는 천장을 불연재료로 할 것
② 창 및 출입구에는 갑종방화문 또는 을종방화문을 설치할 것
③ 건축물의 지하 또는 1층에 설치할 것
④ 위험물을 배합하는 실의 바닥면적은 6㎡ 이상 15㎡ 이하로 할 것

해설 ③ 건축물은 1층에 설치할 것

04. 위험물 판매취급소에 대한 설명 중 틀린 것은?

① 제1종 판매취급소라 함은 저장 또는 취급하는 위험물의 수량이 지정수량의 20배 이하인 판매취급소를 말한다.
② 위험물을 배합하는 실의 바닥면적은 6㎡ 이상 15㎡ 이하이어야 한다.
③ 판매취급소에서는 도료류 외의 제1석유류를 배합하거나 옮겨 담는 작업을 할 수 있다.
④ 제1종 판매취급소는 건축물의 2층까지만 설치가 가능하다.

해설 ④ 제1종 판매취급소는 건축물의 1층까지만 설치가 가능하다.

05. 1종 판매취급소에 설치하는 위험물 배합실의 기준으로 틀린 것은?

① 바닥면적은 6㎡ 이상 15㎡ 이하일 것
② 내화구조 또는 불연재료로 된 벽으로 구획할 것
③ 출입구는 수시로 열 수 있는 자동폐쇄식의 갑종방화문으로 설치할 것
④ 출입구 문턱의 높이는 바닥면으로부터 0.2m 이상일 것

해설 ④ 1종 판매취급소의 출입구 문턱의 높이는 바닥면으로부터 0.1m 이상이어야 한다.

06. 위험물 판매취급소에 관한 설명 중 틀린 것은?

① 위험물을 배합하는 실의 바닥면적은 6㎡ 이상 15㎡ 이하이어야 한다.
② 제1종 판매취급소는 건축물의 1층에 설치하여야 한다.
③ 일반적으로 페인트점, 화공약품점이 이에 해당한다.
④ 취급하는 위험물의 종류에 따라 제1종과 제2종으로 구분된다.

해설 ④ 취급하는 위험물의 수량에 따라 제1종과 제2종으로 구분된다.
- 제1종 판매취급소 : 저장 또는 취급하는 위험물의 수량이 지정수량의 20배 이하
- 제2종 판매취급소 : 저장 또는 취급하는 위험물의 수량이 지정수량의 40배 이하

07. 위험물저장소에 해당하지 않는 것은?

① 옥외저장소 ② 지하탱크저장소 ③ 이동탱크저장소 ④ 판매저장소

해설 위험물저장소의 종류에는 옥외저장소, 옥내저장소, 옥외탱크저장소, 옥내탱크저장소, 지하탱크저장소, 간이탱크저장소, 이동탱크저장소, 암반탱크저장소가 있다.

정답 01_② 02_④ 03_③ 04_④ 05_④ 06_④ 07_④

12) 이송취급소의 위치 · 구조 및 설비기준

이송취급소 : 배관 등의 설비로 위험물을 이송하는 파이프라인 시설이다.

1. 경보설비

이송취급소에는 다음 기준에 의하여 경보설비를 설치하여야 한다.

① 이송기지에는 비상벨 장치 및 확성 장치를 설치할 것

② 가연성 증기를 발생하는 위험물(인화점 40℃ 미만인 위험물)을 취급하는 펌프실 등에는 가연성증기 경보설비를 설치할 것

2. 설치장소

이송취급소의 배관은 제3자의 부지 등에 설치하는 경우가 있기 때문에 사고 발생 시 설치 지역에 영향을 줄 피해가 크다. 따라서 이송취급소의 설치장소에 대한 규제가 많은 편이고, 다음에서 정하는 장소에는 안전상 이유로 설치가 불가하다. (단, 지형상황 등 부득이한 사유가 있고 안전에 필요한 조치를 하는 경우는 그렇지 않다.)

가. 철도 및 도로의 터널 안

나. 고속국도 및 자동차전용도로의 차도 · 길어깨 및 중앙분리대(횡단하여 설치하는 경우 제외)

다. 호수 · 저수지 등으로서 수리의 수원이 되는 곳(횡단하여 설치하는 경우 제외)

라. 급경사 지역으로서 붕괴의 위험이 있는 지역

3. 배관

하천 또는 수로를 횡단하여 배관을 설치하는 경우에는 다음 기준에 의하여야 한다.

가. 하천 또는 수로의 밑에 배관을 매설하는 경우에는 배관의 외면과 계획하상(계획하상이 최심하상보다 높은 경우에는 최심하상)과의 거리는 다음의 규정에 의한 거리 이상으로 하되, 호안 그 밖에 하천관리시설의 기초에 영향을 주지 않고 하천바닥의 변동 · 패임 등에 의한 영향을 받지 않는 깊이로 매설하여야 한다.

가) 하천을 횡단하는 경우 : 4.0m

나) 수로를 횡단하는 경우 : 상부가 개방된 하수도 또는 운하의 경우 2.5m, 그 외의 좁은 수로의 경우 1.2m

챕터별 문제-이송취급소

01. **위험물안전관리법령상 이송취급소에 설치하는 경보 · 설비의 기준에 따라 이송기지에 설치하여야 하는 경보설비로만 이루어진 것은?**

① 확성장치, 비상벨장치　　② 비상방송설비, 비상경보설비
③ 확성장치, 비상방송설비　　④ 비상방송설비, 자동화재탐지설비

해설 이송취급소의 이송기지에 설치해야 하는 경보설비는 확성장치 및 비상벨장치이다.

02. **이송취급소의 배관이 하천을 횡단하는 경우 하천 밑에 매설하는 배관의 외면과 계획하상(계획하상이 최소하상보다 높은 경우에는 최심하상)과의 거리는?**

① 1.2m 이상　② 2.5m 이상　③ 3.0m 이상　④ 4.0m 이상

해설 이송취급소의 배관이 하천을 횡단하는 경우 하천 밑에 매설하는 배관의 외면과 계획하상(계획하상이 최소하상보다 높은 경우에는 최심하상)과의 거리는 4.0m 이상으로 한다.

정답 01_② 02_④

13) 일반취급소의 위치 · 구조 및 설비기준

일반취급소 : 위험물을 취급하기 위한 시설로 최종 생산제품이 비위험물이며, 제조소의 1. 안전거리 ~ 10. 배관의 규정과 동일하다.

원료(위험물) $\xrightarrow{\text{작업공정}}$ 제품(비위험물)

1. 일반취급소의 종류

① 분무도장작업 등의 일반취급소 : 도장, 인쇄 또는 도포를 위하여 제2류 위험물 또는 제4류 위험물(특수인화물을 제외한다)을 취급하는 일반취급소로서 지정수량의 30배 미만의 것

- 특례 : 지하층이 없을 것, 건축물 중 일반취급소의 용도로 사용하는 부분은 벽 · 기둥 · 바닥 · 보 및 지붕을 내화구조로 하고, 출입구 외의 개구부가 없는 두께 70mm 이상의 철근콘크리트조 또는 이와 동등 이상의 강도가 있는 구조의 바닥 또는 벽으로 당해 건축물의 다른 부분과 구획될 것 등

② 세정작업의 일반취급소 : 세정을 위하여 인화점이 40℃ 이상인 제4류 위험물을 취급하는 일반취급소로서 지정수량의 30배 미만의 것

③ 열처리 작업 등의 일반취급소 : 열처리작업 또는 방전가공을 위하여 인화점이 70℃ 이상인 제4류 위험물을 취급하는 일반취급소로서 지정수량의 30배 미만의 것

- 특례 : 건축물 중 일반취급소의 용도로 사용하는 부분은 벽 · 기둥 · 바닥 및 보를 내화구조로 하고, 출입구

외의 개구부가 없는 두께 70mm 이상의 철근콘크리트조 또는 이와 동등 이상의 강도가 있는 구조의 바닥 또는 벽으로 당해 건축물의 다른 부분과 구획될 것, 건축물 중 일반취급소의 용도로 사용하는 부분의 출입구에는 갑종방화문을 설치하되, 연소의 우려가 있는 외벽 및 당해 부분 외의 부분과의 격벽에 있는 출입구에는 수시로 열 수 있는 자동폐쇄식의 갑종방화문으로 할 것 등

④ 보일러 등으로 위험물을 소비하는 일반취급소 : 보일러, 버너 그 밖의 이와 유사한 장치로 인화점이 38℃ 이상인 제4류 위험물을 소비하는 일반취급소로서 지정수량의 30배 미만의 것

- 특례 : 건축물 중 일반취급소의 용도로 제공하는 부분에는 지진 시 및 정전 시 등의 긴급 시에 보일러, 버너 그 밖에 이와 유사한 장치에 대한 위험물의 공급을 자동적으로 차단하는 장치를 설치할 것 등 → 일정한 요건을 갖추면 제조소의 안전거리, 보유공지 등에 관한 기준을 적용하지 않을 수 있다.

⑤ 충전하는 일반취급소 : 이동저장탱크에 액체위험물(알킬알루미늄, 알킬리튬, 아세트알데히드, 산화프로필렌 및 히드록실아민, 히드록실아민염류 등을 제외)을 주입하는 일반취급소

⑥ 옮겨 담는 일반취급소 : 고정급유설비에 의하여 인화점이 38℃ 이상인 제4류 위험물을 용기에 옮겨 담거나 4,000L 이하의 이동저장탱크(용량이 2,000L를 넘는 탱크에 있어서는 그 내부를 2,000L 이하마다 구획한 것에 한한다)에 주입하는 일반취급소로서 지정수량의 40배 미만인 것

⑦ 유압장치 등을 설치하는 일반취급소 : 위험물을 이용한 유압장치 또는 윤활유 순환장치를 설치하는 일반취급소(고인화점 위험물만을 100℃ 미만의 온도로 취급하는 것에 한한다)로서 지정수량의 50배 미만의 것

⑧ 절삭장치 등을 설치하는 일반취급소 : 절삭유(금속의 절삭 가공에 쓰는 기름)에 해당하는 위험물로 절삭장치, 연삭장치 등을 설치하는 일반취급소(고인화점 위험물만을 100℃ 미만의 온도로 취급하는 것에 한함)로서 지정수량의 30배 미만의 것

⑨ 열매체유 순환장치를 설치하는 일반취급소 : 위험물 외의 물건을 가열하기 위하여 위험물(고인화점 위험물에 한한다)을 이용한 열매체유 순환장치를 설치하는 일반취급소로서 지정수량의 30배 미만의 것

⑩ 화학실험의 일반취급소 : 화학실험을 위하여 위험물을 취급하는 일반취급소로서 지정수량의 30배 미만의 것

챕터별 문제-일반취급소

01. **보일러 등으로 위험물을 소비하는 일반취급소의 특례의 적용에 관한 설명으로 틀린 것은?**

① 일반취급소에서 보일러, 버너 등으로 소비하는 위험물은 인화점이 섭씨 38도 이상인 제4류 위험물이어야 한다.

② 일반취급소에서 취급하는 위험물의 양은 지정수량의 30배 미만이고 위험물을 취급하는 설비는 건축물에 있어야 한다.

③ 제조소의 기준을 준용하는 다른 일반취급소와 달리 일정한 요건을 갖추면 제조소의 안전거리, 보유공지 등에 관한 기준을 적용하지 않을 수 있다.

④ 건축물 중 일반취급소로 사용하는 부분은 취급하는 위험물의 양에 관계없이 철근콘크리트조 등의 바닥 또는 벽으로 당해 건축물의 다른 부분과 구획되어야 한다.

해설 건축물 중 일반취급소의 용도로 제공하는 부분에는 지진 시 및 정전 시 등의 긴급 시에 보일러, 버너 그 밖에 이와 유사한 장치에 대한 위험물의 공급을 자동적으로 차단하는 장치를 설치하여야 한다.

정답 01_④

PART6 위험물안전관리법상 행정사항

1. 제조소등의 변경허가

① 제조소등을 설치하고자 하는 자는 대통령령이 정하는 바에 따라 그 설치장소를 관할하는 특별시장 · 광역시장 · 특별자치시장 · 도지사 또는 특별자치도지사(시 · 도지사)의 허가를 받아야 한다. 제조소등의 위치 · 구조 또는 설비 가운데 행정안전부령이 정하는 사항을 변경하고자 하는 때에도 또한 같다.

② 제조소등의 위치 · 구조 또는 설비의 변경없이 당해 제조소등에서 저장하거나 취급하는 위험물의 품명 · 수량 또는 지정수량의 배수를 변경하고자 하는 자는 변경하고자 하는 날의 1일 전까지 행정안전부령이 정하는 바에 따라 시 · 도지사에게 신고하여야 한다.

③ 다음의 어느 하나에 해당하는 제조소등의 경우에는 허가를 받지 않고 제조소등을 설치하거나 그 위치 · 구조 또는 설비를 변경할 수 있으며, 신고를 하지 않고 위험물의 품명 · 수량 또는 지정수량의 배수를 변경할 수 있다.

- 주택의 난방시설(공동주택의 중앙난방시설을 제외한다)을 위한 저장소 또는 취급소
- 농예용 · 축산용 또는 수산용으로 필요한 난방시설 또는 건조시설을 위한 지정수량 20배 이하의 저장소

④ 규정에 의하여 제조소등의 위치 · 구조 또는 설비의 변경허가를 받고자 하는 자는 규정에 의한 서식 또는 신청서(전자문서로 된 신청서를 포함한다)에 서류(전자문서를 포함한다)를 첨부하여 설치허가를 한 시 · 도지사 또는 소방서장에게 제출하여야 한다.

연습문제-제조소 등의 변경허가

01. **위험물안전관리법에서 규정하고 있는 내용으로 틀린 것은?**

① 민사집행법에 의한 경매, 국세징수법 또는 지방세법에 의한 압류재산의 매각절차에 따라 제조소등의 시설의 전부를 인수한 자는 그 설치자의 지위를 승계한다.

② 금치산자 또는 한정치산자, 탱크시험자의 등록이 취소된 날로부터 2년이 지나지 아니한 자는 탱크시험자로 등록하거나 탱크시험자의 업무에 종사할 수 없다.

③ 농예용 · 축산용으로 필요한 난방시설 또는 건조시설을 위한 지정수량 20배 이하의 취급소는 신고를 하지 아니하고 위험물의 품명 · 수량을 변경할 수 있다.

④ 법정의 완공검사를 받지 아니하고 제조소등을 사용한 때 시 · 도지사는 허가를 취소하거나 6월 이내의 기간을 정하여 사용정지를 명할 수 있다.

해설 농예용 · 축산용 또는 수산용으로 필요한 난방시설 또는 건조시설을 위한 지정수량 20배 이하의 저장소는 신고를 하지 아니하고 위험물의 품명 · 수량을 변경할 수 있다.

정답 01_③

2. 완공검사

완공검사 : 제조소 또는 일반취급소의 설치 또는 변경 시 최종 완공상태에서 위험물안전관리법에 준하여 적합하게 설치되었는지의 여부를 확인하는 검사

① 다음에 해당하는 완공검사의 업무는 한국소방산업기술원에 위탁한다.

가. 지정수량의 3천배 이상의 위험물을 취급하는 제조소 또는 일반취급소의 설치 또는 변경(사용 중인 제조소 또는 일반취급소의 보수 또는 부분적인 증설은 제외한다)에 따른 완공검사

나. 옥외탱크저장소(저장용량이 50만 리터 이상인 것만 해당한다) 또는 암반탱크저장소의 설치 또는 변경에 따른 완공검사

② 지정수량 3천배 미만의 위험물을 취급하는 제조소 또는 일반취급소의 설치 또는 변경 시는 관할소방서에서 실시한다.

③ 제조소등에 대한 완공검사를 받고자 하는 자는 규정에 의한 신청서에 서류를 첨부하여 시 · 도지사, 소방서장 또는 한국소방산업기술원에게 제출하여야 한다.

3. 기술검토

기술검토 : 위험물을 취급하는 제조소 또는 일반취급소에 대하여 건축물 · 공작물, 소화 · 경보설비 등에 관해 법령에서 요구하는 구조 · 설비의 기준에 적합하게 설계하였는지 심사하는 과정

① 다음에 해당하는 기술검토의 업무는 한국소방산업기술원에 위탁한다.

가. 지정수량의 3천배 이상의 위험물을 취급하는 제조소 또는 일반취급소 : 구조 · 설비에 관한 사항

나. 옥외탱크저장소(저장용량이 50만 리터 이상인 것만 해당한다) 또는 암반탱크저장소 : 위험물탱크의 기초 · 지반, 탱크본체 및 소화설비에 관한 사항

연습문제-완공검사 및 기술검토

01. 위험물안전관리법상 설치허가 및 완공검사절차에 관한 설명으로 틀린 것은?

① 지정수량의 3천배 이상의 위험물을 취급하는 제조소는 한국소방산업기술원으로부터 당해 제조소의 구조 · 설비에 관한 기술검토를 받아야 한다.

② 50만 리터 이상인 옥외탱크저장소는 한국소방산업기술원으로부터 당해 탱크의 기초 · 지반 및 탱크본체에 관한 기술검토를 받아야 한다.

③ 지정수량의 1천배 이상의 제4류 위험물을 취급하는 일반취급소의 완공검사는 한국소방산업기술원이 실시한다.

④ 50만 리터 이상인 옥외탱크저장소의 완공검사는 한국소방산업기술원이 실시한다.

해설 ③ 지정수량의 3천배 이상의 위험물을 취급하는 제조소 또는 일반취급소의 설치 또는 변경에 따른 완공검사는 한국소방산업기술원이 실시한다.

02. 제조소등의 완공검사신청서는 어디에 제출해야 하는가?

① 소방방재청장
② 소방방재청장 또는 시 · 도지사
③ 소방방재청장, 소방서장 또는 한국소방산업기술원
④ 시 · 도지사, 소방서장 또는 한국소방산업기술원

해설 제조소등에 대한 완공검사를 받고자 하는 자는 신청서에 서류를 첨부하여 시 · 도지사 또는 소방서장 또는 한국소방기술원에게 제출하여야 한다.

정답 01_③ 02_④

4. 탱크안전성능검사

① 위험물을 저장 또는 취급하는 탱크가 있는 제조소등의 설치 또는 그 위치 · 구조 또는 설비의 변경에 관하여 설비의 변경공사를 하는 때에는 완공검사를 받기 전에 기술기준에 적합한지의 여부를 확인하기 위하여 시 · 도지사가 실시하는 탱크안전성능검사를 받아야 한다.
② 탱크안전성능검사의 종류는 다음과 같다.
- 기초 · 지반검사 : 옥외탱크저장소의 액체위험물탱크 중 그 용량이 100만 리터 이상인 탱크
- 충수(充水) · 수압검사 : 액체위험물을 저장 또는 취급하는 탱크
- 용접부 검사 : 옥외탱크저장소의 액체위험물탱크 중 그 용량이 100만 리터 이상인 탱크
- 암반탱크검사 : 액체위험물을 저장 또는 취급하는 암반 내의 공간을 이용한 탱크

연습문제-탱크안전성능검사

01. 한국소방산업기술원이 시 · 도지사로부터 위탁받아 수행하는 탱크안전성능검사 업무와 관계없는 액체위험물탱크는?

① 암반탱크
② 지하탱크저장소의 이중벽탱크
③ 100만리터 용량의 지하저장탱크
④ 옥외에 있는 50만리터 용량의 취급탱크

해설 옥외탱크저장소의 액체위험물탱크 중 그 용량이 100만리터 이상인 탱크에 해당한다.

정답 01_④

5. 제조소등의 지위승계

① 제조소등의 설치자의 지위를 승계한 자는 행정안전부령이 정하는 바에 따라 승계한 날부터 30일 이내에 시 · 도지사에게 그 사실을 신고하여야 한다.

② 지위승계를 신고하고자 하는 자는 규정에 의한 신고서(전자문서로 된 신고서를 포함한다)에 제조소등의 완공검사필증과 지위승계를 증명하는 서류(전자문서를 포함한다)를 첨부하여 시 · 도지사 또는 소방서장에게 제출하여야 한다.

③ 제조소등의 설치자가 사망하거나 그 제조소등을 양도 · 인도한 때 또는 법인인 제조소등의 설치자의 합병이 있는 때에는 그 상속인, 제조소등을 양수 · 인수한 자 또는 합병 후 존속하는 법인이나 합병에 의하여 설립되는 법인은 그 설치자의 지위를 승계한다.

④ 민사집행법에 의한 경매, 「채무자 회생 및 파산에 관한 법률」에 의한 환가, 국세징수법 · 관세법 또는 「지방세징수법」에 따른 압류재산의 매각과 그 밖에 이에 준하는 절차에 따라 제조소등의 시설의 전부를 인수한 자는 그 설치자의 지위를 승계한다.

연습문제-제조소등의 지위승계

01. 위험물제조소등의 지위승계에 관한 설명으로 옳은 것은?

① 양도는 승계사유이지만 상속이나 법인의 합병은 승계사유에 해당하지 않는다.
② 지위승계의 사유가 있는 날로부터 14일 이내에 승계신고를 하여야 한다.
③ 시도지사에게 신고하여야 하는 경우와 소방서장에게 신고하여야 하는 경우가 있다.
④ 민사집행법에 의한 경매절차에 따라 제조소등을 인수한 경우에는 지위승계신고를 한 것으로 간주한다.

해설 ① 양도, 상속, 법인의 합병 등에 의하여 설치자의 지위를 승계할 수 있다.
② 제조소등의 설치자의 지위를 승계한 자는 승계한 날부터 30일 이내에 시 · 도지사에게 그 사실을 신고하여야 한다.
④ 민사집행법에 의한 경매절차에 따라 제조소등을 인수한 경우에는 설치자의 지위를 승계한 것으로 본다.

정답 01_③

6. 제조소등의 용도폐지

① 제조소등의 관계인은 당해 제조소등의 용도를 폐지한 때에는 행정안전부령이 정하는 바에 따라 제조소등의 용도를 폐지한 날부터 14일 이내에 시 · 도지사에게 신고하여야 한다.

② 제조소등의 용도폐지신고를 하고자 하는 자는 규정에 의한 신고서(전자문서로 된 신고서를 포함한다)에 제조소등의 완공검사필증을 첨부하여 시 · 도지사 또는 소방서장에게 제출하여야 한다.

7. 제조소등의 사용정지

시 · 도지사는 제조소등의 관계인이 다음 중 어느 하나에 해당하는 때에는 행정안전부령이 정하는 바에 따라 허가를 취소하거나 6월 이내의 기간을 정하여 제조소등의 전부 또는 일부의 사용정지를 명할 수 있다.

1. 변경허가를 받지 아니하고 제조소등의 위치 · 구조 또는 설비를 변경한 때
2. 완공검사를 받지 아니하고 제조소등을 사용한 때
3. 수리 · 개조 또는 이전의 명령을 위반한 때
4. 위험물안전관리자를 선임하지 아니한 때
5. 안전관리자의 대리자를 지정하지 아니한 때
6. 정기점검을 하지 아니한 때
7. 정기검사를 받지 아니한 때
8. 저장 · 취급기준 준수명령을 위반한 때

8. 긴급사용정지

시 · 도지사, 소방본부장 또는 소방서장은 공공의 안전을 유지하거나 재해의 발생을 방지하기 위하여 긴급한 필요가 있다고 인정하는 때(위법사유가 없는 경우에도 가능)에는 제조소등의 관계인에 대하여 당해 제조소등의 사용을 일시정지하거나 그 사용을 제한할 것을 명할 수 있다.

연습문제-긴급사용정지

01. 위험물안전관리법상 제조소등의 허가, 취소 또는 사용정지의 사유에 해당하지 않는 것은?

① 안전교육 대상자가 교육을 받지 아니한 때
② 완공검사를 받지 않고, 제조소등을 사용한 때
③ 위험물안전관리자를 선임하지 아니한 때
④ 제조소등의 정기검사를 받지 아니한 때

해설 ① 교육대상자가 교육을 받을 때까지 해당 자격을 제한할 수 있다.

02. 위험물안전관리법상 제조소등에 대한 긴급사용정지 명령에 관한 설명으로 옳은 것은?

① 시 · 도지사는 명령을 할 수 없다.
② 제조소등의 관계인 뿐 아니라 해당시설을 사용하는 자에게도 명령할 수 있다.
③ 제조소등의 관계자에게 위법사유가 없는 경우에도 명령할 수 있다.
④ 제조소등의 위험물취급설비의 중대한 결함이 발견되거나 사고우려가 인정되는 경우에만 명령할 수 있다.

해설 시 · 도지사, 소방본부장 또는 소방서장은 공공의 안전을 유지하거나 재해의 발생을 방지하기 위하여 긴급한 필요가 있다고 인정하는 때에는 제조소등의 관계인에 대하여 당해 제조소등의 사용을 일시정지하거나 그 사용을 제한할 것을 명할 수 있다.

정답 01_① 02_③

9. 제조소등의 예방규정

① 예방규정을 정하여야 하는 제조소등은 다음과 같다.

(ㄱ) 지정수량의 10배 이상의 위험물을 취급하는 제조소

(ㄴ) 지정수량의 100배 이상의 위험물을 저장하는 옥외저장소

(ㄷ) 지정수량의 150배 이상의 위험물을 저장하는 옥내저장소

(ㄹ) 지정수량의 200배 이상의 위험물을 저장하는 옥외탱크저장소

(ㅁ) 암반탱크저장소

(ㅂ) 이송취급소

(ㅅ) 지정수량의 10배 이상의 위험물을 취급하는 일반취급소. 다만, 제4류 위험물(특수인화물을 제외한다)만을 지정수량의 50배 이하로 취급하는 일반취급소(제1석유류 · 알코올류의 취급량이 지정수량의 10배 이하인 경우에 한한다)로서 다음 각목의 어느 하나에 해당하는 것을 제외한다.

(a) 보일러 · 버너 또는 이와 비슷한 것으로서 위험물을 소비하는 장치로 이루어진 일반취급소

(b) 위험물을 용기에 옮겨 담거나 차량에 고정된 탱크에 주입하는 일반취급소

② 예방규정은「산업안전보건법」제20조의 규정에 의한 안전보건관리규정과 통합하여 작성할 수 있다.

(ㄱ) 위험물시설의 운전 또는 조작에 관한 사항, 위험물 취급 작업의 기준에 관한 사항 등은 예방규정에 포함되어야 한다.

(ㄱ) 점검횟수는 연 1회 이상이다. (단, 100만 리터 이상의 옥외탱크저장소는 제외한다.)

연습문제-제조소 등의 예방규정

01. 제조소등의 관계인이 예방규정을 정하여야 하는 제조소등이 아닌 것은?

① 지정수량 100배의 위험물을 저장하는 옥외탱크저장소

② 지정수량 150배의 위험물을 저장하는 옥내저장소

③ 지정수량 10배의 위험물을 취급하는 제조소

④ 지정수량 5배의 위험물을 취급하는 이송취급소

해설 ① 지정수량의 200배 이상의 위험물을 저장하는 옥외탱크저장소

02. 위험물안전관리법령상 예방규정을 정하여야 하는 제조소등의 관계인은 위험물제조소등에 대하여 기술기준에 적합한지의 여부를 정기적으로 점검을 하여야 한다. 법적최소 점검주기에 해당하는 것은? (단, 100만 리터 이상의 옥외탱크저장소는 제외한다.)

① 주 1회 이상 ② 월 1회 이상 ③ 6개월 1회 이상 ④ 연 1회 이상

해설 예방규정의 대상의 점검은 연 1회 이상으로 한다.

정답 01_① 02_④

10. 제조소등의 정기점검

① 정기점검을 정하여야 하는 제조소등은 다음과 같다.

예방규정 작성대상인 제조소등 + 지하탱크저장소, 이동탱크저장소, 위험물을 취급하는 탱크로서 지하에 매설된 탱크가 있는 제조소 · 주유취급소 또는 일반취급소

② 점검횟수는 연 1회 이상이다. (단, 100만 리터 이상의 옥외탱크저장소는 제외한다.)

✔ 한 눈에 정리하기

<table>
<tr><th></th><th>예방규정</th><th>정기점검</th></tr>
<tr><td rowspan="2">대상</td><td colspan="2">1. 지정수량의 10배 이상의 위험물을 취급하는 제조소
2. 지정수량의 100배 이상의 위험물을 저장하는 옥외저장소
3. 지정수량의 150배 이상의 위험물을 저장하는 옥내저장소
4. 지정수량의 200배 이상의 위험물을 저장하는 옥외탱크저장소
5. 암반탱크저장소
6. 이송취급소
7. 지정수량의 10배 이상의 위험물을 취급하는 일반취급소</td></tr>
<tr><td></td><td>8. 지하탱크저장소
9. 이동탱크저장소
10. 위험물을 취급하는 탱크로서 지하에 매설된 탱크가 있는 제조소 · 주유취급소 또는 일반취급소</td></tr>
<tr><td>점검횟수</td><td colspan="2">연 1회 이상 (단, 100만 리터 이상의 옥외탱크저장소는 제외)</td></tr>
</table>

연습문제-제조소등의 정기점검

01. **위험물안전관리법령상 정기점검 대상인 제조소 등의 조건이 아닌 것은?**

① 예방규정 작성대상인 제조소 등

② 지하탱크저장소

③ 이동탱크저장소

④ 지정수량 5배의 위험물을 취급하는 옥외탱크를 둔 제조소

해설 옥외탱크저장소에서 지정수량의 200배 이상의 위험물을 저장하는 경우 정기점검의 대상에 해당한다.

02. **위험물안전관리법령에 따라 제조소등의 관계인이 예방규정을 정하여야 하는 제조소등에 해당하지 않는 것은?**

① 지정수량의 200배 이상의 위험물을 저장하는 옥외 탱크 저장소
② 지정수량의 10배 이상의 위험물을 취급하는 제조소
③ 암반탱크저장소
④ 지하탱크저장소

해설 지하탱크저장소는 예방규정의 대상은 아니며, 정기점검의 대상에 해당한다.

정답 01_④ 02_④

11. 정기검사

① 정기검사의 대상은 액체위험물을 저장 또는 취급하는 50만리터 이상의 옥외탱크저장소이다.

12. 저장 및 취급의 제한

① 지정수량 이상의 위험물을 저장소가 아닌 장소에서 저장하거나 제조소등이 아닌 장소에서 취급하여서는 안 된다.
② 다음 중 어느 하나에 해당하는 경우에는 제조소등이 아닌 장소에서 지정수량 이상의 위험물을 취급할 수 있다. 이 경우 임시로 저장 또는 취급하는 장소에서의 저장 또는 취급의 기준과 임시로 저장 또는 취급하는 장소의 위치 · 구조 및 설비의 기준은 시 · 도의 조례로 정한다.
③ 시 · 도의 조례가 정하는 바에 따라 관할소방서장의 승인을 받아 지정수량 이상의 위험물을 90일 이내의 기간 동안 임시로 저장 또는 취급하는 경우
④ 군부대가 지정수량 이상의 위험물을 군사 목적으로 임시로 저장 또는 취급하는 경우

연습문제-저장 및 취급의 제한

01. **위험물안전관리법령에서 규정하고 있는 사항으로 틀린 것은?**

① 법정의 안전교육을 받아야 하는 사람은 안전관리자로 선임된 자, 탱크시험자의 기술인력으로 종사하는 자, 위험물운송자로 종사하는 자이다.
② 지정수량의 150배 이상의 위험물을 저장하는 옥내저장소는 관계인이 예방규정을 정하여야 하는 제조소등에 해당한다.
③ 정기검사의 대상이 되는 것은 액체위험물을 저장 또는 취급하는 100만 리터 이상의 옥외탱크저장소, 암반탱크저장소, 이송취급소이다.
④ 법정의 안전관리자교육이수자와 소방공무원으로 근무한 경력이 3년 이상인 자는 제4류 위험물에 대한 위험물 취급 자격자가 될 수 있다.

해설 정기검사의 대상은 액체위험물을 저장 또는 취급하는 50만리터 이상의 옥외탱크저장소이다.

02. **시 · 도의 조례가 정하는 바에 따라 관할소방서장의 승인을 받아 지정수량 이상의 위험물을 제조소등이 아닌 장소에서 임시로 저장 또는 취급하는 기간은 최대 며칠 이내인가?**

① 30 ② 60 ③ 90 ④ 120

해설 위험물 임시 저장기간 : 90일 이내

정답 01_③ 02_③

13. 위험물안전관리자

① 제조소등의 관계인은 위험물의 안전관리에 관한 직무를 수행하게 하기 위하여 제조소등마다 대통령령이 정하는 위험물의 취급에 관한 자격이 있는 자를 위험물안전관리자로 선임하여야 한다.

구분	취급할 수 있는 위험물
위험물기능장, 위험물산업기사, 위험물기능사의 자격을 취득한 사람	모든 위험물
안전관리자교육이수자	제4류 위험물
소방공무원 경력자(소방공무원으로 근무한 경력이 3년 이상인 자)	제4류 위험물

② 제조소등의 관계인은 안전관리자를 선임한 경우에는 선임한 날부터 14일 이내에 행정안전부령으로 정하는 바에 따라 소방본부장 또는 소방서장에게 신고하여야 한다.

③ 안전관리자를 선임한 제조소등의 관계인은 그 안전관리자를 해임하거나 안전관리자가 퇴직한 때에는 해임하거나 퇴직한 날부터 30일 이내에 다시 안전관리자를 선임하여야 한다.

④ 안전관리자를 선임한 제조소등의 관계인은 안전관리자가 여행 · 질병 그 밖의 사유로 인하여 일시적으로 직무를 수행할 수 없거나 안전관리자의 해임 또는 퇴직과 동시에 다른 안전관리자를 선임하지 못하는 경우에는 국가기술자격법에 따른 위험물의 취급에 관한 자격취득자 또는 위험물안전에 관한 기본지식과 경험이 있는 자로서 행정안전부령이 정하는 자를 대리자(代理者)로 지정하여 그 직무를 대행하게 하여야 한다. 이 경우 대리자가 안전관리자의 직무를 대행하는 기간은 30일을 초과할 수 없다.

⑤ 위험물안전관리자의 선임시기는 위험물제조소 등에서 위험물을 저장 또는 취급하기 전으로 한다.

⑥ 위험물안전관리자의 책무는 다음과 같다.

- 화재 등의 재난이 발생한 경우 소방관서 등에 대한 연락업무
- 화재 등의 재해의 방지와 응급조치에 관하여 인접하는 제조소등과 그 밖의 관련되는 시설의 관계자와 협조체제의 유지
- 위험물 취급에 관한 일지의 작성 · 기록
- 그 밖에 위험물을 수납한 용기를 차량에 적재하는 작업, 위험물설비를 보수하는 작업 등 위험물의 취급과 관련된 작업의 안전에 관하여 필요한 감독의 수행

연습문제-위험물안전관리자

01. **위험물안전관리자의 선임 등에 대한 설명으로 옳은 것은?**

① 안전관리자는 국가기술자격 취득자 중에서만 선임하여야 한다.
② 안전관리자를 해임한 때에는 14일 이내에 다시 선임하여야 한다.
③ 제조소등의 관계인은 안전관리자가 일시적으로 직무를 수행할 수 없는 경우에는 14일 이내의 범위에서 안전관리자의 대리자를 지정하여 직무를 대행하게 하여야 한다.
④ 안전관리자를 선임 또는 해임한 때는 14일 이내에 신고하여야 한다.

해설 ① 안전관리자는 국가기술자격 취득자(위험물기능장/위험물산업기사/위험물기능사)와 안전관리자 교육이수자, 소방공무원경력자 중에서 선임할 수 있다.
② 안전관리자를 해임한 때에는 30일 이내에 다시 선임하여야 한다.
③ 제조소등의 관계인은 안전관리자가 일시적으로 직무를 수행할 수 없는 경우에는 30일 이내의 범위에서 안전관리자의 대리자를 지정하여 직무를 대행하게 하여야 한다.

02. **위험물제조소등의 화재예방 등 위험물 안전관리에 관한 직무를 수행하는 위험물안전관리자의 선임시기는?**

① 위험물제조소 등의 완공검사를 받은 후 즉시
② 위험물제조소 등의 허가 신청 전
③ 위험물제조소 등의 설치를 마치고 완공검사를 신청하기 전
④ 위험물제조소 등에서 위험물을 저장 또는 취급하기 전

정답 01_④ 02_④

14. 벌칙 및 과태료

1. 제조소등에서 위험물을 유출·방출 또는 확산시켜 사람의 생명·신체 또는 재산에 대하여 위험을 발생시킨 자는 1년 이상 10년 이하의 징역에 처한다.
2. 제조소등에서 위험물을 유출·방출 또는 확산시켜 사람의 생명·신체 또는 재산에 대하여 위험을 발생시킨 경우, 사람을 상해(傷害)에 이르게 한 때에는 무기 또는 3년 이상의 징역에 처하며, 사망에 이르게 한 때에는 무기 또는 5년 이상의 징역에 처한다.
3. 업무상 과실로 제조소등에서 위험물을 유출·방출 또는 확산시켜 사람의 생명·신체 또는 재산에 대하여 위험을 발생시킨 자는 7년 이하의 금고 또는 7천만 원 이하의 벌금에 처하며, 사람을 사상(死傷)에 이르게 한 자는 10년 이하의 징역 또는 금고나 1억 원 이하의 벌금에 처한다.
4. 제조소등의 설치허가를 받지 아니하고 제조소등을 설치한 자는 5년 이하의 징역 또는 1억원 이하의 벌금에 처한다.
5. 관계공무원의 출입·검사 또는 수거를 거부·방해 또는 기피한 자, 제조소등에 대한 긴급 사용정지·제한 명령을 위반한 자, 탱크시험자로 등록하지 아니하고 탱크시험자의 업무를 한 자, 정기검사를 받지 아니한

관계인으로서 위험물 시설의 설치 및 변경으로 허가를 받은 자, 자체소방대를 두지 아니한 관계인으로서 위험물 시설의 설치 및 변경으로 허가를 받은 자, 운반용기에 대한 검사를 받지 아니하고 운반용기를 사용하거나 유통시킨 자 등에 있어서는 1년 이하의 징역 또는 1천만 원 이하의 벌금에 처한다.

연습문제-벌칙 및 과태료

01. 제조소등에서 위험물을 유출 · 방출 또는 확산시켜 사람을 사망에 이르게 한 경우의 벌칙에 관한 기준에 해당하는 것은?

① 3년 이상 10년 이하의 징역　　② 무기 또는 10년 이하의 징역
③ 무기 또는 3년 이상의 징역　　④ 무기 또는 5년 이상의 징역

해설 위험물을 유출 · 방출 또는 확산시켜 사람을 상해(傷害)에 이르게 한 때에는 무기 또는 3년 이상의 징역에 처하며, 사망에 이르게 한 때에는 무기 또는 5년 이상의 징역에 처한다.

정답 01_④

챕터별 문제-위험물안전관리법상 행정사항

01. 위험물 관련 신고 및 선임에 관한 사항으로 옳지 않은 것은?

① 제조소의 위치 · 구조 변경 없이 위험물의 품명 변경 시는 변경하고자 하는 날의 14일 이전까지 신고하여야 한다.
② 제조소 설치자의 지위를 승계한 자는 승계한 날로부터 30일 이내에 신고하여야 한다.
③ 위험물안전관리자가 퇴직한 경우는 퇴직일로부터 14일 이내에 신고하여야 한다.
④ 위험물안전관리자가 퇴직한 경우는 퇴직일로부터 30일 이내에 선임하여야 한다.

해설 제조소등의 위치 · 구조 또는 설비의 변경 없이 당해 제조소 등에서 저장하거나 취급하는 위험물의 품명 · 수량 또는 지정수량의 배수를 변경하고자 하는 자는 변경하고자 하는 날의 1일 전까지 행정안전부령이 정하는 바에 따라 시 · 도지사에게 신고하여야 한다.

02. 제조소등의 위치 · 구조 또는 설비의 변경 없이 해당 제조소등에서 저장하거나 취급하는 위험물의 품명 · 수량 또는 지정수량의 배수를 변경하고자 하는 자는 변경하고자 하는 날의 며칠 전까지 총리령이 정하는 바에 따라 시 · 도지사에게 신고하여야 하는가?

① 1일　② 14일　③ 21일　④ 30일

해설 제조소등의 위치 · 구조 또는 설비의 변경 없이 당해 제조소등에서 저장하거나 취급하는 위험물의 품명 · 수량 또는 지정수량의 배수를 변경하고자 하는 자는 변경하고자 하는 날의 1일 전까지 시 · 도지사에게 신고하여야 한다.

03. 위험물제조소등의 허가에 관계된 설명으로 옳은 것은?

① 제조소등을 변경하고자 하는 경우에는 언제나 허가를 받아야 한다.

② 위험물의 품명을 변경하고자 하는 경우에는 언제나 허가를 받아야 한다.

③ 농예용으로 필요한 난방시설을 위한 지정수량 20배 이하의 저장소는 허가대상이 아니다.

④ 저장하는 위험물의 변경으로 지정수량의 배수가 달라지는 경우는 언제나 허가대상이 아니다.

해설 주택의 난방시설(공동주택 중앙난방시설 제외)을 위한 저장소 또는 취급소와 농예용 · 축산용 또는 수산용으로 필요한 난방시설 또는 건조시설을 위한 지정수량 20배 이하의 저장소는 허가를 받지 않고 제조소등을 설치하거나 위치 · 구조 또는 설비를 변경할 수 있으며, 신고를 하지 않고 품명 · 수량 또는 지정수량의 배수를 변경할 수 있다.

04. 위험물안전관리법령에 따라 제조소등의 관계인이 화재예방과 재해발생 시 비상조치를 위하여 작성하는 예방규정에 관한 설명으로 틀린 것은?

① 제조소의 관계인은 해당 제조소에서 지정수량의 5배의 위험물을 취급하는 경우 예방규정을 작성하여 제출하여야 한다.

② 지정수량의 200배의 위험물을 저장하는 옥외탱크저장소의 관계인은 예방규정을 작성하여 제출하여야 한다.

③ 위험물시설의 운전 또는 조작에 관한 사항, 위험물 취급 작업의 기준에 관한 사항은 예방규정에 포함되어야 한다.

④ 제조소등의 예방규정은 산업안전보건법의 규정에 의한 안전보건관리규정과 통합하여 작성할 수 있다.

해설 제조소의 관계인은 해당 제조소에서 지정수량의 10배의 위험물을 취급하는 경우 예방규정을 작성하여 제출하여야 한다.

05. 정기점검 대상 제조소 등에 해당하지 않는 것은?

① 이동탱크저장소　　② 지정수량 120배의 위험물을 저장하는 옥외저장소

③ 이송취급소　　④ 지정수량 120배의 위험물을 저장하는 옥내저장소

해설 정기점검 대상의 제조소 등은 다음과 같다.

1. 지정수량의 10배 이상의 위험물을 취급하는 제조소
2. 지정수량의 100배 이상의 위험물을 저장하는 옥외저장소
3. 지정수량의 150배 이상의 위험물을 저장하는 옥내저장소
4. 지정수량의 200배 이상의 위험물을 저장하는 옥외탱크저장소
5. 암반탱크저장소
6. 이송취급소
7. 지정수량의 10배 이상의 위험물을 취급하는 일반취급소
8. 지하탱크저장소
9. 이동탱크저장소
10. 위험물을 취급하는 탱크로서 지하에 매설된 탱크가 있는 제조소 · 주유취급소 또는 일반취급소

06. 위험물안전관리법령상 정기점검 대상인 제조소등의 조건이 아닌 것은?

① 예방규정 작성대상인 제조소등
② 지하탱크저장소
③ 이동탱크저장소
④ 지정수량 5배의 위험물을 취급하는 옥외탱크를 둔 제조소

해설 옥외탱크저장소일 경우 지정수량의 200배 이상에 해당한다.

07. 제조소등의 관계인이 예방규정을 정하여야 하는 제조소등이 아닌 것은?

① 지정수량 100배의 위험물을 저장하는 옥외탱크저장소
② 지정수량 150배의 위험물을 저장하는 옥내저장소
③ 지정수량 10배의 위험물을 취급하는 제조소
④ 지정수량 5배의 위험물을 취급하는 이송취급소

08. 위험물안전관리법령상 제조소등의 정기점검 대상에 해당하지 않는 것은?

① 지정수량 15배의 제조소
② 지정수량 40배의 옥내탱크저장소
③ 지정수량 50배의 이동탱크저장소
④ 지정수량 20배의 지하탱크저장소

해설 옥내탱크저장소는 정기점검 대상에 해당하지 않는다.

09. 위험물안전관리법령상 예방규정을 정하여야 하는 제조소등에 해당하지 않는 것은?

① 지정수량 10배 이상의 위험물을 취급하는 제조소
② 이송취급소
③ 암반탱크저장소
④ 지정수량의 200배 이상의 위험물을 저장하는 옥내탱크저장소

10. 제조소등의 관계인은 위험물제조소등에 대해 기술기준에 적합한지의 여부를 판단하는 최소 정기점검주기는?(단, 100만L 이상의 옥외탱크저장소는 제외한다.)

① 주 1회 이상　② 월 1회 이상　③ 6개월에 1회 이상　④ 연 1회 이상

해설 제조소등의 관계인은 위험물제조소등에 대해 연 1회 이상 정기점검을 실시하여야 한다.

11. 위험물안전관리자를 해임한 후 며칠 이내에 후임자를 선임하여야 하는가?

① 14일　② 15일　③ 20일　④ 30일

해설 위험물안전관리자를 해임한 때에는 30일 이내에 다시 선임하여야 한다.

12. 위험물안전관리자의 책무에 해당되지 않는 것은?

① 화재 등의 재난이 발생한 경우 소방관서 등에 대한 연락업무
② 화재 등의 재난이 발생한 경우 응급조치
③ 위험물 취급에 관한 일지의 작성 · 기록
④ 위험물안전관리자의 선임 · 신고

해설 위험물안전관리자의 선임 · 신고는 제조소등의 관계인의 책무이며, 위험물안전관리자를 선임한 날부터 14일 이내에 소방본부장 또는 소방서장에게 신고하여야 한다.

13. 제조소등의 허가청이 제조소등의 관계인에게 제조소등의 사용정지처분 또는 허가취소처분을 할 수 있는 사유가 아닌 것은?

① 소방서장으로부터 변경허가를 받지 아니하고 제조소등의 위치구조 또는 설비를 변경한 때
② 소방서장의 수리 개조 또는 이전의 명령을 위반한 때
③ 정기점검을 하지 아니한 때
④ 소방서장의 출입검사를 정당한 사유 없이 거부한 때

해설 ④ 1년 이하의 징역 또는 1천만 원 이하의 벌금에 처한다.

14. 제조소등에서 위험물을 유출 · 방출 또는 확산시켜 사람을 사망에 이르게 한 경우의 벌칙에 관한 기준에 해당하는 것은?

① 3년 이상 10년 이하의 징역 ② 무기 또는 10년 이하의 징역
③ 무기 또는 3년 이상의 징역 ④ 무기 또는 5년 이상의 징역

해설 위험물을 유출 · 방출 또는 확산시켜 사람을 상해(傷害)에 이르게 한 때에는 무기 또는 3년 이상의 징역에 처하며, 사망에 이르게 한 때에는 무기 또는 5년 이상의 징역에 처한다.

15. 시 · 도의 조례가 정하는 바에 따라 관할소방서장의 승인을 받아 지정수량 이상의 위험물을 제조소등이 아닌 장소에서 임시로 저장 또는 취급하는 기간은 최대 며칠 이내인가?

① 30 ② 60 ③ 90 ④ 120

해설 위험물 임시 저장기간 : 90일 이내

정답									
01_①	02_①	03_③	04_①	05_④	06_④	07_①	08_②	09_④	10_④
11_④	12_④	13_④	14_④	15_③					

제2편

02

2016~2019 위험물기능사 필기 기출문제

2016년 제1회/제2회/제4회/제5회

2017년 제1회/제2회/제3회/제4회

2018년 제1회/제2회/제3회/제4회

2019년 제1회/제2회/제3회/제4회

2016년 1회 위험물기능사 필기 기출

01. **위험물제조소의 경우 연면적이 최소 몇 ㎡이면 자동화재탐지설비를 설치해야 하는가? (단, 원칙적인 경우에 한한다.)**

① 100 ② 300 ③ 500 ④ 1000

해설 제조소 및 일반취급소에서 자동화재탐지설비를 설치하는 경우

- 연면적 500㎡ 이상인 것
- 옥내에서 지정수량의 100배 이상을 취급하는 것(고인화점 위험물만을 100℃ 미만의 온도에서 취급하는 것을 제외한다)
- 일반취급소로 사용되는 부분 외의 부분이 있는건축물에 설치된 일반취급소(일반취급소와 일반취급소 외의 부분이 내화구조의 바닥 또는 벽으로 개구부 없이 구획된 것을 제외한다)

02. **메틸알코올 8000리터에 대한 소화능력으로 삽을 포함한 마른모래를 몇 리터 설치하여야 하는가?**

① 100 ② 200 ③ 300 ④ 400

해설 위험물의 소요단위는 지정수량의 10배를 1소요단위로 한다.

- 알코올류 지정수량 : 400L
- 1단위가 4,000L이므로 8,000L에 대한 소요단위는 2단위이다.
- 마른모래 0.5단위가 50L이므로 2단위는 200L이다.

03. **지정수량의 몇 배 이상의 위험물을 취급하는 제조소에는 화재발생 시 이를 알릴 수 있는 경보 설비를 설치하여야 하는가?**

① 5 ② 10 ③ 20 ④ 100

해설 지정수량 10배 이상의 위험물을 저장, 취급하는 제조소등에서 경보설비를 설치해야 한다. (단, 이동탱크저장소는 제외한다.)

04. **피크린산의 위험성과 소화방법에 대한 설명으로 틀린 것은?**

① 금속과 화합하여 예민한 금속염이 만들어질 수 있다.
② 운반 시 건조한 것보다는 물에 젖게 하는 것이 안전하다.
③ 알코올과 혼합된 것은 충격에 의한 폭발 위험이 있다.
④ 화재 시에는 질식소화가 효과적이다.

해설 화재 시에는 냉각소화가 효과적이다.

05. 단층건물에 설치하는 옥내탱크저장소의 탱크전용실에 비수용성의 제2석유류 위험물을 저장하는 탱크 1개를 설치할 경우, 설치할 수 있는 탱크의 최대용량은?

① 10,000L ② 20,000L ③40,000L ④ 80,000L

해설 옥내탱크저장소 탱크전용실의 탱크 용량

가. 1층 이하층의 건물에 설치 시 : 지정수량 40배(제4석유류 또는 동식물유류 외의 제4류 위험물로서 당해 수량이 20,000L를 초과하는 경우에는 20,000L)이하

나. 2층 이상층의 건물에 설치 시 : 지정수량 10배(제4석유류 또는 동식물유류 외의 제4류 위험물로서 당해 수량이 5,000L를 초과하는 경우에는 5,000L)이하

06. 위험물안전관리법령상 제6류 위험물에 적응성이 없는 것은?

① 스프링클러설비 ② 포소화설비 ③ 불활성가스소화설비 ④ 물분무소화설비

해설 제6류 위험물은 냉각소화가 효과적이며 질식소화에는 적응성이 없다.

07. 위험물안전관리법령상 위험물옥외탱크저장소에 방화에 관하여 필요한 사항을 게시한 게시판에 기재하여야 하는 내용이 아닌 것은?

① 위험물의 지정수량의 배수 ② 위험물의 저장최대수량

③ 위험물의 품명 ④ 위험물의 성질

해설 게시판 내용 : 위험물의 유별 · 품명, 저장최대수량 또는 취급최대수량, 지정수량의 배수, 안전관리자의 성명 또는 직명

08. 주된 연소형태가 증발연소인 것은?

① 나트륨 ② 코크스 ③ 양초 ④ 니트로셀룰로오스

해설 증발연소란 황, 양초, 고급알코올 등과 같은 연료가 증발하여 생긴 증기가 연소하는 현상이다.

09. 금속화재에 마른모래를 피복하여 소화하는 방법은?

① 제거소화 ② 질식소화 ③ 냉각소화 ④ 억제소화

해설 마른모래, 팽창질석, 팽창진주암 등을 이용하여 소화하는 방법은 질식소화에 해당한다.

10. 위험물안전관리법령상 위험등급 I의 위험물에 해당하는 것은?

① 무기과산화물 ② 황화린 ③ 제1석유류 ④ 유황

해설 ② 황화린 ③ 제1석유류 ④ 유황 : 위험등급 Ⅱ

11. 위험물안전관리법령상 옥내저장소에서 기계에 의하여 하역하는 구조로 된 용기만을 겹쳐 쌓아 위험물을 저장하는 경우 그 높이는 몇 미터를 초과하지 않아야 하는가?

① 2 ② 4 ③ 6 ④ 8

해설 옥내/옥외저장소의 저장용기 높이를 쌓는 높이

- 기계에 의하여 하역하는 구조 : 6m 이하
- 제4류 위험물 중 제3석유류, 제4석유류 및 동식물유 : 4m 이하
- 그 밖의 경우 : 3m 이하

※ 옥외저장소에서 선반에 용기를 저장하는 경우 : 6m 이하

12. 연소가 잘 이루어지는 조건으로 거리가 먼 것은?

① 가연물의 발열량이 클 것 ② 가연물의 열전도율이 클 것
③ 가연물과 산소와의 접촉표면적이 클 것 ④ 가연물의 활성화 에너지가 작을 것

해설 열전도율이 작을수록, 발열량이 클수록, 표면적이 클수록, 활성화 에너지가 작을수록, 습도가 낮을수록 연소가 잘 이루어진다.

13. 위험물안전관리법령상 위험물의 운반에 관한 기준에서 적재 시 혼재가 가능한 위험물을 옳게 나타낸 것은? (단, 각각 지정수량의 10배 이상인 경우이다.)

① 제1류와 제4류 ② 제3류와 제6류 ③ 제1류와 제5류 ④ 제2류와 제4류

해설 위험물의 혼재기준

구분	제1류	제2류	제3류	제4류	제5류	제6류
제1류		×	×	×	×	○
제2류	×		×	○	○	×
제3류	×	×		○	×	×
제4류	×	○	○		○	×
제5류	×	○	×	○		×
제6류	○	×	×	×	×	

※ 이 [표]는 지정수량의 1/10 이하의 위험물에 대하여는 적용하지 아니한다.

14. 위험물제조소 표지 및 게시판에 대한 설명이다. 위험물안전관리 법령상 옳지 않은 것은?

① 표지는 한 변의 길이가 0.3m, 다른 한 변의 길이가 0.6m 이상으로 하여야 한다.
② 표지의 바탕은 백색, 문자는 흑색으로 하여야 한다.
③ 취급하는 위험물에 따라 규정에 의한 주의사항을 표시한 게시판을 설치하여야 한다.
④ 제2류 위험물(인화성고체 제외)은 "화기엄금" 주의사항 게시판을 설치하여야 한다.

해설 ④ 제2류 위험물(인화성 고체 제외)은 "화기주의" 주의사항 게시판을 설치하여야 한다.

15. 석유류가 연소할 때 발생하는 가스로 강한 자극적인 냄새가 나며 취급하는 장치를 부식시키는 것은?

① H_2 ② CH_4 ③ NH_3 ④ SO_2

해설 석유, 석탄에 들어있는 유황화물의 연소로 인하여 자극적인 냄새가 나는 부식성의 아황산가스가 발생한다.

16. 그림과 같이 횡으로 설치한 원통형 위험물탱크에 대하여 탱크의 용량을 구하면 약 몇 ㎥인가? (단, 공간용적은 탱크 내용적의 100분의 5로 한다.)

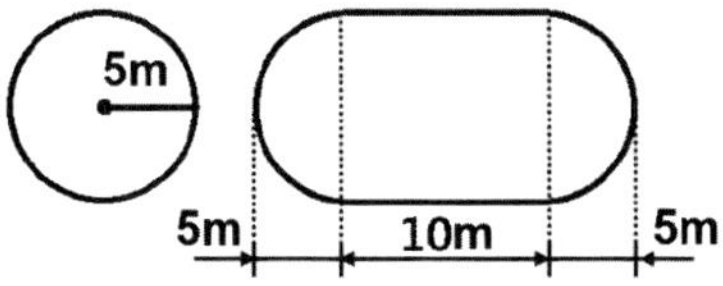

① 52.4 ② 291.6 ③ 994.8 ④ 1047.2

해설 $내용적 = \pi \times r^2 \times (l + \frac{l_1 + l_2}{3})$

용량 = 내용적 × (1−공간용적)

$\therefore 용량 = \pi \times 5^2 \times (10 + \frac{5+5}{3}) \times 0.95 = 994.84m^3$

17. 위험물을 취급함에 있어서 정전기를 유효하게 제거하기 위한 설비를 설치하고자 한다. 위험물안전관리법령상 공기 중의 상대 습도를 몇 % 이상 되게 하여야 하는가?

① 50 ② 60 ③ 70 ④ 80

해설 정전기 제거 방법

- 접지
- 공기 중의 상대습도를 70% 이상
- 공기를 이온화

18. 제3종 분말소화약제의 열분해 시 생성되는 메타인산의 화학식은?

① H_3PO_4 ② HPO_3 ③ $H_4P_2O_7$ ④ $CO(NH_2)_2$

해설 제3종 분말소화약제의 1차 열분해 시 올소인산(H_3PO_4)을 발생시키며 2차 열분해 시 메타인산(HPO_3)을 발생시킨다.

- 반응식 : $NH_4H_2PO_4 \rightarrow HPO_3 + NH_3 + H_2O$

19. 위험물안전관리법령상 제조소등의 관계인은 예방규정을 정하여 누구에게 제출하여야 하는가?

① 국민안전처장관 또는 행정자치부장관
② 국민안전처장관 또는 소방서장
③ 시 · 도지사 또는 소방서장
④ 한국소방안전협회장 또는 국민안전처장관

해설 화재예방과 화재 등의 재해발생 시 비상조치를 위하여 규정에 따라 예방규정을 정하여 해당 제조소등의 사용을 시작하기 전에 시 · 도지사에게 제출하여야 한다.

20. 다음 중 연소의 3요소를 모두 갖춘 것은?

① 휘발유 + 공기 + 수소
② 적린 + 수소 + 성냥불
③ 성냥불 + 황 + 염소산암모늄
④ 알코올 + 수소 + 염소산암모늄

해설 ③ 성냥불(점화원) + 황(가연물) + 염소산암모늄(산소공급원)

21. 위험물의 저장방법에 대한 설명으로 옳은 것은?

① 황화인은 알코올 또는 과산화물 속에 저장하여 보관한다.
② 마그네슘은 건조하면 분진폭발의 위험성이 있으므로 물에 습윤하여 저장한다.
③ 적린은 화재 예방을 위해 할로겐 원소와 혼합하여 저장한다.
④ 수소화리튬은 저장용기에 아르곤과 같은 불활성 기체를 봉입한다.

해설 제3류 위험물인 수소화리튬(LiH)은 물과 접촉 시 수소가스를 발생하므로 불활성 기체(질소 또는 아르곤 등)를 봉입한다.

22. 다음은 P_2S_5와 물의 화학반응 "$P_2S_5 + (\ )H_2O \rightarrow (\ )H_2S + (\ )H_3PO_4$"에서 ( )에 알맞은 숫자를 차례대로 나열한 것은?

① 2, 8, 5
② 2, 5, 8
③ 8, 5, 2
④ 8, 2, 5

23. 위험물안전관리법령상 제조소에서 취급하는 제4류 위험물의 최대수량의 합이 지정수량의 12만 배 미만인 사업소에 두어야 하는 화학소방자동차 및 소방대원의 수의 기준으로 옳은 것은?

① 1대 - 5인
② 2대 - 10인
③ 3대 - 15인
④ 4대 - 20인

해설 제4류 위험물을 지정수량의 3천배 이상 취급하는 제조소 또는 일반취급소에 자체소방대를 설치할 수 있으며, 화학소방차 및 자체소방대원의 수는 다음과 같다.

사업소의 구분	화학소방자동차의 수	자체소방대원의 수
지정수량의 12만배 미만	1대	5인
지정수량의 12만배 이상 24만배 미만	2대	10인
지정수량의 24만배 이상 48만배 미만	3대	15인
지정수량의 48만배 이상	4대	20인

24. 위험물안전관리법령상 위험물 운반용기의 외부에 표시하여야 하는 사항에 해당하지 않는 것은?

① 위험물에 따라 규정된 주의사항
② 위험물의 지정수량
③ 위험물의 수량
④ 위험물의 품명

해설 운반용기 외부에 표시해야 하는 사항은 다음과 같다.

- 위험물의 품명, 위험등급, 화학명 및 수용성(제4류 위험물인 경우 수용성인 것에 한함)
- 위험물의 수량
- 주의사항

25. 염소산칼륨의 성질에 대한 설명으로 옳은 것은?

① 가연성 고체이다. ② 강력한 산화제이다.
③ 물보다 가볍다. ④ 열분해하면 수소를 발생한다.

해설 ① 불연성 고체이다. ③ 물보다 무겁다. ④ 열분해하면 산소를 발생한다.

26. 저장하는 위험물의 최대수량이 지정수량의 15배일 경우, 건축물의 벽 · 기둥 내화구조로 된 위험물옥내저장소의 보유공지는 몇 m 이상이어야 하는가?

① 0.5 ② 1 ③ 2 ④ 3

해설 【옥내저장소의 보유공지】

저장 또는 취급하는 위험물의 최대수량	공지의 너비	
	벽 · 기둥 및 바닥이 내화구조로 된 건축물	그 밖의 건축물
지정수량의 5배 이하	–	0.5m 이상
지정수량의 5배 초과 10배 이하	1m 이상	1.5m 이상
지정수량의 10배 초과 20배 이하	2m 이상	3m 이상
지정수량의 20배 초과 50배 이하	3m 이상	5m 이상
지정수량의 50배 초과 200배 이하	5m 이상	10m 이상
지정수량의 200배 초과	10m 이상	15m 이상

27. 위험물안전관리법령상 운반차량에 혼재해서 적재할 수 없는 것은? (단, 각각의 지정수량은 10배인 경우이다.)

① 염소화규소화합물 – 특수인화물 ② 고형알코올 – 니트로화합물
③ 염소산염류 – 질산 ④ 질산구아니딘 – 황린

해설
① 염소화규소화합물(제3류 위험물) – 특수인화물(제4류 위험물)
② 고형알코올(제2류 위험물) – 니트로화합물(제5류 위험물)
③ 염소산염류(제1류 위험물) – 질산(제6류 위험물)
④ 질산구아니딘(제5류 위험물) – 황린(제3류 위험물)

구분	제1류	제2류	제3류	제4류	제5류	제6류
제1류		×	×	×	×	○
제2류	×		×	○	○	×
제3류	×	×		○	×	×
제4류	×	○	○		○	×
제5류	×	○	×	○		×
제6류	○	×	×	×	×	

※ 이 [표]는 지정수량의 1/10 이하의 위험물에 대하여는 적용하지 아니한다.

28. 가솔린의 연소범위(vol%)에 가장 가까운 것은?

① 1.4~7.6 ② 8.3~11.4 ③ 12.5~19.7 ④ 22.3~32.8

29. 위험물의 저장방법에 대한 설명 중 틀린 것은?

① 황린은 공기와의 접촉을 피해 물속에 저장한다.
② 황은 정전기의 축적을 방지하여 저장한다.
③ 알루미늄 분말은 건조한 공기 중에서 분진폭발의 위험이 있으므로 정기적으로 분무상의 물을 뿌려야 한다.
④ 황화인은 산화제와의 혼합을 피해 격리해야 한다.

해설 ③ 알루미늄 분말은 물과 반응하여 수소 가스가 발생하므로 위험하다.

30. 제4류 위험물의 화재예방 및 취급방법으로 옳지 않은 것은?

① 이황화탄소는 물속에 저장한다.
② 아세톤은 일광에 의해 분해될 수 있으므로 갈색병에 보관한다.
③ 초산은 내산성 용기에 저장하여야 한다.
④ 건성유는 다공성 가연물과 함께 보관한다.

해설 ④ 건성유는 자연발화의 위험이 크기 때문에 다공성 가연물과의 접촉을 피한다.

31. 위험물안전관리법령상 품명이 나머지 셋과 다른 하나는?

① 트리니트로톨루엔 ② 니트로글리세린
③ 니트로글리콜 ④ 셀룰로이드

해설 ① 트리니트로톨루엔 : 니트로화합물
② 니트로글리세린, ③ 니트로글리콜, ④ 셀룰로이드 : 질산에스테르류

32. 부틸리튬(n-Butyl lithium)에 대한 설명으로 옳은 것은?

① 무색의 가연성고체이며 자극성이 있다.
② 증기는 공기보다 가볍고 점화원에 의해 선화의 위험이 있다.
③ 화재발생 시 이산화탄소소화설비는 적응성이 없다.
④ 탄화수소나 다른 극성의 액체에 용해가 잘 되며 휘발성은 없다.

해설 ① 무색의 액체이다.
② 증기비중은 $\frac{64}{29}=2.21$로 공기보다 무겁다.
④ 물과 탄화수소에 격렬하게 반응하며 휘발성이 강하다.

33. 니트로글리세린은 여름철(30℃)과 겨울철(0℃)에 어떤 상태인가?

① 여름-기체, 겨울-액체
② 여름-액체, 겨울-액체
③ 여름-액체, 겨울-고체
④ 여름-고체, 겨울-고체

해설 니트로글리세린은 어는점이 약 13℃로 여름철에 액체, 겨울철에 고체 상태이므로 겨울철 동결의 우려가 있다.

34. 정기점검 대상 제조소등에 해당하지 않는 것은?

① 이동탱크저장소
② 지정수량 120배의 위험물을 저장하는 옥외저장소
③ 지정수량 120배의 위험물을 저장하는 옥내저장소
④ 이송취급소

해설 1. 지정수량의 10배 이상의 위험물을 취급하는 제조소
2. 지정수량의 100배 이상의 위험물을 저장하는 옥외저장소
3. 지정수량의 150배 이상의 위험물을 저장하는 옥내저장소
4. 지정수량의 200배 이상의 위험물을 저장하는 옥외탱크저장소
5. 암반탱크저장소
6. 이송취급소
7. 지정수량의 10배 이상의 위험물을 취급하는 일반취급소. 다만, 제4류 위험물(특수인화물을 제외한다)만을 지정수량의 50배 이하로 취급하는 일반취급소(제1석유류 · 알코올류의 취급량이 지정수량의 10배 이하인 경우에 한한다)로서 다음에 해당하는 것을 제외한다.
가. 보일러 · 버너 또는 이와 비슷한 것으로서 위험물을 소비하는 장치로 이루어진 일반취급소
나. 위험물을 용기에 옮겨 담거나 차량에 고정된 탱크에 주입하는 일반취급소
8. 지하탱크저장소
9. 이동탱크저장소
10. 위험물을 취급하는 탱크로서 지하에 매설된 탱크가 있는 제조소 · 주유취급소 또는 일반취급소

35. 위험물안전관리법령상 자동화재탐지설비의 설치기준으로 옳지 않은 것은?

① 경계구역은 건축물의 최소 2개 이상의 층에 걸치도록 할 것
② 하나의 경계구역의 면적은 600㎡ 이하로 할 것
③ 감지기는 지붕 또는 벽의 옥내에 면한 부분에 유효하게 화재의 발생을 감지할 수 있도록 설치할 것
④ 비상전원을 설치할 것

해설 ① 경계구역은 건축물 그 밖의 공작물의 2 이상의 층에 걸치지 아니하도록 할 것

36. 위험물에 대한 설명으로 틀린 것은?

① 과산화나트륨은 산화성이 있다.
② 과산화나트륨은 인화점이 매우 낮다.
③ 과산화바륨과 염산을 반응시키면 과산화수소가 생긴다.
④ 과산화바륨의 비중은 물보다 크다.

해설 제1류 위험물은 불연성이므로 인화점이 나타나지 않는다.

37. 위험물안전관리법령상 지정수량이 50kg인 것은?

① $KMnO_4$ ② $KClO_2$ ③ $NaIO_3$ ④ NH_4NO_3

해설 ① $KMnO_4$: 1,000kg ③ $NaIO_3$: 300kg ④ NH_4NO_3 : 300kg

38. 적린이 연소하였을 때 발생하는 물질은?

① 인화수소 ② 포스겐 ③ 오산화인 ④ 이산화황

해설 $4P + 5O_2 \rightarrow 2P_2O_5$

39. 상온에서 액체인 물질로만 조합된 것은?

① 질산메틸, 니트로글리세린 ② 피크린산, 질산메틸
③ 트리니트로톨루엔, 디니트로벤젠 ④ 니트로글리콜, 테트릴

해설 피크린산, 트리니트로톨루엔, 디니트로벤젠, 테트릴은 상온에서 고체인 물질이다.

40. 제3류 위험물 중 금수성 물질을 제외한 위험물에 적응성이 있는 소화설비가 아닌 것은?

① 분말소화설비 ② 스프링클러설비 ③ 옥내소화전설비 ④ 포소화설비

해설 제3류 위험물 중 금수성 물질을 제외한 위험물에는 주수소화가 적응성이 있으므로 분말소화설비는 적응성이 없다.

41. 니트로화합물, 니트로소화합물, 질산에스테르류, 히드록실아민을 각각 50킬로그램씩 저장하고 있을 때 지정수량의 배수가 가장 큰 것은?

① 니트로화합물 ② 니트로소화합물 ③ 질산에스테르류 ④ 히드록실아민

해설 $\text{지정수량배수} = \frac{\text{저장수량}}{\text{지정수량}}$

① 50kg/200kg=0.25배 ② 50kg/200kg=0.25배
③ 50kg/10kg=5배 ④ 50kg/100kg=0.5배

42. 위험물안전관리법령상 운송책임자의 감독 · 지원을 받아 운송하여야 하는 위험물에 해당하는 것은?

① 특수인화물 ② 알킬리튬 ③ 질산구아니딘 ④ 히드라진 유도체

해설 알킬리튬과 알킬알루미늄 또는 이 중 어느 하나 이상을 함유한 것은 운송책임자의 감독 · 지원을 받아야 한다.

43. 질산암모늄에 대한 설명으로 옳은 것은?

① 물에 녹을 때 발열반응을 한다.
② 가열하면 폭발적으로 분해하여 산소와 암모니아를 생성한다.
③ 소화방법으로 질식소화가 좋다.
④ 단독으로도 급격한 가열, 충격으로 분해 · 폭발할 수 있다.

해설 ① 물에 잘 녹으며 흡열반응을 한다.
② 가열하면 열분해하여 산소와 질소, 물을 생성한다.
$NH_4NO_3 \rightarrow 0.5O_2 + N_2 + 2H_2O$
③ 소화방법으로는 냉각소화가 좋다.

44. 다음 중 위험물안전관리법에서 정의한 "제조소"의 의미로 가장 옳은 것은?

① "제조소"라 함은 위험물을 제조할 목적으로 지정수량 이상의 위험물을 취급하기 위하여 허가를 받은 장소임
② "제조소"라 함은 지정수량 이상의 위험물을 제조할 목적으로 위험물을 취급하기 위하여 허가를 받은 장소임
③ "제조소"라 함은 지정수량 이상의 위험물을 제조할 목적으로 지정수량 이상의 위험물을 취급하기 위하여 허가를 받은 장소임
④ ""제조소"라 함은 위험물을 제조할 목적으로 위험물을 취급하기 위하여 허가를 받은 장소임

해설 참고.

• 저장소 :	지정수량 이상의 위험물을 저장하기 위한 대통령령이 정하는 장소로서 규정에 따른 허가를 받은 장소
• 취급소 :	지정수량 이상의 위험물을 제조 외의 목적으로 취급하기 위한 대통령령이 정하는 장소로서 허가를 받은 장소

45. 탄화칼슘의 성질에 대하여 옳게 설명한 것은?

① 공기 중에서 아르곤과 반응하여 불연성 기체를 발생한다.
② 공기 중에서 질소와 반응하이 유독한 기체를 낸다.
③ 물과 반응하면 탄소가 생성된다.
④ 물과 반응하여 아세틸렌가스가 생성된다.

해설 $CaC_2 + 2H_2O \rightarrow Ca(OH)_2 + C_2H_2$(아세틸렌)

46. 위험물안전관리법령상 "연소의 우려가 있는 외벽" 은 기산점이 되는 선으로부터 3m(2층 이상의 층에 대해서는 5m) 이내에 있는 제조소등의 외벽을 말하는데 이 기산점이 되는 선에 해당하지 않는 것은?

① 동일 부지내의 다른 건축물과 제조소 부지 간의 중심선
② 재조소등에 인접한 도로의 중심선
③ 제조소등이 설치된 부지의 경계선
④ 제조소등의 외벽과 동일 부지내의 다른 건축물의 외벽간의 중심선

해설 연소의 우려가 있는 외벽은 다음에서 정한 선을 기산점으로 하여 3m(2층 이상의 층은 5m) 이내에 있는 외벽을 말한다.
1) 제조소등이 설치된 부지의 경계선
2) 제조소등에 인접한 도로의 중심선
3) 제조소등의 외벽과 동일부지 내의 다른 건축물의 외벽 간의 중심선

47. 위험물안전관리법령에 명기된 위험물의 운반용기 재질에 포함되지 않는 것은?

① 고무류 ② 유리 ③ 도자기 ④ 종이

해설 운반용기의 재질에 고무류, 유리, 종이, 강판, 금속판, 알루미늄판, 플라스틱, 양철판 등이 포함된다.

48. 특수인화물 200L와 제4석유류 12000L를 저장할 때 각각의 지정수량 배수의 합은 얼마인가?

① 3 ② 4 ③ 5 ④ 6

해설 특수인화물 지정수량 : 50L 제4석유류 지정수량 : 6,000L

$$\therefore \frac{\text{저장수량}}{\text{지정수량}} = \frac{200L}{50L} + \frac{12,000L}{6,000L} = 6\text{배}$$

49. 다음 위험물 중 착화온도가 가장 높은 것은?

① 이황화탄소 ② 디에틸에테르 ③ 아세트알데히드 ④ 산화프로필렌

해설 ① 100℃ ② 180℃ ③ 185℃ ④ 465℃

50. 동 · 식물유류에 대한 설명 중 틀린 것은?

① 연소하면 열에 의해 액온이 상승하여 화재가 커질 위험이 있다.
② 요오드값이 낮을수록 자연발화의 위험이 높다.
③ 동유는 건성유이므로 자연발화의 위험이 있다.
④ 요오드값이 100~200인 것을 반건성유라고 한다.

해설 ② 요오드값이 높을수록 자연발화의 위험이 높다.

51. 위험물안전관리법령상 위험물 운반 시 방수성 덮개를 하지 않아도 되는 위험물은?

① 나트륨 ② 적린 ③ 철분 ④ 과산화칼륨

해설 〈차광성 피복〉

- 제1류 위험물
- 제3류 위험물 중 자연발화성물질
- 제4류 위험물 중 특수인화물
- 제5류 위험물
- 제6류 위험물

〈방수성 피복〉

- 제1류 위험물 중 알칼리금속과산화물
- 제2류 위험물 중 철분, 금속분, 마그네슘
- 제3류 위험물 중 금수성 물질

52. 연소할 때 연기가 거의 나지 않아 밝은 곳에서 연소상태를 잘 느끼지 못하는 물질로 독성이 매우 강해 먹으면 실명 또는 사망에 이를 수 있는 것은?

① 메틸알코올 ② 에틸알코올 ③ 등유 ④ 경유

해설 메틸알코올은 에틸알코올과는 다르게 독성이 매우 강해 먹으면 실명 또는 사망에 이를 수 있다.

53. 질산과 과산화수소의 공통적인 성질을 옳게 설명한 것은?

① 물보다 가볍다. ② 물에 녹는다.
③ 점성이 큰 액체로서 환원제이다. ④ 연소가 매우 잘 된다.

해설 ① 물보다 무겁다 ③ 산화제이다. ④ 제6류 위험물은 불연성이다.

54. 제조소등의 위치 · 구조 또는 설비의 변경 없이 해당 제조소등에서 저장하거나 취급하는 위험물의 품명 · 수량 또는 지정수량의 배수를 변경하고자 하는 자는 변경하고자 하는 날의 며칠 전 까지 총리령이 정하는 바에 따라 시 · 도지사에게 신고하여야 하는가?

① 1일 ② 14일 ③ 21일 ④ 30일

해설 제조소등의 위치 · 구조 또는 설비의 변경 없이 당해 제조소등에서 저장하거나 취급하는 위험물의 품명 · 수량 또는 지정수량의 배수를 변경하고자 하는 자는 변경하고자 하는 날의 **1일** 전까지 시 · 도지사에게 신고하여야 한다.

55. 과산화벤조일과 과염소산의 지정수량의 합은 몇 kg인가?

① 310 ② 350 ③ 400 ④ 500

해설 과산화벤조일 : 10kg, 과염소산 : 300kg

∴ 10+300=310kg

56. **황가루가 공기 중에 떠 있을 때의 주된 위험성에 해당하는 것은?**

① 수증기 발생 ② 전기감전 ③ 분진폭발 ④ 인화성 가스 발생

해설 황가루는 분진폭발의 위험성이 있다.

57. **위험물의 인화점에 대한 설명으로 옳은 것은?**

① 톨루엔이 벤젠보다 낮다. ② 피리딘이 톨루엔보다 낮다.
③ 벤젠이 아세톤보다 낮다. ④ 아세톤이 피리딘보다 낮다.

해설 ① 톨루엔 : 4℃, 벤젠 : -11℃ / ② 피리딘 : 20℃, 톨루엔 4℃
③ 벤젠 : -11℃, 아세톤 : −18℃ / ④ 아세톤 : −18℃, 피리딘 : 20℃

58. **저장 또는 취급하는 위험물의 최대수량이 지정수량의 500배 이하일 때 옥외저장탱크의 측면으로부터 몇 m 이상의 보유공지를 유지하여야 하는가? (단, 제6류 위험물은 제외한다.)**

① 1 ② 2 ③ 3 ④ 4

해설 옥외탱크저장소의 보유공지

저장 또는 취급하는 위험물의 최대수량	공지의 너비
지정수량의 500배 이하	3m 이상
지정수량의 500배 초과 1,000배 이하	5m 이상
지정수량의 1,000배 초과 2,000배 이하	9m 이상
지정수량의 2,000배 초과 3,000배 이하	12m 이상
지정수량의 3,000배 초과 4,000배 이하	15m 이상
지정수량의 4000배 초과	해당 탱크의 최대지름과 높이 중 큰 것 이상으로 한다. (단, 30m 초과 시 30m 이상, 15m 미만 시 15m 이상으로 한다.)

59. **위험물안전관리법령상 옥내저장소 저장창고의 바닥은 물이 스며 나오거나 스며들지 아니하는 구조로 하여야 한다. 다음 중 반드시 이 구조로 하지 않아도 되는 위험물은?**

① 제1류 위험물 중 알칼리금속의 과산화물 ② 제4류 위험물
③ 제5류 위험물 ④ 제2류 위험물 중 철분

해설
- 제1류 위험물 중 알칼리금속의 과산화물, 제2류 위험물 중 철분, 금속분, 마그네슘
- 제3류 위험물 중 금수성 물질, 제4류 위험물을 저장창고의 바닥은 물이 스며 나오거나 스며들지 아니하는 바닥구조로 해야 한다.

60. **다음 중 산화성고체 위험물에 속하지 않는 것은?**

① Na_2O_2 ② $HClO_4$ ③ NH_4ClO_4 ④ $KClO_3$

해설 ② 과염소산은 제6류 위험물(산화성 액체)에 속한다.

정답 2016년 제1회 위험물기능사 필기 기출문제

문	답	문	답	문	답	문	답	문	답	문	답	문	답	문	답	문	답	문	답
1	3	**2**	2	**3**	2	**4**	4	**5**	2	**6**	3	**7**	4	**8**	3	**9**	2	**10**	1
11	3	**12**	2	**13**	4	**14**	4	**15**	4	**16**	3	**17**	3	**18**	2	**19**	3	**20**	3
21	4	**22**	3	**23**	1	**24**	2	**25**	2	**26**	3	**27**	4	**28**	1	**29**	3	**30**	4
31	1	**32**	1	**33**	3	**34**	3	**35**	3	**36**	1	**37**	2	**38**	2	**39**	3	**40**	1
41	3	**42**	2	**43**	4	**44**	1	**45**	4	**46**	1	**47**	3	**48**	4	**49**	4	**50**	2
51	2	**52**	1	**53**	2	**54**	1	**55**	1	**56**	3	**57**	4	**58**	3	**59**	3	**60**	2

2016년 2회 위험물기능사 필기 기출

01. 다음 중 제4류 위험물의 화재 시 물을 이용한 소화를 시도하기 전에 고려해야 하는 위험물의 성질로 가장 옳은 것은?

① 수용성, 비중 ② 증기비중, 끓는점 ③ 색상, 발화점 ④ 분해온도, 녹는점

해설 비중이 1보다 작으며 비수용성인 제4류 위험물에 물을 이용한 소화 시 연소면을 확대시키므로 주로 질식소화를 하여야 한다.

02. 다음 점화에너지 중 물리적 변화에서 얻어지는 것은?

① 압축열 ② 산화열 ③ 중합열 ④ 분해열

해설 ② 산화열 ③ 중합열 ④ 분해열 : 화학적 에너지원

03. 금속분의 연소 시 주수소화 하면 위험한 원인으로 옳은 것은?

① 물에 녹아 산이 된다.
② 물과 작용하여 유독가스를 발생한다.
③ 물과 작용하여 수소가스를 발생한다.
④ 물과 작용하여 산소가스를 발생한다.

해설 금속분(알루미늄, 아연, 안티몬 등)에 주수소화 시 수소가스를 발생하므로 질식소화 하여야 한다.

04. 다음 중 유류저장 탱크화재에서 일어나는 현상으로 거리가 먼 것은?

① 보일오버 ② 플래시오버 ③ 슬롭오버 ④ BLEVE

해설 플래시오버란 화재 성장기에서 화재 최성기로 넘어가는 단계로 열이 축적되며 화염이 실내 전체로 급격한 전파되는 현상이다.

05. 다음 중 정전기 방지대책으로 가장 거리가 먼 것은?

① 접지를 한다.
② 공기를 이온화한다.
③ 21% 이상의 산소농도를 유지하도록 한다.
④ 공기의 상대습도를 70% 이상으로 한다.

해설 〈정전기 제거 방법〉

- 접지에 의한 방법
- 공기 중의 상대습도를 70% 이상으로 하는방법
- 공기를 이온화 하는 방법

06. 폭발의 종류에 따른 물질이 잘못 짝지어진 것은?

① 분해폭발 - 아세틸렌, 산화에틸렌
② 분진폭발 - 금속분, 밀가루
③ 중합폭발 - 시안화수소, 염화비닐
④ 산화폭발 - 히드라진, 과산화수소

해설 ④ 히드라진 : 중합폭발, 과산화수소 : 분해폭발

07. 착화 온도가 낮아지는 원인과 가장 관계가 있는 것은?

① 발열량이 적을 때　　② 압력이 높을 때
③ 습도가 높을 때　　④ 산소와의 결합력이 나쁠 때

해설 일반적인 기체에서 압력이 높을 때 착화 온도가 낮아지며 폭발범위가 넓어진다.

08. 제5류 위험물의 화재예방상 유의사항 및 화재 시 소화방법에 관한 설명으로 옳지 않은 것은?

① 대량의 주수에 의한 소화가 좋다.
② 화재초기에는 질식소화가 효과적이다.
③ 일부 물질의 경우 운반 또는 저장시 안정제를 사용해야 한다.
④ 가연물과 산소공급원이 같이 있는 상태이므로 점화원의 방지에 유의하여야 한다.

해설 제5류 위험물의 화재에는 다량의 주수소화가 효과적이다.

09. 과염소산의 화재 예방에 요구되는 주의사항에 대한 설명으로 옳은 것은?

① 유기물과 접촉 시 발화의 위험이 있기 때문에 가연물과 접촉시키지 않는다.
② 자연발화의 위험이 높으므로 냉각시켜 보관한다.
③ 공기 중 발화하므로 공기와의 접촉을 피해야 한다.
④ 액체 상태는 위험하므로 고체 상태로 보관한다.

해설 제1류 위험물과 제6류 위험물의 화재 예방 시 가연물과의 접촉에 주의한다.

10. 15℃의 기름 100g에 8000J의 열량을 주면 기름의 온도는 몇 ℃가 되겠는가? (단, 기름의 비열은 2J/g · ℃이다.)

① 25　　② 45　　③ 50　　④ 55

해설 $Q = cm\Delta t$,　$8000J = 2J/g \cdot ℃ \times 100g \times (x-15)℃$,　$x = 55℃$

11. 제6류 위험물의 화재에 적응성이 없는 소화설비는?

① 옥내소화전설비　　② 스프링클러설비
③ 포소화설비　　④ 불활성가스소화설비

해설 제6류 위험물의 화재에는 옥내소화전 또는 옥외소화전설비, 스프링클러설비, 물분무소화설비, 포소화설비와 인산염류분말소화설비가 적응성이 있다.

12. 소화약제로서 물의 단점인 동결현상을 방지하기 위하여 주로 사용되는 물질은?

① 에틸알콜　　② 글리세린
③ 에틸렌글리콜　　④ 탄산칼슘

해설 물의 어는점을 낮추어 동결현상을 방지하기 위해 에틸렌글리콜(E.G)을 첨가하여 사용한다.

13. 다음 중 D급 화재에 해당하는 것은?

① 플라스틱 화재 ② 휘발유 화재
③ 나트륨 화재 ④ 전기 화재

해설 ① 플라스틱 화재 : A급 화재 ② 휘발유 화재 : B급 화재
④ 전기 화재 : C급 화재

14. 위험물안전관리법령상 철분, 금속분, 마그네슘에 적응성이 있는 소화설비는?

① 불활성가스소화설비 ② 할로겐화합물소화설비
③ 포소화설비 ④ 탄산수소염류소화설비

해설 철분, 금속분, 마그네슘은 금수성 물질이므로 탄산수소염류소화설비, 팽창질석, 팽창진주암, 건조사에 적응성이 있다.

15. 위험물안전관리법령상 제4류 위험물에 적응성이 없는 소화설비는?

① 옥내소화전설비
② 포소화설비
③ 불활성가스소화설비
④ 할로겐화합물소화설비

해설 제4류 위험물은 물분무소화설비, 포소화설비, 할로겐화합물소화설비, 불활성가스소화설비, 분말소화설비 등에 적응성이 있다.

16. 물은 냉각소화가 주된 대표적인 소화약제이다. 물의 소화효과를 높이기 위하여 무상 주수를 함으로서 부가적으로 작용하는 소화효과로 이루어진 것은?

① 질식소화작용, 제거소화작용
② 질식소화작용, 유화소화작용
③ 타격소화작용. 유화소화작용
④ 타격소화작용, 피복소화작용

해설 무상주수란 물의 입자가 안개처럼 주수되는 방식으로 질식소화작용과 유류 표면에 엷은 막을 생성시키는 유화소화를 할 수 있다.

17. 다음 중 소화약제 강화액의 주성분에 해당하는 것은?

① K_2CO_3 ② K_2O_2 ③ CaO_2 ④ $KBrO_3$

해설 강화액 소화약제는 탄산칼륨(K_2CO_3), 탄산수소나트륨, 인산암모늄 등을 첨가한 강알칼리성의 소화약제이다.

18. 위험물안전관리법령상 소화설비의 적응성에 관한 내용이다. 옳은 것은?

① 마른모래는 대상물 중 제1류~제6류 위험물에 적응성이 있다.
② 팽창질석은 전기설비를 포함한 모든 대상물에 적응성이 있다.
③ 분말소화약제는 셀룰로이드류의 화재에 가장 적당하다.
④ 물분무소화설비는 전기설비에 사용할 수 없다.

해설 ② 건조사(마른모래), 팽창질석 또는 팽창진주암은 건축물·그 밖의 공작물과 전기설비에 적응성이 없다.
③ 분말소화약제는 전기설비, 제2류 위험물(인화성 고체), 제4류 위험물에 주로 적응성이 있다.
④ 물분무소화설비는 안개 모양으로 방사되므로 전기설비에 적응성이 있다.

19. 다음 중 공기포 소화약제가 아닌 것은?

① 단백포 소화약제　② 합성계면활성제포 소화약제
③ 화학포 소화약제　④ 수성막포 소화약제

해설 공기포(기계포) 소화약제 : 단백포, 불화단백포, 합성계면활성제포, 수성막포, 알코올형포

20. 분말소화약제 중 제1종과 제2종 분말이 각각 열분해 될 때 공통적으로 생성되는 물질은?

① N_2, CO_2　② N_2, O_2　③ H_2O, CO_2　④ H_2O, N_2

해설 제1종 분말소화약제($NaHCO_3$)와 제2종 분말소화약제($KHCO_3$)의 열분해 시 질식효과를 나타내는 CO_2와 냉각효과를 나타내는 H_2O가 공통적으로 생성된다.

21. 포름산에 대한 설명으로 옳지 않은 것은?

① 물, 알코올, 에테르에 잘 녹는다.　② 개미산이라고도 한다.
③ 강한 산화제이다.　④ 녹는점이 상온보다 낮다.

해설 포름산은 환원성이 있어 환원제로 사용되며 은거울 반응을 할 수 있다.

22. 제3류 위험물에 해당하는 것은?

① NaH　② Al　③ Mg　④ P_4S_3

해설 ② Al : 제2류 위험물　③ Mg : 제2류 위험물　④ P_4S_3 : 제2류 위험물

23. 지방족 탄화수소가 아닌 것은?

① 톨루엔　② 아세트알데히드　③ 아세톤　④ 디에틸에테르

해설 벤젠 고리를 포함하는 탄화수소를 방향족 탄화수소로 분류하며 톨루엔에 해당한다.
②, ③, ④는 지방족 탄화수소에 해당한다.

24. 위험물안전관리 법령상 위험물의 지정수량으로 옳지 않은 것은?

① 니트로셀룰로오스 : 10kg ② 히드록실아민 : 100kg
③ 아조벤젠 : 50kg ④ 트리니트로페놀 : 200kg

해설 ① 아조벤젠 : 200kg

25. 셀룰로이드에 대한 설명으로 옳은 것은?

① 질소가 함유된 무기물이다. ② 질소가 함유된 유기물이다.
③ 유기의 염화물이다. ④ 무기의 염화물이다.

해설 니트로셀룰로오스에 장뇌를 혼합시켜 셀룰로이드를 만들며 이는 질소가 함유된 유기물이다.

26. 에틸알코올의 증기 비중은 약 얼마인가?

① 0.72 ② 0.91 ③ 1.13 ④ 1.59

해설
- 에틸알코올(C_2H_5OH) 지정수량 : 46
- 증기 비중 $= \frac{\text{분자량}}{29}$, 증기비중 : $\frac{46}{29} = 1.59$

27. 과염소산나트륨의 성질이 아닌 것은?

① 물과 급격히 반응하여 산소를 발생한다.
② 가열하면 분해되어 조연성 가스를 방출한다.
③ 융점은 400℃보다 높다.
④ 비중은 물보다 무겁다.

해설 ① 과염소산나트륨 화재 시 물에 소화되며 반응하지 않는다.

28. 인화칼슘이 물과 반응할 경우에 대한 설명 중 틀린 것은?

① 발생 가스는 가연성이다. ② 포스겐 가스가 발생한다.
③ 발생 가스는 독성이 강하다. ④ $Ca(OH)_2$가 생성된다.

해설 인화칼슘은 물과 반응 시 포스핀(PH_3) 가스가 발생한다.

29. 화학적으로 알코올을 분류할 때 3가 알코올에 해당하는 것은?

① 에탄올 ② 메탄올 ③ 에틸렌글리콜 ④ 글리세린

해설 결합된 OH기의 수에 따라 알코올의 가수가 결정된다.
① 에탄올(C_2H_5OH) : 1가 알코올 ② 메탄올(CH_3OH) : 1가 알코올
③ 에틸렌글리콜[$C_2H_4(OH)_2$] : 2가 알코올 ④ 글리세린[$C_3H_5(OH)_3$] : 3가 알코올

30. 위험물안전관리법령상 품명이 다른 하나는?

① 니트로글리콜 ② 니트로글리세린 ③ 셀룰로이드 ④ 테트릴

해설 니트로글리콜, 니트로글리세린, 셀룰로이드 : 질산에스테르류/테트릴 : 니트로화합물

31. 주수소화를 할 수 없는 위험물은?

① 금속분 ② 적린 ③ 유황 ④ 과망간산칼륨

해설 철분, 금속분, 마그네슘은 금수성 물질이므로 탄산수소염류소화설비, 팽창질석, 팽창진주암, 건조사에 적응성이 있다.

32. 제1류 위험물 중 흑색화약의 원료로 사용되는 것은?

① KNO_3 ② $NaNO_3$ ③ BaO_2 ④ NH_4NO_3

해설 흑색화약의 원료 : 질산칼륨(제1류 위험물), 숯, 유황(제2류 위험물)

33. 다음 중 제6류 위험물에 해당하는 것은?

① IF_5 ② $HClO_3$ ③ NO_3 ④ H_2O

해설 ① 제6류 위험물 중 할로겐간화합물에 해당한다.

34. 다음 중 제4류 위험물에 해당하는 것은?

① $Pb(N_3)_2$ ② CH_3ONO_2 ③ N_2H_4 ④ NH_2OH

해설 ① 제5류 위험물 중 금속의 아지화합물 : 아지화납
② 제5류 위험물 중 질산에스테르류 : 질산메틸
③ 제4류 위험물 중 제2석유류 : 히드라진
④ 제5류 위험물 중 히드록실아민 : 히드록실아민

35. 다음의 분말은 모두 150마이크로미터의 체를 통과하는 것이 50중량퍼센트 이상이 된다. 이들 분말 중 위험물안전관리법령상 품명이 "금속분"으로 분류되는 것은?

① 철분 ② 구리분 ③ 알루미늄분 ④ 니켈분

해설 '금속분'이라 함은 알칼리금속 · 알칼리토류금속 · 철 및 마그네슘외의 금속의 분말을 말하고, 구리분(Cu) · 니켈분(Ni) 및 150마이크로미터의 체를 통과하는 것이 50중량퍼센트 미만인 것은 제외한다.

36. 다음 중 분자량이 가장 큰 위험물은?

① 과염소산 ② 과산화수소 ③ 질산 ④ 히드라진

해설 ① 과염소산($HClO_4$) : $1+35.5+(16\times4)=100.5$
② 과산화수소(H_2O_2) : $(1\times2)+(16\times2)=34$
③ 질산(HNO_3) : $1+14+(16\times3)=63$
④ 히드라진(N_2H_4) : $(14\times2)+(1\times4)=32$

37. 인화칼슘, 탄화알루미늄, 나트륨이 물과 반응하였을 때 발생하는 가스에 해당하지 않는 것은?

① 포스핀가스 ② 수소 ③ 이황화탄소 ④ 메탄

해설 인화칼슘(Ca_3P_2)이 물과 반응 시 포스핀가스가 발생하며, 탄화알루미늄(Al_4C_3)이 물과 반응 시 메탄가스가 발생하며, 나트륨(Na)이 물과 반응 시 수소가스가 발생한다.

- $Ca_3P_2 + 6H_2O \rightarrow 3Ca(OH)_2 + 2PH_3$
- $Al_4C_3 + 12H_2O \rightarrow 4Al(OH)_3 + 3CH_4$
- $2Na + 2H_2O \rightarrow 2NaOH + H_2$

38. 연소 시 발생하는 가스를 옳게 나타낸 것은?

① 황린 – 황산가스 ② 황 – 무수인산가스
③ 적린 – 아황산가스 ④ 삼황화사인(삼황화린) – 아황산가스

해설 ① 황린 – 오산화인 ② 황 – 아황산가스 ③ 적린 – 오산화인

39. 염소산나트륨에 대한 설명으로 틀린 것은?

① 조해성이 크므로 보관용기는 밀봉하는 것이 좋다.
② 무색, 무취의 고체이다.
③ 산과 반응하여 유독성의 이산화나트륨 가스가 발생한다.
④ 물, 알코올, 글리세린에 녹는다.

해설 산과 반응하여 유독성의 이산화염소(ClO_2)가스가 발생한다.

40. 질산칼륨을 약 400℃에서 가열하여 열분해시킬 때 주로 생성되는 물질은?

① 질산과 산소 ② 질산과 칼륨 ③ 아질산칼륨과 산소 ④ 아질산칼륨과 질소

해설 $2KNO_3 \rightarrow 2KNO_2 + O_2$

41. 위험물안전관리법령에서 정한 피난설비에 관한 내용이다. ( )에 알맞은 것은?

주유취급소 중 건축물의 2층 이상의 부분을 점포 · 휴게음식점 또는 전시장의 용도로 사용하는 것에 있어서는 해당 건축물의 2층 이상으로부터 주유취급소의 부지 밖으로 통하는 출입구와 해당 출입구로 통하는 통로 · 계단 및 출입구에 (   )을(를) 설치하여야 한다.

① 피난사다리 ② 유도등 ③ 공기호흡기 ④ 시각경보기

해설 주유취급소 중 건축물의 2층 이상의 부분을 점포 · 휴게음식점 또는 전시장의 용도로 사용하는 것에 있어서는 당해 건축물의 2층 이상으로부터 주유취급소의 부지 밖으로 통하는 출입구와 당해 출입구로 통하는 통로 · 계단 및 출입구에 **유도등**을 설치하여야 한다.

42.

옥내저장소에 제3류 위험물인 황린을 저장하면서 위험물안전관리 법령에 의한 최소한의 보유공지로 3m를 옥내저장소 주위에 확보하였다. 이 옥내저장소에 저장하고 있는 황린의 수량은? (단, 옥내저장소의 구조는 벽 · 기둥 및 바닥이 내화구조로 되어 있고 그 외의 다른 사항은 고려하지 않는다.)

① 100kg 초과 500kg 이하
② 400kg 초과 1000kg 이하
③ 500kg 초과 5000kg 이하
④ 1000kg 초과 40000kg 이하

해설

저장 또는 취급하는 위험물의 최대수량	옥내저장소 공지의 너비	
	벽 · 기둥 및 바닥이 내화구조로 된 건축물	그 밖의 건축물
지정수량의 5배 이하	-	0.5m 이상
지정수량의 5배 초과 10배 이하	1m 이상	1.5m 이상
지정수량의 10배 초과 20배 이하	2m 이상	3m 이상
지정수량의 20배 초과 50배 이하	3m 이상	5m 이상
지정수량의 50배 초과 200배 이하	5m 이상	10m 이상
지정수량의 200배 초과	10m 이상	15m 이상

황린을 지정수량(20kg)의 20배 초과 50배 이하로 저장하고 있으므로 옥내저장소에 저장하고 있는 수량은 400kg 초과 1,000kg 이하이다.

43.

위험물안전관리법령상 이동탱크저장소에 의한 위험물운송 시 위험물운송자는 장거리에 걸치는 운송을 하는 때에는 2명 이상의 운전자로 하여야 한다. 다음 중 그러하지 않아도 되는 경우가 아닌 것은?

① 적린을 운송하는 경우
② 알루미늄의 탄화물을 운송하는 경우
③ 이황화탄소를 운송하는 경우
④ 운송도중에 2시간 이내마다 20분 이상씩 휴식하는 경우

해설 다음의 경우에는 운전자를 1명으로 할 수 있으며, 이황화탄소는 특수인화물이므로 제외된다.

- 운송책임자를 동승시킨 경우
- 제2류 위험물, 제3류 위험물(칼슘 또는 알루미늄의 탄화물에 한함) 또는 제4류 위험물(특수인화물 제외)을 운송하는 경우
- 운송 도중에 2시간 이내마다 20분 이상씩 휴식하는 경우

44.

각각 지정수량의 10배인 위험물을 운반할 경우 제5류 위험물과 혼재 가능한 위험물에 해당하는 것은?

① 제1류 위험물 ② 제2류 위험물
③ 제3류 위험물 ④ 제6류 위험물

해설 제2류 위험물은 제4류 위험물, 제5류 위험물과 혼재가 가능하다.

45. 위험물안전관리법령상 옥외탱크저장소의 기준에 따라 다음의 인화성 액체 위험물을 저장하는 옥외저장탱크 1~4호를 동일의 방유제 내에 설치하는 경우 방유제에 필요한 최소 용량으로서 옳은 것은? (단, 암반탱크 또는 특수액체위험물탱크의 경우는 제외한다.)

1호 탱크 - 등유 1500kL / 2호 탱크 - 가솔린 1000kL
3호 탱크 - 경유 500kL / 4호 탱크 - 중유 250kL

① 1650kL ② 1500kL ③ 500kL ④ 250kL

해설 옥외저장탱크의 방유제 용량은 인화성 액체인 경우 탱크용량의 110% 이상으로 하며, 2기 이상의 탱크가 저장된 방유제에서는 탱크 중 최대용량의 110% 이상으로 한다.

- 1,500kL × 1.1=1,650kL 이상으로 해야 한다.

46. 위험물안전관리법령상 사업소의 관계인이 자체소방대를 설치하여야 할 제조소등의 기준으로 옳은 것은?

① 제4류 위험물을 지정수량의 3천 배 이상 취급하는 제조소 또는 일반취급소
② 제4류 위험물을 지정수량의 5천 배 이상 취급하는 제조소 또는 일반취급소
③ 제4류 위험물 중 특수인화물을 지정수량의 3천 배 이상 취급하는 제조소 또는 일반취급소
④ 제4류 위험물 중 특수인화물을 지정수량의 5천 배 이상 취급하는 제조소 또는 일반취급소

해설 제4류 위험물을 지정수량의 3천 배 이상 취급하는 제조소 또는 일반취급소에 자체소방대를 설치할 수 있으며, 화학소방차 및 자체소방대원의 수는 다음과 같다.

47. 소화난이도등급 II의 제조소에 소화설비를 설치할 때 대형수동식소화기와 함께 설치하여야 하는 소형수동식소화기등의 능력단위에 관한 설명으로 옳은 것은?

① 위험물의 소요단위에 해당하는 능력단위의 소형수동식소화기 등을 설치할 것
② 위험물의 소요단위의 1/2 이상에 해당하는 능력단위의 소형수동식소화기 등을 설치할 것
③ 위험물의 소요단위의 1/5 이상에 해당하는 능력단위의 소형수동식소화기 등을 설치할 것
④ 위험물의 소요단위의 10배 이상에 해당하는 능력단위의 소형수동식소화기 등을 설치할 것

해설 방사능력 범위 내에 당해 건축물, 그 밖의 공작물 및 위험물이 포함되도록 대형수동식소화기를 설치하고, 당해 위험물의 소요단위의 1/5 이상에 해당되는 능력단위의 소형수동식소화기 등을 설치한다.

48. 다음 중 위험물안전관리법이 적용되는 영역은?

① 항공기에 의한 대한민국 영공에서의 위험물의 저장, 취급 및 운반
② 궤도에 의한 위험물의 저장, 취급 및 운반
③ 철도에 의한 위험물의 저장, 취급 및 운반
④ 자가용승용차에 의한 지정수량 이하의 위험물의 저장, 취급 및 운반

해설 항공기, 선박, 철도 및 궤도에 의한 위험물의 저장·취급 및 운반에 있어서는 적용하지 않는다.

49. **위험물안전관리법령상 위험물의 운반 시 운반용기는 다음의 기준에 따라 수납 적재하여야 한다. 다음 중 틀린 것은?**

① 수납하는 위험물과 위험한 반응을 일으키지 않아야 한다.
② 고체 위험물은 운반용기 내용적의 95% 이하로 수납하여야 한다.
③ 액체위험물은 운반용기 내용적의 95% 이하로 수납하여야 한다.
④ 하나의 외장용기에는 다른 종류의 위험물을 수납하지 않는다.

해설 액체 위험물은 운반용기 내용적의 98% 이하로 수납하여야 한다.

50. **위험물안전관리법령상 위험물을 운반하기 위해 적재할 때 예를 들어 제6류 위험물은 1가지 유별(제1류 위험물)하고만 혼재할 수 있다. 다음 중 가장 많은 유별과 혼재가 가능한 것은? (단, 지정수량의 1/10을 초과하는 위험물이다.)**

① 제1류 ② 제2류 ③ 제3류 ④ 제4류

해설 제6류 위험물은 제1류 위험물과 혼재가 가능하다.

51. **다음 위험물 중에서 옥외저장소에서 저장 · 취급할 수 없는 것은? (단, 특별시 · 광역시 또는 도의 조례에서 정하는 위험물과 IMDG Code에 적합한 용기에 수납된 위험물의 경우는 제외한다.)**

① 아세트산 ② 에틸렌글리콜 ③ 크레오소트유 ④ 아세톤

해설
- 제1석유류인 아세톤의 인화점이 -18℃이므로 저장할 수 없다.
- 제4류 위험물 중 제1석유류(인화점이 섭씨 0도 이상)과 알코올류, 제2석유류, 제3석유류, 제4석유류, 동식물유류에 해당하는 경우 옥외저장소에 저장할 수 있다.

참조 〈옥외저장소에 저장할 수 있는 위험물〉
- 제2류 위험물 중 유황과 인화성 고체(인화점이 섭씨 0도 이상)
- 제4류 위험물 중 제1석유류(인화점이 섭씨 0도 이상)과 알코올류, 제2석유류, 제3석유류, 제4석유류, 동식물유
- 제6류 위험물
- 시 · 도 조례로 정하는 제2류 또는 제4류 위험물
- 국제해상위험물규칙(IMDG Code)에 적합한 용기에 수납된 위험물

52. **디에틸에테르에 대한 설명으로 틀린 것은?**

① 일반식은 R-CO-R'이다.
② 연소범위는 약 1.9~48% 이다.
③ 증기비중 값이 비중 값보다 크다.
④ 휘발성이 높고 마취성을 가진다.

해설 일반식은 R-O-R'이다.

53. 위험물안전관리상 지하탱크저장소 탱크전용실의 안쪽과 지하저장탱크와의 사이는 몇 m 이상의 간격을 유지하여야 하는가?

① 0.1 ② 0.2 ③ 0.3 ④ 0.5

해설 지하탱크저장소 탱크전용실의 안쪽과 지하저장탱크와의 사이는 0.1m 이상의 간격을 유지하여야 한다.

54. 다음 ( ) 안에 들어갈 수치를 순서대로 바르게 나열한 것은? (단, 제4류 위험물에 적응성을 갖기 위한 살수밀도기준을 적용하는 경우를 제외한다.)

> 위험물제조소등에 설치하는 폐쇄형 헤드의 스프링클러설비는 30개의 헤드를 동시에 사용할 경우 각 선단의 방사 압력이 ( )kPa 이상이고 방수량이 1분당 ( )L 이상이어야 한다.

① 100, 80 ② 120, 80 ③ 100, 100 ④ 120, 100

해설 폐쇄형 헤드의 스프링클러설비는 30개의 헤드를 동시에 사용할 경우 각 선단의 방사 압력이 100kPa 이상이고 방수량이 1분당 80L 이상이어야 한다.

55. 위험물안전관리법령상 제조소등의 위치 · 구조 또는 설비 가운데 총리령이 정하는 사항을 변경허가를 받지 아니하고 제조소등의 위치 · 구조 또는 설비를 변경한 때 1차 행정처분 기준으로 옳은 것은?

① 사용정지 15일 ② 경고 또는 사용정지 15일
③ 사용정지 30일 ④ 경고 또는 업무정지 30일

해설 〈1차〉 행정처분기준 : 경고 또는 사용정지 15일
〈2차〉 행정처분기준 : 사용정지 60일
〈3차〉 행정처분기준 : 허가취소

56. 위험물안전관리법령상 제조소등의 관계인이 정기적으로 점검하여야 할 대상이 아닌 것은?

① 지정수량의 10배 이상의 위험물을 취급하는 제조소
② 지하탱크저장소
③ 이동탱크저장소
④ 지정수량의 100배 이상의 위험물은 저장하는 옥외탱크저장소

해설 정기점검대상인 제조소 등의 조건은 다음과 같다.

- 예방규정대상에 해당하는 것
- 지하탱크저장소
- 이동탱크저장소
- 위험물을 취급하는 탱크로서 지하에 매설된 탱크가 있는 제조소, 주유취급소 또는 일반취급소

57. 위험물안전관리법령상 위험물제조소의 옥외에 있는 하나의 액체위험물 취급탱크 주위에 설치하는 방유제의 용량은 해당 탱크용량의 몇 % 이상으로 하여야 하는가?

① 50% ② 60% ③ 100% ④ 110%

해설 위험물제조소의 옥외에 있는 위험물 취급탱크 주위에 설치하는 방유제의 용량

1) 1기 탱크 : 탱크 용량의 50% 이상

2) 2기 이상의 탱크 : 탱크 중 최대용량인 것의 50% + 나머지 탱크 용량 합계의 10% 이상

58. 위험물안전관리법령상 이송취급소에 설치하는 경보 · 설비의 기준에 따라 이송기지에 설치하여야 하는 경보설비로만 이루어진 것은?

① 확성장치, 비상벨장치 ② 비상방송설비, 비상경보설비

③ 확성장치, 비상방송설비 ④ 비상방송설비, 자동화재탐지설비

해설 이송취급소의 이송기지에 설치해야 하는 경보설비는 확성장치 및 비상벨장치이다.

59. 위험물안전관리법령상 위험물의 탱크 내용적 및 공간용적에 관한 기준으로 틀린 것은?

① 위험물을 저장 또는 취급하는 탱크의 용량은 해당 탱크의 내용적에서 공간용적을 뺀 용적으로 한다.

② 탱크의 공간용적은 탱크의 내용적의 100분의 5 이상 100분의 10 이하의 용적으로 한다.

③ 소화설비(소화약제 방출구를 탱크안의 윗부분에 설치하는 것에 한한다)를 설치하는 탱크의 공간용적은 해당 소화설비의 소화약제방출구 아래의 0.3m 이상 1m 미만 사이의 면으로부터 윗부분의 용적으로 한다.

④ 암반탱크에 있어서는 해당 탱크 내에 용출하는 30일 간의 지하수의 양에 상당하는 용적과 해당 탱크의 내용적의 100분의 1의 용적 중에서 보다 큰 용적을 공간용적으로 한다.

해설 ④ 암반탱크에 있어서는 해당 탱크 내에 용출하는 7일간의 지하수의 양에 상당하는 용적과 해당 탱크의 내용적의 100분의 1의 용적 중에서 보다 큰 용적을 공간용적으로 한다.

60. 위험물안전관리법령상 위험등급의 종류가 나머지 셋과 다른 하나는?

① 제1류 위험물 중 중크롬산염류 ② 제2류 위험물 중 인화성고체

③ 제3류 위험물 중 금속의 인화물 ④ 제4류 위험물 중 알코올류

해설 ① 중크롬산염류 : 위험등급 Ⅲ ② 인화성고체 : 위험등급 Ⅲ

③ 금속의 인화물 : 위험등급 Ⅲ ④ 알코올류 : 위험등급 Ⅱ

정답 2016년 제2회 위험물기능사 필기 기출문제

문	답	문	답	문	답	문	답	문	답	문	답	문	답	문	답	문	답	문	답
1	1	**2**	1	**3**	3	**4**	2	**5**	3	**6**	4	**7**	2	**8**	2	**9**	1	**10**	4
11	4	**12**	3	**13**	3	**14**	4	**15**	1	**16**	2	**17**	1	**18**	1	**19**	3	**20**	3
21	3	**22**	1	**23**	1	**24**	3	**25**	2	**26**	4	**27**	1	**28**	2	**29**	4	**30**	4
31	1	**32**	1	**33**	1	**34**	3	**35**	3	**36**	1	**37**	3	**38**	4	**39**	3	**40**	3
41	2	**42**	2	**43**	3	**44**	2	**45**	1	**46**	1	**47**	3	**48**	4	**49**	3	**50**	1
51	4	**52**	1	**53**	1	**54**	1	**55**	2	**56**	4	**57**	1	**58**	1	**59**	4	**60**	4

2016년 4회 위험물기능사 필기 기출

01. 다음과 같은 반응에서 5㎥의 탄산가스를 만들기 위해 필요한 탄산수소나트륨의 양은 약 몇 kg인가? (단, 표준상태이고, 나트륨의 원자량은 23이다.)

$2NaHCO_3 \rightarrow Na_2CO_3 + CO_2 + H_2O$

① 18.75 ② 37.5 ③ 56.25 ④ 75

해설 $2NaHCO_3 \rightarrow Na_2CO_3 + CO_2 + H_2O$

$x$kg 5㎥

2×84kg 22.4㎥

$\therefore x = 37.5kg$

02. 연소의 3요소인 산소의 공급원이 될 수 없는 것은?

① H_2O_2 ② KNO_3 ③ HNO_3 ④ CO_2

해설 ④ 불연성 기체이므로 산소공급원이 될 수 없다.

03. 탄화칼슘은 물과 반응 시 위험성이 증가하는 물질이다. 주수 소화 시 물과 반응하면 어떤 가스가 발생하는가?

① 수소 ② 메탄 ③ 에탄 ④ 아세틸렌

해설 $CaC_2 + 2H_2O \rightarrow Ca(OH)_2 + C_2H_2$(아세틸렌)

04. 위험물의 자연발화를 방지하는 방법으로 가장 거리가 먼 것은?

① 통풍을 잘 시킬 것
② 저장실의 온도를 낮출 것
③ 습도가 높은 곳에서 저장할 것
④ 정촉매 작용을 하는 물질과의 접촉을 피할 것

해설 자연발화는 습도가 높은 상태에서 잘 일어나므로 자연발화를 방지하기 위해 습도를 낮추어야 한다.

05. 공기 중의 산소농도를 한계산소량 이하로 낮추어 연소를 중지시키는 소화방법은?

① 냉각소화 ② 제거소화 ③ 억제소화 ④ 질식소화

해설 ① 냉각소화 : 물을 뿌려서 온도를 저하시키는 방법
② 제거소화 : 가연물을 제거하여 소화시키는 방법
③ 억제소화 : 연쇄반응을 억제하여 소화시키는 방법

06. 다음 중 제5류 위험물의 화재 시에 가장 적당한 소화방법은?

① 물에 의한 냉각소화
② 질소에 의한 질식소화
③ 사염화탄소에 의한 부촉매소화
④ 이산화탄소에 의한 질식소화

해설 제5류 위험물은 자체적으로 가연물과 산소공급원을 동시에 포함하고 있으므로 질식소화는 효과가 없고 물에 의한 냉각소화를 해야 한다.

07. 인화칼슘이 물과 반응하였을 때 발생하는 가스는?

① 수소
② 포스겐
③ 포스핀
④ 아세틸렌

해설 $Ca_3P_2 + 6H_2O \rightarrow 3Ca(OH)_2 + 2PH_3$

08. 위험물안전관리법령상 제3류 위험물 중 금수성물질의 제조소에 설치하는 주의사항 게시판의 바탕색과 문자색을 옳게 나타낸 것은?

① 청색바탕에 황색문자
② 황색바탕에 청색문자
③ 청색바탕에 백색문자
④ 백색바탕에 청색문자

해설 제3류 위험물 중 금수성 물질을 취급하는 제조소에는 청색 바탕에 백색 문자로 "물기엄금"이라는 주의사항을 표시해야 한다.

09. 폭굉유도거리(DID)가 짧아지는 경우는?

① 정상 연소속도가 작은 혼합가스일수록 짧아진다.
② 압력이 높을수록 짧아진다.
③ 관지름이 넓을수록 짧아진다.
④ 점화원 에너지가 약할수록 짧아진다.

해설 폭굉유도거리는 압력이 높을수록 짧아진다.

10. 연소에 대한 설명으로 옳지 않은 것은?

① 산화되기 쉬운 것일수록 타기 쉽다.
② 산소와의 접촉 면적이 큰 것일수록 타기 쉽다.
③ 충분한 산소가 있어야 타기 쉽다.
④ 열전도율이 큰 것일수록 타기 쉽다.

해설 열전도율이 작을수록, 발열량이 클수록, 표면적이 클수록, 활성화 에너지가 작을수록, 습도가 낮을수록 연소가 잘 이루어진다.

11. 위험물안전관리법령상 제4류 위험물에 적응성이 있는 소화기가 아닌 것은?

① 이산화탄소소화기
② 봉상강화액소화기
③ 포소화기
④ 인산염류분말소화기

해설 제4류 위험물에 적응성이 있는 소화기는 무상강화액소화기이다.

12. 위험물안전관리법령상 알칼리금속 과산화물에 적응성이 있는 소화설비는?

① 할로겐화합물소화설비 ② 탄산수소염류분말소화설비
③ 물분무소화설비 ④ 스프링클러설비

해설 알칼리금속의 과산화물, 철분, 금수성 물질은 건조사, 팽창질석, 팽창진주암, 탄산수소염류 분말소화설비가 적응성이 있다.

13. 수성막포소화약제에 사용되는 계면활성제는?

① 염화단백포 계면활성제 ② 산소계 계면활성제
③ 황산계 계면활성제 ④ 불소계 계면활성제

해설 수성막포소화약제는 불소계 계면활성제가 함유된 소화제로 유류화재에 효과적이다.

14. 다음 중 강화액 소화약제의 주된 소화원리에 해당하는 것은?

① 냉각소화 ② 절연소화 ③ 제거소화 ④ 발포소화

해설 강화액 소화약제의 주된 소화원리는 냉각소화이며 물의 소화능력을 강화시키기 위해 개발된 것이므로 한랭지 또는 겨울철에도 사용할 수 있다.

15. Halon 1001의 화학식에서 수소 원자의 수는?

① 0 ② 1 ③ 2 ④ 3

해설 C-Br 결합 1개만 존재하므로 3개의 비어있는 자리에 수소(H)를 채워 화학식을 완성한다.

16. 다음 중 탄산칼륨을 물에 용해시킨 강화액 소화약제의 pH에 가장 가까운 값은?

① 1 ② 4 ③ 7 ④ 12

해설 강화액 소화약제는 탄산칼륨 등을 첨가한 pH 12인 강알칼리성의 소화약제이다.

17. 이산화탄소 소화약제에 관한 설명 중 틀린 것은?

① 소화약제에 의한 오손이 없다. ② 소화약제 중 증발잠열이 가장 크다.
③ 전기 절연성이 있다. ④ 장기간 저장이 가능하다.

해설 증발잠열이 크기 때문에 소화약제로 이용하는 것은 물 소화약제에 해당한다.

18. 질소와 아르곤과 이산화탄소의 용량비가 52대 40대 8인 혼합물 소화약제에 해당하는 것은?

① IG-541 ② HCFC-BLEND A ③ HFC-125 ④ HFC-23

해설 IG-541 : N_2(52%), Ar(40%), CO_2(8%)

19. 불활성가스 청정소화약제의 기본 성분이 아닌 것은?

① 헬륨 ② 질소 ③ 불소 ④ 아르곤

해설 불활성가스 청정소화약제는 헬륨, 네온, 아르곤 또는 질소가스 중 하나 이상의 원소를 기본성분으로 하는 소화약제이다.

20. 물과 친화력이 있는 수용성 용매의 회재에 보통의 포소화약제를 사용하면 포가 파괴되기 때문에 소화 효과를 읽게 된다. 이와 같은 단점을 보완한 소화약제로 가연성인 수용성 용매의 화재에 유효한 효과를 가지고 있는 것은?

① 알코올형포소화약제 ② 단백포소화약제
③ 합성계면활성제포소화약제 ④ 수성막포소화약제

해설 수용성 액체의 화재에는 포가 소멸되는 현상을 방지하기 위하여 알코올포(=내알코올형) 소화약제를 사용한다.

21. 질산과 과염소산의 공통성질이 아닌 것은?

① 가연성이며 강산화제이다. ② 비중이 1보다 크다.
③ 가연물과 혼합으로 발화의 위험이 있다. ④ 물과 접촉하면 발열한다.

해설 제6류 위험물은 불연성이며 강산화제이다.

22. 물과 반응하여 가연성 가스를 발생하지 않는 것은?

① 칼륨 ② 과산화칼륨 ③ 탄화알루미늄 ④ 트리에틸알루미늄

해설 과산화칼륨은 물과 반응하여 조연성 가스인 산소 기체를 발생한다.
① $K + H_2O \rightarrow KOH + 0.5H_2$
② $K_2O_2 + H_2O \rightarrow 2KOH + 0.5O_2$
③ $Al_4C_3 + 12H_2O \rightarrow 4Al(OH)_3 + 3CH_4$
④ $(C_3H_5)_3Al + 3H_2O \rightarrow Al(OH)_3 + 3C_2H_6$

23. 위험물안전관리법령에서는 특수인화물을 1기압에서 발화점이 100° C 이하인 것 또는 인화점은 얼마 이하이고 비점이 40℃ 이하인 것으로 정의하는가?

① -10℃ ② -20℃ ③ -30℃ ④ -40℃

해설 '특수인화물'이라 함은 이황화탄소, 디에틸에테르 그 밖에 1기압에서 발화점이 섭씨 100도 이하인 것 또는 인화점이 섭씨 영하 20도 이하이고 비점이 섭씨 40도 이하인 것을 말한다.

24. 다음 중 제6류 위험물이 아닌 것은?

① 할로겐간화합물 ② 과염소산
③ 아염소산 ④ 과산화수소

해설 ③ 아염소산($HClO_2$)은 위험물이 아니다.

25. 다음 중 제1류 위험물에 해당되지 않는 것은?

① 염소산칼륨 ② 과염소산암모늄 ③ 과산화바륨 ④ 질산구아니딘

해설 ④ 질산구아니딘은 행정안전부령이 정하는 제5류 위험물이다.

26. 니트로글리세린에 대한 설명으로 옳은 것은?

① 물에 매우 잘 녹는다.
② 공기 중에서 점화하면 연소하나 폭발의 위험은 없다.
③ 충격에 대하여 민감하여 폭발을 일으키기 쉽다.
④ 제5류 위험물의 니트로화합물에 속한다.

해설 ① 물에 잘 녹지 않으며 유기용제에 잘 녹는다.
② 공기 중에서 점화하면 연소하여 폭발의 위험이 크다.
④ 제5류 위험물 중 질산에스테르류이다.

27. 과산화나트륨에 대한 설명으로 틀린 것은?

① 알코올에 잘 녹아서 산소와 수소를 발생시킨다.
② 상온에서 물과 격렬하게 반응한다.
③ 비중이 약 2.8이다.
④ 조해성 물질이다.

해설 과산화나트륨(Na_2O_2)은 알코올과 반응하여 과산화수소를 발생시킨다.

28. 다음 위험물 중 지정수량이 나머지 셋과 다른 하나는?

① 마그네슘 ② 금속분 ③ 철분 ④ 유황

해설 유황의 지정수량은 100kg이다. (① 마그네슘, ② 금속분, ③ 철분 : 500kg)

29. 제4류 위험물의 일반적인 성질에 대한 설명 중 틀린 것은?

① 대부분 유기화합물이다.
② 액체 상태이다.
③ 대부분 물보다 가볍다.
④ 대부분 물에 녹기 쉽다.

해설 제4류 위험물은 대부분 물에 녹기 어렵다.

30. 다음 물질 중 과염소산칼륨과 혼합하였을 때 발화폭발의 위험이 가장 높은 것은?

① 석면 ② 금 ③ 유리 ④ 목탄

해설 과염소산칼륨은 목탄, 유기물 등과 혼합했을 때 발화폭발의 위험이 높다.

31. 피리딘의 일반적인 성질에 대한 설명 중 틀린 것은?

① 순수한 것은 무색 액체이다. ② 약알칼리성을 나타낸다.
③ 물보다 가볍고, 증기는 공기보다 무겁다. ④ 흡습성이 없고, 비수용성이다.

해설 피리딘(C_5H_5N)은 제1석유류 수용성 물질에 속한다.

32. 메틸리튬과 물의 반응 생성물로 옳은 것은?

① 메탄, 수소화리튬 ② 메탄, 수산화리튬
③ 에탄, 수소화리튬 ④ 에탄, 수산화리튬

해설 $LiCH_3 + H_2O \rightarrow LiOH + CH_4$

33. 위험물의 성질에 대한 설명 중 틀린 것은?

① 황린은 공기 중에서 산화할 수 있다. ② 적린은 $KClO_3$ 와 혼합하면 위험하다.
③ 황은 물에 매우 잘 녹는다. ④ 황화인은 가연성 고체이다.

해설 ③ 황은 물에 녹기 어려우며 고무상황을 제외하고 이황화탄소에 잘 녹는다.

34. 다음 중 인화점이 가장 높은 것은?

① 등유 ② 벤젠 ③ 아세톤 ④ 아세트알데히드

해설 등유는 제2석유류로 특수인화물인 아세트알데히드와 제1석유류인 벤젠과 아세톤에 비하여 인화점이 높다.

35. 다음 위험물 중 물보다 가벼운 것은?

① 메틸에틸케톤 ② 니트로벤젠 ③ 에틸렌글리콜 ④ 글리세린

해설 메틸에틸케톤은 제1석유류 비수용성이며 물보다 가볍다.

36. 트리니트로톨루엔의 작용기에 해당하는 것은?

① $-NO$ ② $-NO_2$ ③ $-NO_3$ ④ $-NO_4$

해설 톨루엔($C_6H_5CH_3$)에 니트로화 반응시켜 트리니트로톨루엔[$CH_2CH_3(NO_2)_3$]을 생성하며, 니트로기($-NO_2$) 3개가 치환된다.

37. 다음 중 제5류 위험물로만 나열되지 않은 것은?

① 과산화벤조일, 질산메틸 ② 과산화초산, 디니트로벤젠
③ 과산화요소, 니트로글리콜 ④ 아세토니트릴, 트리니트로톨루엔

해설 ④ 아세토니트릴은 제4류 위험물 중 제1석유류 수용성 물질이며, 트리니트로톨루엔은 제5류 위험물 중 니트로화합물이다.

38. 제4류 위험물인 클로로벤젠의 지정수량으로 옳은 것은?

① 200L ② 400L ③ 1000L ④ 2000L

해설 클로로벤젠(C_6H_5Cl)은 제4류 위험물 중 제2석유류 비수용성 물질이므로 지정수량은 1,000L이다.

39. 알루미늄분의 성질에 대한 설명으로 옳은 것은?

① 금속 중에서 연소열량이 가장 작다.
② 끓는 물과 반응해서 수소를 발생한다.
③ 수산화나트륨 수용액과 반응해서 산소를 발생한다.
④ 안전한 저장을 위해 할로겐 원소와 혼합한다.

해설 끓는 물과 반응하여 수소 기체와 수산화알루미늄을 생성한다.
반응식 : $2Al + 6H_2O \rightarrow 2Al(OH)_3 + 3H_2$

40. 아조 화합물 800kg, 히드록실아민 300kg, 유기과산화물 40kg의 총 양은 지정수량의 몇 배에 해당하는가?

① 7배 ② 9배 ③ 10배 ④ 11배

해설 아조화합물 지정수량 : 200kg
히드록실아민 지정수량 : 100kg
유기과산화물 지정수량 : 10kg

$$\therefore \frac{\text{저장수량}}{\text{지정수량}} = \frac{800kg}{200kg} + \frac{300kg}{100kg} + \frac{40kg}{10kg} = 4+3+4 = 11\text{배}$$

41. 위험물안전관리법령상 위험물제조소에 설치하는 배출설비에 대한 내용으로 틀린 것은?

① 배출설비는 예외적인 경우를 제외하고는 국소방식으로 하여야 한다.
② 배출설비는 강제배출 방식으로 한다.
③ 급기구는 낮은 장소에서 설치하고 인화방지망을 설치한다.
④ 배출구는 지상 2m 이상 높이에 연소의 우려가 없는 곳에 설치한다.

해설 ③ 배출설비의 급기구는 높은 곳에 설치하고 인화방지망을 설치한다.

42. 위험물안전관리법령상 주유취급소 중 건축물의 2층을 휴게음식점의 용도로 사용하는 것에 있어 해당 건물의 2층으로부터 직접 주유취급소의 부지 밖으로 통하는 출입구와 해당 출입구로 통하는 통로 계단에 설치하여야 하는 것은?

① 비상경보설비 ② 유도등 ③ 비상조명등 ④ 확성장치

해설 주유취급소 중 건축물의 2층 이상의 부분을 점포 · 휴게음식점 또는 전시장의 용도로 사용하는 것에 있어서는 당해 건축물의 2층 이상으로부터 주유취급소의 부지 밖으로 통하는 출입구와 당해 출입구로 통하는 통로 · 계단 및 출입구에 유도등을 설치하여야 한다.

43. 아염소산나트륨의 저장 및 취급 시 주의사항으로 가장 거리가 먼 것은?

① 물속에 넣어 냉암소에 저장한다.　② 강산류와의 접촉을 피한다.
③ 취급 시 충격, 마찰을 피한다.　④ 가연성 물질과 접촉을 피한다.

해설 제1류 위험물은 조해성이 있으므로 용기는 밀폐 · 밀봉하여 냉암소에 저장한다.

44. 인화점이 21℃ 미만의 액체위험물의 옥외저장탱크 주입구에 설치하는 "옥외저장 탱크 주입구" 라고 표시한 게시판의 바탕 및 문자색을 옳게 나타낸 것은?

① 백색바탕-적색문자　② 적색바탕-백색문자
③ 백색바탕-흑색문자　④ 흑색바탕-백색문자

해설 화기엄금 및 화기주의(적색 바탕-백색 문자) 또는 물기엄금(청색 바탕-백색 문자) 주의사항을 표시하는 것 외에 장소를 표시하는 표지의 색상은 백색 바탕-흑색 문자로 한다.

45. 위험물의 운반에 관한 기준에서 다음 ( )에 알맞은 온도는 몇 ℃인가?

> 적재하는 제5류 위험물 (　)℃ 이하의 온도에서 분해될 우려가 있는 것은 보냉컨테이너에 수납하는 등 적정한 온도관리를 유지하여야 한다.

① 40　② 50　③ 55　④ 60

해설 ④ 제5류 위험물 중 55℃ 이하의 온도에서 분해될 우려가 있는 것은 보냉 컨테이너에 수납하는 등의 방법으로 적정한 온도관리를 한다.

46. 위험물안전관리법령상 배출설비를 설치하여야 하는 옥내저장소의 기준에 해당하는 것은?

① 가연성 증기가 액화할 우려가 있는 장소
② 모든 장소의 옥내저장소
③ 가연성 미분이 체류할 우려가 있는 장소
④ 인화점이 70℃ 미만인 위험물의 옥내 저장소

해설 옥내저장소의 경우 인화점이 70℃ 미만인 위험물을 저장하는 저장 창고에는 배출설비를 설치하며, 제조소의 경우 가연성 증기 또는 미분이 체류할 우려가 있는 장소에 배출설비를 설치한다.

47. 위험물안전관리법령상 연면적이 450㎡인 저장소의 건축물 외벽이 내화구조가 아닌 경우 이 저장소의 소화기 소요단위는?

① 3　② 4.5　③ 6　④ 9

해설 저장소이며 내화구조가 아닌 경우는 75㎡를 1소요단위로 한다.

$$\therefore \frac{450m^2}{75m^2} = 6$$

48. 위험물안전관리법령상 위험물안전관리자의 책무에 해당하지 않는 것은?

① 화재 등의 재난이 발생한 경우 소방관서 등에 대한 연락 업무
② 화재 등의 재난이 발생한 경우 응급조치
③ 위험물의 취급에 관한 일지의 작성, 기록
④ 위험물안전관리자의 선임 신고

해설 제조소등의 관계인(소유자, 점유자, 관리자)은 위험물안전관리자의 선임신고, 해임신고를 하여야 한다.

49. 위험물안전관리법령상 옥내 소화전 설비의 기준에 따르면 펌프를 이용한 가압송수장치에서 펌프의 토출량은 옥내소화전의 설치개수가 가장 많은 층에 대해 해당 설치개수(5개 이상인 경우에는 5개)에 얼마를 곱한 양 이상이 되도록 하여야 하는가?

① 260L/min ② 360L/min ③ 460L/min ④ 560L/min

해설 옥내소화전 설비의 방수량은 260L/min을 기준으로 하며, 옥외소화전 설비의 방수량은 450L/min을 기준으로 한다.

50. 위험물안전관리법령상 주유취급소에 설치 운영할 수 없는 건축물 또는 시설은?

① 주유취급소를 출입하는 사람을 대상으로 하는 그림전시장
② 주유취급소를 출입하는 사람을 대상으로 하는 일반음식점
③ 주유원 주거시설
④ 주유취급소를 출입하는 사람을 대상으로 하는 휴게음식점

해설 주유취급소에는 주유 또는 그에 부대하는 업무를 위하여 사용되는 다음 각목의 건축물 또는 시설 외에는 다른 건축물 그 밖의 공작물을 설치할 수 없다.

- 주유 또는 등유, 경유를 옮겨 담기 위한 작업장
- 주유취급소의 업무를 행하기 위한 사무소
- 자동차 등의 점검 및 간이정비를 위한 작업장
- 자동차 등의 세정을 위한 작업장
- 주유취급소에 출입하는 사람을 대상으로 한 점포, 휴게음식점 또는 전시장
- 주유취급소의 관계자가 거주하는 주거시설
- 전기자동차용 충전설비(전기를 동력원으로 하는 자동차에 직접 전기를 공급하는 설비)

51. 제2류 위험물 중 인화성 고체의 제조소에 설치하는 주의사항 게시판에 표시할 내용을 옳게 나타낸 것은?

① 적색바탕에 백색 문자로 "화기엄금" 표시
② 적색바탕에 백색 문자로 "화기주의" 표시
③ 백색바탕에 적색 문자로 "화기엄금" 표시
④ 백색바탕에 적색 문자로 "화기주의" 표시

해설 인화성 고체는 화기엄금을 주의사항 게시판으로 하며 그 밖의 제2류 위험물은 화기주의를 주의사항 게시판으로 한다. 공통적으로 적색바탕에 백색 문자로 주의사항 게시판을 표시하여야 한다.

52. 위험물안전관리법령상 옥내탱크저장소의 기준에서 옥내저장탱크 상호 간에는 몇 m 이상의 간격을 유지하여야 하는가?

① 0.3　② 0.5
③ 0.7　④ 1.0

해설 옥내탱크저장소의 기준에서 옥내저장탱크 상호 간에는 0.5m 이상의 간격을 유지하여야 한다.

53. 위험물안전관리법령상 소화전용 물통 8L의 능력 단위는?

① 0.3　② 0.5
③ 1.0　④ 1.5

해설

소화설비	용량	능력단위
소화전용 물통	8L	0.3
수조(소화전용 물통 3개 포함)	80L	1.5
수조(소화전용 물통 6개 포함)	190L	2.5
마른모래(삽 1개 포함)	50L	0.5
팽창질석 또는 팽창진주암(삽 1개 포함)	160L	1.0

54. 위험물안전관리법령상 제4류 위험물의 품명에 따른 위험등급과 옥내저장소 하나의 저장창고 바닥면적 기준을 옳게 나열한 것은? (단, 전용의 독립된 단층건물에 설치하며, 구획된 실이 없는 하나의 저장창고인 경우에 한한다.)

① 제1석유류 : 위험등급 Ⅰ, 최대 바닥면적 1000㎡
② 제2석유류 : 위험등급 Ⅰ, 최대 바닥면적 2000㎡
③ 제3석유류 : 위험등급 Ⅱ, 최대 바닥면적 1000㎡
④ 알코올류 : 위험등급 Ⅱ, 최대 바닥면적 1000㎡

해설 ① 제1석유류 : 위험등급 Ⅱ, 최대 바닥면적 1000㎡
② 제2석유류 : 위험등급 Ⅲ, 최대 바닥면적 2000㎡
③ 제3석유류 : 위험등급 Ⅲ, 최대 바닥면적 2000㎡

55. 위험물옥외저장탱크의 통기관에 관한 사항으로 옳지 않은 것은?

① 밸브 없는 통기관의 직경은 30mmm 이상으로 한다.
② 대기밸브 부착 통기관은 항시 열려 있어야 한다.
③ 밸브 없는 통기관의 선단은 수평면보다 45도 이상 구부려 빗물 등의 침투를 막는 구조로 한다.
④ 대기밸브 부착 통기관은 5kPa 이하의 압력차로 작동할 수 있어야 한다.

해설 ② 대기밸브는 평상시에 닫힌 상태로 있다가 탱크의 압력이 5kPa 이하의 압력차이로 밸브가 열려 탱크 내부의 유증기 등을 외부로 방출하거나 또는 탱크 내부로 외부의 공기를 흡인할 수 있어야 한다.

56. **다음 중 위험물안전관리법령상 지정수량의 1/10을 초과하는 위험물을 운반할 때 혼재할 수 없는 경우는?**

① 제1류 위험물과 제6류 위험물 ② 제2류 위험물과 제4류 위험물
③ 제4류 위험물과 제5류 위험물 ④ 제5류 위험물과 제3류 위험물

해설

구분	제1류	제2류	제3류	제4류	제5류	제6류
제1류		×	×	×	×	○
제2류	×		×	○	○	×
제3류	×	×			×	×
제4류	×	○	○		○	×
제5류	×	○	×	○		×
제6류	○	×	×	×	×	

57. **이동저장탱크에 알킬알루미늄을 저장하는 경우에 불활성 기체를 봉입하는데 이때의 압력은 몇 kPa 이하이어야 하는가?**

① 10 ② 20 ③ 30 ④ 40

해설 알킬알루미늄의 이동탱크에 알킬알루미늄을 저장할 때에는 20kPa 이하의 압력으로 불활성 기체를 봉입하여야 한다.

58. **위험물 옥외저장소에서 지정수량 200배 초과의 위험물을 저장할 경우 경계표시 주위의 보유 공지 너비는 몇 m 이상으로 하여야 하는가? (단, 제4류 위험물과 제6류 위험물이 아닌 경우이다.)**

① 0.5m ② 2.5m ③ 10m ④ 15m

해설

저장 또는 취급하는 위험물의 최대수량	옥외저장소 공지의 너비
지정수량의 10배 이하	3m 이상
지정수량의 10배 초과 20배 이하	5m 이상
지정수량의 20배 초과 50배 이하	9m 이상
지정수량의 50배 초과 200배 이하	12m 이상
지정수량의 200배 초과	15m 이상

(단, 제4류 위험물 중 제4석유류 또는 제6류 위험물을 저장하는 경우 공지의 너비를 1/3로 단축할 수 있다.)

59. **위험물안전관리법령상 옥외저장소 중 덩어리 상태의 유황만을 지반면에 설치한 경계표시의 안쪽에서 저장 또는 취급할 때 경계표시의 높이는 몇 m 이하로 하여야 하는가?**

① 1 ② 1.5
③ 2 ④ 2.5

해설 옥외저장소 중 덩어리상태의 유황만을 지반면에 설치한 경계표시의 안쪽에서 저장 또는 취급할 때 경계표시의 높이는 1.5m 이하로 하여야 한다.

60. 그림과 같은 위험물 저장탱크의 내용적은 약 몇 ㎥인가?

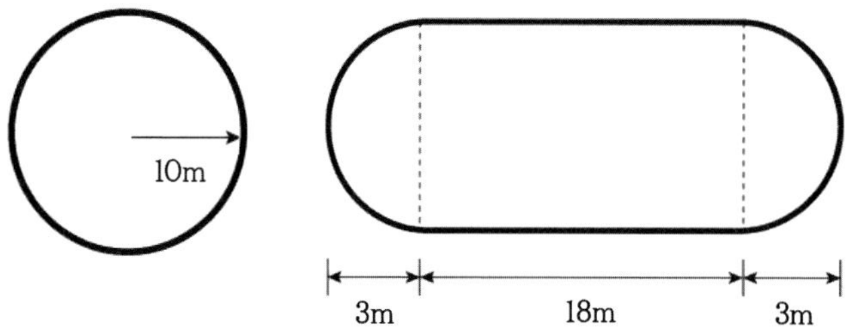

① 4681 ② 5482 ③ 6283 ④ 7080

해설 내용적 $= \pi \times 10^2 \times (18 + \frac{3+3}{3}) = 6283.19m^3$

정답 2016년 제4회 위험물기능사 필기 기출문제

문	답	문	답	문	답	문	답	문	답	문	답	문	답	문	답	문	답	문	답
1	2	2	4	3	4	4	3	5	4	6	1	7	3	8	3	9	2	10	4
11	2	12	2	13	4	14	1	15	4	16	4	17	2	18	1	19	3	20	1
21	1	22	2	23	2	24	3	25	4	26	3	27	1	28	4	29	4	30	4
31	4	32	2	33	3	34	1	35	1	36	2	37	4	38	3	39	2	40	4
41	3	42	2	43	1	44	3	45	3	46	4	47	3	48	4	49	1	50	2
51	1	52	2	53	1	54	4	55	2	56	4	57	2	58	4	59	2	60	3

2016년 제5회 위험물기능사 필기 기출

01. 다음 중 위험물안전관리법에 따른 소화설비의 구분에서 물분무등소화설비에 속하지 않는 것은 무엇인가?

① 불활성가스소화설비 ② 포소화설비
③ 스프링클러설비 ④ 분말소화설비

해설 물분무등소화설비의 종류에는 물분무소화설비, 포소화설비, 불활성가스소화설비, 할로겐화합물소화설비, 분말소화설비가 있다.

02. 화재 시 이산화탄소를 방출하여 산소의 농도를 12.5%로 낮추어 소화하려면 공기 중의 이산화탄소의 농도는 약 몇 vol%로 해야 하는가?

① 30.7 ② 32.8
③ 40.5 ④ 68.0

해설 21% = 이산화탄소(%) + 12.5%, 이산화탄소 = 8.5%

$$\frac{8.5}{8.5+12.5} \times 100 = 40.5\%$$

03. 이동저장탱크로부터 알킬알루미늄을 꺼낼 때에는 동시에 불활성 기체를 봉입하는데 이때의 압력은 몇 kPa 이하이어야 하는가?

① 250 ② 200
③ 100 ④ 50

해설 이동탱크저장소에서 알킬알루미늄을 꺼낼 때에는 동시에 200kPa 이하의 압력으로 불활성 기체를 봉입하며, 저장할 때에는 20kPa 이하의 압력으로 불활성 기체를 봉입한다.

04. 주된 연소형태가 표면연소인 것은 무엇인가?

① 숯 ② 목재
③ 플라스틱 ④ 나프탈렌

해설 목재, 플라스틱 : 분해연소 / 나프탈렌 : 증발연소

05. 정전기를 유효하게 제거하기 위해 공기 중 상대습도를 몇 % 이상으로 하는가?

① 50% ② 60%
③ 70% ④ 80%

해설 정전기 제거방법에는 접지, 공기를 이온화, 공기 중 상대습도를 70% 이상으로 하는 방법 등이 있다.

06. 제조소등의 허가청이 제조소등의 관계인에게 제조소등의 사용정지처분 또는 허가취소처분을 할 수 있는 사유가 아닌 것은?

① 소방서장으로부터 변경허가를 받지 아니하고 제조소등의 위치 · 구조 또는 설비를 변경한 때
② 소방서장의 수리 · 개조 또는 이전의 명령을 위반한 때
③ 정기점검을 하지 아니한 때
④ 소방서장의 출입검사를 정당한 사유 없이 거부한 때

해설 ④ 소방서장의 출입 · 검사 또는 수거를 거부 · 방해 또는 기피한 자는 1년 이하의 징역 또는 1천만 원 이하의 벌금에 처한다.

07. 탄산수소칼륨과 요소의 반응생성물로 된 것은 제 몇 종 분말인가?

① 제1종 ② 제2종 ③ 제3종 ④ 제4종

해설 제4종 분말소화약제의 주성분은 탄산수소칼륨($KHCO_3$)과 요소($(NH_2)_2CO$)의 반응생성물이다.

08. 폭발 시 연소파의 전파속도 범위에 가장 가까운 것은?

① 0.1~10m/s ② 100~1,000m/s
③ 1,000~3,500m/s ④ 1,000~10,000m/s

해설 폭발의 전파속도는 0.1~10m/s, 폭굉의 전파속도는 1,000~3,500m/s이다.

09. 제4류 위험물의 옥외저장탱크에 대기밸브부착 통기관을 설치할 때 몇 kPa 이하의 압력 차이로 작동하여야 하는가?

① 5kPa ② 10kPa ③ 15kPa ④ 20kPa

해설 대기밸브부착 통기관은 5kPa 이하의 압력차이로 작동하여야 한다.

10. 다음 중 기타소화설비의 능력단위에 대한 설명으로 틀린 것은?

① 수조 8L의 능력단위는 0.3단위이다.
② 소화전용 물통 3개를 포함한 수조 80L의 능력단위는 1.5단위이다.
③ 소화전용 물통 6개를 포함한 수조 190L의 능력단위는 2.5단위이다.
④ 삽 1개를 포함한 마른모래 50L의 능력단위는 0.5단위이다.

해설 ① 물통 8L의 능력단위는 0.3단위이다.

11. 연소에 필요한 산소공급원을 단절하는 것은 무엇인가?

① 제거소화 ② 질식소화 ③ 희석소화 ④ 억제소화

해설 질식소화는 산소공급원을 차단하여 소화하는 방법이다.

12. 일반적인 성질이 산소공급원이 되는 위험물로 내부연소를 하는 것은?

① 제1류 위험물 ② 제2류 위험물 ③ 제5류 위험물 ④ 제6류 위험물

해설 제5류 위험물은 내부연소성 물질로 가연물이 되는 동시에 자체적으로 산소를 포함하고 있어 산소공급원으로도 작용이 가능하다.

13. 이산화탄소소화약제의 저장용기 설치기준으로 옳은 것은?

① 저압식 저장용기의 충전비 : 1.0 이상 1.3 이하
② 고압식 저장용기의 충전비 : 1.3 이상 1.7 이하
③ 저압식 저장용기의 충전비 : 1.1 이상 1.4 이하
④ 고압식 저장용기의 충전비 : 1.7 이상 2.1 이하

해설 저압식의 경우 1.1 이상 1.4 이하이며, 고압식의 경우 1.5 이상 1.9 이하로 한다.

14. 소화난이도등급 Ⅰ의 제조소에서 화재발생 시 연기가 충만할 우려가 있는 장소에 설치해야 하는 소화설비는?

① 강화액소화기 ② 옥외소화전설비 ③ 옥내소화전설비 ④ 스프링클러설비

해설 소화난이도등급 Ⅰ의 제조소 또는 일반취급소에 설치하여야 하는 소화설비는 옥내소화전설비, 옥외소화전설비, 스프링클러설비 또는 물분무등소화설비(단, 화재발생시 연기가 충만할 우려가 있는 장소에는 **스프링클러설비 또는 이동식 외의 물분무등소화설비**에 한한다)를 설치하여야 한다.

15. 옥외소화전은 방호대상물의 각 부분에서 하나의 호스접속구까지의 수평거리가 얼마 이하가 되도록 설치해야 하는가?

① 20m ② 30m ③ 40m ④ 50m

해설 옥외소화전은 방호대상물의 각 부분에서 하나의 호스접속구까지의 수평거리가 40m 이하가 되도록 설치하여야 한다.

16. 옥내저장소에서 지정수량의 몇 배 이상을 저장 또는 취급할 때 자동화재탐지설비를 설치하여야 하는가?

① 지정수량의 10배 이상을 저장 · 취급할 때
② 지정수량의 50배 이상을 저장 · 취급할 때
③ 지정수량의 100배 이상을 저장 · 취급할 때
④ 지정수량의 150배 이상을 저장 · 취급할 때

해설 옥내저장소에서 지정수량의 100배 이상을 저장 또는 취급하는 것(고인화점위험물만을 저장 또는 취급하는 것을 제외한다)에 자동화재탐지설비를 설치하며, 지정수량의 10배 이상을 저장 또는 취급하는 것에 자동화재탐지설비, 비상경보설비, 확성장치 또는 비상방송설비 중 1종 이상을 설치하여야 한다.

17. **옥외소화전설비의 기준에서 옥외소화전함은 옥외소화전으로부터 보행거리 몇 m 이하의 장소에 설치하여야 하는가?**

① 1.5 ② 5 ③ 7.5 ④ 10

해설 옥외소화전설비의 기준에서 옥외소화전함은 옥외소화전으로부터 보행거리 5m 이하의 장소에 설치한다.

18. **위험물제조소등에 전기배선, 조명기구 등을 제외한 전기설비가 설치되어 있는 경우에는 당해 장소의 면적 몇 ㎡마다 소형수동식 소화기를 1개 이상 설치하여야 하는가?**

① 100 ② 150 ③ 200 ④ 300

해설 제조소등에 전기배선, 조명기구 등을 제외한 전기설비가 설치된 경우에는 해당 장소의 면적 100㎡마다 소형수동식 소화기를 1개 이상 설치해야 한다.

19. **위험물제조소등에 설치해야 하는 각 소화설비의 설치기준에 있어서 각 노즐 또는 헤드 선단의 방사압력기준이 나머지 셋과 다른 설비는?**

① 옥내소화전설비 ② 옥외소화전설비
③ 스프링클러설비 ④ 물분무소화설비

해설 스프링클러 헤드를 동시에 사용시 각 선단의 방사압력이 100kPa 이상, 방수량은 80L/분 이상의 성능을 확보하여야 한다.

20. **과산화나트륨의 화재현장에서 주수소화가 불가능한 이유는?**

① 수소가 발생하기 때문에 ② 산소가 발생하기 때문에
③ 이산화탄소가 발생하기 때문에 ④ 일산화탄소가 발생하기 때문에

해설 과산화나트륨은 제1류 위험물 중 알칼리금속에 해당하므로 물과 반응 시 산소가 발생하기 때문에 탄산수소염류분말, 건조사, 팽창질석, 팽창진주암으로 소화한다.

21. **탄화알루미늄이 물과 반응하여 폭발의 위험이 있는 것은 어떤 가스를 발생하기 때문인가?**

① 수소 ② 메탄 ③ 아세틸렌 ④ 암모니아

해설 $Al_4C_3 + 12H_2O \rightarrow 4Al(OH)_3 + 3CH_4$

22. **벤조일퍼옥사이드 10kg, 니트로글리세린 50kg, TNT 400kg을 저장하려 할 때 각 위험물의 지정수량 배수의 총 합은?**

① 5 ② 7 ③ 8 ④ 10

해설 벤조일퍼옥사이드, 니트로글리세린 지정수량 : 10kg

트리니트로톨루엔 : 200kg, $\frac{10kg}{10kg} + \frac{50kg}{10kg} + \frac{400kg}{200kg} = 8$배

23. TNT가 폭발했을 때 발생하는 유독기체는?

① N_2 ② CO_2 ③ H_2 ④ CO

해설 TNT의 열분해 시 발생하는 가스 중 질소, 이산화탄소, 수소 기체는 독성이 존재하지 않는다.

- $C_6H_2CH_3(NO_2)_3 \rightarrow 6CO + C + 1.5N_2 + 2.5H_2$

24. 위험물의 이동탱크저장소 차량에 "위험물"이라고 표시한 표지를 설치할 때 표지의 바탕색은?

① 흰색 ② 적색 ③ 흑색 ④ 황색

해설 이동탱크저장소 차량의 후면 또는 전면의 상단에 0.6m×0.3m 이상의 직사각형으로 표지를 설치하며 흑색바탕에 황색문자로 "위험물" 표시를 하여야 한다.

25. 1기압에서 액체인 미상의 위험물을 측정하였더니 인화점이 32.2℃, 발화점이 257℃로 측정되었다. 다음 제4류 위험물 중 해당하는 품명은?

① 특수인화물 ② 제1석유류 ③ 제2석유류 ④ 제3석유류

해설 제2석유류의 인화점 범위 : 21℃ 이상 70℃ 미만이다.

26. 위험물안전관리법에서 정하는 용어의 정의로 옳지 않은 것은?

① 위험물이라 함은 인화성 또는 발화성 등의 성질을 가지는 것으로 대통령령이 정하는 물품이다.

② 제조소라 함은 지정수량 이상의 위험물을 제조할 목적으로 위험물을 취급하기 위하여 규정에 따른 허가를 받은 장소를 말한다.

③ 저장소라 함은 지정수량 이상의 위험물을 저장하기 위한 대통령령이 정하는 장소로서 규정에 따른 허가를 받은 장소를 말한다.

④ 취급소라 함은 지정수량 이상의 위험물을 제조 외의 목적으로 취급하기 위한 대통령령이 정하는 장소로서 허가를 받은 장소를 말한다.

해설 ② "제조소"라 함은 위험물을 제조할 목적으로 지정수량 이상의 위험물을 취급하기 위하여 허가를 받은 장소이다.

27. $HO-CH_2CH_2-OH$의 지정수량은 몇 L인가?

① 1,000L ② 2,000L ③ 4,000L ④ 6,000L

해설 제4류 위험물 중 제3석유류 수용성 물질(지정수량 4,000L)인 에틸렌글리콜의 화학식이다.

28. 방향족 탄화수소에 해당하는 것은?

① 톨루엔 ② 아세트알데히드 ③ 아세톤 ④ 디에틸에테르

해설 벤젠 고리가 포함된 톨루엔은 방향족 탄화수소에 해당하며, 나머지 물질은 지방족 탄화수소에 해당한다.

29. 디에틸에테르와 벤젠의 공통성질에 대한 설명으로 옳은 것은?

① 증기비중은 1보다 크다. ② 인화점은 −10℃보다 높다.
③ 착화온도는 200℃보다 낮다. ④ 연소범위의 상한이 60%보다 크다.

해설 ② 디에틸에테르 : −45℃, 벤젠 : −11℃
③ 디에틸에테르 : 180℃, 벤젠 : 562℃
④ 디에틸에테르 : 1.9~48%, 벤젠 : 1.4~7.1%

30. 다음 반응식과 같이 벤젠 1kg이 연소할 때 발생되는 CO_2의 양은 약 몇 ㎥인가? (단, 27℃, 750mmHg 기준이다.)

$$C_6H_6 + 7.5O_2 \rightarrow 6CO_2 + 3H_2O$$

① 0.72㎥ ② 1.22㎥ ③ 1.92㎥ ④ 2.42㎥

해설 $C_6H_6 + 7.5O_2 \rightarrow 6CO_2 + 3H_2O$
1kg x ㎥
78kg 6×22.4㎥

$$x = \frac{6\times 22.4}{78} = 1.72m^3, \quad 1.72\times\frac{(273+27)K}{273K}\times\frac{760mmHg}{750mmHg} = 1.92m^3$$

31. 제4류 위험물에 대한 설명 중 틀린 것은?

① 이황화탄소는 물보다 무겁다. ② 아세톤은 물에 녹지 않는다.
③ 톨루엔 증기는 공기보다 무겁다. ④ 디에틸에테르의 연소범위 하한은 약 1.9%이다.

해설 ② 아세톤은 수용성 물질이다.

32. 촉매 존재하에서 일산화탄소와 수소를 고온 · 고압에서 합성시켜 제조하는 물질로 산화하면 포름알데히드가 되는 것은 무엇인가?

① 메탄올 ② 벤젠 ③ 휘발유 ④ 등유

해설 메탄올이 산화하면 포름알데히드가 되며, 2차 산화시 포름산이 된다.

33. 다음 중 저장할 때 보호액으로 물을 이용하는 것은?

① 삼산화크롬 ② 아연 ③ 나트륨 ④ 황린

해설 황린은 자연발화성 물질로 pH 9인 약알칼리성의 물에 저장한다.

34. 마그네슘이 염산과 반응 시 발생하는 기체는?

① 수소 ② 산소 ③ 이산화탄소 ④ 염소

해설 $Mg + 2HCl \rightarrow MgCl_2 + H_2$

35. 옥내저장소에서 위험물을 유별로 정리하고 서로 1m 이상의 간격을 두는 경우 유별을 달리하는 위험물을 동일한 저장소에 저장할 수 있는 것은?

① 과산화나트륨과 벤조일퍼옥사이드　　② 과염소산나트륨과 질산
③ 황린과 트리에틸알루미늄　　④ 유황과 아세톤

해설 제1류 위험물과 제6류 위험물은 함께 저장이 가능하다.
유별이 다른 위험물을 동일한 저장소에 저장하는 경우 유별로 정리하여 서로 1m 이상의 간격을 두었을 때 다음과 같이 저장할 수 있다.

- 제1류 위험물(알칼리금속의 과산화물 제외)과 제5류 위험물
- 제1류 위험물과 제6류 위험물
- 제1류 위험물과 제3류 위험물 중 자연발화성 물질(황린)
- 제2류 위험물 중 인화성 고체와 제4류 위험물
- 제3류 위험물 중 알킬알루미늄등과 제4류 위험물(알킬알루미늄 또는 알킬리튬을 함유한 것)
- 제4류 위험물 중 유기과산화물과 제5류 위험물 중 유기과산화물

36. 벤조일퍼옥사이드의 위험성에 대한 설명으로 틀린 것은?

① 상온에서 분해되며 수분이 흡수되면 폭발성을 가지므로 건조된 상태로 보관한다.
② 강산에 의해 분해 폭발의 위험이 있다.
③ 충격, 마찰에 의해 분해되어 폭발할 위험이 있다.
④ 가연성 물질과 접촉하면 발화의 위험이 높다.

해설 벤조일퍼옥사이드는 약 100℃에서 분해되며 건조된 상태에서 폭발성을 가지므로 위험하다.

37. 지정과산화물을 저장하는 옥내저장소의 저장창고를 일정 면적마다 구획하는 격벽의 설치기준에 해당하지 않는 것은?

① 저장창고 상부의 지붕으로부터 50cm 이상 돌출하도록 하여야 한다.
② 저장창고 양측의 외벽으로부터 1m 이상 돌출하도록 하여야 한다.
③ 철근콘크리트조의 경우 두께가 30cm 이상이어야 한다.
④ 바닥면적 250㎡ 이내마다 완전하게 구획하여야 한다.

해설 바닥면적 150㎡ 이내마다 완전하게 구획하여야 한다.

38. 위험물안전관리법령상 품명이 질산에스테르류에 속하지 않는 것은?

① 질산에틸　　② 니트로글리세린　　③ 니트로톨루엔　　④ 니트로셀룰로오스

해설 ③ 니트로톨루엔은 제4류 위험물 중 제3석유류에 해당한다.

39. 질산의 성질에 대한 설명으로 틀린 것은?

① 연소성이 있다.　② 물과 혼합하여 발열한다.　③ 부식성이 있다.　④ 강한 산화제이다.

해설 제6류 위험물인 질산은 불연성이다.

40. 오황화인과 칠황화인이 물과 반응했을 때 공통으로 나오는 물질은?

① 이산화황 ② 황화수소
③ 인화수소 ④ 삼산화황

해설 황화인은 물과 반응했을 때 황화수소 기체(H_2S)와 인산(H_3PO_4)이 나온다.

41. 트리니트로페놀에 대한 설명으로 옳은 것은?

① 발화방지를 위해 휘발유에 저장한다.
② 구리용기에 넣어 보관한다.
③ 무색투명한 액체이다.
④ 알코올, 벤젠 등에 녹는다.

해설 ① 건조 상태가 위험하므로 물에 습면시켜 저장한다.
② 구리 등 금속과 반응하여 피크린산염을 생성하므로 위험하다.
③ 휘황색의 침상결정이다.

42. 트리메틸알루미늄이 물과 반응 시 생성되는 물질은?

① 산화알루미늄 ② 메탄 ③ 메틸알코올 ④ 에탄

해설 $(CH_3)_3Al + 3H_2O \rightarrow Al(OH)_3 + 3CH_4$

43. 위험물제조소에서 국소방식 배출설비의 배출능력은 1시간당 배출장소 용적의 몇 배 이상인 것으로 하는가?

① 5배 ② 10배 ③ 15배 ④ 20배

해설 제조소의 배출설비의 배출능력은 1시간당 배출장소 용적의 20배 이상인 것으로 할 것
(전역방출방식 : 바닥면적 1㎡당 18㎥ 이상)

44. 인화점이 가장 낮은 것은 무엇인가?

① CH_3COCH_3 ② $C_2H_5OC_2H_5$
③ $CH_3(CH_2)_3OH$ ④ CH_3OH

해설 ① 아세톤 : −18℃ ② 디에틸에테르 : −45℃
③ 1−부틸알코올 : 29℃ ④ 메틸알코올 : 11℃

45. 과산화수소의 운반용기 외부에 표시해야 하는 주의사항은 무엇인가?

① 화기주의 ② 충격주의 ③ 물기엄금 ④ 가연물접촉주의

해설 제6류 위험물의 운반용기 주의사항 : 가연물접촉주의

46. 위험물의 분류가 옳은 것은 무엇인가?

① 유기과산화물 - 제1류 위험물　　② 황화인 - 제2류 위험물

③ 금속분 - 제3류 위험물　　④ 무기과산화물 - 제5류 위험물

해설 ① 유기과산화물 - 제5류 위험물　　③ 금속분 - 제2류 위험물

④ 무기과산화물 - 제1류 위험물

47. 위험물제조소의 안전거리기준으로 틀린 것은?

① 초 · 중등교육법 및 고등교육법에 의한 학교 - 20m 이상

② 의료법에 의한 병원급 의료기관 - 30m 이상

③ 문화재보호법 규정에 의한 지정문화재 - 50m 이상

④ 사용전압이 35,000V를 초과하는 특고압가공전선 - 5m 이상

해설 ① 초 · 중등교육법 및 고등교육법에 의한 학교 - 30m 이상

48. 염소산나트륨을 가열하여 분해시킬 때 발생하는 기체는 무엇인가?

① 산소　　② 질소　　③ 나트륨　　④ 수소

해설 제1류 위험물을 가열하여 분해시킬 때 산소 기체가 발생한다.($2KClO_3 \rightarrow 2KCl+3O_2$)

49. 아염소산염류의 운반용기 중 적응성 있는 내장용기의 종류와 최대용적이나 중량을 옳게 나타낸 것은? (단, 외장용기의 종류는 나무상자 또는 플라스틱상자이고, 외장용기의 최대중량은 125kg으로 한다.)

① 금속제용기 : 20L　　② 종이포대 : 55kg

③ 플라스틱필름포대 : 60kg　　④ 유리용기 : 10L

해설 ① 금속제용기 : 30L　② 종이포대　③ 플라스틱필름포대 : 125kg

운반용기				수납위험물의 종류									
내장용기		외장용기		제1류			제2류		제3류			제5류	
용기의 종류	최대용적(중량)	용기의 종류	최대용적(중량)	Ⅰ	Ⅱ	Ⅲ	Ⅱ	Ⅲ	Ⅰ	Ⅱ	Ⅲ	Ⅰ	Ⅱ
유리용기 또는 플라스틱용기	10L	나무상자 또는 플라스틱 상자	125kg	O	O	O	O	O	O	O	O	O	O
			225kg		O	O		O		O	O		O
		파이버판상자	40kg	O	O	O	O	O	O	O	O	O	O
			55kg		O	O		O		O	O		O
금속제용기	30L	나무상자 또는 플라스틱 상자	125kg	O	O	O	O	O	O	O	O	O	O
			225kg		O	O		O		O	O		O
		파이버판상자	40kg	O	O	O	O	O	O	O	O	O	O
			55kg		O	O		O		O	O		O
플라스틱필름포대 또는 종이포대	5kg	나무상자 또는 플라스틱상자	5kg	O	O	O	O	O		O	O	O	O
	50kg		50kg	O	O	O	O	O					O
	125kg		125kg		O	O	O	O					
	225kg		225kg			O		O					
	5kg	파이버판상자	40kg	O	O	O	O	O		O	O	O	O
	40kg		40kg	O	O	O	O	O					O
	55kg		55kg			O		O					

50. **다음 중 지정수량이 가장 작은 것은 무엇인가?**

① 아세톤 ② 디에틸에테르 ③ 클레오소트유 ④ 클로로벤젠

해설 ① 아세톤 : 400L ② 디에틸에테르 : 50L
③ 클레오소트유 : 2,000L ④ 클로로벤젠 : 1,000L

51. **제조소등에서 위험물을 유출시켜 사람의 신체 또는 재산에 위험을 발생시킨 자에 대한 벌칙기준으로 옳은 것은?**

① 1년 이상 3년 이하의 징역 ② 1년 이상 5년 이하의 징역
③ 1년 이상 7년 이하의 징역 ④ 1년 이상 10년 이하의 징역

해설 제조소 등에서 위험물을 유출·방출 또는 확산시켜 사람의 생명·신체 또는 재산에 대하여 위험을 발생시킨 자는 1년 이상 10년 이하의 징역에 처하며, 사람을 상해(傷害)에 이르게 한 때에는 무기 또는 3년 이상의 징역에 처하며, 사망에 이르게 한 때에는 무기 또는 5년 이상의 징역에 처한다.

52. **알루미늄을 침식시키지 못하고 부동태화 하는 것은 무엇인가?**

① 묽은 염산 ② 진한 질산 ③ 황산 ④ 묽은 질산

해설 철, 니켈, 코발트, 망간, 알루미늄 등의 금속은 진한 질산에서 부동태화하며 묽은 질산에 녹는다.

53. **위험물안전관리법상 설치허가 및 완공검사 절차에 관한 설명으로 틀린 것은 무엇인가?**

① 지정수량의 3천 배 이상의 위험물을 취급하는 제조소는 한국소방산업기술원으로부터 해당 제조소의 구조설비에 관한 기술검토를 받아야 한다.
② 50만L 이상인 옥외탱크저장소는 한국소방산업기술원으로부터 해당 탱크의 기초·지반 및 탱크본체에 관한 기술검토를 받아야 한다.
③ 지정수량의 1천 배 이상의 제4류 위험물을 취급하는 일반취급소의 완공검사는 한국소방산업기술원이 실시한다.
④ 50만L 이상인 옥외탱크저장소의 완공검사는 한국소방산업기술원이 실시한다.

해설 지정수량의 3천 배 이상의 위험물을 취급하는 제조소 또는 일반취급소의 완공검사는 한국소방산업기술원이 실시하며, 3천배 미만의 위험물을 취급하는 경우 관할소방서에서 실시한다.

54. **이동탱크저장소에 의한 위험물의 운송 시 준수하여야 하는 기준에서 다음 중 어떤 위험물을 운송할 때 위험물운송자는 위험물안전카드를 휴대하여야 하는가?**

① 특수인화물, 제1석유류 ② 알코올류, 제2석유류
③ 제3석유류 및 동식물유류 ④ 제4석유류

해설 제4류 위험물 중 특수인화물과 제1석유류는 운송할 때 위험물운송자는 위험물안전카드를 휴대하여야 한다.

55. 과산화수소가 이산화망간 촉매 하에서 분해가 촉진될 때 발생하는 가스는 무엇인가?

① 수소 ② 산소 ③ 아세틸렌 ④ 질소

해설 $2H_2O_2 \rightarrow 2H_2O + O_2$

56. 위험물저장탱크의 내용적이 300L일 때 탱크에 저장하는 위험물의 용량 범위로 적합한 것은 무엇인가?

① 240~270L ② 270~285L ③ 290~295L ④ 295~298L

해설 탱크의 공간용적은 내용적의 5~10%로 한다.

- 300L×0.9=270L, 300L×0.95=285L

57. 질산에틸의 분자량은 약 얼마인가?

① 76 ② 82 ③ 91 ④ 105

해설 질산에틸 : $C_2H_5ONO_2$

- (12×2)+(1×5)+(16×1)+(14×1)+(16×2)=91

58. 금속리튬이 물과 반응하였을 때 생성되는 물질은?

① 수산화리튬과 수소 ② 수산화리튬과 산소
③ 수소화리튬과 물 ④ 산화리튬과 물

해설 $Li + H_2O \rightarrow LiOH + 0.5H_2$

59. 질산칼륨을 약 400℃에서 가열하여 열분해시킬 때 생성되는 물질은?

① 질산과 산소 ② 질산과 칼륨
③ 아질산칼륨과 산소 ④ 아질산칼륨과 질소

해설 $2KNO_3 \rightarrow 2KNO_2 + O_2$

60. 제4류 위험물의 품명 중 지정수량이 6,000L인 것은?

① 제3석유류 비수용성 액체 ② 제3석유류 수용성 액체
③ 제4석유류 ④ 동식물유류

해설 ① 제3석유류 비수용성 : 2,000L
② 제3석유류 수용성 : 4,000L
④ 동식물유류 : 10,000L

정답 2016년 제5회 위험물기능사 필기 기출문제

문	답	문	답	문	답	문	답	문	답	문	답	문	답	문	답	문	답	문	답
01	3	**02**	3	**03**	2	**04**	1	**05**	3	**06**	4	**07**	4	**08**	1	**09**	1	**10**	1
11	2	**12**	3	**13**	3	**14**	4	**15**	3	**16**	3	**17**	2	**18**	1	**19**	3	**20**	2
21	2	**22**	3	**23**	4	**24**	3	**25**	3	**26**	2	**27**	3	**28**	1	**29**	1	**30**	3
31	2	**32**	1	**33**	3	**34**	1	**35**	2	**36**	1	**37**	4	**38**	3	**39**	1	**40**	2
41	4	**42**	2	**43**	4	**44**	2	**45**	4	**46**	2	**47**	1	**48**	1	**49**	4	**50**	2
51	4	**52**	2	**53**	3	**54**	1	**55**	2	**56**	2	**57**	3	**58**	1	**59**	3	**60**	3

2017년 제1회 위험물기능사 필기 기출

01. **분말소화약제 중 제1종과 제2종 분말이 각각 열분해 될 때 공통적으로 생성되는 물질은?**

① N_2, CO_2 ② N_2, O_2 ③ H_2O, CO_2 ④ H_2O, N_2

해설
- 제1종 열분해 반응식 : $2NaHCO_3 \rightarrow Na_2CO_3 + H_2O + CO_2$
- 제2종 열분해 반응식 : $2NaHCO_3 \rightarrow Na_2O + H_2O + 2CO_2$

02. **탄소 80%, 수소 14%, 황 6%인 물질 1kg이 완전연소하기 위해 필요한 이론 공기량은 약 몇 kg인가? (단, 공기 중 산소는 23wt%이다.)**

① 3.31 ② 7.05 ③ 11.62 ④ 14.41

해설 이론산소량을 먼저 계산하면...

<table>
<tr>
<td>1) $C + O_2 \rightarrow CO_2$
12kg — 32kg
80kg — x
$12 \times x = 32 \times 80$
$\therefore x = 213.33kg$</td>
<td>2) $S + O_2 \rightarrow SO_2$
32kg — 32kg
6kg — x
$32 \times x = 32 \times 6$
$\therefore x = 6kg$</td>
</tr>
<tr>
<td>3) $2H_2 + O_2 \rightarrow H_2O$
4kg — 32kg
14kg — x
$4 \times x = 32 \times 14$
$\therefore x = 112kg$
산출된 x값을 바탕으로 이론 공기량을 계산하면,
$\frac{213.33 + 6 + 112}{0.23} = 14.41kg$</td>
<td></td>
</tr>
</table>

03. **건축물 화재 시 성장기에서 최성기로 진행될 때 실내온도가 급격히 상승하기 시작하면서 화염이 실내 전체로 급격히 확대되는 연소현상은?**

① 슬롭오버(slop over) ② 플래시오버(flash over)
③ 보일오버(boil over) ④ 프로스오버(froth over)

해설 플래시오버란 화재 성장기에서 화재 최성기로 넘어가는 단계로 열이 축적되며 화염이 실내 전체로 급격한 전파되는 현상이다.

04. 위험물의 품명과 지정수량이 잘못 짝지어진 것은?

① 황화린 – 50kg ② 마그네슘 – 500kg ③ 알킬알루미늄 – 10kg ④ 황린 – 20kg

해설 황화린 지정수량 : 100kg

05. 순수한 것은 무색, 투명한 기름상의 액체이고 공업용은 담황색인 위험물로 충격, 마찰에는 매우 예민하고 겨울철에는 동결할 우려가 있는 것은?

① 펜트리트 ② 트리니트로벤젠 ③ 니트로글리세린 ④ 질산메틸

해설 니트로글리세린은 어는점이 약 13℃로 겨울철 동결의 우려가 있으며 충격과 마찰에 매우 예민하여 물 또는 알코올에 습면시켜 저장한다.

06. 과산화수소의 저장 및 취급 방법으로 옳지 않은 것은?

① 갈색 용기를 사용한다.
② 직사광선을 피하고 냉암소에 보관한다.
③ 농도가 클수록 위험성이 높아지므로 분해방지 안정제를 넣어 분해를 억제시킨다.
④ 장시간 보관 시 철분을 넣어 유리용기에 보관한다.

해설 ④ 금속과 반응하므로 취급 방법으로 적합하지 않다.

07. 저장하는 위험물의 최대수량이 지정수량의 15배일 경우, 건축물의 벽 · 기둥 내화구조로 된 위험물옥내저장소의 보유공지는 몇 m 이상이어야 하는가?

① 0.5 ② 1 ③ 2 ④ 3

해설 〈옥내저장소의 보유공지〉

저장 또는 취급하는 위험물의 최대수량	공지의 너비	
	벽 · 기둥 및 바닥이 내화구조로 된 건축물	그 밖의 건축물
지정수량의 5배 이하	–	0.5m 이상
지정수량의 5배 초과 10배 이하	1m 이상	1.5m 이상
지정수량의 10배 초과 20배 이하	2m 이상	3m 이상
지정수량의 20배 초과 50배 이하	3m 이상	5m 이상
지정수량의 50배 초과 200배 이하	5m 이상	10m 이상
지정수량의 200배 초과	10m 이상	15m 이상

08. 인화점이 21℃ 미만의 액체위험물의 옥외저장탱크 주입구에 설치하는 "옥외저장 탱크 주입구" 라고 표시한 게시판의 바탕 및 문자색을 옳게 나타낸 것은?

① 백색바탕–적색문자 ② 적색바탕–백색문자
③ 백색바탕–흑색문자 ④ 흑색바탕–백색문자

해설 화기엄금 및 화기주의(적색 바탕–백색 문자) 또는 물기엄금(청색 바탕–백색 문자) 주의사항을 표시하는 것 외에 장소를 표시하는 표지의 색상은 백색 바탕–흑색 문자로 한다.

09. **공장 창고에 보관되었던 톨루엔이 유출되어 미상의 점화원에 의해 착화되어 화재가 발생하였다면 이 화재의 분류로 옳은 것은?**

① A급 화재 ② B급 화재 ③ C급 화재 ④ D급 화재

해설 톨루엔, 벤젠 등의 인화성 액체의 경우 유류 화재(B급 화재)에 해당한다.

10. **방호대상물의 바닥 면적이 150㎡ 이상인 경우에 개방형 스프링클러헤드를 이용한 스프링클러설비의 방사구역은 얼마 이상으로 하여야 하는가?**

① 100㎡ ② 150㎡ ③ 200㎡ ④ 400㎡

해설 개방형 스프링클러헤드를 이용한 스프링클러설비의 방사구역은 150㎡ 이상으로 하며, 바닥면적이 150㎡ 미만인 경우 당해 바닥면적을 방사구역으로 한다.

11. **위험물안전관리법령상 제4류 위험물과 제6류 위험물에 모두 적응성이 있는 소화설비는 무엇인가?**

① 불활성가스소화설비 ② 할로겐화합물소화설비
③ 탄산수소염류소화설비 ④ 인산염류분말소화설비

해설 ④ 제4류 위험물과 제6류 위험물에 모두 적응성이 있는 소화설비는 인산염류분말소화설비, 물분무소화설비, 포소화설비 등이다.

12. **다음 중 제4류 위험물의 화재 시 물을 이용한 소화를 시도하기 전에 고려해야 하는 위험물의 성질로 가장 옳은 것은?**

① 수용성, 비중 ② 증기비중, 끓는점 ③ 색상, 발화점 ④ 분해온도, 녹는점

해설 비중이 1보다 작으며 비수용성인 제4류 위험물에 물을 이용한 소화시 연소면을 확대시키므로 주로 질식소화를 하여야 한다.

13. **위험물안전관리법령상 주유취급소의 소화설비 기준과 관련한 설명 중 틀린 것은?**

① 모든 주유취급소는 소화난이도등급Ⅱ 또는 소화난이도등급Ⅲ에 속한다.
② 소화난이도등급Ⅲ에 해당하는 주유취급소에는 대형 수동식소화기 및 소형 수동식소화기 등을 설치하여야 한다.
③ 소화난이도등급Ⅲ에 해당하는 주유취급소에는 소형 수동식소화기 등을 설치하여야 하며, 위험물의 소요단위 산정은 지하탱크저장소의 기준을 준용한다.
④ 모든 주유취급소의 소화설비 설치를 위해서는 위험물의 소요단위를 산출하여야 한다.

해설 ① 모든 주유취급소는 소화난이도등급Ⅱ 또는 소화난이도등급Ⅲ에 속한다. 그 중 옥내주유취급소의 경우 소화난이도등급Ⅱ에 해당하고, 옥내주유취급소 외의 것은 소화난이도등급Ⅲ에 해당한다.

②, ③ 소화난이도등급 Ⅲ의 주유취급소에는 소형 수동식 소화기를 설치하며, 능력단위의 수치가 건축물 그 밖의 공작물 및 위험물의 소요단위의 수치에 이르도록 설치한다. 다만, 옥내소화전설비, 옥외소화전설비, 스프링클러설비, 물분무 등소화설비 또는 대형수동식소화기를 설치한 경우에는 당해 소화설비의 방사능력범위내의 부분에 대하여는 수동식소화기등을 그 능력단위의 수치가 당해 소요단위의 수치의 1/5 이상이 되도록 하는 것으로 족하다.
④ 취급소의 소요단위 계산은 외벽이 내화구조인 경우 연면적 100㎡를 1소요단위로 하며, 외벽이 내화구조가 아닌 것은 연면적 50㎡를 1소요단위로 한다.

14. 다음 물질 중 위험물 유별에 따른 구분이 나머지 셋과 다른 하나는?

① 질산은 ② 질산메틸 ③ 무수크롬산 ④ 질산암모늄

해설 질산메틸은 제5류 위험물 중 질산에스테르류이며 ①, ③, ④는 제1류 위험물에 해당한다.

15. 소화효과에 대한 설명으로 틀린 것은?

① 기화잠열이 큰 소화약제를 사용할 경우 냉각소화 효과를 기대할 수 있다.
② 이산화탄소에 의한 소화는 주로 질식소화로 화재를 진압한다.
③ 할로겐화합물 소화약제는 주로 냉각소화를 한다.
④ 분말소화약제는 질식효과와 부촉매효과 등으로 화재를 진압한다.

해설 ③ 할로겐화합물 소화약제의 주된 소화방법은 억제소화이다.

16. 알루미늄분의 위험성에 대한 설명 중 틀린 것은?

① 뜨거운 물과 접촉 시 격렬하게 반응한다.
② 산화제와 혼합하면 가열, 충격 등으로 발화할 수 있다.
③ 연소 시 수산화알루미늄과 수소를 발생한다.
④ 염산과 반응하여 수소를 발생한다.

해설 연소 시 산화알루미늄을 생성한다. $4Al + 3O_2 \rightarrow 2Al_2O_3$

17. 디에틸에테르에 대한 설명으로 옳은 것은?

① 연소하면 아황산가스를 발생하고, 마취제로 사용한다.
② 증기는 공기보다 무거우므로 물속에 보관한다.
③ 에탄올을 진한 황산을 이용해 축합반응 시켜 제조할 수 있다.
④ 제4류 위험물 중 연소범위가 좁은 편에 속한다.

해설 ① 디에틸에테르의 연소로 CO_2와 H_2O가 생성된다.
② 증기는 공기보다 무거우며, 물속에 보관하지 않는다.
④ 제4류 위험물 중 연소범위(1.9~48%)가 넓은 편에 속한다.

18. 1기압에서 액체인 미상의 위험물을 측정하였더니 인화점이 32.2℃, 발화점이 257℃로 측정되었다. 다음 제4류 위험물 중 해당하는 품명은?

① 특수인화물　② 제1석유류　③ 제2석유류　④ 제3석유류

해설 제2석유류의 인화점 범위 : 21℃ 이상 70℃ 미만

19. TNT가 폭발했을 때 발생하는 유독기체는?

① N_2　② CO_2　③ H_2　④ CO

해설 TNT의 분해반응식 : $2C_6H_2CH_3(NO_2)_3 \rightarrow 12CO + 2C + 3N_2 + 5H_2$

20. 질산의 성상에 대한 설명으로 옳은 것은?

① 흡습성이 강하고 부식성이 있는 무색의 액체이다.
② 햇빛에 의해 분해하여 암모니아가 생성되는 흰색을 띤다.
③ Au, Pt와 잘 반응하여 질산염과 질소가 생성된다.
④ 비휘발성이고 정전기에 의한 발화에 주의해야 한다.

해설 질산은 흡습성이 강하고 부식성이 있는 무색의 액체로 햇빛에 의해 분해하여 적갈색을 띠는 이산화질소를 생성한다.

21. 위험물 저장탱크의 공간용적은 탱크 내용적의 얼마 이상, 얼마 이하로 하는가?

① 1/100 이상, 3/100 이하
② 2/100 이상, 5/100 이하
③ 5/100 이상, 10/100 이하
④ 10/100 이상, 20/100 이하

해설 탱크의 공간용적은 내용적의 5/100 이상 ~ 10/100 이하이다.

22. 옥내저장소에 제3류 위험물인 황린을 저장하면서 위험물안전관리 법령에 의한 최소한의 보유공지로 3m를 옥내저장소 주위에 확보하였다. 이 옥내저장소에 저장하고 있는 황린의 수량은? (단, 옥내저장소의 구조는 벽 · 기둥 및 바닥이 내화구조로 되어 있고 그 외의 다른 사항은 고려하지 않는다.)

① 100kg 초과 500kg 이하
② 400kg 초과 1000kg 이하
③ 500kg 초과 5000kg 이하
④ 1000kg 초과 40000kg 이하

해설 황린을 지정수량(20kg)의 20배 초과 50배 이하로 저장하고 있으므로 옥내저장소에 저장하고 있는 수량은 400kg 초과 1,000kg 이하이다.

23. 경유를 저장하는 옥외저장탱크의 반지름이 2m 이고 높이가 12m 일 때 탱크 옆판으로부터 방유제까지의 거리는 몇m 이상이어야 하는가?

① 4 ② 5 ③ 6 ④ 7

해설 $\therefore 12m \times \frac{1}{3} = 4m$

24. 경유를 저장하는 옥외탱크저장소에서 10,000리터 탱크 1기가 설치된 곳의 방유제 용량은 얼마 이상이 되어야 하는가?

① 5,000리터 ② 10,000리터 ③ 11,000리터 ④ 20,000리터

해설 탱크가 하나인 때 : 탱크 용량의 110% 이상(인화성 액체가 아닌 경우 100%)
$\therefore$ 10,000 × 1.1 = 11,000L

25. 위험물안전관리상 지하탱크저장소 탱크전용실의 안쪽과 지하저장탱크와의 사이는 몇 m 이상의 간격을 유지하여야 하는가?

① 0.1 ② 0.2 ③ 0.3 ④ 0.5

해설 지하탱크저장소 탱크전용실의 안쪽과 지하저장탱크와의 사이는 0.1m 이상의 간격을 유지하여야 한다.

26. 위험물안전관리법령에 따른 이동저장탱크의 구조의 기준에 대한 설명으로 틀린 것은?

① 압력탱크는 최대상용압력의 1.5배의 압력으로 10분간 수압시험을 하여 새지 말 것
② 상용압력이 20kPa를 초과하는 탱크의 안전장치는 상용압력의 1.5배 이하의 압력에서 작동할 것
③ 방파판은 두께 1.6mm 이상의 강철판 또는 이와 동등 이상의 강도, 내식성 및 내열성을 갖는 재질로 할 것
④ 탱크는 두께 3.2mm 이상의 강철판 또는 이와 동등 이상의 강도, 내식성 및 내열성을 갖는 재질로 할 것

해설 상용압력이 20kPa를 초과하는 탱크에 있어서는 상용압력의 1.1배 이하의 압력에서 작동하는 것으로 할 것

27. 주유취급소의 벽(담)에 유리를 부착할 수 있는 기준에 대한 설명으로 옳은 것은?

① 유리 부착위치는 주입구, 고정주유설비로부터 2m 이상 이격되어야 한다.
② 지반면으로부터 50cm를 초과하는 부분에 한하여 설치하여야 한다.
③ 하나의 유리판 가로의 길이는 2m 이내로 한다.
④ 유리의 구조는 기준에 맞는 강화유리로 하여야 한다.

해설 ① 유리 부착 위치는 주입구, 고정주유설비로부터 4m 이상 이격되어야 한다.
② 지반면으로부터 70센티미터를 초과하는 부분에 한하여 설치하여야 한다.
④ 유리의 구조는 기준에 맞는 접합유리로 하여야 한다.

28. 이송취급소의 배관이 하천을 횡단하는 경우 하천 밑에 매설하는 배관의 외면과 계획하상(계획하상이 최소하상보다 높은 경우에는 최심하상)과의 거리는?

① 1.2m 이상 ② 2.5m 이상 ③ 3.0m 이상 ④ 4.0m 이상

해설 이송취급소의 배관이 하천을 횡단하는 경우 하천 밑에 매설하는 배관의 외면과 계획하상(계획하상이 최소하상보다 높은 경우에는 최심하상)과의 거리는 4.0m 이상으로 한다.

29. 위험물안전관리법상 제조소등에 대한 긴급사용정지 명령에 관한 설명으로 옳은 것은?

① 시 · 도지사는 명령을 할 수 없다.
② 제조소등의 관계인 뿐 아니라 해당시설을 사용하는 자에게도 명령할 수 있다.
③ 제조소등의 관계자에게 위법사유가 없는 경우에도 명령할 수 있다.
④ 제조소등의 위험물취급설비의 중대한 결함이 발견되거나 사고우려가 인정되는 경우에만 명령할 수 있다.

해설 시 · 도지사, 소방본부장 또는 소방서장은 공공의 안전을 유지하거나 재해의 발생을 방지하기 위하여 긴급한 필요가 있다고 인정하는 때에는 제조소등의 관계인에 대하여 당해 제조소등의 사용을 일시정지하거나 그 사용을 제한할 것을 명할 수 있다.

30. 위험물안전관리법령상 정기점검 대상인 제조소 등의 조건이 아닌 것은?

① 예방규정 작성대상인 제조소 등
② 지하탱크저장소
③ 이동탱크저장소
④ 지정수량 5배의 위험물을 취급하는 옥외탱크를 둔 제조소

해설 정기정검대상인 제조소 등의 조건은 다음과 같다.

- 예방규정대상에 해당하는 것
- 지하탱크저장소
- 이동탱크저장소
- 위험물을 취급하는 탱크로서 지하에 매설된 탱크가 있는 제조소, 주유취급소 또는 일반취급소

31. 다음 물질 중 제1류 위험물이 아닌 것은?

① Na_2O_2 ② $NaClO_3$
③ NH_4ClO_4 ④ $HClO_4$

해설 ① Na_2O_2(과산화나트륨) : 제1류 위험물
② $NaClO_3$(염소산나트륨) : 제1류 위험물
③ NH_4ClO_4(과염소산암모늄) : 제1류 위험물
④ $HClO_4$(과염소산) : 제6류 위험물

32. 위험물안전관리자의 선임 등에 대한 설명으로 옳은 것은?

① 안전관리자는 국가기술자격 취득자 중에서만 선임하여야 한다.
② 안전관리자를 해임한 때에는 14일 이내에 다시 선임하여야 한다.
③ 제조소등의 관계인은 안전관리자가 일시적으로 직무를 수행할 수 없는 경우에는 14일 이내의 범위에서 안전관리자의 대리자를 지정하여 직무를 대행하게 하여야 한다.
④ 안전관리자를 선임 또는 해임한 때는 14일 이내에 신고하여야 한다.

해설 ① 안전관리자는 국가기술자격 취득자(위험물기능장/위험물산업기사/위험물기능사)와 안전관리자 교육이수자, 소방공무원경력자 중에서 선임할 수 있다.
② 안전관리자를 해임한 때에는 30일 이내에 다시 선임하여야 한다.
③ 제조소등의 관계인은 안전관리자가 일시적으로 직무를 수행할 수 없는 경우에는 30일 이내의 범위에서 안전관리자의 대리자를 지정하여 직무를 대행하게 하여야 한다.

33. 단백포소화약제 제조 공정에서 부동제로 사용하는 것은?

① 에틸렌글리콜 ② 물 ③ 가수분해 단백질 ④ 황산제1철

해설 단백포 소화약제의 제조 공정에서 에틸렌글리콜을 부동제로 사용한다.

34. 일반취급소의 형태가 옥외의 공작물로 되어 있는 경우에 있어서 그 최대수평 투영면적이 500㎡일 때 설치하여야 하는 소화설비의 소요단위는 몇 단위인가?

① 5단위 ② 10단위 ③ 15단위 ④ 20단위

해설 제조소등의 옥외에 설치된 공작물은 외벽이 내화구조로 간주하고 공작물의 최대 수평투영면적을 연면적으로 간주한다.

$$\therefore \frac{500m^2}{100m^2} = 5$$

35. 국소방출방식의 이산화탄소 소화설비의 분사헤드에서 방출되는 소화약제의 방사 기준은?

① 10초 이내에 균일하게 방사할 수 있을 것 ② 15초 이내에 균일하게 방사할 수 있을 것
③ 30초 이내에 균일하게 방사할 수 있을 것 ④ 60초 이내에 균일하게 방사할 수 있을 것

해설 국소방출방식의 이산화탄소 소화설비의 분사헤드에서 방출되는 소화약제는 30초 이내에 균일하게 방사할 수 있을 것

36. 가연물이 연소할 때 공기 중의 산소농도를 떨어뜨려 연소를 중단시키는 소화 방법은?

① 제거소화 ② 질식소화 ③ 냉각소화 ④ 억제소화

해설 질식소화는 산소의 공급을 단절하여 공기 중 산소농도를 떨어뜨려 최종적으로 연소를 중단시킬 수 있다.

37. 과산화수소 용액의 분해를 방지하기 위한 방법으로 가장 거리가 먼 것은?

① 햇빛을 차단한다. ② 암모니아를 가한다.
③ 인산을 가한다. ④ 요산을 가한다.

해설 과산화수소는 열에 의해 쉽게 분해되어 산소 기체를 방출하므로 햇빛을 차단하는 갈색병에 저장하고, 구멍이 뚫린 마개를 사용하여 분해된 산소 기체를 방출한다.

38. 소화기에 "A-2"로 표시되어 있었다면 숫자 "2"가 의미하는 것은 무엇인가?

① 소화기의 제조번호 ② 소화기의 소요단위
③ 소화기의 능력단위 ④ 소화기의 사용순위

해설 A급 화재(일반화재)에 대한 능력단위 2단위에 적용되는 소화기이다.

39. 질산의 비중이 1.5일 때, 1소요단위는 몇 L인가?

① 150 ② 200 ③ 1500 ④ 2000

해설 1소요단위는 지정수량의 10배이므로 300kg×10배=3,000kg이다. 비중 1.5를 고려하여 최종 소요단위를 산정한다.

$$\therefore\ 3{,}000kg \times \frac{L}{1.5kg} = 2{,}000L$$

40. 옥내소화전의 개폐밸브 및 호스접속구는 바닥면으로부터 몇 미터 이하의 높이에 설치하여야 하는가?

① 0.5 ② 1 ③ 1.5 ④ 1.8

해설 옥내, 옥외소화전설비의 개폐밸브 및 호스접속구는 바닥면으로부터 1.5m이하의 높이에 설치하여야 한다.

41. 제1종 분말소화약제의 화학식과 색상이 옳게 연결된 것은?

① $NaHCO_3$ – 백색 ② $KHCO_3$ – 백색
③ $NaHCO_3$ – 담홍색 ④ $KHCO_3$ – 담홍색

해설

구분	주성분의 화학식	색상
제1종	$NaHCO_3$	백색
제2종	$KHCO_3$	담회색
제3종	$NH_4H_2PO_4$	담홍색
제4종	$KHCO_3$ + $(NH_2)_2CO$	회백색

42. 다음 중 발화점이 가장 낮은 것은?

① 이황화탄소 ② 산화프로필렌 ③ 휘발유 ④ 메탄올

해설 ① 이황화탄소 : 100℃ ② 산화프로필렌 : 449℃
③ 휘발유 : 300℃ ④ 메탄올 : 464℃

43. 위험물안전관리법령에서 정한 경보설비가 아닌 것은?

① 자동화재탐지설비 ② 비상조명설비 ③ 비상경보설비 ④ 비상방송설비

해설 비상조명설비는 피난설비에 해당한다.

44. 폭굉유도거리(DID)가 짧아지는 경우는?

① 정상 연소속도가 작은 혼합가스일수록 짧아진다.
② 관속에 방해물이 있을수록 짧아진다.
③ 관경이 넓을수록 짧아진다.
④ 점화원 에너지가 약할수록 짧아진다.

해설 ① 정상 연소속도가 큰 혼합가스일수록 짧아진다.
③ 관경이 좁을수록 짧아진다.
④ 점화원 에너지가 강할수록 짧아진다.

45. 다음 아세톤의 완전 연소 반응식 "CH_3COCH_3+( )O_2+ → ( )CO_2+$3H_2O$" 에서 괄호 안에 알맞은 계수를 차례대로 옳게 나타낸 것은?

① 3, 4 ② 4, 3 ③ 6, 3 ④ 3, 6

해설 연소반응식 : $CH_3COCH_3 + 4O_2 \rightarrow 3CO_2 + 3H_2O$

46. 위험물안전관리법령상 스프링클러헤드는 부착장소의 평상시 최고주위온도가 28℃ 미만인 경우 몇 ℃의 표시온도를 갖는 것을 설치하여야 하는가?

① 58℃ 미만 ② 58℃ 이상 79℃ 미만
③ 79℃ 이상 121℃ 미만 ④ 121℃ 이상 162℃ 미만

해설

부착장소의 최고주위온도(℃)	표시온도(℃)
28 미만	58 미만
28 이상 39 미만	58 이상 79 미만
39 이상 64 미만	79 이상 121 미만
64 이상 106 미만	121 이상 162 미만
106 이상	162 이상

47. **마그네슘분과 혼합했을 때 발화의 위험이 있기 때문에 접촉을 피해야 하는 것은?**

① 건조사 ② 팽창질석 ③ 팽창진주암 ④ 염소 가스

해설 마그네슘분은 금수성 물질로 화재 시 건조사, 팽창질석, 팽창진주암으로 소화가 가능하며, 염소 가스와 혼합할 경우 발화의 위험이 있다.

48. **디에틸에테르의 저장 시 소량의 염화칼슘을 넣어 주는 목적은?**

① 정전기 발생 방지 ② 과산화물 생성 방지
③ 저장용기의 부식방지 ④ 동결 방지

해설 정전기 발생 방지를 위하여 소량의 염화칼슘($CaCl_2$)을 넣어 저장한다.

49. **위험물안전관리법령상 옥내저장소에서 기계에 의하여 하역하는 구조로 된 용기만을 겹쳐 쌓아 위험물을 저장하는 경우 그 높이는 몇 미터를 초과하지 않아야 하는가?**

① 2 ② 4 ③ 6 ④ 8

해설

	옥내저장소	옥외저장소
기계에 의하여 하역하는 구조로 된 용기만을 겹쳐 쌓는 경우	6m 미만	
제4류 위험물 중 제3석유류, 제4석유류 및 동식물유류를 수납하는 용기만을 겹쳐 쌓는 경우	4m 미만	
그 밖의 경우	3m 미만	
위험물을 수납한 용기를 선반에 저장하는 경우	없음	6m 미만

50. **메틸알코올의 위험성으로 옳지 않은 것은?**

① 나트륨과 반응하여 수소기체를 발생한다. ② 휘발성이 강하다.
③ 연소범위가 알코올류 중 가장 좁다. ④ 인화점이 상온(25℃)보다 낮다.

해설 ③ 메틸알코올의 연소범위는 6%~36%로 알코올류 중 가장 넓다.

51. **위험물제조소 내의 위험물을 취급하는 배관에 대한 설명으로 옳지 않은 것은?**

① 배관을 지하에 매설하는 경우 접합부분에는 점검구를 설치하여야 한다.
② 배관을 지하에 매설하는 경우 금속성 배관의 외면에는 부식 방지 조치를 하여야 한다.
③ 최대상용압력의 1.5배 이상의 압력으로 수압시험을 실시하여 이상이 없어야 한다.
④ 지상에 설치하는 경우에는 안전한 구조의 지지물로 지면에 밀착하여 설치하여야 한다.

해설 ② 배관을 지상에 매설하는 경우 금속성 배관의 외면에는 부식 방지 조치를 하여야 한다.

52. **위험물안전관리법령상 옥외저장소 중 덩어리상태의 유황만을 지반면에 설치한 경계표시의 안쪽에서 저장 또는 취급할 때 경계표시의 높이는 몇 m이하로 하여야 하는가?**

① 1 ② 1.5 ③ 2 ④ 2.5

해설 옥외저장소 중 덩어리상태의 유황만을 지반면에 설치한 경계표시의 안쪽에서 저장 또는 취급할 때 경계표시의 높이는 1.5m 이하로 하여야 한다.

53. **인화성 액체 위험물을 저장하는 옥외탱크저장소에 설치하는 방유제의 높이 기준은?**

① 0.5m 이상 1m 이하 ② 0.5m 이상 3m 이하
③ 0.3m 이상 1m 이하 ④ 0.3m 이상 3m 이하

해설 옥외탱크저장소의 방유제 높이는 0.5m 이상 3m 이하로 한다.

54. **위험물의 이동탱크저장소 차량에 "위험물"이라고 표시한 표지를 설치할 때 표지의 바탕색은?**

① 흰색 ② 적색 ③ 흑색 ④ 황색

해설 이동탱크저장소 차량에 "위험물" 표지는 흑색바탕에 황색문자로 한다.

55. **1종 판매취급소에 설치하는 위험물 배합실의 기준으로 틀린 것은?**

① 바닥면적은 6㎡ 이상 15㎡ 이하일 것
② 내화구조 또는 불연재료로 된 벽으로 구획할 것
③ 출입구는 수시로 열 수 있는 자동폐쇄식의 갑종방화문으로 설치할 것
④ 출입구 문턱의 높이는 바닥면으로부터 0.2m 이상일 것

해설 ④ 1종 판매취급소의 출입구 문턱의 높이는 바닥면으로부터 0.1m 이상이어야 한다.

56. **과산화수소의 운반용기 외부에 표시해야 하는 주의사항은 무엇인가?**

① 화기주의 ② 충격주의 ③ 물기엄금 ④ 가연물접촉주의

57. **휘발유에 대한 설명으로 옳지 않은 것은?**

① 지정수량은 200리터이다.
② 전기의 불량도체로서 정전기 축적이 용이하다.
③ 원유의 성질, 상태, 처리방법에 따라 탄화수소의 혼합비율이 다르다.
④ 발화점은 −43 ~ −20℃ 정도이다.

해설 휘발유(C_5~C_9)의 발화점은 약 300℃이다.

58. **포소화제의 조건에 해당되지 않는 것은?**

① 부착성이 있을 것 ② 쉽게 분해하여 증발될 것
③ 바람에 견디는 응집성을 가질 것 ④ 유동성이 있을 것

해설 포소화약제는 화재의 액면을 덮어야 하므로 쉽게 분해되지 않아야 한다.

59. 위험물안전관리법령상 품명이 금속분에 해당하는 것은? (단, 150㎛의 체를 통과하는 것이 50wt% 이상인 경우이다.)

① 니켈분　② 마그네슘분　③ 알루미늄분　④ 구리분

해설 '금속분'이라 함은 알칼리금속 · 알칼리토류금속 · 철 및 마그네슘외의 금속의 분말을 말하고, 구리분(Cu) · 니켈분(Ni) 및 150마이크로미터의 체를 통과하는 것이 50중량퍼센트 미만인 것은 제외한다.

60. 위험물안전관리법령에 따라 기계에 의하여 하역하는 구조로 된 운반용기의 외부에 행하는 표시내용에 해당하지 않는 것은? (단, 국제 해상위험물규칙에 정한 기준 또는 소방방재청장이 정하여 고시하는 기준에 적합한 표시를 한 경우는 제외한다.)

① 운반용기의 제조년월　② 제조자의 명칭

③ 겹쳐쌓기시험하중　④ 용기의 유효기간

해설 기계에 의하여 하역하는 구조로 된 운반용기의 외부에 행하는 표시내용은 다음과 같다.

가. 운반용기의 제조년월 및 제조자의 명칭

나. 겹쳐쌓기시험하중

다. 운반용기의 종류에 따라 다음의 규정에 의한 중량

1) 플렉서블 외의 운반용기 : 최대총중량(최대수용중량의 위험물을 수납하였을 경우의 운반용기의 전중량을 말한다)

2) 플렉서블 운반용기 : 최대수용중량

정답　2017년 제1회 위험물기능사 필기 기출문제

문	답	문	답	문	답	문	답	문	답	문	답	문	답	문	답	문	답	문	답
1	3	2	4	3	2	4	1	5	3	6	4	7	3	8	3	9	2	10	2
11	4	12	1	13	3	14	2	15	3	16	3	17	3	18	3	19	4	20	1
21	3	22	2	23	1	24	3	25	1	26	2	27	3	28	4	29	3	30	4
31	4	32	4	33	1	34	1	35	3	36	2	37	2	38	3	39	4	40	3
41	1	42	1	43	2	44	2	45	2	46	1	47	4	48	1	49	3	50	3
51	2	52	2	53	2	54	3	55	4	56	4	57	4	58	2	59	3	60	4

2017년 제2회 위험물기능사 필기 기출

01. **위험물안전관리법령에 따라 다음 ( ) 안에 알맞은 용어는?**

> 주유취급소 중 건축물의 2층 이상의 부분을 점포·휴게음식점 또는 전시장의 용도로 사용하는 것에 있어서는 당해 건축물의 2층 이상으로부터 주유취급소의 부지 밖으로 통하는 출입구와 당해 출입구로 통하는 통로·계단 및 출입구에 (   )을(를) 설치하여야 한다.

① 피난사다리 ② 경보기 ③ 유도등 ④ CCTV

해설 주유취급소 중 건축물의 2층 이상의 부분을 점포·휴게음식점 또는 전시장의 용도로 사용하는 것에 있어서는 당해 건축물의 2층 이상으로부터 주유취급소의 부지 밖으로 통하는 출입구와 당해 출입구로 통하는 통로·계단 및 출입구에 유도등을 설치하여야 한다.

02. **충격이나 마찰에 민감하고 가수분해 반응을 일으키는 단점을 가지고 있어 이를 개선하여 다이너마이트를 발명하는데 주 원료로 사용한 위험물은?**

① 트리니트로페놀 ② 니트로글리세린 ③ 트리니트로톨루엔 ④ 셀룰로이드

해설 규조토에 흡수시킨 니트로글리세린은 다이너마이트를 발명하는데 주원료로 사용되었다.

03. **다음 중 알킬알루미늄의 소화방법으로 가장 적합한 것은?**

① 팽창질석에 의한 소화 ② 산·알칼리 소화약제에 의한 소화
③ 알코올포에 의한 소화 ④ 주수에 의한 소화

해설 알킬알루미늄은 제3류 위험물의 금수성 물질이므로 팽창질석, 팽창진주암, 건조사, 탄산수소염류 분말소화설비 등에 의한 질식소화가 가장 적합하다.

04. **니트로셀룰로오스의 저장·취급방법으로 틀린 것은?**

① 직사광선을 피해 저장한다.
② 되도록 장기간 보관하여 안정화된 후에 사용한다.
③ 유기과산화물류, 강산화제와의 접촉을 피한다.
④ 건조 상태에 이르면 위험하므로 습한 상태를 유지한다.

해설 니트로셀룰로오스는 장기간 보관시 위험하므로 소분하여 보관한다.

05. **위험물안전관리법상 제조소등의 허가, 취소 또는 사용정지의 사유에 해당하지 않는 것은?**

① 안전교육 대상자가 교육을 받지 아니한 때 ② 완공검사를 받지 않고, 제조소등을 사용한 때
③ 위험물안전관리자를 선임하지 아니한 때 ④ 제조소등의 정기검사를 받지 아니한 때

해설 ① 교육대상자가 교육을 받을 때까지 해당 자격을 제한할 수 있다.

06. 할론 1301의 증기 비중은? (단, 불소의 원자량은 19, 브롬의 원자량은 80, 염소의 원자량은 35.5이고 공기의 분자량은 29이다.)

① 2.14 ② 4.15 ③ 5.14 ④ 6.15

해설 CF_3Br 분자량 : $12 + (19\times3) + 80 = \frac{149}{29} = 5.14$

07. 염소산나트륨의 성상에 대한 설명으로 옳지 않은 것은?

① 자신은 불연성 물질이지만 강한 산화제이다.
② 유리를 녹이므로 철제 용기에 저장한다.
③ 열분해 하여 산소를 발생한다.
④ 산과 반응하면 유독성의 이산화염소를 발생한다.

해설 보관 시 철제 용기를 피하여 저장하여야 한다.

08. 제2류 위험물인 마그네슘의 위험성에 관한 설명 중 틀린 것은?

① 더운물과 작용시키면 산소가스를 발생한다.
② 이산화탄소 중에서도 연소한다.
③ 습기와 반응하여 열이 축적되면 자연발화의 위험이 있다.
④ 공기 중에 부유하면 분진폭발의 위험이 있다.

해설 더운물과 작용시키면 수소가스를 발생한다.

09. 화학포소화기에서 탄산수소나트륨과 황산알루미늄이 반응하여 생성되는 기체의 주성분은?

① CO ② CO_2 ③ N_2 ④ Ar

해설 〈화학포 소화약제의 반응식〉

- $6NaHCO_3 + Al_2(SO_4)_3 \cdot 18H_2O \rightarrow 3Na_2SO_4 + 2Al(OH)_3 + 6CO_2 + 18H_2O$

10. 위험물의 화재별 소화방법으로 옳지 않은 것은?

① 황린 - 분무주수에 의한 냉각소화 ② 인화칼슘 - 분무주수에 의한 냉각소화
③ 톨루엔 - 포에 의한 질식소화 ④ 질산메틸 - 주수에 의한 냉각소화

해설 인화칼슘(Ca_3P_2)과 물의 접촉 시 독성의 포스핀 가스가 발생하므로 주수소화를 금한다.

11. 1몰의 이황화탄소와 고온의 물이 반응하여 생성되는 유독한 기체물질의 부피는 표준상태에서 얼마인가?

① 22.4L ② 44.8L ③ 67.2L ④ 134.4L

해설 반응식 : $CS_2 + 2H_2O \rightarrow 2H_2S + CO_2$ (제4류 위험물 개념)

- $PV = nRT$ 적용, $1 \times x = 2 \times 0.082 \times 273$
- $x = 44.77 \fallingdotseq 44.8L$

12. 다음 위험물의 지정수량 배수의 총합은 얼마인가?[질산 150kg, 과산화수소수 420kg, 과염소산 300kg]

① 2.5 ② 2.9 ③ 3.4 ④ 3.9

해설 질산 지정수량 : 300kg

- 과산화수소 지정수량 : 300kg
- 과염소산 지정수량 : 300kg

$$\therefore \frac{저장수량}{지정수량} = \frac{150kg}{300kg} + \frac{420kg}{300kg} + \frac{300kg}{300kg} = 2.9$$

13. 위험물안전관리법령에 따른 대형수동식소화기의 설치기준에서 방호대상물의 각 부분으로부터 하나의 대형수동식소화기까지의 보행거리는 몇 m 이하가 되도록 설치하여야 하는가? (단, 옥내소화전설비, 옥외소화전설비, 스프링클러설비 또는 물분무등소화설비와 함께 설치하는 경우는 제외한다.)

① 10 ② 15 ③ 20 ④ 30

해설 대형수동식 소화기의 설치 기준은 방호대상물의 각 부분으로부터 하나의 대형수동식 소화기까지의 보행거리가 30m 이하가 되도록 설치하며, 소형수동식 소화기의 경우 20m 이하로 설치하여야 한다.

14. 과산화수소가 이산화망간 촉매 하에서 분해가 촉진될 때 발생하는 가스는?

① 수소 ② 산소 ③ 아세틸렌 ④ 질소

해설 $2H_2O_2 \rightarrow 2H_2O + O_2$

15. 20℃의 물 100kg이 100℃ 수증기로 증발하면 몇 kcal의 열량을 흡수할 수 있는가? (단, 물의 증발잠열은 540kcal이다.)

① 540 ② 7,800 ③ 62,000 ④ 108,000

해설 $Q = Cm\Delta t$

1) $Q = 1 \times 100 \times (100-20) = 8,000$kcal

2) $Q = 539 \times 100 = 53,900$kcal

$\therefore$ 8,000 + 53,900 = 61,900kcal

16. 지정수량이 나머지 셋과 다른 것은?

① 과염소산칼륨 ② 과산화나트륨 ③ 유황 ④ 금속칼슘

해설 ③ 유황 : 100kg (① 과염소산칼륨, ② 과산화나트륨, ④ 금속칼슘 : 50kg)

17. 위험물안전관리법령에 따른 옥외소화전설비의 설치기준에서 "옥외소화전설비는 모든 옥외소화전(설치개수가 4개 이상인 경우는 4개의 옥외소화전)을 동시에 사용할 경우에 각 노즐선단의 방수압력이 ( )kPa 이상이고, 방수량이 1분당 ( )L 이상의 성능이 되도록 할 것" 에서 괄호 안에 알맞은 수치를 차례대로 나타낸 것은?

① 350, 260　② 300, 260　③ 350, 450　④ 300, 450

해설

	옥내소화전설비	옥외소화전설비
지면에서 개폐밸브 및 호스접속구까지의 높이	1.5m 이하	
비상전원	45분 이상	
방수압력	350kPa 이상	
방수량	260L/min 이상	450L/min 이상
수원의 수량	7.8㎥ × 최대 5개	13.5㎥ × 최대 4개
방호대상물간의 수평거리	25m 이하	40m 이하

18. 다음 중 물에 가장 잘 용해되는 위험물은?

① 벤즈알데히드　② 이소프로필알코올
③ 휘발유　④ 에테르

해설 이소프로필알코올은 알코올류로 물에 잘 용해된다.
① 벤즈알데히드 : 제2석유류 비수용성
③ 휘발유 : 제1석유류 비수용성
④ 에테르(디에틸에테르) : 특수인화물 비수용성

19. 강화액소화기에 대한 설명이 아닌 것은?

① 알칼리 금속염류가 포함된 고농도의 수용액이다.
② A급 화재에 적응성이 있다.
③ 어는점이 낮아서 동절기에도 사용이 가능하다.
④ 물의 표면장력을 강화시킨 것으로 심부화재에 효과적이다.

해설 물보다 표면장력이 작아 심부화재에 효과적이다.

20. 다음 중 가연물이 고체 덩어리보다 분말 가루일 때 위험성이 큰 이유로 가장 옳은 것은?

① 공기와 접촉 면적이 크기 때문이다.
② 열전도율이 크기 때문이다.
③ 흡열반응을 하기 때문이다.
④ 활성에너지가 크기 때문이다.

해설 고체 덩어리보다 분말 가루일 때 공기와 접촉하는 면적이 넓기 때문에 위험성이 커진다.

21. 위험물에 대한 설명으로 틀린 것은?

① 적린은 연소하면 유독성 물질이 발생한다.
② 마그네슘은 연소하면 가연성 수소가스가 발생한다.
③ 유황은 분진폭발의 위험이 있다.
④ 황화인에는 P_4S_3, P_2S_5, P_4S_7 등이 있다.

해설 ② 마그네슘은 연소하면 산화마그네슘을 생성한다.

22. 다음 중 산을 가하면 이산화염소를 발생시키는 물질로 분자량이 약 90.5인 것은?

① 아염소산나트륨　② 브롬산나트륨
③ 옥소산칼륨(요오드산칼륨)　④ 중크롬산나트륨

해설 아염소산염류, 염소산염류 등에 산을 가하면 이산화염소를 발생시킨다.
$NaClO_2$ 분자량 : 23 + 35.5 + (16×2) = 90.5

23. 과산화수소의 운반용기 외부에 표시해야 하는 주의사항은 무엇인가?

① 화기주의　② 충격주의　③ 물기엄금　④ 가연물접촉주의

해설 ✔한 눈에 정리하기

제조소등 게시판과 운반용기 주의사항(228페이지 참조!)

24. 옥내저장소에 관한 위험물안전관리법령의 내용으로 옳지 않은 것은?

① 지정과산화물을 저장하는 옥내저장소의 경우 바닥면적 150㎡이내마다 격벽으로 구획을 하여야 한다.
② 옥내저장소에는 원칙상 안전거리를 두어야 하나, 제6류 위험물을 저장하는 경우에는 안전거리를 두지 않을 수 있다.
③ 아세톤을 처마높이 6m 미만인 단층건물에 저장하는 경우 저장창고의 바닥면적은 1000㎡ 이하로 하여야 한다.
④ 복합용도의 건축물에 설치하는 옥내저장소는 해당 용도로 사용하는 부분의 바닥면적을 100㎡ 이하로 하여야 한다.

해설 복합용도의 건축물에 설치하는 옥내저장소는 해당 용도로 사용하는 부분의 바닥면적을 75㎡ 이하로 하여야 한다.

25. 위험물 간이탱크 저장소의 간이저장탱크 수압시험 기준으로 옳은 것은?

① 50kPa의 압력으로 7분간의 수압시험　② 70kPa의 압력으로 10분간의 수압시험
③ 50kPa의 압력으로 10분간의 수압시험　④ 70kPa의 압력으로 7분간의 수압시험

해설 간이저장탱크는 두께 3.2mm 이상의 강판으로 흠이 없도록 제작하여야 하며, 70kPa의 압력으로 10분간의 수압시험을 실시하여 새거나 변형되지 아니하여야 한다.

25. 다음 위험물의 지정수량 배수의 총합은 얼마인가?[질산 150㎏, 과산화수소수 420㎏, 과염소산 300㎏]

① 2.5　② 2.9　③ 3.4　④ 3.9

해설 질산 지정수량 : 300kg

- 과산화수소 지정수량 : 300kg
- 과염소산 지정수량 : 300kg

$$\therefore \frac{\text{저장수량}}{\text{지정수량}} = \frac{150kg}{300kg} + \frac{420kg}{300kg} + \frac{300kg}{300kg} = 2.9$$

26. 요리용 기름의 화재 시 비누화 반응을 일으켜 질식효과와 재발화 방지 효과를 나타내는 소화약제는?

① $NaHCO_3$　② $KHCO_3$　③ $BaCl_2$　④ $NH_4H_2PO_4$

해설 제1종 분말소화약제를 이용하여 요리용 기름의 화재 시 비누화 반응을 일으켜 질식 및 재발화 방지 효과로 소화할 수 있다

27. 물과 접촉하면 위험성이 증가하므로 주수소화를 할 수 없는 물질은?

① $C_6H_2CH_3(NO_2)_3$　② $NaNO_3$　③ $(C_2H_5)_3Al$　④ $(C_6H_5CO)_2O_2$

해설 트리에틸알루미늄[$(C_2H_5)_3Al$]에 주수소화시 에탄가스를 발생하므로 팽창질석, 팽창진주암, 탄산수소염류분말 소화설비로 소화하여야 한다.

- $(C_2H_5)_3Al + 2H_2O \rightarrow Al(OH)_3 + 3C_2H_6$

28. 위험물안전관리법령상 지정수량 10배 이상의 위험물을 저장하는 제조소에 설치하여야 하는 경보설비의 종류가 아닌 것은?

① 자동화재탐지설비　② 자동화재속보설비

③ 휴대용 확성기　④ 비상방송설비

해설 지정수량 10배 이상의 위험물을 저장하는 제조소에 설치하는 경보설비의 종류에는 자동화재탐지설비, 비상방송설비, 비상경보설비, 확성장치(휴대용 확성기)가 해당된다.

29. 위험물안전관리법령상 소화난이도 등급 I 에 해당하는 제조소의 연면적 기준은?

① 1000㎡ 이상　② 800㎡ 이상　③ 700㎡ 이상　④ 500㎡ 이상

해설 소화난이도등급 I의 제조소는 연면적 1000㎡ 이상에 해당한다.

30. 제조소등의 소요단위 산정 시 위험물은 지정수량의 몇 배를 1소요단위로 하는가?

① 5배　② 10배　③ 20배　④ 50배

해설 위험물의 소요단위는 지정수량의 10배를 1소요단위로 한다.

31. 유별을 달리하는 위험물을 운반할 때 혼재할 수 있는 것은? (단, 지정수량의 1/10을 넘는 양을 운반하는 경우이다.)

① 제1류와 제3류 ② 제2류와 제4류 ③ 제3류와 제5류 ④ 제4류와 제6류

해설 제2류 위험물은 제4류, 제5류 위험물과 혼재가 가능하다.

32. [그림]의 원통형 종으로 설치된 탱크에서 공간용적을 내용적의 10%라고 하면 탱크 용량(허가용량)은 약 몇 ㎥인가?

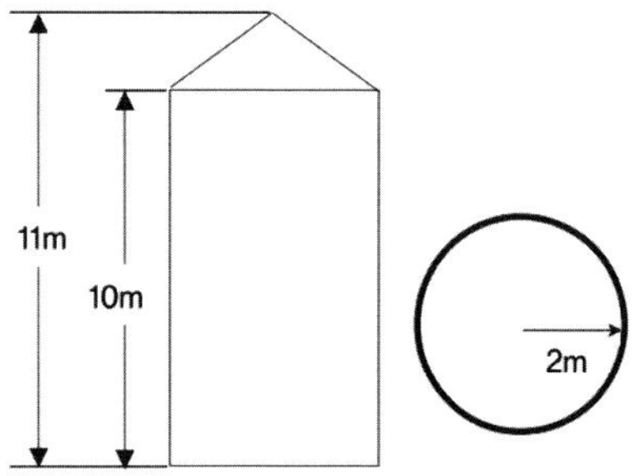

① 113.04㎥ ② 124.34㎥ ③ 129.06㎥ ④ 138.16㎥

해설 내용적 = $3.14 \times 2^2 \times 10 = 125.6m^3$ / 용량 = $125.6m^3 \times 0.9 = 113.04m^3$

33. 위험물관리법령상 제4류 위험물의 품명에 따른 위험등급과 옥내저장소 하나의 저장창고 바닥면적 기준을 옳게 나열한 것은? (단, 전용의 독립된 단층건물에 설치하며, 구획된 실이 없는 하나의 저장창고인 경우에 한한다.)

① 제1석유류 : 위험등급 I, 최대 바닥면적 1,000㎡
② 제2석유류 : 위험등급 I, 최대 바닥면적 2,000㎡
③ 제3석유류 : 위험등급 Ⅱ, 최대 바닥면적 1,000㎡
④ 알코올류 : 위험등급 Ⅱ, 최대 바닥면적 1,000㎡

해설 ① 제1석유류 : 위험등급 Ⅱ, 최대 바닥면적 1,000㎡
② 제2석유류 : 위험등급 Ⅲ, 최대 바닥면적 2,000㎡
③ 제3석유류 : 위험등급 Ⅲ, 최대 바닥면적 2,000㎡

34. 유기과산화물의 저장 또는 운반 시 주의사항으로 옳은 것은?

① 산화제이므로 다른 강산화제와 같이 저장해야 좋다.
② 일광이 드는 건조한 곳에 저장한다.
③ 알코올류 등 제4류 위험물과 혼재하여 운반할 수 있다.
④ 가능한 한 대용량으로 저장한다.

해설 ③ 제5류 위험물은 제2류 위험물과 제4류 위험물과 혼재하여 운반할 수 있다.

35. 위험물안전관리법령상 위험등급 Ⅰ의 위험물에 해당하는 것은?

① 무기과산화물 ② 황화린, 적린, 유황 ③ 제1석유류 ④ 알코올류

해설 ① 무기과산화물) : 위험등급 Ⅰ / ② 황화린, 적린, 유황 : 위험등급 Ⅱ
③ 제1석유류 : 위험등급 Ⅱ / ④ 알코올류 : 위험등급 Ⅱ

36. 황린의 위험성에 대한 설명으로 틀린 것은?

① 강알칼리 용액과 반응하여 독성 가스를 발생한다.
② 공기 중에서 자연발화의 위험성이 있다.
③ 화학적 활성이 커서 CO_2, H_2O와 격렬히 반응한다.
④ 연소 시 발생되는 증기는 유독하다.

해설 황린은 화학적 활성이 큰 자연발화성 물질이지만 H_2O와 반응성이 없어 pH 9인 물에 보관할 수 있다.

37. 제5류 위험물 중 니트로화합물의 지정수량을 옳게 나타낸 것은?

① 10kg ② 100kg ③ 150kg ④ 200kg

해설 제5류 위험물 중 니트로화합물 : 지정수량 200kg

38. 산화성액체인 질산의 분자식으로 옳은 것은?

① HNO_2 ② HNO_3 ③ NO_2 ④ NO_3

해설 제6류 위험물(산화성 액체) 중 질산 : HNO_3

39. 과산화나트륨의 화재 시 물을 사용한 소화가 위험한 이유는?

① 수소와 열을 발생하므로
② 산소와 열을 발생하므로
③ 수소를 발생하고 이 가스가 폭발적으로 연소하므로
④ 산소를 발생하고 이 가스가 폭발적으로 연소하므로

해설 알칼리금속의 과산화물인 과산화나트륨에 주수 소화 시 산소와 열을 발생하므로 질식소화 하여야 한다.

40. 위험물시설에 설비하는 자동화재탐지설비의 하나의 경계구역 면적과 그 한 변의 길이의 기준으로 옳은 것은? (단, 광전식분리형 감지기를 설치하지 않은 경우이다.)

① 300㎡ 이하, 50m 이하 ② 300㎡ 이하, 100m 이하
③ 600㎡ 이하, 50m 이하 ④ 600㎡ 이하, 100m 이하

해설 하나의 경계구역의 한 변의 길이는 50m(광전식분리형 감지기를 설치할 경우에는 100m) 이하로 하며 면적은 600㎡ 이하로 한다.

41. 다음 아세톤의 완전 연소 반응식에서 ( )에 알맞은 계수를 차례대로 옳게 나타낸 것은?

CH_3COCH_3 + ( )O_2 → ( )CO_2 + $3H_2O$

① 3, 4 ② 4, 3 ③ 6, 3 ④ 3, 6

해설 연소반응식 : $CH_3COCH_3 + 4O_2 \rightarrow 3CO_2 + 3H_2O$

42. 위험물안전관리법령상 탄산수소염류의 분말소화기가 적응성을 갖는 위험물이 아닌 것은?

① 과염소산 ② 철분 ③ 톨루엔 ④ 아세톤

해설 제6류 위험물인 과염소산은 주수소화가 효과적이다.

43. 등유에 관한 설명으로 틀린 것은?

① 물보다 가볍다. ② 녹는점은 상온보다 높다

③ 발화점은 상온보다 높다 ④ 증기는 공기보다 무겁다.

해설 ② 등유의 녹는점은 약 −26℃ ~ −48℃로 상온보다 낮다.

44. 벤젠(C_6H_6)의 일반 성질로서 틀린 것은?

① 휘발성이 강한 액체이다. ② 인화점은 가솔린보다 낮다.

③ 물에 녹지 않는다. ④ 화학적으로 공명구조를 이루고 있다.

해설 ② 벤젠의 인화점은 -11℃이므로 가솔린의 인화점(-43 ~ −20℃)보다 높다.

45. 위험물안전관리법령에 의한 위험물에 속하지 않는 것은?

① CaC_2 ② S ③ P_2O_5 ④ K

해설 ① 제3류 위험물 ② 제2류 위험물

③ 오산화인(P_2O_5)은 적린, 황린이 연소할 때 생성되는 흰색 기체이다.

④ 제3류 위험물

46. 액체 위험물의 운반용기 중 금속제 내장용기의 최대 용적은 몇 L인가?

① 5 ② 10 ③ 20 ④ 30

해설 액체 위험물의 경우 금속제 내장용기의 최대 용적은 30L이다.

47. 가연성 가스나 증기의 농도를 연소한계(하한) 이하로 하여 소화하는 방법은?

① 희석 소화 ② 제거 소화 ③ 질식 소화 ④ 냉각 소화

해설 희석소화란 물 또는 CO_2 가스 등으로 희석시켜 가연물의 조성을 연소범위 하한계 이하로 소화하는 방법이다.

48. 위험물안전관리법령에서 정한 이산화탄소 소화약제의 저장용기 설치기준으로 옳은 것은?

① 저압식 저장용기의 충전비 : 1.0 이상 1.3 이하
② 고압식 저장용기의 충전비 : 1.3 이상 1.7 이하
③ 저압식 저장용기의 충전비 : 1.1 이상 1.4 이하
④ 고압식 저장용기의 충전비 : 1.7 이상 2.1 이하

해설 이산화탄소 소화약제의 충전비는 저압식의 경우 1.1 이상 1.4 이하, 고압식의 경우 1.5 이상 1.9 이하로 한다.

49. 톨루엔에 대한 설명으로 틀린 것은?

① 휘발성이 있고 가연성 액체이다. ② 증기는 마취성이 있다.
③ 알코올, 에테르, 벤젠 등과 잘 섞인다. ④ 노란색 액체로 냄새가 없다.

해설 톨루엔은 무색의 액체로 자극성의 냄새가 있다.

50. 위험물안전관리법령상 혼재할 수 없는 위험물은? (단, 위험물은 지정수량의 1/10을 초과하는 경우이다.)

① 적린과 황린 ② 질산염류와 질산
③ 칼륨과 특수인화물 ④ 유기과산화물과 유황

해설 적린(제2류 위험물)과 황린(제3류 위험물)은 혼재 불가능한 물질이다.
② 질산염류(제1류 위험물)와 질산(제6류 위험물)
③ 칼륨(제3류 위험물)과 특수인화물(제4류 위험물)
④ 유기과산화물(제5류 위험물)과 유황(제2류 위험물)

51. 위험물의 품명과 지정수량이 잘못 짝지어진 것은?

① 황화린 - 50kg ② 마그네슘 - 500kg ③ 알킬알루미늄-10kg ④ 황린 - 20kg

해설 ① 황화린 - 100kg이다.

52. 위험물안전관리법령상 배출설비를 설치하여야 하는 옥내저장소의 기준에 해당하는 것은?

① 가연성 증기가 액화할 우려가 있는 장소
② 모든 장소의 옥내저장소
③ 가연성 미분이 체류할 우려가 있는 장소
④ 인화점이 70℃ 미만인 위험물의 옥내 저장소

해설 옥내저장소의 경우 인화점이 70℃ 미만인 위험물을 저장하는 저장 창고에는 배출설비를 설치하며, 제조소의 경우 가연성 증기 또는 미분이 체류할 우려가 있는 장소에 배출설비를 설치한다.

53. 다음 위험물 중 발화점이 가장 낮은 것은?

① 황 ② 삼황화린 ③ 황린 ④ 아세톤

해설 황린은 자연발화성 물질로 발화점이 약 34℃이다.

54. 질산에 대한 설명 중 틀린 것은?

① 환원성 물질과 혼합하면 발화할 수 있다.
② 분자량은 약 63이다.
③ 위험물안전관리법령상 비중이 1.82 이상이 되어야 위험물로 취급된다.
④ 분해하면 인체에 해로운 가스가 발생한다.

해설 위험물안전관리법령상 비중이 1.49 이상이 되어야 위험물로 취급된다.

55. 과망간산칼륨의 일반적인 성질에 관한 설명 중 틀린 것은?

① 강한 살균력과 산화력이 있다. ② 금속성 광택이 있는 무색의 결정이다.
③ 가열분해시키면 산소를 방출한다. ④ 비중은 약 2.7이다.

해설 흑자색의 결정이다.

56. 다음 물질 중 위험물 유별에 따른 구분이 나머지 셋과 다른 하나는?

① 질산은 ② 질산메틸 ③ 무수크롬산 ④ 질산암모늄

해설 ① 질산은 : 제1류 위험물 중 질산염류
② 질산메틸 : 제5류 위험물 중 질산에스테르류
③ 무수크롬산 : 제1류 위험물 중 행정안전부령이 정하는 크롬의 산화물
④ 질산암모늄 : 제1류 위험물 중 질산염류

57. 니트로셀룰로오스의 안전한 저장을 위해 사용하는 물질은?

① 페놀 ② 황산 ③ 에탄올 ④ 아닐린

해설 니트로셀룰로오스는 건조하면 위험하므로 물 또는 알코올에 습윤시켜야 한다.

58. 시클로헥산에 관한 설명으로 가장 거리가 먼 것은?

① 고리형 분자구조를 가진 방향족 탄화수소화합물이다.
② 화학식은 C_6H_{12} 이다.
③ 비수용성 위험물이다.
④ 제4류 제1석유류에 속한다.

해설 ① 시클로헥산(C_6H_{12})은 단일결합구조이므로 방향족 탄화수소가 아니다.

59. 옥내저장소에서 지정수량의 몇 배 이상을 저장 또는 취급할 때 자동화재탐지설비를 설치하여야 하는가?

① 지정수량의 10배 이상을 저장 · 취급할 때
② 지정수량의 50배 이상을 저장 · 취급할 때
③ 지정수량의 100배 이상을 저장 · 취급할 때
④ 지정수량의 150배 이상을 저장 · 취급할 때

해설 지정수량의 100배 이상을 저장 · 취급할 때 자동화재탐지설비만 설치하며, 지정수량의 10배 이상을 취급하는 경우는 자동화재 탐지설비,비상경보설비, 확성장치 또는 비상방송설비 중 1종 이상을 설치한다.

60. 과염소산암모늄에 대한 설명으로 옳은 것은?

① 물에 용해되지 않는다.
② 청녹색의 침상결정이다.
③ 130℃에서 분해하기 시작하여 CO_2 가스를 방출한다.
④ 아세톤, 알코올에 용해된다.

해설 ① 물에 녹기 쉽다.
② 무색의 결정이다.
③ 130℃에서 분해하기 시작하여 O_2 가스를 방출한다.

정답 2017년 제2회 위험물기능사 필기 기출문제

문	답	문	답	문	답	문	답	문	답	문	답	문	답	문	답	문	답	문	답
1	3	2	2	3	1	4	2	5	1	6	3	7	2	8	1	9	2	10	2
11	2	12	2	13	4	14	2	15	3	16	3	17	3	18	2	19	4	20	1
21	2	22	1	23	4	24	4	25	2	26	1	27	3	28	2	29	1	30	2
31	2	32	1	33	4	34	3	35	1	36	3	37	4	38	2	39	2	40	3
41	2	42	1	43	2	44	2	45	3	46	4	47	1	48	3	49	4	50	1
51	1	52	4	53	3	54	3	55	2	56	2	57	3	58	1	59	3	60	4

2017년 제3회 위험물기능사 필기 기출

01. 위험물제조소 및 일반취급소에 설치하는 자동화재탐지설비의 설치기준으로 틀린 것은?

① 하나의 경계구역은 600㎡ 이하로 하고, 한 변의 길이는 50m 이하로 한다.
② 주요한 출입구에서 내부전체를 볼 수 있는 경우 경계구역은 1000㎡ 이하로 할 수 있다.
③ 광전식분리형 감지기를 설치한 경우에는 하나의 경계구역을 1000㎡ 이하로 할 수 있다.
④ 비상전원을 설치하여야 한다.

해설 하나의 경계구역의 한 변의 길이는 50m(광전식분리형 감지기를 설치할 경우에는 100m) 이하로 하며 면적은 600㎡ 이하로 한다.

02. 플래시오버(Flash Over)에 대한 설명으로 옳은 것은?

① 산소의 공급이 주요 요인이 되어 발생한다.
② 대부분 화재 종기(쇠퇴기)에 발생한다.
③ 내장재의 종류와 개구부의 크기에 영향을 받는다.
④ 대부분 화재 초기(발화기)에 발생한다.

해설 화재의 성장기에 발생하여 최성기로 넘어가는 단계를 말하며, 내장재의 종류(난연 · 가연 · 불연재료)와 개구부의 크기에 영향을 받는다.

03. 다음 중 폭발범위가 가장 넓은 물질은?

① 메탄 ② 톨루엔 ③ 에틸알코올 ④ 에틸에테르

해설 제4류 위험물 중 특수인화물은 대체로 폭발범위가 넓은 편이다.
① 메탄 : 5~15% ② 톨루엔 : 1.4~6.7%
③ 에틸알코올 : 4.3~19% ④ 에틸에테르 : 1.9~48%

04. 다음 고온체의 색상을 낮은 온도부터 나열한 것으로 옳은 것은?

① 암적색 〈 황적색 〈 백적색 〈 휘적색 ② 휘적색 〈 백적색 〈 황적색 〈 암적색
③ 휘적색 〈 암적색 〈 황적색 〈 백적색 ④ 암적색 〈 휘적색 〈 황적색 〈 백적색

해설 암적색(700℃) 〈 적색(850℃) 〈 휘적색(950℃) 〈 황적색(1,100℃) 〈 백적색(1,300℃) 〈 휘백색(1,500℃)

05. 액화 이산화탄소 1kg이 25℃, 2atm의 공기 중으로 방출되었을 때 방출된 기체상의 이산화탄소의 부피는 약 몇 L가 되는가?

① 278 ② 556 ③ 1,111 ④ 1,985

해설
- CO_2 분자량 : 12 + (16×2) = 44
- PV = nRT 적용, $2 \times x = \frac{1}{44} \times 0.082 \times (273+25)$
- x = 0.278㎥ × 1,000 → 278L

06. 다음은 위험물안전관리법령에서 정한 내용이다. (   ) 안에 알맞은 용어는?

> ( )라 함은 고형 알코올, 그 밖에 1기압에서 인화점이 섭씨 40도 미만인 고체를 말한다.

① 가연성 고체　② 산화성 고체　③ 인화성 고체　④ 자기반응성 고체

해설 제2류 위험물 중 인화성 고체에 대한 설명이다.

07. 위험물의 성질에 관한 설명 중 옳은 것은?

① 벤젠과 톨루엔 중 인화온도가 낮은 것은 톨루엔이다.
② 디에틸에테르는 휘발성이 높으며 마취성이 있다.
③ 에틸알코올은 물이 조금이라도 섞이면 불연성 액체가 된다.
④ 휘발유는 전기 양도체이므로 정전기 발생이 위험하다.

해설 ① 벤젠 인화점 : -11℃, 톨루엔 인화점 : 4℃
③ 에틸알코올에 물이 섞여도 가연성은 유지된다.
④ 휘발유는 전기 부도체이므로 정전기 발생이 위험하다.

08. 위험물안전관리법령에 따른 이동저장탱크의 구조의 기준에 대한 설명으로 틀린 것은?

① 압력탱크는 최대상용압력의 1.5배의 압력으로 10분간 수압시험을 하여 새지 말 것
② 상용압력이 20kPa를 초과하는 탱크의 안전장치는 상용압력의 1.5배 이하의 압력에서 작동할 것
③ 방파판은 두께 1.6mm이상의 강철판 또는 이와 동등 이상의 강도, 내식성 및 내열성을 갖는 재질로 할 것
④ 탱크는 두께 3.2mm 이상의 강철판 또는 이와 동등 이상의 강도, 내식성 및 내열성을 갖는 재질로 할 것

해설 ② 20kPa를 초과하는 탱크에 있어서는 상용압력의 1.1배 이하의 압력에서 작동하는 것으로 할 것

09. 판매취급소의 배합실에서 배합하거나 옮겨 담는 작업을 하면 안되는 위험물은?

① 도료류　② 염소산염류　③ 유황　④ 황화인

해설 판매취급소에서는 도료류, 제1류 위험물 중 염소산염류 및 염소산염류만을 함유한 것, 유황 또는 인화점이 38℃ 이상인 제4류 위험물을 배합실에서 배합하는 경우 외에는 위험물을 배합하거나 옮겨 담는 작업을 하지 않아야 한다.

10. 위험물제조소등의 화재예방 등 위험물 안전관리에 관한 직무를 수행하는 위험물안전관리자의 선임시기는?

① 위험물제조소 등의 완공검사를 받은 후 즉시
② 위험물제조소 등의 허가 신청 전
③ 위험물제조소 등의 설치를 마치고 완공검사를 신청하기 전
④ 위험물제조소 등에서 위험물을 저장 또는 취급하기 전

11. 위험물안전관리법령에서 정한 탱크안전성능 검사의 구분에 해당하지 않는 것은?

① 기초 · 지반검사 ② 충수 · 수압검사 ③ 용접부검사 ④ 배관검사

해설 탱크안전성능검사 : 기초 · 지반검사, 충수 · 수압검사, 용접부검사, 암반탱크검사

12. 수소화나트륨의 소화약제로 적당하지 않은 것은?

① 물 ② 건조사 ③ 팽창질석 ④ 팽창진주암

해설 수소화나트륨은 금수성 물질이므로 건조사, 팽창질석, 팽창진주암, 탄산수소염류 분말 소화설비로 소화하여야 한다.

13. 다음 중 물과 반응하여 조연성 가스를 발생하는 것은?

① 과염소산나트륨 ② 질산나트륨 ③ 중크롬산나트륨 ④ 과산화나트륨

해설 과산화나트륨은 물과 반응하여 산소 가스를 발생한다.

14. 혼합물인 위험물이 복수의 성상을 가지는 경우에 적용하는 품명에 관한 설명으로 틀린 것은?

① 산화성고체의 성상 및 가연성고체의 성상을 가지는 경우 : 제1류 위험물
② 산화성고체의 성상 및 자기반응성물질의 성상을 가지는 경우 : 자기반응성물질의 품명
③ 가연성고체의 성상과 자연발화성 물질의 성상 및 금수성물질의 성상을 가지는 경우 : 자연발화성물질 및 금수성물질의 품명
④ 인화성액체의 성상 및 자기반응성물질의 성상을 가지는 경우 : 자기반응성물질의 품명

해설 인화성액체의 성상 및 자기반응성물질의 성상을 가지는 경우는 자기반응성물질에 해당한다.

15. 메틸알코올 8,000리터에 대한 소화능력으로 삽을 포함한 마른모래를 몇 리터 설치하여야 하는가?

① 100 ② 200 ③ 300 ④ 400

해설 위험물의 소요단위는 지정수량의 10배를 1소요단위로 한다.

- 알코올류 지정수량 : 400L
- 400L × 10배=4,000L
- $\frac{8,000L}{4,000L} = 2$단위

∴ 마른모래 0.5단위가 50L이므로, 2단위는 50L의 4배인 200L이다.

16. 단백포소화약제 제조 공정에서 부동제로 사용하는 것은?

① 에틸렌글리콜 ② 물 ③ 가수분해 단백질 ④ 황산제1철

해설 단백포 소화약제의 제조 공정에서 에틸렌글리콜을 부동제로 사용한다.

17. 옥외저장소에 덩어리 상태의 유황만을 지반면에 설치한 경계표시의 안쪽에서 지장할 경우 하나의 경계표시의 내부면적은 몇 ㎡ 이하이여야 하는가?

① 75 ② 100 ③ 150 ④ 300

해설 옥외저장소에서 덩어리 상태의 유황만을 지반면에 설치한 경계표시의 안쪽에서 저장할 경우 하나의 경계표시의 내부면적은 100㎡ 이하로 해야 한다.

18. 제1종 분말소화약제의 화학식과 색상이 옳게 연결된 것은?

① $NaHCO_3$ – 백색 ② $KHCO_3$ – 백색
③ $NaHCO_3$ – 담홍색 ④ $KHCO_3$ – 담홍색

해설

구분	주성분의 화학식	색상
제1종	$NaHCO_3$	백색
제2종	$KHCO_3$	담회색
제3종	$NH_4H_2PO_4$	담홍색
제4종	$KHCO_3$ + $(NH_2)_2CO$	회백색

19. 물과 친화력이 있는 수용성 용매의 화재에 보통의 포소화약제를 사용하면 포가 파괴되기 때문에 소화 효과를 잃게 된다. 이와 같은 단점을 보완한 소화약제로 가연성인 수용성 용매의 화재에 유효한 효과를 가지고 있는 것은?

① 알코올포소화약제 ② 단백포소화약제
③ 합성계면활성제포소화약제 ④ 수성막포소화약제

해설 수용성 액체의 화재에는 포가 소멸되는 현상을 방지하기 위하여 알코올포(=내알코올형) 소화약제를 사용한다.

20. 질소와 아르곤과 이산화탄소의 용량비가 52대 40대 8인 혼합물 소화약제에 해당하는 것은?

① IG-541 ② HCFC-BLEND A ③ HFC-125 ④ HFC-23

해설 IG-541 : N_2(52%), Ar(40%), CO_2(8%)

21. 유황은 순도가 몇 중량% 이상인 것이 위험물에 해당하는가?

① 40중량% ② 50중량% ③ 60중량% ④ 70중량%

해설 '유황'은 순도가 60중량퍼센트 이상인 것을 말한다. 이 경우 순도측정에 있어서 불순물은 활석 등 불연성물질과 수분에 한한다.

22. 정전기의 발생요인에 대한 설명으로 틀린 것은?

① 접촉면적이 클수록 정전기의 발생량은 많아진다.
② 분리속도가 빠를수록 정전기의 발생량은 많아진다.
③ 대전서열에서 먼 위치에 있을수록 정전기의 발생량은 많아진다.
④ 접촉과 분리가 반복됨에 따라 정전기의 발생량은 증가한다.

해설 접촉과 분리가 반복됨에 따라 자유전자가 방출되어 정전기의 발생량은 감소한다.

23. 제6류 위험물에 대한 설명으로 옳은 것은?

① 과염소산은 독성은 없지만 폭발의 위험이 있으므로 밀봉하여 보관한다.
② 과산화수소는 농도가 3% 이상일 때 단독으로 폭발하므로 취급에 주의한다.
③ 질산은 자연발화의 위험이 높으므로 저온 보관한다.
④ 할로겐화합물의 지정수량은 300kg이다.

해설 ① 과염소산은 독성이 있으며 폭발의 위험은 없다.
② 과산화수소의 농도가 60% 이상일 때 단독으로 폭발할 수 있다.
③ 질산은 불연성이며 자연발화하지 않는다.

24. 과산화나트륨에 대한 설명 중 틀린 것은?

① 순수한 것은 백색이다.
② 상온에서 물과 반응하여 수소 가스를 발생한다.
③ 화재 발생 시 주수소화는 위험할 수 있다.
④ CO 및 CO_2 제거제를 제조할 때 사용된다.

해설 ② 상온에서 물과 반응하여 산소 가스를 발생한다.

25. 과산화수소에 대한 설명으로 틀린 것은?

① 불연성이다. ② 물보다 무겁다. ③ 산화성 액체이다. ④ 지정수량은 300L이다.

해설 지정수량은 300kg이다.

26. 위험물 옥내저장소에 과염소산 300kg, 과산화수소 300kg을 저장하고 있다. 저장창고에는 지정수량 몇 배의 위험물을 저장하고 있는가?

① 4 ② 3 ③ 2 ④ 1

해설 • 과염소산 지정수량 : 300kg • 과산화수소 지정수량 : 300kg

$$\therefore \frac{\text{저장수량}}{\text{지정수량}} = \frac{300kg}{300kg} = \frac{300kg}{300kg} = 2$$

27. 유황에 대한 설명으로 옳지 않은 것은?

① 연소 시 황색불꽃을 보이며 유독한 이황화탄소를 발생한다.
② 고온에서 용융된 유황은 수소와 반응한다.
③ 미세한 분말상태에서 부유하면 분진폭발의 위험이 있다.
④ 마찰에 의해 정전기가 발생할 우려가 있다.

해설 연소 시 청색불꽃을 보이며 유독한 아황산가스를 발생한다.

28. 과산화수소의 성질에 대한 설명 중 틀린 것은?

① 알칼리성 용액에 의해 분해될 수 있다.
② 산화제로 사용할 수 있다.
③ 농도가 높을수록 안정하다.
④ 열, 햇빛에 의해 분해될 수 있다.

해설 ③ 과산화수소는 농도가 높을수록 불안정하다.

29. 위험물안전관리법령상 품명이 "유기과산화물"인 것으로만 나열된 것은?

① 과산화벤조일, 과산화메틸에틸케톤
② 과산화벤조일, 과산화마그네슘
③ 과산화마그네슘, 과산화메틸에틸케톤
④ 과산화초산, 과산화수소

해설 ② 과산화벤조일 : 제5류 위험물 유기과산화물, 과산화마그네슘 : 제1류 위험물 무기과산화물
③ 과산화마그네슘 : 제1류 위험물 무기과산화물, 과산화메틸에틸케톤 : 제5류 위험물 유기과산화물
④ 과산화초산 : 제5류 위험물 유기과산화물, 과산화수소 : 제6류 위험물

30. 가연성 고체 위험물의 일반적 성질로서 틀린 것은?

① 비교적 저온에서 착화한다.
② 산화제와의 접촉 가열은 위험하다.
③ 연소 속도가 빠르다.
④ 산소를 포함하고 있다.

해설 저온에서 착화하기 쉬운 물질은 제3류 위험물 중 자연발화성 물질이다.

31. 염소산염류 250kg, 요오드산 염류 600kg, 질산염류 900kg을 저장하고 있는 경우 지정수량의 몇 배가 보관되어 있는가?

① 5배 ② 7배 ③ 10배 ④ 12배

해설 염소산염류 : 지정수량 50kg / 요오드산염류 : 지정수량 300kg

$$\therefore \frac{\text{저장수량}}{\text{지정수량}} = \frac{250kg}{50kg} + \frac{600kg}{300kg} + \frac{900kg}{300kg} = 10$$

32. 건물의 외벽이 내화구조로서 연면적 300㎡의 옥내저장소에 필요한 소화기 소요단위수는?

① 1단위 ② 2단위 ③ 3단위 ④ 4단위

해설 저장소이며 내화구조인 경우는 150㎡를 1소요단위로 한다.

$$\therefore \frac{300m^2}{150m^2} = 2$$

33. **위험물안전관리법령상 스프링클러헤드는 부착장소의 평상시 최고주위온도가 28℃ 미만인 경우 몇 ℃의 표시온도를 갖는 것을 설치하여야 하는가?**

① 58℃ 미만 ② 58℃ 이상 79℃ 미만
③ 79℃ 이상 121℃ 미만 ④ 121℃ 이상 162℃ 미만

해설

부착장소의 최고주위온도(℃)	표시온도(℃)
28 미만	58 미만
28 이상 39 미만	58 이상 79 미만
39 이상 64 미만	79 이상 121 미만
64 이상 106 미만	121 이상 162 미만
106 이상	162 이상

34. **위험물안전관리법령상 피난설비에 해당하는 것은?**

① 자동화재탐지설비 ② 비상방송설비 ③ 자동식사이렌설비 ④ 유도등

해설 ①, ②, ③은 경보설비에 해당한다.

35. **위험물의 품명과 지정수량이 잘못 짝지어진 것은?**

① 황화린 - 50kg ② 마그네슘 - 500kg ③ 알킬알루미늄 - 10kg ④ 황린 - 20kg

해설 황화린 지정수량 : 100kg

36. **$C_6H_5CH_3$의 일반적 성질이 아닌 것은?**

① 벤젠보다 독성이 매우 강하다. ② 진한 질산과 진한 황산으로 니트로화하면 TNT가 된다.
③ 비중은 약 0.86이다. ④ 물에 녹지 않는다.

해설 ① 벤젠(C_6H_6)보다 톨루엔($C_6H_5CH_3$)의 독성이 낮고 가격이 저렴하기 때문에 유성 페인트, 인쇄용 잉크 등 광범위로 사용된다.

37. **무색의 액체로 융점이 -122℃이고 물과 접촉하면 심하게 발열하는 제6류 위험물은?**

① 과산화수소 ② 과염소산 ③ 질산 ④ 오불화요오드

해설 과염소산은 무색, 무취의 액체로 융점이 -112℃이고 물과 접촉하면 심하게 발열한다.

38. **위험물안전관리법령상 배출설비를 설치하여야 하는 옥내저장소의 기준에 해당하는 것은?**

① 가연성 증기가 액화할 우려가 있는 장소 ② 모든 장소의 옥내저장소
③ 가연성 미분이 체류할 우려가 있는 장소 ④ 인화점이 70℃ 미만인 위험물의 옥내저장소

해설 옥내저장소의 경우 인화점이 70℃ 미만인 위험물을 저장하는 저장창고에는 배출설비를 설치하며, 제조소의 경우 가연성 증기 또는 미분이 체류할 우려가 있는 장소에 배출설비를 설치한다.

39. 위험물안전관리법령에서 정한 특수인화물의 발화점 기준으로 옳은 것은?

① 1기압에서 100℃이하　② 0기압에서 100℃이하
③ 1기압에서 25℃이하　④ 0기압에서 25℃이하

해설 특수인화물이란 이황화탄소, 디에틸에테르, 그 밖의 1기압에서 발화점 100℃ 이하인 것 또는 인화점이 섭씨 영하 -20℃ 이하이고 비점이 40℃ 이하인 것을 말한다.

40. 다음 중 니트로셀룰로오스 위험물의 화재 시에 가장 적절한 소화약제는?

① 사염화탄소　② 이산화탄소　③ 물　④ 인산염류

해설 니트로셀룰로오스는 제5류 위험물로 다량의 물에 의한 주수소화가 적합하다.

41. 메탄올과 에탄올의 공통점에 대한 설명으로 틀린 것은?

① 증기 비중이 같다.　② 무색 투명한 액체이다.
③ 비중이 1보다 작다.　④ 물에 잘 녹는다.

해설 서로 분자량이 다르므로 증기 비중이 같을 수 없다.

- 메탄올 : $\frac{32}{29} = 1.1$　• 에탄올 : $\frac{46}{29} = 1.59$

42. 위험물안전관리법령에서 정한 정의에서 인화성 또는 발화성 등의 성질을 가지는 것으로서 대통령령이 정하는 물품을 말하는 것은?

① 위험물　② 가연물　③ 특수인화물　④ 제4류 위험물

해설 인화성 또는 발화성 등의 성질을 가지는 것으로서 대통령령이 정하는 물품을 위험물로 정의한다.

43. 알코올류의 일반 성질이 아닌 것은?

① 분자량이 증가하면 증기비중이 커진다.
② 알코올은 탄화수소의 수소원자를 -OH 기로 치환한 구조를 가진다.
③ 탄소수가 적은 알코올을 저급 알코올이라고 한다.
④ 3차 알코올에는 -OH기가 3개 있다.

해설 3가 알코올에는 -OH기가 3개 있다.

44. 위험물의 지정수량이 잘못된 것은?

① $(C_2H_5)_3Al$: 10kg　② Ca : 50kg　③ LiH : 300kg　④ Al_4C_3 : 500kg

해설 ① $(C_2H_5)_3Al$: 제3류 위험물 중 알킬알루미늄 - 10kg
② Ca : 제3류 위험물 중 알칼리토금속 - 50kg
③ LiH : 제3류 위험물 중 금속수소화물 - 300kg

45. 다음 중 위험물 운반용기의 외부에 "제4류"와 "위험등급II"의 표시만 보이고 품명이 잘 보이지 않을 때 예상할 수 있는 수납 위험물의 품명은?

① 제1석유류 ② 제2석유류 ③ 제3석유류 ④ 제4석유류

해설 위험등급 II : 제1석유류, 알코올류

46. 질산의 저장 및 취급법이 아닌 것은?

① 직사광선을 차단한다. ② 분해방지를 위해 요산, 인산 등을 가한다.
③ 유기물과 접촉을 피한다. ④ 갈색병에 넣어 보관한다.

해설 ② 요산, 인산 등을 가하는 방법은 과산화수소의 저장 및 취급법에 해당한다.

47. 위험물안전관리법령상의 규제에 관한 설명 중 틀린 것은?

① 지정수량 미만의 위험물의 저장, 취급 및 운반은 시 · 도 조례에 의하여 규제한다.
② 항공기에 의한 위험물의 저장, 취급 및 운반은 위험물안전관리법의 규제대상이 아니다.
③ 궤도에 의한 위험물의 저장, 취급 및 운반은 위험물안전관리법의 규제대상이 아니다.
④ 선박법의 선박에 의한 위험물의 저장, 취급 및 운반은 위험물안전관리법의 규제대상이 아니다.

해설
- 지정수량 미만인 위험물의 저장 또는 취급 : 시 · 도의 조례
- 지정수량 미만인 위험물의 운반 : 위험물안전관리법의 규제함

48. 물분무소화설비의 설치기준으로 적합하지 않은 것은?

① 고압의 전기설비가 있는 장소에는 당해 전기설비와 분무헤드 및 배관과 사이에 전기절연을 위하여 필요한 공간을 보유한다.
② 스트레이너 및 일제개방밸브는 제어밸브의 하류측 부근에 스트레이너, 일제개방밸브의 순으로 설치한다.
③ 물분무소화설비에 2 이상의 방사구역을 두는 경우에는 화재를 유효하게 소화할 수 있도록 인접하는 방사구역이 상호 중복되도록 한다.
④ 수원의 수위가 수평회전식 펌프보다 낮은 위치에 있는 가압송수장치의 물올림장치의 물올림장치는 타 설비와 겸용하여 설치한다.

해설 수원의 수위가 수평회전식 펌프보다 낮은 위치에 있는 가압송수장치의 물올림장치의 물올림 장치는 전용으로 설치한다.

49. 금속화재에 대한 설명으로 틀린 것은?

① 마그네슘과 같은 가연성 금속의 화재를 말한다.
② 주수소화 시 물과 반응하여 가연성 가스를 발생하는 경우가 있다.
③ 화재 시 금속화재용 분말소화약제를 사용할 수 있다.
④ D급 화재라고 하며 표시하는 색상은 청색이다.

해설 ④ D급 화재라고 하며 표시하는 색상은 무색이다.

50. 일반 건축물 화재에서 내장재로 사용한 폴리스틸렌 폼(polystyrene foam)이 화재 중 연소를 했다면 이 플라스틱의 연소형태는?

① 증발연소 ② 자기연소
③ 분해연소 ④ 표면연소

해설 석탄, 종이, 섬유, 플라스틱, 목재, 고무 등의 물질은 분해연소에 해당한다.

51. 소화난이도등급 II의 옥내탱크저장소에는 대형수동식 소화기 및 소형수동식소화기를 각각 몇 개 이상 설치하여야 하는가?

① 4 ② 3 ③ 2 ④ 1

해설 소화난이도등급 Ⅱ의 옥외·옥내탱크저장소에는 대형수동식소화기 및 소형수동식소화기 등을 각각 1개 이상 설치한다.

52. 제1류 위험물의 저장 방법에 대한 설명으로 틀린 것은?

① 조해성 물질은 방습에 주의한다.
② 무기과산화물은 물속에 보관한다.
③ 분해를 촉진하는 물품과의 접촉을 피하여 저장한다.
④ 복사열이 없고, 환기가 잘되는 서늘한 곳에 저장한다.

해설 무기과산화물은 금수성 물질이므로 물과의 접촉을 피하여야 한다.

53. 할로겐화물 소화약제의 조건으로 옳은 것은?

① 비점이 높을 것 ② 기화되기 쉬울 것
③ 공기보다 가벼울 것 ④ 연소성이 좋을 것

해설 〈할로겐화물 소화약제의 조건〉
- 비점이 낮아서 액체에서 기체로 쉽게 기화되기 쉬울 것
- 공기보다 무거워 질식효과를 낼 것, 불연성일 것, 전기 절연성이 높을 것

54. 아세트알데히드의 저장·취급 시 주의사항으로 틀린 것은?

① 강산화제와의 접촉을 피한다.
② 취급설비에는 구리합금의 사용을 피한다.
③ 수용성이기 때문에 화재 시 물로 희석 소화가 가능하다.
④ 옥외저장 탱크에 저장 시 조연성 가스를 주입한다.

해설 옥외저장 탱크에 저장 시 불연성 가스를 주입한다.

55. 이황화탄소를 화재예방상 물속에 저장하는 이유는?

① 불순물을 물에 용해시키기 위해
② 가연성 증기의 발생을 억제하기 위해
③ 상온에서 수소가스를 발생시키기 때문에
④ 공기와 접촉하면 즉시 폭발하기 때문에

해설 이황화탄소는 가연성 증기 발생을 억제하기 위하여 물속에 저장한다.

56. 위험물안전관리법령상 염소화이소시아눌산은 제 몇 류 위험물인가?

① 제1류 ② 제2류 ③ 제5류 ④ 제6류

해설 염소화이소시아눌산은 제1류 위험물 중 행정안전부령이 정하는 것으로 한다.

57. 제4류 위험물 운반용기의 외부에 표시해야 하는 사항이 아닌 것은?

① 규정에 의한 주의사항 ② 위험물의 품명 및 위험등급
③ 위험물의 관리자 및 지정수량 ④ 위험물의 화학명

해설 운반용기 외부에 표시해야 하는 사항은 다음과 같다.

- 위험물의 품명, 위험등급, 화학명 및 수용성(제4류 위험물인 경우 수용성인 것에 한함)
- 위험물의 수량
- 주의사항

58. 무기과산화물의 일반적인 성질에 대한 설명으로 틀린 것은?

① 과산화수소의 수소가 금속으로 치환된 화합물이다.
② 산화력이 강해 스스로 쉽게 산화한다.
③ 가열하면 분해되어 산소를 발생한다.
④ 물과의 반응성이 크다.

해설 ② 산화력이 강해 스스로 쉽게 환원한다.

59. 위험물을 운반용기에 수납하여 적재할 때 차광성이 있는 피복으로 가려야 하는 위험물이 아닌 것은?

① 제1류 위험물 ② 제2류 위험물 ③ 제5류 위험물 ④ 제6류 위험물

해설 〈차광성 피복〉

- 제1류 위험물
- 제3류 위험물 중 자연발화성물질
- 제4류 위험물 중 특수인화물
- 제5류 위험물
- 제6류 위험물

60. **위험물안전관리법령상 위험물제조소에 설치하는 배출설비에 대한 내용으로 틀린 것은?**

① 배출설비는 예외적인 경우를 제외하고는 국소방식으로 하여야 한다.
② 배출설비는 강제배출 방식으로 한다.
③ 급기구는 낮은 장소에 설치하고 인화방지망을 설치한다.
④ 배출구는 지상 2m 이상 높이에 연소의 우려가 없는 곳에 설치한다.

해설 급기구는 높은 곳에 설치하고 가는 눈의 구리망 등으로 인화방지망을 설치한다.

정답 2017년 제3회 위험물기능사 필기 기출문제

문	답	문	답	문	답	문	답	문	답	문	답	문	답	문	답	문	답	문	답
1	3	**2**	3	**3**	4	**4**	4	**5**	1	**6**	3	**7**	2	**8**	2	**9**	4	**10**	4
11	4	**12**	1	**13**	4	**14**	1	**15**	2	**16**	1	**17**	2	**18**	1	**19**	1	**20**	1
21	3	**22**	4	**23**	4	**24**	2	**25**	4	**26**	3	**27**	1	**28**	3	**29**	1	**30**	4
31	3	**32**	2	**33**	1	**34**	4	**35**	1	**36**	1	**37**	2	**38**	4	**39**	1	**40**	3
41	1	**42**	1	**43**	4	**44**	4	**45**	1	**46**	2	**47**	1	**48**	4	**49**	4	**50**	3
51	4	**52**	2	**53**	2	**54**	4	**55**	2	**56**	1	**57**	3	**58**	2	**59**	2	**60**	3

2017년 제4회 위험물기능사 필기 기출

01. **다음 중 주된 연소형태가 표면연소인 것은?**

① 숯 ② 목재 ③ 플라스틱 ④ 나프탈렌

해설 표면연소는 숯, 목탄, 금속분, 나트륨, 코크스 등의 물질에 해당한다.

02. **2몰의 브롬산칼륨이 모두 열분해 되어 생긴 산소의 양은 2기압 27℃에서 약 몇 L인가?**

① 32.42 ② 36.92 ③ 41.34 ④ 45.64

해설
- 반응식 : $2KBrO_3 \rightarrow 2KBr + 3O_2$ (제1류 위험물 개념)
- PV = nRT 적용, 산소의 몰수 3몰을 곱하여야 한다.
- $2 \times x = 2 \times 0.082 \times (273+27) \times 3$
- $x = 36.9L$

03. **다음 물질 중 분진폭발의 위험성이 가장 낮은 것은?**

① 밀가루 ② 알루미늄분말 ③ 모래 ④ 석탄

해설 모래, 석고, 시멘트, 가성소다, 석회분 등은 분진폭발의 위험성이 낮은 물질에 해당한다.

04. **물은 냉각소화가 주된 대표적인 소화약제이다. 물의 소화효과를 높이기 위하여 무상 주수를 함으로서 부가적으로 작용하는 소화효과로 이루어진 것은?**

① 질식소화작용, 제거소화작용 ② 질식소화작용, 유화소화작용
③ 타격소화작용. 유화소화작용 ④ 타격소화작용, 피복소화작용

해설 무상주수란 물의 입자가 안개처럼 주수되는 방식으로 질식소화작용과 유류 표면에 엷은 막을 생성시켜 연소 능력을 저하하는 유화소화를 할 수 있다.

05. **어떤 소화기에 "ABC"라고 표시되어 있다. 다음 중 사용할 수 없는 화재는?**

① 금속화재 ② 유류화재 ③ 전기화재 ④ 일반화재

해설 금속화재는 D급에 해당한다.

06. **위험물안전관리법상 소화설비에 해당하지 않는 것은?**

① 옥외소화전설비 ② 스프링클러설비
③ 할로겐화합물 소화설비 ④ 연결살수설비

해설 연결살수설비는 소화활동설비에 해당한다.

07. 포소화약제에 의한 소화방법으로 다음 중 가장 주된 소화효과는?

① 희석소화 ② 질식소화 ③ 제거소화 ④ 자기소화

해설 포소화약제는 거품을 화재 표면에 덮어 소화하는 방식으로는 질식소화와 함께 포에 함유된 수분에 의한 냉각효과에 의해 소화시킬 수 있다.

08. 이산화탄소의 특성에 대한 설명으로 옳지 않은 것은?

① 전기전도성이 우수하다. ② 냉각, 압축에 의하여 액화된다.
③ 과량 존재 시 질식할 수 있다. ④ 상온, 상압에서 무색, 무취의 불연성 기체이다.

해설 이산화탄소는 비전도성이므로 전기 화재에 효과적이다.

09. Halon 1001의 화학식에서 수소원자의 수는?

① 0 ② 1 ③ 2 ④ 3

해설 순서대로 C 1개, F 0개, Cl 0개, Br 1개, 탄소 1개당 4개의 결합이므로 비어있는 3개의 결합에 수소를 채워 넣는다. ∴ CH_3Br

10. 다음과 같은 반응에서 5㎥의 탄산가스를 만들기 위해 필요한 탄산수소나트륨의 양은 약 몇 ㎏인가? (단, 표준상태이고, 나트륨의 원자량은 23이다.)

$$2NaHCO_3 \rightarrow NaHCO_3 + CO_2 + H_2O$$

① 18.75 ② 37.5 ③ 56.25 ④ 75

해설
- $NaHCO_3$ 분자량 : $23+1+12+(3\times16)=84$
- PV = nRT 적용, 탄산수소나트륨의 몰수 2몰을 곱하여야 한다.
- $1 \times 5 \times 2\text{몰} = \dfrac{x}{84} \times 0.082 \times 273$
- $x = 37.5\text{kg}$

【다른 방법】
- 탄산수소나트륨 질량 $= 5㎥ \times \dfrac{1kmol}{22.4m^3} \times \dfrac{84kg}{1kmol} \times 2 = 37.5\text{kg}$

11. 화학포소화약제의 반응에서 황산알루미늄과 탄산수소나트륨의 반응 몰 비는?
(단, 황산알루미늄 : 탄산수소나트륨의 비이다.)

① 1 : 4 ② 1 : 6 ③ 4 : 1 ④ 6 : 1

해설 〈화학포 소화약제의 반응식〉
- $\underline{6NaHCO_3 + Al_2(SO_4)_3 \cdot 18H_2O} \rightarrow 3Na_2SO_4 + 2Al(OH)_3 + 6CO_2 + 18H_2O$

12. 철분, 금속분, 마그네슘에 적응성이 있는 소화설비는?

① 이산화탄소소화설비
② 할로겐화합물소화설비
③ 포소화설비
④ 탄산수소염류소화설비

해설 알칼리금속의 과산화물, 철분, 금속분, 마그네슘, 제3류 위험물의 금수성 물질은 건조사, 팽창질석, 팽창진주암, 탄산수소염류분말소화설비가 적응성이 있다.

13. 전기설비에 적응성이 없는 소화설비는?

① 이산화탄소소화설비
② 물분무소화설비
③ 포소화설비
④ 할로겐화합물소화설비

해설 전기설비에 적응성이 있는 소화설비는 물분무소화설비, 불활성가스소화설비, 할로겐화합물소화설비, 분말소화설비, 무상수소화기, 무상강화액소화기에 해당한다.

14. 소화난이도등급Ⅱ의 제조소에 소화설비를 설치할 때 대형수동식소화기와 함께 설치하여야 하는 소형수동식소화기 등의 능력단위에 관한 설명으로 옳은 것은?

① 위험물의 소요단위에 해당하는 능력단위의 소형수동식소화기등을 설치할 것
② 위험물의 소요단위의 1/2 이상에 해당하는 능력단위의 소형수동식소화기등을 설치할 것
③ 위험물의 소요단위의 1/5 이상에 해당하는 능력단위의 소형수동식소화기등을 설치할 것
④ 위험물의 소요단위의 10배 이상에 해당하는 능력단위의 소형수동식소화기등을 설치할 것

해설 방사능력범위 내에 당해 건축물, 그 밖의 공작물 및 위험물이 포함되도록 대형수동식소화기를 설치하고, 당해 위험물의 소요단위의 1/5 이상에 해당되는 능력단위의 소형수동식소화기 등을 설치한다.

15. 위험물안전관리법령상 자동화재탐지설비를 설치하지 않고 비상경보설비로 대신할 수 있는 것은?

① 일반취급소로서 연면적 600㎡인 것
② 지정수량 20배를 저장하는 옥내저장소로서 처마높이가 8m인 단층건물
③ 단층건물 외에 건축물에 설치된 지정수량 15배의 옥내 탱크저장소로서 소화난이도등급 Ⅱ에 속하는 것
④ 지정수량 20배를 저장 취급하는 옥내주유취급소

해설 옥내탱크저장소의 경우 단층 건물 외의 건축물에 설치된 소화난이도 등급Ⅰ에 해당하면 자동화재탐지설비를 설치하여야 한다.

16. **위험물안전관리법령에 따른 건축물 그 밖의 공작물 또는 위험물의 소요단위의 계산방법의 기준으로 옳은 것은?**

① 위험물은 지정수량의 100배를 1소요단위로 할 것
② 저장소의 건축물은 외벽에 내화구조인 것은 연면적 100m²를 1소요단위로 할 것
③ 저장소의 건축물은 외벽이 내화구조가 아닌 것은 연면적 50m²를 1소요단위로 할 것
④ 제조소 또는 취급소용으로서 옥외에 있는 공작물인 경우 최대수평투영면적 100m²를 1소요단위로 할 것

해설 ① 위험물은 지정수량의 10배를 1소요단위로 할 것
② 저장소의 건축물은 외벽에 내화구조인 것은 연면적 150m²를 1소요단위로 할 것
③ 저장소의 건축물은 외벽이 내화구조가 아닌 것은 연면적 75m²를 1소요단위로 할 것

17. **소화전용물통 3개를 포함한 수조 80L의 능력단위는?**

① 0.3 ② 0.5 ③ 1.0 ④ 1.5

해설

소화설비	용량	능력단위
소화전용 물통	8L	0.3
수조(소화전용 물통 3개 포함)	80L	1.5
수조(소화전용 물통 6개 포함)	190L	2.5
마른모래(삽 1개 포함)	50L	0.5
팽창질석 또는 팽창진주암(삽 1개 포함)	160L	1.0

18. **위험물제조소등에 자동화재탐지설비를 설치하는 경우, 당해 건축물 그 밖의 공작물의 주요한 출입구에서 그 내부의 전체를 볼 수 있는 경우에 하나의 경계구역의 면적은 최대 몇 m²까지 할 수 있는가?**

① 300 ② 600 ③ 1,000 ④ 1,200

해설 출입구에서 그 내부의 전체를 볼 수 있는 경우에 하나의 경계구역의 면적은 최대 1,000m²까지 할 수 있다.

19. **위험물제조소등에 설치하는 자동화재탐지설비의 설치기준에 대한 설명 중 틀린 것은?**

① 자동화재탐지설비의 경계구역은 건축물, 그 밖의 공작물의 2 이상의 층에 걸치도록 할 것
② 하나의 경계구역에서 그 한 변의 길이는 50m 이하로 할 것
③ 자동화재탐지설비의 감지기는 지붕 또는 벽의 옥내에 면한 부분에 유효하게 화재의 발생을 감지할 수 있도록 설치할 것
④ 자동화재탐지설비에는 비상전원을 설치할 것

해설 자동화재탐지설비의 경계구역은 건축물, 그 밖의 공작물의 2 이상의 층에 걸치지 않도록 한다.

20. 위험물안전관리법령상 품명이 질산에스테르류에 속하지 않는 것은?

① 질산에틸 ② 니트로글리세린 ③ 니트로톨루엔 ④ 니트로셀룰로오스

해설 니트로톨루엔은 제4류 위험물에 해당한다.

21. 제1류 위험물이 아닌 경우?

① 과요오드산염류 ② 퍼옥소붕산염류 ③ 요오드의 산화물 ④ 금속의 아지화합물

해설 금속의 아지화합물은 제5류 위험물에 해당한다.

22. 삼황화린과 오황화린의 공통점이 아닌 것은?

① 물과 접촉하여 인화수소가 발생한다. ② 가연성 고체이다.

③ 분자식이 P와 S로 이루어져 있다 ④ 연소 시 오산화린과 이산화황이 생성된다.

해설 물과 접촉하여 황화수소 가스(H_2S)와 인산이 발생한다.

23. 위험물안전관리법령상 제1류 위험물의 질산염류가 아닌 것은?

① 질산은 ② 질산암모늄

③ 질산섬유소 ④ 질산나트륨

해설 질산섬유소(니트로셀룰로오스)는 제5류 위험물의 질산에스테르이다.

24. 트리에틸알루미늄이 물과 반응하였을 때 발생하는 가스는 무엇인가?

① 메탄 ② 에탄 ③ 프로판 ④ 부탄

해설 물과 반응 시 수산화알루미늄 고체와 가연성의 에탄 가스를 발생한다.

- $(C_2H_5)_3Al + 3H_2O \rightarrow Al(OH)_3 + 3C_2H_6$

25. 위험물안전관리법령상 제4석유류를 저장하는 옥내저장탱크의 용량은 지정수량의 몇 배 이하이어야 하는가?

① 20 ② 40 ③ 100 ④ 150

해설 〈옥내탱크저장소 탱크전용실의 탱크 용량〉

가. 1층 이하 층의 건물에 설치 시 : 지정수량 40배(제4석유류 또는 동식물유류 외의 제4류 위험물로서 당해 수량이 20,000L를 초과하는 경우에는 20,000L)이하

나. 2층 이상 층의 건물에 설치 시 : 지정수량 10배(제4석유류 또는 동식물유류 외의 제4류 위험물로서 당해 수량이 5,000L를 초과하는 경우에는 5,000L)이하

26. 유기과산화물의 화재 시 적응성이 있는 소화설비는?

① 물분무소화설비 ② 불활성가스소화설비 ③ 할로겐화합물소화설비 ④ 분말소화설비

해설 제5류 위험물인 유기과산화물은 주수소화가 적응성이 있다.

27. 다음 위험물에 대한 설명 중 옳은 것은?

① 벤조일퍼옥사이드는 건조할수록 안전도가 높다.
② 테트릴은 충격과 마찰에 민감하다.
③ 트리니트로페놀은 공기 중 분해하므로 장기간 저장이 불가능하다.
④ 디니트로톨루엔은 액체상의 물질이다.

해설 ① 건조할수록 위험도가 높다.
③ 트리니트로페놀은 비교적 둔감하여 장기간 저장이 가능하다.
④ 디니트로톨루엔은 고체상의 물질이다.

28. $C_6H_2CH_3(NO_2)_3$을 녹이는 용제가 아닌 것은?

① 물 ② 벤젠 ③ 에테르 ④ 아세톤

해설 $C_6H_2CH_3(NO_2)_3$ (트리니트로톨루엔)은 물에 녹지 않는다.

29. $CH_3COC_2H_5$의 명칭 및 지정수량을 옳게 나타낸 것은?

① 메틸에틸케톤, 50L ② 메틸에틸케톤, 200L
③ 메틸에틸에테르, 50L ④ 메틸에틸에테르, 200L

해설 메틸에틸케톤은 제4류 위험물 중 제1석유류 비수용성 물질로 200L의 지정수량을 갖는다.

30. 인화칼슘이 물과 반응할 경우에 대한 설명 중 틀린 것은?

① 발생 가스는 가연성이다. ② 포스겐 가스가 발생한다.
③ 발생 가스는 독성이 강하다. ④ $Ca(OH)_2$가 생성된다.

해설 인화칼슘은 물과 반응 시 포스핀(PH_3) 가스가 발생한다.

31. 위험물탱크의 용량은 탱크의 내용적에서 공간용적을 뺀 용적으로 한다. 이 경우 소화약제 방출구를 탱크안의 윗부분에 설치하는 탱크의 공간용적은 당해 소화설비의 소화약제 방출구 아래의 어느 범위의 면으로부터 윗부분의 용적으로 하는가?

① 0.1미터 이상 0.5미터 미만 사이의 면 ② 0.3미터 이상 1미터 미만 사이의 면
③ 0.5미터 이상 1미터 미만 사이의 면 ④ 0.5미터 이상 1.5미터 미만 사이의 면

해설 소화설비(소화약제 방출구를 탱크 안의 윗부분에 설치하는 것에 한한다)를 설치하는 탱크 공간용적은 해당 소화설비를 소화약제 방출구 아래의 0.3미터 이상 1미터 미만, 사이의 면으로부터 윗부분의 용적으로 한다.

32. 공기를 차단하고 황린을 약 몇 ℃로 가열하면 적린이 생성되는가?

① 60 ② 100 ③ 150 ④ 260

해설 적린의 발화온도는 약 260℃이다.

33. 위험물안전관리법령상 정기점검 대상인 제조소 등의 조건이 아닌 것은?

① 예방규정 작성대상인 제조소 등
② 지하탱크저장소
③ 이동탱크저장소
④ 지정수량 5배의 위험물을 취급하는 옥외탱크를 둔 제조소

해설 정기점검대상인 제조소 등의 조건은 다음과 같다.

- 예방규정대상에 해당하는 것
- 지하탱크저장소
- 이동탱크저장소
- 위험물을 취급하는 탱크로서 지하에 매설된 탱크가 있는 제조소, 주유취급소 또는 일반취급소

34. 다음 중 지정수량이 가장 큰 것은?

① 과염소산칼륨 ② 트리니트로톨루엔
③ 황린 ④ 유황

해설 ① 과염소산칼륨 : 50kg ② 트리니트로톨루엔 : 200kg
③ 황린 : 20kg ④ 유황 : 100kg

35. 자기반응성 물질에 해당하는 물질은?

① 과산화칼륨 ② 벤조일퍼옥사이드
③ 트리에틸알루미늄 ④ 메틸에틸케톤

해설 제5류 위험물(자기반응성 물질)에 속하는 물질은 벤조일퍼옥사이드이다.
① 제1류 위험물 ③ 제3류 위험물 ④ 제4류 위험물

36. 위험물을 보관하는 방법에 대한 설명 중 틀린 것은?

① 염소산나트륨 : 철제 용기의 사용을 피한다.
② 산화프로필렌 : 저장 시 구리용기에 질소 등 불활성 기체를 충전한다.
③ 트리에틸알루미늄 : 용기는 밀봉하고 질소 등 불활성기체를 충전한다.
④ 황화린 : 냉암소에 저장한다.

해설 산화프로필렌은 저장 시 Cu, Mg, Hg, Ag 등의 용기를 피하고 질소 등 불활성 기체를 충전한다.

37. 위험물의 운반에 관한 기준에서 제4석유류와 혼재할 수 없는 위험물은? (단, 위험물은 각각 지정수량의 2배인 경우이다.)

① 황화린 ② 칼륨 ③ 유기과산화물 ④ 과염소산

해설 ① 황화린 : 제2류 위험물 ② 칼륨 : 제3류 위험물
③ 유기과산화물 : 제5류 위험물 ④ 과염소산 : 제6류 위험물
※제4류 위험물인 제4석유류는 제6류 위험물과 혼재가 불가하다.

38. 이동탱크저장소의 위험물 운송에 있어서 운송책임자의 감독, 지원을 받아 운송하여야 하는 위험물의 종류에 해당하는 것은?

① 칼륨 ② 알킬알루미늄 ③ 질산에스테르류 ④ 아염소산염류

해설 이동탱크저장소의 위험물 운송에 있어서 운송책임자의 감독, 지원을 받아 운송하여야 하는 위험물의 종류에는 알킬리튬, 알킬알루미늄 등에 해당한다.

39. 위험물안전관리법령상 산화성 액체에 대한 설명으로 옳은 것은?

① 과산화수소는 농도와 밀도가 비례한다.
② 과산화수소는 농도가 높을수록 끓는점이 낮아진다.
③ 질산은 상온에서 불연성이지만 고온으로 가열하면 스스로 발화한다.
④ 질산을 황산과 일정 비율로 혼합하여 왕수를 제조할 수 있다.

해설 과산화수소는 농도가 높을수록 끓는점이 높아진다.
③ 질산은 불연성이므로 스스로 발화하지 않는다.
④ 질산을 염산과 1 : 3의 비율로 혼합하여 왕수를 제조할 수 있다.

40. 1차 알코올에 대한 설명으로 가장 적절한 것은?

① OH기의 수가 하나이다. ② OH기가 결합된 탄소 원자에 붙은 알킬기의 수가 하나이다.
③ 가장 간단한 알코올이다. ④ 탄소의 수가 하나인 알코올이다.

해설 알코올의 차수는 결합된 탄소 원자에 붙은 알킬기의 수가에 결정되며, 알코올의 가수는 결합된 OH기의 수에 따라 결정된다.

41. 인화성액체 위험물을 저장 또는 취급하는 옥외탱크저장소의 방유제 내에 용량 10만L와 5만 L인 옥외저장탱크 2기를 설치하는 경우에 확보하여야 하는 방유제의 용량은?

① 50,000L 이상 ② 80,000L 이상 ③ 110,000L 이상 ④ 150,000L 이상

해설 인화성액체 위험물을 저장 또는 취급하는 옥외탱크저장소의 방유제 용량
1) 1기 탱크 : 탱크 용량의 110% 이상
2) 2기 이상의 탱크 : 탱크 중 용량이 최대인 것의 용량의 110% 이상
∴ $100,000 \times 1.1 = 110,000$L 이상

42. 옥내저장소에 관한 위험물안전관리법령의 내용으로 옳지 않은 것은?

① 지정과산화물을 저장하는 옥내저장소의 경우 바닥면적 150㎡ 이내마다 격벽으로 구획을 하여야 한다.

② 옥내저장소에는 원칙상 안전거리를 두어야 하나, 제6류 위험물을 저장하는 경우에는 안전거리를 두지 않을 수 있다.

③ 아세톤을 처마높이 6m 미만인 단층건물에 저장하는 경우 저장창고의 바닥면적은 1,000㎡ 이하로 하여야 한다.

④ 복합용도의 건축물에 설치하는 옥내저장소는 해당 용도로 사용하는 부분의 바닥면적을 100㎡ 이하로 하여야 한다.

해설 복합용도의 건축물에 설치하는 옥내저장소는 해당 용도로 사용하는 부분의 바닥면적을 75㎡ 이하로 하여야 한다.

43. 위험물안전관리법령에서 정한 주유취급소의 고정주유설비 주위에 보유하여야 하는 주유공지의 기준은?

① 너비 10m 이상, 길이 6m 이상

② 너비 15m 이상, 길이 6m 이상

③ 너비 10m 이상, 길이 10m 이상

④ 너비 15m 이상, 길이 10m 이상

해설 주유취급소의 고정주유설비(펌프기기 및 호스기기로 되어 위험물을 자동차등에 직접 주유하기 위한 설비로서 현수식의 것을 포함)의 주위에는 주유를 받으려는 자동차 등이 출입할 수 있도록 너비 15m 이상, 길이 6m 이상의 콘크리트 등으로 포장한 공지를 보유하여야 한다.

44. 위험물 옥외저장소에서 지정수량 200배 초과의 위험물을 저장할 경우 보유공지의 너비는 몇 m 이상으로 하여야 하는가? (단, 제4류 위험물과 제6류 위험물이 아닌 경우)

① 0.5m　　② 2.5m

③ 10m　　④ 15m

해설

저장 또는 취급하는 위험물의 최대수량	옥외저장소 공지의 너비
지정수량의 10배 이하	3m 이상
지정수량의 10배 초과 20배 이하	5m 이상
지정수량의 20배 초과 50배 이하	9m 이상
지정수량의 50배 초과 200배 이하	12m 이상
지정수량의 200배 초과	15m 이상

(단, 제4류 위험물 중 제4석유류 또는 제6류 위험물을 저장하는 경우 공지의 너비를 1/3로 단축할 수 있다.)

45. 위험물제조소의 안전거리기준으로 틀린 것은?

① 초 · 중등교육법 및 고등교육법에 의한 학교 – 20m 이상
② 의료법에 의한 병원급 의료기관 – 30m 이상
③ 문화재보호법 규정에 의한 지정문화재 – 50m 이상
④ 사용전압이 35,000V를 초과하는 특고압가공전선 – 5m 이상

해설 1) 사용전압 7,000V 초과 35,000V 이하의 특고압가공전선 : 3m 이상
2) 사용전압 35,000V를 초과하는 특고압가공전선 : 5m 이상
3) 주거용 건축물(제조소의 동일부지 외에 있는 것) : 10m 이상
4) 고압가스, 액화석유가스 등의 저장 · 취급 시설 : 20m 이상
5) 학교 · 병원 · 극장(300명 이상), 다수인 수용시설 : 30m 이상
6) 유형문화재, 지정문화재 : 50m 이상

46. 제조소의 게시판 사항 중 위험물의 종류에 따른 주의사항이 옳게 연결된 것은 무엇인가?

① 제2류 위험물(인화성 고체 제외) – 화기엄금
② 제3류 위험물 중 금수성 물질 – 물기엄금
③ 제4류 위험물 – 화기주의
④ 제5류 위험물 – 물기엄금

해설 ① 제2류 위험물(인화성 고체 제외) – 화기주의
③ 제4류 위험물 – 화기엄금
④ 제5류 위험물 – 화기엄금

47. 위험물제조소에서 국소방식의 배출설비 배출능력은 1시간당 배출장소 용적의 몇 배 이상인 것으로 하여야 하는가?

① 5 ② 10 ③ 15 ④ 20

해설 제조소에서 국소방식의 배출설비 배출능력은 1시간당 배출장소 용적의 20배 이상인 것으로 한다.
참고 전역방출방식 : 바닥면적 $1m^2$당 $18m^3$ 이상

48. 지정수량 20배 이상의 제1류 위험물을 저장하는 옥내저장소에서 내화구조로 하지 않아도 되는 것은? (단, 원칙적인 경우에 한한다.)

① 바닥 ② 보 ③ 기둥 ④ 벽

해설 옥내저장소의 구조는 벽, 기둥, 바닥은 내화구조로 하며 보와 서까래는 불연재료로 한다. 다만, 지정수량의 10배 이하의 위험물의 저장창고 또는 제2류와 제4류의 위험물(인화성고체 및 인화점이 70℃ 미만인 제4류 위험물을 제외한다)만의 저장창고에 있어서는 연소의 우려가 없는 벽·기둥 및 바닥은 불연재료로 할 수 있다.

49. 위험물안전관리법령상 옥내탱크저장소의 기준에서 옥내저장탱크 상호 간에는 몇 m 이상의 간격을 유지하여야 하는가?

① 0.3　② 0.5　③ 0.7　④ 1.0

해설 옥내저장탱크 상호 간에는 0.5m 이상의 간격을 유지하여야 한다.

50. 휘발유를 저장하던 이동저장탱크에 등유나 경유를 탱크 상부로부터 주입할 때 액표면이 일정 높이가 될 때까지 위험물의 주입관 내 유속을 몇 m/s이하로 하여야 하는가?

① 1m/s　② 2m/s　③ 3m/s　④ 5m/s

해설 이동저장탱크의 상부로부터 위험물을 주입할 때에는 위험물이 액표면의 주입관의 선단을 넘는 높이가 될 때까지 주입관 내 유속을 1m/s 이하로 하여야 한다.

51. 위험물안전관리법령상 주유취급소에서의 위험물 취급 기준으로 옳지 않은 것은?

① 자동차에 주유할 때에는 고정주유설비를 이용하여 직접 주유할 것
② 자동차에 경유 위험물을 주유할 때에는 자동차의 원동기를 반드시 정지시킬 것
③ 고정주유설비에는 당해 주유설비에 접속한 전용탱크 또는 간이탱크의 배관 외의 것을 통하여서는 위험물을 공급하지 아니할 것
④ 고정주유설비에 접속하는 탱크에 위험물을 주입할 때는 접속된 고정주유설비의 사용을 중지할 것

해설 경유는 제2석유류로 인화점이 41℃ 이상이므로 원동기를 반드시 정지시키지 않아도 된다.

52. 주유취급소에 설치 할 수 있는 위험물 탱크는?

① 고정주유설비에 직접 접속하는 5기 이하의 간이탱크
② 보일러 등에 직접 접속하는 전용탱크로서 10,000리터 이하의 것
③ 고정급유설비에 직접 접속하는 전용탱크로서 70,000리터 이하의 것
④ 폐유, 윤활유 등의 위험물을 저장하는 탱크로서 4,000리터 이하의 것

해설 ① 고정주유설비에 직접 접속하는 3기 이하의 간이탱크
③ 고정급유설비에 직접 접속하는 전용탱크로서 50,000리터 이하의 것
④ 폐유, 윤활유 등의 위험물을 저장하는 탱크로서 2,000리터 이하의 것

53. 아세트산에틸의 일반 성질 중 틀린 것은?

① 과일냄새를 가진 휘발성 액체이다.
② 증기는 공기보다 무거워 낮은 곳에 체류한다.
③ 강산화제와의 혼촉은 위험하다.
④ 인화점은 −20℃ 이하이다.

해설 아세트산에틸은 제1석유류 비수용성 물질로 인화점은 −4℃이다.

54. 한국소방산업기술원이 시·도지사로부터 위탁받아 수행하는 탱크안전성능검사 업무와 관계없는 액체위험물탱크는?

① 암반탱크 ② 지하탱크저장소의 이중벽탱크

③ 100만리터 용량의 지하저장탱크 ④ 옥외에 있는 50만리터 용량의 취급탱크

해설 옥외탱크저장소의 액체위험물탱크 중 그 용량이 100만리터 이상인 탱크에 해당한다.

55. 위험물안전관리법령상 인화성액체의 인화점 시험방법이 아닌 것은?

① 태그(Tag)밀폐식 인화점 측정기에 의한 인화점 측정

② 신속 평형법 인화점 측정기에 의한 인화점 측정

③ 클리브랜드개방식 인화점 측정기에 의한 인화점 측정

④ 펜스키 – 마르텐식 인화점 측정기에 의한 인화점 측정

해설 위험물안전관리법령상 인화점 액체의 인화점 시험방법 : 태그밀폐식, 신속평형법, 클리브랜드개방식

56. 다음 물질 중 인화점이 가장 높은 것은?

① 아세톤 ② 디에틸에테르 ③ 에탄올 ④ 벤젠

해설 ① 아세톤 : −18℃ ② 디에틸에테르 : −45℃ ③ 에탄올 : 11℃ ④ 벤젠 : −11℃

57. 위험물안전관리법령에 의한 위험물에 속하지 않는 것은?

① CaC_2 ② S ③ P_2O_5 ④ K

해설 오산화인은 위험물에 속하지 않으며, 백색의 유독성 기체이다.

58. 과염소산칼륨의 성질에 관한 설명 중 틀린 것은?

① 무색, 무취의 결정이다.

② 알코올, 에테르에 잘 녹는다.

③ 진한 황산과 접촉하면 폭발할 위험이 있다.

④ 400℃ 이상으로 가열하면 분해하여 산소가 발생할 수 있다.

해설 알코올, 에테르에 녹기 어렵다.

59. 위험물제조소등의 화재예방 등 위험물 안전관리에 관한 직무를 수행하는 위험물안전관리자의 선임시기는?

① 위험물제조소 등의 완공검사를 받은 후 즉시

② 위험물제조소 등의 허가 신청 전

③ 위험물제조소 등의 설치를 마치고 완공검사를 신청하기 전

④ 위험물제조소 등에서 위험물을 저장 또는 취급하기 전

해설 위험물안전관리자의 선임시기는 위험물제조소 등에서 위험물을 저장 또는 취급하기 전으로 한다.

60. **위험물안전관리법상 제조소등의 허가, 취소 또는 사용정지의 사유에 해당하지 않는 것은?**

① 안전교육 대상자가 교육을 받지 아니한 때
② 완공검사를 받지 않고, 제조소등을 사용한 때
③ 위험물안전관리자를 선임하지 아니한 때
④ 제조소등의 정기검사를 받지 아니한 때

해설 ① 교육대상자가 교육을 받을 때까지 해당 자격을 제한할 수 있다.

정답 2017년 제4회 위험물기능사 필기 기출문제

문	답	문	답	문	답	문	답	문	답	문	답	문	답	문	답	문	답	문	답
1	1	**2**	2	**3**	3	**4**	2	**5**	1	**6**	4	**7**	2	**8**	1	**9**	4	**10**	2
11	2	**12**	4	**13**	3	**14**	3	**15**	3	**16**	4	**17**	4	**18**	3	**19**	1	**20**	3
21	4	**22**	1	**23**	3	**24**	2	**25**	2	**26**	1	**27**	2	**28**	1	**29**	2	**30**	2
31	2	**32**	4	**33**	4	**34**	2	**35**	2	**36**	2	**37**	4	**38**	2	**39**	1	**40**	2
41	3	**42**	4	**43**	2	**44**	4	**45**	1	**46**	2	**47**	4	**48**	2	**49**	2	**50**	1
51	2	**52**	2	**53**	4	**54**	4	**55**	4	**56**	3	**57**	3	**58**	2	**59**	4	**60**	1

2018년 제1회 위험물기능사 필기 기출

01. **다음 중 질식소화 효과를 주로 이용하는 소화기는?**

① 제1종 분말소화약제 ② 제2종 분말소화약제
③ 제3종 분말소화약제 ④ 제4종 분말소화약제

해설 ④ 제4류 위험물과 제6류 위험물에 모두 적응성이 있는 소화설비는 인산염류분말소화설비, 물분무소화설비, 포소화설비 등이다.

02. **다음 중 산화성 액체 위험물의 화재예방 상 가장 주의해야 할 점은?**

① 0℃ 이하로 냉각시킨다. ② 공기와의 접촉을 피한다.
③ 가연물과의 접촉을 피한다. ④ 금속용기에 저장한다.

해설 제6류 위험물인 산화성 액체와 제1류 위험물인 산화성 고체는 가연물과의 접촉 시 폭발의 위험이 있으므로 접촉을 피하여야 한다.

03. **위험물 제조소등에 설치하는 옥외소화전설비의 기준에서 옥외소화전함은 옥외소화전으로부터 보행거리 몇 m 이하의 장소에 설치하여야 하는가?**

① 1.5 ② 5 ③ 7.5 ④ 10

해설 옥외소화전함은 옥외소화전으로부터 보행거리 5m 이하의 장소에 설치하여야 한다.

04. **위험물제조소등에 설치해야 하는 각 소화설비의 설치기준에 있어서 각 노즐 또는 헤드 선단의 방사압력 기준이 나머지 셋과 다른 설비는?**

① 옥내소화전설비 ② 옥외소화전설비
③ 스프링클러설비 ④ 물분무소화설비

해설 옥내/옥외/물분무소화설비의 방사압력은 350kPa 이상인 반면에 스프링클러 설비의 방사압력은 100kPa 이상으로 한다.

05. **건축물의 1층 및 2층 부분만을 방사능력범위로 하고, 지하층 및 3층 이상의 층에 대하여 다른 소화설비를 설치해야 하는 소화설비는?**

① 스프링클러설비 ② 포소화설비
③ 옥외소화전설비 ④ 물분무소화설비

해설 옥외소화전설비는 건축물의 1층 및 2층 부분만을 방사능력범위로 하고 지하층 및 3층 이상의 층에 대하여 다른 소화설비를 설치해야 한다. 옥외소화전은 화재의 초기 진압보다는 인접 건물에 대한 연소확대를 방지하기 위하여 사용된다.

06. 옥내에서 지정수량 100배 이상을 취급하는 일반취급소에 설치하여야 하는 경보설비는? (단, 고인화점 위험물만을 취급하는 경우는 제외한다.)

① 비상경보설비 ② 자동화재탐지설비
③ 비상방송설비 ④ 비상벨설비 및 확성장치

해설 제조소 및 일반취급소의 옥내에서 지정수량의 100배 이상을 취급하는 것(고인화점 위험물만을 100℃ 미만의 온도에서 취급하는 것을 제외한다)에 자동화재탐지설비를 설치하여야 한다.

07. 가연성 액체의 연소형태를 옳게 설명한 것은?

① 연소범위의 하한보다 낮은 범위에서라도 점화원이 있으면 연소한다.
② 가연성 증기의 농도가 높으면 높을수록 연소가 쉽다.
③ 가연성 액체의 증발연소는 액면에서 발생하는 증기가 공기와 혼합하여 타기 시작한다.
④ 증발성이 낮은 액체일수록 연소가 쉽고, 연소속도는 빠르다.

해설 ① 연소범위의 하한보다 낮은 범위에 있거나 상한보다 높은 범위에 있으면 점화될 수 없다.
② 가연성 증기의 농도가 낮으면 낮을수록 연소가 쉽다.
④ 증발성이 높은 액체일수록 연소가 쉽고, 연소속도는 빠르다.

08. 높이 15m, 지름 20m인 옥외저장탱크에 보유공지의 단축을 위해서 물분무설비로 방호조치를 하는 경우 수원의 양은 약 몇 L 이상으로 하여야 하는가?

① 46,496 ② 58,090 ③ 70,259 ④ 95,880

해설 • 물분무설비로 방호조치를 한 경우 탱크 높이 15m 이하마다 원주길이 1m에 대하여 분당 37L 이상으로 하여야 한다.
• $= 2\pi r \times 37L/min \times 20min = (2 \times \pi \times 10m) \times 37L/min \times 20min = 46495.6L$

09. 분진 폭발의 위험이 가장 낮은 것은?

① 아연분 ② 시멘트 ③ 밀가루 ④ 커피

해설 모래, 석고, 시멘트, 가성소다, 석회분 등은 분진폭발의 위험성이 낮은 물질에 해당한다.

10. 분말 소화약제의 분류가 옳게 연결된 것은?

① 제1종 분말약제 : $KHCO_3$ ② 제2종 분말약제 : $KHCO_3 + (NH_2)_2CO$
③ 제3종 분말약제 : $NH_4H_2PO_4$ ④ 제4종 분말약제 : $NaHCO_3$

해설 ① 제1종 분말약제 : $NaHCO_3$
② 제2종 분말약제 : $KHCO_3$
④ 제4종 분말약제 : $KHCO_3 + (NH_2)_2CO$

11. 위험물의 유별(類別) 구분이 나머지 셋과 다른 하나는?

① 황린 ② 금속분 ③ 황화린 ④ 마그네슘

해설 황린은 제3류 위험물이다.

12. 제6류 위험물의 화재예방 및 진압 대책으로 적합하지 않은 것은?

① 가연물과의 접촉을 피한다.
② 과산화수소를 장기보존 할 때는 유리용기를 사용하여 밀전한다.
③ 옥내소화전설비를 사용하여 소화할 수 있다.
④ 물분무소화설비를 사용하여 소화할 수 있다.

해설 열과 직사광선에 의하여 산소가 생성되므로 밀전하지 않고, 구멍 뚫린 뚜껑을 이용하여 저장하며 직사광선을 피하기 위하여 갈색병에 담아 냉암소에 보관한다.

13. 위험물안전법령에서 정한 소화설비의 소요단위 산정방법에 대한 설명 중 옳은 것은?

① 위험물은 지정수량의 100배를 1소요단위로 함
② 저장소용 건축물로 외벽이 내화구조인 것은 연면적 100㎡를 1소요단위로 함
③ 제조소용 건축물로 외벽이 내화구조가 아닌 것은 연면적 50㎡를 1소요단위로 함
④ 저장소용 건축물로 외벽이 내화구조가 아닌 것은 연면적 25㎡를 1소요단위로 함

해설

구분	제조소 또는 취급소	저장소
외벽이 내화구조인 것	100㎡	150㎡
내화구조가 아닌 것	50㎡	75㎡

14. 다음 중 화재 발생 시 물을 이용한 소화가 효과적인 물질은?

① 트리메틸알루미늄 ② 황린 ③ 나트륨 ④ 인화칼슘

해설 ① 트리메틸알루미늄, ③ 나트륨, ④ 인화칼슘은 금수성 물질이므로 화재 발생 시 질식소화가 효과적이다.

15. 위험물안전관리법령상 위험물의 운반에 관한 기준에 따르면 알코올류의 위험등급은 얼마인가?

① 위험등급 Ⅰ ② 위험등급 Ⅱ ③ 위험등급 Ⅲ ④ 위험등급 Ⅳ

해설 위험등급Ⅱ : 제1석유류, 알코올류

16. 주된 연소의 형태가 나머지 셋과 다른 하나는?

① 아연분 ② 양초 ③ 코크스 ④ 목탄

해설 ① 아연분 ③ 코크스 ④ 목탄 : 표면연소 ② 양초 : 증발연소

17. 화재 시 이산화탄소를 방출하여 산소의 농도를 13vol%로 낮추어 소화를 하려면 공기 중의 이산화탄소는 몇 vol%가 되어야 하는가?

① 28.1　② 38.1　③ 42.86　④ 48.36

해설 CO_2의농도 $= \dfrac{21-O_2}{21} \times 100(\%)$　$\{ \therefore \dfrac{21-13}{21} \times 100 = 38.1(\%) \}$

18. 금속은 덩어리 상태보다 분말상태일 때 연소위험성이 증가하기 때문에 금속분을 제2류 위험물로 분류하고 있다. 연소위험성이 증가하는 이유로 잘못된 것은?

① 비표면적이 증가하여 반응면적이 증대되기 때문에
② 비열이 증가하여 열의 축적이 용이하기 때문에
③ 복사열의 흡수율이 증가하여 열의 축적이 용이하기 때문에
④ 대전성이 증가하여 정전기가 발생되기 쉽기 때문에

해설 ② 비열이 증가하면 열축적이 어려워지기 때문에 연소위험성은 감소한다.

19. 과염소산암모늄 300℃에서 분해되었을 때 주요 생성물이 아닌 것은?

① NO_3　② Cl_2　③ O_2　④ N_2

해설 분해온도 : 300℃　• $2NH_4ClO_4 \rightarrow N_2 + Cl_2 + 2O_2 + 4H_2O$

20. 위험물안전관리법령상 압력수조를 이용한 옥내소화전설비의 가압송수장치에서 압력수조의 최소압력(MPa)은? (단, 소방용 호스의 마찰손실 수두압은 3MPa, 배관의 마찰 손실 수두압은 1MPa, 낙차의 환산수두압은 1.35MPa이다.)

① 5/35　② 5.70　③ 6.00　④ 6.35

해설 〈압력수조를 이용한 옥내소화전설비의 가압송수장치에서 압력수조의 최소압력(MPa)〉

- $P=p_1+p_2+p_3+0.35$MPa
- P : 필요한 압력(MPa)
- p_1 : 소방용 호스의 마찰손실수두압(MPa)
- p_2 : 배관의 마찰손실수두압(MPa)
- p_3 : 낙차의 환산수두압(MPa)

∴ $P=3+1+1.35+0.35=5.70$MPa

21. 할로겐화합물의 소화약제 중 할론 2402의 화학식은?

① $C_2Br_4F_2$　② $C_2Cl_4F_2$
③ $C_2Cl_4Br_2$　④ $C_2F_4Br_2$

해설 할로겐화합물 소화약제의 명칭 순서대로 C 2개, F 4개, Cl 0개, Br 2개의 화학식을 완성하면 $C_2F_4Br_2$이다.

22. 메틸알코올의 위험성에 대한 설명으로 틀린 것은?

① 겨울에는 인화의 위험이 여름보다 작다. ② 증기밀도는 가솔린보다 크다.
③ 독성이 있다. ④ 연소범위는 에틸알코올보다 넓다.

해설 메틸알코올의 증기밀도(1.1)는 가솔린(3~4)보다 작다.

23. 제3류 위험물에 해당하는 것은?

① 염소화규소화합물 ② 금속의 아지화합물
③ 질산구아니딘 ④ 할로겐간화합물

해설 ② 금속의 아지화합물 ③ 질산구아니딘 : 제5류 위험물

④ 할로겐간화합물 : 제6류 위험물

24. 제조소등에서 위험물을 유출시켜 사람의 신체 또는 재산에 대하여 위험을 발생시킨 자에 대한 벌칙기준으로 옳은 것은?

① 1년 이상 3년 이하의 징역 ② 1년 이상 5년 이하의 징역
③ 1년 이상 7년 이하의 징역 ④ 1년 이상 10년 이하의 징역

해설 ① 제조소등에서 위험물을 유출·방출 또는 확산시켜 사람의 생명·신체 또는 재산에 대하여 위험을 발생시킨 자는 **1년 이상 10년 이하의 징역**에 처한다.

② 위의 ①항의 규정에 따른 죄를 범하여 사람을 상해(傷害)에 이르게 한 때에는 무기 또는 3년 이상의 징역에 처하며, 사망에 이르게 한 때에는 무기 또는 5년 이상의 징역에 처한다.

25. 다음 중 제5류 위험물이 아닌 것은?

① 니트로글리세린 ② 니트로톨루엔 ③ 니트로글리콜 ④ 트리니트로톨루엔

해설 ③ 제4류 위험물 제3석유류 비수용성

26. 위험물안전관리법령상 "옥내저장소에서 위험물을 저장하는 경우 기계에 의하여 하역하는 구조로 된 용기만을 겹쳐 쌓는 경우에 있어서는 ( )미터 높이를 초과하여 용기를 겹쳐 쌓지 아니하여야 한다." 괄호 안에 알맞은 수치는?

① 2 ② 4 ③ 6 ④ 8

해설 옥내/옥외저장소의 저장용기 높이를 쌓는 높이

- 기계에 의하여 하역하는 구조 : 6m 이하
- 제4류 위험물 중 제3석유류, 제4석유류 및 동식물유 : 4m 이하
- 그 밖의 경우 : 3m 이하

※ 옥외저장소에서 선반에 용기를 저장하는 경우 : 6m 이하

27. 염소산염류 250kg, 요오드산 염류 600kg, 질산염류 900kg을 저장하고 있는 경우 지정수량의 몇 배가 보관되어 있는가?

① 5배 ② 7배 ③ 10배 ④ 12배

해설 $\frac{250}{50} + \frac{600}{300} + \frac{900}{300} = 10$배

28. 제4류 위험물의 일반적 성질에 대한 설명으로 틀린 것은?

① 발생증기가 가연성이며 공기보다 무거운 물질이 많다.
② 정전기에 의하여도 인화할 수 있다.
③ 상온에서 액체이다.
④ 전기도체이다.

해설 제4류 위험물은 전기부도체이다.

29. 위험물을 저장 또는 취급하는 탱크의 공간 용적은 탱크의 내용적의 (ⓐ) 이상 (ⓑ) 이하의 용적으로 한다. 다만, 소화설비 (소화약제 방출구를 탱크안의 윗부분에 설치하는 것에 한한다.)를 설치하는 탱크의 공간용적은 당해 소화설비의 소화약제방출구 아래의 0.3미터 이상 1미터 미만 사이의 면으로부터 윗부분의 용적으로 한다. 암반탱크에 있어서는 당해 탱크 내에 용출하는 (ⓒ)일 간의 지하수의 양에 상당하는 용적과 당해 탱크의 내용적의 (ⓓ)의 용적 중에서 보다 큰 용적을 공간용적 으로 한다. 괄호에 알맞은 수치로 옳은 것은?

① ⓐ 3/100 ⓑ 10/100 ⓒ 10 ⓓ 1/100
② ⓐ 5/100 ⓑ 5/100 ⓒ 10 ⓓ 1/100
③ ⓐ 5/100 ⓑ 10/100 ⓒ 7 ⓓ 1/100
④ ⓐ 5/100 ⓑ 10/100 ⓒ 10 ⓓ 3/100

해설 탱크의 공간용적은 내용적의 5/100 이상 10/100 이하로 하고, 암반탱크에 있어서는 해당 탱크 내에 용출하는 7일 간의 지하수의 양에 상당하는 용적과 해당 탱크의 내용적의 100분의 1의 용적 중에서 보다 큰 용적을 공간용적으로 한다.

30. 트리니트로톨루엔에 대한 설명으로 옳지 않은 것은?

① 제5류 위험물 중 니트로화합물에 속한다.
② 피크린산에 비해 충격, 마찰에 둔감하다.
③ 금속과의 반응성이 매우 커서 폴리에틸렌 수지에 저장한다.
④ 일광을 쪼이면 갈색으로 변한다.

해설 트리니트로톨루엔은 폴리에틸렌 수지와 반응하여 위험하므로 접촉을 피하여야 한다.

31. 제5류 위험물의 니트로화합물에 속하지 않은 것은?

① 니트로벤젠 ② 테트릴
③ 트리니트로톨로엔 ④ 피크린산

해설 니트로벤젠 : 제4류 위험물 제3석유류 비수용성

32. 과망간산칼륨의 위험성에 대한 설명 중 틀린 것은?

① 진한 황산과 접촉하면 폭발적으로 반응한다.
② 알코올, 에테르, 글리세린 등 유기물과 접촉을 금한다.
③ 가열하면 약 60℃에서 분해하여 수소를 방출한다.
④ 목탄, 황과 접촉 시 충격에 의해 폭발할 위험성이 있다.

해설 가열하면 약 610℃에서 산소를 방출한다.

33. 물과 작용하여 메탄과 수소를 발생시키는 것은?

① Al_4C_3 ② Mn_3C ③ Na_2C_2 ④ MgC_2

해설 ① $Al_4C_3+12H_2O \rightarrow 4Al(OH)_3+3CH_4$ ② $Mn_3C+6H_2O \rightarrow 3Mn(OH)_2+CH_4+H_2$
③ $Na_2C_2+2H_2O \rightarrow 2NaOH+C_2H_2$ ④ $MgC_2+2H_2O \rightarrow Mg(OH)_2+C_2H_2$

34. 위험물안전관리 법령상 위험물의 지정수량으로 옳지 않은 것은?

① 니트로셀룰로오스 : 10kg ② 히드록실아민 : 100kg
③ 아조벤젠 : 50kg ④ 트리니트로페놀 : 200kg

해설 아조벤젠 : 200kg

35. 트리에틸알루미늄의 안전관리에 관한 설명 중 틀린 것은?

① 물과의 접촉을 피한다. ② 냉암소에 저장한다.
③ 화재발생시 팽창질석을 사용한다. ④ I_2 또는 C_{l2} 가스의 분위기에서 저장한다.

해설 ④ I_2 또는 Cl_2 가스의 분위기에 저장 시 폭발할 위험이 있다.

36. 다음 중 증기의 비중이 가장 큰 것은?

① 디에틸에테르 ② 벤젠 ③ 가솔린(옥탄 100%) ④ 에틸알코올

해설 ① $C_2H_5OC_2H_5$: $\frac{74}{29}=2.55$ ② C_6H_6 : $\frac{78}{29}=2.69$
③ C_8H1_8 : $\frac{114}{29}=3.93$ ④ C_2H_5OH : $\frac{46}{29}=1.59$

37. 위험물의 운반에 관한 기준에서 다음 ( )안에 알맞은 온도는 몇 ℃인가?

> 적재하는 제5류 위험물 중 ( )℃ 이하의 온도에서 분해될 우려가 있는 것은 보냉 컨테이너에 수납하는 등 적정한 온도관리를 하여야 한다.

① 40　② 50　③ 55　④ 60

해설 적재하는 제5류 위험물 중 55℃ 이하의 온도에서 분해될 우려가 있는 것은 보냉 컨테이너에 수납하는 등 적정한 온도관리를 하여야 한다.

38. 위험물안전관리법령상 제조소에서 취급하는 제4류 위험물의 최대수량의 합이 지정수량의 12만배 미만인 사업소에 두어야 하는 화학소방자동차 및 소방대원의 수의 기준으로 옳은 것은?

① 1대 - 5인　② 2대 - 10인　③ 3대 - 15인　④ 4대 - 20인

해설 제4류 위험물을 지정수량의 3천배 이상 취급하는 제조소 또는 일반취급소에 자체소방대를 설치할 수 있으며, 화학소방차 및 자체소방대원의 수는 다음과 같다.

사업소의 구분	화학소방자동차의 수	자체소방대원의 수
지정수량의 12만배 미만	1대	5인
지정수량의 12만배 이상 24만배 미만	2대	10인
지정수량의 24만배 이상 48만배 미만	3대	15인
지정수량의 48만배 이상	4대	20인

39. 인화성액체 위험물을 저장 또는 취급하는 옥외탱크저장소의 방유제 내에 용량 10만L와 5만 L인 옥외저장탱크 2기를 설치하는 경우에 확보하여야 하는 방유제의 용량(L)은?

① 50,000L 이상　② 80,000L 이상　③ 110,000L 이상　④ 150,000L 이상

해설 인화성액체 위험물을 저장 또는 취급하는 옥외탱크저장소의 방유제 용량

1) 1기 탱크 : 탱크 용량의 110% 이상

2) 2기 이상의 탱크 : 탱크 중 용량이 최대인 것의 용량의 110% 이상

∴ $100,000 \times 1.1 = 110,000$L 이상

40. 위험물안전관리법에서 사용하는 용어의 정의 중 틀린 것은?

① "지정수량" 은 위험물의 종류별로 위험성을 고려하여 대통령령이 정하는 수량이다.

② "제조소" 라 함은 위험물을 제조할 목적으로 지정수량 이상의 위험물을 취급하기 위하여 규정에 따라 허가를 받은 장소이다.

③ "저장소" 라 함은 지정수량 이상의 위험물을 저장하기 위한 대통령령이 정하는 장소로서 규정에 따라 허가를 받은 장소를 말한다.

④ "제조소등" 이라 함은 제조소, 저장소 및 이동탱크를 말한다.

해설 ④ "제조소등" 이라 함은 제조소, 저장소, 취급소를 말한다.

41. 위험물제조소에서 지정수량 이상의 위험물을 취급하는 건축물(시설)에는 원칙상 최소 몇 미터 이상의 보유공지를 확보하여야 하는가? (단, 최대수량은 지정수량의 10배이다.)

① 1m 이상 ② 3m 이상 ③ 5m 이상 ④ 7m 이상

해설 10배 이하에 해당하므로 3m 이상의 보유공지를 확보하여야 한다.

지정수량의 배수	공지의 너비
지정수량의 10배 이하	**3m 이상**
지정수량의 10배 초과	5m 이상

42. 제2류 위험물에 속하지 않는 것은?

① 구리분 ② 알루미늄분 ③ 크롬분 ④ 몰리브덴분

해설 구리분 및 니켈분은 금속분에서 제외된다.

43. 벤젠의 위험성에 대한 설명으로 틀린 것은?

① 휘발성이 있다.
② 인화점이 0℃ 보다 낮다.
③ 증기는 유독하여 흡입하면 위험하다.
④ 이황화탄소보다 착화온도가 낮다.

해설 벤젠의 착화온도는 562℃이며, 이황화탄소의 착화온도는 100℃로 낮은 편이다.

44. 위험물안전관리법령상 옥외저장탱크 중 압력탱크 외의 탱크에 통기관을 설치하여야 할 때 밸브 없는 통기관인 경우 통기관의 직경은 몇 mm 이상으로 하여야 하는가?

① 10 ② 15 ③ 20 ④ 30

해설 옥외탱크저장소에 설치하는 밸브 없는 통기관의 지름은 30mm 이상으로 한다.

45. 위험물안전관리법령에 따라 제조소등의 관계인이 예방규정을 정하여야 하는 제조소등에 해당하지 않는 것은?

① 지정수량의 200배 이상의 위험물을 저장하는 옥외 탱크 저장소
② 지정수량의 10배 이상의 위험물을 취급하는 제조소
③ 암반탱크저장소
④ 지하탱크저장소

해설 지하탱크저장소는 예방규정의 대상은 아니며, 정기점검의 대상에 해당한다.

46. 이동탱크저장소의 위험물 운송에 있어서 운송책임자의 감독, 지원을 받아 운송하여야 하는 위험물의 종류에 해당하는 것은?

① 특수인화물 ② 알킬리튬 ③ 질산구아니딘 ④ 히드라진 유도체

해설 이동탱크저장소의 위험물 운송에 있어서 운송책임자의 감독, 지원을 받아 운송하여야 하는 위험물의 종류에는 알킬리튬, 알킬알루미늄 등에 해당한다.

47. 위험물 관련 신고 및 선임에 관한 사항으로 옳지 않은 것은?

① 제조소의 위치·구조 변경 없이 위험물의 품명 변경 시는 변경하고자 하는 날의 14일 이전까지 신고하여야 한다.
② 제조소 설치자의 지위를 승계한자는 승계한 날로부터 30일 이내에 신고하여야 한다.
③ 위험물안전관리자가 퇴직한 경우는 퇴직일로부터 14일 이내에 신고하여야 한다.
④ 위험물안전관리자가 퇴직한 경우는 퇴직일로부터 30일 이내에 선임하여야 한다.

해설 제조소등의 위치·구조 또는 설비의 변경없이 당해 제조소 등에서 저장하거나 취급하는 위험물의 품명·수량 또는 지정수량의 배수를 변경하고자 하는 자는 변경하고자 하는 날의 1일 전까지 행정안전부령이 정하는 바에 따라 시·도지사에게 신고하여야 한다.

48. 위험물안전관리법령상 산화성 액체에 대한 설명으로 옳은 것은?

① 과산화수소는 농도와 밀도가 비례한다.
② 과산화수소는 농도가 높을수록 끓는점이 낮아진다.
③ 질산은 상온에서 불연성이지만 고온으로 가열하면 스스로 발화한다.
④ 질산을 황산과 일정 비율로 혼합하여 왕수를 제조할 수 있다.

해설 ② 과산화수소는 농도가 높을수록 끓는점이 높아진다.
③ 질산은 불연성이므로 스스로 발화하지 않는다.
④ 질산을 염산과 1 : 3의 비율로 혼합하여 왕수를 제조할 수 있다.

49. 벤조일퍼옥사이드, 피크린산, 히드록실아민이 각각 200kg 있을 경우 지정수량의 배수의 합은 얼마인가?

① 22 ② 23 ③ 24 ④ 25

해설 벤조일퍼옥사이드 지정수량 : 10kg 피크린산 지정수량 : 200kg
히드록실아민 지정수량 : 100kg

$$\therefore \frac{\text{저장수량}}{\text{지정수량}} = \frac{200}{10} + \frac{200}{200} + \frac{200}{100} = 23$$

50. 제조소등에서 위험물을 유출·방출 또는 확산시켜 사람을 사망에 이르게 한 경우의 벌칙에 관한 기준에 해당하는 것은?

① 3년 이상 10년 이하의 징역
② 무기 또는 10년 이하의 징역
③ 무기 또는 3년 이상의 징역
④ 무기 또는 5년 이상의 징역

해설 위험물을 유출·방출 또는 확산시켜 사람을 상해(傷害)에 이르게 한 때에는 무기 또는 3년 이상의 징역에 처하며, 사망에 이르게 한 때에는 무기 또는 5년 이상의 징역에 처한다.

51. **위험물안전관리법령상 제4석유류를 저장하는 옥내저장탱크의 용량은 지정수량의 몇 배 이하이어야 하는가?**

① 20 ② 40 ③ 100 ④ 150

해설 〈옥내탱크저장소 탱크전용실의 탱크 용량〉

가. 1층 이하 층의 건물에 설치 시 : 지정수량 40배(제4석유류 또는 동식물유류 외의 제4류 위험물로서 당해 수량이 20,000L를 초과하는 경우에는 20,000L)이하

나. 2층 이상 층의 건물에 설치 시 : 지정수량 10배(제4석유류 또는 동식물유류 외의 제4류 위험물로서 당해 수량이 5,000L를 초과하는 경우에는 5,000L)이하

52. **제5류 위험물이 아닌 것은?**

① 클로로벤젠 ② 과산화벤조일 ③ 염산히드라진 ④ 아조벤젠

해설 클로로벤젠은 제4류 위험물 중 제2석유류이다.

53. **적갈색의 고체 위험물은?**

① 칼슘 ② 탄화칼슘 ③ 금속나트륨 ④ 인화칼슘

해설 인화칼슘은 적갈색의 고체로 인화석회라고도 한다.

54. **위험물제조소의 환기설비 중 급기구는 급기구가 설치된 실의 바닥면적 몇 ㎡마다 1개 이상으로 설치하여야 하는가?**

① 100 ② 150 ③ 200 ④ 800

해설 위험물제조소의 급기구(외부의 공기를 건물 내부로 유입시키는 통로)는 바닥면적 150㎡마다 1개 이상으로 설치한다.

55. **위험물안전관리법령상 제4류 위험물 운반용기의 외부에 표시해야 하는 사항이 아닌 것은?**

① 규정에 의한 주의사항 ② 위험물의 품명 및 위험등급
③ 위험물의 관리자 및 지정수량 ④ 위험물의 화학명

해설 운반용기 외부에 표시해야 하는 사항은 다음과 같다.

- 위험물의 품명, 위험등급, 화학명 및 수용성(제4류 위험물인 경우 수용성인 것에 한함)
- 위험물의 수량 • 주의사항

56. **황의 성질로 옳은 것은?**

① 전기 양도체이다. ② 물에는 매우 잘 녹는다.
③ 이산화탄소와 반응한다. ④ 미분은 분진폭발의 위험성이 있다.

해설 황(S)가루는 분진폭발의 위험성이 있는 물질이다.

57. 제4류 위험물의 품명 중 지정수량이 6000L인 것은?

① 제3석유류 비수용성액체 ② 제3석유류 수용성액체
③ 제4석유류 ④ 동식물유류

해설 ① 제3석유류 비수용성 : 2,000L
② 제3석유류 수용성 : 4,000L
④ 동식물유류 : 10,000L

58. 1종 판매취급소에 설치하는 위험물 배합실의 기준으로 틀린 것은?

① 바닥면적은 6㎡ 이상 15㎡ 이하일 것
② 내화구조 또는 불연재료로 된 벽으로 구획할 것
③ 출입구는 수시로 열 수 있는 자동폐쇄식의 갑종방화문으로 설치할 것
④ 출입구 문턱의 높이는 바닥면으로부터 0.2m 이상일 것

해설 ④ 1종 판매취급소의 출입구 문턱의 높이는 바닥면으로부터 0.1m 이상이어야 한다.

59. 위험물안전관리법에서 규정하고 있는 내용으로 틀린 것은?

① 민사집행법에 의한 경매, 국세징수법 또는 지방세법에 의한 압류재산의 매각절차에 따라 제조소등의 시설의 전부를 인수한 자는 그 설치자의 지위를 승계한다.
② 금치산자 또는 한정치산자, 탱크시험자의 등록이 취소된 날로부터 2년이 지나지 아니한 자는 탱크시험자로 등록하거나 탱크시험자의 업무에 종사할 수 없다.
③ 농예용·축산용으로 필요한 난방시설 또는 건조시설을 위한 지정수량 20배 이하의 취급소는 신고를 하지 아니하고 위험물의 품명·수량을 변경할 수 있다.
④ 법정의 완공검사를 받지 아니하고 제조소등을 사용한 때 시·도지사는 허가를 취소하거나 6월 이내의 기간을 정하여 사용정지를 명할 수 있다.

해설 농예용·축산용 또는 수산용으로 필요한 난방시설 또는 건조시설을 위한 지정수량 20배 이하의 저장소는 신고를 하지 아니하고 위험물의 품명·수량을 변경할 수 있다.

60. 시·도의 조례가 정하는 바에 따라 관할소방서장의 승인을 받아 지정수량 이상의 위험물을 제조소등이 아닌 장소에서 임시로 저장 또는 취급하는 기간은 최대 며칠 이내인가?

① 30 ② 60 ③ 90 ④ 120

해설 • 위험물 임시 저장기간 : 90일 이내

정답 2018년 제1회 위험물기능사 필기 기출문제

문	답	문	답	문	답	문	답	문	답	문	답	문	답	문	답	문	답	문	답
1	3	**2**	3	**3**	2	**4**	3	**5**	3	**6**	2	**7**	3	**8**	1	**9**	2	**10**	3
11	1	**12**	2	**13**	3	**14**	2	**15**	2	**16**	2	**17**	2	**18**	2	**19**	1	**20**	2
21	4	**22**	2	**23**	1	**24**	4	**25**	2	**26**	3	**27**	3	**28**	4	**29**	3	**30**	3
31	1	**32**	3	**33**	2	**34**	3	**35**	4	**36**	3	**37**	3	**38**	1	**39**	3	**40**	4
41	2	**42**	1	**43**	4	**44**	4	**45**	4	**46**	2	**47**	1	**48**	1	**49**	2	**50**	4
51	2	**52**	1	**53**	4	**54**	2	**55**	3	**56**	4	**57**	3	**58**	4	**59**	3	**60**	3

2018년 제2회 위험물기능사 필기 기출

01. **전기불꽃 에너지 공식에서 ( )에 알맞은 것은? (단, Q는 전기량, V는 방전전압, C는 전기용량을 나타낸다.)**

$$E = \frac{1}{2}(\ ) = \frac{1}{2}(\ )$$

① QV, CV ② QC, CV ③ QV, CV^2 ④ QC, QV^2

해설 최소착화에너지 공식 : $E = \frac{1}{2}QV = CV^2$

02. **다음 반응식과 같이 벤젠 1kg이 연소할 때 발생되는 CO_2의 양은 약 몇 ㎥인가? (단, 27℃, 750mmHg 기준이다.)**

$$C_6H_6 + 7.5O_2 \rightarrow 6CO_2 + 3H_2O$$

① 0.72 ② 1.22 ③ 1.92 ④ 2.42

해설 C_6H_6 분자량 : $(12 \times 6) + (1 \times 6) = 78$

- PV = nRT 적용, 이산화탄소의 몰수 6몰을 곱하여야 한다.
- 1기압 = 760mmHg
- $\frac{750}{760} \times x = \frac{1}{78} \times 0.082 \times (273+27) \times 6$몰
- $x = 1.92$㎥

03. **고온층(hot zone)이 형성된 유류화재의 탱크 밑면에 물이 고여 있는 경우, 화재의 진행에 따라 바닥의 물이 급격히 증발하여 불붙은 기름을 분출시키는 위험현상을 무엇이라 하는가?**

① 화이어볼(fire ball) ② 플래시오버(flash over)
③ 슬롭오버(slop over) ④ 보일오버(boil over)

해설 보일오버(boil over)란 중질유가 저장된 탱크에서 발생된 화재가 장시간 지속되어 탱크의 저부에 고여 있던 물이 급격히 증발하며 유류가 분출되는 현상이다.

04. **국소방출방식의 이산화탄소 소화설비의 분사헤드에서 방출되는 소화약제의 방사 기준은?**

① 10초 이내에 균일하게 방사할 수 있을 것
② 15초 이내에 균일하게 방사할 수 있을 것
③ 30초 이내에 균일하게 방사할 수 있을 것
④ 60초 이내에 균일하게 방사할 수 있을 것

해설 국소방출방식의 이산화탄소 소화설비의 분사헤드에서 방출되는 소화약제는 30초 이내에 균일하게 방사하여야 한다.

05. 연면적이 1000㎡이고, 지정수량의 80배의 위험물을 취급하며, 지반면으로부터 5미터 높이에 위험물 취급설비가 있는 제조소의 소화난이도등급은?

① 소화난이도등급 I　② 소화난이도등급 II
③ 소화난이도등급 III　④ 제시된 조건으로 판단할 수 없음

해설 연면적이 1000㎡ 이므로 소화난이도등급 I에 해당한다.

06. 다음 중 위험물의 분류가 옳은 것은?

① 유기과산화물 - 제1류 위험물　② 황화린 - 제2류 위험물
③ 금속분 - 제3류 위험물　④ 무기과산화물 - 제5류 위험물

해설 ① 유기과산화물 - 제5류 위험물　③ 금속분 - 제2류 위험물
④ 무기과산화물 - 제1류 위험물

07. 오황화린이 물과 반응하였을 때 생성된 가스를 연소시키면 발생하는 독성이 있는 가스는?

① 이산화질소　② 포스핀
③ 염화수소　④ 이산화황

해설 오황화린이 물과 반응하여 황화수소 가스(H_2S)를 발생시킨다. 황화수소 가스를 연소시키면 독성이 있는 이산화황이 발생한다. • $2H_2S + 3O_2 \rightarrow 2H_2O + 2SO_2$

08. 다음 중 제4류 위험물에 대한 설명으로 가장 옳은 것은?

① 물과 접촉하면 발열하는 것
② 자기연소성 물질
③ 많은 산소를 함유하는 강산화제
④ 상온에서 액상인 가연성 액체

해설 제4류 위험물은 상온에서 액상인 가연성의 액체로 인화하기 쉽다.

09. Halon 1301 소화약제에 대한 설명으로 틀린 것은?

① 저장 용기에 액체상으로 충전한다.
② 화학식을 CF_3Br이다.
③ 비점이 낮아서 기화가 용이하다.
④ 공기보다 가볍다.

해설 • 할론 1301 화학식 : CF_3Br　• 증기비중 $= \frac{149}{29} = 5.14$
• 증기비중이 1보다 크기 때문에 공기보다 무겁다.

10. 제2류 위험물의 화재예방 및 진압대책으로 적합하지 않은 것은?

① 강산화제와 혼합을 피한다.
② 적린과 유황은 물에 의한 냉각소화가 가능하다.
③ 금속분은 산과의 접촉을 피한다.
④ 인화성고체를 제외한 위험물 제조소에는 "화기엄금" 주의사항 게시판을 설치한다.

해설 인화성고체를 제외한 위험물 제조소에는 "화기주의" 주의사항 게시판을 설치한다.

11. 다음 중 발화점이 낮아지는 경우는?

① 화학적 활성도가 낮을 때　② 발열량이 클 때
③ 산소와 친화력이 나쁠 때　④ CO_2와 친화력이 높을 때

해설 발화점이 낮을수록 위험도가 증가하는 조건이므로 발열량이 클 때 발화점이 낮아진다.
① 화학적 활성도가 높을 때　③ 산소와 친화력이 좋을 때
④ CO_2와 친화력이 낮을 때

12. 중크롬산칼륨에 대한 설명으로 틀린 것은?

① 열분해하여 산소를 발생한다.　② 물과 알코올에 잘 녹는다.
③ 등적색의 결정으로 쓴 맛이 있다.　④ 산화제, 의약품 등에 사용된다.

해설 물에 약간 용해되고 알코올에 불용이다.

13. 지정수량이 300kg인 위험물에 해당하는 것은?

① $NaBrO_3$　② CaO_2　③ $KClO_4$　④ $NaClO_2$

해설 ②, ③, ④ : 50kg

14. 위험물제조소에서 "브롬산나트륨 300kg, 과산화나트륨 150kg, 중크롬산나트륨 500kg"의 위험물을 취급하고 있는 경우 각각의 지정수량 배수의 총합은 얼마인가?

① 3.5　② 4.0　③ 4.5　④ 5.0

해설
- 브롬산나트륨 지정수량 : 300kg
- 과산화나트륨 지정수량 : 50kg
- 중크롬산나트륨 지정수량 : 1000kg
- $\therefore \frac{저장수량}{지정수량} = \frac{300}{300} + \frac{150}{50} + \frac{500}{1000} = 4.5$

15. 알코올에 관한 설명으로 옳지 않은 것은?

① 1가 알코올은 OH 기의 수가 1개인 알코올을 말한다.
② 2차 알코올은 1차 알코올이 산화된 것이다.
③ 2차 알코올이 수소를 잃으면 케톤이 된다.
④ 알데히드가 환원되면 1차 알코올이 된다.

해설 2차 알코올이 산화되어 케톤이 된다.

16. 위험물제조소의 안전거리 기준으로 틀린 것은?

① 초 · 중등교육법 및 고등교육법에 의한 학교 - 20m 이상
② 의료법에 의한 병원급 의료기관 - 30m 이상
③ 문화재보호법 규정에 의한 지정문화재 - 50m 이상
④ 사용전압이 35,000V를 초과하는 특고압가공전선 - 50m 이상

해설 1) 사용전압 7,000V 초과 35,000V 이하의 특고압가공전선 : 3m 이상
2) 사용전압 35,000V를 초과하는 특고압가공전선 : 5m 이상
3) 주거용 건축물(제조소의 동일부지 외에 있는 것) : 10m 이상
4) 고압가스, 액화석유가스 등의 저장 · 취급 시설 : 20m 이상
5) 학교 · 병원 · 극장(300명 이상), 다수인 수용시설 : 30m 이상
6) 유형문화재, 지정문화재 : 50m 이상

17. 위험물안전관리법령상 피난설비에 해당하는 것은?

① 자동화재탐지설비 ② 비상방송설비
③ 자동식사이렌설비 ④ 유도등

해설 ①, ②, ③은 경보설비에 해당한다.

18. 제5류 위험물의 화재 시 소화방법에 대한 설명으로 옳은 것은?

① 가연성 물질로서 연소속도가 빠르므로 질식소화가 효과적이다.
② 할로겐화합물 소화기가 적응성이 있다.
③ CO_2 및 분말소화기가 적응성이 있다.
④ 다량의 주수에 의한 냉각소화가 효과적이다

해설 제5류 위험물에 질식소화는 효과가 없으므로 다량의 물로 주수소화 하여야 한다.

19. 위험물의 지정수량이 나머지 셋과 다른 하나는?

① 질산에스테르류 ② 니트로화합물
③ 아조화합물 ④ 히드라진유도체

해설 질산에스테르류 : 10kg/ 니트로화합물, 아조화합물, 히드라진유도체 : 200kg

20. 옥외소화전설비의 기준에서 옥외소화전함은 옥외소화전으로부터 보행거리 몇 m 이하의 장소에 설치하여야 하는가?

① 1.5 ② 5 ③ 7.5 ④ 10

해설 옥외소화전함은 옥외소화전으로부터 보행거리 5m 이하의 장소에 설치하여야 한다.

21. 위험물의 운반에 관한 기준에서 제4석유류와 혼재할 수 없는 위험물은? (단, 위험물은 각각 지정수량의 2배인 경우이다.)

① 황화린　② 칼륨　③ 유기과산화물　④ 과염소산

해설 • 제4석유류는 제4류 위험물이므로 과염소산(제6류 위험물)과 혼재할 수 없다.
① 황화린 : 제2류 위험물　② 칼륨 : 제3류 위험물　③ 유기과산화물 : 제5류 위험물

22. 지정과산화물 옥내저장소의 저장창고 출입구 및 창의 설치기준으로 틀린 것은?

① 창은 바닥면으로부터 2m 이상의 높이에 설치한다.
② 하나의 창의 면적을 0.4㎡ 이내로 한다.
③ 하나의 벽면에 두는 창의 면적의 합계를 해당 벽면 면적의 80분의 1이 초과되도록 한다.
④ 출입구에는 갑종방화문을 설치한다.

해설 ③ 하나의 벽면에 두는 창의 면적의 합계를 해당 벽면 면적의 80분의 1 이내로 한다.

23. 제조소등의 소화설비 설치 시 소요단위 산정에서 제조소 또는 취급소의 건축물은 외벽이 내화구조인 것은 연면적 (　　)㎡를 1소요단위로 하며, 외벽이 내화구조가 아닌 것은 연면적 (　　)㎡를 1소요단위로 한다. 괄호 안에 알맞은 수치를 차례대로 나열한 것은?

① 200, 100　② 150, 100　③ 150, 50　④ 100, 50

해설

구분	제조소 또는 취급소	저장소
외벽이 내화구조인 것	100㎡	150㎡
내화구조가 아닌 것	50㎡	75㎡

24. 위험물안전관리법령상 고정주유설비는 주유설비의 중심선을 기점으로 하여 도로경계선까지 몇 m 이상의 거리를 유지해야 하는가?

① 1m　② 3m　③ 4m　④ 6m

25. 보일러 등으로 위험물을 소비하는 일반취급소의 특례의 적용에 관한 설명으로 틀린 것은?

① 일반취급소에서 보일러, 버너 등으로 소비하는 위험물은 인화점이 섭씨 38도 이상인 제4류 위험물이어야 한다.
② 일반취급소에서 취급하는 위험물의 양은 지정수량의 30배 미만이고 위험물을 취급하는 설비는 건축물에 있어야 한다.
③ 제조소의 기준을 준용하는 다른 일반취급소와 달리 일정한 요건을 갖추면 제조소의 안전거리, 보유공지 등에 관한 기준을 적용하지 않을 수 있다.
④ 건축물중 일반취급소로 사용하는 부분은 취급하는 위험물의 양에 관계없이 철근콘크리트조 등의 바닥 또는 벽으로 당해 건축물의 다른 부분과 구획되어야 한다.

해설 건축물 중 일반취급소의 용도로 제공하는 부분에는 지진 시 및 정전 시 등의 긴급 시에 보일러, 버너 그 밖에 이와 유사한 장치에 대한 위험물의 공급을 자동적으로 차단하는 장치를 설치하여야 한다.

26. 과산화나트륨 78g과 충분한 양의 물이 반응하여 생성되는 기체의 종류와 생성량을 옳게 나타낸 것은?

① 수소, 1g ② 산소, 16g ③ 수소, 2g ④ 산소, 32g

해설
- 과산화나트륨 분자량 : 78 = 1몰
- $Na_2O_2 + H_2O \rightarrow 2NaOH + 0.5O_2$
- 0.5몰 O_2 : 32/2 = 16g

27. 분말소화약제의 식별 색을 옳게 나타낸 것은?

① $KHCO_3$: 백색 ② $NH_4H_2PO_4$: 담홍색
③ $NaHCO_3$: 보라색 ④ $KHCO_3 + (NH_2)_2CO$: 초록색

해설 A, B, C급 화재에 효과적인 제3종 분말소화약제의 주성분인 제1인산암모늄($NH_4H_2PO_4$)의 색은 담홍색에 해당한다.

28. 위험물제조소 내의 위험물을 취급하는 배관에 대한 설명으로 옳지 않은 것은?

① 배관을 지하에 매설하는 경우 접합부분에는 점검구를 설치하여야 한다.
② 배관을 지하에 매설하는 경우 금속성 배관의 외면에는 부식 방지 조치를 하여야 한다.
③ 최대상용압력의 1.5배 이상의 압력으로 수압시험을 실시하여 이상이 없어야 한다.
④ 지상에 설치하는 경우에는 안전한 구조의 지지물로 지면에 밀착하여 설치하여야 한다.

해설 ② 배관을 지상에 매설하는 경우 금속성 배관의 외면에는 부식 방지 조치를 하여야 한다.

29. 다음 중 위험물안전관리법령에 의한 지정수량이 가장 작은 품명은?

① 질산염류 ② 인화성고체 ③ 금속분 ④ 질산에스테르류

해설 ① 질산염류 : 300kg ② 인화성고체 : 1,000kg
③ 금속분 : 500kg ④ 질산에스테르류 : 10kg

30. 제5류 위험물의 운반용기의 외부에 표시하여야 하는 주의사항은?

① 물기주의 및 화기주의 ② 물기엄금 및 화기엄금
③ 화기주의 및 충격엄금 ④ 화기엄금 및 충격주의

해설 제5류 위험물의 운반용기 주의사항 : 화기엄금, 충격주의

31. 위험물안전관리법상 위험물에 해당하는 것은?

① 아황산
② 비중이 1.41인 질산
③ 53마이크로미터의 표준체를 통과하는 것이 50중량% 이상인 철의 분말
④ 농도가 15중량%인 과산화수소

해설 ① 아황산 : 위험물이 아니다. ② 비중 1.49 이상인 질산
④ 농도가 36중량% 이상인 과산화수소

32. 무색의 액체로 융점이 -122℃이고 물과 접촉하면 심하게 발열하는 제6류 위험물은?

① 과산화수소 ② 과염소산 ③ 질산 ④ 오불화요오드

해설 과염소산은 무색, 무취의 액체로 융점이 -112℃이고 물과 접촉하면 심하게 발열한다.

33. 위험물 제조소의 환기설비의 기준에서 급기구에 설치된 실의 바닥면적 150㎡마다 1개 이상 설치하는 급기구의 크기는 몇 ㎠ 이상이어야 하는가?

① 200 ② 400 ③ 600 ④ 800

해설 위험물제조소의 급기구(외부의 공기를 건물 내부로 유입시키는 통로)는 바닥면적 150㎡마다 1개 이상으로 하고 급기구의 크기는 800㎠ 이상으로 해야 한다.

34. 위험물의 지하저장탱크 중 압력탱크 외의 탱크에 대해 수압시험을 실시할 때 몇 kPa의 압력으로 하여야 하는가? (단, 소방방재청장이 정하여 고시하는 기밀시험과 비파괴시험을 동시에 실시하는 방법으로 대신하는 경우는 제외한다.)

① 40 ② 50 ③ 60 ④ 70

해설 지하저장탱크는 압력탱크 외의 탱크에 있어서는 70kPa의 압력으로, 압력탱크에 있어서는 최대상용압력의 1.5배의 압력으로 각각 10분간 수압시험을 실시한다.

35. 주유취급소에 설치 할 수 있는 위험물 탱크는?

① 고정주유설비에 직접 접속하는 5기 이하의 간이탱크
② 보일러 등에 직접 접속하는 전용탱크로서 10,000리터 이하의 것
③ 고정급유설비에 직접 접속하는 전용탱크로서 70,000리터 이하의 것
④ 폐유, 윤활유 등의 위험물을 저장하는 탱크로서 4,000리터 이하의 것

해설 ① 고정주유설비에 직접 접속하는 3기 이하의 간이탱크
③ 고정급유설비에 직접 접속하는 전용탱크로서 50,000리터 이하의 것
④ 폐유, 윤활유 등의 위험물을 저장하는 탱크로서 2,000리터 이하의 것

36. 위험물안전관리법령상 정기점검 대상인 제조소 등의 조건이 아닌 것은?

① 예방규정 작성대상인 제조소 등
② 지하탱크저장소
③ 이동탱크저장소
④ 지정수량 5배의 위험물을 취급하는 옥외탱크를 둔 제조소

해설 정기점검대상인 제조소 등의 조건은 다음과 같다.

- 예방규정대상에 해당하는 것
- 지하탱크저장소
- 이동탱크저장소
- 위험물을 취급하는 탱크로서 지하에 매설된 탱크가 있는 제조소, 주유취급소 또는 일반취급소

37. 위험물안전관리법령에 따른 건축물 그 밖의 공작물 또는 위험물의 소요단위의 계산방법의 기준으로 옳은 것은?

① 위험물은 지정수량의 100배를 1소요단위로 할 것
② 저장소의 건축물은 외벽에 내화구조인 것은 연면적 100㎡를 1소요단위로 할 것
③ 저장소의 건축물은 외벽이 내화구조가 아닌 것은 연면적 50㎡를 1소요단위로 할 것
④ 제조소 또는 취급소용으로서 옥외에 있는 공작물인 경우 최대수평투영면적 100㎡를 1소요단위로 할 것

해설 ① 위험물은 지정수량의 10배를 1소요단위로 할 것
② 저장소의 건축물은 외벽에 내화구조인 것은 연면적 150㎡를 1소요단위로 할 것
③ 저장소의 건축물은 외벽이 내화구조가 아닌 것은 연면적 75㎡를 1소요단위로 할 것

38. 소화난이도등급 Ⅰ에 해당하지 않는 제조소등은?

① 제1석유류 위험물을 제조하는 제조소로서 연면적 1000㎡ 이상인 것
② 제1석유류 위험물을 저장하는 옥외탱크저장소로서 액표면적이 40㎡ 이상인 것
③ 모든 이송취급소
④ 제6류 위험물을 저장하는 암반탱크저장소

해설 소화난이도등급 Ⅰ의 암반탱크저장소의 기준은 다음과 같다.
- 액표면적이 40㎡ 이상인 것(제6류 위험물을 저장하는 것 및 고인화점위험물만을 100℃ 미만의 온도에서 저장하는 것은 제외)
- 고체위험물만을 저장하는 것으로서 지정수량의 100배 이상인 것

39. 위험물안전관리법에서 정한 위험물의 운반에 관한 다음 내용 중 ( )안에 들어갈 용어가 아닌 것은?

> 위험물의 운반은 (　), (　) 및 (　)에 관해 법에서 정한 중요기준과 세부기준을 따라 행하여야 한다.

① 용기　　② 적재방법
③ 운반방법　　④ 검사방법

해설 위험물의 운반은 용기·적재방법 및 운반방법에 관한 법에서 정한 중요기준과 세부기준에 따라 행하여야 한다.

40. 위험물 옥외저장소에서 지정수량 200배 초과의 위험물을 저장할 경우 보유공지의 너비는 몇 m 이상으로 하여야 하는가? (단, 제4류 위험물과 제6류 위험물이 아닌 경우)

① 0.5m ② 2.5m ③ 10m ④ 15m

해설

저장 또는 취급하는 위험물의 최대수량	옥외저장소 공지의 너비
지정수량의 10배 이하	3m 이상
지정수량의 10배 초과 20배 이하	5m 이상
지정수량의 20배 초과 50배 이하	9m 이상
지정수량의 50배 초과 200배 이하	12m 이상
지정수량의 200배 초과	15m 이상

(단, 제4류 위험물 중 제4석유류 또는 제6류 위험물을 저장하는 경우 공지의 너비를 1/3로 단축할 수 있다.)

41. 위험물제조소등에 옥내소화전설비를 설치할 때 옥내소화전이 가장 많이 설치된 층의 소화전의 개수가 4개일 때 확보하여야 할 수원의 수량은?

① 10.4㎥ ② 20.8㎥ ③ 31.2㎥ ④ 41.6㎥

해설 옥내소화전설비의 수원의 수량은 설치개수(최대 5개)애 7.8㎥를 곱한 양 이상이 되도록 설치하여야 한다. (∴ 7.8㎥×4=31.2㎥)

42. 주유취급소의 벽(담)에 유리를 부착할 수 있는 기준에 대한 설명으로 옳은 것은?

① 유리 부착위치는 주입구, 고정주유설비로부터 2m 이상 이격되어야 한다.
② 지반면으로부터 50cm를 초과하는 부분에 한하여 설치하여야 한다.
③ 하나의 유리판 가로의 길이는 2m 이내로 한다.
④ 유리의 구조는 기준에 맞는 강화유리로 하여야 한다.

해설 ① 유리 부착 위치는 주입구, 고정주유설비로부터 4m 이상 이격되어야 한다.
② 지반면으로부터 70센티미터를 초과하는 부분에 한하여 설치하여야 한다.
④ 유리의 구조는 기준에 맞는 접합유리로 하여야 한다.

43. 아세톤의 위험도를 구하면 얼마인가? (단, 아세톤의 연소범위는 2~13vol%이다)

① 0.846 ② 1.23
③ 5.5 ④ 7.5

해설
- 위험도
- 위험도$(H) = \frac{U-L}{L}$
- U : 연소범위 상한, L : 연소범위 하한

$\therefore H = \frac{U-L}{L} = \frac{13-2}{2} = 5.5$

44. **상온에서 CaC_2 를 장기간 보관할 때 사용하는 물질로 다음 중 가장 적합한 것은?**

① 물 ② 알코올수용액 ③ 질소가스 ④ 아세틸렌가스

해설 탄화칼슘(CaC_2)을 장기 보관할 경우 불활성 기체인 질소가스를 사용한다.

45. **위험물의 화재별 소화방법으로 옳지 않은 것은?**

① 황린 – 분무주수에 의한 냉각소화 ② 인화칼슘 – 분무주수에 의한 냉각소화
③ 톨루엔 – 포에 의한 질식소화 ④ 질산메틸 – 주수에 의한 냉각소화

해설 인화칼슘은 금수성 물질이므로 팽창질석, 팽창진주암, 건조사, 탄산수소염류분말소화설비로 질식소화한다.

46. **지정수량의 10배의 위험물을 운반할 경우 제5류 위험물과 혼재 가능한 위험물에 해당하는 것은?**

① 제1류 위험물 ② 제2류 위험물 ③ 제3류 위험물 ④ 제6류 위험물

해설 제5류 위험물은 제2류 위험물, 제4류 위험물과 혼재가 가능하다.

47. **옥내저장소에 제3류 위험물인 황린을 저장하면서 위험물안전관리 법령에 의한 최소한의 보유공지로 3m를 옥내저장소 주위에 확보하였다. 이 옥내저장소에 저장하고 있는 황린의 수량은? (단, 옥내저장소의 구조는 벽 · 기둥 및 바닥이 내화구조로 되어 있고 그 외의 다른 사항은 고려하지 않는다.)**

① 100kg 초과 500kg 이하 ② 400kg 초과 1000kg 이하
③ 500kg 초과 5000kg 이하 ④ 1000kg 초과 40000kg 이하

해설 황린을 지정수량(20kg)의 20배 초과 50배 이하로 저장하고 있으므로 옥내저장소에 저장하고 있는 수량은 400kg 초과 1,000kg 이하이다.

48. **위험물안전관리법령에 명시된 아세트알데히드의 옥외저장탱크에 필요한 설비가 아닌 것은?**

① 보냉장치 ② 냉각장치 ③ 동합금배관 ④ 불활성 기체를 봉입하는 장치

해설 아세트알데히드의 옥외저장탱크에는 보냉장치, 냉각장치, 불활성 기체를 봉입하는 장치 등의 설비가 필요하다.

49. **지하저장탱크에 경보음을 울리는 방법으로 과충전방지장치를 설치하고자 한다. 탱크 용량의 최소 몇 %가 찰 때 경보음이 울리도록 하여야 하는가?**

① 80% ② 85% ③ 90% ④ 95%

해설 지하저장탱크에는 위험물을 주입할 때 과충전을 방지하기 위해 탱크 용량의 최소 90%가 차면 경보음이 울리도록 하여야 한다.

50. 위험물저장소에 해당하지 않는 것은?

① 옥외저장소 ② 지하탱크저장소 ③ 이동탱크저장소 ④ 판매저장소

해설 위험물저장소의 종류에는 옥외저장소, 옥내저장소, 옥외탱크저장소, 옥내탱크저장소, 지하탱크저장소, 간이탱크저장소, 이동탱크저장소, 암반탱크저장소가 있다.

51. 위험물시설에 설비하는 자동화재탐지설비의 하나의 경계구역 면적과 그 한 변의 길이의 기준으로 옳은 것은? (단, 광전식분리형 감지기를 설치하지 않은 경우이다.)

① 300㎡ 이하, 50m 이하 ② 300㎡ 이하, 100m 이하
③ 600㎡ 이하, 50m 이하 ④ 600㎡ 이하, 100m 이하

해설 하나의 경계구역의 한 변의 길이는 50m(광전식분리형 감지기를 설치할 경우에는 100m) 이하로 하며 면적은 600㎡ 이하로 한다.

52. 다음 중 니트로글리세린을 다공질의 규조토에 흡수시키기 위해 제조한 물질은?

① 흑색화약 ② 니트로셀룰로오스 ③ 다이너마이트 ④ 면화약

해설 니트로글리세린의 단점을 개선하여 다공질의 규조토에 흡수시켜 다이너마이트를 제조하였다.

53. 휘발유의 연소범위(vol%)에 가장 가까운 것은?

① 1.4~7.6 ② 8.3~11.4 ③ 12.5~19.7 ④ 22.3~32.0

해설 〈자주 출제되는 위험물의 연소범위〉

- 가솔린(휘발유) : 1.4~7.6%
- (디)에틸에테르 : 1.9~48% (넓은 편)
- 아세틸렌 : 2.5~81% (탄화칼슘과 물이 반응하였을 때 발생하는 가연성 가스)
- 메틸알코올 : 6.0~36%

54. 이산화탄소의 특성에 대한 설명으로 옳지 않은 것은?

① 전기전도성이 우수하다.
② 냉각, 압축에 의하여 액화된다.
③ 과량 존재 시 질식할 수 있다.
④ 상온, 상압에서 무색, 무취의 불연성 기체이다.

해설 이산화탄소는 비전도성이므로 전기 화재에 효과적이다.

55. 착화점이 232℃에 가장 가까운 위험물은?

① 삼황화린 ② 오황화린 ③ 적린 ④ 유황

해설 유황(S)의 착화점은 약 232℃이며, 적린(P)의 착화점은 약 260℃이다.

56. 제3류 위험물을 취급하는 제조소는 300명 이상을 수용할 수 있는 극장으로부터 몇 m 이상의 안전거리를 유지하여야 하는가?

① 5　② 10　③ 30　④ 70

해설 300명 이상을 수용할 수 있는 극장과의 안전거리는 30m 이상으로 한다.

57. 위험물제조소의 위치, 구조 및 설비의 기준에 대한 설명 중 틀린 것은?

① 벽, 기둥, 바닥, 보, 서까래는 내화재료로 하여야 한다.
② 제조소의 표지판은 한 변이 30cm, 다른 한 변이 60cm 이상의 크기로 한다.
③ "화기엄금"을 표시하는 게시판은 적색바탕에 백색문자로 한다.
④ 지정수량 10배를 초과한 위험물을 취급하는 제조소는 보유공지의 너비가 5m 이상이어야 한다.

해설 ① 위험물제조소의 벽, 기둥, 바닥, 보, 서까래는 불연재료로 하여야 한다.

58. 경유를 저장하는 옥외탱크저장소에서 10,000리터 탱크 1기가 설치된 곳의 방유제 용량은 얼마 이상이 되어야 하는가?

① 5,000리터　② 10,000리터　③ 11,000리터　④ 20,000리터

해설
- 탱크가 하나인 때 : 탱크 용량의 110% 이상(인화성 액체가 아닌 경우 100%)

∴ 10,000 × 1.1 = 11,000L

59. 2몰의 브롬산칼륨이 모두 열분해 되어 생긴 산소의 양은 2기압 27℃에서 약 몇 L인가?

① 32.42　② 36.92　③ 41.34　④ 45.64

해설
- 반응식 : $2KBrO_3 \rightarrow 2KBr + 3O_2$ (제1류 위험물 개념)
- PV = nRT 적용, 산소의 몰수 3몰을 곱하여야 한다.
- $2 \times x = 2 \times 0.082 \times (273+27) \times 3$
- $x = 36.9$L

60. 위험물안전관리법령상 제4류 위험물에 적응성이 없는 소화설비는?

① 옥내소화전설비　② 포소화설비
③ 불활성가스소화설비　④ 할로겐화합물소화설비

해설 제4류 위험물은 물분무소화설비, 포소화설비, 할로겐화합물소화설비, 불활성가스소화설비, 분말소화설비 등에 적응성이 있다.

정답 2018년 제2회 위험물기능사 필기 기출문제

문	답	문	답	문	답	문	답	문	답	문	답	문	답	문	답	문	답	문	답
1	3	**2**	3	**3**	4	**4**	3	**5**	1	**6**	2	**7**	4	**8**	4	**9**	4	**10**	4
11	2	**12**	2	**13**	1	**14**	3	**15**	2	**16**	1	**17**	4	**18**	4	**19**	1	**20**	2
21	4	**22**	3	**23**	4	**24**	3	**25**	4	**26**	2	**27**	2	**28**	2	**29**	4	**30**	4
31	3	**32**	2	**33**	4	**34**	4	**35**	2	**36**	4	**37**	4	**38**	4	**39**	4	**40**	4
41	3	**42**	3	**43**	3	**44**	3	**45**	2	**46**	2	**47**	2	**48**	3	**49**	3	**50**	4
51	3	**52**	3	**53**	1	**54**	1	**55**	4	**56**	3	**57**	1	**58**	3	**59**	2	**60**	1

2018년 제3회 위험물기능사 필기 기출

01. 휘발유에 대한 설명으로 옳지 않은 것은?

① 지정수량은 200리터이다.
② 전기의 불량도체로서 정전기 축적이 용이하다.
③ 원유의 성질, 상태, 처리방법에 따라 탄화수소의 혼합비율이 다르다.
④ 발화점은 -43 ~ -20℃ 정도이다.

해설 휘발유(C_5~C_9)의 발화점은 약 300℃이다.

02. 열의 이동 원리 중 복사에 관한 예로 적당하지 않은 것은?

① 그늘이 시원한 이유
② 더러운 눈이 빨리 녹는 현상
③ 보온병 내부를 거울벽으로 만드는 것
④ 해풍과 육풍이 일어나는 원리

해설 열의 비열 차이로 인하여 해륙풍(해풍과 육풍)이 일어난다.

03. 자연발화가 잘 일어나는 경우와 가장 거리가 먼 것은?

① 주변의 온도가 높을 것
② 습도가 높을 것
③ 표면적이 넓을 것
④ 열전도율이 클 것

해설 열전도율이 작을수록 열축적에 용이하므로 자연발화가 잘 일어난다.

04. 위험물안전관리자를 해임한 후 며칠 이내에 후임자를 선임하여야 하는가?

① 14일 ② 15일 ③ 20일 ④ 30일

해설 위험물안전관리자를 해임한 때에는 30일 이내에 다시 선임하여야 한다.

05. 과산화수소의 운반용기 외부에 표시하여야 하는 주의사항은?

① 화기주의 ② 충격주의 ③ 물기엄금 ④ 가연물접촉주의

해설 제6류 위험물이므로 "가연물접촉주의"를 표시하여야 한다.

06. 다음 중 물에 가장 잘 용해되는 위험물은?

① 벤즈알데히드 ② 이소프로필알코올 ③ 휘발유 ④ 에테르

해설 이소프로필알코올은 알코올류로 물에 잘 용해된다.
① 벤즈알데히드 : 제2석유류 비수용성
③ 휘발유 : 제1석유류 비수용성
④ 에테르(디에틸에테르) : 특수인화물 비수용성

07. 질소와 아르곤과 이산화탄소의 용량비가 52대 40대 8인 혼합물 소화약제에 해당하는 것은?

① IG-541 ② HCFC-BLEND A ③ HFC-125 ④ HFC-23

해설 IG-541 : N_2(52%), Ar(40%), CO_2(8%)

08. 위험물안전관리법령상 소화설비의 적응성에 관한 내용이다. 옳은 것은?

① 마른모래는 대상물 중 제1류 ~ 제6류 위험물에 적응성이 있다.
② 팽창질석은 전기설비를 포함한 모든 대상물에 적응성이 있다.
③ 분말소화약제는 셀룰로이드류의 화재에 가장 적당하다.
④ 물분무소화설비는 전기설비에 사용할 수 없다.

해설 ② 건조사(마른모래), 팽창질석 또는 팽창진주암은 건축물 · 그 밖의 공작물과 전기설비에 적응성이 없다.
③ 셀룰로이드류는 제5류 위험물로 분말소화약제는 전기설비, 제2류 위험물(인화성 고체), 제4류 위험물에 주로 적응성이 있다.
④ 물이 분무 상태로 방사되면 비전도성이므로 전기설비에 적응성이 있다.

09. 과염소산칼륨과 아염소산나트륨의 공통 성질이 아닌 것은?

① 지정수량이 50kg이다. ② 열분해 시 산소를 방출한다.
③ 강산화성 물질이며 가연성이다. ④ 상온에서 고체의 형태이다.

해설 강산화성 물질이며 불연성이다.

10. 15℃의 기름 100g에 8,000J의 열량을 주면 기름의 온도는 몇 ℃가 되겠는가? (단, 기름의 비열은 2J/g · ℃이다.)

① 25 ② 45 ③ 50 ④ 55

해설
- Q(열량) = c(비열) × m(질량) × △t(온도차)
- 8,000J = 2J/g · ℃ × 100g × (x−15)℃
- 8,000 = 200x − (200 × 15)
- 200x = 11,000

∴ x = 55℃

11. 강화액소화기에 대한 설명이 아닌 것은?

① 알칼리 금속염류가 포함된 고농도의 수용액이다.
② A급 화재에 적응성이 있다.
③ 어는점이 낮아서 동절기에도 사용이 가능하다.
④ 물의 표면장력을 강화시킨 것으로 심부화재에 효과적이다.

해설 물보다 표면장력이 작아 심부화재에 효과적이다.

12. 다음 중 연소의 3요소를 모두 갖춘 것은?

① 성냥불, 등유, 산소　② 등유, 수소, 공기
③ 아세톤, 수소, 산소　④ 알코올, 황, 산소

해설 ① 성냥불(점화원) + 등유(가연물) + 산소(산소공급원)

13. 위험물안전관리법령상 피난설비에 해당하는 것은?

① 자동화재탐지설비　② 비상방송설비
③ 자동식사이렌설비　④ 유도등

해설 ① 자동화재탐지설비, ② 비상방송설비, ③ 자동식사이렌설비 : 경보설비

14. 위험물을 취급함에 있어서 정전기를 유효하게 제거하기 위한 설비를 설치하고자 한다. 위험물안전관리법령상 공기 중의 상대 습도를 몇 % 이상 되게 하여야 하는가?

① 50　② 60　③ 70　④ 80

해설 〈정전기 제거 방법〉

- 접지
- 공기 중의 상대습도를 70% 이상
- 공기를 이온화

15. 위험물안전관리법령에 따른 자동화재탐지설비의 설치기준에서 하나의 경계구역의 면적은 얼마 이하로 하여야 하는가? (단, 해당 건축물 그 밖의 공작물의 주요한 출입구에서 그 내부의 전체를 볼 수 없는 경우이다.)

① 500㎡　② 600㎡　③ 800㎡　④ 1,000㎡

해설 출입구에서 내부 전체를 볼 수 없는 경우이므로 하나의 경계구역의 면적은 600㎡ 이하로 한다.

16. 주된 연소형태가 표면연소인 것을 옳게 나타낸 것은?

① 중유, 알코올　② 코크스, 숯　③ 목재, 종이　④ 석탄, 플라스틱

해설

구분	예시
표면연소	숯, 목탄, 금속분(알루미늄분 등), 코크스 등
분해연소	석탄, 종이, 섬유, 플라스틱, 목재, 고무 등
자기연소	제5류 위험물(니트로글리세린, 니트로셀룰로오스 등)
증발연소	유황, 나프탈렌, 양초(파라핀), 고급 알코올 등

17. 이산화탄소 소화기의 장점으로 옳은 것은?

① 전기설비화재에 유용하다.　② 마그네슘과 같은 금속분 화재 시 유용하다.
③ 자기반응성 물질의 화재 시 유용하다.　④ 알칼리금속 과산화물 화재 시 유용하다.

해설 이산화탄소는 비전도성이므로 C급 화재(전기 화재)에 적응성이 있다.

18. 위험물의 소화방법으로 적합하지 않은 것은?

① 적린은 다량의 물로 소화한다.
② 황화인의 소규모 화재 시에는 모래로 질식 소화한다.
③ 알루미늄분은 다량의 물로 소화한다.
④ 황의 소규모 화재 시에는 모래로 질식 소화한다.

해설 ③ 알루미늄분은 금수성 물질이므로 탄산수소염류분말소화설비, 팽창질석, 팽창진주암, 건조사 등으로 질식 소화한다.

19. 이산화탄소 소화기 사용 시 줄 · 톰슨 효과에 의해서 생성되는 물질은?

① 포스겐 ② 일산화탄소
③ 드라이아이스 ④ 수성가스

해설 줄 · 톰슨 효과란 소화기에서 이산화탄소(CO_2)의 압축기체가 분출되며 온도가 급격히 내려가 고체 형태의 드라이아이스가 형성되는 효과이다.

20. 위험물안전관리법령상 위험물의 운반에 관한 기준에 따르면 지정수량 얼마 이하의 위험물에 대하여는 "유별을 달리하는 위험물의 혼재기준"을 적용하지 아니하여도 되는가?

① 1/2 ② 1/3
③ 1/5 ④ 1/10

해설 혼재기준에서 지정수량의 1/10 이하의 위험물에 대해서는 적용하지 않는다.

21. 다음 중 알킬알루미늄의 소화방법으로 가장 적합한 것은?

① 팽창질석에 의한 소화
② 산 · 알칼리 소화약제에 의한 소화
③ 알코올포에 의한 소화
④ 주수에 의한 소화

해설 알킬알루미늄은 제3류 위험물의 금수성 물질이므로 팽창질석, 팽창진주암, 건조사, 탄산수소염류 분말소화설비 등에 의한 질식소화가 가장 적합하다.

22. 위험물안전관리법령에 따른 판매취급소라 함은 점포에서 위험물을 용기에 담아 판매하기 위하여 지정수량의 (㉮)배 이하의 위험물을 (㉯)하는 장소를 말한다. ( )에 알맞은 말은?

① ㉮ 20 ㉯ 취급 ② ㉮ 40 ㉯ 취급
③ ㉮ 20 ㉯ 저장 ④ ㉮ 40 ㉯ 저장

해설 판매취급소라 함은 점포에서 위험물을 용기에 담아 판매하기 위하여 지정수량의 40배 이하의 위험물을 취급하는 장소를 말한다.

23. 「자동화재탐지설비 일반점검표」의 점검내용이 "변형 · 손상의 유무, 표시의 적부, 경계구역일람도의 적부, 기능의 적부" 인 점검항목은?

① 감지기 ② 중계기 ③ 수신기 ④ 발신기

해설 수신기의 점검내용에는 변형 · 손상의 유무, 표시의 적부, 경계구역, 기능의 적부가 있다.

구분	점검내용			
수신기	변형 · 손상의 유무	기능의 적부	표시의 적부	경계구역
감지기	변형 · 손상의 유무	기능의 적부	감지	
중계기	변형 · 손상의 유무	기능의 적부	표시의 적부	
발신기	변형 · 손상의 유무	기능의 적부		

24. 탄화칼슘을 물과 반응시키면 무슨 가스가 발생하는가?

① 에탄 ② 에틸렌 ③ 메탄 ④ 아세틸렌

해설 $CaC_2 + 2H_2O \rightarrow Ca(OH)_2 + C_2H_2$

25. 다음 중 위험물 운반용기의 외부에 "제4류" 와 "위험등급II"의 표시만 보이고 품명이 잘 보이지 않을 때 예상할 수 있는 수납 위험물의 품명은?

① 제1석유류 ② 제2석유류 ③ 제3석유류 ④ 제4석유류

해설 위험등급Ⅱ : 제1석유류, 알코올류

26. 그림과 같이 횡으로 설치한 원통형 위험물탱크에 대하여 탱크의 용량을 구하면 약 몇 ㎥인가? (단, 공간용적은 탱크 내용적의 100분의 5로 한다.)

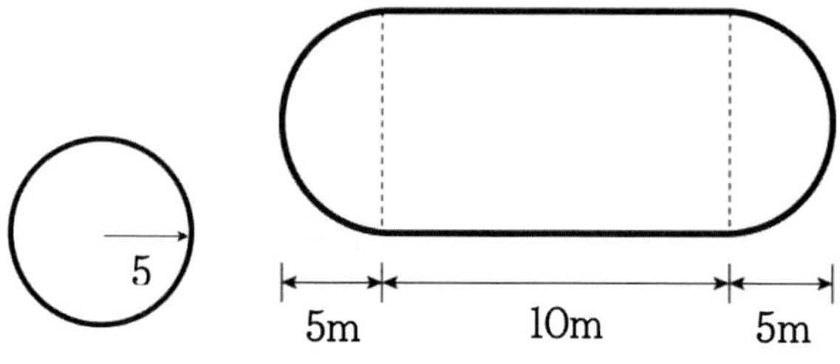

① 52.4 ② 291.6 ③ 994.8 ④ 1047.2

해설 • 내용적 $= \pi \times r^2 \times (l + \frac{l_1 + l_2}{3})$ • 용량 = 내용적 × (1−공간용적)

$\therefore$ 용량 $= \pi \times 5^2 \times (10 + \frac{5+5}{3}) \times 0.95 = 994.84m^3$

27. 위험물안전관리법령상 배출설비를 설치하여야 하는 옥내저장소의 기준에 해당하는 것은?

① 가연성 증기가 액화할 우려가 있는 장소
② 모든 장소의 옥내저장소
③ 가연성 미분이 체류할 우려가 있는 장소
④ 인화점이 70℃ 미만인 위험물의 옥내 저장소

해설 옥내저장소의 경우 인화점이 70℃ 미만인 위험물을 저장하는 저장 창고에는 배출설비를 설치하며, 제조소의 경우 가연성 증기 또는 미분이 체류할 우려가 있는 장소에 배출설비를 설치한다.

28. 위험물안전관리법령에서 정한 탱크 안전성능 검사의 구분에 해당하지 않는 것은?

① 기초 · 지반 검사 ② 충수 · 수압 검사 ③ 용접부 검사 ④ 배관 검사

해설 탱크안전성능검사 : 기초 · 지반검사, 충수 · 수압검사, 용접부검사, 암반탱크검사

29. 위험물의 이동탱크저장소 차량에 "위험물"이라고 표시한 표지를 설치할 때 표지의 바탕색은?

① 흰색 ② 적색 ③ 흑색 ④ 황색

해설 이동탱크저장소 차량에 "위험물" 표지는 흑색바탕에 황색문자로 한다.

30. 연소 시 온도에 따른 불꽃의 색상이 잘못된 것은?

① 적색 : 약 850℃ ② 황적색 : 약 1,100℃
③ 휘적색 : 약 1,200℃ ④ 백적색 : 약 1,300℃

해설 암적색(700℃)<적색(850℃)<휘적색(950℃)<황적색(1100℃)<백적색(1300℃)<휘백색(1500℃)

31. 위험물안전관리법령에 따른 옥외소화전설비의 설치기준에서 "옥외소화전설비는 모든 옥외소화전(설치개수가 4개 이상인 경우는 4개의 옥외소화전)을 동시에 사용할 경우에 각 노즐선단의 방수압력이 ( )kPa 이상이고, 방수량이 1분당 ( )L 이상의 성능이 되도록 할 것"에서 괄호 안에 알맞은 수치를 차례대로 나타낸 것은?

① 350, 260 ② 300, 260 ③ 350, 450 ④ 300, 450

해설

<table>
<tr><th></th><th>옥내소화전설비</th><th>옥외소화전설비</th></tr>
<tr><td>지면에서 개폐밸브 및 호스접속구까지의 높이</td><td colspan="2">1.5m 이하</td></tr>
<tr><td>비상전원</td><td colspan="2">45분 이상</td></tr>
<tr><td>방수압력</td><td colspan="2">350kPa 이상</td></tr>
<tr><td>방수량</td><td>260L/min 이상</td><td>450L/min 이상</td></tr>
<tr><td>수원의 수량</td><td>7.8m^3 × 최대 5개</td><td>13.5m^3 × 최대 4개</td></tr>
<tr><td>방호대상물간의 수평거리</td><td>25m 이하</td><td>40m 이하</td></tr>
</table>

32. 위험물의 유별 구분이 나머지 셋과 다른 하나는?

① 니트로글리콜 ② 벤젠 ③ 아조벤젠 ④ 디니트로벤젠

해설 벤젠은 제4류 위험물에 속한다.

33. 다음 황린의 성질에 대한 설명으로 옳은 것은?

① 분자량은 약 108이다. ② 융점은 약 120℃이다.
③ 비점은 약 120℃이다. ④ 비중은 약 1.8이다.

해설 ① 분자량은 $31 \times 4 = 124$이다. ② 융점은 약 44℃이다.
③ 비점은 약 280℃이다.

34. 위험물안전관리법령상 제5류 위험물의 판정을 위한 시험의 종류로 옳은 것은?

① 폭발성 시험, 가열분해성 시험 ② 폭발성 시험, 충격민감성 시험
③ 가열분해성 시험, 착화의 위험성 시험 ④ 충격민감성 시험, 착화의 위험성 시험

해설 제5류 위험물의 판정을 위한 시험의 종류에는 폭발성 시험, 가열분해성 시험이 있다.

35. 요리용 기름의 화재 시 비누화 반응을 일으켜 질식효과와 재발화 방지 효과를 나타내는 소화약제는?

① $NaHCO_3$ ② $KHCO_3$ ③ $BaCl_2$ ④ $NH_4H_2PO_4$

해설 제1종 분말소화약제를 이용하여 요리용 기름의 화재 시 비누화 반응을 일으켜 질식 및 재발화 방지 효과로 소화할 수 있다.

36. 제6류 위험물의 위험성에 대한 설명으로 적합하지 않은 것은?

① 질산은 햇빛에 의해 분해되어 NO_2를 발생한다.
② 과염소산은 산화력이 강하여 유기물과 접촉 시 연소 또는 폭발한다.
③ 질산은 물과 접촉하면 발열한다.
④ 과염소산은 물과 접촉하면 흡열한다.

해설 과염소산은 물과 접촉하면 심하게 발열한다.

37. 제5류 위험물의 공통된 취급 방법이 아닌 것은?

① 용기의 파손 및 균열에 주의한다.
② 저장시 가열, 충격, 마찰을 피한다.
③ 운반용기 외부에 주의사항으로 "자연발화주의"를 표기한다.
④ 점화원 및 분해를 촉진시키는 물질로부터 멀리한다.

해설 제5류 위험물의 운반용기 주의사항은 화기엄금, 충격주의이다.

38.

위험물안전관리법에서 정의하는 "인화성 또는 발화성 등의 성질을 가지는 것으로서 대통령령이 정하는 물품"을 말하는 용어는 무엇인가?

① 위험물 ② 인화성물질

③ 자연발화성물질 ④ 가연물

해설 "위험물"이라 함은 인화성 또는 발화성 등의 성질을 가지는 것으로서 대통령령이 정하는 물품을 말한다.

39.

위험물제조소에서 지정수량 이상의 위험물을 취급하는 건축물(시설)에는 원칙상 최소 몇 m 이상의 보유공지를 확보하여야 하는가? (단, 최대수량은 지정수량의 10배이다.)

① 1m ② 3m ③ 5m ④ 7m

해설 위험물제조소의 보유공지는 다음과 같다.

취급하는 위험물의 최대수량	공지의 너비
지정수량의 10배 이하	**3m 이상**
지정수량의 10배 초과	5m 이상

40.

취급하는 제4류 위험물의 수량이 지정수량의 30만배인 일반취급소가 있는 사업장에 자체소방대를 설치함에 있어서 전체 화학소방차 중 포수용액을 방사하는 화학소방차는 몇 대 이상 두어야 하는가?

① 필수적인 것은 아니다. ② 1대 ③ 2대 ④ 3대

해설 포수용액을 방사하는 화학소방자동차의 대수는 화학소방자동차의 대수의 3분의 2 이상으로 하여야 한다. 30만배에 해당하는 화학소방차의 수가 3대이므로 2/3 이상인 2대 이상의 포수용액 화학소방차를 두어야 한다.

41.

위험물 제조소에서 연소 우려가 있는 외벽은 기산점이 되는 선으로부터 3m (2층 이상의 층에 대해서는 5m)이내에 있는 외벽을 말하는데 이 기산점이 되는 선에 해당하지 않은 것은?

① 동일 부지내의 다른 건축물과 제조소 부지 간의 중심선

② 제조소등에 인접한 도로의 중심선

③ 제조소등이 설치된 부지의 경계선

④ 제조소등의 외벽과 동일 부지내의 다른 건축물의 외벽간의 중심선

해설 연소의 우려가 있는 외벽은 다음에서 정한 선을 기산점으로 하여 3m(2층 이상의 층은 5m) 이내에 있는 외벽을 말한다.

1) 제조소등이 설치된 부지의 경계선

2) 제조소등에 인접한 도로의 중심선

3) 제조소등의 외벽과 동일부지 내의 다른 건축물의 외벽 간의 중심선

42. 연소 위험성이 큰 휘발유 등은 배관을 통하여 이송할 경우 안전을 위하여 유속을 느리게 해주는 것이 바람직하다. 이는 배관 내에서 발생할 수 있는 어떤 에너지를 억제하기 위함인가?

① 유도에너지 ② 분해에너지 ③ 정전기에너지 ④ 아크에너지

해설 정전기에너지를 억제하기 위하여 유속을 느리게 하여 마찰을 최소화하여야 한다.

43. 위험물 옥외저장탱크의 통기관에 관한 사항으로 옳지 않은 것은?

① 밸브 없는 통기관의 직경은 30mm 이상으로 한다.
② 대기밸브부착 통기관은 항시 열려 있어야 한다.
③ 밸브 없는 통기관의 선단은 수평면보다 45도 이상 구부려 빗물 등의 침투를 막는 구조로 한다.
④ 대기밸브부착 통기관은 5kPa 이하의 압력차이로 작동할 수 있어야 한다.

해설 ② 대기밸브는 평상시에 닫힌 상태로 있다가 탱크의 압력이 5kPa 이하의 압력차이로 밸브가 열려 탱크 내부의 유증기 등을 외부로 방출하거나 또는 탱크 내부로 외부의 공기를 흡인할 수 있어야 한다.

44. 위험물안전관리법령상 주유취급소에서의 위험물 취급 기준으로 옳지 않은 것은?

① 자동차에 주유할 때에는 고정주유설비를 이용하여 직접 주유할 것
② 자동차에 경유 위험물을 주유할 때에는 자동차의 원동기를 반드시 정지시킬 것
③ 고정주유설비에는 당해 주유설비에 접속한 전용탱크 또는 간이탱크의 배관 외의 것을 통하여서는 위험물을 공급하지 아니할 것
④ 고정주유설비에 접속하는 탱크에 위험물을 주입할 때는 접속된 고정주유설비의 사용을 중지할 것

해설 경유는 제2석유류로 인화점이 41℃ 이상이므로 원동기를 반드시 정지시키지 않아도 된다.

45. 다음 중 공기포 소화약제가 아닌 것은?

① 단백포 소화약제 ② 합성계면활성제포 소화약제
③ 화학포 소화약제 ④ 수성막포 소화약제

해설 공기포(기계포) 소화약제 : 단백포, 불화단백포, 합성계면활성제포, 수성막포, 알코올형포

46. 물과 접촉하면 위험성이 증가하므로 주수소화를 할 수 없는 물질은?

① $C_6H_2CH_3(NO_2)_3$ ② $NaNO_3$ ③ $(C_2H_5)_3Al$ ④ $(C_6H_5CO)_2O_2$

해설 트리에틸알루미늄[$(C_2H_5)_3Al$]에 주수소화시 에탄가스를 발생하므로 팽창질석, 팽창진주, 탄산수소염류분말 소화설비로 소화하여야 한다.

- $(C_2H_5)_3Al + 2H_2O \rightarrow Al(OH)_3 + 3C_2H_6$

47. 주택, 학교 등의 보호대상물과의 사이에 안전거리를 두지 않아도 되는 위험물시설은?

① 옥내저장소 ② 옥내탱크저장소 ③ 옥외저장소 ④ 일반취급소

해설 안전거리의 규제 대상은 다음과 같다.

- 제조소(제6류 위험물을 취급하는 제조소를 제외)
- 일반취급소
- 옥내저장소
- 옥외저장소
- 옥외탱크저장소

48. 옥내저장소에서 위험물을 유별로 정리하고 서로 1m 이상의 간격을 두는 경우 유별을 달리하는 위험물을 동일한 저장소에 저장할 수 있는 것은?

① 과산화나트륨과 벤조일퍼옥사이드 ② 과염소산나트륨과 질산
③ 황린과 트리에틸알루미늄 ④ 유황과 아세톤

해설 유별이 다른 위험물을 동일한 저장소에 저장하는 경우 유별로 정리하여 서로 1m 이상의 간격을 두었을 때 다음과 같이 저장할 수 있다.

- 제1류 위험물(알칼리금속의 과산화물 제외)과 제5류 위험물
- 제1류 위험물과 제6류 위험물
- 제1류 위험물과 제3류 위험물 중 자연발화성 물질(황린)
- 제2류 위험물 중 인화성 고체와 제4류 위험물
- 제3류 위험물 중 알킬알루미늄등과 제4류 위험물(알킬알루미늄 또는 알킬리튬을 함유한 것)
- 제4류 위험물 중 유기과산화물과 제5류 위험물 중 유기과산화물

① 제1류 위험물(과산화나트륨)과 제5류 위험물(벤조일퍼옥사이드)는 함께 저장할 수 없다.
② 제3류 위험물로 유별이 동일한 황린(자연발화성 물질)과 트리에틸알루미늄(금수성 물질)은 함께 저장이 불가하다.
③ 제2류 위험물(유황)과 제4류 위험물(아세톤)은 함께 저장할 수 없으며 제2류 위험물 중 인화성 고체는 제4류 위험물과 함께 저장이 가능하다.

49. 히드라진의 지정수량은 얼마인가?

① 200kg ② 200L
③ 2,000kg ④ 2,000L

해설 히드라진은 제4류 위험물 중 제2석유류 수용성이므로 지정수량은 2,000L이다.

50. 다음 물질 중 물보다 비중이 작은 것으로만 이루어진 것은?

① 에테르, 이황화탄소 ② 벤젠, 글리세린
③ 가솔린, 메탄올 ④ 글리세린, 아닐린

해설 에테르, 벤젠, 가솔린, 메탄올은 물보다 비중이 작다.

51. 위험물의 운반에 관한 기준에서 적재방법 기준으로 틀린 것은?

① 고체 위험물은 운반용기의 내용적 95% 이하의 수납율로 수납할 것
② 액체 위험물은 운반용기의 내용적 98% 이하의 수납율로 수납할 것
③ 알킬알루미늄은 운반용기 내용적의 95% 이하의 수납율로 수납하되, 50℃의 온도에서 5% 이상의 공간용적을 유지할 것
④ 제3류 위험물 중 자연발화성물질에 있어서는 불활성 기체를 봉입하여 밀봉하는 등 공기와 접하지 아니하도록 할 것

해설 알킬알루미늄 등은 운반용기의 내용적 90% 이하의 수납율로 수납하되, 50℃의 온도에서 5% 이상의 공간용적을 유지하도록 할 것

52. 위험물 이동저장탱크의 외부도장 색상으로 적합하지 않은 것은?

① 제2류 – 적색　② 제3류 – 청색
③ 제5류 – 황색　④ 제6류 – 회색

해설
- 제1류 위험물 : 회색
- 제2류 위험물 : 적색
- 제3류 위험물 : 청색
- 제4류 위험물 : 적색 권장
- 제5류 위험물 : 황색
- 제6류 위험물 : 청색

53. 금속칼륨에 대한 초기의 소화약제로서 적합한 것은?

① 물　② 마른모래
③ CCl_4　④ CO_2

해설 금속 칼륨(K)은 금수성 물질이므로 건조사, 팽창질석, 팽창진주암, 탄산수소염류 분말소화설비로 소화하여야 한다.

54. 다음 중 일반적으로 알려진 황화린의 3종류의 속하지 않는 것은?

① P_4S_3　② P_2S_5
③ P_4S_7　④ P_2S_9

해설 황화린의 3종류는 일반적으로 삼황화린(P_4S_3), 오황화린(P_2S_5), 칠황화린(P_4S_7)이다.

55. 위험물제조소등에 전기배선, 조명기구 등을 제외한 전기설비가 설치되어 있는 경우에는 당해 장소의 면적 몇 ㎡마다 소형수동식 소화기를 1개 이상 설치하여야 하는가?

① 100　② 150
③ 200　④ 300

해설 제조소등에 전기설비(전기배선, 조명기구 등을 제외한다)가 설치된 경우에는 해당 장소의 면적 100㎡마다 소형수동식 소화기를 1개 이상 설치해야 한다.

56. 위험물안전관리법령상 소화난이도 등급 Ⅰ에 해당하는 제조소의 연면적 기준은?

① 1000㎡ 이상 ② 800㎡ 이상 ③ 700㎡ 이상 ④ 500㎡ 이상

해설 소화난이도등급 Ⅰ의 제조소는 연면적 1000㎡ 이상에 해당한다.

57. 삼황화린의 연소 시 발생하는 가스에 해당하는 것은?

① 이산화황 ② 황화수소 ③ 산소 ④ 인산

해설 $P_4S_3 + 8O_2 \rightarrow 2P_2O_5 + 3SO_2$

58. 피난동선의 특징이 아닌 것은?

① 가급적 지그재그의 복잡한 형태가 좋다.
② 수평동선과 수직동선으로 구분한다.
③ 2개 이상의 방향으로 피난할 수 있어야 한다.
④ 가급적 상호 반대방향으로 다수의 출구와 연결되는 것이 좋다.

해설 ① 가급적 단순한 형태가 좋다.

59. 다음 물질 중 인화점이 가장 낮은 것은?

① CH_3COCH_3 ② $C_2H_5OC_2H_5$ ③ $CH_3(CH_2)_3OH$ ④ CH_3OH

해설 ① 아세톤 : −18℃ ② 디에틸에테르 : −45℃
③ 1−부틸알코올 : 29℃ ④ 메틸알코올 : 11℃

60. 인화성 액체 위험물을 저장하는 옥외탱크저장소에 설치하는 방유제의 높이 기준은?

① 0.5m 이상 1m 이하 ② 0.5m 이상 3m 이하
③ 0.3m 이상 1m 이하 ④ 0.3m 이상 3m 이하

해설 옥외탱크저장소의 방유제 높이는 0.5m 이상 3m 이하로 한다.

정답 2018년 제3회 위험물기능사 필기 기출문제

문	답	문	답	문	답	문	답	문	답	문	답	문	답	문	답	문	답	문	답
1	4	**2**	4	**3**	4	**4**	4	**5**	4	**6**	2	**7**	1	**8**	1	**9**	3	**10**	4
11	4	**12**	1	**13**	4	**14**	3	**15**	2	**16**	2	**17**	1	**18**	3	**19**	3	**20**	4
21	1	**22**	2	**23**	3	**24**	4	**25**	1	**26**	3	**27**	4	**28**	4	**29**	3	**30**	3
31	3	**32**	2	**33**	4	**34**	1	**35**	1	**36**	4	**37**	3	**38**	1	**39**	2	**40**	3
41	1	**42**	3	**43**	2	**44**	2	**45**	3	**46**	3	**47**	2	**48**	2	**49**	4	**50**	3
51	3	**52**	4	**53**	2	**54**	4	**55**	1	**56**	1	**57**	1	**58**	1	**59**	2	**60**	2

2018년 제4회 위험물기능사 필기 기출

01. **점화원으로 작용할 수 있는 정전기를 방지하기 위한 예방 대책이 아닌 것은?**

① 정전기 발생이 우려되는 장소에 접지시설을 한다.
② 실내의 공기를 이온화하여 정전기 발생을 억제한다.
③ 정전기는 습도가 낮거나 압력이 높을 때 많이 발생하므로 상대습도를 70% 이상으로 한다.
④ 전기의 저항이 큰 물질은 대전이 용이하므로 전도체 물질을 사용한다.

해설 전기의 저항이 작은 물질인 전도체 물질을 사용한다.

02. **다음 위험물의 저장 창고에 화재가 발생하였을 때 주수(注水)에 의한 소화가 오히려 더 위험한 것은?**

① 염소산칼륨 ② 과염소산나트륨 ③ 질산암모늄 ④ 탄화칼슘

해설 ④ 탄화칼슘은 주수 소화 시 아세틸렌(C_2H_2)을 발생하므로 질식소화 하여야 한다.

03. **위험물제조소 분말소화설비의 기준에서 분말소화약제의 가압용 가스로 사용할 수 있는 것은?**

① 헬륨 또는 산소 ② 네온 또는 염소 ③ 아르곤 또는 산소 ④ 질소 또는 이산화탄소

해설 분말소화설비의 기준에서 가압용 또는 축압용 가스로 사용할 수 있는 것은 질소 또는 이산화탄소이다.

04. **위험물안전관리법령상 제5류 위험물의 화재 발생 시 적응성이 있는 소화설비는?**

① 이산화탄소소화설비 ② 물분무소화설비
③ 분말소화설비 ④ 할로겐화합물소화설비

해설 제5류 위험물의 화재 발생 시 물에 의한 주수소화가 적응성이 있다.

05. **위험물안전관리법령에 따라 다음 ( ) 안에 알맞은 용어는?**

> 주유취급소 중 건축물의 2층 이상의 부분을 점포 · 휴게음식점 또는 전시장의 용도로 사용하는 것에 있어서는 당해 건축물의 2층 이상으로부터 주유취급소의 부지 밖으로 통하는 출입구와 당해 출입구로 통하는 통로 · 계단 및 출입구에 (　　)을 설치하여야 한다.

① 피난사다리 ② 경보기 ③ 유도등 ④ CCTV

해설 주유취급소 중 건축물의 2층 이상의 부분을 점포 · 휴게음식점 또는 전시장의 용도로 사용하는 것에 있어서는 당해 건축물의 2층 이상으로부터 주유취급소의 부지 밖으로 통하는 출입구와 당해 출입구로 통하는 통로 · 계단 및 출입구에 유도등을 설치하여야 한다.

06. 금속나트륨의 올바른 취급으로 가장 거리가 먼 것은?

① 보호액 속에서 노출되지 않도록 주의한다.
② 수분 또는 습기와 접촉되지 않도록 주의한다.
③ 용기에서 꺼낼 때는 손을 깨끗이 닦고 만져야 한다.
④ 다량 연소하면 소화가 어려우므로 가급적 소량으로 나누어 저장한다.

해설 금속이 피부에 닿지 않도록 보호용 장갑을 착용하여야 한다.

07. 위험물의 운반에 관한 기준에서 제4석유류와 혼재할 수 없는 위험물은? (단, 위험물은 각각 지정수량의 2배인 경우이다.)

① 황화린 ② 칼륨
③ 유기과산화물 ④ 과염소산

해설 ① 황화린 : 제2류 위험물 ② 칼륨 : 제3류 위험물
③ 유기과산화물 : 제5류 위험물 ④ 과염소산 : 제6류 위험물
• 제4류 위험물인 제4석유류는 제6류 위험물과 혼재가 불가하다.

08. 위험물안전관리법령에 따라 옥내소화전설비를 설치할 때 배관의 설치기준에 대한 설명으로 옳지 않은 것은?

① 배관용 탄소 강관(KS D 3507)을 사용할 수 있다.
② 주 배관의 입상관 구경은 최소 60mm 이상으로 한다.
③ 펌프를 이용한 가압송수장치의 흡수관은 펌프마다 전용으로 설치한다.
④ 원칙적으로 급수배관은 생활용수배관과 같이 사용 할 수 없으며 전용배관으로만 사용한다.

해설 주 배관의 입상관 구경은 최소 50mm 이상으로 한다.

09. 다음은 어떤 화합물의 구조식인가?

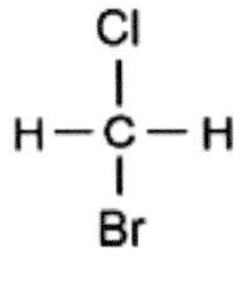

① 할론2402 ② 할론1301
③ 할론1011 ④ 할론1201

해설 • C, F, Cl, Br, I(생략가능) 순서에 따라 할론 소화약제의 화학식을 명명하며 빈자리는 H를 채워준다.

10. 저장 또는 취급하는 위험물의 최대수량이 지정수량의 500배 이하일 때 옥외저장탱크의 측면으로부터 몇 m 이상의 보유공지를 유지하여야 하는가? (단, 제6류 위험물은 제외한다.)

① 1　② 2　③ 3　④ 4

해설

저장 또는 취급하는 위험물의 최대수량	공지의 너비
지정수량의 500배 이하	3m 이상
지정수량의 500배 초과 1,000배 이하	5m 이상
지정수량의 1,000배 초과 2,000배 이하	9m 이상
지정수량의 2,000배 초과 3,000배 이하	12m 이상
지정수량의 3,000배 초과 4,000배 이하	15m 이상
지정수량의 4000배 초과	해당 탱크의 최대지름과 높이 중 큰 것 이상으로 한다. (단, 30m 초과 시 30m 이상, 15m 미만 시 15m 이상으로 한다.)

11. 옥외탱크저장소의 제4류 위험물의 저장탱크에 설치하는 통기관에 관한 설명으로 틀린 것은?

① 제4류 위험물을 저장하는 압력탱크 외의 탱크에는 밸브 없는 통기관 또는 대기밸브부착 통기관을 설치하여야 한다.
② 밸브 없는 통기관은 직경을 30mm 미만으로 하고, 선단은 수평면보다 45도 이상 구부려 빗물 등의 침투를 막는 구조로 한다.
③ 인화점 70℃ 이상의 위험물만을 해당 위험물의 인화점 미만의 온도로 저장 또는 취급하는 탱크에 설치하는 통기관에는 인화방지장치를 설치하지 않아도 된다.
④ 옥외저장탱크 중 압력탱크란 탱크의 최대상용압력이 부압 또는 정압 5kPa을 초과하는 탱크를 말한다.

해설 밸브 없는 통기관은 직경을 30mm 이상으로 하고, 선단은 수평면보다 45도 이상 구부려 빗물 등의 침투를 막는 구조로 한다.

12. 제4류 위험물의 옥외저장탱크에 대기밸브부착 통기관을 설치할 때 몇 kPa 이하의 압력차이로 작동하여야 하는가?

① 5kPa　② 10kPa
③ 15kPa　④ 20kPa

해설 옥외저장탱크에 설치하는 대기밸브부착 통기관은 5kPa 이하의 압력차이로 작동하여야 한다.

13. 이산화탄소 소화약제의 주된 소화효과 2가지에 가장 가까운 것은?

① 부촉매효과, 제거효과
② 질식효과, 냉각효과
③ 억제효과, 부촉매효과
④ 제거효과, 억제효과

해설 이산화탄소 소화약제의 주된 소화효과는 질식효과 및 냉각효과이다.

14. 2몰의 브롬산칼륨이 모두 열분해 되어 생긴 산소의 양은 2기압 27℃에서 약 몇 L인가?

① 32.42　　② 36.92　　③ 41.34　　④ 45.64

해설
- 반응식 : $2KBrO_3 \rightarrow 2KBr + 3O_2$ (제1류 위험물 개념)
- PV = nRT 적용, 산소의 몰수 3몰을 곱하여야 한다.
- $2 \times x = 2 \times 0.082 \times (273+27) \times 3$　　$x = 36.9L$

15. 위험장소 중 0종 장소에 대한 설명으로 올바른 것은?

① 정상상태에서 위험 분위기가 장시간 지속적으로 존재하는 장소
② 정상상태에서 위험 분위기가 주기적 또는 간헐적으로 생성될 우려가 있는 장소
③ 이상상태 하에서 위험 분위기가 단시간 동안 생성될 우려가 있는 장소
④ 이상상태 하에서 위험 분위기가 장시간 동안 생성될 우려가 있는 장소

해설

구분	정의
0종 장소	정상상태에서 위험분위기가 지속적 또는 장기간 존재하는 장소
1종 장소	정상상태에서 위험 분위기가 존재하기 쉬운 장소
2종 장소	이상상태 하에서 위험 분위기가 단시간 존재할 수 있는 장소 (이상상태 : 기기 고장, 오류)

16. 다음 ( ) 안에 들어갈 수치를 순서대로 바르게 나열한 것은? (단, 제4류 위험물에 적응성을 갖기 위한 살수밀도기준을 적용하는 경우를 제외한다.)

위험물제조소등에 설치하는 폐쇄형 헤드의 스프링클러설비는 30개의 헤드를 동시에 사용할 경우 각 선단의 방사 압력이 (　)kPa 이상이고 방수량이 1분당 (　)L 이상이어야 한다.

① 100, 80　　② 120, 80　　③ 100, 100　　④ 120, 100

해설 폐쇄형 헤드의 스프링클러설비는 30개의 헤드를 동시에 사용할 경우 각 선단의 방사 압력이 100kPa 이상이고 방수량이 1분당 80L 이상이어야 한다.

17. 그림의 시험장치는 제 몇 류 위험물의 위험성 판정을 위한 것인가? (단, 고체물질의 위험성 판정이다.)

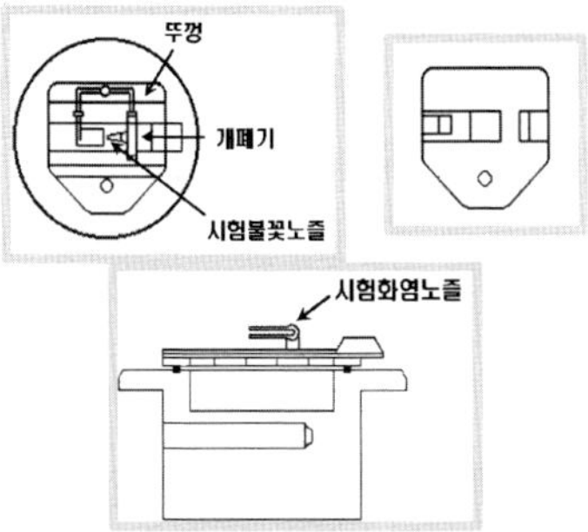

① 제1류　　② 제2류
③ 제3류　　④ 제4류

해설 제2류 위험물(가연성 고체)의 판정기준으로 고체의 인화 위험성 시험방법이다.

18. 철분, 금속분, 마그네슘에 적응성이 있는 소화설비는?

① 이산화탄소소화설비 ② 할로겐화합물소화설비
③ 포소화설비 ④ 탄산수소염류소화설비

해설 금수성 물질인 철분, 금속분, 마그네슘은 탄산수소염류소화설비, 건조사, 팽창질석, 팽창진주암에 적응성이 있다.

19. 양초, 고급알코올 등과 같은 연료의 가장 일반적인 연소형태는?

① 표면연소 ② 증발연소 ③ 분무연소 ④ 분해연소

해설 증발연소란 황, 양초, 고급알코올 등과 같은 연료가 증발하여 생긴 증기가 연소하는 현상이다.

20. 제2류 위험물인 마그네슘에 대한 설명으로 옳지 않은 것은?

① 가연성 고체로 산소와 반응하여 산화반응을 한다.
② 화재 시 이산화탄소 소화약제로 소화가 가능하다.
③ 2mm 체를 통과한 것만 위험물에 해당된다.
④ 주수소화를 하면 가연성의 수소가스가 발생한다.

해설 ② 마그네슘의 화재 시 팽창진주암, 탄산수소염류분말, 건조사, 팽창질석으로 질식소화하여야 한다.

21. 점화원으로 작용할 수 있는 정전기를 방지하기 위한 예방 대책이 아닌 것은?

① 정전기 발생이 우려되는 장소에 접지시설을 한다.
② 실내의 공기를 이온화하여 정전기 발생을 억제한다.
③ 정전기는 습도가 높거나 압력이 높을 때 많이 발생하므로 상대습도를 70% 이하로 한다.
④ 전기의 저항이 큰 물질은 대전이 용이하므로 전도체 물질을 사용한다.

해설 전기의 저항이 큰 물질은 부도체이므로 적절하지 않다. 전기의 저항이 작은 물질은 대전이 용이하므로 전도체 물질을 사용한다.

22. 위험물제조소에 설치하는 안전장치 중 위험물의 성질에 따라 안전밸브의 작동이 곤란한 가압설비에 한하여 설치하는 것은?

① 파괴판 ② 안전밸브를 병용하는 경보장치
③ 감압측에 안전밸브를 부착한 감압밸브 ④ 연성계

해설 위험물을 가압하는 설비 또는 그 취급에 따라 위험물의 압력이 상승할 우려가 있는 설비에는 자동적으로 압력의 상승을 정지시키는 장치, 감압측에 안전밸브를 부착한 감압밸브, 안전밸브를 병용하는 경보장치, **파괴판(단, 위험물의 성질에 따라 안전밸브의 작동이 곤란한 가압설비에 한함)**을 설치하여야 한다.

23. 삼황화린의 연소 생성물을 옳게 나열한 것은?

① P_2O_5, SO_2　② P_2O_5, H_2S　③ H_3PO_4, H_2S　④ H_3PO_4, SO_2

해설 $4S_3 + 8O_2 \rightarrow 2P_2O_5 + 3SO_2$

24. 제조소의 옥외에 모두 3기의 휘발유취급탱크를 설치하고 그 주위에 방유제를 설치하고자 한다. 방유제 안에 설치하는 각 취급탱크의 용량이 5만L, 3만L, 2만L일 때 필요한 방유제의 용량은 몇 L 이상인가?

① 66,000L　② 60,000L　③ 33,000L　④ 30,000L

해설 〈제조소의 옥외에 있는 위험물 취급탱크의 방유제의 용량〉

· 1기일 때 : 탱크용량 × 0.5

· 2기 이상일 때 : 최대탱크용량 × 0.5 + (나머지 탱크 용량합계 × 0.1)

∴ 방유제의 용량 = (50,000L × 0.5) + (30,000L + 20,000L × 0.1) = 30,000L

25. 다음 중 위험등급이 나머지 셋과 다른 하나는?

① 니트로소화합물　② 유기과산화물

③ 아조화합물　④ 히드록실아민

해설 • 유기과산화물 : 위험등급 Ⅰ

• 니트로소화합물, 아조화합물, 히드록실아민 : 위험등급 Ⅱ

26. 화학적으로 알코올을 분류할 때 3가 알코올에 해당하는 것은?

① 에탄올　② 메탄올

③ 에틸렌글리콜　④ 글리세린

해설 • 결합된 OH기의 수에 따라 알코올의 가수가 결정된다.

① 에탄올(C_2H_5OH) : 1가 알코올　② 메탄올(CH_3OH) : 1가 알코올

③ 에틸렌글리콜[$C_2H_4(OH)_2$] : 2가 알코올　④ 글리세린[$C_3H_5(OH)_3$] : 3가 알코올

27. 아세톤의 성질에 관한 설명으로 옳은 것은?

① 비중은 1.02이다.

② 물에 불용이고, 에테르에 잘 녹는다.

③ 증기 자체는 무해하나, 피부에 닿으면 탈지작용이 있다.

④ 인화점이 0℃ 보다 낮다.

해설 • 아세톤의 인화점은 -18℃이다.

① 비중은 약 0.8이다.　② 물에 잘 녹고, 에테르에 잘 녹는다.

③ 증기를 흡입할 경우 유해하며, 피부에 닿으면 탈지작용이 있다.

28. 위험물안전관리법령에서 정한 제5류 위험물 이동저장탱크의 외부 도장 색상은?

① 황색　　② 적색
③ 청색　　④ 회색

해설
- 제1류 위험물 : 회색
- 제2류 위험물 : 적색
- 제3류 위험물 : 청색
- 제4류 위험물 : 적색 권장
- 제5류 위험물 : 황색
- 제6류 위험물 : 청색

29. 제3류 위험물인 칼륨의 성질이 아닌 것은?

① 물과 반응하여 수산화물과 수소를 만든다.
② 원자가전자가 2개로 쉽게 2가의 양이온이 되어 반응한다.
③ 원자량은 약 39이다.
④ 은백색 광택을 가지는 연하고 가벼운 고체로 칼로 쉽게 잘라진다.

해설 ② 원자가전자가 1개로 쉽게 1가의 양이온이 되어 반응한다.

30. 다음 중 제2류 위험물이 아닌 것은?

① 황화린　　② 유황
③ 마그네슘　　④ 칼륨

해설 칼륨은 제3류 위험물이다.

31. 흑색화약의 원료로 사용되는 위험물의 유별을 옳게 나타낸 것은?

① 제1류, 제2류　　② 제1류, 제4류
③ 제2류, 제4류　　④ 제4류, 제5류

해설
- 흑색화약의 원료 : 질산칼륨(제1류 위험물), 숯, 유황(제2류 위험물)

32. 소화난이도등급 Ⅰ에 해당하지 않는 제조소등은?

① 제1석유류 위험물을 제조하는 제조소로서 연면적 1000㎡ 이상인 것
② 제1석유류 위험물을 저장하는 옥외탱크저장소로서 액표면적이 40㎡ 이상인 것
③ 모든 이송취급소
④ 제6류 위험물을 저장하는 암반탱크저장소

해설 소화난이도등급 Ⅰ의 암반탱크저장소의 기준은 다음과 같다.
- 액표면적이 40㎡ 이상인 것(제6류 위험물을 저장하는 것 및 고인화점위험물만을 100℃ 미만의 온도에서 저장하는 것은 제외)
- 고체위험물만을 저장하는 것으로서 지정수량의 100배 이상인 것

33. 유별을 달리하는 위험물을 운반할 때 혼재할 수 있는 것은? (단, 지정수량의 1/10을 넘는 양을 운반하는 경우이다.)

① 제1류와 제3류　　② 제2류와 제4류
③ 제3류와 제5류　　④ 제4류와 제6류

해설 2류 위험물은 제4류, 제5류 위험물과 혼재가 가능하다.

34. 스프링클러설비의 장점이 아닌 것은?

① 화재의 초기 진압에 효율적이다.
② 사용 약제를 쉽게 구할 수 있다.
③ 자동으로 화재를 감지하고 소화할 수 있다.
④ 다른 소화설비보다 구조가 간단하고, 시설비가 적다.

해설 • 스프링클러설비는 다른 소화설비보다 구조가 복잡하고, 초기 시설비가 비싸다.

35. 질소와 아르곤과 이산화탄소의 용량비가 52대 40대 8인 혼합물 소화약제에 해당하는 것은?

① IG-541　　② HCFC-BLEND A
③ HFC-125　　④ HFC-23

해설 IG-541 : N_2(52%), Ar(40%), CO_2(8%)

36. 소화약제에 따른 주된 소화효과로 틀린 것은?

① 수성막포소화약제 : 질식효과
② 제2종 분말소화약제 : 탈수탄화효과
③ 이산화탄소소화약제 : 질식효과
④ 할로겐화합물소화약제 : 화학억제효과

해설 ② 주된 소화효과는 질식효과에 해당한다.

37. 황린과 적린의 성질에 대한 설명으로 가장 거리가 먼 것은?

① 황린과 적린은 이황화탄소에 녹는다.
② 황린과 적린은 물에 불용이다.
③ 적린은 황린에 비하여 화학적으로 활성이 작다.
④ 황린과 적린을 각각 연소시키면 P_2O_5이 생성된다.

해설 적린은 이황화탄소(CS_2)에 녹지 않는 반면에 황린은 이황화탄소(CS_2)에 잘 녹는다.

38. 트리에틸알루미늄의 안전관리에 관한 설명 중 틀린 것은?

① 물과의 접촉을 피한다. ② 냉암소에 저장한다.

③ 화재발생 시 팽창질석을 사용한다. ④ I_2 또는 C_{12} 가스의 분위기에서 저장한다.

해설 ④ I_2 또는 Cl_2 가스의 분위기에 저장 시 폭발할 위험이 있다.

39. 옥외저장소에서 저장 또는 취급할 수 있는 위험물이 아닌 것은?(단, 국제해상위험물규칙에 적합한 용기에 수납된 위험물의 경우는 제외한다.)

① 제2류 위험물 중 유황 ② 제1류 위험물 중 과염소산염류

③ 제6류 위험물 ④ 제2류 위험물 중 인화점이 10℃인 인화성 고체

해설 〈옥외저장소에 저장 및 취급이 가능한 위험물〉

- 제2류 위험물 중 유황과 인화성 고체(인화점이 섭씨 0℃ 이상)
- 제4류 위험물 중 제1석유류(인화점이 섭씨 0℃ 이상)과 알코올류, 제2석유류, 제3석유류, 제4석유류, 동식물유류
- 제6류 위험물
- 시 · 도 조례로 정하는 제2류 또는 제4류 위험물
- 국제해상위험물규칙(IMDG Code)에 적합한 용기에 수납된 위험물

40. 과산화수소의 저장 및 취급 방법으로 옳지 않은 것은?

① 갈색 용기를 사용한다.

② 직사광선을 피하고 냉암소에 보관한다.

③ 농도가 클수록 위험성이 높아지므로 분해방지 안정제를 넣어 분해를 억제시킨다.

④ 장시간 보관 시 철분을 넣어 유리용기에 보관한다.

해설 금속과 반응하므로 취급 방법으로 적합하지 않다.

41. 무색 또는 옅은 청색의 액체로 농도가 36wt% 이상인 것을 위험물로 간주하는 것은?

① 과산화수소 ② 과염소산 ③ 질산 ④ 초산

해설 산화수소에 대한 설명이다.

42. 다음 중 산화성 액체 위험물의 화재예방상 가장 주의해야 할 점은?

① 0℃ 이하로 냉각시킨다. ② 공기와의 접촉을 피한다.

③ 가연물과의 접촉을 피한다. ④ 금속용기에 저장한다.

해설 산화성 물질의 화재예방상 주의해야 할 점은 가연물과의 접촉을 피하여야 한다.

43. 제1류 위험물에 해당하지 않는 것은?

① 납의산화물　　② 질산구아니딘
③ 퍼옥소이황산염류　　④ 염소화이소시아눌산

해설 질산구아니딘은 제5류 위험물에 해당한다.

44. 위험물제조소등의 소화설비의 기준에 관한 설명으로 옳은 것은?

① 제조소등 중에서 소화난이도등급 Ⅰ, Ⅱ 또는 Ⅲ의 어느 것에도 해당하지 않는 것도 있다.
② 옥외탱크저장소의 소화난이도 등급을 판단하는 기준 중 탱크의 높이는 기초를 제외한 탱크 측판의 높이를 말한다.
③ 제조소의 소화난이도등급을 판단하는 기준 중 면적에 관한 기준은 건축물 외에 설치된 것에 대해서는 수평 투영면적을 기준으로 한다.
④ 제4류 위험물을 저장 · 취급하는 제조소등에도 스프링클러 소화설비가 적응성이 인정되는 경우가 있으며 이는 수원의 수량을 기준으로 판단한다.

해설 조건에 따라 소화난이도등급에 해당하지 않는 것도 있다.

45. 위험물안전관리법령에 따른 대형수동식소화기의 설치기준에서 방호대상물의 각 부분으로부터 하나의 대형수동식소화기까지의 보행거리는 몇 m 이하가 되도록 설치하여야 하는가? (단, 옥내소화전설비, 옥외소화전설비, 스프링클러설비 또는 물분무등소화설비와 함께 설치하는 경우는 제외한다.)

① 10　② 15　③ 20　④ 30

해설 대형수동식 소화기의 설치기준은 방호대상물의 각 부분으로부터 하나의 대형수동식 소화기까지의 보행거리가 30m 이하가 되도록 설치하며, 소형수동식 소화기의 경우 20m 이하로 설치하여야 한다.

46. 다음 위험물 중 발화점이 가장 낮은 것은?

① 황　② 삼황화린　③ 황린　④ 아세톤

해설 황린은 자연발화성 물질로 발화점이 약 34℃이다.

47. 위험물에 대한 설명으로 옳은 것은?

① 적린은 암적색의 분말로서 조해성이 있는 자연발화성 물질이다.
② 황화린은 황색의 액체이며 상온에서 자연분해하여 이산화황과 오산화인을 발생한다.
③ 유황은 미황색의 고체 또는 분말이며 많은 이성질체를 갖고 있는 전기 도체이다.
④ 황린은 가연성 물질이며 마늘냄새가 나는 맹독성 물질이다.

해설 ① 적린은 암적색의 분말로서 조해성이 있는 가연성 고체이다.
② 황화린은 황색 또는 담황색의 결정이며 연소하여 이산화황과 오산화인을 발생한다.
③ 유황은 황색 또는 미황색의 결정 또는 분말로 많은 동소체를 갖고 있는 전기 부도체이다.

48. 위험물안전관리법령상 산화성 액체에 대한 설명으로 옳은 것은?

① 과산화수소는 농도와 밀도가 비례한다.
② 과산화수소는 농도가 높을수록 끓는점이 낮아진다.
③ 질산은 상온에서 불연성이지만 고온으로 가열하면 스스로 발화한다.
④ 질산을 황산과 일정 비율로 혼합하여 왕수를 제조할 수 있다.

해설 ② 과산화수소는 농도가 높을수록 끓는점이 높아진다.
③ 질산은 불연성이므로 스스로 발화하지 않는다.
④ 질산을 염산과 1 : 3의 비율로 혼합하여 왕수를 제조할 수 있다.

49. 제6류 위험물 운반용기의 외부에 표시하여야 하는 주의사항은?

① 충격주의 ② 가연물접촉주의 ③ 화기엄금 ④ 화기주의

해설 제6류 위험물의 운반용기의 외부에 표시하여야 하는 주의사항은 가연물접촉주의이다.

50. 지하탱크저장소에 대한 설명으로 옳지 않은 것은?

① 지하저장탱크와 탱크전용실 안쪽과의 간격은 0.1m 이상의 간격을 유지한다.
② 지하저장탱크의 윗부분은 지면으로부터 0.6m 이상 아래에 있어야 한다.
③ 탱크전용실 벽의 두께는 0.3m 이상이어야 한다.
④ 지하저장탱크에는 두께 0.1m 이상의 철근콘크리트조로 된 뚜껑을 설치한다.

해설 지하저장탱크에는 두께 **0.3m** 이상의 철근콘크리트조로 된 뚜껑을 설치한다.

51. 비전도성 인화성액체가 관이나 탱크 내에서 움직일 때 정전기가 발생하기 쉬운 조건으로 가장 거리가 먼 것은?

① 흐름 낙차가 클 때 ② 느린 유속으로 흐를 때
③ 필터를 통과할 때 ④ 심한 와류가 생성될 때

해설 빠른 유속이 흐를 때 정전기가 발생하기 쉽다.

52. 위험물제조소등에 자체소방대를 두어야 할 대상의 위험물안전관리법령상 기준으로 옳은 것은? (단, 원칙적인 경우에 한한다.)

① 지정수량 3000배 이상의 위험물을 저장하는 저장소 또는 제조소
② 지정수량 3000배 이상의 위험물을 취급하는 제조소 또는 일반취급소
③ 지정수량 3000배 이상의 제4류 위험물을 저장하는 저장소 또는 제조소
④ 지정수량 3000배 이상의 제4류 위험물을 취급하는 제조소 또는 일반취급소

해설 제4류 위험물을 취급하는 제조소 또는 일반취급소의 지정수량이 3천배 이상일 경우 자체소방대를 설치할 수 있다.

53. **다음 중 위험물안전관리법령에서 정한 제3류 위험물 금수성 물질의 소화설비로 적응성이 있는 것은?**

① 인산염류등 분말소화설비 ② 이산화탄소소화설비
③ 할로겐화합물소화설비 ④ 탄산수소염류등 분말소화설비

해설 금수성 물질의 소화설비로 적응성이 있는 것은 탄산수소염류 분말소화설비, 팽창질석, 팽창진주암, 건조사 등이 있다.

54. **위험물 옥외저장소에서 지정수량 200배 초과의 위험물을 저장할 경우 보유공지의 너비는 몇 m 이상으로 하여야 하는가? (단, 제4류 위험물과 제6류 위험물이 아닌 경우)**

① 0.5m ② 2.5m ③ 10m ④ 15m

해설

저장 또는 취급하는 위험물의 최대수량	옥외저장소 공지의 너비
지정수량의 10배 이하	3m 이상
지정수량의 10배 초과 20배 이하	5m 이상
지정수량의 20배 초과 50배 이하	9m 이상
지정수량의 50배 초과 200배 이하	12m 이상
지정수량의 200배 초과	15m 이상

(단, 제4류 위험물 중 제4석유류 또는 제6류 위험물을 저장하는 경우 공지의 너비를 1/3로 단축할 수 있다.)

55. **위험물안전관리법령상 옥외탱크저장소의 기준에 따라 다음의 인화성 액체 위험물을 저장하는 옥외저장탱크 1~4호를 동일의 방유제 내에 설치하는 경우 방유제에 필요한 최소 용량으로서 옳은 것은? (단, 암반탱크 또는 특수액체위험물탱크의 경우는 제외한다.)**

1호 탱크 - 등유 1500kL / 2호 탱크 - 가솔린 1000kL
3호 탱크 - 경유 500kL / 4호 탱크 - 중유 250kL

① 1650kL ② 1500kL ③ 500kL ④ 250kL

해설 • 탱크가 2기 이상인 때 : 탱크 중 용량이 최대인 것의 용량의 110% 이상(인화성 액체가 아닌 경우 100%) ∴ 1,500kL × 1.1 = 1,650kL

56. **다음은 위험물안전관리법에 따른 이동저장탱크의 구조에 관한 기준이다. ( )안에 알맞은 수치는?**

이동저장탱크는 그 내부에 (A)L 이하마다 (B)mm 이상의 강철판 또는 이와 동등 이상의 강도, 내열성 및 내식성이 있는 금속성의 것으로 칸막이를 설치하여야 한다. 다만, 고체인 위험물을 저장하거나 고체인 위험물을 가열하여 액체상태로 저장하는 경우에는 그러하지 아니하다.

① A : 2,000, B : 1.6 ② A : 2,000, B : 3.2
③ A : 4,000, B : 1.6 ④ A : 4,000, B : 3.2

해설 • 이동저장탱크는 그 내부에 4,000L 이하마다 3.2mm 이상의 강철판 또는 이와 동등 이상의 강도, 내열성 및 내식성이 있는 금속성의 것으로 칸막이를 설치하여야 한다.

57. 주유취급소에서 자동차 등에 위험물을 주유할 때 자동차 등의 원동기를 정지시켜야 하는 위험물의 인화점 기준은 몇 ℃ 미만인가? (단, 연료탱크에 위험물을 주유하는 동안 방출되는 가연성 증기 회수설비가 부착되지 않은 고정주유설비의 경우이다.)

① 20℃ ② 30℃ ③ 40℃ ④ 50℃

해설 • 주유취급소에서 자동차 등에 인화점 40℃ 미만의 위험물을 주유할 때에는 자동차 등의 원동기를 정지시켜야 한다.

58. 위험물안전관리법에서 규정하고 있는 내용으로 틀린 것은?

① 민사집행법에 의한 경매, 국세징수법 또는 지방세법에 의한 압류재산의 매각절차에 따라 제조소등의 시설의 전부를 인수한 자는 그 설치자의 지위를 승계한다.

② 금치산자 또는 한정치산자, 탱크시험자의 등록이 취소된 날로부터 2년이 지나지 아니한 자는 탱크시험자로 등록하거나 탱크시험자의 업무에 종사할 수 없다.

③ 농예용 · 축산용으로 필요한 난방시설 또는 건조시설을 위한 지정수량 20배 이하의 취급소는 신고를 하지 아니하고 위험물의 품명 · 수량을 변경할 수 있다.

④ 법정의 완공검사를 받지 아니하고 제조소 등을 사용한 때 시 · 도지사는 허가를 취소하거나 6월 이내의 기간을 정하여 사용정지를 명할 수 있다.

해설 • 농예용 · 축산용 또는 수산용으로 필요한 난방시설 또는 건조시설을 위한 지정수량 20배 이하의 저장소는 신고를 하지 아니하고 위험물의 품명 · 수량을 변경할 수 있다.

59. 과산화벤조일(벤조일퍼옥사이드)에 대한 설명 중 틀린 것은?

① 환원성 물질과 격리하여 저장한다. ② 물에 녹지 않으나 유기용제에 녹는다.
③ 희석제로 묽은 질산을 사용한다. ④ 결정성의 분말형태이다.

해설 벤조일퍼옥사이드는 건조된 상태가 위험하므로 프탈산디메틸, 프탈산디부틸의 희석제를 사용하여 저장 및 보관한다.

60. 위험물제조소 등의 지위승계에 관한 설명으로 옳은 것은?

① 양도는 승계사유이지만 상속이나 법인의 합병은 승계사유에 해당하지 않는다.
② 지위승계의 사유가 있는 날로부터 14일 이내에 승계신고를 하여야 한다.
③ 시도지사에게 신고하여야 하는 경우와 소방서장에게 신고하여야 하는 경우가 있다.
④ 민사집행법에 의한 경매절차에 따라 제조소 등을 인수한 경우에는 지위승계신고를 한 것으로 간주한다.

해설 ① 양도, 상속, 법인의 합병 등에 의하여 설치자의 지위를 승계할 수 있다.
② 제조소등의 설치자의 지위를 승계한 자는 승계한 날부터 30일 이내에 시 · 도지사에게 그 사실을 신고하여야 한다.
④ 민사집행법에 의한 경매절차에 따라 제조소등을 인수한 경우에는 설치자의 지위를 승계한 것으로 본다.

정답 2018년 제4회 위험물기능사 필기 기출문제

문	답	문	답	문	답	문	답	문	답	문	답	문	답	문	답	문	답	문	답
1	4	**2**	4	**3**	4	**4**	2	**5**	3	**6**	3	**7**	4	**8**	2	**9**	3	**10**	3
11	2	**12**	1	**13**	2	**14**	2	**15**	1	**16**	1	**17**	2	**18**	4	**19**	2	**20**	2
21	4	**22**	1	**23**	1	**24**	4	**25**	2	**26**	4	**27**	4	**28**	1	**29**	2	**30**	4
31	1	**32**	4	**33**	2	**34**	4	**35**	1	**36**	2	**37**	1	**38**	4	**39**	2	**40**	4
41	1	**42**	3	**43**	2	**44**	1	**45**	4	**46**	3	**47**	4	**48**	1	**49**	2	**50**	4
51	2	**52**	4	**53**	4	**54**	4	**55**	1	**56**	4	**57**	3	**58**	3	**59**	3	**60**	3

2019년 제1회 위험물기능사 필기 기출

01. A, B, C급 화재에 모두 적응성이 있는 소화약제는?

① 제1종 분말소화약제 ② 제2종 분말소화약제
③ 제3종 분말소화약제 ④ 제4종 분말소화약제

해설 ④ 제4류 위험물과 제6류 위험물에 모두 적응성이 있는 소화설비는 인산염류분말소화설비, 물분무소화설비, 포소화설비 등이다.

02. 위험물안전관리법령상 스프링클러헤드는 부착장소의 평상시 최고주위온도가 28℃ 미만인 경우 몇 ℃의 표시온도를 갖는 것을 설치하여야 하는가?

① 58℃ 미만 ② 58℃ 이상 79℃ 미만
③ 79℃ 이상 121℃ 미만 ④ 121℃ 이상 162℃ 미만

해설

부착장소의 최고주위온도(℃)	표시온도(℃)
28 미만	58 미만
28 이상 39 미만	58 이상 79 미만
39 이상 64 미만	79 이상 121 미만
64 이상 106 미만	121 이상 162 미만
106 이상	162 이상

03. 연쇄반응을 억제하여 소화하는 소화약제는?

① 할론 1301 ② 물 ③ 이산화탄소 ④ 포

해설 • 할로겐화합물 소화약제의 경우 연쇄반응을 억제하는 소화방법인 억제소화(=부촉매소화)를 주된 소화효과로 한다.

04. 소화난이도등급 I에 해당하는 위험물제조소등이 아닌 것은? (단, 원칙적인 경우에 한하며 다른 조건은 고려하지 않는다)

① 모든 이송취급소
② 연면적 600㎡의 제조소
③ 지정수량의 150배인 옥내저장소
④ 액 표면적이 40㎡인 옥외탱크저장소

해설 ② 소화난이도등급 I의 제조소의 연면적은 1000㎡ 이상에 해당한다.

05. 다음 중 위험물제조소등에 설치하는 경보설비에 해당하는 것은?

① 피난사다리 ② 확성장치
③ 완강기 ④ 구조대

해설 ① 피난사다리, ③ 완강기, ④ 구조대는 피난설비에 해당한다.

06. 어떤 소화기에 "ABC"라고 표시되어 있다. 다음 중 사용할 수 없는 화재는?

① 금속화재 ② 유류화재 ③ 전기화재 ④ 일반화재

해설 금속화재는 D급에 해당하며, ABC 소화기는 일반화재 · 유류화재 · 전기화재에 적응성이 있다.

07. 포소화제의 조건에 해당되지 않는 것은?

① 부착성이 있을 것 ② 쉽게 분해하여 증발될 것
③ 바람에 견디는 응집성을 가질 것 ④ 유동성이 있을 것

해설 포소화약제는 화재의 액면을 덮어야 하므로 쉽게 분해되지 않아야 한다.

08. 마른모래(삽 1개 포함) 50리터의 소화능력단위는?

① 0.1 ② 0.5 ③ 1 ④ 1.5

해설

소화설비	용량	능력단위
소화전용(轉用)물통	8L	0.3
수조(소화전용물통 3개 포함)	80L	1.5
수조(소화전용물통 6개 포함)	190L	2.5
마른 모래(삽 1개 포함)	50L	0.5
팽창질석 또는 팽창진주암(삽 1개 포함)	160L	1.0

09. 산화열에 의해 자연발화가 발생할 위험이 높은 것은?

① 건성유 ② 니트로셀룰로오스 ③ 퇴비 ④ 목탄

해설 ② 퇴비 : 미생물에 의한 발열 ③ 목탄 : 흡착열에 의한 발열
④ 셀룰로이드 : 분해열에 의한 발열

10. 제3종 분말 소화약제의 열분해 반응식을 옳게 나타낸 것은?

① $NH_4H_2PO_4 \rightarrow HPO_3 + NH_3 + H_2O$ ② $2KNO_3 \rightarrow 2KNO_2 + O_2$
③ $KClO_4 \rightarrow KCl + 2O_2$ ④ $2CaHCO_3 \rightarrow 2CaO + H_2CO_3$

해설 • 제3종 분말소화약제의 1차 열분해시 올소인산(H_3PO_4)을 발생시키며 2차 열분해 시 메타인산(HPO_3)을 발생시킨다. (반응식 : $NH_4H_2PO_4 \rightarrow HPO_3 + NH_3 + H_2O$)

11. 제2류 위험물 중 지정수량이 500kg인 물질에 의한 화재는?

① A급 화재 ② B급 화재 ③ C급 화재 ④ D급 화재

해설 제2류 위험물 중 지정수량이 500kg인 물질에는 철분 · 금속분 · 마그네슘이 해당하므로 D급 화재(금속 화재)에 해당한다.

12. 소화난이도등급 Ⅱ의 옥내탱크저장소에는 대형수동식 소화기 및 소형수동식소화기를 각각 몇 개 이상 설치하여야 하는가?

① 4　　② 3　　③ 2　　④ 1

해설 • 소화난이도등급 Ⅱ의 옥외·옥내탱크저장소에는 대형수동식소화기 및 소형수동식소화기 등을 각각 1개 이상 설치한다.

13. 옥내저장소에 관한 위험물안전관리법령의 내용으로 옳지 않은 것은?

① 지정과산화물을 저장하는 옥내저장소의 경우 바닥면적 150㎡이내마다 격벽으로 구획을 하여야 한다.
② 옥내저장소에는 원칙상 안전거리를 두어야하나, 제6류 위험물을 저장하는 경우에는 안전거리를 두지 않을 수 있다.
③ 아세톤을 처마높이 6m 미만인 단층건물에 저장하는 경우 저장창고의 바닥면적은 1000㎡ 이하로 하여야 한다.
④ 복합용도의 건축물에 설치하는 옥내저장소는 해당 용도로 사용하는 부분의 바닥면적을 100㎡ 이하로 하여야 한다.

해설 • 복합용도의 건축물에 설치하는 옥내저장소는 해당 용도로 사용하는 부분의 바닥면적을 75㎡ 이하로 하여야 한다.

14. 위험등급이 나머지 셋과 다른 것은?

① 알칼리토금속　　② 아염소산염류　　③ 질산에스테르류　　④ 제6류 위험물

해설 ① 알칼리토금속 : 제3류 위험물, 위험등급 Ⅱ
② 아염소산염류 : 제1류 위험물, 위험등급 Ⅰ
③ 질산에스테르 : 제5류 위험물, 위험등급 Ⅰ
④ 제6류 위험물 : 위험등급 Ⅰ

15. 소화약제에 따른 주된 소화효과로 틀린 것은?

① 수성막포소화약제 : 질식효과　　② 제2종 분말소화약제 : 탈수탄화효과
③ 이산화탄소소화약제 : 질식효과　　④ 할로겐화합물소화약제 : 화학억제효과

해설 • 제2종 분말소화약제의 주된 소화효과는 질식효과이며, 탈수탄화효과는 제3종 분말소화약에 대한 내용이다.

16. 위험물안전관리자를 해임한 후 며칠 이내에 후임자를 선임하여야 하는가?

① 14일　　② 15일
③ 20일　　④ 30일

해설 • 위험물안전관리자를 해임한 때에는 30일 이내에 다시 선임하여야 한다.

17. 옥외저장소에 덩어리 상태의 유황만을 지반면에 설치한 경계표시의 안쪽에서 저장할 경우 하나의 경계표시의 내부면적은 몇 m² 이하 이어야 하는가?

① 75 ② 100 ③ 300 ④ 500

해설 • 옥외저장소에서 덩어리 상태의 유황만을 지반면에 설치한 경계표시의 안쪽에서 저장할 경우 하나의 경계표시의 내부면적은 100m² 이하여야 한다.

18. 폭굉유도거리(DID)가 짧아지는 경우는?

① 정상 연소속도가 작은 혼합가스일수록 짧아진다. ② 압력이 높을수록 짧아진다.
③ 관지름이 넓을수록 짧아진다. ④ 점화원 에너지가 약할수록 짧아진다.

해설 ① 정상 연소속도가 큰 혼합가스일수록 짧아진다. ③ 관지름이 좁을수록 짧아진다.
④ 점화원 에너지가 강할수록 짧아진다.

19. 화재 시 물을 이용한 냉각소화를 할 경우 오히려 위험성이 증가하는 물질은?

① 질산에틸 ② 마그네슘 ③ 적린 ④ 황

해설 마그네슘에 물과 작용시키면 수소가스를 발생한다.

20. 위험물안전관리법령상 옥내소화전설비의 비상전원은 몇 분 이상 작동할 수 있어야 하는가?

① 45분 ② 30분 ③ 20분 ④ 10분

해설 옥내소화전설비의 비상전원은 자가발전설비 또는 축전지설비에 의하되 용량은 옥내소화전설비를 유효하게 45분 이상 작동시키는 것이 가능할 것

21. 위험물 "황린, 인화칼슘, 리튬"을 위험등급 Ⅰ, 위험등급 Ⅱ, 위험등급 Ⅲ의 순서로 옳게 나열한 것은?

① 황린, 인화칼슘, 리튬 ② 황린, 리튬, 인화칼슘
③ 인화칼슘, 황린, 리튬 ④ 인화칼슘, 리튬, 황린

해설
- 황린 : 제3류 위험물, 위험등급 Ⅰ, 지정수량 20kg
- 리튬 : 제3류 위험물, 위험등급 Ⅱ, 지정수량 50kg
- 인화칼슘 : 제3류 위험물, 위험등급 Ⅲ, 지정수량 300kg

22. 위험물 판매취급소에 대한 설명 중 틀린 것은?

① 제1종 판매취급소라 함은 저장 또는 취급하는 위험물의 수량이 지정수량의 20배 이하인 판매취급소를 말한다.
② 위험물을 배합하는 실의 바닥면적은 6m² 이상 15m² 이하이어야 한다.
③ 판매취급소에서는 도료류 외의 제1석유류를 배합하거나 옮겨 담는 작업을 할 수 있다.
④ 제1종 판매취급소는 건축물의 2층까지만 설치가 가능하다.

해설 ④ 제1종 판매취급소는 건축물의 1층까지만 설치가 가능하다.

23. 휘발유에 대한 설명으로 옳지 않은 것은?

① 지정수량은 200리터이다.

② 전기의 불량도체로서 정전기 축적이 용이하다.

③ 원유의 성질, 상태, 처리방법에 따라 탄화수소의 혼합비율이 다르다.

④ 발화점은 -43 ~ -20℃ 정도이다.

해설 휘발유(C_5~C_9)의 발화점은 약 300℃이다.

24. 위험물 운반 시 동일한 트럭에 제1류 위험물과 함께 적재할 수 있는 유별은? (단, 지정수량의 5배 이상인 경우이다.)

① 제3류　　② 제4류

③ 제6류　　④ 없음

해설 제1류 위험물과 제6류 위험물은 혼재가 가능하다.

25. 다음 중 위험물안전관리법령에 의한 지정수량이 가장 작은 품명은?

① 질산염류　　② 인화성고체

③ 금속분　　④ 질산에스테르류

해설 ① 질산염류 : 300kg　　② 인화성고체 : 1,000kg

③ 금속분 : 500kg　　④ 질산에스테르류 : 10kg

26. 위험물제조소등에서 위험물안전관리법상 안전거리 규제 대상이 아닌 것은?

① 제6류 위험물을 취급하는 제조소를 제외한 모든 제조소

② 주유취급소

③ 옥외저장소

④ 옥외탱크저장소

해설 옥내탱크저장소, 지하탱크저장소, 이동탱크저장소, 간이탱크저장소, 판매취급소, 암반탱크저장소, 주유취급소는 안전거리 규제 대상에 해당하지 않는다.

27. 염소산염류 250kg, 요오드산 염류 600kg, 질산염류 900kg을 저장하고 있는 경우 지정수량의 몇 배가 보관되어 있는가?

① 5배　　② 7배

③ 10배　　④ 12배

해설 $\frac{250}{50} + \frac{600}{300} + \frac{900}{300} = 10$배

28. 그림과 같이 횡으로 설치한 원통형 위험물탱크에 대하여 탱크의 용량을 구하면 약 몇 ㎥인가? (단, 공간용적은 탱크 내용적의 100분의 5로 한다.)

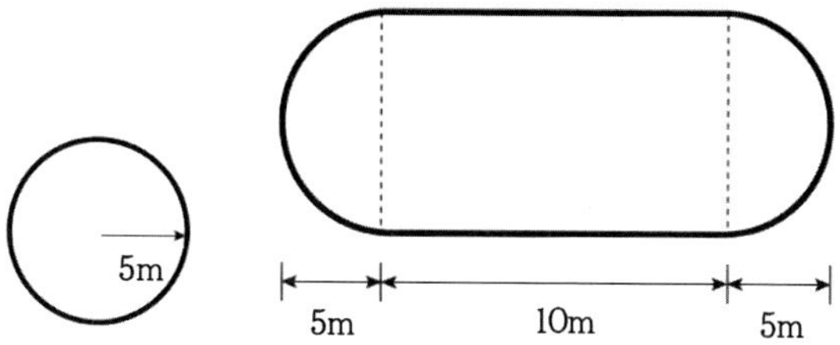

① 52.4　　② 291.6　　③ 994.8　　④ 1047.2

해설
- 내용적 $= \pi \times r^2 \times (l + \frac{l_1 + l_2}{3})$
- 용량 = 내용적 × (1−공간용적)

$\therefore$ 용량 $= \pi \times 5^2 \times (10 + \frac{5+5}{3}) \times 0.95 = 994.84m^3$

29. 정기점검 대상 제조소등에 해당하지 않는 것은?

① 이동탱크저장소
② 지정수량 120배의 위험물을 저장하는 옥외저장소
③ 지정수랑 120배의 위험물을 저장하는 옥내저장소
④ 이송취급소

해설 정기점검 대상의 제조소 등은 다음과 같다.

1. 지정수량의 10배 이상의 위험물을 취급하는 제조소
2. 지정수량의 100배 이상의 위험물을 저장하는 옥외저장소
3. 지정수량의 150배 이상의 위험물을 저장하는 옥내저장소
4. 지정수량의 200배 이상의 위험물을 저장하는 옥외탱크저장소
5. 암반탱크저장소
6. 이송취급소
7. 지정수량의 10배 이상의 위험물을 취급하는 일반취급소
8. 지하탱크저장소
9. 이동탱크저장소
10. 위험물을 취급하는 탱크로서 지하에 매설된 탱크가 있는 제조소 · 주유취급소 또는 일반취급소

30. 분해열에 의한 발열이 자연발화의 주된 요인으로 작용하는 것은?

① 셀룰로이드　　② 퇴비　　③ 목탄　　④ 건성유

해설 ② 퇴비 : 미생물에 의한 발열　　③ 목탄 : 흡착열에 의한 발열
④ 건성유 : 산화열에 의한 발열

31. 1분자 내에 포함된 탄소의 수가 가장 많은 것은?

① 아세톤 ② 톨루엔 ③ 아세트산 ④ 이황화탄소

해설 ① CH_3COCH_3 : 3개 ② $C_6H_5CH_3$: 7개
③ CH_3COOH : 2개 ④ CS_2 : 1개

32. 위험물안전관리법령상 제3류 위험물에 해당하지 않는 것은?

① 적린 ② 나트륨 ③ 칼륨 ④ 황린

해설 적린은 제2류 위험물에 해당한다.

33. 질산칼륨을 약 400℃에서 가열하여 열분해시킬 때 주로 생성되는 물질은?

① 질산과 산소 ② 질산과 칼륨
③ 아질산칼륨과 산소 ④ 아질산칼륨과 질소

해설 $2KNO_3 \rightarrow 2KNO_2 + O_2$

34. 위험물안전관리 법령상 위험물의 지정수량으로 옳지 않은 것은?

① 니트로셀룰로오스 : 10kg ② 히드록실아민 : 100kg
③ 아조벤젠 : 50kg ④ 트리니트로페놀 : 200kg

해설 아조벤젠 : 200kg

35. 트리에틸알루미늄의 안전관리에 관한 설명 중 틀린 것은?

① 물과의 접촉을 피한다.
② 냉암소에 저장한다.
③ 화재발생시 팽창질석을 사용한다.
④ I_2 또는 Cl_2 가스의 분위기에서 저장한다.

해설 ④ I_2 또는 Cl_2 가스의 분위기에 저장 시 폭발할 위험이 있다.

36. 아세톤에 관한 설명 중 틀린 것은?

① 무색 휘발성이 강한 액체이다.
② 조해성이 있으며 물과 반응 시 발열한다.
③ 겨울철에도 인화의 위험성이 있다.
④ 증기는 공기보다 무거우며 액체는 물보다 가볍다.

해설 아세톤은 조해성이 없으며 물과 반응하지 않으며 물에 잘 녹는 수용성 액체이다.

37. 황의 성상에 관한 설명으로 틀린 것은?

① 연소할 때 발생하는 가스는 냄새를 갖고 있으나 인체에 무해하다.
② 미분이 공기 중에 떠 있을 때 분진폭발의 우려가 있다.
③ 용융된 황을 물에서 급랭하면 고무상황을 얻을 수 있다.
④ 연소할 때 아황산가스를 발생한다.

해설 황이 연소할 때 발생하는 가스는 아황산가스(SO_2)로 자극성의 냄새가 있으며 인체에 유해하다.

38. 위험물 안전관리법령상 소화설비의 구분에서 "물분무등소화설비"의 종류가 아닌 것은?

① 스프링클러설비 ② 할로겐화합물소화설비
③ 이산화탄소소화설비 ④ 분말소화설비

해설 소화설비는 크게 옥내소화전설비, 옥외소화전설비, 스프링클러설비 또는 물분무등소화설비로 구분하며, 물분무등소화설비는 물분무소화설비, 포소화설비, 이산화탄소 소화설비, 할로겐화합물 소화설비, 분말소화설비(인산염류, 탄산수소염류 등)를 포함한다.

39. 인화성액체 위험물을 저장 또는 취급하는 옥외탱크저장소의 방유제 내에 용량 10만L와 5만L인 옥외저장탱크 2기를 설치하는 경우에 확보하여야 하는 방유제의 용량(L)은?

① 50,000L 이상 ② 80,000L 이상 ③ 110,000L 이상 ④ 150,000L 이상

해설 〈인화성액체 위험물을 저장 또는 취급하는 옥외탱크저장소의 방유제 용량〉
1) 1기 탱크 : 탱크 용량의 110% 이상
2) 2기 이상의 탱크 : 탱크 중 용량이 최대인 것의 용량의 110% 이상
∴ $100,000 \times 1.1 = 110,000$L 이상

40. 위험물을 운반용기에 수납하여 적재할 때 차광성이 있는 피복으로 가려야 하는 위험물이 아닌 것은?

① 제1류 위험물 ② 제2류 위험물 ③ 제5류 위험물 ④ 제6류 위험물

해설 〈차광성 피복〉
- 제1류 위험물
- 제3류 위험물 중 자연발화성물질
- 제4류 위험물 중 특수인화물
- 제5류 위험물
- 제6류 위험물

41. 물과 친화력이 있는 수용성 용매의 화재에 보통의 포소화약제를 사용하면 포가 파괴되기 때문에 소화 효과를 잃게 된다. 이와 같은 단점을 보완한 소화약제로 가연성인 수용성 용매의 화재에 유효한 효과를 가지고 있는 것은?

① 알코올포소화약제 ② 단백포소화약제
③ 합성계면활성제포소화약제 ④ 수성막포소화약제

해설 수용성 액체의 화재에는 포가 소멸되는 현상을 방지하기 위하여 알코올포(=내알코올형) 소화약제를 사용한다.

42. 제2류 위험물에 속하지 않는 것은?

① 구리분 ② 알루미늄분 ③ 크롬분 ④ 몰리브덴분

해설 구리분 및 니켈분은 금속분에서 제외된다.

43. 벤젠의 위험성에 대한 설명으로 틀린 것은?

① 휘발성이 있다.
② 인화점이 0℃ 보다 낮다.
③ 증기는 유독하여 흡입하면 위험하다.
④ 이황화탄소보다 착화온도가 낮다.

해설 벤젠의 착화온도는 562℃이며, 이황화탄소의 착화온도는 100℃로 낮은 편이다.

44. 적린과 황린의 공통적인 사항을 옳은 것은?

① 연소할 때는 오산화인의 흰연기를 낸다.
② 냄새가 없는 적색 가루이다.
③ 물, 이황화탄소에 녹는다.
④ 맹독성이다.

해설 적린(P)과 황린(P_4)은 동소체 관계이므로 연소 생성물이 동일하다.

45. 다음 물질 중 위험물 유별에 따른 구분이 나머지 셋과 다른 하나는?

① 질산은
② 질산메틸
③ 무수크롬산
④ 질산암모늄

해설 질산메틸은 제5류 위험물 중 질산에스테르류이며 ①, ③, ④는 제1류 위험물에 해당한다.

46. 위험물제조소등에 설치하는 옥내소화전설비의 설치기준으로 옳은 것은?

① 옥내소화전은 건축물의 층마다 당해 층의 각 부분에서 하나의 호스접속구까지의 수평거리가 25미터 이하가 되도록 설치하여야 한다.
② 당해 층의 모든 옥내소화전(5개 이상인 경우는 5개)을 동시에 사용할 경우 각 노즐선단에서의 방수량은 130L/min 이상이어야 한다.
③ 당해 층의 모든 옥내소화전(5개 이상인 경우는 5개)을 동시에 사용할 경우 각 노즐선단에서의 방수압력은 250kPa 이상이어야 한다.
④ 수원의 수량은 옥내소화전이 가장 많이 설치된 층의 옥내소화전 설치개수(5개 이상인 경우는 5개)에 2.6㎥를 곱한 양 이상이 되도록 설치하여야 한다.

해설 ② 방수량은 260L/min 이상이어야 한다.
③ 방수압력은 350kPa 이상이어야 한다.
④ 수원의 수량은 설치개수(최대 5개)에 7.8㎥를 곱한 양 이상이 되도록 설치하여야 한다.

47. 위험물 관련 신고 및 선임에 관한 사항으로 옳지 않은 것은?

① 제조소의 위치 · 구조 변경 없이 위험물의 품명 변경 시는 변경하고자 하는 날의 14일 이전까지 신고하여야 한다.

② 제조소 설치자의 지위를 승계한 자는 승계한 날로부터 30일 이내에 신고하여야 한다.

③ 위험물안전관리자가 퇴직한 경우는 퇴직일로부터 14일 이내에 신고하여야 한다.

④ 위험물안전관리자가 퇴직한 경우는 퇴직일로부터 30일 이내에 선임하여야 한다.

해설 제조소등의 위치 · 구조 또는 설비의 변경없이 당해 제조소 등에서 저장하거나 취급하는 위험물의 품명 · 수량 또는 지정수량의 배수를 변경하고자 하는 자는 변경하고자 하는 날의 1일 전까지 행정안전부령이 정하는 바에 따라 시 · 도지사에게 신고하여야 한다.

48. 칼륨의 저장 시 사용하는 보호물질로 다음 중 가장 적합한 것은?

① 에탄올 ② 사염화탄소

③ 등유 ④ 이산화탄소

해설 알칼리 금속의 저장 시 등유, 벤젠, 경유, 유동성 파라핀 등을 보호액으로 사용한다.

49. 특수인화물 200L와 제4석유류 12000L를 저장할 때 각각의 지정수량 배수의 합은 얼마인가?

① 3 ② 4

③ 5 ④ 6

해설
- 특수인화물 지정수량 : 50L
- 제4석유류 지정수량 : 6,000L

$$\therefore \frac{\text{저장수량}}{\text{지정수량}} = \frac{200L}{50L} + \frac{12,000L}{6,000L} = 6$$

50. 위험물안전관리법령에 따라 기계에 의하여 하역하는 구조로 된 운반용기의 외부에 행하는 표시내용에 해당하지 않는 것은? (단, 국제 해상위험물규칙에 정한 기준 또는 소방방재청장이 정하여 고시하는 기준에 적합한 표시를 한 경우는 제외한다.)

① 운반용기의 제조년월 ② 제조자의 명칭

③ 겹쳐쌓기시험하중 ④ 용기의 유효기간

해설 기계에 의하여 하역하는 구조로 된 운반용기의 외부에 행하는 표시내용은 다음과 같다.

가. 운반용기의 제조년월 및 제조자의 명칭

나. 겹쳐쌓기시험하중

다. 운반용기의 종류에 따라 다음의 규정에 의한 중량

1) 플렉서블 외의 운반용기 : 최대총중량(최대수용중량의 위험물을 수납하였을 경우의 운반용기의 전중량을 말한다)

2) 플렉서블 운반용기 : 최대수용중량

51. 제6류 위험물의 위험성에 대한 설명으로 틀린 것은?

① 질산을 가열할 때 발생하는 적갈색 증기는 무해하지만 가연성이며 폭발성이 강하다.
② 고농도의 과산화수소는 충격, 마찰에 의해서 단독으로도 분해 폭발할 수 있다.
③ 과염소산은 유기물과 접촉 시 발화 또는 폭발할 위험이 있다.
④ 과산화수소는 햇빛에 의해서 분해되며, 촉매(MnO_2) 하에서 분해가 촉진된다.

해설 질산을 가열할 때 발생하는 이산화질소의 적갈색 증기는 인체에 유해하다.

52. 위험물안전관리법상 제3석유류의 액체상태의 판단기준은?

① 1기압과 섭씨 20도에서 액상인 것
② 1기압과 섭씨 25도에서 액상인 것
③ 기압에 무관하게 섭씨 20도에서 액상인 것
④ 기압에 무관하게 섭씨 25도에서 액상인 것

해설 제3석유류의 액체상태의 판단기준은 1기압과 섭씨 20도에서 액상인 것에 해당한다.

53. 다음 중 산을 가하면 이산화염소를 발생시키는 물질로 분자량이 약 90.5인 것은?

① 아염소산나트륨 ② 브롬산나트륨
③ 옥소산칼륨(요오드산칼륨) ④ 중크롬산나트륨

해설
- 아염소산염류, 염소산염류 등에 산을 가하면 이산화염소를 발생시킨다.
- $NaClO_2$ 분자량 : $23 + 35.5 + (16 \times 2) = 90.5$

54. 위험물제조소의 환기설비 중 급기구는 급기구가 설치된 실의 바닥면적 몇 ㎡마다 1개 이상으로 설치하여야 하는가?

① 100 ② 150 ③ 200 ④ 800

해설 위험물제조소의 급기구(외부의 공기를 건물 내부로 유입시키는 통로)는 바닥면적 150㎡마다 1개 이상으로 설치한다.

55. 위험물안전관리법령상 제4류 위험물 운반용기의 외부에 표시해야 하는 사항이 아닌 것은?

① 규정에 의한 주의사항 ② 위험물의 품명 및 위험등급
③ 위험물의 관리자 및 지정수량 ④ 위험물의 화학명

해설 운반용기 외부에 표시해야 하는 사항은 다음과 같다.
- 위험물의 품명, 위험등급, 화학명 및 수용성(제4류 위험물인 경우 수용성인 것에 한함)
- 위험물의 수량
- 주의사항

56. 위험물의 분류가 옳은 것은 무엇인가?

① 유기과산화물 - 제1류 위험물 ② 황화인 - 제2류 위험물
③ 금속분 - 제3류 위험물 ④ 무기과산화물 - 제5류 위험물

해설 ① 유기과산화물 - 제5류 위험물 ③ 금속분 - 제2류 위험물
④ 무기과산화물 - 제1류 위험물

57. 트리메틸알루미늄이 물과 반응 시 생성되는 물질은?

① 산화알루미늄 ② 메탄 ③ 메틸알코올 ④ 에탄

해설 제3류 위험물인 트리에틸알루미늄은 물과 반응 시 메탄(CH_4)이 발생한다.

- $(CH_3)_3Al + 3H_2O \rightarrow Al(OH)_3 + 3CH_4$

58. 지하탱크저장소에서 인접한 2개의 지하저장탱크 용량의 합계가 지정수량이 100배일 경우 탱크 상호 간의 최소거리는?

① 0.1m ② 0.3m ③ 0.5m ④ 1m

해설 지하저장탱크를 2개 이상 인접해 설치할 때 1m 이상의 간격을 유지한다.
(단, 지정수량의 100배 이하라면 0.5m 이상의 간격으로 한다.)

59. 위험물제조소등에 옥내소화전설비를 설치할 때 옥내소화전이 가장 많이 설치된 층의 소화전의 개수가 4개일 때 확보하여야 할 수원의 수량은?

① $10.4m^3$ ② $20.8m^3$ ③ $31.2m^3$ ④ $41.6m^3$

해설 $7.8m^3 \times 4$개 $= 31.2m^3$

60. 과산화수소의 운반용기 외부에 표시해야 하는 주의 사항은 무엇인가?

① 화기주의 ② 충격주의 ③ 물기엄금 ④ 가연물접촉주의

해설 ✔한 눈에 정리하기

【제조소등 게시판과 운반용기 주의사항】

구분		게시판 주의사항	운반용기 주의사항
제1류		-	화기주의, 충격주의, 가연물접촉주의
	알칼리금속의 과산화물	물기엄금	물기엄금, 화기주의, 충격주의, 가연물접촉주의
제2류		화기주의	화기주의
	철분·금속분·마그네슘	화기주의	화기주의, 물기엄금
	인화성고체	화기엄금	화기엄금
제3류	금수성 물질	물기엄금	물기엄금
	자연발화성 물질	화기엄금	화기엄금, 공기접촉엄금
제4류		화기엄금	화기엄금
제5류		화기엄금	화기엄금, 충격주의
제6류		-	가연물접촉주의

정답 2019년 제1회 위험물기능사 필기 기출문제

문	답	문	답	문	답	문	답	문	답	문	답	문	답	문	답	문	답	문	답
1	3	**2**	1	**3**	1	**4**	2	**5**	2	**6**	1	**7**	2	**8**	2	**9**	1	**10**	1
11	4	**12**	4	**13**	4	**14**	1	**15**	2	**16**	4	**17**	2	**18**	2	**19**	2	**20**	1
21	2	**22**	4	**23**	4	**24**	3	**25**	4	**26**	2	**27**	3	**28**	3	**29**	3	**30**	1
31	2	**32**	1	**33**	3	**34**	3	**35**	4	**36**	2	**37**	1	**38**	1	**39**	3	**40**	2
41	1	**42**	1	**43**	4	**44**	1	**45**	2	**46**	1	**47**	1	**48**	3	**49**	4	**50**	4
51	1	**52**	1	**53**	1	**54**	2	**55**	3	**56**	2	**57**	2	**58**	4	**59**	3	**60**	4

2019년 제2회 위험물기능사 필기 기출

01. 소화설비의 주된 소화효과를 옳게 설명한 것은?

① 옥내 · 옥외소화전설비 : 질식소화
② 스프링클러설비, 물분무소화설비 : 억제소화
③ 포, 분말 소화설비 : 억제소화
④ 할로겐화합물 소화설비 : 억제소화

해설 할로겐화합물 소화설비의 주된 소화효과는 억제소화(=부촉매소화)이다.

02. 질소와 아르곤과 이산화탄소의 용량비가 52대 40대 8인 혼합물 소화약제에 해당하는 것은?

① IG-541 ② HCFC-BLEND A ③ HFC-125 ④ HFC-23

해설 IG-541 : N_2(52%), Ar(40%), CO_2(8%)

03. 제1류 위험물의 일반적인 성질에 해당하지 않는 것은?

① 고체 상태이다. ② 분해하여 산소를 발생한다. ③ 가연성물질이다. ④ 산화제이다.

해설 제1류 위험물은 불연성물질이다.

04. 가연성액화가스의 탱크 주위에서 화재가 발생한 경우에 탱크의 가열로 인하여 그 부분의 강도가 약해져 탱크가 파열됨으로 내부의 가열된 액화가스가 급속히 팽창하면서 폭발하는 현상은?

① 블레비(BLEVE) 현상 ② 보일오버(Boil Over) 현상
③ 플래시백(Flash Back) 현상 ④ 백드래프트(Back Draft) 현상

해설 ② 고온층(hot zone)이 형성된 유류화재의 탱크 밑면에 물이 고여 있는 경우, 화재의 진행에 따라 바닥의 물이 급격히 증발하여 불붙은 기름을 분출시키는 위험현상
③ 역화라고 하며, 연소 불꽃이 연소기의 내부를 향해 역으로 진입하는 현상
④ 산소의 결핍 상태에서 갑작스런 산소 유입으로 인해 순간적으로 발화하는 현상

05. 양초, 고급알코올 등과 같은 연료의 가장 일반적인 연소형태는?

① 표면연소 ② 증발연소 ③ 분무연소 ④ 분해연소

해설 증발연소란 황, 양초, 고급알코올 등과 같은 연료가 증발하여 생긴 증기가 연소하는 현상이다.

06. 다음 중 연소의 3요소를 모두 갖춘 것은?

① 휘발유 + 공기 + 수소 ② 적린 + 수소 + 성냥불
③ 성냥불 + 황 + 염소산암모늄 ④ 알코올 + 수소 + 염소산암모늄

해설 ③ 성냥불(점화원) + 황(가연물) + 염소산암모늄(산소공급원)

07. 위험물의 유별에 따른 성질과 해당 품명의 예가 잘못 연결된 것은?

① 제1류 : 산화성 고체 – 무기과산화물
② 제2류 : 가연성 고체 – 금속분
③ 제3류 : 자연발화성 물질 및 금수성 물질 – 황화린
④ 제5류 : 자기반응성물질 – 히드록실아민염류

해설 황화린 : 제2류 위험물

08. 요리용 기름의 화재 시 비누화 반응을 일으켜 질식효과와 재발화 방지 효과를 나타내는 소화약제는?

① $NaHCO_3$　　② $KHCO_3$
③ $BaCl_2$　　④ $NH_4H_2PO_4$

해설 제1종 분말소화약제를 이용하여 요리용 기름의 화재 시 비누화 반응을 일으켜 질식 및 재발화 방지 효과로 소화할 수 있다.

09. 폭발 시 연소파의 전파속도 범위에 가장 가까운 것은?

① 0.1~10m/s　　② 100~1,000m/s
③ 1,000~3,500m/s　　④ 5,000~10,000m/s

해설 폭발 시 연소파의 전파속도는 0.1~10m/s이며, 폭굉의 전파속도는 1,000~3,500m/s이다.

10. 가연물에 따른 화재의 종류 및 표시색의 연결이 옳은 것은?

① 폴리에틸렌 – 유류화재 – 백색　　② 석탄 – 일반화재 – 청색
③ 시너 – 유류화재 – 청색　　④ 나무 – 일반화재 – 백색

해설 ① 폴리에틸렌 – 일반화재 – 백색　　② 석탄 – 일반화재 – 백색
③ 시너 – 유류화재 – 황색

11. 제조소의 옥외에 모두 3기의 휘발유취급탱크를 설치하고 그 주위에 방유제를 설치하고자 한다. 방유제 안에 설치하는 각 취급탱크의 용량이 5만L, 3만L, 2만L일 때 필요한 방유제의 용량은 몇 L 이상인가?

① 66,000L　　② 60,000L　　③ 33,000L　　④ 30,000L

해설 〈제조소의 옥외에 있는 위험물 취급탱크의 방유제의 용량〉

- 1기일 때 : 탱크용량 × 0.5
- 2기 이상일 때 : 최대탱크용량 × 0.5 + (나머지 탱크 용량합계 × 0.1)

∴ 방유제의 용량=(50,000L × 0.5) +(30,000L+20,000L × 0.1)=30,000L

12. 다음과 같은 반응에서 5㎥의 탄산가스를 만들기 위해 필요한 탄산수소나트륨의 양은 약 몇 ㎏인가? (단, 표준상태이고, 나트륨의 원자량은 23이다.)

$$2NaHCO_3 \rightarrow NaHCO_3 + CO_2 + H_2O$$

① 18.75　② 37.5　③ 56.25　④ 75

해설
- $NaHCO_3$ 분자량 : 23+1+12+(3×16)=84
- PV = nRT 적용,
- 탄산가스(CO_2)와 탄산수소나트륨($NaHCO_3$)의 반응식 비율이 1 : 1이 아니므로 계산해야 하는 탄산수소나트륨($NaHCO_3$)의 몰수 2몰을 곱하여야 한다.

$$\underline{2}NaHCO_3 \rightarrow NaHCO_3 + CO_2 + H_2O$$

- $1 \times 5 \times 2$몰 $= \dfrac{x}{84} \times 0.082 \times 273$
- x = 37.5kg

13. 이송취급소의 배관이 하천을 횡단하는 경우 하천 밑에 매설하는 배관의 외면과 계획하상(계획하상이 최소하상보다 높은 경우에는 최심하상)과의 거리는?

① 1.2m 이상　② 2.5m 이상　③ 3.0m 이상　④ 4.0m 이상

해설 이송취급소의 배관이 하천을 횡단하는 경우 하천 밑에 매설하는 배관의 외면과 계획하상(계획하상이 최소하상보다 높은 경우에는 최심하상)과의 거리는 4.0m 이상으로 한다.

14. 알코올류 20,000L에 대한 소화설비 설치 시 소요단위는?

① 5단위　② 10단위　③ 15단위　④ 20단위

해설
- 위험물의 소요단위는 지정수량의 10배를 1소요단위로 한다.
- 알코올류 지정수량 : 400L,　소요단위 $= \dfrac{\text{지정수량}}{\text{지정수량} \times 10} = \dfrac{20000kg}{400L \times 10} = 5$단위

15. 위험물 옥외저장소에서 지정수량 200배 초과의 위험물을 저장할 경우 보유공지의 너비는 몇 m 이상으로 하여야 하는가? (단, 제4류 위험물과 제6류 위험물이 아닌 경우)

① 0.5m　② 2.5m　③ 10m　④ 15m

해설 〈위험물 지정 수량에 따른 옥외저장소 공지의 너비〉

저장 또는 취급하는 위험물의 최대수량	옥외저장소 공지의 너비
지정수량의 10배 이하	3m 이상
지정수량의 10배 초과 20배 이하	5m 이상
지정수량의 20배 초과 50배 이하	9m 이상
지정수량의 50배 초과 200배 이하	12m 이상
지정수량의 200배 초과	15m 이상

(단, 제4류 위험물 중 제4석유류 또는 제6류 위험물을 저장하는 경우 공지의 너비를 1/3로 단축할 수 있다.)

16. 옥외저장탱크 중 압력탱크에 저장하는 디에틸에테르 등의 저장온도는 몇 ℃ 이하이어야 하는가?

① 60℃ ② 40℃ ③ 30℃ ④ 15℃

해설 압력탱크에 저장하는 디에틸에테르, 아세트알데히드, 산화프로필렌의 저장온도는 40℃ 이하이어야 한다.

17. 옥외소화전설비의 기준에서 옥외소화전함은 옥외소화전으로부터 보행거리 몇 m 이하의 장소에 설치하여야 하는가?

① 1.5 ② 5 ③ 7.5 ④ 10

해설 옥외소화전설비의 기준에서 옥외소화전함은 옥외소화전으로부터 보행거리 5m 이하의 장소에 설치한다.

18. 위험물제조소등의 전기설비에 적응성이 있는 소화설비는?

① 봉상수소화기 ② 포소화설비 ③ 옥외소화전설비 ④ 물분무소화설비

해설 전기설비에 적응성이 있는 소화설비는 물분무소화설비, 불활성가스소화설비, 할로겐화합물소화설비, 분말소화설비, 무상수소화기, 무상강화액소화기에 해당한다.

19. 물의 소화능력을 향상시키고 동절기 또는 한랭지에서도 사용할 수 있도록 탄산칼륨 등의 알칼리금속염을 첨가한 소화약제는?

① 강화액 소화약제 ② 할로겐화합물 소화약제
③ 이산화탄소 소화약제 ④ 포(foam) 소화약제

해설 강화액 소화기는 물에 탄산칼륨 등의 염류를 첨가하여 한랭지 또는 겨울철에도 사용할 수 있는 소화기이다.

20. 다음 중 분진폭발의 원인물질로 작용할 위험성이 가장 낮은 것은?

① 마그네슘분말 ② 밀가루 ③ 담배분말 ④ 시멘트분말

해설 모래, 석고, 시멘트, 가성소다, 석회분 등은 분진폭발의 위험성이 낮은 물질에 해당한다.

21. 위험물안전관리법령상 고정주유설비는 주유설비의 중심선을 기점으로 하여 도로경계선까지 몇 m 이상의 거리를 유지해야 하는가?

① 1m ② 3m ③ 4m ④ 6m

해설 고정주유설비의 중심선을 기점으로 하여 도로경계선까지 4m 이상, 부지경계선·담 및 건축물의 벽까지 2m(개구부가 없는 벽까지는 1m) 이상의 거리를 유지하고, 고정급유설비의 중심선을 기점으로 하여 도로경계선까지 4m 이상, 부지경계선 및 담까지 1m 이상, 건축물의 벽까지 2m(개구부가 없는 벽까지는 1m) 이상의 거리를 유지할 것

22. 위험물제조소의 안전거리 기준으로 틀린 것은?

① 초 · 중등교육법 및 고등교육법에 의한 학교 – 20m 이상
② 의료법에 의한 병원급 의료기관 – 30m 이상
③ 문화재보호법 규정에 의한 지정문화재 – 50m 이상
④ 사용전압이 35,000V를 초과하는 특고압가공전선 – 5m 이상

해설 1) 사용전압 7,000V 초과 35,000V 이하의 특고압가공전선 : 3m 이상
2) 사용전압 35,000V를 초과하는 특고압가공전선 : 5m 이상
3) 주거용 건축물(제조소의 동일부지 외에 있는 것) : 10m 이상
4) 고압가스, 액화석유가스 등의 저장 · 취급 시설 : 20m 이상
5) 학교 · 병원 · 극장(300명 이상), 다수인 수용시설 : 30m 이상
6) 유형문화재, 지정문화재 : 50m 이상

23. 위험물 이동저장탱크의 외부도장 색상으로 적합하지 않은 것은?

① 제2류 – 적색 ② 제3류 – 청색 ③ 제5류 – 황색 ④ 제6류 – 회색

해설 〈위험물 종류별 이동저장탱크의 외부도장 색상〉

류별	색상	
제1류	회색	1. 탱크의 앞면과 뒷면을 제외한 면적의 40% 이내의 면적은 다른 유별의 색상 외의 색상으로 도장하는 것이 가능하다. 2. 제4류에 대해서는 도장의 색상 제한이 없으나 적색을 권장한다.
제2류	적색	
제3류	청색	
제4류	적색 권장	
제5류	황색	
제6류	청색	

24. 위험물안전관리법령상 압력수조를 이용한 옥내소화전설비의 가압송수장치에서 압력수조의 최소압력(MPa)은? (단, 소방용 호스의 마찰손실수두압은 3MPa, 배관의 마찰손실수두압은 1MPa, 낙차의 환산수두압은 1.35MPa이다.)

① 5.35MPa ② 5.70MPa ③ 6.00MPa ④ 6.35MPa

해설 • 압력수조를 이용한 옥내소화전설비의 가압송수장치에서 압력수조의 압력(MPa)
• $P = p_1 + p_2 + p_3 + 0.35MPa$
$\therefore P = 3 + 1 + 1.35 + 0.35 = 5.70MPa$

25. 두 가지 물질이 반응할 때 수소가 발생하지 않는 것은?

① 리튬+염산 ② 탄화칼슘+물 ③ 수소화칼슘+물 ④ 루비듐+물

해설 탄화칼슘과 물의 반응 시 아세틸렌 가스가 발생한다.

26. 옥외저장소에서 선반에 저장하는 용기의 높이는 몇 m를 초과할 수 없는가?

① 3m ② 4m ③ 6m ④ 7m

해설 〈옥내/옥외저장소의 저장용기 높이를 쌓는 높이〉

- 기계에 의하여 하역하는 구조 : 6m 이하
- 제4류 위험물 중 제3석유류, 제4석유류 및 동식물유 : 4m 이하
- 그 밖의 경우 : 3m 이하

※ 옥외저장소에서 선반에 용기를 저장하는 경우 : 6m 이하

27. 주택, 학교 등의 보호대상물과의 사이에 안전거리를 두지 않아도 되는 위험물시설은?

① 옥내저장소 ② 옥내탱크저장소 ③ 옥외저장소 ④ 일반취급소

해설 안전거리의 규제 대상은 다음과 같다.

- 제조소(제6류 위험물을 취급하는 제조소를 제외)
- 일반취급소
- 옥내저장소
- 옥외저장소
- 옥외탱크저장소

28. 산화성액체인 질산의 분자식으로 옳은 것은?

① HNO_2 ② HNO_3 ③ NO_2 ④ NO_3

29. 다음 중 증기의 밀도가 가장 큰 것은?

① 디에틸에테르 ② 벤젠 ③ 가솔린(옥탄 100%) ④ 에틸알코올

해설 가솔린의 탄소수가 가장 많으므로 증기의 밀도가 가장 크다.

30. 삼황화린과 오황화린의 공통점이 아닌 것은?

① 물과 접촉하여 인화수소가 발생한다. ② 가연성 고체이다.
③ 분자식이 P와 S로 이루어져 있다 ④ 연소 시 오산화린과 이산화황이 생성된다.

31. 위험물안전관리법령상 주유취급소 중 건축물의 2층을 휴게음식점의 용도로 사용하는 것에 있어 해당 건물의 2층으로부터 직접 주유 취급소의 부지 밖으로 통하는 출입구와 해당 출입구로 통하는 통로 계단에 설치하여야 하는 것은?

① 비상경보설비 ② 유도등 ③ 비상조명등 ④ 확성장치

해설 주유취급소 중 건축물의 2층 이상의 부분을 점포 · 휴게음식점 또는 전시장의 용도로 사용하는 것에 있어서는 당해 건축물의 2층 이상으로부터 주유취급소의 부지 밖으로 통하는 출입구와 당해 출입구로 통하는 통로 · 계단 및 출입구에 유도등을 설치하여야 한다.

32. 과산화칼륨이 물 또는 이산화탄소와 반응할 경우 공통적으로 발생하는 물질은?

① 산소　　② 과산화수소

③ 수산화칼륨　　④ 수소

해설 • $K_2O_2 + H_2O \rightarrow 2KOH + 1/2O_2$　• $K_2O_2 + CO_2 \rightarrow K_2CO_3 + 1/2O_2$

33. 1몰의 에틸알코올이 완전 연소하였을 때 생성되는 이산화탄소는 몇 몰인가?

① 1몰　　② 2몰

③ 3몰　　④ 4몰

해설 〈 에틸알코올(=에탄올) 화학식 : C_2H_5OH 〉

① 반응물, 생성물의 종류를 화학식으로 작성한다.

• $C_2H_5OH + O_2 \rightarrow CO_2 + H_2O$

34. 위험물안전관리법령상 간이탱크저장소에 대한 설명 중 틀린 것은?

① 간이저장탱크의 용량은 600리터 이하여야 한다.

② 하나의 간이탱크저장소에 설치하는 간이저장탱크는 5개 이하여야 한다.

③ 간이저장탱크는 두께 3.2mm 이상의 강판으로 흠이 없도록 제작하여야 한다.

④ 간이저장탱크는 70kPa의 압력으로 10분간의 수압시험을 실시하여 새거나 변형되지 않아야 한다.

해설 ② 하나의 간이탱크저장소에 설치하는 간이저장탱크는 3개 이하여야 한다.

35. 주유취급소에 설치 할 수 있는 위험물 탱크는?

① 고정주유설비에 직접 접속하는 5기 이하의 간이탱크

② 보일러 등에 직접 접속하는 전용탱크로서 10,000리터 이하의 것

③ 고정급유설비에 직접 접속하는 전용탱크로서 70,000리터 이하의 것

④ 폐유, 윤활유 등의 위험물을 저장하는 탱크로서 4,000리터 이하의 것

해설 ① 고정주유설비에 직접 접속하는 3기 이하의 간이탱크

③ 고정급유설비에 직접 접속하는 전용탱크로서 50,000리터 이하의 것

④ 폐유, 윤활유 등의 위험물을 저장하는 탱크로서 2,000리터 이하의 것

36. 질화면을 강면약과 약면약으로 구분하는 기준은?

① 물질의 경화도　　② 수산기의 수

③ 질산기의 수　　④ 탄소 함유량

해설 질산기($-NO_3$)의 수에 따라 강면약, 약면약으로 구분된다.

37. 위험물안전법령에서 정한 소화설비의 소요단위 산정방법에 대한 설명 중 옳은 것은?

① 위험물은 지정수량의 100배를 1소요단위로 함
② 저장소용 건축물로 외벽이 내화구조인 것은 연면적 100㎡를 1소요단위로 함
③ 제조소용 건축물로 외벽이 내화구조가 아닌 것은 연면적 50㎡를 1소요단위로 함
④ 저장소용 건축물로 외벽이 내화구조가 아닌 것은 연면적 25㎡를 1소요단위로 함

해설 ✔ 한 눈에 정리하기

	제조소 또는 취급소	저장소
외벽이 내화구조 (옥외에 설치된 공작물은 내화구조로 간주함)	100㎡	150㎡
외벽이 내화구조가 아닌 것	50㎡	75㎡

위험물의 경우 지정수량의 10배를 1소요단위로 함

38. 위험물안전관리법령상 품명이 질산에스테르류에 속하지 않는 것은?

① 질산에틸 ② 니트로글리세린 ③ 니트로벤젠 ④ 니트로셀룰로오스

해설 니트로벤젠은 제4류 위험물 중 제3석유류에 속한다.

39. 인화칼슘이 물과 반응하였을 때 발생하는 가스에 대한 설명으로 옳은 것은?

① 폭발성인 수소를 발생한다. ② 유독한 인화수소를 발생한다.
③ 조연성인 산소를 발생한다. ④ 가연성인 아세틸렌을 발생한다.

해설 인화칼슘은 물과 반응 시 유독성의 인화수소(PH_3)를 발생한다.

- $Ca_3P_2 + 6H_2O \rightarrow 3Ca(OH)_2 + 2PH_3$

40. 위험물 "알킬리튬, 리튬, 수소화나트륨, 인화칼슘, 탄화칼슘"의 지정수량의 총 합은 몇 kg인가?

① 820 ② 900 ③ 960 ④ 1260

해설 알킬리튬(10kg) + 리튬(50kg) + 수소화나트륨(300kg) + 탄화칼슘(300kg) = 960kg

41. 위험물안전관리법령에서 정한 알킬알루미늄 등을 저장 또는 취급하는 이동탱크 저장소에 비치해야 하는 물품이 아닌 것은?

① 방호복 ② 고무장갑 ③ 비상조명등 ④ 휴대용확성기

해설 알킬알루미늄, 알킬리튬을 저장 또는 취급하는 이동탱크저장소에는 긴급시의 연락처, 응급조치에 관하여 필요한 사항을 기재한 서류, 방호복, 고무장갑, 밸브 등을 죄는 결합공구 및 휴대용 확성기를 비치하여야 한다.

42. 위험물안전관리법령상 위험등급의 종류가 나머지 셋과 다른 하나는?

① 제1류 위험물 중 중크롬산염류　　② 제2류 위험물 중 인화성고체
③ 제3류 위험물 중 금속의 인화물　　④ 제4류 위험물 중 알코올류

해설 ① 중크롬산염류 : 위험등급 Ⅲ　　② 인화성고체 : 위험등급 Ⅲ
③ 금속의 인화물 : 위험등급 Ⅲ　　④ 알코올류 : 위험등급 Ⅱ

43. 위험물제조소에서 국소방식 배출설비의 배출능력은 1시간당 배출장소 용적의 몇 배 이상인 것으로 하는가?

① 5배　　② 10배　　③ 15배　　④ 20배

해설 제조소의 배출설비의 배출능력은 1시간당 배출장소 용적의 20배 이상인 것으로 할 것

44. 위험물안전관리법령상 제4류 위험물 운반용기의 외부에 표시하여야 하는 주의사항을 모두 옳게 나타낸 것은?

① 화기엄금 및 충격주의　　② 가연물 접촉주의
③ 화기엄금　　④ 화기주의 및 충격주의

해설 ✔한 눈에 정리하기

〈제조소등 게시판과 운반용기 주의사항〉

구분		게시판 주의사항	운반용기 주의사항
제1류		-	화기주의, 충격주의, 가연물접촉주의
	알칼리금속의 과산화물	물기엄금	물기엄금, 화기주의, 충격주의, 가연물접촉주의
제2류		화기주의	화기주의
	철분·금속분·마그네슘	화기주의	화기주의, 물기엄금
	인화성고체	화기엄금	화기엄금
제3류	금수성 물질	물기엄금	물기엄금
	자연발화성 물질	화기엄금	화기엄금, 공기접촉엄금
제4류		화기엄금	화기엄금
제5류		화기엄금	화기엄금, 충격주의
제6류		-	가연물접촉주의

45. 분말의 형태로서 150마이크로미터의 체를 통과하는 것이 50중량퍼센트 이상인 것만 위험물로 취급되는 것은?

① Zn　　② Fe　　③ Ni　　④ Cu

해설 제2류 위험물 중 금속분 알칼리금속 · 알칼리토금속 · 철 및 마그네슘 외의 금속의 분말을 말하고, 구리분 · 니켈분을 제외하면서 150마이크로미터의 체를 통과하는 것이 50중량퍼센트 미만인 것도 제외한다.

46. 제3류 위험물을 취급하는 제조소는 300명 이상을 수용할 수 있는 극장으로부터 몇 m 이상의 안전거리를 유지하여야 하는가?

① 5 ② 10 ③ 30 ④ 70

해설 300명 이상을 수용할 수 있는 극장과의 안전거리는 30m 이상으로 한다.

47. 위험물안전관리법령상 산화성 액체에 대한 설명으로 옳은 것은?

① 과산화수소는 농도와 밀도가 비례한다.
② 과산화수소는 농도가 높을수록 끓는점이 낮아진다.
③ 질산은 상온에서 불연성이지만 고온으로 가열하면 스스로 발화한다.
④ 질산을 황산과 일정 비율로 혼합하여 왕수를 제조할 수 있다.

해설 ② 과산화수소는 농도가 높을수록 끓는점이 높아진다.
③ 질산은 불연성이므로 스스로 발화하지 않는다.
④ 질산을 염산과 1 : 3의 비율로 혼합하여 왕수를 제조할 수 있다.

48. 질산칼륨의 성질에 해당하는 것은?

① 무색 또는 흰색 결정이다.
② 물과 반응하면 폭발의 위험이 있다.
③ 물에 녹지 않으나 알코올에 잘 녹는다.
④ 황산, 목부과 혼합하면 흑색화약이 된다.

해설 ② 물과 반응하지 않는다.
③ 물에 잘 녹고, 알코올에 녹기 어렵다.
④ 숯, 유황과 혼합하면 흑색화약이 된다.

49. 다음 위험물 중 특수인화물이 아닌 것은?

① 메틸에틸케톤 퍼옥사이드 ② 산화프로필렌
③ 아세트알데히드 ④ 이황화탄소

해설 ① 제5류 위험물 중 유기과산화물에 해당한다.

50. 위험물안전관리법령상 위험물의 운반 시 운반용기는 다음의 기준에 따라 수납 적재하여야 한다. 다음 중 틀린 것은?

① 수납하는 위험물과 위험한 반응을 일으키지 않아야 한다.
② 고체 위험물은 운반용기 내용적의 95% 이하로 수납하여야 한다.
③ 액체위험물은 운반용기 내용적의 95% 이하로 수납하여야 한다.
④ 하나의 외장용기에는 다른 종류의 위험물을 수납하지 않는다.

해설 액체 위험물은 운반용기 내용적의 98% 이하로 수납하여야 한다.

51. **제조소등에서 위험물을 유출시켜 사람의 신체 또는 재산에 위험을 발생시킨 자에 대한 벌칙기준으로 옳은 것은?**

① 1년 이상 3년 이하의 징역 ② 1년 이상 5년 이하의 징역
③ 1년 이상 7년 이하의 징역 ④ 1년 이상 10년 이하의 징역

해설 제조소등에서 위험물을 유출 · 방출 또는 확산시켜 사람의 생명 · 신체 또는 재산에 대하여 위험을 발생시킨 자는 1년 이상 10년 이하의 징역에 처한다.

52. **특수인화물 200L와 제4석유류 12000L를 저장할 때 각각의 지정수량 배수의 합은 얼마인가?**

① 3 ② 4 ③ 5 ④ 6

해설 $\frac{200}{50} + \frac{12000}{6000} = 6$

53. **위험물탱크의 용량은 탱크의 내용적에서 공간용적을 뺀 용적으로 한다. 이 경우 소화약제 방출구를 탱크안의 윗부분에 설치하는 탱크의 공간용적은 당해 소화설비의 소화약제방출구 아래의 어느 범위의 면으로부터 윗부분의 용적으로 하는가?**

① 0.1미터 이상 0.5미터 미만 사이의 면 ② 0.3미터 이상 1미터 미만 사이의 면
③ 0.5미터 이상 1미터 미만 사이의 면 ④ 0.5미터 이상 1.5미터 미만 사이의 면

해설 공간용적은 탱크의 내용적의 100분의 5 이상 100분의 10 이하의 용적으로 한다. 다만, 소화설비(소화약제 방출구를 탱크안의 윗부분에 설치하는 것에 한한다)를 설치하는 탱크의 공간용적은 당해 소화설비의 소화약제방출구 아래의 0.3미터 이상 1미터 미만 사이의 면으로부터 윗부분의 용적으로 한다.

54. **위험물안전관리법령상 운송책임자의 감독 지원을 받아 운송하여야 하는 위험물에 해당하는 것은?**

① 알킬알루미늄, 산화프로필렌, 알킬리튬 ② 알킬알루미늄, 산화프로필렌
③ 알킬알루미늄, 알킬리튬 ④ 산화프로필렌, 알킬리튬

해설 이동탱크저장소의 위험물 운송에 있어서 운송책임자의 감독, 지원을 받아 운송하여야 하는 위험물의 종류에는 알킬리튬, 알킬알루미늄 등에 해당한다.

55. **알루미늄 분말의 저장 방법 중 옳은 것은?**

① 에틸알코올 수용액에 넣어 보관한다.
② 밀폐 용기에 넣어 건조한 것에 보관한다.
③ 폴리에틸렌병에 넣어 수분이 많은 곳에 보관한다.
④ 염산 수용액에 넣어 보관한다.

해설 알루미늄분은 수분과 접촉 시 수소가스가 발생하므로 밀폐 용기에 넣어 건조한 것에 보관한다.

56. 아염소산염류 500kg과 질산염류 3000kg을 함께 저장하는 경우 위험물의 소요단위는 얼마인가?

① 2 ② 4 ③ 6 ④ 8

해설 $\frac{500}{50\times10}+\frac{3000}{300\times10}=2$

57. 다음 중 산화성고체 위험물에 속하지 않는 것은?

① Na_2O_2 ② $HClO_4$ ③ NH_4ClO_4 ④ $KClO_3$

해설 과염소산은 산화성 액체 위험물에 속한다.

58. 위험물안전관리법령상 혼재할 수 없는 위험물은? (단, 위험물은 지정수량의 1/10을 초과하는 경우이다.)

① 적린과 황린 ② 질산염류와 질산
③ 칼륨과 특수인화물 ④ 유기과산화물과 유황

해설 제2류 위험물인 적린과 제3류 위험물인 황린은 혼재할 수 없다.
② 제1류 - 제6류 ③ 제3류 - 제4류 ④ 제5류 - 제2류

59. 주유취급소에 다음과 같이 전용탱크를 설치하였다. 최대로 저장 · 취급할 수 있는 용량은 얼마인가? (단, 고속도로 외의 주유취급소인 경우이다.)

- 간이탱크 : 2기
- 폐유탱크등 : 1기
- 고정주유설비 및 고정급유설비 접속 전용탱크 : 2기

① 103,200L ② 104,600L ③ 123,200L ④ 124,200L

해설 〈주유취급소에 설치하는 탱크의 종류〉

가. 자동차 등에 주유하기 위한 고정주유설비에 직접 접속하는 전용탱크 : 50,000L 이하
나. 고정급유설비에 직접 접속하는 전용탱크 : 50,000L 이하
다. 보일러 등에 직접 접속하는 전용탱크 : 10,000L 이하
라. 자동차 등을 점검 · 정비하는 작업장 등에서 사용하는 폐유탱크 : 2,000L 이하
마. 고정주유설비 또는 고정급유설비에 직접 접속하는 3기 이하의 간이탱크
∴ 최대 저장량 = (600L×2기) + (2,000L×1기) + (50,000L×2기) = 103,200L

60. 시 · 도의 조례가 정하는 바에 따라 관할소방서장의 승인을 받아 지정수량 이상의 위험물을 제조소 등이 아닌 장소에서 임시로 저장 또는 취급하는 기간은 최대 며칠 이내인가?

① 30 ② 60 ③ 90 ④ 120

해설 • 위험물 임시 저장기간 : 90일 이내

정답 2019년 제2회 위험물기능사 필기 기출문제

문	답	문	답	문	답	문	답	문	답	문	답	문	답	문	답	문	답	문	답
1	4	**2**	1	**3**	3	**4**	1	**5**	2	**6**	3	**7**	3	**8**	1	**9**	1	**10**	4
11	4	**12**	2	**13**	4	**14**	1	**15**	4	**16**	2	**17**	2	**18**	4	**19**	1	**20**	4
21	3	**22**	1	**23**	4	**24**	2	**25**	2	**26**	3	**27**	2	**28**	2	**29**	3	**30**	1
31	2	**32**	1	**33**	2	**34**	2	**35**	2	**36**	3	**37**	3	**38**	3	**39**	2	**40**	3
41	3	**42**	4	**43**	4	**44**	3	**45**	1	**46**	3	**47**	1	**48**	1	**49**	1	**50**	3
51	4	**52**	4	**53**	2	**54**	3	**55**	2	**56**	1	**57**	2	**58**	1	**59**	1	**60**	3

2019년 제3회 위험물기능사 필기 기출

01. 15℃의 기름 100g에 8,000J의 열량을 주면 기름의 온도는 몇 ℃가 되겠는가? (단, 기름의 비열은 2J/g · ℃이다.)

① 25 ② 45 ③ 50 ④ 55

해설
- Q(열량) = c(비열)×m(질량)×△t(온도차)
- 8,000J = 2J/g · ℃×100g×(x−15)℃ / 8,000 = 200x − (200×15)
- 200x = 11,000/ ∴ x = 55℃

02. 고온체의 색깔이 휘적색일 경우의 온도는 약 몇 ℃ 정도인가?

① 500 ② 950 ③ 1300 ④ 1500

해설 〈온도에 따른 고온체의 색상〉
- 암적색(700℃) 〈 적색(850℃) 〈 휘적색(950℃) 〈 황적색(1,100℃) 〈 백적색(1,300℃) 〈 휘백색(1,500℃)

03. 소화효과 중 부촉매 효과를 기대할 수 있는 소화약제는?

① 물소화약제 ② 포소화약제 ③ 분말소화약제 ④ 이산화탄소소화약제

해설 분말소화약제는 질식효과와 부촉매효과 등으로 화재를 진압한다.

04. 분말소화약제의 식별 색을 옳게 나타낸 것은?

① $KHCO_3$: 백색 ② $NH_4H_2PO_4$: 담홍색
③ $NaHCO_3$: 보라색 ④ $KHCO_3+(NH_2)_2CO$: 초록색

해설 A, B, C급 화재에 효과적인 제3종 분말소화약제의 주성분인 제1인산암모늄($NH_4H_2PO_4$)의 색은 담홍색에 해당한다.

05. 화재별 급수에 따른 화재의 종류 및 표시색상을 모두 옳게 나타낸 것은?

① A급 : 유류화재, 황색 ② B급 : 유류화재, 황색
③ A급 : 유류화재, 백색 ④ B급 : 유류화재, 백색

해설
- A급 : 일반화재, 백색 • B급 : 유류화재, 황색
- C급 : 전기화재, 청색 • D급 : 금속화재, 무색

06. 고정식 포소화설비에 관한 기준에서 방유제 외측에 설치하는 보조포소화전의 상호간의 거리는?

① 보행거리 40m 이하 ② 수평거리 40m 이하
③ 보행거리 75m 이하 ④ 수평거리 75m 이하

07. **낮은 온도에서도 잘 얼지 않는 다이너마이트를 제조하기 위해 니트로글리세린의 일부를 대체하여 첨가하는 물질은?**

① 니트로셀룰로오스 ② 니트로글리콜 ③ 트리니트로톨루엔 ④ 디니트로벤젠

해설 니트로글리콜의 녹는점이 -22℃로 낮은 온도에서도 잘 얼지 않는 다이너마이트[부동(不凍) 다이너마이트]를 제조하기 위해 첨가한다.

08. **유류화재 소화 시 분말 소화약제를 사용할 경우 소화 후에 재발화 현상이 가끔씩 발생할 수 있다. 다음 중 이러한 현상을 예방하기 위하여 병용하여 사용하면 가장 효과적인 포소화약제는?**

① 단백포 소화약제 ② 수성막포 소화약제
③ 합성계면활성제포 소화약제 ④ 알코올형포 소화약제

해설 분말 소화약제와 수성막포 소화약제를 병용하여 사용하면 재발화 현상을 방지할 수 있다.

09. **플래시오버(flash over)에 관한 설명이 아닌 것은?**

① 실내화재에서 발생하는 현상
② 순발적인 연소확대 현상
③ 발생시점은 초기에서 성장기로 넘어가는 분기점
④ 화재로 인하여 온도가 급격히 상승하여 화재가 순간적으로 실내 전체에 확산되어 연소되는 현상

해설 발생시점은 성장기에서 최성기로 넘어가는 분기점이다.

10. **같은 위험등급의 위험물로만 이루어지지 않은 것은?**

① Fe, Sb, Mg ② Zn, Al, S
③ 황화린, 적린, 칼슘 ④ 메탄올, 에탄올, 벤젠

해설 ① Ⅲ등급 : Fe, 안티몬(Sb) - 금속분, Mg ② Ⅲ등급 : Zn, Al, Ⅱ등급 : S
③ Ⅱ등급 : 황화린, 적린, 칼슘 ④ Ⅱ등급 : 메탄올, 에탄올, 벤젠

11. **자연발화가 잘 일어나는 경우와 가장 거리가 먼 것은?**

① 주변의 온도가 높을 것 ② 습도가 높을 것
③ 표면적이 넓을 것 ④ 열전도율이 클 것

해설 열전도율이 작을수록 열축적에 용이하므로 자연발화가 잘 일어난다.

12. **할로겐화합물 소화설비가 적응성이 있는 대상물은?**

① 제1류 위험물 ② 제3류 위험물 ③ 제4류 위험물 ④ 제5류 위험물

해설 제4류 위험물의 화재에는 질식소화가 가장 적합하다.

13. 위험물안전관리법령에 따라 제조소등의 관계인이 화재예방과 재해발생시 비상조치를 위하여 작성하는 예방규정에 관한 설명으로 틀린 것은?

① 제조소의 관계인은 해당 제조소에서 지정수량의 5배의 위험물을 취급하는 경우 예방규정을 작성하여 제출하여야 한다.

② 지정수량의 200배의 위험물을 저장하는 옥외탱크저장소의 관계인은 예방규정을 작성하여 제출하여야 한다.

③ 위험물시설의 운전 또는 조작에 관한 사항, 위험물 취급 작업의 기준에 관한 사항은 예방규정에 포함되어야 한다.

④ 제조소등의 예방규정은 산업안전보건법의 규정에 의한 안전보건관리규정과 통합하여 작성할 수 있다.

해설 제조소의 관계인은 해당 제조소에서 지정수량의 10배의 위험물을 취급하는 경우 예방규정을 작성하여 제출하여야 한다.

14. 위험장소 중 1종 장소에 대한 설명으로 올바른 것은?

① 정상상태에서 위험 분위기가 장시간 지속적으로 존재하는 장소

② 정상상태에서 위험 분위기가 주기적 또는 간헐적으로 생성될 우려가 있는 장소

③ 이상상태 하에서 위험 분위기가 단시간 동안 생성될 우려가 있는 장소

④ 이상상태 하에서 위험 분위기가 장시간 동안 생성될 우려가 있는 장소

해설

구분	정의
0종 장소	정상상태에서 위험분위기가 지속적 또는 장기간 존재하는 장소
1종 장소	정상상태에서 위험 분위기가 존재하기 쉬운 장소
2종 장소	이상상태 하에서 위험 분위기가 단시간 존재할 수 있는 장소 (이상상태 : 기기 고장, 오류)

15. 화재종류 중 금속화재에 해당하는 것은?

① A급　　② B급　　③ C급　　④ D급

해설

분류	구분	착색
A급 화재	일반화재(폴리에틸렌, 석탄, 종이, 섬유 등)	백색
B급 화재	유류화재(시너, 휘발유, 알코올 등)	황색
C급 화재	전기화재	청색
D급 화재	금속화재	없음
K급 화재 (=F급 화재)	주방화재, 식용유화재	–

16. 포소화약제의 주된 소화효과를 모두 옳게 나타낸 것은?

① 촉매효과와 억제효과
② 억제효과와 제거효과
③ 질식효과와 냉각효과
④ 연소방지와 촉매효과

해설 포소화약제의 주된 소화효과는 질식효과와 냉각효과이다.

17. 제5류 위험물에 대한 설명 중 틀린 것은?

① 대부분 물질 자체에 산소를 함유하고 있다.
② 대표적 성질이 자기 반응성 물질이다.
③ 가열, 충격, 마찰로 위험성이 증가하므로 주의한다.
④ 불연성이지만 가연물과 혼합은 위험하므로 주의한다.

해설 제5류 위험물은 가연성 물질이다.

18. 제6류 위험물을 저장 또는 취급하는 장소로서 폭발의 위험이 없는 장소에 한하여 적응성이 있는 소화설비는?

① 건조사 ② 포소화기
③ 이산화탄소소화기 ④ 할로겐화합물소화기

해설 제6류 위험물을 저장 또는 취급하는 장소로서 폭발의 위험이 없는 장소에 한하여 이산화탄소 소화기가 적응성이 있다.

19. 착화 온도가 낮아지는 원인과 가장 관계가 있는 것은?

① 발열량이 적을 때
② 압력이 높을 때
③ 습도가 높을 때
④ 산소와의 결합력이 나쁠 때

해설 일반적인 기체에서 압력이 높을 때 착화 온도가 낮아지며 폭발범위가 넓어진다.

20. 연소범위에 대한 설명으로 옳지 않은 것은?

① 연소범위는 연소하한값부터 연소상한값까지이다.
② 연소범위의 단위는 공기 또는 산소에 대한 가스의 % 농도이다.
③ 연소하한이 낮을수록 위험이 크다.
④ 온도가 높아지면 연소범위가 좁아진다.

해설 온도가 높아지면 연소범위 하한과 상한이 함께 넓어진다.

21. 종류(유별)가 다른 위험물을 동일한 옥내저장소의 동일한 실에 같이 저장하는 경우에 대한 설명으로 틀린 것은? (단, 유별로 정리하여 1m 이상의 간격을 두는 경우 에 한한다.)

① 제1류 위험물과 황린은 동일한 옥내저장소에 저장할 수 있다.

② 제1류 위험물과 제6류 위험물은 동일한 옥내저장소에 저장할 수 있다.

③ 제1류 위험물 중 알칼리금속의 과산화물과 제5류 위험물은 동일한 옥내저장소에 저장할 수 있다.

④ 제2류 위험물중 인화성고체와 제4류 위험물을 동일한 옥내저장소에 저장할 수 있다

해설 유별이 다른 위험물을 동일한 저장소에 저장하는 경우 유별로 정리하여 서로 1m 이상의 간격을 두었을 때 다음과 같이 저장할 수 있다.

- 제1류 위험물(알칼리금속의 과산화물 제외)과 제5류 위험물
- 제1류 위험물과 제6류 위험물
- 제1류 위험물과 제3류 위험물 중 자연발화성 물질(황린)
- 제2류 위험물 중 인화성 고체와 제4류 위험물
- 제3류 위험물 중 알킬알루미늄등과 제4류 위험물(알킬알루미늄 또는 알킬리튬을 함유한 것)
- 제4류 위험물 중 유기과산화물과 제5류 위험물 중 유기과산화물

22. 다음 중 제6류 위험물로써 분자량이 약 63인 것은?

① 과염소산　② 질산　③ 과산화수소　④ 삼불화브롬

해설 • 질산(HNO_3) 분자량 : 1 + 14 + (16×3) = 63

23. 주유취급소에서 자동차 등에 위험물을 주유할 때 자동차 등의 원동기를 정지시켜야 하는 위험물의 인화점 기준은 몇 ℃ 미만인가? (단, 연료탱크에 위험물을 주유하는 동안 방출되는 가연성 증기 회수설비가 부착되지 않은 고정주유설비의 경우이다.)

① 20℃　② 30℃　③ 40℃　④ 50℃

해설 주유취급소에서 자동차 등에 인화점 40℃ 미만의 위험물을 주유할 때에는 자동차 등의 원동기를 정지시켜야 한다.

24. 소화설비의 기준에서 용량 160L 팽창질석의 능력 단위는?

① 0.5　② 1.0　③ 1.5　④ 2.5

해설

소화설비	용 량	능력단위
소화전용 물통	8L	0.3
수조(소화전용 물통 3개 포함)	80L	1.5
수조(소화전용 물통 3개 포함)	190L	2.5
마른모래(삽 1개 포함)	50L	0.5
팽창질석 또는 팽창진주암(삽 1개 포함)	160L	1.0

25. 금속칼륨과 금속나트륨은 어떻게 보관하여야 하는가?

① 공기 중에 노출하여 보관
② 물속에 넣어서 밀봉하여 보관
③ 석유 속에 넣어서 밀봉하여 보관
④ 그늘지고 통풍이 잘되는 곳에 산소 분위기에서 보관

해설 비중이 작은 금속칼륨이나 금속나트륨은 석유(등유, 경유, 유동파라핀 등) 속에 보관한다.

26. 제4류 위험물의 옥외저장탱크에 대기밸브부착 통기관을 설치할 때 몇 kPa 이하의 압력 차이로 작동하여야 하는가?

① 5kPa ② 10kPa
③ 15kPa ④ 20kPa

해설 옥외저장탱크에 설치하는 대기밸브부착 통기관은 5kPa 이하의 압력차이로 작동하여야 한다.

27. 에틸알코올의 증기비중은 약 얼마인가?

① 0.72 ② 0.91 ③ 1.13 ④ 1.59

해설
- C_2H_5OH 분자량 : $(12\times2) + 5 + 16 + 1 = 46$
- 증기비중 : $\frac{46}{29} = 1.59$

28. 탄화칼슘에 대한 설명으로 옳은 것은?

① 분자식은 CaC이다.
② 물과의 반응 생성물에는 수산화칼슘이 포함된다.
③ 순수한 것은 흑회색의 불규칙한 덩어리이다.
④ 고온에서도 질소와는 반응하지 않는다.

해설 ① 분자식은 CaC_2이다.
③ 순수한 것은 백색이며, 시판품은 흑회색의 불규칙한 덩어리이다.
④ 고온에서 질소와 반응하여 석회질소($CaCN_2$)를 생성된다.

29. 다음의 위험물 중에서 화재가 발생하였을 때, 내알코올포소화약제를 사용하는 것이 효과가 가장 높은 것은?

① C_6H_6 ② $C_6H_5CH_3$
③ $C_6H_4(CH_3)_2$ ④ CH_3COOH

해설
- 내알코올포 소화약제는 아세트산(CH_3COOH)과 같은 수용성 화재에 적응성이 있다.

① 벤젠(C_6H_6), ② 톨루엔($C_6H_5CH_3$), ③ 자일렌[$C_6H_4(CH_3)_2$]의 비수용성 화재에는 효과가 없다.

30. 위험물안전관리법령에 대한 설명 중 옳지 않은 것은?

① 군부대가 지정수량 이상의 위험물을 군사목적으로 임시로 저장 또는 취급하는 경우는 제조소등이 아닌 장소에서 지정수량 이상의 위험물을 취급할 수 있다.

② 철도 및 궤도에 의한 위험물의 저장 · 취급 및 운반에 있어서는 위험물안전관리법령을 적용하지 아니한다.

③ 지정수량 미만인 위험물의 저장 또는 취급에 관한 기술상의 기준은 국가화재안전기준으로 정한다.

④ 업무상 과실로 제조소등에서 위험물을 유출, 방출 또는 확산시켜 사람의 생명, 신체 또는 재산에 대하여 위험을 발생시킨 자는 7년 이하의 금고 또는 2천만 원 이하의 벌금에 처한다.

해설 ③ 지정수량 미만인 위험물의 저장 또는 취급에 관한 기술상의 기준은 특별시 · 광역시 및 도의 조례(시 · 도의 조례)로 정한다.

31. 옥내저장소에 질산 600L를 저장하고 있다. 저장하고 있는 질산은 지정수량의 몇 배인가? (단, 질산의 비중은 1.5이다.)

① 1 ② 2 ③ 3 ④ 4

해설 • 저장수량 : $600L \times \frac{1.5kg}{L} = 900kg$

$\therefore \frac{\text{저장수량}}{\text{지정수량}} = \frac{900kg}{300kg} = 3$

32. 질산과 과염소산의 공통 성질에 대한 설명 중 틀린 것은?

① 산소를 포함한다. ② 산화제이다. ③ 물보다 무겁다. ④ 쉽게 연소한다.

해설 제6류 위험물은 불연성이다.

33. 위험물안전관리법령상 제조소등의 정기점검 대상에 해당하지 않는 것은?

① 지정수량 15배의 제조소 ② 지정수량 40배의 옥내탱크저장소
③ 지정수량 50배의 이동탱크저장소 ④ 지정수량 20배의 지하탱크저장소

해설 옥내탱크저장소는 정기점검 대상에 해당하지 않는다.

34. 과산화나트륨의 저장 및 취급 시의 주의사항에 관한 설명 중 틀린 것은?

① 가열 · 충격을 피한다.
② 유기물질의 혼입을 막는다.
③ 가연물과의 접촉을 피한다.
④ 화재 예방을 위해 물분무소화설비 또는 스프링클러설비가 설치된 곳에 보관한다.

해설 과산화나트륨은 금수성 물질이므로 물과의 접촉을 피하여야 한다.

35. 다음 중 수소화나트륨의 소화약제로 적당하지 않은 것은?

① 물 ② 건조사 ③ 팽창질석 ④ 탄산수소염류

해설 • 수소화나트륨(NaH)은 금수성 물질이므로 물과의 접촉을 피하며 건조사, 팽창질석, 팽창진주암, 탄산수소염류 분말소화설비로 소화하여야 한다.

36. 0.99atm, 55℃에서 이산화탄소의 밀도는 약 몇 g/L인가?

① 0.62 ② 1.62 ③ 9.65 ④ 12.65

해설 • PV = nRT 적용,

• P : 기압(atm) • V : 부피(L) • n : 몰수(mol) = $\frac{질량(w)}{분자량(M)}$

• R : 0.082(atm · L/mol · K) • T : 온도(K)

• 밀도($\frac{질량(w)}{부피(V)}$)에 대한 식으로 정리한다.

• $PV = \frac{w}{M}RT$, • $\frac{w}{V} = \frac{PM}{RT}$ • 밀도 $= \frac{0.99 \times 44}{0.082 \times (273+55)} = 1.62g/L$

37. 아염소산염류 500kg과 질산염류 3000kg을 저장하는 경우 위험물의 소요단위는 얼마인가?

① 2 ② 4 ③ 6 ④ 8

해설 위험물의 소요단위는 지정수량의 10배를 1소요단위로 한다.

• 아염소산염류 지정수량 : 50kg, • 질산염류 지정수량 : 300kg

$\therefore \frac{지정수량}{지정수량 \times 10} = \frac{500kg}{50kg \times 10} + \frac{3000kg}{300kg \times 10} = 2단위$

38. 위험물안전관리법령상 품명이 나머지 셋과 다른 하나는?

① 트리니트로톨루엔 ② 니트로글리세린 ③ 니트로글리콜 ④ 셀룰로이드

해설 ① 트리니트로톨루엔 : 니트로화합물 ② 니트로글리세린, ③ 니트로글리콜 ④ 셀룰로이드 : 질산에스테르류

39. 트리니트로페놀에 대한 설명으로 옳은 것은?

① 발화방지를 위해 휘발유에 저장한다. ② 구리용기에 넣어 보관한다.
③ 무색, 투명한 액체이다. ④ 알코올, 벤젠 등에 녹는다.

해설 ① 건조 상태가 위험하므로 물에 습면시켜 저장한다.
② 구리 등 금속과 반응하여 피크린산염을 생성하므로 위험하다.
③ 휘황색의 침상결정이다.

40. 위험물안전관리법령상 이송취급소에 설치하는 경보 · 설비의 기준에 따라 이송기지에 설치하여야 하는 경보설비로만 이루어진 것은?

① 확성장치, 비상벨장치
② 비상방송설비, 비상경보설비
③ 확성장치, 비상방송설비
④ 비상방송설비, 자동화재탐지설비

해설 이송취급소의 이송기지에 설치해야 하는 경보설비는 확성장치 및 비상벨장치이다.

41. 위험물에 대한 설명으로 옳은 것은?

① 이황화탄소는 연소 시 유독성 황화수소가스를 발생한다.
② 디에틸에테르는 물에 잘 녹지 않지만 유지 등을 잘 녹이는 용제이다.
③ 등유는 가솔린보다 인화점이 높으나, 인화점은 0℃ 미만이므로 인화의 위험성은 매우 높다.
④ 경유는 등유와 비슷한 성질을 가지지만 증기비중이 공기보다 가볍다는 차이점이 있다.

해설 ① 이황화탄소는 연소 시 유독성의 아황산가스를 발생한다.
③ 등유의 인화점은 40℃ 이상이며 가솔린의 인화점은 −43 ~ −20℃이다.
④ 경유와 등유의 증기는 공기보다 무겁다.

42. 다음 중 위험물안전관리법령에 따른 지정수량이 나머지 셋과 다른 하나는?

① 황린 ② 칼륨 ③ 나트륨 ④ 알킬리튬

해설 황린은 위험등급 Ⅰ, 지정수량이 20kg이고 칼륨, 나트륨, 알킬리튬, 알킬알루미늄은 위험등급 Ⅰ, 지정수량 10kg이다.

43. 보일러 등으로 위험물을 소비하는 일반취급소의 특례의 적용에 관한 설명으로 틀린 것은?

① 일반취급소에서 보일러, 버너 등으로 소비하는 위험물은 인화점이 섭씨 38도 이상인 제4류 위험물이어야 한다.
② 일반취급소에서 취급하는 위험물의 양은 지정수량의 30배 미만이고 위험물을 취급하는 설비는 건축물에 있어야 한다.
③ 제조소의 기준을 준용하는 다른 일반취급소와 달리 일정한 요건을 갖추면 제조소의 안전거리, 보유공지 등에 관한 기준을 적용하지 않을 수 있다.
④ 건축물중 일반취급소로 사용하는 부분은 취급하는 위험물의 양에 관계없이 철근콘크리트조 등의 바닥 또는 벽으로 당해 건축물의 다른 부분과 구획되어야 한다.

해설 건축물 중 일반취급소의 용도로 제공하는 부분에는 지진 시 및 정전 시 등의 긴급 시에 보일러, 버너 그 밖에 이와 유사한 장치에 대한 위험물의 공급을 자동적으로 차단하는 장치를 설치하여야 한다.

44. **위험물안전관리법령의 위험물 운반에 관한 기준에서 고체위험물은 운반용기 내용적의 몇 % 이하의 수납율로 수납하여야 하는가?**

① 80 ② 85 ③ 90 ④ 95

해설 고체위험물은 운반용기 내용적의 95% 이하의 수납율로 수납할 것

45. **소화기에 "A-2"로 표시되어 있었다면 숫자 "2"가 의미하는 것은 무엇인가?**

① 소화기의 제조번호 ② 소화기의 소요단위
③ 소화기의 능력단위 ④ 소화기의 사용순위

해설 〈능력단위 : 소요단위에 대응하는 소화설비의 소화능력의 기준단위〉

- 수동식소화기의 능력단위는 수동식소화기의 형식승인 및 검정기술기준에 의하여 형식승인 받은 수치로 할 것
- "A-2" : A급 화재(일반화재)에 대한 능력단위 2단위에 적용되는 소화기이다.

46. **주택, 학교 등의 보호대상물과의 사이에 안전거리를 두지 않아도 되는 위험물시설은?**

① 옥내저장소 ② 옥내탱크저장소 ③ 옥외저장소 ④ 일반취급소

해설 〈안전거리의 규제 대상〉

- 제조소(제6류 위험물을 취급하는 제조소를 제외)
- 일반취급소
- 옥내저장소
- 옥외저장소
- 옥외탱크저장소

47. **위험물안전관리법령상 산화성 액체에 대한 설명으로 옳은 것은?**

① 과산화수소는 농도와 밀도가 비례한다.
② 과산화수소는 농도가 높을수록 끓는점이 낮아진다.
③ 질산은 상온에서 불연성이지만 고온으로 가열하면 스스로 발화한다.
④ 질산을 황산과 일정 비율로 혼합하여 왕수를 제조할 수 있다.

48. **위험물안전관리법령에서 정한 아세트알데히드 등을 취급하는 제조소의 특례에 관한 내용이다. (　) 안에 해당하는 물질이 아닌 것은?**

> 아세트알데히드 등을 취급하는 설비는(　)·(　)·(　)·(　) 또는 이들을 성분으로 하는 합금으로 만들지 아니할 것

① 동 ② 은 ③ 금 ④ 마그네슘

해설 아세트알데히드, 산화프로필렌을 취급하는 설비는 수은, 은, 마그네슘, 구리(동)의 성분으로 하는 합금으로 만들지 않아야 한다.

49. 질산이 공기 중에서 분해되어 발생하는 유독한 갈색증기의 분자량은?

① 16　　② 40　　③ 46　　④ 71

해설 • NO_2 : $14 + (16 \times 2) = 46$

50. 다음은 위험물안전관리법령에서 정의한 동식물유류에 관한 내용 "동물의 지육 등 또는 식물의 종자나 과육으로부터 추출한 것으로서 1기압에서 인화점이 섭씨 ( )도 미만인 것을 말한다." 에서 괄호에 알맞은 수치는?

① 21　　② 200　　③ 250　　④ 300

해설 • 동식물유류 : 인화점이 250℃미만

51. 다음 위험물 중 특수인화물이 아닌 것은?

① 메틸에틸케톤 퍼옥사이드　　② 산화프로필렌
③ 아세트알데히드　　④ 이황화탄소

해설 ① 제5류 위험물 중 유기과산화물에 해당한다.

52. 벤조일퍼옥사이드, 피크린산, 히드록실아민이 각각 200kg 있을 경우 지정수량의 배수의 합은 얼마인가?

① 22　　② 23　　③ 24　　④ 25

해설 • 벤조일퍼옥사이드 지정수량 : 10kg　　• 피크린산 지정수량 : 200kg
• 히드록실아민 지정수량 : 100kg

$$\therefore \frac{저장수량}{지정수량} = \frac{200}{10} + \frac{200}{200} + \frac{200}{100} = 23$$

53. [그림]의 원통형 종으로 설치된 탱크에서 공간용적을 내용적의 10%라고 하면 탱크 용량(허가용량)은 약 몇 ㎥인가?

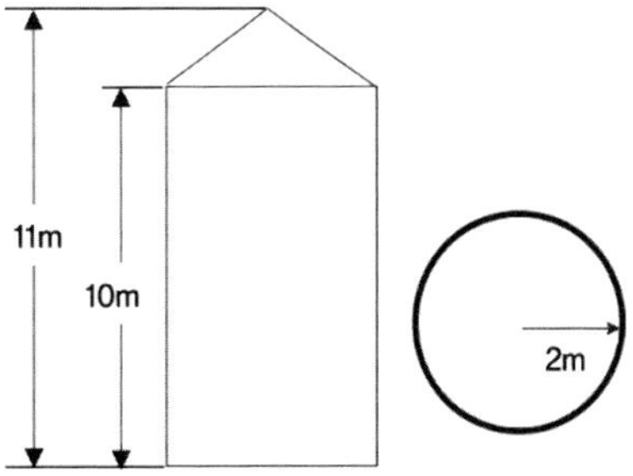

① 113.04㎥　　② 124.34㎥　　③ 129.06㎥　　④ 138.16㎥

해설 내용적 = $3.14 \times 2^2 \times 10 = 125.6m^3$ / 용량 = $125.6m^3 \times 0.9 = 113.04m^3$

54. 위험물탱크성능시험자가 갖추어야 할 등록기준에 해당되지 않은 것은?

① 기술능력 ② 시설 ③ 장비 ④ 경력

해설 위험물탱크성능시험자가 갖추어야 할 등록기준에는 기술능력, 시설, 장비가 있다.

55. 2몰의 브롬산칼륨이 모두 열분해 되어 생긴 산소의 양은 2기압 27℃에서 약 몇 L인가?

① 32.42 ② 36.92 ③ 41.34 ④ 45.64

해설
- 반응식 : $2KBrO_3 \rightarrow 2KBr + 3O_2$ (제1류 위험물 개념)
- PV = nRT 적용, 산소의 몰수 3몰을 곱하여야 한다.
- $2 \times x = 2 \times 0.082 \times (273+27) \times 3$
- $x = 36.9L$

56. 위험물안전관리법령상 지정수량이 다른 하나는?

① 인화칼슘 ② 루비듐
③ 칼슘 ④ 차아염소산칼륨

해설 인화칼슘 : 300kg / 루비듐, 칼슘, 차아염소산칼륨 : 50kg

57. 위험물 제조소의 환기설비의 기준에서 급기구에 설치된 실의 바닥면적 150㎡ 마다 1개 이상 설치하는 급기구의 크기는 몇 ㎠ 이상이어야 하는가?

① 200 ② 400
③ 600 ④ 800

해설 위험물제조소의 급기구(외부의 공기를 건물 내부로 유입시키는 통로)는 바닥면적 150㎡마다 1개 이상으로 하고 급기구의 크기는 800㎠ 이상으로 해야 한다.

58. 저장 또는 취급하는 위험물의 최대수량이 지정수량의 500배 이하일 때 옥외저장탱크의 측면으로부터 몇 m 이상의 보유공지를 유지하여야 하는가? (단, 제6류 위험물은 제외한다.)

① 1 ② 2 ③ 3 ④ 4

해설

저장 또는 취급하는 위험물의 최대수량	공지의 너비
지정수량의 500배 이하	3m 이상
지정수량의 500배 초과 1,000배 이하	5m 이상
지정수량의 1,000배 초과 2,000배 이하	9m 이상
지정수량의 2,000배 초과 3,000배 이하	12m 이상
지정수량의 3,000배 초과 4,000배 이하	15m 이상
지정수량의 4000배 초과	해당 탱크의 최대지름과 높이 중 큰 것 이상으로 한다. (단, 30m 초과 시 30m 이상, 15m 미만 시 15m 이상으로 한다.)

59. **위험물안전관리법령상 혼재할 수 없는 위험물은? (단, 위험물은 지정수량의 1/10을 초과하는 경우이다.)**

① 적린과 황린　　　② 질산염류와 질산
③ 칼륨과 특수인화물　　　④ 유기과산화물과 유황

해설 • 제2류 위험물인 적린과 제3류 위험물인 황린은 혼재할 수 없다.
② 제1류 - 제6류　　③ 제3류 - 제4류　　④ 제5류 - 제2류

60. **주유취급소의 고정주유설비에서 펌프기기의 주유관 선단에서 최대토출량으로 틀린 것은?**

① 휘발유는 분당 50리터 이하
② 경유는 분당 180리터 이하
③ 등유는 분당 80리터 이하
④ 제1석유류(휘발유 제외)는 분당 50리터 이하

해설 펌프기기는 주유관 선단에서의 최대토출량이 제1석유류의 경우에는 분당 50ℓ 이하, 경유의 경우에는 분당 180ℓ 이하, 등유의 경우에는 분당 80ℓ 이하인 것으로 한다.

정답 2019년 제3회 위험물기능사 필기 기출문제

문	답	문	답	문	답	문	답	문	답	문	답	문	답	문	답	문	답	문	답
1	4	**2**	2	**3**	3	**4**	2	**5**	2	**6**	3	**7**	2	**8**	2	**9**	3	**10**	2
11	4	**12**	3	**13**	1	**14**	2	**15**	4	**16**	3	**17**	4	**18**	3	**19**	2	**20**	4
21	3	**22**	2	**23**	3	**24**	2	**25**	3	**26**	1	**27**	4	**28**	2	**29**	4	**30**	3
31	3	**32**	4	**33**	2	**34**	4	**35**	1	**36**	2	**37**	1	**38**	1	**39**	4	**40**	1
41	2	**42**	1	**43**	4	**44**	4	**45**	3	**46**	2	**47**	1	**48**	3	**49**	3	**50**	3
51	1	**52**	2	**53**	1	**54**	4	**55**	2	**56**	1	**57**	4	**58**	3	**59**	1	**60**	4

2019년 제4회 위험물기능사 필기 기출

01. 위험물안전관리법령상 제5류 위험물의 판정을 위한 시험의 종류로 옳은 것은?

① 폭발성 시험, 가열분해성 시험
② 폭발성 시험, 충격민감성 시험
③ 가열분해성 시험, 착화의 위험성 시험
④ 충격민감성 시험, 착화의 위험성 시험

해설 제5류 위험물의 판정을 위한 시험의 종류에는 폭발성 시험, 가열분해성 시험이 있다.

02. 공기포 소화약제의 혼합방식 중 펌프의 토출관과 흡입과 상의 배관 도중에 설치된 흡입기에 펌프에서 토출된 물의 일부를 보내고 농도조절밸브에서 조정된 포 소화약제의 필요량을 포소화약제 탱크에서 펌프 흡입측으로 보내어 이를 혼합하는 방식은?

① 프레져 푸로포셔너 방식
② 펌프 푸로포셔너 방식
③ 프레져 사이드 푸로포셔너 방식
④ 라인 푸로포셔너 방식

03. 과산화수소가 이산화망간 촉매 하에서 분해가 촉진될 때 발생하는 가스는?

① 수소 ② 산소 ③ 아세틸렌 ④ 질소

해설 • $2H_2O_2 \rightarrow 2H_2O + O_2$

04. 물과 친화력이 있는 수용성 용매의 화재에 보통의 포소화약제를 사용하면 포가 파괴되기 때문에 소화 효과를 잃게 된다. 이와 같은 단점을 보완한 소화약제로 가연성인 수용성 용매의 화재에 유효한 효과를 가지고 있는 것은?

① 알코올포소화약제
② 단백포소화약제
③ 합성계면활성제포소화약제
④ 수성막포소화약제

해설 수용성 액체의 화재에는 포가 소멸되는 현상을 방지하기 위하여 알코올포(=내알코올형) 소화약제를 사용한다.

05. 제3종 분말소화약제의 주요 성분에 해당하는 것은?

① 인산암모늄 ② 탄산수소나트륨 ③ 탄산수소칼륨 ④ 요소

해설 분말 소화약제 중 인산염류(인산암모늄)를 주성분으로 하는 분말 소화기는 제3종 분말 소화약제이다.

06. **위험물안전관리법령에 따른 대형수동식소화기의 설치기준에서 방호대상물의 각 부분으로부터 하나의 대형수동식소화기까지의 보행거리는 몇 m 이하가 되도록 설치하여야 하는가? (단, 옥내소화전설비, 옥외소화전설비, 스프링클러설비 또는 물분무등소화설비와 함께 설치하는 경우는 제외한다.)**

① 10 ② 15 ③ 20 ④ 30

해설 대형수동식 소화기의 설치기준은 방호대상물의 각 부분으로부터 하나의 대형수동식 소화기까지의 보행거리가 30m 이하가 되도록 설치하며, 소형수동식 소화기의 경우 20m 이하로 설치하여야 한다.

07. **옥내소화전설비를 설치하였을 때 그 대상으로 옳지 않은 것은?**

① 제2류 위험물 중 인화성 고체 ② 제3류 위험물 중 금수성 물품
③ 제5류 위험물 ④ 제6류 위험물

해설 금수성 물품에는 물의 접촉을 피하여야 한다.

08. **다음 ( ) 안에 들어갈 수치를 순서대로 바르게 나열한 것은? (단, 제4류 위험물에 적응성을 갖기 위한 살수밀도기준을 적용하는 경우를 제외한다.)**

> 위험물제조소등에 설치하는 폐쇄형 헤드의 스프링클러설비는 30개의 헤드를 동시에 사용할 경우 각 선단의 방사 압력이 ( )kPa 이상이고 방수량이 1분당 ( )L 이상이어야 한다.

① 100, 80 ② 120, 80 ③ 100, 100 ④ 120, 100

해설 폐쇄형 헤드의 스프링클러설비는 30개의 헤드를 동시에 사용할 경우 각 선단의 방사 압력이 100kPa 이상이고 방수량이 1분당 80L 이상이어야 한다.

09. **화학포소화기에서 탄산수소나트륨과 황산알루미늄이 반응하여 생성되는 기체의 주성분은?**

① CO ② CO_2 ③ N_2 ④ Ar

해설 〈화학포 소화약제의 반응식〉

- $6NaHCO_3 + Al_2(SO_4)_3 \cdot 18H_2O \rightarrow 3Na_2SO_4 + 2Al(OH)_3 + 6CO_2 + 18H_2O$

10. **다음 소화약제 중 오존파괴지수(ODP)가 가장 큰 것은?**

① IG-541 ② Halon 2402 ③ Halon 1211 ④ Halon 1301

해설 • 위 소화약제의 오존파괴지수(ODP)는 다음과 같다.
① 0 ② 6.6 ③ 2.4 ④ 14.1

11. 액체연료의 연소형태가 아닌 것은?

① 확산연소 ② 증발연소 ③ 액면연소 ④ 분무연소

해설 확산연소는 기체연료의 연소형태이다.

12. 소화설비의 설치기준에서 유기과산화물 1000kg은 몇 소요단위에 해당하는가?

① 10 ② 20 ③ 30 ④ 40

해설
- 위험물의 소요단위는 지정수량의 10배를 1소요단위로 한다.
- 유기과산화물 지정수량 : 10kg

$$\therefore \frac{\text{지정수량}}{\text{지정수량} \times 10} = \frac{1000kg}{10kg \times 10} = 10\text{단위}$$

13. 공장 창고에 보관되었던 톨루엔이 유출되어 미상의 점화원에 의해 착화되어 화재가 발생하였다면 이 화재의 분류로 옳은 것은?

① A급 화재 ② B급 화재
③ C급 화재 ④ D급 화재

해설 톨루엔은 인화성 액체이므로 유류화재인 B급 화재에 해당한다.

14. 위험물의 화재별 소화방법으로 옳지 않은 것은?

① 황린 - 분무주수에 의한 냉각소화
② 인화칼슘 - 분무주수에 의한 냉각소화
③ 톨루엔 - 포에 의한 질식소화
④ 질산메틸 - 주수에 의한 냉각소화

해설 인화칼슘(Ca_3P_2)과 물의 접촉 시 독성의 포스핀 가스가 발생하므로 주수소화를 금한다.

15. 메탄 1g이 완전연소하면 발생되는 이산화탄소는 몇 g인가?

① 1.25 ② 2.75
③ 14 ④ 44

해설
- 메탄(CH_4) 분자량 : 12 + 4 = 16
- $CH_4 + 2O_2 \rightarrow CO_2 + 2H_2O$
  16g 44g
  1g x
- $x = \frac{1 \times 44}{16} = 2.75g$

16. 제조소등의 소화설비 설치 시 소요단위 산정에서 제조소 또는 취급소의 건축물은 외벽이 내화구조인 것은 연면적 (   )㎡를 1소요단위로 하며, 외벽이 내화구조가 아닌 것은 연면적 (   )㎡를 1소요단위로 한다. 괄호 안에 알맞은 수치를 차례대로 나열한 것은?

① 200, 100 ② 150, 100 ③ 150, 50 ④ 100, 50

해설

구분	제조소 또는 취급소	저장소
외벽이 내화구조인 것	100㎡	150㎡
내화구조가 아닌 것	50㎡	75㎡

17. 주된 연소형태가 표면연소인 것을 옳게 나타낸 것은?

① 중유, 알코올 ② 코크스, 숯 ③ 목재, 종이 ④ 석탄, 플라스틱

해설 ① 중유 : 분해연소, 알코올 : 증발연소 ③ 목재, 종이, ④ 석탄, 플라스틱 : 분해연소

18. 분말소화약제 중 제1종과 제2종 분말이 각각 열분해 될 때 공통적으로 생성되는 물질은?

① N_2, CO_2 ② N_2, O_2 ③ H_2O, CO_2 ④ H_2O, N_2

해설
- 제1종 열분해 반응식 : $2NaHCO_3 \rightarrow Na_2CO_3 + H_2O + CO_2$
- 제2종 열분해 반응식 : $2NaHCO_3 \rightarrow Na_2O + H_2O + 2CO_2$

19. 다음 중 연소반응이 일어날 수 있는 가능성이 가장 큰 물질은?

① 산소와 친화력이 작고, 활성화 에너지가 작은 물질
② 산소와 친화력이 크고, 활성화 에너지가 큰 물질
③ 산소와 친화력이 작고, 활성화 에너지가 큰 물질
④ 산소와 친화력이 크고, 활성화 에너지가 작은 물질

해설 산소와의 친화력이 크고 열전도율이 작을수록, 발열량이 클수록, 표면적이 클수록, 활성화 에너지가 작을수록, 습도가 낮을수록 연소가 잘 이루어진다.

20. 비전도성 인화성액체가 관이나 탱크 내에서 움직일 때 정전기가 발생하기 쉬운 조건으로 가장 거리가 먼 것은?

① 흐름 낙차가 클 때
② 느린 유속으로 흐를 때
③ 필터를 통과할 때
④ 심한 와류가 생성될 때

해설 빠른 유속이 흐를 때 정전기가 발생하기 쉽다.

21. 제5류 위험물이 아닌 것은?

① 클로로벤젠 ② 과산화벤조일 ③ 염산히드라진 ④ 아조벤젠

해설 클로로벤젠은 제4류 위험물 중 제2석유류이다.

22. 위험물안전관리법에서 사용하는 용어의 정의 중 틀린 것은?

① "지정수량" 은 위험물의 종류별로 위험성을 고려하여 대통령령이 정하는 수량이다.
② "제조소"라 함은 위험물을 제조할 목적으로 지정수량 이상의 위험물을 취급하기 위하여 규정에 따라 허가를 받은 장소이다.
③ "저장소"라 함은 지정수량 이상의 위험물을 저장하기 위한 대통령령이 정하는 장소로서 규정에 따라 허가를 받은 장소를 말한다.
④ "제조소등"이라 함은 제조소, 저장소 및 이동탱크를 말한다.

해설 ④ "제조소등"이라 함은 제조소, 저장소, 취급소를 말한다.

23. 위험물 저장탱크의 공간용적은 탱크 내용적의 얼마 이상, 얼마 이하로 하는가?

① 1/100 이상, 3/100 이하 ② 2/100 이상, 5/100 이하
③ 5/100 이상, 10/100 이하 ④ 10/100 이상, 20/100 이하

해설 탱크의 공간용적은 내용적의 5/100 이상 ~ 10/100 이하이다.

24. 위험물제조소의 경우 연면적이 최소 몇 ㎡이면 자동화재탐지설비를 설치해야 하는가? (단, 원칙적인 경우에 한한다.)

① 100 ② 300 ③ 500 ④ 1000

해설 〈제조소 및 일반취급소에서 자동화재탐지설비를 설치하는 경우〉

- 연면적 500㎡ 이상인 것
- 옥내에서 지정수량의 100배 이상을 취급하는 것(고인화점 위험물만을 100℃ 미만의 온도에서 취급하는 것을 제외한다)
- 일반취급소로 사용되는 부분 외의 부분이 있는 건축물에 설치된 일반취급소(일반취급소와 일반취급소 외의 부분이 내화구조의 바닥 또는 벽으로 개구부 없이 구획된 것을 제외한다)

25. 트리에틸알루미늄의 소화약제로서 다음 중 가장 적당한 것은?

① 마른모래, 팽창질석 ② 물, 수성막포
③ 할로겐화물, 단백포 ④ 이산화탄소, 강화액

해설 트리에틸알루미늄은 금수성 물질이므로 마른모래, 팽창질석, 팽창진주암, 탄산수소염류 분말소화설비로 소화한다.

26. 위험물안전관리법상 제조소등의 허가, 취소 또는 사용정지의 사유에 해당하지 않는 것은?

① 안전교육 대상자가 교육을 받지 아니한 때
② 완공검사를 받지 않고, 제조소등을 사용한 때
③ 위험물안전관리자를 선임하지 아니한 때
④ 제조소등의 정기검사를 받지 아니한 때

해설 ① 교육대상자가 교육을 받을 때까지 해당 자격을 제한할 수 있다.

27. 제조소등의 위치 · 구조 또는 설비의 변경 없이 해당 제조소등에서 저장하거나 취급하는 위험물의 품명 · 수량 또는 지정수량의 배수를 변경하고자 하는 자는 변경하고자 하는 날의 며칠 전 까지 총리령이 정하는 바에 따라 시 · 도지사에게 신고하여야 하는가?

① 1일 ② 14일 ③ 21일 ④ 30일

해설 제조소등의 위치 · 구조 또는 설비의 변경 없이 당해 제조소등에서 저장하거나 취급하는 위험물의 품명 · 수량 또는 지정수량의 배수를 변경하고자 하는 자는 변경하고자 하는 날의 1일 전까지 시 · 도지사에게 신고하여야 한다.

28. 질산암모늄에 대한 설명으로 틀린 것은?

① 열분해하여 산화이질소가 발생한다. ② 폭약 제조 시 산소공급제로 사용된다.
③ 물에 녹을 때 많은 열을 발생한다. ④ 무취의 결정이다.

해설 물에 녹을 때 열을 흡수하는 흡열반응을 한다.

29. 취급하는 제4류 위험물의 수량이 지정수량의 30만배인 일반취급소가 있는 사업장에 자체소방대를 설치함에 있어서 전체 화학소방차 중 포수용액을 방사하는 화학소방차는 몇 대 이상 두어야 하는가?

① 필수적인 것은 아니다. ② 1대 ③ 2대 ④ 3대

해설 포수용액을 방사하는 화학소방자동차의 대수는 화학소방자동차의 대수의 3분의 2 이상으로 하여야 한다. 30만배에 해당하는 화학소방차의 수가 3대이므로 2/3 이상인 2대 이상의 포수용액 화학소방차를 두어야 한다.

30. 옥내저장탱크의 상호 간에는 특별한 경우를 제외하고 최소 몇 m 이상의 간격을 유지하여야 하는가?

① 0.1 ② 0.2 ③ 0.3 ④ 0.5

해설 옥내저장탱크 상호 간에는 0.5m 이상의 간격을 유지하여야 한다.

31. 위험물안전관리법의 적용 제외와 관련된 내용 "위험물안전관리법은 (   )에 의한 위험물의 저장 · 취급 및 운반에 있어서는 이를 적용하지 아니한다." 에서 괄호 안에 알맞은 것을 모두 나타낸 것은?

① 항공기 · 선박(선박법 제1조의2 제1항에 따른 선박을 말한다.) · 철도 및 궤도
② 항공기 · 선박(선박법 제1조의2 제1항에 따른 선박을 말한다.) · 철도
③ 항공기 · 철도 및 궤도
④ 철도 및 궤도

해설 항공기 · 선박 · 철도 및 궤도에 의한 위험물의 저장 · 취급 및 운반에 있어서는 위험물 안전관리법의 규제를 적용하지 않는다.

32. 다음 위험물의 지정수량 배수의 총합은 얼마인가?[질산 150kg, 과산화수소수 420kg, 과염소산 300kg]

① 2.5 ② 2.9 ③ 3.4 ④ 3.9

해설
- 질산 지정수량 : 300kg
- 과산화수소 지정수량 : 300kg
- 과염소산 지정수량 : 300kg

$$\therefore \frac{\text{저장수량}}{\text{지정수량}} = \frac{150kg}{300kg} + \frac{420kg}{300kg} + \frac{300kg}{300kg} = 2.9$$

33. 다음 중 기타소화설비의 능력단위에 대한 설명으로 틀린 것은?

① 수조 8L의 능력단위는 0.3단위이다.
② 소화전용 물통 3개를 포함한 수조 80L의 능력단위는 1.5단위이다.
③ 소화전용 물통 6개를 포함한 수조 190L의 능력단위는 2.5단위이다.
④ 삽 1개를 포함한 마른모래 50L의 능력단위는 0.5단위이다.

해설

소화설비	용량	능력단위
소화전용 물통	8L	0.3
수조(소화전용 물통 3개 포함)	80L	1.5
수조(소화전용 물통 6개 포함)	190L	2.5
마른모래(삽 1개 포함)	50L	0.5
팽창질석 또는 팽창진주암(삽 1개 포함)	160L	1.0

34. 철분 · 마그네슘 · 금속분에 적응성이 있는 소화설비는?

① 스프링클러설비 ② 할로겐화합물소화설비
③ 대형수동식포소화기 ④ 건조사

해설 알칼리금속의 과산화물, 철분, 금속분, 마그네슘, 제3류 위험물의 금수성 물질은 건조사, 팽창질석, 팽창진주암, 탄산수소염류분말소화설비가 적응성이 있다.

35. 제1류 위험물의 저장 방법에 대한 설명으로 틀린 것은?

① 조해성 물질은 방습에 주의한다.
② 무기과산화물은 물속에 보관한다.
③ 분해를 촉진하는 물품과의 접촉을 피하여 저장한다.
④ 복사열이 없고, 환기가 잘되는 서늘한 곳에 저장한다.

해설 무기과산화물은 금수성 물질이므로 물과의 접촉을 피하여야 한다.

36. 경유를 저장하는 옥외저장탱크의 반지름이 2m 이고 높이가 12m 일 때 탱크 옆판으로부터 방유제까지의 거리는 몇m 이상이어야 하는가?

① 4 ② 5 ③ 6 ④ 7

해설 $\therefore 12m \times \frac{1}{3} = 4m$

37. 1몰의 이황화탄소와 고온의 물이 반응하여 생성되는 유독한 기체물질의 부피는 표준상태에서 얼마인가?

① 22.4L ② 44.8L ③ 67.2L ④ 134.4L

해설
- 반응식 : $CS_2 + 2H_2O \rightarrow 2H_{2S} + CO_2$ (제4류 위험물 개념)
- PV = nRT 적용,
- P : 기압(atm)
- V : 부피(L)
- n : 몰수(mol)
- R : 0.082(atm · L/mol · K)
- T : 온도(K)
- $1 \times x = 2 \times 0.082 \times 273$
- $x = 44.77 \fallingdotseq 44.8$L

38. 다음 위험물 중 인화점이 가장 낮은 것은?

① 아세톤 ② 이황화탄소 ③ 클로로벤젠 ④ 디에틸에테르

해설 ① 아세톤 -18℃ ② 이황화탄소 -30℃ ③ 클로로벤젠 32℃ ④디에틸에테르 -45℃

39. 제조소등의 관계인은 위험물제조소등 에 대해 기술기준에 적합한지의 여부를 판단하는 최소 정기점검주기는? (단, 100만L 이상의 옥외탱크저장소는 제외한다.)

① 주 1회 이상 ② 월 1회 이상 ③ 6개월에 1회 이상 ④ 연 1회 이상

해설 제조소등의 관계인은 위험물제조소등에 대해 연 1회 이상 정기점검을 실시하여야 한다.

40. 디에틸에테르의 안전관리에 관한 설명 중 틀린 것은?

① 증기는 마취성이 있으므로 증기 흡입에 주의하여야 한다.
② 폭발성의 과산화물 생성을 요오드화칼륨 수용액으로 확인하다.
③ 물에 잘 녹으므로 대규모 화재 시 집중 주수하여 소화한다.
④ 정전기 불꽃에 의한 발화에 주의하여야 한다.

해설 디에틸에테르는 비수용성으로 질식소화가 적합하다.

41. 제조소의 건축물 구조기준 중 연소의 우려가 있는 외벽은 출입구 외에 개구부가 없는 내화구조의 벽으로 하여야 한다. 이때 연소의 우려가 있는 외벽은 제조소가 설치되 부지의 경계선에서 몇 m 이내에 있는 외벽을 말하는가? (단, 단층 건물일 경우이다.)

① 3m ② 4m ③ 5m ④ 6m

해설 연소의 우려가 있는 외벽은 다음에서 정한 선을 기산점으로 하여 3m(2층 이상의 층은 5m) 이내에 있는 외벽을 말한다.

1) 제조소등이 설치된 부지의 경계선

2) 제조소등에 인접한 도로의 중심선

3) 제조소등의 외벽과 동일부지 내의 다른 건축물의 외벽 간의 중심선

42. 「자동화재탐지설비 일반점검표」 의 점검내용이 "변형 · 손상의 유무, 표시의 적부, 경계구역일람도의 적부, 기능의 적부" 인 점검항목은?

① 감지기 ② 중계기 ③ 수신기 ④ 발신기

해설 수신기의 점검내용에는 변형 · 손상의 유무, 표시의 적부, 경계구역, 기능의 적부가 있다.

구분	점검내용			
수신기	변형 · 손상의 유무	기능의 적부	표시의 적부	경계구역
감지기	변형 · 손상의 유무	기능의 적부	감지	
중계기	변형 · 손상의 유무	기능의 적부	표시의 적부	
발신기	변형 · 손상의 유무	기능의 적부		

43. $KMnO_4$의 지정수량은 몇 kg인가?

① 50 ② 100 ③ 300 ④ 1000

해설 과망간산칼륨은 제1류 위험물로 지정수량이 1,000kg이다.

44. 셀룰로이드에 관한 설명 중 틀린 것은?

① 물에 잘 녹으며, 자연발화의 위험이 있다.

② 지정수량은 10kg이다.

③ 탄력성이 있는 고체의 형태이다.

④ 장시간 방치된 것은 햇빛, 고온 등에 의해 분해가 촉진된다.

해설 셀룰로이드는 물에 녹기 어려우며, 분해열에 의해 자연발화의 위험이 있다.

45. 다음 중 분자량이 약 73, 비중이 약 0.71인 물질로서 에탄올 두 분자에서 물이 빠지면서 축합반응이 일어나 생성되는 물질은?

① $C_2H_5OC_2H_5$ ② C_2H_5OH ③ C_6H_5Cl ④ CS_2

해설 디에틸에테르 제조 반응식 : $2C_2H_5OH \rightarrow C_2H_5OC_2H_5 + H_2O$

46. 위험물을 운반용기에 담아 지정수량의 1/10 초과하여 적재하는 경우 위험물을 혼재하여도 무방한 것은?

① 제1류 위험물과 제6류 위험물 ② 제2류 위험물과 제6류 위험물
③ 제2류 위험물과 제3류 위험물 ④ 제3류 위험물과 제5류 위험물

해설 혼재기준에서 제1류 위험물과 제6류 위험물은 혼재가 가능하다.

47. 유황은 순도가 몇 중량% 이상인 것이 위험물에 해당하는가?

① 40중량% ② 50중량% ③ 60중량% ④ 70중량%

해설 "유황"은 순도가 60중량퍼센트 이상인 것을 말한다. 이 경우 순도측정에 있어서 불순물은 활석 등 불연성물질과 수분에 한한다.

48. 내용적이 20,000L인 옥내저장탱크에 대하여 저장 또는 취급의 허가를 받을 수 있는 최대용량은? (단, 원칙적인 경우에 한한다.)

① 18000L ② 19000L ③ 19400L ④ 20000L

해설
- 탱크의 최대 용량을 계산하려면 공간용적은 내용적의 5/100 이상으로 한다.
- $20,000 \times 0.95 = 19,000L$

49. 염소산나트륨과 반응하여 ClO_2가스를 발생시키는 것은?

① 글리세린 ② 질소 ③ 염산 ④ 산소

해설 산과 반응하여 유독한 이산화염소(ClO_2)를 발생한다.

50. 과산화수소의 분해 방지제로서 적합한 것은?

① 아세톤 ② 인산 ③ 황 ④ 암모니아

해설 과산화수소의 분해 방지 안정제로 인산, 요산이 적합하다.

51. 품명이 제4석유류인 위험물은?

① 중유 ② 기어유 ③ 등유 ④ 클레오소트유

해설 ① 중유 : 제3석유류 ③ 등유 : 제2석유류 ④ 클레오소트유 : 제2석유류

52. 순수한 금속 나트륨을 고온으로 건조한 공기 중에서 연소시켜 얻는 위험물질은 무엇인가?

① 아염소산나트륨 ② 염소산나트륨 ③ 과산화나트륨 ④ 과염소산나트륨

해설
- 과산화나트륨은 금속 나트륨을 고온으로 건조한 공기 중에서 연소시켜 얻을 수 있다.
- $2Na + O_2 \rightarrow Na_2O_2$

53. **물분무소화설비의 방사구역은 몇 m^2 이상이어야 하는가? (단, 방호대상물의 표면적은 300m^2이다)**

① 100 ② 150 ③ 300 ④ 450

해설 물분무소화설비의 방사구역은 150m^2 이상(방호대상물의 표면적이 150m^2 미만인 경우에는 당해 표면적)으로 할 것

54. **위험물안전관리법상 설치허가 및 완공검사절차에 관한 설명으로 틀린 것은?**

① 지정수량의 3천 배 이상의 위험물을 취급하는 제조소는 한국소방산업기술원으로부터 당해 제조소의 구조 · 설비에 관한 기술검토를 받아야 한다.

② 50만 리터 이상인 옥외탱크저장소는 한국소방산업기술원으로부터 당해 탱크의 기초 · 지반 및 탱크 본체에 관한 기술검토를 받아야 한다.

③ 지정수량의 1천 배 이상의 제4류 위험물을 취급하는 일반취급소의 완공검사는 한국소방산업기술원이 실시한다.

④ 50만 리터 이상인 옥외탱크저장소의 완공검사는 한국소방산업기술원이 실시한다.

해설 ③ 지정수량의 3천 배 이상의 위험물을 취급하는 제조소 또는 일반취급소의 설치 또는 변경에 따른 완공검사는 한국소방산업기술원이 실시한다.

55. **동식물유류에 대한 설명으로 틀린 것은?**

① 아마인유는 건성유이다.

② 불포화결합이 적을수록 자연발화의 위험이 커진다.

③ 요오드값이 100 이하인 것을 불건성유라 한다.

④ 건성유는 공기 중 산화중합으로 생긴 고체가 도막을 형성할 수 있다.

해설 불포화결합이 많을수록 자연발화의 위험이 커진다.

56. **액화 이산화탄소 1kg이 25℃, 2atm의 공기 중으로 방출되었을 때 방출된 기체상의 이산화탄소의 부피는 약 몇 L가 되는가?**

① 278 ② 556 ③ 1,111 ④ 1,985

해설 CO2 분자량 : 12 + (16×2) = 44

- PV = nRT 적용,
- P : 기압(atm) • V : 부피(L)
- n : 몰수(mol) = $\frac{질량}{분자량}$ • R : 0.082(atm · L/mol · K)
- T : 온도(K) • $2 \times x = \frac{1}{44} \times 0.082 \times (273+25)$
- $x = 0.278m^3 \times 1{,}000 \rightarrow 278L$

57. 위험물제조소에서 국소방식의 배출설비 배출능력은 1시간당 배출장소 용적의 몇 배 이상인 것으로 하여야 하는가?

① 5 ② 10 ③ 15 ④ 20

해설 제조소에서 국소방식의 배출설비 배출능력은 1시간당 배출장소 용적의 20배 이상인 것으로 한다.

참고 전역방출방식 : 바닥면적 1m²당 18m³ 이상

58. 위험물의 성질에 따라 강화된 기준을 적용하는 지정과산화물을 저장하는 옥내저장소에서 지정과산화물에 대한 설명으로 옳은 것은?

① 지정과산화물이란 제5류 위험물 중 유기과산화물 또는 이를 함유한 것으로서 지정수량이 10kg인 것을 말한다.
② 지정과산화물에는 제4류 위험물에 해당하는 것도 포함된다.
③ 지정과산화물이란 유기과산화물과 알킬알루미늄을 말한다.
④ 지정과산화물이란 유기과산화물 중 소방방재청고시로 지정한 물질을 말한다.

해설 지정과산화물이란 제5류 위험물 중 유기과산화물 또는 이를 함유하는 것으로서 지정수량이 10kg인 것을 말한다.

59. 위험물제조소에서 지정수량 이상의 위험물을 취급하는 건축물(시설)에는 원칙상 최소 몇 미터 이상의 보유공지를 확보하여야 하는가? (단, 최대수량은 지정수량의 10배이다.)

① 1m 이상 ② 3m 이상 ③ 5m 이상 ④ 7m 이상

해설

취급하는 위험물의 최대수량	공지의 너비
지정수량의 10배 이하	3m 이상
지정수량의 10배 초과	5m 이상

60. 지정과산화물을 저장하는 옥내저장소의 저장창고를 일정 면적마다 구획하는 격벽의 설치기준에 해당하지 않는 것은?

① 저장창고 상부의 지붕으로부터 50cm 이상 돌출하도록 하여야 한다.
② 저장창고 양측의 외벽으로부터 1m 이상 돌출하도록 하여야 한다.
③ 철근콘크리트조의 경우 두께가 30cm 이상이어야 한다.
④ 바닥면적 250m² 이내마다 완전하게 구획하여야 한다.

해설 ④ 바닥면적 150m² 이내마다 완전하게 구획하여야 한다.

정답 2019년 제4회 위험물기능사 필기 기출문제

문	답	문	답	문	답	문	답	문	답	문	답	문	답	문	답	문	답	문	답
1	1	**2**	2	**3**	2	**4**	1	**5**	1	**6**	4	**7**	2	**8**	1	**9**	2	**10**	4
11	1	**12**	1	**13**	2	**14**	2	**15**	2	**16**	4	**17**	2	**18**	3	**19**	4	**20**	2
21	1	**22**	4	**23**	3	**24**	3	**25**	3	**26**	1	**27**	1	**28**	3	**29**	3	**30**	4
31	1	**32**	2	**33**	1	**34**	4	**35**	2	**36**	1	**37**	2	**38**	4	**39**	4	**40**	3
41	1	**42**	3	**43**	4	**44**	1	**45**	1	**46**	1	**47**	3	**48**	2	**49**	3	**50**	2
51	2	**52**	3	**53**	2	**54**	3	**55**	2	**56**	1	**57**	4	**58**	1	**59**	2	**60**	4

제3편

03 위험물기능사 실기 이론

위험물기능사 실기 Q&A

Q. 위험물기능사 실기는 어떤 방식으로 치르게 되나요?

A. 필답형(주관식) 방식으로 검은 볼펜으로 시험지에 답안을 작성합니다.

Q. 답안 작성을 수정해야 하는 경우 수정테이프 사용할 수 있나요?

A. 답안 정정 시에는 정정하고자 하는 단어에 두 줄(=)을 긋고 다시 기재 가능하며, 수정테이프 등은 사용할 수 없으며, 수정테이프 사용 시 채점대상에서 제외됨을 알려드립니다.

Q. 실기 시험지를 가져올 수 있나요?

A. 위험물기능사 실기는 시험지가 곧 답안지이므로 시험지를 가져올 수 없습니다. 시험장에 제출해야 퇴실이 가능합니다.

Q. 시험지 작성 시 유의사항이 있나요?

A. 답란에는 문제와 관련없는 불필요한 낙서나 특이한 기록사항 등을 기재하여서는 안되며, 답안지의 인적사항 기재란 외의 부분에 답안과 관련없는 특수한 표시를 하거나 특정인임을 암시하는 경우 답안지 전체를 0점 처리합니다. 답안 이외의 별도의 작성 공간이 필요한 경우 시험지 하단에 마련된 연습란을 이용합니다.

Q. 답안 작성 시 부분점수가 있나요?

A. 제시된 문제에서 요구하는 답안이 2개 이상의 물음인 경우 답안에 따라 부분점수가 존재할 수 있습니다만, 채점기준을 공개하지 않으므로 각 부분의 배점은 알 수 없습니다.

부분점수가 있는 경우	배점 4
문제. 옥내탱크저장소에서 다음의 각 경우에 상호 간의 간격은 몇 m 이상을 유지하여야 하는지 각각 쓰시오. (단, 탱크의 점검 및 보수에 지장이 없는 경우는 제외한다.) ○ 옥내저장탱크와 탱크전용실의 벽과의 사이 : ○ 옥내저장탱크의 상호 간의 간격 :	

부분점수가 없는 경우	배점 4
문제. 다음 [보기]에서 불건성유를 모두 선택하여 쓰시오. (단, 해당사항이 없을 경우는 "없음" 이라고 쓰시오. [보기] 야자유, 아마인유, 해바라기유, 피마자유, 올리브유	

Q. 계산문제에서 계산과정을 틀린 경우에 점수 처리는 어떻게 되나요?

A. 계산문제에 「계산과정」과 「답」란 모두 기재하여야 하며, 계산과정이 틀리거나 없는 경우 0점 처리됩니다. 계산과정에 단위는 생략해도 됩니다.

Q. 계산 문제의 답안은 소수점 처리를 어떻게 표기하나요?

A. 계산문제는 최종 결과 값(답)에서 소수 셋째자리에서 반올림하여 둘째자리까지 구하여야하나 개별문제에서 소수 처리에 대한 요구사항이 있을 경우 그 요구사항에 따라야 합니다. 계산문제에서 PV = nRT의 기체상수 0.082를 적용하여 푸는 경우와 표준상태 부피 기준에서 온도 및 압력을 보정하여 계산하는 경우는 소수점 차이가 날 수 있지만 계산과정이 맞을 경우 두 계산방법 모두 정답 처리됩니다.

Q. 답안에 반드시 단위를 작성해야 하나요?

A. 답에 단위가 없으면 오답으로 처리됩니다. (단, 문제의 요구사항에 단위가 주어졌을 경우는 생략되어도 무방합니다.)

단위가 주어졌을 경우	배점 4
문제. 이황화탄소 12kg이 모두 증기가 된다면 1기압 100℃에서 **몇** L가 되는지 구하시오. ○ 계산과정 ○ 답	

→ 문제에 단위가 제시되어 있으므로 단위를 생략해도 무방합니다.

단위가 주어지지 않은 경우는 단위를 기재해야 합니다.	배점 3
문제. 옥외저장탱크를 강철판으로 제작할 경우 두께를 **얼마 이상**으로 하여야 하는지 쓰시오. (단, 특정옥외저장탱크 및 준특정옥외저장탱크는 제외한다.) 정답. 3.2**mm**	

※ 자주 실수하는 단위 : 증기비중, 위험도는 단위가 없습니다.

Q. 화학반응식 작성 시 계수(몰수)는 꼭 정수로 작성해야 하나요?

A. 화학반응식의 계수(몰수)는 정수, 소수, 분수로 작성해도 답안으로 인정됩니다.

PART.1 기초화학

1) 필수 암기 원자량

수소(1), 탄소(12), 질소(14), 산소(16)

2) 화학식 만들기 기초

① 대부분의 음이온의 결합은 "~화"로 명명한다. 예시로 산화알루미늄의 경우 산소(O)와 알루미늄(Al)으로 이루어졌음을 알 수 있다.

② 이온결합 물질(금속+비금속)의 경우 대체로 금속 양이온 먼저 화학식을 적게 되며, 첫 글자는 대문자로 작성한다.

③ 각 이온의 전하량의 절대값이 서로 다른 경우 대각선 방향으로 이어내려 화학식을 완성한다. (단, 예외도 존재한다.)

④ 예를 들어, 산화알루미늄(Al_2O_3)의 화학식은 다음의 과정으로 만들 수 있다.

$$Al^{3+} + O^{2-} \rightarrow Al^{3+} + O^{2-} \rightarrow Al_2O_3$$

⑤ 각 이온의 전하량의 절대값이 동일한 경우 대각선 방향으로 이어내려, 가장 간단한 정수로 화학식을 완성한다. (단, 예외도 존재한다.)

⑥ 예를 들어, 산화마그네슘(MgO)의 화학식은 다음의 과정으로 만들 수 있다.

$$Mg^{2+} + O^{2-} \rightarrow Mg^{2+} + O^{2-} \rightarrow MgO$$

【다원자 이온 : 원소 2종류 이상이 결합한 형태의 이온】

명칭	이온식	명칭	이온식
수산화 이온	OH^-	질산 이온	NO_3^-
염소산 이온	ClO_3^-	탄산 이온	CO_3^{2-}
황산 이온	SO_4^{2-}	인산 이온	PO_4^{3-}
암모늄 이온	NH_4^+	중크롬산 이온	$Cr_2O_7^{2-}$
과망간산 이온	MnO_4^-	아세트산(초산) 이온	CH_3COO^-

다원자 이온의 형태에 다양한 원소를 결합시켜 물질의 화학식을 생성할 수 있다. 다원자 이온의 개수가 2개 이상인 경우 괄호 "( )"를 표시한다.

명칭	화학식	명칭	이온식
수산화리튬	LiOH	질산	HNO_3
수산화마그네슘	$Mg(OH)_2$	질산칼륨	KNO_3

염소산칼륨	$KClO_3$	탄산	H_2CO_3
황산	H_2SO_4	인산	H_3PO_4
과망간산암모늄	NH_4MnO_4	중크롬산칼륨	$K_2Cr_2O_7$
과망간산나트륨	$NaMnO_4$	아세트산(초산)	CH_3COOH

참고

구조식이란? : 화합물의 결합 상태를 결합선을 이용한 그림으로 나타낸 식
시성식이란? : 주로 C, H, O로 이루어진 화합물에서 작용기의 종류와 수의 순서에 따라 나타낸 식으로 대부분 제4류 위험물의 화학식에서 볼 수 있다.

3) 이상기체상태방정식 (PV = nRT)

이상기체란 실제로 존재하지 않는 가상적인 기체로, 이러한 기체의 상태를 나타낸 식을 이상기체 상태방정식이라 하고, 문제에 제시되는 조건을 이용하여 기체의 부피(L 또는 ㎥)를 계산할 수 있다. 단, 반응식 작성 시 문제에 제시된 물질과 계산해야 하는 물질의 비율이 1:1이 아니라면 계산해야 하는 물질의 몰수를 반드시 고려해야 한다. 표준상태의 부피에서 온도 및 압력보정을 하는 계산 방법의 경우 소수점 아래 자릿수는 달라질 수 있고 두 가지 방법 모두 정답 처리된다.

$$PV = nRT$$

P : 기압(atm), V : 부피(L), n : 몰수(mol) = $\frac{질량}{분자량}$,
R : 0.082(atm · L/mol · K), T : 켈빈온도(K)

연습문제-이상기체상태방식

01. **탄산수소칼륨이 열에 의해 분해되었을 때의 1차 열분해반응식을 쓰고, 100kg의 탄산수소칼륨이 완전분해해서 발생되는 이산화탄소의 양은 몇 ㎥인지 1기압, 100℃를 기준으로 구하시오.**

정답

정답

01

① $2KHCO_3 \rightarrow K_2CO_3 + H_2O + CO_2$
② 계산과정 : PV = nRT 적용,

$KHCO_3$ 분자량 : $39 + 1 + 12 + (16\times3) = 100$, $1 \times x \times 2 = \frac{100}{100} \times 0.082 \times (273+100)$

$x = 15.29$ 답 : $15.29m^3$
다른 방법,

$x = \frac{100\times22.4}{2\times100}\times\frac{(273+100)}{273} = 15.30$, 답 : $15.30m^3$

4) 열량

$$Q = C \times m \times \Delta T$$

Q : 열량(kcal 또는 cal, kJ 또는 J)

C : 비열 (① 물의 비열 : 1kcal/kg · ℃ 또는 1cal/g · ℃, ② 물의 융해열 : 80kcal/kg 또는 80cal/g ③ 물의 기화열 : 539kcal/kg 또는 539cal/g, 문제에 제시되는 경우 주어진 값과 단위를 그대로 대입한다.)

m : 질량(kg 또는 g)

△T : 온도 변화량(℃)

PART.2 연소 · 화재 · 소화 이론

1) 연소 이론

1. 연소의 4요소

① 가연물 : 목재, 섬유, 종이, 석탄, 휘발유 등의 불에 잘 타기 쉽고 산화되기 쉬운 물질

〈가연물이 될 수 없는 물질(불연성)〉

- 질소 산화물 : NO, NO_2 등의 질소 산화물은 흡열반응을 하기 때문에 가연물이 될 수 없다.
- 비활성 기체 : 아르곤(Ar), 네온(Ne) 등의 18족 비활성 기체와 질소 기체(N_2)는 화학적으로 활성이 없으므로 연소 반응을 하지 않는다.
- 산화 반응이 완결된 물질 : 이산화탄소(CO_2), 산화알루미늄(Al_2O_3) 등 산소와 반응이 완결된 물질은 더 이상 산화 반응을 할 수 없으므로 가연물이 될 수 없다.

② 산소공급원 : 공기(산소), 산화성 물질(제1류 · 제6류 위험물), 자기반응성 물질(제5류 위험물) 등과 같이 연소 반응을 도와주는 조연성 물질

③ 점화원(불) : 발화점(=착화점, Ignition point) : 별도의 점화원이 없이도 스스로 불이 붙는 최저 온도

④ 연쇄반응

2. 연소의 형태

① 고체연료

구분	개념	예시
표면연소	화염 및 불꽃이 없는 작열연소로, 고체의 표면에서 산소와 반응하여 연소하는 형태	숯, 목탄, 금속분(알루미늄분 등), 코크스 등
분해연소	흔히 볼 수 있는 일반적인 연소형태로, 화염 및 불꽃이 발생하는 연소 형태	석탄, 종이, 섬유, 플라스틱, 목재, 고무 등
자기연소	자체 내에 산소를 함유하고 있어 공기 중의 산소를 필요로 하지 않고, 자체의 산소에 의해서 연소되는 현상	제5류 위험물(니트로글리세린, 니트로셀룰로오스 등)
증발연소	승화성의 고체물질에 열을 가하여 생성된 가연성의 증기가 산소와 화합하여 연소하는 형태	유황, 나프탈렌, 양초(파라핀), 고급 알코올 등

② 액체연료

구분	개념	예시
분해연소	흔히 볼 수 있는 일반적인 연소형태로, 화염 및 불꽃이 발생하는 연소 형태	중유
증발연소	승화성의 고체물질에 열을 가하여 생성된 가연성의 증기가 산소와 화합하여 연소하는 형태	경유, 알코올, 휘발유 등

- 등심연소(=심화연소) : 램프 등과 같이 연료를 심지로 빨아올려 심지의 표면에서 연소하는 형태
- 액면연소 : 액체 연료의 열분해 시 발생된 증기가 액체연료 상부에서 공기와 확산 연소되는 형태
- 분무연소(=액적연소) : 액체 연료를 미세하게 액적화하여 안개상으로 만들어 연소하는 형태

③ 기체연료 : 확산연소, 예혼합연소

구분	개념
확산연소	가연성 기체와 산소가 접촉하여 확산되면서 혼합이 이뤄지는 연소 형태
예혼합연소	기체연료와 공기를 미리 혼합시킨 후 연소하는 형태

연습문제-연소이론

01. 고체 연소의 대표적 형태 4가지를 쓰시오.

정답

02. 다음 보기는 고체의 연소에 관한 내용이다. 보기 중 목재의 연소 형태를 고르시오.

[보기]
① 표면연소 ② 분해연소 ③ 자기연소 ④ 증발연소

정답

03. 황이나 나프탈렌 같은 고체의 주된 연소형태는 무엇인지 쓰시오.

정답

04. 다음 각 물질의 주된 연소형태 1가지를 보기에서 선택하여 쓰시오.

> [보기]
> 표면연소, 분해연소, 증발연소, 자기연소, 예혼합연소, 확산연소

① 나프탈렌 ② 석탄 ③ 금속분

정답 ① ② ③

05. 다음 [보기]의 물질 중 연소의 3요소가 될 수 없는 물질을 모두 선택하여 쓰시오.

> [보기]
> ① 벤젠 ② 공기 ③ 질소 ④ 이산화탄소 ⑤ 황 ⑥ 산소 ⑦ 헬륨 ⑧ 성냥불

정답

06. 위험물안전관리법령에서 정한 유별 위험물 중 외부 산소의 공급 없이 연소를 할 수 있는 위험물은 제 몇 류인지 쓰시오.

정답

정답

01 자기연소, 증발연소, 표면연소, 분해연소

02 분해연소([풀이] 표면연소 : 숯, 목탄, 금속분, 코크스 등/ 분해연소 : 종이, 목재, 섬유 등/ 자기연소 : 제5류 위험물/ 증발연소 : 황, 양초(파라핀), 나프탈렌 등)

03 증발연소

04 ① 증발연소 ② 분해연소 ③ 표면연소

05 ③ ④ ⑦

06 제5류 위험물

2) 화재 및 소화 이론

1. 화재의 분류

분류	구분	착색
A급 화재	일반화재(폴리에틸렌, 석탄, 종이, 섬유 등)	백색
B급 화재	유류화재(시너, 휘발유, 알코올 등)	황색
C급 화재	전기화재	청색
D급 화재	금속화재	없음
K급 화재(=F급 화재)	주방화재, 식용유화재	-

2. 소화의 분류

분류	구분
냉각소화	점화원을 차단시키는 소화방법이다.
제거소화	가연물을 제거시키는 소화방법이다.
질식소화	산소공급원을 차단시키는 방법이다.
억제소화 (부촉매소화)	연쇄반응을 억제시키는 방법이다.

3. 소화설비의 분류

분류	수계	
옥내소화전설비, 옥외소화전설비, 스프링클러설비, 물분무소화설비		
강화액소화설비	겨울철, 한랭지에서 사용할 수 있다. 물의 소화능력 증대를 위해 알칼리 금속염류[탄산칼륨(K_2CO_3) 등]을 첨가한 약제로 물보다 점성이 있는 상태이다.	
포소화설비	화학포 $6NaHCO_3 + Al_2(SO_4)_3 \cdot 18H_2O \rightarrow$ **$6CO_2$(질식)** $+ 3Na_2SO_4 + 2Al(OH)_3 +$ **$18H_2O$(냉각)**	
	기계포	내알코올포, 수성막포, 단백포, 불화단백포, 합성계면활성제포
수(水)소화설비		
산 · 알칼리 소화기	$H_2SO_4 + 2NaHCO_3 \rightarrow Na_2SO_4 + 2CO_2 + 2H_2O$ 황산 + 탄산수소나트륨 → 황산나트륨 + 이산화탄소 + 물	

분류	가스계		
이산화탄소 소화설비	내부에 압력원이 있어 별도의 압력방출원이 필요없는 소화기		
청정소화설비	IG-01	Ar : 100%	
	IG-100	N_2 : 100%	
	IG-55	N_2 : 50% Ar : 50%	
	IG-541	N_2 : 52% Ar : 40% CO_2 : 8%	
할로겐화합물소화설비	Halon 2402	$C_2F_4Br_2$	방사압력 0.1Mpa 이상
	Halon 1211	CF_2ClBr	방사압력 0.2Mpa 이상
	Halon 1301	CF_3Br	방사압력 0.9Mpa 이상
	Halon 104	CCl_4	
	Halon 1011	CH_2ClBr	

분말계	주성분	반응식	색상	적응 화재
제1종	탄산수소 나트륨 $NaHCO_3$	1차 열분해 반응식(270℃) : $2NaHCO_3 \rightarrow Na_2CO_3 + H_2O + CO_2$ 탄산수소나트륨 → 탄산나트륨 + 물 + 이산화탄소 2차 열분해 반응식(850℃) : $2NaHCO_3 \rightarrow Na_2O + H_2O + 2CO_2$ 탄산수소나트륨 → 산화나트륨 + 물 + 이산화탄소	백색	B, C
제2종	탄산수소 칼륨 $KHCO_3$	$2KHCO_3 \rightarrow K_2CO_3 + H_2O + CO_2$ 탄산수소칼륨 → 탄산칼륨 + 물 + 이산화탄소	담회색	B, C
제3종	인산이수소 암모늄 (인산암모늄, 제1인산 암모늄) $NH_4H_2PO_4$	1차 열분해 반응식 $NH_4H_2PO_4 \rightarrow H_3PO_4 + NH_3$ 인산암모늄 → 올소인산 + 암모니아 2차 열분해 반응식 $NH_4H_2PO_4 \rightarrow HPO_3 + NH_3 + H_2O$ 인산암모늄 → 메타인산 + 암모니아 + 물	담홍색	A, B, C
제4종	탄산수소칼륨 + 요소 $KHCO_3 + (NH_2)_2CO$	$2KHCO_3 + (NH_2)_2CO \rightarrow K_2CO_3 + 2NH_3 + 2CO_2$ 탄산수소칼륨 + 요소 → 탄산칼륨 + 암모니아 + 이산화탄소	회백색	B, C

식용유에 의해서 발생하는 화재는 제1종 분말 소화약제($NaHCO_3$)를 방사하여 비누화 작용(기름막 형성)을 통해 산소 공급 차단 및 재발화 방지효과로 소화하여야 한다.

분말소화약제의 방출방식 가압식, 축압식

4. 소화설비의 적응성

소화설비의 구분			대상물 구분											
			건축물·그 밖의 공작물	전기설비	제1류 위험물		제2류 위험물			제3류 위험물		제4류 위험물	제5류 위험물	제6류 위험물
					알칼리금속과 산화물 등	그 밖의 것	철분·금속분·마그네슘 등	인화성고체	그 밖의 것	금수성물품	그 밖의 것			
옥내소화전 또는 옥외소화전설비			○			○		○	○		○		○	○
스프링클러설비			○			○		○	○		○	△	○	○
물분무등소화설비	물분무소화설비		○	○		○		○	○		○	○	○	○
	포소화설비		○			○		○	○		○	○	○	○
	불활성가스소화설비			○				○				○		
	할로겐화합물소화설비			○				○				○		
	분말소화설비	인산염류등	○	○		○		○	○			○		○
		탄산수소염류등		○	○		○	○		○		○		
		그 밖의 것			○		○			○				
대형·소형 수동식소화기	봉상수(棒狀水)소화기		○			○		○	○		○		○	○
	무상수(霧狀水)소화기		○	○		○		○	○		○		○	○
	봉상강화액소화기		○			○		○	○		○		○	○
	무상강화액소화기		○	○		○		○	○		○	○	○	○
	포소화기		○			○		○	○		○	○	○	○
	이산화탄소 소화기			○				○				○		△
	할로겐화합물소화기			○				○				○		
	분말소화기	인산염류소화기	○	○		○		○	○			○		○
		탄산수소염류소화기		○	○		○	○		○		○		
		그 밖의 것			○		○			○				
기타	물통 또는 수조		○			○		○	○		○		○	○
	건조사				○	○	○	○	○	○	○	○	○	○
	팽창질석 또는 팽창진주암				○	○	○	○	○	○	○	○	○	○

화재 및 소화이론 연습문제

01. 물의 소화능력증대를 위해 탄산칼륨을 용해시킨 소화기의 명칭을 쓰시오.

정답

02. 동영상은 보기의 소화기 4개를 보여준다. 보기 중 겨울에 주로 사용하는 소화기를 골라 번호를 쓰시오.

① 강화액 소화기 ② 이산화탄소소화기 ③ 할로겐 소화기 ④ 분말소화기

정답

03. 다음 분말소화약제의 열분해 반응식을 쓰시오.

· 탄산수소칼륨 (①) → K_2CO_3 + (②) + (③)

정답 ① ② ③

· 제1인산암모늄 (④) → HPO_3 + (⑤) + (⑥)

정답 ④ ⑤ ⑥

04. 다음은 분말소화약제의 주성분이다. 해당하는 소화약제의 종별을 구분하여 쓰시오.

① 탄산수소나트륨 ② 인산염류 ③ 탄산수소칼륨 + 요소

정답 ① ② ③

05. 다음 분말소화기의 화학반응식을 쓰시오

① $NH_4H_2PO_4$ ② $2NaHCO_3$

정답 ① ②

06. 다음 분말소화약제의 화학식을 쓰시오.

① 제1종 ② 제2종 ③ 제3종

정답 ① ② ③

07. 분말소화약제인 탄산수소칼륨이 약 190℃에서 열분해 되었을 때의 분해반응식을 쓰고, 200kg의 탄산수소칼륨이 분해하였을 때 발생하는 탄산가스는 몇 ㎥인지 1기압, 100℃를 기준으로 구하시오.

① 열분해 반응식 ② 탄산가스의 양(㎥)

정답 ① ②

08. 탄산수소칼륨이 열에 의해 분해되었을 때의 1차 열분해반응식을 쓰고, 100kg의 탄산수소칼륨이 완전분해 해서 발생되는 이산화탄소의 양은 몇 ㎥인지 1기압, 100℃를 기준으로 구하시오.

① 열분해반응식 ② 이산화탄소 양(㎥)

정답 ① ②

09. 탄산수소나트륨의 열분해식과 표준상태에서 이산화탄소의 부피가 100㎥이 발생되었다면 탄산수소나트륨의 질량(kg)은 얼마인가?

① 분해식 ② 질량(kg)

정답 ① ②

10. 제1종 분말소화기의 화학식을 쓰시오.

정답

11. 제1종 분말소화약제가 1차적으로 분해할 때의 반응식을 쓰시오.

정답

12. 제2종 분말소화약제의 주성분을 화학식으로 쓰시오.

정답

13. 제2종 분말소화약제의 주성분을 쓰고, 1차 열분해 반응식을 쓰시오.

① 주성분 ② 열분해식

정답 ① ②

14. 제3종 분말소화약제가 열분해 하여 메타인산을 발생하는 열분해 반응식을 쓰시오.

정답

15. 분말 소화약제 $NH_4H_2PO_4$ 115g이 열분해할 경우 몇 g의 HPO_3가 생기는지 화학반응식을 쓰고 구하시오. (단, P의 원자량은 31이다.)

① 화학반응식 ② 계산과정 ③ 답

정답 【화학반응식】

【계산과정】

【답】

16. 분말소화기 중에서 ABC급 화재에 적응성이 있는 분말소화약제의 올소인산이 생성되는 열분해 반응식을 쓰시오.

정답

17. 제3종 분말소화약제가 열분해할 때 생성되는 물질 중 가연물 표면에 부착성의 막을 만들어 산소의 유입을 차단하는 역할을 하는 것은 무엇인지 쓰시오.

정답

18. 프라이팬에 식용유를 넣은 상태에서 가스레인지에 불을 켜고 가열하는 상황이다. 화재 시 분말소화약제 중 가장 적합한 것을 쓰시오.

정답

19. Halon 1211의 화학식을 쓰시오.

정답

20. 다음의 Halon 번호에 해당하는 화학식을 각각 쓰시오.

① Halon 2402 ② Halon 1211 ③ Halon 104

정답 ① ② ③

21. 불활성가스 소화약제 IG-541의 구성성분 3가지를 쓰시오.

정답

22. 분말소화기, 할론 소화기, 이산화탄소 소화기가 있다. 다음 각 물음에 답을 쓰시오.

① 내부에 압력원이 있어 별도의 압력방출원이 필요없는 소화기를 쓰시오. (없을 경우 없음이라 쓰시오.)
② 분말소화약제의 방출방식에 따라 2가지를 쓰시오.

정답 ① ②

23. 드라이아이스의 주성분을 화학식으로 쓰시오.

정답

24. 1kg의 탄산가스를 표준상태에서 소화기로 방출할 경우 부피는 약 몇 L인지 구하시오.

① 계산과정 ② 답

정답 【계산과정】

【답】

25. 이산화탄소소화기로 이산화탄소를 20℃의 1기압 대기 중에 1kg을 방출할 때 부피는 몇 L가 되는지 구하시오.

① 계산과정 ② 답

정답 【계산과정】

【답】

26. 이산화탄소 6kg이 섭씨 26℃ 1atm에서 부피는 몇 리터(L)인지 구하시오.

정답

27. ① 분말소화기, ② 이산화탄소소화기, ③ 기계포소화기 중 제5류 위험물에 적응성이 없는 소화기를 모두 쓰시오. (3가지 모두 적응성이 없으면 없음이라 쓰시오.)

정답

28. ① 기계포소화기, ② 강화액소화기, ③ 할론소화기를 중 제6류 위험물에 적응성이 없는 소화기를 모두 쓰시오. (3가지 모두 적응성이 있으면 "모두 적응성 있음", 적응성이 없으면 "모두 적응성이 없음"이라 쓰시오.)

정답

29. 위험물안전관리법령상 물분무 등 소화설비 중 제5류 위험물의 화재에 적응할 수 있는 소화설비 2가지를 쓰시오.

정답

30. 강화액소화기, 하론소화기, 기계포소화기가 있다. 물음에 답하시오.

① 트리니트로톨루엔의 적응성이 있는 소화기를 쓰시오. (단, 없으면 없음이라 표기)

② ①의 소화효과를 쓰시오.

정답

①

②

31. 제5류 위험물의 저장창고에서 화재 발생 시 소화 가능한 소화기를 보기에서 모두 고르시오.

[보기]
마른 모래, 할론 1301, 분말소화기, 이산화탄소소화기

정답

32. 제6류 위험물에 적응성이 있는 소화설비를 보기에서 골라 번호를 쓰시오.

[보기]

① 옥내소화전설비 ② 이산화탄소소화설비
③ 할로겐화합물소화설비 ④ 탄산수소염류 등의 분말소화설비
⑤ 포소화설비

정답

33. 알칼리금속의 과산화물에 주수소화가 안 되는 이유를 쓰시오.

정답

34. 제3류 위험물인 알킬알루미늄 화재 시 물소화기 사용을 금지하는 이유를 쓰시오.

정답

35. 화재의 종류를 아래와 같이 구분할 때 빈칸을 채우시오.

급수	화재의 종류	표시색상
B급	( )	( )
( )	일반화재	( )
( )	( )	청색

정답

36. 다음 각 화재에 해당하는 표시 색상을 쓰시오.

○ A급 화재 :

○ C급 화재 :

정답

37. 프라이팬에 식용유를 두르고 가스레인지에 불을 켜는 상황이다. 다음 물음에 답하시오.

① 직접적으로 불에 닿지 않고 불이 붙는 온도를 무엇이라 하는가?

② 소화하기 위해 냉장실에 있는 야채를 프라이팬에 넣었더니 불이 꺼졌다. 이때의 소화방식은 무엇인가?

정답 ① ②

정답

01 강화액 소화기

02 ①

03 ① $2KHCO_3$ ② CO_2 ③ H_2O ④ $NH_4H_2PO_4$ ⑤ NH_3 ⑥ H_2O

04 ① 제1종 ② 제3종 ③ 제4종

05 ① $NH_4H_2PO_4 \rightarrow HPO_3 + NH_3 + H_2O$, ② $2NaHCO_3 \rightarrow Na_2CO_3 + CO_2 + H_2O$

06 ① $NaHCO_3$ ② $KHCO_3$ ③ $NH_4H_2PO_4$

07
가. $2KHCO_3 \rightarrow K_2CO_3 + H_2O + CO_2$ 나. 계산과정 : $PV = nRT$ 적용,
$KHCO_3$ 분자량 : $39 + 1 + 12 + (16 \times 3) = 100$

$1 \times x \times 2 = \frac{200}{100} \times 0.082 \times (273+100)$, $x = 30.59m^3$

[다른 방법]

$$x = \frac{200 \times 22.4}{2 \times 100} \times \frac{(273+100)}{273} = 30.61,$$ 답 : $30.61m^3$

08
① $2KHCO_3 \rightarrow K_2CO_3 + H_2O + CO_2$ ② 계산과정 : $PV = nRT$ 적용,
$KHCO_3$ 분자량 : $39 + 1 + 12 + (16 \times 3) = 100$

$1 \times x \times 2 = \frac{100}{100} \times 0.082 \times (273+100)$, $x = 15.29$

답 : $15.29m^3$

[다른 방법]

$$x = \frac{100 \times 22.4}{2 \times 100} \times \frac{(273+100)}{273} = 15.30,$$ 답 : $15.30m^3$

09
① $2NaHCO_3 \rightarrow Na_2CO_3 + CO_2 + H_2O$, ② 750㎏

[풀이]

$PV = nRT$ 적용,

$NaHCO_3$ 분자량 : $23 + 1 + 12 + (16 \times 3) = 84$

반응식에서 탄산수소나트륨이 2몰이므로 분자량×2로 계산한다.

$1 \times 100 = \frac{x}{84 \times 2} \times 0.082 \times 273$

$x = 750.47$㎏

[다른 방법]

$$x = \frac{100 \times 2 \times 84}{22.4} = 750m^3$$

10 $NaHCO_3$

11 $2NaHCO_3 \rightarrow Na_2CO_3 + CO_2 + H_2O$

12 $KHCO_3$

13 ① 탄산수소칼륨, ② $KHCO_3 \rightarrow K_2CO_3 + CO_2 + H_2O$

14 $NH_4H_2PO_4 \rightarrow HPO_3 + NH_3 + H_2O$

15 ① $NH_4H_2PO_4 \rightarrow HPO_3 + NH_3 + H_2O$ ② $1 + 31 + (16 \times 3) = 80$ ③ 80g

[풀이]
$NH_4H_2PO_4$ 분자량 : 14 + 4 + 2 + 31 + (16×4) = 115
인산암모늄 115g(1몰)이 열분해 시 메타인산이 1몰 생성된다.
HPO_3 1몰 : 1 + 31 + (16 × 3) = 80

16 $NH_4H_2PO_4 \rightarrow HPO_3 + NH_3 + H_2O$

17 메타인산 또는 HPO_3

18 제1종 분말소화약제 [풀이] 식용유에 의해서 발생하는 화재는 제1종 분말 소화약제($NaHCO_3$)를 방사하여 비누화 작용(기름막 형성)을 통해 산소 공급 차단 및 재발화 방지효과로 소화하여야 한다.

19 CF_2ClBr

20 ① $C_2F_4Br_2$ ② CF_2ClBr ③ CCl_4

21 질소, 아르곤, 이산화탄소 또는 N_2, Ar, CO_2 [풀이] IG-541 : 질소(52%), 아르곤(40%), 이산화탄소(8%)

22 ① 이산화탄소 소화기 ② 가압식, 축압식

23 CO_2

24 ① $1 \times x = \frac{1,000}{44} \times 0.082 \times 273$, ② 508.77L
[풀이]
$C + O_2 \rightarrow CO_2$ PV = nRT 적용, CO_2 분자량 : 12 + (16×2) = 44
1kg = 1,000g $1 \times x = \frac{1,000}{44} \times 0.082 \times 273$ x = 508.77L

25 ① $1 \times x = \frac{1,000}{44} \times 0.082 \times (273 + 20)$, ② 546.05L
[풀이]
$C + O_2 \rightarrow CO_2$, PV = nRT 적용, CO_2 분자량 : 12 + (16×2) = 44
1kg = 1,000g, $1 \times x = \frac{1,000}{44} \times 0.082 \times (273 + 20)$, x = 546.05L

26 3343.36L
[풀이]
$C + O_2 \rightarrow CO_2$, PV = nRT 적용, CO_2 분자량 : 12 + (16×2) = 44
6kg = 6,000g, $1 \times x = \frac{6,000}{44} \times 0.082 \times (273 + 26)$, x = 3343.36L

27 ① 분말소화기 ② 이산화탄소소화기

28 할론소화기

29 물분무소화설비, 포소화설비

30 ① 강화액소화기, 기계포소화기, ② 냉각소화

31 마른 모래

32 ①, ⑤

32 ①, ⑤

33 물과 접촉 시 산소가스를 발생하므로

34 물과 접촉 시 가연성 가스를 발생하므로

35

급수	화재의 종류	표시색상
B급	**유류화재**	**황색**
A급	일반화재	**백색**
C급	**전기화재**	청색

36 A급 화재 : 백색, C급 화재 : 청색 [풀이] 이외에 B급 화재는 유류화재로 황색이며, D급 화재는 금속화재로 색상이 없다.

37 ① 발화점(=착화점), ② 냉각소화

PART.3 소방시설의 설치 및 운영

1) 소화시설의 설치 기준

	옥내소화전설비	옥외소화전설비
지면에서 개폐밸브 및 호스접속구까지의 높이	1.5m 이하	
비상전원	45분 이상	
방수압력	350kPa 이상	
방수량	260L/min 이상	450L/min 이상
수원의 수량	7.8m³ × 최대 5개	13.5m³ × 최대 4개
방호대상물간의 수평거리	25m 이하	40m 이하

- 옥내소화전은 제조소등의 건축물의 층마다 당해 층의 각 부분에서 하나의 호스접속구까지의 수평거리가 25m 이하가 되도록 설치할 것. 이 경우 옥내소화전은 각층의 출입구 부근에 1개 이상 설치하여야 한다.
- 옥외소화전은 방호대상물의 각 부분에서 하나의 호스접속구까지의 수평거리가 40m 이하가 되도록 설치할 것. 이 경우 그 설치개수가 1개일 때는 2개로 하여야 한다.

	스프링클러설비	물분무소화설비
제어밸브의 위치	바닥으로부터 0.8m 이상 1.5m 이하	
방사구역	150m² 이상 (표면적이 150m² 미만인 경우에는 당해 표면적)	
방수압력	100kPa 이상	350kPa 이상

물분무소화설비 수원의 수량은 분무헤드가 가장 많이 설치된 방사구역의 모든 분무헤드를 동시에 사용할 경우에 당해 방사구역의 표면적 1m²당 1분당 20L의 비율로 계산한 양으로 30분간 방사할 수 있는 양 이상이 되도록 설치할 것

연습문제-소화설비 설치기준

01. **위험물안전관리법령상 제조소등의 소화설비 중 옥내소화전의 개폐밸브 및 호스접속구는 바닥면으로부터 몇 m 이하의 높이에 설치하는가?**

정답

02. 옥외소화전설비의 설치기준에 관한 내용이다. 다음 빈칸을 채우시오.

옥외소화전은 방호대상물의 각 부분에서 하나의 호스접속구까지의 수평거리가 (   )m 이하가 되도록 설치할 것. 이 경우 설치개수가 1개일 때는 2개로 하여야 한다.

정답

03. 옥내소화전과 옥외소화전의 노즐선단에서 분당 방출량[L/min]은 얼마 이상인지 쓰시오.

① 옥내소화전 ② 옥외소화전

정답 ① ②

04. 물분무소화설비의 설치기준에 대해 다음 ( ) 안에 알맞은 수치를 쓰시오.

① 방호대상물의 표면적이 150㎡인 경우 물분무소화설비의 방사구역은 (   )㎡ 이상으로 할 것

② 수원의 수량은 분무헤드가 가장 많이 설치된 방사구역의 모든 분무헤드를 동시에 사용할 경우에 당해 방사구역의 표면적 1㎡당 1분당 (   )L 의 비율로 계산한 양으로 (   )분간 방사할 수 있는 양 이상이 되도록 설치할 것

정답 ① ②

정답

01 1.5m 이하

02 40m

03 ① 260 ② 450

04 ① 150 ② 20, 30

2) 소화난이도등급, 소요단위와 능력단위

1. 소화난이도 등급 I

<table>
<tr><th>구분</th><th>기준</th><th>소화설비</th></tr>
<tr><td rowspan="3">제조소
일반
취급소</td><td>연면적 1,000㎡ 이상인 것</td><td rowspan="3">옥내소화전설비, 옥외소화전설비, 스프링클러설비 또는 물분무등소화설비(화재발생시 연기가 충만할 우려가 있는 장소에는 스프링클러설비 또는 이동식 외의 물분무등소화설비에 한한다)</td></tr>
<tr><td>지정수량의 100배 이상인 것(고인화점위험물만을 100℃ 미만의 온도에서 취급하는 것 은 제외)
※ 고인화점 위험물의 정의 : 인화점이 100℃ 이상인 제4류 위험물</td></tr>
<tr><td>지반면으로부터 6m 이상의 높이에 위험물 취급설비가 있는 것(고인화점위험물만을 100℃ 미만의 온도에서 취급하는 것은 제외)</td></tr>
<tr><td rowspan="4">옥내
저장소</td><td>처마높이가 6m 이상인 단층건물의 것</td><td>스프링클러설비 또는 이동식 외의 물분무등소화설비</td></tr>
<tr><td>지정수량의 150배 이상인 것(고인화점위험물만을 저장하는 것은 제외)</td><td rowspan="3">옥외소화전설비, 스프링클러설비, 이동식 외의 물분무등소화설비 또는 이동식 포소화설비
(포소화전을 옥외에 설치하는 것에 한한다)</td></tr>
<tr><td>연면적 150㎡를 초과하는 것(150㎡ 이내마다 불연재료로 개구부없이 구획된 것 및 인화성고체 외의 제2류 위험물 또는 인화점 70℃ 이상의 제4류 위험물만을 저장하는 것은 제외)</td></tr>
<tr><td>옥내저장소로 사용되는 부분 외의 부분이 있는 건축물에 설치된 것(내화구조로 개구부없이 구획된 것 및 인화성고체 외의 제2류 위험물 또는 인화점 70℃ 이상의 제4류 위험물만을 저장하는 것은 제외)</td></tr>
<tr><td rowspan="2">옥외
탱크
저장소</td><td>액표면적이 40㎡ 이상인 것(제6류 위험물을 저장하는 것 및 고인화점위험물만을 100℃ 미만의 온도에서 저장하는 것은 제외)</td><td></td></tr>
<tr><td>지반면으로부터 탱크 옆판의 상단까지 높이가 6m 이상인 것(제6류 위험물을 저장하는 것 및 고인화점위험물만을 100℃ 미만의 온도에서 저장하는 것은 제외)
→ 높이는 지면으로부터 지붕을 제외한 탱크까지의 높이를 말함)
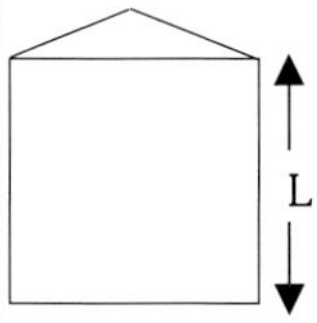
</td><td></td></tr>
</table>

옥내 탱크 저장소	액표면적이 40㎡ 이상인 것(제6류 위험물을 저장하는 것 및 고인화점위험물만을 100℃ 미만의 온도에서 저장하는 것은 제외)	
	바닥면으로부터 탱크 옆판의 상단까지 높이가 6m 이상인 것(제6류 위험물을 저장하는 것 및 고인화점 위험물만을 100℃ 미만의 온도에서 저장하는 것은 제외) → 제6류 위험물의 소화난이도 등급 : 해당 없음	

2. 소화난이도 등급 Ⅱ

구분	기준	소화설비
제조소 일반취급소	연면적 600㎡ 이상인 것	방사능력범위 내에 당해 건축물, 그 밖의 공작물 및 위험물이 포함되도록 대형수동식소화기를 설치하고, 당해 위험물의 소요단위의 1/5 이상에 해당되는 능력단위의 소형수동식소화기 등을 설치할 것
	지정수량의 10배 이상인 것(고인화점위험물만을 100℃ 미만의 온도에서 취급하는 것 제외)	
옥내저장소	단층건물 이외의 것	
	지정수량의 10배 이상인 것(고인화점위험물만을 저장하는 것 제외)	
	연면적 150㎡ 초과인 것	
옥외저장소	덩어리 상태의 유황을 저장하는 것으로서 경계표시 내부의 면적(2 이상의 경계표시가 있는 경우에는 각 경계표시의 내부의 면적을 합한 면적)이 5㎡ 이상 100㎡ 미만인 것	
	지정수량의 100배 이상인 것(덩어리 상태의 유황 또는 고인화점위험물을 저장하는 것은 제외)	
주유취급소	옥내주유취급소	
판매취급소	제2종 판매취급소	
옥외 · 옥내 탱크저장소	소화난이도등급Ⅰ의 제조소등 외의 것(고인화점위험물만을 100℃ 미만의 온도로 저장하는 것 및 제6류 위험물만을 저장하는 것은 제외)	대형수동식소화기 및 소형수동식 소화기등을 각각 1개 이상 설치할 것

3. 소화난이도 등급 Ⅲ

제조소등의 구분	제조소등의 규모, 저장 또는 취급하는 위험물의 품명 및 최대수량등
제조소 일반취급소	소화난이도등급Ⅰ 또는 소화난이도등급Ⅱ의 제조소등에 해당하지 않는 것

옥내저장소	소화난이도등급Ⅰ 또는 소화난이도등급Ⅱ의 제조소등에 해당하지 않는 것
지하 · 간이 · 이동 탱크저장소	모든 대상
옥외저장소	덩어리 상태의 유황을 저장하는 것으로서 경계표시 내부의 면적(2 이상의 경계표시가 있는 경우에는 각 경계표시의 내부의 면적을 합한 면적)이 5㎡ 미만인 것
	덩어리 상태의 유황 외의 것을 저장하는 것으로서 소화난이도등급Ⅰ 또는 소화난이도등급Ⅱ의 제조소등에 해당하지 않는 것
주유취급소	옥내주유취급소 외의 것으로서 소화난이도등급 Ⅰ의 제조소등에 해당하지 않는 것
제1종 판매취급소	모든 대상

– 소화난이도 등급 Ⅲ의 제조소등에 설치하여야 하는 소화설비

제조소등의 구분	소화설비	설치기준	
지하탱크 저장소	소형수동식소화기등	능력단위의 수치가 3 이상	2개 이상
이동탱크저장소	자동차용소화기	**무상의 강화액 8L 이상**	**2개 이상**
		이산화탄소 3.2kg 이상	
		일브롬화일염화이플루오르화메탄(CF_2ClBr) 2L 이상	
		일브롬화삼플루오르화메탄(CF_3Br) 2L 이상	
		이브롬화사플루오르화에탄($C_2F_4Br_2$) 1L 이상	
		소화분말 3.3kg 이상	
	마른 모래 및 팽창질석 또는 팽창진주암	**마른모래 150L 이상**	
		팽창질석 또는 팽창진주암 640L 이상	
그 밖의 제조소등	소형수동식소화기등	능력단위의 수치가 건축물 그 밖의 공작물 및 위험물의 소요단위의 수치에 이르도록 설치할 것. 다만, 옥내소화전설비, 옥외소화전설비, 스프링클러설비, 물분무등소화설비 또는 대형수동식소화기를 설치한 경우에는 당해 소화설비의 방사능력범위내의 부분에 대하여는 수동식소화기 등을 그 능력단위의 수치가 당해 소요단위의 수치의 1/5이상이 되도록 하는 것으로 족하다	

4. 소요단위와 능력단위

① 소요단위 : 소화설비의 설치대상이 되는 건축물 그 밖의 공작물의 규모 또는 위험물의 양의 기준단위

1) 제조소 또는 취급소의 건축물은 외벽이 내화구조인 것은 연면적(제조소등의 용도로 사용되는 부분 외의 부분이 있는 건축물에 설치된 제조소등에 있어서는 당해 건축물중 제조소등에 사용되는 부분의 바닥면적의 합계를 말한다.) 100㎡를 1소요단위로 하며, 외벽이 내화구조가 아닌 것은 연면적 50㎡를 1소요단위로 할 것
2) 저장소의 건축물은 외벽이 내화구조인 것은 연면적 150㎡를 1소요단위로 하고, 외벽이 내화구조가 아닌 것은 연면적 75㎡를 1소요단위로 할 것
3) 제조소등의 옥외에 설치된 공작물은 외벽이 내화구조인 것으로 간주하고 공작물의 최대수평투영면적을 연면적으로 간주하여 위의 규정에 의하여 소요단위를 산정할 것
4) 위험물은 지정수량의 10배를 1소요단위로 할 것

✔ 한 눈에 정리하기

	제조소 또는 취급소	저장소
외벽이 내화구조 (옥외에 설치된 공작물은 내화구조로 간주함)	100㎡	150㎡
외벽이 내화구조가 아닌 것	50㎡	75㎡

위험물의 경우 지정수량의 10배를 1소요단위로 함

② 능력단위 : 소요단위에 대응하는 소화설비의 소화능력의 기준단위

기타 소화설비의 능력단위는 다음의 표에 의할 것

소화설비	용량	능력단위
소화전용(轉用)물통	8L	0.3
수조(소화전용물통 3개 포함)	80L	1.5
수조(소화전용물통 6개 포함)	190L	2.5
마른 모래(삽 1개 포함)	50L	0.5
팽창질석 또는 팽창진주암(삽 1개 포함)	160L	1.0

연습문제-소화난이도등급, 소요단위와 능력단위

01. **이동탱크저장소에 설치하는 소화설비에 각 물음에 답하시오.**

① 자동차용 소화기는 몇 개 이상 설치하는지 쓰시오.　② 마른모래는 몇 L 이상 설치하는지 쓰시오.

정답

①

②

02. 위험물안전관리법령상 고인화점 인화물이란 무엇인지 쓰시오.

정답

03. 위험물안전관리법령상 위험물은 지정수량의 몇 배를 1소요단위로 하는가?

정답

04. 위험물제조소 또는 취급소의 건축물에서 외벽이 내화구조로 된 것과 외벽이 내화구조가 아닌 것은 각각 연면적 몇 ㎡를 소요단위 1단위로 하는지 쓰시오.

① 외벽이 내화구조로 된 것 : ② 외벽이 내화구조가 아닌 것 :

정답 ① ②

05. 간이 소화 용구의 능력단위 내용이다. 빈칸을 채우시오.

소 화 설 비	용량	능력단위
마른 모래(삽 1개 포함)	50L	(①)
팽창질석(삽 1개 포함)	160L	(②)

정답 ① ②

정답

01 ① 2개 ② 150L

02 인화점이 100℃ 이상인 제4류 위험물

03 10배

04 ① 100 ② 50

05 ① 0.5 ② 1.0

3) 경보설비의 기준

1. 경보설비의 설치기준

지정수량의 10배 이상의 위험물을 저장 또는 취급하는 제조소등(이동탱크저장소 제외)에는 화재 발생 시 이를 알릴 수 있는 경보설비를 설치하여야 한다.

제조소등의 구분	제조소등의 규모, 저장 또는 취급하는 위험물의 종류 및 최대수량 등	경보설비
1. 제조소 및 일반취급소	• 연면적 500㎡ 이상인 것 • 옥내에서 지정수량의 100배 이상을 취급하는 것(고인화점 위험물만을 100℃ 미만의 온도에서 취급하는 것을 제외한다.)	자동화재탐지설비
2. 옥내저장소	• 지정수량의 100배 이상을 저장 또는 취급하는 것 • (고인화점위험물만을 저장 또는 취급하는 것을 제외한다) • 저장창고의 연면적이 150㎡를 초과하는 것 • 처마높이가 6m 이상인 단층건물의 것	
3. 주유취급소	옥내주유취급소	
자동화재탐지설비 설치 대상에 해당하지 아니하는 제조소등	지정수량의 10배 이상을 저장 또는 취급하는 것	자동화재탐지설비, 비상경보설비, 확성장치 또는 비상방송설비 중 1종 이상

2. 자동화재탐지설비의 설치기준

① 자동화재탐지설비의 경계구역은 건축물 그 밖의 공작물의 **2 이상의 층에 걸치지 않도록** 할 것

② **하나의 경계구역의 면적은 600㎡ 이하**로 하고 그 **한 변의 길이는 50m**(광전식분리형 감지기를 설치할 경우에는 100m)이하로 할 것. 다만, 당해 건축물 그 밖의 공작물의 주요한 출입구에서 그 내부의 전체를 볼 수 있는 경우에 있어서는 그 면적을 **1,000㎡ 이하**로 할 수 있다.

연습문제-경보설비의 기준

01. **위험물안전관리법령에 근거하여 위험물제조소 등에 설치해야 하는 경보설비의 종류를 2가지만 쓰시오.**

정답

02. 연면적 500㎡ 이상인 제조소 및 일반취급소에 설치하여야 하는 경보설비의 종류를 쓰시오.

정답

03. 제조소 등에 설치하는 경보설비로 자동화재탐지설비를 설치하는 옥내저장소의 지정수량은 몇 배 이상으로 하여야 하는지 쓰시오.

정답

04. 지정수량의 몇 배 이상의 위험물을 저장 또는 취급하는 제조소등(이동탱크저장소를 제외한다)에는 화재발생시 이를 알릴 수 있는 경보설비를 설치하여야 하는가?

정답

정답

01 자동화재탐지설비, 비상경보설비, 확성장치 또는 비상방송설비 중 1가지

02 자동화재탐지설비

03 100배

04 10배

PART.4 위험물의 종류 및 성질

1) 위험물 각론

(1) 위험물의 시험 및 판정

- 충격민감성 : 표준물질의 낙구타격감도시험 의한 폭발 확률이 50% 이상인 것
- 온도 20℃, 1기압의 실내에서 직경 및 높이 12㎜의 강제(鋼製) 원기둥 위에 적린(180㎛ 미만인 것) 5㎎을 쌓고 그 위에 표준물질로서 질산칼륨(150㎛ 이상 300㎛ 미만인 것) 5㎎을 쌓은 후 직경 40㎜의 쇠구슬을 10㎝의 높이에서 혼합물의 위에 직접 낙하시켜 발화 여부를 관찰할 것. 이 경우에 폭발음, 불꽃 또는 연기를 발생하는 경우에는 폭발한 것으로 본다.

(2) 위험물의 분류

【산화성 고체】

위험등급	품명		지정수량	물질명 및 화학식	소화방법
I	염소산염류		50kg	염소산칼륨($KClO_3$)	수계소화설비로 주수소화
				염소산나트륨($NaClO_3$)	
				염소산암모늄(NH_4ClO_3)	
				염소산칼슘 $Ca(ClO_3)_2$	
	과염소산염류			과염소산칼륨($KClO_4$)	
				과염소산나트륨($NaClO_4$)	
				과염소산암모늄(NH_4ClO_4)	
	무기과산화물	알칼리금속의 과산화물		과산화칼륨(K_2O_2)	금수성이므로 팽창질석, 팽창진주암, 건조사, 탄산수소염류분말소화설비
				과산화나트륨(Na_2O_2)	
		알칼리금속 이외의 과산화물		과산화마그네슘(MgO_2)	
				과산화칼슘(CaO_2)	
				과산화바륨(BaO_2)	
II	브롬산염류		300kg	브롬산칼륨($KBrO_3$)	수계소화설비로 주수소화
	요오드산염류			요오드산칼륨(KIO_3)	
				요오드산아연[$Zn(IO_3)_2$]	
	질산염류			질산칼륨(KNO_3)	

			질산나트륨($NaNO_3$)	
			질산암모늄(NH_4NO_3)	
			질산은($AgNO_3$)	
	크롬, 납 또는 요오드의 산화물		무수크롬산(CrO_3)	
Ⅲ	과망간산염류	1,000kg	과망간산칼륨($KMnO_4$)	
	중크롬산염류		중크롬산칼륨($K_2Cr_2O_7$)	

【행정안전부령이 정하는 위험물의 지정수량】

유 별	품 명	지정수량	유 별	품 명	지정수량
제1류	과요오드산염류	300kg	제1류	퍼옥소이황산염류	300kg
	과요오드산	300kg		퍼옥소붕산염류	300kg
	크롬, 납 또는 요오드의 산화물(무수크롬산)	300kg	제3류	염소화규소화합물	300kg
	아질산염류	300kg	제5류	금속의 아지화합물	200kg
	차아염소산염류	50kg			
	염소화이소시아눌산	300kg		질산구아니딘	200kg

2) 제1류 위험물

【제1류 위험물(산화성 고체)】

아염소산염류(Ⅰ등급, 50kg)	
아염소산나트륨($NaClO_2$)	◈ 무색의 결정성 분말, 산과 반응하여 유독한 이산화염소(ClO_2)를 발생한다. ◈ 열분해 시 산소 기체를 발생한다.
아염소산나트륨($KClO_2$)	
염소산염류(Ⅰ등급, 50kg)	
염소산나트륨($NaClO_3$)	◈ 비중은 약 2.5의 무색 무취의 분말, 300℃에서 열분해하여 산소 기체를 발생한다. ($2NaClO_3 \rightarrow 2NaCl + 3O_2$) ◈ 물, 에테르, 알코올에 잘 녹으며 조해성이 강하다.

염소산칼륨($KClO_3$)	무색의 분말, 400℃에서 열분해하여 산소 기체를 발생한다. ($2KClO_3 \rightarrow 2KCl + 3O_2$) 산과 반응하여 유독한 이산화염소($ClO_2$)를 발생한다. ($6KClO_3 + 3H_2SO_4 \rightarrow 2HClO_4 + 3K_2SO_4 + 4ClO_2 + 2H_2O$) 온수 및 글리세린에 잘 용해되며, 냉수 및 알코올에 녹기 어렵다.
염소산암모늄 (NH_4ClO_3)	Cl의 산화수 (산소의 산화수는 통상 −2로 한다.) ClO_3^- : $x + (-2) \times 3 = -1$ $\therefore x = +5$
과염소산염류(Ⅰ등급, 50kg)	
과염소산나트륨($NaClO_4$)	무색 무취의 결정, 분자량이 약 122이며 녹는점이 약 482℃이고 산화제, 폭약 등에 사용된다. 비중은 약 2.5로 물보다 무거우며, 에테르에 녹지 않는다. 분해온도는 400℃로 분해하여 산소 기체를 발생한다. ($NaClO_4 \rightarrow 2NaCl + 2O_2$)
과염소산칼륨($KClO_4$)	무색 무취의 결정, 물, 알코올 및 에테르에 녹기 어렵다. 열분해하여 산소 기체를 발생한다. ($KClO_4 \rightarrow 2KCl + 2O_2$)
과염소산암모늄(NH_4ClO_4)	무색 무취의 결정, 비중은 약 1.87이고, 폭약이나 성냥의 원료로 쓰인다. 분해온도는 130℃으로 분해가 시작되는 온도이며, 300℃에서 완전 열분해되어 N_2, Cl_2, O_2, H_2O를 생성한다. ($2NH_4ClO_4 \rightarrow N_2 + Cl_2 + 2O_2 + 4H_2O$) 물, 에테르, 아세톤, 에탄올에 잘 녹는다.
무기과산화물(Ⅰ등급, 50kg)	
과산화나트륨(Na_2O_2)	일반적인 것은 황색의 분말이며 순수한 것은 백색 분말로 에탄올에 녹지 않는다. 물과 반응하여 조연성의 산소 기체가 발생하므로 주수 소화를 금한다. $Na_2O_2 + H_2O \rightarrow 2NaOH + 1/2O_2$ 열분해하여 산소 기체가 발생한다. ($Na_2O_2 \rightarrow Na_2O + 1/2O_2$) 산과 반응하여 과산화수소가 발생한다. ($Na_2O_2 + 2HCl \rightarrow 2NaCl + H_2O_2$)
과산화칼륨(K_2O_2)	무색 또는 오렌지색의 분말로 에탄올에 용해된다. 물과 반응하여 조연성의 산소 기체가 발생하므로 주수 소화를 금한다. ($K_2O_2 + H_2O \rightarrow 2KOH + 1/2O_2$) 열분해하여 산소 기체가 발생한다. ($K_2O_2 \rightarrow K_2O + 1/2O_2$) 산과 반응하여 과산화수소가 발생한다. ($K_2O_2 + 2HCl \rightarrow 2KCl + H_2O_2$)
과산화바륨(BaO_2)	백색의 정방정계 분말이다. 알칼리토금속의 과산화물 중 매우 안정한 물질로 분해온도는 약

	840℃이며, 비중은 약 4.96이다. 냉수에 약간 용해되고 온수에 분해되어 산소 기체를 발생한다. ($2BaO_2 + 2H_2O \rightarrow 2Ba(OH)_2 + O_2$) 열분해하여 산소 기체가 발생한다. ($2BaO_2 \rightarrow 2Ba_2O + O_2$)
브롬산염류(Ⅱ등급, 300kg)	
브롬산나트륨($NaBrO_3$), 브롬산칼륨($KBrO_3$)	
질산염류(Ⅱ등급, 300kg)	
질산나트륨($NaNO_3$)	무색의 분말로 칠레 초석이라 부르기도 한다. 열분해하여 조연성의 산소 기체를 발생한다. ($2NaNO_3 \rightarrow 2NaNO_2 + O_2$) 물과 글리세린에 잘 녹고 알코올에 녹기 어렵다.
질산칼륨(KNO_3)	제1류 위험물 중 자극성의 짠맛이 나는 무색(백색) 결정 분말로서 비중은 약 2.1, 열분해 온도는 약 400℃이고 분자량이 약 101이며 흑색화약 제조나 금속열처리제 등의 용도로 쓰이는 물질 열분해 반응식 : $2KNO_3 \rightarrow 2KNO_2 + O_2$ 물과 글리세린에 잘 녹고, 알코올에 녹기 어려우며 흡습성은 없다. 질산칼륨에 숯가루와 유황가루를 섞어 흑색화약을 제조할 수 있다. 질소의 함량(wt%) 계산 $\frac{N\text{원자량}}{KNO_3\text{분자량}} = \frac{14}{101} \times 100 = 13.86wt\%$
질산암모늄(NH_4NO_3)	무색의 결정, 220℃에서 열분해하여 조연성의 산소 기체와 산화이질소를 발생한다. ($NH_4NO_3 \rightarrow N_2O + 2H_2O$) 완전 분해 반응식 : $2NH_4NO_3 \rightarrow 2N_2 + O_2 + 4H_2O$ → 생성물이 모두 기체이다. 폭약 제조 시 산소공급제로 사용되며, 물에 녹을 때 열을 흡수한다. (흡열반응) 단독으로도 급격한 가열, 충격으로 분해하여 폭발의 위험이 있다. 물, 알코올에 잘 녹는다.
요오드산염류(Ⅱ등급, 300kg)	
요오드산칼륨(KIO_3)	
크롬, 납 또는 요오드의 산화물	
무수크롬산(CrO_3)	열분해 반응식 : $4CrO_3 \rightarrow 2Cr_2O_3 + O_2$ (무수크롬산(삼산화크롬) → 삼산화이크롬 + 산소)
과망간산염류(Ⅲ등급, 1,000kg)	
과망간산칼륨($KMnO_4$)	흑자색의 결정, 물과 알코올(에탄올), 아세톤에 잘 녹는다. 물에 녹아 진한 보라색을 띠고, 염산과 반응 시 유독성의 염소 기체(C_{l2})를 발생한다.

	240℃에서 열분해하여 산소 기체, 이산화망간, 망간산칼륨을 발생한다. ($2KMnO_4 \rightarrow K_2MnO_4 + MnO_2 + O_2$) 강알칼리성 용액과 반응하여 산소를 방출하며 폭발한다. 황산과 같은 강산과의 반응에서 격렬한 폭발 반응을 한다. ($4KMnO_4 + 6H_2SO_4 \rightarrow 2K_2SO_4 + 4MnSO_4 + 6H_2O + 5O_2$)
과망간산나트륨($NaMnO_4$)	과망간산칼륨과 유사 성질을 가진다.
중크롬산염류(Ⅲ등급, 1,000kg)	
중크롬산나트륨($Na_2Cr_2O_7$)	분해온도는 약 400℃이며 등적색의 결정이다. 물에 용해되고 알코올에 불용이다. 열분해하여 산소를 발생한다. ($2Na_2Cr_2O_7 \rightarrow 2Na_2CrO_4 + Cr_2O_3 + 1.5O_2$)
중크롬산칼륨($K_2Cr_2O_7$)	분해온도는 약 500℃이며, 흡습성이 있는 등적색의 결정으로 쓴 맛이 있다. 물에 약간 용해되고 알코올에 불용이다. 열분해하여 산소를 발생한다. ($2K_2Cr_2O_7 \rightarrow 2K_2CrO_4 + Cr_2O_3 + 1.5O_2$) 산화제, 의약품 등으로 이용된다.
중크롬산암모늄[$(NH_4)_2Cr_2O_7$]	분해온도는 약 185℃이며, 주황색의 결정이다. 열분해하여 질소 가스를 함께 발생한다. $(NH_4)_2Cr_2O_7 \rightarrow N_2 + 4H_2O + Cr_2O_3$

연습문제-제1류 위험물

01. **산화성 고체의 시험 방법 중 표준물질의 낙구타격감도시험에 의한 폭발 확률이 ( )% 이상인 것에 대하여 산화성 고체로 지정한다. 빈칸을 채우시오.**

정답

02. **2몰의 염소산칼륨이 완전 열분해 될 때 생성되는 산소는 몇 g 인지 구하시오.**

① 계산과정 ② 답

정답 【계산과정】

【답】

03. $NaClO_3$ 2mol이 고온에서 완전히 열분해 하였다. 이 때 생성된 산소의 부피는 표준상태기준으로 몇 L인지 구하시오.

① 계산과정　　② 답

정답

【계산과정】

【답】

04. 과염소산나트륨 10몰의 열분해식을 쓰고 이 때 발생한 산소의 몰수는 얼마인가?

① 분해식　　② 몰수

정답

①　　②

05. 제1류 위험물인 염소산암모늄에서 염소의 산화수는 얼마인지 쓰시오.

정답

06. 과염소산칼륨 1분자가 완전 열분해시 몇 분자의 산소를 발생하는가?

정답

07. 과염소산나트륨을 400℃ 이상으로 가열할 때의 열분해 반응식과 이 때 발생하는 기체의 명칭을 쓰시오.

① 반응식　　② 발생기체

정답

①　　②

08. 과산화나트륨과 이산화탄소가 반응하였을 때와 과산화나트륨과 물이 반응하였을 때 공통적으로 생성되는 물질을 화학식으로 쓰시오.

정답

09. 다음 화학반응식을 완성하시오.

$Na_2O_2 + 2HCl \rightarrow$

정답

10. 과산화칼슘이 염산과 반응할 때 생성되는 과산화물의 화학식을 쓰시오.

정답

11. 다음 제1류 위험물의 화학식을 쓰시오.

① 질산암모늄 ② 과망간산칼륨 ③ 아염소산나트륨

정답 ① ② ③

12. 과염소산암모늄 화학식과 분자량을 구하시오. (단, 염소의 분자량은 35.5 이다.)

① 화학식 ② 과염소산암모늄(NH_4ClO_4)의 분자량

정답 ① ②

13. 과망간산칼륨($KMnO_4$)의 분해반응식을 쓰시오.

정답

14. 다음 위험물의 화학식을 쓰시오.

- 요오드산칼륨
- 과망간산칼륨

정답

15. 질산암모늄을 가열할 때 질소, 수증기, 산소로 분해가 일어나는 열분해 반응식을 쓰시오.

정답

16. 질산암모늄의 분해반응식은 다음과 같다. 800g 분해 시 생성가스의 부피는 표준상태에서 몇 L인지 쓰시오.

$$2NH_4NO_3 \rightarrow 2N_2 + O_2 + 4H_2O$$

① 계산과정 ② 정답

정답 【계산과정】

【답】

17.

제1류 위험물 중 자극성의 짠맛이 나는 무색(백색) 결정 분말로서 비중은 약 2.1, 열분해 온도는 약 400℃이고 분자량이 약 101이며 흑색화약 제조나 금속열처리제 등의 용도로 쓰이는 물질명을 쓰시오.

정답

18.

제1류 위험물 중 흑색 화약의 원료로 사용되며 고온에서 열분해하여 산소를 방출하는 물질의 열분해 반응식을 쓰시오.

정답

19.

제1류 위험물인 질산칼륨 1mol 중의 질소 함량은 약 몇 wt%인가?(단, K의 원자량은 39이다.)

① 계산과정 ② 답

정답 【계산과정】

【답】

20.

0℃, 1기압을 기준으로 질산칼륨 202g이 열분해하여 생성되는 산소는 몇 L인지 구하시오.

① 계산과정 ② 답

정답 【계산과정】

【답】

21.

위험물안전관리법령상 다음 각 품명에 해당하는 지정수량을 쓰시오.

① 아염소산염류 ② 중크롬산염류 ③ 요오드산염류

정답 ① ② ③

22.

[보기]의 위험물을 지정수량이 큰 것부터 작은 순서대로 나열하시오.

[보기]
아염소산염류 요오드산염류 중크롬산염류 철분 황화린

정답

23. 다음 각 물질의 화학식을 쓰시오.

① 염소산칼슘 ② 질산마그네슘 ③ 과망간산나트륨 ④ 중크롬산칼륨

정답 ① ② ③ ④

24. 위험물안전관리법령에서 정한 다음 위험물의 지정수량을 쓰시오.

① 삼산화크롬 ② 과산화칼륨 ③ 염소산칼륨

정답 ① ② ③

25. 위험물안전관리법령에서 정한 브롬산염류와 질산염류의 지정수량을 각각 합치면 얼마인지 쓰시오.

정답

26. $KClO_3$을 가열하는 장면에서 이산화망간(MnO_2)을 첨가하였을 때 발생되는 기체와 이산화망간의 역할을 쓰시오.

① 발생기체 ② 이산화망간의 역할

정답 ① ②

27. 염소산칼륨과 황산의 반응에서 생성되는 기체의 명칭(①)과 그 명칭을 화학식(②)으로 쓰시오.

정답 ① ②

28. 염소산칼륨과 황산의 반응식을 쓰시오.

정답

29. 과염소산나트륨($NaClO_4$)이 A ~ D의 용매 중 용해되지 않는 물질의 기호를 쓰시오.

[보기]
A : 물, B : 아세톤, C : 알코올, D : 에테르

정답

30. 2몰의 과염소산나트륨이 열분해할 때 발생하는 산소는 몇 몰인지 쓰시오.

정답

31. 과산화나트륨과 물의 반응식과 과산화나트륨의 지정수량을 쓰시오.

① 과산화나트륨과 물의 반응식 ② 지정수량

정답 ① ②

32. 과산화나트륨의 화재 시 주수소화하면 안 되는 이유를 쓰시오.

정답

33. 아래 [보기]의 위험물에 대한 물음에 답하시오.

[보기]
KNO_3(질산칼륨), $NaNO_3$(질산나트륨), NH_4NO_3(질산암모늄)

① [보기]의 위험물 중에서 물과 알코올에 잘 녹고 흡열반응하는 물질의 화학식은?
② [보기]의 위험물 중 강력한 산화제로, 흑색화약의 원료가 되는 화학식을 쓰시오
③ [보기]의 위험물의 공통적인 지정수량을 쓰시오

정답 ① ② ③

34. 유황가루, 숯, 질산칼륨의 3가지 원료를 이용하여 어떤 화약을 만들 수 있는지 쓰시오.

정답

35. 유황가루, 숯, 질산칼륨의 3가지 원료 중 산소공급원이 되는 물질의 명칭과 분해 반응식을 쓰시오.

① 산소공급원 ② 분해 반응식

정답 ① ②

정답

01 50% [풀이] (충격민감성 : 표준물질의 낙구타격감도시험 의한 폭발 확률이 50% 이상인 것)

02 ① 3mol × 32g/1mol = 96g ② 96g [풀이] $2KClO_3 \rightarrow 2KCl + 3O_2$

03 ① 3 × 22.4 = 67.2 ② 67.2L [풀이] $2NaClO_3 \rightarrow 2NaCl + 3O_2$

04 ① $10NaClO_4 \rightarrow 10NaCl + 20O_2$ ② 20몰

05 +5, [풀이] 염소산암모늄(NH_4ClO_3), 산소의 산화수는 통상 −2로 한다.
$\underline{Cl}O_3^-$: $x + (-2) \times 3 = -1$, $\therefore x = +5$

06 2분자 [풀이] $KClO_4 \rightarrow KCl + 2O_2$

07 ① $NaClO_4 \rightarrow NaCl + 2O_2$, ② 산소 또는 O_2

08 O_2, [풀이] $2Na_2O_2 + 2H_2O \rightarrow 4NaOH + O_2$, $2Na_2O_2 + 2CO_2 \rightarrow 2Na_2CO_3 + O_2$

09 $Na_2O_2 + 2HCl \rightarrow 2NaCl + H_2O_2$

10 H_2O_2 [풀이] $CaO_2 + 2HCl \rightarrow CaCl_2 + H_2O_2$

11 ① NH_4NO_3 ② $KMnO_4$ ③ $NaClO_2$

12 ① NH_4ClO_4 ② 117.5 [풀이] ② 분자량 : $14 + (1\times4) + 35.5 + (16\times4) = 117.5$

13 $2KMnO_4 \rightarrow K_2MnO_4 + MnO_2 + O_2$

14 요오드산칼륨 : KIO_3 과망간산칼륨 : $KMnO_4$

15 $2NH_4NO_3 \rightarrow 2N_2 + 4H_2O + O_2$

① $1 \times x \times 2 = 7 \times \dfrac{800}{80} \times 0.082 \times 273$ ② 783.51L

[풀이] PV = nRT 적용, NH_4NO_3 분자량 : $14 + (1\times4) + 14 + (16\times3) = 80$

16 $1 \times x \times 2 = 7 \times \dfrac{800}{80} \times 0.082 \times 273$

[다른 방법]

$x = \dfrac{800 \times 7 \times 22.4}{2 \times 80}$, $x = 784L$

17 질산칼륨(KNO_3)

18 $2KNO_3 \rightarrow 2KNO_2 + O_2$ [풀이] 흑색 화약의 원료에는 질산칼륨, 유황, 숯이 있으며 이 중 제1류 위험물인 것은 질산칼륨에 해당한다.

19 ① $\dfrac{14}{101}\times100 = 13.86$ ② 13.86wt% [풀이] $\dfrac{N\text{원자량}}{KNO_3\text{분자량}} = \dfrac{14}{101}\times100 = 13.86wt\%$

20 ① $1 \times x \times 2\text{몰} = \dfrac{202}{101} \times 0.082 \times 273$, ② 22.39L

[풀이] $2KNO_3 \rightarrow 2KNO_2 + O_2$

질산칼륨 분자량 : $39 + 14 + (16 \times 3) = 101$

PV = nRT 적용, 질산칼륨의 몰수 2몰을 곱하여야 한다.

P : 기압(atm) V : 부피(L)

n : 몰수(mol) = $\frac{질량}{분자량}$ R : 0.082(atm·L/mol·K)

T : 온도(K) $1 \times x \times 2몰 = \frac{202}{101} \times 0.082 \times 273$

x = 22.39L

[다른 방법]

$$x = \frac{202 \times 1 \times 22.4}{2 \times 101} = 22.4L$$

21 ① 50kg ② 1,000kg ③ 300kg

22 중크롬산염류, 철분, 요오드산염류, 황화린, 아염소산염류

23 ① 염소산칼슘 : $Ca(ClO_3)_2$ ② 질산마그네슘 : $Mg(NO_3)_2$
③ 과망간산나트륨 : $NaMnO_4$ ④ 중크롬산칼륨 : $K_2Cr_2O_7$

24 ① 300kg ② 50kg ③ 50kg

25 600kg [풀이] 브롬산염류 300kg + 질산염류 300kg = 600kg

26 ① 산소 또는 O_2 ② 정촉매
[풀이] 이산화망간은 정촉매로 활성화 에너지를 감소시켜 화학반응속도가 증가하게 만들어 준다.

27 ① 이산화염소 ② ClO_2 [풀이] $6KClO_3 + 3H_2SO_4 \rightarrow 2HClO_4 + 3K_2SO_4 + 4ClO_2 + 2H_2O$

28 $6KClO_3 + 3H_2SO_4 \rightarrow 2HClO_4 + 3K_2SO_4 + 4ClO_2 + 2H_2O$

29 D [풀이] 과염소산나트륨의 비중은 약 2.5로 물보다 무거우며, 에테르에 녹지 않는다.

30 4몰 [풀이] $2NaClO_4 \rightarrow 2NaCl + 4O_2$

31 ① $Na_2O_2 + H_2O \rightarrow 2NaOH + 1/2O_2$ ② 50kg

32 물과 접촉 시 산소를 발생하므로 [풀이] $Na_2O_2 + H_2O \rightarrow 2NaOH + 1/2O_2$

33 ① NH_4NO_3 ② KNO_3 ③ 300kg

34 흑색화약

35 ① 질산칼륨 또는 KNO_3 ② $2KNO_3 \rightarrow 2KNO_2 + O_2$

3) 제2류 위험물

【제2류 위험물(가연성 고체)】

위험등급	품명	지정수량	물질명 및 화학식	소화방법
Ⅱ	황화린	100kg	삼황화린(P_4S_3)	가스계 소화설비로 질식소화가 적합
			오황화린(P_2S_5)	
			칠황화린(P_4S_7)	
	적린		적린(P)	수계소화설비로 주수소화
	유황		유황(S), 사방황/단사황/비정계황	
Ⅲ	마그네슘	500kg	마그네슘(Mg)	금수성이므로 팽창질석, 팽창진주암, 건조사, 탄산수소염류분말 소화설비
	철분		철분(Fe)	
	금속분		알루미늄분(Al)	
			아연분(Zn)	
	인화성고체	1,000kg	고형알코올 그 밖에 1기압에서 인화점이 40℃ 미만인 고체	대부분의 소화설비에 적응성 있음

위험물의 조건

- 유황 : 순도 60wt% 이상인 것만 위험물로 취급
- 마그네슘 : 직경 2mm이상의 막대모양인 것, 2mm의 체를 통과하지 않는 덩어리 상태는 위험물로 제외
- 철분 : 53마이크로미터의 표준체를 통과하는 것이 50중량퍼센트 미만인 것은 제외
- 금속분 : 알칼리금속 · 알칼리토금속 · 철 및 마그네슘 외의 금속의 분말을 말하고, 구리분 · 니켈분을 제외하면서 150마이크로미터의 체를 통과하는 것이 50중량퍼센트 미만인 것도 제외
- 인화성 고체 : 고형 알코올, 그 밖에 1기압에서 인화점이 섭씨 40도 미만인 고체

황화린(Ⅱ등급, 100kg)	
삼황화린(P_4S_3)	• 황색의 결정이며, 착화점은 약 100℃로 조해성이 없으며, 이황화탄소에 용해된다. • 차가운 물보다는 뜨거운 물에서 분해된다. • 연소하여 이산화황과 오산화인을 발생한다. (P_4S_3 + $8O_2$ → $2P_2O_5$ + $3SO_2$)
오황화린(P_2S_5)	• 담황색의 결정으로 조해성이 있으며, 이황화탄소에 용해된다.

	물과 접촉하여 인산과 유독성의 황화수소 기체를 발생한다. (P_2S_5 + $8H_2O$ → $5H_2S$ + $2H_3PO_4$) 연소하여 이산화황과 오산화인을 발생한다. (P_2S_5 + $7.5O_2$ → P_2O_5 + $5SO_2$)
칠황화린(P_4S_7)	담황색의 결정으로 조해성이 있으며, 이황화탄소에 용해된다. 더운물에 분해되어 유독성의 황화수소 기체와 인산을 발생한다. 연소하여 이산화황과 오산화인을 발생한다.
적린(Ⅱ등급, 100kg)	
적린(P)	착화점은 약 260℃로 암적색의 분말이며, 황린(P_4)과 동일한 종류의 원소를 갖는 동소체 관계이다. 연소하여 오산화인(P_2O_5)을 발생한다. (4P + $5O_2$ → $2P_2O_5$) 물, 에테르, 이황화탄소 등에 녹지 않는다.

구분	연소 생성물
적린(P)	오산화인
황린(P_4) : 제3류 위험물	
유황(S)	이산화황
황화린(P_xS_y)	오산화인 + 이산화황

유황(Ⅱ등급, 100kg)	
유황(S)	착화점은 약 232℃의 분말로, 연소할 때 푸른 불꽃을 내며 이산화황(아황산가스)을 생성한다.(S + O_2 → SO_2) 순도가 60중량퍼센트 이상인 것을 말한다. 이 경우 순도측정에 있어서 불순물은 활석 등 불연성물질과 수분에 한한다. 고온에서 용융된 유황은 수소와 반응하여 썩은 달걀냄새의 황화수소를 생성한다. • 사방정계 황 : 비중이 2.07, 푸른 불꽃을 내며 연소 시 환원성의 유독성가스를 발생하는 물질로 물에 녹지 않고, 이황화탄소에 녹는다. • 단사정계 황 : 사방정계의 황을 약 95.5℃로 가열하여 얻을 수 있다. 물에 녹지 않고, 이황화탄소에 녹는다. • 비정계의 황 : 물, 이황화탄소에 녹지 않는다.

마그네슘(Ⅲ등급, 500kg)	
마그네슘(Mg)	원자량이 약 24이고, 은백색의 광택이 나는 가벼운 금속이며 산과 작용하여 수소를 발생하는 물질이다. 직경 2mm이상의 막대모양인 것, 2mm의 체를 통과하지 않는 덩어리 상태는 위험물로 제외한다. 산, 물, 알코올과 반응하여 수소 기체를 발생하므로 주수 소화를 금한다.

	$Mg + 2HCl \rightarrow MgCl_2 + H_2$ $Mg + 2H_2O \rightarrow Mg(OH)_2 + H_2$ • 이산화탄소(탄산 가스)와 반응하여 가연성의 일산화탄소 및 탄소를 발생시키므로 화재 발생 시 이산화탄소 소화기의 사용을 금한다. $Mg + CO_2 \rightarrow MgO + CO$ 또는 $2Mg + CO_2 \rightarrow 2MgO + C$ • 건조사, 팽창질석, 팽창진주암, 탄산수소염류분말소화설비로 소화한다.
철분(Ⅲ등급, 500kg)	
철분(Fe)	• 회백색의 광택이 나는 금속으로 53마이크로미터의 표준체를 통과하는 것이 50중량퍼센트 미만인 것은 위험물로 제외한다. • 산, 물, 알코올과 반응하여 수소 기체를 발생하므로 주수 소화를 금한다. $Fe + 2H_2O \rightarrow Fe(OH)_2 + H_2$ • 건조사, 팽창질석, 팽창진주암, 탄산수소염류분말소화설비로 소화한다.
금속분(Ⅲ등급, 500kg) : 알칼리금속 · 알칼리토류금속 · 철 및 마그네슘 외의 금속의 분말을 말하고, 구리분(Cu) · 니켈분(Ni) 및 150마이크로미터의 체를 통과하는 것이 50중량퍼센트 미만인 것은 제외한다. (구리와 니켈은 크기에 관계없이 위험물에서 제외됨)	
알루미늄분(Al)	• 진한 질산에서 침식되지 않는 부동태화를 하며, 분진폭발의 위험이 있다. • 산, 물, 알코올과 반응하여 수소 기체를 발생하므로 주수 소화를 금한다. $Al + 3HCl \rightarrow AlCl_3 + 1.5H_2$ • 물과 격렬히 반응하여 수산화알루미늄과 수소가스를 발생한다. $Al + 3H_2O \rightarrow Al(OH)_3 + 1.5H_2$ • 건조사, 팽창질석, 팽창진주암, 탄산수소염류분말소화설비로 소화한다. • 연소 시 산화알루미늄을 생성한다. $4Al + 3O_2 \rightarrow 2Al_2O_3$
아연(Zn)	• 산, 물, 알코올과 반응하여 수소 기체를 발생하므로 주수 소화를 금한다. $Zn + 2H_2O \rightarrow Zn(OH)_2 + H_2$ • 건조사, 팽창질석, 팽창진주암, 탄산수소염류분말소화설비로 소화한다.
인화성 고체(Ⅲ등급, 1,000kg)	
• 고형 알코올, 그 밖에 1기압에서 인화점이 섭씨 40도 미만인 고체	

이온화 경향 순서 : 마그네슘(Mg) 〉 알루미늄(Al) 〉 아연(Zn) 〉 철(Fe) 〉 수소(H) 〉 구리(Cu 〉 금(Au)

연습문제-제2류 위험물

01. 다음 각 물질의 완전 연소반응식을 쓰시오.

① 삼황화린 ② 오황화린

정답 ① ②

02. 오황화인이 물과 반응하여 발생할 수 있는 유독가스를 쓰시오.

정답

03. 적린이 연소 시 생성되는 흰 연기의 화학식을 쓰시오.

정답

04. 삼황화린과 적린이 공기 중에서 연소시 공통으로 생성되는 가스를 쓰시오.

정답

05. 비중이 2.07, 푸른 불꽃을 내며 연소 시 환원성의 유독성가스가 발생되는 제2류 위험물에 해당하는 물질의 품명을 쓰시오.

정답

06. 유황은 순도가 (①) 중량% 이상인 것을 말한다. 이 경우 순도측정에 있어서 불순물은 활석 등 (②)과 (③)에 한한다. 빈칸을 채우시오.

정답 ① ② ③

07. 황이 고온에서 수소와 반응하였을 때 썩은 달걀냄새를 내며 발생하는 유독성 기체는 무엇인지 쓰시오.

정답

08. 다음 각 물질의 연소반응식을 쓰시오.

① 삼황화린 ② 알루미늄 ③ 황

정답 ① ② ③

09. 표준상태 1kg의 황이 완전 연소하기 위해 필요한 공기의 부피는 몇 L인가? (단, 공기 중에 산소는 21% 존재한다.)

① 계산과정 ② 답

정답 【계산과정】

【답】

10. 탄소가 완전 연소할 때의 연소반응식을 쓰고, 12kg의 탄소가 완전 연소 하는데 필요한 산소의 부피(㎥)를 750mmHg, 30℃를 기준으로 구하시오.

① 연소반응식 ② 필요한 산소의 부피

정답 ① ②

11. 표준상태에서 탄소 100kg을 완전 연소시키면 몇 ㎥의 산소가 필요한지 구하시오.

① 계산과정 ② 답

정답 【계산과정】

【답】

12. 탄소 100kg을 완전 연소시키려면 표준상태에서 몇 ㎥ 공기가 필요한지 구하시오. (단, 공기는 질소 79vol%, 산소 21vol%로 되어 있다.)

① 계산과정 ② 답

정답 【계산과정】

【답】

13. 아연분에 대해 다음 각 물음에 답하시오.

① 공기 중 수분에 의한 화학반응식을 쓰시오.

② 염산과 반응할 경우 발생기체는 무엇인가?

정답 ① ②

14. 원자량이 약 24이고, 은백색의 광택이 나는 가벼운 금속이며 산과 작용하여 수소를 발생하는 제2류 위험물의 물질명을 쓰고, 그 물질과 염산과의 화학반응식을 쓰시오.

① 물질명 ② 반응식

정답

① ②

15. 마그네슘분말과 물의 반응식을 쓰시오.

정답

16. 알루미늄 분말이 고온의 물과 반응하여 수소기체를 발생시키는 화학반응식을 쓰시오.

정답

17. 다음 제2류 위험물의 지정수량을 각각 쓰시오.

① 황화린 ② 철분

정답

① ②

18. 황과 적린에 대한 물음이다. 다음 각 물음에 답을 쓰시오.

① 황이 연소 시 발생되는 기체의 명칭을 쓰시오.

② 적린이 연소 시 발생되는 기체를 화학식으로 쓰시오.

정답

① ②

19. 보기의 위험물 중 제2류 위험물만 골라 기호로 적으시오.

[보기]

A(황), B(적린), C(질산은), D(과산화나트륨)

정답

20. 황의 연소 반응식을 쓰시오.

정답

21. 제2류 위험물에 대한 다음 각 물음에 답하시오.

① 제2류 위험물 중 적색의 분말이 연소 시 오산화인을 발생하는 위험물의 명칭을 쓰시오.

② "①"에서 답한 물질의 연소반응식을 쓰시오.

정답 ① ②

22. 금, 아연, 마그네슘 중 이온화 경향이 가장 큰 물질과 ① 염산의 반응식과 ② 물과의 반응식을 적으시오.

정답 ① ②

23. 마그네슘, 구리, 아연에 대한 각 물음에 답하시오.

① 위험물의 분류 중 금속분에 해당하지 않으며 온수와 반응하여 수소기체를 발생하는 물질의 명칭을 쓰시오.

② "①"에 해당하는 물질이 온수와 반응하여 수소기체가 발생하는 반응식을 쓰시오.

정답 ① ②

정답

01 ① $P_4S_3 + 8O_2 \rightarrow 2P_2O_5 + 3SO_2$ ② $2P_2S_5 + 15O_2 \rightarrow 2P_2O_5 + 10SO_2$

02 황화수소 또는 H_2S [풀이] $P_2S_5 + 8H_2O \rightarrow 5H_2S + 2H_3PO_4$

03 P_2O_5 [풀이] $4P + 5O_2 \rightarrow 2P_2O_5$

04 오산화린 또는 P_2O_5 [풀이] 삼황화린 : $P_4S_3 + 8O_2 \rightarrow 2P_2O_5 + 3SO_2$

적린 : $4P + 5O_2 \rightarrow 2P_2O_5$

05 사방황

06 ① 60 ② 불연성물질 ③ 수분

07 황화수소 또는 H_2S [풀이] $S + H_2 \rightarrow H_2S$

08 ① $P_4S_3 + 8O_2 \rightarrow 2P_2O_5 + 3SO_2$ ② $4Al + 3O_2 \rightarrow 2Al_2O_3$ ③ $S + O_2 \rightarrow SO_2$

09 ① $x = \frac{1000 \times 22.4}{32} = 700L$ ∴ 이론공기량 = $\frac{700}{0.21} = 3333.33L$ ② 3333.33L

[풀이] $S + O_2 \rightarrow SO_2$

1000g xL

32g 22.4L

$x = \frac{1000 \times 22.4}{32} = 700L$, 이론공기량 = $\frac{700}{0.21} = 3333.33L$

10 ① $C + O_2 \rightarrow CO_2$ ② 계산과정 : $\frac{750}{760} \times x = \frac{12}{12} \times 0.082 \times (273+30)$, 답 : $25.18m^3$

[풀이] $C + O_2 \rightarrow CO_2$

PV = nRT 적용, 1기압 = 760mmHg, $\frac{750}{760} \times x = \frac{12}{12} \times 0.082 \times (273 + 30)$

$x = 25.18m^3$

[다른 방법] $22.4m^3 \times \frac{(273+30)K}{273K} \times \frac{760mmHg}{750mmHg} = 25.19m^3$

11 계산과정 : $1 \times x = \frac{100}{12} \times 0.082 \times 273$, 답 $186.55m^3$

12 계산과정 : $1 \times x = \frac{100}{12} \times 0.082 \times 273 \times \frac{1}{0.21}$, 답 : $888.33m^3$

13 ① $Zn + 2H_2O \rightarrow Zn(OH)_2 + H_2$ ② 수소 또는 H_2

14 ① 마그네슘(Mg) ② $Mg + 2HCl \rightarrow MgCl_2 + H_2$

15 $Mg + 2H_2O \rightarrow Mg(OH)_2 + H_2$

16 $2Al + 6H_2O \rightarrow 2Al(OH)_3 + 3H_2$

17 ① 100kg, ② 500kg

18 ① 이산화황 ② P_2O_5 또는 오산화인

19 ① A, B [풀이] C(질산은), D(과산화나트륨) : 제1류 위험물

20 $S + O_2 \rightarrow SO_2$

21 ① 적린 ② $4P + 5O_2 \rightarrow 2P_2O_5$

22 ① $Mg + 2HCl \rightarrow MgCl_2 + H_2$ ② $Mg + 2H_2O \rightarrow Mg(OH)_2 + H_2$

[풀이] 이온화 경향 순서 : 마그네슘(Mg) 〉 아연(Zn) 〉 금(Au)

23 ① 마그네슘(Mg) ② $Mg + 2H_2O \rightarrow Mg(OH)_2 + H_2$

4) 제3류 위험물

제3류 위험물(자연발화성 물질 및 금수성 물질)

위험등급	품명	지정수량	물질명 및 화학식	소화방법
I	칼륨	10kg	칼륨(K)	금수성이므로 팽창질석, 팽창진주암, 건조사, 탄산수소염류분말소화설비
	나트륨		나트륨(Na)	
	알킬알루미늄		트리메틸알루미늄 [$(CH_3)_3Al$]	
			트리에틸알루미늄 [$(C_2H_5)_3Al$]	
	알킬리튬		메틸리튬(CH_3Li)	
			에틸리튬(C_2H_5Li)	
	황린	20kg	황린(P_4)	수계소화설비로 주수소화
II	알칼리금속(K, Na 제외) 및 알칼리토금속	50kg	리튬(Li)	금수성이므로 팽창질석, 팽창진주암, 건조사, 탄산수소염류분말소화설비
			루비듐(Rb)	
			칼슘(Ca)	
	유기금속화합물(알킬알루미늄, 알킬리튬 제외)		트리에틸칼륨, 트리에틸인듐, 디에틸아연 등	
III	금속인화합물	300kg	인화칼슘(Ca_3P_2) = 인화석회	
			인화알루미늄(AlP)	
			인화아연(Zn_3P_2)	
	칼슘 또는 알루미늄의 탄화물		탄화칼슘(CaC_2) = 카바이드	
			탄화알루미늄(Al_4C_3)	
			탄화망간(Mn_3C)	
			탄화마그네슘(MgC_2)	
			탄화나트륨(Na_2C_2)	
	수소화금속화합물		수소화나트륨(NaH)	
			수소화칼륨(KH)	
			수소화리튬(LiH)	
			수소화칼슘(CaH_2)	
			수소화알루미늄리튬($LiAlH_4$)	

칼륨(I 등급, 10kg)	
칼륨(K)	• 은백색의 광택이 있는 경금속이다. 칼로 잘리는 무른 금속이다. 원자량은 39, 비중은 약 0.86이다. • 공기와의 접촉을 막기 위하여 보호액으로 등유, 경유, 유동성 파라핀, 벤젠 등에 보관한다. • 물과 반응 시 수산화칼륨 고체와 수소 기체를 발생한다.

	• $K + H_2O \rightarrow KOH + 1/2H_2$ • 에틸알코올과 반응 시 칼륨에틸레이트와 수소 기체를 발생한다. • $K + C_2H_5OH \rightarrow C_2H_5OK + 1/2H_2$ • 이산화탄소와 반응 시 폭발반응을 한다. $4K + 3CO_2 \rightarrow 2K_2CO_3 + C$ • 공기 중 연소하여 산화칼륨을 생성한다. $4K + O_2 \rightarrow 2K_2O$
나트륨(Ⅰ등급, 10kg)	
나트륨(Na)	• 은백색의 무른 경금속으로, 불꽃 반응 시 노란색을 띤다. • 공기와의 접촉을 막기 위하여 보호액으로 등유, 경유, 유동성 파라핀, 벤젠 등에 보관한다. • 물과 반응 시 수산화나트륨 고체와 수소 기체를 발생한다. • $Na + H_2O \rightarrow NaOH + 1/2H_2$ • 에틸알코올과 반응 시 나트륨에틸레이트와 수소 기체를 발생한다. • $Na + C_2H_5OH \rightarrow C_2H_5ONa + 1/2H_2$ • 이산화탄소와 반응 시 폭발반응을 한다. $4Na + 3CO_2 \rightarrow 2Na_2CO_3 + C$ • 공기 중 연소하여 산화나트륨을 생성한다. $4Na + O_2 \rightarrow 2Na_2O$
알킬알루미늄(Ⅰ등급, 10kg)	
트리메틸알루미늄 $[(CH_3)_3Al]$	• 물과 반응 시 수산화알루미늄 고체와 가연성의 메탄 가스를 발생한다. • $(CH_3)_3Al + 3H_2O \rightarrow Al(OH)_3 + 3CH_4$ • 공기 중 연소하여 산화알루미늄과 물, 이산화탄소를 발생한다. • $2(CH_3)_3Al + 12O_2 \rightarrow 6CO_2 + 9H_2O + Al_2O_3$
트리에틸알루미늄 $[(C_2H_5)_3Al]$	• 물과 반응 시 수산화알루미늄 고체와 가연성의 에탄 가스를 발생한다. • $(C_2H_5)_3Al + 3H_2O \rightarrow Al(OH)_3 + 3C_2H_6$ • 에탄 가스의 연소 반응식 : $C_2H_6 + 3.5O_2 \rightarrow 2CO_2 + 3H_2O$ • 공기 중 연소하여 산화알루미늄과 물, 이산화탄소를 발생한다. • $2(C_2H_5)_3Al + 21O_2 \rightarrow 1_2CO_2 + 15H_2O + Al_2O_3$
알킬리튬(Ⅰ등급, 10kg)	
메틸리튬(CH_3Li)	물과 반응 시 수산화리튬 고체와 가연성의 메탄 가스를 발생한다. $CH_3Li + H_2O \rightarrow LiOH + CH_4$
에틸리튬(C_2H_5Li)	물과 반응 시 수산화리튬 고체와 가연성의 에탄 가스를 발생한다. $C_2H_5Li + H_2O \rightarrow LiOH + C_2H_6$
부틸리튬(C_4H_9Li)	물과 반응 시 수산화리튬 고체와 가연성의 부탄 가스를 발생한다. $C_4H_9Li + H_2O \rightarrow LiOH + C_4H_{10}$

황린(Ⅰ등급, 20kg)	
황린(P_4)	• 착화점은 약 30℃의 백색 또는 담황색 고체이며 마늘냄새가 나는 맹독성 물질이다. • 포스핀(PH_3)의 생성 방지를 위해 pH 9의 물에 저장한다. • 연소하여 백색 기체인 오산화인을 발생한다. $P_4 + 5O_2 \rightarrow 2P_2O_5$
알칼리금속(K, Na 제외) 및 알칼리토금속(Ⅱ등급, 50kg)	
리튬(Li)	• 은백색의 무른 경금속의 알칼리금속으로, 불꽃 반응 시 적색을 띤다. • 보호액으로 등유, 경유, 유동성 파라핀, 벤젠 등에 보관한다. • 물과 반응 시 수산화리튬 고체와 수소 기체를 발생한다. $Li + H_2O \rightarrow LiOH + 1/2H_2$
루비듐(Rb)	은백색의 무른 경금속의 알칼리금속으로, 불꽃 반응 시 적색을 띤다.
칼슘(Ca)	• 은백색의 알칼리토금속으로 불꽃 반응 시 주황색을 띤다. • 물과 반응 시 수산화칼슘 고체와 수소 기체를 발생한다. $Ca + 2H_2O \rightarrow Ca(OH)_2 + H_2$ (발열반응)
유기금속화합물(알킬알루미늄 및 알킬리튬 제외)(Ⅱ등급, 50kg)	
금속수소화물(Ⅲ등급, 300kg)	
수소화리튬(LiH)	• 물과 반응하여 수산화리튬 고체와 수소 가스를 발생한다. $LiH + H_2O \rightarrow LiOH + H_2$
수소화나트륨(NaH)	• 물과 반응하여 수산화나트륨 고체와 수소 가스를 발생한다. $NaH + H_2O \rightarrow NaOH + H_2$ • 수소 가스의 연소범위 : 4 ~ 75%
수소화칼륨(KH)	• 물과 반응하여 수산화나트륨 고체와 수소 가스를 발생한다. $KH + H_2O \rightarrow KOH + H_2$
수소화칼슘(CaH_2)	• 물과 반응하여 수산화칼슘 고체와 수소 가스를 발생한다. $CaH_2 + 2H_2O \rightarrow Ca(OH)_2 + 2H_2$
수소화알루미늄리튬($LiAlH_4$)	• 회백색의 분말로 물과 반응하여 수소기체를 발생한다.
금속인화합물(Ⅲ등급, 300kg)	
인화칼슘(Ca_3P_2) (인화석회)	• 적갈색의 고체로 분자량이 182, 비중은 약 2.5이다. • 물과 반응하여 수산화칼슘 고체와 유독성의 포스핀(인화수소) 가스를 발생한다. • $Ca_3P_2 + H_2O \rightarrow 3Ca(OH)_2 + 2PH_3$
인화알루미늄(AlP)	• 물과 반응하여 수산화알루미늄과 유독성의 포스핀(인화수소) 가스를 발생한다. • $AlP + 3H_2O \rightarrow Al(OH)_3 + PH_3$
인화아연(Zn_3P_2)	• 물과 반응하여 수산화아연과 유독성의 포스핀 가스를 발생한다.
칼슘 또는 알루미늄의 탄화물(Ⅲ등급, 300kg)	

탄화칼슘(CaC_2)	◦ 물과 반응하여 아세틸렌 가스를 발생시키며 고온으로 가열하면 질소와 반응하여 칼슘시안아미드(석회질소, $CaCN_2$)를 발생하는 물질 ◦ $CaC_2 + N_2 \rightarrow CaCN_2 + C$ ◦ 물과 반응하여 수산화알루미늄과 아세틸렌 가스를 발생한다. ◦ $CaC_2 + 2H_2O \rightarrow Ca(OH)_2 + C_2H_2$ ◦ 아세틸렌 연소범위 : 2.5 ~ 81% ◦ 백색의 결정으로 시판품은 흑회색의 불규칙한 형태의 고체로, 칼슘카바이트라고도 한다.
탄화알루미늄(Al_4C_3)	◦ 물과 반응하여 수산화알루미늄과 메탄 가스를 발생한다. $Al_4C_3 + 12H_2O \rightarrow 4Al(OH)_3 + 3CH_4$
탄화망간(Mn_3C)	◦ 물과 반응하여 메탄 가스와 수소 가스를 발생한다. $Mn_3C + 6H_2O \rightarrow 3Mn(OH)_2 + CH_4 + H_2$
탄화나트륨(Na_2C_2)	◦ 물과 반응하여 수산화나트륨과 아세틸렌 가스를 발생한다.
탄화마그네슘(MgC_2)	◦ 물과 반응하여 수산화마그네슘과 아세틸렌 가스를 발생한다.

연습문제-제3류 위험물

01. 칼륨이 물과 에탄올이 반응하는 화학반응식을 쓰시오.

정답

02. 다음 반응식을 쓰시오.

① 칼륨과 산소의 연소식 ② 칼륨과 물의 반응식 ③ 칼륨과 이산화탄소 반응식

정답 ① ② ③

03. 금속나트륨과 에틸알코올이 반응하여 수소를 발생하는 화학반응식을 쓰시오.

정답

04. 다음에서 설명하는 위험물의 완전연소반응식을 쓰시오.

- 은백색의 광택이 있는 경금속이다.
- 칼로 잘리는 무른 금속이다.
- 원자량은 39, 비중은 약 0.86 이다.

정답

05. Na에 대하여 다음의 물음에 답하시오.

① 물과 반응하였을 때 발생하는 기체를 화학식으로 쓰시오. ② 완전 연소반응식을 쓰시오.

정답

①   ②

06. 금속나트륨이 물과 반응하여 생성되는 물질을 모두 쓰시오.

정답

07. 황린의 연소반응식을 작성하고 생성되는 물질의 명칭을 쓰시오.

① 반응식 ② 생성물질

정답

①   ②

08. 위험물안전관리법령상 제3류 위험물 중 위험등급 I 에 해당하는 품명 중 3가지만 쓰시오.

정답

09. 트리에틸알루미늄과 부틸리튬의 화학식을 쓰시오.

① 트리에틸알루미늄 ② 부틸리튬

정답

①   ②

10. 트리에틸알루미늄 화재 시 주수를 하면 연소 및 폭발의 위험성이 더 커진다. 다음 각 물음에 답하시오.

① 물과의 화학반응식을 쓰시오. ② 문제 "①"의 반응을 통해 발생한 가연성 기체의 완전연소반응식을 쓰시오.

정답

①   ②

11. 제3류 위험물 중 황린의 지정수량을 쓰시오.

정답

12. 수소화나트륨이 습한 공기 중에서 물과 반응하여 수소기체를 발생하는 반응식을 쓰고, 수소기체의 연소범위를 쓰시오.

① 반응식 ② 연소범위(%)

정답

① ②

13. 수소화리튬을 약 400℃로 가열하여 분해하면 생성되는 물질 2가지를 화학식으로 쓰시오.

정답

14. 탄화칼슘 1mol과 물 2mol이 반응할 때 생성되는 기체를 쓰고 그 기체는 표준상태를 기준으로 몇 L가 생성되는지 구하시오.

① 생성기체 ② 생성량(L)

정답

① ②

15. 탄화칼슘이 물과 반응하였을 때 생성되는 물질을 모두 쓰시오.

정답

16. 탄화칼슘 320g이 물과 반응할 때 생성되는 가스의 부피(L)를 구하시오 (단, 칼슘의 원자량은 40)

정답

17. 다음 제3류 위험물이 물과 접촉할 때 가연성 가스를 발생하는 화학반응식을 쓰시오.

① 탄화칼슘 ② 금속칼륨 ③ 탄화알루미늄

정답

① ② ③

18. 탄화알루미늄이 물과 반응하였을 때 발생하는 가스를 화학식으로 쓰시오.

정답

19. 제3류 위험물 중 위험등급 Ⅲ에 해당하는 품명은 지정수량이 얼마인지 쓰시오.

정답

20. 다음 [보기]에서 설명하는 제3류 위험물의 명칭을 쓰고, 이 물질과 물과의 화학반응식을 쓰시오.

[보기]

- 적갈색의 고체이다.
- 물 및 산과 반응한다.
- 지정수량은 300kg이다.
- 물과 반응할 때 인화수소를 발생한다.
- 비중은 약 2.5이다.

① 위험물명　　② 물과의 화학반응식

정답 ①　　②

21. 인화칼슘이 물과 반응하여 생성되는 물질 2가지를 쓰시오.

정답 ①　　②

22. 제3류 위험물로 분자량이 182이고 물 또는 산과 반응하여 인화수소를 발생시키는 위험물 무엇인지 쓰시오.

정답

23. 위험물안전관리법령상 제3류 위험물 중 위험등급 Ⅰ에 해당하는 품명 중 3가지만 쓰시오.

정답

24. 제3류 위험물인 나트륨에 대한 각 물음에 답하시오.

① 나트륨과 물의 반응식을 쓰시오.

② 나트륨을 저장 또는 취급하는 주의사항 표시와 게시판의 색을 쓰시오.

정답 ①　　②

25. 칼륨과 이산화탄소가 반응 시 폭발하는 반응식을 쓰시오.

정답

26. 칼륨의 보호액을 1가지 쓰시오.

정답

27. 탄화칼슘과 물의 반응식을 쓰고, 이 때 생성되는 기체의 연소범위를 쓰시오.

① 반응식　　② 연소범위

정답
①
②

28. 보기의 물질에 대한 각 물음에 답을 쓰시오.

[보기] A : BaO_2, B : CaC_2, C : Na, D : K

① 위험물의 유별이 다른 것을 기호로 쓰시오.　　② 물질 B와 물과의 화학반응식을 쓰시오.

정답
①
②

정답

01 ① $K + H_2O \rightarrow KOH + 1/2H_2$　　② $K + C_2H_5OH \rightarrow C_2H_5OK + 1/2H_2$
[풀이] 금수성 물질인 칼륨(K)은 물, 에탄올, 산과 반응하여 가연성의 수소 기체를 발생한다.

02 ① $4K + O_2 \rightarrow 2K_2O$　② $2K + 2H_2O \rightarrow 2KOH + H_2$　③ $4K + 3CO_2 \rightarrow 2K_2CO_3 + C$

03 $2Na + 2C_2H_5OH \rightarrow 2C_2H_5ONa + H_2$

04 $4K + O_2 \rightarrow 2K_2O$

05 ① H_2　② $4Na + O_2 \rightarrow 2Na_2O$

06 수산화나트륨, 수소 또는 $NaOH + H_2$　　[풀이] $2Na + 2H_2O \rightarrow 2NaOH + H_2$

07 ① $P_4 + 5O_2 \rightarrow 2P_2O_5$　　② 오산화인 또는 P_2O_5

08 칼륨, 나트륨, 알킬리튬, 알킬알루미늄, 황린 중 3가지

09 ① $(C_2H_5)_3Al$　　② $(C_4H_9)Li$

10 ① $(C_2H_5)_3Al + 3H_2O \rightarrow Al(OH)_3 + 3C_2H_6$　　② $C_2H_6 + 3.5O_2 \rightarrow 2CO_2 + 3H_2O$

11 20㎏　　[풀이] 황린(P_4)은 제3류 위험물 중 위험등급 I 으로 지정수량은 20㎏이다.

12 ① $NaH + H_2O \rightarrow NaOH + H_2$　　② 4 ~ 75%

13 LiOH, H_2　　[풀이] $LiH + H_2O \rightarrow LiOH + H_2$

14 ① 아세틸렌　　② 22.4L　　[풀이] $CaC_2 + 2H_2O \rightarrow Ca(OH)_2 + C_2H_2$
표준상태에서 기체 1몰의 부피는 22.4L이므로 아세틸렌(C_2H_2)이 22.4L 발생한다.

15 수산화칼슘 또는 $Ca(OH)_2$, 아세틸렌 또는 C_2H_2

16 계산과정 : $1 \times x = \frac{320}{64} \times 0.082 \times 273$, 답 : 111.93L
[풀이] $CaC_2 + 2H_2O \rightarrow Ca(OH)_2 + C_2H_2$,　　CaC_2 분자량 : 40 + 12 + 12 = 64

$PV = nRT$ 적용, $1 \times x = \frac{320}{64} \times 0.082 \times 273$, $x = 111.93L$

[다른 방법]

$CaC_2 + 2H_2O \rightarrow Ca(OH)_2 + C_2H_2$

320g x

64g 22.4L

$$x = \frac{320 \times 22.4}{64} = 112L$$

17 ① $CaC_2 + 2H_2O \rightarrow Ca(OH)_2 + C_2H_2$ ② $2K + 2H_2O \rightarrow 2KOH + H_2$
③ $Al_4C_3 + 12H_2O \rightarrow 4Al(OH)_3 + 3CH_4$

18 CH_4 [풀이] $Al_4C_3 + 12H_2O \rightarrow 4Al(OH)_3 + 3CH_4$

19 300㎏ [풀이] 제3류 위험물 중 위험등급 Ⅲ에 해당하는 물질은 NaH, Ca_3P_2, AlP, CaC_2 등이 있으며 지정수량은 모두 300㎏이다.

20 ① 인화칼슘 또는 인화석회 또는 Ca_3P_2 / ② $Ca_3P_2 + 6H_2O \rightarrow 3Ca(OH)_2 + 2PH_3$

21 수산화칼슘 또는 $Ca(OH)_2$, 포스핀 또는 PH_3

22 인화칼슘 또는 인화석회 또는 Ca_3P_2

23 칼륨, 나트륨, 알킬알루미늄, 알킬리튬, 황린 중 3가지

24 ① $2Na + 2H_2O \rightarrow 2NaOH + H_2$ ② 주의사항 : 물기엄금, 청색바탕 백색문자

25 $4K + 3CO_2 \rightarrow 2K_2CO_3 + C$

26 석유, 등유, 경유, 벤젠, 유동성 파라핀 등 중에서 1가지

27 ① $C_2H_2 + 2H_2O \rightarrow Ca(OH)_2 + C_2H_2$ ② 2.5 ~ 81%

28 ① A ② $CaC_2 + 2H_2O \rightarrow Ca(OH)_2 + C_2H_2$

5) 제4류 위험물

【제4류 위험물(인화성 액체)】

위험등급	품명		지정수량	물질명 및 화학식	소화방법
Ⅰ	특수인화물 (인화점 -21℃ 미만)	비수용성	50L	디에틸에테르($C_2H_5OC_2H_5$)	가스계 소화설비로 질식소화가 적합
				이황화탄소(CS_2)	
		수용성		아세트알데히드(CH_3CHO)	
				산화프로필렌(CH_3CH_2CHO)	
Ⅱ	제1석유류 (인화점 21℃ 미만)	비수용성	200L	휘발유(가솔린) C_5~C_9	
				벤젠(C_6H_6)	
				톨루엔($C_6H_5CH_3$)	
				메틸에틸케톤($CH_3COC_2H_5$)	
				시클로헥산(C_6H_{12})	
				초산메틸, 초산에틸	
		수용성	400L	아세톤(CH_3COCH_3)	
				피리딘(C_5H_5N)	
				시안화수소(HCN)	
				포름산메틸, 포름산에틸	
	알코올류		400L	메틸알코올(CH_3OH)	
				에틸알코올(C_2H_5OH)	
				프로필알코올(C_3H_7OH)	
Ⅲ	제2석유류 (인화점 21℃ 이상 70℃ 미만)	비수용성	1,000L	등유	
				경유	
				클로로벤젠(C_6H_5Cl)	
				스티렌	
				자일렌(=크실렌)	
		수용성	2,000L	초산(CH_3COOH)	
				포름산(HCOOH)	

				히드라진(N_2H_4)	
				아크릴산(CH_2=CHCOOH)	
	제3석유류 (인화점 70℃ 이상 200℃ 미만)	비수용성	2,000L	중유	
				클레오소트유	
				니트로벤젠($C_6H_5NO_2$)	
				니트로톨루엔($C_6H_5CH_3$)	
				아닐린($C_6H_5NH_2$)	
		수용성	4,000L	에틸렌글리콜[$C_2H_4(OH)_2$]	
				글리세린[$C_3H_5(OH)_3$]	
	제4석유류 (인화점 200℃ 이상 250℃ 미만)		6,000L	윤활유	
				기어유	
				실린더유	
				기계유	
	동·식물유류 (인화점 250℃ 미만)		10,000L	건성유(요오드가 130 이상)	
				반건성유(요오드가 100초과~130미만)	
				불건성유(요오드가 100 이하)	

【인화점에 따른 품명 분류】

- 특수인화물 : 1기압에서 인화점이 -20℃ 이하, 비점이 40℃ 이하 또는 발화점이 100℃ 이하인 것
- 제1석유류 : 1기압에서 인화점이 21℃ 미만인 것
- 제2석유류 : 1기압에서 인화점이 21℃ 이상 70℃ 미만인 것
- 제3석유류 : 1기압에서 인화점이 70℃ 이상 200℃ 미만인 것
- 제4석유류 : 1기압에서 인화점이 200℃ 이상 250℃ 미만인 것
- 동·식물유류 : 1기압에서 인화점이 250℃ 미만인 것

특수인화물(Ⅰ등급, 50L) : 이황화탄소, 디에틸에테르, 그 밖에 1기압에서 발화점이 섭씨 100도 이하인 것 또는 인화점이 섭씨 영하 20도 이하이고 비점이 섭씨 40도 이하인 것을 말한다.

디에틸에테르 ($C_2H_5OC_2H_5$)	인화점 -45℃, 착화점 180℃, 연소범위 1.9~48%, 비점 : 35℃, 비중 0.71 증기비중 : $\frac{분자량}{29} = \frac{74}{29} = 2.55$

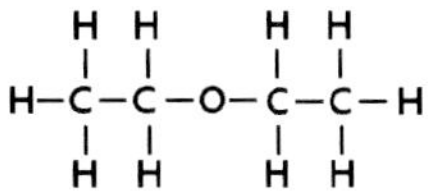 에테르 일반식 R–O–R	위험도 : $\dfrac{\text{연소범위 상한} - \text{연소범위 하한}}{\text{연소범위 하한}} = \dfrac{48-1.9}{1.9} = 24.26$ 물에 녹기 어려우며, 알코올에 잘 녹는다. 공기와 장시간 접촉하거나 직사일광에 분해되면 폭발성의 과산화물을 생성한다.→10% 요오드화칼륨(KI) 수용액으로 과산화물의 생성을 검출 및 확인할 수 있다. 에탄올 두 분자에서 물이 빠지면서 축합반응이 일어나 생성되는 물질이다.
이황화탄소 (CS_2)	순수한 것은 무색 투명한 액체로 자극성의 냄새를 가지며, 빛에 의해 분해되어 황색이 될 수 있다. 인화점 -30℃, 착화점 100℃, 연소범위 1~44%, 비중 1.26(물보다 무겁다.) 가연성 증기의 발생을 억제하기 위하여 수조(물속)에 저장한다. (수조의 두께 : 0.2m 이상), 물에 녹지 않고 물보다 무거워 물속에 저장할 수 있다. 제4류 위험물 중 착화온도(100℃)가 가장 낮다. 비스코스레이온의 원료이다. 연소 시 유독한 아황산가스(이산화황)와 이산화탄소를 발생시킨다. $CS_2 + 3O_2 \rightarrow 2SO_2 + CO_2$ 고온의 열수와 반응하여 황화수소를 발생시킨다. $CS_2 + 2H_2O \rightarrow 2H_2S + CO_2$
아세트알데히드 (CH_3CHO) 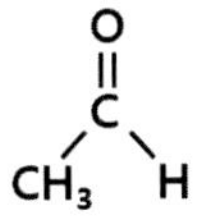	인화점 -38℃, 착화점 185℃, 연소범위 4.1~57%, 비점 21℃, 비중 0.78 물에 잘 녹는(수용성) 무색 투명한 액체로 자극성의 냄새를 갖는다. 수용성이기 때문에 화재 시 물로 희석 소화가 가능하다. 저장 시 구리, 마그네슘, 은, 수은 및 합금용기는 절대 금한다. 저장용기에는 불활성의 가스(N_2) 또는 수증기를 봉입시킨다. 보냉장치를 사용해 저장실의 온도를 비점(21℃) 이하로 유지시킨다.
산화프로필렌 (CH_3CH_2CHO) 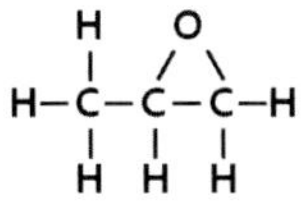	인화점 -37℃, 착화점 465℃, 연소범위 2.5~38.5%, 비점 34℃, 비중 0.83 무색 투명한 휘발성이 강한 액체로 에테르향의 냄새를 가진다. 증기압이 높으므로 상온에서 위험한 농도까지 도달할 수 있다. 물, 알코올, 에테르, 벤젠 등에 잘 녹는다. 저장 시 구리, 마그네슘, 은, 수은 및 합금용기는 절대 금한다. 저장용기에는 불활성의 가스(N_2) 또는 수증기를 봉입시킨다.

제1석유류(Ⅱ등급, 비수용성 200L) : 아세톤, 휘발유 그 밖에 1기압에서 인화점이 섭씨 21도 미만인 것을 말한다.

벤젠(C_6H_6) 	인화점 -11℃, 융점 5.5℃, 착화점 562℃, 연소범위 1.4~7.1%, 비점 80℃, 비중 0.879, 무색 투명한 향을 갖는 액체이다. 분자량이 78이며 마취성이 있는 물질이다. 물에 녹지 않고, 알코올 및 에테르에 녹는다. 방향족 탄화수소이다. 연소 반응식 : $C_6H_6 + 7.5O_2 \rightarrow 6CO_2 + 3H_2O$

<u>톨루엔($C_6H_5CH_3$)</u> 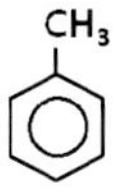	• 인화점 4℃, 착화점 552℃, 비중 0.86, 무색 투명한 휘발성 액체이다. • 진한 질산과 진한 황산으로 니트로화하면 TNT(트리니트로톨루엔)가 된다. • 방향족 탄화수소이다. • 벤젠의 수소원자 하나가 메틸기로 치환된 것이다. 방향족 탄화수소 BTX "B" : 벤젠(C_6H_6) "T" : 톨루엔($C_6H_5CH_3$) "X" : 자일렌[$C_6H_4(CH_3)_2$]
<u>휘발유(가솔린)</u> (C_5 ~ C_9)	• 인화점 -43℃~-20℃, 착화점 약 300℃, 연소범위 1.4~7.6%, 증기비중 3~4, 비점 30℃~210℃ • $\text{옥탄가} = \frac{\text{이소옥탄}}{\text{이소옥탄} + \text{노말헵탄}} \times 100$
메틸에틸케톤 ($CH_3COC_2H_5$) 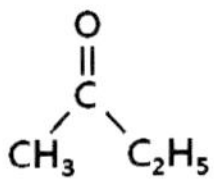	
시클로헥산(C_6H_{12}) 	고리형 분자구조이지만 지방족 탄화수소 화합물이다.
초산메틸(아세트산메틸) (Methyl Acetate) (CH_3COOCH_3) 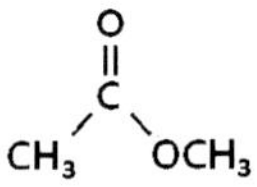	
초산에틸(아세트산에틸) ($CH_3COOC_2H_5$) 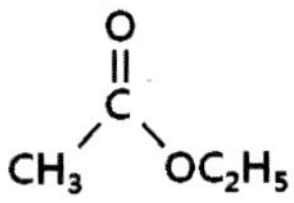	인화점 -4℃

제1석유류(Ⅱ등급, 수용성 400L) : 인화성액체 중 수용성액체란 <u>온도 20℃, 1기압</u>에서 동일한 양의 증류수와 완만하게 혼합하여, 혼합액의 유동이 멈춘 후 당해 혼합액이 균일한 외관을 유지하는 것을 말한다.

<u>아세톤(CH_3COCH_3)</u>	• 인화점 -18℃, 착화점 538℃, 연소범위 2.6 ~ 12.8%, 비점 56.5℃

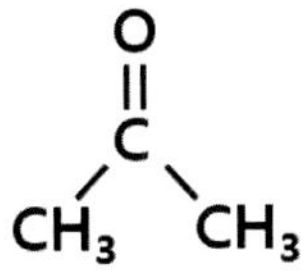	• 분자량이 약 58이고, 일광에 의해 분해하여 과산화물을 생성하고, 피부 접촉 시 탈지작용이 일어난다. • 화재 시 주수소화 : 아세톤은 수용성으로 물과 섞이며 소화가 되는 반면에, 벤젠은 비수용성으로 물보다 가벼워 소화되지 않고 오히려 연소면이 확대된다. • 물, 에테르, 알코올 등에 잘 녹는다. • 요오드포름 반응을 한다. • 연소반응 : $CH_3COCH_3 + 4O_2 \rightarrow 3CO_2 + 3H_2O$
피리딘(C_5H_5N) 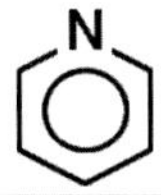	• 인화점 20℃, 착화점 482℃, 비중 0.98 • 순수한 것은 무색 투명한 액체이며, 자극성의 냄새를 갖는다. • 약알칼리성을 나타낸다.

알코올류(Ⅱ등급, 400L) : 1분자를 구성하는 탄소 원자의 수가 1개부터 3개까지인 포화 1가 알코올(변성알코올을 포함)로서 함유량이 60중량% 이상인 것

다음에 해당하는 경우 위험물에서 제외한다.

가. 1분자를 구성하는 탄소원자의 수가 1개 내지 3개의 포화 1가 알코올의 함유량이 60중량퍼센트 미만인 수용액

나. 가연성액체량이 60중량퍼센트 미만이고 인화점 및 연소점이 에틸알코올 60중량퍼센트 수용액의 인화점 및 연소점을 초과하는 것

[알코올의 산화반응]

1. 1차 알코올 $\underset{\text{환원}}{\overset{\text{산화}}{\rightleftarrows}}$ 알데히드 $\underset{\text{환원}}{\overset{\text{산화}}{\rightleftarrows}}$ 카복실산
2. 2차 알코올 $\underset{\text{환원}}{\overset{\text{산화}}{\rightleftarrows}}$ 케톤
3. 3차 알코올 산화·환원 반응을 할 수 없다.

메탄올(CH_3OH)	• 인화점 11℃, 착화점 464℃, 연소범위 7.3~36% • 무색 투명하고 휘발성이 강하다. • 최종산화물은 의산(포름산)이다. • 산화반응 : 메탄올 → 포름알데히드(HCHO) → 포름산(HCOOH)
에탄올(C_2H_5OH)	• 인화점 13℃, 착화점 423℃, 연소범위 4.3~19%, 증기비중 1.59 • 무색 투명한 액체로 술의 원료이다. • 최종산화물은 아세트산(초산)이다. • 산화반응: 에탄올→아세트알데히드(CH_3CHO)→아세트산(CH_3COOH) • 요오드포름반응을 한다. • 증기비중 : $\frac{\text{분자량}}{29} = \frac{46}{29} = 1.59$ • 증기밀도 = $\frac{\text{분자량 g}}{22.4\text{L}} = \frac{46}{22.4} = 2.05\text{g/L}$ C_2H_5OH 분자량 : $(12\times2) + (1\times5) + 16 + 1 = 46$

	표준상태가 아닌 30℃인 경우에는 온도를 보정하여 계산한다. $\frac{46}{22.4} \times \frac{273}{(273+30)} = 1.85g/L$ 에탄올 두 분자에서 물이 빠지면서 축합반응이 일어나 디에틸에테르($C_2H_5OC_2H_5$)를 생성할 수 있다.
이소프로필알코올 $(CH_3)_2CHOH$	

제2석유류(Ⅲ등급, 비수용성 1,000L) : 등유, 경유 그 밖에 1기압에서 인화점이 섭씨 21도 이상 70도 미만인 것을 말한다. 다만, 도료류 그 밖의 물품에 있어서 가연성 액체량이 40중량퍼센트 이하이면서 인화점이 섭씨 40도 이상인 동시에 연소점이 섭씨 60도 이상인 것은 제외한다.

등유(C_9~C_{18})	인화점 40~70℃, 착화점 220℃ 부근, 증기비중 4.5, 녹는점 약 -26℃~-48℃
경유(C_{15}~C_{20})	인화점 50~70℃, 착화점 200℃ 부근, 증기비중 4.5, 무색~연한 노란색의 액체이다. K, Na의 보호액으로 사용할 수 있다.
자일렌(=크실렌) $[C_6H_4(CH_3)_2]$	벤젠의 수소원자 2개가 메틸기(CH_3)로 치환된 것이다. 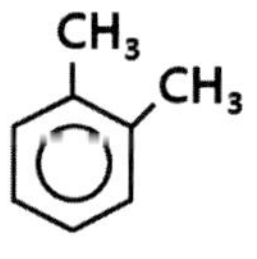 o-크실렌 (ortho-Xylen) 오르소 크실렌 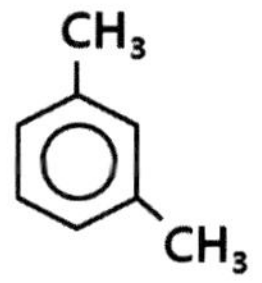 m-크실렌 (meta-Xylen) 메타 크실렌 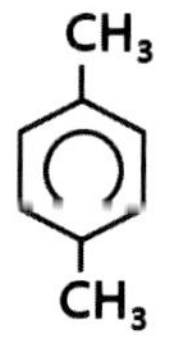 p-크실렌 (para-Xylen) 파라 크실렌
클로로벤젠(C_6H_5Cl) 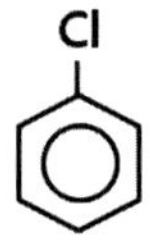	인화점 32℃, 착화점 593℃, 비중 1.11, 무색의 액체로 물보다 무겁다. 벤젠에 염소, 산소가 합쳐져서 제조된다. • C_6H_6 + HCl + $1/2O_2$ → C_6H_5Cl + H_2O • 증기비중 : $\frac{분자량}{29} = \frac{112.5}{29} = 3.88$
스티렌($C_6H_5CHCH_2$)	인화점 32℃, 착화점 490℃ 무색 액체이다. 에틸벤젠을 탈수소화하면 생성되는 물질
벤즈알데히드 (C_6H_5CHO) 	

제2석유류(Ⅲ등급, 수용성 2,000L)	
포름산(개미산, 의산) (HCOOH) 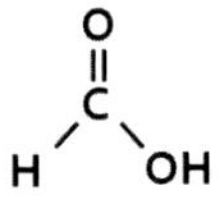	• 인화점 69℃, 착화점 601℃, 비점 100.5℃, 비중 1.218 • 무색투명한 자극성을 갖는 액체로 물보다 무겁다.
초산(=아세트산) (CH_3COOH) 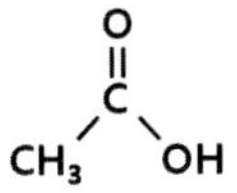	• 인화점 40℃, 착화점 427℃, 응고점 16.6℃, 비점 118.3℃, 비중 1.05 • 물보다 무겁다. • 연소반응식 : $2CH_3COOH + 4O_2 \rightarrow 4CO_2 + 4H_2O$

제3석유류(Ⅲ등급, 비수용성 2,000L) : 중유, 클레오소트유 그 밖에 1기압에서 인화점이 섭씨 70도 이상 섭씨 200도 미만인 것을 말한다. 다만, 도료류 그 밖의 물품은 가연성 액체량이 40중량퍼센트 이하인 것은 제외한다.			
중유	• 인화점 60℃ 이상 • 어두운 갈색의 점성이 있는 액체로 연소형태는 분해연소이다.		
클레오소트유	• 인화점 74℃, 비중 1.05 • 황색 또는 암록색의 액체로 독특한 냄새가 있다.		
니트로벤젠($C_6H_5NO_2$) 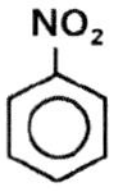	• 인화점 88℃, 착화점 482℃, 비점 211℃, 비중 1.2 • 물보다 무거운 액체이다. • 벤젠에 질산과 황산을 니트로화 반응시켜 얻을 수 있다.		
니트로톨루엔($C_6H_5CH_3$)	• 인화점 106℃, 비중 1.16 • 무색에서 노란색의 액체로 독특한 냄새가 난다.		
	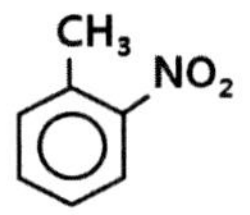 o-니트로톨루엔	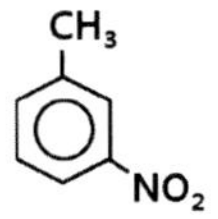 m-니트로톨루엔	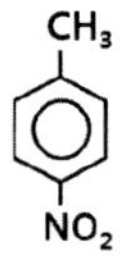 p-니트로톨루엔
아닐린($C_6H_5NH_2$) 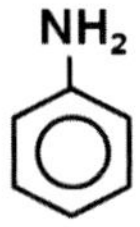	• 인화점 70℃, 착화점 538℃, 비점 184℃, 비중 1.002 • 황색 또는 담황색의 액체로 물보다 무겁다. • 니트로벤젠의 니트로기($-NO_2$)를 수소로 환원하여 제조한다. • 벤젠핵의 수소 1개가 아민기($-NH_2$) 1개와 치환된 것이다.		

제3석유류(Ⅲ등급, 수용성 4,000L) : 중유, 클레오소트유 그 밖에 1기압에서 인화점이 섭씨 70도 이상 섭씨 200도 미만인 것을 말한다. 다만, 도료류 그 밖의 물품은 가연성 액체량이 40중량퍼센트 이하인 것은 제외한다.

에틸렌글리콜 [$C_2H_4(OH)_2$] 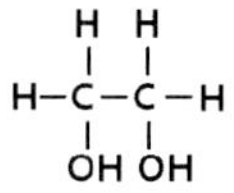	인화점 111℃, 착화점 413℃, 비중 1.11 독성이 있는 무색, 무취의 액체이다. 부동액으로 사용된다. 2가 알코올이다.
글리세린[$C_3H_5(OH)_3$] 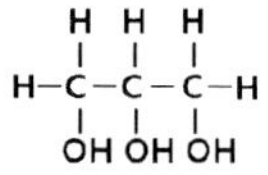	인화점 160℃, 착화점 393℃, 비중 1.26 무색, 무취의 점성이 있는 액체이다. 3가 알코올이다.

제4석유류(Ⅲ등급, 6,000L) : 기어유, 실린더유 그 밖에 1기압에서 인화점이 섭씨 200도 이상 섭씨 250도 미만의 것을 말한다. 다만 도료류 그 밖의 물품은 가연성 액체량이 40중량퍼센트 이하인 것은 제외한다.

기어유, 실린더유, 윤활유(마찰을 감소시키기 위하여 사용하는 기름), 기계유

동·식물유류(Ⅲ등급, 10,000L) : 동물의 지육 등 또는 식물의 종자나 과육으로부터 추출한 것으로서 1기압에서 인화점이 섭씨 250도 미만인 것을 말한다. 다만, 행정안전부령으로 정하는 용기기준과 수납·저장기준에 따라 수납되어 저장·보관되고 용기의 외부에 물품의 통칭명, 수량 및 화기엄금(화기엄금과 동일한 의미를 갖는 표시를 포함한다)의 표시가 있는 경우를 제외한다.

요오드값 : 유지 100g에 부가(첨가, 흡수)되는 요오드의 g수

건성유 (요오드값 130 이상)	요오드값이 클수록, 불포화결합이 많을수록 자연발화의 위험이 크다. 동식물유류 중 자연발화의 위험이 가장 크고, 불포화도가 가장 높다. 정어리유, 동유, 해바라기유, 아마인유, 들기름, 대구유
반건성유 (요오드값 100 초과 130 미만)	쌀겨기름, 면실유, 채종유, 옥수수기름, 참기름, 콩기름
불건성유 (요오드값 100 이하)	올리브유, 땅콩기름(낙화생유), 야자유, 피마자유, 돼지기름

연습문제-제4류 위험물

01. **위험물안전관리법령상 제4류 위험물의 품명 중 일부인 제1석유류, 제2석유류, 제3석유류, 제4석유류를 분류하는 기준은 무엇인지 쓰시오.**

정답

02. **다음 (   )안에 위험물안전관리법령에 따른 알맞은 품명을 쓰시오.**

(   )(이)라 함은 이황화탄소, 디에틸에테르 그 밖에 1기압에서 발화점이 섭씨 100도 이하인 것 또는 인화점이 섭씨 영하 20도 이하이고 비점이 섭씨 40도 이하인 것을 말한다.

정답

03. **제4류 위험물 중 위험등급 I 과 위험등급 II 에 해당하는 위험물안전관리법령상 품명을 구분하여 모두 쓰시오.**

① 위험등급 I   ② 위험등급 II

정답 ①   ②

04. **다음 빈칸을 채우시오.**

"제1석유류"라 함은 (①), (②) 그 밖에 1기압에서 인화점이 섭씨 (③)도 미만인 것을 말한다.

정답 ①   ②   ③

05. **다음 [보기]에서 제4류 위험물 중 제2석유류에 대한 설명으로 옳은 것을 모두 선택하여 그 번호를 쓰시오.**

① 중유와 경유가 해당된다.
② 등유와 클레오소트유가 해당된다.
③ 1기압에서 인화점이 섭씨 70도 이상 섭씨 200도 미만인 것을 말한다.
④ 1기압에서 인화점이 섭씨 200도 이상 섭씨 250도 미만인 것을 말한다.
⑤ 도료류 그 밖의 물품에 있어서 가연성 액체량이 40중량퍼센트 이하이면서 인화점이 섭씨 40도 이상인 동시에 연소점이 섭씨 60도 이상인 것은 제외한다.
⑥ 수용성액체의 지정수량은 2000L, 비수용성액체는 1000L 이다.

정답

06. 위험물안전관리법령상 제3석유류의 인화점 범위는 1기압 기준으로 얼마인지 쓰시오.

정답

07. 다음 보기 중 연소범위가 넓은 것에서 좁은 것 순으로 작성하시오.

① 아세트알데히드 ② 아세톤 ③ 산화프로필렌 ④ 벤젠

정답

08. 분자량 58, 인화점 -37℃, 비점 34℃인 물질명과 화학식을 쓰시오.

① 물질명 ② 화학식

정답 ① ②

09. 디에틸에테르에 대하여 다음 각 물음에 답을 쓰시오.

① 디에틸에테르의 지정수량을 쓰시오 ② 디에틸에테르의 품명을 쓰시오

③ 디에틸에테르의 화학식을 쓰시오

정답 ① ② ③

10. 디에틸에테르에 대한 다음 각 물음에 답하시오.

① 인화점을 쓰시오. ② 연소범위를 쓰시오. ③ 위험물안전관리법령상 품명을 쓰시오.

정답 ① ② ③

11. 제4류 위험물 중 특수인화물인 $C_2H_5OC_2H_5$의 위험도를 구하시오.

① 계산과정 ② 답

정답 【계산과정】

【답】

12. 아래 설명은 제4류 위험물 중 특수인화물에 관한 내용이다. 다음 물질의 명칭을 화학식으로 쓰시오

정답

13. 다음 물질의 시성식을 쓰시오.

① 글리세린 ② 아닐린 ③ 에틸알코올

정답 ① ② ③

14. 이황화탄소 76g이 완전 연소하면 몇 L의 기체가 발생하는지 구하시오. (단, 표준상태를 기준으로 하고 순수한 산소만을 공급하며, 공급된 산소는 모두 연소에 사용된다고 한다.)

정답

15. 이황화탄소가 연소할 때의 생성물을 화학식으로 쓰시오.

정답

16. 이황화탄소 지정수량과 연소반응식을 쓰시오.

① 지정수량 ② 연소반응식

정답 ① ②

17. 제4류 위험물로서 분자량이 약 58이고, 일광에 의해 분해하여 과산화물을 생성하고, 피부 접촉 시 탈지작용이 일어나는 물질에 대한 다음 각 물음에 답하시오.

① 이 물질의 화학식을 쓰시오. ② 이 물질의 지정수량을 쓰시오.

정답 ① ②

18. 위험물안전관리법령상 다음 보기의 위험물에 대한 품명을 쓰시오.

① 아세트알데히드 ② 아닐린 ③ 톨루엔

정답 ① ② ③

19. 에틸알코올이 1차 산화하였을 때 생성되는 물질로서 특수인화물에 해당하는 것을 시성식으로 쓰시오.

정답

20. 메탄올이 포름알데히드를 거쳐 산화될 때 최종적으로 만들어지는 물질을 쓰시오.

정답

21. 제4류 위험물인 아세트알데히드의 연소반응식을 쓰시오.

정답

22. 다음 물질의 화학식을 쓰시오.

① 에틸렌글리콜 ② 초산메틸(Methyl Acetate) ③ 피리딘

정답 ① ② ③

23. 다음 위험물의 시성식을 쓰시오.

① 에틸렌글리콜 ② 니트로벤젠 ③ 아닐린

정답 ① ② ③

24. 다음 물질 중 제3석유류에 해당하는 것을 모두 선택하여 그 번호를 쓰시오.

① 클로로벤젠 ② 아세트산 ③ 포름산 ④ 니트로톨루엔 ⑤ 글리세린 ⑥ 니트로벤젠

정답 ① ② ③ ④ ⑤ ⑥

25. 다음 [보기]에서 각 물음에 해당하는 위험물을 선택하여 그 번호를 쓰시오.

[보기]

❶ 벤젠 ❷ 이황화탄소 ❸ 아세톤 ❹ 아세트알데히드 ❺ 아세트산

① 비수용성 물질을 모두 쓰시오. ② 인화점이 가장 낮은 물질을 쓰시오.
③ 비점이 가장 높은 물질을 쓰시오.

정답 ① ② ③

26. 다음 보기 중 비수용성 물질을 골라 번호로 쓰시오.

[보기]

① 에틸알코올 ② 이황화탄소 ③ 아세트알데히드 ④ 벤젠 ⑤ 아세톤 ⑥ 아세트산

정답 ① ② ③ ④ ⑤ ⑥

27. 다음 [보기]의 위험물 중 수용성 물질을 모두 골라 쓰시오.

[보기]

아세톤, 휘발유, 벤젠, 이황화탄소, 이소프로필알코올, 시클로헥산, 아세트산

정답

28. 위험물안전관리법령에서 정의한 인화성액체 중 수용성 액체에 관한 내용이다. ( )안에 알맞은 수치를 쓰시오.

인화성액체 중 수용성액체란 온도 (①)℃, 기압 (②)기압에서 동일한 양의 증류수와 완만하게 혼합하여, 혼합액의 유동이 멈춘 후 당해 혼합액이 균일한 외관을 유지하는 것을 말한다.

정답

29. 클로로벤젠의 화학식과 위험물안전관리법령에서 정한 지정수량 및 품명을 쓰시오.

① 화학식 ② 지정수량 ③ 품명

정답 ① ② ③

30. 벤젠, 염소, 산소가 합쳐져서 클로로벤젠을 만드는 반응식을 쓰시오.

정답

31. 다음 각 물질의 지정수량을 쓰시오.

① 디에틸에테르 ② 아세톤 ③ 에틸알코올

정답 ① ② ③

32. **아닐린에 대한 다음 각 물음에 답하시오.**

① 위험물안전관리법령상 해당하는 품명을 쓰시오. ② 지정수량을 쓰시오. ③ 분자량을 구하시오.

정답 ① ② ③

33. **다음 [보기]의 위험물을 인화점이 낮은 것부터 높은 순서로 차례대로 쓰시오.**

[보기]
① 니트로벤젠 ② 메틸알코올 ③ 클로로벤젠 ④ 산화프로필렌

정답 ① ② ③ ④

34. **휘발유, 톨루엔, 벤젠의 인화점을 낮은 것부터 높은 순으로 쓰시오.**

정답

35. **가솔린의 비중이 0.7일 때 40L의 질량(kg)은 얼마인지 계산하시오.**

정답

36. **벤젠에 대한 다음 각 물음에 답하시오.**

① 증기비중을 구하시오. ② 완전연소반응식을 쓰시오.
③ 위험물안전관리법령상 지정수량은 얼마인지 쓰시오.

정답
①
②
③

37. **다음 물질의 1기압 30℃에서의 증기밀도를 구하시오. (단, 단위까지 기재)**

① 에틸알코올 ② 톨루엔

정답 ① ②

38. 위험물안전관리법령상 알코올류에 관한 정의에 대해 다음 ( ) 안에 알맞은 수치를 쓰시오.

"알코올류"라 함은 1분자를 구성하는 탄소원자의 수가 (①)개부터 (②)개까지인 포화(③)가 알코올(변성알코올을 포함한다)을 말한다.

정답 ① ② ③

39. 다음의 각 물질은 몇 가 알코올인지 쓰시오.

① 에틸렌글리콜 ② 글리세린 ③ 에틸알코올

정답 ① ② ③

40. 다음 표의 위험물에 대하여 빈칸을 채우시오.

물질명	시성식	위험물안전관리법령상 품명
에탄올	①	④
에틸렌글리콜	②	⑤
글리세린	③	⑥

정답 ① ② ③ ④ ⑤ ⑥

41. 무색의 단맛이 있는 액체로서 3가의 알코올이며 분자량 약 92, 비중 약 1.26이고 위험물안전관리법령상 품명이 제3석유류에 속하는 이 물질의 명칭을 쓰고 구조식을 나타내시오.

정답

42. 위험물안전관리법령상 제4류 위험물 중 제2석유류에 속하며 지정수량 1,000L, 분자량 104.2이고 에틸벤젠을 탈수소화 처리하여 제조하는 물질의 명칭을 쓰시오.

정답

43. 메탄올의 연소반응식을 쓰고 메탄올 50L(비중 0.8)를 완전 연소할 때 이론 산소량(g)을 구하시오.

① 반응식 ② 이론 산소량(g)

정답 ① ②

44. 제4류 위험물 중 인화점이 약 4℃인 물질로서 진한 질산과 진한 황산으로 니트로화 시켰을 때 TNT를 생성하는 물질은 무엇인지 쓰시오.

정답

45. 벤젠의 수소원자 1개를 메틸기로 치환하면 생성되는 물질의 명칭과 지정수량을 쓰시오.

① 물질명 ② 지정수량

정답 ① ②

46. 방향족 탄화수소인 BTX를 구성하는 물질 중 "T" 로 표시되는 물질의 분자량은 얼마인지 쓰시오.

정답

47. 방향족 탄화수소인 BTX에 대하여 다음 각 물음에 답하시오.

① BTX는 무엇의 약자인지 명칭을 쓰시오. ② 위 3가지 물질 중 "T"에 해당하는 물질의 구조식을 쓰시오.

정답 ① ②

48. 톨루엔 400L, 아세톤 1200L, 등유 2000L를 같은 장소에 저장하려 한다. 지정수량 배수의 총 합을 구하시오.

정답

49. 다음 각 위험물에 대한 지정수량을 쓰시오.

① $C_2H_5OC_2H_5$ ② $(CH_3)_2CHOH$ ③ 동식물유류

정답 ① ② ③

50. 다음 보기에서 비중이 물보다 큰 것을 모두 선택하여 쓰시오.

[보기]
톨루엔, 에틸렌글리콜, 글리세린, 아세톤, 니트로벤젠

정답

51. 2몰의 아세트산의 연소반응식과 산소의 몰수를 쓰시오.

① 연소반응식 ② 산소의 몰수

정답

① ②

52. [보기]에서 물보다 무겁고 비수용성인 물질을 모두 선택하여 쓰시오. (단, 해당하는 물질이 없으면 "없음" 이라고 쓰시오.)

[보기]
아세트산, 니트로벤젠, 글리세린, 에틸렌글리콜, 이황화탄소

정답

53. 다음 보기 중 각 위험물에 지정수량이 맞는 것을 고르시오.

[보기]
① 아마인유 : 1000L ② 피리딘 : 200L ③ 아세톤 : 400L
④ 아닐린 : 1000L ⑤ 실린더유 : 6000L

정답

54. 요오드값의 정의를 쓰시오.

정답

55. 동식물유류를 요오드값에 따라 분류할 때 야자유와 같이 요오드값이 100 이하인 것을 무엇이라고 하는지 쓰시오.

정답

56. 다음 보기에서 건성유를 골라 번호를 쓰시오.

① 동유	② 올리브유	③ 해바라기유
④ 피마자유	⑤ 낙화생유(땅콩)	⑥ 아마인유

정답

57. 다음의 위험물에 대한 다음 각 물음에 답을 쓰시오.

A : 메틸알코올　B : 에틸알코올　C : 아세톤
D : 디에틸에테르　E : 가솔린

① 완전 연소하기 위해 필요한 산소의 수가 많은 물질부터 순서대로 나열하시오.
② 지정수량 400L인 것의 기호(알파벳)를 쓰시오.

정답　①　②

③ 공기 노출시 과산화물 생성 폭발 위험물질의 기호(알파벳)를 쓰시오.
④ "③"의 과산화물 생성 여부를 확인할 수 있는 시약을 쓰시오.

정답　③　④

58. A : 메틸알코올 B : 에틸알코올 C : 부틸알코올 D : 프로필알코올에서 끓는점이 작은 것에서 큰 순서대로 기호(알파벳)로 작성하시오.

정답

59. 이황화탄소(CS_2)에 대한 설명이다. 다음 각 물음에 답을 쓰시오.

① 이황화탄소(CS_2)의 완전 연소반응식을 쓰시오. ② 이황화탄소(CS_2)를 물속에 저장해야 하는 이유를 쓰시오.

정답　①　②

③ 이황화탄소와 물의 혼합 시 상층 부분에 있는 물질을 쓰시오.
④ 이황화탄소와 물의 혼합 시 하층 부분에 있는 물질의 소화방법을 쓰시오.

정답　③　④

60. 이황화탄소(CS_2)에 대한 설명이다. 다음 각 물음에 답을 쓰시오.

① 이황화탄소의 품명을 적으시오.　② 이황화탄소의 지정수량을 적으시오.

정답　①　②

③ 이황화탄소 1몰이 연소 시 발생하는 이론공기량은 몇 L인지 구하시오.(단, 공기 중 산소 21%)
④ 이황화탄소(CS_2)의 증기 비중을 구하시오.
⑤ 벽 및 바닥의 두께가 (　)m 이상이고 누수가 되지 아니하는 철근콘크리트의 수조에 넣어 보관하여야 한다. 이 경우 보유공지 · 통기관 및 자동계량장치는 생략할 수 있다.

정답　③　④　⑤

61. 가솔린의 연소범위와 위험도, 옥탄가의 공식을 계산하시오.

① 가솔린의 연소범위　　② 가솔린의 위험도

정답　①　　②

62. 에틸렌글리콜에 대한 다음 각 물음에 답하시오.

① 에틸렌글리콜의 지정수량과 품명을 쓰시오.　　② 에틸렌글리콜은 몇 가 알코올인가?

정답　①　　②

63. 톨루엔, 휘발유, 벤젠, 크실렌, 등유, 경유 중 다음에서 설명하는 물질에 대한 물음에 답하시오.

① 분자량이 78이며 마취성이 있는 물질의 명칭을 쓰시오.

② 오르소, 메타, 파라의 이성질체를 포함하는 물질의 명칭을 쓰시오.

정답　①　　②

64. 건성유, 반건성유, 불건성유 3가지의 요오드값 범위를 쓰시오.

정답　건성유 :　　반건성유 :　　불건성유 :

정답

01 인화점

02 특수인화물

03 ① 특수인화물 ② 제1석유류, 알코올류 【풀이】 위험등급 Ⅲ : 제2석유류, 제3석유류, 제4석유류, 동식물유류

04 ① 아세톤 ② 휘발유 ③ 21

05 ⑤ ⑥

06 인화점 70℃ 이상 200℃ 미만

07 ① ③ ② ④ 【풀이】 아세트알데히드 : 4.1~57.0% / 산화프로필렌 : 2.5~38.5%
아세톤 : 2.6~12.8% / 벤젠 : 1.4~7.1%

08 ① 산화프로필렌 ② OCH_2CHCH_3

09 ① 50L ② 특수인화물 ③ $C_2H_5OC_2H_5$

10 ① −45°C ② 1.9~48% ③ 특수인화물

11 ① 계산과정 $\frac{48-1.9}{1.9} = 24.26$ ② 답 24.26
【풀이】 $위험도 = \frac{상한 - 하한}{하한}$, 디에틸에테르($C_2H_5OC_2H_5$)의 연소범위 : 1.9~48%

12 $C_2H_5OC_2H_5$

13 ① $C_3H_5(OH)_3$ ② $C_6H_5NH_2$ ③ C_2H_5OH

14 ① 계산과정 3 × 22.4 = 67.2 ② 답 67.2L
【풀이】 반응식 : $CS_2 + 3O_2 \rightarrow CO_2 + 2SO_2$ / 이황화탄소(CS_2) 분자량 : 12 + 32 + 32 = 76

15 SO_2, CO_2 【풀이】 $CS_2 + 3O_2 \rightarrow 2SO_2 + CO_2$

16 ① 50L ② $CS_2 + 3O_2 \rightarrow 2SO_2 + CO_2$

17 ① CH_3COCH_3 ② 400L

18 ① 특수인화물 ② 제3석유류 ③ 제1석유류

19 CH_3CHO 【풀이】 에탄올이 1차 산화하였을 때 생성되는 물질은 아세트알데히드(CH_3CHO)로 특수인화물에 해당한다.

20 포름산 또는 HCOOH 【풀이】 메탄올이 1차 산화하였을 때 생성되는 물질은 포름알데히드(HCHO)이며 2차 산화하였을 때 포름산(HCOOH)이 생성된다.

21 $2CH_3CHO + 5O_2 \rightarrow 4CO_2 + 4H_2O$

22 ① $C_2H_4(OH)_2$ ② CH_3COOCH_3 ③ C_5H_5N

23 ① $C_2H_4(OH)_2$ ② $C_6H_5NO_2$ ③ $C_6H_5NH_2$

24 ④, ⑤, ⑥ [풀이] ① 클로로벤젠 : 제2석유류② 아세트산 : 제2석유류 ③ 포름산 : 제2석유류

①. ❶, ❷ ②. ❹ ③. ❺

【풀이】

가. 벤젠(제1석유류)과 이황화탄소(특수인화물)는 비수용성인 반면에 아세톤(제1석유류), 아세트알데히드(특수인화물), 아세트산(제2석유류)은 수용성 물질이다.

25

	수용성/비수용성	인화점	비점
벤젠	비수용성	-11℃	79℃
이황화탄소	비수용성	-30℃	46℃
아세톤	수용성	-18℃	56℃
아세트알데히드	수용성	-38℃	21℃
아세트산	수용성	39℃	118℃

26 정답 ②, ④

27 아세톤, 이소프로필알코올, 아세트산

【풀이】
- 아세톤 : 제1석유류 수용성
- 휘발유, 벤젠 : 제1석유류 비수용성
- 이황화탄소 : 특수인화물 비수용성
- 이소프로필알코올 : 알코올류 수용성
- 시클로헥산 : 제1석유류 비수용성
- 아세트산 : 제2석유류 수용성

28 ① 20 ② 1

29 ① C_6H_5Cl ② 1000L ③ 제2석유류

30 $C_6H_6 + HCl + 1/2O_2 \rightarrow C_6H_5Cl + H_2O$

① 50L ② 400L ③ 400L

31 【풀이】 디에틸에테르($C_2H_5OC_2H_5$) : 특수인화물 / 아세톤(CH_3COCH_3) : 제1석유류 수용성
에틸알코올(C_2H_5OH) : 알코올류

32 ① 제3석유류 ② 2000L ③ 계산과정 $12\times6 + 1\times5 + 14 + 1\times2 = 93$/ 답 93g

33 산화프로필렌, 메틸알코올, 클로로벤젠, 니트로벤젠
【풀이】 산화프로필렌(-37℃), 메틸알코올(11℃), 클로로벤젠(32℃), 니트로벤젠(88℃)

34 휘발유, 벤젠, 톨루엔 【풀이】 휘발유(-43 ~ -20℃), 벤젠(-11℃), 톨루엔(4℃)

35 28㎏ 【풀이】 질량 = 부피 × 비중 = 40 × 0.7 = 28

36 ① 계산과정 $\frac{78}{29} = 2.69$ 답 2.69 ② $C_6H_6 + 7.5O_2 \rightarrow 6CO_2 + 3H_2O$ ③ 200L

37
① 계산과정 : $\frac{46}{22.4}\times\frac{273}{(273+30)} = 1.85$/ 답 1.85g/L

② 계산과정 : $\frac{92}{22.4}\times\frac{273}{(273+30)} = 3.7$/ 답 3.7g/L

【풀이】 증기밀도 = $\frac{분자량\,g}{22.4L}$

38 ① 1 ② 3 ③ 1

39 ① 2가 ② 3가 ③ 1가 【풀이】 결합된 OH의 개수에 따라 알코올의 가수를 분류한다.
① 에틸렌글리콜 : $C_2H_4(OH)_2$ ② 글리세린 : $C_3H_5(OH)_3$ ③ 에틸알코올 : C_2H_5OH

40 ① C_2H_5OH ② $C_2H_4(OH)_2$ ③ $C_3H_5(OH)_3$ ④ 알코올류 ⑤ 제3석유류 ⑥ 제3석유류

41 명칭: 글리세린 또는 글리세롤 또는 $C_3H_5(OH)_3$ 구조식: 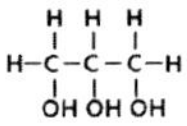

42 스티렌

43 ① $CH_3OH + 1.5O_2 \rightarrow CO_2 + 2H_2O$ ② 60,000g

【풀이】 ② 메탄올 : 50L × 0.8kg/L = 40kg / $CH_3OH + 1.5O_2 \rightarrow CO_2 + 2H_2O$

40,000g xg

32g 1.5×32g

$$x = \frac{40,000 \times 1.5 \times 32}{32} = 60,000g$$

44 톨루엔 또는 $C_6H_5CH_3$

45 ① 톨루엔 ② 200L

46 92 【풀이】 BTX의 구성 물질은 벤젠(C_6H_6), 톨루엔($C_6H_5CH_3$), 자일렌[$C_6H_4(CH_3)_2$]에 해당한다.
(12×6)+(1×5)+12+(1×3)=92

47 ① B : 벤젠, T : 톨루엔, X : 자일렌 또는 크실렌 ② 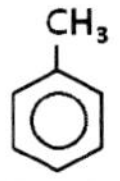

48 계산과정 $\frac{400}{200}+\frac{1200}{400}+\frac{2000}{1000}$ = 7배 / 답 7
【풀이】 톨루엔 지정수량 : 200L 아세톤 지정수량 : 400L 등유 지정수량 1,000L

49 ① 50L, ② 400L, ③ 10,000L 【풀이】 ① 디에틸에테르($C_2H_5OC_2H_5$) : 특수인화물(50L)
② 이소프로필알코올[$(CH_3)_2CHOH$] : 알코올류(400L) ③ 동 · 식물유류 : 제4석유류(10,000L)

50 에틸렌글리콜, 글리세린, 니트로벤젠 【풀이】 톨루엔, 아세톤의 액체 비중은 1보다 작아 물보다 가벼운 반면에 에틸렌글리콜, 글리세린, 니트로벤젠의 액체 비중은 1보다 크다.

51 ① $2CH_3COOH + 4O_2 \rightarrow 4CO_2 + 4H_2O$ ② 4

52 니트로벤젠, 이황화탄소

53 ③, ⑤ 【풀이】 ① 아마인유(동식물유류) : 10,000L ② 피리딘(제1석유류 수용성) : 400L
④ 아닐린(제3석유류 비수용성) : 2,000L

54 유지 100g에 첨가되는 요오드의 g수

55 불건성유 【풀이】 건성유(요오드값 130 이상), 반건성유(요오드값 100초과 130미만), 불건성유(요오드값 100 이하)

56 ① ③ ⑥ 【풀이】 ② 올리브유 ④ 피마자유 ⑤ 낙화생유(땅콩) : 불건성유

57 ① E, D, C, B, A ② A, B, C ③ D ④ 10% KI 용액 또는 10% 요오드화칼륨 용액
【풀이】 ① 탄소수가 많을수록 완전 연소하기 위해 필요한 산소의 수가 많아진다.{E(가솔린, C_5~C_9), D(디에틸에테르, $C_2H_5OC_2H_5$), C(아세톤, CH_3COCH_3), B(에틸알코올, C_2H_5OH), A(메틸알코올, CH_3OH)} ② 디에틸에테르 : 50L, 가솔린 : 200L

58 ① A, B, D, C 【풀이】 ① 메틸알코올(CH_3OH) : 11℃, 에틸알코올(C_2H_5OH) : 13℃,
프로필알코올(C_3H_7OH) : 15℃, 부틸알코올(C_4H_9OH) : 35℃

59 ① $CS_2 + 3O_2 \rightarrow CO_2 + 2SO_2$ / ② 가연성증기의 발생을 방지하기 위해
③ 물 / ④ 이황화탄소는 물보다 비중이 무겁고 비수용성이므로 주수하여 질식소화한다.

60 ① 특수인화물 ② 50L ③ 320 ④ 2.62 ⑤ 0.2
【풀이】
①, ② 이황화탄소는 제4류 위험물 중 특수인화물로 지정수량은 50L이다.
③ $CS_2 + 3O_2 \rightarrow CO_2 + 2SO_2$, 이론공기량 : $\frac{3\times 22.4L}{0.21} = 320L$ ④ $\frac{\text{분자량}}{29} = \frac{76}{29} = 2.62$

61 ① 1.4~7.6% ② 계산과정 $\frac{7.6-1.4}{1.4} = 4.43$ 답 4.43
③ 옥탄가 = $\frac{\text{이소옥탄}}{\text{이소옥탄}+\text{노말헵탄}} \times 100$

62 ① 4000L, 제3석유류 ② 2가 알코올

63 ① 벤젠, ② 크실렌

64 건성유 130 이상, 반건성유 100 초과 130 미만, 불건성유 100 이하

6) 제5류 위험물

【제5류 위험물(자기반응성 물질)】

위험등급	품명	지정수량	물질명 및 화학식	소화방법
Ⅰ	질산에스테르류	10kg	질산메틸(CH_3ONO_2)	수계소화설비로 주수소화
			질산에틸($C_2H_5ONO_2$)	
			니트로글리세린 [$C_3H_5(ONO_2)_3$]	
			니트로글리콜	
			니트로셀룰로오스	
			셀룰로이드	
	유기과산화물		과산화벤조일 (=벤조일퍼옥사이드)	
			메틸에틸케톤퍼옥사이드	
Ⅱ	니트로화합물	200kg	트리니트로톨루엔 [$C_6H_2CH_3(NO_2)_3$]	
			트리니트로페놀 [$C_6H_2OH(NO_2)_3$]	
			테트릴	
			디니트로톨루엔	
			디니트로페놀	
			디니트로벤젠	
	니트로소화합물			
	아조화합물		아조벤젠	
	디아조화합물			
	히드라진유도체			
	히드록실아민	100kg		
	히드록실아민염류			

【행정안전부령으로 정하는 것 : 금속아지화합물, 질산구아니딘】

질산에스테르류(Ⅰ등급, 10kg)	
질산메틸 (CH_3ONO_2 또는 CH_3NO_3)	• 비중이 약 1.2, 분자량은 약 77, 끓는점이 약 66℃, 증기비중은 약 2.65이고 무색 투명한 액체이며 향긋한 냄새가 있고 단맛이 있다.
질산에틸 ($C_2H_5ONO_2$ 또는 $C_2H_5NO_3$)	인화점 10℃, 상온에서 액체이다.

니트로셀룰로오스(NC) (질화면, 면화약, 면약)	• 분해온도 130℃, 자연발화온도 160~170℃ • 백색의 고체 상태이다. • 건조 상태의 니트로셀룰로오스는 위험하므로 운반 시에는 물, 알코올 등으로 습윤시킨다. • 섬유소(셀룰로오스)를 진한 질산과 진한 황산의 혼합액으로 처리하여 제조한다.
니트로글리콜 [$C_2H_4(ONO_2)_2$] 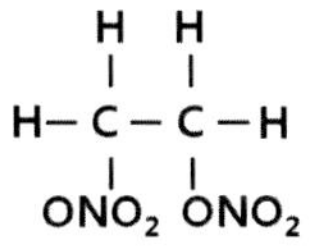	• 녹는점 -22℃. 비점 75℃. 비중 1.49 • 무색에서 노란색의 기름상태의 액체이다.
니트로글리세린(NG) [$C_3H_5(ONO_2)_3$] 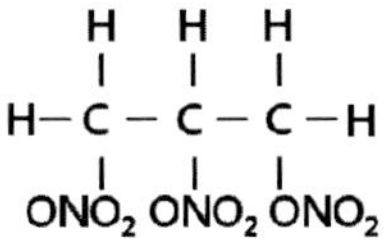	• 녹는점 13℃, 비중 1.6 • 순수한 것은 무색, 투명한 기름상의 액체이고 공업용은 담황색이다. • 물에 녹기 어렵고 알코올, 아세톤, 벤젠 등에 녹는다. • 글리세린[$C_3H_5(OH)_3$]에 질산과 황산으로 니트로화 반응시켜 제조한다. $C_3H_5(OH)_3 + 3HNO_3 \xrightarrow{c-H_2SO_4} C_3H_5(ONO_2)_3 + 3H_2O$
셀룰로이드	

유기과산화물(Ⅰ등급, 10kg)	
과산화벤조일 (벤조일퍼옥사이드) (Benzoyl Peroxide) [$(C_6H_5CO)_2O_2$] 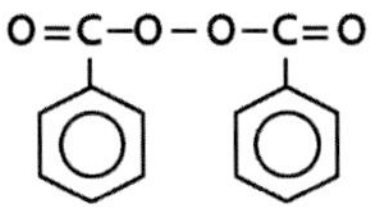	• 발화점 125℃, 녹는점 103~105℃, 비중 1.33 • 건조 상태에서 충격, 마찰에 의해 폭발할 위험성이 있다. • 가연성 물질과 접촉하면 발화의 위험이 높다. • 가열하면 약 100℃에서 흰 연기를 내면서 분해한다. • 무색, 무취의 백색분말 또는 결정이다. • 물에 녹지 않고 알코올에 약간 녹으며 에테르 등 유기용제에 잘 녹는다. • 직사광선을 피하고 냉암소에 보관한다. • 수분을 함유하거나 희석제를 첨가하면 분해, 폭발을 억제할 수 있다.
메틸에틸케톤퍼옥사이드 (과산화메틸에틸메톤)	착화점 205℃, 녹는점 -20℃, 분해온도 40℃ 이상

니트로화합물(Ⅱ등급, 200kg) : 작용기 니트로기(- NO_2)를 공통으로 가진다.	
트리니트로톨루엔 (T.N.T) [$C_6H_2CH_3(NO_2)_3$] 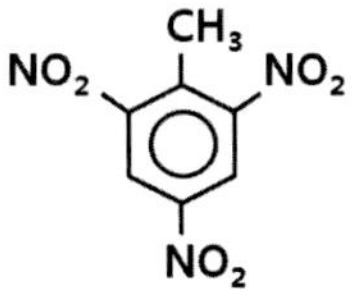	• 착화점 약 300℃, 녹는점 81℃, 비점 280℃, 비중 1.66 • 물에 녹지 않으며 아세톤, 벤젠, 알코올, 에테르에 잘 녹는다. • 담황색의 주상 결정이며 일광을 쪼이면 갈색으로 변한다. • 톨루엔($C_6H_5CH_3$)에 질산과 황산으로 니트로화 반응시켜 제조한다. $C_6H_5CH_3 + 3HNO_3 \xrightarrow{c-H_2SO_4} C_6H_2CH_3(NO_2)_3 + 3H_2O$ • 분해하여 다량의 가스를 발생한다. (가스 : 일산화탄소, 질소, 수소)

<table>
<tr><td></td><td>

• 반응식 : $C_6H_2CH_3(NO_2)_3 \rightarrow C + 1.5N_2 + 2.5H_2 + 6CO$

</td></tr>
<tr><td>

트리니트로페놀(T.N.P)
[$C_6H_2OH(NO_2)_3$]
피크린산

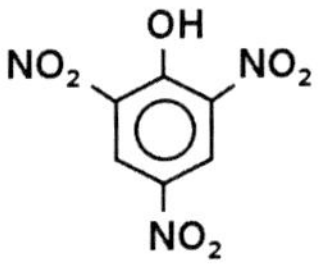

</td><td>

• 착화점 약 300℃, 녹는점 122.5℃, 비점 255℃, 비중 1.8
• 보통 공업용은 휘황색의 침상 결정으로 쓴 맛이 있어 별명은 피크린산이다.
• 단독으로는 충격, 마찰에 둔감한 편으로 장기간 저장이 가능하다.
• 페놀(C_6H_5OH)에 질산과 황산으로 니트로화 반응시켜 제조한다.

$$C_6H_5OH + 3HNO_3 \xrightarrow{c-H_2SO_4} C_6H_2OH(NO_2)_3 + 3H_2O$$

• 찬물에 녹기 어려우며 아세톤, 벤젠, 알코올, 더운물에 잘 녹는다.
• 구리, 납, 아연 등의 금속과 반응하여 위험성의 피크린산염을 생성하므로 구리 등의 저장용기를 피한다.
• 분해하여 다량의 가스를 발생한다. (가스 : 일산화탄소, 이산화탄소, 질소, 수소)
✔ 한 눈에 정리하기

<table>
<tr><th>트리니트로톨루엔(TNT)</th><th>트리니트로페놀(TNP)</th></tr>
<tr><td>담황색 주상 결정</td><td>공업용은 휘황색 침상결정</td></tr>
<tr><td>열분해 시
일산화탄소, 질소, 수소, 탄소</td><td>열분해 시
일산화탄소, 이산화탄소, 질소, 수소, 탄소</td></tr>
<tr><td>TNP보다 충격, 마찰에 둔감</td><td>단독 상태이면 충격, 마찰에 둔감</td></tr>
<tr><td>물에 녹기 어렵다.</td><td>찬물에 녹기 어렵고, 더운 물에 용해된다.</td></tr>
<tr><td colspan="2">아세톤, 벤젠, 알코올에 잘 용해된다.</td></tr>
<tr><td colspan="2">고체</td></tr>
</table>

</td></tr>
<tr><td>테트릴</td><td>테트릴은 충격과 마찰에 민감하다.</td></tr>
<tr><td colspan="2">니트로소화합물(Ⅱ등급, 200kg)</td></tr>
<tr><td colspan="2">아조화합물(Ⅱ등급, 200kg)</td></tr>
<tr><td colspan="2">아조벤젠</td></tr>
<tr><td colspan="2">디아조화합물(Ⅱ등급, 200kg)</td></tr>
<tr><td colspan="2">히드라진유도체(Ⅱ등급, 200kg)</td></tr>
<tr><td colspan="2">염산히드라진, 황산히드라진, 메틸히드라진</td></tr>
<tr><td colspan="2">히드록실아민(Ⅱ등급, 100kg)</td></tr>
<tr><td colspan="2">히드록실아민염류(Ⅱ등급, 100kg)</td></tr>
</table>

연습문제-제5류 위험물

01. 다음과 같은 화학식에 해당하는 제5류 위험물의 명칭을 쓰시오.

$C_6H_2OH(NO_2)_3$

정답

02. 다음 피크린산에 관한 각 물음에 답을 쓰시오.

① 구조식을 그리시오.

② 피크린산 1mol 연소시 229kcal의 열이 발생될 때 1kg 연소시 열(kcal)은 얼마인지 계산하시오.

정답 ① ②

03. TNT(trinitrotoluene)의 분자량을 구하시오.

정답

04. 니트로화합물 중 폭약의 폭발력의 표준이 되는 물질로 톨루엔과 혼산(질산+황산)으로 니트로화시켜 만드는 화합물의 구조식을 쓰시오.

정답

05. 제5류 위험물 중 분자량이 227g이고, 담황색의 주상 결정인 위험물의 명칭을 쓰시오.

정답

06. 200kg의 트리니트로톨루엔이 완전 분해할 때 몇 m^3의 질소가스가 발생하는지 구하시오. (단, 0℃, 1기압을 기준으로 구하며, 원자량은 C:12, H:1, O:16, N:14 이다.)

정답

07. 227g의 니트로글리세린이 완전히 폭발 · 분해되었을 때 몇 L의 기체가 발생하는지 구하시오. (단, 기체의 부피는 표준상태를 기준으로 구한다.)

정답

08. 보기에서 제5류 위험물인 질산에스테르류에 해당하는 물질을 모두 쓰시오.

[보기]

트리니트로톨루엔,	니트로셀룰로오스,	니트로글리세린,
테트릴,	질산메틸,	피크린산

정답

09. 제5류 위험물 중 질산에틸, 트리니트로톨루엔에 대하여 다음 각 물음에 답하시오.

① 질산에틸의 화학식을 쓰시오.
② 질산에틸의 상온에서의 형태를 쓰시오. (단, 기체, 액체, 고체로 표시하시오)
③ 트리니트로톨루엔의 화학식을 쓰시오.
④ 트리니트로톨루엔의 상온에서의 형태를 쓰시오. (단, 기체, 액체, 고체로 표시하시오)

정답 ① ② ③ ④

10. 제5류 위험물인 니트로글리세린, TNT, 아조벤젠의 지정수량을 쓰시오.

정답

11. 제5류 위험물인 니트로글리세린을 화학식으로 쓰시오.

정답

12. CH_3ONO_2(질산메틸)의 품명과 지정수량을 쓰시오.

① 품명 ② 지정수량

정답 ① ②

13. 비중이 약 1.2, 분자량은 약 77, 끓는점이 약 66℃, 증기비중은 약 2.65이고 무색 투명한 액체이며 향긋한 냄새가 있고 단맛이 있는 제5류 위험물은 무엇인지 쓰시오.

정답

14. 니트로글리세린 5kg, 질산에틸 3kg, 니트로셀룰로오스 3kg을 저장하는 지정수량의 배수는 얼마인가?

정답

15. 글리세린에 황산과 질산을 혼합시켜 제조하는 물질의 명칭과 화학식을 쓰시오.

① 제조된 물질의 명칭을 쓰시오. ② 제조된 물질의 화학식을 쓰시오.

정답 ① ②

16. 건조한 상태에서 폭발의 위험성이 있는 니트로셀룰로오스의 안전한 저장, 운반을 위해서 어떤 물질을 첨가(혼합)하는지 일반적으로 사용하는 물질을 1가지만 쓰시오.

정답

17. 과산화벤조일의 구조식으로 나타내고, 분자량을 구하시오.

① 구조식 ② 분자량

정답 ① ②

18. 과산화벤조일의 품명과 물에 대한 용해 여부를 쓰시오.

① 위험물의 품명을 쓰시오. ② 물에 용해 여부를 쓰시오.

정답 ① ②

19. 트리니트로페놀에 대한 다음 각 물음에 답하시오.

① 트리니트로페놀의 품명을 쓰시오. ② 트리니트로페놀의 지정수량을 쓰시오.

정답 ① ②

정답

01 트리니트로페놀

02 ① 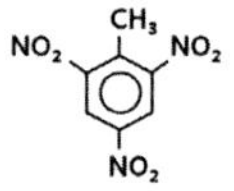 ② 1,000kcal 【풀이】 ② 피크린산[$C_6H_2OH(NO_2)_3$]의 분자량이 229(1몰)이며 1몰당 연소열이 229kcal이므로 1g당 1kcal의 열이 발생한다. 따라서 1kg(1,000g)당 발생하는 열은 1,000kcal이다.

03 227
【풀이】 트리니트로톨루엔[$C_6H_2CH_3(NO_2)_3$] 분자량 : (12×6)+(1×2)+12+(1×3)+(14×3)+(16×6) = 227

04 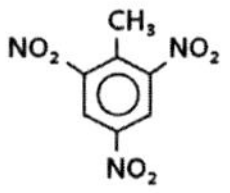

05 트리니트로톨루엔

06 29.59m³ 【풀이】 $C_6H_2CH_3(NO_2)_3 \rightarrow C + 1.5N_2 + 2.5H_2 + 6CO$
$C_6H_2CH_3(NO_2)_3$ 분자량 : (12×6)+(1×2)+12+(1×3)+(14×3)+(16×6) = 227
PV = nRT 적용,

$$1 \times x = \frac{200}{227} \times 0.082 \times 273 \times 1.5,\ x = 29.59m^3$$

【다른 방법】

$C_6H_2CH_3(NO_2)_3 \rightarrow C + 1.5N_2 + 2.5H_2 + 6CO$

200kg $x\,m^3$

227kg $1.5 \times 22.4m^3$

표준상태(0℃, 1기압)에서 기체 1몰의 부피는 22.4L이다.

$$x = \frac{200 \times 1.5 \times 22.4}{227} = 29.6m^3$$

07 ① $1 \times x = \frac{227}{227} \times 0.082 \times 273 \times 7.25 = 162.3L$ ② 162.3L

【풀이】 $C_3H_5(ONO_2)_3 \rightarrow 3CO_2 + 2.5H_2O + 1.5N_2 + 0.25O_2$(니트로글리세린의 분자량(1몰) : 227)
PV = nRT 적용,

$$1 \times x = \frac{227}{227} \times 0.082 \times 273 \times 7.25,\ x = 162.3L$$

【다른 방법】 7.25 × 22.4 = 162.4L

08 니트로셀룰로오스, 니트로글리세린, 질산메틸 【풀이】 니트로화합물 : 트리니트로톨루엔, 피크린산, 테트릴

09 ① $C_2H_5ONO_2$ 또는 $C_2H_5NO_3$ ② 액체 ③ $C_6H_2CH_3(NO_2)_3$ ④ 고체

10 니트로글리세린 : 10kg TNT : 200kg 아조벤젠 : 200kg

11 $C_3H_5(ONO_2)_3$

12 ① 질산에스테르류 ② 10㎏

13 질산메틸

14 1.1배 【풀이】 니트로글리세린 지정수량 10㎏, 질산에틸 지정수량 10㎏, 니트로셀룰로오스 지정수량 10㎏

$$\therefore \frac{저장수량}{지정수량} = \frac{5kg}{10kg} + \frac{3kg}{10kg} + \frac{3kg}{10kg} = 1.1$$

15 ① 니트로글리세린 ② $C_3H_5(ONO_2)_3$

【풀이】 글리세린에 황산과 질산을 혼합시켜 제5류 위험물인 니트로글리세린을 제조할 수 있으며, 물질의 품명은 질산에스테르류의 지정수량 10㎏인 물질이다.

16 물, 알코올 중 1가지

17 ① 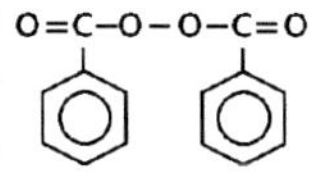 ② 계산과정 (12×14) + (1×10) + (16×4) = 242

18 ① 유기과산화물 ② 용해되지 않음

【풀이】 과산화벤조일(지정수량 10㎏)은 제5류 위험물의 유기과산화물로 비수용성 물질이다.

19 ① 니트로화합물 ② 200㎏

7) 제6류 위험물

【제6류 위험물(산화성 액체)】

위험등급	품명	지정수량	물질명 및 화학식	소화방법
I	질산	300kg	질산(HNO_3)	수계소화설비로 주수소화
	과산화수소		과산화수소(H_2O_2)	
	과염소산		과염소산($HClO_4$)	

행정안전부령으로 정하는 것 : 할로겐간화합물(IF_5, BrF_3 등) 지정수량 300kg

제6류 위험물(I 등급, 300kg)	
과산화수소(H_2O_2)	융점 -0.89℃, 비점 80.2℃, 비중 1.47, 순수한 것은 점성이 있는 무색 액체이며, 양이 많을 경우 옅은 청색을 띤다. 강산화제이나 환원제로도 사용된다. 농도가 36wt%(중량%) 이상인 것만 위험물로 취급한다. 용기는 밀전하지 말고 뚜껑에 작은 구멍을 뚫은 갈색 용기에 저장한다.

	◆ 열, 햇빛에 분해 시 산소(O_2)를 발생하므로 분해 안정제로 인산(H_3PO_4) 및 요산($C_5H_4N_4O_3$) 등을 사용한다.(H_2O_2 → H_2O + $1/2O_2$) ◆ 분해 반응 시 이산화망간 또는 요오드화칼륨 첨가 시 분해 반응의 속도를 빠르게 할 수 있다. ◆ 물, 에테르, 알코올에 용해되는 반면에 벤젠에는 용해되지 않는다. ◆ 물과 안정적이므로 소화 방법은 다량의 물로 주수 소화하는 것이 좋다. ◆ 히드라진과 반응 시 폭발한다.(N_2H_4 + $2H_2O_2$ → $4H_2O$ + N_2)
질산(HNO_3)	◆ 융점 -42℃, 비점 86℃, 비중 1.49 ◆ 비중이 1.49 이상인 것만 위험물로 취급한다. ◆ 질산을 염산과 1 : 3의 비율로 혼합하여 왕수를 제조할 수 있다. ◆ 물과 접촉하면 발열한다. ◆ 진한 질산은 Fe(철), Co(코발트), Ni(니켈), Cr(크롬), Al(알루미늄) 등을 부동태화한다. ◆ (부동태화 : 물질을 녹이지 못하고 물질의 표면에 얇은 막을 만드는 현상) ◆ 열분해로 발생되는 가스는 적갈색의 이산화질소 기체와 산소 기체이다. $4HNO_3$ → $2H_2O$ + $4NO_2$ + O_2 ◆ 크산토프로테인 반응을 한다. (크산토프로테인반응 : 단백질에 질산을 반응시키면 황색으로 되는 반응)
과염소산($HClO_4$)	◆ 분자량 100.5, 비점 39℃, 비중 1.76, 융점 -112℃ 무색의 액체이다. ◆ 증기비중이 약 3.5인 유독성 액체로 가열하면 폭발할 수 있으며 강한 산성을 나타낸다. ◆ 열분해 시 유독성 가스인 염화수소를 발생한다.($HClO_4$ → HCl + $2O_2$) ◆ 물과 접촉 시 발열반응을 한다. ◆ 다량의 물로 분무소화 또는 주수 소화한다.

연습문제-제6류 위험물

01. **과염소산, 질산의 분자량을 계산하시오. (단, Cl=35.5, N=14 이다.)**

① 과염소산 ② 질산

정답
①
②

02. **제6류 위험물인 과염소산의 화학식과 지정수량을 쓰시오.**

① 화학식 ② 지정수량

정답
①
②

03. 위험물안전관리법령에서 정하는 할로겐간화합물 위험물의 지정수량은 얼마인가?

정답

04. 증기비중이 약 3.5인 유동성 액체로 가열하면 폭발할 수 있으며 강한 산성을 나타내는 제6류 위험물을 화학식으로 쓰시오.

정답

05. 다음 [보기]는 제6류 위험물에 관한 내용이다. [보기]에서 설명하는 위험물의 물질을 화학식으로 쓰시오.

[보기]		
분자량 : 100.5	비점 : 39℃	비중 : 1.76

정답

06. 과염소산의 열분해 반응식을 쓰고, 열분해 시 발생하는 유독성 가스에 대한 명칭을 쓰시오.

① 화학식 ② 명칭

정답

07. 과염소산($HClO_4$)에 대한 각 물음에 답을 쓰시오.

① 과염소산과 혼재 가능한 위험물은 몇 류 위험물인가?
② 과염소산을 가열하면 발생하는 유독가스의 명칭을 쓰시오.

정답

08. 다음에서 설명하는 제6류 위험물의 화학식과 지정수량을 각각 쓰시오.

① 구리 등과 반응할 수 있고 물과 혼합하면 발열하며 분자량은 약 63이다.
② 분자량은 약 34이고 이산화망간 촉매 하에서는 분해가 촉진되어 산소를 발생한다.

정답 ① ②

09. 제6류 위험물인 질산을 햇빛에 분해 시 발생하는 적갈색 자극성 증기는 무엇인지 쓰시오.

정답

10. 질산이 피부와 접촉할 때 노란색을 나타내는 반응을 무엇인지 쓰시오.

정답

11. Al(알루미늄), Fe(철), Cr(크롬)이 진한 질산에 녹지 않는 이유를 쓰시오.

정답

12. 왕수를 만드는 방법을 원료물질과 그 원료 물질의 배합비율을 중심으로 설명하시오.

정답

13. 과산화수소 1200kg, 질산 600kg, 과염소산 900kg을 옥내 저장소에 저장하려한다. 각 위험물에 대한 지정수량 배수의 총합을 계산하시오.

정답

14. 과산화수소 분해 시 발생하는 기체의 명칭을 쓰시오.

정답

15. 보기에서 과염소산에 대한 내용으로 옳은 것을 모두 선택하여 그 번호를 쓰시오.

[보기]

① 물질의 분자량은 약 106이다. ② 무색의 액체이다.
③ 짙은 푸른색을 나타내는 액체이다. ④ 농도가 36wt% 미만인 것은 위험물에 해당되지 않는다.
⑤ 가열시 분해하여 유독한 HCl 가스를 발생한다.

정답

16. 위험물안전관리법령상 과산화수소는 몇 중량%일 경우 위험물로 분류되는지 쓰시오.

정답

17. 과산화수소에 대한 각 물음에 답을 쓰시오.

[보기] A : 에틸알코올, B : 벤젠, C : 디에틸에테르, D : 물
① 과산화수소가 녹지 않는 물질의 기호를 쓰시오.
② 과산화수소의 혼합으로 안정되는 물질의 기호를 쓰시오.
③ 과산화수소가 용해되는 물질의 기호를 모두 쓰시오.

정답 ① ② ③

18. 과산화수소와 히드라진의 반응식을 쓰시오.

정답

19. 질산이 햇빛에 의해 분해되었을 때 발생하는 유독한 갈색 증기를 화학식으로 쓰시오.

정답

20. 질산을 갈색 병에 보관하는 이유를 쓰시오.

정답

정답

01 ① 100.5 ② 63 【풀이】 ① 과염소산($HClO_4$)의 분자량 : 1 + 35.5 + (16×4) = 100.5
② 질산(HNO_3)의 분자량 : 1 + 14 + (16×3) = 63

02 ① 화학식 : $HClO_4$ ② 지정수량 : 300㎏

03 300㎏

04 $HClO_4$ 【풀이】 염소산($HClO_4$)의 증기비중은 $\frac{100.5}{29} = 3.47$이다.

05 $HClO_4$

06 ① $HClO_4 \rightarrow HCl + 2O_2$ ② 염화수소 또는 HCl

07 ① 제1류 위험물 ② 염화수소 또는 HCl

08 ① 화학식 : HNO_3 , 지정수량 : 300㎏ ② 화학식 : H_2O_2 , 지정수량 : 300㎏

【풀이】 ① HNO_3 분자량 : 1+14+(16×3)=63/ ② H_2O_2 분자량 : (1×2)+(16×2)=34

09 이산화질소 또는 NO_2

10 크산토프로테인반응

11 금속표면에 산화 피막을 형성하기 때문이다. 부동태화 하기 때문이다.

12 염산과 질산을 3 : 1로 배합한다.

13 9배 【풀이】 $\frac{저장수량}{지정수량} = \frac{1200}{300} + \frac{600}{300} + \frac{900}{300} = 9배$

14 산소 또는 O_2 【풀이】 $2H_2O_2 \rightarrow 2H_2O + O_2$

15 ②, ⑤
【풀이】 ① 물질의 분자량은 약 100.5이다. ③ 무색의 액체이다. ④ 과산화수소에 대한 설명이다.

16 36

17 ① B ② D ③ A, C, D

18 $N_2H_4 + 2H_2O_2 \rightarrow 4H_2O + N_2$

19 NO_2 【풀이】 $4HNO_3 \rightarrow 4NO_2 + O_2 + 2H_2O$

20 이산화질소의 발생을 방지하기 위해서

PART.5 위험물의 저장 및 취급, 운반, 운송기준

1) 위험물의 유별 저장 · 취급의 공통기준

1. 제1류 위험물은 가연물과의 접촉 · 혼합이나 분해를 촉진하는 물품과의 접근 또는 과열 · 충격 · 마찰 등을 피하는 한편, 알칼리금속의 과산화물 및 이를 함유한 것에 있어서는 물과의 접촉을 피하여야 한다. → 관련 주의사항 : "가연물 접촉주의", "화기주의", "충격주의", "물기엄금"
2. 제2류 위험물은 산화제와의 접촉 · 혼합이나 불티 · 불꽃 · 고온체와의 접근 또는 과열을 피하는 한편, 철분 · 금속분 · 마그네슘 및 이를 함유한 것에 있어서는 물이나 산과의 접촉을 피하고 인화성 고체에 있어서는 함부로 증기를 발생시키지 않아야 한다. → 관련 주의사항 : "화기주의", "물기엄금", "화기엄금"
3. 제3류 위험물 중 자연발화성물질에 있어서는 불티 · 불꽃 또는 고온체와의 접근 · 과열 또는 공기와의 접촉을 피하고, 금수성 물질에 있어서는 물과의 접촉을 피하여야 한다. → 관련 주의사항 : "화기엄금", "공기접촉엄금", "물기엄금"
4. 제4류 위험물은 불티 · 불꽃 · 고온체와의 접근 또는 과열을 피하고, 함부로 증기를 발생시키지 아니하여야 한다. → 관련 주의사항 : "화기엄금"
5. 제5류 위험물은 불티 · 불꽃 · 고온체와의 접근이나 과열 · 충격 또는 마찰을 피하여야 한다. → 관련 주의사항 : "화기엄금", "충격주의"
6. 제6류 위험물은 가연물과의 접촉 · 혼합이나 분해를 촉진하는 물품과의 접근 또는 과열을 피하여야 한다. → 관련 주의사항 : "가연물 접촉주의"

✔한 눈에 정리하기

【제조소등 게시판과 운반 용기 주의사항】

구분		게시판 주의사항	운반용기 주의사항
제1류		-	화기주의, 충격주의, 가연물접촉주의
	알칼리금속의 과산화물	물기엄금	물기엄금, 화기주의, 충격주의, 가연물접촉주의
제2류		화기주의	화기주의
	철분·금속분·마그네슘	화기주의	화기주의, 물기엄금
	인화성고체	화기엄금	화기엄금
제3류	금수성 물질	물기엄금	물기엄금
	자연발화성 물질	화기엄금	화기엄금, 공기접촉엄금
제4류		화기엄금	화기엄금
제5류		화기엄금	화기엄금, 충격주의
제6류		-	가연물접촉주의

- 게시판 한 변의 길이가 **0.3m 이상**, 다른 한 변의 길이가 **0.6m 이상**인 직사각형
- 화기주의, 화기엄금 : 적색바탕 백색문자 - 물기엄금 : 청색바탕 백색문자

※ 인화점이 21℃ 미만인 위험물의 옥외저장탱크의 주입구에는 화기주의, 화기엄금의 주의사항을 백색바탕 적색문자로 할 것

2) 위험물의 저장 기준

1. 저장소에는 위험물 외의 물품을 저장하지 않아야 한다. 단, 옥내저장소 또는 옥외저장소에서 규정에 의한 위험물과 위험물이 아닌 물품을 함께 저장하는 경우 위험물과 위험물이 아닌 물품은 각각 모아서 저장하고 상호간에는 1m 이상의 간격을 두어야 한다.
2. 유별을 달리하는 위험물은 동일한 저장소에 저장하지 않아야 한다. 단, 옥내저장소 또는 옥외저장소에 있어서 다음의 규정에 의한 위험물을 저장하는 경우로서 위험물을 유별로 정리하여 저장하는 한편, 서로 1m 이상의 간격을 두는 경우에는 저장할 수 있다.

가. 제1류 위험물(알칼리금속의 과산화물 또는 이를 함유한 것을 제외한다)과 제5류 위험물을 저장하는 경우
나. 제1류 위험물과 제6류 위험물을 저장하는 경우
다. 제1류 위험물과 제3류 위험물 중 자연발화성물질(황린 또는 이를 함유한 것에 한한다)을 저장하는 경우
라. 제2류 위험물 중 인화성고체와 제4류 위험물을 저장하는 경우
마. 제3류 위험물 중 알킬알루미늄 등과 제4류 위험물(알킬알루미늄 또는 알킬리튬을 함유한 것에 한한다.)을 저장하는 경우
바. 제4류 위험물 중 유기과산화물 또는 이를 함유하는 것과 제5류 위험물 중 유기과산화물 또는 이를 함유한 것을 저장하는 경우

✔한 눈에 정리하기

<table>
<tr><td rowspan="3">①</td><td rowspan="3">제1류 위험물</td><td rowspan="2"></td><td>제6류 위험물</td></tr>
<tr><td>제3류 위험물 중 자연발화성 물질(황린)</td></tr>
<tr><td>알칼리금속의 과산화물 또는 이를 함유한 것을 제외</td><td>제5류 위험물</td></tr>
<tr><td>②</td><td colspan="2">제2류 위험물 중 인화성 고체</td><td>제4류 위험물</td></tr>
<tr><td>③</td><td colspan="2">제3류 위험물 중 알킬알루미늄 등</td><td>제4류 위험물 중 알킬알루미늄 또는 알킬리튬</td></tr>
<tr><td>④</td><td colspan="2">제4류 위험물 중 유기과산화물</td><td>제5류 위험물 중 유기과산화물</td></tr>
</table>

1. 옥내저장소에서 동일 품명의 위험물이더라도 자연발화할 우려가 있는 위험물 또는 재해가 현저하게 증대할 우려가 있는 위험물을 다량 저장하는 경우에는 지정수량의 10배 이하마다 구분하여 상호간 0.3m 이상의 간격을 두어 저장하여야 한다. 다만, 규정에 의한 위험물 또는 기계에 의하여 하역하는 구조로 된 용기에 수납한 위험물은 제외한다.
2. 옥내저장소/옥외저장소에서 위험물을 저장하는 경우에는 다음 규정에 의한 높이를 초과하여 용기를 겹쳐 쌓지 않아야 한다.

가. 기계에 의하여 하역하는 구조로 된 용기만을 겹쳐 쌓는 경우에 있어서는 6m
나. 제4류 위험물 중 제3석유류, 제4석유류 및 동식물유류를 수납하는 용기만을 겹쳐 쌓는 경우에 있어서는 4m
다. 그 밖의 경우에 있어서는 3m

옥외저장소에서 위험물을 수납한 용기를 선반에 저장하는 경우에는 6m를 초과하여 저장하지 않아야 한다.

✔한 눈에 정리하기

	옥내저장소	옥외저장소
기계에 의하여 하역하는 구조로 된 용기만을 겹쳐 쌓는 경우	6m 미만	
제4류 위험물 중 제3석유류, 제4석유류 및 동식물유류를 수납하는 용기만을 겹쳐 쌓는 경우	4m 미만	
그 밖의 경우	3m 미만	
위험물을 수납한 용기를 선반에 저장하는 경우	없음	6m 미만

3. 옥외저장탱크 · 옥내저장탱크 또는 지하저장탱크 중 압력탱크 외의 탱크에 저장하는 디에틸에테르 등 또는 아세트알데히드, 산화프로필렌의 온도에 있어서는 30℃ 이하로, 아세트알데히드 또는 이를 함유한 것에 있어서는 15℃ 이하로 각각 유지할 것
4. 옥외저장탱크 · 옥내저장탱크 또는 지하저장탱크 중 압력탱크에 저장하는 아세트알데히드, 산화프로필렌 또는 디에틸에테르등의 온도는 40℃ 이하로 유지할 것
5. 보냉장치가 있는 이동저장탱크에 저장하는 아세트알데히드, 산화프로필렌 또는 디에틸에테르 등의 온도는 당해 위험물의 비점 이하로 유지할 것
6. 보냉장치가 없는 이동저장탱크에 저장하는 아세트알데히드, 산화프로필렌 또는 디에틸에테르 등의 온도는 40℃ 이하로 유지할 것

✔한 눈에 정리하기

구분	위험물	온도
옥외저장탱크 · 옥내저장탱크, 지하탱크 중 압력탱크에 저장 , 보냉장치 없는 이동탱크에 저장	3개의 특수인화물 모두 (CS_2 제외)	40 ℃ 이하
옥외저장탱크 · 옥내저장탱크, 지하탱크 중 압력탱크 아닌 곳 에 저장	산화프로필렌 , 디에틸에테르	30 ℃ 이하
	아세트알데히드	15 ℃ 이하
보냉장치가 있는 이동탱크에 저장	3개의 특수인화물 모두 (CS_2 제외)	비점 이하

7. 옥내저장소에서는 용기에 수납하여 저장하는 위험물의 온도가 55℃를 넘지 아니하도록 필요한 조치를 강구하여야 한다.

8. 탱크의 내용적 및 용량

[탱크의 내용적 계산 공식]

① 원통형 탱크 : $\pi r^2\left(L + \frac{L_1 + L_2}{3}\right)$

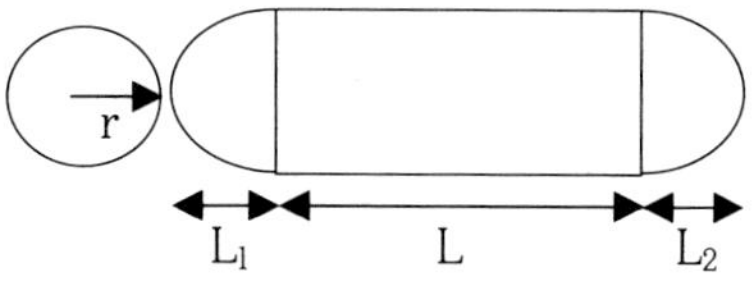

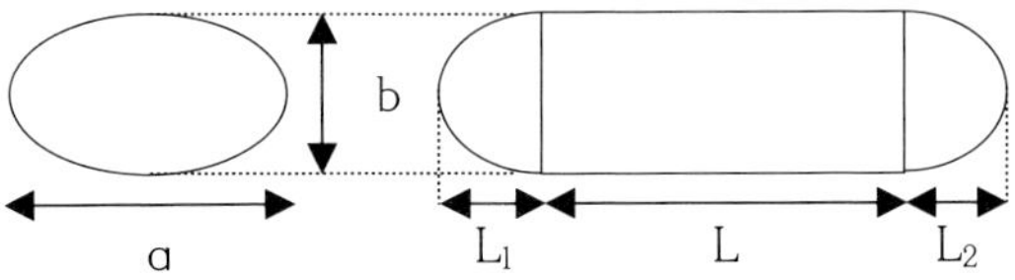

② 타원형 탱크 : $\frac{\pi ab}{4}\left(L+\frac{L_1+L_2}{3}\right)$

③ 원통형 탱크 : $\pi r^2 L$

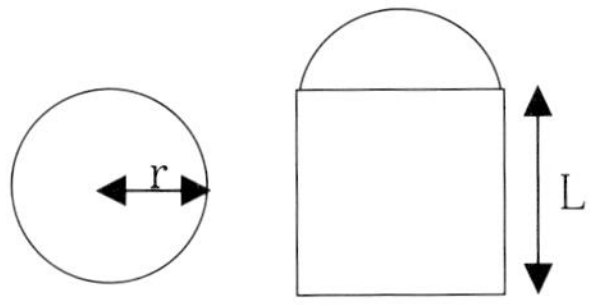

(L의 범위는 지붕을 제외한 탱크의 윗면까지를 기준으로 함)

④ 위험물을 저장 또는 취급하는 탱크의 용량은 해당 탱크의 내용적에서 공간용적을 뺀 용적으로 한다.

탱크의 용량 = 내용적 - 공간용적 (단위 L 또는 ㎥)

여기서 공간용적은 탱크의 내용적의 100분의 5 이상 100분의 10 이하의 용적으로 한다.

연습문제-위험물의 저장 기준

01. **위험물 제조소에는 "위험물 제조소"라는 표시를 설치하여야 한다. 이때의 기준에 대해 다음 각 물음에 답하시오.**

① 표지의 크기 기준에 대해 쓰시오. ② 표지의 바탕과 문자의 색상을 쓰시오.

정답 ① ②

02. **제6류 위험물을 취급하는 제조소에 설치하는 주의사항 게시판에 기재해야 할 내용은 무엇인가? (단, 주의사항 게시판이 필요없는 경우는 "필요없음"으로 쓰시오.)**

정답

03. **제1류 위험물인 알칼리금속의 과산화물을 저장하는 운반용기 외부에 기재하는 주의사항 모두 쓰시오.**

정답

04. **다음 제2류 위험물의 운반용기 외부에 표시하여야 하는 주의사항을 모두 쓰시오.**

① 철분 · 금속분 ② 인화성고체 ③ 유황

정답 ① ② ③

05. 위험물안전관리법령상 제3류 위험물 중 자연발화성 물질의 운반용기 외부에 표시하여야 하는 주의사항을 모두 쓰시오.

정답

06. 위험물의 운반에 관한 기준에서 시안화수소(HCN)의 운반용기 외부에 표시하여야 하는 주의사항은 무엇인지 쓰시오.

정답

07. 위험물안전관리법령상 제5류 위험물 운반용기 외부에 표시해야 하는 주의사항을 모두 쓰시오.

정답

08. 다음은 제조소에 설치하는 게시판이다. 다음 각 물음에 답을 쓰시오.

A. 화기엄금
B. 물기엄금
C. 화기주의
D. 물기주의

① 게시판의 크기를 쓰시오. ② B의 바탕색을 쓰시오. ③ C의 문자색을 쓰시오.
④ 제조소에서 제4류 위험물을 저장 및 취급하는 경우 표시해야 할 주의사항을 쓰시오.
⑤ "④"의 표지판의 바탕색과 문자색을 쓰시오.
⑥ 저장 또는 취급하는 위험물의 종류가 인화성 고체인 경우 주의사항을 쓰시오.

정답 ① ② ③ ④ ⑤ ⑥

09. 다음의 보기 중 제시된 물질에 적합한 주의사항의 기호를 각각 쓰시오.

[보기] A. 화기엄금, B. 물기엄금, C. 화기주의, D. 물기주의

① 철분 ② 니트로글리세린 ③ 과산화칼륨 ④ 인화성고체

정답 ① ② ③ ④

10. 제5류 위험물 제조소의 게시판에 대한 각 물음에 답하시오.

① 게시판 바탕색을 쓰시오. ② 게시판 문자색을 쓰시오. ③ 주의사항 표시를 쓰시오.

정답 ① ② ③

11.

위험물안전관리법령상 옥내저장소에서 동일 품명의 위험물이라도 자연발화의 위험이 있는 위험물을 다량 저장하는 경우에는 지정수량 10배 이하마다 구분하여 몇 m 이상의 간격을 두어야 하는가?

정답

12.

옥내저장소의 벽, 기둥, 출입구와 드럼통을 순서대로 보여준다. 옥내저장소에서 위험물의 저장 시 초과하지 않도록 해야 하는 온도를 쓰시오.

정답

13.

그림과 같은 위험물 저장탱크의 내용적은 몇 ㎥인지 구하시오.(단, r은 1m, ℓ 1은 0.4m, ℓ 2는 0.5m, ℓ 은 5m이다.)

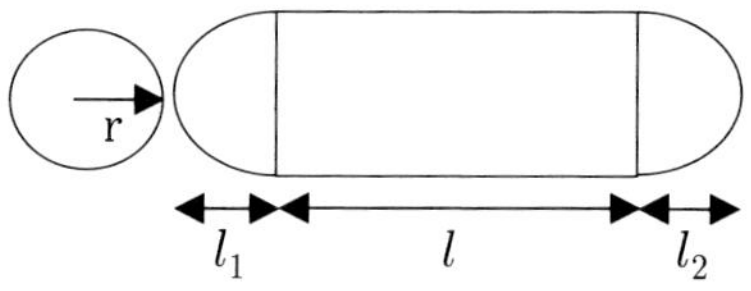

정답

14.

다음 그림을 보고 탱크의 내용적 계산하는 공식을 쓰시오.

①
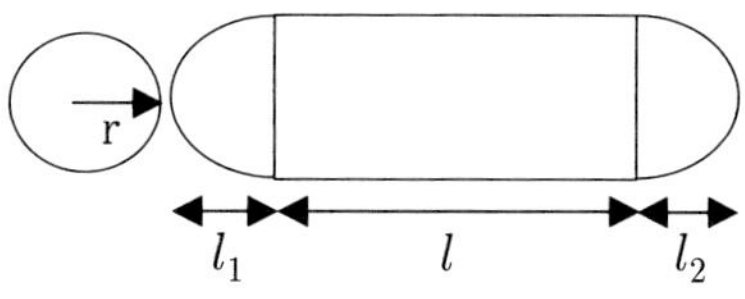

②
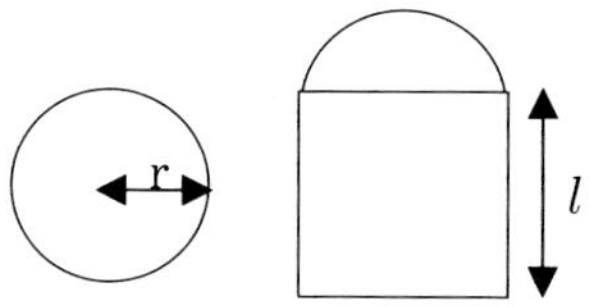

정답

15.

다음은 위험물안전관리법령에서 정한 탱크 내용적 산정기준에 관한 내용이다. (　　　)에 알맞은 수치를 쓰시오.

위험물을 저장 또는 취급하는 탱크의 용량은 당해 탱크 내용적에서 공간용적을 뺀 용적으로 한다. 탱크의 공간용적은 탱크의 내용적의 100분의 (①) 이상 100분의 (②) 이하의 용적으로 한다. 다만, 소화설비(소화약제 방출구를 탱크안의 윗부분에 설치하는 것에 한한다.)를 설치하는 탱크의 공간용적은 해당 소화설비의 소화약제 방출구 아래의 (③)미터 이상 (④)미터 미만 사이의 면으로부터 윗부분의 용적으로 한다.

정답 ① ② ③ ④

16. 위험물 저장탱크의 용량이 540L이고 내용적이 600L일 때 탱크의 공간용적은 얼마인가?

정답

17. [그림]과 같이 횡으로 설치된 타원형 위험물탱크의 내용적을 구하는 공식을 쓰시오.

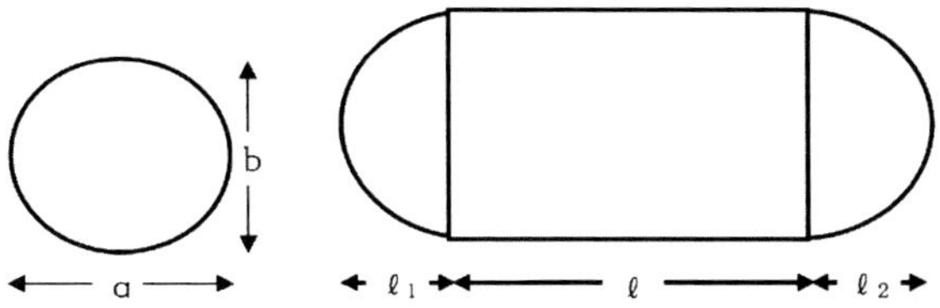

정답

18. 그림과 같은 저장탱크에서 탱크의 내용적(㎥)을 구하시오. (단, A=2m, B=6m 이다.)

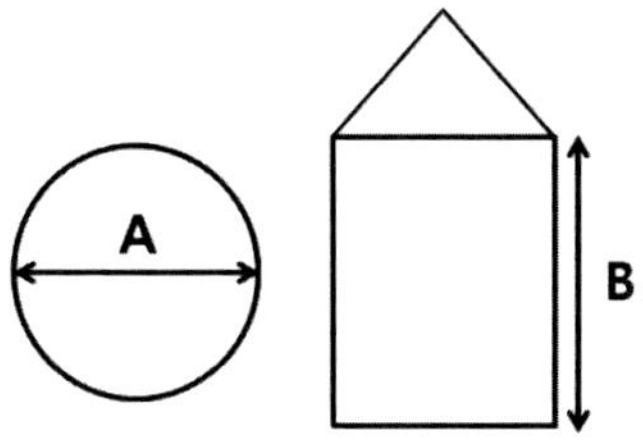

정답

정답

01

① 한 변의 길이가 0.3m 이상, 다른 한 변의 길이가 0.6m 이상인 직사각형
② 바탕색 : 백색, 문자색 : 흑색

02

필요없음
【풀이】

구분		게시판 주의사항	운반용기 주의사항
제1류		–	화기주의, 충격주의, 가연물접촉주의
	알칼리금속의 과산화물	물기엄금	물기엄금, 화기주의, 충격주의, 가연물접촉주의

제2류		화기주의	화기주의
	철분·금속분·마그네슘	화기주의	화기주의, 물기엄금
	인화성고체	화기엄금	화기엄금
제3류	금수성 물질	물기엄금	물기엄금
	자연발화성 물질	화기엄금	화기엄금, 공기접촉엄금
제4류		화기엄금	화기엄금
제5류		화기엄금	화기엄금, 충격주의
제6류		–	가연물접촉주의

화기주의, 화기엄금 : 적색바탕 백색문자 **물기엄금** : 청색바탕 백색문자

03 화기주의, 충격주의, 물기엄금, 가연물접촉주의

04 ① 철분 · 금속분 : 화기주의, 물기엄금 ② 인화성고체 : 화기엄금 ③ 유황 : 화기주의

05 화기엄금, 공기접촉엄금

06 화기엄금

07 화기엄금, 충격주의

08 ① 한 변의 길이가 0.3m 이상, 다른 한 변의 길이가 0.6m 이상인 직사각형 ② 청색
③ 백색 ④ 화기엄금 ⑤ 바탕색 : 적색, 문자색 : 백색 ⑥ 화기엄금

09 ① C ② A ③ B ④ A

10 ① 적색 ② 백색 ③ 화기엄금

11 0.3m

12 55℃ 【풀이】 옥내저장소에서는 용기에 수납하여 저장하는 위험물의 온도가 55℃를 넘지 않도록 필요한 조치를 강구하여야 한다.

13 [계산과정] : $\pi r^2 \times \left(l + \frac{l_1 + l_2}{3}\right) = \pi \times 1^2 \times \left(5 + \frac{0.4 + 0.5}{3}\right) = 16.65$ [답] : $16.65m^3$

14 ① $\pi r^2 \times (l + \frac{l_1 + l_2}{3})$ ② $\pi r^2 l$

15 ① 5 ② 10 ③ 0.3 ④ 1

16 60L 【풀이】 탱크의 용량 = 내용적 - 공간용적, 540L = 600L - 공간용적 ∴ 공간용적 = 60L

17 $\frac{\pi ab}{4} \times (l + \frac{l_1 + l_2}{3})$

18 $18.85m^3$ 【풀이】 r = 1m $V = \pi \times 1^2 \times 6$ $V = 18.85m^3$

3) 위험물의 운반 및 운송기준

1. **금속제드럼**에 제6류 위험물 저장 시 외장 운반용기의 최대용적 또는 중량은 250L이다.

	운반용기 - 내장용기	최대용적 또는 중량
고체위험물	**유리용기**	10L
액체위험물		5L 또는 10L
고체, 액체 위험물	**플라스틱 용기**	10L
	금속제용기	30L

2. 위험물은 그 운반용기의 외부에 다음 각목에 정하는 바에 따라 위험물의 품명, 수량 등을 표시하여 적재하여야 한다. 다만, UN의 위험물 운송에 관한 권고에서 정한 기준 또는 소방청장이 정하여 고시하는 기준에 적합한 표시를 한 경우에는 아래의 사항을 표시하지 않아도 된다.

가. 위험물의 품명 · 위험등급 · 화학명 및 수용성("수용성" 표시는 제4류 위험물로서 수용성인 것에 한한다)

나. 위험물의 수량

다. 수납하는 위험물에 따라 다음의 규정에 의한 주의사항

3. 적재방법

- 위험물은 다음의 규정에 의한 운반용기에 다음 각목의 기준에 따라 수납하여 적재하여야 한다.

1. 고체위험물은 운반용기 내용적의 95% 이하의 수납율로 수납할 것
2. 액체위험물은 운반용기 내용적의 98% 이하의 수납율로 수납하되, 55도의 온도에서 누설되지 아니하도록 충분한 공간용적을 유지하도록 할 것
3. 자연발화성물질 중 알킬알루미늄, 알킬리튬은 운반용기의 내용적의 90% 이하의 수납율로 수납하되, 50℃의 온도에서 5% 이상의 공간용적을 유지하도록 할 것
4. 적재하는 위험물의 성질에 따라 일광의 직사 또는 빗물의 침투를 방지하기 위하여 유효하게 피복하는 등 다음에 정하는 기준에 따른 조치를 하여야 한다.

① 제1류 위험물, 제3류 위험물 중 자연발화성 물질, 제4류 위험물 중 특수인화물, 제5류 위험물 또는 제6류 위험물은 차광성이 있는 피복으로 가릴 것

② 제1류 위험물 중 알칼리금속의 과산화물 또는 이를 함유한 것, 제2류 위험물 중 철분 · 금속분 · 마그네슘 또는 제3류 위험물 중 금수성 물질은 방수성이 있는 피복으로 덮을 것

✔한 눈에 정리하기

차광성 피복	금수성 피복
제1류 위험물	제1류 위험물 중 알칼리금속의 과산화물, 또는 이를 함유한 것
제3류 위험물 중 자연발화성 물질	제2류 위험물 중 철분 · 금속분 · 마그네슘
제4류 위험물 중 특수인화물	제3류 위험물 중 금수성 물질
제5류 위험물	
제6류 위험물	

참고 제1류 위험물 중 알칼리금속의 과산화물 또는 이를 함유한 것은 ①항과 ②항에 중복되므로 차광성과 방수성이 모두 있는 피복으로 덮는다.

5. 유별을 달리하는 위험물의 혼재기준

위험물의 구분	제1류	제2류	제3류	제4류	제5류	제6류
제1류		×	×	×	×	○
제2류	×		×	○	○	×
제3류	×	×		○	×	×
제4류	×	○	○		○	×
제5류	×	○	×	○		×
제6류	○	×	×	×	×	

【비고】

① "×"표시는 혼재할 수 없음을 표시한다.

② "○"표시는 혼재할 수 있음을 표시한다.

③ 이 표는 지정수량의 $\frac{1}{10}$이하의 위험물에 대하여는 적용하지 아니한다.

참고 유별을 달리하는 위험물을 유별로 모아서 저장하는 한편 상호간에 1m 이상 간격을 두어야 한다.

6. 이동탱크저장소에 의한 위험물의 운송 시에 준수하여야 하는 기준은 다음 각목과 같다.

① 위험물(제4류 위험물에 있어서는 특수인화물 및 제1석유류에 한한다)을 운송하게 하는 자는 위험물안전카드를 위험물운송자로 하여금 휴대하게 할 것

연습문제-위험물의 운반 및 운송기준

01. 제5류 위험물 중 위험등급 I에 속하는 액체위험물을 운반용기에 수납하는 경우 내장용기의 최대용적을 쓰시오.

① 유리용기 ② 플라스틱용기 ③ 금속제용기

정답

① ② ③

02. 금속제 드럼통에 제6류 위험물이 저장되었을 때 외장 용기의 최대용적과 용기외부포장 표시 중 수납 위험물의 주의사항을 쓰시오.

① 최대용적 ② 용기외부포장 표시 중 수납 위험물의 주의사항

정답

① ②

03. 다음의 빈칸에 알맞은 답을 쓰시오.

위험물을 운반할 경우 적재 시 빛을 차단하는 경우의 위험물과 물과의 접촉을 피해 방수해야 하는 위험물이 있다. 다음 제4류 위험물 중 특수인화물은 (   )이 있는 피복으로 가려야 한다.

정답

04. **저장용기의 수납율에 관한 물음이다. 다음 각 물음에 답을 쓰시오.**

① 고체위험물은 운반용기 내용적의 (   )% 이하의 수납율로 수납할 것
② 액체위험물은 운반용기 내용적의 (   )% 이하의 수납율로 수납할 것

정답 ①   ②

05. **위험물안전관리법령상 제2류 위험물과 함께 적재하여 운반할 수 있는 위험물은 제 몇 류 위험물인지 모두 쓰시오. (단, 각 위험물은 지정수량의 10배인 경우이다.)**

정답

06. **위험물을 운반할 때 위험물안전관리법령상 제6류 위험물과 혼재할 수 없는 위험물은 제 몇 류 위험물인지 모두 쓰시오(단, 운반하고자 하는 위험물은 지정수량의 10배 이상이다.)**

정답

07. **제2류 위험물과 혼재 불가능한 위험물을 모두 쓰시오.**

정답

08. **위험물의 혼재기준에서 위험물의 운반 시 톨루엔과 혼재 가능한 위험물의 알파벳을 보기에서 모두 고르시오.**

〈A〉 과산화나트륨, 〈B〉 과산화수소, 〈C〉 질산, 〈D〉 황

정답

09. **제6류 위험물과 혼재가 가능한 위험물은 제 몇 류 위험물인지 쓰시오.(단, 지정수량 10배의 위험물을 혼재하는 경우이다.)**

정답

10. 저장기준에 대한 다음 각 물음에 답을 쓰시오.

① 품명을 달리하는 물품을 함께 저장하는 경우 상호간에는 몇 m 이상의 간격을 두어야 하는가?
② 제1류 위험물과 제3류 위험물 중 혼재가 가능한 위험물의 품명을 쓰시오
③ 제5류 위험물과 제1류 위험물을 혼재할 때 혼재 불가능한 위험물의 품명을 쓰시오

정답 ① ② ③

11. 위험물과 위험물이 아닌 물품을 함께 저장하는 경우 상호간 몇 m 이상의 간격을 두어야 하는지 쓰시오.

정답

12. 위험물안전관리법령상 제4류 위험물을 운송하는 경우 반드시 위험물안전카드를 휴대하여야 하는 위험물의 품명 2가지를 쓰시오.

정답

정답

01 ① 10L ② 10L ③ 30L
02 ① 250L ② 기연물접촉주의
03 차광성
04 ① 95 ② 98
05 ① 제4류 위험물 ② 제5류 위험물
06 제2류, 제3류, 제4류, 제5류
07 제1류, 제3류, 제6류 위험물
08 D 【풀이】 톨루엔($C_6H_5CH_3$)은 제4류 위험물이므로 제2류 위험물인 황(S)과 혼재가 가능하다.
09 제1류 위험물
10 ① 1m 이상 ② 자연발화성물질 ③ 알칼리금속의 과산화물
11 1m 이상
12 특수인화물, 제1석유류

4) 탱크 시험자의 기술능력 · 시설 및 장비

1. 기술능력

가. 필수인력

1) 위험물기능장 · 위험물산업기사 또는 위험물기능사 중 1명 이상
2) 비파괴검사기술사 1명 이상 또는 초음파비파괴검사 · 자기비파괴검사 및 침투비파괴검사별로 기사 또는 산업기사 각 1명 이상

나. 필요한 경우에 두는 인력

1) 충 · 수압시험, 진공시험, 기밀시험 또는 내압시험의 경우: 누설비파괴검사 기사, 산업기사 또는 기능사
2) 수직 · 수평도시험의 경우: 측량 및 지형공간정보 기술사, 기사, 산업기사 또는 측량기능사
3) 방사선투과시험의 경우: 방사선비파괴검사 기사 또는 산업기사
4) 필수 인력의 보조: 방사선비파괴검사 · 초음파비파괴검사 · 자기비파괴검사 또는 침투비파괴검사 기능사

2. 시설: 전용사무실

3. 장비

가. 필수장비: 자기탐상시험기, 초음파두께측정기 및 다음 1) 또는 2) 중 어느 하나

1) 영상초음파탐상시험기　　2) 방사선투과시험기 및 초음파탐상시험기

나. 필요한 경우에 두는 장비

1) 충 · 수압시험, 진공시험, 기밀시험 또는 내압시험의 경우
2) 진공능력 53KPa 이상의 진공누설시험기
3) 기밀시험장치(안전장치가 부착된 것으로서 가압능력 200KPa 이상, 감압의 경우에는 감압능력 10KPa 이상 · 감도 10Pa 이하의 것으로서 각각의 압력 변화를 스스로 기록할 수 있는 것)
4) 수직 · 수평도 시험의 경우: 수직 · 수평도 측정기

※ 둘 이상의 기능을 함께 가지고 있는 장비를 갖춘 경우에는 각각의 장비를 갖춘 것으로 본다.

연습문제-탱크시험자의 기술능력 · 시설 및 장비

01. **위험물안전관리법령상 탱크시험자가 갖추어야 할 장비 중 필수장비와 필요한 경우에 두는 장비를 각각 2가지씩 쓰시오.**

① 필수장비　② 필요한 경우에 두는 장비

정답

①　　②

정답

01

① 필수장비 : 자기탐상시험기, 초음파두께측정기, 영상초음파탐상시험기, 방사선투과시험기 및 초음파탐상시험기 중 2가지

② 필요한 경우에 두는 장비 : 진공누설시험기, 기밀시험장치, 수직 · 수평도 측정기 중 2가지

PART.6 제조소 등의 위치, 구조, 설비기준

1) 제조소의 위치·구조 및 설비기준

1. 안전거리

① 제조소(제6류 위험물을 취급하는 제조소를 제외), 일반취급소, 옥내저장소, 옥외저장소, 옥외탱크저장소는 다음 규정에 의한 건축물의 외벽 또는 이에 상당하는 공작물의 외측으로부터 당해 제조소의 외벽 또는 이에 상당하는 공작물의 외측까지의 사이에 다음 규정에 의한 수평거리(안전거리)를 두어야 한다.

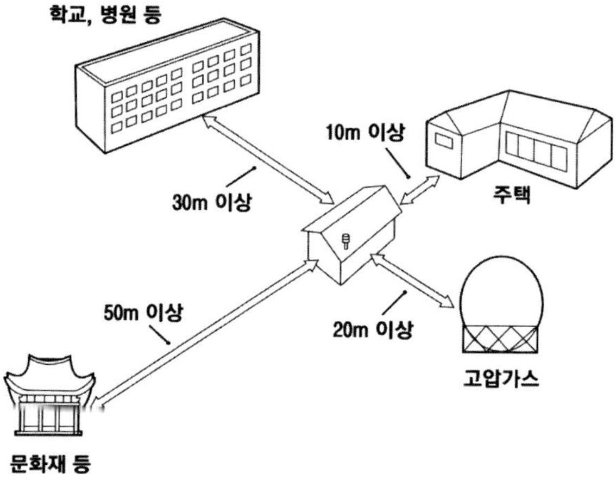

위험물의 최대수량	공지의 너비
사용전압이 7,000V 초과 35,000V 이하인 특고압가공전선	3m 이상
35,000V 초과하는 특고압가공전선	5m 이상
주거용	10m 이상
고압가스, 액화석유가스 또는 도시가스를 저장 또는 취급하는 시설	20m 이상
학교 · 병원 · 극장 그 밖에 다수인을 수용하는 시설 (공연장, 영화상영관 등 3백명 이상을 수용할 수 있는 시설, 아동 · 노인 · 장애인 · 한부모가족복지시설, 어린이집, 성매매피해자 지원시설, 정신보건시설 등 20명 이상을 수용할 수 있는 시설)	30m 이상
유형문화재와 기념물 중 지정문화재	50m 이상

② 불연재료로 된 방화상 유효한 담 또는 벽을 설치하는 제조소 및 일반취급소의 경우에는 다음의 표에 의하여 안전거리를 단축할 수 있다.

취급하는 위험물의 최대수량	공지의 너비
지정수량의 10배 이하	3m 이상
지정수량의 10배 초과	5m 이상

2. 보유공지

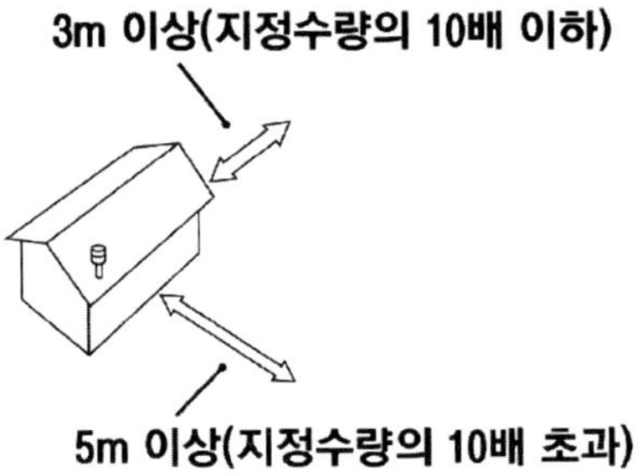

가. 방화벽은 내화구조로 할 것, 다만 취급하는 위험물이 제6류 위험물인 경우에는 불연재료로 할 수 있다.
나. 방화벽에 설치하는 출입구 및 창 등의 개구부는 가능한 한 최소로 하고, 출입구 및 창에는 자동폐쇄식의 갑종방화문을 설치할 것
다. 방화벽의 양단 및 상단이 외벽 또는 지붕으로부터 50cm 이상 돌출하도록 할 것

3. 표지 및 게시판

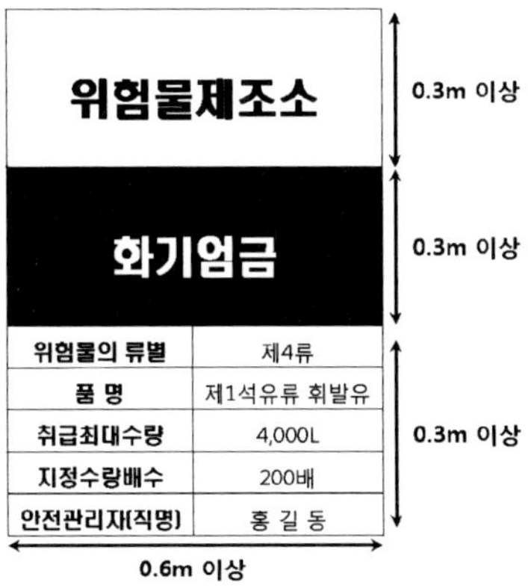

① 제조소에는 보기 쉬운 곳에 다음 각목의 기준에 따라 "위험물 제조소"라는 표시를 한 표지를 설치하여야 한다.
가. 표지는 한 변의 길이가 0.3m 이상, 다른 한 변의 길이가 0.6m 이상인 직사각형으로 할 것
나. 표지의 바탕은 백색으로, 문자는 흑색으로 할 것
② 제조소에는 보기 쉬운 곳에 다음 기준에 따라 방화에 관하여 필요한 사항을 게시한 게시판을 설치하여야 한다.
가. 게시판은 한 변의 길이가 0.3m 이상, 다른 한 변의 길이가 0.6m 이상인 직사각형으로 할 것
나. 게시판에는 저장 또는 취급하는 위험물의 유별 · 품명 및 저장최대수량 또는 취급최대수량, 지정수량의 배수 및 안전관리자의 성명 또는 직명을 반드시 기재할 것 → 백색바탕 흑색문자
다. 저장 또는 취급하는 위험물에 따라 다음의 규정에 의한 주의사항을 표시한 게시판을 설치할 것
(ㄱ) 제1류 위험물 중 알칼리금속의 과산화물과 이를 함유한 것 또는 제3류 위험물 중 금수성 물질에 있어서는 "물기엄금" → 청색바탕 백색문자

(ㄴ) 제2류 위험물(인화성고체를 제외한다)에 있어서는 "화기주의" → 적색바탕 백색문자

(ㄷ) 제2류 위험물 중 인화성고체, 제3류 위험물 중 자연발화성 물질, 제4류 위험물 또는 제5류 위험물에 있어서는 "화기엄금" → 적색바탕 백색문자

✔ 한 눈에 정리하기

구분		게시판 주의사항	운반용기 주의사항
제1류		-	화기주의, 충격주의, 가연물접촉주의
	알칼리금속의 과산화물	물기엄금	물기엄금, 화기주의, 충격주의, 가연물접촉주의
제2류		화기주의	화기주의
	철분·금속분·마그네슘	화기주의	화기주의, 물기엄금
	인화성고체	화기엄금	화기엄금
제3류	금수성 물질	물기엄금	물기엄금
	자연발화성 물질	화기엄금	화기엄금, 공기접촉엄금
제4류		화기엄금	화기엄금
제5류		화기엄금	화기엄금, 충격주의
제6류		-	가연물접촉주의

4. 건축물의 구조

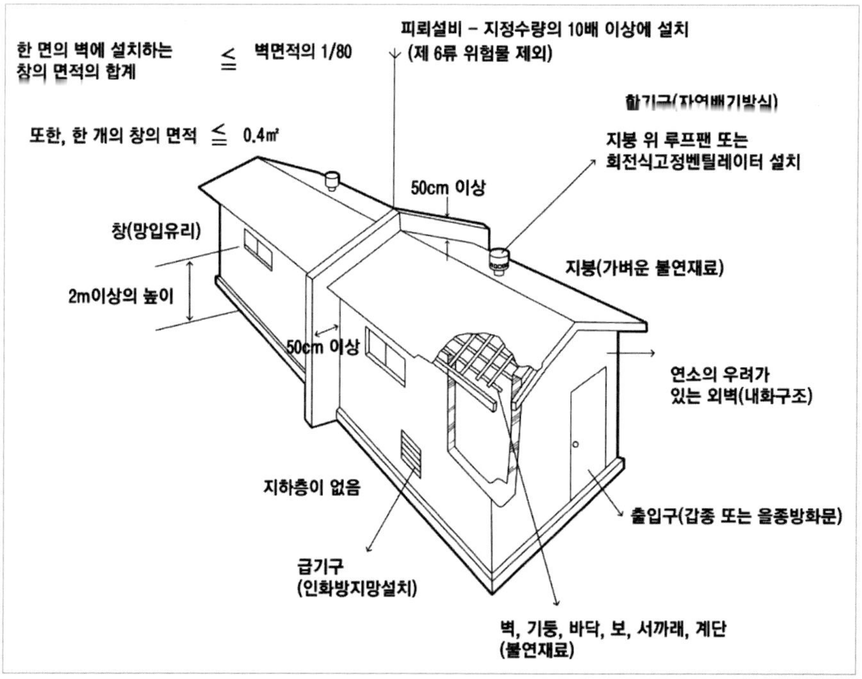

【제조소 - 환기설비 적용】

① 지하층이 없도록 하여야 한다. 다만, 위험물을 취급하지 않는 지하층으로서 위험물의 취급장소에서 새어나온 위험물 또는 가연성의 증기가 흘러 들어갈 우려가 없는 구조로 된 경우에는 제외한다.

② 벽 · 기둥 · 바닥 · 보 · 서까래 및 계단을 불연재료로 하고, 연소(延燒)의 우려가 있는 외벽은 출입구 외의 개구부가 없는 내화구조의 벽으로 하여야 한다. 이 경우 제6류 위험물을 취급하는 건축물에 있어서 위험물이 스며들 우려가 있는 부분에 대하여는 아스팔트 그 밖에 부식되지 않는 재료로 피복하여야 한다.

③ 지붕은 폭발 시 주변시설의 피해를 줄이기 위하여 폭발력이 위로 방출될 정도의 가벼운 불연재료로 덮어야 한다. 다만, 위험물을 취급하는 건축물이 다음에 해당하는 위험물을 취급하는 건축물의 경우에는 그 지붕을 내화구조로 할 수 있다.

- 제2류 위험물(분상의 것과 인화성고체를 제외한다)
- 제4류 위험물 중 제4석유류 · 동식물유류
- 제6류 위험물

④ 출입구와 비상구에는 갑종방화문 또는 을종방화문을 설치하되, 연소의 우려가 있는 외벽에 설치하는 출입구에는 수시로 열 수 있는 자동폐쇄식의 갑종방화문을 설치하여야 한다.

"연소의 우려가 있는 외벽"이란 제조소 등이 설치된 부지의 경계선, 제조소 등에 인접한 도로의 중심선, 제조소 등의 외벽과 동일부지 내의 다른 건축물의 외벽간의 중심선을 기산점으로 하여 3m 이내에 있는 제조소등의 외벽을 말한다. (단, 2층 이상의 층에 대해서는 5m 이내)

⑤ 위험물을 취급하는 건축물의 창 및 출입구에 유리를 이용하는 경우에는 망입유리로 하여야 한다.

⑥ 액체의 위험물을 취급하는 건축물의 바닥은 위험물이 스며들지 못하는 재료를 사용하고, 적당한 경사를 두어 그 최저부에 집유설비를 하여야 한다.

5. 채광 · 조명 및 환기설비

① 채광설비는 불연재료로 하고, 연소의 우려가 없는 장소에 설치하되 채광면적을 최소로 할 것

② 조명설비

1) 가연성가스 등이 체류할 우려가 있는 장소의 조명등은 방폭등으로 할 것

2) 전선은 내화 · 내열전선으로 할 것

3) 점멸스위치는 출입구 바깥부분에 설치할 것. 다만, 스위치의 스파크로 인한 화재 · 폭발의 우려가 없을 경우에는 그렇지 않다.

③ 환기설비

1) 환기는 자연배기방식으로 할 것

2) 급기구는 당해 급기구가 설치된 실의 바닥면적 150㎡마다 1개 이상으로 하되, 급기구의 크기는 800㎠ 이상으로 할 것. 다만 바닥면적이 150㎡ 미만인 경우에는 다음의 크기로 하여야 한다.

바닥면적	급기구의 면적
60㎡ 미만	150㎠ 이상
60㎡ 이상 90㎡ 미만	300㎠ 이상
90㎡ 이상 120㎡ 미만	450㎠ 이상
120㎡ 이상 150㎡ 미만	600㎠ 이상

1) 급기구는 낮은 곳에 설치하고 가는 눈의 구리망 등으로 인화방지망을 설치할 것

2) 환기구는 지붕 위 또는 지상 2m 이상의 높이에 회전식 고정벤틸레이터 또는 루프팬 방식으로 설치할 것

6. 배출설비

가연성의 증기 또는 미분이 체류할 우려가 있는 건축물에는 그 증기 또는 미분을 옥외의 높은 곳으로 배출할 수 있도록 다음 기준에 의하여 배출설비를 설치하여야 한다.

① 배출설비는 국소방식으로 하여야 한다.

② 배출설비는 배풍기 · 배출닥트 · 후드 등을 이용하여 강제적으로 배출하는 것으로 하여야 한다.

③ 배출능력은 1시간당 배출장소 용적의 20배 이상인 것으로 하여야 한다. 다만, 전역방식의 경우에는 바닥 면적 1㎡당 18㎥ 이상으로 할 수 있다.

④ 배출설비의 급기구 및 배출구

가. 급기구는 높은 곳에 설치하고, 가는 눈의 구리망 등으로 인화방지망을 설치할 것

나. 배출구는 지상 2m 이상으로서 연소의 우려가 없는 장소에 설치하고, 배출닥트가 관통하는 벽부분의 바로 가까이에 화재 시 자동으로 폐쇄되는 방화댐퍼를 설치할 것

⑤ 배풍기는 강제배기방식으로 하고, 옥내닥트의 내압이 대기압 이상이 되지 않는 위치에 설치하여야 한다.

✔ 한 눈에 정리하기

	환기설비	배출설비
방식	자연배기	강제배기
급기구의 위치	낮은 곳	높은 곳

7. 옥외설비의 바닥

옥외에서 액체위험물을 취급하는 설비의 바닥의 설치기준이다.

① 바닥의 둘레에 높이 0.15m 이상의 턱을 설치하는 등 위험물이 외부로 흘러나가지 않도록 하여야 한다.

② 바닥은 콘크리트 등 위험물이 스며들지 않는 재료로 하고, 턱이 있는 쪽이 낮게 경사지게 하여야 한다.

③ 바닥의 최저부에 액체 위험물을 모아주는 집유설비를 하여야 한다.

④ 위험물을 취급하는 설비에 있어서는 당해 위험물이 직접 배수구에 흘러들어가지 않도록 집유설비에 비중차를 이용하여 위험물과 물을 분리시키는 유분리장치를 설치하여야 한다.

8. 기타설비

① 정전기 제거설비

위험물을 취급함에 있어서 정전기가 발생할 우려가 있는 설비에는 다음 각목의 1에 해당하는 방법으로 정

전기를 유효하게 제거할 수 있는 설비를 설치하여야 한다.

가. 접지에 의한 방법

나. 공기 중의 상대습도를 70% 이상으로 하는 방법

다. 공기를 이온화하는 방법

② 피뢰설비

지정수량의 10배 이상의 위험물을 취급하는 제조소(제6류 위험물을 취급하는 위험물제조소를 제외한다.)에는 피뢰침을 설치하여야 한다. 다만, 제조소의 주위의 상황에 따라 안전상 지장이 없는 경우에는 피뢰침을 설치하지 않을 수 있다.

9. 방유제

방유제의 설치 목적 : 액체 위험물의 외부 유출을 막기 위하여 설치

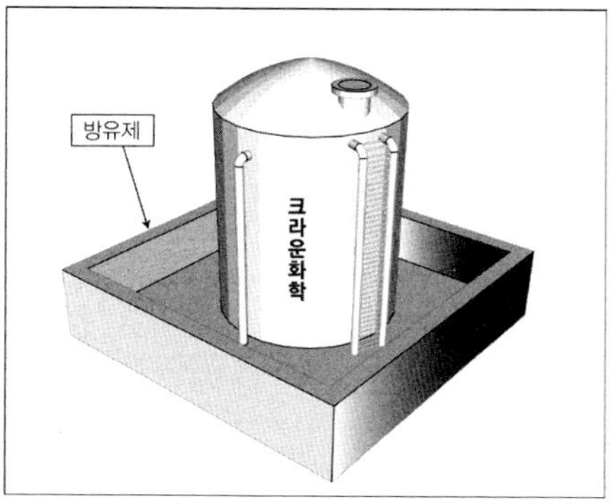

① 위험물제조소의 옥외에 있는 위험물취급탱크로서 액체위험물(이황화탄소를 제외한다)을 취급하는 것의 주위에는 다음의 기준에 의하여 방유제를 설치할 것

참고 하나의 취급탱크 주위에 설치하는 방유제의 용량은 당해 탱크 용량의 50% 이상으로 하고, 2 이상의 취급탱크 주위에 하나의 방유제를 설치하는 경우 그 방유제의 용량은 당해 탱크 중 용량이 최대인 것의 50%에 나머지 탱크용량 합계의 10%를 가산한 양 이상이 되게 할 것.

✔ 한 눈에 정리하기

	1기	2기 이상
제조소 옥외에 설치된 경우	탱크용량의 50% 이상	최대용량의 50% + 나머지 용량 합계의 10% 이상
옥외탱크저장소	인화성액체일 경우 탱크용량의 110% 이상 (인화성 액체가 아닐 경우 100% 이상)	최대용량의 110% 이상, (인화성 액체가 아닐 경우 100% 이상)

10. 위험물의 성질에 따른 제조소의 특례

① 알킬알루미늄, 알킬리튬 취급

가. 설비의 주위에는 누설범위를 국한하기 위한 설비와 누설된 알킬알루미늄, 알킬리튬을 안전한 장소에 설치된 저장실에 유입시킬 수 있는 설비를 갖출 것

나. 불활성기체(질소 등)를 봉입하는 장치를 갖출 것

② 아세트알데히드, 산화프로필렌 취급

가. 은 · 수은 · 동(구리) · 마그네슘 또는 이들을 성분으로 하는 합금으로 만들지 않을 것

나. 연소성 혼합기체의 생성에 의한 폭발을 방지하기 위한 불활성기체 또는 수증기를 봉입하는 장치를 갖출 것.

다. 아세트알데히드, 산화프로필렌을 취급하는 탱크에는 냉각장치 또는 저온을 유지하기 위한 장치(보냉장치) 및 연소성 혼합기체의 생성에 의한 폭발을 방지하기 위한 불활성기체를 봉입하는 장치를 갖출 것. 다만, 지하에 있는 탱크가 아세트알데히드, 산화프로필렌의 온도를 저온으로 유지할 수 있는 구조인 경우에는 냉각장치 및 보냉장치를 갖추지 않아도 된다.

11. 자체소방대

제4류 위험물을 취급하는 제조소 또는 일반취급소의 지정수량이 3천 배 이상일 경우 자체소방대를 설치할 수 있다.

사업소의 구분	화학소방자동차	자체소방대원의 수
1. 제조소 또는 일반취급소에서 취급하는 제4류 위험물의 최대수량의 합이 지정수량의 12만 배 미만인 사업소	1대	5인
2. 제조소 또는 일반취급소에서 취급하는 제4류 위험물의 최대수량의 합이 지정수량의 12만 배 이상 24만 배 미만인 사업소	2대	10인
3. 제조소 또는 일반취급소에서 취급하는 제4류 위험물의 최대수량의 합이 지정수량의 24만 배 이상 48만 배 미만인 사업소	3대	15인
4. 제조소 또는 일반취급소에서 취급하는 제4류 위험물의 최대수량의 합이 지정수량의 48만 배 이상인 사업소	4대	20인

화학소방자동차에는 행정안전부령으로 정하는 아래의 소화능력 및 설비를 갖추어야 하고, 소화활동에 필요한 소화약제 및 기구(방열복 등 개인장구를 포함한다)를 비치하여야 한다.

화학소방자동차의 구분	소화능력 및 설비의 기준
포수용액 방사차	포수용액의 방사능력이 매분 2,000L 이상일 것
	소화약액탱크 및 소화약액혼합장치를 비치할 것
	10만L 이상의 포수용액을 방사할 수 있는 양의 소화약제를 비치할 것
분말 방사차	분말의 방사능력이 매초 35㎏ 이상일 것
	분말탱크 및 가압용가스설비를 비치할 것
	1,400㎏ 이상의 분말을 비치할 것

할로겐화합물 방사차	할로겐화합물의 방사능력이 매초 40㎏ 이상일 것
	할로겐화합물탱크 및 가압용가스설비를 비치할 것
	1,000㎏ 이상의 할로겐화합물을 비치할 것
이산화탄소 방사차	이산화탄소의 방사능력이 매초 40㎏ 이상일 것
	이산화탄소저장용기를 비치할 것
	3,000㎏ 이상의 이산화탄소를 비치할 것
제독차	가성소오다 및 규조토를 각각 50㎏ 이상 비치할 것

포수용액을 방사하는 화학소방자동차의 대수는 자체소방대 규정에 의한 화학소방자동차의 대수의 3분의 2 이상으로 하여야 한다.

연습문제-제조소의 위치·구조 및 설비기준

01. **제4류 위험물을 취급하는 위험물제조소와 「고등교육법」에서 정하는 학교와는 몇 m 이상의 안전거리를 확보해야 하는지 쓰시오.**

정답

02. **제조소를 중심으로 다음의 건축물과의 안전거리와 물음에 답을 쓰시오.**

① 주택 ② 고압가스시설 ③ 특고압가공선로(7,000V~35,000V)
④ 안전거리 30m 이상을 유지해야 하는 곳 2가지를 쓰시오.

정답 ① ② ③ ④

03. **에탄올 20,000L를 취급하는 제조소와 35,000V를 초과하는 특고압 가공전선과의 안전거리는 몇 m 이상인지 쓰시오.**

정답

04. **위험물제조소 근처에 고압가스시설이 설치되어 있는 경우 안전거리는 몇 m 이상인가?**

정답

05. 지정문화재 근처에 제조소를 설치하는 경우 안전거리 몇 m 이상으로 하는지 쓰시오.

정답

06. 히드록실아민 900kg을 취급하는 제조소에서 보유하여야 할 보유공지를 쓰시오.

정답

07. 제3류 위험물을 취급하는 제조소에서 지정수량의 10배 초과인 경우 보유공지 너비는 몇 m 이상인지 쓰시오.

정답

08. 제조소에서 취급하는 위험물이 지정수량의 10배인 경우 보유공지 너비는 몇 m 이상인지 쓰시오.

정답

09. 위험물안전관리법령상 위험물제조소에서의 환기설비에 관한 다음 각 물음에 답하시오.

① 환기는 어떤 방식으로 하여야 하는가?

② 바닥면적 150㎡ 인 경우 급기구의 크기는 얼마 이상으로 하여야 하는가?

정답 ① ②

10. 위험물 제조소의 환기설비에 대한 각 물음에 답을 쓰시오.

① 바닥으로부터 높이 몇 m 이상에 환기구를 설치하는지 쓰시오

② 급기구는 바닥면적 150㎡마다 1개 이상 설치하되 크기는 몇 ㎠ 이상으로 하여야 하는가?

③ 액체의 위험물을 취급하는 건축물의 바닥은 적당한 경사를 두어 그 최저부에 무엇을 설치하는지 쓰시오.

정답 ① ② ③

11. 위험물안전관리법령상 위험물을 취급함에 있어서 정전기가 발생할 우려가 있는 설비에는 법령에서 정하는 방법으로 정전기를 유효하게 제거할 수 있는 설비를 설치하여야 한다. 이에 해당하는 방법 3가지를 쓰시오.

정답

12. 위험물안전관리법령에서는 정전기를 유효하게 제거하기 위해 공기 중 상대습도를 몇 % 이하로 규정하고 있는지 쓰시오.

정답

13. 위험물안전관리법령상 지정수량의 몇 배 이상의 위험물을 취급하는 제조소(제6류 위험물을 취급하는 위험물 제조소 제외)에 피뢰침을 설치하여야 하는지 쓰시오.

정답

14. 일반취급소 또는 제조소에서 취급하는 제4류 위험물 최대수량의 합이 지정수량의 24만 배 이상 48만배 미만인 사업소의 자체소방대에 두는 화학소방자동차 및 자체소방대원의 기준수를 각각 쓰시오.

① 화학소방자동차 ② 자체소방대원의 수

정답 ① ②

정답

01 30m 이상

02 ① 주택 : 10m 이상 ② 고압가스시설 : 20m
③ 특고압가공선로(7,000V~35,000V) : 3m 이상 ④ 극장, 학교, 병원 중 2가지

03 5m **04** 20m **05** 50m 이상

06 3m 이상 【풀이】 히드록실아민 지정수량 : 100㎏ $\frac{900kg}{100kg} = 9$배
∴ 10배 이하이므로 3m 이상

07 5m 이상 **08** 3m 이상 **09** ① 자연배기방식 ② 800㎠

10 ① 2 ② 800 ③ 집유설비 【풀이】 환기구는 지붕 또는 지상 2m 이상의 높이에 회전식 고정 벤틸레이터 또는 루프팬 방식으로 설치한다.

11 ① 접지 ② 공기 중의 상대습도 70% 이상으로 할 것 ③ 공기를 이온화 할 것

12 70%

13 10배

14 ① 3대 이상 ② 15인 이상

사업소의 구분	화학소방자동차의 수	자체소방대원의 수
지정수량의 12만배 미만	1대	5인
지정수량의 12만배 이상 24만배 미만	2대	10인
지정수량의 24만배 이상 48만배 미만	3대	15인
지정수량의 48만배 이상	4대	20인

2) 옥내저장소의 위치·구조 및 설비기준

위험물 저장소의 종류에는 옥내저장소, 옥외저장소, 옥내탱크저장소, 옥외탱크저장소, 지하탱크저장소, 간이탱크저장소, 이동탱크저장소, 암반탱크저장소가 있다.

1. 안전거리의 예외

옥내저장소는 제조소의 규정에 준하여 안전거리를 두어야 한다. 다만, 다음에 해당하는 옥내저장소는 안전거리를 두지 않아도 된다.

① 제4석유류 또는 동식물유류의 위험물을 저장 또는 취급하는 옥내저장소로서 그 최대수량이 지정수량의 20배 미만인 것
② 제6류 위험물을 저장 또는 취급하는 옥내저장소
③ 지정수량의 20배 이하의 위험물을 저장 또는 취급하는 옥내저장소로서 다음의 기준에 적합한 것
가. 저장창고의 벽 · 기둥 · 바닥 · 보 및 지붕이 내화구조인 것
나. 저장창고의 출입구에 수시로 열 수 있는 자동폐쇄방식의 갑종방화문이 설치되어 있을 것
다. 저장창고에 창을 설치하지 않을 것

2. 보유공지

저장 또는 취급하는 위험물의 최대수량	공지의 너비	
	벽 · 기둥 및 바닥이 내화구조로 된 건축물	그 밖의 건축물
지정수량의 5배 이하		0.5m 이상
지정수량의 5배 초과 10배 이하	**1m 이상**	1.5m 이상
지정수량의 10배 초과 20배 이하	**2m 이상**	3m 이상
지정수량의 20배 초과 50배 이하	**3m 이상**	5m 이상
지정수량의 50배 초과 200배 이하	**5m 이상**	10m 이상
지정수량의 200배 초과	**10m 이상**	15m 이상

→ 지정수량의 배수는 옥외저장소의 보유공지 기준과 비슷하다.

✔ 한 눈에 정리하기

저장 또는 취급하는 위험물의 최대수량	공지의 너비	
	옥내저장소(내화구조)	**옥외저장소**
옥내저장소 : 지정수량의 5배 초과 10배 이하 옥외저장소 : 지정수량의 10배 이하	1m 이상	3m 이상
지정수량의 10배 초과 20배 이하	2m 이상	5m 이상
지정수량의 20배 초과 50배 이하	3m 이상	9m 이상
지정수량의 50배 초과 200배 이하	5m 이상	12m 이상
지정수량의 200배 초과	10m 이상	15m 이상

3. 건축물의 구조

1. 저장창고는 지면에서 처마까지의 높이(처마높이)가 6m 미만인 단층건물로 하고 그 바닥을 지반면보다 높게 하여야 한다. 다만, 제2류 또는 제4류의 위험물만을 저장하는 창고로서 다음 기준에 적합한 창고의 경우에는 20m 이하로 할 수 있다.
   가. 벽 · 기둥 · 보 및 바닥을 내화구조로 할 것
   나. 출입구에 갑종방화문을 설치할 것
   다. 피뢰침을 설치할 것 다만, 주위상황에 의하여 안전상 지장이 없는 경우에는 설치하지 않아도 된다.
2. 하나의 저장창고의 바닥면적(2 이상의 구획된 실이 있는 경우에는 각 실의 바닥면적의 합계)은 다음의 기준에 의한 면적 이하로 하여야 한다. → 단층 조건
   가. 1,000㎡ 이하 (대체로 위험등급 Ⅰ등급)
      1) 제1류 위험물 중 아염소산염류, 염소산염류, 과염소산염류, 무기과산화물 그 밖에 지정수량이 50㎏인 위험물
      2) 제3류 위험물 중 칼륨, 나트륨, 알킬알루미늄, 알킬리튬 그 밖에 지정수량이 10㎏인 위험물 및 황린
      3) 제4류 위험물 중 특수인화물, 제1석유류 및 알코올류
      4) 제5류 위험물 중 유기과산화물, 질산에스테르류 그 밖에 지정수량이 10㎏인 위험물
      5) 제6류 위험물
   나. 바닥면적 1,000㎡ 이하 이외의 위험물을 저장하는 창고 : 2,000㎡ 이하
   다. 바닥면적 1,000㎡ 이하의 위험물과 바닥면적 2,000㎡ 이하인 위험물을 내화구조의 격벽으로 완전히 구획된 실에 각각 저장하는 창고 : 1,500㎡ 이하

③ 저장창고는 지붕을 폭발력이 위로 방출될 정도의 가벼운 불연재료로 하고, 천장을 만들지 아니하여야 한다. 다만, 제2류 위험물(분상의 것과 인화성고체를 제외한다)과 제6류 위험물만의 저장창고에 있어서는 지붕을 내화구조로 할 수 있고, 제5류 위험물만의 저장창고에 있어서는 당해 저장창고내의 온도를 저온으로 유지하기 위하여 난연재료 또는 불연재료로 된 천장을 설치할 수 있다.

④ 저장창고의 출입구에는 갑종방화문 또는 을종방화문을 설치하되, 연소의 우려가 있는 외벽에 있는 출입구에는 수시로 열 수 있는 자동폐쇄식의 갑종방화문을 설치하여야 한다.

⑤ 저장창고의 창 또는 출입구에 유리를 이용하는 경우에는 망입유리로 하여야 한다.

③ 제1류 위험물 중 알칼리금속의 과산화물 또는 이를 함유하는 것, 제2류 위험물 중 철분 · 금속분 · 마그네슘, 제3류 위험물 중 금수성물질 또는 제4류 위험물의 저장창고의 바닥은 물이 스며 나오거나 스며들지 않는 구로 하여야 한다.

4. 건축물의 설비기준

① 액상의 위험물의 저장창고의 바닥은 위험물이 스며들지 아니하는 구조로 하고, 적당하게 경사지게 하여 그 최저부에 집유설비를 하여야 한다.

② 저장창고에는 제조소의 기준에 따른 채광 · 조명 및 환기의 설비를 갖추어야 하고, 인화점이 70℃ 미만인 위험물의 저장창고에 있어서는 내부에 체류한 가연성의 증기를 지붕 위로 배출하는 설비를 갖추어야 한다.

① 지정수량의 10배 이상의 저장창고(제6류 위험물의 저장창고를 제외한다)에는 피뢰침을 설치하여야 한다. 다만, 저장창고의 주위의 상황에 따라 안전상 지장이 없는 경우에는 피뢰침을 설치하지 않 수 있다.

5. 다층 건축물의 구조

옥내저장소 중 제2류 위험물(인화성고체 제외) 또는 제4류 위험물(인화점이 70℃ 미만 제외)만을 저장 또는 취급하는 저장창고가 다층건물인 옥내저장소의 위치 · 구조 및 설비의 기준은 다음 기준에 의하여야 한다.

① 저장창고는 각층의 바닥을 지면보다 높게 하고, 바닥면으로부터 상층의 바닥(상층이 없는 경우에는 처마)까지의 높이(층고)를 6m 미만으로 하여야 한다.

② 하나의 저장창고의 바닥면적 합계는 1,000㎡ 이하로 하여야 한다. → 예를 들어, 제2류 위험물을 저장하는 경우 단층 건축물이면 바닥면적 2,000㎡ 이하이지만 다층건물일 경우 항상 1,000㎡ 이하로 한다.

③ 저장창고의 벽 · 기둥 · 바닥 및 보를 내화구조로 하고, 계단을 불연재료로 하며, 연소의 우려가 있는 외벽은 출입구 외의 개구부를 갖지 않는 벽으로 하여야 한다.

④ 2층 이상의 층의 바닥에는 개구부를 두지 않아야 한다. 다만, 내화구조의 벽과 갑종방화문 또는 을종방화문으로 구획된 계단실에 있어서는 그렇지 않다.

6. 위험물의 성질에 따른 옥내저장소의 특례

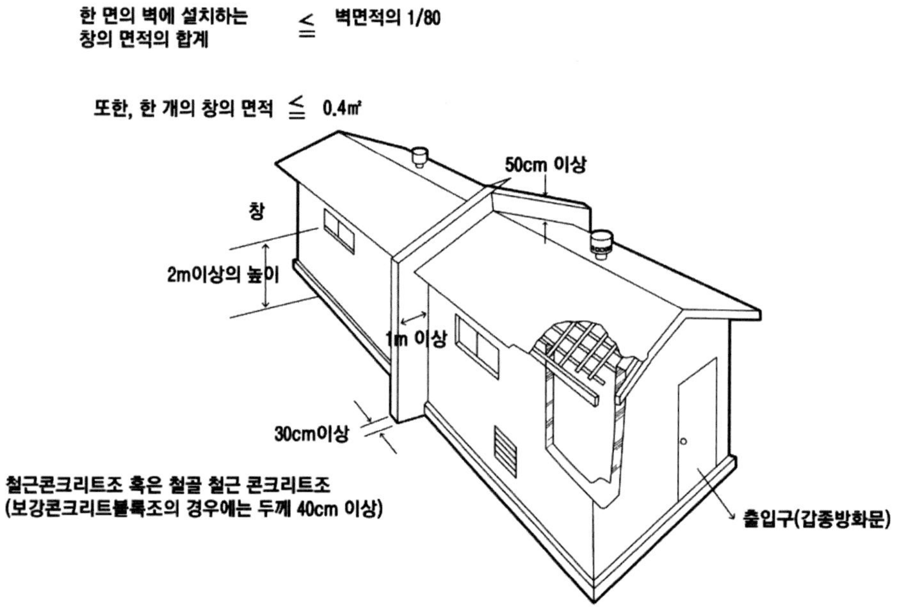

지정과산화물(유기과산화물 또는 이를 함유하는 것으로서 지정수량이 10kg인 것)을 저장 또는 취급하는 옥내저장소에 대하여 강화되는 기준은 다음과 같다.

① 저장창고는 150㎡ 이내마다 격벽으로 완전하게 구획할 것. 이 경우 당해 격벽은 두께 30㎝ 이상의 철근콘크리트조 또는 철골철근콘크리트조로 하거나 두께 40㎝ 이상의 보강콘크리트블록조로 하고, 당해 저장창고의 양측의 외벽으로부터 1m 이상, 상부의 지붕으로부터 50㎝ 이상 돌출하게 하여야 한다.

② 저장창고의 외벽은 두께 20㎝ 이상의 철근콘크리트조나 철골철근콘크리트조 또는 두께 30㎝ 이상의 보강콘크리트블록조로 할 것.

③ 저장창고의 지붕은 다음 기준과 같다.

가. 중도리 또는 서까래의 간격은 30㎝ 이하로 할 것

나. 지붕의 아래쪽 면에는 한 변의 길이가 45㎝ 이하의 환강(丸鋼) · 경량형강(輕量形鋼) 등으로 된 강제(鋼製)의 격자를 설치할 것

다. 지붕의 아래쪽 면에 철망을 쳐서 불연재료의 도리 · 보 또는 서까래에 단단히 결합할 것

라. 두께 5㎝ 이상, 너비 30㎝ 이상의 목재로 만든 받침대를 설치할 것

④ 저장창고의 출입구에는 갑종방화문을 설치할 것

⑤ 저장창고의 창은 바닥면으로부터 2m 이상의 높이에 두되, 하나의 벽면에 두는 창의 면적의 합계를 당해 벽면의 면적의 80분의 1 이내로 하고, 하나의 창의 면적을 0.4㎡ 이내로 할 것

⑥ 지정과산화물의 옥내저장소에 설치하는 담 또는 토제는 다음 기준에 적합한 것으로 하여야 한다.

가. 담 또는 토제는 저장창고의 외벽으로부터 2m 이상 떨어진 장소에 설치할 것. 다만, 담 또는 토제와 당해 저장창고와의 간격은 당해 옥내저장소의 공지의 너비의 5분의 1을 초과할 수 없다.

나. 담 또는 토제의 높이는 저장창고의 처마높이 이상으로 할 것

다. 담은 두께 15㎝ 이상의 철근콘크리트조나 철골철근콘크리트조 또는 두께 20㎝ 이상의 보강콘크리트블록조로 할 것

라. 토제의 경사면의 경사도는 60도 미만으로 할 것

연습문제-옥내저장소의 위치·구조 및 설비기준

01. **벽, 기둥 및 바닥이 내화구조로 된 옥내저장소에 황린 149,600kg이 저장되어 있는 경우 보유공지는 몇 m 이상인지 쓰시오.**

정답

02. **벽, 기둥 및 바닥이 내화구조인 옥내저장소를 보여준다. 위험물안전관리법령상 옥내저장소 50배~200배에 해당하는 보유공지의 너비는 몇 m 이상인가?**

정답

03. 위험물을 지정수량으로 저장하는 저장소의 종류 중 3가지의 명칭을 쓰시오.

정답

04. 제1류 위험물인 염소산칼륨을 저장하는 옥내저장소의 출입구에 대한 다음 물음에 답하시오.

저장창고의 출입구에는 (①) 또는 (②)을 설치하되, 연소의 우려가 있는 외벽의 출입구에는 수시로 열 수 있는 (③)을 설치하여야 한다.

정답 ① ② ③

05. 지정수량의 20배 이하의 위험물을 저장 및 취급하는 옥내저장소에서 일정한 조건을 갖추면 안전거리를 두지 않아도 되는 기준에 대한 답을 쓰시오.

① 벽, 기둥, 바닥, 보 및 지붕의 구조기준을 쓰시오.

② 출입구의 기준을 쓰시오.

③ 창을 설치해야 하는지의 여부를 쓰시오. (설치하지 않으면 "설치안함"이라 쓰시오.)

정답 ① ② ③

06. 제1류 위험물인 염소산칼륨을 저장하는 옥내저장소에서 저장창고의 바닥면적은 몇 ㎡ 이하이어야 하는가?

정답

07. 유기과산화물을 옥내저장소에 저장하기 위하여 창고를 신축하려 한다. 이 때 하나의 저장창고의 바닥면적(㎡)은 얼마 이하여야 하는가?

정답

08. 아염소산염류를 저장하는 옥내저장소에서 저장창고의 바닥면적은 몇 ㎡ 이하인가?

정답

09. 위험물안전관리법령상 중크롬산염류를 저장하는 옥내저장소의 경우 하나의 저장창고 바닥면적은 몇 ㎡ 이하로 하여야 하는지 쓰시오.

정답

10. 칼륨을 저장하는 옥내저장소에서 바닥면적은 몇 ㎡ 이하인지 쓰시오.

정답

11. 제2류 위험물을 저장하는 옥내저장소에서 저장창고의 바닥면적은 몇 ㎡ 이하인지 쓰시오.

정답

12. 제5류 위험물인 질산에스테르류와 니트로화합물을 내화구조의 격벽으로 구획된 실에 저장하는 옥내저장소의 바닥면적은 몇 ㎡ 이하인가?

정답

13. 내화구조의 벽, 갑종 방화문을 설치한 2층으로 된 옥내저장소에 제2류 위험물인 적린의 저장창고로 하나의 저장창고의 바닥면적 합계는 몇 ㎡ 이하로 하는가?

정답

14. 2층의 옥내저장소에 제2류 위험물이 저장되어 있다. 이 저장창고는 각층을 지면보다 높게 하고 바닥면으로부터 상층의 바닥까지의 높이를 몇 m 미만으로 하여야 하는지 쓰시오.

정답

15. 황린을 저장하는 단층 옥내저장소에서 처마높이는 몇 m로 하여야 하는지 쓰시오.

정답

16. 2층 건물에 아염소산나트륨이 저장되어 있는 옥내저장소에 대한 다음 각 물음에 답을 쓰시오.

① 저장창고는 각층의 바닥을 지면보다 높게 하고, 바닥면으로부터 상층의 바닥까지의 높이를 몇 m 미만으로 하여야 하는지 쓰시오

② 하나의 저장창고의 바닥면적 합계는 몇 ㎡ 이하로 하여야 한다.

③ 2층 이상의 층의 바닥에는 개구부를 두지 아니하여야 한다. 다만, (㉠)의 벽과 (㉡)방화문 또는 (㉢) 방화문으로 구획된 계단실에 있어서는 그러하지 아니하다.

정답 ① ② ③

17. 제1류 위험물인 Na_2O_2(과산화나트륨)을 옥내저장소에 저장할 때 바닥구조는 어떤 구조로 하여야 하는가?

정답

18. 지정과산화물의 옥내저장소에서 저장창고의 창은 바닥면으로부터 몇 m 이상 높이인가?

정답

19. 제6류 위험물 옥내저장소의 안전거리에 관한 내용이다. 다음 빈칸을 채우시오.

담 또는 토제는 저장창고의 외벽으로부터 (①)m 이상 떨어진 장소에 설치할 것 다만, 담 또는 토제와 당해 저장창고와의 간격은 당해 옥내저장소 공지너비의 (②)을 초과할 수 없다.

정답 ① ②

정답

01 10m 【풀이】 황린 지정수량 : 20㎏, 지정수량배수 $= \frac{149,600kg}{20kg} = 7,480$배

02 5m

03 옥내저장소, 옥외저장소, 옥내탱크저장소, 옥외탱크저장소, 지하탱크저장소, 간이탱크저장소, 이동탱크저장소, 암반탱크저장소 중 3가지

04 ① 갑종방화문 ② 을종방화문 ③ 자동폐쇄식의 갑종방화문

05 ① 내화구조 ② 자동폐쇄식의 갑종방화문 ③ 설치안함

06 1000㎡

【풀이】

〈바닥면적이 1,000㎡ 이하인 경우〉 → 대체로 위험등급 Ⅰ

1) 제1류 위험물 중 아염소산염류, 염소산염류, 과염소산염류, 무기과산화물 그 밖에 지정수량이 50㎏인 위험물
2) 제3류 위험물 중 칼륨, 나트륨, 알킬알루미늄, 알킬리튬 그 밖에 지정수량이 10㎏인 위험물 및 황린
3) 제4류 위험물 중 특수인화물, 제1석유류 및 알코올류
4) 제5류 위험물 중 유기과산화물, 질산에스테르류 그 밖에 지정수량이 10㎏인 위험물
5) 제6류 위험물

07 1,000㎡ **08** 1000㎡

09 2000㎡ 【풀이】 중크롬산염류는 제1류 위험물 중 위험등급 Ⅲ에 해당하며, 저장창고 바닥의 면적은 2,000㎡ 이하로 한다.

10 1,000㎡ 이하

11 2,000㎡ 이하 【풀이】 제2류 위험물은 위험등급 Ⅰ이 존재하지 않는다. 단층 저장창고에서 제2류 위험물의 저장창고 바닥면적은 2,000㎡ 이하로 한다.

12 1500㎡ 이하 【풀이】 바닥면적 1,000㎡ 이하의 위험물(질산에스테르류)과 바닥면적 2,000㎡ 이하(니트로화합물)인 위험물을 내화구조의 격벽으로 완전히 구획된 실에 각각 저장하는 창고는 바닥면적 1,500㎡ 이하로 한다.

13 1,000㎡ 이하 【풀이】 다층의 옥내저장소는 위험물에 관계없이 바닥면적 합계는 1,000㎡ 이하로 하여야 한다.

〈다층 옥내저장소의 설치기준〉

1. 저장창고는 각층의 바닥을 지면보다 높게 하고, 바닥면으로부터 상층의 바닥까지의 높이를 6m 미만으로 하여야 한다.
2. **하나의 저장창고의 바닥면적 합계는 1,000㎡ 이하로 하여야 한다.**
3. 저장창고의 벽 · 기둥 · 바닥 및 보를 내화구조로 하고, 계단을 불연재료로 하며, 연소의 우려가 있는 외벽은 출입구외의 개구부를 갖지 않는 벽으로 한다.
4. 2층 이상의 층의 바닥에는 개구부를 두지 않아야 한다. 다만, 내화구조의 벽과 갑종방화문 또는 을종방화문으로 구획된 계단실은 제외한다.

14 6m

15 6m 미만

16 ① 6m 미만 ② 1,000㎡ 이하 ③ ㉠ 내화구조 ㉡ 갑종 ㉢ 을종

17 물이 스며나오거나 스며들지 아니하는 구조

18 2m 이상

19 ① 2 ② 1/5

3) 옥외저장소의 위치·구조 및 설비기준

1. 안전거리

옥외저장소는 다음의 규정에 따라 안전거리를 두어야 한다.

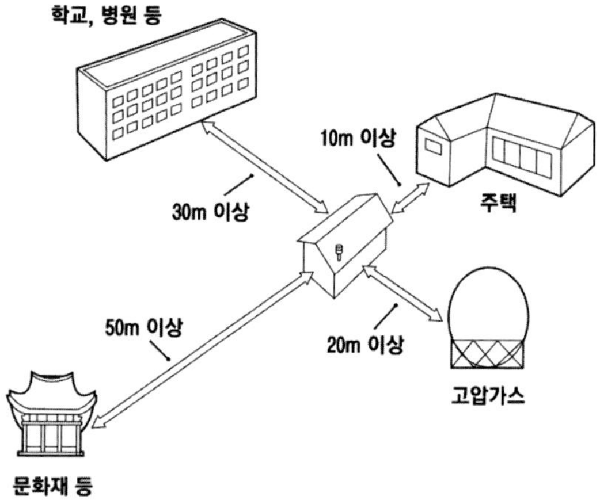

위험물의 최대수량	공지의 너비
사용전압이 7,000V 초과 35,000V 이하인 특고압가공전선	3m 이상
35,000V 초과하는 특고압가공전선	5m 이상
주거용	10m 이상
고압가스, 액화석유가스 또는 도시가스를 저장 또는 취급하는 시설	20m 이상
학교 · 병원 · 극장 그 밖에 다수인을 수용하는 시설 (공연장, 영화상영관 등 3백명 이상을 수용할 수 있는 시설, 아동 · 노인 · 장애인 · 한부모가족복지시설, 어린이집, 성매매피해자 지원시설, 정신보건시설 등 20명 이상을 수용할 수 있는 시설)	30m 이상
유형문화재와 기념물 중 지정문화재	50m 이상

2. 보유공지

저장 또는 취급하는 위험물의 최대수량	공지의 너비
지정수량의 10배 이하	3m 이상
지정수량의 10배 초과 20배 이하	5m 이상
지정수량의 20배 초과 50배 이하	9m 이상
지정수량의 50배 초과 200배 이하	12m 이상
지정수량의 200배 초과	15m 이상

참고 제4류 위험물 중 제4석유류 또는 제6류 위험물을 저장 또는 취급하는 경우 공지의 너비의 3분의 1 이상으로 할 수 있다.

3. 건축물의 구조

① 위험물을 저장 또는 취급하는 장소의 주위에는 경계표시(울타리의 기능이 있는 것)를 하여 명확하게 구분할 것
② 옥외저장소에 선반을 설치하는 경우 안전사고의 우려를 고려하여 높이는 6m를 초과하지 않을 것
- 선반은 불연재료로 만들고 견고한 지반면에 고정할 것
- 선반의 높이는 6m를 초과하지 않을 것
- 선반은 당해 선반 및 그 부속설비의 자중·저장하는 위험물의 중량·풍하중·지진의 영향 등에 의하여 생기는 응력에 대하여 안전할 것
- 선반에는 위험물을 수납한 용기가 쉽게 낙하하지 아니하는 조치를 강구할 것

③ 과산화수소 또는 과염소산을 저장하는 옥외저장소에는 불연성 또는 난연성의 천막 등을 설치하여 햇빛을 가릴 것
④ 인화성고체, 제1석유류 또는 알코올류를 저장 또는 취급하는 장소에는 당해 위험물을 적당한 온도로 유지하기 위한 살수설비 등을 설치하여야 한다.
⑤ 제1석유류 또는 알코올류를 저장 또는 취급하는 장소의 주위에는 배수구 및 집유설비를 설치하여야 한다. 이 경우 제1석유류를 저장 또는 취급하는 장소에 있어서는 집유설비에 유분리장치를 설치하여야 한다.

4. 저장 · 취급 가능한 위험물

옥외저장소는 외부 환경에 위험성이 높은 장소이므로 취급할 수 있는 위험물이 제한된다. 옥외저장소에 저장 및 취급할 수 있는 위험물의 품명은 다음과 같다.

구분	품명
제2류 위험물	유황 또는 인화성고체(인화점이 0℃ 이상인 것)
제4류 위험물	제1석유류(인화점이 0℃ 이상인 것), 알코올류, 제2석유류, 제3석유류, 제4석유류, 동식물유류
제6류 위험물	-
제2류 위험물 및 제4류 위험물 중 특별시 · 광역시 또는 도의 조례에서 정하는 위험물	
국제해사기구에 관한 협약에 의하여 설치된 국제해사기구가 채택한 국제해상 위험물규칙(IMDG Code)에 적합한 용기에 수납된 위험물	

5. 경계표시

옥외저장소에 덩어리 상태의 유황을 저장할 때 용기에 수납하지 않아도 된다. 덩어리 상태의 유황만을 경계표시 안쪽에서 취급하는 경우 다음 기준에 따른다.

① 하나의 경계표시의 내부의 면적은 100㎡ 이하일 것
② 2 이상의 경계표시를 설치하는 경우에 있어서는 각각의 경계표시 내부의 면적을 합산한 면적은 1,000㎡ 이하로 하고, 인접하는 경계표시와 경계표시와의 간격을 공지의 너비의 1/2 이상으로 할 것. 다만, 저장 또는 취급하는 위험물의 최대수량이 지정수량의 200배 이상인 경우에는 10m 이상으로 하여야 한다.

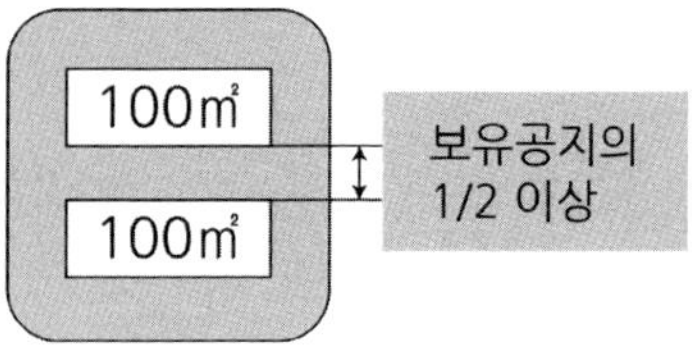

③ 경계표시의 높이는 1.5m 이하로 할 것

연습문제-옥외저장소의 위치·구조 및 설비기준

01. 옥외저장소에서 저장 또는 취급하는 제6류 위험물의 최대수량이 지정수량의 40배일 때 보유하여야 할 공지 너비는 몇 m 이상인지 쓰시오.

정답

02. 지정수량의 25배의 제2류 위험물을 저장하는 옥외저장소의 보유공지 너비는 몇m 이상이어야 하는가? (단, 수출입 하역장소 외의 경우이다.)

정답

03. 과산화수소를 옥외저장소에 보관하려고 한다. 저장하는 최대수량이 3000kg인 경우 보유공지의 너비는 몇 m 이상이어야 하는가?

정답

04. 인화성고체 15톤이 저장된 옥외저장소의 보유공지는 몇 m 이상인지 쓰시오.

정답

05. 윤활유를 844,800L 저장하는 옥외저장소의 보유공지를 구하시오.

정답

06. 옥외저장소에 제6류 위험물을 저장하는 경우 선반의 높이는 몇 m를 초과하지 아니하여야 하는지 쓰시오.

정답

07. 옥외저장소에 제6류 위험물이 저장된 경우이다. 다음 각 물음에 답하시오.

① 기계에 의하여 하역하는 구조가 아닌 수납한 용기를 선반에 저장하는 경우에는 몇 m를 초과하여 저장하지 아니하여야 하는지 쓰시오.

② 그 밖의 경우에 있어서는 몇 m 인지 쓰시오.

정답 ① ②

08. 옥내저장소에 윤활유가 저장된 경우 다음 각 물음에 답하시오. (단, 높이의 제한이 없는 경우 "제한없음" 으로 쓰시오.)

① 용기를 겹쳐 쌓는 높이는 몇 m 이하인지 쓰시오.

② 선반을 이용하여 겹쳐 쌓는 높이는 몇 m 이하인지 쓰시오.

정답 ① ②

09. 위험물 옥외저장소의 기준에 따라 선반을 설치하는 경우 설치기준을 2가지만 쓰시오. (단, 선반의 높이 기준은 반드시 포함한다.)

정답

10. 위험물 옥외저장소에서 위험물과 비위험물간의 거리는 몇 m 이상인지 쓰시오.

정답

11. 덩어리 상태의 유황만을 저장하는 옥외저장소에 대한 다음 각 물음에 답하시오.

① 하나의 경계표시의 내부면적은 몇 m^2 이하로 하여야 하는지 쓰시오

② 2 이상의 경계표시를 설치하는 경우에 있어서는 각각의 경계표시 내부의 면적을 합산한 면적을 몇 m^2 이하로 하는지 쓰시오

③ 경계표시의 높이는 몇 m 이하로 하여야 하는지 쓰시오.

④ 경계표시의 재료는 무엇으로 하여야 하는지 쓰시오.

정답 ① ② ③ ④

정답

01 9m

02 9m 이상

03 1m 【풀이】 과산화수소 지정수량 : 300㎏, 지정수량배수 $= \frac{3,000kg}{300kg} = 10$배

제4류 위험물 중 4석유류 또는 제6류 위험물만 저장하는 경우 지정수량의 1/3로 할 수 있으므로 3m×1/3=1m 이상으로 한다.

04 5m 【풀이】 인화성고체 지정수량 : 1,000㎏, 1톤 = 1,000㎏

지정수량 배수 $= \frac{15,000kg}{1,000kg} = 15$배

05 4m 【풀이】 지정수량 배수 $= \frac{844,800L}{6,000L} = 140.8$배

제4류 위험물 중 4석유류 또는 제6류 위험물만 저장하는 경우 지정수량의 1/3로 할 수 있으므로 12m×1/3=4m 이상으로 한다.

06 6m 【풀이】 옥외저장소에서 선반에 의한 규정은 높이 6m로 할 수 있다.

07 ① 6m ② 3m

08 ① 4m ② 제한없음

【풀이】 ① 윤활유는 제4석유류이므로 4m 이하로 겹쳐 쌓을 수 있다.
② 옥내저장소에서 선반에 의한 규정은 없다.

09 다음의 기준 중 2가지

- 선반의 높이는 6m를 초과하지 않을 것
- 선반은 불연재료로 만들고 견고한 지반면에 고정할 것
- 선반은 당해 선반 및 그 부속설비의 자중·저장하는 위험물의 중량·풍하중·지진의 영향 등에 의하여 생기는 응력에 대하여 안전할 것
- 선반에는 위험물을 수납한 용기가 쉽게 낙하하지 아니하는 조치를 강구할 것

10 1m 이상

11 ① 100㎡ ② 1,000㎡ ③ 1.5m ④ 불연재료

4) 옥외탱크저장소의 위치·구조 및 설비기준

1. 안전거리

위험물을 저장 또는 취급하는 옥외저장탱크는 다음의 규정에 따라 안전거리를 두어야 한다.

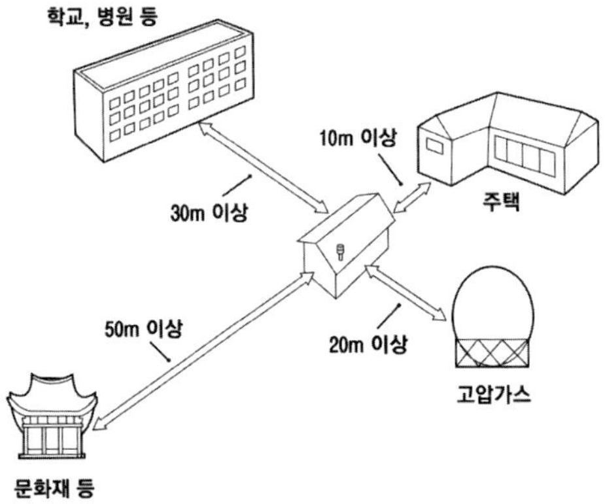

위험물의 최대수량	공지의 너비
사용전압이 7,000V 초과 35,000V 이하인 특고압가공전선	3m 이상
35,000V 초과하는 특고압가공전선	5m 이상
주거용	10m 이상
고압가스, 액화석유가스 또는 도시가스를 저장 또는 취급하는 시설	20m 이상
학교 · 병원 · 극장 그 밖에 다수인을 수용하는 시설 (공연장, 영화상영관 등 3백명 이상을 수용할 수 있는 시설, 아동 · 노인 · 장애인 · 한부모가족복지시설, 어린이집, 성매매피해자 지원시설, 정신보건시설 등 20명 이상을 수용할 수 있는 시설)	30m 이상
유형문화재와 기념물 중 지정문화재	50m 이상

2. 보유공지

옥외저장탱크(위험물을 이송하기 위한 배관 그 밖에 이에 준하는 공작물을 제외)의 주위에는 그 저장 또는 취급하는 위험물의 최대수량에 따라 옥외저장탱크의 측면으로부터 다음 표에 의한 너비의 공지를 보유하여야 한다.

저장 또는 취급하는 위험물의 최대수량	공지의 너비
지정수량의 500배 이하	3m 이상
지정수량의 500배 초과 1,000배 이하	5m 이상
지정수량의 1,000배 초과 2,000배 이하	9m 이상
지정수량의 2,000배 초과 3,000배 이하	12m 이상

지정수량의 3,000배 초과 4,000배 이하	15m 이상
지정수량의 4,000배 초과	당해 탱크의 수평단면의 최대지름(횡형인 경우에는 긴 변)과 높이 중 큰 것과 같은 거리 이상. 다만, 30m 초과의 경우에는 30m 이상으로 할 수 있고, 15m 미만의 경우에는 15m 이상으로 하여야 한다.

① 제6류 위험물 외의 위험물을 저장 또는 취급하는 옥외저장탱크(지정수량의 4,000배를 초과하여 저장 또는 취급하는 옥외저장탱크를 제외한다)를 동일한 방유제안에 2개 이상 인접하여 설치하는 경우 그 인접하는 방향의 보유공지는 3분의 1 이상의 너비로 할 수 있다. 이 경우 보유공지의 너비는 3m 이상이 되어야 한다.

② 제6류 위험물을 저장 또는 취급하는 옥외저장탱크는 보유공지의 3분의 1 이상의 너비로 할 수 있다. 이 경우 보유공지의 너비는 최소 1.5m 이상이 되어야 한다.

3. 옥외저장탱크의 탱크 안전성능 검사

① 특정옥외저장탱크 : 옥외탱크저장소 중 그 저장 또는 취급하는 액체위험물의 최대수량이 100만L 이상의 것

② 준특정옥외저장탱크 : 옥외탱크저장소중 그 저장 또는 취급하는 액체위험물의 최대수량이 50만L 이상 100만L 미만의 것

③ 탱크 안전성능 검사

가. 기초 · 지반 검사 : 지진 및 풍압에 견딜 수 있는 구조로 하고 그 지주는 철근콘크리트조, 철골콘크리트조 그 밖에 이와 동등 이상의 내화성능이 있는 것이어야 한다.

나. 충수 · 수압 검사 : 압력탱크(최대상용압력이 대기압을 초과하는 탱크)외의 탱크는 충수시험, 압력탱크는 최대상용압력의 1.5배의 압력으로 10분간 실시하는 수압시험에서 각각 새거나 변형되지 아니하여야 한다.

다. 용접부 검사 : 용접부는 방사선투과시험, 진공시험 등의 비파괴시험에 있어서 기준에 적합한 것이어야 한다.

4. 외부구조 및 설비기준

옥외저장탱크는 특정옥외저장탱크 및 준특정옥외저장탱크 외에는 두께 3.2mm 이상의 강철판 또는 소방청장이 정하여 고시하는 규격에 적합한 재료로 제작하여야 하고, 압력탱크 외의 탱크는 충수시험, 압력탱크는 최대상용압력의 1.5배의 압력으로 10분간 실시하는 수압시험에서 각각 새거나 변형되지 아니하여야 한다.
제4류 위험물의 옥외저장탱크 중 압력탱크(최대상용압력이 부압 또는 정압 5kPa을 초과하는 탱크를 말한다) 외의 탱크에 있어서는 밸브없는 통기관 또는 대기밸브부착 통기관을 다음 기준에 의하여 설치하여야 하고, 압력탱크에 있어서는 자동적으로 압력의 상승을 정지시키는 장치, 감압측에 안전밸브를 부착한 감압밸브, 안전밸브를 병용하는 경보장치, 파괴판(위험물의 성질에 따라 안전밸브의 작동이 곤란한 가압설비에 한하여 설치함)의 안전장치를 설치하여야 한다.

① 밸브없는 통기관

【밸브없는 통기관】

(ㄱ) 직경은 30mm 이상일 것
(ㄴ) 선단은 수평면보다 45도 이상 구부려 빗물 등의 침투를 막는 구조로 할 것
(ㄷ) 가는 눈의 구리망 등으로 인화방지장치를 할 것. 다만, 인화점 70℃ 이상의 위험물만을 해당 위험물의 인화점 미만의 온도로 저장 또는 취급하는 탱크에 설치하는 통기관에 있어서는 설치하지 않아도 된다.

【인화방지망】

② 대기밸브부착 통기관

【대기밸브부착 통기관】

가. 5kPa 이하의 압력차이로 작동할 수 있을 것
나. 가는 눈의 구리망 등으로 인화방지장치를 할 것. 다만, 인화점 70℃ 이상의 위험물만을 해당 위험물의 인화점 미만의 온도로 저장 또는 취급하는 탱크에 설치하는 통기관에 있어서는 그렇지 않다.

③ 이황화탄소의 옥외저장탱크는 벽 및 바닥의 두께가 0.2m 이상이고 누수가 되지 아니하는 철근콘크리트의 수조에 넣어 보관하여야 한다. 이 경우 보유공지·통기관 및 자동계량장치는 생략할 수 있다.

5. 주입구

옥외저장탱크에 액체 위험물을 주입하는 주입구의 기준은 다음과 같다.

① 화재예방상 지장이 없는 장소에 설치할 것
② 주입호스 또는 주입관과 결합할 수 있고, 결합하였을 때 위험물이 새지 아니할 것
③ 주입구에는 밸브 또는 뚜껑을 설치할 것
④ 휘발유, 벤젠 그 밖에 정전기에 의한 재해가 발생할 우려가 있는 액체위험물의 옥외저장탱크의 주입구 부근에는 정전기를 유효하게 제거하기 위한 접지전극을 설치할 것

⑤ 인화점이 21℃ 미만인 위험물의 옥외저장탱크의 주입구에는 보기 쉬운 곳에 다음의 기준에 의한 게시판을 설치할 것.

가. 게시판은 한 변이 0.3m 이상, 다른 한 변이 0.6m 이상인 직사각형으로 할 것

나. 게시판에는 "옥외저장탱크 주입구"라고 표시하는 것 외에 취급하는 위험물의 유별, 품명 및 주의사항을 표시할 것

다. 게시판은 백색 바탕에 흑색문자(화기주의, 화기엄금의 주의사항은 백색바탕 적색문자)로 할 것

"참조" 주의사항 색상이 반대임에 주의!

⑥ 주입구 주위에는 새어 나온 기름 등 액체가 외부로 유출되지 않도록 방유턱을 설치하거나 집유설비 등의 장치를 설치할 것

6. 방유제

인화성액체위험물(이황화탄소를 제외)의 옥외탱크저장소의 탱크 주위에는 위험물이 새었을 경우에 그 유출을 방지하기 위한 방유제를 다음의 기준으로 설치하여야 한다.

① 방유제의 용량은 방유제안에 설치된 탱크가 하나인 때에는 그 탱크 용량의 110% 이상, 2기 이상인 때에는 그 탱크 중 용량이 최대인 것의 용량의 110% 이상으로 할 것. (단, 인화성이 없는 액체위험물의 경우 100%로 한다.)

② 방유제는 높이 0.5m 이상 3m 이하, 두께 0.2m 이상, 지하매설깊이 1m 이상으로 할 것

③ 방유제내의 면적은 8만㎡ 이하로 할 것

④ 방유제내의 설치하는 옥외저장탱크의 수는 10기 이하로 할 것. 다만, 인화점이 200℃ 이상인 위험물을 저장 또는 취급하는 경우는 제외한다.

⑤ 방유제는 옥외저장탱크의 지름에 따라 그 탱크의 옆판으로부터 다음에 정하는 거리를 유지할 것. 다만, 인화점이 200℃ 이상인 위험물을 저장 또는 취급하는 것은 제외한다.

1) 지름이 15m 미만인 경우에는 탱크 높이의 3분의 1 이상

2) 지름이 15m 이상인 경우에는 탱크 높이의 2분의 1 이상

⑥ 용량이 1,000만L 이상인 옥외저장탱크의 주위에 설치하는 방유제에는 다음의 규정에 따라 당해 탱크마다 간막이 둑을 설치할 것

1) 간막이 둑의 높이는 0.3m이상으로 하되, 방유제의 높이보다 0.2m 이상 낮게 할 것

2) 간막이 둑은 흙 또는 철근콘크리트로 할 것

3) 간막이 둑의 용량은 간막이 둑안에 설치된 탱크이 용량의 10% 이상일 것

⑦ 높이가 1m를 넘는 방유제 및 간막이 둑의 안팎에는 방유제 내에 출입하기 위한 계단 또는 경사로를 약 50m마다 설치할 것

연습문제-옥외탱크저장소의 위치・구조 설비기준

01. 옥외저장탱크를 강철판으로 제작할 경우 두께를 얼마 이상으로 하여야 하는지 쓰시오. (단, 특정옥외저장탱크 및 준특정옥외저장탱크는 제외한다.)

정답

02. 옥외저장탱크의 주위에 설치된 방유제에 대한 다음 물음에 답하시오.

① 방유제의 두께는 (㉠)m 이상으로 하고 높이는 (㉡)m 이상 (㉢)m 이하로 할 것
② 방유제 내의 면적은 (㉣)m² 이하로 할 것
③ 높이가 1m를 넘는 방유제 및 간막이 둑의 안팎에는 방유제 내에 출입하기 위한 계단 또는 경사로를 약 (㉤)m 마다 설치할 것

정답 ① ② ③

03. 휘발유를 저장하는 옥외저장탱크의 방유제에 대하여 다음 각 물음에 답하시오.

① 방유제의 높이는 몇 m 이상, 몇 m 이하로 하여야 하는가?
② 방유제 안(8만m²)에 설치할 수 있는 휘발유 저장탱크의 수는 몇 기 이하인가? (단, 방유제 내에 다른 위험물 저장탱크는 없다.)

정답 ① ②

04. 옥외저장탱크의 주위에 설치된 방유제의 높이가 1m를 초과하는 방유제 및 간막이 둑의 안팎에는 방유제 내에 출입하기 위한 계단 또는 경사로를 약 몇 m 마다 설치하여야 하는가?

정답

05. 이황화탄소를 제외한 인화성 액체를 취급하는 탱크가 방유제 내에 2기가 설치되어 있다. 다음 물음에 답을 쓰시오.

① 방유제의 높이는 (㉠)m 이상 (㉡)m 이하로 할 것
② 탱크가 2개 이상인 경우 탱크의 용량이 최대인 것의 용량은 몇 % 이상으로 하여야 하는가?

정답 ① ②

06. 옥외저장탱크의 주위에 설치된 방유제에 대한 다음 각 물음에 답하시오.

① 옥외저장탱크의 지름이 15m 미만인 경우에 방유제는 탱크의 옆판으로부터 탱크 높이의 ( )이상 이격하여야 한다.
② 옥외저장탱크의 지름이 15m 이상인 경우에 방유제는 탱크의 옆판으로부터 탱크 높이의 ( )이상 이격하여야 한다.

정답 ① ②

07. 질산을 저장한 3개의 옥외저장탱크와 방유제가 설치되어 있다. 다음 각 물음에 답하시오.

방유제의 용량은 방유제안에 설치된 탱크가 하나인 때에는 그 탱크 용량의 (①)% 이상, 2기 이상인 때에는 그 탱크 중 용량이 최대인 것의 용량의 (②)% 이상으로 할 것

정답 ① ②

08. 제4류 위험물을 저장하는 탱크와 주변에 설치된 시설(②)이 있다. 다음 각 물음에 답하시오.

① 제시된 저장소가 어떤 저장소인지 쓰시오

② 탱크 주위에 설치하는 설비의 명칭을 쓰시오

③ 탱크 주위에 설치하는 설비의 높이의 범위를 쓰시오.

④ "②"에서 답한 설비의 면적은 몇 ㎡ 이하로 하는지 쓰시오.

정답 ① ② ③ ④

09. 위험물제조소의 옥외에 용량이 500L 와 200L인 액체위험물(이황화탄소 제외) 취급탱크 2기가 있다. 2기의 탱크 주위에 하나의 방유제를 설치하는 경우 방유제의 용량은 얼마 이상이 되게 하여야 하는지 구하시오. (단, 지정수량이상을 취급하는 경우이다.)

정답

10. 옥외저장탱크와 함께 설치하는 통기관에 대한 다음 각 물음에 답을 쓰시오.

① 대기밸브부착 통기관에서 설명하는 통기관은 얼마 이하의 압력(kPa)차이로 작동하여야 하는가?

② 밸브없는 통기관의 직경은 몇 mm 이상으로 하여야 하는가?

정답 ① ②

11. 밸브 없는 통기관의 선단에 설치하는 구리망의 명칭을 쓰시오.

정답

12. 옥외탱크저장소 보유공지의 ( )안에 알맞은 답을 쓰시오. (단, 일반적인 것에 한함)

저장 또는 취급하는 위험물의 최대수량	공지의 너비
지정수량의 500배 이하	3m 이상
지정수량의 500배 초과 1,000배 이하	(①) 이상
지정수량의 1,000배 초과 2,000배 이하	9m 이상
지정수량의 (②)배 초과 (③)배 이하	12m 이상
지정수량의 3,000배 초과 4,000배 이하	15m 이상

정답

① ② ③

13. 옥외탱크저장소 보유공지의 ( )안에 알맞은 답을 쓰시오. (단, 일반적인 것에 한함)

저장 또는 취급하는 위험물의 최대수량	공지의 너비
지정수량의 500배 이하	(①)m 이상
지정수량의 500배 초과 1,000배 이하	(②)m 이상
지정수량의 1,000배 초과 2,000배 이하	9m 이상
지정수량의 2,000배 초과 3,000배 이하	(③)m 이상
지정수량의 3,000배 초과 4,000배 이하	(④)m 이상

정답

① ② ③ ④

14. 제6류 위험물을 저장하고 있는 서로 인접한 옥외탱크저장소의 최소 거리를 쓰시오.

정답

15. 질산 500배를 저장하는 옥외탱크저장소가 있다. 다음 각 물음에 답을 쓰시오.

① 질산의 지정수량을 쓰시오. ② 질산의 위험물 기준을 쓰시오.

③ 옥외탱크저장소에서 탱크 사이 간에 확보해야하는 보유공지의 너비(m)를 쓰시오.

정답

① ② ③

16. 질산 310,000kg을 저장하는 옥외탱크저장소에서 탱크 사이 간에 확보해야하는 보유공지의 너비(m)를 계산하시오.

정답

17. 제6류 위험물인 과산화수소 750,000kg을 저장하는 옥외탱크저장소 2기 이상이 인접하여 설치된 경우에 옥외탱크저장소의 보유공지는 몇 m 이상으로 하여야 하는지 쓰시오.

정답

18. 알킬알루미늄을 저장하는 옥외탱크저장소에서 불활성의 기체를 봉입하는 장치를 설치하는 이유를 쓰시오.

정답

정답

01 3.2mm

02 ① ㉠ : 0.2m ㉡ : 0.5 ㉢ : 3 ② ㉣ : 80,000 ③ ㉤ : 50

03 ① 0.5, 3 ② 10

04 50m

05 ① ㉠ 0.5, ㉡ 3 ② 110%

06 1/3, 1/2

07 ① 100 ② 100【풀이】질산은 인화성 액체가 아니므로 100%를 기준으로 한다.

08 ① 옥외탱크저장소 ② 방유제 ③ 0.5m 이상 3m 이하 ④ 80,000

09 ① (500L × 0.5) + (200L × 0.1) = 270 ② 270L
【풀이】 제조소 옥외에 2기 이상 설치된 방유제의 용량은 최대 용량의 50%에 나머지 용량 합계의 10%를 가산한 양 이상으로 한다.

10 ① 5kPa ② 30mm

11 인화방지망

12 ① 5 ② 2,000 ③ 3,000

13 ① 3 ② 5 ③ 12 ④ 15

14 1.5m 이상 【풀이】 제6류 위험물만을 저장하는 옥외탱크저장소의 보유공지 너비는 1/3 이상으로 할 수 있으며 1.5m 미만인 경우 1.5m 이상으로 한다.

15 ① 300㎏ ② 비중 1.49 이상 ③ 1.5m 【풀이】 질산(HNO_3)은 제6류 위험물로 지정수량이 300㎏ 이며 비중이 1.49 이상인 것만 위험물로 취급한다.
※ 제6류 위험물만을 저장하는 옥외탱크저장소의 보유공지 너비는 1/3 이상으로 할 수 있으며 1.5m 미만인 경우 1.5m 이상으로 한다.**(3m × 1/3 = 1m 이상이지만 1.5m 미만이므로 정답은 1.5m 이상으로 한다.)**

16 3m 이상 【풀이】 지정수량배수 $= \dfrac{310,000kg}{300kg} = 1033.33$배
※ 제6류 위험물만을 저장하는 옥외탱크저장소의 보유공지 너비는 1/3 이상으로 할 수 있으며 1.5m 미만인 경우 1.5m 이상으로 한다.**(9m × 1/3 = 3m 이상)**

17 1.5m 【풀이】※ 제6류 위험물만을 저장하는 옥외탱크저장소의 보유공지 너비는 1/3 이상으로 할 수 있으며 1.5m 미만인 경우 1.5m 이상으로 한다.

$$지정수량배수 = \frac{750{,}000kg}{300kg} = 2{,}500배$$

12m × 1/3 = 4m 이상 (옥외저장탱크가 1기일 경우)

4m × 1/3 = 1.33m 이상이지만 1.5m 미만이므로 정답은 1.5m 이상으로 한다.

18 산소(공기) 접촉을 방지하기 위해서, 연소성 혼합기체의 생성에 의한 폭발방지를 위해서 등 하나만 작성

5) 옥내탱크저장소의 위치·구조 및 설비기준

1. 안전거리

적용하지 않는다. 안전거리는 제조소(제6류 위험물을 취급하는 제조소를 제외), 일반취급소, 옥내저장소, 옥외저장소, 옥외탱크저장소에서만 적용한다.

2. 구조 및 설비기준

① 위험물을 저장 또는 취급하는 옥내저장탱크는 단층건축물에 설치된 탱크전용실에 설치할 것, 이 경우 제2류 위험물 중 황화린 · 적린 및 덩어리 유황, 제3류 위험물 중 황린, 제6류 위험물 중 질산의 탱크 전용실은 건축물의 1층 또는 지하층에 설치하여야 한다.

② 옥내저장탱크와 탱크전용실의 벽과의 사이 및 옥내저장탱크의 상호간에는 0.5m 이상의 간격을 유지할 것. 다만, 탱크의 점검 및 보수에 지장이 없는 경우에는 그렇지 않다.

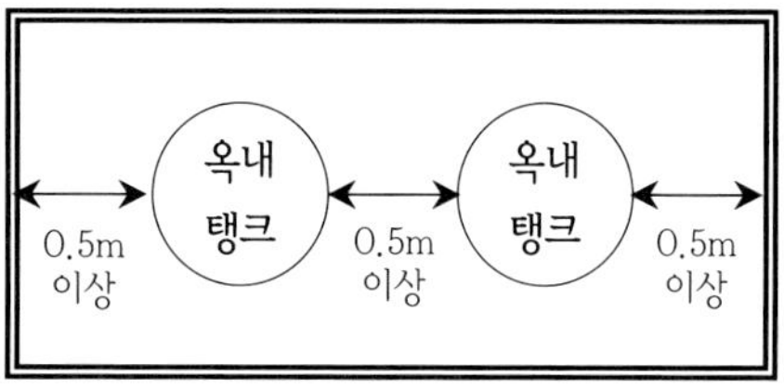

③ 탱크전용실은 벽 · 기둥 및 바닥은 내화구조로 하고, 보를 불연재료로 하며, 연소의 우려가 있는 외벽은 출입구 외에는 개구부가 없도록 할 것. 다만, 인화점이 70℃ 이상인 제4류 위험물만의 옥내저장탱크를 설치하는 탱크전용실에 있어서는 연소의 우려가 없는 외벽 · 기둥 및 바닥을 불연재료로 할 수 있다.

④ 탱크전용실은 지붕을 불연재료로 하고, 천장을 설치하지 아니할 것

⑤ 탱크전용실의 창 및 출입구에는 갑종방화문 또는 을종방화문을 설치하는 동시에, 연소의 우려가 있는 외벽에 두는 출입구에는 수시로 열 수 있는 자동폐쇄식의 갑종방화문을 설치할 것

⑥ 탱크전용실의 창 또는 출입구에 유리를 이용하는 경우에는 망입유리로 할 것

⑦ 액상의 위험물의 옥내저장탱크를 설치하는 탱크전용실의 바닥은 위험물이 침투하지 아니하는 구조로 하고, 적당한 경사를 두는 한편, 집유설비를 설치할 것

⑧ 탱크전용실을 단층건물 외의 건축물에 설치하는 것(제2류 위험물 중 황화린 · 적린 및 덩어리 유황, 제3류 위험물 중 황린, 제6류 위험물 중 질산 및 제4류 위험물 중 인화점이 38℃ 이상인 위험물만을 저장 또는 취급하는 것에 한한다) 중 탱크전용실에 펌프설비를 설치하는 경우에는 그 주위에 불연재료로 된 턱을 0.2m 이상의 높이로 설치하는 등 누설된 위험물이 유출되거나 유입되지 아니하도록 하는 조치를 할 것

3. 탱크의 용량

옥내저장탱크의 용량(동일한 탱크전용실에 옥내저장탱크를 2 이상 설치하는 경우에는 각 탱크의 용량의 합계를 말한다) 기준은 다음과 같다.

① 1층 이하의 층(단층건물)에 있어서는 지정수량의 40배(제4석유류 및 동식물유류 외의 제4류 위험물에

있어서 당해 수량이 20,000L를 초과할 때에는 20,000L) 이하

② 2층 이상의 층에 있어서는 지정수량의 10배(제4석유류 및 동식물유류 외의 제4류 위험물에 있어서 당해 수량이 5,000L를 초과할 때에는 5,000L) 이하

→ 문제에 단층 또는 다층의 기준이 명시되지 않았다면 단층 기준으로 함

4. 외부구조 및 설비

옥내저장탱크 중 압력탱크 외의 탱크(제4류 위험물의 옥내저장탱크로 한정)에 있어서는 밸브 없는 통기관 또는 대기밸브 부착 통기관을 다음의 기준에 따라 설치하고, 압력탱크에 있어서는 제조소의 규정에 따른 안전장치를 설치할 것

① 밸브없는 통기관

가. 통기관의 선단은 건축물의 창 · 출입구 등의 개구부로부터 1m 이상 떨어진 옥외의 장소에 지면으로부터 4m 이상의 높이로 설치하되, 인화점이 40℃ 미만인 위험물의 탱크에 설치하는 통기관에 있어서는 부지경계선으로부터 1.5m 이상 이격할 것. 다만, 고인화점 위험물만을 100℃ 미만의 온도로 저장 또는 취급하는 탱크에 설치하는 통기관은 그 선단을 탱크전용실 내에 설치할 수 있다.

✔ 한눈에 정리하기

구분	이격 높이
건축물의 창 · 출입구 등 개구부	1m 이상
지면	4m 이상
부지경계선	1.5m 이상

나. 통기관은 가스 등이 체류할 우려가 있는 굴곡이 없도록 할 것

다. 직경은 30mm 이상일 것

라. 선단은 수평면보다 45도 이상 구부려 빗물 등의 침투를 막는 구조로 할 것

마. 가는 눈의 구리망 등으로 인화방지장치를 할 것. 다만, 인화점 70℃ 이상의 위험물만을 해당 위험물의 인화점 미만의 온도로 저장 또는 취급하는 탱크에 설치하는 통기관에 있어서는 그렇지 않다.

② 대기밸브 부착 통기관

가. 5kPa 이하의 압력 차이로 작동할 수 있을 것

나. 가는 눈의 구리망 등으로 인화방지장치를 할 것. 다만, 인화점 70℃ 이상의 위험물만을 해당 위험물의 인화점 미만의 온도로 저장 또는 취급하는 탱크에 설치하는 통기관에 있어서는 그렇지 않다.

연습문제-옥내탱크저장소의 위치·구조 및 설비기준

01. 옥내탱크저장소의 옥내저장탱크의 상호간에는 최소 몇 m 이상의 간격을 유지하여야 하는지 쓰시오.

정답

02. 옥내탱크저장소의 위치·구조 및 설비의 기준에서 탱크전용실을 건축물의 1층 또는 지하층에 설치하여야 하는 제2류 위험물을 2가지만 쓰시오.

정답

03. 탱크 주변에 설치된 밸브없는 통기관에서 지면으로부터 통기관 선단까지의 높이(m)는 얼마인지 쓰시오.

정답

정답

01 0.5m 이상 02 황화린, 적린, 덩어리상태의 유황 중 2가지 03 4m

6) 지하탱크저장소의 위치·구조 및 설비기준

1. 안전거리

적용하지 않는다. 안전거리는 제조소(제6류 위험물을 취급하는 제조소를 제외), 일반취급소, 옥내저장소, 옥외저장소, 옥외탱크저장소에서만 적용한다.

2. 구조 및 설비기준

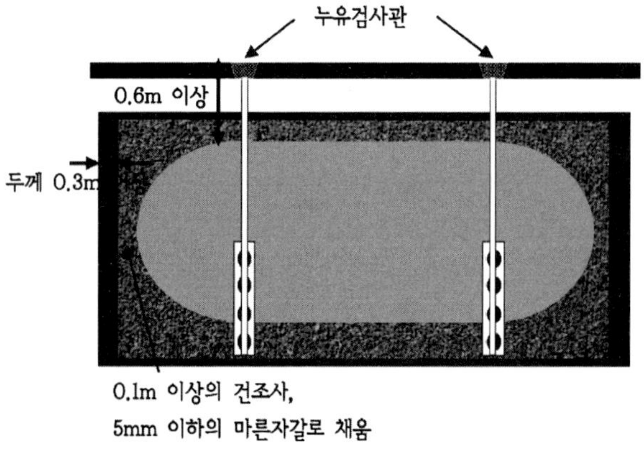

① 탱크전용실은 지하의 가장 가까운 벽 · 피트 · 가스관 등의 시설물 및 대지경계선으로부터 0.1m 이상 떨어진 곳에 설치하고, 지하저장탱크와 탱크전용실의 안쪽과의 사이는 0.1m 이상의 간격을 유지하도록 하며, 당해 탱크의 주위에 마른 모래 또는 습기 등에 의하여 응고되지 아니하는 입자지름 5mm 이하의 마른 자갈분을 채워야 한다.

② 지하저장탱크의 윗부분은 지면으로부터 0.6m 이상 아래에 있어야 한다.

③ 지하저장탱크의 주위에는 당해 탱크로부터의 액체위험물의 누설을 검사하기 위한 관(누유검사관)을 다음 기준에 따라 4개소 이상 적당한 위치에 설치하여야 한다.

가. 이중관으로 할 것. 다만, 소공이 없는 상부는 단관으로 할 수 있다.

나. 재료는 금속관 또는 경질합성수지관으로 할 것

다. 관은 탱크전용실의 바닥 또는 탱크의 기초까지 닿게 할 것

라. 관의 밑부분으로부터 탱크의 중심 높이까지의 부분에는 소공이 뚫려 있을 것. 다만, 지하수위가 높은 장소에 있어서는 지하수위 높이까지의 부분에 소공이 뚫려 있어야 한다.

마. 상부는 물이 침투하지 아니하는 구조로 하고, 뚜껑은 검사 시에 쉽게 열 수 있도록 할 것

④ 지하저장탱크를 2 이상 인접해 설치하는 경우에는 그 상호간에 1m(당해 2 이상의 지하저장탱크의 용량의 합계가 지정수량의 100배 이하인 때에는 0.5m) 이상의 간격을 유지하여야 한다. 다만, 그 사이에 탱크전용실의 벽이나 두께 20cm 이상의 콘크리트 구조물이 있는 경우에는 그러하지 아니하다.

✔ 한 눈에 정리하기

	탱크와 탱크전용실의 간격	탱크 간의 간격	
옥내탱크저장소	0.5m 이상		
지하탱크저장소	0.1m 이상	지정수량의 100배 이하	0.5m 이상
		지정수량의 100배 초과	1m 이상

⑤ 지하저장탱크는 압력탱크 외의 탱크에 있어서는 70kPa의 압력으로, 압력탱크에 있어서는 최대상용압력의 1.5배의 압력으로 각각 10분간 수압시험을 실시하여 새거나 변형되지 아니하여야 한다. 이 경우 수압시험은 소방청장이 정하여 고시하는 기밀시험과 비파괴시험을 동시에 실시하는 방법으로 대신할 수 있다.

⑥ 지하저장탱크에는 다음에 해당하는 방법으로 과충전을 방지하는 장치를 설치하여야 한다.

가. 탱크용량을 초과하는 위험물이 주입될 때 자동으로 그 주입구를 폐쇄하거나 위험물의 공급을 자동으로 차단하는 방법

나. 탱크용량의 90%가 찰 때 경보음을 울리는 방법

연습문제-지하탱크저장소의 위치·구조 및 설비기준

01. 위험물안전관리법령상 지하저장탱크를 2 이상 인접하여 설치하는 경우 그 상호 간에 간격을 얼마 이상으로 하여야 하는지 쓰시오.(단, 전체수량이 지정수량의 200배이다.)

정답

02. 다음은 위험물안전관리법령에 따른 지하탱크저장소 지하저장탱크의 압력시험기준에 대한 설명이다. (　　　　) 안에 알맞은 수치를 쓰시오.

지하탱크저장소 지하저장탱크의 압력시험기준은 압력탱크는 최대상용압력의 (①)배의 압력으로, 압력탱크 외의 탱크는 (②)kPa의 압력으로 각각 (③)분간 수압시험을 실시하여 새거나 변형되지 아니하여야 한다.

정답

① 　　　② 　　　③

03. 위험물안전관리법령상 압력탱크 외의 이동저장탱크에 실시하는 수압시험은 몇 kPa의 압력으로 10분간 실시하여야 하는가?

정답

04. 지하저장탱크에 위험물을 주입할 때 탱크 용량의 몇 %가 찰 때 경보음이 울리는 과충전 방지장치를 설치하는지 쓰시오.

정답

05. 지하저장탱크에서 내용물이 넘치지 않도록 과충전을 방지하기 위한 방법을 쓰시오.

정답

06. 지하저장탱크의 주위에는 해당 탱크로부터의 액체위험물의 누설을 검사하기 위한 관을 기준에 따라 몇 개 이상 적당한 위치에 설치하여야 하는지 쓰시오.

정답

07. 지하저장탱크의 주위에 액체위험물의 누설을 검사하기 위한 관을 설치한다. 이 누유검사관의 설치기준 2가지를 쓰시오.

정답

08. 지하탱크저장소에 대한 내용이다. 다음 각 물음에 알맞은 답을 쓰시오.

가. 지하저장탱크의 윗부분은 지면으로부터 (①) 이상 아래에 있어야 한다.
나. 탱크전용실의 벽 · 바닥 및 뚜껑의 두께는 (②) 이상일 것
다. 탱크전용실은 지하의 가장 가까운 벽 · 피트 · 가스관 등의 시설물 및 대지경계선으로부터 (③)이상 떨어진 곳에 설치하여야 한다.

정답

09. 주유취급소 아래에 설치된 지하탱크저장소에서 화살표로 표시한 탱크와 벽사이의 공간

정답

10. 지하탱크저장소에 대한 내용이다. 다음의 빈칸에 답을 쓰시오.

탱크 주변에 지하저장탱크와 탱크전용실의 안쪽과의 사이는 0.1m 이상의 간격을 유지하도록 하며, 당해 탱크의 주위에 마른 모래 또는 습기 등에 의하여 응고되지 아니하는 입자지름 (①)mm 이하의 마른 (②)분을 채운다.

정답 ① ②

정답

01 1m
02 ① 1.5 ② 70 ③ 10
03 70
04 90%
05 탱크용량의 90%가 찰 때 경보음을 울리는 방법, 탱크 용량을 초과하는 위험물이 주입될 때 자동으로 그 주입구를 폐쇄하거나 위험물의 공급을 자동으로 차단하는 방법
06 4개
07
① 이중관으로 할 것 단, 소공이 없는 상부는 단관으로 할 수 있다.
② 재료는 금속관 또는 경질합성수지관으로 할 것
③ 관은 탱크전용실의 바닥 또는 탱크의 기초까지 닿게 할 것
④ 관의 밑 부분으로부터 탱크의 중심까지 소공이 뚫려 있을 것, 다만, 지하수위가 높은 장소에 있어서는 지하수위 높이까지의 부분에 소공이 뚫려 있어야 한다.
⑤ 상부는 물이 침투하지 않는 구조로 하고, 뚜껑은 검사 시에 쉽게 열 수 있도록 할 것
08 ① 0.6m ② 0.3m ③ 0.1m
09 마른 모래 또는 5mm 이하의 마른 자갈분
10 ① 5 ② 자갈

7) 이동탱크저장소의 위치·구조 및 설비기준

1. 안전거리

적용하지 않는다. 안전거리는 제조소(제6류 위험물을 취급하는 제조소를 제외), 일반취급소, 옥내저장소, 옥외저장소, 옥외탱크저장소에서만 적용한다.

2. 상치장소

① 옥외에 있는 상치장소는 화기를 취급하는 장소 또는 인근의 건축물로부터 5m 이상(인근의 건축물이 1층인 경우에는 3m 이상)의 거리를 확보하여야 한다. 다만, 하천의 공지나 수면, 내화구조 또는 불연재료의 담 또는 벽 그 밖에 이와 유사한 것에 접하는 경우를 제외한다.

② 옥내에 있는 상치장소는 벽·바닥·보·서까래 및 지붕이 내화구조 또는 불연재료로 된 건축물의 1층에 설치하여야 한다.

3. 구조 및 설비기준

① 탱크(맨홀 및 주입관의 뚜껑을 포함)는 두께 3.2mm 이상의 강철판 또는 이와 동등 이상의 강도·내식성 및 내열성이 있다고 인정하는 재료 및 구조로 위험물이 새지 아니하게 제작할 것

② 압력탱크 외의 탱크는 70kPa의 압력으로, 압력탱크는 최대상용압력의 1.5배의 압력으로 각각 10분 간의 수압시험을 실시하여 새거나 변형되지 아니할 것. 이 경우 수압시험은 용접부에 대한 비파괴시험과 기밀시험으로 대신할 수 있다.

③ 이동저장탱크는 그 내부에 4,000L 이하마다 3.2mm 이상의 강철판 또는 이와 동등 이상의 강도·내열성 및 내식성이 있는 금속성의 것으로 칸막이를 설치하여야 한다. 다만, 고체인 위험물을 저장하거나 고체인 위험물을 가열하여 액체 상태로 저장하는 경우는 설치하지 않아도 된다.

예: 전체 용량이 16,000L인 이동탱크저장소에서 아래 그림에서 점선의 개수는 칸막이 개수와 같다.

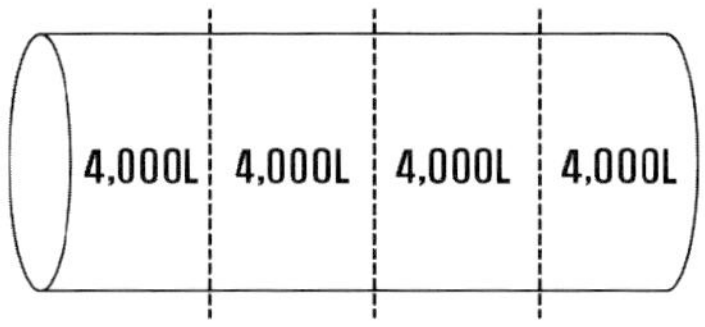

④ 칸막이로 구획된 각 부분마다 맨홀과 안전장치 및 방파판을 설치하여야 한다. 다만, 칸막이로 구획된 부분의 용량이 2,000L 미만인 부분에는 방파판을 설치하지 않을 수 있다.

(안전장치 : 상용압력이 20kPa 이하인 탱크에 있어서는 20kPa 이상 24kPa 이하의 압력에서, 상용압력이 20kPa를 초과하는 탱크에 있어서는 상용압력의 1.1배 이하의 압력에서 작동하는 것으로 할 것)

⑤ 방파판의 두께는 1.6mm 이상의 강철판 또는 이와 동등 이상의 강도·내열성 및 내식성이 있는 금속성의 것으로 하며, 하나의 구획부분에 2개 이상의 방파판을 이동탱크저장소의 진행방향과 평행으로 설치한다.
설치목적 : 운송 중 위험물의 출렁임(흔들림) 등으로 인한 차량의 전복 위험을 방지

⑥ 이동탱크저장소에는 차량의 전면 및 후면의 보기 쉬운 곳에 사각형(한 변의 길이가 0.6m 이상, 다른 한 변의 길이가 0.3m 이상)의 흑색바탕에 황색의 반사도료 그 밖의 반사성이 있는 재료로 "　　"이라고 표시한 표지를 설치하여야 한다.

4. 방호틀과 측면틀

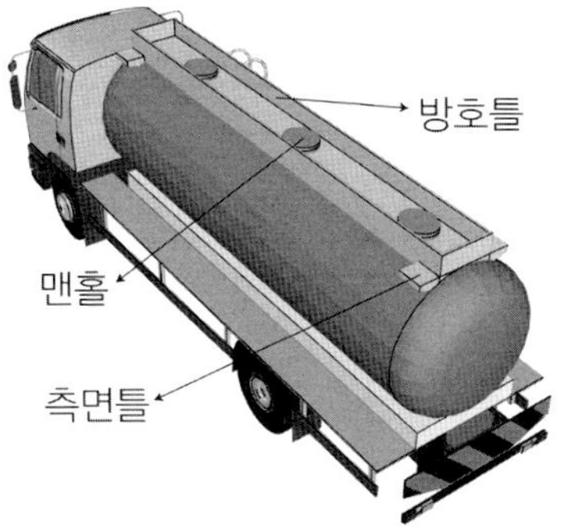

【맨홀, 측면틀과 방호틀】

맨홀, 주입구 및 안전장치 등이 탱크의 상부에 돌출되어 있는 탱크에 있어서는 다음 기준에 의하여 부속장치의 손상을 방지하기 위한 측면틀 및 방호틀을 설치하여야 한다. 다만, 피견인자동차에 고정된 탱크에는 측면틀을 설치하지 않아도 된다.

① 측면틀

가. 탱크 뒷부분에 있어서 측면틀의 최외측과 탱크의 최외측을 연결하는 직선(최외측선)의 수평면에 대한 내각(β)이 75도 이상이 되도록 하고, 최대수량의 위험물을 저장한 상태에 있을 때의 당해 탱크중량의 중심점(G)과 측면틀의 최외측을 연결하는 직선과 그 중심점을 지나는 직선 중 최외측선과 직각을 이루는 직선과의 내각(α)이 35도 이상이 되도록 할 것

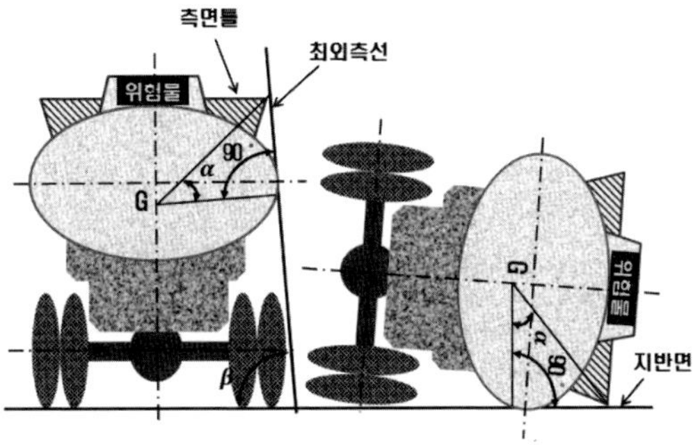

【측면틀 설치 각도】

나. 탱크상부의 네 모퉁이에 당해 탱크의 전단 또는 후단으로부터 각각 1m 이내의 위치에 설치할 것

② 방호틀

가. 두께 2.3mm 이상의 강철판 또는 이와 동등 이상의 기계적 성질이 있는 재료로써 산 모양의 형상으로 하거나 이와 동등 이상의 강도가 있는 형상으로 할 것

나. 정상부분은 부속장치보다 50mm 이상 높게 하거나 이와 동등 이상의 성능이 있는 것으로 할 것

✔ 한 눈에 정리하기

구분	두께
탱크의 본체	3.2mm 이상
칸막이	
방파판	1.6mm 이상
방호틀	2.3mm 이상

5. 주입설비

① 위험물이 샐 우려가 없고 화재예방상 안전한 구조로 할 것
② 주입설비의 길이는 50m 이내로 하고, 그 선단에 축적되는 정전기를 유효하게 제거할 수 있는 장치를 할 것
③ 분당 토출량은 200L 이하로 할 것

6. 컨테이너식 이동탱크저장소

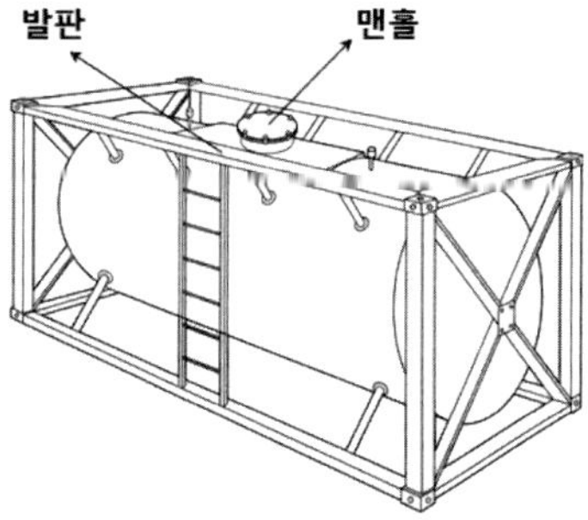

【컨테이너식 이동탱크저장소】

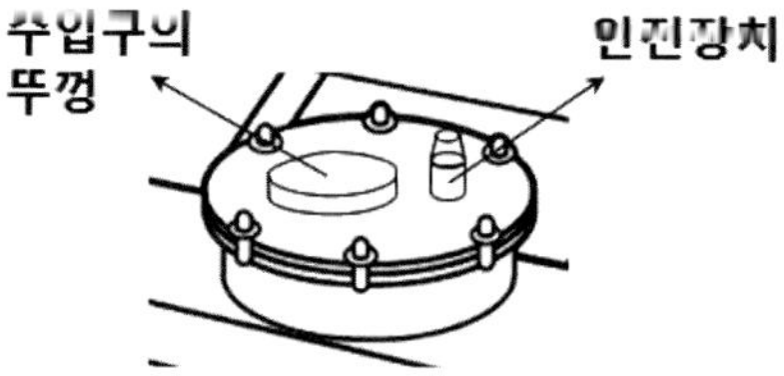

【맨홀】

가. 이동저장탱크 및 부속장치(맨홀·주입구 및 안전장치 등)는 강재로 된 상자형태의 틀(이하 "상자틀"이라 한다)에 수납할 것
나. 이동저장탱크, 맨홀 및 주입구의 뚜껑은 두께 6mm(당해 탱크의 직경 또는 장경이 1.8m 이하인 것은 5mm) 이상의 강판 또는 이와 동등 이상의 기계적 성질이 있는 재료로 할 것
다. 이동저장탱크에 칸막이를 설치하는 경우에는 당해 탱크의 내부를 완전히 구획하는 구조로 하고, 두께 3.2mm 이상의 강판 또는 이와 동등 이상의 기계적 성질이 있는 재료로 할 것
라. 이동저장탱크에는 맨홀 및 안전장치를 할 것
마. 부속장치는 상자틀의 최외측과 50mm 이상의 간격을 유지할 것

7. 위험물의 성질에 따른 이동탱크저장소의 특례

① 알킬알루미늄, 알킬리튬을 저장 또는 취급하는 이동탱크저장소

가. 이동저장탱크의 용량은 1,900L 미만일 것

나. 이동저장탱크에 20kPa 이하의 압력으로 불활성의 기체를 봉입하여 둘 것

다. 이동저장탱크로부터 알킬알루미늄, 알킬리튬을 꺼낼 때에는 동시에 200kPa 이하의 압력으로 불활성의 기체를 봉입할 것

✔ 한 눈에 정리하기

구분	용량
칸막이	4,000L 이하
알킬알루미늄, 알킬리튬	1,900L 미만

② 아세트알데히드, 산화프로필렌을 저장 또는 취급하는 이동탱크저장소

가. 이동저장탱크는 불활성의 기체를 봉입할 수 있는 구조로 할 것

나. 이동저장탱크 및 그 설비는 은·수은·동·마그네슘 또는 이들을 성분으로 하는 합금으로 만들지 아니할 것

다. 이동저장탱크로부터 아세트알데히드, 산화프로필렌 등을 꺼낼 때에는 동시에 100Pa 이하의 압력으로 불활성의 기체를 봉입할 것

✔ 한 눈에 정리하기

기체 종류	불활성기체 봉입 압력
알킬알루미늄, 알킬리튬	꺼낼 때 : 200kPa 이하
	저장할 때 : 20kPa 이하
아세트알데히드, 산화프로필렌	꺼낼 때 : 100kPa 이하

8. 저장기준

① 이동저장탱크로부터 위험물을 저장 또는 취급하는 탱크에 인화점이 40℃ 미만인 위험물을 주입할 때에는 이동탱크저장소의 원동기를 정지시킬 것

② 휘발유를 저장하던 이동저장탱크에 등유나 경유를 주입할 때 또는 등유나 경유를 저장하던 이동저장탱크에 휘발유를 주입할 때에는 다음의 기준에 따라 정전기 등에 의한 재해를 방지하기 위한 조치를 할 것

가. 이동저장탱크의 상부로부터 위험물을 주입할 때에는 위험물의 액표면이 주입관의 선단을 넘는 높이가 될 때까지 그 주입관내의 유속을 1m/s 이하로 할 것

나. 이동저장탱크의 밑부분으로부터 위험물을 주입할 때에는 위험물의 액표면이 주입관의 정상부분을 넘는 높이가 될 때까지 그 주입배관내의 유속을 1m/s 이하로 할 것

③ 휘발유 · 벤젠 · 그 밖에 정전기에 의한 재해발생의 우려가 있는 액체의 위험물을 이동저장탱크의 상부로 주입하는 때에는 주입관을 사용하되, 당해 주입관의 선단을 이동저장탱크의 밑바닥에 밀착할 것

9. 접지도선

제4류 위험물중 특수인화물, 제1석유류 또는 제2석유류의 이동탱크저장소에는 다음의 기준에 의하여 정전기 발생을 방지하기 위해서 접지도선을 설치하여야 한다.

① 양도체(良導體)의 도선에 비닐 등의 절연재료로 피복하여 선단에 접지전극 등을 결착시킬 수 있는 클립(clip) 등을 부착할 것

② 도선이 손상되지 아니하도록 도선을 수납할 수 있는 장치를 부착할 것

연습문제-이동탱크저장소의 위치·구조 및 설비기준

01. **위험물안전관리법령상 이동탱크저장소의 탱크는 강철판의 두께가 몇 mm 이상이어야 하는지 쓰시오.**

정답

02. **이동탱크저장소에 대한 다음 각 물음에 알맞은 답을 쓰시오.**

① 이동저장탱크는 그 내부에 (㉠)L 이하마다 (㉡)mm 이상의 강철판 또는 이와 동등 이상의 강도·내열성 및 내식성이 있는 금속성의 칸막이를 설치하여야 한다.

② 방파판은 두께 (   )mm 이상의 강철판 또는 이와 동등 이상의 강도 · 내열성 및 내식성이 있는 금속성으로 설치하여야 한다.

③ 방호틀은 두께 (   )이상의 강철판 또는 이와 동등 이상의 기계적 성질이 있는 재료로써 산모양의 형상으로 하거나 이와 동등 이상의 강도가 있는 형상으로 설치하여야 한다.

정답 ① ② ③

03. **이동탱크저장소에 설치된 방호틀에 대한 다음 각 물음에 답을 쓰시오.**

① 방호틀은 두께 ( )mm 이상의 강철판 또는 이와 동등 이상의 기계적 성질이 있는 재료로써 산모양의 형상으로 하거나 이와 동등 이상의 강도가 있는 형상으로 할 것

② 정상부분은 부속장치보다 ( )mm 이상 높게 하거나 이와 동등 이상의 성능이 있는 것으로 할 것

정답 ① ②

04. **제4류 위험물 중 특정 품명에 속하는 이동탱크저장소에는 기준에 의한 접지도선을 설치하여야 한다. 여기에 해당하는 품명을 모두 쓰시오.**

정답

05. 지정수량 이상의 위험물을 차량으로 운반할 경우에는 당해 차량에 "위험물" 이라고 표시한 표지를 설치하여야 하는데 이 표지의 바탕 및 글자의 색상을 각각 쓰시오.

① 바탕색　　② 글자색

정답

①　　②

06. 위험물을 차량으로 운반하는 경우의 위험물 표지판의 설치기준에 대하여 알맞은 답을 쓰시오.

① 표지판의 크기 : 한 변의 길이가 (㉠)m 이상, 다른 한 변의 길이가 (㉡)m 이상

② 색상 및 글자 : (㉢)바탕, (㉣) 반사도료로 글자는 (㉤)이라고 표시한 표지를 설치한다.

정답

①　　②

07. 제4류 위험물을 저장하는 이동탱크저장소에서 이동저장탱크는 그 내부에 몇 L 이하마다 3.2mm 이상의 강철판으로 된 칸막이를 설치하여야 하는가?

정답

08. 컨테이너식 이동탱크저장소에서 맨홀 및 주입구의 뚜껑은 두께 몇 mm 이상으로 하여야 하는지 쓰시오. (단, 장경은 1.8m를 초과한다.)

정답

09. 컨테이너식 이동저장탱크저장소에 대한 다음 각 물음에 답을 쓰시오.

① 이동저장탱크 · 맨홀 및 주입구의 뚜껑은 당해 탱크의 직경 또는 장경이 2m인 것은 (　　　)mm 이상의 강판 또는 이와 동등 이상의 기계적 성질이 있는 재료로 한다.

② 부속장치는 상자틀의 최외측과 (　　)mm 이상의 간격을 유지하여야 한다.

정답

①　　②

10. 동영상에서 컨테이너식 이동탱크저장소를 보여준다. 다음 물음에 알맞은 답을 쓰시오.

① 이동저장탱크의 직경이 2m인 경우, 맨홀 및 주입구의 뚜껑은 몇 mm 이상의 강판으로 설치하는지 쓰시오.

② 이동저장탱크의 상부에는 맨홀 및 (　　)를 설치하여야 한다.

정답

①　　②

정답

01 3.2mm

02 ① ㉠ : 4,000, ㉡ : 3.2 ② 1.6 ③ 2.3

03 ① 2.3 ② 50

04 특수인화물, 제1석유류, 제2석유류

05 ① 흑색 ② 황색

【풀이】 ✔ 한 눈에 정리하기

구분	표시내용	색상
이동탱크저장소	위험물	흑색바탕 황색문자
주유취급소	주유 중 엔진정지	황색바탕 흑색문자

06 ① ㉠, ㉡ : 0.3, 0.6 ② ㉢ : 흑색, ㉣ : 황색, ㉤ : 위험물

07 4,000L

08 6

09 ① 6 ② 50

10 ① 6 ② 안전장치

8) 간이탱크저장소의 위치·구조 및 설비기준

1. 안전거리

적용하지 않는다. 안전거리는 제조소(제6류 위험물을 취급하는 제조소를 제외), 일반취급소, 옥내저장소, 옥외저장소, 옥외탱크저장소에서만 적용한다.

2. 구조 및 설비기준

① 하나의 간이탱크저장소에 설치하는 간이저장탱크는 그 수를 3 이하로 하고, 동일한 품질의 위험물의 간이저장탱크를 2 이상 설치하지 아니하여야 한다.

② 간이저장탱크의 용량은 600L 이하이어야 한다.

③ 간이저장탱크는 두께 3.2mm 이상의 강판으로 흠이 없도록 제작하여야 하며, 70kPa의 압력으로 10분간의 수압시험을 실시하여 새거나 변형되지 아니하여야 한다.

연습문제-간이탱크저장소의 위치·구조 및 설비기준

01. 간이저장탱크의 설치기준에 관한 내용이다. 다음 빈칸에 답을 쓰시오.

① 하나의 간이탱크저장소에 설치하는 간이저장탱크의 개수는 (　　)개 이하로 한다.

② 간이저장탱크의 용량은 (　)L 이하로 한다.

③ 간이저장탱크는 두께 (　)mm 이상의 강판으로 흠이 없도록 제작하여야 한다.

정답 ①　　②　　③

02. 위험물안전관리법령상 간이저장탱크의 용량은 몇 L 이하 이어야 하는가?

정답

정답

01 ① 3　② 600　③ 3.2

02 600

9) 주유취급소의 위치·구조 및 설비기준

1. 주유공지 및 급유공지

① 주유공지란 위험물을 자동차 등에 직접 주유하기 위한 설비(고정주유설비)의 주위에 자동차 등이 출입할 수 있도록 너비 15m 이상, 길이 6m 이상의 콘크리트 등으로 포장한 공지를 말한다.

② 급유공지란 위험물을 용기에 옮겨 담거나 이동저장탱크에 주입하기 위한 설비(고정급유설비)의 주위에 필요한 공지를 말한다.

2. 표지 및 게시판

① 주유취급소에는 보기 쉬운 곳에 "위험물 주유취급소"라는 표시를 한 표지를 설치하여야 한다.

가. 표지는 한 변의 길이가 0.3m 이상, 다른 한 변의 길이가 0.6m 이상인 직사각형으로 할 것

나. 표지의 바탕은 백색으로, 문자는 흑색으로 할 것

② 황색바탕에 흑색문자로 "**주유 중 엔진정지**"라는 표시를 한 게시판을 설치하여야 한다.

3. 공지의 바닥

공지의 바닥은 주위 지면보다 높게 하고, 그 표면을 적당하게 경사지게 하여 새어나온 기름 그 밖의 액체가 공지의 외부로 유출되지 않도록 배수구 · 집유설비 및 유분리장치를 하여야 한다.

4. 설치 가능한 탱크

① 자동차 등에 주유하기 위한 고정주유설비에 직접 접속하는 50,000L 이하 전용탱크

② 고정급유설비에 직접 접속하는 50,000L 이하 전용탱크

※ ①, ② → 고속국도의 도로변에 설치된 주유취급소에 있어서는 60,000L까지 할 수 있다.

③ 보일러 등에 직접 접속하는 10,000L 이하 전용탱크

④ 자동차 등을 점검 · 정비하는 작업장 등에서 사용하는 폐유 · 윤활유 등의 위험물을 저장하는 2,000L 이하(2이상일 경우 각 용량의 합계)의 폐유탱크

⑤ 고정주유설비 또는 고정급유설비에 직접 접속하는 3기 이하의 간이탱크(국토의 계획 및 이용에 관한 법률에 의한 방화지구 안에 위치하는 주유취급소의 경우 제외) → 간이탱크 용량 600L 이하

⑥ 이동탱크저장소

5. 설치기준

① 고정주유설비 또는 고정급유설비는 하나의 탱크만으로부터 위험물을 공급받을 수 있도록 한다.

② 마찰에 의한 정전기 발생을 최소화하기 위하여 펌프기기의 최대 토출량을 다음과 같이 제한한다.

구분	최대 토출량
제1석유류	분당 50L 이하
경유	분당 180L 이하
등유	분당 80L 이하

③ 고정주유설비 또는 고정급유설비의 본체 또는 노즐 손잡이에 주유작업자의 인체에 축적되는 정전기를 유효하게 제거할 수 있는 장치를 설치할 것.

④ 고정주유설비 또는 고정급유설비의 주유관의 길이(선단의 개폐밸브를 포함)는 5m 이내로 한다. (단, 현수식의 경우에는 지면 위 0.5m의 수평면에 수직으로 내려 만나는 점을 중심으로 반경 3m)

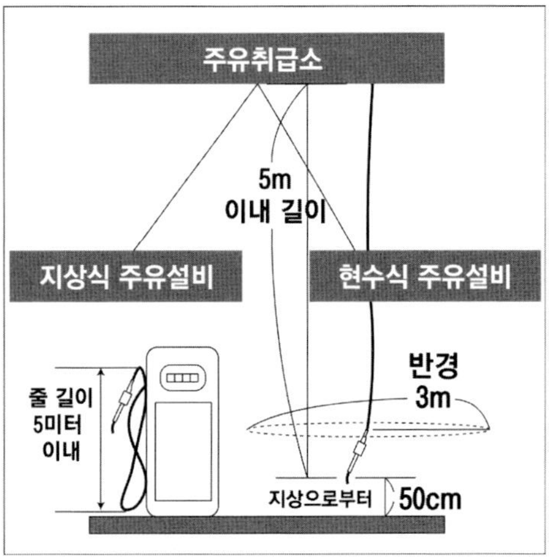

⑤ 고정주유설비 또는 고정급유설비의 설치 위치는 다음과 같다.

가. 고정주유설비의 중심선을 기점으로 하여 도로경계선까지 4m 이상, 부지경계선·담 및 건축물의 벽까지 2m(개구부가 없는 벽까지는 1m) 이상의 거리를 유지하고, 고정급유설비의 중심선을 기점으로 하여 도로경계선까지 4m 이상, 부지경계선 및 담까지 1m 이상, 건축물의 벽까지 2m(개구부가 없는 벽까지는 1m) 이상의 거리를 유지할 것

나. 고정주유설비와 고정급유설비의 사이에는 4m 이상의 거리를 유지할 것

✔ 한 눈에 정리하기

고정주유설비	고정급유설비
고정주유설비에서 도로경계선까지 **4m 이상**	고정급유설비에서 도로경계선까지 **4m 이상**
부지경계선 · 담 및 건축물의 벽까지 2m(개구부가 없는 벽까지는 1m) 이상	부지경계선 및 담까지 1m 이상
	건축물의 벽까지 2m(개구부가 없는 벽까지는 1m) 이상
고정주유설비와 고정급유설비의 사이에는 **4m 이상**의 거리를 유지할 것	

6. 건축물의 구조

① 사무실 등의 창 및 출입구에 유리를 사용하는 경우에는 망입유리 또는 강화유리로 할 것. 이 경우 강화유리의 두께는 창에는 8mm 이상, 출입구에는 12mm 이상으로 하여야 한다.

② 건축물 중 사무실 그 밖의 화기를 사용하는 곳은 누설한 가연성의 증기가 그 내부에 유입되지 아니하도록 다음의 기준에 적합한 구조로 할 것

가. 출입구는 건축물의 안에서 밖으로 수시로 개방할 수 있는 자동폐쇄식의 것으로 할 것

나. 출입구 또는 사이 통로의 문턱의 높이를 15cm 이상으로 할 것

다. 높이 1m 이하의 부분에 있는 창 등은 밀폐시킬 것

③ 일반적으로 주유취급소 주위에는 높이 2m 이상의 내화구조 또는 불연재료의 담 또는 벽을 설치하되, 다음의 조건을 충족하는 경우 일부분에 방화상 유효한 구조의 유리를 부착할 수 있다.

가. 유리를 부착하는 위치는 주입구, 고정주유설비 및 고정급유설비로부터 4m 이상 이격될 것

나. 유리를 부착하는 방법은 다음의 기준에 모두 적합할 것

1) 주유취급소 내의 지반면으로부터 70cm를 초과하는 부분에 한하여 유리를 부착할 것

2) 하나의 유리판의 가로의 길이는 2m 이내일 것

다. 유리를 부착하는 범위는 전체의 담 또는 벽의 길이의 10분의 2를 초과하지 아니할 것

④ 주유취급소에 캐노피를 설치하는 경우에는 다음의 기준으로 한다.

가. 배관이 캐노피 내부를 통과할 경우에는 1개 이상의 점검구를 설치할 것

나. 캐노피 외부의 점검이 곤란한 장소에 배관을 설치하는 경우에는 용접이음으로 할 것

다. 캐노피 외부의 배관이 일광열의 영향을 받을 우려가 있는 경우에는 단열재로 피복할 것

7. 고객이 직접 주유하는 주유취급소의 특례

① 셀프용 고정주유설비

1회의 연속주유량 및 주유시간의 상한을 미리 설정할 수 있는 구조일 것. 이 경우 주유량의 상한은 휘발유는 100L 이하, 경유는 200L 이하로 하며, 주유시간의 상한은 4분 이하로 한다.

② 셀프용 고정급유설비

1회의 연속급유량 및 급유시간의 상한을 미리 설정할 수 있는 구조일 것. 이 경우 급유량의 상한은 100L 이하, 급유시간의 상한은 6분 이하로 한다.

8. 취급기준

① 자동차 등에 주유할 때에는 고정주유설비를 사용하여 직접 주유하여야 하며, 인화점 40℃미만의 위험물을 주유할 때에는 자동차 등의 원동기를 정지시켜야 한다.

② 이동저장탱크로부터 위험물을 저장 또는 취급하는 탱크에 인화점이 40℃ 미만인 위험물을 주입할 때에는 이동탱크저장소의 원동기를 정지시켜야 한다. 또한 휘발유 · 벤젠 그 밖에 정전기에 의한 재해발생의 우려가 있는 액체의 위험물을 이동저장탱크에 주입하거나 이동저장탱크로부터 배출하는 때에는 도선으로 이동저장탱크와 접지전극 등과의 사이를 긴밀히 연결하여 당해 이동저장탱크를 접지하여야 하고, 이동저장탱크의 상부로 주입하는 때에는 주입관을 사용하되, 당해 주입관의 선단을 이동저장탱크의 밑바닥에 밀착하여야 한다.

연습문제-주유취급소의 위치·구조 및 설비기준

01. 위험물안전관리법령에서 구분하고 있는 위험물취급소 4가지를 쓰시오.

정답

02. 주유취급소에 설치하는 표지 및 게시판에서 "주유 중 엔진정지"와 "화기엄금"의 바탕색과 문자색을 쓰시오.

① 주유 중 엔진정지 ② 화기엄금

정답 ① ②

03. 위험물안전관리법령상 다음의 경우 주유취급소의 고정주유설비 또는 고정급유설비의 펌프기기 주유관 선단에서의 최대 토출량은 각각 분당 몇 리터 이하이어야 하는가? (단, 이동저장탱크에 주입하는 경우는 제외한다.)

① 휘발유 ② 등유

정답 ① ②

04. 주유취급소에 대한 다음 각 물음에 답을 쓰시오.

① 주유취급소의 주유공지인 너비와 길이를 쓰시오.

② "주유 중 엔진정지" 게시판의 글자색과 바탕색을 쓰시오.

정답 ① ②

05. 주유취급소의 주유공지에 대한 다음 내용에 답을 쓰시오.

주유취급소의 고정주유설비의 주위에는 주유를 받으려는 자동차 등이 출입할 수 있도록 너비 (①)m 이상, 길이 (②)m 이상의 콘크리트 등으로 포장한 공지를 보유하여야 한다.

정답 ① ②

06. 밸브 없는 통기관에서 통기관의 선단에 설치하는 설비의 명칭과 설치하는 이유를 쓰시오.

① 명칭 ② 이유

정답 ① ②

07. 현수식 주유설비에 대한 각 물음에 답을 쓰시오.

고정주유설비 또는 고정급유설비의 주유관의 길이는 5m(현수식의 경우에는 지면 위 (①)m의 수평면에 수직으로 내려 만나는 점을 중심으로 반경 (②)m이내로 하고 그 선단에는 축적된 정전기를 유효하게 제거할 수 있는 장치를 설치하여야 한다.

정답 ① ②

정답

01 일반취급소, 이송취급소, 주유취급소, 판매취급소

02 ① 황색바탕 흑색문자 ② 적색바탕 백색문자

03 ① 50L/분 이하 ② 80L/분 이하

04 ① 너비 : 15m 이상, 길이 6m 이상 ② 글자색 : 흑색, 바탕색 : 황색

05 ① 15 ② 6

06 ① 인화방지망 ② 이유 : 화염의 전파를 억제하여 화재발생 방지

07 ① 0.5 ② 3

10) 판매취급소의 위치·구조 및 설비기준

1. 판매취급소의 분류

① 제1종 판매취급소 : 저장 또는 취급하는 위험물의 수량이 지정수량의 20배 이하

② 제2종 판매취급소 : 저장 또는 취급하는 위험물의 수량이 지정수량의 40배 이하

2. 설치기준

① 제1종 판매취급소는 건축물의 1층에 설치할 것 → 지하에 설치 불가

② 위험물을 배합하는 실은 다음에 의할 것

가. 바닥면적은 6㎡ 이상 15㎡ 이하로 할 것

나. 내화구조 또는 불연재료로 된 벽으로 구획할 것

다. 바닥은 위험물이 침투하지 아니하는 구조로 하여 적당한 경사를 두고 집유설비를 할 것

라. 출입구에는 수시로 열 수 있는 자동폐쇄식의 갑종방화문을 설치할 것

마. 출입구 문턱의 높이는 바닥면으로부터 0.1m 이상으로 할 것

바. 내부에 체류한 가연성의 증기 또는 가연성의 미분을 지붕 위로 방출하는 설비를 할 것

③ 제1종 판매취급소의 용도로 사용하는 부분의 창 또는 출입구에 유리를 이용하는 경우에는 망입유리로 할 것
④ 제1종 판매취급소의 용도로 사용하는 건축물의 부분은 보를 불연재료로 하고, 천장을 설치하는 경우에는 천장을 불연재료로 할 것
⑤ 제1종 판매취급소의 용도로 사용하는 부분의 창 및 출입구에는 갑종방화문 또는 을종방화문을 설치할 것
⑥ 제1종 판매취급소의 용도로 사용되는 건축물의 부분은 내화구조 또는 불연재료로 하고, 판매취급소로 사용되는 부분과 다른 부분과의 격벽은 내화구조로 할 것
⑦ 제2종 판매취급소의 용도로 사용하는 부분은 벽·기둥·바닥 및 보를 내화구조로 하고, 천장이 있는 경우에는 이를 불연재료로 하며, 판매취급소로 사용되는 부분과 다른 부분과의 격벽은 내화구조로 할 것
⑧ 제2종 판매취급소의 용도로 사용하는 부분에 상층이 있는 경우에 있어서는 상층의 바닥을 내화구조로 하는 동시에 상층으로의 연소를 방지하기 위한 조치를 강구하고, 상층이 없는 경우에는 지붕을 내화구조로 할 것
⑨ 제2종 판매취급소의 용도로 사용하는 부분 중 연소의 우려가 없는 부분에 한하여 창을 두되, 당해 창에는 갑종방화문 또는 을종방화문을 설치할 것
⑩ 제2종 판매취급소의 용도로 사용하는 부분의 출입구에는 갑종방화문 또는 을종방화문을 설치할 것. 다만, 당해 부분 중 연소의 우려가 있는 벽 또는 창의 부분에 설치하는 출입구에는 수시로 열 수 있는 자동폐쇄식의 갑종방화문을 설치하여야 한다.
⑪ 판매취급소에서는 도료류, 제1류 위험물 중 염소산염류 및 염소산염류만을 함유한 것, 유황 또는 인화점이 38℃ 이상인 제4류 위험물을 배합실에서 배합하는 경우 외에는 위험물을 배합하거나 옮겨 담는 작업을 하지 아니할 것

연습문제-판매취급소의 위치·구조 및 설비기준

01. 위험물안전관리법령상의 판매취급소 정의에 대해 다음 ( )안에 알맞은 수치를 쓰시오.

① 제1종 판매취급소 : 저장 또는 취급하는 위험물의 수량이 지정수량의 ( )배 이하인 판매취급소
② 제2종 판매취급소 : 저장 또는 취급하는 위험물의 수량이 지정수량의 ( )배 이하인 판매취급소

정답
① ②

02. 저장 또는 취급하는 위험물의 수량이 지정수량의 20배 이하인 판매취급소는 몇 종 판매취급소인지 쓰시오.

정답

03. 위험물안전관리법령상 제1종 판매취급소는 저장 또는 취급하는 위험물의 수량이 지정수량의 몇 배 이하인 것을 말하는지 쓰시오.

정답

04. 위험물안전관리법령상 제2종 판매취급소 기준에 관한 다음 물음에 답하시오.

① 제2종 판매취급소의 벽, 기둥, 바닥, 보는 어떤 구조로 하여야 하는지 쓰시오.

② 제2종 판매취급소의 천장은 어떤 재료를 사용하는지 쓰시오.

정답 ① ②

05. 위험물안전관리법령상 판매취급소의 배합실의 설치기준에 대한 답을 쓰시오.

① 출입구에 설치하는 문의 종류

② 출입구 문턱의 높이는 바닥으로부터 몇 m 이상으로 하는가?

정답 ① ②

정답

01 ① 20배 ② 40배 02 제1종 03 20배

04 【풀이】 저장 또는 취급하는 위험물의 수량이 지정수량의 40배 이하인 판매취급소를 제2종 판매취급소라 하며, **벽·기둥·바닥 및 보를 내화구조**로 하고, **천장이 있는 경우에는 이를 불연재료**로 한다.

05 ① 자동폐쇄식의 갑종방화문 ② 0.1m

11) 일반취급소의 위치·구조 및 설비기준

1. 일반취급소의 종류

① 분무도장작업 등의 일반취급소 : 도장, 인쇄 또는 도포를 위하여 제2류 위험물 또는 제4류 위험물(특수인화물을 제외한다)을 취급하는 일반취급소로서 지정 수량의 30배 미만의 것

특례 : 지하층이 없을 것, 건축물 중 일반취급소의 용도로 사용하는 부분은 벽 · 기둥 · 바닥 · 보 및 지붕을 내화구조로 하고, 출입구 외의 개구부가 없는 두께 70mm 이상의 철근콘크리트조 또는 이와 동등 이상의 강도가 있는 구조의 바닥 또는 벽으로 당해 건축물의 다른 부분과 구획될 것, 건축물 중 일반취급소의 용도로 사용하는 부분의 출입구에는 갑종방화문을 설치하되, 연소의 우려가 있는 외벽 및 당해 부분 외의 부분과의 격벽에 있는 출입구에는 수시로 열 수 있는 자동폐쇄식의 갑종방화문으로 할 것 등

② 세정작업의 일반취급소 : 세정을 위하여 인화점이 40℃ 이상인 제4류 위험물을 취급하는 일반취급소로서 지정수량의 30배 미만의 것

③ 열처리작업 등의 일반취급소 : 열처리작업 또는 방전가공을 위하여 인화점이 70℃ 이상인 제4류 위험물을 취급하는 일반취급소로서 지정수량의 30배 미만의 것

- 특례 : 건축물 중 일반취급소의 용도로 사용하는 부분은 벽 · 기둥 · 바닥 및 보를 내화구조로 하고, 출입구 외의 개구부가 없는 두께 70mm 이상의 철근콘크리트조 또는 이와 동등 이상의 강도가 있는 구조의 바닥 또는 벽으로 당해 건축물의 다른 부분과 구획될 것 등

④ 보일러 등으로 위험물을 소비하는 일반취급소 : 보일러, 버너 그 밖의 이와 유사한 장치로 인화점이 38℃ 이상인 제4류 위험물을 소비하는 일반취급소로서 지정수량의 30배 미만의 것

- 특례 : 건축물 중 일반취급소의 용도로 제공하는 부분에는 지진 시 및 정전 시 등의 긴급 시에 보일러, 버너 그 밖에 이와 유사한 장치에 대한 위험물의 공급을 자동적으로 차단하는 장치를 설치할 것 등 → 일정한 요건을 갖추면 제조소의 안전거리, 보유공지 등에 관한 기준을 적용하지 않을 수 있다.

⑤ 충전하는 일반취급소 : 이동저장탱크에 액체위험물(알킬알루미늄, 알킬리튬, 아세트알데히드, 산화프로필렌 및 히드록실아민, 히드록실아민염류 등을 제외)을 주입하는 일반취급소

⑥ 옮겨 담는 일반취급소 : 고정급유설비에 의하여 인화점이 38℃ 이상인 제4류 위험물을 용기에 옮겨 담거나 4,000L 이하의 이동저장탱크(용량이 2,000L를 넘는 탱크에 있어서는 그 내부를 2,000L 이하마다 구획한 것에 한한다)에 주입하는 일반취급소로서 지정수량의 40배 미만인 것

⑦ 유압장치 등을 설치하는 일반취급소 : 위험물을 이용한 유압장치 또는 윤활유 순환장치를 설치하는 일반취급소(고인화점 위험물만을 100℃ 미만의 온도로 취급하는 것에 한한다)로서 지정수량의 50배 미만의 것

⑧ 절삭장치 등을 설치하는 일반취급소 : 절삭유의 위험물을 이용한 절삭장치, 연삭장치 그 밖의 이와 유사한 장치를 설치하는 일반취급소(고인화점 위험물만을 100℃ 미만의 온도로 취급하는 것에 한한다)로서 지정수량의 30배 미만의 것

⑨ 열매체유 순환장치를 설치하는 일반취급소 : 위험물 외의 물건을 가열하기 위하여 위험물(고인화점 위험물에 한한다)을 이용한 열매체유 순환장치를 설치하는 일반취급소로서 지정수량의 30배 미만의 것

⑩ 화학실험의 일반취급소 : 화학실험을 위하여 위험물을 취급하는 일반취급소로서 지정수량의 30배 미만의 것

연습문제-일반취급소의 위치 · 구조 및 설비기준

01. 분무도장작업 등의 일반취급소에 대한 다음의 내용 중 빈칸에 답을 쓰시오.

건축물 중 일반취급소의 용도로 사용하는 부분의 출입구에는 갑종방화문을 설치하되, 연소의 우려가 있는 외벽 및 당해 부분 외의 부분과의 격벽에 있는 출입구에는 수시로 열 수 있는 (　　　　)으로 할 것.

정답

정답

01 자동폐쇄식의 갑종방화문

12) 암반탱크저장소의 위치 · 구조 및 설비기준

지하수면 아래의 암반을 굴착하여 만든 공간에 탱크를 설치하여 액체 위험물을 저장하는 장소로 지하수 면 아래에 있기 때문에 상대적으로 위험성이 낮아 안전거리와 보유공지의 규제를 받지 않는다.

1. 공간용적

암반탱크에 있어서는 탱크 내에 용출하는 7일간의 지하수의 양에 상당하는 용적과 탱크의 내용적의 1/100의 용적 중에서 보다 큰 용적을 공간용적으로 한다.

2. 설치기준

① 암반탱크는 암반투수계수가 1초당 10만분의 1m 이하인 천연 암반 내에 설치할 것
② 암반탱크는 저장할 위험물의 증기압을 억제할 수 있는 지하수면하에 설치할 것
③ 암반탱크의 내벽은 암반균열에 의한 낙반을 방지할 수 있도록 볼트 · 콘크리크 등으로 보강할 것

3. 수리조건

가. 암반탱크내로 유입되는 지하수의 양은 암반 내의 지하수 충전량보다 적을 것
나. 암반탱크의 상부로 물을 주입하여 수압을 유지할 필요가 있는 경우에는 수벽공을 설치할 것

13) 이송취급소의 위치 · 구조 및 설비기준

1. 설치 제외장소

- 이송취급소의 설치장소 중 다음의 장소의 설치는 제외하여야 한다.

- 철도 및 도로의 터널 안
- 고속국도 및 자동차전용도로의 차, 길어깨 및 중앙분리대
- 호수·저수지 등으로서 수리의 수원이 되는 곳
- 급경사지역으로서 붕괴의 위험이 있는 지역

2. 이송취급소의 기준의 특례

① 특정이송취급소란 위험물을 이송하기 위한 배관의 연장(당해 배관의 기점 또는 종점이 2 이상인 경우에는 임의의 기점에서 임의의 종점까지의 당해 배관의 연장 중 최대의 것을 말한다. 이하 같다)이 15㎞를 초과하거나 위험물을 이송하기 위한 배관에 관계된 최대상용압력이 950㎪ 이상이고 위험물을 이송하기 위한 배관의 연장이 7㎞ 이상인 것을 말한다.

3. 이송취급소 허가신청의 첨부서류

- 이송취급소의 설치 허가 시 긴급차단밸브 및 차단밸브에 관한 첨부서류 5가지는 다음과 같다.

- 구조설명서(부대설비를 포함한다)
- 기능설명서
- 강도에 관한 설명서
- 제어계통도
- 밸브의 종류 · 형식 및 재료에 관하여 기재한 서류

제4편

04

2016~2019 위험물기능사 실기 기출문제

2016년 제1회 위험물기능사 실기 필답형

01. Na에 대하여 다음의 물음에 답하시오. [6점]

① 물과 반응하였을 때 발생하는 기체를 화학식으로 쓰시오. ② 완전 연소반응식을 쓰시오.

정답 ① ②

02. 다음 위험물의 화학식을 쓰시오. [4점]

보기
① 요오드산칼륨 ② 과망간산칼륨

정답 ① ②

03. 건조한 상태에서 폭발의 위험성이 있는 니트로셀룰로오스의 안전한 저장, 운반을 위해서 어떤 물질을 첨가(혼합)하는지 일반적으로 사용하는 물질을 1가지만 쓰시오. [3점]

정답

04. 왕수를 만드는 방법을 원료물질과 그 원료 물질의 배합비율을 중심으로 설명하시오. [4점]

정답

05. 고체 가연물의 대표적인 연소형태 4가지를 쓰시오. [4점]

정답

06. 방향족 탄화수소인 BTX에 대하여 다음 각 물음에 답하시오. [5점]

① BTX는 무엇의 약자인지 명칭을 쓰시오. ② 위 3가지 물질 중 "T"에 해당하는 물질의 구조식을 쓰시오.

정답 ① ②

07. 이황화탄소 76g이 완전 연소하면 몇 L의 기체가 발생하는지 구하시오. (단, 표준상태를 기준으로 하고 순수한 산소만을 공급하며, 공급된 산소는 모두 연소에 사용된다고 한다.) [5점]

정답

08. 위험물안전관리법령상 소화설비의 설치기준에서 위험물은 지정수량의 몇 배를 1소요단위로 하는지 쓰시오. [3점]

정답

09. 일반취급소 또는 제조소에서 취급하는 제4류 위험물 최대수량의 합이 지정수량의 24만 배 이상 48만 배 미만인 사업소의 자체소방대에 두는 화학소방자동차 및 자체소방대원의 기준수를 각각 쓰시오. [4점]

정답 화학소방자동차 : 자체소방대원 :

10. 0℃, 1기압을 기준으로 질산칼륨 202g이 열분해하여 생성되는 산소의 부피는 몇 L인지 구하시오. [5점]

정답

11. 지정수량 이상의 위험물을 차량으로 운반할 경우에는 당해 차량에 "위험물"이라고 표지를 설치하여야 하는데 이 표지의 바탕 및 글자의 색상을 각각 쓰시오. [4점]

정답

12. 무색의 단맛이 있는 액체로서 3가의 알코올이며 분자량 약 92, 비중 약 1.26이고 위험물안전관리법령상 품명이 제3석유류에 속하는 이 물질의 명칭을 쓰고 구조식을 나타내시오. [4점]

정답

13. 제6류 위험물과 혼재가 가능한 위험물은 제 몇 류 위험물인지 쓰시오.(단, 지정수량 10배의 위험물을 혼재하는 경우이다.) [4점]

정답

2016년 제1회 위험물기능사 실기 필답형 정답

<table>
<tr><th>문항</th><th colspan="2">정 답</th></tr>
<tr><td>1</td><td colspan="2">① H_2 ② $4Na + O_2 \rightarrow 2Na_2O$</td></tr>
<tr><td>2</td><td colspan="2">· 요오드산칼륨 : KIO_3 · 과망간산칼륨 : $KMnO_4$</td></tr>
<tr><td>3</td><td colspan="2">물, 알코올 중 1가지</td></tr>
<tr><td>4</td><td colspan="2">염산과 질산을 3 : 1로 배합한다.</td></tr>
<tr><td>5</td><td colspan="2">분해연소, 표면연소, 증발연소, 자기연소</td></tr>
<tr><td>6</td><td colspan="2">① B : 벤젠, T : 톨루엔, X : 자일렌 또는 크실렌 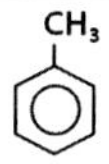</td></tr>
<tr><td>7</td><td colspan="2">계산과정 3 × 22.4 = 67.2 답 67.2L
【풀이】
반응식 : $CS_2 + 3O_2 \rightarrow CO_2 + 2SO_2$
이황화탄소(CS_2) 분자량 : 12 + 32 + 32 = 76
1몰의 이황화탄소가 반응할 때 3몰의 산소가 필요하므로,
3몰 × 22.4L = 67.2L이다.</td></tr>
<tr><td>8</td><td colspan="2">10배</td></tr>
<tr><td>9</td><td colspan="2">화학소방자동차 : 3대 이상 / 자체소방대원의 수 : 15인 이상
【풀이】
<table>
<tr><th>사업소의 구분</th><th>화학소방자동차의 수</th><th>자체소방대원의 수</th></tr>
<tr><td>지정수량의 12만 배 미만</td><td>1대</td><td>5인</td></tr>
<tr><td>지정수량의 12만 배 이상 24만배 미만</td><td>2대</td><td>10인</td></tr>
<tr><td>지정수량의 24만 배 이상 48만배 미만</td><td>3대</td><td>15인</td></tr>
<tr><td>지정수량의 48만 배 이상</td><td>4대</td><td>20인</td></tr>
</table></td></tr>
<tr><td>10</td><td colspan="2">$2KNO_3 \rightarrow 2KNO_2 + O_2$
202g　　　xL
2×101g　　　22.4L
$x = \dfrac{202 \times 1 \times 22.4}{2 \times 101} = 22.4L$</td></tr>
<tr><td>11</td><td colspan="2">흑색바탕 황색문자</td></tr>
<tr><td>12</td><td>글리세린 또는 글리세롤 또는 $C_3H_5(OH)_3$</td><td>구조식 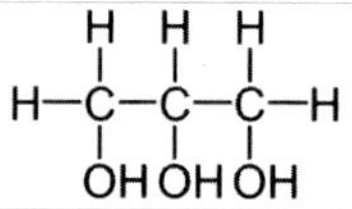</td></tr>
<tr><td>13</td><td colspan="2">제1류 위험물</td></tr>
</table>

2016년 제1회 위험물기능사 실기 작업형

01. 과산화나트륨의 화재 시 주수소화하면 안 되는 이유를 쓰시오. [4점]

정답

02. 에틸렌글리콜에 대한 다음 각 물음에 답하시오. [6점]

① 에틸렌글리콜의 지정수량과 품명을 쓰시오. ② 에틸렌글리콜은 몇 가 알코올인가?

정답 ① ②

03. 위험물제조소 근처에 고압가스시설이 설치되어 있는 경우 안전거리는 몇 m 이상인가? [3점]

정답

04 지정수량의 20배 이하의 위험물을 저장 및 취급하는 옥내저장소에서 일정한 조건을 갖추면 안전거리를 두지 않아도 되는 기준에 대한 답을 쓰시오. [6점]

① 벽, 기둥, 바닥, 보 및 지붕의 구조기준을 쓰시오. ② 출입구의 기준을 쓰시오.

③ 창을 설치해야 하는지의 여부를 쓰시오. (설치하지 않으면 "설치안함"이라 쓰시오.)

정답 ① ② ③

05. 톨루엔, 휘발유, 벤젠, 크실렌, 등유, 경유 중 다음에서 설명하는 물질에 대한 물음에 답하시오. [6점]

① 분자량이 78이며 마취성이 있는 물질의 명칭을 쓰시오.

② 오르소, 메타, 파라의 이성질체를 포함하는 물질의 명칭을 쓰시오.

정답 ① ②

06. 옥외탱크저장소 보유공지의 ( )안에 알맞은 답을 쓰시오. [5점]

저장 또는 취급하는 위험물의 최대수량	공지의 너비
지정수량의 500배 이하	3m 이상
지정수량의 500배 초과 1,000배 이하	(①) 이상
지정수량의 1,000배 초과 2,000배 이하	9m 이상
지정수량의 (②)배 초과 (③)배 이하	12m 이상
지정수량의 3,000배 초과 4,000배 이하	15m 이상

정답 ① ② ③

07. 과산화수소가 담긴 비커에 이산화망간을 첨가하자 급격히 흰 연기가 발생하는 장면을 보여준다. 이 때 이산화망간의 역할은 무엇인지 쓰시오. [3점]

정답

08. 내화구조의 벽, 갑종 방화문을 설치한 2층으로 된 옥내저장소에 제2류 위험물인 적린의 저장창고로 하나의 저장창고의 바닥면적 합계는 몇 ㎡ 이하로 하는가? [3점]

정답

09. 알칼리금속의 과산화물이 담겨있는 금속제 드럼용기를 보여준다. 금속제 드럼용기에 표시해야 하는 주의사항을 4가지 쓰시오. [4점]

정답

10. 동식물유류에 대한 다음 각 물음에 답하시오. [5점]

① 요오드값의 정의를 쓰시오.

② 동식물유류는 요오드값에 따라 3가지로 구분한다. 3가지를 쓰고 요오드값의 기준도 함께 쓰시오.

정답

①

②

2016년 제1회 위험물기능사 실기 작업형 정답

문항	정 답
1	물과 접촉 시 산소를 발생하므로 [풀이] $Na_2O_2 + H_2O \rightarrow 2NaOH + 1/2O_2$
2	① 4000L, 제3석유류 ② 2가 알코올
3	20m
4	① 내화구조 ② 자동폐쇄식의 갑종방화문 ③ 설치안함 【풀이】 지정수량의 20배 이하의 위험물을 저장 또는 취급하는 옥내저장소로서 다음의 기준에 적합한 것 가. 저장창고의 벽 · 기둥 · 바닥 · 보 및 지붕이 내화구조인 것 나. 저장창고의 출입구에 수시로 열 수 있는 자동폐쇄방식의 갑종방화문이 설치되어 있을 것 다. 저장창고에 창을 설치하지 않을 것
5	① 벤젠, ② 크실렌
6	① 5m ② 2000 ③ 3000
7	정촉매
8	1,000㎡ 이하 【풀이】 다층의 옥내저장소는 위험물에 관계없이 바닥면적 합계는 1,000㎡ 이하로 하여야 한다.
9	① 화기주의 ② 충격주의 ③ 물기엄금 ④ 가연물접촉주의
10	① 유지 100g에 첨가되는 요오드의 g수 ② 건성유 : 130 이상/반건성유 : 100 초과 130 미만/불건성유 : 100 이하

2016년 제2회 위험물기능사 실기 필답형

01. 화재의 종류를 아래와 같이 구분할 때 빈칸을 채우시오.[4점]

급수	화재의 종류	표시색상
B급		
	일반화재	
		청색

정답

02. 제1류 위험물 중 흑색 화약의 원료로 사용되며 고온에서 열분해하여 산소를 방출하는 물질의 열분해 반응식을 쓰시오. [4점]

정답

03. 위험물안전관리법령상 다음 각 품명에 해당하는 지정수량을 쓰시오. [6점]

아염소산염류 : 중크롬산염류 : 요오드산염류 :

정답

04. 방향족 탄화수소인 BTX를 구성하는 물질 중 "T"로 표시되는 물질의 분자량은 얼마인지 쓰시오. [3점]

정답

05. 톨루엔 400L, 아세톤 1200L, 등유 2000L를 같은 장소에 저장하려 한다. 지정수량 배수의 총합을 구하시오. [4점]

정답

06. 다음 보기에서 비중이 물보다 큰 것을 모두 선택하여 쓰시오. [4점]

[보기]
톨루엔, 에틸렌글리콜, 글리세린, 아세톤, 니트로벤젠

정답

07. 위험물안전관리법령상 다음의 경우 주유취급소의 고정주유설비 또는 고정급유설비의 펌프기기 주유관 선단에서의 최대토출량은 각각 분당 몇 리터 이하이어야 하는가? (단, 이동저장탱크에 주입하는 경우는 제외한다.) [4점]

정답

08. 위험물 저장탱크의 용량이 540L이고 내용적이 600L일 때 탱크의 공간용적은 얼마인가? [5점]

정답

09. 다음의 각 물질은 몇 가 알코올인지 쓰시오. [3점]

【보기】

① 글리세린 ② 에틸렌글리콜 ③ 에틸알코올

정답

① ② ③

10. 금속나트륨이 물과 반응하여 생성되는 물질을 모두 쓰시오.[4점]

정답

11. 제2종 분말소화약제의 주성분을 화학식으로 쓰시오.[3점]

정답

12. 고체의 연소 형태 4가지를 쓰시오.[4점]

정답

13. 표준상태에서 탄소 100kg을 완전 연소시키면 몇 ㎥의 산소가 필요한지 구하시오. [4점]

정답

14. 위험물의 운반에 관한 기준에서 시안화수소(HCN)의 운반용기 외부에 표시하여야 하는 주의사항은 무엇인지 쓰시오. [3점]

정답

2016년 제2회 위험물기능사 실기 필답형 정답

문항	정답
1	급수 / 화재의 종류 / 표시색상: B급 / 유류화재 / 황색; A급 / 일반화재 / 백색; C급 / 전기화재 / 청색
2	$2KNO_3 \rightarrow 2KNO_2 + O_2$
3	아염소산염류 : 50kg, 중크롬산염류 : 1000kg, 요오드산염류 : 300kg
4	92
5	지정수량의배수 $= \frac{400}{200} + \frac{1200}{400} + \frac{2000}{1000} = 7$배
6	에틸렌글리콜, 글리세린, 니트로벤젠 [풀이] 1.1, 1.26, 1.2
7	• 휘발유 50L/분 이하 • 등유 80L/분 이하
8	계산과정 : 540 = 600 - 공간용적 답 : 60L
9	2가 알코올, 3가 알코올, 1가 알코올 【풀이】 결합된 OH의 개수에 따라 알코올의 가수를 분류한다.
10	수산화나트륨, 수소 【풀이】 $2Na + 2H_2O \rightarrow 2NaOH + H_2$
11	$KHCO_3$
12	표면연소, 분해연소, 증발연소, 자기연소
13	계산과정 $1 \times x = \frac{100}{12} \times 0.082 \times 273$ 답 186.55㎥
	【풀이】 $C + O_2 \rightarrow CO_2$ PV = nRT 적용, P : 기압(atm) V : 부피(L) n : 몰수(mol) = $\frac{질량}{분자량}$ R : 0.082(atm·L/mol·K) T : 온도(K) $1 \times x = \frac{100}{12} \times 0.082 \times 273$ x = 186.55㎥ 【다른 방법】, $C + O_2 \rightarrow CO_2$ 100kg x㎥ 12kg 22.4㎥ $x = \frac{100 \times 22.4}{12} = 186.67m^3$
14	화기엄금, 【풀이】 시안화수소는 제4류 위험물이므로 화기엄금에 해당한다.

2016년 제2회 위험물기능사 실기 작업형

01. 제5류 위험물인 유기과산화물을 저장하는 옥내저장소를 보여준다. 옥내저장소의 바닥면적은 몇 ㎡ 이하로 하여야 하는지 쓰시오. [3점]

정답

02. 벽, 기둥 및 바닥이 내화구조로 된 옥내저장소에 황린 149,600kg이 저장되어 있는 것을 보여주며 보유공지는 몇 m 이상 인지 쓰시오. [3점]

정답

03. 적색의 분말가루를 연소시키자 흰 연기(오산화인)가 발생하고 있다. 다음 각 물음에 답하시오.[5점]

① 제2류 위험물 중 연소 시 오산화인이 발생하는 위험물의 명칭을 쓰시오.

② ①에서 답한 물질의 연소반응식을 쓰시오.

정답 ① ②

04. 이산화탄소소화기, 분말소화기, 포소화기를 차례로 보여준다. 5류 위험물에 적응성이 없는 소화기를 모두 고르시오. (단, 모두 적응성이 없으면 없음이라 답하시오.) [3점]

정답

05. 이황화탄소와 벤젠의 화재를 물로 소화하는 장면을 보여준다. 각 물질의 소화에 대한 설명을 하시오. [5점]

정답

06. 옥외저장소에 제6류 위험물을 저장한 장면을 보여준다. 다음 각 물음에 답하시오.[6점]

① 기계에 의하여 하역하는 구조가 아닌 수납한 용기를 선반에 저장하는 경우에는 몇 m를 초과하여 저장하지 아니하여야 하는지 쓰시오.

② 그 밖의 경우에 있어서는 몇 m인지 쓰시오.

정답 ① ②

07. 이동저장탱크에 제4류 위험물을 주입하는 장면을 보여준다. 다음 각 물음에 답하시오. [6점]

① 제4류 위험물에 접지도선을 설치하여야 하는 이유를 간단히 쓰시오.

② 제4류 위험물 중 위와 같이 접지도선을 설치하여야 하는 품명을 모두 쓰시오.

정답 ① ②

09. $KClO_3$을 가열하는 장면에서 이산화망간(MnO_2)을 첨가하였을 때 발생되는 기체와 이산화망간의 역할을 쓰시오 [5점]

① 발생기체 ② 이산화망간의 역할

정답 ① ②

09. 지하저장탱크에서 탱크용량의 몇 %가 찰 때 경보음을 울리는 방법으로 과충전을 방지하는 장치를 설치하여야 하는가?[4점]

정답

10. 위험물 제조소 내에 질산이 저장된 포대를 보여준다. 위험물이 되는 조건은 비중이 얼마 이상이어야 하는지 쓰시오. [5점]

1) 질산이 위험물에 해당하는 조건을 쓰시오.

정답

2) 질산의 품명을 쓰시오.

정답

3) 질산의 지정수량을 쓰시오.

정답

2016년 제2회 위험물기능사 실기 작업형 정답

문항	정답
1	1,000㎡ 이하
2	10m 【풀이】 황린 지정수량 : 20kg $지정수량배수 = \frac{149,600kg}{20kg} = 7,480배$
3	① 적린　② $4P + 5O_2 \rightarrow 2P_2O_5$
4	이산화탄소소화기, 분말소화기
5	이황화탄소 : 비수용성이면서 액체비중이 물보다 무거워 물의 하층부에 있어 소화가 가능하다. 벤젠 : 비수용성이면서 액체비중이 물보다 가벼워 물위에 떠다니면서 화재면이 확대된다.
6	6m, 3m 【풀이】 [선반에 저장하는 경우] : 6m [용기를 겹쳐 쌓는 경우] 가. 기계에 의하여 하역하는 구조로 된 용기만을 겹쳐 쌓는 경우에 있어서는 6m 나. 제4류 위험물 중 제3석유류, 제4석유류 및 동식물유류를 수납하는 용기만을 겹쳐 쌓는 경우에 있어서는 4m **다. 그 밖의 경우에 있어서는 3m**
7	① 정전기 발생방지　② 특수인화물, 제1석유류, 제2석유류
8	① 산소 또는 O_2　② 정촉매 【풀이】 이산화망간은 정촉매로 활성화 에너지를 감소시켜 화학반응속도가 증가하게 만들어 준다.
9	90%
10	비중이 1.49 이상인 것, 질산, 300kg

2016년 제4회 위험물기능사 실기 필답형

01. 위험물안전관리법령상 압력탱크 외의 이동저장탱크에 실시하는 수압시험은 몇 kPa의 압력으로 10분간 실시하여야 하는가? [3점]

정답

02. 다음 [보기]에서 각 물음에 해당하는 위험물을 선택하여 그 번호를 쓰시오.[6점]

[보기]

① 벤젠 ② 이황화탄소 ③ 아세톤 ④ 아세트알데히드 ⑤ 아세트산

가. 비수용성 물질을 모두 쓰시오.
나. 인화점이 가장 낮은 물질을 쓰시오.
다. 비점이 가장 높은 물질을 쓰시오.

정답 가. 나. 다.

03. 227g의 니트로글리세린이 완전히 폭발·분해되었을 때 몇 L의 기체가 발생하는지 구하시오.[5점] (단, 기체의 부피는 표준상태를 기준으로 구한다.)

① 계산과정 ② 답

정답 【계산과정】

【답】

04. 오황화인이 물과 반응하여 발생할 수 있는 유독가스를 쓰시오. [3점]

정답

05. 다음 표의 위험물에 대하여 빈칸을 채우시오. [6점]

물질명	시성식	위험물안전관리법령상 품명
에탄올	①	④
에틸렌글리콜	②	⑤
글리세린	③	⑥

정답 ① ② ③ ④ ⑤ ⑥

06. 수소화리튬을 약 400℃로 가열하여 분해하면 생성되는 물질 2가지를 화학식으로 쓰시오. [4점]

정답

07. 위험물안전관리법령에서 정하는 할로겐간화합물 위험물의 지정수량은 얼마인가? [3점]

정답

08. 다음 [보기]의 물질 중 연소의 3요소가 될 수 없는 물질을 모두 선택하여 쓰시오. [4점]

[보기]

① 벤젠 ② 공기 ③ 질소 ④ 이산화탄소 ⑤ 황 ⑥ 산소 ⑦ 헬륨 ⑧ 성냥불

정답

09. TNT의 구조식을 나타내시오. [3점]

정답

10. 과산화수소를 옥외저장소에 보관하려고 한다. 저장하는 최대수량이 3000kg 인 경우 보유공지의 너비는 몇 m 이상이어야 하는가? [3점]

정답

11. 무수크롬산의 열분해 반응식을 쓰시오. [4점]

정답

12. 위험물안전관리법령상의 판매취급소 정의에 대해 다음 ( )안에 알맞은 수치를 쓰시오. [4점]

① 제1종 판매취급소 : 저장 또는 취급하는 위험물의 수량이 지정수량의 ( )배 이하인 판매취급소

② 제2종 판매취급소 : 저장 또는 취급하는 위험물의 수량이 지정수량의 ( )배 이하인 판매취급소

정답 ① ②

13. 다음은 위험물안전관리법령에서 정한 탱크 용적 산정기준에 관한 내용이다. ( )에 알맞은 수치를 쓰시오. [4점]

위험물을 저장 또는 취급하는 탱크의 용량은 당해 탱크 내용적에서 공간용적을 뺀 용적으로 한다. 탱크의 공간용적은 탱크의 내용적의 100분의 (①) 이상 100분의 (②) 이하의 용적으로 한다. 다만, 소화설비(소화약제 방출구를 탱크안의 윗부분에 설치하는 것에 한한다.)를 설치하는 탱크의 공간용적은 해당 소화설비의 소화약제방출구 아래의 (③)미터 이상 (④) 미터 미만 사이의 면으로부터 윗부분의 용적으로 한다.

정답

14. 위험물안전관리법령상 제4류 위험물의 품명 중 일부인 제1석유류, 제2석유류, 제3석유류, 제4석유류를 분류하는 기준은 무엇인지 쓰시오. [3점]

정답

2016년 제4회 위험물기능사 실기 필답형 정답

문항	정 답
1	70kPa 【풀이】 압력탱크 외의 탱크는 70kPa의 압력으로, 압력탱크는 최대상용압력의 1.5배의 압력으로 각각 10분간의 수압시험을 실시하여 새거나 변형되지 아니할 것. 이 경우 수압시험은 용접부에 대한 비파괴시험과 기밀시험으로 대신할 수 있다.
2	가) ①, ② 나) ④ 다) ⑤ 【풀이】
3	① $1 \times x = \frac{227}{227} \times 0.082 \times 273 \times 7.25 = 162.3L$

	수용성/비수용성	인화점	비점
벤젠	비수용성	-11℃	79℃
이황화탄소	비수용성	-30℃	46℃
아세톤	수용성	-18℃	56℃
아세트알데히드	수용성	-38℃	21℃
아세트산	수용성	39℃	118℃

② 162.3L

4
황화수소 또는 H_2S
【풀이】
$P_2S_5 + 8H_2O \rightarrow 5H_2S + 2H_3PO_4$

5
① C_2H_5OH　② $C_2H_4(OH)_2$　③ $C_3H_5(OH)_3$　④ 알코올류
⑤ 제3석유류　⑥ 제3석유류

6
LiOH, H_2
【풀이】 $LiH + H_2O \rightarrow LiOH + H_2$

7
300kg
【풀이】 행정안전부령으로 정하는 것 : 할로겐간화합물(IF_5, BrF_3 등) 지정수량 300kg

8
③ ④ ⑦
【풀이】 연소의 3요소 : 가연물, 산소공급원, 점화원
③ 질소, ⑦ 헬륨 : 불연성 기체
④ 이산화탄소 : 산소와 반응이 완결된 기체
불연성 기체와 산소와 반응이 완결된 기체는 가연물이 될 수 없다.

9
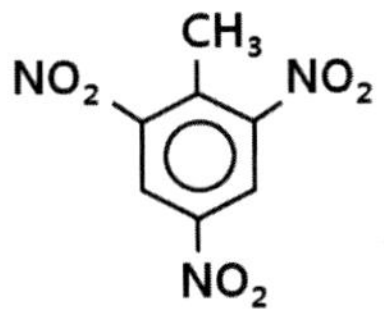

10
1m
【풀이】
과산화수소 지정수량 : 300kg
$$\text{지정수량배수} = \frac{3,000kg}{300kg} = 10\text{배}$$
제4류 위험물 중 4석유류 또는 제6류 위험물만 저장하는 경우 지정수량의 1/3로 할 수 있으므로 3m×1/3=1m 이상으로 한다.

11
$4CrO_3 \rightarrow 2Cr_2O_3 + O_2$

12
① 20배　② 40배

13
① 5　② 10　③ 0.3m　④ 1m

14
인화점
【풀이】

특수인화물	인화점 -21℃ 미만
제1석유류	인화점 21℃ 미만
제2석유류	인화점 21℃ 이상 70℃ 미만
제3석유류	인화점 70℃ 이상 200℃ 미만
제4석유류	인화점 200℃ 이상 250℃ 미만
동식물유류	인화점 250℃ 미만

2016년 제4회 위험물기능사 실기 작업형

01. 다음 영상은 유황가루, 숯, 질산칼륨을 보여준다. 이 영상에서 보여주는 재료들은 어떤 화약을 만드는 원료로 사용되는지 쓰시오. [3점]

정답

02. 제4류 위험물인 아세톤을 보여준다. 다음 각 물음에 답을 쓰시오. [5점]

① 이 물질의 비점을 쓰시오　　② 이 물질의 증기비중을 구하시오

정답 ①　　②

03. 제4류 위험물 중 특수인화물을 적재한 차량에 천막(덮개)을 덮는 장면을 보여준다. 다음 괄호 안에 알맞은 답을 쓰시오. [3점]

① 위험물을 운반할 경우 적재 시 빛을 차단하는 경우의 위험물과 물과의 접촉을 피해 방수해야 하는 위험물이 있다. 다음 제4류 위험물 중 특수인화물은 (　)이 있는 피복으로 가려야 한다.

정답

04. 글리세린에 황산과 질산을 혼합시켜 제조하는 물질의 명칭과 화학식을 쓰시오. [6점]

① 제조된 물질의 명칭을 쓰시오.

정답

② 제조된 물질의 화학식을 쓰시오.

정답

③ 이 물질의 지정수량을 쓰시오.

정답

05. 금, 아연, 마그네슘 중 이온화 경향이 가장 큰 물질과 ① 염산의 반응식과 ② 물과의 반응식을 적으시오. [4점]

정답 ①　　②

06. 질산을 저장한 3개의 옥외저장탱크와 방유제가 설치되어 있다. 다음 각 물음에 답하시오. [4점]

방유제의 용량은 방유제안에 설치된 탱크가 하나인 때에는 그 탱크 용량의 (①)% 이상, 2기 이상인 때에는 그 탱크 중 용량이 최대인 것의 용량의 (②)% 이상으로 할 것

정답 ① ②

07. 과산화수소와 히드라진의 반응식을 쓰시오. [6점]

정답

08. 지하탱크저장소에 대한 내용이다. 다음 각 물음에 알맞은 답을 쓰시오.[6점]

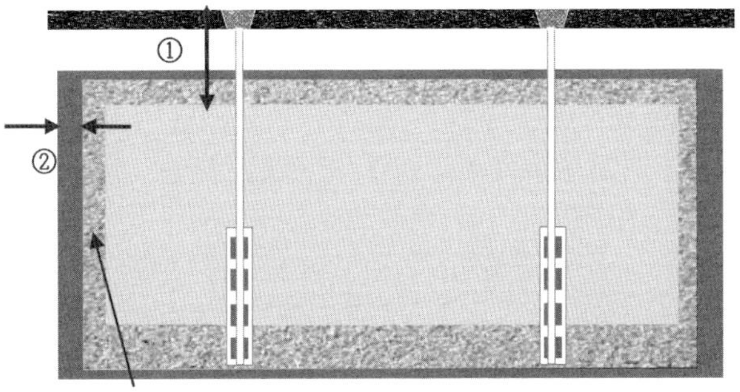

가. 지하저장탱크의 윗부분은 지면으로부터 (①) 이상 아래에 있어야 한다.
나. 탱크전용실의 벽 · 바닥 및 뚜껑의 두께는 (②) 이상일 것
다. 탱크전용실은 지하의 가장 가까운 벽 · 피트 · 가스관 등의 시설물 및 대지경계선으로부터 (③)이상 떨어진 곳에 설치하여야 한다.

정답 ① ② ③

09. 칼륨과 이산화탄소의 반응식을 쓰시오. (5점)

정답

10. 인화성고체 15톤이 저장된 옥외저장소의 보유공지는 몇 m 이상인지 쓰시오. 3점

정답

2016년 제4회 위험물기능사 실기 작업형 정답

문항	정답
1	흑색화약
2	① 비점 : 56.5℃ ② 증기비중 : 2 【풀이】 아세톤(CH_3COCH_3) 분자량 : 58 증기비중 : $\frac{58}{29} = 2$
3	차광성
4	① 니트로글리세린 ② $C_3H_5(ONO_2)_3$ ③ 10kg
5	① $Mg + 2HCl \rightarrow MgCl_2 + H_2$ ② $Mg + 2H_2O \rightarrow Mg(OH)_2 + H_2$ 【풀이】 이온화 경향 순서 : 마그네슘(Mg) 〉 아연(Zn) 〉 금(Au)
6	① 100 ② 100 【풀이】 질산은 인화성 액체가 아니므로 100%를 기준으로 한다.
7	$N_2H_4 + 2H_2O_2 \rightarrow 4H_2O + N_2$
8	① 0.6m ② 0.3m ③ 0.1m
9	$4K + 3CO_2 \rightarrow 2K_2CO_3 + C$
10	5m 【풀이】 인화성고체 지정수량 : 1,000kg 1톤 = 1,000kg 지정수량 배수 = $\frac{15,000kg}{1,000kg}$ = 15배

2016년 제5회 위험물기능사 실기 필답형

01. 칼륨이 물과 에탄올이 반응하는 화학반응식을 쓰시오. [6점]

① 물과의 반응식　　② 에탄올과의 반응식

정답

①　　②

02. 피크린산의 구조식을 쓰시오. [4점]

정답

03. 간이저장탱크의 설치기준에 관한 내용이다. 다음 빈칸을 채우시오. [3점]

간이저장탱크의 용량은 (　　)ℓ 이하이어야 한다.

정답

04. 이동저장탱크는 그 내부에 (①)ℓ 이하마다 3.2mm 이상의 강철판 또는 이와 동등 이상의 강도 · 내열성 및 내식성이 있는 금속성의 것으로 칸막이를 설치하여야 한다. 빈칸을 채우시오. [3점]

정답

05. 제4류 위험물을 취급하는 위험물제조소와 「고등교육법」에서 정하는 학교와는 몇 m 이상의 안전거리를 확보해야 하는지 쓰시오 [3점]

정답

06. 다음은 분말소화약제의 주성분이다. 해당하는 소화약제의 종별을 구분하여 쓰시오. [3점]

① 탄산수소나트륨　　② 인산염류

정답

①　　②

07. 니트로화합물 중 폭약의 폭발력의 표준이 되는 물질로 톨루엔과 혼산(질산+황산)으로 니트로화시켜 만드는 5류 위험물의 명칭을 쓰시오. [3점]

정답

08. Halon 1211의 화학식을 쓰시오. [4점]

정답

09. 위험물안전관리법령에서 정한 다음 위험물의 지정수량을 쓰시오. [6점]

① 삼산화크롬 ② 과산화칼륨 ③ 염소산칼륨

정답 ① ② ③

10. 제6류 위험물에 적응성이 있는 소화설비를 [보기]에서 골라 번호를 쓰시오.[4점]

[보기]

① 옥내소화전설비 ② 불활성가스소화설비 ③ 할로겐화합물소화설비
④ 탄산수소염류 등의 분말소화설비 ⑤ 포소화설비

정답

11. $KClO_3$ 2mol이 고온에서 완전히 열분해 하였다. 이 때 생성된 산소의 질량은 표준상태 기준으로 몇 g 인지 구하시오. [4점]

정답

12. 제1류 위험물인 알칼리금속의 과산화물을 저장하는 운반용기 외부에 기재하는 주의사항 모두 쓰시오. [4점]

정답

13. 제1종 분말소화약제가 1차적으로 분해할 때의 반응식을 쓰시오. [5점]

정답

14. 다음 [보기]는 제6류 위험물에 관한 내용이다. [보기]에서 설명하는 위험물의 물질을 화학식으로 쓰시오.[3점]

① 분자량 : 100.5 ② 비점 : 39℃ ③ 비중 : 1.76

정답 ① ② ③

2016년 제5회 위험물기능사 실기 필답형 정답

문항	정 답
1	① $K + H_2O \rightarrow KOH + 1/2H_2$ ② $K + C_2H_5OH \rightarrow C_2H_5OK + 1/2H_2$
2	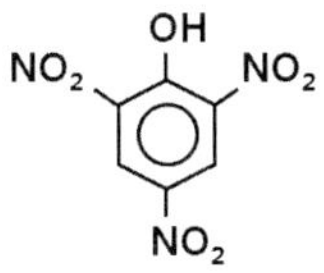
3	600
4	4000
5	30m 이상
6	① 제1종 ② 제3종
7	트리니트로톨루엔(TNT) 【풀이】 톨루엔에 진한 질산과 진한 황산으로 니트로화하면 TNT(트리니트로톨루엔)가 된다.
8	CF_2ClBr
9	① 300kg ② 50kg ③ 50kg
10	①, ⑤ 【풀이】 제6류 위험물의 화재는 수계 소화설비로 주수소화가 적합하다.
11	96g 【풀이】 $2KClO_3 \rightarrow 2KCl + 3O_2$, 3mol × 32g/1mol = 96g
12	화기주의, 충격주의, 물기엄금, 가연물접촉주의
13	$2NaHCO_3 \rightarrow Na_2CO_3 + CO_2 + H_2O$
14	$HClO_4$

2016년 제5회 위험물기능사 실기 작업형

01. 동영상은 주유취급소에서 가솔린을 주유하는 모습을 보여준다. 다음 각 물음에 답을 쓰시오 [6점]

① 가솔린의 연소범위를 쓰시오. ② 가솔린의 위험도를 계산하시오. ③ 옥탄가 구하는 공식을 쓰시오.

정답 ① ② ③

02. 질산을 저장하는 옥외탱크 저장소를 보여준다. 다음 각 물음에 답하시오. (단, 지정수량은 1000배 이하이다.) [6점]

① 동영상에서 보여주는 위험물의 비중을 쓰시오.

② 저장탱크에서 탱크 사이 간 확보하여야 하는 최소 상호거리를 쓰시오.

③ 동영상에서 보여주는 위험물의 저장소에 설치하여야 하는 게시판의 크기를 쓰시오.

정답 ① ② ③

03. 그림과 같은 저장탱크에서 탱크의 내용적(㎥)을 구하시오. (단, A=2m, B=6m 이다.) [4점]

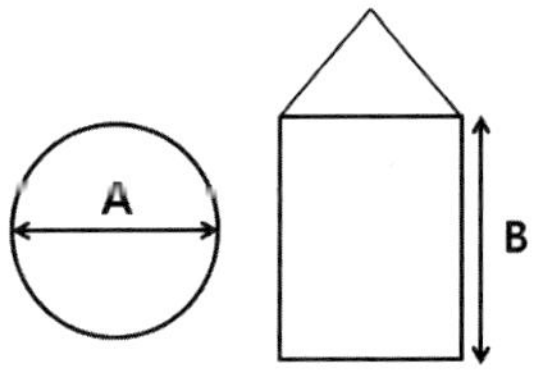

정답

04. 염소산칼륨과 황산의 반응에서 생성되는 기체의 명칭(①)과 그 명칭을 화학식(②)으로 쓰시오. [4점]

정답 ① ②

05. 위험물안전관리법령상 유별을 달리하는 위험물의 혼재기준에서 위험물의 운반 시 톨루엔과 혼재 가능한 위험물을 모두 선택하시오. [3점]

① 과산화나트륨 ② 과산화수소 ③ 질산 ④ 황

정답

06. 비커에 질산암모늄을 상온의 물과 반응시키자 비커 내의 온도계의 온도가 내려가고 있다. 다음 각 물음에 답하시오. (6점)

① 질산암모늄의 위험등급을 쓰시오. ② 질산암모늄의 지정수량을 쓰시오.

③ 질산암모늄을 어떤 반응을 하는지 쓰시오.

정답 ① ② ③

07. 다층 구조의 옥내저장소에서 제2류 위험물을 저장할 경우 다음의 각 물음에 답하시오. [4점]

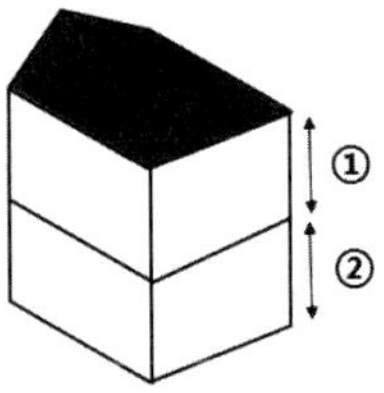

① 바닥면으로부터 상층의 바닥까지의 높이는 몇 m 미만인지 쓰시오.

② 지면에서 처마까지의 높이는 몇 m 미만인지 쓰시오.

정답 ① ②

08. 동영상에서 제조소 게시판의 주의사항을 보여준다. [보기]에서 각각 위험물의 주의사항을 쓰시오.[4점]

[보기]

화기엄금, 물기엄금, 화기주의, 물기주의

① 철분 ② 과산화칼륨 ③ 니트로글리세린 ④ 인화성 고체

정답 ① ② ③ ④

09. 과망간산칼륨과 글리세린을 꺼내는 장면을 보여준다. 과망간산칼륨과 글리세린을 반응시키자 흰색의 연기가 발생한다. 다음에서 보여주는 위험물은 몇 류 위험물과 몇 류 위험물의 혼촉발화를 보여주는 것인지 유별을 쓰시오.(4점)

정답

10. 황과 적린을 연소시키고 있다. 다음 각 물음에 답을 쓰시오. (4점)

① 황이 연소 시 발생되는 기체의 명칭을 쓰시오.

② 적린이 연소 시 발생되는 기체를 화학식으로 쓰시오.

정답 ① ②

2016년 제5회 위험물기능사 실기 작업형 정답

문항 1

① 1.4~7.6%

② $\frac{U-L}{L} = \frac{7.6-1.4}{1.4} = 4.428 \fallingdotseq 4.43$

③ 옥탄가 = $\frac{\text{이소옥탄}}{\text{이소옥탄}+\text{노말헵탄}} \times 100$

문항 2

① 1.49 ② 1.5m ③ 한 변의 길이가 0.3m 이상, 다른 한 변의 길이가 0.6m 이상인 직사각형

문항 3

18.85㎥ 【풀이】 r = 1m $V = \pi \times 1^2 \times 6$ $V = 18.85m^3$

문항 4

① 이산화염소 ② ClO_2

【풀이】 $6KClO_3 + 3H_2SO_4 \rightarrow 2HClO_4 + 3K_2SO_4 + 4ClO_2 + 2H_2O$

문항 5

D(황) 【풀이】 톨루엔($C_6H_5CH_3$)은 제4류 위험물이므로 제2류 위험물인 황(S)과 혼재가 가능하다.

문항 6

① Ⅱ등급 ② 300kg ③ 흡열반응

문항 7

① 6m ② 6m

문항 8

① C(화기주의) ② B(물기엄금) ③ A(화기엄금) ④ A(화기엄금)

【풀이】

구분		게시판 주의사항
제1류		–
	알칼리금속의 과산화물	물기엄금
제2류		화기주의
	철분·금속분·마그네슘	화기주의
	인화성고체	화기엄금
제3류	금수성 물질	물기엄금
	자연발화성 물질	화기엄금
제4류		화기엄금
제5류		화기엄금
제6류		–

- 과산화칼륨은 제1류 위험물 중 알칼리금속의 과산화물이므로 물기엄금에 해당한다.
- 니트로글리세린은 제5류 위험물이므로 화기엄금에 해당한다.

문항 9

제1류, 제4류

문항 10

① 이산화황 ② P_2O_5 (오산화린)

【풀이】 ① $S + O_2 \rightarrow SO_2$ ② $4P + 5O_2 \rightarrow 2P_2O_5$

2017년 제1회 위험물기능사 실기 필답형

01. 아연분에 대한 다음 각 물음에 답하시오. [5점]

가. 공기 중 수분에 의한 화학반응식을 쓰시오. 나. 염산과 반응할 경우 발생기체는 무엇인가?

정답

① ②

02. 과산화나트륨과 이산화탄소가 반응하였을 때와 과산화나트륨과 물이 반응하였을 때 공통적으로 생성되는 물질을 화학식으로 쓰시오. [3점]

정답

03. 다음 물질의 화학식을 쓰시오. [5점]

가. 에틸렌글리콜 나. 초산메틸(Methyl Acetate) 다. 피리딘

정답

가. 나. 다.

04. 위험물안전관리법령상 제5류 위험물 운반용기 외부에 표시해야 하는 주의사항을 모두 쓰시오.[4점]

정답

05. 위험물안전관리법령상 "위험물 제조소"라는 표시를 설치하여야 한다. 이때의 기준에 대해 다음 각 물음에 답하시오.[6점]

가. 표지의 크기 기준에 대해 쓰시오.

정답

나. 표지의 바탕과 문자의 색상을 쓰시오.

ㅇ 바탕색 : ㅇ 문자색 :

정답

06. 위험물안전관리법령상 이동탱크저장소의 탱크는 강철판의 두께가 몇 mm 이상이어야 하는지 쓰시오.[3점]

정답

07. 이황화탄소가 완전연소할 때의 연소반응식을 쓰시오.[4점]

정답

08. 탄소 100kg을 완전 연소시키려면 표준상태에서 몇 ㎥ 공기가 필요한지 구하시오.[5점]

(단, 공기는 질소 79vol%, 산소 21vol%로 되어 있다.)

정답

09. 제4류 위험물 중 위험등급 I 과 위험등급 II 에 해당하는 위험물안전관리법령상 품명을 구분하여 모두 쓰시오.[4점]

① 위험등급 I : ② 위험등급 II :

정답 ① ②

10. 다음 분말소화약제의 주성분을 분자식으로 쓰시오.[3점]

가. 제1종 분말소화약제 나. 제2종 분말소화약제 다. 제3종 분말소화약제

정답 가. 나. 나.

11. 금속나트륨과 에틸알코올이 반응하여 수소를 발생하는 화학반응식을 쓰시오.[4점]

정답

12. 탄화칼슘 1mol과 물 2mol이 반응할 때 생성되는 기체를 쓰고 그 기체는 표준상태를 기준으로 몇 L가 생성되는지 구하시오.[5점]

가. 생성기체 나. 생성량(L)

정답 가. 나.

13. 위험물안전관리법령상 위험물은 지정수량의 몇 배를 1소요단위로 하는가?[4점]

정답

2017년 제1회 위험물기능사 실기 필답형 정답

문항	정 답
1	가. $Zn + 2H_2O \rightarrow Zn(OH)_2 + H_2$ 나. 수소(H_2)
2	O_2
3	가. $C_2H_4(OH)_2$ 나. CH_3COOCH_3 다. C_5H_5N
4	화기엄금, 충격주의
5	가. 한 변의 길이가 0.3m 이상, 다른 한 변의 길이가 0.6m 이상인 직사각형 나. 바탕색 : 백색, 문자색 : 흑색
6	3.2mm
7	$CS_2 + 3O_2 \rightarrow CO_2 + 2SO_2$
8	【계산과정】 $\frac{100}{12} \times 0.082 \times 273 \times \frac{1}{0.21}$ 【답】 888.33㎥
8	【풀이】 $C + O_2 \rightarrow CO_2$ PV = nRT 적용, $1 \times x = \frac{100}{12} \times 0.082 \times 273$ 이론공기량 : $\frac{x}{0.21}$ $x = \frac{100}{12} \times 0.082 \times 273 \times \frac{1}{0.21}$ x = 888.33㎥ 【다른 방법】 $C + O_2 \rightarrow CO_2$ 100kg x㎥ 12kg 22.4㎥ $x = \frac{100 \times 22.4}{12} \times \frac{1}{0.21}$ x = 888.89㎥
9	가. 특수인화물 나. 제1석유류, 알코올류
10	가. $NaHCO_3$ 나. $KHCO_3$ 다. $NH_4H_2PO_4$
11	$2Na + 2C_2H_5OH \rightarrow 2C_2H_5ONa + H_2$
12	가. 아세틸렌 나. 22.4L
13	10배

2017년 제1회 위험물기능사 실기 작업형

01. 히드록실아민 900kg을 취급하는 제조소에서 보유하여야 할 보유공지를 쓰시오. [3점]

정답

02. 유리병에 담긴 이황화탄소가 빛에 의해 폭발하는 장면을 보여준다. 다음 각 물음에 답하시오. [6점]

① 이황화탄소의 품명을 쓰시오.

② 이황화탄소의 지정수량을 쓰시오.

③ 이황화탄소 1몰이 연소 시 발생하는 이론공기량은 몇 L인지 구하시오. (단, 공기 중 산소 21%)

정답 ① ② ③

03. a(황), b(적린), c(질산은), d(과산화나트륨)을 보여주고 알코올램프에 가열하고 있다. 다음 각 물음에 답하시오. [4점]

① 다음 위험물 중 제2류 위험물을 기호로 적으시오.

② a가 연소 시 발생하는 가스의 명칭을 적으시오.

정답 ① ②

04. [보기]의 소화기를 보여준다. 제6류 위험물의 화재에 적응성이 없는 소화기를 적으시오. (단, 적응성이 있으면 "모두 적응성 있음", "적응성이 없으면 모두 적응성이 없음" 이라 적으시오.) [4점]

[보기]
기계포소화기, 강화액소화기, 하론

정답

05. 옥외탱크저장소의 주위에 설치된 방유제를 보여준다. 다음 각 물음에 답하시오. [6점]

① 방유제의 두께는 (㉠)m 이하로 하고 높이는 (㉡)m 이상 (㉢)m 이하로 할 것

② 방유제 내의 면적은 (㉣)㎡ 이하로 할 것

③ 높이가 1m를 넘는 방유제 및 간막이 둑의 안팎에는 방유제 내에 출입하기 위한 계단 또는 경사로를 약 (㉤)m 마다 설치할 것

정답 ① ② ③

06. 메틸알코올(A), 에틸알코올(B), 아세톤(C), 디에틸에테르(D), 가솔린(E)를 보여준다. 다음 각 물음에 답하시오. [6점]

① 각 물질 중 인화점이 가장 낮은 물질의 기호를 쓰시오.

② ①에 해당하는 물질의 연소범위를 쓰시오.

③ ①에 해당하는 물질의 위험도를 구하시오.

정답 ① ② ③

07. 주유취급소를 보여준다. 다음 물음에 답을 쓰시오. [5점]

① 주유취급소의 주유공지인 너비와 길이를 적으시오.

② "주유 중 엔진정지" 게시판의 글자색과 바탕색을 적으시오.

정답 ① ②

08. 에틸알코올(A), 벤젠(B), 디에틸에테르(C), 물(D)을 보여준다. 다음 각 물음에 답하시오. [4점]

① 과산화수소를 넣을 때 용해되지 않는 물질의 기호를 쓰시오.

② 과산화수소에 임의로 혼합 시 안정화되는 물질의 기호를 쓰시오.

정답 ① ②

09. 위험물안전관리법령상 제2종 판매취급소 기준에 관한 다음 각 물음에 답하시오. [4점]

① 제2종 판매취급소의 벽, 기둥, 바닥, 보는 어떤 구조로 하여야 하는지 쓰시오.

② 제2종 판매취급소의 천장은 어떤 재료를 사용하는지 쓰시오.

정답 ① ②

10. 옥외저장소에 저장되어 있는 드럼통을 보여준다. 위험물안전관리법령상 위험물과 위험물이 아닌 물품을 함께 저장하는 경우 상호간 몇 m 이상의 간격을 두어야 하는지 쓰시오. [3점]

정답

2017년 제1회 위험물기능사 실기 작업형 정답

<table>
<tr><th>문항</th><th>정 답</th></tr>
<tr><td>1</td><td>3m 이상
【풀이】
히드록실아민 지정수량 : 100kg, $\frac{900kg}{100kg} = 9$배
∴ 10배 이하이므로 3m 이상
<table><tr><th>저장 또는 취급하는 위험물의 최대수량</th><th>공지의 너비</th></tr><tr><td>지정수량의 10배 이하</td><td>3m 이상</td></tr><tr><td>지정수량의 10배 초과</td><td>5m 이상</td></tr></table></td></tr>
<tr><td>2</td><td>① 특수인화물 ② 50L ③ 320L
【풀이】 $CS_2 + 3O_2 \rightarrow 2SO_2 + CO_2$, 3몰 × 22.4L × $\frac{1}{0.21}$ = 320L</td></tr>
<tr><td>3</td><td>① a(황), b(적린) ② 이산화황
【풀이】
황, 적린 : 제2류 위험물
질산은, 과산화나트륨 : 제1류 위험물
반응식 : $S + O_2 \rightarrow SO_2$</td></tr>
<tr><td>4</td><td>하론</td></tr>
<tr><td>5</td><td>① ㉠ : 0.2m ㉡ : 0.5 ㉢ : 3 ② ㉢ : 80000 ③ ㉤ : 50</td></tr>
<tr><td>6</td><td>① D ② 1.9~48% ③ 위험도 = 24.26
【풀이】
메틸알코올(11℃), 에틸알코올(13℃), 아세톤(-18℃), 디에틸에테르(-45℃), 가솔린(-43℃ ~ -20℃)</td></tr>
<tr><td>7</td><td>① 너비 : 15m 이상, 길이 6m 이상 ② 글자색 : 흑색, 바탕색 : 황색
【풀이】
✔ 한 눈에 정리하기
<table><tr><th>구분</th><th>표시내용</th><th>색상</th></tr><tr><td>이동탱크저장소</td><td>위험물</td><td>흑색바탕 황색문자</td></tr><tr><td>주유취급소</td><td>주유 중 엔진정지</td><td>황색바탕 흑색문자</td></tr></table></td></tr>
<tr><td>8</td><td>① B ② D
【풀이】
과산화수소는 물, 에테르, 알코올에 용해되는 반면에 벤젠에는 용해되지 않는다.</td></tr>
<tr><td>9</td><td>① 내화구조 ② 불연재료</td></tr>
<tr><td>10</td><td>1m 이상</td></tr>
</table>

2017년 제2회 위험물기능사 실기 필답형

01. 제5류 위험물 제조소의 게시판에 대한 각 물음에 답하시오. [6점]

① 게시판 바탕색을 쓰시오. ② 게시판 문자색을 쓰시오. ③ 주의사항 표시를 쓰시오.

정답 ① ② ③

02. 다음 각 위험물에 대한 지정수량을 쓰시오. [6점]

(가) $C_2H_5OC_2H_5$	(나) $(CH_3)_2CHOH$	(다) 동식물유류

정답 가. 나. 다.

03. 과산화나트륨이 물과 반응하는 화학반응식을 쓰시오. [4점]

정답

04. 제3류 위험물 중 위험등급 Ⅲ에 해당하는 물질의 지정수량을 쓰시오. [4점]

정답

05. 위험물안전관리법령상 지하저장탱크를 2 이상 인접하여 설치하는 경우 그 상호 간에 간격을 얼마 이상으로 유지하여야 하는지 쓰시오. (단, 지하저장탱크의 용량의 합계는 지정수량의 200배이다.) [3점]

정답

06. 보기에서 제5류 위험물인 질산에스테르류에 해당하는 물질을 모두 쓰시오. [4점]

[보기]

트리니트로톨루엔, 니트로셀룰로오스, 니트로글리세린, 테트릴, 질산메틸, 피크린산

정답

07. 위험물안전관리법령상 다음 보기의 위험물에 대한 품명을 쓰시오. [6점]

〈보기〉
(가) 아세트알데히드, (나) 아닐린, (다)톨루엔

정답 가. 나. 다.

08. 과산화수소 1200kg, 질산 600kg, 과염소산 900kg을 옥내 저장소에 저장하려한다. 각 위험물에 대한 지정수량 배수의 총합을 계산하시오. [4점]

정답

09. 적린이 연소하는 경우 생성되는 흰색 기체의 화학식을 쓰시오. [3점]

정답

10. 보기에서 과염소산에 대한 내용으로 옳은 것을 모두 선택하여 그 번호를 쓰시오. [4점]

① 물질의 분자량은 약 106이다.
② 무색의 액체이다.
③ 짙은 푸른색을 나타내는 액체이다.
④ 농도가 36wt%미만인 것은 위험물에 해당되지 않는다.
⑤ 가열시 분해하여 유독한 HCl 가스를 발생한다.

정답

11. 알루미늄 분말이 고온의 물과 반응하여 수소기체를 발생시키는 화학반응식을 쓰시오. [4점]

정답

12. 분말소화기 중에서 ABC급 화재에 적응성이 있는 분말소화약제의 열분해 반응식 중 메타인산이 생성되는 반응식을 쓰시오. [4점]

정답

13. 톨루엔을 진한 질산과 진한 황산으로 니트로화 반응을 시키면 탈수되면서 생성되는 물질의 명칭을 쓰시오. [3점]

정답

2017년 제2회 위험물기능사 실기 필답형 정답

문항	정 답
1	가. 적색 나. 백색 다. 화기엄금
2	50L 400L 10,000L
3	$2Na_2O_2 + 2H_2O \rightarrow 4NaOH + O_2$
4	300kg
5	1m 이상
6	니트로셀룰로오스, 니트로글리세린, 질산메틸
7	특수인화물, 제3석유류, 제1석유류
8	$\frac{1200}{300} + \frac{600}{300} + \frac{900}{300} = 9$배
9	P_2O_5
10	②, ⑤ 【풀이】 분자량은 약 100.5이며 비점 39℃, 비중 1.76, 융점 -112℃인 무색의 액체이다. 열분해시 유독성 가스인 염화수소를 발생한다. $HClO_4 \rightarrow HCl + 2O_2$ 과산화수소의 경우 농도가 36wt%미만인 것은 위험물에 해당되지 않는다.
11	$2Al + 6H_2O \rightarrow 2Al(OH)_3 + 3H_2$
12	$NH_4H_2PO_4 \rightarrow HPO_3 + NH_3 + H_2O$
13	트리니트로톨루엔

2017년 제2회 위험물기능사 실기 작업형

01. 다음 영상은 마그네슘, 구리, 아연이 담겨있는 저장용기를 순서대로 보여주며 다음 각 물음에 답하시오. [5점]

① 위험물의 분류 중 금속분에 해당하지 않으며 온수와 반응하여 수소기체를 발생하는 물질의 명칭을 쓰시오.

② "①"에 해당하는 물질이 온수와 반응하여 수소기체가 발생하는 반응식을 쓰시오.

정답

① ②

02. 옥외저장소에 설치된 선반을 보여준다. 위험물안전관리법령상 선반을 설치하는 기준을 2가지 쓰시오. (단, 선반의 높이 기준은 반드시 포함하여야 한다.) [4점]

정답

03. 다층 구조의 옥내저장소에서 제2류 위험물을 저장할 경우 다음의 각 물음에 답하시오. [4점]

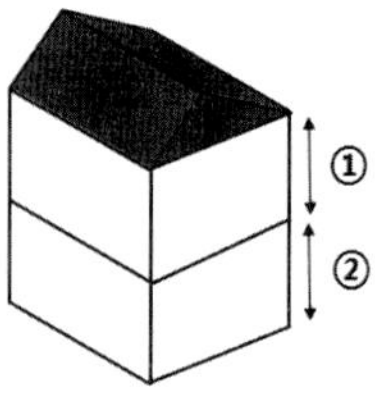

① 바닥면으로부터 상층의 바닥까지의 높이는 몇 m 미만인지 쓰시오.

② 지면에서 처마까지의 높이는 몇 m 미만인지 쓰시오.

정답

① ②

04. 동영상에서는 주유취급소의 지하저장탱크를 보여준다. 화살표로 표시한 탱크와 벽사이의 공간을 채우기 위한 재료를 쓰시오. [4점]

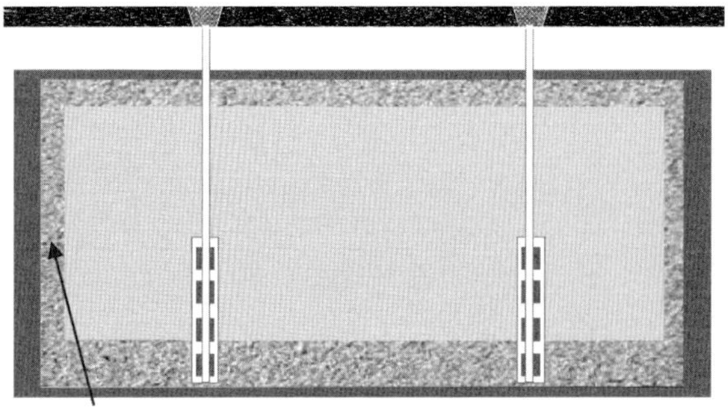

정답

05. 옥외저장탱크의 통기관을 보여준다. 다음 각 물음에 답을 쓰시오. [6점]

[A]

[B]

① 옥외저장탱크의 내부압력이 일정압력 이상이 되면 밸브가 열려 내부압력을 대기로 방출하는 통기관 A의 명칭은 무엇인가?

② ①에서 설명하는 통기관은 얼마 이하의 압력차이로 작동하여야 하는가?

③ 밸브없는 통기관 B의 직경은 몇 mm 이상으로 하여야 하는가?

정답 ① ② ③

06. 과망간산칼륨과 글리세린을 꺼내는 장면을 보여준다. 과망간산칼륨과 글리세린을 반응시키자 흰색의 연기가 발생한다. 다음 각 물음에 답하시오. [5점]

① 인화성액체에 해당하는 물질은 몇 가 알코올인가?

② 글리세린의 품명과 지정수량을 쓰시오.

정답 ① ②

07. 이동탱크저장소를 보여준다. 다음 각 물음에 답을 쓰시오. [4점]

① 이동저장탱크는 그 내부에 (　　)L 이하마다 (　　)mm이상의 강철판 또는 이와 동등 이상의 강도 · 내열성 및 내식성이 있는 금속성의 것으로 칸막이를 설치하여야 한다.

② 방파판은 두께 (　　)mm이상의 강철판 또는 이와 동등 이상의 강도 · 내열성 및 내식성이 있는 금속성의 것으로 할 것

③ 방호틀은 두께 (　　)mm이상의 강철판 또는 이와 동등 이상의 기계적 성질이 있는 재료로써 산모양의 형상으로 하거나 이와 동등 이상의 강도가 있는 형상으로 할 것

정답 ① ② ③

08. 아세톤과 벤젠에 불을 붙인 후 물로 소화하고 있다. 아세톤은 즉시 소화되는 반면에 벤젠은 소화되지 않고 연소면이 확대된다. 다음 각 물음에 답하시오. [4점]

아세톤과 벤젠의 소화효과에 대한 이유를 각각 쓰시오.

정답

벤젠의 증기비중을 쓰시오.

정답

09. 위험물 제조소에 설치하는 게시판의 주의사항을 보여준다. 다음 각 물음에 답하시오. [4점]

① 저장 또는 취급하는 위험물의 종류가 인화성고체인 경우 주의사항을 쓰시오.
② 바탕색을 쓰시오.
③ 문자색을 쓰시오.

정답 ① ② ③

10. 탄화칼슘과 물을 반응시키자 흰색의 연기가 발생한다. 다음 각 물음에 답하시오.[5점]

① 탄화칼슘과 물의 반응 시 발생하는 기체를 화학식으로 쓰시오.
② 탄화칼슘과 물의 반응식을 쓰시오.

정답 ① ②

2017년 제2회 위험물기능사 실기 작업형 정답

문항	정답
1	마그네슘, $Mg + 2H_2O \rightarrow Mg(OH)_2 + H_2$
2	1) 선반은 불연재료로 만들고 견고한 지반면에 고정할 것 2) 선반은 당해 선반 및 그 부속설비의 자중 · 저장하는 위험물의 중량 · 풍하중 · 지진의 영향 등에 의하여 생기는 응력에 대하여 안전할 것 3) 선반의 높이는 6m를 초과하지 아니할 것 4) 선반에는 위험물을 수납한 용기가 쉽게 낙하하지 아니하는 조치를 강구할 것
3	① 6m ② 6m
4	마른 모래 또는 입자지름 5mm 이하의 마른 자갈분 【풀이】 당해 탱크의 주위에 마른 모래 또는 습기 등에 의하여 응고되지 아니하는 입자지름 5mm 이하의 마른 자갈분을 채워야 한다.
5	대기밸브부착통기관, 5kPa, 30mm
6	3가 알코올, 제3석유류, 4000L
7	① 4,000L, 3.2mm ② 1.6mm ③ 2.3mm
8	아세톤은 수용성으로 물과 섞여 바로 소화가 되고 벤젠은 비수용성이고 물보다 가벼워 물위로 떠다녀 연소면이 확대된다. $\frac{78}{29} = 2.69$, 2.69
9	화기엄금, 적색, 백색
10	① C_2H_2 ② $CaC_2 + 2H_2O \rightarrow Ca(OH)_2 + C_2H_2$

2017년 제3회 위험물기능사 실기 필답형

01. 위험물안전관리법령상 제4류 위험물 중 일부 품명에 속하는 위험물의 이동탱크저장소에는 기준에 의하여 접지도선을 설치하여야 한다. 그에 해당하는 위험물안전관리법령상 품명을 모두 쓰시오. [3점]

정답

02. 옥내소화전설비의 설치기준에 대해 다음 ( ) 안에 알맞은 수치를 쓰시오.

> 옥내소화전은 제조소등의 건축물의 층마다 당해 층의 각 부분에서 하나의 호스접속구까지의 수평거리가 (①)m 이하가 되도록 설치할 것. 이 경우 옥내소화전은 각층의 출입구 부근에 (②)개 이상 설치하여야 한다. [4점]

정답 ① ②

03. 아세트알데히드 등의 저장기준에 대해 다음 ( )안에 알맞은 용어 또는 수치를 쓰시오. [4점]

> ○ 보냉장치가 있는 이동저장탱크에 저장하는 아세트알데히드 등의 온도는 당해 위험물의 ( ) 이하로 유지할 것
> ○ 보냉장치가 없는 이동저장탱크에 저장하는 아세트알데히드 등의 온도는 ( )℃ 이하로 유지할 것

정답

04. 수소화나트륨이 습한 공기 중에서 물과 반응하여 수소기체를 발생하는 반응식을 쓰시오. [4점]

정답

05. 제6류 위험물의 옥내탱크저장소의 기준에 대하여 다음 각 물음에 답하시오. [4점]

> 가. 옥내저장탱크와 탱크전용실의 벽과의 사이 및 옥내저장탱크의 상호간에는 몇 m 이상의 간격을 유지하여야 하는지 쓰시오.(단, 탱크의 점검 및 보수에 지장이 없는 경우는 제외한다.)
> 나. 옥내저장탱크의 용량은 지정수량의 몇 배 이하이어야 하는지 쓰시오.

정답 가. 나.

06. [보기]의 물질 중 위험물안전관리법령상 제1석유류에 속하는 물질을 모두 쓰시오. [4점]

> [보기]
> 아세트산, 포름산, 아세톤, 클로로벤젠, 에틸벤젠, 경유

정답

07. 황 32g을 완전 연소시킬 때 27℃에서 몇 L의 SO_2가 생성되는지 구하시오. (단, 압력은 1atm이고, 황의 원자량은 32이다.) [4점]

정답

08. 다음의 Halon 번호에 해당하는 화학식을 각각 쓰시오. [4점]

> ○ Halon 2402 :
> ○ Halon 1211 :

정답

09. 다음 각 종별에 따른 분말소화약제의 주성분을 쓰시오. [6점]

> ○ 제1종 : ( )
> ○ 제2종 : ( )
> ○ 제3종 : ( )

정답

10. 제6류 위험물의 운반용기의 외부에 표시하는 주의사항을 쓰시오. [3점]

정답

11. 위험물안전관리법령상 제4류 위험물과 같이 적재하여 운반하여도 되는 위험물은 제 몇 류 위험물인지 모두 쓰시오. (단, 지정수량의 10배인 경우이다.) [3점]

정답

12. 벤젠에 대한 다음 각 물음에 답하시오.[6점]

① 증기비중을 구하시오.
- 계산과정 :
- 답 :

② 완전연소반응식을 쓰시오.

③ 위험물안전관리법령상 지정수량은 얼마인지 쓰시오.

정답

① 【계산과정】:

【답】:

②

③

13. 다음 각 물질의 시성식을 쓰시오. [6점]

- 포름산메틸(Methyl formate) : (   )
- 메틸에틸케톤 : (   )
- 톨루엔 : (   )

정답

2017년 제3회 위험물기능사 실기 필답형 정답

문항	정 답
1	특수인화물, 제1석유류, 제2석유류 【풀이】 제4류 위험물중 특수인화물, 제1석유류 또는 제2석유류의 이동탱크저장소에는 다음의 기준에 의하여 정전기 발생을 방지하기 위해서 접지도선을 설치하여야 한다.
2	25, 1
3	비점, 40
4	$NaH + H_2O \rightarrow NaOH + H_2$
5	0.5m, 40배
6	아세톤, 에틸벤젠
7	계산과정 : $1 \times x = \frac{32}{32} \times 0.082 \times (273+27)$ 답 : 24.6L 【풀이】 $S + O_2 \rightarrow SO_2$
8	$C_2F_4Br_2$, CF_2ClBr
9	탄산수소나트륨, 탄산수소칼륨, 인산암모늄
10	가연물접촉주의
11	제2류 위험물, 제3류 위험물, 제5류 위험물
12	① $\frac{78}{29} = 2.69$, [답] 2.69 ② $C_6H_6 + 7.5O_2 \rightarrow 6CO_2 + 3H_2O$ ③ 200L
13	$HCOOCH_3$, $CH_3COC_2H_5$, $C_6H_5CH_3$

2017년 제3회 위험물기능사 작업형

01. 지정과산화물의 저장창고의 창은 바닥면으로부터 높이가 몇 m 이상인지 쓰시오. [3점]

정답

02. 알루미늄을 보여준다. 다음 각 물음에 답하시오. [6점]

① 알루미늄과 물의 반응 시 발생하는 가스의 명칭을 쓰시오.

② 알칼리금속 · 알칼리토금속 · 철 및 마그네슘 외의 금속의 분말을 말하고, 구리분 · 니켈분을 제외하면서 150마이크로미터의 체를 통과하는 것이 ( )중량퍼센트 이상인 것만 위험물로 취급한다.

③ 물과의 반응은 발열반응인지 흡열반응인지 쓰시오.

정답 ① ② ③

03. 이동탱크저장소에 설치된 소화기를 보여준다. 소화설비에 대한 다음 각 물음에 답하시오. [4점]

① 자동차용 소화기는 몇 개 이상 설치하는지 쓰시오.

② 마른모래를 소화설비로 설치하는 경우 몇 L 이상인지 쓰시오.

정답 ① ②

04. 제1류 위험물인 과산화나트륨에 대한 다음 각 물음에 답하시오. [5점]

① 과산화나트륨과 물의 반응식을 쓰시오.

정답

② 지정수량을 쓰시오.

정답

05. 물에 적신 여과지에 탄화칼슘을 반응시킨다. 다음 각 물음에 답하시오. [5점]

① 탄화칼슘과 물의 반응식을 쓰시오.

② 발생하는 가스의 연소범위를 쓰시오.

정답 ① ②

06. 목분에 에틸알코올을 적셔 삼산화크롬과 접촉시켜 혼촉발화하는 모습을 보여준다. 다음 각 물음에 답하시오. [5점]

① 혼촉발화하는 물질의 유별을 각각 쓰시오.

정답

② 제시된 위험물 중 제4류 위험물의 연소반응식을 쓰시오.

정답

③ 에틸알코올 1몰이 연소할 때 필요한 산소의 몰수를 쓰시오.

정답

07. 알킬알루미늄을 저장하는 탱크에는 질소 등의 불활성 기체를 봉입하는 장치를 설치하여야 한다. 그 이유를 쓰시오. [3점]

정답

08. 지하탱크저장소를 보여준다. 다음의 각 물음에 답하시오. [4점]

① 4개소 이상 적당한 위치에 설치하는 누유검사관은 (　　)으로 설치하여야 한다. 다만, 소공이 없는 상부는 단관으로 할 수 있다.

② 관의 밑부분으로부터 어느 높이까지 소공으로 뚫려 있어야 하는지 쓰시오.

정답 ① ②

09. 컨테이너식 이동탱크저장소를 보여준다. [4점]

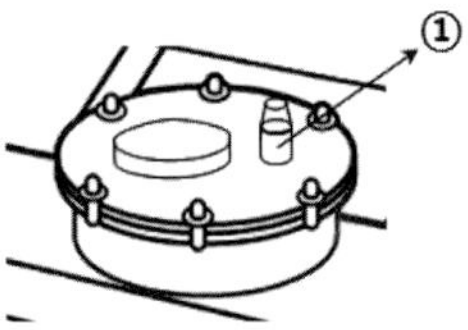

① 이동탱크저장소의 상부에는 맨홀과 함께 무엇을 설치하는지 설비의 명칭을 쓰시오.

② 탱크의 직경이 2mm일 때 이동탱크저장소의 두께는 얼마 이상의 강판으로 설치해야 하는지 쓰시오.

정답 ① ②

10. 금속 나트륨과 물의 반응을 보여준다. 다음 각 물음에 답하시오. [6점]

① 물과의 반응식을 쓰시오.

② 옥내저장소에 설치하는 게시판에 들어갈 주의사항의 내용을 쓰시오.

③ ②에서 답한 주의사항의 바탕색과 문자색을 쓰시오.

정답 ① ② ③

2017년 제3회 위험물기능사 실기 작업형 정답

문항	정 답
1	2m, 【풀이】 저장창고의 창은 바닥면으로부터 2m 이상의 높이에 두되, 하나의 벽면에 두는 창의 면적의 합계를 당해 벽면의 면적의 80분의 1 이내로 하고, 하나의 창의 면적을 0.4㎡ 이내로 할 것
2	① 수소 ② 50 ③ 발열반응 【풀이】 $Al + 3H_2O \rightarrow Al(OH)_3 + 1.5H_2$
3	① 2개 ② 150L
4	① $Na_2O_2 + H_2O \rightarrow 2NaOH + 1/2O_2$, ② 50kg
5	① $CaC_2 + 2H_2O \rightarrow Ca(OH)_2 + C_2H_2$ ② 2.5 ~ 81%
6	① 삼산화크롬 : 제1류 위험물, 에틸알코올 : 제4류 위험물 ② $C_2H_5OH + 3O_2 \rightarrow 2CO_2 + 3H_2O$ ③ 3몰
7	공기와의 접촉을 막기 위해서
8	이중관, 탱크의 중심까지
9	안전장치, 6mm
10	① $Na + H_2O \rightarrow NaOH + 0.5H_2$ ② 물기엄금 ③ 청색바탕 백색문자

2017년 제4회 위험물기능사 실기 필답형

01. 트리에틸알루미늄이 물과 반응 시 발생하는 가스의 화학식은? [3점]

정답

02. 제조소 옥외에 2기 이상 설치된 방유제의 용량은 최대 용량의 50%에 나머지 용량 합계의 10%를 가산한 양 이상으로 한다. [4점]

정답

【계산과정】

【답】

03. 벤젠의 수소원자 1개를 메틸기로 치환하면 생성되는 물질의 명칭과 지정수량을 쓰시오. [4점]

정답

04. 다음 보기 중 비수용성 물질을 골라라. [4점]

[보기]
에틸알코올, 아세트알데히드, 이황화탄소, 벤젠, 아세트산

정답

05. 불활성가스 소화약제 IG-541 의 구성성분 3가지를 쓰시오.[3점]

정답

06. 분말 소화약제 $NH_4H_2PO_4$ 115g 이 열분해할 경우 몇 g의 HPO_3가 생기는지 화학반응식을 쓰고 구하시오. (단, P 의 원자량은 31 이다.) [4점]

① 화학반응식　② 계산과정　③ 답

정답

【화학반응식】

【계산과정】

【답】

07. 등유 300L, 경유 600L, 톨루엔 400L, 중유 200L를 저장하는 지정수량의 배수는 얼마인지 쓰시오. [4점]

정답

08. 다음에서 설명하는 위험물의 완전연소반응식을 쓰시오. [4점]

- 은백색의 광택이 있는 경금속이다.
- 칼로 잘리는 무른 금속이다.
- 원자량은 39, 비중은 약 0.86이다.

정답

09. 제4류 위험물 중 특수인화물인 $C_2H_5OC_2H_5$의 위험도를 구하시오. [4점]

① 계산과정　　② 답

정답

【계산과정】

【답】

10. 다음 위험물의 시성식을 쓰시오. [6점]

① 에틸렌글리콜　　② 니트로벤젠　　③ 아닐린

정답

①　　②　　③

11. 동식물유류를 요오드값에 따라 분류할 때 야자유와 같이 요오드값이 100 이하인 것을 무엇이라고 하는지 쓰시오. [2점]

정답

12. 물분무소화설비의 설치기준에 대해 다음 (　　) 안에 알맞은 수치를 쓰시오. [3점]

① 방호대상물의 표면적이 150㎡ 인 경우 물분무소화설비의 방사구역은 (　)㎡ 이상으로 할 것

② 수원의 수량은 분무헤드가 가장 많이 설치된 방사구역의 모든 분무헤드를 동시에 사용할 경우에 당해 방사구역의 표면적 1㎡당 1분당 (　)L 의 비율로 계산한 양으로 (　)분간 방사할 수 있는 양 이상이 되도록 설치할 것

정답

①　　②

13. 다음 각 물질의 주된 연소형태 1가지를 보기에서 선택하여 쓰시오. [6점]

[보기]
표면연소, 분해연소, 증발연소, 자기연소, 예혼합연소, 확산연소

① 나프탈렌 ② 석탄 ③ 금속분

정답

① ② ③

14. 제6류 위험물과 혼재가 가능한 위험물은 제 몇 류 위험물인지 쓰시오. (단, 지정수량 5배의 위험물을 혼재하는 경우이다.) [4점]

정답

2017년 제4회 위험물기능사 실기 필답형 정답

문항	정 답
1	C_2H_6 【풀이】 $(C_2H_5)_3Al + 3H_2O \rightarrow Al(OH)_3 + 3C_2H_6$
2	① 계산과정 : (500L × 0.5) + (200L × 0.1) ② 정답 : 270L 【풀이】 제조소 옥외에 2기 이상 설치된 방유제의 용량은 최대 용량의 50%에 나머지 용량 합계의 10%를 가산한 양 이상으로 한다.
3	① 명칭 : 톨루엔 ② 지정수량 : 200L
4	이황화탄소, 벤젠
5	질소, 아르곤, 이산화탄소 또는 N_2, Ar, CO_2 【풀이】 IG-541의 구성비율 : 질소(52%), 아르곤(40%), 이산화탄소(8%)
6	① $NH_4H_2PO_4 \rightarrow HPO_3 + NH_3 + H_2O$ ② 1+31+(16×3)=80 ③ 80g 【풀이】 $NH_4H_2PO_4 \rightarrow HPO_3 + NH_3 + H_2O$ 인산암모늄 115g(=1몰)이 열분해할 경우 메타인산이 1몰 생성된다.
7	계산과정 : $\frac{300}{1000} + \frac{600}{1000} + \frac{400}{200} + \frac{200}{2000} = 3$, 3배
8	$4K + O_2 \rightarrow 2K_2O$
9	① 계산과정 $\frac{48-1.9}{1.9} = 24.26$, ② 답 24.26 【풀이】 디에틸에테르($C_2H_5OC_2H_5$)의 연소범위가 1.9~48%이므로 위험도 공식에 의해 24.26으로 계산된다.
10	① $C_2H_4(OH)_2$ ② $C_6H_5NO_2$ ③ $C_6H_5NH_2$
11	불건성유
12	① 150 ② 20, 30
13	① 증발연소 ② 분해연소 ③ 표면연소 【풀이】 자기연소는 제5류 위험물의 연소 형태이며, 예혼합연소와 확산연소는 기체 연료의 연소형태이다.
14	제1류 위험물

2017년 제4회 위험물기능사 실기 작업형

01. 제1석유류, 제2석유류, 제3석유류, 제4석유류가 들어있는 비커를 보여준다. 다음의 표를 알맞게 채우시오. [6점]

지정수량	품명	수용성/비수용성
400L		
1000L		
4000L		

정답

02. 판매취급소를 보여준다. 배합실의 설치기준을 쓰시오. [4점]

판매취급소에서 위험물을 배합하는 실은 바닥면적은 ( )㎡ 이상 ( )㎡ 이하로 한다.

정답

03. 동영상에서 A : BaO_2, B : CaC_2, C : Na, D : K을 보여주며 물에 적신 여과지를 이용하여 각각 반응시키는 것을 보여준다. 다음 각 물음에 답을 쓰시오. (3점)

① 위험물의 유별이 다른 것을 기호로 쓰시오.　② 물질 B와 물과의 화학반응식을 쓰시오.

정답 ①　②

04. NH_4NO_3(질산암모늄)에 분무기로 물을 뿌려 온도계의 온도가 내려가는 장면을 보여준다. 온도가 내려가는 이유를 쓰시오. [5점]

정답

05. 위험물제조소 내에 질산이 저장된 포대를 보여준다. 위험물이 되는 조건은 비중이 얼마 이상이어야 하는지 쓰시오. [3점]

정답

06. 에틸알코올 4만L를 제조하는 제조소와 액화석유가스시설과의 안전거리는 몇 m 이상인지 쓰시오. [3점]

정답

07. 과염소산나트륨, 과염소산칼륨, 중크롬산암모늄을 보인다. (가) 적색가루, (나) 백색가루, (다) 백색가루를 보여준다. 다음 각 물음에 답하시오. [6점]

① 가)의 물질명 ② 가)의 품명 ③ 가)의 화학식

정답 ① ② ③

08. 금속 나트륨을 물과 반응시킨다. 다음 각 물음에 답하시오. [4점]

① 지정수량 : ② 물과 반응식 :

정답 ① ②

09. 지하탱크저장소를 보여준다. 다음 각 물음에 답하시오. [6점]

① 탱크전용실 벽과 탱크 사이의 거리는 몇 m 이상인지 쓰시오.

② 탱크 주변에 마른모래 또는 입자지름 ( )mm 이하의 마른( )을 채운다.

정답 ① ②

10. 위험물 제조소를 보여준다. [5점]

① 휘발유 5,000L와 경유 10,000L의 지정수량 배수의 합은 얼마인지 쓰시오.

② 학교, 병원과 안전거리는 몇 m 이상으로 해야 하는지 쓰시오.

정답 ① ②

2017년 제4회 위험물기능사 실기 작업형 정답

문항	정답
1	지정수량 / 품명 / 수용성/비수용성: 400L / 제1석유류 / 수용성; 1000L / 제2석유류 / 비수용성; 4000L / 제3석유류 / 수용성
2	6, 15
3	① A ② $CaC_2 + 2H_2O \rightarrow Ca(OH)_2 + C_2H_2$
4	흡열반응 때문에
5	1.49
6	20m
7	① 중크롬산암모늄 ② 중크롬산염류 ③ $(NH_4)_2Cr_2O_7$
8	① 10kg ② $2Na + 2H_2O \rightarrow 2NaOH + H_2$
9	① 0.1m ② 5, 자갈분
10	① 35배 ② 30m

Table for 문항 1:

지정수량	품명	수용성/비수용성
400L	제1석유류	수용성
1000L	제2석유류	비수용성
4000L	제3석유류	수용성

2018년 제1회 위험물기능사 실기 필답형

01. 다음 할로겐화합물 소화약제의 화학식을 각각 쓰시오. [4점]

① Halon 1011 ② Halon 1211

정답

① ②

02. 위험물제조소의 옥외에 있는 가솔린 취급탱크 2기의 주위에 하나의 방유제를 설치하고자 하는 경우 방유제의 용량은 얼마 이상으로 하여야 하는지 구하시오. (단, 탱크의 용량은 각각 200㎥, 100㎥ 이다.) [4점]

① 계산과정 ② 답

정답

【계산과정】

【답】

03. 위험물안전관리법령상 고체위험물과 액체위험물은 각각 운반용기 내용적의 몇 % 이하의 수납율로 수납하여야 하는지 쓰시오. [4점]

① 고체위험물 ② 액체위험물

정답

① ②

04. 다음 각 설명에 해당하는 제6류 위험물의 물질명과 분자식을 쓰시오. [4점]

○ 피부접촉 시 크산토프로테인 반응이 일어난다.

정답

○ 가열시 폭발우려가 있고 물과 반응하여 발열하며 증기비중은 약 3.46 이다.

정답

05. 위험물은 그 운반용기의 외부에 수납하는 위험물에 따라 규정에 의한 주의사항을 표시하여야 한다. 과산화수소를 수납한 경우에 표시하여야 하는 주의사항을 쓰시오. [3점]

정답

06. 다음의 위험물에 대해 위험물안전관리법령상 해당하는 품명과 지정수량을 쓰시오. [4점]

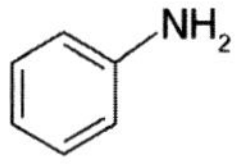

① 품명 ② 지정수량

정답

①   ②

07. 위험물안전관리법령에 따라 탱크시험자가 갖추어야 하는 장비는 필수장비와 필요한 경우에 두는 장비로 구분할 수 있다. 각각에 해당하는 장비 중 2가지씩만 쓰시오. [4점]

① 필수장비 ② 필요한 경우에 두는 장비

정답

①   ②

08. 위험물안전관리법령상 이동탱크저장소의 이동저장탱크 구조에서 방파판은 두께 몇 ㎜ 이상의 강철판으로 하여야 하는지 쓰시오. [4점]

정답

09. 다음 표에서 위험물의 명칭과 지정수량을 표의 빈칸에 쓰시오. [6점]

화학식	명칭	지정수량(kg)
NH_4ClO_4		
$KMnO_4$		
$K_2Cr_2O_7$		

정답

10. 제1류 위험물인 질산칼륨 1mol 중의 질소 함량은 약 몇 wt%인지 구하시오. (단, K 의 원자량은 39이다.) [4점]

정답

【계산과정】

【답】

11. 위험물안전관리법령상 위험물의 운반에 관한 기준에서 제6류 위험물과 혼재 가능한 위험물은 제 몇 류 위험물인지 쓰시오. (단, 지정수량의 1/5 인 경우 이다.)[3점]

정답

12. 다음 [보기]에서 금속나트륨과 금속칼륨의 공통적 성질에 해당하는 것을 모두 선택하여 번호를 쓰시오. [4점]

[보기]

① 무른 경금속이다. ② 알코올과 반응하여 수소를 발생한다.
③ 물과 반응할 때 불연성 기체를 발생한다. ④ 흑색의 고체이다.
⑤ 보호액 속에 보관한다.

정답

13. 다음의 [보기]에서 설명하는 위험물은 무엇인지 쓰시오. [3점]

[보기]

- 분자량은 약 104.2 이고 지정수량이 100L인 제2석유류이다.
- 비점은 약 146℃, 인화점은 약 32℃이다.
- 에틸벤젠을 탈수소화 처리하여 얻을 수 있다.

정답

14. ABC 소화약제의 열분해 반응식을 쓰시오. [4점]

정답

2018년 제1회 위험물기능사 실기 필답형 정답

<table>
<tr><th>문항</th><th>정 답</th></tr>
<tr><td>1</td><td>① CH_2ClBr ② CF_2ClBr</td></tr>
<tr><td>2</td><td>① $(200 \times 0.5) + (100 \times 0.1) = 110$ ② $110m^3$</td></tr>
<tr><td>3</td><td>① 98% ② 95%</td></tr>
<tr><td>4</td><td>① 질산 ② HNO_3 ③ 과염소산 ④ $HClO_4$</td></tr>
<tr><td>5</td><td>가연물접촉주의</td></tr>
<tr><td>6</td><td>① 제3석유류 ② 2,000L (【풀이】 제시된 구조식은 아닐린에 해당한다.)</td></tr>
<tr><td>7</td><td>① 필수장비 : 자기탐상시험기, 초음파두께측정기, 영상초음파탐상시험기, 방사선투과시험기 및 초음파탐상시험기 중 2가지
② 필요한 경우에 두는 장비 : 진공누설시험기, 기밀시험장치, 수직·수평도 측정기 중 2가지</td></tr>
<tr><td>8</td><td>1.6mm 【풀이】
<table>
<tr><th>구분</th><th>탱크의 본체</th><th>칸막이</th><th>방파판</th><th>방호틀</th></tr>
<tr><td>두께</td><td colspan="2">3.2㎜ 이상</td><td>1.6㎜ 이상</td><td>2.3㎜ 이상</td></tr>
</table></td></tr>
<tr><td>9</td><td>
<table>
<tr><th>화학식</th><th>명칭</th><th>지정수량(kg)</th></tr>
<tr><td>NH_4ClO_4</td><td>과염소산암모늄</td><td>50</td></tr>
<tr><td>$KMnO_4$</td><td>과망간산칼륨</td><td>1000</td></tr>
<tr><td>$K_2Cr_2O_7$</td><td>중크롬산칼륨</td><td>1000</td></tr>
</table></td></tr>
<tr><td>10</td><td>① $\frac{14}{101} \times 100 = 13.86$ ② 13.86
【풀이】 KNO_3 분자량 : $39 + 14 + (16 \times 3) = 101$ / 함량(wt%) : $\frac{N\text{원자량}}{KNO_3\text{ 분자량}} \times 100$</td></tr>
<tr><td>11</td><td>제1류 위험물</td></tr>
<tr><td>12</td><td>①, ②, ⑤
【풀이】 ③ 물과 반응하여 가연성 기체인 수소를 발생한다. / ④ 은백색의 고체이다.</td></tr>
<tr><td>13</td><td>스티렌</td></tr>
<tr><td>14</td><td>$NH_4H_2PO_4 \rightarrow H_3PO_4 + NH_3$ 【풀이】 $NH_4H_2PO_4 \rightarrow HPO_3 + NH_3 + H_2O$</td></tr>
</table>

2018년 제1회 위험물기능사 실기 작업형

01. 35,000V를 초과하는 특고압 가공전선과의 안전거리는 몇 m 이상인지 쓰시오. [3점]

정답

02. 휘발유 4,000L를 취급하는 제조소가 있다. 다음 각 물음에 답하시오. [6점]

① 지정수량의 배수를 구하시오. ② 보유공지를 쓰시오.

정답 ① ②

03. 금속 리튬 조각과 물을 반응시키자 온도계의 온도가 올라가며, 붉은색 리트머스 종이를 넣고 있다. 다음 각 물음에 답하시오. [4점]

① 붉은색 리트머스 종이를 넣었을 때 어떻게 변화하는지 쓰시오.

② 물과의 반응에서 온도가 올라가는 이유를 쓰시오.

정답 ① ②

04. 과산화나트륨과 철분을 섞어 물을 떨어뜨리자 기포가 발생한다. 다음 각 물음에 답하시오. [6점]

① 발생되는 가스의 명칭을 쓰시오. ② 위험물안전관리법령상 각각의 지정수량을 쓰시오.

정답 ① ②

05. 이동탱크저장소 탱크 뒷부분에 있어서 측면틀의 최외측과 탱크의 최외측을 연결하는 직선(최외측선)의 수평면에 대한 내각이 몇 도 이상인지 쓰시오. [3점]

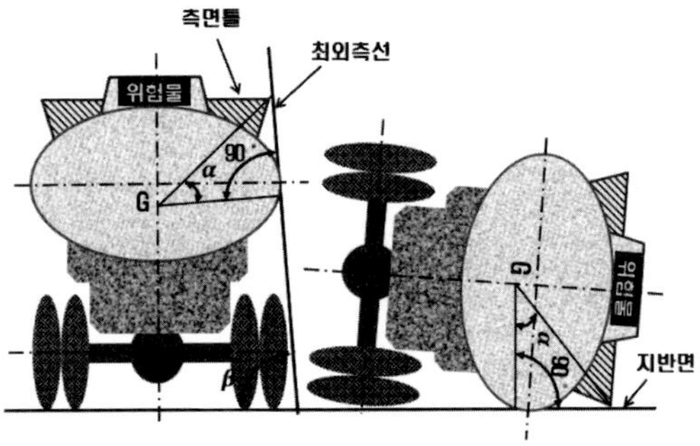

정답

06. 금속칼륨과 탄산가스가 반응하고 있다. 다음 각 물음에 답하시오. [5점]

① 화학반응식을 쓰시오. ② 칼륨의 보호액을 쓰시오.

정답

①

②

07. 메틸알코올, 에틸알코올, 부틸알코올, 프로필알코올이 담긴 비커(A, B, C, D)에 불을 붙이자 A의 비커 불꽃이 가장 작게 탄다. 다음 각 물음에 답하시오. [5점]

① 메틸알코올의 비커는 무엇인지 기호를 쓰시오. ② 탄소수가 가장 많은 위험물의 물질명을 쓰시오.

정답

①

②

08. 판매취급소의 배합실을 보여준다. 다음 각 물음에 답하시오. [4점]

① 배합실 출입구의 기준을 쓰시오.

② 출입구 문턱은 바닥으로부터 몇 m 이상인지 쓰시오.

정답

①

②

09. 지하탱크저장소 주위에 설치된 설비이다. 다음 각 물음에 답하시오. [4점]

① 설비의 명칭을 쓰시오.

② 설비는 지면으로부터의 높이는 몇 m 이상으로 설치하는지 쓰시오.

정답

①

②

10. 에탄올과 이황화탄소에 불을 붙인 후 물로 소화한다. 비커 A는 소화되는 반면에 비커 B는 층분리가 되며 소화되고 있다. 층분리가 일어나는 물질 중 아래층에 있는 물질에 대해 다음 각 물음에 답하시오. [5점]

① 물질의 화학식을 쓰시오.

② 연소 반응식을 쓰시오.

정답

①

②

2018년 제1회 위험물기능사 실기 작업형 정답

문항	정 답
1	5m
2	① 20배 ② 5m 이상 【풀이】 휘발유 지정수량 : 200L/ 지정수량의 배수 : $\frac{4,000}{200} = 20$ <table><tr><th>취급하는 위험물의 최대수량</th><th>공지의 너비</th></tr><tr><td>지정수량의 10배 이하</td><td>3m 이상</td></tr><tr><td>지정수량의 10배 초과</td><td>5m 이상</td></tr></table>
3	① 푸른색으로 변화한다. ② 발열반응
4	① 산소 ② 과산화나트륨 : 50kg, 철분 : 500kg
5	75°
6	① $4K + 3CO_2 \rightarrow 2K_2CO_3 + C$ / ② 경유, 등유, 벤젠, 유동성파라핀 등
7	① A ② 부틸알코올
8	① 자동폐쇄식의 갑종방화문 ② 0.1m 이상
9	① 밸브없는통기관 ② 4m
10	① CS_2 ② $CS_2 + 3O_2 \rightarrow CO_2 + 2SO_2$ 【풀이】 이황화탄소는 비중이 1.26으로 물보다 무거워 아래층에 가라앉게 된다.

2018년 제2회 위험물기능사 실기 필답형

01. 다음 제1류 위험물의 화학식을 쓰시오. [4점]

① 과염소산칼륨 ② 과산화칼륨 ③ 아염소산나트륨 ④ 브롬산칼륨

정답 ① ② ③ ④

02. 탄화칼슘이 고온에서 질소와 반응하여 석회질소를 생성하는 화학반응식을 쓰시오. [3점]

정답

03. 햇빛에 의해 4몰의 질산이 완전분해하여 산소 1몰을 발생하였다. 이 때 같이 발생하는 유독성 기체는 무엇인지와 분해할 때의 화학반응식을 쓰시오. [5점]

정답

04. 위험물안전관리법령에서는 정전기를 유효하게 제거하기 위해 공기 중 상대습도를 몇 % 이상으로 하도록 규정하고 있는지 쓰시오. [3점]

정답

05. 분말소화약제인 탄산수소칼륨이 약 190℃에서 열분해 되었을 때의 분해반응식을 쓰고, 200kg의 탄산수소칼륨이 분해하였을 때 발생하는 탄산가스는 몇 ㎥인지 1기압, 200℃를 기준으로 구하시오. (단, 칼륨의 원자량은 39이다.) [5점]

① 열분해 반응식 ② 탄산가스의 양(㎥)

정답 ① ②

06. 다음 ( ) 안에 위험물안전관리법령에 따른 알맞은 품명을 쓰시오. [3점]

( )(이)라 함은 이황화탄소, 디에틸에테르 그 밖에 1기압에서 발화점이 섭씨 100도 이하인 것 또는 인화점이 섭씨 영하 20도 이하이고 비점이 섭씨 40도 이하인 것을 말한다.

정답

07. **분자량이 약 58, 인화점이 약 -37℃, 비점이 약 34℃인 무색의 휘발성 액체로서 저장 시 불활성기체를 봉입해야 하는 제4류 위험물의 명칭과 화학식을 쓰시오. [4점]**

정답

08. **알루미늄분에 대해 다음 각 물음에 답하시오. [6점]**

가. 흰 연기를 내면서 연소하는 완전연소반응식을 쓰시오.
나. 염산과 반응하여 수소가스를 발생하는 화학반응식을 쓰시오.
다. 위험물안전관리법령상의 품명을 쓰시오.

정답 가. 나. 다.

09. **주유취급소에 설치한 "주유중엔진정지" 표시를 한 게시판의 바탕색과 문자색을 각각 쓰시오. [4점]**

정답

10. **위험물안전관리법령상 지정과산화물 옥내저장소의 저장창고 기준에 대해 다음 각 물음에 답하시오. [6점]**

① 창은 바닥면으로부터 몇 m 이상 높이에 두어야 하는지 쓰시오.
② 하나의 창의 면적은 몇 ㎡ 이내로 하여야 하는지 쓰시오.
③ 하나의 벽면에 설치하는 창의 면적의 합계를 그 벽의 면적의 몇 분의 몇 이내가 되도록 하여야 하는지 쓰시오.

정답 ① ② ③

11. **제3종 분말소화약제가 열분해하여 메타인산, 암모니아, H_2O를 생성하는 열분해 반응식을 쓰시오. [4점]**

정답

12. **위험물안전관리법령상 이동탱크저장소에 의해 제4류 위험물을 운송하는 경우 반드시 위험물 안전카드를 휴대하여야 하는 위험물의 품명 2가지를 쓰시오. [4점]**

정답

13. **피크린산(또는 트리니트로페놀)과 트리니트로톨루엔의 구조식을 각각 나타내시오. [4점]**

①피크린산(또는 트리니트로페놀) ②트리니트로톨루엔

정답 ① ②

2018년 제2회 위험물기능사 실기 필답형 정답

문항	정 답
1	① $KClO_4$ ② K_2O_2 ③ $NaClO_2$ ④ $KBrO_3$
2	$CaC_2 + N_2 \rightarrow CaCN_2 + C$
3	이산화질소 / $4HNO_3 \rightarrow 2H_2O + 4NO_2 + O_2$
4	70%
5	① $2KHCO_3 \rightarrow K_2CO_3 + H_2O + CO_2$ 【풀이】 PV = nRT 적용, $KHCO_3$ 분자량 : 39 + 1 + 12 + (16×3) = 100 $1 \times x \times 2 = \frac{200}{100} \times 0.082 \times (273+200)$
6	특수인화물
7	산화프로필렌, CH_3CHCH_2O
8	① $4Al + 3O_2 \rightarrow 2Al_2O_3$ / ① $Al + 3HCl \rightarrow AlCl_3 + 1.5H_2$ / ① 금속분
9	바탕색 : 황색 / 문자색 : 흑색
10	① 2m ② $0.4m^2$ ③ 1/80
11	$NH_4H_2PO_4 \rightarrow HPO_3 + NH_3 + H_2O$
12	특수인화물, 제1석유류
13	① 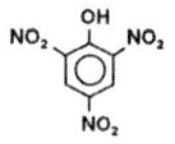 ② 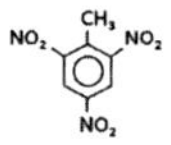

2018년 제2회 위험물기능사 실기 작업형

01. 옥내탱크저장소를 보여준다. 내용적을 구하시오. [4점]

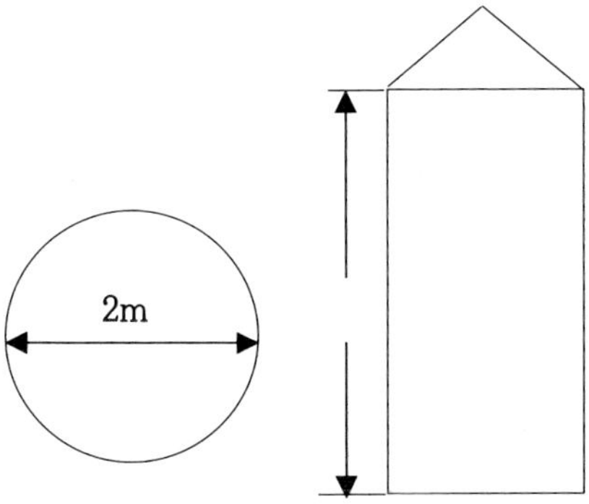

정답

02. 인화점 측정기의 명칭을 쓰시오. [3점]

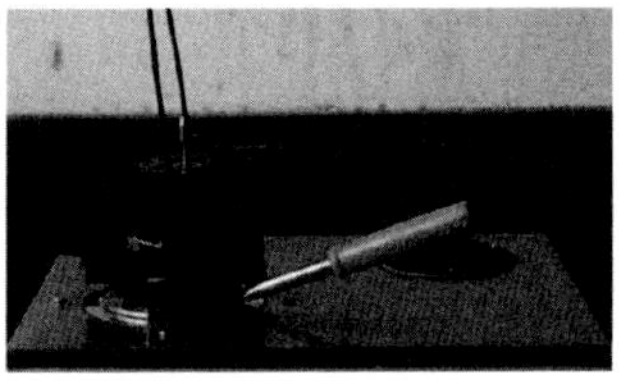

정답

03. 메틸알코올(A), 에틸알코올(B), 아세톤(C), 디에틸에테르(D), 가솔린(E)를 보여준다. 다음 각 물음에 답하시오. [6점]

① A의 연소반응식을 쓰시오. ② C의 연소반응식을 쓰시오.

③ 지정수량이 동일한 물질의 기호를 모두 쓰시오.

정답 ① ② ③

04. 마그네슘을 태우고 있다. 다음 각 물음에 답하시오. [5점]

① 연소반응식을 쓰시오. ② 이산화탄소 소화약제로 소화 시 소화가 불가능한 이유를 쓰시오.

정답 ① ②

05. 리튬을 물과 반응시켜 나온 기체에 불을 붙이자 터지는 장면을 보여준다. 폭발하는 이유를 쓰시오. [4점]

정답

06. 주유취급소 건축물 중 지면으로부터 30cm 높이에 있는 유리창을 보여주며, 개폐가 가능한 작은 유리 창문을 보여준다. 다음 각 물음에 답하시오. [4점]

① 창에 사용하는 유리의 재료를 쓰시오.

② 높이 1m 이하에 있는 창은 개방구조로 해야 하는지 밀폐구조로 해야 하는지 쓰시오.

정답 ① ②

07. 옥외탱크저장소의 밸브 없는 통기관을 보여준다. 다음 각 물음에 답을 쓰시오. [4점]

① 통기관의 선단은 수평면으로부터 몇 도 이상 구부려야 하는지 쓰시오.

② 통기관의 직경은 얼마 이상인지 쓰시오.

정답 ① ②

08. 이동탱크저장소를 보여준다. [4점]

①

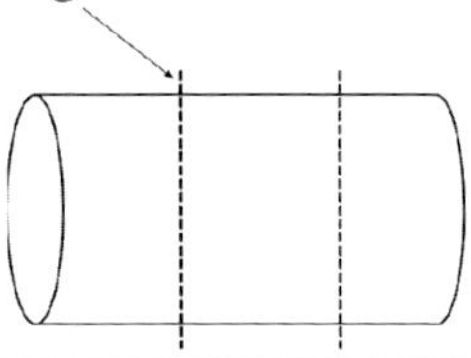

① 표시된 설비의 명칭을 쓰시오.

② 경유 20,000L를 저장 시 필요한 칸막이 수는 몇 개인지 쓰시오.

정답 ① ②

09. 다음의 위험물을 취급하는 제조소의 보유공지를 쓰시오. [6점]

① 유기과산화물 100kg ② 히드록실아민 900kg ③ 질산에스테르류 300kg

정답 ① ② ③

10. 물과 과염소산을 섞는 반응을 보여준다. 다음 각 물음에 대해 답하시오. [5점]

① 과염소산과 물을 섞는 반응은 어떤 반응인지 쓰시오.

② $HClO$, $HClO_2$, $HClO_3$, $HClO_4$ 중 산성의 세기가 가장 큰 것부터 차례로 쓰시오.

정답 ① ②

2018년 제2회 위험물기능사 실기 작업형 정답

문항	정답
1	$\pi \times 1^2 \times 6 = 18.85$, $18.85m^3$ 또는 $18.84m^3$
2	태그밀폐식 인화점 측정기
3	① $CH_3OH + 1.5O_2 \rightarrow CO_2 + 2H_2O$ / ② $CH_3COCH_3 + 4O_2 \rightarrow 3CO_2 + 3H_2O$ / ③ A, B, C 【풀이】 메틸알코올(알코올류), 에틸알코올(알코올류), 아세톤(제1석유류 수용성)은 지정수량이 400L이다. 디에틸에테르(특수인화물)는 50L, 가솔린(제1석유류 비수용성)은 200L이다.
4	① $Mg + 0.5O_2 \rightarrow MgO$ ② 가연성의 일산화탄소가 생성되기 때문에 또는 가연물의 탄소가 생성되기 때문에
5	수소가 발생하기 때문에 【풀이】 $Li + H_2O \rightarrow LiOH + 1/2H_2$
6	① 망입유리 또는 강화유리 / ② 밀폐구조 【풀이】 ① 사무실 등의 창 및 출입구에 유리를 사용하는 경우에는 망입유리 또는 강화유리로 할 것. 이 경우 강화유리의 두께는 창에는 8mm 이상, 출입구에는 12mm 이상으로 하여야 한다. ② 건축물 중 사무실 그 밖의 화기를 사용하는 곳은 누설한 가연성의 증기가 그 내부에 유입되지 아니하도록 다음의 기준에 적합한 구조로 할 것 가. 출입구는 건축물의 안에서 밖으로 수시로 개방할 수 있는 자동폐쇄식의 것으로 할 것 나. 출입구 또는 사이통로의 문턱의 높이를 15cm 이상으로 할 것 다. 높이 1m 이하의 부분에 있는 창 등은 밀폐시킬 것
7	① 45도 / ② 30mm
8	① 칸막이 / ② 4개
9	① 3m 이상 / ② 3m 이상 / ③ 5m 이상
10	① 발열반응 ② $HClO_4$, $HClO_3$, $HClO_2$, $HClO$

2018년 제3회 위험물기능사 필답형

01. 고체 물질의 대표적인 연소형태 4가지를 쓰시오. [4점]

정답

02. 삼산화크롬을 가열분해하면 산소가 방출된다. 이때의 분해반응식을 쓰시오. [4점]

정답

03. 1몰의 탄화알루미늄이 물과 반응하는 반응식을 쓰시오. [4점]

정답

04. 지정수량이 200kg인 제5류 위험물의 위험물안전관리법령상 품명을 4가지만 쓰시오. [4점]

정답

05. 디에틸에테르의 완전연소 반응식을 쓰시오. [4점]

정답

06. 위험물안전관리법령상 질산이 위험물로 취급되기 위해 비중이 일정 값 이상이어야 한다. 그 비중의 최소값을 기준으로 질산의 지정수량을 L 단위로 환산하면 얼마가 되는지 구하시오. [4점]

① 계산과정 ② 답

정답 【계산과정】

【답】

07. 다음 [보기]의 제2류 위험물을 착화온도가 낮은 것부터 높은 순서로 차례대로 쓰시오. [5점]

[보기]
삼황화린, 적린, 마그네슘, 황

정답

08.

다음 [보기]의 위험물 중 위험물안전관리법령상 포소화설비가 적응성이 없는 것을 모두 선택하여 쓰시오. (단, 모두 적응성이 있을 경우는 "해당 없음" 이라고 쓰시오.) [3점]

[보기]
철분, 인화성고체, 황린, 알킬알루미늄, TNT

정답

09.

표준상태에서 1몰의 아세톤이 완전연소하기 위해 필요한 산소의 부피는 몇 L인지 구하시오. [4점]

정답

10.

다음 각 위험물을 시성식으로 쓰시오. [4점]

아닐린, 스티렌, 아세톤, 아세트알데히드

정답

11.

다음 설명에 해당하는 분말소화약제의 주성분을 각각 화학식으로 쓰시오. [4점]

○ 열분해시 발생하는 메타인산이 소화작용을 한다 . ○ 기름화재에 사용하면 비누화 현상이 일어난다.

정답 화학식 : 화학식 :

12.

위험물안전관리법령상 지정수량 몇 배 이상의 제4류 위험물을 취급하는 제조소 사업소에는 자체소방대를 설치하여야 하는지 쓰시오. [3점]

정답

13.

위험물안전관리법령에서 구분하고 있는 위험등급 Ⅰ, Ⅱ, Ⅲ 중 위험등급 Ⅰ에 해당하는 제4류 위험물의 위험물안전관리법령상 품명 2가지를 쓰시오. [4점]

정답

14\. 위험물안전관리법령상 위험물의 운반에 관한 기준에 따르면 적재하는 위험물의 성질에 따라 일광의 직사 또는 빗물의 침투를 방지하기 위하여 유효하게 피복하는 등 기준에 따른 조치를 하여야 한다. 다음의 위험물에는 어떠한 조치를 하여야 하는지 물음에 답하시오. [4점]

가. 제5류 위험물은 어떤 피복으로 가려야 하는지 쓰시오.
나. 제6류 위험물은 어떤 피복으로 가려야 하는지 쓰시오.
다. 제2류 위험물 중 철분은 어떤 피복으로 덮어야 하는지 쓰시오.

정답

2018년 제3회 위험물기능사 실기 필답형 정답

<table>
<tr><th>문항</th><th>정 답</th></tr>
<tr><td>1</td><td>자기연소, 증발연소, 표면연소, 분해연소</td></tr>
<tr><td>2</td><td>$4CrO_3 \rightarrow 2Cr_2O_3 + O_2$</td></tr>
<tr><td>3</td><td>$Al_4C_3 + 12H_2O \rightarrow 4Al(OH)_3 + 3CH_4$</td></tr>
<tr><td>4</td><td>니트로화합물, 니트로소화합물, 아조화합물, 디아조화합물, 히드라진 유도체</td></tr>
<tr><td>5</td><td>$C_2H_5OC_2H_5 + 6O_2 \rightarrow 4CO_2 + 5H_2O$</td></tr>
<tr><td>6</td><td>① $\frac{300}{1.49} = 201.34$ ②201.34L / 【풀이】 질산의 지정수량 300kg에 비중 1.49를 고려하여 지정수량을 L 단위로 환산할 수 있다. ($300kg \times \frac{L}{1.49kg} = 201.34L$)</td></tr>
<tr><td>7</td><td>삼황화린(100℃), 황(232℃), 적린(260℃), 마그네슘(400℃)</td></tr>
<tr><td>8</td><td>철분, 알킬알루미늄</td></tr>
<tr><td>9</td><td>4 × 22.4 = 89.6L, 89.6L 【풀이】 $CH_3COCH_3 + 4O_2 \rightarrow 3CO_2 + 3H_2O$
(표준상태에서 기체 1몰의 부피는 22.4L임을 이용한다.) 4몰 × 22.4 = 89.6L</td></tr>
<tr><td>10</td><td>$C_6H_5NH_2$ / $C_6H_5CHCH_2$ / CH_3COCH_3 / CH_3CHO</td></tr>
<tr><td>11</td><td>$NH_4H_2PO_4$ / $NaHCO_3$</td></tr>
<tr><td>12</td><td>3000배</td></tr>
<tr><td>13</td><td>제1석유류, 알코올류
【풀이】
<table>
<tr><th>위험등급</th><th>품명</th></tr>
<tr><td>Ⅰ</td><td>특수인화물</td></tr>
<tr><td>Ⅱ</td><td>제1석유류, 알코올류</td></tr>
<tr><td>Ⅲ</td><td>제2석유류, 제3석유류, 제4석유류, 동식물유류</td></tr>
</table></td></tr>
<tr><td>14</td><td>차광성 / 차광성 / 방수성</td></tr>
</table>

2018년 제3회 위험물기능사 실기 작업형

01. 다음의 위험물로 과염소산나트륨을 용해시키고 있다. 다음 각 물음에 답하시오.[5점]

[보기]
물(A), 알코올(B), 아세톤(C), 에테르(D)

① 과염소산나트륨이 A ~ D 중 용해되지 않는 물질의 기호를 쓰시오.
② 위험물 2가지를 골라 각각의 지정수량을 쓰시오.

정답 ① ②

02. 불이 붙은 마그네슘 조각에 이산화탄소 소화기를 분사하고 있다. 다음 각 물음에 답하시오. [6점]

① 소화효과가 있는지 쓰시오. ② '①'에서 답한 이유를 반응식과 관련지어 설명하시오.

정답 ① ②

03. 이동탱크저장소에 알킬알루미늄 등, 아세트알데히드 등, 히드록실아민 등을 제외한 액체 위험물을 주입하는 일반취급소를 어떤 취급소라 하는지 쓰시오. [3점]

정답

04. 다음의 측정기에 액체 시료를 붓고 불꽃을 갖다 대는 장면을 보여준다. 어떤 물성을 시험하기 위한 것인지 쓰시오. [3점]

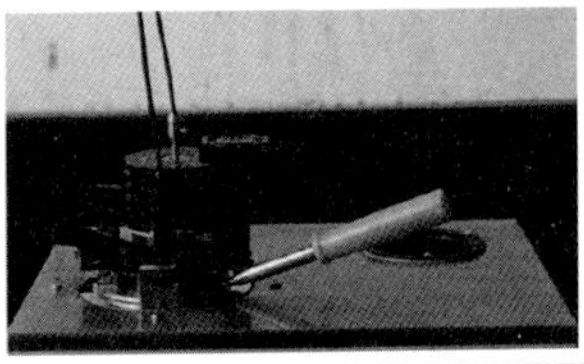

정답

05. 동영상에서 셀프용 주유취급소를 보여주며, 경유/고급휘발유/휘발유의 주유관을 보여준다. 다음 각 물음에 답하시오. [5점]

① 휘발유 고정주유설비의 1회 연속 주유량은 몇 L 이하인지 쓰시오.
② 휘발유 고정주유설비의 최대 주유시간을 쓰시오.

정답 ① ②

06. 국소방식의 배출설비가 설치된 제조소를 보여준다. 다음 각 물음에 답하시오. [5점]

① 지상으로부터 배출구의 선단의 높이를 쓰시오.

② 배출능력은 1시간당 배출장소 용적의 몇 배 이상으로 하는지 쓰시오.

정답 ① ②

07. 옥외저장소를 보여준다. 다음 각 물음에 답하시오. [5점]

① 인화성고체, 제1석유류 또는 알코올류를 저장 또는 취급하는 장소에는 당해 위험물을 적당한 온도로 유지하기 위한 ( )을 설치하여야 한다.

② 제1석유류 또는 알코올류를 저장 또는 취급하는 장소의 주위에는 배수구 및 집유설비를 설치하여야 한다. 이 경우 제1석유류를 저장 또는 취급하는 장소에 있어서는 집유설비에 ( )를 설치하여야 한다.

정답 ① ②

08. 디에틸에테르에 10%의 KI 수용액을 첨가한다. 다음 각 물음에 답하시오. [5점]

① 무엇을 검출하기 위한 것인지 쓰시오.

② 제시된 위험물의 품명을 쓰시오.

정답 ① ②

09. 이산화망간(MnO_2)과 3%의 과산화수소(H_2O_2)를 섞자 흰 연기가 급격히 발생하고 있다. 다음 각 물음에 답하시오. [5점]

① 두 물질이 반응하여 생성되는 가스의 명칭을 쓰시오. ② 위 반응의 반응식을 쓰시오.

정답 ① ②

10. 질산칼륨, 질산나트륨, 질산암모늄을 물과 반응시키고 있다. 다음 중 흡열반응을 하는 물질은 무엇인지 쓰시오. [3점]

정답

2018년 제3회 위험물기능사 실기 작업형 정답

문항	정답
1	D / 알코올 400L, 아세톤 400L, 에테르 50L
2	효과없음 / $Mg + CO_2 \rightarrow MgO + CO$ (가연성의 일산화탄소 기체가 나오므로 소화효과가 없다.)
3	충전하는 일반취급소
4	인화점
5	200L / 4분 이하
6	2m 이상 / 20배
7	살수설비 / 유분리장치
8	과산화물 검출 / 특수인화물
9	산소 / $H_2O_2 \rightarrow H_2O + 1/2O_2$
10	질산암모늄

2018년 제4회 위험물기능사 필답형

01. 톨루엔 9.2g을 완전 연소시키는데 필요한 공기는 몇 L인지 구하시오. (단, 0℃, 1기압을 기준으로 하며 공기 중 산소는 21vol% 이다.) [4점]

정답

02. 다음 위험물을 수납한 운반용기의 외부에 표시하는 주의사항을 모두 쓰시오. (단, 원칙적인 경우에 한한다.) [6점]

○ 제4류 위험물 : ○ 제5류 위험물 : ○ 제6류 위험물 :

정답

03. 페놀을 진한 황산에 녹이고 이것을 질산에 작용시켜 만드는 제5류 위험물의 명칭, 지정수량과 화학식을 쓰시오. [6점]

○ 명칭 : ○ 지정수량 : ○ 화학식 :

정답

04. 취급하는 위험물의 최대수량이 지정수량의 20배인 경우 위험물 제조소의 보유공지 너비는 몇 m 이상이어야 하는지 쓰시오. [3점]

정답

05. 다음 그림과 같은 원형 위험물 저장탱크의 내용적은 몇 m^3 인지 구하시오. (단, r = 1 m, L1 = 1.5m, L = 3m, L2 = 1.5m 이다.) [4점]

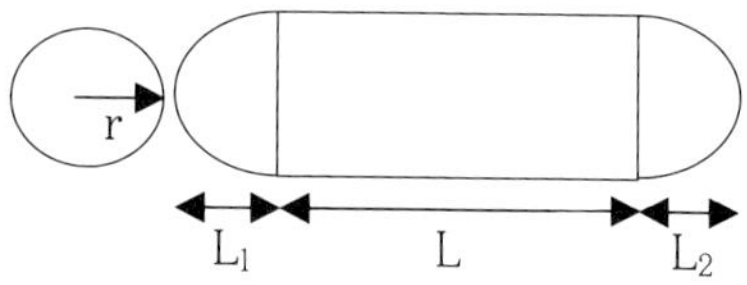

정답

06. 위험물제조소 건축물의 외벽 구조에 따라 연면적 몇 m^2가 1소요단위에 해당하는지 각각 쓰시오. [4점]

○ 외벽이 내화구조인 것 : ○ 외벽이 내화구조가 아닌 것 :

정답

07.

위험물안전관리법령에서는 유별 위험물의 성질을 정의하고 있다. 다음 [보기]의 물질 중 산화성 고체 위험물에 해당하는 것을 모두 선택하여 쓰시오. (단, 해당사항이 없을 경우는 "없음" 이라고 쓰시오.) [3점]

> [보 기]
> 산화칼슘, 리튬, 질산암모늄, 과산화나트륨, 과산화벤조일

정답

08.

다음은 위험물안전관리법령에서 정한 제3석유류의 정의이다. ( )안에 알맞은 용어 또는 수치를 쓰시오. [5점]

> "제3석유류"라 함은 (①), (②) 그 밖에 1기압에서 인화점이 섭씨 (③)도 이상 섭씨 (④)도 미만인 것을 말한다. 다만, 도료류 그 밖의 물품은 가연성 액체량이 (⑤)중량퍼센트 이하인 것은 제외한다.

정답 ① ② ③ ④ ⑤

09.

제3종 분말소화약제의 주성분을 쓰고, 적응 가능한 화재를 A급~C급에서 선택하여 모두 쓰시오. [6점]

정답

10.

경유 500L, 중유 1000L, 에틸알코올 400L, 디에틸에테르 150L를 저장하고 있다. 각 물질의 지정수량 배수의 총합은 얼마인지 구하시오. [4점]

정답 【계산과정】

【답】

11.

질산이 피부에 닿으면 노란색으로 변하는데 이것을 화학적으로 무슨 반응이라 하는지 쓰시오. [4점]

정답

12. 동식물유류는 요오드값을 기준으로 하여 건성유, 반건성유, 불건성유로 나눈다. 다음 동식물유류를 구분하는 요오드 값의 일반적인 범위를 쓰시오. [6점]

정답 건성유 : 반건성유 : 불건성유 :

2018년 제4회 위험물기능사 실기 필답형 정답

문항	정답
1	계산과정 : $x = \frac{9.2 \times 9 \times 22.4}{92} \times \frac{1}{0.21} = 96L$, 정답 : 96L $C_6H_5CH_3$ 분자량 : (12×6) + 5 + 12 + 3 = 92 / $C_6H_5CH_3 + 9O_2 \rightarrow 7CO_2 + 4H_2O$ 9.2g x 92g 9×22.4L $x = \frac{9.2 \times 9 \times 22.4}{92} \times \frac{1}{0.21} = 96L$
2	화기엄금 / 화기엄금 / 충격주의 / 가연물접촉주의
3	트리니트로페놀 또는 피크린산 / 200kg / $C_6H_2OH(NO_2)_3$
4	5m
5	계산과정 : $\pi \times 1^2 \times (3 + \frac{1.5 + 1.5}{3}) = 12.57m^3$/ 답 : $12.57m^3$ 또는 $12.56m^3$
6	100㎡ / 50㎡
7	질산암모늄, 과산화나트륨
8	① 중유 / ② 클레오소트유 / ③ 70 / ④ 200 / ⑤ 40
9	인산암모늄 또는 $NH_4H_2PO_4$ / A, B, C
10	$\frac{500}{1000} + \frac{1000}{2000} + \frac{400}{400} + \frac{150}{50} = 5$ / 5배
11	크산토프로테인반응
12	130 이상 / 100 초과 130 미만 / 130 이하

2018년 제4회 위험물기능사 실기 작업형

01. 과염소산($HClO_4$)의 분해 시 발생하는 유독성 가스의 명칭을 쓰시오. [3점]

정답

02. 제조소에 설치하는 게시판에 들어갈 물기엄금, 화기엄금, 화기주의, 물기주의 주의사항을 보여주고 있다. 물기엄금에 대해 각 물음에 답하시오. [5점]

① 바탕색과 문자색을 쓰시오.

② 제2류 위험물 중 운반용기의 외부에 표시하는 주의사항이 화기엄금인 물질의 품명을 쓰시오.

정답 ① ②

03. 옥외탱크저장소와 방유제를 보여준다. 다음의 기준에서 탱크 옆판으로부터 방유제까지의 거리를 구하시오. [4점]

① 탱크의 지름이 10m이고 높이가 15m인 경우 ② 탱크의 지름이 15m이고 높이가 8m인 경우

정답 ① ②

04. 칼슘과 물의 반응 시 발생하는 가연성 가스의 연소 반응식을 쓰시오. [4점]

정답

05. 알킬알루미늄과 함께 저장 시 질소를 봉입하여야 하는 물질을 〈보기〉에서 고르시오. (단, 없으면 없음이라 쓰시오.) [4점]

〈보기〉 알킬리튬, 탄화알루미늄, 탄화칼슘, 황린, 칼륨

정답

06. 다음의 보기 중에서 황산과 질산을 니트로화 반응시켜 트리니트로톨루엔을 제조하는 위험물에 대하여 다음의 각 물음에 답하시오. [6점]

〈보기〉 아세톤, 톨루엔, 크실렌, 등유, 경유, 벤젠

① 위험물의 물질명을 쓰시오. ② 위험물의 화학식을 쓰시오. ③ 위험물의 완전 연소 반응식을 쓰시오.

정답 ① ② ③

07. 염소산나트륨과 목분을 섞은 후 불을 붙이고 있다. 다음 각 물음에 답하시오. [6점]

① 위험물의 품명을 쓰시오. ② 위험물의 지정수량을 쓰시오.

③ 염소산나트륨은 연소의 3요소 중 어디에 해당하는지 쓰시오.

정답 ① ② ③

08. 다음의 통기관을 보여준다. 다음 각 물음에 답하시오. [5점]

① 통기관의 선단은 수평면으로부터 몇 도 이상 구부려야 하는지 쓰시오.

② 통기관의 선단을 구부리는 이유를 쓰시오.

정답 ① ②

09. 셀프용 수유취급소와 휘발유의 주유관을 보여준다. 다음 각 물음에 답하시오. [5점]

① 품명을 쓰시오. ② 1회 연속주유량의 상한을 쓰시오.

정답 ① ②

10. 제조소의 옥외에 설치한 설비를 보여준다. 다음 각 물음에 답하시오. [4점]

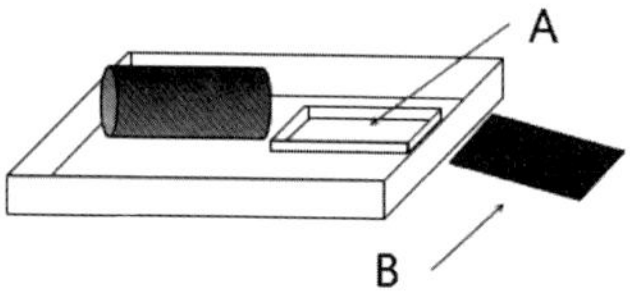

① A의 명칭을 쓰시오. ② 물과 기름의 비중 차이로 분리하는 B의 명칭을 쓰시오.

정답 ① ②

2018년 제4회 위험물기능사 실기 작업형 정답

문항	정　　　답
1	염화수소　　　【풀이】 $HClO_4 \rightarrow HCl + 2O_2$
2	청색바탕 백색문자 / 인화성 고체
3	① 5m　② 4m 【풀이】 방유제는 옥외저장탱크의 지름에 따라 그 탱크의 옆판으로부터 다음에 정하는 거리를 유지할 것. 다만, 인화점이 200℃ 이상인 위험물을 저장 또는 취급하는 것은 제외한다. 1) 지름이 15m 미만인 경우에는 탱크 높이의 3분의 1 이상 2) 지름이 15m 이상인 경우에는 탱크 높이의 2분의 1 이상
4	$H_2 + 0.5O_2 \rightarrow H_2O$　【풀이】 $Ca + 2H_2O \rightarrow Ca(OH)_2 + H_2$ (수소의 연소반응식을 작성한다.)
5	알킬리튬
6	톨루엔 / $C_6H_5CH_3$ / $C_6H_5CH_3 + 9O_2 \rightarrow 7CO_2 + 4H_2O$
7	염소산염류 / 50kg / 산소공급원
8	① 45도　② 빗물의 침투를 막기 위해
9	① 제1석유류　② 100L
10	① 집유설비　② 유분리장치 또는 유수분리장치

2019년 제1회 위험물기능사 실기 필답형

01. 금속칼륨과 탄산가스가 반응할 때, 화학반응식을 쓰시오. [4점]

정답

02. 제2류 위험물과 혼재가 가능하고 또한 제5류 위험물과도 혼재가 가능한 위험물은 제 몇 류 위험물인지 쓰시오. (단, 지정수량의 10배 이상인 경우이다.) [3점]

정답

03. 제조소에서 위험물을 취급함에 있어서 정전기가 발생할 우려가 있는 설비에는 규정된 방법으로 정전기를 유효하게 제거할 수 있는 설비를 설치하여야 한다. 이에 해당하는 방법 3가지를 각각 쓰시오. [6점]

정답

04. 옥내탱크저장소에서 다음의 각 경우에 상호 간의 간격은 몇 m 이상을 유지하여야 하는지 각각 쓰시오. (단, 탱크의 점검 및 보수에 지장이 없는 경우는 제외한다.) [4점]

① 옥내저장탱크와 탱크전용실의 벽과의 사이　② 옥내저장탱크의 상호 간의 간격

정답

①　②

05. 위험물안전관리법령에서 규정하는 인화성 고체의 정의를 쓰시오. [4점]

정답

06. 제4류 위험물 중 벤젠핵의 수소 1개가 아민기 1개와 치환된 것의 화학식을 쓰시오. [3점]

정답

07. 다음 [보기]에서 불건성유를 모두 선택하여 쓰시오. (단, 해당사항이 없을 경우는 "없음" 이라고 쓰시오.) [4점]

[보기]

야자유, 아마인유, 해바라기유, 피마자유, 올리브유

정답

08. 위험물안전관리법령에 따라 주유취급소의 위험물 취급기준에 대해 다음 ( )안에 알맞은 온도를 쓰시오. [3점]

자동차 등에 인화점 ( )℃ 미만의 위험물을 주유할 때에는 자동차 등의 원동기를 정지시킬 것. 다만, 연료탱크에 위험물을 주유하는 동안 방출되는 가연성 증기를 회수하는 설비가 부착된 고정주유설비에 의하여 주유하는 경우에는 그러하지 아니하다.

정답

09. 제5류 위험물인 니트로글리세린을 화학식으로 쓰시오. [3점]

정답

10. 이황화탄소 12kg 이 모두 증기가 된다면 1기압 100℃에서 몇 L가 되는지 구하시오. [4점]

① 계산과정 ② 답

정답 【계산과정】

【답】

11. 과산화수소가 분해되어 산소(O_2)를 발생하는 화학반응식을 쓰시오. [3점]

정답

12. 다음의 소화방법은 연소 3요소 중에서 어떠한 것을 제거 또는 통제하여 소화하는 것인지 연소의 3요소 중 해당하는 것을 각각 1가지씩 쓰시오. [4점]

① 제거소화 ② 질식소화

정답 ① ②

13. 다음 제1류 위험물의 지정수량을 각각 쓰시오. [4점]

① 브롬산염류 ② 중크롬산염류 ③ 무기과산화물 ④ 아염소산염류

정답 ① ② ③ ④

14. $KClO_3$ 1kg이 고온에서 완전히 열분해할 때의 화학반응식을 쓰고, 이때 발생하는 산소는 몇 g인지 구하시오. (단, K의 원자량은 39이고, Cl의 원자량은 35.5이다.) [6점]

① 화학반응식 ② 발생 산소량

정답 ① ②

2019년 제1회 위험물기능사 실기 필답형 정답

문항	정답
1	$4K + 3CO_2 \rightarrow 2K_2CO_3 + C$
2	제4류 위험물
3	접지, 공기 중의 상대습도를 70% 이상으로 하는 방법, 공기를 이온화하는 방법
4	① 0.5m ② 0.5m
5	고형알코올 그 밖에 1기압에서 인화점이 40℃ 미만인 고체
6	$C_6H_5NH_2$, 아닐린($C_6H_5NH_2$)에 대한 설명으로 벤젠핵의 수소 1개가 아민기($-NH_2$) 1개와 치환된 것이다.
7	피마자유, 올리브유, 야자유
8	40
9	$C_3H_5(ONO_2)_3$
10	① $x = \frac{12000 \times 0.082 \times (273+100)}{76}$ ② 4829.37L 【풀이】 CS_2 분자량 : 12 + 32 + 32 = 76 PV = nRT 적용, $1 \times x = \frac{12000}{76} \times 0.082 \times (273 + 100)$ x = **4829.37L**
11	$H_2O_2 \rightarrow H_2O + 1/2O_2$
12	① 가연물 ② 산소공급원
13	① 300kg ② 1000kg ③ 50kg ④ 50kg
14	① $KClO_3 \rightarrow KCl + 1.5O_2$ ② 계산과정 : $x = \frac{1,000}{122.5} \times 1.5 \times 32$ 답 : 391.84g 【풀이】 $KClO_3$ 분자량 : 39 + 35.5 + (16×3) = 122.5, 1kg = 1,000g으로 환산 산소의 질량(g)을 계산하기 위하여 발생 기체 몰수에 산소의 분자량(32)을 곱하여 계산한다. $x = \frac{1,000g}{122.5g} \times 1.5몰 \times 32g$

2019년 제1회 위험물기능사 실기 작업형

01. 과염소산 3,000kg을 취급하는 제조소의 보유공지는 몇 m 이상인지 쓰시오. [3점]

정답

02. 주유취급소 담 또는 벽에 방화상 유효한 유리를 설치하였을 경우 다음 각 물음에 답하시오. [5점]

① 유리를 부착하는 위치는 고정주유설비로부터 몇 m 이상 이격되어야 하는가?

② 지면으로부터 유리의 하단까지 높이는 몇 cm 인가?

정답 ① ②

03. 이동탱크저장소가 옆으로 전복된 상황을 보여준다. 다음의 각 물음에 답하시오. [4점]

① 영상에서 보여주는 각도(α)는 무슨 장치를 설치하기 위한 것인지 쓰시오.

② 영상에서 표시하는 각도(α)는 몇 도 이상인가?

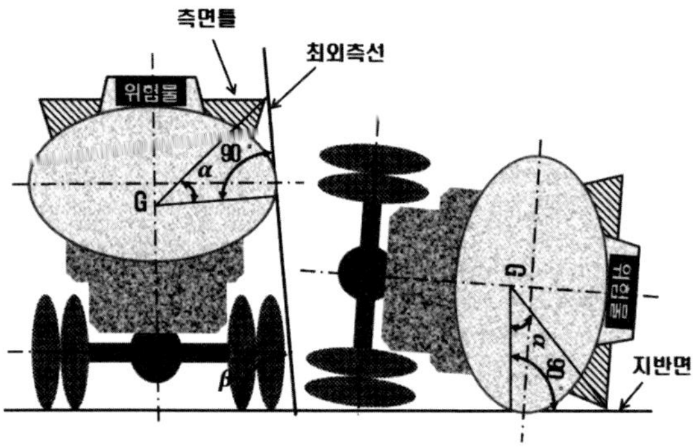

정답 ① ②

04. 주유취급소의 장치를 보여준다. 각 부분의 명칭을 쓰시오. [4점]

정답 ① ②

05. 이황화탄소를 보여준다. 다음 각 물음에 답하시오. [6점]

① 저장방법을 쓰시오.　　② 이황화탄소의 완전 연소 반응식을 쓰시오.

정답 ①　　②

06. 제5류 위험물인 니트로아민(A), 니트로글리세린(B), 트리니트로톨루엔(C), 트리니트로페놀(D)을 보여준다. 다음 각 물음에 답하시오. [4점]

① D의 품명을 쓰시오.　　② D의 지정수량을 쓰시오.

정답 ①　　②

07. 강화액소화기, 하론소화기, 기계포소화기를 보여준다. 다음 각 물음에 답하시오. [5점]

① 제시된 소화기 중 겨울철에 한랭지에서도 사용이 가능한 소화기를 쓰시오.

② ①에서 답한 소화기에 첨가하는 금속염류 물질 1가지를 쓰시오.

정답 ①　　②

08. 금속 리튬 조각과 물을 반응시키자 온도계의 온도가 올라간다. 다음 각 물음에 답하시오. [5점]

① 물과의 반응 시 생성되는 가스의 명칭을 화학식으로 쓰시오.

② 물과의 반응은 어떤 반응인지 쓰시오.

정답 ①　　②

09. 제6류 위험물인 과염소산 3000kg을 취급하는 제조소의 보유공지는 얼마인지 쓰시오. [3점]

정답

10. 다층 구조의 옥내저장소에서 제2류 위험물을 저장할 경우 다음의 각 물음에 답하시오. [4점]

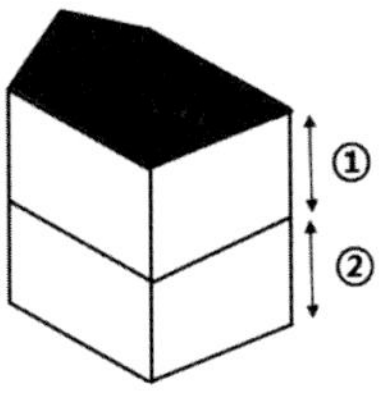

① 바닥면으로부터 상층의 바닥까지의 높이는 몇 m 미만인지 쓰시오.

② 지면에서 처마까지의 높이는 몇 m 미만인지 쓰시오.

정답 ①　　②

2019년 제1회 위험물기능사 실기 작업형 정답

<table>
<tr><th>문항</th><th>정 답</th></tr>
<tr><td>1</td><td>3, 【풀이】 과염소산 지정수량 : 300kg, 지정수량의 배수 : $\frac{3,000}{300} = 10$배</td></tr>
<tr><td>2</td><td>① 4m ② 70cm</td></tr>
<tr><td>3</td><td>① 측면틀 ② 35도</td></tr>
<tr><td>4</td><td>① 유분리장치 ② 배수로</td></tr>
<tr><td>5</td><td>① 물속에 저장한다. ② $CS_2 + 3O_2 \rightarrow 2SO_2 + CO_2$</td></tr>
<tr><td>6</td><td>니트로화합물, 200kg</td></tr>
<tr><td>7</td><td>① 강화액소화기 ② 탄산칼륨</td></tr>
<tr><td>8</td><td>① H_2 ② 발열반응</td></tr>
<tr><td>9</td><td>3m 이상, 【풀이】 지정수량의 배수 : $\frac{3000}{300} = 10$
【제조소의 보유공지】
<table><tr><th>취급하는 위험물의 최대수량</th><th>공지의 너비</th></tr><tr><td>지정수량의 10배 이하</td><td>3m 이상</td></tr><tr><td>지정수량의 10배 초과</td><td>5m 이상</td></tr></table></td></tr>
<tr><td>10</td><td>① 6m, ② 6m</td></tr>
</table>

2019년 제2회 위험물기능사 실기 필답형

01. 과산화수소 수용액의 저장 및 취급 시 분해를 막기 위해 넣어 주는 안정제의 종류를 2가지만 쓰시오. [4점]

정답

02. 제4류 위험물을 저장하는 옥내저장소의 연면적이 450㎡이고 외벽은 내화구조가 아닐 경우, 이 옥내저장소에 대한 소화설비의 소요단위는 얼마인지 구하시오.[4점]

정답 【계산과정】

【답】

03. 위험물은 그 운반용기의 외부에 위험물안전관리법령에서 정하는 사항을 표시하여 적재하여야 한다. 위험물 운반용기의 외부에 표시하여야 할 사항 중 3가지만 쓰시오. [5점]

정답

04. 옥외저장탱크를 강철판으로 제작할 경우 두께를 얼마 이상으로 하여야 하는지 쓰시오. (단, 특정옥외저장탱크 및 준특정옥외저장탱크는 제외한다.) [3점]

정답

05. 위험물안전관리법령상 위험물 취급소의 종류 4가지를 쓰시오. [4점]

정답

06. 벤젠의 증기비중을 구하시오. (단, 공기의 분자량은 29 이다.) [4점]

정답 【계산과정】

【답】

07. 다음 할로겐화합물의 Halon 번호를 쓰시오. [6점]

① CF_3Br ② CF_2BrCl ③ $C_2F_4Br_2$

정답

① ② ③

08. 요오드값의 정의를 쓰시오. [3점]

정답

09. 다음 제5류 위험물의 구조식을 나타내시오. [4점]

① 트리니트로톨루엔(TNT) ② 트리니트로페놀(피크린산)

정답

① ②

10. 제3류 위험물인 황린에 대해 다음 각 물음에 답하시오.[6점]

① 안전한 저장을 위해 사용하는 보호액을 쓰시오.

② 수산화칼륨 수용액과 반응하였을 때 발생하는 맹독성의 가스는 무엇인지 쓰시오.

③ 위험물안전관리법령에서 정한 지정수량을 쓰시오.

정답

① ② ③

11. 제2류 위험물의 위험물안전관리법령상 품명 중 지정수량이 100kg인 것을 2가지만 쓰시오. [4점]

정답

12. 금속칼륨과 이산화탄소가 반응하여 탄소를 발생하는 화학반응식을 쓰시오. [4점]

정답

13. 니트로글리세린 제조 방법을 사용되는 원료를 중심으로 설명하시오. [4점]

정답

2019년 제2회 위험물기능사 실기 필답형 정답

문항	정 답
1	인산, 요산
2	① $\frac{450}{75} = 6$ ② 6단위
3	위험물의 품명 · 위험등급 · 화학명 및 수용성("수용성" 표시는 제4류 위험물로서 수용성인 것에 한한다), 수량, 주의사항 중 3가지
4	3.2mm
5	일반취급소, 이송취급소, 주유취급소, 판매취급소
6	① $\frac{78}{29} = 2.69$ ② 2.69 【풀이】 C_6H_6 분자량 : $(12\times6) + 6 = 78$, 증기비중 : $\frac{\text{분자량}}{29} = \frac{78}{29} = 2.69$
7	① 1301 ② 1211 ③ 2402
8	유지 100g에 부가(첨가)되는 요오드의 g 수
9	① 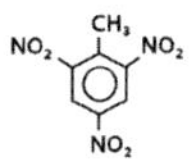 ② 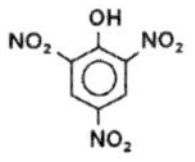
10	① 물 ② 포스핀 또는 인화수소 ③ 20kg
11	황화린, 적린, 유황 중 2가지
12	$4K + 3CO_2 \rightarrow 2K_2CO_3 + C$
13	글리세린에 질산과 황산으로 니트로화 반응시켜 제조한다.

2019년 제2회 위험물기능사 실기 작업형

01. **칼슘과 물을 반응시키자 온도계의 온도가 올라간다. 다음 각 물음에 답하시오. [6점]**

① 칼슘과 물의 반응식을 쓰시오. ② 온도가 올라가는 이유를 쓰시오.

정답 ① ②

02. **옥외탱크저장소에 질산이 500배 저장되어 있다. 다음 각 물음에 답하시오. [4점]**

① 보유공지를 쓰시오. ② 질산의 지정수량과 위험물의 기준(비중)을 쓰시오.

정답 ① ②

03. **이동탱크저장소 옥외의 상치장소로부터 거리는 얼마인지 쓰시오. [4점]**

① 단층 건물 ② 복층 건물

정답 ① ②

04. **에탄올과 이황화탄소에 불을 붙인 후 물로 소화한다. 비커 A는 소화되는 반면에 비커 B는 층분리가 되며 소화되고 있다. 다음 각 물음에 답하시오. [4점]**

① 비커 A와 비커 B에 들어있는 물질의 명칭을 각각 쓰시오.

② 비커 A와 비커 B의 소화방법을 비교하여 설명하시오.

정답 ① ②

05. **판매취급소의 배합실을 보여준다. 출입구 문턱의 높이는 몇 m 이상인지 쓰시오. [3점]**

정답

06. **옥외저장소에 윤활유를 저장하고 있다. 다음 각 물음에 답하시오. [4점]**

① 용기만을 겹쳐 쌓는 경우 높이는 몇 m까지 쌓을 수 있는지 쓰시오.

② 윤활유와 함께 저장이 가능한 위험물의 유별을 쓰시오.

③ 함께 저장하기 위해서 취해야 할 조치사항을 쓰시오.

정답 ① ② ③

07. 제조소의 환기설비에 대한 다음의 각 물음에 답하시오. [4점]

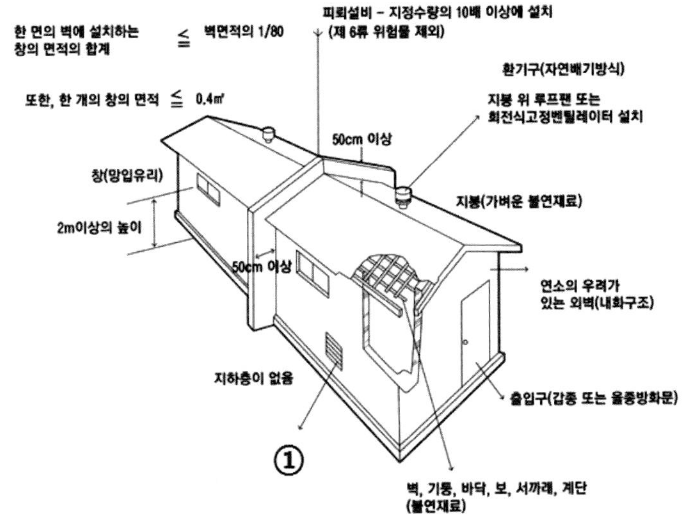

① 화살표로 표시한 설비의 명칭을 쓰시오.

② 바닥면적이 100㎡일 경우 급기구의 면적은 얼마 이상인지 쓰시오.

정답 ① ②

08. 톨루엔, 벤젠, 아세톤을 물과 섞고 있다. 다음 각 물음에 답하시오. [5점]

① 제시된 위험물 중 물에 용해되는 물질의 명칭을 쓰시오.

② ①에서 답한 위험물의 화학식, 지정수량, 품명을 쓰시오.

정답 ① ②

09. 황과 적린을 연소시킨다. 다음 각 물음에 답하시오. [5점]

① 황의 연소 시 발생되는 가스의 명칭을 쓰시오.

② 적린의 연소 시 발생되는 가스의 화학식을 쓰시오.

정답 ① ②

10. 다음 중 과산화수소에 용해되는 물질의 기호를 모두 쓰시오. [4점]

에틸알코올(A), 벤젠(B), 디에틸에테르(C), 물(D)

정답

2019년 제2회 위험물기능사 실기 작업형 정답

문항	정 답
1	① $Ca + 2H_2O \rightarrow Ca(OH)_2 + H_2$ ② 발열반응
2	① 1.5m ② 300kg, 1.49 이상
3	① 3m 이상 ② 5m 이상
4	① 비커 A : 에탄올, 비커 B : 이황화탄소 ② 비커 A는 수용성으로 물에 의해 희석소화 할 수 있으며, 비커 B는 비중이 1보다 크고(물보다 무거움) 비수용성으로 질식소화가 가능하다.
5	0.1m
6	① 6 ② 제2류 위험물 ③ 서로 1m 이상의 간격을 둔다. 【풀이】 유별을 달리하는 위험물은 동일한 저장소에 저장하지 않아야 한다. 단, 옥내저장소 또는 옥외저장소에 있어서 다음의 규정에 의한 위험물을 저장하는 경우로서 위험물을 유별로 정리하여 저장하는 한편, 서로 1m 이상의 간격을 두는 경우에는 저장할 수 있다. 가. 제1류 위험물(알칼리금속의 과산화물 또는 이를 함유한 것을 제외한다)과 제5류 위험물을 저장하는 경우 나. 제1류 위험물과 제6류 위험물을 저장하는 경우 다. 제1류 위험물과 제3류 위험물 중 자연발화성물질(황린 또는 이를 함유한 것에 한한다)을 저장하는 경우 라. 제2류 위험물 중 인화성고체와 제4류 위험물을 저장하는 경우 마. 제3류 위험물 중 알킬알루미늄등과 제4류 위험물(알킬알루미늄 또는 알킬리튬을 함유한 것에 한한다)을 저장하는 경우 바. 제4류 위험물 중 유기과산화물 또는 이를 함유하는 것과 제5류 위험물 중 유기과산화물 또는 이를 함유한 것을 저장하는 경우
7	급기구, 450cm^2
8	① 아세톤 ② CH_3COCH_3, 400L, 제1석유류 【풀이】 톨루엔과 벤젠은 비수용성이다.
9	① 이산화황 ② P_2O_5
10	A, C, D 【풀이】 과산화수소는 물, 에테르, 알코올에 용해되는 반면에 벤젠에는 용해되지 않는다.

2019년 제3회 위험물기능사 실기 필답형

01. 산화프로필렌 200L, 벤즈알데히드 1000L, 아크릴산 4000L 를 저장하고 있을 경우 각각의 지정수량 배수의 합계는 얼마인지 구하시오. [4점]

① 계산과정 ② 답

정답

【계산과정】

【답】

02. 분말소화약제인 탄산수소칼륨의 1차 열분해 반응식을 쓰시오. [4점]

$2KHCO_3 \rightarrow K_2CO_3 + H_2O + CO_2$

정답

03. 위험물의 운송 시 운송책임자의 감독 · 지원을 받아야 하는 위험물 2가지를 쓰시오. [4점]

정답

04. 아세트알데히드의 완전연소 반응식을 쓰시오. [4점]

$$CH_3CHO + \frac{5}{2}O_2 \rightarrow 2CO_2 + 2H_2O$$

정답

05. 위험물안전관리법령상 다음 각 위험물의 운반용기 외부에 표시해야 하는 주의사항을 모두 쓰시오. [6점]

① 제1류 위험물 중 알칼리금속의 과산화물 ② 제2류 위험물 중 금속분 ③ 제5류 위험물

정답 ① ② ③

06. 일반적으로 동식물유류를 건성유, 반건성유, 불건성유로 분류할 때 기준이 되는 요오드가의 범위를 각각 쓰시오. [5점]

① 건성유 ② 반건성유 ③ 불건성유

정답 ① ② ③

07. 위험물안전관리법령상 위험물제조소의 환기설비 기준에서 바닥면적이 130㎡인 곳에 설치된 급기구 면적은 얼마 이상으로 하여야 하는지 쓰시오. [3점]

정답

08. 인화칼슘을 물과 반응시켰을 때 생성되는 물질 2가지를 화학식으로 쓰시오. [4점]

정답

09. 다음은 위험물안전관리법령에서 정한 이동탱크저장소의 상치장소에 관한 내용이다. (   )안에 알맞은 수치를 쓰시오. [4점]

> 옥외에 있는 상치장소는 화기를 취급하는 장소 또는 인근의 건축물로부터 (㉮)m 이상(인근의 건축물이 1층인 경우에는 (㉯)m 이상)의 거리를 확보하여야 한다. 다만, 하천의 공지나 수면, 내화구조 또는 불연재료의 담 또는 벽 그 밖에 이와 유사한 것에 접하는 경우를 제외한다.

정답 가. 나.

10. 하나의 옥내저장탱크 전용실에 2개의 옥내저장탱크를 설치할 경우 탱크 상호 간의 사이는 얼마 이상의 간격을 유지하여야 하는지 쓰시오. [3점]

정답

11. 제2류 위험물 중 Al, Fe, Zn을 이온화 경향이 가장 큰 것부터 작은 순서대로 쓰시오. [4점]

정답

12. 자일렌(크실렌)의 이성질체 중 m-자일렌(크실렌)의 구조식을 나타내시오. [3점]

정답

13. 부착성이 뛰어난 메타인산을 만들어 화재 시 소화능력이 좋은 소화약제로, ABC 소화약제라고도 하는 이 약제의 주성분을 화학식으로 쓰시오. [3점]

정답

14. 위험물안전관리법령에서 정의하는 자기반응성물질에 대해 다음 ( ) 안에 알맞은 용어를 쓰시오. [4점]

> "자기반응성물질"이라 함은 고체 또는 액체로서 (㉮)의 위험성 또는 (㉯)의 격렬함을 판단하기 위하여 고시로 정하는 시험에서 고시로 정하는 성질과 상태를 나타내는 것을 말한다.

정답 가. 나.

2019년 제3회 위험물기능사 실기 필답형 정답

<table>
<tr><th>문항</th><th>정답</th></tr>
<tr><td>1</td><td>① $\frac{200}{50}+\frac{1000}{1000}+\frac{4000}{2000}=7$ ② 7배</td></tr>
<tr><td>2</td><td>$2KHCO_3 \rightarrow K_2CO_3 + H_2O + CO_2$</td></tr>
<tr><td>3</td><td>알킬리튬, 알킬알루미늄</td></tr>
<tr><td>4</td><td>$CH_3CHO + \frac{5}{2}O_2 \rightarrow 2CO_2 + 2H_2O$</td></tr>
<tr><td>5</td><td>① 화기주의, 충격주의, 가연물접촉주의, 물기엄금 ② 화기주의, 물기엄금 ③ 화기엄금, 충격주의</td></tr>
<tr><td>6</td><td>① 130 이상 ② 100 초과 130 미만 ③ 100 이하</td></tr>
<tr><td>7</td><td>600</td></tr>
<tr><td>8</td><td>$Ca(OH)_2$, PH_3 【풀이】 $Ca_3P_2 + H_2O \rightarrow 3Ca(OH)_2 + 2PH_3$</td></tr>
<tr><td>9</td><td>㉮ 5 ㉯ 3</td></tr>
<tr><td>10</td><td>0.5m 이상</td></tr>
<tr><td>11</td><td>Al, Zn, Fe
【풀이】 이온화 경향 순서 : K Ca 〉 Na 〉 Mg 〉 Al 〉 Zn 〉 Fe 〉 Ni 〉 Sn 〉 Pb 〉 (H) 〉 Cu 〉 Hg 〉 Ag 〉 Pt 〉 Au</td></tr>
<tr><td>12</td><td>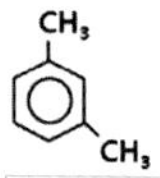

【풀이】
<table>
<tr><td>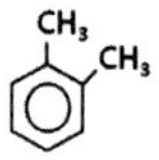

o-크실렌
(ortho-Xylen)
오르소 크실렌</td><td>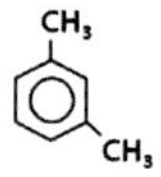

m-크실렌
(meta-Xylen)
메타 크실렌</td><td>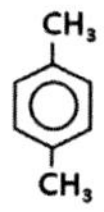

p-크실렌
(para-Xylen)
파라 크실렌</td></tr>
</table></td></tr>
<tr><td>13</td><td>$NH_4H_2PO_4$</td></tr>
<tr><td>14</td><td>㉮ 폭발 ㉯ 가열분해</td></tr>
</table>

2019년 제3회 위험물기능사 실기 작업형

01. 에탄올을 저장하는 제조소를 보여준다. 액화석유가스를 저장하는 시설과의 안전거리는 몇 m 이상인지 쓰시오. [3점]

정답

02. 적린을 태우는 실험 영상을 보여준다. 각 물음에 답하시오. [5점]

① 완전 연소반응식　　② 제3류 위험물 중 동소체인 물질의 명칭은?

정답 ①　　②

03. 동영상에서 셀프용 주유취급소를 보여주며, 경유/고급휘발유/휘발유의 주유관을 보여주다가 경유의 주유관을 강조한다. 다음 각 물음에 답하시오. [4점]

① 동영상에서 보여주는 물질의 1회 연속주유량(L)　　② 주유시간(분)

정답 ①　　②

04. 주유소 위에서 내려오는 주유기(현수식)를 보여주며 사람이 주유관을 들고 있는 모습을 보여준다. 다음 각 물음에 답하시오. [4점]

① 주유관의 길이는 반경 기준이 몇 m 인지 쓰시오.

② 주유관의 길이는 지면 위 기준거리는 몇 m 인지 쓰시오.

정답 ①　　②

05. A 메틸알코올 B 에틸알코올 C 부틸알코올 D 프로필알코올이 담긴 비커에 불을 붙인 후 소화하는 모습과 함께 그을린 비커의 모습을 보여준다. [5점]

① 알코올류가 아닌 것의 기호를 쓰시오.　② 1에서 답한 물질이 알코올류가 아닌 이유를 쓰시오.

정답 ①　　②

06. 이동탱크저장소를 보여주고 A와 B를 강조한다. 다음 각 물음에 답하시오. [5점]

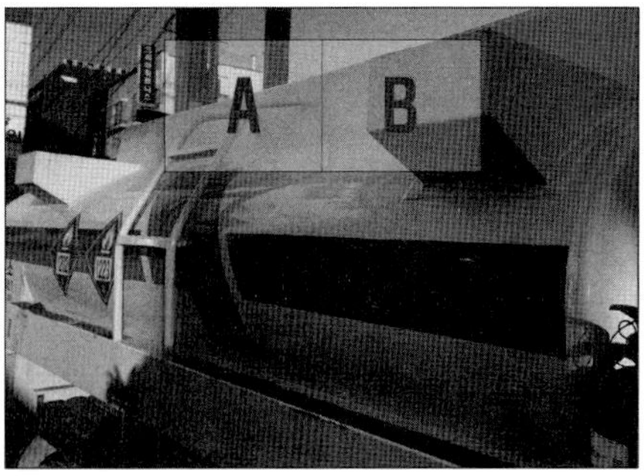

① A의 명칭 ② A의 두께와 높이는 몇 mm 이상인지 쓰시오.

정답 ① ②

07. 글리세린과 황산, 질산으로 어떤 물질을 제조하는 실험 영상을 보여주며, 완성된 물질을 비커에 담고 움직이다가 떨어뜨려 폭발하는 영상을 보여준다. 다음 각 물음에 답하시오. [6점]

① 제조된 물질의 명칭 ② 화학식 ③ 지정수량

정답 ① ② ③

08. 판매취급소임을 알려주는 3D 영상을 보여준다. 판매취급소에서 배합할 수 있는 위험물의 기준을 쓰시오. [4점]

판매취급소에서는 도료류, 제1류 위험물 중 (①) 및 (①)만을 함유한 것, (②) 및 인화점이 38℃ 이상인 제4류 위험물

정답 ① ②

09. 리튬, 칼슘을 물과 반응시켜 나온 기체에 불을 붙이자 터지는 장면과, 연소가 지속되는 장면을 보여준다. 다음 각 물음에 답하시오. [6점]

① 물과 반응 시 생성되는 기체의 명칭을 쓰시오. ② 생성된 기체의 연소반응식을 쓰시오.
③ 두 물질의 지정수량을 쓰시오.

정답 ① ② ③

10. 질산칼륨, 황, 숯을 막자사발에 섞어 시험관에 옮긴 뒤 불을 붙이는 실험 영상을 보여준다. 이 중에서 산소공급원으로 작용하는 물질은? [3점]

정답

2019년 제3회 위험물기능사 실기 작업형 정답

문항	정답
1	20m
2	① $4P + 5O_2 \rightarrow 2P_2O_5$ ② 황린
3	① 200L ② 4분 【풀이】 셀프용 고정주유설비의 1회의 연속주유량 및 주유시간의 상한을 미리 설정할 수 있는 구조일 것. 이 경우 주유량의 상한은 휘발유는 100ℓ 이하, 경유는 200ℓ 이하로 하며, 주유시간의 상한은 4분 이하로 한다.
4	① 3 ② 0.5
5	① C ② 알코올류는 탄소수 1개에서 3개까지로 하며, 부틸알코올은 탄소수가 4개이므로 알코올류가 아니다.
6	① 방호틀 ② 두께 2.3mm, 높이 50mm
7	① 니트로글리세린 ② $C_3H_5(ONO_2)_3$ ③ 10kg
8	① 염소산염류 ② 유황 [풀이] 판매취급소에서는 도료류, 제1류 위험물 중 염소산염류 및 염소산염류만을 함유한 것, 유황 또는 인화점이 38℃ 이상인 제4류 위험물을 배합실에서 배합하는 경우 외에는 위험물을 배합하거나 옮겨 담는 작업을 하지 아니할 것
9	① 수소 ② $H_2 + 1/2O_2 \rightarrow H_2O$ ③ 50kg 【풀이】 알칼리금속(K, Na 제외) 및 알칼리토금속(Ⅱ등급, 50kg) $Li + H_2O \rightarrow LiOH + 1/2H_2$ / $Ca + 2H_2O \rightarrow Ca(OH)_2 + H_2$
10	질산칼륨 【풀이】 질산칼륨(산소공급원)에 숯가루와 유황가루를 섞어 흑색화약을 제조할 수 있다.

2019년 제4회 위험물기능사 실기 필답형

01. 물과 반응하여 아세틸렌 가스를 발생시키며 고온으로 가열하면 질소와 반응하여 칼슘시안아미드(석회질소)를 발생하는 물질의 명칭과 화학식을 쓰시오. [4점]

① 명칭 ② 화학식

정답

①

②

02. 질산이 햇빛에 의해 분해되어 이산화질소를 발생하는 분해반응식을 쓰시오. [4점]

정답

03. 아세트알데히드가 산화되어 아세트산이 되는 과정과 환원되어 에탄올이 되는 과정을 각각 화학반응식으로 나타내시오. [6점]

① 산화반응 ② 환원반응

정답

①

②

04. 위험물안전관리법령상 제6류 위험물 운반용기의 외부에 표시하는 주의사항을 쓰시오. [3점]

정답

05. [보기]의 위험물을 인화점이 낮은 것부터 높은 순서대로 쓰시오. [4점]

[보기]

니트로벤젠, 아세트알데히드, 에탄올, 아세트산

정답

06. 위험물안전관리법령상 간이탱크저장소에 대하여 다음 각 물음에 답하시오. [6점]

① 1개의 간이탱크 저장소에 설치하는 간이저장탱크는 몇 개 이하로 하여야 하는지 쓰시오.

② 간이저장탱크의 용량은 몇 L 이하이어야 하는지 쓰시오.

③ 간이저장탱크는 두께를 몇 mm 이상의 강판으로 하여야 하는지 쓰시오.

정답

①

②

③

07. 위험물안전관리법령상 동식물유류에 대한 정의에 대해 다음 ( ) 안에 알맞은 수치를 쓰시오. [3점]

동물의 지육 등 또는 식물의 종자나 과육으로부터 추출한 것으로서 1기압 하에서 인화점이 (   )℃ 미만인 것을 동식물유류라 한다.

정답

08. 이산화탄소소화기로 이산화탄소를 20℃ 의 1기압 대기 중에 1kg 을 방출할 때 부피는 몇 L가 되는지 구하시오. [4점]

① 계산과정 ② 답

정답 【계산과정】

【답】

09. 지정수량 10배 이상의 위험물을 운반하고자 할 때 제3류 위험물과 혼재할 수 있는 위험물은 제 몇 류 위험물인지 모두 쓰시오. [3점]

정답

10. 제5류 위험물 중 위험등급 Ⅰ인 위험물의 위험물안전관리법령상 품명 2가지를 쓰시오. [4점]

정답

11. 벤젠 1몰이 완전 연소하는데 필요한 공기는 몇 몰 인지 구하시오. [4점]

① 계산과정 ② 답

정답 【계산과정】

【답】

12. 다음 각 물질의 구조식을 나타내시오. [6점]

① 초산에틸(아세트산에틸) ② 에틸렌글리콜 ③ 개미산(포름산)

정답 ① ② ③

13. 다음 할로겐화합물 소화약제를 화학식으로 나타내시오. [4점]

① Halon 1211 ② Halon 1301

정답 ① ②

2019년 제4회 위험물기능사 실기 필답형 정답

문항	정 답
1	① 탄화칼슘 ② CaC_2
2	$2HNO_3 \rightarrow H_2O + 2NO_2 + 1/2O_2$
3	① $CH_3CHO + O \rightarrow CH_3COOH$ ② $CH_3CHO + H_2 \rightarrow C_2H_5OH$
4	가연물접촉주의
5	아세트알데히드, 에탄올, 아세트산, 니트로벤젠 【풀이】 아세트알데히드(−38℃), 에탄올(13℃), 아세트산(40℃), 니트로벤젠(88℃)
6	① 3개 ② 600L ③ 3.2mm
7	250
8	이산화탄소 분자량 : 44 $1 \times x = \frac{1,000}{44} \times 0.082 \times (273 + 20)$, $x = 546.05L$
9	제4류 위험물
10	유기과산화물, 질산에스테르류
11	① $\frac{7.5}{0.21} = 35.71$ ② 35.71mol 【풀이】 $C_6H_6 + 7.5O_2 \rightarrow 6CO_2 + 3H_2O$, 산소의 몰수 : 7.5mol, 공기의 몰수 : $\frac{7.5mol}{0.21}$
12	① 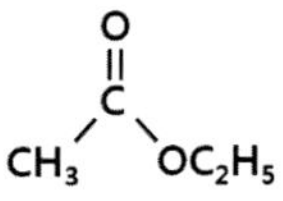 ② 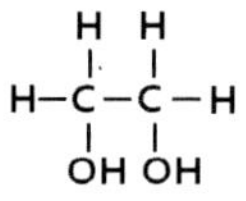 ③ 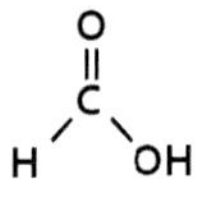
13	① CF_2ClBr ② CF_3Br

2019년 제4회 위험물기능사 실기 작업형

01. 다음의 측정기에 액체 시료를 붓고 불꽃을 갖다 대는 장면을 보여준다. 어떤 물성을 시험하기 위한 것인지 쓰시오. [3점]

정답

02. 휘발유 4,000L를 취급하는 제조소를 보여준다. 다음의 물음에 답하시오. [5점]

① 취급하는 위험물의 지정수량 배수는 몇 배인가? ② 보유공지의 너비는 몇 m 이상인가?

정답 ① ②

03. 옥외저장탱크에 설치된 통기관을 보여준다. 다음 각 물음에 답하시오. [5점]

① 통기관의 명칭을 쓰시오.

② 작동할 수 있는 조건을 쓰시오.

정답 ① ②

04. 과산화수소(H_2O_2)와 히드라진의 반응식을 쓰시오. [4점]

정답

05. ABC급의 분말소화기와 할론 1211, 이산화탄소 소화기를 보여준다. 이 중 분말소화기의 주성분을 화학식으로 쓰시오. [3점]

정답

06. 제1류 위험물인 염소산염류를 저장하는 옥내저장소의 전경을 보여준다. 다음 물음에 답하시오. [5점]

① 저장소의 처마높이는 (　　)m 미만인 단층건물로 하고, 그 바닥을 지면보다 높게 하여야 하며, 바닥면적은 (　　)m² 이하이다.

② 벽, 기둥, 바닥을 (　　)구조로 하고 저장소의 출입구에는 (　　) 또는 (　　)를 설치하여야 한다.

정답 ①　　②

07. 위험물 취급소의 배합실을 보여준다. 다음 각 물음에 답하시오. [6점]

① 배합실 바닥의 최소면적을 쓰시오.　② 배합실 바닥의 최대면적을 쓰시오.

③ 벽의 구조를 쓰시오.

정답 ①　　②　　③

08. A(과산화바륨), B(탄화칼슘), C(나트륨), D(칼륨) 중 C(나트륨)를 물에 섞인 [illegible] 반응시켰을 때 다음 각 물음에 답하시오. [5점]

① 반응식을 쓰시오.　② 반응 시 발생하는 기체의 명칭을 쓰시오.

정답 ①　　②

09. 이황화탄소와 어떤 액체를 함께 비커에 넣자 섞이지 않고 층분리가 일어난다. 다음 중 비커에 들어간 액체로 예상할 수 있는 물질 1가지를 고르시오. [4점]

〈보기〉

물, 에테르, 에탄올, 벤젠

정답

10. 마그네슘을 태우고 있다. 다음 각 물음에 답하시오. [5점]

① 지정수량을 쓰시오.　② 연소 반응식을 쓰시오.

정답

2019년 제4회 위험물기능사 실기 작업형 정답

문항	정 답
1	인화점
2	① 20배 ② 5m 【풀이】 ① 휘발유 지정수량 : 200L, $\frac{4,000L}{200L} = 20$ ② 20배 이므로 5m 이상에 해당한다.
3	① 대기밸브부착통기관 ② 5kPa 이하의 압력차이
4	$2H_2O_2 + N_2H_4 \rightarrow N_2 + 4H_2O$
5	$NH_4H_2PO_4$
6	① 6, 1000 ② 내화, 갑종방화문, 을종방화문
7	① 6㎡ ② 15㎡ ③ 내화구조 또는 불연재료
8	① $Na + H_2O \rightarrow NaOH + 1/2H_2$ ② 수소 또는 H_2
9	물
10	① 500kg ② $2Mg + O_2 \rightarrow 2MgO$

기발한 위험물기능사 필기·실기

발 행 일 2021년 8월 5일 개정1판 1쇄 인쇄
2021년 8월 10일 개정1판 1쇄 발행

저자협의 인지생략

저 자 위험물안전관리회

발 행 처 크라운출판사 http://www.crownbook.com

발 행 인 이상원

신고번호 제 300-2007-143호

주 소 서울시 종로구 율곡로13길 21

공 급 처 (02) 765-4787, 1566-5937, (080) 850~5937

전 화 (02) 745-0311~3

팩 스 (02) 743-2688, 02) 741-3231

홈페이지 www.crownbook.co.kr

I S B N 978-89-406-4463-8 / 13570

특별판매정가 35,000원

이 도서의 문의를 편집부(02-6430-7029)로 연락주시면
친절하게 응답해 드립니다.